非线性连续介质力学

(第二版)

匡震邦　编著

内容提要

本书阐述非线性连续介质力学的基本理论和近代发展。全书共分13章，主要介绍有限变形理论和相关的应力理论，特别是有关增率的理论；概括本构方程的普遍原理和各种固体、流体和电磁介质本构理论的主要方面和近代发展，并引入了这些非线性理论在理论分析和工程应用中的一些例题，有助于提高学生解决实际问题的能力；系统地介绍了不可逆过程热力学在连续介质力学中的应用及其可能的进一步发展；适当地介绍了连续介质力学在计及材料微观组织时的处理方法。此外还包括广义变分问题，热动力学内变量理论的一个合理体系，弹塑性体积分型本构方程的一般理论和电介质的破坏与畴变的模态能量理论等。

本书由浅入深，物理概念和数学推演并重，书中给出了一些例题和习题以供学生练习。本书在大学课程和近代力学文献之间架起一座桥梁，可作为力学、数学和工程科学领域的研究生教材，也可供相关学科大学教师和科技工作者参考学习。

图书在版编目(CIP)数据

非线性连续介质力学／匡震邦编著．-- 2版．
上海：上海交通大学出版社，2024．11 -- ISBN 978-7-313-31608-0

Ⅰ．O33

中国国家版本馆CIP数据核字第2024RK0654号

非线性连续介质力学(第二版)

FEIXIANXING LIANXU JIEZHI LIXUE (DI-ERBAN)

编　　著：匡震邦
出版发行：上海交通大学出版社　　地　　址：上海市番禺路951号
邮政编码：200030　　电　　话：021-64071208
印　　制：浙江天地海印刷有限公司　　经　　销：全国新华书店
开　　本：787 mm×1092 mm　1/16　　印　　张：27.75
字　　数：688千字
版　　次：2002年1月第1版　2024年11月第2版　　印　　次：2024年11月第3次印刷
书　　号：ISBN 978-7-313-31608-0
定　　价：65.00元

再版前言

本书自2002年初版至今已有二十余年,其间被不少工科院校研究生用作参考教材,在使用过程中发现了一些错误和不妥。在本次修改中,我们做了研究和改进,对所有数学公式进行了重新审查,确保它们在逻辑和数学上的正确性,还进行了变量、操作符和下标等的标准化统一,以提高本书的可读性和专业性。

此次再版,除对基本的体例、格式错误进行修正外,主要沿用了初版的内容。从基础概念开始,逐步深入到更复杂的理论和应用,帮助读者更好地理解非线性现象在实际工程问题中的应用。各章节均包含理论介绍、数学表述、案例分析和习题练习。

此次再版是在上海交通大学颜志淼老师的推动及支持下完成的,深表感谢。

匡震邦

2024年8月于上海

第 1 版前言

随着科学和工程技术的迅速发展，人们对自然界的认识日益深刻，不仅对工程结构强度设计的要求日益提高，还要求在使用过程中安全性是可控的。因此，对结构中的应力、变形和破坏机理的认识，对非牛顿流体的运动规律，固体和流体的相互作用，应力场、温度场和电磁场等的多场耦合理论等，都提出了更高的要求。所有这些都和介质的有限变形理论及多场作用下的非线性本构理论密切相关，力学工作者正面临着严峻的挑战。

在目前大学的力学课程中，有关上述几方面的知识显得薄弱，这就要求研究生的课程加以补充。如何在大学课程和近代力学之间架起一座坚实的桥梁，是一项艰巨的任务。近 20 年来，本书作者曾做过一些认真的努力，于 1989 年出版了《非线性连续介质力学基础》一书，承蒙同行们青睐，被许多学校用作教材，并获 1992 年全国优秀教材奖。十余年来，这一领域又有了重大进展，加之"基础"一书早已售完，因此有必要写一本新书，这便是写作本书的由来。本书遵循由浅入深的原则，物理概念和数学表达并重；本书涉及连续介质中众多的领域，以适应力学和其他学科领域的相互渗透，拓宽同学们的视野；本书还收录了文献中常用的公式和理论，以便同学们毕业后仍可继续查阅，成为一本常备书。

从上海交通大学的教学实践来看，前 6 章（或前 7 章）用作硕士生教材，以讲课为主，并把后面各章作一概括性介绍，讲课约 40 学时。后面各章为博士生教材，约计 32 学时，自学与讲课并重，并配合文献阅读。本书各章配有少量习题，供研究生练习。

承蒙西安交通大学出版社同意，本书较多地引用了《非线性连续介质力学基础》一书的内容；同时本书得到国家自然科学基金重点项目（批准号为 10132010）的部分资助，在此一并致谢。

希望本书对力学系和相关学科的研究生，以及教育和科技工作者有所帮助。鉴于作者水平有限，错误和不当之处，望读者和专家们指正。

匡震邦

2002 年 1 月于上海

目　　录

1 引　　论

1.1 连续介质力学的范围

随着新材料和新技术的发展,特别是高分子材料的使用与加工成型技术,要求提供更轻、更安全、更能精确控制变形的结构。从 20 世纪 40 年代中期开始,非线性连续介质力学得到了较快的发展,在随后的数十年中,主要研究连续介质的变形和运动以及连续介质热力学和本构关系;从 20 世纪 70 年代开始,连续介质力学扩展到材料的损伤、破坏和宏微观力学,成为近代力学最重要的基础之一。

客观世界的物质和运动是非常复杂的。机械的、物理的、化学的和生物的各种运动交织在一起;客观的物质往往同时具有机械、热学、光学、电磁学和化学等多种属性。人们为了认识具体、复杂、现实的物体运动,首先将其分解成简单材料的简单运动,把握其中起主导作用的因素,然后逐一研究,建立各种分支学科,这便是"分解"的方法。分支学科发展到一定阶段,它们相互渗透,构成新的分支或交叉学科。由于生产发展的需要和科学技术的进步,人们认识到并努力寻求各分支学科间的共性,把它们综合起来研究,形成内容更为广泛、更为基本、更为统一的综合理论,这便是"综合"的方法。分解和综合的方法是人们认识自然界的基本方法。

在力学范畴内,质点、刚体、弹性体、黏弹性体、弹塑性体、理想流体、牛顿黏性流体、非牛顿流体、电磁固体、电磁流体等便是从客观物质中抽象出来的公认的理论模型;静态变形和应力分析,相对运动和动力分析,应力波和电磁波的传播,质量守恒和可变系统的运动,保守和耗散系统分析,稳定性、分叉和混沌的运动,确定性与随机性的运动等,便是从客观运动中抽象出来的运动模型。不同材料模型和不同的运动方式,构成了力学中众多的分支。虽然这些分支学科各有特点,互不相同,但它们仍然都服从一些共同的规律;把这些分支学科放在一起来讨论,看看哪些规律是它们共有的? 哪些是不同的? 相互启发和借鉴,促进发展,在更加统一的基础上进行研究,这是连续介质力学的重要内容之一。

连续介质力学的方程可分为两类:一类适用于所有物体,构成了自然界的普适规律,如质量守恒、电荷守恒、能量守恒、牛顿运动方程、麦克斯韦电磁学方程、熵产率恒正原理等;另一类是各种物体特有的规律,构成了各自的本构方程,不同的本构方程是各种材料相互区别的标志,是在相同环境下,物体具有不同运动的原因。虽然不同的介质具有不同的本构关系,但本构关系本身却满足一些共同的准则,如确定性原理、客观性原理、局部作用和衰减原理等;自然界只存在符合其内在属性的本构关系,本构关系的探讨构成了连续介质力学的另一个重要内容。

连续介质力学本质上采用宏观唯象的方法,但近年来通过引入内变量,迅速地与物质的微观结构相结合;内变量可以是物质内部真实的结构变量,如位错密度和形态缺陷浓度、相变程度、微裂纹的数量和形态等,也可以是综合反映内部结构变化的量,如塑性应变或其他非弹性应变、剩余极化强度等。因此,对可以用连续变化来研究物质内部结构演化的情况,连续介质力学应用物质的微观力学,损伤力学和晶体塑性理论便是很好的例子;在材料的破坏理论中,连续介质力学也发挥了应有的作用。在物质的微观力学中,更能发挥连续介质力学的作用,因此这又成了连续介质力学的一个主要内容。

连续介质力学把现实物体抽象成理论模型,讨论它们的本构方程;把现实物体的运动抽象成理论模型的运动,利用数学和实验的方法,在外界环境作用下,精确描述物体的运动响应。理论和实验相辅相成,去求得理论结果与现实运动在本质上的一致。

连续介质力学作为一门课程,可以放在各分支学科之前学习,使读者对力学有概括性的了解,然后再对所需各分支学科进行更深入的学习;它也可以放在各分支学科之后学习,研究各分支学科之间的内部联系,以高度统一的观点把握各分支学科。因此连续介质力学既可以看成各分支学科的出发点,又可以看成各分支学科的归宿。作为出发点,它给出了各分支学科的架构;作为归宿,它可使各分支学科内容充实、成为高度统一起来的客观有机体。

1.2 连续介质力学中的"基元"

连续介质力学以现实物体运动的理论模型作为研究对象,并力求在本质上能予以准确描写。正像建造房屋时首先要有钢筋水泥和砖瓦那样,为了描写运动,需要给出一些基本的名词和术语,它们构成连续介质力学的"基元"。通过一些定律、理论和公式,把这些名词和术语相互联系起来,便构成连续介质力学的理论体系。本节将给出一些最基本的名词和术语的主要含义。

1. 物体

在某一确定的瞬时,物体具有确定的几何形状和质量,物体还具有电磁、热容、可承受载荷和变形等许多重要属性。物体由原子或分子等相互分立的微小质点组成。原子具有确定的质量并占据一定的空间。如氢原子的质量约为 1.67×10^{-27} kg,占据约 10^{-31} m^3 的空间;对其他相对原子质量较大的单个原子占据的空间,一般也不大于 10^{-28} m^3。因此在 10^3 nm^3 的体积中仍含有 $10^4\sim10^7$ 个原子,数量依然很大,可以相当准确地采用数学中连续的概念,用现成的数学方法处理问题。物体可以抽象成各种模型,若按性质可分为质点、刚体、黏弹塑性体、流体、颗粒体等;若按几何形状可分为一维的弦和杆、二维的板壳和三维的块体等。物体与物体是可以相互区别的;若干个物体可以形成集合,组成系统;不属于这个系统的物体构成这个系统的环境或外界。

2. 时空系

时间、空间和运动物体是相互依赖的,不可能毫不相关地各自单独存在,离开空间和时间来讨论物体的存在和运动是没有意义的。空间表示物体的形状、大小和位置的相互关系,时间表示物体运动过程的顺序。为了定量地描写物体的运动,必须在时间和空间中选出特定的标架系,作为描写物体运动的基准,这种标架系称为时空系。空间是三维的,原则上可用任意 3 个互不重合的标架来描写,但在大多数情况下,为了方便,采用正交坐标系,特别是直角正交坐标系(以下简称为直角坐标系)。位置的变动是可逆的,正向和反向运动都是许可的。时间是一维的,用一根时间轴来描写;宏观物体的时间变化是不可逆的,永远从"过去"走向"未来";时间的不可逆性与事件的因果律相关,原因在前,结果在后。但在讨论微观世界时,有时时间也理想化为可逆的,即把时间倒退回去,事件可恢复到原先的状态,而又不对环境产生任何影响。

在许多实际问题中，需要从一个时空系转换到另一个时空系，在经典理论中要求这种转换保持同一事件的时间间隔和空间间隔不变；在相对论中，时空是相互关联的，时空系的转换只要求同一事件的四维时空中的空间间隔保持不变。尺寸的基本单位是米(m)，时间的基本单位是秒(s)。

3. 质量和电荷

质量是物体机械运动惯性的量度，电荷及其运动是电磁场产生的根源。质量和电荷是物体的基本属性，没有不具有质量和电荷的物体。对有限体或理想化的质点，质量是一个有限的正数，而电荷可正可负，因而一个物体的宏观表现可以是电中性的。电量最小的可能分割的单位是一个电子具有的电荷 $e=1.602\,191\,7\times10^{-19}$ C（库仑），质量的基本单位是 kg(千克)。质量和电荷都是可加量，即物体的总量是其各部分的量的直接求和；它们都服从守恒定律，不能被消灭，也不能无中生有。与物体的几何形态相对应，质量可分为点集中质量，线、面和体分布质量。电荷同样如此。

4. 运动

物体状态随时间的变化过程称为运动。物体的状态是用有关的参数描写的，通常称这些参数为广义位移，如机械运动中物体各点位置的变化或位移和应变，电磁场中的电位移(电感应强度)与磁感应强度，热学中的熵，等等。在生物体中还描写生物体的诞生、成长和衰亡的高级过程。物体的运动是构成物体的诸质点运动的有机总和。物体的运动必须服从自然界的某些普遍规律，如质量、电荷、能量守恒定律和动量方程、动量矩方程等。

5. 力

力是改变物体运动的原因。任何两个物体之间均存在引力，任意两个电荷之间均存在电力，电磁场中运动带电粒子承受电磁力，物体之间的相互接触产生机械力，甚至化学反应也采用亲和力的概念。与运动中广义位移对应的共轭广义力如下：机械应力↔应变，电场强度↔电位移，磁场强度↔磁感应强度，温度↔滴，等等。力是矢量。物体受到外界环境作用的力称为外力，而物体内部各部分之间的相互作用力称为内力。根据力的作用方式又可分为点集中力，线、面和体分布力。力的基本单位是 N(牛，$kg\cdot m/s^2$)。

6. 功和能

广义力和微分广义位移的点积(纯量积)得出的量称为微分功，功是微分功的总和。物体的内(部)能(量)和动能、热交换能量和外力的功，服从由热力学第一定律表述的能量守恒和转化原理，不同形式的能量可以相互转化，但不能被消灭，也不能无中生有。能量是一个抽象的但又是十分基本的概念，它是纯量，系统的总能量是其各部分能量的直接和。能量极值原理在连续介质力学中也占有十分重要的位置。

7. 温度和热量

温度是物体冷热程度的量度。较热的物体有较高的温度，处于热平衡的物体具有相同的温度。从高温物体自发流向低温物体的能量以热量的形式表现出来。在所有不同形式的能量中，热量具有极其特殊的位置，一切形式的能量的不可逆部分最终都转化成热量而耗散。常用的温度单位是热力学温度 K 或摄氏温度℃。

8. 熵

熵是在热力学第二定律的数学表述中引进的一个状态函数，熵是可加函数，系统的熵等于各部分熵的直接求和。熵在平衡态是很容易定义的，也是大家都接受的物理量。在非平衡态的不可逆过程中，是否存在熵，或是否有必要引入熵的概念，人们还存在不同的看法。而理性热力学的倡导者却把熵看成是无须用其他物理量定义的“本原量”或“先验量”。本书从实用的观点出发,假设熵的存在而不讨论它的合法性。环境供给物体的热量和物体内部不可逆过程产生的热量的总和除以物体的温度称为总熵,前者为可逆熵,后者为不可逆熵。不可逆熵随时间的变化称为熵产率,根据热力学第二定律,熵产率永不为负。熵产率在耗散系统的本构关系的研究中具有重要的意义。

1.3 方阵的本征值与本征矢量

1.3.1 一般讨论

由 $m\times n$ 个元素排成的 m 行 n 列的矩形阵列称为矩阵,记为 $\boldsymbol{A}$,其元素为 A_{ij},$i=1, 2, \cdots, m$;$j=1, 2, \cdots, n$。若行数和列数同为 n 时称为 n 阶方阵,元素为复数时称为复方阵,全部元素都是实数时称为实方阵,与方阵对应的行列式 $|\boldsymbol{A}|=\det\boldsymbol{A}$ 不为零时称为非奇异方阵,此时存在逆矩阵 $\boldsymbol{A}^{-1}$,即有

$$\boldsymbol{A}\boldsymbol{A}^{-1}=\boldsymbol{I}$$

$$\boldsymbol{A}^{-1}=\frac{1}{|\boldsymbol{A}|}\boldsymbol{A}^{*} \quad 或 \quad \boldsymbol{A}\boldsymbol{A}^{*}=|\boldsymbol{A}|\boldsymbol{I} \tag{1-1}$$

式中,$\boldsymbol{I}$ 为单位矩阵;$\boldsymbol{A}^{*}$ 为 $\boldsymbol{A}$ 的伴随矩阵;$\boldsymbol{A}^{*}$ 中的元素 A_{ij}^{*} 是行列式 $|\boldsymbol{A}|$ 中元素 A_{ij} 的代数余子式。

记 $\boldsymbol{A}$ 的共轭矩阵为 $\bar{\boldsymbol{A}}$,即 $\bar{\boldsymbol{A}}_{ij}$ 是 A_{ij} 的共轭复数,称 $\boldsymbol{A}$ 为厄米(Hermite)矩阵,如

$$\boldsymbol{A}=\bar{\boldsymbol{A}}^{\mathrm{T}} \quad 或 \quad A_{ij}=\bar{A}_{ji} \tag{1-2a}$$

式中,$\bar{\boldsymbol{A}}^{\mathrm{T}}$ 为 $\bar{\boldsymbol{A}}$ 的转置矩阵。若 $\boldsymbol{A}\bar{\boldsymbol{A}}^{\mathrm{T}}=\boldsymbol{I}$,则称 $\boldsymbol{A}$ 为酉矩阵;若

$$\boldsymbol{A}=\boldsymbol{A}^{\mathrm{T}} \quad 或 \quad A_{ij}=A_{ji} \quad A_{ij}\ 为实数 \tag{1-2b}$$

则称 $\boldsymbol{A}$ 为实对称矩阵;若 $\boldsymbol{A}\boldsymbol{A}^{\mathrm{T}}=\boldsymbol{I}$,则称 $\boldsymbol{A}$ 为正交矩阵。显然,实对称矩阵总是厄米矩阵,而厄米矩阵只有当它是实矩阵时才是对称矩阵。

在连续介质力学中,常出现下述形式的齐次代数方程:

$$\boldsymbol{A}\boldsymbol{u}=\lambda\boldsymbol{u} \quad 或 \quad (\lambda\boldsymbol{I}-\boldsymbol{A})\boldsymbol{u}=\boldsymbol{0} \tag{1-3}$$

式中,$\boldsymbol{A}$ 为 n 阶方阵;$\boldsymbol{u}$ 为 n 行的(单列)列阵。要式(1-3)有非零解,必须 $\boldsymbol{u}$ 前系数的行列式为零,即

$$|\lambda\boldsymbol{I}-\boldsymbol{A}|=0 \tag{1-4}$$

称式(1-4)为 $\boldsymbol{A}$ 的本征方程;$\lambda\boldsymbol{I}-\boldsymbol{A}$ 为 $\boldsymbol{A}$ 的本征矩阵;$|\lambda\boldsymbol{I}-\boldsymbol{A}|$ 为 $\boldsymbol{A}$ 的本征多项式;λ_{α} 是 $\boldsymbol{A}$ 的一个本征值,与其对应的本征矢量是 $\boldsymbol{u}_{\alpha}$;$\boldsymbol{A}$ 的全部本征值的集合称为本征谱,记为 $\{\lambda_{\alpha}\}$,全部本征矢量的集合记为 $\{\boldsymbol{u}_{\alpha}\}$。式(1-4)是 λ 的 n 次多项式,因此由代数理论知,在复数空间至少有 1 个根,即 $\boldsymbol{A}$ 至少存在 1 个本征矢量。

一般矩阵的本征值存在下列关系。

(1) 因为 $|\lambda\boldsymbol{I}-\boldsymbol{A}|=|(\lambda\boldsymbol{I}-\boldsymbol{A})^{\mathrm{T}}|=|\lambda\boldsymbol{I}-\boldsymbol{A}^{\mathrm{T}}|$,所以 $\boldsymbol{A}$ 和 $\boldsymbol{A}^{\mathrm{T}}$ 有相同的本征多项式,故有

相同的本征值。

(2) 由 $(\lambda\boldsymbol{I}-\boldsymbol{A})\boldsymbol{u}=0$ 推知 $(\boldsymbol{A}^{-1}-\lambda^{-1}\boldsymbol{I})\lambda\boldsymbol{A}\boldsymbol{u}=0$，故 $\boldsymbol{A}^{-1}$ 的本征值为 λ^{-1}，本征矢量为 $\boldsymbol{A}\boldsymbol{u}$。

(3) 由于 $|\lambda\boldsymbol{I}-\bar{\boldsymbol{A}}^{\mathrm{T}}|=|\bar{\lambda}\boldsymbol{I}-\boldsymbol{A}^{\mathrm{T}}|=|\bar{\lambda}\boldsymbol{I}-\boldsymbol{A}|=0$，若 λ 为 $\boldsymbol{A}$ 的本征值，则 $\bar{\boldsymbol{A}}^{\mathrm{T}}$ 的本征值为 $\bar{\lambda}$。

(4) 设 $\boldsymbol{P}$ 为一非奇异矩阵，则称 $\boldsymbol{B}=\boldsymbol{P}^{-1}\boldsymbol{A}$ 与 $\boldsymbol{A}$ 相似。因为 $|\lambda\boldsymbol{I}-\boldsymbol{B}|=|\lambda\boldsymbol{I}-\boldsymbol{P}^{-1}\boldsymbol{A}\boldsymbol{P}|=|\boldsymbol{P}^{-1}(\lambda\boldsymbol{I}-\boldsymbol{A})\boldsymbol{P}|=|\boldsymbol{P}^{-1}||\lambda\boldsymbol{I}-\boldsymbol{A}||\boldsymbol{P}|=|\lambda\boldsymbol{I}-\boldsymbol{A}|$，所以相似矩阵 $\boldsymbol{B}$ 和 $\boldsymbol{A}$ 有相同的本征多项式，因而有相同的本征值。但应注意，有相同本征值的矩阵不一定相似。

(5) 因为 $\boldsymbol{A}\boldsymbol{u}=\lambda\boldsymbol{u}$，所以 $\boldsymbol{A}^2\boldsymbol{u}=\lambda\boldsymbol{A}\boldsymbol{u}=\lambda^2\boldsymbol{u}$，进一步推出 $\boldsymbol{A}^n\boldsymbol{u}=\lambda^n\boldsymbol{u}$，即若 λ 是 $\boldsymbol{A}$ 的本征值，则 λ^n 是 $\boldsymbol{A}^n$ 的本征值。

(6) 设 $\boldsymbol{A}$ 的本征多项式为

$$f(\lambda)=|\lambda\boldsymbol{I}-\boldsymbol{A}|=\lambda^n+a_{n-1}\lambda^{n-1}+\cdots+a_1\lambda+a_0 \tag{1-5a}$$

则 $\boldsymbol{A}$ 满足式(1-5b)：

$$f(\boldsymbol{A})=\boldsymbol{A}^n+a_{n-1}\boldsymbol{A}^{n-1}+\cdots+a_1\boldsymbol{A}+a_0\boldsymbol{I}=\boldsymbol{0} \tag{1-5b}$$

式(1-5b)称为凯莱-汉密尔顿(Cayley-Hamilton)定理。由这一定理知，对 n 阶方阵 $\boldsymbol{A}$，任何 $\boldsymbol{A}$ 的 n 次幂以上的项均可用其 $n-1$ 次幂以下的项表示，这可用来简化物体的本构方程。现在来证明这一定理。令 $\boldsymbol{B}=\lambda\boldsymbol{I}-\boldsymbol{A}$，它的伴随矩阵 $\boldsymbol{B}^*$ 可以写成

$$\boldsymbol{B}^*=\lambda^{n-1}\boldsymbol{B}_0+\lambda^{n-2}\boldsymbol{B}_1+\cdots+\lambda\boldsymbol{B}_{n-2}+\boldsymbol{B}_{n-1}$$

式中，$\boldsymbol{B}_{n-1}$，…，$\boldsymbol{B}_0$ 均为 $n\times n$ 的常数矩阵。由式(1-1)，式(1-5a)和式(1-5b)知

$$\boldsymbol{B}\boldsymbol{B}^*=f(\lambda)\boldsymbol{I} \tag{1-6a}$$

或

$$\begin{aligned}&\lambda^n\boldsymbol{B}_0+\lambda^{n-1}(\boldsymbol{B}_1-\boldsymbol{B}_0\boldsymbol{A})+\lambda^{n-2}(\boldsymbol{B}_2-\boldsymbol{B}_1\boldsymbol{A})+\cdots+\\&\lambda(\boldsymbol{B}_{n-1}-\boldsymbol{B}_{n-2}\boldsymbol{A})-\boldsymbol{B}_{n-1}\boldsymbol{A}=(\lambda^n+a_{n-1}\lambda^{n-1}+\cdots+a_1\lambda+a_0)\boldsymbol{I}\end{aligned} \tag{1-6b}$$

使式(1-6b)中 λ 的同次幂的系数相等，可得

$$\left.\begin{aligned}&\boldsymbol{B}_0=\boldsymbol{I}\quad\boldsymbol{B}_1-\boldsymbol{B}_0\boldsymbol{A}=a_{n-1}\boldsymbol{I}\\&\boldsymbol{B}_2-\boldsymbol{B}_1\boldsymbol{A}=a_{n-2}\boldsymbol{I}\\&\cdots\\&\boldsymbol{B}_{n-1}-\boldsymbol{B}_{n-2}\boldsymbol{A}=a_1\boldsymbol{I}\quad-\boldsymbol{B}_{n-1}\boldsymbol{A}=a_0\boldsymbol{I}\end{aligned}\right\} \tag{1-7a}$$

依次用 $\boldsymbol{A}^n$，$\boldsymbol{A}^{n-1}$，…，$\boldsymbol{A}$，$\boldsymbol{I}$ 右乘式(1-7a)中各项后可得

$$\left.\begin{aligned}&\boldsymbol{B}_0\boldsymbol{A}^n=\boldsymbol{A}^n\quad\boldsymbol{B}_1\boldsymbol{A}^{n-1}-\boldsymbol{B}_0\boldsymbol{A}^n=a_{n-1}\boldsymbol{A}^{n-1}\\&\boldsymbol{B}_2\boldsymbol{A}^{n-2}-\boldsymbol{B}_1\boldsymbol{A}^{n-1}=a_{n-2}\boldsymbol{A}^{n-2}\\&\cdots\\&\boldsymbol{B}_{n-1}\boldsymbol{A}-\boldsymbol{B}_{n-2}\boldsymbol{A}^2=a_1\boldsymbol{A}\quad-\boldsymbol{B}_{n-1}\boldsymbol{A}=a_0\boldsymbol{I}\end{aligned}\right\} \tag{1-7b}$$

把式(1-7b)中的一系列等式的左右两端分别相加,便得出式(1-5b)。特别是当 $n=3$ 时有

$$\boldsymbol{A}^3 - \mathrm{I}_A\boldsymbol{A}^2 + \mathrm{II}_A\boldsymbol{A} - \mathrm{III}_A\boldsymbol{I} = \boldsymbol{0} \tag{1-8a}$$

由式(1-5b)得 $n=2$ 时有

$$\boldsymbol{A}^2 - (\mathrm{tr}\,\boldsymbol{A})\boldsymbol{A} + (\det\boldsymbol{A})\boldsymbol{I} = \boldsymbol{0} \tag{1-8b}$$

式(1-8a)中

$$\left.\begin{aligned} &\mathrm{I}_A = \mathrm{tr}\,\boldsymbol{A} = A_{ii} = \lambda_1 + \lambda_2 + \lambda_3 \\ &\mathrm{II}_A = \frac{1}{2}[(\mathrm{tr}\,\boldsymbol{A})^2 - \mathrm{tr}\,\boldsymbol{A}^2] = \frac{1}{2}(A_{ii}A_{jj} - A_{ij}A_{ji}) = \lambda_1\lambda_2 + \lambda_2\lambda_3 + \lambda_3\lambda_1 \\ &\mathrm{III}_A = \det\boldsymbol{A} = \frac{1}{3}\left[\mathrm{tr}\,\boldsymbol{A}^3 - \frac{3}{2}\mathrm{tr}\,\boldsymbol{A}^2\,\mathrm{tr}\,\boldsymbol{A} + \frac{1}{2}(\mathrm{tr}\,\boldsymbol{A})^3\right] = \lambda_1\lambda_2\lambda_3 \end{aligned}\right\} \tag{1-9}$$

式中,重复指标①表示求和,如 $A_{i3}A_{i3} = A_{13}A_{13} + A_{23}A_{23} + A_{33}A_{33}$。

1.3.2 厄米矩阵和实对称矩阵

对于厄米矩阵,其本征值为实数,所有相异本征值对应的本征矢量相互正交,对于具有不同本征矢量的相重本征值也可构造相互正交的本征矢量。现在来证明这一定理。

(1) 设 n 阶厄米矩阵 $\boldsymbol{A}$ 具有相异的本征值。先设 λ_α 为复数,$\bar{\lambda}_\alpha$ 为其共轭值,相应的本征矢量分别为 $\boldsymbol{u}_\alpha$ 和 $\bar{\boldsymbol{u}}_\alpha$。由式(1-3)得

$$A\boldsymbol{u}_\alpha = \lambda_{\underline{\alpha}}\boldsymbol{u}_\alpha \tag{1-10a}$$

本书中采用重复指标表示求和的规则,但在指标下方加一短横"-",则表示该指标不参与求和。因此式(1-10a)中 $\lambda_{\underline{\alpha}}\boldsymbol{u}_\alpha$ 不表示求和,只单纯表示 $\lambda_{\underline{\alpha}}$ 是和 $\boldsymbol{u}_\alpha$ 对应的本征值。转置式(1-10a)再取其共轭值,计及 $\boldsymbol{A} = \bar{\boldsymbol{A}}^{\mathrm{T}}$ 便得

$$\bar{\boldsymbol{u}}_\alpha^{\mathrm{T}}\boldsymbol{A} = \bar{\lambda}_{\underline{\alpha}}\,\bar{\boldsymbol{u}}_\alpha^{\mathrm{T}} \tag{1-10b}$$

以 $\bar{\boldsymbol{u}}_\alpha^{\mathrm{T}}$ 左乘式(1-10a),以 $\boldsymbol{u}_\alpha$ 右乘式(1-10b),然后两式相减得

$$(\lambda_\alpha - \bar{\lambda}_\alpha)\,\bar{\boldsymbol{u}}_{\underline{\alpha}}^{\mathrm{T}}\boldsymbol{u}_{\underline{\alpha}} = 0$$

因 $\boldsymbol{u}_\alpha$ 是非平凡解,不为零,由此推出 $\lambda_\alpha = \bar{\lambda}_\alpha$,即 λ_α 是实数。以 $\bar{\boldsymbol{u}}_\beta^{\mathrm{T}}$ 左乘式(1-10a)得

$$\bar{\boldsymbol{u}}_\beta^{\mathrm{T}}\boldsymbol{A}\boldsymbol{u}_\alpha = \lambda_{\underline{\alpha}}\bar{\boldsymbol{u}}_\beta^{\mathrm{T}}\boldsymbol{u}_\alpha \tag{1-11a}$$

同样,对于 $\lambda_\beta \neq \lambda_\alpha$ 可写出

$$\bar{\boldsymbol{u}}_\alpha^{\mathrm{T}}\boldsymbol{A}\boldsymbol{u}_\beta = \lambda_{\underline{\beta}}\,\bar{\boldsymbol{u}}_\alpha^{\mathrm{T}}\boldsymbol{u}_\beta$$

转置上式后再取共轭值便得

$$\bar{\boldsymbol{u}}_\beta^{\mathrm{T}}\boldsymbol{A}\boldsymbol{u}_\alpha = \bar{\lambda}_{\underline{\beta}}\,\bar{\boldsymbol{u}}_\beta^{\mathrm{T}}\boldsymbol{u}_\alpha \tag{1-11b}$$

① 无特定,表达式的某一单项式之中出现且仅出现2次的下标,也可称为哑指标,需要遍历求和。

从式(1-11a)减去式(1-11b)并计及 $\bar{\lambda}_\beta=\lambda_\beta$，得

$$(\lambda_\alpha-\lambda_\beta)\bar{\boldsymbol{u}}_\beta^{\mathrm{T}}\boldsymbol{u}_\alpha=0 \tag{1-11c}$$

由于已设 $\lambda_\alpha\neq\lambda_\beta$，所以 $\bar{\boldsymbol{u}}_\beta^{\mathrm{T}}\boldsymbol{u}_\alpha=0$，即 $\boldsymbol{u}_\alpha$ 和 $\boldsymbol{u}_\beta$ 两个矢量在复欧氏空间(酉空间)正交。我们可以适当选择比例因子,使本征矢量规范化或归一化,即

$$\boldsymbol{u}_\beta^{\mathrm{T}}\boldsymbol{u}_\alpha=\delta_{\alpha\beta} \tag{1-12}$$

式中，$\delta_{\alpha\beta}$ 为克罗内克(Kronecker) δ，当 $\alpha=\beta$ 时 $\delta_{\alpha\beta}=1$，$\alpha\neq\beta$ 时 $\delta_{\alpha\beta}=0$。

(2) 设 $\boldsymbol{A}$ 的本征值集合中有两个相同,如 $\lambda_1=\lambda_2$，且重根 λ_1 存在两个独立的本征矢量 $\boldsymbol{u}_1$ 和 $\boldsymbol{u}_2$ (半退化情形),则有

$$\boldsymbol{A}\boldsymbol{u}_1=\lambda_1\boldsymbol{u}_1 \quad \boldsymbol{A}\boldsymbol{u}_2=\lambda_2\boldsymbol{u}_2=\lambda_1\boldsymbol{u}_2$$

从而对任意的纯量 α 和 β 有

$$\boldsymbol{A}(\alpha\boldsymbol{u}_1+\beta\boldsymbol{u}_2)=\lambda_1(\alpha\boldsymbol{u}_1+\beta\boldsymbol{u}_2)$$

即 $\boldsymbol{u}_1$ 和 $\boldsymbol{u}_2$ 所在平面内的任意一矢量都是本征矢量,因此总可以任选一对正交的本征矢量为 $\boldsymbol{u}_1$ 和 $\boldsymbol{u}_2$，使式(1-12)仍然成立。显然对三重根等有同样的情况;特别是当 λ 为 n 重根且有 n 个独立本征矢量时,可选任意一组正交归一化矢量作为本征矢量,此时对应的 $\boldsymbol{A}$ 称为球形张量。对独立本征矢量的个数少于本征值重数的退化情形需另外讨论,可参看有关书籍。

现进一步证明,若 $\boldsymbol{A}$ 是正定的厄米矩阵,那么其本征值均为正实数。所谓正定矩阵是指对任意一矢量 v 恒有

$$\boldsymbol{v}^{\mathrm{T}}\boldsymbol{A}\boldsymbol{v}>0,\text{当 }\boldsymbol{v}\neq\boldsymbol{0}\text{ 时} \tag{1-13}$$

证明如下:设 $\boldsymbol{u}_\alpha$ 为 $\boldsymbol{A}$ 的一个正交归一化本征矢量,引进由 $\boldsymbol{u}_\alpha$ 组成的 $n\times n$ 阶矩阵 $\boldsymbol{P}$，使 $\boldsymbol{P}^{\mathrm{T}}=[\boldsymbol{u}_1,\ \boldsymbol{u}_2,\ \cdots,\ \boldsymbol{u}_n]$。把 v 用归一化本征矢量展开(谱分解),即令 $\boldsymbol{v}=\boldsymbol{P}^{\mathrm{T}}\boldsymbol{w}$，$\boldsymbol{w}=[\boldsymbol{w}_1,\ \boldsymbol{w}_2,\ \cdots,\ \boldsymbol{w}_n]^{\mathrm{T}}$ 为展开式的常量系数列阵,从而由正定性条件得

$$\bar{\boldsymbol{v}}^{\mathrm{T}}\boldsymbol{A}\boldsymbol{v}=\bar{\boldsymbol{w}}^{\mathrm{T}}\bar{\boldsymbol{P}}\boldsymbol{A}\boldsymbol{P}^{\mathrm{T}}\boldsymbol{w}=\lambda_1w_1\bar{w}_1+\lambda_2w_2\bar{w}_2+\cdots+\lambda_nw_n\bar{w}_n>0$$

因 $\bar{\boldsymbol{P}}\boldsymbol{A}\boldsymbol{P}^{\mathrm{T}}=\mathrm{diag}[\lambda_1,\ \lambda_2,\ \cdots,\ \lambda_n]$，是对角矩阵。由于 $w_k\bar{w}_k>0$，所以由上式推知，λ_1，λ_2，$\cdots$，λ_n 全部大于零。

上面有关厄米矩阵的本征值与本征矢量的理论,全部适用于实对称矩阵,而且在全部公式中,任意一变量的共轭变量便是其自身。

1.3.3 可以转化两个矩阵同时为对角矩阵的理论

设 $\boldsymbol{A}$ 为 n 阶实正定矩阵，$\boldsymbol{B}$ 为 n 阶实对称矩阵,则必存在一 n 阶非奇异矩阵,使

$$\boldsymbol{P}^{\mathrm{T}}\boldsymbol{A}\boldsymbol{P}=\boldsymbol{I} \quad \boldsymbol{P}^{\mathrm{T}}\boldsymbol{B}\boldsymbol{P}=\mathrm{diag}[\lambda_1,\ \lambda_2,\ \cdots,\ \lambda_n] \tag{1-14}$$

式中，λ_k，$k=1,\ 2,\ \cdots,\ n$ 是 $|\lambda\boldsymbol{A}-\boldsymbol{B}|=0$ 的 n 个实根。

证明如下:因 $\boldsymbol{A}$ 是实正定矩阵,所以必存在一非奇异实阵 $\boldsymbol{M}$，使 $\boldsymbol{M}^{\mathrm{T}}\boldsymbol{A}\boldsymbol{M}=\boldsymbol{I}$；又因 $\boldsymbol{B}$ 是实对称阵,所以 $\boldsymbol{M}^{\mathrm{T}}\boldsymbol{B}\boldsymbol{M}$ 也是实对称的,故必存在一正交阵 $\boldsymbol{Q}$，使 $\boldsymbol{M}^{\mathrm{T}}\boldsymbol{B}\boldsymbol{M}$ 对角化,即

$$\boldsymbol{Q}^{\mathrm{T}}\boldsymbol{M}^{\mathrm{T}}\boldsymbol{BMQ}=\mathrm{diag}[\lambda_1, \lambda_2, \cdots, \lambda_n]$$

其中,$\lambda_1, \lambda_2, \cdots, \lambda_n$ 是 $\boldsymbol{M}^{\mathrm{T}}\boldsymbol{BM}$ 的实本征值。若令 $\boldsymbol{P}=\boldsymbol{MQ}$,则有 $\boldsymbol{P}^{\mathrm{T}}\boldsymbol{BP}=\mathrm{diag}[\lambda_1, \lambda_2, \cdots, \lambda_n]$;因 $\boldsymbol{Q}$ 是正交阵,故 $\boldsymbol{Q}^{\mathrm{T}}=\boldsymbol{Q}^{-1}$,所以 $\boldsymbol{P}^{\mathrm{T}}\boldsymbol{AP}$ 和 $\boldsymbol{M}^{\mathrm{T}}\boldsymbol{AM}$ 是相似阵,两者有相同的本征值,即 $\boldsymbol{P}^{\mathrm{T}}\boldsymbol{AP}=\boldsymbol{I}$。又因

$$\boldsymbol{P}^{\mathrm{T}}(\lambda\boldsymbol{A}-\boldsymbol{B})\boldsymbol{P}=\mathrm{diag}[\lambda-\lambda_1, \lambda-\lambda_2, \cdots, \lambda-\lambda_n]$$

所以 λ_k 是 $|\lambda\boldsymbol{A}-\boldsymbol{B}|=0$ 的根。

1.4 欧氏空间直角坐标系中的矢量与张量代数

1.4.1 置换符号与行列式的值

置换符号 $\boldsymbol{e}$ 是三指标的符号,又称为排列符号、交错符号,定义为

$$e_{klm}=\begin{cases}1, & k, l, m \text{ 为顺序 } 1, 2, 3 \text{ 的偶置换} \\ -1, & k, l, m \text{ 为顺序 } 1, 2, 3 \text{ 的奇置换} \\ 0, & \text{所有其他情形}\end{cases} \tag{1-15}$$

因此,名义上 e_{klm} 有 27 个分量,但只有 6 个不为零,即

$$e_{123}=e_{231}=e_{312}=1 \quad e_{213}=e_{132}=e_{321}=-1。$$

排列符号 $\boldsymbol{e}$ 和克罗内克(Kronecker) δ 函数之间存在下列关系:

$$e_{ijk}=\begin{vmatrix}\delta_{i1} & \delta_{i2} & \delta_{i3} \\ \delta_{j1} & \delta_{j2} & \delta_{j3} \\ \delta_{k1} & \delta_{k2} & \delta_{k3}\end{vmatrix} \quad e_{ijk}e_{pqr}=\begin{vmatrix}\delta_{ip} & \delta_{iq} & \delta_{ir} \\ \delta_{jp} & \delta_{jq} & \delta_{jr} \\ \delta_{kp} & \delta_{kq} & \delta_{kr}\end{vmatrix} \tag{1-16}$$

$$e_{ijk}e_{kqr}=\delta_{iq}\delta_{jr}-\delta_{ir}\delta_{jq} \quad e_{ijk}e_{rjk}=2\delta_{ir}$$

利用 $\boldsymbol{e}$,二阶行列式 $|\boldsymbol{A}|=|A_{kl}|=j$ 可以写成

$$j=|\boldsymbol{A}|=\frac{1}{6}e_{klm}e_{rst}A_{kr}A_{ls}A_{mt}=e_{klm}A_{1k}A_{2l}A_{3m} \tag{1-17a}$$

令 A_{ij}^{-1} 是 $\boldsymbol{A}$ 的逆矩阵 $\boldsymbol{A}^{-1}$ 的元素,则

$$\partial j/\partial A_{kr}=jA_{kr}^{-1}=A_{kr} \text{ 的代数余子式} \tag{1-17b}$$

1.4.2 直角坐标系中的矢量与张量表示

图 1-1 表示欧氏空间中的直角坐标系与矢量。引入基矢 $\boldsymbol{i}_k$,$\boldsymbol{i}_k$ 是在 Ox_k 坐标轴方向的单位矢量。定义基矢的点积或纯量积为

$$\boldsymbol{i}_k\cdot\boldsymbol{i}_l=\delta_{kl} \tag{1-18}$$

定义基矢的矢量积或叉积为

$$\boldsymbol{i}_k \times \boldsymbol{i}_l = e_{klm}\boldsymbol{i}_m \tag{1-19}$$

定义二阶张量的基张量为 $\boldsymbol{i}_k \otimes \boldsymbol{i}_i$，其中记号“$\otimes$”表示张量积，用作并矢符号；高阶张量的基张量可类似定义。在本节中，我们用黑斜体小写英文字母，如 $\boldsymbol{u}$、$\boldsymbol{v}$ 和 $\boldsymbol{w}$ 等表示矢量，用黑斜体大写英文字母，如 $\boldsymbol{T}$、$\boldsymbol{S}$ 和 $\boldsymbol{W}$ 等表示张量。

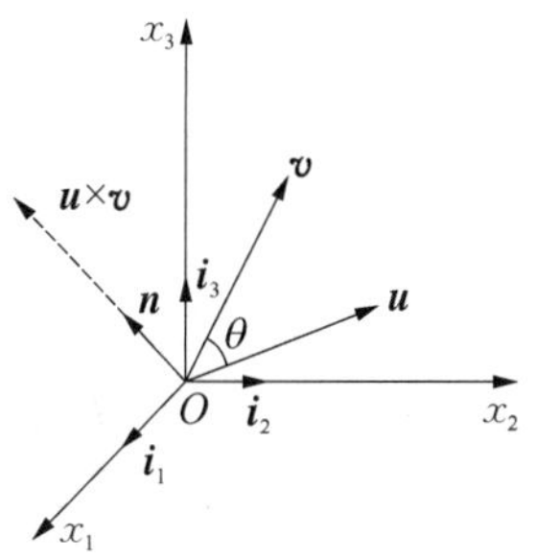

图 1-1 欧氏空间中的直角坐标系

设 $\boldsymbol{u}$、$\boldsymbol{v}$ 为矢量，在直角坐标系中可表示为

$$\left.\begin{aligned}\boldsymbol{u} = u_k\boldsymbol{i}_k = |\boldsymbol{u}|\alpha_k\boldsymbol{i}_k \quad \alpha_k = u_k/|\boldsymbol{u}| \\ \boldsymbol{v} = v_l\boldsymbol{i}_l = |\boldsymbol{v}|\beta_i\boldsymbol{i}_l \quad \beta_l = v_l/|\boldsymbol{v}|\end{aligned}\right\} \tag{1-20}$$

式中，α_k、β_l 分别为 $\boldsymbol{u}$、$\boldsymbol{v}$ 的方向余弦。点积或内积

$$\boldsymbol{u}\cdot\boldsymbol{v} = u_k v_k = |\boldsymbol{u}||\boldsymbol{v}|\cos\theta \tag{1-21}$$

式中，θ 为 $\boldsymbol{u}$、$\boldsymbol{v}$ 之间的夹角，$\cos\theta = \alpha_k\beta_k$。 矢量积或叉积

$$\boldsymbol{u}\times\boldsymbol{v} = u_k v_l\boldsymbol{i}_k\times\boldsymbol{i}_l = e_{klm}u_k v_l\boldsymbol{i}_m = e_{klm}|\boldsymbol{u}||\boldsymbol{v}|\alpha_k\beta_i\boldsymbol{i}_m = |\boldsymbol{u}||\boldsymbol{v}|\sin\theta\boldsymbol{n} \tag{1-22}$$

式(1-22)已应用了关系

$$\sin\theta\boldsymbol{n} = e_{klm}\alpha_k\beta_l\boldsymbol{i}_m \tag{1-23}$$

而 $\boldsymbol{n}$ 为由 $\boldsymbol{u}$ 转到 $\boldsymbol{v}$，按右螺旋法则决定的垂直于 $\boldsymbol{u}$ 和 $\boldsymbol{v}$ 的单位矢量。

由式(1-22)还可推出 $e_{klm} = \boldsymbol{i}_k\cdot(\boldsymbol{i}_i\times\boldsymbol{i}_m)$。 利用基张量，二阶张量可表示为

$$\boldsymbol{T} = T_{kt}\boldsymbol{i}_k\otimes\boldsymbol{i}_l \tag{1-24}$$

T_{kl} 称为张量 $\boldsymbol{T}$ 的分量。用符号 $\boldsymbol{T}$ 表示张量是一种直接记法或张量符号法，这一记法的优点是排除了处理坐标的麻烦。用张量的分量 T_{kl} 来表示张量，往往有利于代数运算；$T_{kl}\boldsymbol{i}_k\otimes\boldsymbol{i}_l$ 为并矢记法，对初学者很方便。本书将同时采用这三种记法。顺便指出，两个矢量 $\boldsymbol{u}$ 和 $\boldsymbol{v}$ 的张量积可以形成二阶张量，即 $\boldsymbol{u}\otimes\boldsymbol{v} = u_k v_l\boldsymbol{i}_k\otimes\boldsymbol{i}_i$；但应注意，两个矢量只有 6 个独立分量，而二阶张量有 9 个独立分量，因而并非每个二阶张量均可由两个矢量的张量积得出。单位张量 $\boldsymbol{I}$ 和直角坐标系中的伪置换张量 $\boldsymbol{e}$ 可定义成(参见 1.4.4 节)

$$\boldsymbol{I} = \delta_{kl}\boldsymbol{i}_k\otimes\boldsymbol{i}_l \quad \boldsymbol{e} = e_{klm}\boldsymbol{i}_k\otimes\boldsymbol{i}_l\otimes\boldsymbol{i}_m \tag{1-25}$$

上述二阶张量的定义可很容易地推广到任意阶张量。设 $\boldsymbol{T}$ 为 m 阶张量，$\boldsymbol{S}$ 为 n 阶张量，则有

$$\left.\begin{aligned}&\boldsymbol{T} = T_{k_1k_2\cdots k_m}\boldsymbol{i}_{k_1}\otimes\boldsymbol{i}_{k_2}\otimes\cdots\otimes\boldsymbol{i}_{k_m} \\ &\boldsymbol{S} = S_{l_1l_2\cdots l_n}\boldsymbol{i}_{l_1}\otimes\boldsymbol{i}_{l_2}\cdots\otimes\boldsymbol{i}_{l_n} \\ &\boldsymbol{T}\otimes\boldsymbol{S} = T_{k_1k_2\cdots k_m}S_{l_1l_2\cdots l_n}\cdot\boldsymbol{i}_{k_1}\otimes\boldsymbol{i}_{k_2}\otimes\cdots\otimes\boldsymbol{i}_{k_m}\otimes\boldsymbol{i}_{l_1}\otimes\cdots\otimes\boldsymbol{i}_{l_n}\end{aligned}\right\} \tag{1-26}$$

式中，$\boldsymbol{i}_{k_1}\otimes\boldsymbol{i}_{k_2}\otimes\cdots\otimes\boldsymbol{i}_{k_m}$ 为 m 阶的基张量。利用上述张量的定义，易于定义矢量和张量、张量和张量间的点积，即

$$\left.\begin{aligned}&\boldsymbol{u}\cdot\boldsymbol{T} = u_k\boldsymbol{i}_k\cdot T_{lm}\boldsymbol{i}_l\otimes\boldsymbol{i}_m = u_k T_{km}\boldsymbol{i}_m \\ &\boldsymbol{T}\cdot\boldsymbol{S} = T_{kl}\boldsymbol{i}_k\otimes\boldsymbol{i}_l\cdot S_{mn}\boldsymbol{i}_m\otimes\boldsymbol{i}_n = T_{kl}S_{ln}\boldsymbol{i}_k\otimes\boldsymbol{i}_n \\ &\boldsymbol{u}\cdot\boldsymbol{T}\cdot\boldsymbol{v} = (\boldsymbol{u}\cdot\boldsymbol{T})\cdot\boldsymbol{v} = \boldsymbol{u}\cdot(\boldsymbol{T}\cdot\boldsymbol{v}) \quad \boldsymbol{u}\cdot(\boldsymbol{v}\cdot\boldsymbol{w}) = (\boldsymbol{u}\otimes\boldsymbol{v})\cdot\boldsymbol{w}\end{aligned}\right\} \tag{1-27}$$

定义双点积为

$$
\left.\begin{aligned}
\boldsymbol{T}:\boldsymbol{S}&=(T_{kl}\boldsymbol{i}_k\otimes\boldsymbol{i}_l):(S_{mn}\boldsymbol{i}_m\otimes\boldsymbol{i}_n)\\
&=T_{kl}S_{mn}(\boldsymbol{i}_k\cdot\boldsymbol{i}_m)(\boldsymbol{i}_l\cdot\boldsymbol{i}_n)\\
&=T_{kl}S_{mn}\delta_{km}\delta_{ln}=T_{kl}S_{kl}\\
\boldsymbol{T}\cdot\cdot\boldsymbol{S}&=T_{kl}S_{mn}(\boldsymbol{i}_l\cdot\boldsymbol{i}_m)(\boldsymbol{i}_k\cdot\boldsymbol{i}_n)=T_{kl}S_{lk}
\end{aligned}\right\}\tag{1-28}
$$

但也有些学者把 $\boldsymbol{T}:\boldsymbol{S}$ 定义成与本处的 $\boldsymbol{T}\cdot\cdot\boldsymbol{S}$ 相同。

矢量和张量、张量和张量之间的叉积可表示为

$$
\left.\begin{aligned}
&\boldsymbol{T}\times\boldsymbol{u}=T_{kl}\boldsymbol{i}_k\otimes\boldsymbol{i}_l\times u_m\boldsymbol{i}_m=T_{kl}u_m\boldsymbol{i}_k\otimes(\boldsymbol{i}_l\times\boldsymbol{i}_m)=T_{kl}u_m e_{lmn}\boldsymbol{i}_k\otimes\boldsymbol{i}_n\\
&\boldsymbol{T}\times\boldsymbol{S}=T_{kl}\boldsymbol{i}_k\otimes\boldsymbol{i}_l\times S_{mn}\boldsymbol{i}_m\otimes\boldsymbol{i}_n=T_{kl}S_{mn}e_{lmr}\boldsymbol{i}_k\otimes\boldsymbol{i}_r\otimes\boldsymbol{i}_n\\
&\boldsymbol{u}\times\boldsymbol{T}\times\boldsymbol{v}=(\boldsymbol{u}\times\boldsymbol{T})\times\boldsymbol{v}=\boldsymbol{u}\times(\boldsymbol{T}\times\boldsymbol{v})\\
&\boldsymbol{u}\times(\boldsymbol{v}\times\boldsymbol{T})=\boldsymbol{v}\otimes(\boldsymbol{u}\cdot\boldsymbol{T})-(\boldsymbol{u}\cdot\boldsymbol{v})\boldsymbol{T}\\
&(\boldsymbol{u}\times\boldsymbol{v})\cdot\boldsymbol{T}=\boldsymbol{u}\cdot(\boldsymbol{v}\times\boldsymbol{T})=-\boldsymbol{v}\cdot(\boldsymbol{u}\times\boldsymbol{T})
\end{aligned}\right\}\tag{1-29}
$$

如张量 $\boldsymbol{S}$ 有逆,记为 $\boldsymbol{S}^{-1}$,其定义为

$$
\boldsymbol{S}\cdot\boldsymbol{S}^{-1}=S_{kl}\boldsymbol{i}_k\otimes\boldsymbol{i}_l\cdot S_{pq}^{-1}\boldsymbol{i}_p\otimes\boldsymbol{i}_q=S_{kl}S_{lq}^{-1}\boldsymbol{i}_k\otimes\boldsymbol{i}_q=\delta_{kq}\boldsymbol{i}_k\otimes\boldsymbol{i}_q=\boldsymbol{I}\tag{1-30}
$$

张量 $\boldsymbol{S}$ 的转置记为 $\boldsymbol{S}^{\mathrm{T}}$,则有

$$
\boldsymbol{S}=S_{kl}\boldsymbol{i}_k\otimes\boldsymbol{i}_l\quad \boldsymbol{S}^{\mathrm{T}}=S_{kl}\boldsymbol{i}_l\otimes\boldsymbol{i}_k=S_{lk}\boldsymbol{i}_k\otimes\boldsymbol{i}_l\tag{1-31}
$$

如 $\boldsymbol{S}=\boldsymbol{S}^{\mathrm{T}}$,则称 $\boldsymbol{S}$ 为对称张量;如 $\boldsymbol{S}=-\boldsymbol{S}^{\mathrm{T}}$,则称 $\boldsymbol{S}$ 为反对称张量,反对称张量可用轴矢量 $\boldsymbol{\omega}$ 表示:

$$
\boldsymbol{S}\boldsymbol{x}=\boldsymbol{\omega}\times\boldsymbol{x}
$$

或

$$
\boldsymbol{\omega}=-\frac{1}{2}\boldsymbol{e}:\boldsymbol{S}=-\frac{1}{2}e_{klm}S_{lm}\boldsymbol{i}_k\quad S_{lm}=-e_{klm}\omega_k\tag{1-32}
$$

式(1-32)与一些文献的定义差一负号,但该式在讨论旋率时较为方便。

利用张量的并矢记法,可直接证明

$$
(\boldsymbol{T}\cdot\boldsymbol{S})^{\mathrm{T}}=\boldsymbol{S}^{\mathrm{T}}\cdot\boldsymbol{T}^{\mathrm{T}}\quad(\boldsymbol{T}\cdot\boldsymbol{S})^{-1}=\boldsymbol{S}^{-1}\cdot\boldsymbol{T}^{-1}\quad(\boldsymbol{T}^{-1})^{\mathrm{T}}=(\boldsymbol{T}^{\mathrm{T}})^{-1}=\boldsymbol{T}^{-\mathrm{T}}\tag{1-33}
$$

1.4.3 张量和矩阵记法的比较

表 1-1 给出张量和矩阵记法的例子,其中 ϕ 为纯量,$\boldsymbol{u}$、$\boldsymbol{v}$、$\boldsymbol{w}$ 为矢量,其余记号为张量。

表 1-1 张量和矩阵的某些记法比较

张量符号法	张量分量法	矩阵记法
$\phi=\boldsymbol{u}\cdot\boldsymbol{v}$ $\boldsymbol{T}=\boldsymbol{u}\otimes\boldsymbol{v}$	$\phi=u_k v_k$ $T_{kl}=u_k v_l$	$\phi=\boldsymbol{u}^{\mathrm{T}}\boldsymbol{v}$ $\boldsymbol{T}=\boldsymbol{u}\boldsymbol{v}^{\mathrm{T}}$

续 表

张量符号法	张量分量法	矩阵记法
$\boldsymbol{w} = \boldsymbol{T} \cdot \boldsymbol{u}$	$w_k = T_{kl}\boldsymbol{u}_l$	$\boldsymbol{w} = \boldsymbol{Tu}$
$\boldsymbol{w} = \boldsymbol{T}^{\mathrm{T}} \cdot \boldsymbol{u} = \boldsymbol{u} \cdot \boldsymbol{T}$	$w_k = T_{lk}u_l$	$\boldsymbol{w} = \boldsymbol{T}^{\mathrm{T}}\boldsymbol{u}$
$\boldsymbol{w} = \boldsymbol{u} \cdot \boldsymbol{T}$	$w_k = u_l T_u$	$\boldsymbol{w}^{\mathrm{T}} = \boldsymbol{u}^{\mathrm{T}}\boldsymbol{T}$
$\phi = (\boldsymbol{T} \cdot \boldsymbol{u}) \cdot \boldsymbol{v} = \boldsymbol{u} \cdot (\boldsymbol{T}^{\mathrm{T}} \cdot \boldsymbol{v})$	$\phi = T_{kl}u_l v_k$	$\phi = \boldsymbol{v}^{\mathrm{T}}\boldsymbol{Tu}$
$\phi = \boldsymbol{u} \cdot \boldsymbol{T} \cdot \boldsymbol{v}$	$\phi = T_{kl}u_k v_l$	$\phi = \boldsymbol{u}^{\mathrm{T}}\boldsymbol{Tv}$
$\boldsymbol{W} = \boldsymbol{T} \cdot \boldsymbol{S}$	$W_{kl} = T_{km}S_{ml}$	$\boldsymbol{W} = \boldsymbol{TS}$
$\boldsymbol{W} = \boldsymbol{T} \cdot \boldsymbol{S}^{\mathrm{T}}$	$W_{kl} = T_{km}S_{lm}$	$\boldsymbol{W} = \boldsymbol{TS}^{\mathrm{T}}$
$\phi = \boldsymbol{T} : \boldsymbol{S}$	$\phi = T_{kl}S_{kl}$	$\phi = \mathrm{tr}(\boldsymbol{TS}^{\mathrm{T}})$
$\phi = \boldsymbol{T} : \boldsymbol{S}$	$\phi = T_{kl}S_{kl}$	$\phi = \mathrm{tr}(\boldsymbol{TS}^{\mathrm{T}})$
$\phi = \boldsymbol{I} : \boldsymbol{S}$	$\phi = \delta_{kl}S_{lk} = S_{kk}$	$\phi = \mathrm{tr}\,\boldsymbol{S}$
$\boldsymbol{\sigma} = \boldsymbol{K} : \boldsymbol{\varepsilon}$	$\sigma_{kl} = K_{klmn}\varepsilon_{mn}$	
$\boldsymbol{w} = \boldsymbol{u} \times \boldsymbol{v}$	$w_m = e_{klm}u_k v_l$	
$\boldsymbol{W} = \boldsymbol{T} \times \boldsymbol{u}$	$\boldsymbol{W}_{kn} = e_{lmn}T_{kl}u_m$	
$\boldsymbol{W} = \boldsymbol{T} \times \boldsymbol{S}$	$W_{krn} = e_{lmr}T_{kl}S_{mn}$	
$\boldsymbol{t} = (\boldsymbol{u} \otimes \boldsymbol{v}) \cdot \boldsymbol{w} = (\boldsymbol{v} \cdot \boldsymbol{w}) \cdot \boldsymbol{u}$	$t_k = u_k v_l w_l$	
$\boldsymbol{T} = (\boldsymbol{u} \otimes \boldsymbol{v})^{\mathrm{T}} = \boldsymbol{v} \otimes \boldsymbol{u}$	$T_{kl} = u_k v_l$	

注：表中 $\mathrm{tr}(\boldsymbol{TS}^{\mathrm{T}})$，表示 $\boldsymbol{TS}^{\mathrm{T}}$ 的迹。

在本书中，张量和矩阵均用黑体字母表示。由于二阶张量和二阶方阵或矢量与列矩阵的分量是相同的，又由表 1-1 知，对二阶张量或二阶方阵 $\boldsymbol{A}$ 和 $\boldsymbol{B}$，矢量或一阶矩阵 $\boldsymbol{u}$；$\boldsymbol{A} \cdot \boldsymbol{B}$ 和 $\boldsymbol{AB}$ 或 $\boldsymbol{A} \cdot \boldsymbol{u}$ 和 $\boldsymbol{Au}$ 的分量是相同的，因此这些情况，对于张量相乘，本书同时采用 $\boldsymbol{A} \cdot \boldsymbol{B}$、$\boldsymbol{A} \cdot \boldsymbol{u}$ 或 $\boldsymbol{AB}$、$\boldsymbol{Au}$ 表示，其他仍用标准记法，请读者注意。

1.4.4 坐标变换

设欧氏空间中有新老坐标系 $O\bar{x}_1\bar{x}_2\bar{x}_3$ 和 $Ox_1x_2x_3$，它们有共同的原点 O，基矢分别为 $\boldsymbol{i}_k$ 和 $\bar{\boldsymbol{i}}_l$（见图 1-2），Ox_k 和 $O\bar{x}_l$ 坐标轴夹角的方向余弦为

$$\left.\begin{aligned} Q_{kl} &= \bar{\boldsymbol{i}}_k \cdot \boldsymbol{i}_l = \boldsymbol{i}_l \cdot \bar{\boldsymbol{i}}_k \\ \boldsymbol{Q} &= Q_{kl}\,\bar{\boldsymbol{i}}_k \otimes \boldsymbol{i}_l \\ \bar{\boldsymbol{i}}_k &= Q_{kl}\boldsymbol{i}_l; \\ \boldsymbol{i}_k &= Q_{lk}\,\bar{\boldsymbol{i}}_l \end{aligned}\right\} \tag{1-34}$$

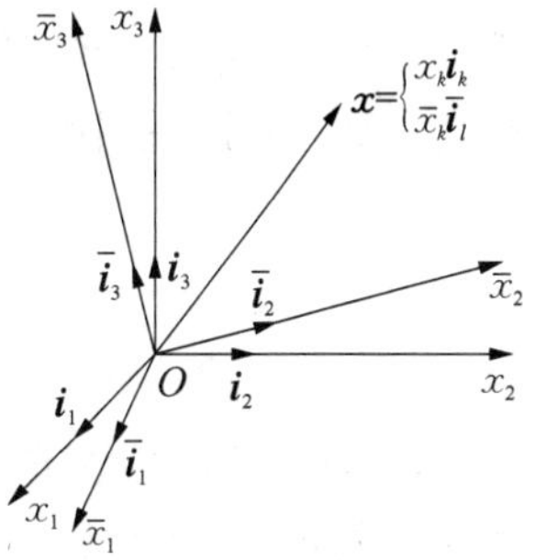

图 1-2 坐标变换

$\boldsymbol{Q}$ 有 9 个分量，一般是非对称的。因为 $\bar{\boldsymbol{i}}_k \cdot \bar{\boldsymbol{i}}_l = \delta_{kl}$，所以由式(1-34)得

$$\bar{\boldsymbol{i}}_k \cdot \bar{\boldsymbol{i}}_l = Q_{km}\boldsymbol{i}_m \cdot Q_{ln}\boldsymbol{i}_n = Q_{km}Q_{ln}\boldsymbol{i}_m \cdot \boldsymbol{i}_n = Q_{km}Q_{lm}$$

或

$$Q_{km}Q_{lm} = \delta_{kl} \tag{1-35a}$$

根据 $\boldsymbol{i}_l = Q_k \bar{\boldsymbol{i}}_k$，同理可得

$$Q_{kl}Q_{km} = \delta_{lm} \tag{1-35b}$$

或用张量符号记成

$$\boldsymbol{Q} \cdot \boldsymbol{Q}^{\mathrm{T}} = \boldsymbol{Q}^{\mathrm{T}} \cdot \boldsymbol{Q} = \boldsymbol{I} \tag{1-35c}$$

或用矩阵符号记成(按前面的约定，本书也用来代表张量符号记法)

$$\boldsymbol{Q}\boldsymbol{Q}^{\mathrm{T}} = \boldsymbol{Q}^{\mathrm{T}}\boldsymbol{Q} = \boldsymbol{I} \tag{1-35d}$$

式(1-34)和式(1-35)表明 $\boldsymbol{Q}$ 是正交张量，或是归一化正交矩阵。若 $\det(\boldsymbol{Q})=1$，则称 $\boldsymbol{Q}$ 为正常正交阵，坐标轴的旋转属于这一情形；若 $\det(\boldsymbol{Q})=-1$，则称 $\boldsymbol{Q}$ 为非正常正交阵，坐标轴旋转后，再做对某一坐标面的反射变换，或称为从右手坐标系转换到左手坐标系。

坐标变换时有 $\boldsymbol{u} = u_k \boldsymbol{i}_k = \bar{u}_k \bar{\boldsymbol{i}}_k$，利用式(1-34)可得

$$\left.\begin{aligned} \bar{u}_k &= Q_{kl}u_l \quad \bar{\boldsymbol{u}} = \boldsymbol{Q} \cdot \boldsymbol{u} \quad \bar{\boldsymbol{u}} = Q\boldsymbol{u} \\ u_k &= Q_k \bar{u}_l \quad \boldsymbol{u} = \boldsymbol{Q}^{\mathrm{T}} \cdot \bar{\boldsymbol{u}} \quad \boldsymbol{u} = Q^{\mathrm{T}} \bar{\boldsymbol{u}} \end{aligned}\right\} \tag{1-36}$$

在式(1-36)的张量符号记法中应当注意，$\boldsymbol{u}$ 和 $\bar{\boldsymbol{u}}$ 是同一个矢量，但强调 $\boldsymbol{u}$ 是用 $Ox_1x_2x_3$ 坐标系中的分量 u_k 表示的，而 $\bar{\boldsymbol{u}}$ 用 $O\bar{x}_1\bar{x}_2\bar{x}_3$ 中的分量 $\bar{\boldsymbol{u}}_k$ 表示。$\boldsymbol{Q}\boldsymbol{u}$ 表示从 u_k 到 $\bar{u}_k$ 的变换，实际上有

$$\boldsymbol{Q} \cdot \boldsymbol{u} = Q_k \bar{\boldsymbol{i}}_k \otimes \boldsymbol{i}_l \cdot u_m \boldsymbol{i}_{im} = Q_{kl}u_l \bar{\boldsymbol{i}}_k = \bar{u}_k \bar{\boldsymbol{i}}_k$$

类似地，坐标变换时，二阶张量 $\boldsymbol{A} = A_{ki}\boldsymbol{i}_k \otimes \boldsymbol{i}_l = A_{kl} \bar{\boldsymbol{i}}_k \otimes \bar{\boldsymbol{i}}_l$ 有

$$\left.\begin{aligned} \bar{A}_{mn} &= Q_{mk}Q_{nl}A_{kl} \quad \bar{\boldsymbol{A}} = \boldsymbol{Q} \cdot \boldsymbol{A} \cdot \boldsymbol{Q}^{\mathrm{T}} \\ &\qquad\qquad\qquad\quad \bar{\boldsymbol{A}} = \boldsymbol{Q}\boldsymbol{A}\boldsymbol{Q}^{\mathrm{T}} \\ A_{mn} &= Q_{km}Q_{in}\bar{A}_{kl} \quad \boldsymbol{A} = \boldsymbol{Q}^{\mathrm{T}} \cdot \bar{\boldsymbol{A}} \cdot \boldsymbol{Q} \\ &\qquad\qquad\qquad\quad \boldsymbol{A} = Q^{\mathrm{T}}\bar{\boldsymbol{A}}\boldsymbol{Q} \end{aligned}\right\} \tag{1-37}$$

式(1-36)和式(1-37)通常用作矢量和二阶张量的定义，即符合这种变换规律的物理量为矢量或张量，不符合这种变换规律的便不是矢量或张量。类似地可定义更高阶的张量，如

$$\left.\begin{aligned} \bar{A}_{kmn} &= Q_{kp}Q_{mq}Q_{nr}A_{pqr} \\ \bar{A}_{klmn} &= Q_{kp}Q_{lq}Q_{mr}\bar{Q}_{ns}A_{pqrs} \end{aligned}\right\} \tag{1-38}$$

在式(1-25)中称 $\boldsymbol{e}$ 为伪置换张量，因为当坐标系变换时有 $\bar{e}_{ijk} = Q_{ip}Q_{jq}Q_{kr}e_{pqr}$，或 $\bar{e}_{123} = Q_{1p}Q_{2q}Q_{3r}e_{pqr} = \det\boldsymbol{Q}$。$\bar{e}_{231}$、$\bar{e}_{321}$ 等有相同的变换规律。所以为了保持 $\bar{e}_{ijk}$ 仍按式(1-14)取值，必须取用变换公式

$$\bar{e}_{ijk} = Q_{ip}Q_{jq}Q_{kr}e_{pqr}\det\boldsymbol{Q} \tag{1-39}$$

即对于 $\det\boldsymbol{Q}=+1$ 的变换(如旋转变换)，$\boldsymbol{e}$ 服从张量变换规则；对 $\det\boldsymbol{Q}=-1$ 的变换(如反射变换，左手坐标系到右手坐标系的变换或反之)，$\boldsymbol{e}$ 不服从张量变换规则。由式(1-32)知，轴矢量 $\boldsymbol{\omega}$ 是 $\boldsymbol{e}$ 和张量 $\boldsymbol{S}$ 的双点积，故服从变换规则

$$\bar{\boldsymbol{\omega}} = \boldsymbol{Q}\boldsymbol{\omega}\det\boldsymbol{Q} \quad 或 \quad \bar{\omega}_k = Q_{kl}\omega_l\det\boldsymbol{Q} \tag{1-40}$$

即轴矢量是伪矢量。轴矢量的例子有面积矢量、旋转角速度矢量等。式(1-36)给出的是正常矢量或极矢量的变换规则，极矢量服从矢量变换规则，极矢量的例子有位置矢量、位移、速度、加速度、机械力等。区别极矢量和轴矢量的最简便方法如下：当坐标系从右手系转换到左手系或反之时，方向不变的矢量是极矢量，而方向变为与原来相反的矢量便是轴矢量。当只讨论坐标旋转变换时，两种矢量没有差别。

1.4.5　张量的缩并和商法则

对高于二阶的张量，使其下标中的两个相同，这一运算称为缩并，缩并后的量是一个较原张量低二阶的张量，且其中的重复指标表示在指标的取值范围内求和，即采用爱因斯坦(Einstain)求和规则，如 A_{ijk} 中令 $i=j$ 进行缩并便得 $C_k=A_{iik}=A_{11k}+A_{22k}+A_{33k}$，当 i 取值范围为 1, 2, 3 时；易于证明 C_k 为一阶张量即矢量的分量。

判断一个物理量是不是张量，最基本的方法是考察它是否服从坐标转换时的变换规则，如式(1-37)和式(1-38)所示。但在许多情况下可用商法则简单地判断出来。商法则指出，若 $\boldsymbol{S}$ 是 p 阶张量，$\boldsymbol{W}$ 是 q 阶张量，若存在

$$T_{i_1 i_2 \cdots i_{p+q}} S_{i_1 i_2 \cdots i_p} = W_{i_{p+1} \cdots i_{p+q}}$$

那么 $\boldsymbol{T}$ 是 $p+q$ 阶张量。商法则本身的证明依然要用坐标变换时的张量变换规则进行。

1.5　欧氏空间直角坐标系中的矢量与张量分析

1.5.1　微分运算

引入汉密尔顿(Hamilton)或劈形(Nabla)矢量微分算子 ∇：

$$\nabla = \boldsymbol{i}_k\partial(\quad)/\partial x_k = (\quad)_{,k}\boldsymbol{i}_k \tag{1-41}$$

本书规定 ∇ 的运算规则如下：对矢量 ∇ 保持通常矢量分析中的运算规则，即 ∇ 只作用于其后面的量，不作用于其前面的量，但 $(\nabla\cdot\boldsymbol{u})\boldsymbol{v}=u_{k,k}\boldsymbol{v}$ 中的 ∇ 不作用于括号后的量 $\boldsymbol{v}$，而 $(\boldsymbol{u}\cdot\nabla)\boldsymbol{v}=u_k\boldsymbol{v}_{,k}=u_k v_{l,k}\boldsymbol{i}_l$ 中的 ∇ 作用于括号后的量 $\boldsymbol{v}$。对于张量和并矢，则允许 ∇ 作用于其前面的一个张量或并矢，如 $\boldsymbol{T}\cdot\nabla=\nabla\cdot\boldsymbol{T}^{\mathrm{T}}$，$\boldsymbol{u}\otimes\nabla=(\nabla\otimes\boldsymbol{u})^{\mathrm{T}}$，此时只作为一种记号使用。

1. 梯度

$$\mathrm{grad}\phi = \phi\nabla = \phi_{,k}\boldsymbol{i}_k = \boldsymbol{i}_k\phi_{,k} = \nabla\phi = \partial\phi/\partial\boldsymbol{x} \tag{1-42}$$

$$\mathrm{grad}\boldsymbol{u} = \boldsymbol{u}\otimes\nabla = (u_k\boldsymbol{i}_k)_{,l}\otimes\boldsymbol{i}_l = u_{k,l}\boldsymbol{i}_k\otimes\boldsymbol{i}_l = \partial\boldsymbol{u}/\partial\boldsymbol{x} \tag{1-43a}$$

$$\mathrm{grad}\boldsymbol{T} = \boldsymbol{T}\otimes\nabla = (T_{kl}\boldsymbol{i}_k\otimes\boldsymbol{i}_l)_{,m}\otimes\boldsymbol{i}_m = T_{kl,m}\boldsymbol{i}_k\otimes\boldsymbol{i}_l\otimes\boldsymbol{i}_m = \partial\boldsymbol{T}/\partial\boldsymbol{x} \tag{1-44a}$$

对矢量和张量还可引入下述运算：

$$\nabla\otimes\boldsymbol{u} = \boldsymbol{i}_l\otimes(u_k\boldsymbol{i}_k)_{,l} = u_{k,l}\boldsymbol{i}_l\otimes\boldsymbol{i}_k = (\boldsymbol{u}\otimes\nabla)^{\mathrm{T}} \tag{1-43b}$$

$$\nabla\otimes\boldsymbol{T} = \boldsymbol{i}_m\otimes(T_{kl}\boldsymbol{i}_k\otimes\boldsymbol{i}_l)_{,m} = T_{kl,m}\boldsymbol{i}_m\otimes\boldsymbol{i}_k\otimes\boldsymbol{i}_l \tag{1-44b}$$

2. 微分

$$
\left.\begin{aligned}
\mathrm{d}\boldsymbol{u} &= \mathrm{grad}\boldsymbol{u} \cdot \mathrm{d}\boldsymbol{x} = \mathrm{d}\boldsymbol{x} \cdot (\boldsymbol{\nabla} \otimes \boldsymbol{u}) = u_{k,l}\mathrm{d}x_l \boldsymbol{i}_k \\
\mathrm{d}\boldsymbol{T} &= \mathrm{grad}\boldsymbol{T} \cdot \mathrm{d}\boldsymbol{x} = \mathrm{d}\boldsymbol{x} \cdot (\boldsymbol{\nabla} \otimes \boldsymbol{T}) = T_{kl,m}\mathrm{d}x_m \boldsymbol{i}_k \otimes \boldsymbol{i}_l
\end{aligned}\right\} \tag{1-45}
$$

3. 散度

$$
\mathrm{div}\,\boldsymbol{u} = \boldsymbol{\nabla} \cdot \boldsymbol{u} = \boldsymbol{i}_l \cdot (u_k \boldsymbol{i}_k)_{,l} = u_{k,k} \tag{1-46}
$$

$$
\mathrm{div}\,\boldsymbol{T} = \boldsymbol{\nabla} \cdot \boldsymbol{T} = \boldsymbol{i}_m \cdot (T_{kl}\boldsymbol{i}_k \otimes \boldsymbol{i}_l)_{,m} = T_{kl,k}\boldsymbol{i}_l \tag{1-47a}
$$

式(1-47a)可以看成对 T_{kl} 的第一个下标的散度,还可引入对第二个下标的散度,即

$$
\boldsymbol{T} \cdot \boldsymbol{\nabla} = (T_{kl}\boldsymbol{i}_k \otimes \boldsymbol{i}_l)_{,m} \cdot \boldsymbol{i}_m = T_{kl,l}\boldsymbol{i}_k = \boldsymbol{\nabla} \cdot \boldsymbol{T}^{\mathrm{T}} \tag{1-47b}
$$

对于对称张量 $\boldsymbol{T}$,有 $\boldsymbol{T} \cdot \boldsymbol{\nabla} = \boldsymbol{\nabla} \cdot \boldsymbol{T}$。

4. 旋度

$$
\mathrm{url}\boldsymbol{u} = \boldsymbol{\nabla} \times \boldsymbol{u} = \boldsymbol{i}_l \times (u_k \boldsymbol{i}_k)_{,l} = u_{k,l} e_{lkm} \boldsymbol{i}_m \tag{1-48}
$$

$$
\mathrm{curl}\,\boldsymbol{T} = \boldsymbol{\nabla} \times \boldsymbol{T} = \boldsymbol{i}_m \times (T_{kl}\boldsymbol{i}_k \otimes \boldsymbol{i}_l)_{,m} = T_{kl,m} e_{mkn} \boldsymbol{i}_n \otimes \boldsymbol{i}_l \tag{1-49a}
$$

$$
\boldsymbol{T} \times \boldsymbol{\nabla} = (T_{kl}\boldsymbol{i}_k \otimes \boldsymbol{i}_l)_{,m} \times \boldsymbol{i}_m = T_{kl,m} e_{lmn} \boldsymbol{i}_k \otimes \boldsymbol{i}_n \tag{1-49b}
$$

再引入下列一些公式以备查阅:

$$
\left.\begin{aligned}
&\boldsymbol{u} \times (\boldsymbol{v} \times \boldsymbol{w}) = (\boldsymbol{u} \cdot \boldsymbol{w})\boldsymbol{v} - (\boldsymbol{u} \cdot \boldsymbol{v})\boldsymbol{w} \quad \boldsymbol{u} \cdot (\boldsymbol{v} \times \boldsymbol{w}) = (\boldsymbol{u} \times \boldsymbol{v}) \cdot \boldsymbol{w} = \boldsymbol{v} \cdot (\boldsymbol{w} \times \boldsymbol{u}) \\
&(\boldsymbol{u} \times \boldsymbol{v}) \cdot (\boldsymbol{w} \times \boldsymbol{t}) = \boldsymbol{u} \cdot [\boldsymbol{v} \times (\boldsymbol{w} \times \boldsymbol{t})] = (\boldsymbol{u} \cdot \boldsymbol{w})(\boldsymbol{v} \cdot \boldsymbol{t}) - (\boldsymbol{u} \cdot \boldsymbol{t})(\boldsymbol{v} \cdot \boldsymbol{w}) \\
&\boldsymbol{\nabla} \times (\boldsymbol{\nabla}\varphi) = 0 \qquad \boldsymbol{\nabla} \cdot (\boldsymbol{\nabla} \times \boldsymbol{u}) = 0 \qquad \boldsymbol{\nabla} \cdot (\varphi \boldsymbol{u}) = \boldsymbol{\nabla}\varphi \cdot \boldsymbol{u} + \varphi \boldsymbol{\nabla} \cdot \boldsymbol{u} \\
&\boldsymbol{\nabla} \times (\boldsymbol{\nabla} \times \boldsymbol{u}) = \boldsymbol{\nabla}(\boldsymbol{\nabla} \cdot \boldsymbol{u}) - \boldsymbol{\nabla}^2 \boldsymbol{u} \qquad \boldsymbol{\nabla} \times (\varphi \boldsymbol{u}) = \boldsymbol{\nabla}\varphi \times \boldsymbol{u} + \varphi \boldsymbol{\nabla} \times \boldsymbol{u} \\
&\boldsymbol{\nabla} \cdot (\boldsymbol{u} \times \boldsymbol{v}) = \boldsymbol{v} \cdot (\boldsymbol{\nabla} \times \boldsymbol{u}) - \boldsymbol{u} \cdot (\boldsymbol{\nabla} \times \boldsymbol{v}) \qquad (\boldsymbol{u} \cdot \boldsymbol{\nabla})\boldsymbol{x} = \boldsymbol{u} \qquad \boldsymbol{\nabla} \cdot \boldsymbol{x} = 3 \\
&\boldsymbol{\nabla} \cdot (\boldsymbol{u} \cdot \boldsymbol{v}) = (\boldsymbol{u} \cdot \boldsymbol{\nabla})\boldsymbol{v} + (\boldsymbol{v} \cdot \boldsymbol{\nabla})\boldsymbol{u} + \boldsymbol{u} \times (\boldsymbol{\nabla} \times \boldsymbol{v}) + \boldsymbol{v} \times (\boldsymbol{\nabla} \times \boldsymbol{u}) \\
&\boldsymbol{\nabla} \times (\boldsymbol{u} \times \boldsymbol{v}) = \boldsymbol{u}(\boldsymbol{\nabla} \cdot \boldsymbol{v}) - \boldsymbol{v}(\boldsymbol{\nabla} \cdot \boldsymbol{u}) + (\boldsymbol{v} \cdot \boldsymbol{\nabla})\boldsymbol{u} - (\boldsymbol{u} \cdot \boldsymbol{\nabla})\boldsymbol{v} \\
&\qquad\qquad = \boldsymbol{\nabla} \cdot (\boldsymbol{v} \otimes \boldsymbol{u} - \boldsymbol{u} \otimes \boldsymbol{v}) \\
&\boldsymbol{\nabla} \otimes (\boldsymbol{u} \times \boldsymbol{v}) = \boldsymbol{\nabla} \otimes \boldsymbol{u} \times \boldsymbol{v} - \boldsymbol{\nabla} \otimes \boldsymbol{v} \times \boldsymbol{u} \\
&\boldsymbol{\nabla} \cdot (\boldsymbol{u} \otimes \boldsymbol{v}) = (\boldsymbol{\nabla} \cdot \boldsymbol{u})\boldsymbol{v} + (\boldsymbol{u} \cdot \boldsymbol{\nabla})\boldsymbol{v} \\
&\boldsymbol{\nabla} \cdot (\boldsymbol{u} \times \boldsymbol{T}) = (\boldsymbol{\nabla} \times \boldsymbol{u}) \cdot \boldsymbol{T} - \boldsymbol{u} \cdot (\boldsymbol{\nabla} \times \boldsymbol{T}) \\
&\boldsymbol{\nabla} \times (\boldsymbol{u} \otimes \boldsymbol{v}) = (\boldsymbol{\nabla} \times \boldsymbol{u}) \otimes \boldsymbol{v} - \boldsymbol{u} \times (\boldsymbol{\nabla} \otimes \boldsymbol{v})
\end{aligned}\right\} \tag{1-50}
$$

在上面的有关矢量分析中,按照柯钦(Кочин)规则,得

$$
\begin{aligned}
\boldsymbol{\nabla} \cdot (\boldsymbol{u} \times \boldsymbol{v}) &= \boldsymbol{\nabla} \cdot (\boldsymbol{u} \times \boldsymbol{v}_{\mathrm{c}}) - \boldsymbol{\nabla} \cdot (\boldsymbol{v} \times \boldsymbol{u}_{\mathrm{c}}) = (\boldsymbol{\nabla} \times \boldsymbol{u})\boldsymbol{v}_{\mathrm{c}} - (\boldsymbol{\nabla} \times \boldsymbol{v})\boldsymbol{u}_{\mathrm{c}} \\
&= \boldsymbol{v}_{\mathrm{c}} \cdot (\boldsymbol{\nabla} \times \boldsymbol{u}) - \boldsymbol{u}_{\mathrm{c}} \cdot (\boldsymbol{\nabla} \times \boldsymbol{v}) = \boldsymbol{v} \cdot (\boldsymbol{\nabla} \times \boldsymbol{u}) - \boldsymbol{u} \cdot (\boldsymbol{\nabla} \times \boldsymbol{v})
\end{aligned}
$$

式中,$\boldsymbol{u}_{\mathrm{c}}$、$\boldsymbol{v}_{\mathrm{c}}$ 表示把 $\boldsymbol{u}$ 和 $\boldsymbol{v}$ 看成常矢量。上式中关键的一步是需要采用矢量代数规则,把看成常矢量的 $\boldsymbol{u}_{\mathrm{c}}$、$\boldsymbol{v}_{\mathrm{c}}$ 变换到 $\boldsymbol{\nabla}$ 算子之前,然后再把 $\boldsymbol{u}_{\mathrm{c}}$、$\boldsymbol{v}_{\mathrm{c}}$ 分别换成 $\boldsymbol{u}$ 和 $\boldsymbol{v}$。 又如

$$\begin{aligned}\nabla(\boldsymbol{u}\cdot\boldsymbol{w})&=\nabla(\boldsymbol{u}_c\cdot\boldsymbol{w})+\nabla(\boldsymbol{w}_c\cdot\boldsymbol{u})\\&=\boldsymbol{u}_c\times(\nabla\times\boldsymbol{w})+(\boldsymbol{u}_c\cdot\nabla)\boldsymbol{w}+\boldsymbol{w}_c\times(\nabla\times\boldsymbol{u})+(\boldsymbol{w}_c\cdot\nabla)\boldsymbol{u}\\&=(\boldsymbol{u}\cdot\nabla)\boldsymbol{w}+(\boldsymbol{w}\cdot\nabla)\boldsymbol{u}+\boldsymbol{u}\times(\nabla\times\boldsymbol{w})+\boldsymbol{w}\times(\nabla\times\boldsymbol{u})\end{aligned}$$

$$\begin{aligned}\boldsymbol{w}\cdot\nabla(\boldsymbol{u}\cdot\boldsymbol{v})&=(\boldsymbol{w}_c\cdot\nabla)(\boldsymbol{u}\cdot\boldsymbol{v})=(\boldsymbol{w}_c\cdot\nabla)(\boldsymbol{u}_c\cdot\boldsymbol{v})+(\boldsymbol{w}_c\cdot\nabla)(\boldsymbol{u}\cdot\boldsymbol{v}_c)\\&=\boldsymbol{u}_c\cdot(\boldsymbol{w}_c\cdot\nabla)\boldsymbol{v}+\boldsymbol{v}_c(\boldsymbol{w}_c\cdot\nabla)\boldsymbol{u}=\boldsymbol{u}\cdot(\boldsymbol{w}\cdot\nabla)\boldsymbol{v}+\boldsymbol{v}\cdot(\boldsymbol{w}\cdot\nabla)\boldsymbol{u}\end{aligned}$$

应用并矢记法和运算规则，很容易验证上面的所有公式。

1.5.2 积分运算

在连续介质力学中，经常使用高斯(Gauss)散度定理和斯托克斯(Stokes)环流定理。这些定理在曲线坐标系中的一般证明，可参阅本书第 7 章，也可查阅有关矢量和张量的教材。

1. 高斯散度定理

设在以曲面 a 为界的区域 v 中，纯量场 $\phi(x_k)$ 连续可微，则有

$$\int_v \phi_{,k}\mathrm{d}v=\int_a n_k\phi\mathrm{d}a \tag{1-51a}$$

式中，$\boldsymbol{n}$（其分量为 n_k）为曲面上微面元 $\mathrm{d}a$ 的外法线。类似地对矢量和张量有

$$\int_v \mathrm{grad}\phi\mathrm{d}v=\int_a \boldsymbol{n}\phi\mathrm{d}a \tag{1-51b}$$

$$\int_v \mathrm{div}\,\boldsymbol{u}\mathrm{d}v=\int_a \boldsymbol{n}\cdot\boldsymbol{u}\mathrm{d}a \tag{1-52}$$

$$\int_v \mathrm{curl}\,\boldsymbol{u}\mathrm{d}v=\int_a \boldsymbol{n}\times\boldsymbol{u}\mathrm{d}a \tag{1-53}$$

$$\int_v(\varphi\nabla^2\psi+\nabla\varphi\cdot\nabla\psi)\mathrm{d}v=\int_a\varphi\boldsymbol{n}\cdot\nabla\psi\mathrm{d}a \tag{1-54}$$

$$\int_v(\varphi\nabla^2\psi-\psi\nabla^2\varphi)\mathrm{d}v=\int_a(\varphi\nabla\psi-\psi\nabla\varphi)\cdot\boldsymbol{n}\mathrm{d}a \tag{1-55}$$

$$\int_v \mathrm{div}\,\boldsymbol{T}\mathrm{d}v=\int_a\boldsymbol{n}\cdot\boldsymbol{T}\mathrm{d}a\quad \int_v\boldsymbol{T}\cdot\nabla\,\mathrm{d}v=\int_a\boldsymbol{T}\cdot\boldsymbol{n}\mathrm{d}a \tag{1-56}$$

2. 斯托克斯环流定理

设 c 为空间任意一封闭围线，a 是以此围线为界的任意曲面，$\boldsymbol{n}$ 为其上微面元的外法线，若从 n 的末端观察，c 按逆时针方向运行。令 $\mathrm{d}\boldsymbol{x}$ 为 c 上的微线元矢量，则有

$$\int_a \mathrm{curl}\,\boldsymbol{u}\cdot\boldsymbol{n}\mathrm{d}a=\oint_c\boldsymbol{u}\cdot\mathrm{d}\boldsymbol{x} \tag{1-57}$$

$$\int_a\boldsymbol{n}\times\nabla\psi\mathrm{d}a=\oint_c\psi\mathrm{d}\boldsymbol{x} \tag{1-58}$$

1.5.3 张量函数的导数

以张量为自变量的函数称为张量函数，张量函数本身可以是纯量函数、矢量函数或张量函

数。首先讨论纯量函数 $\varphi=\varphi(\boldsymbol{T})$ 的导数,其中 $\boldsymbol{T}$ 为二阶张量。由于基张量 $\boldsymbol{i}_k\otimes\boldsymbol{i}_l$ 是不变的,因此 $\varphi(\boldsymbol{T})$ 只是分量 T_{kl} 的函数,当 T_{kl} 增加 $\mathrm{d}T_{kl}$ 时,按通常的微分法则,φ 获得的增量 $\mathrm{d}\varphi$ 为

$$\mathrm{d}\varphi=\frac{\partial\varphi}{\partial T_{kl}}\mathrm{d}T_{kl}=\frac{\partial\varphi}{\partial\boldsymbol{T}}:\mathrm{d}\boldsymbol{T}\qquad\frac{\partial\varphi}{\partial\boldsymbol{T}}=\frac{\partial\varphi}{\partial T_{kl}}\boldsymbol{i}_k\otimes\boldsymbol{i}_l\tag{1-59}$$

由于 $\mathrm{d}\boldsymbol{T}$ 是二阶张量,$\mathrm{d}\varphi$ 是纯量,按张量的商法则推知,$\partial\varphi/\partial\boldsymbol{T}$ 是二阶张量,称为 φ 对 $\boldsymbol{T}$ 的导数。

类似地,二阶张量 $\boldsymbol{T}$ 的二阶张量函数 $\boldsymbol{H}=\boldsymbol{H}(\boldsymbol{T})$ 的增量为

$$\left.\begin{aligned}\mathrm{d}\boldsymbol{H}&=\frac{\partial H_{kl}}{\partial T_{mn}}\mathrm{d}T_{mn}\boldsymbol{i}_k\otimes\boldsymbol{i}_l=\frac{\partial\boldsymbol{H}}{\partial\boldsymbol{T}}:\mathrm{d}\boldsymbol{T}\\\frac{\partial\boldsymbol{H}}{\partial\boldsymbol{T}}&=\frac{\partial H_{kl}}{\partial T_{mn}}\boldsymbol{i}_k\otimes\boldsymbol{i}_l\otimes\boldsymbol{i}_m\otimes\boldsymbol{i}_n\end{aligned}\right\}\tag{1-60}$$

由于 $\mathrm{d}\boldsymbol{H}$ 和 $\mathrm{d}\boldsymbol{T}$ 都是二阶张量,所以 $\partial\boldsymbol{H}/\partial\boldsymbol{T}$ 为四阶张量。

张量函数的导数也可采用 Gâteaux 导数直接定义:

$$\lim_{h\to0}\frac{1}{h}\{\boldsymbol{H}(\boldsymbol{T}+h\boldsymbol{U})-\boldsymbol{H}(\boldsymbol{T})\}=\left.\frac{\partial\boldsymbol{H}(\boldsymbol{T}+h\boldsymbol{U})}{\partial h}\right|_{h=0}=\frac{\partial\boldsymbol{H}}{\partial\boldsymbol{T}}:\boldsymbol{U}\tag{1-61}$$

式中,$\boldsymbol{U}$ 为和 $\boldsymbol{T}$ 同阶的张量;h 为趋于零的纯量小参数。若把式(1-61)等式两边同乘 h,再令 $h\to0$, $h\boldsymbol{U}=\mathrm{d}\boldsymbol{T}$,那么便得式(1-60)。关于式(1-61)更严格的讨论请参考专著。

类比于多变量函数和复合函数的微分法则,多元张量函数 $\boldsymbol{F}$ 和复合张量函数 $\boldsymbol{G}$ 为

$$\boldsymbol{F}=\boldsymbol{F}(\boldsymbol{T},\ \boldsymbol{S})\qquad\boldsymbol{G}=\boldsymbol{G}[\boldsymbol{T}(\boldsymbol{S})]\tag{1-62a}$$

按下列规则微分:

$$\left.\begin{aligned}\mathrm{d}\boldsymbol{F}&=\frac{\partial\boldsymbol{F}}{\partial\boldsymbol{T}}:\mathrm{d}\boldsymbol{T}+\frac{\partial\boldsymbol{F}}{\partial\boldsymbol{S}}:\mathrm{d}\boldsymbol{S}\\\mathrm{d}\boldsymbol{G}&=\frac{\partial\boldsymbol{G}}{\partial\boldsymbol{T}}:\mathrm{d}\boldsymbol{T}=\frac{\partial\boldsymbol{G}}{\partial\boldsymbol{T}}:\frac{\partial\boldsymbol{T}}{\partial\boldsymbol{S}}:\mathrm{d}\boldsymbol{S}=\frac{\partial\boldsymbol{G}}{\partial\boldsymbol{S}}:\mathrm{d}\boldsymbol{S}\end{aligned}\right\}\tag{1-62b}$$

同样,对矢量的纯量函数 $\varphi(\boldsymbol{x})$ 有

$$\mathrm{d}\varphi=\frac{\partial\varphi}{\partial\boldsymbol{x}}\cdot\mathrm{d}\boldsymbol{x}\qquad\frac{\partial\varphi}{\partial\boldsymbol{x}}=\frac{\partial\varphi}{\partial x_k}\boldsymbol{i}_k\tag{1-63}$$

而对矢量函数 $\boldsymbol{h}(\boldsymbol{x})$ 有

$$\mathrm{d}\boldsymbol{h}=\frac{\partial\boldsymbol{h}}{\partial\boldsymbol{x}}\cdot\mathrm{d}\boldsymbol{x}\qquad\frac{\partial\boldsymbol{h}}{\partial\boldsymbol{x}}=\frac{\partial h_k}{\partial x_l}\boldsymbol{i}_k\otimes\boldsymbol{i}_l\tag{1-64}$$

1.6 二阶张量不变量与各向同性张量

1.6.1 二阶张量不变量

由于应力、应变等是二阶张量,所以连续介质力学特别重视二阶张量。二阶张量和三阶矩

阵一一对应，因而1.3节中有关矩阵的一般理论都可应用到二阶张量的分析。此时式(1-3)用张量记号则写为

$$\boldsymbol{A}\cdot\boldsymbol{u}=\lambda\boldsymbol{u}\quad 或\quad (\lambda\delta_{ij}-A_{ij})u_j=0$$

式(1-4)记为

$$|\lambda\boldsymbol{I}-\boldsymbol{A}|=0\quad 或\quad |\lambda\delta_{ij}-A_{ij}|=0$$

展开上式便得

$$\lambda^3-\mathrm{I}_A\lambda^2+\mathrm{II}_A\lambda-\mathrm{III}_A=0 \tag{1-65}$$

式中，I_A、II_A、III_A 由式(1-9)表示。

因为 λ_1、λ_2、λ_3 不因坐标系变换而变化，所以 I_A、II_A、III_A 和坐标变换无关。力学中通常称 λ_k 为主值，与其对应的归一化本征矢量 u_k 称为主方向，而 I_A、II_A 和 III_A 分别称为张量 $\boldsymbol{A}$ 的第一、二、三不变量。由式(1-9)知，$\mathrm{tr}\,\boldsymbol{A}$、$\mathrm{tr}\,\boldsymbol{A}^2$、$\mathrm{tr}\,\boldsymbol{A}^3$ 也是不变量，且 I_A、II_A、III_A 可由其导出。

1.6.2 各向同性张量

在任何坐标的正交变换下，某张量的分量在变换前后的坐标系中相同，便称该张量为各向同性张量。如只对正常正交变换成立，则称为半(或伪)各向同性张量。

(1) 常数是零阶各向同性常量。

(2) 二阶各向同性张量要求

$$\bar{\boldsymbol{A}}=\boldsymbol{Q}\cdot\boldsymbol{A}\cdot\boldsymbol{Q}^{\mathrm{T}}=\boldsymbol{A}\quad \bar{A}_{kl}=Q_{km}Q_{ln}A_{mn}=A_{kl} \tag{1-66}$$

如把原坐标系 $Ox_1x_2x_3$ 中的任意一轴反向，便得反射变换。使 Ox_1、Ox_2、Ox_3 轴反向的变换矩阵分别为

$$\boldsymbol{Q}^{(1)}=\begin{bmatrix}-1&0&0\\0&1&0\\0&0&1\end{bmatrix}$$
$$\boldsymbol{Q}^{(2)}=\begin{bmatrix}1&0&0\\0&-1&0\\0&0&1\end{bmatrix} \tag{1-67}$$
$$\boldsymbol{Q}^{(3)}=\begin{bmatrix}1&0&0\\0&1&0\\0&0&-1\end{bmatrix}$$

把式(1-67)代入式(1-66)，得

$$A_{kl}=0,\quad 当\ k\neq l\ 时 \tag{1-68}$$

把 $Ox_1x_2x_3$ 绕 Ox_1、Ox_2、Ox_3 分别逆时针旋转90°后，旋转变换矩阵分别为

$$\boldsymbol{Q}^{(4)}=\begin{bmatrix}1 & 0 & 0\\ 0 & 0 & 1\\ 0 & -1 & 0\end{bmatrix}$$

$$\boldsymbol{Q}^{(5)}=\begin{bmatrix}0 & 0 & -1\\ 0 & 1 & 0\\ 1 & 0 & 0\end{bmatrix} \tag{1-69}$$

$$\boldsymbol{Q}^{(6)}=\begin{bmatrix}0 & 1 & 0\\ -1 & 0 & 0\\ 0 & 0 & 1\end{bmatrix}$$

把式(1-69)代入式(1-66),并利用式(1-68)便得

$$A_{11}=A_{22}=A_{33}=c$$

因此得

$$\boldsymbol{A}=c\boldsymbol{I}\quad 或\quad A_{kl}=c\delta_{kl} \tag{1-70}$$

对于任意的正交变换,由式(1-66)知

$$\bar{\boldsymbol{A}}=\boldsymbol{Q}\cdot\bar{\boldsymbol{A}}\cdot\boldsymbol{Q}^{\mathrm{T}}=c\boldsymbol{Q}\cdot\boldsymbol{I}\cdot\boldsymbol{Q}^{\mathrm{T}}=c\boldsymbol{I} \tag{1-71}$$

所以式(1-70)表示的是各向同性的二阶张量,而且二阶各向同性张量,一定可以表示成式(1-70)。

(3) 如前可证,不存在一阶各向同性张量。

(4) 四阶各向同性张量要求

$$\bar{A}_{klmn}=Q_{kp}Q_{lq}Q_{mr}Q_{ns}A_{pqrs}=A_{klmn} \tag{1-72}$$

在变换式(1-67)下,凡下标是 1、2、3 的奇数的分量全为零,因为在这些情况下出现 $\bar{A}_{klmn}=-A_{klmn}$。因而只剩下下述 21 个量:$A_{\underline{klmn}}\delta_{kl}\delta_{mn}$,$A_{\underline{klmn}}\delta_{km}\delta_{ln}$,$A_{\underline{klmn}}\delta_{kn}\delta_{lm}$。引入变换式(1-69)后,可推出上述 21 个量只有 4 组值,即 $\alpha\delta_{\underline{kl}}\delta_{\underline{km}}\delta_{\underline{kn}}$,$\lambda\delta_{kl}\delta_{mn}(k\neq m)$,$\mu'\delta_{km}\delta_{ln}(k\neq l)$,$\mu'\delta_{kn}\delta_{lm}(k\neq l)$,如再做变换

$$\boldsymbol{Q}^{(7)}=\begin{bmatrix}\frac{1}{\sqrt{2}} & \frac{1}{\sqrt{2}} & 0\\ -\frac{1}{\sqrt{2}} & \frac{1}{\sqrt{2}} & 0\\ 0 & 0 & 1\end{bmatrix} \tag{1-73}$$

这相当于绕 Ox_3 轴旋转 45°,则可得

$$\alpha=\lambda+\mu'+\gamma' \tag{1-74}$$

从而四阶各向同性张量可表示为

$$\lambda\delta_{kl}\delta_{mn}+\mu'\delta_{km}\delta_{ln}+\gamma'\delta_{kn}\delta_{lm} \tag{1-75}$$

再做其他的变换，不会得到新的结果。

如果 $\boldsymbol{A}$ 具有下述对称性

$$A_{klmn}=A_{lkmn}=A_{klnm} \tag{1-76}$$

那么式(1-75)可化为

$$\left.\begin{aligned}&A_{klmn}=\lambda\delta_{kl}\delta_{mn}+G(\delta_{km}\delta_{ln}+\delta_{kn}\delta_{lm})\\&\boldsymbol{A}=2G\left(\boldsymbol{I}_4+\frac{\nu}{1-2\nu}\boldsymbol{I}\otimes\boldsymbol{I}\right)\end{aligned}\right\} \tag{1-77}$$

式中，$G=\dfrac{1}{2}(\mu'+\gamma')$；$\nu$ 与 G、λ 的关系服从弹性力学中常数的关系。

$$\left.\begin{aligned}&\boldsymbol{I}_4=\frac{1}{2}(\delta_{km}\delta_{ln}+\delta_{kn}\delta_{lm})\boldsymbol{i}_k\otimes\boldsymbol{i}_l\otimes\boldsymbol{i}_m\otimes\boldsymbol{i}_n\\&\boldsymbol{I}\otimes\boldsymbol{I}=\frac{1}{2}(\delta_{kl}\delta_{mn}+\delta_{lk}\delta_{nm})\boldsymbol{i}_k\otimes\boldsymbol{i}_l\otimes\boldsymbol{i}_m\otimes\boldsymbol{i}_n\end{aligned}\right\} \tag{1-78}$$

对任意一个二阶张量 $\boldsymbol{T}$ 有 $\boldsymbol{I}_4:\boldsymbol{T}=\boldsymbol{T}:\boldsymbol{I}_4=\boldsymbol{T}$，且

$$\boldsymbol{A}^{-1}=\frac{1}{2G}\left(\boldsymbol{I}_4-\frac{\nu}{1+\nu}\boldsymbol{I}\otimes\boldsymbol{I}\right) \tag{1-79}$$

(5) 由式(1-39)知，在直角坐标系中，置换张量 $\boldsymbol{e}$ 是三阶伪各向同性张量。

2 直角坐标系中的变形与运动

2.1 物体的构形和坐标系，运动和变形的描写方法

2.1.1 两种坐标系

任意一物体在空间中都占据一定的区域，构成一空间几何图形，这一空间图形称为物体的构形。物体的空间位置随时间的变化称为运动，物体运动时，其构形亦发生变化。在本书的大多数章节中，把物体即将开始但尚未运动的时刻 t_0 选作计算时间的起点，此时物体的构形称为初始构形 B，并把初始构形选作参照构形，这虽非绝对必要，但使用方便。在所讨论瞬时物体的空间图形称为现时构形 b，如把现时构形选作参照构形，我们便强调这是流动参照构形。在初始构形和现时构形之间的任意一构形，称为中间构形，有些问题中也选中间构形为参照构形。本书初始构形中的物理量都用大写字母表示，如 B、X、U_K、E_{kl} 等，现时构形中的物理量均用小写字母表示，如 b、x、u_k、ε_{kl} 等。在一般情况下，大写黑体字母表示张量，但在初始构形中的矢量也用大写黑体字母表示，如位置矢量 $\boldsymbol{X}$，面积矢量 $\boldsymbol{A}$，表面法线矢量 $\boldsymbol{N}$ 等；小写黑体字母表示矢量，但考虑习惯，也用一些小写黑体希腊字母表示张量，如应力 $\boldsymbol{\sigma}$，欧拉(Euler)应变 $\boldsymbol{\varepsilon}$ 等。读者要按文中规定的意义去理解。

为了确定初始构形 B 中点的位置，引入拉格朗日(Lagrange)坐标系或物质坐标系 $OX_{\mathrm{I}}X_{\mathrm{I}}X_{\mathrm{III}}$，简记为 L 坐标系。点 X 的位置由其在 L 坐标系中的坐标 $X_K(K=\mathrm{I},\mathrm{II},\mathrm{III})$ 确定，或由点 X 到原点 O 的位置矢量 $\boldsymbol{X}$ 确定。显然，质点在初始时刻 t_0 的位置可由 X_K 确定；反之，X_K 可用作识别物体中不同质点的标志，故通常又称 X_K 为物质坐标。L 坐标系和初始构形固结在一起。在流体力学等问题中引入空间坐标系或欧拉坐标系 $Ox_1x_2x_3$ 是方便的，它和空间固结在一起，简记为 E 坐标系。物质点 X 在 E 坐标系中的位置由 $\boldsymbol{x}$ 确定，或由 x 到坐标原点的矢径 $\boldsymbol{x}$ 确定。显然，不同时刻 X 运动到空间不同的点 x，有

$$\boldsymbol{x}=\boldsymbol{x}(\boldsymbol{X},t) \quad \text{或} \quad x_k=x_k(X_K,t) \tag{2-1}$$

对 $|x_{k,K}|\neq 0$ 的那些点，式(2-1)存在逆变换，从而可以找出 t 时刻位于 x 的物质点 X 是

$$\boldsymbol{X}=\boldsymbol{X}(\boldsymbol{x},t) \quad \text{或} \quad X_K=X_K(x_k,t) \tag{2-2}$$

式(2-1)和式(2-2)是两种坐标系相互间的转换关系。在式(2-1)中，令 X_K 固定，便代表质点 X 的运动轨迹；令 t 固定，代表给定时刻质点的空间分布。对一般情形，式(2-1)表示质点在现时构形 b 中的位置，可由初始构形 B 中的位置和时间 t 来描写，可以看成由 B 到 b 的一个与时间相关的变换。在式(2-2)中固定 x_k，代表不同物质点流过空间点 x 的情况；固定 t，代表空间点被那些质点所占据。一般情况下，式(2-2)表示初始构形 B 中质点的位置 X_K，可由现时构形 b 中的点 x 和时间 t 确定。

空间坐标系 $Ox_1x_2x_3$ 可以选择与物质坐标系 $OX_{\mathrm{I}}X_{\mathrm{II}}X_{\mathrm{II}}$ 重合，也可以不重合。两者不重合，对理解运动学方面的问题颇具优点，因此本书在理论叙述中采用不重合的两套坐标系，

如图 2－1 所示。但若两者重合，在实际计算中要方便得多。

令 L 和 E 坐标系中的基矢分别为 $\boldsymbol{I}_K$ 和 $\boldsymbol{i}_k$，显然有

$$\boldsymbol{I}_K \cdot \boldsymbol{I}_L = \delta_{kl} \quad \boldsymbol{i}_k \cdot \boldsymbol{i}_l = \delta_{kl} \tag{2-3}$$

定义移转张量(shifter) δ_{kK} 为

$$\delta_{kK} = \boldsymbol{i}_k \cdot \boldsymbol{I}_K = \boldsymbol{I}_K \cdot \boldsymbol{i}_k = \delta_{Kk} \tag{2-4a}$$

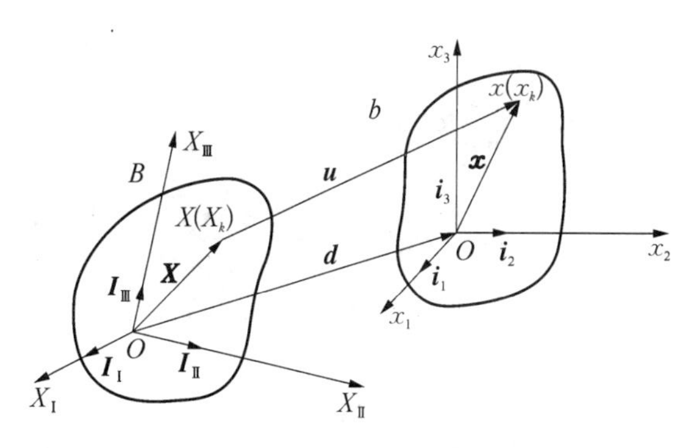

图 2－1　L 和 E 坐标系

式中，δ_{kK} 代表两个坐标系坐标轴夹角的方向余弦，它把一个矢量在两种坐标系中的分量联系起来。δ_{kK} 是两点张量，即当 E 和 L 坐标系做坐标变换时，它服从下述变换规则：

$$\boldsymbol{\delta} = \delta_{kK} \boldsymbol{i}_k \otimes \boldsymbol{I}_K \quad \bar{\delta}_{kK} = q_{kl} Q_{kl} \delta_{lL} \quad \bar{\boldsymbol{\delta}} = \boldsymbol{q\delta Q}^{\rm T} \tag{2-5}$$

式中，Q_{kl} 和 q_{kl} 分别为 L 和 E 坐标系做坐标变换时的正交变换张量(详细内容参看附录 B 或其他有关书籍)。由式(2－4a)易知

$$\boldsymbol{i}_k = \delta_{kK} \boldsymbol{I}_K \quad \boldsymbol{I}_K = \delta_{kK} \boldsymbol{i}_k \tag{2-4b}$$

图 2－1 中 $\boldsymbol{u}$ 表示从初始构形中的点 $\boldsymbol{X}$ 到现时构形中对应点 $\boldsymbol{x}$ 的距离，即 $\boldsymbol{X}$ 点的位移。设 $\boldsymbol{u}$ 在 L 坐标系中的分量为 U_K，在 E 坐标系中的分量为 u_k，则有

$$\boldsymbol{u} = u_k \boldsymbol{i}_k = U_K \boldsymbol{I}_K \tag{2-6}$$

由式(2－6)可导出不同坐标系中矢量分量之间的关系为

$$\left.\begin{aligned} &\boldsymbol{u} = \boldsymbol{\delta U} \quad u_k = \boldsymbol{u} \cdot \boldsymbol{i}_k = U_K \boldsymbol{I}_K \cdot \boldsymbol{i}_k = U_K \delta_{kK} \\ &\boldsymbol{U} = \boldsymbol{\delta}^{\rm T} \boldsymbol{u} \quad U_K = \boldsymbol{u} \cdot \boldsymbol{I}_K = u_k \boldsymbol{i}_k \cdot \boldsymbol{I}_K = u_k \delta_{kK} \end{aligned}\right\} \tag{2-7}$$

式(2－7)中关系显然对任何矢量均成立。利用

$$u_k = U_K \delta_{kK} = u_l \delta_{lK} \delta_{kK} \quad U_K = u_k \delta_{kK} = U_L \delta_{kL} \delta_{kK}$$

可以推得移转张量服从下列关系：

$$\delta_{lK} \delta_{kK} = \delta_{lk} \quad \delta_{kl} \delta_{kK} = \delta_{LK} \tag{2-8}$$

式中，δ_{lk}、δ_{LK} 为不同坐标系中的克罗内克符号。

2.1.2　运动和变形的描写

与式(2－1)和式(2－2)相对应，物体运动和变形的描写通常也采用两种方法，即拉格朗日物质 (L) 描写法和欧拉空间 (E) 描写法。在 L 描写法中选 $\boldsymbol{X}$ 作为自变量，观察物理量随物质质点的变化，而 $\boldsymbol{X}$ 是不随时间变化的；在 E 描写法中选 $\boldsymbol{x}$ 作为自变量，观察物理量随空间位置的变化，应当注意，在不同时刻物质质点占据不同的空间位置。因此对任意一物理量 φ 有

L 法：

$$\varphi = \varphi(\boldsymbol{X},\ t) \quad \dot{\varphi}(\boldsymbol{X},\ t) = \frac{{\rm d}\varphi(\boldsymbol{X},\ t)}{{\rm d}t} = \frac{\partial \varphi(\boldsymbol{X},\ t)}{\partial t} \tag{2-9}$$

E法：

$$\varphi=\varphi(\boldsymbol{x},\ t)$$

$$\begin{aligned}\dot{\varphi}(\boldsymbol{x},\ t)&=\frac{\mathrm{d}\varphi(\boldsymbol{x},\ t)}{\mathrm{d}t}\\&=\frac{\partial\varphi(\boldsymbol{x},\ t)}{\partial t}+\frac{\partial\varphi(\boldsymbol{x},\ t)}{\partial\boldsymbol{x}}\frac{\mathrm{d}\boldsymbol{x}(\boldsymbol{X},\ t)}{\mathrm{d}t}=\frac{\partial\varphi(\boldsymbol{x},\ t)}{\partial t}+\frac{\partial\varphi(\boldsymbol{x},\ t)}{\partial\boldsymbol{x}}\cdot\boldsymbol{v}(\boldsymbol{X},\ t)\\&=\varphi_{,t}(\boldsymbol{x},\ t)+\varphi_{,k}(\boldsymbol{x},\ t)v_k(\boldsymbol{x},\ t)\end{aligned}\tag{2-10}$$

式中，

$$v_k(x_l,\ t)=v_k(X_L,\ t)\tag{2-11}$$

在L法和E法中 $\boldsymbol{v}$ 都是质点位置 $\boldsymbol{x}$ 对时间的物质导数，但分别取用自变量 $\boldsymbol{X}$ 和 $\boldsymbol{x}$，$\boldsymbol{X}$ 和 $\boldsymbol{x}$ 按式(2-1)和式(2-2)可相互转换[参见式(2-178)和式(2-179)]。在式(2-10)中等式左方是 φ 的全导数或物质导数，等式右方的第一和第二项，分别表示在固定空间点上 φ 对时间的局部导数和因质点空间运动引起的 φ 的迁移导数，即在E法中，物质导数是局部导数和迁移导数之和。由式(2-10)知，要计算 $\varphi(x_k,\ t)$ 的物质导数，只需知道 $\varphi(x_k,\ t)$ 和质点的速度 $v_k(x_l,\ t)$ 即可，而不必知道物体点的运动规律，这使得选取 v 作为基本未知量成为可能。一旦求出 $v=v(x,\ t)$ 后，由积分式(2-11)便可求解 x_k。由上述方程组求出的 x_k 中，包含3个任意常数，这些常数由初始构形中质点的坐标 X_K 确定，这样便确定了运动规律式(2-1)，通常流体力学便是这样处理问题的。

2.1.3 随体坐标系

除L和E坐标系外，还常用随体(或嵌入、绝对)坐标系，简记为Ⅰ坐标系 $(O\xi_{\mathrm{I}}\xi_{\mathrm{II}}\xi_{\mathrm{I}})$。Ⅰ坐标系和物体固结在一起，自变量为物质坐标 X，但随物体一同变形，因而坐标系中的基矢将随物体一同变形；所以初始构形中的直角坐标系和单位正交基矢 $\boldsymbol{I}_K$，在变形后的随体坐标系中将变为曲线坐标系，$\boldsymbol{I}_K$ 变为 $\boldsymbol{C}_K$，$\boldsymbol{C}_K$ 是随体坐标系中的基矢，但不再是相互正交的单位矢量；然而在L坐标系中两点间的距离 $\mathrm{d}X$ 在Ⅰ坐标系中是不变的，仍为 $\mathrm{d}X$。要确定 $\boldsymbol{C}_k$ 的变化规律，还需要一参照坐标系来描写Ⅰ坐标系本身的运动，这些都表示在图2-2中。顺便

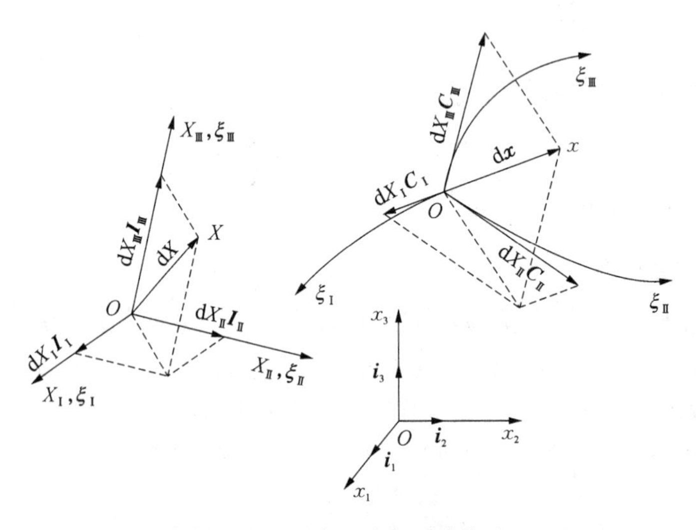

图2-2 Ⅰ和L坐标系的关系

指出，若物体是没有变形的刚体，Ⅰ坐标系便是理论力学中使用的动坐标系。

2.2　变形梯度、变形张量和应变张量

物体做一般运动时，不但其位置和方向改变，而且它的形状亦将发生变化。形状的变化伴随质点间距离的变化、微小线元大小和方向的变化以及微单元体的畸变，这些变化可用变形梯度、变形张量和应变张量等物理量来描述(见图 2-3)。

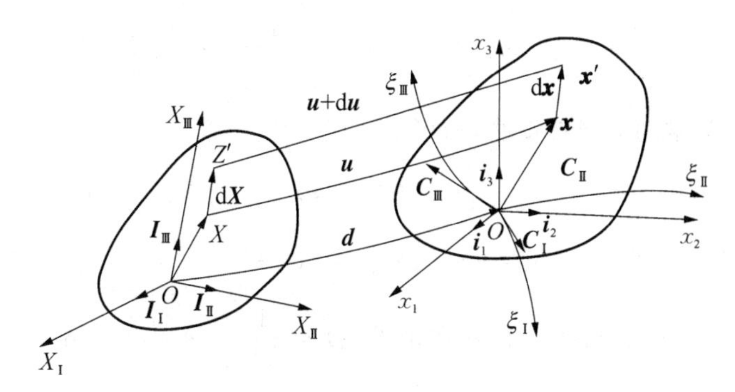

图 2-3　物体的变形

2.2.1　变形几何

设初始构形中的坐标原点 O、质点 $\boldsymbol{X}$ 和 $\boldsymbol{X}'$，微线元 $\mathrm{d}\boldsymbol{X}=\boldsymbol{X}'-\boldsymbol{X}$，变形后分别变为现时构形中的坐标原点 O、$\boldsymbol{x}$ 和 $\boldsymbol{x}'$ 以及微线元 $\mathrm{d}\boldsymbol{x}=\boldsymbol{x}'-\boldsymbol{x}$。由图 2-3 知

$$\boldsymbol{x}=\boldsymbol{X}+\boldsymbol{u}-\boldsymbol{d}\quad \mathrm{d}\boldsymbol{x}=\mathrm{d}\boldsymbol{X}+\mathrm{d}\boldsymbol{u}\tag{2-12}$$

式中，$\boldsymbol{u}$ 为位移；$\boldsymbol{d}$ 为两个坐标系原点之间的距离。$\boldsymbol{u}$ 在 L 坐标系中的分量记为 U_K，在 E 坐标系中的分量记为 u_k，则有

$$\left.\begin{aligned}&u_k=\boldsymbol{u}\cdot\boldsymbol{i}_k=x_k-X_L\delta_{kL}+d_k &&\mathrm{d}u_k=\mathrm{d}x_k-\delta_{kL}\mathrm{d}X_L\\ &U_K=\boldsymbol{u}\cdot\boldsymbol{I}_K=x_k\delta_{kK}-\boldsymbol{X}_K+D_K &&\mathrm{d}U_K=\delta_{kK}\mathrm{d}x_k-\mathrm{d}X_K\end{aligned}\right\}\tag{2-13}$$

2.2.2　变形梯度 F

以 X_K 作为自变量，由式(2-1)得

$$x_k=x_k(X_K,t)\quad x'_k=x_k+\mathrm{d}x_k=x_k(X_K+\mathrm{d}X_K,t)$$

由上式推知，在同一瞬时有

$$\mathrm{d}x_k=x_k(X_K+\mathrm{d}X_K,t)-x_k(X_K,t)=x_{k,K}\mathrm{d}X_K\tag{2-14a}$$

称 $x_{k,K}$ 为物质变形梯度张量 $\boldsymbol{F}$ 的分量并记为 F_{kK}。定义 $\boldsymbol{F}$ 为

$$\boldsymbol{F}=\frac{\partial\boldsymbol{x}}{\partial\boldsymbol{X}}=\mathrm{Grad}\boldsymbol{x}=F_{kK}\boldsymbol{i}_k\otimes\boldsymbol{I}_K\quad F_{kK}=x_{k,K}\tag{2-15}$$

式中，Grad$\boldsymbol{x}$ 中的大写字母 G，表示对 $\boldsymbol{X}$ 求导，它是 L 描述法中的梯度。利用这一记号，式(2-14a)还可写成

$$\mathrm{d}\boldsymbol{x}=\left(\frac{\partial \boldsymbol{x}}{\partial \boldsymbol{X}}\right)\cdot \mathrm{d}\boldsymbol{X}=\boldsymbol{F}\mathrm{d}\boldsymbol{X} \tag{2-14b}$$

利用式(2-13)还可求得

$$\begin{aligned} F_{kK}&=x_{k,K}=\delta_{kK}+u_{k,K}=\delta_{kK}+U_{M,K}\delta_{kK}\\ &=\frac{1}{J}(X_{K,k}\text{ 的代数余子式})=\frac{1}{2J}e_{klm}e_{KLM}X_{L,l}X_{M,m} \end{aligned} \tag{2-16}$$

张量 $\boldsymbol{F}$ 的逆 $\boldsymbol{F}^{-1}$ 称为空间变形梯度张量，可以写成

$$\boldsymbol{F}^{-1}=X_{K,k}\boldsymbol{I}_K\otimes \boldsymbol{i}_k \quad \boldsymbol{F}\boldsymbol{F}^{-1}=\boldsymbol{I} \quad x_{k,K}X_{K,l}=\delta_{kl} \tag{2-17a}$$

$$\begin{aligned} F^{-1}_{Kk}&=X_{K,k}=\delta_{kK}-u_{m,k}\delta_{mK}=\delta_{kK}-U_{K\cdot k}\\ &=\frac{1}{J}(X_{K,k}\text{ 的代数余子式})=\frac{1}{2J}e_{klm}e_{KLM}X_{L,l}X_{M,m} \end{aligned} \tag{2-17b}$$

$x_{k,K}$ 的代数余子数$=(-1)^{k+K}M_{kK}$，M_{kK} 为从行列式 j 中划去第 k 行第 K 列后得到的子行列式。因为

$$\begin{aligned} j&=|x_{k,K}|=e_{klm}x_{k,\mathrm{I}}x_{l,\mathrm{II}}x_{m,\mathrm{III}}=e_{KLM}x_{1,K}x_{2,L}x_{3,M}\\ &=\frac{1}{6}e_{KLM}e_{klm}x_{k,K}x_{l,L}x_{m,M} \end{aligned} \tag{2-18}$$

由此得

$$\left.\begin{aligned} &\frac{\partial j}{\partial x_{k,K}}=jX_{K,k}=x_{k,K}\text{ 的代数余子式}\\ &\frac{\partial j}{\partial \boldsymbol{F}}=j\boldsymbol{F}^{-1} \end{aligned}\right\} \tag{2-19}$$

类似地有

$$J=|X_{K,k}|=\frac{1}{6}e_{klm}e_{KLM}X_{K,k}X_{L,l}X_{M,m} \tag{2-20}$$

$$\left.\begin{aligned} &J=|X_{K,k}|=\frac{1}{6}e_{klm}e_{KLM}X_{K,k}X_{L,l}X_{M,m}\\ &\frac{\partial J}{\partial X_{K,k}}=Jx_{k,K}=X_{K,k}\text{ 的代数余子式}\\ &\frac{\partial J}{\partial \boldsymbol{F}^{-1}}=J\boldsymbol{F} \end{aligned}\right\} \tag{2-21}$$

由式(2-16)和式(2-17)还可推得

$$(jX_{K,k})_{,K}=0 \quad (Jx_{k,K})_{,k}=0 \tag{2-22}$$

设 E 和 L 坐标系同时做变换，即

$$\bar{X}_K = \bar{X}_K(X_L) \quad \bar{x}_k = \bar{x}_k(x_i)$$

$\boldsymbol{F}$ 的变换规律是

$$\bar{F}_{kL} = \bar{x}_{k,L} = \frac{\partial \bar{x}_k}{\partial \bar{X}_L} = \left(\frac{\partial \bar{x}_k}{\partial x_m}\right)\left(\frac{\partial x_m}{\partial X_M}\right)\left(\frac{\partial X_M}{\partial \bar{X}_L}\right) = q_{km} Q_{lM} F_{mM}$$

$$\bar{\boldsymbol{F}} = \boldsymbol{q}\boldsymbol{F}\boldsymbol{Q}^{\mathrm{T}}$$

由此表明 $\boldsymbol{F}$ 是两点张量，若 E 和 L 坐标系一致，则化为普通张量，但是不对称的。

2.2.3 变形张量 C 和 B

$\boldsymbol{F}$ 既反映了微线元的伸长，又反映了它的转动。在变形和本构分析中，我们希望把两者分别单独表示。由同样物质点组成的线元的伸长可作为纯变形的量度，则有

$$\begin{aligned} \mathrm{d}L^2 &= \mathrm{d}\boldsymbol{X} \cdot \mathrm{d}\boldsymbol{X} = \mathrm{d}X_K \mathrm{d}X_K = \delta_{KL} \mathrm{d}X_K \mathrm{d}X_L \\ &= \mathrm{d}\boldsymbol{X}^{\mathrm{T}} \boldsymbol{I} \mathrm{d}\boldsymbol{X} \end{aligned} \tag{2-23}$$

$$\begin{aligned} \mathrm{d}l^2 &= \mathrm{d}\boldsymbol{x} \cdot \mathrm{d}\boldsymbol{x} = \mathrm{d}x_k \mathrm{d}x_k = C_{KL} \mathrm{d}X_K \mathrm{d}X_L \\ &= \mathrm{d}\boldsymbol{X} \cdot \boldsymbol{C} \cdot \mathrm{d}\boldsymbol{X} = \mathrm{d}\boldsymbol{X}^{\mathrm{T}} \boldsymbol{C} \mathrm{d}\boldsymbol{X} \end{aligned} \tag{2-24}$$

式中，C_{KL} 是格林(Gréen)或右柯西-格林(Cauchy-Green)变形张量 $\boldsymbol{C}$ 的分量，

$$\begin{aligned} C_{KL} &= C_{LK} = F_{kK} F_{kL} = x_{k,K} x_{k,L} \\ &= \delta_{KL} + U_{K,L} + U_{L,K} + U_{M,K} U_{M,L} \end{aligned} \tag{2-25}$$

或利用式(2-15)，$\boldsymbol{C}$ 可写成

$$\boldsymbol{C} = \boldsymbol{F}^{\mathrm{T}} \cdot \boldsymbol{F} \quad \boldsymbol{F}^{\mathrm{T}} = F_{kK} \boldsymbol{I}_K \otimes \boldsymbol{i}_k \tag{2-26a}$$

事实上，由式(2-26a)和式(2-15)有

$$\boldsymbol{C} = x_{k,K} \boldsymbol{I}_K \otimes \boldsymbol{i}_k \cdot x_{l,L} \boldsymbol{i}_L \otimes \boldsymbol{I}_L = x_{k,K} x_{k,L} \boldsymbol{I}_K \otimes \boldsymbol{I}_L \tag{2-26b}$$

由于线元的平方总取正值，所以 $\boldsymbol{C}$ 是对称正定张量。由此可知，$\boldsymbol{C}$ 只与物体的变形有关，而与刚体转动无关。

现再讨论用空间坐标 x_k 作为自变量的情形，此时有

$$X_K = X_K(x_k, t) \quad \mathrm{d}X_K = X_{K,k} \mathrm{d}x_k (t \text{ 固定}) \tag{2-27}$$

和

$$\left.\begin{aligned} \mathrm{d}l^2 &= \mathrm{d}\boldsymbol{x} \cdot \mathrm{d}\boldsymbol{x} = \delta_{kl} \mathrm{d}x_k \mathrm{d}x_l \\ \mathrm{d}L^2 &= \mathrm{d}\boldsymbol{X} \cdot \mathrm{d}\boldsymbol{X} = B_{kl}^{-1} \mathrm{d}x_k \mathrm{d}x_l \end{aligned}\right\} \tag{2-28}$$

$$\begin{aligned} B_{kl}^{-1} &= B_{lk}^{-1} = F_{Kk}^{-1} F_{Kl}^{-1} = X_{K,k} X_{K,l} \\ &= \delta_{kl} - u_{k,l} - u_{l,k} + u_{m,k} u_{m,l} \end{aligned} \tag{2-29}$$

B_{kl}^{-1} 为变形张量 $\boldsymbol{B}^{-1}$ 的分量，$\boldsymbol{B}^{-1}$ 表示 $\boldsymbol{B}$ 的逆，显然 $\boldsymbol{B}^{-1}$ 是正定张量。由此得

$$\boldsymbol{B}^{-1}=(\boldsymbol{F}^{-1})^{\mathrm{T}}\cdot\boldsymbol{F}^{-1}=X_{K,k}X_{K,l}\boldsymbol{i}_k\otimes\boldsymbol{i}_l \tag{2-30}$$

$\boldsymbol{C}$ 和 $\boldsymbol{B}^{-1}$ 可以用来描写一点的变形状态,显然,它们的逆也可以用来描写变形,有

$$\boldsymbol{C}^{-1}=\boldsymbol{F}^{-1}\cdot(\boldsymbol{F}^{-1})^{\mathrm{T}}\qquad C_{KL}^{-1}=X_{K,k}X_{L,k} \tag{2-31}$$

$$\boldsymbol{B}=\boldsymbol{F}\cdot\boldsymbol{F}^{\mathrm{T}}\qquad B_{kl}=x_{k,K}x_{l,K} \tag{2-32}$$

有时称 $\boldsymbol{C}^{-1}$ 为 Piola 变形张量; $\boldsymbol{B}$ 为 Finger 变形张量,或更常见地,称 $\boldsymbol{B}$ 为左柯西-格林(Cauchy-Green)变形张量。

由上可知,$\boldsymbol{C}$、$\boldsymbol{C}^{-1}$ 是初始构形中定义的张量,而 $\boldsymbol{B}$、$\boldsymbol{B}^{-1}$ 是现时构形中的张量。

2.2.4 应变张量 $\boldsymbol{E}$ 和 $\boldsymbol{\varepsilon}$

连续介质力学除使用 $\boldsymbol{C}$ 和 $\boldsymbol{B}$ 外,还广泛地使用应变张量来度量物体的变形,当无变形时,应变张量取零值。常用的应变张量有格林或拉格朗日应变张量 $\boldsymbol{E}(E_{kl})$,自变量选用 X_K,以后简称 L 应变张量,以及欧拉或阿尔曼西(Almansis)应变张量 $\boldsymbol{\varepsilon}(\varepsilon_{kl})$,自变量选用 x_k,以后简称 E 应变张量。它们分别按如下定义:

$$\boldsymbol{E}=\frac{1}{2}(\boldsymbol{C}-\boldsymbol{I})\quad \boldsymbol{\varepsilon}=\frac{1}{2}(\boldsymbol{I}-\boldsymbol{B}^{-1})\quad 且\ \boldsymbol{E}=\boldsymbol{F}^{\mathrm{T}}\boldsymbol{\varepsilon}\boldsymbol{F} \tag{2-33}$$

$$E_{KL}=\frac{1}{2}(C_{KL}-\delta_{KL})=\frac{1}{2}(U_{K,L}+U_{L,K}+U_{M,K}U_{M,L}) \tag{2-34}$$

$$\varepsilon_{kl}=\frac{1}{2}(\delta_{kl}-B_{kl}^{-1})=\frac{1}{2}(u_{k,l}+u_{l,k}-u_{m,k}u_{m,l}) \tag{2-35}$$

因为 $\boldsymbol{C}$、$\boldsymbol{B}^{-1}$ 是对称张量,所以 $\boldsymbol{E}$ 和 $\boldsymbol{\varepsilon}$ 也是对称张量,但不是正定的。由式(2-23)、式(2-24)和式(2-33)第1式以及由式(2-28)、式(2-29)和式(2-33)第2式可得

$$\begin{aligned}\mathrm{d}l^2-\mathrm{d}L^2&=2E_{KL}\mathrm{d}X_K\mathrm{d}X_L=2\varepsilon_{kl}\mathrm{d}x_k\mathrm{d}x_l\\&=2\mathrm{d}\boldsymbol{X}\cdot\boldsymbol{E}\cdot\mathrm{d}\boldsymbol{X}=2\mathrm{d}\boldsymbol{x}\cdot\boldsymbol{\varepsilon}\cdot\mathrm{d}\boldsymbol{x}\end{aligned} \tag{2-36}$$

式(2-36)也可用作 $\boldsymbol{E}$ 和 $\boldsymbol{\varepsilon}$ 的定义。显然,当 $\mathrm{d}l=\mathrm{d}L$ 时,$\boldsymbol{E}=\boldsymbol{\varepsilon}=0$。注意上述 E_{kl} 和 ε_{kl} 是应变张量,其定义的切应变分量是通常工程切应变分量的一半。

令

$$\left.\begin{aligned}E_{KL}^0&=\frac{1}{2}(U_{K,L}+U_{L,K})\\R_{KL}^0&=-R_{LK}^0=\frac{1}{2}(U_{K,L}-U_{L,K})\\\varepsilon_{kl}^0&=\frac{1}{2}(u_{k,l}+u_{l,k})\\r_{kl}^0&=-r_{lk}^0=\frac{1}{2}(u_{k,l}-u_{l,k})\end{aligned}\right\} \tag{2-37}$$

由式(2-37)推出

$$U_{K,L}=E^0_{KL}+R^0_{KL}\quad u_{k,l}=\varepsilon^0_{kl}+r^0_{kl}\tag{2-38}$$

从而 E_{KL} 和 ε_{kl} 可写成另一种形式

$$\left.\begin{aligned}E_{KL}&=E^0_{KL}+\frac{1}{2}(E^0_{MK}+R^0_{MK})(E^0_{ML}+R^0_{ML})\\ \varepsilon_{kl}&=\varepsilon^0_{kl}-\frac{1}{2}(\varepsilon^0_{mk}+r^0_{mk})(\varepsilon^0_{ml}+r^0_{ml})\end{aligned}\right\}\tag{2-39}$$

式(2-39)可用来作为区分不同工程变形问题的基准如下。

(1) E^0_{KL}、R^0_{KL} 等都很小，此时 E^0_{KL} 和 R^0_{KL} 同量级，它们的乘积可以略去，从而 $E_{KL}=E^0_{kl}$。类似地，$\varepsilon_{kl}=\varepsilon^0_{kl}$。如 E 和 L 坐标系重合，则有 $E^0_{KL}=\varepsilon^0_{kl}=E^0_{kl}$。

(2) E^0_{KL} 很小，R^0_{KL} 较大，且 E^0_{KL} 和 $(R^0_{KL})^2$ 同量级，或 ε_{kl} 和 $(r^0_{kl})^2$ 同量级，此时式(2-39)化为

$$E_{KL}=E^0_{KL}+\frac{1}{2}R^0_{MK}R^0_{ML}$$

$$\varepsilon_{kl}=\varepsilon^0_{kl}-\frac{1}{2}r^0_{mk}r^0_{ml}$$

一些板壳的大挠度问题往往属于此类，且 R^0_{kl} 或 r^0_{kl} 中只有个别分量较大，因而问题还可简化。

在上述诸式中，$\boldsymbol{E}^0$ 和 $\boldsymbol{\varepsilon}^0$ 分别为应变张量 $\boldsymbol{E}$ 和 $\boldsymbol{\varepsilon}$ 的线性部分；在无穷小变形时，$\boldsymbol{R}^0$ 和 $\boldsymbol{r}^0$ 分别为 L 和 E 描写法中的无限小转动张量，但在有限变形时它们都含有纯变形的部分。式(2-39)所表示的 E_{kl} 是单纯的变形部分，转动部分被抵消。

2.2.5 随体坐标系中的变形分析

由式(2-14)推得

$$\mathrm{d}\boldsymbol{x}=\mathrm{d}x_k\boldsymbol{i}_k=x_{k,K}\mathrm{d}X_K\boldsymbol{i}_k=\mathrm{d}X_K\boldsymbol{C}_K\tag{2-40}$$

式中，

$$\boldsymbol{C}_K=x_{k,K}\boldsymbol{i}_k=F_{kK}\boldsymbol{i}_k=\boldsymbol{F}\cdot\boldsymbol{I}_K$$

$$\boldsymbol{i}_k=X_{K,k}\boldsymbol{C}_K=F^{-1}_{Kk}\boldsymbol{C}_K\tag{2-41}$$

在初始构形中位于坐标轴 OX_K 上的微线元 $\mathrm{d}X=\mathrm{d}X_{\underline{K}}\boldsymbol{I}_K$，变形后将变为 $\mathrm{d}\boldsymbol{x}=\mathrm{d}X_{\underline{K}}\boldsymbol{C}_K$，换言之，$\boldsymbol{I}_K$ 变形后变为 $\boldsymbol{C}_K$。由式(2-40)推知

$$\begin{aligned}\mathrm{d}l^2&=\mathrm{d}\boldsymbol{x}\cdot\mathrm{d}\boldsymbol{x}=\mathrm{d}X_K\boldsymbol{C}_K\cdot\mathrm{d}\boldsymbol{X}_L\boldsymbol{C}_L\\&=C_{KL}\mathrm{d}X_K\mathrm{d}\boldsymbol{X}_L=\mathrm{d}\boldsymbol{X}\cdot\boldsymbol{C}\cdot\mathrm{d}\boldsymbol{X}\end{aligned}\tag{2-42}$$

$$C_{KL}=\boldsymbol{C}_K\cdot\boldsymbol{C}_L=F_{kK}\boldsymbol{i}_k\cdot F_{lL}\boldsymbol{i}_l=F_{kK}F_{kL}\tag{2-43}$$

式(2-42)和式(2-43)分别与式(2-24)和式(2-25)一致。由此知，$\boldsymbol{C}$ 实际上是 L 坐标系中的量度张量(参见图 2-2 和第 7 章)。

利用式(2-16)和式(2-4a)，由式(2-41)还可得

$$\boldsymbol{C}_K=(\delta_{kK}+u_{k,K})\boldsymbol{i}_k=(\delta_{KM}+U_{M,K})\delta_{kM}\boldsymbol{i}_k=(\delta_{MK}+U_{M,K})\boldsymbol{I}_M \tag{2-44}$$

变形前，L 为直角坐标系，坐标轴间夹角为直角；变形后变为 Ⅰ 坐标系，坐标轴间的夹角不再是直角。在现时构形中，Ⅰ 坐标系中的坐标轴间夹角的方向余弦为

$$\begin{aligned}\cos(\boldsymbol{\theta}_{KL})&=\sin\left(\frac{\pi}{2}-\boldsymbol{\theta}_{KL}\right)=\frac{C_K\cdot\boldsymbol{C}_L}{|\boldsymbol{C}_K||\boldsymbol{C}_L|}=\frac{C_{KL}}{\sqrt{C_{\underline{KK}}C_{\underline{LL}}}}\\&=\frac{(\delta_{KL}+2E_{KL})}{\sqrt{(1+2E_{\underline{KK}})(1+2E_{\underline{LL}})}}\end{aligned} \tag{2-45}$$

基矢 $\boldsymbol{C}_K$ 和 L 坐标系中 $\boldsymbol{I}_L$ 间夹角的方向余弦为

$$\cos(\boldsymbol{C}_K,\boldsymbol{I}_L)=\frac{\boldsymbol{C}_K\cdot\boldsymbol{I}_L}{|\boldsymbol{C}_K|}=\frac{(\delta_{kl}+U_{L,K})}{\sqrt{1+2E_{\underline{KK}}}} \tag{2-46}$$

$\boldsymbol{C}_K$ 和 E 坐标系中 $\boldsymbol{i}_i$ 间夹角的方向余弦为

$$\cos(\boldsymbol{C}_K,\boldsymbol{i}_l)=\frac{\boldsymbol{C}_K\cdot\boldsymbol{i}_l}{|\boldsymbol{C}_K|}=\frac{(\delta_{Kl}+u_{l,K})}{\sqrt{1+2E_{\underline{KK}}}} \tag{2-47}$$

式(2-45)～式(2-47)中，重复指标下面加一短横，表示不求和。式(2-43)和式(2-45)给出物质线元变形后的空间方位。由式(2-45)知，若 $K\neq L$ 时 $E_{KL}=0$，则 $\boldsymbol{C}_K$ 和 $\boldsymbol{C}_L$ 之间的夹角保持为直角；对于小变形，当 $K\neq L$ 时，有 $\sin\left(\frac{\pi}{2}-\theta_{KL}\right)\approx\frac{\pi}{2}-\theta_{KL}\approx 2E_{kl}$，即 $2E_{KL}$ 表示 Ⅰ 坐标系中坐标轴间直角的改变量。

在初始构形中以某点 X 为原点作一球面：$\mathrm{d}L^2=\mathrm{d}X_M\mathrm{d}X_M=K^2$，那么在变形后的现时构形中，将变形为以 x 为原点的椭球面：$\mathrm{d}L^2=K^2=B_{kl}^{-1}\mathrm{d}x_k\mathrm{d}x_l$，称此椭球(面)为物质应变椭球(面)。如 $\boldsymbol{B}^{-1}$ 的主值为 λ_α^{-2}，则沿 $\boldsymbol{B}^{-1}$ 主方向 $\boldsymbol{m}_\alpha$ 的线元将伸长 λ_α 倍(见图 2-4)。

例 1 设物体以角速度 Ω 绕单位矢量为 $\boldsymbol{n}$ 的轴做刚体旋转(见图 2-5)，试求变形梯度。

解： 在 t_0 瞬时，取 E、L、Ⅰ 坐标系重合，因而大小写下标不加区别，一律用小写下标表示。在 t_0 瞬时，物体内 P 点的矢径为 $\boldsymbol{X}$；在 t 瞬时，P 运动到 $\bar{P}$，矢径为 $\boldsymbol{x}$。$PN\bar{P}$ 组成 π 平面，和 n 垂直，N 点位于旋转轴上。记 $NP=\boldsymbol{Y}$，$N\bar{P}=\boldsymbol{y}$，再作 $nm=\boldsymbol{n}\times\boldsymbol{Y}$，它垂直 $\boldsymbol{Y}$，且在 π 平面内。$\angle PN\bar{P}=\theta=\Omega(t-t_0)$。

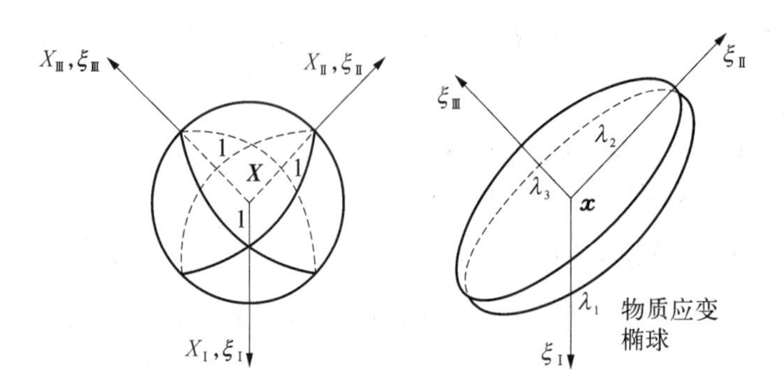

图 2-4 物体点附近的变形

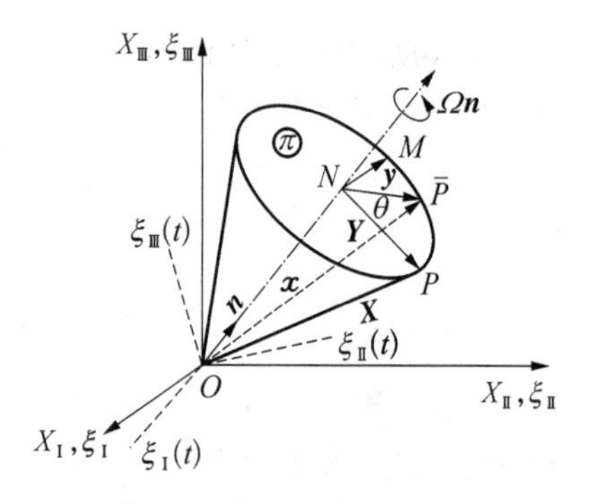

图 2-5 物体以角速度 Ωn 做刚体旋转

在 t 瞬时，$\bar{P}$ 点的速度 v 可表示为

$$\boldsymbol{v}=\Omega\boldsymbol{n}\times\boldsymbol{x}\quad 或\quad v_k=e_{klm}\Omega n_l x_m \tag{2-48}$$

由此求得与式(1-32)相同的公式

$$v_{k,p}=e_{klp}\Omega_{nl}\quad D_{kp}=0\quad \omega_{kp}=e_{klp}\Omega n_l \tag{2-49}$$

或

$$\boldsymbol{\omega}=\Omega\begin{bmatrix}0 & -n_3 & n_2\\ n_3 & 0 & -n_1\\ -n_2 & n_1 & 0\end{bmatrix} \tag{2-50}$$

及

$$\begin{aligned}\mathrm{curl}\,\boldsymbol{v}&=\nabla\times\boldsymbol{v}=\nabla\times(\Omega\boldsymbol{n}\times\boldsymbol{x})\\&=(x\cdot\nabla)\Omega\boldsymbol{n}-(\Omega\boldsymbol{n}\cdot\nabla)x+(\nabla\cdot\boldsymbol{x})\Omega\boldsymbol{n}-(\nabla\cdot\Omega\boldsymbol{n})x=2\Omega\boldsymbol{n}\end{aligned} \tag{2-51}$$

由此知，物体做刚体旋转时，不产生 $\boldsymbol{D}$，且涡旋矢量 Curl$v$ 是角速度矢量 $\Omega\boldsymbol{n}$ 的 2 倍。

现在来讨论物体的运动规律。设 $ON=c$，令

$$\boldsymbol{x}=c\boldsymbol{n}+\boldsymbol{y}\qquad \boldsymbol{X}=c\boldsymbol{n}+\boldsymbol{Y} \tag{2-52}$$

因 $\boldsymbol{n}$ 与 y、$\boldsymbol{Y}$ 垂直，故 $c=\boldsymbol{n}\cdot\boldsymbol{x}=\boldsymbol{n}\cdot\boldsymbol{X}$，从而

$$\boldsymbol{Y}=\boldsymbol{X}-(\boldsymbol{n}\cdot\boldsymbol{X})\boldsymbol{n} \tag{2-53}$$

由图 2-5 知

$$y=\boldsymbol{Y}\cos\theta+\boldsymbol{n}\times\boldsymbol{Y}\sin\theta \tag{2-54}$$

由式(2-52)～式(2-54)推导得

$$\begin{aligned}\boldsymbol{x}=c\boldsymbol{n}+\boldsymbol{y}&=(\boldsymbol{n}\cdot\boldsymbol{X})(1-\cos\theta)\boldsymbol{n}+\boldsymbol{X}\cos\theta+\boldsymbol{n}\times\boldsymbol{X}\sin\theta\\&=\boldsymbol{F}\cdot\boldsymbol{X}=F_{kl}X_l\boldsymbol{i}_k\end{aligned} \tag{2-55}$$

$$F_{kl}=(1-\cos\theta)n_k n_l+\delta_{kl}\cos\theta+e_{kml}n_m\sin\theta \tag{2-56}$$

若令 $t-t_0=\Delta t\to 0$，则 $\theta=\Omega\Delta t\to 0$，式(2-56)化为

$$F_{kl}\approx\delta_{kl}+\omega_{kl}\Delta t\quad 或\quad \boldsymbol{F}\approx\boldsymbol{I}+\boldsymbol{\omega}\Delta t \tag{2-57}$$

当 $\Delta t\to 0$ 时，式(2-56)、式(2-57)便是刚体定轴旋转情况下的变形梯度。

按式(2-41)，在 t 瞬时，Ⅰ坐标系的基矢 $\boldsymbol{C}_l=F_{kl}\boldsymbol{i}_k$，而当 $\Delta t\to 0$ 时，对刚体旋转，F_{kl} 可近似看成 i_k 和 C_l 间夹角的方向余弦，或 Ⅰ 和 E 坐标系间的变换张量 $\boldsymbol{Q}$ 为 $Q_{kl}=F_{kl}\approx\delta_{kl}+\omega_{kl}\Delta t$。

例 2 画出二维空间中线元的变形。

解： 设 L、Ⅰ和 E 坐标系分别为 $OX_{\mathrm{I}}X_{\mathrm{II}}$、$O\xi_{\mathrm{I}}\xi_{\mathrm{II}}$ 和 Ox_1x_2，其基矢分别为 $\boldsymbol{I}_K$、$\boldsymbol{C}_K$ 和 $\boldsymbol{i}_k$。变形规律设为

$$\boldsymbol{x}=\boldsymbol{x}(\boldsymbol{X})\quad 或\quad x_1=x_1(X_{\mathrm{I}},X_{\mathrm{II}})\quad x_2=x_2(X_{\mathrm{I}},X_{\mathrm{II}})$$

变形前为 d$\boldsymbol{X}$ 的线元,变形后变为 d$\boldsymbol{x}$,显然

$$\mathrm{d}x_1 = x_{1,\,\mathrm{I}}\mathrm{d}X_{\mathrm{I}} + x_{1,\,\mathrm{II}}\mathrm{d}X_{\mathrm{II}} \quad \mathrm{d}x_2 = x_{2,\,\mathrm{I}}\mathrm{d}X_{\mathrm{I}} + x_{2,\,\mathrm{II}}\mathrm{d}X_{\mathrm{II}}$$

因而

$$\begin{aligned}\mathrm{d}\boldsymbol{x} &= (x_{1,\,\mathrm{I}}\mathrm{d}X_1 + x_{1,\,\mathrm{II}}\mathrm{d}X_{\mathrm{II}})\boldsymbol{i}_1 + (x_{2,\,\mathrm{I}}\mathrm{d}X_{\mathrm{I}} + x_{2,\,\mathrm{II}}\mathrm{d}X_{\mathrm{II}})\boldsymbol{i}_2 \\ &= (x_{1,\,\mathrm{I}}\boldsymbol{i}_1 + x_{2,\,\mathrm{I}}\boldsymbol{i}_2)\mathrm{d}X_{\mathrm{I}} + (x_{1,\,\mathrm{II}}\boldsymbol{i}_1 + x_{2,\,\mathrm{I}}\boldsymbol{i}_2)\mathrm{d}X_{\mathrm{II}} \\ &= \mathrm{d}X_{\mathrm{I}}\boldsymbol{C}_{\mathrm{I}} + \mathrm{d}X_{\mathrm{II}}\boldsymbol{C}_{\mathrm{II}}\end{aligned}$$

上面已应用了式(2-41)。图2-6给出了几何表示。

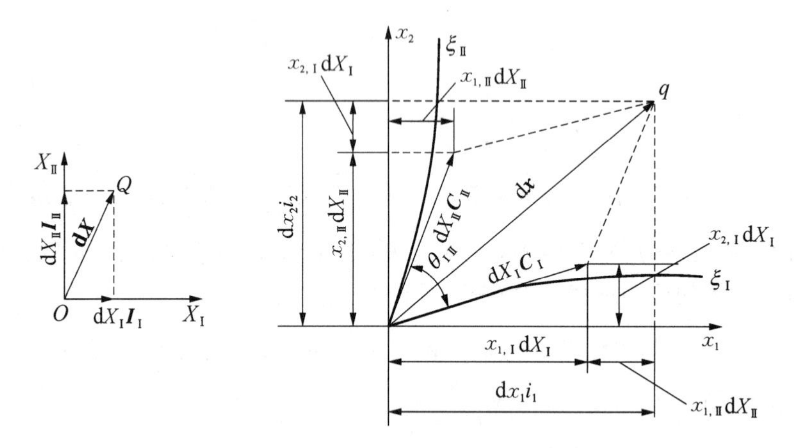

图2-6 二维空间中微线元的变形

2.3 应变张量、变形张量的主值和主方向

2.3.1 应变张量的坐标变换

设从L坐标系 $OX_{\mathrm{I}}X_{\mathrm{II}}X_{\mathrm{III}}$ 变换到新坐标系 $\overline{OX}_{\mathrm{I}}\ \bar{X}_{\mathrm{II}}\ \bar{X}_{\mathrm{III}}$,$\overline{OX}_K$ 和 $O\bar{X}_L$ 间夹角的方向余弦为 Q_{kl}。显然 $\mathrm{d}l^2-\mathrm{d}L^2$ 不因坐标系的变换而变化,所以在新老坐标系中都取同一值,有

$$\mathrm{d}l^2 - \mathrm{d}L^2 = 2E_{KL}\mathrm{d}X_K\mathrm{d}X_L = 2\bar{E}_{KL}\mathrm{d}\bar{X}_K\mathrm{d}\bar{X}_L \tag{2-58}$$

d$\boldsymbol{X}$ 矢量在新老坐标系中可分别表示为

$$\mathrm{d}\boldsymbol{X} = \mathrm{d}\bar{X}_K\bar{\boldsymbol{I}}_K \quad \mathrm{d}\boldsymbol{X} = \mathrm{d}X_K\boldsymbol{I}_K$$

故有

$$\mathrm{d}\bar{X}_K = \mathrm{d}\boldsymbol{X}\cdot\bar{\boldsymbol{I}}_K = \mathrm{d}X_L\boldsymbol{I}_L\cdot\bar{\boldsymbol{I}}_K = Q_{KL}\mathrm{d}X_L \tag{2-59}$$

把式(2-59)代入式(2-58)便得

$$\mathrm{d}l^2 - \mathrm{d}L^2 = 2E_{KL}\mathrm{d}X_K\mathrm{d}X_L = 2\bar{E}_{KL}Q_{KM}Q_{LN}\mathrm{d}X_M\mathrm{d}X_N$$

由此可得

$$E_{KL}=Q_{MK}Q_{NL}\bar{E}_{MN}\quad \bar{E}_{KL}=Q_{KM}Q_{LN}E_{MN} \tag{2-60a}$$

或写成张量形式

$$\boldsymbol{E}=\boldsymbol{Q}^{\mathrm{T}}\bar{\boldsymbol{E}}\boldsymbol{Q}\quad \bar{\boldsymbol{E}}=\boldsymbol{Q}\boldsymbol{E}\boldsymbol{Q}^{\mathrm{T}} \tag{2-60b}$$

式(2-60a)和式(2-60b)表明，$\boldsymbol{E}$ 满足二阶张量的坐标变换律，是二阶张量。

现在来寻找一坐标变换，使在新坐标系中的切应变分量全为零，即 $\bar{E}_{KL}=E\delta_{KL}$。结合式(2-48)可得

$$\boldsymbol{E}\delta_{KL}=Q_{KM}Q_{LN}E_{MN}$$

两边同乘以 Q_{LP}，利用 $\delta_{NP}=Q_{LN}Q_{LP}$，经整理后便得

$$(E_{MP}-E\delta_{MP})Q_{KM}=0 \tag{2-61}$$

式中，Q_{KM} 表示新坐标轴 $\overline{OX}_K$ 对老坐标轴 OX_M 夹角的方向余弦，因此对于确定的下标 K，$Q_{KM}(M=\mathrm{I},\mathrm{II},\mathrm{III})$ 确定了新坐标轴 $\overline{OX}_K$ 的方向。类似地对欧拉应变有

$$\left.\begin{aligned}&\bar{\boldsymbol{\varepsilon}}=\boldsymbol{q}\varepsilon\boldsymbol{q}^{\mathrm{T}}\quad \bar{\boldsymbol{\varepsilon}}_{kl}=q_{km}q_{ln}\varepsilon_{mn}\\&(\varepsilon_{mp}-\varepsilon\delta_{mp})q_{km}=0\end{aligned}\right\} \tag{2-62}$$

2.3.2 主应变和主方向

现讨论任意一方向线元的名义或拉格朗日伸长率 $\Lambda^{(M)}$ 和欧拉(真)伸长率 $\lambda^{(m)}$，分别定义为

$$\Lambda^{(M)}=\frac{(\mathrm{d}l-\mathrm{d}L)}{\mathrm{d}L}=\lambda_a-1\quad \lambda_a=\frac{\mathrm{d}l}{\mathrm{d}L} \tag{2-63}$$

$$\lambda^{(m)}=\frac{(\mathrm{d}l-\mathrm{d}L)}{\mathrm{d}l}=1-\lambda_a^{-1} \tag{2-64}$$

式中，λ_a 为线元伸长比。又因为

$$\begin{aligned}\frac{1}{2}\frac{(\mathrm{d}l^2-\mathrm{d}L^2)}{\mathrm{d}L^2}&=\frac{1}{2}\frac{(\mathrm{d}l-\mathrm{d}L)}{\mathrm{d}L}\frac{(\mathrm{d}l+\mathrm{d}L)}{\mathrm{d}L}\\&=\Lambda^{(M)}\left(1+\frac{1}{2}\Lambda^{(M)}\right)\end{aligned}$$

结合式(2-36)得

$$\Lambda^{(M)}\left(1+\frac{1}{2}\Lambda^{(M)}\right)=E_{KL}M_KM_L\quad M_K=\frac{\mathrm{d}X_K}{\mathrm{d}L} \tag{2-65}$$

式中，M_K 为初始构形中线元 d$\boldsymbol{X}$（其模为 dL）在 L 坐标系中的方向余弦，存在关系

$$M_KM_L\delta_{KL}=1 \tag{2-66}$$

现在来寻找一个方向，在该方向上线元的名义伸长取极值，为此要在条件(2-66)下寻找

式(2-65)的极值。这可采用拉格朗日乘子法来完成。设拉格朗日乘子为 E，组成泛函

$$\Phi(M_K)=E_{KL}M_KM_L+\boldsymbol{E}(1-\delta_{KL}M_KM_L) \tag{2-67}$$

式(2-67)取极值等价于 $\Lambda^{(M)}$ 取极值,其极值的条件为

$$\frac{\partial \Phi}{\partial M_K}=0 \quad \text{或} \quad (E_{KL}-\boldsymbol{E}\delta_{KL})M_L=0 \tag{2-68}$$

式(2-68)与式(2-61)一致,是线性齐次代数方程。因 $\boldsymbol{E}$ 是实对称张量或矩阵,因此可应用1.3节和1.6节中的理论。从而推知 $\boldsymbol{E}$ 有3个主值 $E_\alpha(\alpha=1,2,3)$，称为主应变,与其对应的有3个主方向 $\boldsymbol{M}_\alpha(\alpha=1,2,3$，其分量为 $M_{\alpha k})$，主方向相互正交。若 E_α 的3个主值相同,则所有的方向都是主方向,此时 $E_{KL}=E\delta_{KL}$ 称为球张量。对主方向的线元有 $E_\alpha=\Lambda^{(\alpha)}\left(1+\frac{1}{2}\Lambda^{(\alpha)}\right)$ 或 $\lambda_\alpha=\sqrt{1+2E_\alpha}$，而由主方向 $\boldsymbol{M}_\alpha$ 构成的坐标系称为 L(Lagrange)主轴坐标系。在主轴坐标系中,主应变取极值,且没有切应力分量。

与式(2-68)对应的本征方程是

$$\boldsymbol{E}^3-\mathrm{I}_E\boldsymbol{E}^2+\mathrm{II}_E\boldsymbol{E}-\mathrm{III}_E=\boldsymbol{0} \tag{2-69}$$

式中，

$$\left.\begin{aligned}
&\mathrm{I}_E=E_{KK}=E_{\mathrm{I}}+E_{\mathrm{II}}+E_{\mathrm{III}}\\
&\mathrm{II}_E=\frac{1}{2}(E_{KK}E_{IL}-E_{KL}E_{LK})=E_{\mathrm{I}}E_{\mathrm{II}}+E_{\mathrm{II}}E_{\mathrm{III}}+E_{\mathrm{III}}E_{\mathrm{I}}\\
&\mathrm{III}_E=\det(\boldsymbol{E})=|E_{KL}|=E_{\mathrm{I}}E_{\mathrm{II}}E_{\mathrm{III}}
\end{aligned}\right\} \tag{2-70}$$

I_E、II_E、III_E 分别称为应变第一、第二和第三不变量。根据凯莱-汉密尔顿(Cayley-Hamilton)定理，$\boldsymbol{E}$ 满足它自己的本征方程,即

$$\boldsymbol{E}^3-\mathrm{I}_E\boldsymbol{E}^2+\mathrm{II}_EE-\mathrm{III}_EI=O \tag{2-71}$$

关于欧拉应变张量 $\boldsymbol{\varepsilon}$ 有类似的结果。因为

$$\frac{1}{2}\left[\frac{(\mathrm{d}l^2-\mathrm{d}L^2)}{\mathrm{d}l^2}\right]=\lambda^{(m)}\left(1-\frac{1}{2}\lambda^{(m)}\right)$$

由此推出

$$\lambda^{(m)}\left(1-\frac{1}{2}\lambda^{(m)}\right)=\varepsilon_{kl}m_km_l \quad m_k=\frac{\mathrm{d}x_k}{\mathrm{d}l} \tag{2-72}$$

其主值为 $\varepsilon_\alpha(\alpha=1,2,3)$，主方向为 $\boldsymbol{m}_\alpha(\alpha=1,2,3)$，分量为 $m_{\alpha k}$，通常称由 $\boldsymbol{m}_\alpha$ 构成的坐标系为 E (Euler)主轴坐标系。

2.3.3 *C* 和 *B* 的主值与主方向

由于 $\boldsymbol{C}$、$\boldsymbol{B}$、$\boldsymbol{C}^{-1}$ 和 $\boldsymbol{B}^{-1}$ 都是对称正定张量,因而具有正的实本征值。结合式(2-33)和式(2-68)可推知

$$(C_{KL}-C\delta_{KL})M_L=0 \quad \boldsymbol{C}=\boldsymbol{I}+2\boldsymbol{E} \tag{2-73}$$

由此推出 $\boldsymbol{C}$ 的主值 C_α 为

$$C_\alpha=1+2E_\alpha=\lambda_\alpha^2 \quad \alpha=1,\ 2,\ 3 \tag{2-74}$$

由 $\boldsymbol{C}=\boldsymbol{I}+2\boldsymbol{E}$ 推知 $\boldsymbol{C}$ 和 $\boldsymbol{E}$ 具有相同的主方向，设为 $\boldsymbol{M}_\alpha$。现组成以 $\boldsymbol{M}_\alpha$ 为列的矩阵 $\boldsymbol{P}^{\mathrm{T}}=[\boldsymbol{M}_1,\ \boldsymbol{M}_2,\ \boldsymbol{M}_3]$，显然 $\boldsymbol{PP}^{\mathrm{T}}=\boldsymbol{I}$。由式(2-73)知，$\boldsymbol{C}[\boldsymbol{M}_1,\ \boldsymbol{M}_2,\ \boldsymbol{M}_3]=[C_1\boldsymbol{M}_1,\ C_2\boldsymbol{M}_2,\ C_3\boldsymbol{M}_3]$，所以利用 $\boldsymbol{P}$ 可使矩阵 $\boldsymbol{C}$ 对角化，利用 $C_\alpha=\lambda_\alpha^2$，即有

$$\left.\begin{aligned}\boldsymbol{PCP}^{\mathrm{T}}&=\mathrm{diag}[\lambda_1^2,\ \lambda_2^2,\ \lambda_3^2]\\ \boldsymbol{C}&=\boldsymbol{P}^{\mathrm{T}}\mathrm{diag}[\lambda_1^2,\ \lambda_2^2,\ \lambda_3^2]\boldsymbol{P}\end{aligned}\right\} \tag{2-75}$$

由 1.3.1 节知，若令 $\boldsymbol{U}$ 为

$$\boldsymbol{U}=\boldsymbol{P}^{\mathrm{T}}\mathrm{diag}[\lambda_1,\ \lambda_2,\ \lambda_3]\boldsymbol{P} \tag{2-76}$$

则 $\boldsymbol{U}$ 是 $\boldsymbol{C}$ 的平方根阵，或

$$\boldsymbol{U}=\boldsymbol{C}^{1/2}=(\boldsymbol{F}^{\mathrm{T}}\boldsymbol{F})^{1/2} \quad 或 \quad U_{KL}U_{LM}=F_{kK}F_{kM} \tag{2-77}$$

称 $\boldsymbol{U}$ 为右柯西-格林伸长张量。对任意矢量 $\boldsymbol{v}$ 有

$$\boldsymbol{v}^{\mathrm{T}}\boldsymbol{U}\boldsymbol{v}=(\boldsymbol{P}\boldsymbol{v})^{\mathrm{T}}\mathrm{diag}[\lambda_1,\ \lambda_2,\ \lambda_3](\boldsymbol{P}\boldsymbol{v})$$

所以当 λ_1，λ_2 和 λ_3 都大于零时，式(2-77)大于零，即 $\boldsymbol{U}$ 为对称正定张量。由式(2-75)知，$\boldsymbol{C}$ 的逆 $\boldsymbol{C}^{-1}$ 可表示为

$$\boldsymbol{C}^{-1}=\boldsymbol{P}^{\mathrm{T}}\mathrm{diag}[\lambda_1^{-2},\ \lambda_2^{-2},\ \lambda_3^{-2}]\boldsymbol{P} \tag{2-78}$$

即 $\boldsymbol{C}^{-1}$ 的本征值是 $\boldsymbol{C}$ 的倒数。由于 $\boldsymbol{CM}_\alpha=\boldsymbol{C}_{\underline{\alpha}}\boldsymbol{M}_\alpha$，所以

$$\boldsymbol{C}^{-1}\boldsymbol{M}_\alpha=\boldsymbol{C}_{\underline{\alpha}}^{-1}\boldsymbol{M}_\alpha \tag{2-79}$$

即 $\boldsymbol{C}^{-1}$ 的主方向与 $\boldsymbol{C}$ 相同。

由式(2-26)和式(2-32)知，$\boldsymbol{C}=\boldsymbol{F}^{\mathrm{T}}\boldsymbol{F}$，$\boldsymbol{B}=\boldsymbol{FF}^{\mathrm{T}}$，故有 $\boldsymbol{B}=(\boldsymbol{F}^{\mathrm{T}})^{-1}\boldsymbol{CF}^{\mathrm{T}}$，即 $\boldsymbol{B}$ 与 $\boldsymbol{C}$ 是相似矩阵，因而具有相同的本征值。事实上有

$$\boldsymbol{CM}_\alpha=\lambda_\alpha^2\boldsymbol{M}_\alpha \quad 或 \quad \boldsymbol{CUM}_\alpha=\lambda_\alpha^2\boldsymbol{UM}_\alpha \tag{2-80}$$

把式(2-80)左乘 $(\boldsymbol{F}^{\mathrm{T}})^{-1}$，可写出

$$(\boldsymbol{F}^{\mathrm{T}})^{-1}\boldsymbol{CF}^{\mathrm{T}}(\boldsymbol{F}^{\mathrm{T}})^{-1}\boldsymbol{UM}_\alpha=\lambda_\alpha^2(\boldsymbol{F}^{\mathrm{T}})^{-1}\boldsymbol{UM}_\alpha$$

或

$$\boldsymbol{Bm}_\alpha=\lambda_\alpha^2\boldsymbol{m}_\alpha \quad \boldsymbol{m}_\alpha=(\boldsymbol{F}^{\mathrm{T}})^{-1}\boldsymbol{UM}_\alpha \tag{2-81}$$

故 $\boldsymbol{B}$ 与 $\boldsymbol{C}$ 有相同的本征值，但本征矢量左乘了 $(\boldsymbol{F}^{\mathrm{T}})^{-1}\boldsymbol{U}$。与式(2-79)的推导相似，可证 $\boldsymbol{B}^{-1}$ 的本征值是 $\boldsymbol{B}$ 本征值的倒数，且有相同的本征方向。

用伸长比 λ_α 表示的 $\boldsymbol{C}$、$\boldsymbol{B}$、$\boldsymbol{C}^{-1}$、$\boldsymbol{B}^{-1}$ 的有关不变量为

$$\left.\begin{aligned} \text{I}_C &= \text{I}_B = \lambda_1^2 + \lambda_2^2 + \lambda_3^2 \\ \text{II}_C &= \text{II}_B = \lambda_1^2\lambda_2^2 + \lambda_2^2\lambda_3^2 + \lambda_3^2\lambda_1^2 \\ \text{III}_C &= \text{III}_B = \lambda_1^2\lambda_2^2\lambda_3^2 \end{aligned}\right\} \tag{2-82}$$

和

$$\left.\begin{aligned} \text{I}_{C^{-1}} &= \text{I}_{B^{-1}} = \frac{1}{\lambda_1^2} + \frac{1}{\lambda_2^2} + \frac{1}{\lambda_3^2} \\ \text{II}_{C^{-1}} &= \text{II}_{B^{-1}} = \frac{1}{(\lambda_1^2\lambda_2^2)} + \frac{1}{(\lambda_2^2\lambda_3^2)} + \frac{1}{(\lambda_3^2\lambda_1^2)} \\ \text{III}_{C^{-1}} &= \text{III}_{B^{-1}} = \frac{1}{(\lambda_1^2\lambda_2^2\lambda_3^2)} \end{aligned}\right\} \tag{2-83}$$

由式(2-82)和式(2-83)可以导出

$$\text{I}_{C^{-1}} = \frac{\text{II}_C}{\text{III}_C} \quad \text{II}_{C^{-1}} = \frac{\text{I}_C}{\text{III}_C} \quad \text{III}_{C^{-1}} = \frac{\text{I}}{\text{III}_C} \tag{2-84}$$

对于单纯的刚体转动有 $\lambda_1 = \lambda_2 = \lambda_3 = 1$，所以 $\text{I}_C = \text{I}_{C^{-1}} = 3$，$\text{II}_C = \text{II}_{C^{-1}} = 3$，$\text{III}_C = \text{III}_{C^{-1}} = 1$。

既然 $\boldsymbol{B}$ 和 $\boldsymbol{C}$ 具有相同的本征值,类似于 $\boldsymbol{C}$,可定义 $\boldsymbol{B}$ 的平方根矩阵,或定义 $\boldsymbol{B}$ 的平方根张量 $\boldsymbol{V}$ 为

$$\boldsymbol{V} = \boldsymbol{B}^{1/2} = (\boldsymbol{F}\boldsymbol{F}^{\mathrm{T}})^{1/2} \quad \text{或} \quad V_{km}V_{ml} = F_{kK}F_{lK} \tag{2-85}$$

读者易于证明下列关系：

$$\left.\begin{aligned} &\boldsymbol{C}^{-1} = \boldsymbol{U}^{-2} \quad \boldsymbol{U}\boldsymbol{U}^{-1} = \boldsymbol{I} \quad \boldsymbol{B}^{-1} = \boldsymbol{V}^{-2} \quad \boldsymbol{V}^{-1}\boldsymbol{V} = \boldsymbol{I} \\ &U_{KM}U_{ML}^{-1} = \delta_{KL} \quad V_{km}V_{ml}^{-1} = \delta_{kl} \end{aligned}\right\} \tag{2-86}$$

称 $\boldsymbol{V}$ 为左柯西-格林伸长张量,是对称正定张量。

2.4 变形张量的极分解和主轴坐标系

2.4.1 变形张量的极分解

在连续介质变形理论中,极分解定理非常重要,该定理指出,任意一非奇异的张量 $\boldsymbol{F}$ 可唯一地分解成下面两种形式之一：

$$\boldsymbol{F} = \boldsymbol{R}\boldsymbol{U} = \boldsymbol{V}\boldsymbol{R} \quad \text{或} \quad F_{kK} = R_{kM}U_{MK} = V_{km}R_{mK} \tag{2-87}$$

式中,$\boldsymbol{R}$ 为正交张量,代表纯转动;$\boldsymbol{U}$、$\boldsymbol{V}$ 取成 $\boldsymbol{C}$ 和 $\boldsymbol{B}$ 的平方根张量,与转动无关,代表纯粹的变形。现证明如下：

令

$$\boldsymbol{R} = \boldsymbol{F}\boldsymbol{U}^{-1} \quad \text{或} \quad R_{kK} = F_{kM}U_{MK}^{-1} \tag{2-88}$$

则

$$\begin{aligned} \boldsymbol{R}^{\mathrm{T}}\boldsymbol{R} &= (\boldsymbol{F}\boldsymbol{U}^{-1})^{\mathrm{T}}(\boldsymbol{F}\boldsymbol{U}^{-1}) = \boldsymbol{U}^{-1}\boldsymbol{F}^{\mathrm{T}}\boldsymbol{F}\boldsymbol{U}^{-1} \\ &= \boldsymbol{U}^{-1}\boldsymbol{U}^2\boldsymbol{U}^{-1} = \boldsymbol{I} \end{aligned}$$

所以 $\boldsymbol{R}$ 是正交张量，同时由前分析知，$\boldsymbol{U}$ 是存在的，这就证明了 $\boldsymbol{F}=\boldsymbol{RU}$ 的分解是存在的，现在还需要证明这一分解是唯一的。事实上，若不然，则设存在另一分解 $\boldsymbol{F}=\overline{\boldsymbol{RU}}$，可得到

$$\bar{\boldsymbol{U}}=\bar{\boldsymbol{R}}^{\mathrm{T}}\boldsymbol{F}=\bar{\boldsymbol{R}}^{\mathrm{T}}\boldsymbol{RU}$$

和

$$\bar{\boldsymbol{U}}^2=\bar{\boldsymbol{U}}^{\mathrm{T}}\bar{\boldsymbol{U}}=(\boldsymbol{UR}^{\mathrm{T}}\bar{\boldsymbol{R}})(\bar{\boldsymbol{R}}^{\mathrm{T}}\boldsymbol{RU})=\boldsymbol{U}^2$$

由此可得 $\bar{\boldsymbol{U}}=\boldsymbol{U}$，从而有 $\bar{\boldsymbol{R}}=\boldsymbol{R}$，即分解是唯一的。这样便证明了等式(2-87)的前半式。类似地可证 $\boldsymbol{F}=\boldsymbol{VR}'$。为证明式(2-87)的后半式还需要证明 $\boldsymbol{R}'=\boldsymbol{R}$。事实上有

$$\boldsymbol{F}=\boldsymbol{RU}=\boldsymbol{VR}'=\boldsymbol{R}'\boldsymbol{R}'^{\mathrm{T}}\boldsymbol{VR}'=\boldsymbol{R}'(\boldsymbol{R}'^{\mathrm{T}}\boldsymbol{VR}') \tag{2-89}$$

式(2-89)中 $\boldsymbol{R}'^{\mathrm{T}}\boldsymbol{VR}'$ 是对称正定张量；$\boldsymbol{R}'$ 是正交张量，因而根据 $\boldsymbol{F}=\boldsymbol{RU}$ 分解的唯一性有 $\boldsymbol{R}'=\boldsymbol{R}$ 和

$$\left.\begin{aligned}\boldsymbol{U}=\boldsymbol{R}^{\mathrm{T}}\boldsymbol{VR}\quad&\text{或}\quad U_{KM}=R_{lK}V_{lm}R_{mM}\\ \boldsymbol{V}=\boldsymbol{RUR}^{\mathrm{T}}\quad&\text{或}\quad V_{km}=R_{kK}U_{KM}R_{mM}\end{aligned}\right\} \tag{2-90}$$

式(2-90)表明，$\boldsymbol{U}$ 和 $\boldsymbol{V}$ 是相似张量，它们具有相同的主值，但相互间做了一个旋转。由式(2-90)还可推出 $\boldsymbol{C}=\boldsymbol{R}^{\mathrm{T}}\boldsymbol{BR}$，$\boldsymbol{B}=\boldsymbol{RCR}^{\mathrm{T}}$。令 $\boldsymbol{m}_\alpha$ 为 $\boldsymbol{V}$（或 $\boldsymbol{B}$）的主方向，$\boldsymbol{M}_\alpha$ 为 $\boldsymbol{U}$（或 $\boldsymbol{C}$）的主方向，因为

$$\boldsymbol{F}^{-\mathrm{T}}\boldsymbol{U}=\boldsymbol{R}^{-\mathrm{T}}\boldsymbol{U}^{-\mathrm{T}}\boldsymbol{U}=\boldsymbol{RU}^{-1}\boldsymbol{U}=\boldsymbol{R}$$

如果把 $\boldsymbol{m}_\alpha$ 和 $\boldsymbol{M}_\alpha$ 按相同的(旋转)次序编号，那么根据式(2-81)便可以把两个主标架用相同的编号表示为

$$\boldsymbol{m}_\alpha=\boldsymbol{R}\cdot\boldsymbol{M}_\alpha\quad\text{或}\quad\boldsymbol{m}_\alpha=\boldsymbol{RM}_\alpha \tag{2-91}$$

式(2-91)表明 $\boldsymbol{R}$ 为由 $\boldsymbol{C}$ 的主方向 $\boldsymbol{M}_\alpha$ 到 $\boldsymbol{B}$ 的主方向 $\boldsymbol{m}_\alpha$ 的转动张量。由式(2-91)得

$$\boldsymbol{R}=\boldsymbol{m}_\beta\otimes\boldsymbol{M}_\beta\quad\boldsymbol{R}^{\mathrm{T}}=\boldsymbol{M}_\beta\otimes\boldsymbol{m}_\beta \tag{2-92}$$

式(2-92)表明 $\boldsymbol{R}$ 是两点张量。由式(2-14b)得

$$\mathrm{d}\boldsymbol{x}=\boldsymbol{F}\mathrm{d}\boldsymbol{X}=\boldsymbol{RU}\mathrm{d}\boldsymbol{X}=\boldsymbol{R}\mathrm{d}\boldsymbol{X}'\quad\mathrm{d}\boldsymbol{X}'=\boldsymbol{U}\mathrm{d}\boldsymbol{X} \tag{2-93}$$

因此，如 $OX_{\mathrm{I}}X_{\mathrm{II}}X_{\mathrm{III}}$ 为 L 主轴坐标系，即坐标轴沿 $\boldsymbol{C}$ 的主方向 $\boldsymbol{M}_\alpha$，又设 $Ox_1x_2x_3$ 为 E 主轴坐标系，即坐标轴沿 $\boldsymbol{B}$ 的主方向 $\boldsymbol{m}_\alpha$。设 $\mathrm{d}\boldsymbol{X}$ 为沿 $\boldsymbol{M}_\alpha$ 的线元，则 $\mathrm{d}\boldsymbol{X}'$ 沿 $\mathrm{d}\boldsymbol{X}$ 的方向，但伸长了 λ_α 倍；$\mathrm{d}\boldsymbol{x}$ 为由 $\mathrm{d}\boldsymbol{X}'$ 经旋转变换 $\boldsymbol{R}$ 后得到，即沿 $\boldsymbol{m}_\alpha$ 方向。因此由 $\mathrm{d}\boldsymbol{X}$ 到 $\mathrm{d}\boldsymbol{x}$ 的变形过程，可分解成先做纯变形 $\boldsymbol{U}$，再做纯转动 $\boldsymbol{R}$ 两种变换。同理，对 $\boldsymbol{F}=\boldsymbol{VR}$ 可分解成先做纯转动 $\boldsymbol{R}$，再做纯变形 $\boldsymbol{V}$ 的两种变换。这两种情形如图 2-7 所示。

上述极分解定理对空间变形梯度 $\boldsymbol{F}^{-1}$ 也成立。由式(2-87)求逆可得

$$\left.\begin{aligned}&\boldsymbol{F}^{-1}=(\boldsymbol{RU})^{-1}=\boldsymbol{U}^{-1}\boldsymbol{R}^{-1}=(\boldsymbol{VR})^{-1}=\boldsymbol{R}^{-1}\boldsymbol{V}^{-1}\\ &F_{Kk}^{-1}=X_{K,k}=U_{KM}^{-1}R_{Mk}^{-1}=R_{Km}^{-1}V_{mk}^{-1}\end{aligned}\right\} \tag{2-94}$$

因为 $\boldsymbol{R}$ 是正交张量，所以 $\boldsymbol{R}^{-1}=\boldsymbol{R}^{\mathrm{T}}$ 或 $R_{kK}=R_{Kk}^{-1}$。

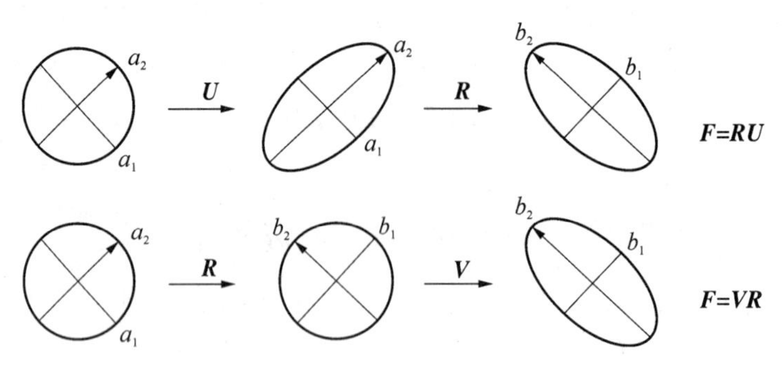

图 2-7 极分解示意图

2.4.2 主轴坐标系

如果选用 $\boldsymbol{C}$ 的主方向 $\boldsymbol{M}_\alpha$ 作为坐标轴的方向，则这一坐标系称为拉格朗日(Lagrange)主轴坐标系；如选 $\boldsymbol{B}$ 的主方向 $\boldsymbol{m}_\alpha$ 作为坐标轴的方向，则称欧拉(Euler)主轴坐标系。在一些情况下，采用主轴坐标系有其独特的优点，主轴坐标系为希尔(Hill)所提倡。一些物理量在主轴坐标系中的谱表示为

$$\left.\begin{aligned}
&\boldsymbol{F}=\lambda_{\underline{\alpha}}\boldsymbol{m}_\alpha\otimes\boldsymbol{M}_\alpha \quad \boldsymbol{F}^{-1}=\lambda_{\underline{\alpha}}^{-1}\boldsymbol{M}_\alpha\otimes\boldsymbol{m}_\alpha\\
&\boldsymbol{R}=\boldsymbol{m}_\alpha\otimes\boldsymbol{M}_\alpha\\
&\boldsymbol{C}=\lambda_{\underline{\alpha}}^2\boldsymbol{M}_\alpha\otimes\boldsymbol{M}_\alpha \quad \boldsymbol{B}=\lambda_{\underline{\alpha}}^2\boldsymbol{m}_\alpha\otimes\boldsymbol{m}_\alpha\\
&\boldsymbol{E}=\frac{1}{2}(\lambda_{\underline{\alpha}}^2-1)\boldsymbol{M}_\alpha\otimes\boldsymbol{M}_\alpha\\
&\boldsymbol{E}=\frac{1}{2}(1-\lambda_{\underline{\alpha}}^{-2})\boldsymbol{m}_\alpha\otimes\boldsymbol{m}_\alpha\\
&\boldsymbol{U}=\lambda_{\underline{\alpha}}\boldsymbol{M}_\alpha\otimes\boldsymbol{M}_\alpha \quad \boldsymbol{V}=\lambda_{\underline{\alpha}}\boldsymbol{m}_\alpha\otimes\boldsymbol{m}_\alpha
\end{aligned}\right\}\tag{2-95}$$

式(2-95)中关于 $\boldsymbol{F}$ 的表达式同时使用了 E 和 L 主轴坐标系，详细写为

$$\boldsymbol{F}=\lambda_1\boldsymbol{m}_1\otimes\boldsymbol{M}_1+\lambda_2\boldsymbol{m}_2\otimes\boldsymbol{M}_2+\lambda_3\boldsymbol{m}_3\otimes\boldsymbol{M}_3\tag{2-96}$$

与之前一样，字母下标加短横时表示不参与求和的规则。

2.4.3 广义应变张量

从上面的讨论发现，可以用作应变度量的张量不是唯一的，例如按下述方法定义的张量都可以作为应变度量：

$$\left.\begin{aligned}
&\boldsymbol{E}^*=f(\lambda_{\underline{\alpha}})\boldsymbol{M}_\alpha\otimes\boldsymbol{M}_\alpha \quad f(1)=0 \quad f'(1)=1 \quad f'(\lambda)>0\\
&\boldsymbol{\varepsilon}^*=g(\lambda_{\underline{\alpha}})\boldsymbol{m}_\alpha\otimes\boldsymbol{m}_\alpha \quad g(1)=0 \quad g'(1)=1 \quad f'(\lambda)>0
\end{aligned}\right\}\tag{2-97}$$

式(2-97)表示伸长比 $\lambda_\alpha=1$ 时没有应变，同时在 $\lambda_\alpha=1$ 附近，应变正比于 $(\lambda_\alpha-1)$，如此定义的应变称为广义应变。下面定义的广义应变称为赛特(Seth)应变：

$$\boldsymbol{E}^{(m)}=\begin{cases}\dfrac{1}{m}(\lambda_{\underline{\alpha}}^{m}-1)\boldsymbol{M}_{\alpha}\otimes\boldsymbol{M}_{\alpha}, & m\neq 0\\ \ln\lambda_{\underline{\alpha}}\boldsymbol{M}_{\alpha}\otimes\boldsymbol{M}_{\alpha}, & m=0\end{cases}\tag{2-98}$$

式(2-98)中 $m=0$ 的情形由 $m\to 0$ 取极限得到，即

$$\lim_{m\to 0}\frac{1}{m}(\lambda_{\alpha}^{m}-1)=\lim_{m\to 0}\frac{1}{m}(\mathrm{e}^{m\ln\lambda_{\alpha}}-1)\approx\ln\lambda_{\alpha}$$

通常称 $\ln\lambda_{\alpha}$ 为自然，或对数、亨基(Hencky)应变。利用右伸长张量 $\boldsymbol{U}$，可以定义广义拉格朗日应变张量 $\boldsymbol{E}^{(m)}$，即

$$\boldsymbol{E}^{(m)}=\begin{cases}\dfrac{1}{m}(\boldsymbol{U}^{m}-\boldsymbol{I}), & m\neq 0\\ \ln\boldsymbol{U}, & m=0\end{cases}\tag{2-99}$$

当 $m=1$ 时有

$$\boldsymbol{E}^{(1)}=\boldsymbol{U}-\boldsymbol{I}\tag{2-100a}$$

称为名义或毕奥(Biot)应变张量，它在主方向的值为名义伸长。当 $m=2$ 时有

$$E^{(2)}=E=\frac{1}{2}(\boldsymbol{U}^{2}-\boldsymbol{I})=\frac{1}{2}(C-I)\tag{2-100b}$$

此即格林应变张量。当 $m=-2$ 时有

$$\boldsymbol{E}^{(-2)}=\frac{1}{2}(\boldsymbol{I}-\boldsymbol{U}^{-2})=\frac{1}{2}(\boldsymbol{I}-\boldsymbol{C}^{-1})\tag{2-100c}$$

式(2-100c)也称 Karni-Rainer 应变张量。

利用左伸长张量 $\boldsymbol{V}$，也可定义广义欧拉应变张量 $\boldsymbol{\varepsilon}^{(m)}$，则

$$\boldsymbol{\varepsilon}^{(m)}=\begin{cases}\dfrac{1}{m}(\boldsymbol{V}^{m}-\boldsymbol{I}), & m\neq 0\\ \ln\boldsymbol{V}, & m=0\end{cases}\tag{2-101}$$

特别是当 $m=-2$ 时，得欧拉或阿尔曼西应变张量

$$\boldsymbol{\varepsilon}^{(-2)}=\boldsymbol{\varepsilon}=\frac{1}{2}(\boldsymbol{I}-\boldsymbol{V}^{-2})=\frac{1}{2}(\boldsymbol{I}-\boldsymbol{B}^{-1})\tag{2-102}$$

因 $\boldsymbol{U}=\boldsymbol{R}^{\mathrm{T}}\boldsymbol{V}\boldsymbol{R}$，所以存在关系 $\boldsymbol{E}^{(m)}=\boldsymbol{R}^{\mathrm{T}}\boldsymbol{\varepsilon}^{(m)}\boldsymbol{R}$。

例 3 设 E 和 L 坐标系重合，且是主轴坐标系，物体做均匀变形，变形规律为

$$x_1=\lambda_1 X_{\mathrm{I}}\quad x_2=\lambda_2 X_{\mathrm{II}}\quad x_3=\lambda_3 X_{\mathrm{III}}\tag{2-103}$$

式中，λ_k 与坐标无关。求 $\boldsymbol{F}$、$\boldsymbol{C}$、$\boldsymbol{C}^{-1}$、$\boldsymbol{B}$、$\boldsymbol{B}^{-1}$、$\boldsymbol{E}$、$\boldsymbol{\varepsilon}$、$\boldsymbol{U}$、$\boldsymbol{V}$、$\boldsymbol{R}$ 等的表达式。

解： 由式(2-15)得

$$\boldsymbol{F}=\begin{bmatrix}\lambda_1 & 0 & 0\\ 0 & \lambda_2 & 0\\ 0 & 0 & \lambda_3\end{bmatrix}=\boldsymbol{F}^{\mathrm{T}}$$

$$\boldsymbol{F}^{-1}=\begin{bmatrix}\lambda_1^{-1} & 0 & 0\\ 0 & \lambda_2^{-1} & 0\\ 0 & 0 & \lambda_3^{-1}\end{bmatrix}=(\boldsymbol{F}^{-1})^{\mathrm{T}} \tag{2-104}$$

又由式(2-26)、式(2-30)、式(2-31)和式(2-32)得

$$\boldsymbol{C}=\boldsymbol{B}=\begin{bmatrix}\lambda_1^2 & 0 & 0\\ 0 & \lambda_2^2 & 0\\ 0 & 0 & \lambda_3^2\end{bmatrix}$$

$$\boldsymbol{C}^{-1}=\boldsymbol{B}^{-1}=\begin{bmatrix}\lambda_1^{-2} & 0 & 0\\ 0 & \lambda_2^{-2} & 0\\ 0 & 0 & \lambda_3^{-2}\end{bmatrix} \tag{2-105}$$

由式(2-33)～式(2-35)得

$$\boldsymbol{E}=\frac{1}{2}\begin{bmatrix}\lambda_1^2-1 & 0 & 0\\ 0 & \lambda_2^2-1 & 0\\ 0 & 0 & \lambda_3^2-1\end{bmatrix}$$

$$\boldsymbol{\varepsilon}=\frac{1}{2}\begin{bmatrix}1-\lambda_1^{-2} & 0 & 0\\ 0 & 1-\lambda_2^{-2} & 0\\ 0 & 0 & 1-\lambda_3^{-2}\end{bmatrix} \tag{2-106}$$

由式(2-77)、式(2-85)和式(2-86)得

$$\boldsymbol{U}=\begin{bmatrix}\lambda_1 & 0 & 0\\ 0 & \lambda_2 & 0\\ 0 & 0 & \lambda_3\end{bmatrix}=\boldsymbol{V}$$

$$\boldsymbol{U}^{-1}=\begin{bmatrix}\lambda_1^{-1} & 0 & 0\\ 0 & \lambda_2^{-1} & 0\\ 0 & 0 & \lambda_3^{-1}\end{bmatrix}=\boldsymbol{V}^{-1} \tag{2-107}$$

由式(2-88)得

$$\boldsymbol{R}=\boldsymbol{I} \tag{2-108}$$

对单轴应力情况，设杆件原长 L，变形后长度为 l，伸长了 $\Delta l=l-L$，则 $\lambda_1=\dfrac{l}{L}=1+$

$\frac{\Delta l}{L}$。按式(2-99)和式(2-101)可得这一情况下，几种不同定义的沿拉伸方向的主应变：

$$E_{11}^{(0)}=\ln\frac{l}{L}=\ln\lambda_1=\varepsilon_{11}^{(0)}\quad（自然应变）$$

$$E_{11}^{(1)}=\frac{l}{L}-1=\lambda_1-1=\frac{\Delta l}{L}\quad（\text{Biot 应变}）$$

$$E_{11}^{(2)}=\frac{1}{2}\left(\frac{l^2}{L^2}-1\right)=\frac{1}{2}(\lambda_1^2-1)=\frac{l^2-L^2}{2L^2}\quad（格林应变）$$

$$E_{11}^{(m)}=\frac{1}{m}\left(\frac{l^m-L^m}{L^m}\right)=\frac{1}{m}(\lambda^m-1)$$

$$\varepsilon_{11}^{-1}=\left(1-\frac{L}{l}\right)=1-\lambda_1^{-1}=\frac{\Delta l}{l}$$

$$\varepsilon_{11}^{-2}=\frac{1}{2}\left(1-\frac{L^2}{l^2}\right)=\frac{1}{2}(1-\lambda_1^{-2})=\frac{l^2-L^2}{2l^2}\quad（欧拉应变）$$

$$\varepsilon_{11}^{-n}=\frac{1}{n}\left(1-\frac{L^n}{l^n}\right)=\frac{1}{n}(1-\lambda_1^{-n})$$

由上述各式知，对相同的伸长比 λ_1，不同的应变可以相差很大，但当 λ_1 很小时，彼此相差很小。表 2-1 给出一个定量的概念。

表 2-1 定量概念

λ_1	$E_{11}^{(0)}$	$E_{11}^{(1)}$	$E_{11}^{(2)}$	ε_{11}^{-1}	ε_{11}^{-2}
1.001 000	0.000 999 5	0.001 000	0.001 000 5	0.000 999	0.000 998 5
1.005 000	0.004 987	0.005 000	0.005 013	0.004 975 12	0.004 962 75
1.100	0.095	0.100	0.105	0.090 9	0.086 8
1.500	0.405	0.500	0.625	0.333	0.278
2.000	0.693	1.000	1.500	0.500	0.375
4.00	1.386	3.000	7.500	0.750	0.469

例 4 讨论简单剪切变形

$$x_1=X_{\mathrm{I}}+v(X_{\mathrm{II}})t\quad x_2=X_{\mathrm{II}}$$
$$x_3=X_{\mathrm{III}}\quad 2\tan\beta=(\mathrm{d}v/\mathrm{d}X_{\mathrm{II}})t\tag{2-109}$$

试求 $\boldsymbol{F}$、$\boldsymbol{C}$、$\boldsymbol{C}^{-1}$、$\boldsymbol{B}$、$\boldsymbol{B}^{-1}$、$\boldsymbol{E}$、$\boldsymbol{\varepsilon}$、$\boldsymbol{U}$、$\boldsymbol{V}$、$\boldsymbol{R}$ 及 $\boldsymbol{C}$ 的主值和主方向。

解： 由式(2-15)得

$$\boldsymbol{F}=\begin{bmatrix}1 & 2\tan\beta & 0\\ 0 & 1 & 0\\ 0 & 0 & 1\end{bmatrix}\quad \boldsymbol{F}^{-1}=\begin{bmatrix}1 & -2\tan\beta & 0\\ 0 & 1 & 0\\ 0 & 0 & 1\end{bmatrix}\tag{2-110}$$

由式(2-26)、式(2-30)、式(2-31)和式(2-32)得

$$\begin{gathered}\boldsymbol{C}=\begin{bmatrix}1 & 2\tan\beta & 0\\ 2\tan\beta & 1+4\tan^2\beta & 0\\ 0 & 0 & 1\end{bmatrix}\\ \boldsymbol{C}^{-1}=\begin{bmatrix}1+4\tan^2\beta & -2\tan\beta & 0\\ -2\tan\beta & 1 & 0\\ 0 & 0 & 1\end{bmatrix}\end{gathered}\tag{2-111}$$

$$\begin{gathered}\boldsymbol{B}=\begin{bmatrix}1+4\tan^2\beta & 2\tan\beta & 0\\ 2\tan\beta & 1 & 0\\ 0 & 0 & 1\end{bmatrix}\\ \boldsymbol{B}^{-1}=\begin{bmatrix}1 & -2\tan^2\beta & 0\\ -2\tan\beta & 1+4\tan^2\beta & 0\\ 0 & 0 & 1\end{bmatrix}\end{gathered}\tag{2-112}$$

由式(2-73),组成 $|\boldsymbol{C}-\boldsymbol{C}\boldsymbol{I}|=0$, 求得 $\boldsymbol{C}$ 的主值为

$$\lambda_1^2=\left[\frac{(1+\sin\beta)}{\cos\beta}\right]^2\quad \lambda_2^2=\left[\frac{(1-\sin\beta)}{\cos\beta}\right]^2\quad \lambda_3^2=1\tag{2-113}$$

在归一化条件下,解式(2-73),易于求得 $\boldsymbol{C}$ 的主方向为

$$\boldsymbol{P}^{\mathrm{T}}=[\boldsymbol{M}_1\quad \boldsymbol{M}_2\quad \boldsymbol{M}_3]=\begin{bmatrix}\dfrac{\cos\beta}{\sqrt{2(1+\sin\beta)}} & \dfrac{\sqrt{1+\sin\beta}}{\sqrt{2}} & 0\\ \dfrac{-\cos\beta}{\sqrt{2(1-\sin\beta)}} & \dfrac{\sqrt{1-\sin\beta}}{\sqrt{2}} & 0\\ 0 & 0 & 1\end{bmatrix}\tag{2-114}$$

由式(2-77)、式(2-85)和式(2-86)得

$$\begin{gathered}\boldsymbol{U}=\boldsymbol{P}^{\mathrm{T}}\begin{bmatrix}\lambda_1 & 0 & 0\\ 0 & \lambda_2 & 0\\ 0 & 0 & \lambda_3\end{bmatrix}\quad \boldsymbol{P}=\begin{bmatrix}\cos\beta & \sin\beta & 0\\ \sin\beta & \dfrac{(1+\sin^2\beta)}{\cos\beta} & 0\\ 0 & 0 & 1\end{bmatrix}\\ \boldsymbol{U}^{-1}=\begin{bmatrix}\dfrac{(1+\sin^2\beta)}{\cos\beta} & -\sin\beta & 0\\ -\sin\beta & \cos\beta & 0\\ 0 & 0 & 1\end{bmatrix}\end{gathered}\tag{2-115}$$

$$\boldsymbol{V}=\begin{bmatrix}\dfrac{(1+\sin^2\beta)}{\cos\beta} & \sin\beta & 0\\ \sin\beta & \cos\beta & 0\\ 0 & 0 & 1\end{bmatrix}$$
$$\boldsymbol{V}^{-1}=\begin{bmatrix}\cos\beta & -\sin\beta & 0\\ -\sin\beta & \dfrac{1+\sin^2\beta}{\cos\beta} & 0\\ 0 & 0 & 1\end{bmatrix} \tag{2-116}$$

由式(2-88)得

$$\boldsymbol{R}=\begin{bmatrix}\cos\beta & \sin\beta & 0\\ -\sin\beta & \cos\beta & 0\\ 0 & 0 & 1\end{bmatrix} \tag{2-117}$$

由式(2-33)～式(2-35)得

$$\boldsymbol{E}=\begin{bmatrix}0 & \tan\beta & 0\\ \tan\beta & 2\tan^2\beta & 0\\ 0 & 0 & 0\end{bmatrix}$$
$$\boldsymbol{\varepsilon}=\begin{bmatrix}0 & \tan\beta & 0\\ \tan\beta & -2\tan^2\beta & 0\\ 0 & 0 & 0\end{bmatrix} \tag{2-118}$$

2.5 协调方程

上面详细讨论了一点附近的变形情况，指出变形张量 $\boldsymbol{C}$、$\boldsymbol{B}$ 和应变张量 $\boldsymbol{E}$、$\boldsymbol{\varepsilon}$ 等都是对称的，因而具有 6 个独立分量，但它们可由 3 个位移分量求导得出，因此给定位移求变形或应变张量是没有问题的；但反过来，任意给定 6 个变形或应变张量，能否得到连续的位移，却存在问题。需要研究在什么条件下，才可能得到连续的位移场，这些条件称为位移协调方程，可推导如下：

由式(2-25)的 $C_{KL}=x_{k,K}x_{l,L}\delta_{kl}$ 可得

$$\frac{1}{2}(C_{KL,M}+C_{KM,L}-C_{LM,K})=x_{k,K}x_{l,LM}\delta_{kl} \tag{2-119}$$

利用

$$\delta_{kl}x_{k,K}=\delta_{kr}\delta_{rl}x_{k,K}=\delta_{kr}x_{r,P}X_{P,l}x_{k,K}=C_{KP}X_{P,l}$$

则式(2-119)又可写成

$$\frac{1}{2}(C_{KL,M}+C_{KM,L}-C_{LM,K})=C_{KP}X_{P,l}x_{l,LM} \tag{2-120}$$

式(2-120)两边同乘以 $X_{S,m}X_{K,m}x_{r,S}$,再利用下述关系

$$X_{S,m}X_{K,m}C_{KP}=\delta_{SP}$$

和

$$\begin{aligned}X_{S,m}X_{K,m}C_{KP}x_{r,S}X_{P,l}x_{l,LM}&=\delta_{SP}x_{r,S}X_{P,l}x_{l,LM}\\&=x_{r,S}X_{S,l}x_{l,LM}=\delta_{rl}x_{l,LM}=x_{r,LM}\end{aligned}$$

便可得

$$\frac{1}{2}X_{S,m}X_{K,m}(C_{kl,M}+C_{KM,L}-C_{LM,K})x_{r,S}=x_{r,LM} \tag{2-121}$$

引入第二类克里斯托费尔(Christoffel)三指标记号

$$\Gamma^S_{LM}=\frac{1}{2}X_{S,m}X_{K,m}(C_{kl,M}+C_{KM,L}-C_{LM,K}) \tag{2-122}$$

从而可有下述简单记法

$$x_{r,LM}=\Gamma^S_{LM}x_{r,S} \tag{2-123}$$

式(2-123)中把 S 写成上标,是为了与通常的记号一致,读者可暂且将其视作一个记号,至于更确切的含义,将在第 7 章的曲线坐标系中详细叙述。

利用式(2-123),立即可得

$$\begin{aligned}x_{r,LMN}&=\Gamma^S_{IM}x_{r,SN}+(\Gamma^S_{LM})_{,N}x_{r,S}\\&=[\Gamma^S_{LM}\Gamma^T_{SN}+(\Gamma^T_{LM})_{,N}]x_{r,T}\\x_{r,LNM}&=[\Gamma^S_{LN}\Gamma^T_{SM}+(\Gamma^T_{LN})_{,M}]x_{r,T}\end{aligned}$$

因 $x_{r,Lmn}=x_{r,LNM}$ 在欧拉空间中成立,所以得到

$$R^T_{LMN}=\Gamma^S_{LN}\Gamma^T_{SM}-\Gamma^S_{LM}\Gamma^T_{SN}+(\Gamma^T_{LN})_{,M}-(\Gamma^T_{LM})_{,N}=0 \tag{2-124}$$

称 R^T_{LMN} 为第二类黎曼-克里斯托费尔(Riemann-Christoffel)张量,式(2-124)便是欲求的协调方程。可以证明,它是保证给定的变形张量(或应变张量)存在连续位移场的充分必要条件。直接计算可证

$$R_{KLMN}=C_{KT}R^T_{LMN}=\frac{1}{2}(C_{KN,LM}+C_{LM,KN}-C_{KM,LN}-C_{LN,KM})+C_{ST}(\Gamma^T_{KN}\Gamma^S_{LM}-\Gamma^T_{LN}\Gamma^S_{KM}) \tag{2-125}$$

称 R_{KLMN} 为第一类黎曼-克里斯托费尔张量。因此,协调方程式(2-124)又可写成

$$R_{KLMN}=0 \tag{2-126}$$

由式(2-125),可以得出 R_{KLMN} 的一些重要性质:

$$\left.\begin{aligned}&R_{MNKL}=R_{KLMN}\\&R_{LKMN}=-R_{KLMN}\quad R_{KLNM}=-R_{KLMN}\\&R_{KLMN}+R_{KMNL}+R_{KNLM}=0\end{aligned}\right\} \tag{2-127}$$

由这些性质可以推出：

(1) 不可能出现只含一个下标的项 $R_{\underline{KKKK}}$。

(2) 由式(2-127)第 2 式知，有两个下标的项不可能以 $R_{\underline{KKLL}}$ 的形式出现，只能以 $R_{\underline{KLKL}}$ 的方式出现，且 K 和 L 互换位置后，其值反号，故不是相互独立的。这种项共有 $\frac{1}{2}n(n-1)$ 个(式中 n 为所论空间的维数)。

(3) 由式(2-127)第 2 式知，有 3 个不同下标的项，只能以 $R_{\underline{KL}\underline{KM}}$ 的形式出现，同时由式(2-127)第 1 式知，互换 L 和 M 的位置，其值不变，因此这种项共有 $\frac{1}{2}n(n-1)(n-2)$ 个。

(4) 由于式(2-127)，对于有 4 个不同下标的项，共有 $\frac{1}{2}n(n-1)(n-2)(n-3)$ 个。

满足上述条件后，直接代入，可以证明式(2-127)第 3 式将自动满足，不再增加新的条件。

因此，R_{KLMN} 共有 $\frac{1}{12}n^2(n^2-1)$ 个独立项。对于三维空间，$n=3$，R_{KLMN} 有 6 个独立项，它们是

$$R_{\mathrm{I\,II\,I\,II}},\ R_{\mathrm{I\,III\,I\,III}},\ R_{\mathrm{II\,III\,II\,III}},\ R_{\mathrm{I\,II\,I\,III}},\ R_{\mathrm{II\,I\,II\,III}},\ R_{\mathrm{III\,I\,III\,II}}$$

对于二维问题，$n=2$，R_{KLMN} 只有一个独立分量 $R_{\mathrm{I\,II\,I\,II}}$，利用 $C_{KN,LM}=2E_{KN,LM}$ 等，协调方程可以写成

$$\begin{aligned}
&E_{\mathrm{I\,I},\mathrm{II\,II}}+E_{\mathrm{II\,II},\mathrm{I\,I}}-2E_{\mathrm{I\,II},\mathrm{II\,I}}\\
&=[(1+2E_{\mathrm{I\,I}})(1+2E_{\mathrm{II\,II}})-4E^2_{\mathrm{I\,II}}]^{-1}\{(1+2E_{\mathrm{II\,II}})\cdot[E_{\mathrm{II},\mathrm{I}}(E_{\mathrm{II\,II},\mathrm{I}}-2E_{\mathrm{I\,II},\mathrm{II}})+\\
&\quad E^2_{\mathrm{I\,I},\mathrm{II}}]+(1+2E_{\mathrm{I\,I}})\cdot[E_{\mathrm{II\,II},\mathrm{II}}(E_{\mathrm{I\,I},\mathrm{II}}-2E_{\mathrm{I\,II},\mathrm{I}})+E^2_{\mathrm{II\,II},\mathrm{I}}]+2E_{\mathrm{I\,II}}\cdot\\
&\quad[(E_{\mathrm{I\,I},\mathrm{II}}-2E_{\mathrm{I\,II},\mathrm{I}})(E_{\mathrm{II\,II},\mathrm{I}}-2E_{\mathrm{II\,I},\mathrm{II}})+E_{\mathrm{II},\mathrm{I}}E_{\mathrm{II\,II},\mathrm{II}}-2E_{\mathrm{II},\mathrm{II}}E_{\mathrm{II\,II},\mathrm{I}}]\}
\end{aligned} \tag{2-128}$$

对于小变形情形，由式(2-125)、式(2-127)可得

$$R_{KLMN}\approx E^0_{KN,LM}-E^0_{LN,KM}-E^0_{KM,LN}+E^0_{LM,KN}=0 \tag{2-129a}$$

式中，$\boldsymbol{E}^0$ 是 $\boldsymbol{E}$ 的线性部分。式(2-129a)便是小变形时的 Saint-Venant 协调方程。因为 R_{KLMN} 相对于下标 K 和 L、M 和 N 是反对称的，采用置换张量 $\boldsymbol{e}_{QKS}$，式(2-129a)可写成

$$e_{QKL}e_{RMN}E^0_{KN,LM}=N_{QR}=0 \tag{2-129b}$$

但式(2-129b)不是完全独立的，因即使 $N_{QR}\neq 0$，下列恒等式也成立：

$$N_{QR,R}=e_{QKL}e_{Rmn}E^0_{KN,LMR}=0 \tag{2-130}$$

式(2-130)是加于协调方程式(2-129a)、式(2-129b)的 3 个约束方程，因此，6 个协调方程存在 3 个高阶微分约束。式(2-130)称为小变形时的比安基(Bianchi)关系。有限变形时的类似关系将在第 7 章给出。

最后指出，如物体中存在残余应变和内应力的情形，式(2-129b)中的 $\boldsymbol{N}_{QR}$ 可以不为零。在内应力理论中称为不协调张量，可以看成应变场的源函数。

2.6 面元、体元的变化与变化率

2.6.1 面元和体元的变化

面元和体元在变形过程中的变化，采用 Ⅰ 坐标系讨论较为直观和方便。设在初始时刻，Ⅰ 坐标系与 L 坐标系重合，在初始构形中边长为 $\mathrm{d}X_{\mathrm{I}}$、$\mathrm{d}X_{\mathrm{II}}$、$\mathrm{d}X_{\mathrm{III}}$ 的直边四面体，变形后将成为曲边四面体，如图 2-8 所示。分别用 $\mathrm{d}\boldsymbol{A}=\boldsymbol{N}\mathrm{d}A$，$\mathrm{d}\boldsymbol{a}=\boldsymbol{n}\mathrm{d}a$ 表示变形前后四面斜体面的面积矢量，$\boldsymbol{N}$，$\boldsymbol{n}$ 为相应的法线矢量。由图 2-8 知

$$\left.\begin{aligned}&\mathrm{d}\boldsymbol{A}_{\mathrm{I}}=\boldsymbol{I}_{\mathrm{I}}\mathrm{d}A_{\mathrm{I}} && \mathrm{d}A_{\mathrm{I}}=\frac{1}{2}\mathrm{d}X_{\mathrm{II}}\mathrm{d}X_{\mathrm{III}}\\ &\mathrm{d}\boldsymbol{A}_{\mathrm{II}}=\boldsymbol{I}_{\mathrm{II}}\mathrm{d}A_{\mathrm{II}} && \mathrm{d}A_{\mathrm{II}}=\frac{1}{2}\mathrm{d}X_{\mathrm{III}}\mathrm{d}X_{\mathrm{I}}\\ &\mathrm{d}\boldsymbol{A}_{\mathrm{III}}=\boldsymbol{I}_{\mathrm{III}}\mathrm{d}A_{\mathrm{III}} && \mathrm{d}A_{\mathrm{III}}=\frac{1}{2}\mathrm{d}X_{\mathrm{I}}\mathrm{d}X_{\mathrm{II}}\\ &\mathrm{d}\boldsymbol{A}=\mathrm{d}\boldsymbol{A}_{\mathrm{I}}+\mathrm{d}\boldsymbol{A}_{\mathrm{II}}+\mathrm{d}\boldsymbol{A}_{\mathrm{III}}\end{aligned}\right\}\tag{2-131}$$

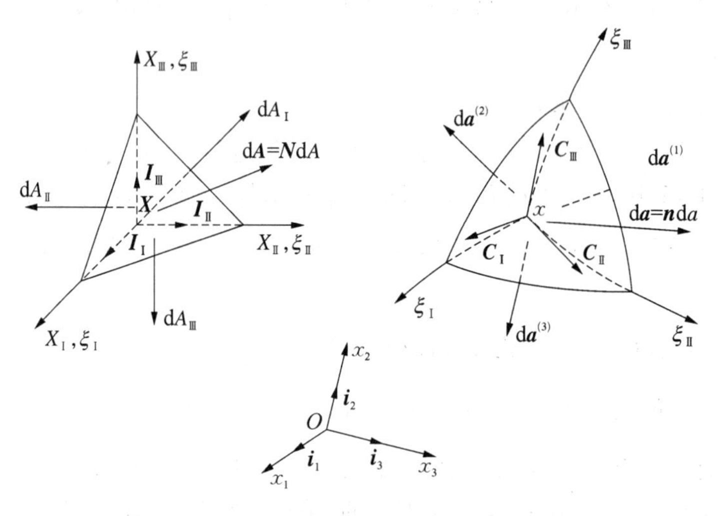

图 2-8 单元体面积的改变(Ⅰ 和 L 坐标系)

变形后，$\mathrm{d}\boldsymbol{A}_K$ 变形为 $\mathrm{d}\boldsymbol{a}^{(k)}$，$\mathrm{d}\boldsymbol{A}$ 变形为 $\mathrm{d}\boldsymbol{a}$，于是有

$$\begin{aligned}\mathrm{d}\boldsymbol{a}^{(3)}&=\frac{1}{2}\mathrm{d}X_{\mathrm{I}}\boldsymbol{C}_{\mathrm{I}}\times\mathrm{d}X_{\mathrm{II}}\boldsymbol{C}_{\mathrm{II}}=\mathrm{d}A_{\mathrm{III}}x_{k,\mathrm{I}}x_{l,\mathrm{II}}\boldsymbol{i}_k\times\boldsymbol{i}_l\\&=e_{klm}x_{k,\mathrm{I}}x_{l,\mathrm{II}}\mathrm{d}A_{\mathrm{III}}\boldsymbol{i}_m\end{aligned}$$

利用式(2-18)可得

$$jX_{\mathrm{III},m}=e_{klm}x_{k,\mathrm{I}}x_{l,\mathrm{II}}$$

从而 $\mathrm{d}\boldsymbol{a}^{(3)}$ 以及 $\mathrm{d}\boldsymbol{a}^{(1)}$ 和 $\mathrm{d}\boldsymbol{a}^{(2)}$ 均可写成下列更紧凑的形式：

$$\left.\begin{aligned} \mathrm{d}\boldsymbol{a}^{(3)} &= jX_{\mathrm{III},m}\mathrm{d}A_{\mathrm{III}}\boldsymbol{i}_m \\ \mathrm{d}\boldsymbol{a}^{(2)} &= jX_{\mathrm{II},m}\mathrm{d}A_{\mathrm{II}}\boldsymbol{i}_m \\ \mathrm{d}\boldsymbol{a}^{(1)} &= jX_{\mathrm{I},m}\mathrm{d}A_{\mathrm{I}}\boldsymbol{i}_m \end{aligned}\right\} \tag{2-132}$$

由此得出

$$\left.\begin{aligned} &\mathrm{d}\boldsymbol{a} = \boldsymbol{n}\mathrm{d}a = \sum_{k=1}^{3}\mathrm{d}\boldsymbol{a}^{(k)} = jX_{K,k}N_K\mathrm{d}A\boldsymbol{i}_k = j(\boldsymbol{F}^{-\mathrm{T}})\boldsymbol{N}\mathrm{d}A \\ &\mathrm{d}a_k = jX_{K,k}N_K\mathrm{d}A = jX_{K,k}\mathrm{d}A_K \end{aligned}\right\} \tag{2-133}$$

式(2-133)是一个很重要的几何关系,称为 Nanson 公式。式中

$$N_K = \frac{\mathrm{d}A_K}{\mathrm{d}A} \quad n_k = \frac{\mathrm{d}a_k}{\mathrm{d}a} \tag{2-134}$$

把式(2-133)两边同乘以 $J\boldsymbol{F}^{\mathrm{T}}$,便得

$$\mathrm{d}\boldsymbol{A} = N\mathrm{d}A = J\boldsymbol{F}^{\mathrm{T}}\boldsymbol{n}\mathrm{d}a = Jx_{k,K}n_k\mathrm{d}a\boldsymbol{I}_K \tag{2-135}$$

由式(2-133)和式(2-135)易于推得

$$\left.\begin{aligned} &n_k = jX_{K,k}N_K\frac{\mathrm{d}A}{\mathrm{d}a} \quad 或 \quad \boldsymbol{n} = j(\boldsymbol{F}^{-1})^{\mathrm{T}}\boldsymbol{N}\frac{\mathrm{d}A}{\mathrm{d}a} = j\boldsymbol{N}\boldsymbol{F}^{-1}\frac{\mathrm{d}A}{\mathrm{d}a} \\ &N_K = Jx_{k,K}n_k\frac{\mathrm{d}a}{\mathrm{d}A} \quad 或 \quad \boldsymbol{N} = J\boldsymbol{F}^{\mathrm{T}}\boldsymbol{n}\frac{\mathrm{d}a}{\mathrm{d}A} \end{aligned}\right\} \tag{2-136}$$

由式(2-136)知,虽然 $\mathrm{d}a$ 由 $\mathrm{d}A$ 变形而来,并由同一些质点组成,但一般讲来,它们的法线不是由同一些质点组成的,因为 $\boldsymbol{n}$ 和 $\boldsymbol{N}$ 间的变换规律不同于 $\mathrm{d}\boldsymbol{x}$ 和 $\mathrm{d}\boldsymbol{X}$ 间的变换规律。

现在来讨论单元体在变形体过程中体积的变化。为简单计,讨论图 2-9 所示的微分平行六面体。变形前,单元体体积为

$$\mathrm{d}V = \mathrm{d}A_{\mathrm{III}} \cdot \boldsymbol{I}_{\mathrm{III}}\mathrm{d}X_{\mathrm{III}} = \mathrm{d}X_{\mathrm{I}}\mathrm{d}X_{\mathrm{II}}\mathrm{d}X_{\mathrm{III}}$$

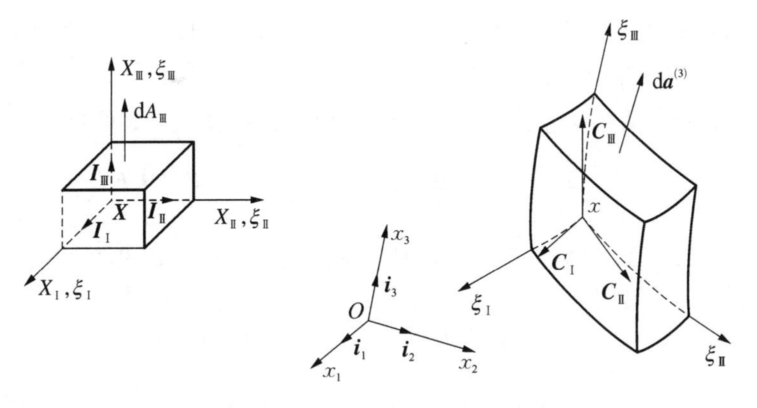

图 2-9 单元体体积的变化

变形后变为

$$\mathrm{d}v = \mathrm{d}\boldsymbol{a}^{(3)} \cdot \boldsymbol{C}_{\mathrm{III}} \mathrm{d}X_{\mathrm{III}} = (jX_{\mathrm{III},k} \mathrm{d}A_{\mathrm{III}} \boldsymbol{i}_k) \cdot (x_{m,\mathrm{III}} \mathrm{d}X_{\mathrm{III}} \boldsymbol{i}_m) = j\,\mathrm{d}V$$

即体积变化比等于雅可比(Jacobi)变换行列式的值。

$$\mathrm{d}v = j\,\mathrm{d}V \quad \mathrm{d}V = J\,\mathrm{d}v \tag{2-137}$$

利用矩阵乘积的行列式等于矩阵行列式的乘积,可得

$$\begin{aligned} j^2 &= |x_{k,K}|\,|x_{l,L}| \\ &= (1+2E_{\mathrm{I\,I}})(1+2E_{\mathrm{II\,II}})(1+2E_{\mathrm{III\,III}}) + 16E_{\mathrm{I\,II}}E_{\mathrm{II\,III}}E_{\mathrm{III\,I}} - \\ &\quad 4(1+2E_{\mathrm{I\,I}})E^2_{\mathrm{II\,III}} - 4(1+2E_{\mathrm{II\,II}})E^2_{\mathrm{III\,I}} - 4(1+2E_{\mathrm{III\,III}})E^2_{\mathrm{I\,II}} \end{aligned} \tag{2-138}$$

在主轴坐标系中可推得

$$j = [(1+2E_{\mathrm{I}})(1+2E_{\mathrm{II}})(1+2E_{\mathrm{III}})]^{1/2} = \lambda_1\lambda_2\lambda_3 \tag{2-139}$$

以及

$$J = [(1-2\varepsilon_1)(1-2\varepsilon_2)(1-2\varepsilon_3)]^{1/2} = \frac{1}{(\lambda_1\lambda_2\lambda_3)} \tag{2-140}$$

2.6.2 面元和体元的变化率

上面讨论了变形前后面元和体元的变化,在许多运动学问题中,还需知道它们随时间的变化率。物质变形梯度 $\boldsymbol{F}$ 的物质导数为

$$\left.\begin{aligned} &\dot{\boldsymbol{F}} = \frac{\mathrm{d}}{\mathrm{d}t}(\boldsymbol{F}) = \frac{\mathrm{d}}{\mathrm{d}t}(\mathrm{Grad}\boldsymbol{x}) = \mathrm{Grad}\boldsymbol{v} = \frac{\partial \boldsymbol{v}}{\partial \boldsymbol{X}} = \frac{\partial \boldsymbol{v}}{\partial \boldsymbol{x}}\frac{\partial \boldsymbol{x}}{\partial \boldsymbol{X}} = \boldsymbol{\Gamma}\boldsymbol{F} \\ &\frac{\mathrm{d}}{\mathrm{d}t}(x_{k,K}) = v_{k,K} = v_{k,l}x_{l,K} \end{aligned}\right\} \tag{2-141}$$

式中

$$\boldsymbol{\Gamma} = \mathrm{grad}\boldsymbol{v} = \boldsymbol{v} \otimes \boldsymbol{\nabla} = \dot{\boldsymbol{F}}\boldsymbol{F}^{-1} \quad \Gamma_{kl} = v_{k,l} \tag{2-142}$$

称为欧拉(Euler)速率梯度张量,是在现时构形中定义的;Grad$\boldsymbol{v}$ 表示 $\boldsymbol{v}$ 对物质坐标 X_K 的梯度;grad$\boldsymbol{v}$ 表示 $\boldsymbol{v}$ 对空间坐标 x_k 的梯度。

空间变形梯率 $\boldsymbol{F}^{-1}$ 的物质导数可如下推导:利用关系 $\boldsymbol{F}\boldsymbol{F}^{-1} = \boldsymbol{I}$ 可得

$$\dot{\boldsymbol{F}}\boldsymbol{F}^{-1} + \boldsymbol{F}(\boldsymbol{F}^{-1})^{\cdot} = \boldsymbol{0} \quad \text{或} \quad (\boldsymbol{F}^{-1})^{\cdot} = -\boldsymbol{F}^{-1}\dot{\boldsymbol{F}}\boldsymbol{F}^{-1} \tag{2-143}$$

式中,$(\boldsymbol{F}^{-1})^{\cdot} = \dfrac{\mathrm{d}}{\mathrm{d}t}(\boldsymbol{F}^{-1})$,以后沿用这一记号。利用式(2-143)和式(2-142)可得

$$\left.\begin{aligned} &(\boldsymbol{F}^{-1})^{\cdot} = -\boldsymbol{F}^{-1}(\mathrm{grad}\boldsymbol{v}) = -\boldsymbol{F}^{-1}\boldsymbol{\Gamma} \\ &\frac{\mathrm{d}}{\mathrm{d}t}(X_{K,k}) = -X_{K,l}v_{l,k} \end{aligned}\right\} \tag{2-144}$$

利用上述各式,易于推导体积变化率 $\frac{\mathrm{d}}{\mathrm{d}t}\left(\frac{\mathrm{d}v}{\mathrm{d}V}\right)=\frac{\mathrm{d}j}{\mathrm{d}t}$,由式(2-20)得

$$\frac{\mathrm{d}j}{\mathrm{d}t}=\frac{\partial j}{\partial x_{k,K}}\frac{\mathrm{d}x_{k,K}}{\mathrm{d}t}=jX_{K,k}v_{k,K}=jv_{k,k}=j\,\mathrm{div}\,v \tag{2-145}$$

同理,由式(2-22)得

$$\frac{\mathrm{d}J}{\mathrm{d}t}=\frac{\partial J}{\partial X_{K,k}}\frac{\mathrm{d}X_{K,k}}{\mathrm{d}t}=-Jx_{k,K}X_{K,l}v_{l,k}=-Jv_{k,k} \tag{2-146}$$

利用式(2-144)、式(2-145),由式(2-133)可得

$$\begin{aligned}\frac{\mathrm{d}}{\mathrm{d}t}(\mathrm{d}a_k)&=\frac{\mathrm{d}}{\mathrm{d}t}(jX_{K,k}N_K\mathrm{d}A)\\&=\frac{\mathrm{d}j}{\mathrm{d}t}X_{K,k}\mathrm{d}A_K+j\frac{\mathrm{d}X_{K,k}}{\mathrm{d}t}\mathrm{d}A_K\\&=j(v_{p,p}X_{K,k}-X_{K,p}v_{p,k})\mathrm{d}A_K=v_{p,p}\mathrm{d}a_k-v_{p,k}\mathrm{d}a_p\\&=(v_{p,p}n_k-v_{p,k}n_p)\mathrm{d}a\end{aligned} \tag{2-147}$$

以及 $\mathrm{d}a^2=\mathrm{d}\boldsymbol{a}\cdot\mathrm{d}\boldsymbol{a}=j^2X_{K,k}X_{L,k}\mathrm{d}A_K\mathrm{d}A_L$,
所以

$$\begin{aligned}\frac{\mathrm{d}}{\mathrm{d}t}(\mathrm{d}a)&=\frac{1}{2\mathrm{d}a}\left(2j\frac{\mathrm{d}j}{\mathrm{d}t}X_{K,k}X_{L,k}+j^2\frac{\mathrm{d}X_{K,k}}{\mathrm{d}t}X_{L,k}+j^2X_{K,k}\frac{\mathrm{d}X_{L,k}}{\mathrm{d}t}\right)\mathrm{d}A_K\mathrm{d}A_L\\&=\frac{j^2}{\mathrm{d}a}(v_{p,p}X_{K,k}X_{L,k}-X_{K,p}v_{p,k}X_{L,k})\mathrm{d}A_K\mathrm{d}A_L\\&=\frac{1}{\mathrm{d}a}(v_{p,p}\mathrm{d}a^2-v_{p,k}\mathrm{d}a_p\mathrm{d}a_k)\\&=(v_{p,p}-v_{p,k}n_pn_k)\mathrm{d}a\\&=(\mathrm{tr}\,\boldsymbol{D}-\boldsymbol{n}\cdot\boldsymbol{D}\cdot\boldsymbol{n})\mathrm{d}a\end{aligned} \tag{2-148}$$

式中,$\boldsymbol{D}$ 的定义见式(2-153)。因为 $\mathrm{d}a_k=n_k\mathrm{d}a$,所以可得

$$\dot{n}_k=\frac{1}{\mathrm{d}a}\left[\frac{\mathrm{d}}{\mathrm{d}t}(\mathrm{d}a_k)-n_k\frac{\mathrm{d}}{\mathrm{d}t}(\mathrm{d}a)\right]=v_{p,l}n_ln_pn_k-v_{p,k}n_p \tag{2-149a}$$

或写成与坐标无关的形式

$$\dot{\boldsymbol{n}}=[\boldsymbol{n}\cdot(\boldsymbol{\Gamma}\cdot\boldsymbol{n})]\boldsymbol{n}-\boldsymbol{\Gamma}^{\mathrm{T}}\boldsymbol{n} \tag{2-149b}$$

式(2-149a)和式(2-149b)是任意一微分面法线的变化率公式,在讨论增率型方程时常会用到。面法线在变形前后不是同一条线,故与式(2-152)不同。

例 5 设空间任意一线元 $\mathrm{d}\boldsymbol{x}=\boldsymbol{m}\,|\,\mathrm{d}\boldsymbol{x}\,|$,试求变形中 $\boldsymbol{m}$ 的变化速率。$\boldsymbol{m}$ 为单位矢量。

由式(2-14)知,$\mathrm{d}\boldsymbol{x}=\boldsymbol{F}\mathrm{d}\boldsymbol{X}$,再利用式(2-141)可得

$$\frac{\mathrm{d}}{\mathrm{d}t}(\mathrm{d}\boldsymbol{x})=\dot{\boldsymbol{F}}\mathrm{d}\boldsymbol{X}=\boldsymbol{\Gamma}\boldsymbol{F}\mathrm{d}\boldsymbol{X}=\boldsymbol{\Gamma}\mathrm{d}\boldsymbol{x} \tag{2-150}$$

定义,详见式(2-153)

$$\frac{\mathrm{d}}{\mathrm{d}t}(\mathrm{d}l^2-\mathrm{d}L^2)=2\mathrm{d}\boldsymbol{x}\cdot\boldsymbol{D}\cdot\mathrm{d}\boldsymbol{x}\text{,或}$$

$$\frac{\mathrm{d}}{\mathrm{d}t}\mid\mathrm{d}\boldsymbol{x}\mid=\frac{\mathrm{d}\boldsymbol{x}}{\mid\mathrm{d}\boldsymbol{x}\mid}(\boldsymbol{D}\cdot\mathrm{d}\boldsymbol{x})=\boldsymbol{m}\cdot(\boldsymbol{D}\cdot\boldsymbol{m})\mid\mathrm{d}\boldsymbol{x}\mid \tag{2-151}$$

由式(2-151)和题意知

$$\frac{\mathrm{d}}{\mathrm{d}t}(\mathrm{d}\boldsymbol{x})=\frac{\mathrm{d}}{\mathrm{d}t}(\boldsymbol{m}\mid\mathrm{d}\boldsymbol{x}\mid)=\dot{\boldsymbol{m}}\mid\mathrm{d}\boldsymbol{x}\mid+\boldsymbol{m}\cdot[\boldsymbol{m}\cdot(\boldsymbol{D}\cdot\boldsymbol{m})]\mid\mathrm{d}\boldsymbol{x}\mid \tag{2-152}$$

由式(2-150)和式(2-152)立即可得

$$\dot{\boldsymbol{m}}=\boldsymbol{\Gamma}\boldsymbol{m}-\boldsymbol{m}[\boldsymbol{m}\cdot(\boldsymbol{D}\cdot\boldsymbol{m})] \tag{2-153}$$

2.7 变形率、应变率和旋率张量

2.7.1 欧拉变形率

在非线性连续介质力学中,广泛使用变形率、应变率和旋率张量这样的率张量,式(2-142)定义了欧拉速率梯度张量 $\boldsymbol{\Gamma}$,即

$$\boldsymbol{\Gamma}=\mathrm{grad}\boldsymbol{v}=v_{k,i}\boldsymbol{i}_k\otimes\boldsymbol{i}_i$$

现在讨论线元变形前后长度平方差的物质导数,并由此定义 Euler 变形率张量 $\boldsymbol{D}$。由式(2-24)得

$$\begin{aligned}\frac{\mathrm{d}}{\mathrm{d}t}(\mathrm{d}l^2-\mathrm{d}L^2)&=\frac{\mathrm{d}}{\mathrm{d}t}(\delta_{kl}\mathrm{d}x_k\mathrm{d}x_l)=2D_{kl}\mathrm{d}x_k\mathrm{d}x_l\\&=2\mathrm{d}\boldsymbol{x}\cdot\boldsymbol{D}\cdot\mathrm{d}\boldsymbol{x}=2\mathrm{d}\boldsymbol{X}\cdot(\boldsymbol{F}^{\mathrm{T}}\boldsymbol{D}\boldsymbol{F})\cdot\mathrm{d}\boldsymbol{X}\end{aligned} \tag{2-154}$$

$$\left.\begin{aligned}&\boldsymbol{D}=\frac{1}{2}(\boldsymbol{\Gamma}+\boldsymbol{\Gamma}^{\mathrm{T}})=\frac{1}{2}(\boldsymbol{v}\otimes\boldsymbol{\nabla}+\boldsymbol{\nabla}\otimes\boldsymbol{v})=D_{kl}\boldsymbol{i}_k\otimes\boldsymbol{i}_l\\&D_{kl}=\frac{1}{2}(v_{k,l}+v_{l,k})\end{aligned}\right\} \tag{2-155}$$

推导式(2-155)时应用了下列关系

$$\frac{\mathrm{d}}{\mathrm{d}t}(\mathrm{d}x_k)=\frac{\mathrm{d}}{\mathrm{d}t}(x_{k,K}\mathrm{d}X_K)=v_{k,K}\mathrm{d}X_K=v_{k,l}x_{l,K}\mathrm{d}X_K=v_{k,l}\mathrm{d}x_l$$

由式(2-154)可以推得线元 $\mathrm{d}l$ 的伸长率为

$$\frac{\frac{\mathrm{d}}{\mathrm{d}t}(\mathrm{d}l)}{\mathrm{d}l}=D_{kl}n_kn_l=\boldsymbol{n}\cdot\boldsymbol{D}\cdot\boldsymbol{n}\quad n_k=\frac{\mathrm{d}x_k}{\mathrm{d}l} \tag{2-156}$$

$\boldsymbol{D}$ 是自变量为 x_k 的对称张量,知道了 $\boldsymbol{D}$,任意方向线元的真实伸长率便可由式(2-155)确定。在主轴坐标系中 $\boldsymbol{D}$ 可表示为

$$\left.\begin{array}{l}\boldsymbol{D}=D_{\alpha\beta}\boldsymbol{m}_{\alpha}\otimes\boldsymbol{m}_{\beta}=D_{\alpha\beta}R_{\alpha\gamma}R_{\beta\delta}N_{\gamma}\otimes N_{\delta}=\bar{\boldsymbol{D}}_{\gamma\delta}\boldsymbol{N}_{\gamma}\otimes\boldsymbol{N}_{\delta}\\ \bar{D}_{\gamma\delta}=R_{\alpha\gamma}R_{\beta\delta}D_{\alpha\beta}\quad \bar{\boldsymbol{D}}=\boldsymbol{R}^{\mathrm{T}}\boldsymbol{D}\quad \boldsymbol{D}=\boldsymbol{R}\bar{\boldsymbol{D}}\boldsymbol{R}^{\mathrm{T}}\end{array}\right\}\tag{2-157}$$

式中，$\boldsymbol{D}$ 和 $\bar{\boldsymbol{D}}$ 是同一个张量在 E 和 L 主轴坐标系中的不同记法，当然其分量是分别相对于 E 和 L 主轴坐标系的。这种张量形式的关系在一般曲线坐标系中也是成立的。

2.7.2 应变率

由式(2-23)、式(2-24)和式(2-33)可得

$$\begin{aligned}\frac{\mathrm{d}}{\mathrm{d}t}(\mathrm{d}l^2-\mathrm{d}L^2)&=[(C_{kl}-\delta_{kl})\mathrm{d}X_K\mathrm{d}X_L]^{\cdot}=\dot{C}_{kl}\mathrm{d}X_K\mathrm{d}X_L=2\dot{E}_{kl}\mathrm{d}X_K\mathrm{d}X_L\\&=2\mathrm{d}\boldsymbol{X}\cdot\dot{\boldsymbol{E}}\cdot\mathrm{d}\boldsymbol{X}\end{aligned}\tag{2-158}$$

比较式(2-154)和式(2-158)得

$$\left.\begin{array}{l}\dot{\boldsymbol{E}}=\boldsymbol{F}^{\mathrm{T}}\boldsymbol{D}\boldsymbol{F}=\boldsymbol{U}^{\mathrm{T}}\boldsymbol{R}^{\mathrm{T}}\boldsymbol{D}\boldsymbol{R}\boldsymbol{U}=\boldsymbol{U}^{\mathrm{T}}\bar{\boldsymbol{D}}\boldsymbol{U}\\ \dot{E}_{KL}=D_{kl}x_{k,K}x_{l,L}\end{array}\right\}\tag{2-159}$$

$\dot{\boldsymbol{E}}$ 称为拉格朗日(Lagrange)变形率张量，是自变量 X_K 的对称张量。$\dot{\boldsymbol{E}}$ 就是 L 应变率张量，事实上由式(2-33)和式(2-141)可得

$$\begin{aligned}\dot{\boldsymbol{E}}&=\frac{1}{2}\dot{\boldsymbol{C}}=\frac{1}{2}\frac{\mathrm{d}}{\mathrm{d}t}(\boldsymbol{F}^{\mathrm{T}}\boldsymbol{F})=\frac{1}{2}(\dot{\boldsymbol{F}}^{\mathrm{T}}\cdot\boldsymbol{F}+\boldsymbol{F}^{\mathrm{T}}\cdot\dot{\boldsymbol{F}})\\&=\frac{1}{2}(\boldsymbol{F}^{\mathrm{T}}\cdot\boldsymbol{\Gamma}^{\mathrm{T}}\cdot\boldsymbol{F}+\boldsymbol{F}^{\mathrm{T}}\cdot\boldsymbol{\Gamma}\cdot\boldsymbol{F})=\boldsymbol{F}^{\mathrm{T}}\cdot\boldsymbol{D}\cdot\boldsymbol{F}\end{aligned}$$

这与式(2-159)一致。利用式(2-34)，可得用 L 坐标系中的位移分量 U_K 和速度分量 $V_K=\dot{U}_K$ 表示的 $\dot{\boldsymbol{E}}$，即

$$\begin{aligned}\dot{E}_{kl}&=\frac{1}{2}\frac{\mathrm{d}}{\mathrm{d}t}(U_{K,L}+U_{L,K}+U_{M,K}U_{N,L}\delta_{mn})\\&=\frac{1}{2}(V_{K,L}+V_{L,K}+V_{M,K}U_{M,L}+V_{M,L}U_{M,K})\end{aligned}\tag{2-160}$$

但欧拉应变张量的物质导数，即 E 应变率 $\dot{\varepsilon}$ 和 E 变形率张量 $\boldsymbol{D}$ 是不同的。由式(2-36)得

$$\begin{aligned}\frac{\mathrm{d}}{\mathrm{d}t}(\mathrm{d}l^2-\mathrm{d}L^2)&=[(\delta_{kl}-B_{kl}^{-1})\mathrm{d}X_k\mathrm{d}X_l]^{\cdot}=2(\varepsilon_{kl}\mathrm{d}X_k\mathrm{d}X_l)^{\cdot}\\&=2(\dot{\varepsilon}_{kl}+\varepsilon_{ml}v_{m,k}+\varepsilon_{km}v_{m,l})\mathrm{d}x_k\mathrm{d}x_l\end{aligned}\tag{2-161}$$

比较式(2-154)和式(2-161)可知

$$\boldsymbol{D}=\dot{\boldsymbol{\varepsilon}}+\boldsymbol{\Gamma}^{\mathrm{T}}\boldsymbol{\varepsilon}+\boldsymbol{\varepsilon}\boldsymbol{\Gamma}\quad D_{kl}=\dot{\varepsilon}_{kl}+\varepsilon_{ml}v_{m,k}+\varepsilon_{km}v_{m,l}\tag{2-162a}$$

式(2-162a)亦可由 $\dot{\boldsymbol{\varepsilon}}=-(B^{-1})^{\cdot}/2$ 并利用式(2-144)直接得到。式(2-162a)表明，即使物体做刚体运动，当 $\boldsymbol{\varepsilon}\neq 0$ 时，$\dot{\boldsymbol{\varepsilon}}$ 也不为零，即欧拉应变率与刚体运动有关，因而不能用于本构关系。为此，人们寻求和刚体运动无关的 $\boldsymbol{E}$ 应变率，并记为 $\overset{\nabla}{\boldsymbol{E}}$，这样的应变率可有很多的定义方

法,随体导数 $\dot{\boldsymbol{\varepsilon}}^{C}$ 和 Jaumann 共旋导数 $\dot{\boldsymbol{\varepsilon}}^{J}$ 便是例子:

$$\left.\begin{aligned}&\dot{\boldsymbol{\varepsilon}}^{C}=\boldsymbol{D}=\dot{\boldsymbol{\varepsilon}}+\boldsymbol{\varepsilon}\boldsymbol{\Gamma}+\boldsymbol{\Gamma}^{T}\boldsymbol{\varepsilon}\\&\dot{\boldsymbol{\varepsilon}}^{J}=\dot{\boldsymbol{\varepsilon}}-\boldsymbol{\omega}+\boldsymbol{\varepsilon}\boldsymbol{\omega}\quad\boldsymbol{\omega}=(\boldsymbol{\Gamma}-\boldsymbol{\Gamma}^{T})/2\end{aligned}\right\}\tag{2-162b}$$

2.7.3 旋率

本书定义的物质旋率 $\boldsymbol{\omega}$,与一些理论力学教材中刚体旋转时定义的瞬时旋率差一负号,即

$$\boldsymbol{\omega}=\frac{1}{2}(\boldsymbol{\Gamma}-\boldsymbol{\Gamma}^{T})\quad\omega_{kl}=-\omega_{lk}=\frac{1}{2}(v_{k,l}-v_{l,k})\tag{2-163}$$

$\boldsymbol{\omega}$ 为一反对称张量,故可用一轴矢量——涡旋矢量 curl $\boldsymbol{v}$ 表示

$$(\text{curl}\ \boldsymbol{v})_{k}=e_{klm}v_{m,l}=-e_{klm}\omega_{lm}\tag{2-164}$$

由式(2-142)和式(2-163)可得

$$\boldsymbol{\Gamma}=\boldsymbol{D}+\boldsymbol{\omega}\quad v_{k,l}=D_{kl}+\omega_{kl}\tag{2-165}$$

这表明欧拉速率梯度张量为欧拉变形率张量和旋率张量之和。

式(2-164)左端代表的是物体的某种旋转角速度。对于刚体,所有线元都以同一角速度旋转,$\boldsymbol{\omega}$ 的意义是明确的;但变形体过一点的不同微线元的角速度可以不同,$\boldsymbol{\omega}$ 并不代表任意指定线元的旋率,只能是某种平均的整体效应。显然对变形体可以定义多种整体旋率,下面给出的 Green-McInnis 相对旋率 $\boldsymbol{\Omega}$ 便是常用的一种。根据 $\boldsymbol{F}=\boldsymbol{R}\boldsymbol{U}$ 可得

$$\dot{\boldsymbol{F}}=\dot{\boldsymbol{R}}\boldsymbol{U}+\boldsymbol{R}\dot{\boldsymbol{U}}\tag{2-166}$$

由式(2-141)有 $\dot{\boldsymbol{F}}=\boldsymbol{\Gamma}\boldsymbol{F}$,因而把式(2-166)等号两边同右乘 $\boldsymbol{F}^{-1}$,再利用 $\boldsymbol{R}^{-1}=\boldsymbol{R}^{T}$ 可得

$$\left.\begin{aligned}&\boldsymbol{\Gamma}=(\dot{\boldsymbol{R}}\boldsymbol{U}+\boldsymbol{R}\dot{\boldsymbol{U}})\boldsymbol{F}^{-1}=\dot{\boldsymbol{R}}\boldsymbol{R}^{-1}+\boldsymbol{R}\dot{\boldsymbol{U}}\boldsymbol{U}^{-1}\boldsymbol{R}^{-1}=\boldsymbol{\Omega}+\boldsymbol{R}\dot{\boldsymbol{U}}\boldsymbol{U}^{-1}\boldsymbol{R}^{T}\\&\Gamma_{kl}=\Omega_{kl}+R_{kM}\dot{U}_{MK}\boldsymbol{U}_{KL}^{-1}R_{lL}\end{aligned}\right\}\tag{2-167}$$

式中,$\boldsymbol{\Omega}$ 是 E 坐标系中的张量

$$\boldsymbol{\Omega}=\dot{\boldsymbol{R}}\boldsymbol{R}^{T}\quad\Omega_{kl}=\dot{R}_{kM}\boldsymbol{R}_{lM}\tag{2-168}$$

称为变形体的相对旋率张量。实际上因 $\boldsymbol{R}\boldsymbol{R}^{T}=\boldsymbol{I}$,故有

$$\left.\begin{aligned}&\dot{\boldsymbol{R}}\boldsymbol{R}^{T}+\boldsymbol{R}\dot{\boldsymbol{R}}^{T}=\boldsymbol{0}\quad\dot{R}_{kM}R_{lM}+R_{kM}\dot{R}_{lM}=0\\&\boldsymbol{\Omega}+\boldsymbol{\Omega}^{T}=\boldsymbol{0}\end{aligned}\right\}\tag{2-169}$$

即 $\boldsymbol{\Omega}$ 是反对称张量。计及 $\boldsymbol{U}$ 是对称张量,并利用式(2-167),由式(2-155)得

$$\left.\begin{aligned}&\bar{\boldsymbol{D}}=\frac{1}{2}(\dot{\boldsymbol{U}}\boldsymbol{U}^{-1}+\boldsymbol{U}^{-1}\dot{\boldsymbol{U}})\quad\boldsymbol{D}=\boldsymbol{R}\bar{\boldsymbol{D}}\boldsymbol{R}^{T}\\&D_{kl}=\frac{1}{2}R_{kM}(\dot{U}_{MK}U_{KL}^{-1}+U_{MK}^{-1}\dot{U}_{KL})R_{lL}\end{aligned}\right\}\tag{2-170}$$

$$\left.\begin{aligned}\boldsymbol{\omega}&=\boldsymbol{\Omega}+\frac{1}{2}\boldsymbol{R}(\dot{\boldsymbol{U}}\boldsymbol{U}^{-1}-\boldsymbol{U}^{-1}\dot{\boldsymbol{U}})\boldsymbol{R}^{\mathrm{T}}\\ \omega_{kl}&=\Omega_{kl}+\frac{1}{2}R_{kM}(\dot{U}_{MK}U_{KL}^{-1}-U_{MK}^{-1}\dot{U}_{KL})R_{lL}\end{aligned}\right\}\tag{2-171}$$

由式(2-171)知，$\boldsymbol{\omega}$ 和 $\boldsymbol{\Omega}$ 是不同的，仅当 $\boldsymbol{U}=\boldsymbol{0}$ 时，两者才相同。$\boldsymbol{\Omega}$ 不仅与旋率有关，还与物体的纯变形有关。

如采用 $\boldsymbol{F}=\boldsymbol{VR}$，则有

$$\left.\begin{aligned}\boldsymbol{D}&=\frac{1}{2}(\dot{\boldsymbol{V}}\boldsymbol{V}^{-1}+\boldsymbol{V}^{-1}\dot{\boldsymbol{V}})+\frac{1}{2}(\boldsymbol{V\Omega V}^{-1}-\boldsymbol{V}^{-1}\boldsymbol{\Omega V})\\ \boldsymbol{\omega}&=\frac{1}{2}(\dot{\boldsymbol{V}}\boldsymbol{V}^{-1}-\boldsymbol{V}^{-1}\dot{\boldsymbol{V}})+\frac{1}{2}(\boldsymbol{V\Omega V}^{-1}+\boldsymbol{V}^{-1}\boldsymbol{\Omega V})\end{aligned}\right\}\tag{2-172}$$

例 6 讨论简单剪切情况下的变形率和旋率。

解： 简单剪切曾在本章例 4 中讨论过，现设其变形规律为

$$x_1=X_{\mathrm{I}}+v(X_{\mathrm{II}})t\quad x_2=X_{\mathrm{II}}\quad x_3=X_{\mathrm{III}}\quad 2\tan\beta=\left(\frac{\mathrm{d}v}{\mathrm{d}X_{\mathrm{II}}}\right)t\tag{2-173}$$

利用例 4 的结果，有

$$\dot{\boldsymbol{F}}=\begin{bmatrix}0&\dfrac{2\dot{\beta}}{\cos^2\beta}&0\\0&0&0\\0&0&0\end{bmatrix}\quad\frac{\mathrm{d}}{\mathrm{d}t}\boldsymbol{F}^{-1}=\begin{bmatrix}0&-\dfrac{2\dot{\beta}}{\cos^2\beta}&0\\0&0&0\\0&0&0\end{bmatrix}\tag{2-174}$$

$$\boldsymbol{\Gamma}=\begin{bmatrix}0&\dfrac{2\dot{\beta}}{\cos^2\beta}&0\\0&0&0\\0&0&0\end{bmatrix}\tag{2-175}$$

$$\boldsymbol{D}=\begin{bmatrix}0&\dfrac{\dot{\beta}}{\cos^2\beta}&0\\\dfrac{\dot{\beta}}{\cos^2\beta}&0&0\\0&0&0\end{bmatrix}\quad\boldsymbol{\omega}=\begin{bmatrix}0&\dfrac{\dot{\beta}}{\cos^2\beta}&0\\-\dfrac{\dot{\beta}}{\cos^2\beta}&0&0\\0&0&0\end{bmatrix}\tag{2-176}$$

$$\boldsymbol{\Omega}=\begin{bmatrix}0&\dot{\beta}&0\\-\dot{\beta}&0&0\\0&0&0\end{bmatrix}\quad\boldsymbol{\omega}-\boldsymbol{\Omega}=\frac{1}{2}\begin{bmatrix}0&\sin^2\beta&0\\-\sin^2\beta&0&0\\0&0&0\end{bmatrix}\frac{\mathrm{d}v}{\mathrm{d}X_{\mathrm{II}}}\tag{2-177}$$

式中，$\dot{\beta}=\dfrac{1}{2}\cos^2\beta\,\dfrac{\mathrm{d}v}{\mathrm{d}X_{\mathrm{I}}}$。由此知，$\boldsymbol{\omega}$ 和 $\boldsymbol{\Omega}$ 确实不同，但都从不同角度定义了物质微团的旋率。事实上对变形体，过某点沿不同方向的线元，一般都具有不同的旋转角速度。若设 v 为常数，由图 2-10 可知 $t=0$ 时的物质微团 $ABCD$，在 t 瞬时运动到 $abcd$，令 $OA=X_{\mathrm{II}}^{A}$，$OD=$

X_{II}^{D}，则 $Aa=vX_{\mathrm{II}}^{A}t$，$Dd=vX_{\mathrm{II}}^{D}t$，由此得

$$\tan\theta=\frac{Aa}{AO}=\frac{Dd}{DO}=vt,\ \dot{\theta}=v\cos^{2}\theta\text{(g)}$$

而 ad 的长度为 $\dfrac{AD}{\cos\theta}=\dfrac{(X_{\mathrm{II}}^{A}-X_{\mathrm{II}}^{D})}{\cos\theta}$，$a$ 点相对于 d 点的速度为 $v(X_{\mathrm{II}}^{A}-X_{\mathrm{II}}^{D})$，在垂直 ad 方向的相对分速度为 $v(X_{\mathrm{II}}^{A}-X_{\mathrm{II}}^{D})\cos\theta$，所以 ad 边的旋转角速度为 $v(X_{\mathrm{II}}^{A}-X_{\mathrm{II}}^{D})\dfrac{\cos^{2}\theta}{(X_{\mathrm{II}}^{A}-X_{\mathrm{II}}^{D})}=v\cos^{2}\theta=\dot{\theta}$；另外，$cd$ 边的旋转角速度为零，类似地，其他方向的线元又有不同的旋转角速度。

例 7　试对 $\boldsymbol{\omega}$ 的运动学意义做出解释。

解： 前面谈及，对变形后物体中的一点，过该点不同方向的微线元，其旋转角速度可以不同，因而 $\boldsymbol{\omega}$ 的运动学意义颇受关注。这一问题可以给出一个非常简单的解释(见图 2-11)。取L和E坐标系重合。设 $OP=\mathrm{d}\boldsymbol{X}$ 为 Ox_1x_2 平面内 t 时刻的线元，和 Ox_1 轴的夹角为 Θ，$t+\Delta t$ 时变为 $Op=\mathrm{d}\boldsymbol{x}$，在 Ox_1x_2 平面上的投影为 $Op_1=\mathrm{d}x_1$，与 Ox_1 轴的夹角为 θ；Op_1 相对于 OP 转过的角度为 $\psi=\theta-\Theta$。注意到 $\overline{OP}$ 在 Ox_1x_2 平面上，由 $\mathrm{d}\boldsymbol{x}=\boldsymbol{F}\mathrm{d}\boldsymbol{X}$ 得

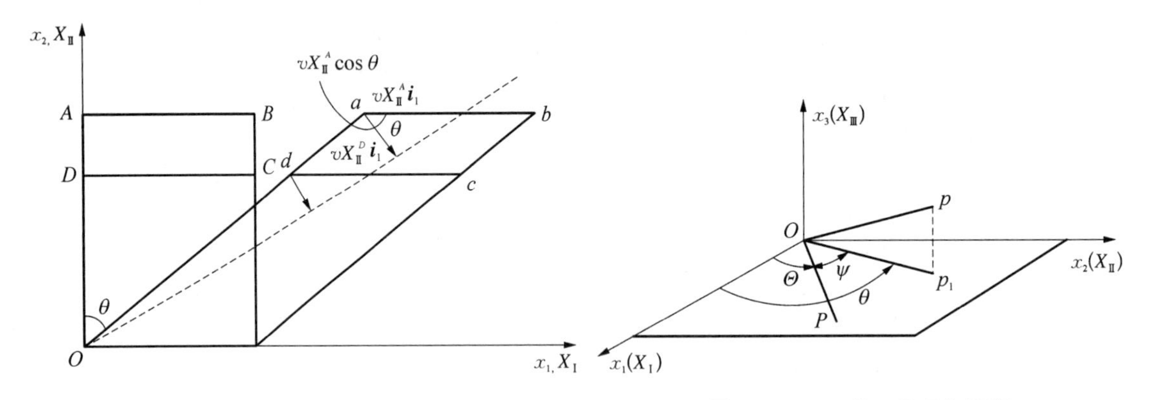

图 2-10　简单剪切变形　　　　**图 2-11　ω 的一种几何解释**

$$\left.\begin{aligned}\mathrm{d}x_1&=\frac{\partial x_1}{\partial X_1}\mathrm{d}X_1+\frac{\partial x_1}{\partial X_2}\mathrm{d}X_2=(1+u_{1,1})\mathrm{d}X_1+u_{1,2}\mathrm{d}X_2\\ \mathrm{d}x_2&=\frac{\partial x_2}{\partial X_1}\mathrm{d}X_1+\frac{\partial x_2}{\partial X_2}\mathrm{d}X_2=u_{2,1}\mathrm{d}X_1+(1+u_{2,2})\mathrm{d}X_2\end{aligned}\right\}\tag{2-178}$$

因此有

$$\left.\begin{aligned}&\tan\Theta=\frac{\mathrm{d}X_2}{\mathrm{d}X_1}\quad 或\quad \mathrm{d}X_2=\mathrm{d}X_1\tan\Theta\\ &\tan\theta=\frac{\mathrm{d}x_2}{\mathrm{d}x_1}=\frac{u_{2,1}\cos\Theta+(1+u_{2,2})\sin\Theta}{(1+u_{1,1})\cos\Theta+u_{1,2}\sin\Theta}\end{aligned}\right\}\tag{2-179}$$

从而得

$$\tan\psi=\tan(\theta-\Theta)=\frac{u_{2,1}\cos^2\Theta-u_{1,2}\sin^2\Theta+(u_{2,2}-u_{1,1})\sin\Theta\cos\Theta}{1+u_{1,1}\cos^2\Theta+u_{2,2}\sin^2\Theta+(u_{1,2}+u_{2,1})\sin\Theta\cos\Theta} \tag{2-180}$$

因为 $\mathrm{d}t\to 0$，所以 $\boldsymbol{u}=\boldsymbol{v}\mathrm{d}t\to 0$。
从而有

$$u_{1,1}=D_{11}\mathrm{d}t\quad u_{2,2}=D_{22}\mathrm{d}t\quad u_{1,2}(D_{12}+\omega_{12})\mathrm{d}t\quad u_{2,1}=(D_{12}-\omega_{12})\mathrm{d}t$$

从而式(2-180)可化为

$$\tan\psi=\frac{[-\omega_{12}+2D_{12}\cos 2\Theta+(D_{22}-D_{11})\sin 2\Theta]\mathrm{d}t}{1+(D_{11}\cos^2\Theta+D_{22}\sin^2\Theta+D_{12}\sin 2\Theta)\mathrm{d}t} \tag{2-181}$$

注意到 $[2D_{12}\cos 2\Theta+(D_{22}-D_{11})\sin 2\theta]\mathrm{d}t$ 是分母对 Θ 的导数，则有

$$(\tan\psi)_{平均}=\frac{1}{2\pi}\int_0^{2\pi}\tan\psi\,\mathrm{d}\Theta=\frac{-\omega_{12}\mathrm{d}t}{2\pi}\int_0^{2\pi}\frac{\mathrm{d}\Theta}{1+[D_{11}\cos^2\Theta+D_{22}\sin^2\Theta+D_{12}\sin 2\Theta]\mathrm{d}t}$$

注意到 $\psi=\dot{\psi}\mathrm{d}t$，$(\tan\psi)_{平均}\approx(\dot{\psi})_{平均}\mathrm{d}t$，则有

$$(\dot{\psi})_{平均}=-\omega_{12}=\omega_{21} \tag{2-182}$$

式(2-182)表明 ω_{21} 是所有位于 Ox_1x_2 平面上过讨论点的微线元绕 z 轴的旋转角速度的平均值。ω_{13}、ω_{32} 有同样的解释。

2.7.4 L 和 E 主轴的旋率及相关问题

1. L 和 E 主轴的旋率

在 2.4.2 节中曾讨论过主轴坐标系，式(2-95)给出了一些表达式。一般讲来，$\boldsymbol{m}_\alpha$ 和 $\boldsymbol{M}_\alpha$ 是时间(变形)的函数；因此我们还需要引进一固定直角坐标系作为“背景”标架，描写主轴自身的运动。设背景标架的基矢为 e_α。令 L 主轴 $\boldsymbol{M}_\alpha$ 在背景标架中可表示为

$$\boldsymbol{M}_\alpha=\boldsymbol{P}\boldsymbol{e}_\alpha \tag{2-183}$$

式中，$\boldsymbol{P}$ 为与 $\boldsymbol{M}_\alpha$ 对应的正交张量。由于 $\boldsymbol{M}_\alpha$ 随时间变化，所以它的导数不一定与 $\boldsymbol{M}_\alpha$ 同方向，但可一般地表示为

$$\dot{\boldsymbol{M}}_\alpha=\dot{\boldsymbol{P}}\boldsymbol{e}_\alpha=\dot{\boldsymbol{P}}\boldsymbol{P}^{\mathrm{T}}\boldsymbol{M}_\alpha=\boldsymbol{\Omega}^{\mathrm{L}}\boldsymbol{M}_\alpha\quad \boldsymbol{\Omega}^{\mathrm{L}}=\dot{\boldsymbol{P}}\boldsymbol{P}^{\mathrm{T}} \tag{2-184}$$

由式(2-184)知，$\boldsymbol{\Omega}^{\mathrm{L}}$ 为反对称张量，称为 L 主轴的旋率。由式(2-184)又可推出

$$\left.\begin{aligned}&\boldsymbol{\Omega}^{\mathrm{L}}=\dot{\boldsymbol{M}}_\beta\otimes\boldsymbol{M}_\beta=\Omega^{\mathrm{L}}_{\alpha\beta}\boldsymbol{M}_\alpha\otimes\boldsymbol{M}_\beta\\&\Omega^{\mathrm{L}}_{\alpha\beta}=\boldsymbol{M}_\alpha\cdot\boldsymbol{\Omega}^{\mathrm{L}}\cdot\boldsymbol{M}_\beta=\boldsymbol{M}_\alpha\cdot\dot{\boldsymbol{M}}_\beta=-\Omega^{\mathrm{L}}_{\beta\alpha}\end{aligned}\right\} \tag{2-185}$$

类似地令 E 主轴 $\boldsymbol{m}_\alpha$ 的旋率 $\boldsymbol{\Omega}^{\mathrm{E}}$ 为

$$\left.\begin{aligned}&\boldsymbol{\Omega}^{\mathrm{E}}=\Omega^{\mathrm{E}}_{\alpha\beta}\boldsymbol{m}_\alpha\otimes\boldsymbol{m}_\beta=\dot{\boldsymbol{m}}_\beta\otimes\boldsymbol{m}_\beta\qquad \dot{\boldsymbol{m}}_\alpha=\boldsymbol{\Omega}^{\mathrm{E}}\boldsymbol{m}_\alpha\\&\Omega^{\mathrm{E}}_{\alpha\beta}=\boldsymbol{m}_\alpha\cdot\boldsymbol{\Omega}^{\mathrm{E}}\cdot\boldsymbol{m}_\beta=\boldsymbol{m}_\alpha\cdot\dot{\boldsymbol{m}}_\beta=-\Omega^{\mathrm{L}}_{\beta\alpha}\end{aligned}\right\} \tag{2-186}$$

由式(2-91)知 $\boldsymbol{m}_\alpha=\boldsymbol{R}\boldsymbol{M}_\alpha$，$\boldsymbol{R}$ 是极分解中的转动张量，由这一关系和式(2-186)得

$$\boldsymbol{\Omega}^{\mathrm{E}}\boldsymbol{m}_{\alpha}=\dot{\boldsymbol{m}}_{\alpha}=\dot{\boldsymbol{R}}\boldsymbol{M}_{\alpha}+\boldsymbol{R}\dot{\boldsymbol{M}}_{\alpha}=\dot{\boldsymbol{R}}\boldsymbol{M}_{\alpha}+\boldsymbol{R}\boldsymbol{\Omega}^{\mathrm{L}}\boldsymbol{M}_{\alpha}$$

由此得出 $\boldsymbol{\Omega}^{\mathrm{E}}$ 和 $\boldsymbol{\Omega}^{\mathrm{L}}$ 的关系为

$$\boldsymbol{\Omega}^{\mathrm{E}}=\boldsymbol{\Omega}+\boldsymbol{R}\boldsymbol{\Omega}^{\mathrm{L}}\boldsymbol{\Omega}^{\mathrm{T}}\quad \boldsymbol{\Omega}=\dot{\boldsymbol{R}}\boldsymbol{R}^{\mathrm{T}} \tag{2-187}$$

2. $\boldsymbol{D}$ 和 $\dot{\boldsymbol{U}}$ 在主轴坐标系中的关系

虽然在 L 主轴坐标系中，$\boldsymbol{U}$ 具有对角线形式，但一般讲来，$\dot{\boldsymbol{U}}$ 并不是对角型的，因 $\boldsymbol{M}_{\alpha}$ 随时间而变。令

$$\dot{\boldsymbol{U}}=\dot{U}_{\alpha\beta}\boldsymbol{M}_{\alpha}\otimes\boldsymbol{M}_{\beta} \tag{2-188}$$

由式(2-170)得

$$\bar{\boldsymbol{D}}=\boldsymbol{R}^{\mathrm{T}}\boldsymbol{D}\boldsymbol{R}=\frac{1}{2}(\dot{\boldsymbol{U}}\boldsymbol{U}^{-1}+\boldsymbol{U}^{-1}\dot{\boldsymbol{U}}) \tag{2-189}$$

利用 $\boldsymbol{R}=\boldsymbol{m}_{\alpha}\otimes\boldsymbol{M}_{\alpha}$，$\boldsymbol{D}=D_{\alpha\beta}\boldsymbol{m}_{\alpha}\otimes\boldsymbol{m}_{\beta}$，$\boldsymbol{U}=\lambda_{\underline{\alpha}}\boldsymbol{M}_{\alpha}\otimes\boldsymbol{M}_{\alpha}$ 和 $\boldsymbol{U}^{-1}=\lambda_{\underline{\alpha}}^{-1}\boldsymbol{M}_{\alpha}\otimes\boldsymbol{M}_{\alpha}$，则由式(2-187)、式(2-188)可推得

$$\begin{aligned}(\boldsymbol{M}_{\alpha}\otimes\boldsymbol{m}_{\alpha})(D_{kl}\boldsymbol{m}_{k}\otimes\boldsymbol{m}_{l})(\boldsymbol{m}_{\beta}\otimes\boldsymbol{M}_{\beta})=\bar{\boldsymbol{D}}_{\alpha\beta}\boldsymbol{M}_{\alpha}\boldsymbol{M}_{\beta}\\ =\frac{1}{2}[(\dot{U}_{\alpha\beta}\boldsymbol{M}_{\alpha}\otimes\boldsymbol{M}_{\beta})(\lambda_{\underline{\delta}}^{-1}\boldsymbol{M}_{\delta}\otimes\boldsymbol{M}_{\delta})+\\ (\lambda_{\underline{\delta}}^{-1}\boldsymbol{M}_{\delta}\otimes\boldsymbol{M}_{\delta})(\dot{U}_{\alpha\beta}\boldsymbol{M}_{\alpha}\otimes\boldsymbol{M}_{\beta})]\end{aligned}$$

由此推出

$$\bar{D}_{\alpha\beta}\boldsymbol{M}_{\alpha}\otimes\boldsymbol{M}_{\beta}=\frac{1}{2}(\lambda_{\underline{\beta}}^{-1}+\lambda_{\underline{\alpha}}^{-1})\dot{U}_{\alpha\beta}\boldsymbol{M}_{\alpha}\otimes\boldsymbol{M}_{\beta}$$

或

$$\dot{U}_{\alpha\beta}=\frac{2\lambda_{\alpha}\lambda_{\beta}}{\lambda_{\alpha}+\lambda_{\beta}}\bar{D}_{\alpha\beta}(\text{对 }\alpha,\beta\text{ 不求和}) \tag{2-190}$$

在式(2-190)中，读者需注意，$\dot{U}_{\alpha\beta}$ 和 $\bar{D}_{\alpha\beta}$ 分别是 $\dot{\boldsymbol{U}}$ 和 $\bar{\boldsymbol{D}}$ 在 L 主轴坐标系中的分量。

3. $\boldsymbol{D}$ 和 $\boldsymbol{\Omega}^{\mathrm{L}}$ 的关系

按 $\boldsymbol{U}=\lambda_{\underline{\alpha}}\boldsymbol{M}_{\alpha}\otimes\boldsymbol{M}_{\alpha}$ 可得

$$\dot{\boldsymbol{U}}=\dot{\lambda}_{\underline{\alpha}}\boldsymbol{M}_{\alpha}\otimes\boldsymbol{M}_{\alpha}+\boldsymbol{\Omega}^{\mathrm{L}}\boldsymbol{U}-\boldsymbol{U}\boldsymbol{\Omega}^{\mathrm{L}} \tag{2-191a}$$

式中利用了 $\boldsymbol{\Omega}^{\mathrm{L}}\boldsymbol{M}_{\alpha}=\boldsymbol{\Omega}_{\gamma\alpha}^{\mathrm{L}}\boldsymbol{M}_{\gamma}=-\boldsymbol{\Omega}_{\alpha\gamma}^{\mathrm{L}}\boldsymbol{M}_{\gamma}=-\boldsymbol{M}_{\alpha}\boldsymbol{\Omega}^{\mathrm{L}}$。注意到

$$\begin{aligned}\boldsymbol{\Omega}^{\mathrm{L}}\boldsymbol{U}-\boldsymbol{U}\boldsymbol{\Omega}^{\mathrm{L}}&=\Omega_{\alpha\beta}^{\mathrm{L}}\boldsymbol{M}_{\alpha}\otimes\boldsymbol{M}_{\beta}\cdot\lambda_{\underline{\delta}}\boldsymbol{M}_{\delta}\otimes\boldsymbol{M}_{\delta}-\lambda_{\delta}\boldsymbol{M}_{\delta}\otimes\boldsymbol{M}_{\delta}\cdot\Omega_{\alpha\beta}^{\mathrm{L}}\boldsymbol{M}_{\alpha}\otimes\boldsymbol{M}_{\beta}\\ &=(\lambda_{\underline{\beta}}-\lambda_{\underline{\alpha}})\boldsymbol{\Omega}_{\alpha\beta}^{\mathrm{L}}\boldsymbol{M}_{\alpha}\otimes\boldsymbol{M}_{\beta}\end{aligned}$$

则式(2-191a)可以写成

$$\dot{U}_{\alpha\beta}\boldsymbol{M}_{\alpha}\otimes\boldsymbol{M}_{\beta}=\dot{\lambda}_{\underline{\alpha}}\boldsymbol{M}_{\alpha}\otimes\boldsymbol{M}_{\alpha}+(\lambda_{\underline{\beta}}-\lambda_{\underline{\alpha}})\Omega_{\alpha\beta}^{\mathrm{L}}\boldsymbol{M}_{\alpha}\otimes\boldsymbol{M}_{\beta} \tag{2-191b}$$

由此推出

$$\left.\begin{aligned}\dot{U}_{\alpha\beta}&=\dot{\lambda}_{\alpha}, & \alpha&=\beta\\ \dot{U}_{\alpha\beta}&=(\lambda_{\underline{\beta}}-\lambda_{\underline{\alpha}})\Omega^{\mathrm{L}}_{\alpha\beta}, & \alpha&\neq\beta\end{aligned}\right\}\tag{2-192}$$

以此代入式(2-190)便得

$$\left.\begin{aligned}\bar{D}_{\alpha\beta}&=\frac{\dot{\lambda}_{\alpha}}{\lambda_{\underline{\alpha}}}, & \alpha&=\beta\\ \bar{D}_{\alpha\beta}&=\frac{\lambda^2_{\underline{\beta}}-\lambda^2_{\underline{\alpha}}}{2\lambda_{\underline{\alpha}}\lambda_{\underline{\beta}}}\Omega^{\mathrm{L}}_{\alpha\beta}, & \alpha&\neq\beta\end{aligned}\right\}\tag{2-193}$$

若已知 $\bar{\boldsymbol{D}}$，由式(2-193)便可算出 $\boldsymbol{\Omega}^{\mathrm{L}}$。但对于有重根的情形，即当 $\alpha\neq\beta$ 时有 $\lambda_{\alpha}=\lambda_{\beta}$，此时在 M_{α} 和 M_{β} 组成的平面上任意方向都是主方向，可参考 1.3 节中有关部分。

利用式(2-187)和式(2-171)可得

$$\boldsymbol{\Omega}^{\mathrm{E}}=\boldsymbol{\omega}+\boldsymbol{R}\boldsymbol{\Omega}^{\mathrm{L}}\boldsymbol{R}^{\mathrm{T}}-\frac{1}{2}\boldsymbol{R}(\dot{\boldsymbol{U}}\boldsymbol{U}^{-1}-\boldsymbol{U}^{-1}\dot{\boldsymbol{U}})\boldsymbol{R}^{\mathrm{T}}\tag{2-194a}$$

当 $\alpha\neq\beta$ 时，读者可证明，式(2-194a)可以化成

$$\Omega^{\mathrm{E}}_{\alpha\beta}=\omega_{\alpha\beta}+(\lambda^2_{\underline{\alpha}}+\lambda^2_{\underline{\beta}})\frac{D_{\alpha\beta}}{(\lambda^2_{\underline{\beta}}-\lambda^2_{\underline{\alpha}})}\tag{2-194b}$$

4. 主轴坐标系中的广义应变率张量

现在来讨论由式(2-97)定义的广义应变张量 $\boldsymbol{E}^{*}=f(\lambda_{\underline{\alpha}})\boldsymbol{M}_{\alpha}\otimes\boldsymbol{M}_{\alpha}$ 的变化率，我们有

$$\dot{\boldsymbol{E}}^{*}=f'(\lambda_{\underline{\alpha}})\dot{\lambda}_{\underline{\alpha}}\boldsymbol{M}_{\alpha}\otimes\boldsymbol{M}_{\alpha}+\boldsymbol{\Omega}^{\mathrm{L}}\boldsymbol{E}-\boldsymbol{E}\boldsymbol{\Omega}^{\mathrm{L}}\tag{2-195}$$

对比式(2-195)和式(2-191a)，易于求得

$$\left.\begin{aligned}\dot{E}^{*}_{\alpha\beta}&=f'(\lambda_{\underline{\alpha}})\dot{\lambda}_{\alpha}=f'(\lambda_{\underline{\alpha}})\lambda_{\underline{\alpha}}\bar{D}_{\alpha\beta}, & \alpha&=\beta\\ \dot{E}^{*}_{\alpha\beta}&=[f(\lambda_{\beta})-f(\lambda_{\alpha})]\Omega^{L}_{\alpha\beta}=2\lambda_{\underline{\alpha}}\lambda_{\underline{\beta}}\frac{f(\lambda_{\underline{\alpha}})-f(\lambda_{\underline{\beta}})}{\lambda^2_{\underline{\alpha}}-\lambda^2_{\underline{\beta}}}\bar{D}_{\alpha\beta}, & \alpha&\neq\beta\end{aligned}\right\}\tag{2-196}$$

2.8　流动参照构形——里夫林-埃里克森(Rivlin-Ericksen)张量

2.8.1　流动参照构形

前面讨论连续介质的变形时，都是以初始构形作为参照构形，但研究某些问题时，以现时构形作为参照构形较为方便。现时构形是随时间变化的，因而以现时构形为参照构形的情形称为流动参照构形(见图 2-12)。

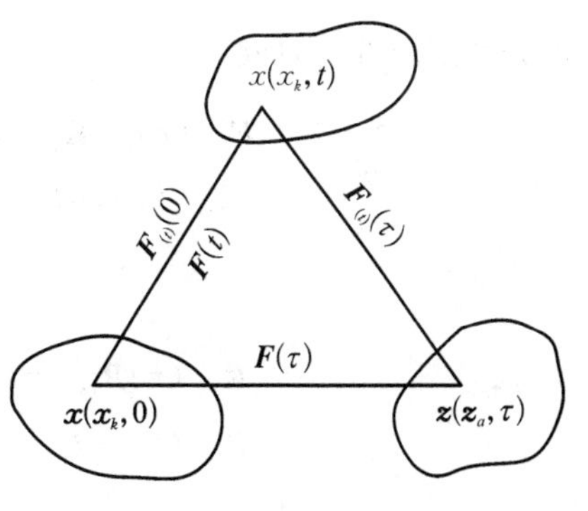

图 2-12　流动参照构形

设任意瞬时 $\tau(0<\tau<t)$ 时的构形中某点 z，其坐标为 z_{a}。

令
$$\left.\begin{array}{l}\boldsymbol{z}=\boldsymbol{z}(\boldsymbol{X},\tau)=\boldsymbol{z}_{(t)}(\boldsymbol{x},t;\tau)\quad \boldsymbol{X}=\boldsymbol{z}(\boldsymbol{X},0)=\boldsymbol{z}_{(t)}(\boldsymbol{x},t;0)\\ \boldsymbol{x}=\boldsymbol{z}(\boldsymbol{X},t)=\boldsymbol{z}_{(t)}(\boldsymbol{x},t;t)=\boldsymbol{x}(\boldsymbol{X},t)\end{array}\right\}\tag{2-197}$$

式中,$\boldsymbol{z}_{(t)}$ 表示 $\boldsymbol{z}$ 在流动参照构形中的表达式。令 $\boldsymbol{F}(\tau)$ 和 $\boldsymbol{F}(t)$ 表示 $\boldsymbol{z}$ 和 $\boldsymbol{x}$ 对 $\boldsymbol{X}$ 的变形梯度,$\boldsymbol{F}_{(t)}(\tau)$ 表示 z 对 $\boldsymbol{x}$ 的相对变形梯度,即

$$\left.\begin{array}{lll}\boldsymbol{F}(\tau)=\dfrac{\partial \boldsymbol{z}}{\partial \boldsymbol{X}} & \boldsymbol{F}(t)=\boldsymbol{F}=\dfrac{\partial \boldsymbol{x}}{\partial \boldsymbol{X}} & \boldsymbol{F}_{(t)}(\tau)=\dfrac{\partial \boldsymbol{z}}{\partial \boldsymbol{x}}\\ F_{ak}=z_{a,K} & F_{kK}=x_{k,K} & F_{(t)ak}=z_{a,k}\end{array}\right\}\tag{2-198}$$

按链导数规则有

$$\boldsymbol{F}(\tau)=\boldsymbol{F}_{(t)}(\tau)\boldsymbol{F}(t)\quad z_{a,K}=z_{a,k}x_{k,K}\tag{2-199}$$

由此得

$$\boldsymbol{F}_{(t)}(\tau)=\boldsymbol{F}(\tau)\boldsymbol{F}(t)^{-1}\quad z_{a,k}=z_{a,K}X_{K,k}\tag{2-200}$$

式(2-200)表示 $\boldsymbol{z}$ 对 $\boldsymbol{x}$ 的相对变形梯度 $\boldsymbol{F}_{(t)}(\tau)$ 等于 $\boldsymbol{X}$ 对 $\boldsymbol{x}$ 的变形梯度 $\boldsymbol{F}(t)^{-1}$ 和 $\boldsymbol{z}$ 对 $\boldsymbol{X}$ 的变形梯度 $\boldsymbol{F}(\tau)$ 的乘积。显然有

$$\boldsymbol{F}_{(t)}(0)=\boldsymbol{F}^{-1}\quad \boldsymbol{F}_{(t)}(t)=\boldsymbol{I}\tag{2-201}$$

与初始构形作为参照构形时相仿,可在流动参照构形中讨论量度物体变形和运动的各种物理量。分别记右和左相对柯西-格林(Cauchy-Green)变形张量为 $\boldsymbol{C}_{(t)}$、$\boldsymbol{B}_{(t)}$,相对转动张量 $\boldsymbol{R}_{(t)}$,以及右和左相对伸长张量为 $\boldsymbol{U}_{(t)}$、$\boldsymbol{V}_{(t)}$。设 τ 时刻的微元弧长为 $\mathrm{d}s$,则有

$$\left.\begin{array}{l}\mathrm{d}s^2=\mathrm{d}\boldsymbol{z}_a\mathrm{d}\boldsymbol{z}_a=\boldsymbol{z}_{a,k}\boldsymbol{z}_{a,l}\mathrm{d}x_k\mathrm{d}x_l=\boldsymbol{C}_{(t)kl}\mathrm{d}x_k\mathrm{d}x_l\\ \boldsymbol{C}_{(t)}(\tau)=\boldsymbol{U}_{(t)}^2(\tau)=\boldsymbol{F}_{(t)}^{\mathrm{T}}(\tau)\boldsymbol{F}_{(t)}(\boldsymbol{\tau})\quad \boldsymbol{C}_{(t)}(0)=\boldsymbol{F}^{-\mathrm{T}}\boldsymbol{F}^{-1}=\boldsymbol{B}^{-1}\\ \boldsymbol{C}_{(t)kl}=z_{a,k}z_{a,l}=F_{(t)ak}F_{(t)al}\quad \boldsymbol{C}_{(t)}(t)=\boldsymbol{I}\end{array}\right\}\tag{2-202}$$

类似地有

$$\left.\begin{array}{ll}\boldsymbol{B}_{(t)}(\tau)=\boldsymbol{V}_{(t)}^2(\tau)=\boldsymbol{F}_{(t)}(\tau)\boldsymbol{F}_{(t)}^{\mathrm{T}}(\tau) & B_{(t)\alpha\beta}=z_{\alpha,k}z_{\beta,k}\\ \boldsymbol{B}_{(t)}(0)=\boldsymbol{F}^{-1}\boldsymbol{F}^{-\mathrm{T}}=\boldsymbol{C}^{-1} & \boldsymbol{B}_{(t)}(t)=\boldsymbol{I}\end{array}\right\}\tag{2-203}$$

用极分解定理可以写成

$$\left.\begin{array}{l}\boldsymbol{F}_{(t)}(\tau)=\boldsymbol{R}_{(t)}(\tau)\boldsymbol{U}_{(t)}(\tau)=\boldsymbol{V}_{(t)}(\tau)\boldsymbol{R}_{(t)}(\tau)\\ F_{(t)ak}(\tau)=R_{(t)am}(\tau)U_{(t)mk}=V_{(t)\alpha\beta}(\tau)R_{(t)\beta k}(\tau)\end{array}\right\}\tag{2-204}$$

且

$$\left.\begin{array}{ll}\boldsymbol{R}_{(t)}(\tau)\boldsymbol{R}_{(t)}(\tau)^{\mathrm{T}}=\boldsymbol{I} & \boldsymbol{R}_{(t)am}(\tau)\boldsymbol{R}_{(t)\beta m}(\tau)=\delta_{a\beta}\\ \boldsymbol{R}_{(t)}(t)=\boldsymbol{I} & \boldsymbol{R}_{(t)}(0)=\boldsymbol{R}^{\mathrm{T}}\end{array}\right\}\tag{2-205}$$

利用式(2-200)可得

$$\left.\begin{aligned}&\boldsymbol{C}(\tau)=\boldsymbol{F}(t)^{\mathrm{T}}\boldsymbol{C}_{(t)}(\tau)\boldsymbol{F}(t)\\&C_{KL}(\tau)=F_{kK}(t)C_{(t)kl}(\tau)F_{lL}(t)\end{aligned}\right\}\tag{2-206}$$

$$\left.\begin{aligned}&\boldsymbol{B}(\tau)=\boldsymbol{F}_{(t)}(\tau)\boldsymbol{B}(t)\boldsymbol{F}_{(t)}(\tau)^{\mathrm{T}}\\&B_{\alpha\beta}(\tau)=F_{(t)\alpha k}(\tau)B_{kl}(t)F_{(t)\beta l}(\tau)\end{aligned}\right\}\tag{2-207}$$

式(2-206)和式(2-207)分别表示 $\boldsymbol{C}(\tau)$、$\boldsymbol{C}_{(t)}(\tau)$ 和 $\boldsymbol{F}(t)$ 以及 $\boldsymbol{B}(\tau)$、$\boldsymbol{B}(t)$ 和 $\boldsymbol{F}_{(t)}(\tau)$ 之间的关系。

2.8.2 里夫林-埃里克森(Rivlin-Ericksen)张量

首先求 $\boldsymbol{F}_{(t)}(\tau)$ 对时间 τ 的导数。

$$\left.\begin{aligned}&\dot{\boldsymbol{F}}_{(t)}(\tau)=\frac{\mathrm{d}}{\mathrm{d}\tau}\left(\frac{\partial\boldsymbol{z}}{\partial\boldsymbol{x}}\right)=\frac{\partial\dot{\boldsymbol{z}}}{\partial\boldsymbol{x}}=\frac{\partial\dot{\boldsymbol{z}}}{\partial\boldsymbol{z}}\frac{\partial\boldsymbol{z}}{\partial\boldsymbol{x}}=\boldsymbol{\Gamma}^{(1)}(\tau)\boldsymbol{F}_{(t)}(\tau)\\&\overset{(n)}{\boldsymbol{F}}_{(t)}(\tau)=\frac{\mathrm{d}^n}{\mathrm{d}\tau^n}\left(\frac{\partial\boldsymbol{z}}{\partial\boldsymbol{x}}\right)=\boldsymbol{\Gamma}^{(n)}(\tau)\boldsymbol{F}_{(t)}(\tau)\end{aligned}\right\}\tag{2-208}$$

式中

$$\left.\begin{aligned}&\boldsymbol{\Gamma}^{(0)}(\tau)=\boldsymbol{I}\text{(不求导,就是原来的函数)}\\&\boldsymbol{\Gamma}^{(1)}(\tau)=\frac{\partial\dot{\boldsymbol{z}}}{\partial\boldsymbol{z}}=\frac{\partial}{\partial\boldsymbol{z}}\left(\frac{\mathrm{d}\boldsymbol{z}}{\mathrm{d}\tau}\right)\quad\boldsymbol{\Gamma}^{(n)}(\tau)=\frac{\partial}{\partial\boldsymbol{z}}\left(\frac{\mathrm{d}^n\boldsymbol{z}}{\mathrm{d}\boldsymbol{\tau}^n}\right)\end{aligned}\right\}\tag{2-209}$$

利用式(2-209)可得

$$\begin{aligned}\overset{(n)}{\boldsymbol{C}}_{(t)}(\tau)&=\frac{\mathrm{d}^n}{\mathrm{d}\tau^n}(\boldsymbol{F}_{(t)}^{\mathrm{T}}(\tau)\boldsymbol{F}_{(t)}(\tau))=\sum_{k=0}^{n}\binom{n}{k}\overset{(k)}{\boldsymbol{F}}{}_{(t)}^{\mathrm{T}}(\tau)\overset{(n-k)}{\boldsymbol{F}}_{(t)}(\tau)\\&=\sum_{k=0}^{n}\binom{n}{k}\boldsymbol{F}_{(t)}^{\mathrm{T}}(\tau)\boldsymbol{\Gamma}^{(k)\mathrm{T}}(\tau)\boldsymbol{\Gamma}^{(n-k)}(\tau)\boldsymbol{F}_{(t)}(\tau)\\&=\boldsymbol{F}_{(t)}^{\mathrm{T}}(\tau)\left[\sum_{k=0}^{n}\binom{n}{k}\boldsymbol{\Gamma}^{(k)\tau}(\tau)\boldsymbol{\Gamma}^{(n-k)}(\tau)\right]\boldsymbol{F}_{(t)}(\tau)\\&=\boldsymbol{F}_{(t)}^{\mathrm{T}}(\tau)\boldsymbol{A}^{(n)}(\tau)\boldsymbol{F}_{(t)}(\tau)\end{aligned}\tag{2-210}$$

式中，$\binom{n}{k}=\dfrac{n!}{[k!(n-k)!]}$ 和

$$\boldsymbol{A}^{(n)}(\tau)=\sum_{k=0}^{n}\binom{n}{k}\boldsymbol{\Gamma}^{(k)\mathrm{T}}(\tau)\boldsymbol{\Gamma}^{(n-k)}(\tau)\tag{2-211}$$

当 $\tau=t$ 时，$\boldsymbol{F}_{(t)}(t)=\boldsymbol{F}_{(t)}^{\mathrm{T}}(t)=\boldsymbol{I}$，因此又有

$$\boldsymbol{A}^{(n)}(t)=\sum_{k=0}^{n}\binom{n}{k}\boldsymbol{\Gamma}^{(k)\mathrm{T}}(t)\boldsymbol{\Gamma}^{(n-k)}(t)=\overset{(n)}{\boldsymbol{C}}_{(t)}(t)\tag{2-212}$$

称 $\boldsymbol{A}^{(n)}(t)$ 为里夫林-埃里克森张量或R-E张量，它是 $\overset{(n)}{\boldsymbol{C}}_{(t)}(t)$ 在 $\tau=t$ 时的值。利用 $\boldsymbol{\Gamma}^{(1)}(t)=$

$\dfrac{\partial \dot{\boldsymbol{x}}}{\partial \boldsymbol{x}}=\boldsymbol{\Gamma}(t)$，易于求得

$$\boldsymbol{A}^{(0)}(t)=\boldsymbol{I} \quad \boldsymbol{A}^{(1)}(t)=\boldsymbol{\Gamma}^{(1)}(t)+\boldsymbol{\Gamma}^{(1)\mathrm{T}}(t)=2\boldsymbol{D} \tag{2-213}$$

把式(2-210)两边对 τ 求导，可得

$$\begin{aligned}
\overset{(n+1)}{\boldsymbol{C}}_{(t)}(\tau) &= \frac{\mathrm{d}}{\mathrm{d}\tau}[\boldsymbol{F}_{(t)}^{\mathrm{T}}(\tau)\boldsymbol{A}^{(n)}(\tau)\boldsymbol{F}_{(t)}(\tau)] \\
&= \dot{\boldsymbol{F}}_{(t)}^{\mathrm{T}}\boldsymbol{A}^{(n)}\boldsymbol{F}_{(t)}+\boldsymbol{F}_{(t)}^{\mathrm{T}}\boldsymbol{A}^{(n)}\dot{\boldsymbol{F}}_{(t)}+\boldsymbol{F}_{(t)}^{\mathrm{T}}\dot{\boldsymbol{A}}^{(n)}\boldsymbol{F}_{(t)} \\
&= \boldsymbol{F}_{(t)}^{\mathrm{T}}\boldsymbol{\Gamma}^{(1)\mathrm{T}}\boldsymbol{A}^{(n)}\boldsymbol{F}_{(t)}+\boldsymbol{F}_{(t)}^{\mathrm{T}}\boldsymbol{A}^{(n)}\boldsymbol{\Gamma}^{(1)}\boldsymbol{F}_{(t)}+\boldsymbol{F}_{(t)}^{\mathrm{T}}\dot{\boldsymbol{A}}^{(n)}\boldsymbol{F}_{(t)} \\
&= \boldsymbol{F}_{(t)}^{\mathrm{T}}(\tau)[\dot{\boldsymbol{A}}^{(n)}(\tau)+\boldsymbol{\Gamma}^{(1)\mathrm{T}}(\tau)\boldsymbol{A}^{(n)}(\tau)+\boldsymbol{A}^{(n)}(\tau)\boldsymbol{\Gamma}^{(1)}(\tau)]\boldsymbol{F}_{(t)}(\tau)
\end{aligned}$$

按式(2-210)，$\overset{(n+1)}{\boldsymbol{C}}_{(t)}(\tau)$ 又可写成 $\boldsymbol{F}_{(t)}^{\mathrm{T}}(\tau)\boldsymbol{A}^{(n+1)}(\tau)\boldsymbol{F}_{(t)}(\tau)$，所以可以得到 R-E 张量的递推关系为

$$\boldsymbol{A}^{(n+1)}(t)=\dot{\boldsymbol{A}}^{(n)}(t)+\boldsymbol{\Gamma}^{\mathrm{T}}(t)\boldsymbol{A}^{(n)}(t)+\boldsymbol{A}^{(n)}(t)\boldsymbol{\Gamma}(t) \tag{2-214}$$

计算 $\boldsymbol{A}^{(n)}(t)$ 可用公式(2-212)或式(2-214)。

相对右柯西-格林张量 $\boldsymbol{C}_{(t)}(\tau)$ 是在流动参照构形中，描写 τ 时刻处于位置 z 的微元的相对变形，因此若使 τ 由 $-\infty$ 变到 t，$\boldsymbol{C}_{(t)}(\tau)$ 便描写了整个变形史。如果不用 $t=0$ 作为时间的计算起点，而采用现时刻的时间 t 作为起点，那么 τ 时刻离 t 时刻的时间间隔是 $t^{*}=t-\tau$，而当 τ 由 $-\infty\to t$ 时，t^{*} 便由 $\infty\to 0$。对于以现时刻 t 作为计算起点的情形，便把 $\boldsymbol{C}_{(t)}(\tau)$ 记为 $\boldsymbol{C}_{(t)}^{(t)}(t^{*})$。右下角括号中的 t，表示采用流动参照构形，右上角括号中的 t，表示以现时刻作为计算时间的起点，当 t^{*} 由 0 变到 ∞ 时，$\boldsymbol{C}_{(t)}^{(t)}(t^{*})$ 便描写了整个变形史。

对于和 t 时刻接近的 τ，$\boldsymbol{C}_{(t)}(\tau)$ 或 $\boldsymbol{C}_{(t)}^{(t)}(t^{*})$ 可以展成下列泰勒(Taylor)级数：

$$\left.\begin{aligned}
&\boldsymbol{C}_{(t)}(\tau)=\sum_{k=0}^{\infty}\frac{1}{k!}(-1)^{k}\boldsymbol{A}^{(k)}(t-\tau)^{k} \\
&\boldsymbol{A}^{(k)}=\overset{(k)}{\boldsymbol{C}}_{(t)}(t) \\
&\boldsymbol{C}_{(t)}^{(t)}(t^{*})=\sum_{k=0}^{\infty}\frac{1}{k!}(-1)^{k}\boldsymbol{A}^{(k)}t^{*k} \\
&\boldsymbol{A}^{(k)}=\overset{(k)}{\boldsymbol{C}}{}_{(t)}^{(t)}(0)
\end{aligned}\right\} \tag{2-215}$$

例 8 求简单剪切流的 R-E 张量。

解： 由本章例 4 知，简单剪切流的方程，当 E 和 I 坐标系重合时可写成

$$x_1=X_1+vX_2t \quad x_2=X_2 \quad x_3=X_3 \quad v=\text{常数} \tag{2-216}$$

当 τ 时刻有

$$z_1=X_1+vx_2\tau \quad z_2=X_2=x_2 \quad z_3=X_3 \tag{2-217}$$

因此，采用流动参照构形时有

$$z_1 = x_1 + v x_2 (\tau - t) \quad z_2 = x_2 \quad z_3 = x_3 \tag{2-218}$$

由式(2-200)可求出

$$\boldsymbol{F}_{(t)}(\tau) = \frac{\partial \boldsymbol{z}}{\partial \boldsymbol{x}} = \begin{bmatrix} 1 & v(\tau - t) & 0 \\ 0 & 1 & 0 \\ 0 & 0 & 1 \end{bmatrix} \tag{2-219}$$

由式(2-201)推出

$$\begin{aligned} \boldsymbol{C}_{(t)}(\tau) &= \boldsymbol{F}_{(t)}(\tau)^{\mathrm{T}} \boldsymbol{F}_{(t)}(\tau) \\ &= \begin{bmatrix} 1 & v(\tau - t) & 0 \\ v(\tau - t) & 1 + v^2(\tau - t)^2 & 0 \\ 0 & 0 & 1 \end{bmatrix} \\ &= \begin{bmatrix} 1 & 0 & 0 \\ 0 & 1 & 0 \\ 0 & 0 & 1 \end{bmatrix} + \begin{bmatrix} 0 & v & 0 \\ v & 0 & 0 \\ 0 & 0 & 0 \end{bmatrix} (\tau - t) + \begin{bmatrix} 0 & 0 & 0 \\ 0 & 2v^2 & 0 \\ 0 & 0 & 0 \end{bmatrix} \frac{(\tau - t)^2}{2} \end{aligned} \tag{2-220}$$

由式(2-215)可推出

$$\begin{aligned} &\boldsymbol{A}^{(0)} = \begin{bmatrix} 1 & 0 & 0 \\ 0 & 1 & 0 \\ 0 & 0 & 1 \end{bmatrix} \quad \boldsymbol{A}^{(1)} = \begin{bmatrix} 0 & v & 0 \\ v & 0 & 0 \\ 0 & 0 & 0 \end{bmatrix} \\ &\boldsymbol{A}^{(2)} = \begin{bmatrix} 0 & 0 & 0 \\ 0 & 2v^2 & 0 \\ 0 & 0 & 0 \end{bmatrix} \\ &\boldsymbol{A}^{(n)} = \boldsymbol{0} \quad 当\ n \geqslant 3\ 时 \end{aligned} \tag{2-221}$$

求 R-E 张量也可如下进行：

$$\boldsymbol{A}^{(0)}(t) = \overset{(0)}{\boldsymbol{C}}_{(t)}(t) = \boldsymbol{C}_{(t)}(t) = \boldsymbol{I}$$

由式(2-216)求得 $v_1 = v x_2$，$v_2 = v_3 = 0$，所以

$$\begin{aligned} &\boldsymbol{\Gamma} = \begin{bmatrix} 0 & v & 0 \\ 0 & 0 & 0 \\ 0 & 0 & 0 \end{bmatrix} \quad \boldsymbol{A}^{(1)} = \begin{bmatrix} 0 & v & 0 \\ v & 0 & 0 \\ 0 & 0 & 0 \end{bmatrix} = 2\boldsymbol{D} \\ &\dot{\boldsymbol{A}}^{(1)} = \boldsymbol{0} \end{aligned} \tag{2-222}$$

由式(2-214)得

$$\begin{aligned} \boldsymbol{A}^{(2)}(t) &= \dot{\boldsymbol{A}}^{(1)}(t) + \boldsymbol{\Gamma}(t)^{\mathrm{T}} \boldsymbol{A}^{(1)}(t) + \boldsymbol{A}^{(1)}(t) \boldsymbol{\Gamma}(t) \\ &= \begin{bmatrix} 0 & 0 & 0 \\ 0 & 2v^2 & 0 \\ 0 & 0 & 0 \end{bmatrix} \end{aligned}$$

$$\dot{\boldsymbol{A}}^{(2)}(t)=\boldsymbol{0}$$

$$\boldsymbol{A}^{(n)}(t)=\boldsymbol{0}\quad 当\ n\geqslant 3\ 时$$

2.9 中间构形与混合参照构形中的变形理论

2.9.1 混合参照构形中的变形梯度的乘法分解

在一些问题中,希望把具有不同性质的变形分开来研究,如弹塑性问题中的弹性变形和塑性变形;在一些脆性材料(如岩石和水泥等)中的弹性与非弹性变形,其中的非弹性变形主要由内部微裂纹的演化产生。为了适应这种需要,人为地设想存在一中间构形 B_b,其中自变量采用 z、τ,它由现时构形 b 弹性卸载得到,因而由 B_b 到 b 的变形是弹性变形,而由初始构形 B 到 B_b 的变形便是非弹性变形。相应地,由 B 到 b 的变形梯度 $\boldsymbol{F}(\boldsymbol{X},t)$ 便可分成由 B 到 B_b 的 $\boldsymbol{F}(\boldsymbol{X},\tau)$ 和由 B_b 到 b 的 $\boldsymbol{F}_{(\tau)}(\boldsymbol{z},t;\tau)$ 的乘积(见图 2-13),即

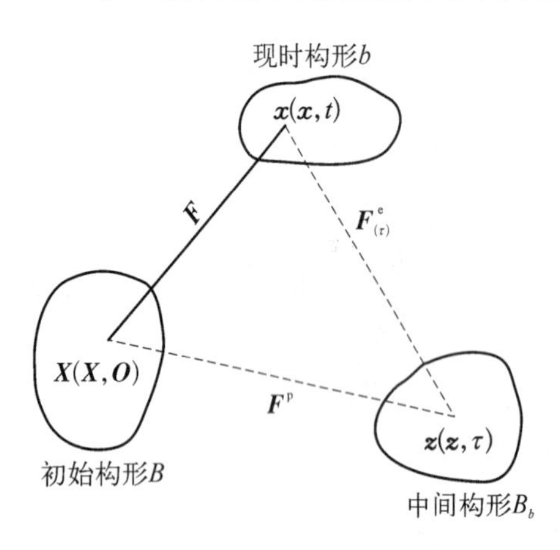

图 2-13 相对于中间构形的变形梯度乘法分解

$$\boldsymbol{F}(\boldsymbol{X},t)=\boldsymbol{F}_{(\tau)}(\boldsymbol{z},t;\tau)\boldsymbol{F}(\boldsymbol{X},\tau)=\boldsymbol{F}^{e}_{(\tau)}\boldsymbol{F}^{p}$$

$$F_{kK}=F^{e}_{(\tau)ka}F^{p}_{ak}$$

$$F^{e}_{(\tau)ka}=\frac{\partial x_k}{\partial z_a}\quad F^{p}_{aK}=\frac{\partial z_a}{\partial X_K}\tag{2-223}$$

正如许多作者指出的,这种分解只能对局部微单元成立,而对整体将会“四分五裂”。但在无更好的理论之前,目前仍不失为一种有效的方法。由式(2-223)知,$\boldsymbol{F}^{e}_{(\tau)}$ 的参照构形是 B_b,而 $\boldsymbol{F}^{p}$ 和 $\boldsymbol{F}$ 的参照构形都是 B,这样在一个方程中便使用了两个(或混合)参照构形。

上述中间构形的选取不是唯一的,可以差一刚体转动而不影响变形的划分。事实上若设 $\boldsymbol{Q}$ 为正交张量,令

$$\boldsymbol{F}^{e}=\boldsymbol{F}^{e}_{(\tau)Q}\boldsymbol{Q},\ \boldsymbol{F}^{p}=\boldsymbol{Q}^{\mathrm{T}}F^{p}_{Q}$$

则

$$\left.\begin{aligned}&\boldsymbol{F}=\boldsymbol{F}^{e}_{(\tau)}\boldsymbol{F}^{p}=\boldsymbol{F}^{e}_{(\tau)Q}\boldsymbol{Q}\boldsymbol{Q}^{\mathrm{T}}\boldsymbol{F}^{p}_{Q}=\boldsymbol{F}^{e}_{(\tau)Q}\boldsymbol{F}^{p}_{Q}\\&\frac{\partial \boldsymbol{x}}{\partial \boldsymbol{X}}=\frac{\partial \boldsymbol{x}}{\partial \boldsymbol{z}}\frac{\partial \boldsymbol{z}}{\partial \boldsymbol{X}}=\frac{\partial \boldsymbol{x}}{\partial \boldsymbol{z}_Q}\frac{\partial \boldsymbol{z}_Q}{\partial \boldsymbol{z}}\frac{\partial \boldsymbol{z}}{\partial \boldsymbol{z}_Q}\frac{\partial \boldsymbol{z}_Q}{\partial \boldsymbol{X}}=\frac{\partial \boldsymbol{x}}{\partial \boldsymbol{z}_Q}\frac{\partial \boldsymbol{z}_Q}{\partial \boldsymbol{X}}\end{aligned}\right\}\tag{2-224}$$

这一事实使选择符合物质内部结构的中间构形提供了很大方便。

2.9.2 混合参照构形中的应变张量

拉格朗日应变 $\boldsymbol{E}$ 可写成

$$\left.\begin{aligned}
&\boldsymbol{E}=\frac{1}{2}(\boldsymbol{F}^{\mathrm{T}}\boldsymbol{F}-\boldsymbol{I})=\frac{1}{2}[(\boldsymbol{F}^{\mathrm{e}}_{(\tau)}\boldsymbol{F}^{\mathrm{p}})^{\mathrm{T}}(\boldsymbol{F}^{\mathrm{e}}_{(\tau)}\boldsymbol{F}^{\mathrm{p}})-\boldsymbol{I}]\\
&\quad=\boldsymbol{E}^{\mathrm{p}}+(\boldsymbol{F}^{\mathrm{p}})^{\mathrm{T}}\boldsymbol{E}^{\mathrm{e}}_{(\tau)}\boldsymbol{F}^{\mathrm{p}}=\boldsymbol{E}^{\mathrm{p}}+\boldsymbol{E}^{\mathrm{e}}\\
&\boldsymbol{E}^{\mathrm{e}}_{(\tau)}=\frac{1}{2}[(\boldsymbol{F}^{\mathrm{e}}_{(\tau)})^{\mathrm{T}}\boldsymbol{F}^{\mathrm{e}}_{(\tau)}-\boldsymbol{I}]\quad \boldsymbol{E}^{\mathrm{p}}=\frac{1}{2}[(\boldsymbol{F}^{\mathrm{p}})^{\mathrm{T}}\boldsymbol{F}^{\mathrm{p}}-\boldsymbol{I}]\\
&\boldsymbol{E}^{\mathrm{e}}=(\boldsymbol{F}^{\mathrm{p}})^{\mathrm{T}}\boldsymbol{E}^{\mathrm{e}}_{(\tau)}\boldsymbol{F}^{\mathrm{p}}
\end{aligned}\right\}\tag{2-225}$$

式中，$\boldsymbol{E}^{\mathrm{e}}_{(\tau)}$ 是以 B_b 为参照构形，而 $\boldsymbol{E}^{\mathrm{e}}$、$\boldsymbol{E}^{\mathrm{p}}$ 和 $\boldsymbol{E}$ 都是以 B 为参照构形。推导式(2-225)时应用了

$$\begin{aligned}
(\boldsymbol{F}^{\mathrm{p}})^{\mathrm{T}}\boldsymbol{E}^{\mathrm{e}}_{(\tau)}\boldsymbol{F}^{\mathrm{p}}&=\frac{\partial z_\alpha}{\partial X_K}\boldsymbol{I}_k\otimes\boldsymbol{i}_\alpha\cdot E^{\mathrm{e}}_{(\tau)\beta\delta}\boldsymbol{i}_\beta\otimes\boldsymbol{i}_\delta\cdot\frac{\partial z_\gamma}{\partial X_L}\boldsymbol{i}_\gamma\otimes\boldsymbol{I}_L\\
&=\frac{\partial z_\alpha}{\partial X_K}\frac{\partial z_\gamma}{\partial X_L}E^{\mathrm{e}}_{(\tau)\alpha\gamma}\boldsymbol{I}_K\otimes\boldsymbol{I}_L=E^{\mathrm{e}}_{kl}\boldsymbol{I}_K\otimes\boldsymbol{I}_L=\boldsymbol{E}^{\mathrm{e}}
\end{aligned}\tag{2-226}$$

由式(2-226)知，式(2-223)的梯度分解导致 $\boldsymbol{E}$ 分解成 $\boldsymbol{E}^{\mathrm{e}}$ 和 $\boldsymbol{E}^{\mathrm{p}}$ 的和。

类似地可以对欧拉应变 $\boldsymbol{\varepsilon}$ 进行分解：

$$\left.\begin{aligned}
&\boldsymbol{\varepsilon}=\frac{1}{2}(I-\boldsymbol{F}^{-\mathrm{T}}\boldsymbol{F}^{-1})=\boldsymbol{\varepsilon}^{\mathrm{e}}_{(t)}+(\boldsymbol{F}^{\mathrm{e}})^{-\mathrm{T}}\boldsymbol{\varepsilon}^{\mathrm{p}}_{(\tau)}(\boldsymbol{F}^{\mathrm{e}})^{-1}=\boldsymbol{\varepsilon}^{\mathrm{e}}_{(t)}+\boldsymbol{\varepsilon}^{\mathrm{p}}_{(t)}\\
&\boldsymbol{\varepsilon}^{\mathrm{e}}_{(t)}=\frac{1}{2}[I-(\boldsymbol{F}^{\mathrm{e}})^{-\mathrm{T}}(\boldsymbol{F}^{\mathrm{e}})^{-1}]\quad \boldsymbol{\varepsilon}^{\mathrm{p}}_{(\tau)}=\frac{1}{2}[I-(\boldsymbol{F}^{\mathrm{p}})^{-\mathrm{T}}(\boldsymbol{F}^{\mathrm{p}})^{-1}]
\end{aligned}\right\}\tag{2-227}$$

式中，$\boldsymbol{\varepsilon}$、$\boldsymbol{\varepsilon}^{\mathrm{e}}_{(t)}$ 都是以 b 为参照构形，而 $\boldsymbol{\varepsilon}^{\mathrm{p}}_{(\tau)}$ 是以 B_b 为参照构形。$\boldsymbol{E}$ 和 $\boldsymbol{\varepsilon}$ 存在下列关系：

$$\boldsymbol{E}=\boldsymbol{F}^{\mathrm{T}}\boldsymbol{\varepsilon}\boldsymbol{F}\quad \boldsymbol{E}-\boldsymbol{E}^{\mathrm{p}}=\boldsymbol{F}^{\mathrm{T}}\boldsymbol{\varepsilon}^{\mathrm{e}}_{(t)}\boldsymbol{F}\tag{2-228}$$

2.9.3 混合参照构形中的变形率与物质旋率

$$\left.\begin{aligned}
&\boldsymbol{\Gamma}=\dot{\boldsymbol{F}}\boldsymbol{F}^{-1}=(\dot{\boldsymbol{F}}^{\mathrm{e}}_{(\tau)}\boldsymbol{F}^{\mathrm{p}}+\boldsymbol{F}^{\mathrm{e}}_{(\tau)}\dot{\boldsymbol{F}}^{\mathrm{p}})(\boldsymbol{F}^{\mathrm{p}})^{-1}(\boldsymbol{F}^{\mathrm{e}}_{(\tau)})^{-1}=\boldsymbol{\Gamma}^{\mathrm{e}}+\boldsymbol{\Gamma}^{*\mathrm{p}}\\
&\boldsymbol{\Gamma}^{\mathrm{e}}_{(\tau)}=\dot{\boldsymbol{F}}^{\mathrm{e}}_{(\tau)}(\boldsymbol{F}^{\mathrm{e}}_{(\tau)})^{-1}\\
&\boldsymbol{\Gamma}^{*\mathrm{p}}=\boldsymbol{F}^{\mathrm{e}}_{(\tau)}\boldsymbol{\Gamma}^{\mathrm{p}}(\boldsymbol{F}^{\mathrm{e}}_{(\tau)})^{-1}\quad \boldsymbol{\Gamma}^{\mathrm{p}}=\dot{\boldsymbol{F}}^{\mathrm{p}}(\dot{\boldsymbol{F}}^{\mathrm{p}})^{-1}
\end{aligned}\right\}\tag{2-229}$$

由此推出 $\boldsymbol{D}$ 和 $\boldsymbol{\omega}$ 分别为

$$\left.\begin{aligned}
\boldsymbol{D}=\boldsymbol{D}^{\mathrm{e}}+\boldsymbol{D}^{*\mathrm{p}}\quad &\boldsymbol{D}^{\mathrm{e}}=\frac{1}{2}[\boldsymbol{\Gamma}^{\mathrm{e}}+(\boldsymbol{\Gamma}^{\mathrm{e}})^{\mathrm{T}}]\\
&\boldsymbol{D}^{*\mathrm{p}}=\frac{1}{2}[\boldsymbol{\Gamma}^{*\mathrm{p}}+(\boldsymbol{\Gamma}^{*\mathrm{p}})^{\mathrm{T}}]
\end{aligned}\right\}\tag{2-230}$$

$$\left.\begin{aligned}
\boldsymbol{\omega}=\boldsymbol{\omega}^{\mathrm{e}}+\boldsymbol{\omega}^{*\mathrm{p}}\quad &\boldsymbol{\omega}^{\mathrm{e}}=\frac{1}{2}[\boldsymbol{\Gamma}^{\mathrm{e}}-(\boldsymbol{\Gamma}^{\mathrm{e}})^{\mathrm{T}}]\\
&\boldsymbol{\omega}^{*\mathrm{p}}=\frac{1}{2}[\boldsymbol{\Gamma}^{*\mathrm{p}}-(\boldsymbol{\Gamma}^{*\mathrm{p}})^{\mathrm{T}}]
\end{aligned}\right\}\tag{2-231}$$

当弹性变形很小，且选取 $\boldsymbol{F}^{\mathrm{e}}=(\boldsymbol{F}^{\mathrm{e}})^{\mathrm{T}}$ 的中间构形时，则 $\boldsymbol{F}^{\mathrm{e}}_{(\tau)}\approx\boldsymbol{I}+\boldsymbol{e}^{\mathrm{e}}$，从而 $\boldsymbol{\Gamma}^{*\mathrm{p}}=\boldsymbol{\Gamma}^{\mathrm{p}}$，

$\boldsymbol{D}^{*\mathrm{p}}=\boldsymbol{D}^{\mathrm{p}}$, $\boldsymbol{\omega}^{*\mathrm{p}}=\boldsymbol{\omega}^{\mathrm{p}}$。又在流动参照构形中 $\boldsymbol{F}^{\mathrm{e}}_{(\tau)}\equiv\boldsymbol{I}$,所以恒有 $\boldsymbol{D}^{*\mathrm{p}}=\boldsymbol{D}^{\mathrm{p}}$ 和 $\boldsymbol{\omega}^{*\mathrm{p}}=\boldsymbol{\omega}^{\mathrm{p}}$。

2.10 物体的运动

2.10.1 速度和加速度

物体运动由式(2-1)和式(2-2)描写,在 L 和 E 法中的物质导数分别由式(2-9)和式(2-10)表示,或

L 法:

$$\left.\begin{aligned}\boldsymbol{v}&=\dot{\boldsymbol{u}}(\boldsymbol{X},t)=\frac{\partial\boldsymbol{u}(\boldsymbol{X},t)}{\partial t}\\ V_K&=\dot{U}_K(X_L,t)=\frac{\partial U_K(X_L,t)}{\partial t}\\ \boldsymbol{w}&=\dot{\boldsymbol{v}}=\frac{\partial\boldsymbol{v}(\boldsymbol{X},t)}{\partial t}=\frac{\partial^2\boldsymbol{u}(\boldsymbol{X},t)}{\partial t^2}\\ W_K&=\frac{\partial V_K(X_L,t)}{\partial t}=\frac{\partial^2 U_K(X_L,t)}{\partial t^2}\end{aligned}\right\}\tag{2-232}$$

式中,$\dot{\boldsymbol{u}}=\mathrm{d}\boldsymbol{u}/\mathrm{d}t$,$\dot{\boldsymbol{v}}=\mathrm{d}\boldsymbol{v}/\mathrm{d}t$,分别为 $\boldsymbol{u}$ 和 $\boldsymbol{v}$ 的物质导数。由式(2-13)知,在欧拉坐标系中有 $\boldsymbol{u}=\boldsymbol{x}-\boldsymbol{\delta}\boldsymbol{X}+\boldsymbol{d}$,其中 $\boldsymbol{\delta}$ 为移转张量,从而在 E 描写法中有

$$\boldsymbol{v}=\frac{\mathrm{d}\boldsymbol{u}}{\mathrm{d}t}=\frac{\partial\boldsymbol{u}}{\partial t}+\frac{\partial\boldsymbol{u}}{\partial\boldsymbol{x}}\cdot\boldsymbol{v}=\frac{\partial\boldsymbol{u}}{\partial t}+\left(\boldsymbol{I}-\boldsymbol{\delta}\cdot\frac{\partial\boldsymbol{X}}{\partial\boldsymbol{x}}\right)\cdot\boldsymbol{v}$$

由此得出

$$\boldsymbol{v}=\boldsymbol{F}\boldsymbol{\delta}^{\mathrm{T}}\frac{\partial\boldsymbol{u}}{\partial t}\qquad v_k=F_{kK}\delta_{pK}\frac{\partial u_p}{\partial t}\tag{2-233}$$

加速度 w 和速度梯度 $\boldsymbol{\Gamma}$ 分别为

$$\left.\begin{aligned}\boldsymbol{w}&=\frac{\mathrm{d}\boldsymbol{v}}{\mathrm{d}t}=\frac{\partial}{\partial t}\left(\boldsymbol{F}\boldsymbol{\delta}^{\mathrm{T}}\frac{\partial\boldsymbol{u}}{\partial t}\right)+\frac{\partial}{\partial\boldsymbol{x}}\left(\boldsymbol{F}\boldsymbol{\delta}^{\mathrm{T}}\frac{\partial\boldsymbol{u}}{\partial t}\right)\cdot\boldsymbol{v}\\ \boldsymbol{\Gamma}&=\frac{\partial\boldsymbol{v}}{\partial\boldsymbol{x}}=\frac{\partial\boldsymbol{F}}{\partial\boldsymbol{x}}\boldsymbol{\delta}^{\mathrm{T}}\frac{\partial\boldsymbol{u}}{\partial t}+\boldsymbol{F}\boldsymbol{\delta}^{\mathrm{T}}\frac{\partial}{\partial\boldsymbol{x}}\left(\frac{\partial\dot{\boldsymbol{u}}}{\partial t}\right)\end{aligned}\right\}\tag{2-234}$$

可见在 E 描述法中,用位移作为基本自变量时公式非常复杂,如采用速度作为基本自变量时,公式要简单些,此时加速度则为

$$\left.\begin{aligned}w(\boldsymbol{x},t)&=\frac{\mathrm{d}\boldsymbol{v}(\boldsymbol{x},t)}{\mathrm{d}t}=\frac{\partial\boldsymbol{v}(\boldsymbol{x},t)}{\partial t}+v_k\boldsymbol{v}_{,k}\\ w_k(x_m,t)&=\frac{\partial v_k(x_m,t)}{\partial t}+v_l(x_m,t)v_{k,l}(x_n,t)\end{aligned}\right\}\tag{2-235}$$

2.10.2 流线、涡线和速度环量定理

当 X_K 固定时,式(2-1)代表点 X 的运动轨迹或迹线,这是流体力学的一个重要概念。流

体力学的另一个重要概念是流线，流线是在任意瞬时 t，其切线和该瞬时质点速度矢量方向一致的曲线，在不同的瞬时，流线是不同的。流线的方程为

$$\frac{\mathrm{d}x_1}{v_1}=\frac{\mathrm{d}x_2}{v_2}=\frac{\mathrm{d}x_3}{v_3}=\mathrm{d}t \quad v_k=v_k(x_m,\ t) \tag{2-236}$$

在非定常的情况下，迹线和流线是不同的，但在定常情况下，$v_k=v_k(x_m)$ 与 t 无关，因而流线和迹线重合。

定义涡线为这样的线，其切线与涡旋矢量一致，因而是下列微分方程

$$\frac{\mathrm{d}x_1}{(\mathrm{curl}\,\boldsymbol{v})_1}=\frac{\mathrm{d}x_2}{(\mathrm{curl}\,\boldsymbol{v})_2}=\frac{\mathrm{d}x_3}{(\mathrm{curl}\,\boldsymbol{v})_3} \tag{2-237}$$

的积分曲线。由涡线可以组成涡管。对于涡管，存在亥姆霍兹(Helmholtz)涡旋第二定理：所有涡管截面上的涡旋通量都相同。事实上，根据式(1-52)可得

$$\int_a \mathrm{curl}\,\boldsymbol{v}\cdot\boldsymbol{n}\mathrm{d}a=\int_v \mathrm{div}(\mathrm{curl}\,v)\mathrm{d}v=0$$

因 $\mathrm{div}(\mathrm{curl}\,v)=0$。对于涡管，涡旋矢量位于涡管的侧表面上，所以在侧面上有 $\mathrm{curl}\,\boldsymbol{v}\cdot\boldsymbol{n}=0$，由此推出

$$\int_{a_1}\mathrm{curl}\,\boldsymbol{v}\cdot\boldsymbol{n}_1\mathrm{d}a=-\int_{a_2}\mathrm{curl}\,\boldsymbol{v}\cdot\boldsymbol{n}_2\mathrm{d}a$$

式中，a_1 和 a_2 为涡管上的两个横截面；$\boldsymbol{n}_1$ 和 $\boldsymbol{n}_2$ 分别为它们的外法线。此即亥姆霍兹涡旋第二定理。

设在连续介质的流场中，作一封闭围线 c，以 c 为界作一曲面 a。称

$$\Gamma=\oint_c \boldsymbol{v}\cdot\mathrm{d}\boldsymbol{x}$$

为速度环量，按斯托克斯(Stokes)定理式(1-33)，速度环量为

$$\Gamma=\oint_c \boldsymbol{v}\cdot\mathrm{d}\boldsymbol{x}=\int_a \mathrm{curl}\,\boldsymbol{v}\cdot\boldsymbol{n}\mathrm{d}a \tag{2-238}$$

从 a 的外法线 $\boldsymbol{n}$ 的末端观察，沿围线 c 按逆时针方向运行(见图 2-14)。式(2-238)表示沿一封闭围线的速度环量等于通过以该围线为界的曲面的涡旋通量。如令 $a\to 0$，便可得到涡旋在 $\boldsymbol{n}$ 方向投影的积分表达式为

$$(\mathrm{curl}\,\boldsymbol{v})_n=\mathrm{curl}\,\boldsymbol{v}\cdot\boldsymbol{n}=\lim_{a\to 0}\frac{1}{a}\int_c \boldsymbol{v}\cdot\mathrm{d}\boldsymbol{x} \tag{2-239}$$

通过测量 $c\to 0$ 时的速度环量，便可计算涡旋在 n 方向投影的平均值。

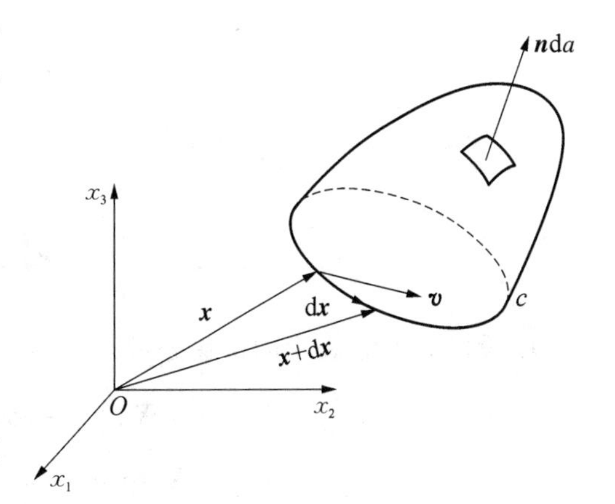

图 2-14　速度环量定理解释图

由式(2-238)可知，如在流场中，对任意一

封闭围线的速度环量均为零,那么在该流场中处处没有涡旋,即 curl $\boldsymbol{v}=0$。称 curl $\boldsymbol{v}=0$ 的场为无旋场。由矢量分析知,此时速度恒可表示成某一纯量 φ 的梯度:

$$\boldsymbol{v}=\nabla\varphi,\quad \mathrm{curl}\,\boldsymbol{v}=0 \tag{2-240}$$

称 φ 为速度势。在流体力学中,无旋场或有势场的边值问题比有旋场的要容易得多。

将式(2-238)对 t 微分,则有

$$\begin{aligned}\frac{\mathrm{d}\boldsymbol{\Gamma}}{\mathrm{d}t}&=\frac{\mathrm{d}}{\mathrm{d}t}\oint_c\boldsymbol{v}\cdot\mathrm{d}\boldsymbol{x}=\oint_c\frac{\mathrm{d}\boldsymbol{v}}{\mathrm{d}t}\cdot\mathrm{d}\boldsymbol{x}+\oint_c\boldsymbol{v}\frac{\mathrm{d}}{\mathrm{d}t}(\mathrm{d}\boldsymbol{x})\\&=\oint_c\boldsymbol{w}\cdot\mathrm{d}\boldsymbol{x}+\oint_c\mathrm{d}\left(\frac{\boldsymbol{v}^2}{2}\right)=\oint_c\boldsymbol{w}\cdot\mathrm{d}\boldsymbol{x}\end{aligned} \tag{2-241}$$

这便是开尔文(Kelvin)定理:沿由相同质点组成的物质围线的速度环量的时间导数等于沿该围线的加速度环量。

例 9　流体的运动使 $t=0$ 时位于坐标 $(X_{\mathrm{I}},X_{\mathrm{II}},X_{\mathrm{III}})$ 处的质点,在 $t=\tau$ 时到了坐标 $[z_1(\tau),z_2(\tau),z_3(\tau)]$ 处。其中

$$\begin{aligned}&z_1(\tau)=X_{\mathrm{I}}+\alpha\tau X_{\mathrm{II}}+\alpha\beta\tau^2X_{\mathrm{III}}\\&z_2(\tau)=X_{\mathrm{II}}+2\beta\tau X_{\mathrm{III}}\quad z_3(\tau)=X_{\mathrm{III}}\end{aligned} \tag{2-242}$$

式中 α、β 为常数,求用质点在 t 时的现时坐标 (x_1,x_2,x_3) 表示的 $z_k(\tau)$ 的表达式。

解: 反演式(2-242)得

$$\begin{aligned}&X_{\mathrm{I}}=z_1-\alpha\tau z_2+\alpha\beta\tau^2z_3\\&X_{\mathrm{II}}=z_2-2\beta\tau z_3\quad X_{\mathrm{III}}=z_3\end{aligned} \tag{2-243}$$

用现时刻 t 表示时有

$$\begin{aligned}&X_{\mathrm{I}}=x_1-\alpha tx_2+\alpha\beta t^2x_3\\&X_{\mathrm{II}}=x_2-2\beta tx_3\quad X_{\mathrm{III}}=x_3\end{aligned} \tag{2-244}$$

由式(2-243)和式(2-244)解得

$$\left.\begin{aligned}&z_1=x_1-\alpha(t-\tau)x_2+\alpha\beta(t-\tau)^2x_3\\&z_2=x_2-2\beta(t-\tau)x_3\\&z_3=x_3\end{aligned}\right\} \tag{2-245}$$

习　　题

1. 设以 L 变量表示的位移分量为

$$U_{\mathrm{I}}=-X_{\mathrm{I}}(1-\cos\omega t)-X_{\mathrm{II}}\sin\omega t$$

$$U_{\mathrm{II}}=X_{\mathrm{I}}\sin\omega t-X_{\mathrm{II}}(1-\cos\omega t)\quad U_{\mathrm{III}}=0$$

试求用 E 变量表示的速度和加速度(E 和 L 坐标系一致)。

2. 设 E 坐标系中的速度场为齐次变形速度场 $v_i = a_{ij}(t)x_j$，试证明与之对应的位移为在 L 坐标系中的线性齐次函数。

3. 有一定常流，其速度分布为

$$\boldsymbol{v} = U\frac{a^2(x_1^2 - x_2^2)}{(x_1^2 + x_2^2)^2}\boldsymbol{i}_1 + 2U\frac{a^2 x_1 x_2}{(x_1^2 + x_2^2)^2}\boldsymbol{i}_2 + V\boldsymbol{i}_3$$

式中，U、V 和 a 为常数。试求质点的加速度，并确定流线。

4. 流体的运动使 $t=0$ 时位于坐标 $(X_{\mathrm{I}},\ X_{\mathrm{II}},\ X_{\mathrm{III}})$ 处的质点在 $t=\tau$ 时到了坐标 $(x_1(\tau), x_2(\tau), x_3(\tau))$ 处，其中

$$x_1 = X_{\mathrm{I}} + \alpha\tau X_{\mathrm{II}} + \alpha\beta\tau^2 X_{\mathrm{III}} \quad x_2 = X_{\mathrm{II}} + 2\beta\tau X_{\mathrm{III}} \quad x_3 = X_{\mathrm{III}}$$

求用质点在时间 t 的坐标 x_i 表示的 $x_i(\tau)$ 的式子并给出 $\boldsymbol{C}(t)$、$\boldsymbol{C}_{(t)}^{(t)}(t^*)$ 和 $\boldsymbol{B}(\tau)$ 的表达式。

5. 设一变形体的位移场为

$$U_{\mathrm{I}} = AX_{\mathrm{I}} + BX_{\mathrm{I}}(X_{\mathrm{I}}^2 + X_{\mathrm{II}}^2)^{-1}$$

$$U_{\mathrm{II}} = AX_{\mathrm{II}} + BX_{\mathrm{II}}(X_{\mathrm{I}}^2 + X_{\mathrm{II}}^2)^{-1} \quad U_{\mathrm{III}} = CX_{\mathrm{III}}$$

式中，A、B 和 C 为常数，求张量 $\boldsymbol{F}$、$\boldsymbol{C}$、$\boldsymbol{B}$、$\boldsymbol{\varepsilon}$、$\boldsymbol{E}$ 和 $\boldsymbol{\omega}$，并求 $\boldsymbol{E}$ 和 $\boldsymbol{\varepsilon}$ 的主值和主轴。

6. 设 x 和 $\bar{x}$ 为物体的两个变形状态，若两者有相同的右伸长张量，即 $\boldsymbol{F} = \boldsymbol{RU}$ 和 $\bar{\boldsymbol{F}} = \bar{\boldsymbol{R}}\boldsymbol{U}$，试证这两种变形状态仅差一刚体变形。

7. 设物体的某一变形状态，沿 $\boldsymbol{L}$ 和 $\boldsymbol{M}$ 方向的两簇纤维变形时指向不变，即有

$$\boldsymbol{FL} = \lambda\boldsymbol{L} \quad \boldsymbol{FM} = \mu\boldsymbol{M} \quad \lambda、\mu \text{ 为纯量} \tag{2-246}$$

设在初始构形中有一线元平行于 $\boldsymbol{L} + \alpha\boldsymbol{M}$($\alpha$ 为纯量)，试证

(1) 其长度按下式比例增长

$$\left\{\frac{[\lambda^2 + 2\lambda\mu\alpha(\boldsymbol{L}\cdot\boldsymbol{M}) + \mu^2\alpha^2]}{[1 + 2\alpha(\boldsymbol{L}\cdot\boldsymbol{M}) + \alpha^2]}\right\}^{1/2} \tag{2-247}$$

(2) 若 $\lambda \neq \mu$ 且 α 满足下式

$$\lambda(\boldsymbol{L}\cdot\boldsymbol{M}) + (\lambda + \mu)\alpha + \mu\alpha^2(\boldsymbol{L}\cdot\boldsymbol{M}) = 0 \tag{2-248}$$

则式(2-247)取极值。

(3) 设 α_1 和 α_2 为由式(2-248)推出的两个解，则 $\boldsymbol{L}+\alpha_1\boldsymbol{M}$ 和 $\boldsymbol{L}+\alpha_2\boldsymbol{M}$ 在现时构形中分别取方向 $\alpha_2\boldsymbol{L}+\boldsymbol{M}$ 和 $\alpha_1\boldsymbol{L}+\boldsymbol{M}$。

8. 在现时构形中，证明由单位矢量 $\boldsymbol{a}$ 与 $\boldsymbol{b}$ 确定方向的两物质线元之间夹角 θ 的变化率由下式确定

$$\dot{\theta}_{\sin}\theta = (a_k a_l + b_k b_l)D_{kl}\cos\theta - 2a_k b_l D_{kl}$$

由此推证：$-2D_{kl}(k \neq l)$ 是沿 x_k 轴与 x_l 轴的两物质线元之间夹角的瞬时变化率。

9. 试对小变形情形，用物体的边界位移表示物体的平均应变 $\bar{e}_{kl} = \dfrac{1}{V}\displaystyle\int_v e_{kl}\mathrm{d}V$。

10. 试确定简单剪切

$$x_1 = X_1 \quad x_2 = X_2 \quad x_3 = X_3 + \frac{2}{\sqrt{3}} X_2 \text{(E 和 L 坐标系一致)}$$

在 $x_2 x_3$ 平面内无伸长的线元在变形前的方向 $\boldsymbol{N}$。

11. 设一物体的变形规律为(E 和 L 坐标系一致)

$$x_1 = \sqrt{2} X_1 + \frac{3}{4}\sqrt{2} X_2 \quad x_2 = -X_1 + \frac{3}{4} X_2 + \frac{\sqrt{2}}{4} X_3$$

$$x_3 = X_1 - \frac{3}{4} X_2 + \frac{\sqrt{2}}{4} X_3$$

试求:

(1) 初始构形中沿 $\boldsymbol{m} = \boldsymbol{i}_1 + \boldsymbol{i}_2 + \boldsymbol{i}_3$ 方向的线元在变形后的方向;

(2) 该线元的伸长;

(3) 初始构形中法线为 $\boldsymbol{N} = \boldsymbol{i}_1 + \boldsymbol{i}_2 + \boldsymbol{i}_3$ 的面元在变形后的法线方向 $\boldsymbol{n}$;

(4) 该面元在变形前后的面积比。

12. 设变形规律为 $u_k = A_{kl} X_l$, A_{kl} 为常数(E 和 L 坐标系一致),求变形前后的体积比,并证明当 $A_{kl} \ll 1$ 时,体积比等于 $\boldsymbol{A}$ 的主对角元之和。

13. 试求习题 4 中的 R - E 张量 $\boldsymbol{A}^{(n)}(t)$。

14. 试证 $\boldsymbol{D}$ 的焦曼/共旋(Jaumann)导数 $\dot{\boldsymbol{D}}^{\mathrm{J}} = \dot{\boldsymbol{D}} - \boldsymbol{\omega D} + \boldsymbol{D\omega}$ 和 $\boldsymbol{D}$ 的奥伊洛特(Oldroyd)导数 $\dot{\boldsymbol{D}}^{0} = \dot{\boldsymbol{D}} + \boldsymbol{\Gamma}^{\mathrm{T}}\boldsymbol{D} + \boldsymbol{D\Gamma}$ 用 R - E 张量表示时可写成

$$\dot{\boldsymbol{D}}^{\mathrm{J}} = \frac{1}{2}(\boldsymbol{A}^{(2)} - \boldsymbol{A}^{(1)2}) \quad \dot{\boldsymbol{D}}^{0} = \frac{1}{2}\boldsymbol{A}^{(2)}$$

15. 令 $\boldsymbol{U}$ 是二阶对称张量,I_U、II_U 和 III_U 是 $\boldsymbol{U}$ 的第一、第二和第三不变量,试证

$$\frac{\partial \mathrm{I}_U}{\partial \boldsymbol{U}} = \boldsymbol{I} \quad \frac{\partial \mathrm{II}_U}{\partial \boldsymbol{U}} = \mathrm{I}_U \boldsymbol{I} - \boldsymbol{U} \quad \frac{\partial \mathrm{III}_U}{\partial \boldsymbol{U}} = \mathrm{III}_U \boldsymbol{U}^{-1}$$

提示:利用 $\dfrac{\partial U_{kl}}{\partial U_{mn}} = \dfrac{1}{2}(\delta_{KM}\delta_{LN} + \delta_{kl}\delta_{LM})$。

16. 已知用直角坐标表示的连续方程为

$$\frac{\partial \rho}{\partial t} + \frac{\partial(\rho v_x)}{\partial x} + \frac{\partial(\rho v_y)}{\partial y} + \frac{\partial(\rho v_z)}{\partial z} = 0$$

证明用圆柱坐标表示时,连续方程为

$$r\frac{\partial \rho}{\partial t} + \frac{\partial r(\rho v_r)}{\partial r} + \frac{\partial(\rho v_\theta)}{\partial \theta} + r\frac{\partial(\rho v_z)}{\partial z} = 0$$

17. 试证明

$$J^{-1}\frac{\mathrm{d}J}{\mathrm{d}t} = \mathrm{div}\, \boldsymbol{v}$$

3 直角坐标系中的应力动力学基本方程

3.1 质量守恒,体积分等的物质导数

3.1.1 质量守恒定律

在绪论中已指出,质量是物体的固有属性之一,服从质量守恒定律。由相同质点组成的集合称为物质集合,微小的物质集合称为物质微元。质量守恒定律可表述为,在运动和变形过程中,物质集合的质量保持为常值。

质量分为集中质量和分布质量。集中质量记为 $M^{(\alpha)}$, $\alpha=1, 2, \cdots, N$。 N 为集中质量的个数。分布质量则用质量密度 ρ 来描写,定义 ρ 为单位体积中的质量,即

$$\rho=\lim_{\Delta v\to 0}\Delta m/\Delta v=\mathrm{d}m/\mathrm{d}v \tag{3-1}$$

式中, Δv 为微元体积; Δm 为 Δv 中的质量。在初始构形中,记 ρ 为 ρ_0。 为简单计,设集中质量在运动前后不变,因而只须讨论分布质量守恒的数学表达式。

(1) 由相同质点组成的物质集合,在任何瞬时其质量保持不变。因而有

$$\frac{\mathrm{d}}{\mathrm{d}t}\int_v \rho(x, t)\mathrm{d}v=0 \tag{3-2}$$

利用式(2-137) $\mathrm{d}v=j\,\mathrm{d}V$,式(3-2)可变换到初始构形中,为

$$\frac{\mathrm{d}}{\mathrm{d}t}\int_V \rho(\boldsymbol{x}, t)j\,\mathrm{d}V=\int_V \frac{\mathrm{d}}{\mathrm{d}t}[\rho(\boldsymbol{x}, t)j\,\mathrm{d}V]=0 \tag{3-3}$$

由式(3-3)可分别导出拉格朗日形式和欧拉形式的质量守恒方程。

拉格朗日形式在式(3-2)中的体积 v 或式(3-3)中的 V 是任意选取的,因而由式(3-3)可得

$$\frac{\mathrm{d}}{\mathrm{d}t}(\rho j\,\mathrm{d}V)=0 \quad 或 \quad \frac{\mathrm{d}}{\mathrm{d}t}(\rho\,\mathrm{d}v)=0$$

积分得 $\rho\,\mathrm{d}v=$ 常数。在初始构形中,因为 $\rho=\rho_0$, $\mathrm{d}v=\mathrm{d}V$,所以拉格朗日形式的质量守恒方程为

$$\rho\,\mathrm{d}v=\rho_0\mathrm{d}V \quad 或 \quad \rho_0=j\rho \tag{3-4}$$

欧拉形式,利用式(2-145) $\mathrm{d}j/\mathrm{d}t=jv_{k,k}$,由式(3-3)可得

$$\frac{\mathrm{d}}{\mathrm{d}t}(\rho j)=\frac{\mathrm{d}\rho}{\mathrm{d}t}j+\rho\frac{\mathrm{d}j}{\mathrm{d}t}=j(\dot{\rho}+\rho v_{k,k})=0$$

因此,欧拉形式的质量守恒方程或连续性方程为

$$\dot{\rho}+\rho v_{k,k}=\frac{\partial\rho}{\partial t}+(\rho v_k)_{,k}=0 \tag{3-5}$$

式(3-5)中自变量为($\boldsymbol{x}$, t)。称 $\partial\rho/\partial t$ 为局部导数;$(\rho v_k)_{,k}$ 为迁移导数。

(2) 欧拉形式的守恒方程式(3-5)还可用更直观的方法来推导。

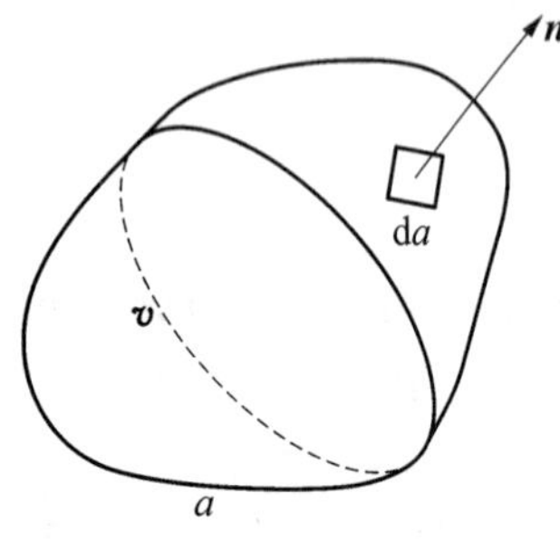

图 3-1　空间的固定体积 v

设在空间取一固定体积 v,那么在 v 中流体质量的变化速率为 $\int_v \frac{\partial\rho}{\partial t}\mathrm{d}v$,而物质流出体积 v 的质量的速率为 $\int_a \rho\boldsymbol{v}\cdot\boldsymbol{n}\mathrm{d}a$,其中 a 为 v 的表面积,$\boldsymbol{n}$ 为微元面积 $\mathrm{d}\boldsymbol{a}$ 的外法线(见图 3-1),因此质量守恒要求

$$\int_v \frac{\partial\rho}{\partial t}\mathrm{d}v+\int_a \rho\boldsymbol{v}\cdot\boldsymbol{n}\mathrm{d}a=0$$

利用散度定理式(1-52),再计及 v 选择的任意性,便可得式(3-5)。

(3) 对于由 N 种组元组成的多元封闭系统(如化学反应系统),系统的总质量 M 不变,但每一组元的质量是可变的。

设第 k 种组元的密度为 $\rho^{(k)}$,单位时间内单位质量新产生的质量为 $m^{(k)}$,那么有下述质量守恒原理:

$$\sum_{k=1}^{N}\int_v \rho^{(k)}\mathrm{d}v=M \tag{3-6a}$$

$$\frac{\mathrm{d}}{\mathrm{d}t}\int_v \rho^{(k)}\mathrm{d}v=\int_v \rho^{(k)}m^{(k)}\mathrm{d}v \tag{3-6b}$$

式(3-6b)还可写成

$$\frac{\mathrm{d}\rho^{(k)}}{\mathrm{d}t}+\rho^{(k)}v_{l,l}^{(k)}=\rho^{(k)}m^{(k)} \tag{3-6c}$$

3.1.2 体积分、面积分和线积分在欧拉描述法中的物质导数

从上面的分析可知,在体积 v 中的 $\int_v \rho\mathrm{d}v$ 的物质导数可以写成

$$\begin{aligned}\frac{\mathrm{d}}{\mathrm{d}t}\int_v \rho\mathrm{d}v&=\int_v \frac{\partial\rho}{\partial t}\mathrm{d}v+\int_a \rho\boldsymbol{v}\cdot\boldsymbol{n}\mathrm{d}a\\&=\int_v\left[\frac{\partial\rho}{\partial t}+(\rho v_k)_{,k}\right]\mathrm{d}v=\int_v(\dot{\rho}+\rho v_{k,k})\mathrm{d}v\end{aligned} \tag{3-7a}$$

显然式(3-7a)对一般的纯量 φ 也成立,即有下述雷诺(Reynold)输运定理:

$$\frac{\mathrm{d}}{\mathrm{d}t}\int_v \varphi \mathrm{d}v = \int_v \frac{\partial \varphi}{\partial t}\mathrm{d}v + \int_a \varphi \boldsymbol{v}\cdot \boldsymbol{n}\mathrm{d}a = \int_v (\dot{\varphi} + \varphi v_{k,k})\mathrm{d}v \tag{3-7b}$$

对矢量 $\boldsymbol{w}$ 的分量，式(3-7b)也成立，故对矢量本身成立，即有

$$\frac{\mathrm{d}}{\mathrm{d}t}\int_v \boldsymbol{w}\mathrm{d}v = \int_v \left[\frac{\partial \boldsymbol{w}}{\partial t} + (\boldsymbol{w}v_k)_{,k}\right]\mathrm{d}v = \int_v (\dot{\boldsymbol{w}} + \boldsymbol{w}v_{k,k})\mathrm{d}v \tag{3-8}$$

特别是当 $\varphi = \rho\phi$ 和 $\boldsymbol{w} = \rho\boldsymbol{p}$ 时，有

$$\left.\begin{aligned}\frac{\mathrm{d}}{\mathrm{d}t}\int_v \rho\phi \mathrm{d}v &= \int_v \dot{\phi}\rho \mathrm{d}v + \int_v \phi \frac{\mathrm{d}}{\mathrm{d}t}(\rho \mathrm{d}v) = \int_v \rho\dot{\phi}\mathrm{d}v \\ \frac{\mathrm{d}}{\mathrm{d}t}\int_v \rho\boldsymbol{p}\mathrm{d}v &= \int_v \dot{\boldsymbol{p}}\rho \mathrm{d}v + \int_v \boldsymbol{p}\frac{\mathrm{d}}{\mathrm{d}t}(\rho \mathrm{d}v) = \int_v \rho\dot{\boldsymbol{p}}\mathrm{d}v\end{aligned}\right\} \tag{3-9}$$

利用式(2-147)的结果 $\frac{\mathrm{d}}{\mathrm{d}t}(\mathrm{d}a_k) = (v_{p,p}n_k - v_{p,k}n_p)\mathrm{d}a$ 和 $\frac{\mathrm{d}}{\mathrm{d}t}(\mathrm{d}x_k) = v_{k,l}\mathrm{d}x_l$，易于求得 φ 的面积分和线积分的物质导数为

$$\frac{\mathrm{d}}{\mathrm{d}t}\int_a \varphi \mathrm{d}a_k = \int_a [\dot{\varphi}\mathrm{d}a_k + \varphi(v_{p,p}\mathrm{d}a_k - v_{p,k}\mathrm{d}a_p)] \tag{3-10}$$

$$\frac{\mathrm{d}}{\mathrm{d}t}\int_l \varphi \mathrm{d}x_k = \int_l (\dot{\varphi}\mathrm{d}x_k + \varphi v_{k,l}\mathrm{d}x_l) \tag{3-11}$$

式(3-10)和由它推出的矢量 $\boldsymbol{w}$ 穿过物质表面 $\boldsymbol{a}$ 的通量变化率可分别写成

$$\frac{\mathrm{d}}{\mathrm{d}t}\int_a \varphi \mathrm{d}\boldsymbol{a} = \int_a \overset{*}{\varphi}\mathrm{d}\boldsymbol{a} = \int_a \{\dot{\varphi} + \varphi(\nabla\cdot\boldsymbol{v}) - \varphi(\nabla\otimes\boldsymbol{v})\}\cdot \mathrm{d}\boldsymbol{a} \tag{3-12}$$

$$\frac{\mathrm{d}}{\mathrm{d}t}\int_a \boldsymbol{w}\cdot \mathrm{d}\boldsymbol{a} = \int_a \overset{*}{\boldsymbol{w}}\cdot \mathrm{d}\boldsymbol{a} = \int_a (\dot{w}_k + w_k v_{p,p} - w_l v_{k,l})\mathrm{d}a_k \tag{3-13a}$$

式中

$$\begin{aligned}\overset{*}{\boldsymbol{w}} &= \dot{\boldsymbol{w}} + \boldsymbol{w}(\nabla\cdot v) - (\boldsymbol{w}\cdot\nabla)\boldsymbol{v} \\ &= \frac{\partial \boldsymbol{w}}{\partial t} + \nabla\times(\boldsymbol{w}\times\boldsymbol{v}) + \boldsymbol{v}(\nabla\cdot\boldsymbol{w})\end{aligned} \tag{3-13b}$$

并称 $\overset{*}{\varphi}$ 和 $\overset{*}{\boldsymbol{w}}$ 为随体导数。式(3-13a)和(3-13b)还可推广到二阶张量 $\boldsymbol{T}$:

$$\left.\begin{aligned}\frac{\mathrm{d}}{\mathrm{d}t}\int_a \boldsymbol{T}\mathrm{d}\boldsymbol{a} &= \int_a \overset{*}{\boldsymbol{T}}\mathrm{d}\boldsymbol{a} \\ \overset{*}{T}_{kl} &= \dot{T}_{kl} + T_{kl}v_{j,j} - v_{k,j}T_{jl} - v_{l,j}T_{kj}\end{aligned}\right\} \tag{3-14}$$

对于固定的空间曲面和空间曲线，式(3-10)和式(3-11)分别为

$$\left.\begin{aligned}\frac{\partial}{\partial t}\int_a \varphi \mathrm{d}a_k &= \int_a \frac{\partial \varphi}{\partial t}\mathrm{d}a_k \\ \frac{\partial}{\partial t}\int_l \varphi \mathrm{d}x_k &= \int_l \frac{\partial \varphi}{\partial t}\mathrm{d}x_k\end{aligned}\right\} \tag{3-15}$$

3.2 应力张量

3.2.1 应力矢量

首先讨论在外力作用下处于平衡的物体。现设想沿某一截面把物体切开，如图 3-2 所示。由于物体处于平衡状态，故假想切开后仍处于平衡状态，因此截面上必存在内力。这一显示内力的方法称为截面法。从物理上讲，外力改变了物体内部原子和分子之间的距离或某种内部结构，使其偏离了原先的平衡位置，系统的势能不再处于极小值。这种变化产生了力图使原子和分子恢复到初始平衡位置或另外某个平衡位置的内力。

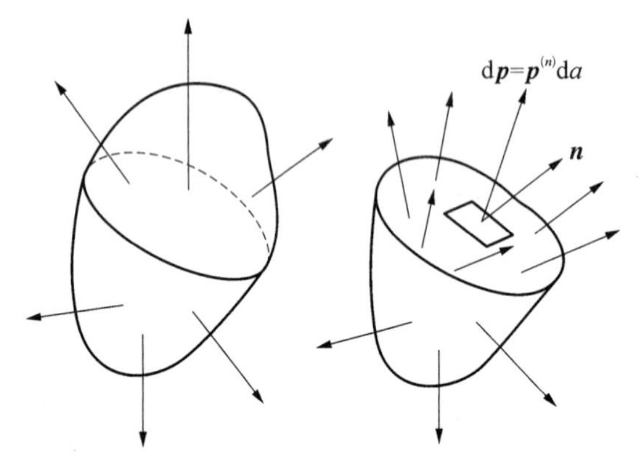

图 3-2 截面法

在假想截面上，取一微面元 $\mathrm{d}\boldsymbol{a}$，其面积为 $\mathrm{d}a$，外法线为 $\boldsymbol{n}$，其上作用的内力为 $\mathrm{d}\boldsymbol{P}$，称

$$\boldsymbol{p}^{(n)}=\lim_{\Delta a\to 0}\frac{\Delta\boldsymbol{P}}{\Delta a}=\frac{\mathrm{d}\boldsymbol{P}}{\mathrm{d}a} \tag{3-16}$$

为应力矢量。上面的讨论是在变形后的现时构形中讨论的，因而采用的是欧拉方法，所得的 $\boldsymbol{p}^{(n)}$ 为 E 应力矢量。

3.2.2 欧拉应力张量

在物体中取一 E 坐标系 $Ox_1x_2x_3$，作平行于坐标面的微小平行六面体。将法线平行于 $\boldsymbol{i}_k$、且沿其正向的微元面上的应力矢量记为 $\boldsymbol{p}_k$。定义 $\boldsymbol{p}_k$ 在 $\boldsymbol{i}_l$ 方向的投影为应力张量 $\boldsymbol{\sigma}$ 的分量 σ_{kl}（见图 3-3），即有

$$\sigma_{kl}=\boldsymbol{p}_k\cdot\boldsymbol{i}_l \quad 或 \quad \boldsymbol{p}_k=\sigma_{kl}\boldsymbol{i}_l \quad \boldsymbol{\sigma}=\sigma_{kl}\boldsymbol{i}_k\otimes\boldsymbol{i}_l \tag{3-17a}$$

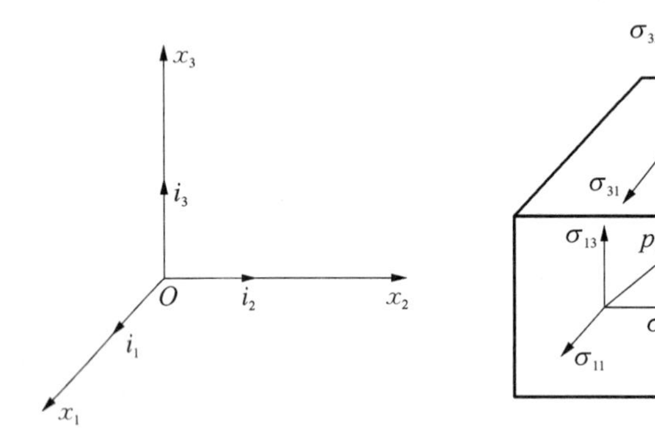

图 3-3 应力分量命名法

沿 $\boldsymbol{i}_k$ 负向的微元面上的应力矢量定义为 $-\boldsymbol{p}_k$，定义 σ_{kl} 为

$$\sigma_{kl}=(-\boldsymbol{p}_k)\cdot(-\boldsymbol{i}_l)=\boldsymbol{p}_k\cdot\boldsymbol{i}_l \tag{3-17b}$$

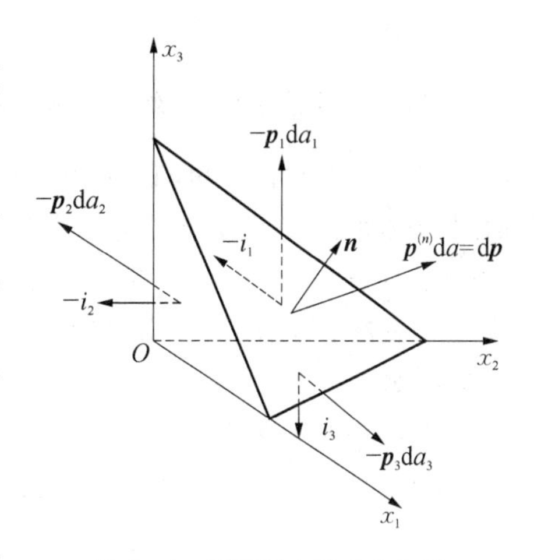

图 3-4 斜截面上的应力矢量

$\boldsymbol{\sigma}$ 称为欧拉或柯西应力张量，以下简称为 E 应力张量。下标 $k=l$ 时的应力 $\sigma_{\underline{kk}}$ 为正应力，$k \neq l$ 时的 σ_{kl} 为切应力。式(3-17a)和式(3-17b)给出 σ_{kl} 的大小和符号。这一规定使拉伸的应力分量为正，压缩的为负。

知道了 O 点处的应力张量 $\boldsymbol{\sigma}$，即在三个坐标面上的应力分量 σ_{kl}，那么过 O 点任意一法线为 $\boldsymbol{n}$ 的斜截面上的应力矢量 $\boldsymbol{p}^{(n)}$ 便可求得。

为此，过 O 点作一微四面体，如图 3-4 所示。设斜截面的面积为 $\mathrm{d}a$，作用其上的力为

$$\mathrm{d}p = \boldsymbol{p}^{(n)}\mathrm{d}a \tag{3-18}$$

在法线为 $-\boldsymbol{i}_k$ 的坐标面上作用的力为 $-\boldsymbol{p}_{\underline{k}}\mathrm{d}a_{\underline{k}}$，$\mathrm{d}a_k$ 是 $\mathrm{d}a$ 在 $\boldsymbol{i}_k$ 坐标面上的投影，即

$$\mathrm{d}a_k = n_k \mathrm{d}a \quad n_k = \boldsymbol{n} \cdot \boldsymbol{i}_k$$

设单位质量的体积力为 $\boldsymbol{f}$，加速度为 $\boldsymbol{w}$，利用达朗贝尔(D'Alembert)原理可得

$$\boldsymbol{p}^{(n)}\mathrm{d}a - \boldsymbol{p}_k \mathrm{d}a_k + \rho(\boldsymbol{f} - \boldsymbol{w})\mathrm{d}u = 0$$

式中，$\mathrm{d}v = \frac{1}{3}h\,\mathrm{d}a$；$h$ 为由 O 点到斜面的垂直距离，是一阶小量，所以 $\mathrm{d}v$ 是比 $\mathrm{d}a$ 高一阶的小量。令微元体无限缩向 O 点，取极限便有

$$\boldsymbol{p}^{(n)} = \boldsymbol{p}_k n_k = \sigma_{kl} n_k \boldsymbol{i}_l = \boldsymbol{n} \cdot \boldsymbol{\sigma} = \overset{*}{\boldsymbol{\sigma}} \cdot \boldsymbol{n} \tag{3-19a}$$

或写成分量形式

$$p_l = \sigma_{kl} n_k = \sigma^{*}_{lk} n_k \tag{3-19b}$$

式中，p_k 是 $\boldsymbol{p}^{(n)}$ 的分量，不要与坐标面上的应力矢量 $\boldsymbol{p}_k$ 混淆。$\boldsymbol{\sigma}$ 和 $\overset{*}{\boldsymbol{\sigma}}$ 互为转置，因此若 $\boldsymbol{\sigma}$ 为对称张量，则两者没有区别。本书主要使用 $\boldsymbol{\sigma}$。在边界面上，式(3-19a)和(3-19b)便是外应力矢量的边界条件。

设有两个 E 坐标系 $Ox_1x_2x_3$ 和 $\bar{O}\bar{x}_1\bar{x}_2\bar{x}_3$，坐标轴的单位矢量分别为 i_k 和 $\bar{\boldsymbol{i}}_k$，它们之间的变换张量为 $\boldsymbol{Q}$，且 $Q_{kl} = \bar{\boldsymbol{i}}_k \cdot \boldsymbol{i}_l$，由式(3-19)知，任意斜截面上的应力矢量 $\boldsymbol{p}^{(n)}$ 为

$$\boldsymbol{p}^{(n)} = \sigma_{pq} n_p \boldsymbol{i}_q = \bar{\sigma}_{kl}\bar{n}_k \bar{\boldsymbol{i}}_l$$

或

$$\sigma_{pq} Q_{tp} \bar{n}_t Q_{sq} \bar{\boldsymbol{i}}_l = \bar{\sigma}_{kl} \bar{n}_k \bar{\boldsymbol{i}}_l$$

由此推出

$$\bar{\sigma}_{kl} = \sigma_{pq} Q_{kp} Q_{lq} \quad 或 \quad \bar{\boldsymbol{\sigma}} = \boldsymbol{Q}\boldsymbol{\sigma}\boldsymbol{Q}^{\mathrm{T}} \tag{3-20a}$$

反演式(3-20a)可得

$$\sigma_{kl} = \bar{\sigma}_{pq} Q_{pk} Q_{ql} \quad 或 \quad \boldsymbol{\sigma} = \boldsymbol{Q}^{\mathrm{T}}\bar{\boldsymbol{\sigma}}\boldsymbol{Q} \tag{3-20b}$$

式(3-20a)和式(3-20b)便是坐标变换时应力的变换公式，服从张量变换规则，由此证明 $\boldsymbol{\sigma}$ 确

为应力张量。

3.2.3　欧拉主应力、最大切应力和应力不变量

由上一节讨论可知，E 应力张量 $\boldsymbol{\sigma}$ 是二阶实对称张量，所以按 1.3 节的一般理论知，$\boldsymbol{\sigma}$ 具有 3 个实本征值，称为主应力。存在 3 个本征矢量，通常使之归一化，称为主方向，主方向相互正交。如有两个主应力相等，那么这两个主应力所在平面内的任意方向都是主方向；如某点的 3 个主应力相等，那么过该点的任何方向都是主方向，这便是三向等拉或等压的情形，此时 $\boldsymbol{\sigma}$ 为球形张量。

$\boldsymbol{\sigma}$ 的本征方程是

$$|\boldsymbol{\sigma}-\sigma\boldsymbol{I}|=0 \quad 或 \quad |\sigma_{kl}-\sigma\delta_{kl}|=0 \tag{3-21a}$$

其展开式为

$$\sigma^3-\mathrm{I}_\sigma\sigma^2+\mathrm{II}_\sigma\sigma-\mathrm{III}_\sigma=0 \tag{3-21b}$$

式中

$$\left.\begin{aligned}&\mathrm{I}_\sigma=\sigma_{kk}=\sigma_1+\sigma_2+\sigma_3=\mathrm{tr}\,\boldsymbol{\sigma}\\&\mathrm{II}_\sigma=\frac{1}{2}(\sigma_{kk}\sigma_{ll}-\sigma_{kl}\sigma_{lk})=\sigma_1\sigma_2+\sigma_2\sigma_3+\sigma_3\sigma_1\\&\mathrm{III}_\sigma=\det(\boldsymbol{\sigma})=|\sigma_{kl}|=\sigma_1\sigma_2\sigma_3\end{aligned}\right\} \tag{3-22}$$

分别称 I_σ、II_σ、III_σ 为应力第一、第二和第三不变量。通常主应力按代数值大小顺序排列为 σ_1、σ_2、σ_3。

确定主应力方向的方程是

$$\left.\begin{aligned}&(\boldsymbol{\sigma}-\sigma\boldsymbol{I})\boldsymbol{n}=0 \qquad \boldsymbol{n}^{\mathrm{T}}\boldsymbol{n}=\boldsymbol{n}\cdot\boldsymbol{n}=1\\&(\sigma_{kl}-\sigma\delta_{kl})n_l=0 \quad n_kn_l\delta_{kl}=1\end{aligned}\right\} \tag{3-23}$$

本书主要采用张量记法 $\boldsymbol{n}\cdot\boldsymbol{n}=1$，很少采用矩阵记法 $\boldsymbol{n}^{\mathrm{T}}\boldsymbol{n}=1$。

根据凯莱-汉密尔顿(Cayley-Hamilton)定理，$\boldsymbol{\sigma}$ 满足它自己的本征方程，即

$$\boldsymbol{\sigma}^3-\mathrm{I}_\sigma\boldsymbol{\sigma}^2+\mathrm{II}_\sigma\boldsymbol{\sigma}-\mathrm{III}_\sigma\boldsymbol{I}=\boldsymbol{0} \tag{3-24}$$

在实际应用中，常把应力分解为平均应力 σ_0

$$\sigma_0=\frac{1}{3}\sigma_{kk}=\frac{1}{3}\mathrm{I}_\sigma \tag{3-25a}$$

和偏量应力 $\boldsymbol{\sigma}'$

$$\boldsymbol{\sigma}'=\boldsymbol{\sigma}-\frac{1}{3}\mathrm{I}_\sigma\boldsymbol{I} \quad \sigma'_{kl}=\sigma_{kl}-\sigma_0\delta_{kl} \tag{3-25b}$$

之和。记 $\sigma'_\alpha=\sigma_\alpha-\sigma_0$ 为主应力偏量。应力偏量的第一、第二和第三不变量为

$$
\left.\begin{aligned}
J_1 &= \sigma'_{kk} = 0 \\
J_2 &= \frac{1}{2}\sigma'_{kl}\sigma'_{kl} = \frac{1}{2}t_r\boldsymbol{\sigma}'^2 = -(\sigma'_1\sigma'_2 + \sigma'_2\sigma'_2 + \sigma'_2\sigma'_1) = \frac{1}{3}\mathrm{I}_\sigma^2 - \mathrm{II}_\sigma \\
&= \frac{1}{6}[(\sigma_1-\sigma_2)^2 + (\sigma_2-\sigma_3)^2 + (\sigma_3-\sigma_1)^2] \\
J_3 &= \det(\boldsymbol{\sigma}') = \frac{1}{2}t_r\boldsymbol{\sigma}'^3 = \sigma'_1\sigma'_2\sigma'_3 = \mathrm{III}_\sigma - \frac{1}{3}\mathrm{I}_\sigma\mathrm{II}_\sigma + \frac{2}{27}\mathrm{I}_\sigma^3
\end{aligned}\right\} \tag{3-26}
$$

如把 E 坐标系选成主轴坐标系，即坐标轴沿主方向，则式(3-19)化为

$$
\boldsymbol{p}^{(n)} = p_k\boldsymbol{i}_k = \sigma_1 n_1\boldsymbol{i}_1 + \sigma_2 n_2\boldsymbol{i}_2 + \sigma_3 n_3\boldsymbol{i}_3
$$

由此可得

$$
\left(\frac{p_1}{\sigma_1}\right)^2 + \left(\frac{p_2}{\sigma_2}\right)^2 + \left(\frac{p_3}{\sigma_3}\right)^2 = n_k n_k = 1 \tag{3-27}
$$

因此，如以主应力为坐标轴构成应力空间，式(3-27)便是应力空间中的椭球方程。任意一斜截面上的应力矢量，在选取合适的比例尺后，都可由椭球面上的一个点表示，称此椭球为拉梅(Lamé)应力椭球。

在连续介质力学中起重要作用的应力参量还有最大切应力和八面体切应力等，这些量可如下推求。

在主轴坐标系中，任意一法线为 $\boldsymbol{n}$ 的斜截面上的正应力和切应力分别为

$$
\left.\begin{aligned}
&\sigma^{(n)} = \boldsymbol{p}^{(n)}\cdot\boldsymbol{n} = \sigma_1 n_1^2 + \sigma_2 n_2^2 + \sigma_3 n_3^2 \\
&(\tau^{(n)})^2 = \boldsymbol{p}^{(n)}\cdot\boldsymbol{p}^{(n)} - (\sigma^{(n)})^2 = \sigma_1^2 n_1^2 + \sigma_2^2 n_2^2 + \sigma_3^2 n_3^2 - (\sigma_1 n_1^2 + \sigma_2 n_2^2 + \sigma_3 n_3^2)^2
\end{aligned}\right\} \tag{3-28}
$$

在式(3-28)第 2 式中，令 $n_3^2 = 1 - n_1^2 - n_2^2$，再使 $\dfrac{\partial\tau^{(n)}}{\partial n_1} = \dfrac{\partial\tau^{(n)}}{\partial n_2} = 0$，便可得切应力取极值时有关 n_k 的下述方程组：

$$
\left.\begin{aligned}
&n_1(\sigma_1-\sigma_3)\left[(\sigma_2-\sigma_3)n_2^2 + (\sigma_1-\sigma_3)\left(n_1^2 - \frac{1}{2}\right)\right] = 0 \\
&n_2(\sigma_2-\sigma_3)\left[(\sigma_1-\sigma_3)n_1^2 + (\sigma_2-\sigma_3)\left(n_2^2 - \frac{1}{2}\right)\right] = 0 \\
&n_1^2 + n_2^2 + n_3^2 = 1
\end{aligned}\right\} \tag{3-29}
$$

轮换 n_1、n_2、n_3 可得相类似的方程组。解这些方程，便可得极值切应力的大小和所在平面的法线的方向余弦 n_k 值：

$$
\left.\begin{aligned}
&n_1 = \pm\frac{1}{\sqrt{2}} \quad n_2 = 0 \quad n_3 = \pm\frac{1}{\sqrt{2}} \quad \tau_{13} = \pm\frac{1}{2}(\sigma_1-\sigma_3) \\
&n_1 = \pm\frac{1}{\sqrt{2}} \quad n_2 = \pm\frac{1}{\sqrt{2}} \quad n_3 = 0 \quad \tau_{12} = \pm\frac{1}{2}(\sigma_1-\sigma_2) \\
&n_1 = 0 \quad n_2 = \pm\frac{1}{\sqrt{2}} \quad n_3 = \pm\frac{1}{\sqrt{2}} \quad \tau_{23} = \pm\frac{1}{2}(\sigma_2-\sigma_3)
\end{aligned}\right\} \tag{3-30}
$$

若令 $\sigma_1 > \sigma_2 > \sigma_3$，则 τ_{13} 为最大切应力 $\tau_{\max}$，它所在平面的法线与 $\boldsymbol{i}_2$ 垂直，并与 $\boldsymbol{i}_1$、$\boldsymbol{i}_3$ 均成 45° 角。如在式(3-29)中，$\sigma_2 = \sigma_3$，则式(3-29)第 2 式自动满足，从而法线位于锥面 $n_1 = \pm 1/\sqrt{2}$，$n_2^2 + n_3^2 = 1/2$ 上的所有面上的切应力均取值 τ_{13}。

法线 $\boldsymbol{n}$ 与三个坐标轴成等倾角：$n_1 = n_2 = n_3 = \pm 1/\sqrt{3}$ 的诸微分面形成的几何图形称为八面体。在主轴坐标系中，八面体上的正应力和切应力分别为

$$\left.\begin{aligned} \sigma_{\text{oct}} &= \frac{1}{3} I_\sigma = \sigma_0 \\ \tau_{\text{oct}} &= \frac{1}{3}\sqrt{(\sigma_1 - \sigma_2)^2 + (\sigma_2 - \sigma_3)^2 + (\sigma_3 - \sigma_1)^2} = \sqrt{\frac{2}{3} J_2} \\ &= \frac{\sqrt{2}}{3} \sigma(r) \end{aligned}\right\} \tag{3-31}$$

式中，$\sigma(r) = \sqrt{3J_2}$，称为等效应力，在单向拉伸时，它等于单向拉伸应力 σ。

上述一些应力不变量在材料的本构和破坏理论中起重大作用。

3.2.4 拉格朗日(Lagrange)应力和基尔霍夫(Kirchhoff)应力

设物体的初始状态为平衡状态，在外力作用下，或是处于新的平衡状态，或是产生运动。但是这种新的平衡或运动都是在物体产生变形以后发生的，变形或运动同样会影响外力的作用和物体的响应特性。因此，研究物体在外力作用下的平衡或运动，原则上应在现时构形中来讨论，也就是说，用欧拉方法较为自然。按定义，E 应力是相对于现时构形中的单位面积定义的，因而是"真应力"。在流体力学中，流体本身没有确定的形状，它的边界是由环境限定的，其边界或在空间是固定的，或按一定的规则运动；流体的本构关系往往也是用欧拉方法以增率的形式给出的，所以通常采用欧拉方法来描写。但在固体的有限变形理论中，固体的初始边界是已知的，而现时边界正是要求的；其本构方程在某些情况下也是用拉格朗日描述法给出的，因而用欧拉方法并不方便，往往采用拉格朗日方法或混合的拉格朗日-欧拉方法。为此，除讨论 E 应力外，还须讨论用 L 描述法定义的拉格朗日和基尔霍夫应力张量，并分别简记为 L 应力和 K 应力张量(见图 3-5)。

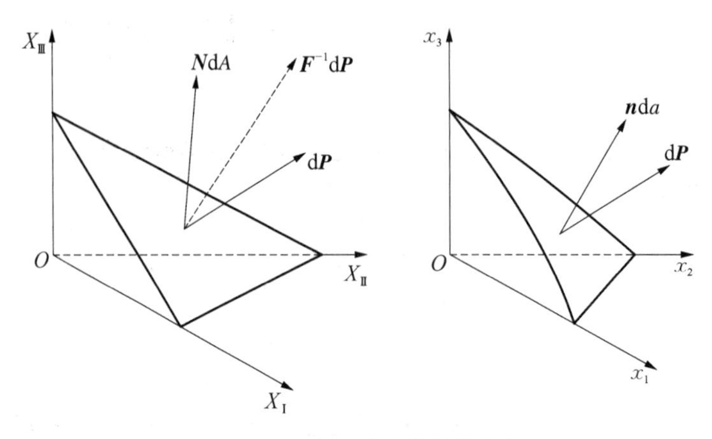

图 3-5 L 和 K 应力张量的定义

设变形前的斜截面 $\boldsymbol{N}\mathrm{d}A$，变形后变为 $\boldsymbol{n}\mathrm{d}a$，作用在 $\boldsymbol{n}\mathrm{d}a$ 面上的力为 $\mathrm{d}\boldsymbol{P}=\boldsymbol{p}^{(n)}\mathrm{d}a$，其中 $\boldsymbol{p}^{(n)}$ 为 $\boldsymbol{n}\mathrm{d}a$ 面上的应力矢量。L 和 K 应力是在初始构形中定义的，而 $\mathrm{d}\boldsymbol{p}$ 是在现时构形中定义的，因此定义 L 和 K 应力的关键便是如何在初始构形的 $\boldsymbol{N}\mathrm{d}A$ 面上定义作用力和应力矢量。令 $\boldsymbol{T}^{(N)}$ 和 $\boldsymbol{S}^{(N)}$ 分别为 $\boldsymbol{N}\mathrm{d}A$ 面上的 L 和 K 应力矢量，规定

$$\mathrm{d}\boldsymbol{P}=\boldsymbol{T}^{(N)}\mathrm{d}A \tag{3-32}$$

$$\boldsymbol{F}^{-1}\mathrm{d}\boldsymbol{P}=\boldsymbol{S}^{(N)}\mathrm{d}A \quad 或 \quad \mathrm{d}\boldsymbol{P}=\boldsymbol{F}\boldsymbol{S}^{(N)}\mathrm{d}A=\boldsymbol{S}^{(N)}\boldsymbol{F}^{\mathrm{T}}\mathrm{d}A \tag{3-33}$$

式(3-32)表示规定 L 应力矢量 $\boldsymbol{T}^{(N)}$ 时，变形前后的面积上作用相同的力，而式(3-33)表示规定 K 应力矢量 $\boldsymbol{S}^{(N)}$ 时，变形前后面积上的力遵循与线元相同的变化规律。由如此规定的面力矢量定义的应力具有良好的性质，使用中较为方便。

与式(3-19)相仿，有

$$\mathrm{d}\boldsymbol{P}=\boldsymbol{T}^{(N)}\mathrm{d}A=\boldsymbol{T}_K N_K\mathrm{d}A=T_{Kl}N_K\mathrm{d}A\boldsymbol{i}_l=\boldsymbol{N}\cdot\boldsymbol{T}\mathrm{d}A=\boldsymbol{T}^*\cdot\boldsymbol{N}\mathrm{d}A \tag{3-34}$$

$$\mathrm{d}\boldsymbol{P}=\boldsymbol{F}\boldsymbol{S}^{(N)}\mathrm{d}A=\boldsymbol{F}\boldsymbol{S}_K N_K\mathrm{d}A=F_{kL}S_{KL}N_K\mathrm{d}A\boldsymbol{i}_k=\boldsymbol{F}\cdot(\boldsymbol{N}\cdot\boldsymbol{S})\mathrm{d}A=\boldsymbol{N}\cdot\boldsymbol{S}\cdot\boldsymbol{F}^{\mathrm{T}}\mathrm{d}A \tag{3-35}$$

式中利用了 $\boldsymbol{T}_K=T_{Kl}\boldsymbol{i}_l$，$\boldsymbol{S}_K=S_{KL}\boldsymbol{I}_L$，其中

$$\left.\begin{aligned}&\boldsymbol{T}=T_{Kl}\boldsymbol{I}_K\otimes\boldsymbol{i}_l \quad \boldsymbol{T}^*=T_{Kl}\boldsymbol{i}_l\otimes\boldsymbol{I}_K=\boldsymbol{T}^{\mathrm{T}} \quad \boldsymbol{S}=\boldsymbol{S}_{KL}\boldsymbol{I}_K\otimes\boldsymbol{I}_L\\&\boldsymbol{T}^{(N)}=\boldsymbol{N}\cdot\boldsymbol{T} \qquad \boldsymbol{S}^{(N)}=\boldsymbol{N}\cdot\boldsymbol{S}\end{aligned}\right\} \tag{3-36}$$

式中，$\boldsymbol{T}_K$ 和 $\boldsymbol{S}_K$ 分别为初始坐标面上的 L 和 K 应力矢量；$\boldsymbol{T}$（或 $\boldsymbol{T}^*$）和 $\boldsymbol{S}$ 分别为 L 和 K 应力张量；其中较多作者使用 $\boldsymbol{T}$，但也有作者使用 $\boldsymbol{T}^*$。由式(3-34)～式(3-36)可知，$\boldsymbol{T}$ 是 $\boldsymbol{T}_K$ 在 E 坐标系中的投影，它同时使用两种坐标系，$\boldsymbol{T}^*$ 也如此；$\boldsymbol{S}$ 是 $\boldsymbol{S}_K$ 在 L 坐标系中的投影。它们都是初始构形中定义的量。

L 应力张量 $\boldsymbol{T}$ 的分量为 $T_{Kl}=\boldsymbol{T}_K\cdot\boldsymbol{i}_L$，第一个下标是相对于 L 坐标的，第二个下标是相对于 E 坐标的。若做下述变换：

$\boldsymbol{Q}$： $\quad Q_{KL}=\bar{\boldsymbol{I}}_K\cdot\boldsymbol{I}_L \quad OX_{\mathrm{I}}X_{\mathrm{II}}X_{\mathrm{III}}\rightarrow\bar{O}\bar{X}_{\mathrm{I}}\bar{X}_{\mathrm{II}}\bar{X}_{\mathrm{III}}$

$\boldsymbol{q}$： $\quad q_{kl}=\bar{\boldsymbol{i}}_k\cdot\boldsymbol{i}_l \quad Ox_1x_2x_3\rightarrow\bar{O}\bar{x}_1\bar{x}_2\bar{x}_3$

则按式(3-34)有

$$\boldsymbol{T}^{(N)}=T_{Pr}N_P\boldsymbol{i}_r=\bar{T}_{Kl}\bar{N}_K\bar{\boldsymbol{i}}_l$$

应用关系 $N_K=\boldsymbol{N}\cdot\boldsymbol{I}_K=\boldsymbol{N}\cdot Q_{LK}\bar{\boldsymbol{I}}_K=Q_{LK}\bar{N}_L$ 和 $q_{kl}=\bar{\boldsymbol{i}}_k\cdot\boldsymbol{i}_l$，便可得

$$\bar{T}_{Kl}=T_{Lr}Q_{KL}q_{lr} \quad \bar{\boldsymbol{T}}=\boldsymbol{Q}\boldsymbol{T}\boldsymbol{q}^{\mathrm{T}} \tag{3-37}$$

故 $\boldsymbol{T}$ 为两点张量。若 E、L 坐标系一致，$\boldsymbol{T}$ 便化为通常的张量，但是非对称的。$\boldsymbol{S}$ 是关于物质坐标系的应力张量。事实上当 $OX_{\mathrm{I}}X_{\mathrm{II}}X_{\mathrm{III}}$ 变换到 $\bar{O}\bar{X}_{\mathrm{I}}\bar{X}_{\mathrm{II}}\bar{X}_{\mathrm{III}}$ 时，按式(3-35)有

$$\boldsymbol{T}^{(N)}=S_{PM}x_{r,M}N_P\boldsymbol{i}_r=\bar{S}_{KL}\frac{\partial x_l}{\partial\bar{X}_L}\bar{N}_K\boldsymbol{i}_l$$

利用关系 $x_{r,M}=(\partial x_r/\partial\bar{X}_L)(\partial\bar{X}_L/\partial X_M)=(\partial x_r/\partial\bar{X}_L)Q_{LM}$ 和 $N_P=Q_{KP}\bar{N}_K$，便得

$$\bar{S}_{KL}\frac{\partial x_l}{\partial \bar{X}_L}\bar{N}_K = S_{PM}\frac{\partial x_r}{\partial \bar{X}_L}Q_{LM}Q_{KP}\bar{N}_K\delta_{lr}$$

由此立即推得

$$\bar{S}_{KL} = S_{PM}Q_{LM}Q_{KP} \quad 或 \quad \bar{\boldsymbol{S}} = \boldsymbol{QSQ}^{\mathrm{T}} \tag{3-38}$$

式(3-38)也可直接由式(3-36)导出,因E坐标系变换时,$\boldsymbol{I}_L$ 不变;而当L坐标系变换时,$\boldsymbol{I}_L$ 服从矢量变换规则,$\boldsymbol{I}_K \otimes \boldsymbol{I}_L$ 服从张量变换规则。

3.2.5 E、K、L应力之间的变换关系

下面我们来推导E、L和K应力之间的重要的关系式。利用式(2-133)中的 $\mathrm{d}\dot{a}_k = jX_{K,k}\mathrm{d}A_K$,由式(3-19)、式(3-34)和式(3-35)可得

$$\boldsymbol{T}_K\mathrm{d}A_K = \boldsymbol{FS}_K\mathrm{d}A_K = \boldsymbol{p}_k\mathrm{d}a_k = jX_{K,k}\mathrm{d}A_K\boldsymbol{p}_k$$

或

$$\boldsymbol{T}_K = \boldsymbol{FS}_K = x_{r,L}S_{KL}\boldsymbol{i}_r = jX_{K,k}\boldsymbol{p}_k \quad \boldsymbol{p}_k = Jx_{k,K}\boldsymbol{T}_K \tag{3-39}$$

由式(3-39)得

$$\left.\begin{aligned} &T_{Kl} = \boldsymbol{T}_K\cdot\boldsymbol{i}_l = jX_{K,k}\boldsymbol{p}_k\cdot\boldsymbol{i}_l = jX_{K,k}\sigma_{kl} = S_{KL}x_{r,L}\boldsymbol{i}_r\cdot\boldsymbol{i}_l = S_{KL}x_{l,L} \\ &\boldsymbol{T} = j\boldsymbol{F}^{-1}\boldsymbol{\sigma} = \boldsymbol{SF}^{\mathrm{T}} \quad j\boldsymbol{\sigma}\boldsymbol{F}^{-\mathrm{T}} = \boldsymbol{T}^* = \boldsymbol{FS} \end{aligned}\right\} \tag{3-40}$$

把式(3-40)各项乘以 $X_{L,l}$ 或右乘 $\boldsymbol{F}^{-\mathrm{T}}$ 后可得

$$\left.\begin{aligned} &S_{KL} = T_{Kl}X_{L,l} = jX_{K,k}X_{L,l}\sigma_{kl} \\ &\boldsymbol{S} = \boldsymbol{TF}^{-\mathrm{T}} = j\boldsymbol{F}^{-1}\boldsymbol{\sigma}\boldsymbol{F}^{-\mathrm{T}} \end{aligned}\right\} \tag{3-41}$$

再把式(3-40)中各项乘以 $Jx_{k,K}$ 或左乘 $J\boldsymbol{F}$ 后可得

$$\left.\begin{aligned} &\sigma_{kl} = Jx_{k,K}T_{Kl} = Jx_{k,K}x_{l,L}S_{KL} \\ &\boldsymbol{\sigma} = J\boldsymbol{FT} = J\boldsymbol{FSF}^{\mathrm{T}} = J\boldsymbol{T}^*\boldsymbol{F}^{\mathrm{T}} \end{aligned}\right\} \tag{3-42}$$

例1 试给出平面问题E、L和K应力的图示。

解: 设E、L和Ⅰ坐标系分别为 Ox_1x_2、$OX_{\mathrm{I}}X_{\mathrm{II}}$ 和 $\bar{O}\xi_{\mathrm{I}}\xi_{\mathrm{II}}$,它们的基矢分别为 $\boldsymbol{i}_k$、$\boldsymbol{I}_K$ 和 $\boldsymbol{C}_K$,在初始构形中,Ⅰ和L坐标系重合。设初始构形中一微元体 OGH,其中 OG、OH 是坐标面,GH 是斜面,面积 $\mathrm{d}A$,其法向单位矢量为 $\boldsymbol{N}$。变形后,在现时构形中,OGH 变形为 $\bar{O}gh$,这是Ⅰ坐标系中的微元体。在现时构形中,还可以 gh 为斜面,作单元体 Ogh,而 Og 和 Oh 平行于E坐标系的坐标面,这便是E坐标系中的微元体。gh 的面积为 $\mathrm{d}a$,其法向单位矢量为 $\boldsymbol{n}$ (见图3-6)。

设在现时构形中,作用在 gh 斜面上的应力矢量是 $\boldsymbol{p}^{(n)}$,力是 $\boldsymbol{p}^{(n)}\mathrm{d}a = \mathrm{d}\boldsymbol{p}$,而作用在 Og 和 Oh 坐标面上的E应力矢量是 $-\boldsymbol{p}_2$ 和 $-\boldsymbol{p}_1$。定义E应力为 $\sigma_{kl} = \boldsymbol{p}_k\cdot\boldsymbol{i}_l$,如图3-6(a)所示。定义拉格朗日(或名义、第一类皮奥拉-基尔霍夫(Piola-Kirchhoff))应力张量 $\boldsymbol{T}$ 时,设假想的作用在初始构形中斜面 GH 上的力仍为 $\mathrm{d}\boldsymbol{p}$,令其上的应力矢量为 $\boldsymbol{T}^{(N)}$,坐标面 OG、OH 上的应力矢量为 $-\boldsymbol{T}_{\mathrm{II}}$ 和 $\boldsymbol{T}_{\mathrm{I}}$,定义L应力为 $T_{kl} = \boldsymbol{T}_K\cdot\boldsymbol{i}_l$,如图3-6(b)所示。定义基尔霍夫(或第二类Piola-Kirchhoff、广义、伪)应力张量 $\boldsymbol{S}$ 时,作用在 GH 上的力假设为 $\boldsymbol{F}^{-1}\cdot\mathrm{d}\boldsymbol{p}$ 即力

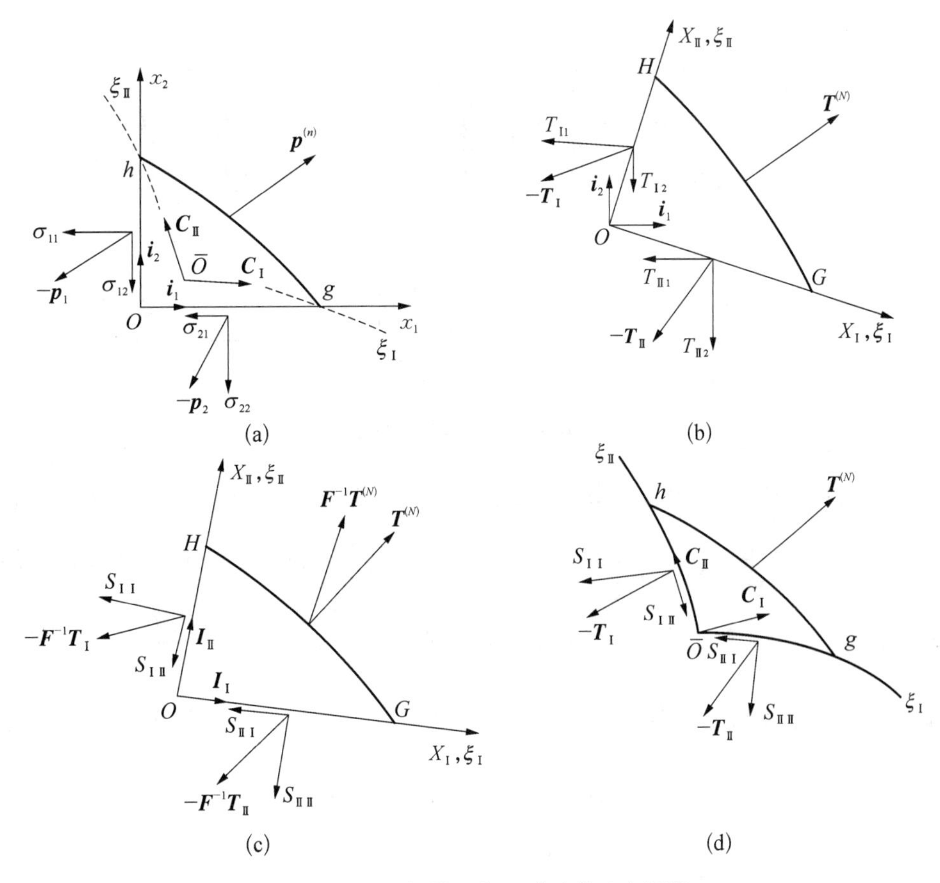

图 3-6 平面问题 L 和 K 应力的定义图解

$d\boldsymbol{p}$ 经受由 $d\boldsymbol{x}$ 到 $d\boldsymbol{X}=\boldsymbol{F}^{-1}d\boldsymbol{x}$ 相同的变换。此时作用在 OG 和 OH 上的应力矢量相应地为 $-\boldsymbol{F}^{-1}\boldsymbol{T}_{\text{II}}$ 和 $-\boldsymbol{F}^{-1}\boldsymbol{T}_{\text{I}}$。定义 K 应力为 $S_{KL}=(\boldsymbol{F}^{-1}\cdot\boldsymbol{T}_K)\cdot\boldsymbol{I}_L$，图 3-6(c)所示。利用 $\boldsymbol{C}_L=x_{l,L}\boldsymbol{i}_l$ 和式(3-34)、式(3-35)还可得

$$\boldsymbol{T}_K=\boldsymbol{F}\cdot S_{KL}\boldsymbol{I}_L=S_{KL}x_{l,L}\boldsymbol{i}_l=S_{KL}\boldsymbol{C}_L \tag{3-43}$$

因此，S_{KL} 也可看成 I 坐标系中 $\boldsymbol{T}_k$ 在 $\boldsymbol{C}_L$ 基矢上的投影，如图 3-6(d)所示(这里未用张量记法，$\boldsymbol{C}_L$ 仅看成普通矢量)。

例 2 试给出在有限变形理论中另外可能的应力定义

解： 上面给出了 $\boldsymbol{\sigma}$、$\boldsymbol{T}$、$\boldsymbol{S}$ 3 种常用的应力定义，显然还可以给出其他的应力定义。例如 $\boldsymbol{L}$、$\boldsymbol{\pi}$、$\hat{\boldsymbol{\sigma}}$ 应力张量

$$\boldsymbol{T}_K=\boldsymbol{L}_{KL}I_L \quad \boldsymbol{\pi}_k=\pi_{kL}\boldsymbol{I}_L \quad \hat{\boldsymbol{\sigma}}=j\boldsymbol{\sigma} \tag{3-44}$$

通常称 $\boldsymbol{L}$ 为拉格朗日应力张量。当 E 和 L 坐标系一致时，$\boldsymbol{T}=\boldsymbol{L}$，$\boldsymbol{\pi}=\boldsymbol{\sigma}$。称 $\hat{\boldsymbol{\sigma}}$ 为带权的柯西应力，也称为基尔霍夫应力，但与前面定义的 $\boldsymbol{S}$ 是不同的。

例 3 设一杆件，初始构形中长为 L，截面积为 A；在外力 P 作用下，在现时构形中，长为 l，截面积为 a。E 和 L 坐标系取成相同(见图 3-7)。

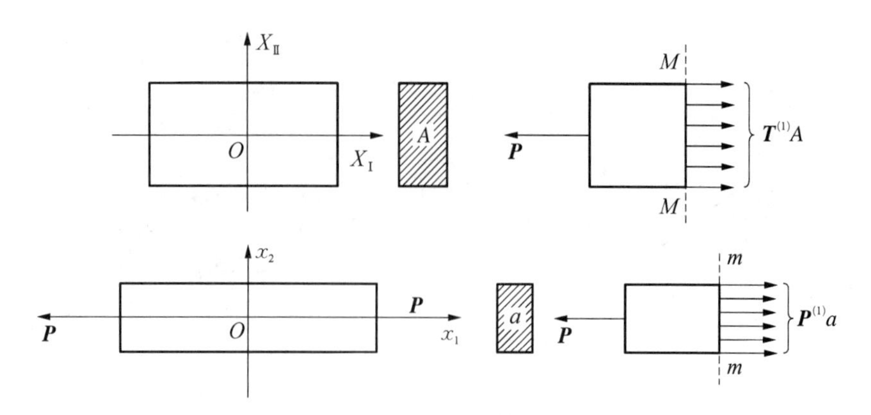

图 3-7 单向拉伸

解: 在现时构形中,假想从 $m-m$ 处切开,在 $m-m$ 截面上的内应力矢量为 $\boldsymbol{p}^{(1)}$,且 $\boldsymbol{p}^{(1)}=\dfrac{\boldsymbol{P}}{a}$,由此求出 E 应力分量 $\sigma_{11}=\dfrac{P}{a}$,$\sigma_{12}=\sigma_{13}=0$。若在初始构形中讨论问题,则和 $m-m$ 对应的 $M\text{-}M$ 截面上的内应力矢量 $\boldsymbol{T}^{(1)}=\dfrac{\boldsymbol{P}}{A}$,由此求出 L 应力分量 $T_{\text{I}1}=\dfrac{P}{A}=\dfrac{PL}{al}$,$T_{\text{I}2}=T_{\text{I}3}=0$。

拉伸前后,存在变换关系 $x_1=\dfrac{l}{L}X_{\text{I}}$,$x_2=-\dfrac{\nu l}{L}X_{\text{II}}$,$x_3=-\dfrac{\nu l}{L}X_{\text{III}}$,或 $F_{1\text{I}}=\dfrac{l}{L}$,$F_{2\text{II}}=-\dfrac{\nu l}{L}$,$F_{3\text{II}}=-\dfrac{\nu l}{L}$,因此由式(3-41)求得 K 应力分量 $S_{\text{I}\,\text{I}}=\dfrac{P}{A}\dfrac{L}{l}=\dfrac{P}{a}\dfrac{L^2}{l^2}$ $S_{\text{I}\,\text{II}}=S_{\text{I}\,\text{III}}=0$。

此例说明,为什么通常称 E 应力为真应力,L 应力为名义应力,而称 K 应力为伪应力。

3.3 运动和平衡方程

3.3.1 欧拉描述法中的运动方程

任何物体的运动,都可用牛顿运动第二定律写出其运动方程。但这种已为实验证明的适用于整个物体的运动定律,是否也适用于连续介质内部的任意一区域,是难以用逻辑的推理加以证明的。因此,从某种意义上讲,把牛顿第二定律应用到连续介质内部,要看成是一种推广,而其正确性仍应由新的实验来证明。因为欧拉和柯西最早做了这种推广,因此有些作者把应用到连续介质内部的牛顿第二定律,称为欧拉-柯西运动定律。

从物体的现时构形中任取一体积为 v 的部分,其表面为 a,表面上一点的外法线为 $\boldsymbol{n}$,该点的应力矢量为 $\boldsymbol{p}^{(n)}$。设单位质量的体积力为 $\boldsymbol{f}$,加速度 $\boldsymbol{w}$,如图 3-8 所示。利用欧拉-柯西运动定律或推广的达朗贝尔原理可得

$$\frac{\mathrm{d}}{\mathrm{d}t}\int_v \rho\boldsymbol{v}\,\mathrm{d}v=\int_v \rho\boldsymbol{w}\,\mathrm{d}v=\oint_a \boldsymbol{p}^{(n)}\,\mathrm{d}a+\int_v \rho\boldsymbol{f}\,\mathrm{d}v \tag{3-45}$$

利用式(3-19)和散度定理(1-52)以及式(1-56),得

$$\oint_a \boldsymbol{p}^{(n)} \mathrm{d}a = \oint_a \boldsymbol{p}_k n_k \mathrm{d}a = \int_v \boldsymbol{p}_{k,k} \mathrm{d}v$$
$$= \oint_a \boldsymbol{n} \cdot \boldsymbol{\sigma} \mathrm{d}a = \int_v \operatorname{div} \boldsymbol{\sigma} \mathrm{d}v \tag{3-46}$$

式中，$\operatorname{div}\boldsymbol{\sigma}$ 表示 $\boldsymbol{\sigma}$ 在 E 坐标系中的散度。如把式(3-46)代入式(3-16)并计及 v 选择的任意性便得

$$\left.\begin{array}{l} \rho \boldsymbol{w} = \boldsymbol{p}_{k,k} + \rho \boldsymbol{f} \\ \rho \boldsymbol{w} = \operatorname{div} \boldsymbol{\sigma} + \rho \boldsymbol{f} \end{array} \quad \text{或} \quad \rho w_k = \sigma_{lk,l} + \rho f_k \right\} \tag{3-47}$$

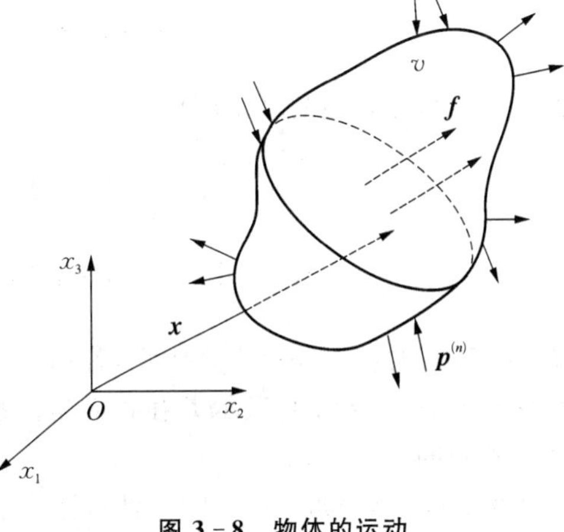

图 3-8　物体的运动

式(3-47)便是运动方程，也称为欧拉-柯西运动第一定律。

利用对坐标原点 O 的动量矩定理，有

$$\int_v \boldsymbol{x} \times \rho \boldsymbol{w} \mathrm{d}v = \oint_a \boldsymbol{x} \times \boldsymbol{p}^{(n)} \mathrm{d}a + \int_v \boldsymbol{x} \times \rho \boldsymbol{f} \mathrm{d}v \tag{3-48}$$

式中，$\boldsymbol{x}$ 为物体内某点到原点 O 的矢径。利用式(3-19)和散度定理，有

$$\oint_a \boldsymbol{x} \times \boldsymbol{p}^{(n)} \mathrm{d}a = \oint_a \boldsymbol{x} \times \boldsymbol{p}_k n_k \mathrm{d}a = \int_v (\boldsymbol{x} \times \boldsymbol{p}_k)_{,k} \mathrm{d}v$$
$$= \int_v (\boldsymbol{x}_{,k} \times \boldsymbol{p}_k + \boldsymbol{x} \times \boldsymbol{p}_{k,k}) \mathrm{d}v = \int_v (\boldsymbol{i}_k \times \boldsymbol{p}_k + \boldsymbol{x} \times \boldsymbol{p}_{k,k}) \mathrm{d}v \tag{3-49}$$

式中利用了 $\boldsymbol{x}_{,k} = \boldsymbol{i}_k$。把式(3-49)代入式(3-48)便得

$$\int_v [\boldsymbol{x} \times (\boldsymbol{p}_{k,k} + \rho \boldsymbol{f} - \rho \boldsymbol{w})] \mathrm{d}v + \int_v \boldsymbol{i}_k \times \boldsymbol{p}_k \mathrm{d}v = \boldsymbol{0} \tag{3-50}$$

式(3-50)中等号左边第一个积分，因运动方程式(3-47)而为零。由于体积的任意性，由式(3-50)可得

$$\left.\begin{array}{l} \boldsymbol{i}_k \times \boldsymbol{p}_k = \boldsymbol{0} \quad \text{或} \quad \boldsymbol{i}_k \times \boldsymbol{i}_l \sigma_{kl} = \boldsymbol{0} \quad e_{mkl} \sigma_{kl} \boldsymbol{i}_m = \boldsymbol{0} \\ \sigma_{kl} = \sigma_{lk} \quad \text{或} \quad \boldsymbol{\sigma} = \boldsymbol{\sigma}^{\mathrm{T}} \end{array}\right\} \tag{3-51}$$

式(3-51)表示切应力互等定理。由此知，$\boldsymbol{\sigma}$ 为二阶对称张量。式(3-51)也称为欧拉-柯西运动第二定律。

如加速度为零，式(3-47)便是静力学中的平衡方程

$$\operatorname{div} \boldsymbol{\sigma} + \rho \boldsymbol{f} = \boldsymbol{0} \quad \text{或} \quad \boldsymbol{p}_{k,k} + \rho \boldsymbol{f} = \boldsymbol{0} \tag{3-52}$$

应力边界条件由式(3-19)表示。

3.3.2　拉格朗日描述法中的运动方程

拉格朗日描述法中的运动方程可做如下推导。首先，由质量守恒定律知 $\rho \mathrm{d}v = \rho_0 \mathrm{d}V$，从而

$$\int_v \rho(\boldsymbol{f}-\boldsymbol{w})\mathrm{d}v=\int_V \rho_0(\boldsymbol{f}-\boldsymbol{w})\mathrm{d}V \tag{3-53}$$

由式(3-34),并利用散度定理可得

$$\left.\begin{aligned}&\oint_a \boldsymbol{p}^{(n)}\mathrm{d}a=\oint_A \boldsymbol{T}^{(N)}\mathrm{d}A=\oint_A \boldsymbol{T}_K N_K\mathrm{d}A=\int_V \boldsymbol{T}_{K,K}\mathrm{d}V\\&\oint_a \boldsymbol{p}^{(n)}\mathrm{d}a=\oint_A \boldsymbol{N}\cdot\boldsymbol{T}\mathrm{d}A=\int_V \mathrm{Div}\,\boldsymbol{T}\mathrm{d}V\end{aligned}\right\} \tag{3-54}$$

在式(3-53)和式(3-54)中要注意,若积分限是 v 或 a,则自变量取 x_k;若积分限是 V 或 A,则自变量为 X_K。$\mathrm{Div}\,\boldsymbol{T}$ 表示 $\boldsymbol{T}$ 在物质坐标系中的散度,这与 $\mathrm{div}\,\boldsymbol{\sigma}$ 表示 $\boldsymbol{\sigma}$ 在空间坐标系中的散度是不同的。

利用式(3-53)和式(3-54),便可把在现时构形中得到的欧拉形式的运动方程式(3-45)变换到初始构形中去,得

$$\int_V \rho_0(\boldsymbol{f}-\boldsymbol{w})\mathrm{d}V=\oint_A \boldsymbol{T}^{(N)}\mathrm{d}A \tag{3-55}$$

应用式(3-54),并计及 V 选择的任意性,便得拉格朗日形式的运动方程

$$\left.\begin{aligned}&\boldsymbol{T}_{K,K}+\rho_0(\boldsymbol{f}-\boldsymbol{w})=\boldsymbol{0}\\&\mathrm{Div}\,\boldsymbol{T}+\rho_0(\boldsymbol{f}-\boldsymbol{w})=\boldsymbol{0}\end{aligned}\right\} \tag{3-56}$$

把式(3-56)投影到空间坐标轴上,便得用L应力表示的运动方程:

$$T_{Kl,K}+\rho_0(f_l-w_l)=0 \tag{3-57}$$

式(3-57)虽然是沿空间轴分解的,但所取自变量却是物质坐标 X_K,这一点,读者须加注意。如果用K应力表示运动方程,只需要把 $\boldsymbol{T}_K=\boldsymbol{F}\boldsymbol{S}_K$ 代入式(3-56),便得

$$(S_{KL}x_{l,L})_{,K}+\rho_0(f_l-w_l)=0 \tag{3-58}$$

同样,式(3-58)的自变量是 X_K。

现在再来讨论拉格朗日形式的动量矩方程。应用

$$\int_v \boldsymbol{x}\times\rho(\boldsymbol{f}-\boldsymbol{w})\mathrm{d}v=\int_V \boldsymbol{x}\times\rho_0(\boldsymbol{f}-\boldsymbol{w})\mathrm{d}V \tag{3-59}$$

$$\begin{aligned}\oint_a \boldsymbol{x}\times\boldsymbol{p}^{(n)}\mathrm{d}a&=\oint_A \boldsymbol{x}\times\boldsymbol{T}^{(N)}\mathrm{d}A=\oint_A \boldsymbol{x}\times\boldsymbol{T}_K N_K\mathrm{d}A\\&=\int_V(\boldsymbol{x}\times\boldsymbol{T}_K)_{,K}\mathrm{d}V=\int_V\{\boldsymbol{x}_{,K}\boldsymbol{T}_K+\boldsymbol{x}\times\boldsymbol{T}_{K,K}\}\mathrm{d}V\end{aligned} \tag{3-60}$$

式(3-59)和式(3-60)中,$\boldsymbol{x}=\boldsymbol{x}(\boldsymbol{X})$,即 $\boldsymbol{x}$ 是自变量 $\boldsymbol{X}$ 的函数。把它们代入式(3-48),便得

$$\int_V \boldsymbol{x}_{,K}\times\boldsymbol{T}_K\mathrm{d}V+\int_V \boldsymbol{x}\times(\boldsymbol{T}_{K,K}+\rho_0\boldsymbol{f}-\rho_0\boldsymbol{w})\mathrm{d}V=\boldsymbol{0}$$

应用式(3-56),并计及 V 选择的任意性,便得

$$\left.\begin{aligned}&\boldsymbol{x}_{,K}\times\boldsymbol{T}_K=x_{k,K}T_{Kl}\boldsymbol{i}_k\times\boldsymbol{i}_l=e_{mkl}x_{k,K}T_{Kl}\boldsymbol{i}_m=\boldsymbol{0}\\&x_{k,K}T_{Kl}=x_{l,K}T_{Kk}\quad \boldsymbol{F}\boldsymbol{T}=(\boldsymbol{F}\boldsymbol{T})^{\mathrm{T}}\end{aligned}\right\} \tag{3-61}$$

由式(3-61)知,当 E 和 L 坐标系重合时,$\boldsymbol{T}$ 不是对称张量,但服从式(3-61)的关系。如把式(3-40)中的 $\boldsymbol{T}=\boldsymbol{S}\boldsymbol{F}^{\mathrm{T}}$ 代入式(3-61),便可得

$$\boldsymbol{F}\boldsymbol{S}\boldsymbol{F}^{\mathrm{T}}=(\boldsymbol{F}\boldsymbol{S}\boldsymbol{F}^{\mathrm{T}})^{\mathrm{T}}=\boldsymbol{F}\boldsymbol{S}^{\mathrm{T}}\boldsymbol{F}^{\mathrm{T}}$$

所以 $\boldsymbol{S}$ 是对称张量,即

$$\boldsymbol{S}=\boldsymbol{S}^{\mathrm{T}} \quad 或 \quad S_{kl}=S_{LK} \tag{3-62}$$

应力边界条件由式(3-36)表示。

例 4 试利用 $\boldsymbol{\sigma}$ 和 $\boldsymbol{T}$ 的转换关系式(3-42),由式(3-47)直接导出式(3-57)。

解: 首先利用式(2-20) $j/\partial x_{m,L}=jX_{L,m}$ 证明 $(Jx_{k,K})_{,k}=0$。

$$\begin{aligned}(Jx_{k,K})_{,k}&=(j^{-1}x_{k,K})_{,k}=-j^{-2}\frac{\partial j}{\partial x_{m,L}}(x_{m,L})_{,k}x_{k,K}+j^{-1}(x_{k,K})_{,k}\\&=j^{-1}\{-X_{L,m}(x_{m,L})_{,k}x_{k,K}+(x_{k,K})_{,k}\}\\&=j^{-1}\{-X_{L,m}(x_{m,L})_{,K}+(x_{k,K})_{,k}\}\\&=j^{-1}\{-X_{L,m}(x_{m,K})_{,L}+(x_{k,K})_{,k}\}\\&=j^{-1}\{-(x_{m,K})_{,m}+(x_{k,K})_{,k}\}=0\end{aligned} \tag{3-63}$$

利用式(3-63)和式(3-42)可推出

$$\begin{aligned}\sigma_{kl,k}&=(Jx_{k,K}T_{Kl})_{,k}=Jx_{k,K}T_{Kl,k}+(Jx_{k,K})_{,k}T_{Kl}\\&=Jx_{k,K}T_{Kl,M}X_{M,k}=JT_{Kl,K}\end{aligned} \tag{3-64}$$

再利用 $\rho j=\rho_0$,把式(3-64)代入式(3-47),但可推得式(3-57)。

此外,由 $\boldsymbol{\sigma}=\boldsymbol{\sigma}^{\mathrm{T}}$ 和式(3-42)的 $\boldsymbol{\sigma}=J\boldsymbol{F}\boldsymbol{T}$,立即可推出

$$(J\boldsymbol{F}\boldsymbol{T})=(J\boldsymbol{F}\boldsymbol{T})^{\mathrm{T}}=J\boldsymbol{T}^{\mathrm{T}}\boldsymbol{F}^{\mathrm{T}},\ 即\ \boldsymbol{F}\boldsymbol{T}=(\boldsymbol{F}\boldsymbol{T})^{\mathrm{T}}=\boldsymbol{T}^{\mathrm{T}}\boldsymbol{F}^{\mathrm{T}}$$

3.4 应 力 率

3.4.1 E、L、K 应力率之间的关系

式(3-40)~式(3-42)给出了 E、L、K 三种应力之间的关系,将它们求微分,便可求得三种应力率之间的关系。由式(3-40)得

$$\left.\begin{aligned}&\dot{T}_{Kl}=\frac{\mathrm{d}}{\mathrm{d}t}(S_{KL}x_{l,L})=\dot{S}_{KL}x_{l,L}+S_{KL}v_{l,L}=\dot{S}_{KL}x_{l,L}+S_{KL}x_{m,L}v_{l,m}\\&\dot{\boldsymbol{T}}=\dot{\boldsymbol{S}}\boldsymbol{F}^{\mathrm{T}}+\boldsymbol{S}\dot{\boldsymbol{F}}^{\mathrm{T}}=\dot{\boldsymbol{S}}\boldsymbol{F}^{\mathrm{T}}+\boldsymbol{S}\boldsymbol{F}^{\mathrm{T}}\boldsymbol{\Gamma}^{\mathrm{T}}\end{aligned}\right\} \tag{3-65}$$

利用式(2-144)的 $\frac{\mathrm{d}}{\mathrm{d}t}(X_{K,k})=-X_{K,l}v_{l,k}$ 或 $(\boldsymbol{F}^{-1})^{\boldsymbol{\cdot}}=-\boldsymbol{F}^{-1}\boldsymbol{\Gamma}$ 和式(2-145)的 $\frac{\mathrm{d}j}{\mathrm{d}t}=jv_{k,k}$,又可得

$$\left.\begin{aligned}&\dot{T}_{Kl}=\frac{\mathrm{d}}{\mathrm{d}t}(jX_{K,k}\sigma_{kl})=jX_{K,k}(\dot{\sigma}_{kl}-v_{k,p}\sigma_{pl}+v_{p,p}\sigma_{kl})\\&\dot{\boldsymbol{T}}=\frac{\mathrm{d}}{\mathrm{d}t}(j\boldsymbol{F}^{-1}\boldsymbol{\sigma})=j\boldsymbol{F}^{-1}(\dot{\boldsymbol{\sigma}}-\boldsymbol{\Gamma}\boldsymbol{\sigma}+v_{k,k}\boldsymbol{\sigma})\end{aligned}\right\} \tag{3-66}$$

类似地由式(3-41)和式(3-42)可得

$$\left.\begin{aligned}\dot{S}_{KL}&=X_{L,l}(\dot{T}_{Kl}-v_{l,p}T_{Kp})=jX_{K,k}X_{L,l}(\dot{\sigma}_{kl}-v_{k,p}\sigma_{pl}-v_{l,p}\sigma_{kp}+v_{p,p}\sigma_{kl})\\\dot{\boldsymbol{S}}&=(\dot{\boldsymbol{T}}-\boldsymbol{T}\boldsymbol{\Gamma}^{\mathrm{T}})\boldsymbol{F}^{-\mathrm{T}}=j\boldsymbol{F}^{-1}(\dot{\boldsymbol{\sigma}}-\boldsymbol{\Gamma}\boldsymbol{\sigma}-\boldsymbol{\sigma}\boldsymbol{\Gamma}^{\mathrm{T}}+v_{p,p}\boldsymbol{\sigma})\boldsymbol{F}^{-\mathrm{T}}\end{aligned}\right\}\tag{3-67}$$

和

$$\left.\begin{aligned}\dot{\sigma}_{kl}&=J(x_{k,K}\dot{T}_{Kl}+v_{k,K}T_{Kl}-v_{p,p}x_{k,K}T_{Kl})\\&=J(x_{k,K}x_{l,L}\dot{S}_{KL}+v_{k,K}x_{l,L}S_{KL}+v_{l,L}x_{k,K}S_{KL}-x_{k,K}x_{l,L}v_{p,p}S_{KL})\\\dot{\boldsymbol{\sigma}}&=J(\boldsymbol{F}\dot{\boldsymbol{T}}+\dot{\boldsymbol{F}}\boldsymbol{T}-v_{p,p}\boldsymbol{F}\boldsymbol{T})=j\boldsymbol{F}(\dot{\boldsymbol{S}}+\boldsymbol{F}^{-1}\dot{\boldsymbol{F}}\boldsymbol{S}+\dot{\boldsymbol{S}}^{\mathrm{T}}\boldsymbol{F}^{-\mathrm{T}}-v_{p,p}\boldsymbol{S})\boldsymbol{F}^{\mathrm{T}}\end{aligned}\right\}\tag{3-68}$$

式(3-68)对把现时构形取作参照构形的流动参照构形也成立,若再令 L 和 E 坐标系一致,那么 $\boldsymbol{x}$ 和 $\boldsymbol{X}$ 相同,按前面的约定,此时同一个字母的大小写下标可以不加区别;t 时刻有 $j=J=1$,$\boldsymbol{F}=\boldsymbol{F}^{-1}=\boldsymbol{I}$,$\boldsymbol{\sigma}=\boldsymbol{S}=\boldsymbol{T}$,从而式(3-65)~式(3-68)简化为

$$\left.\begin{aligned}\dot{T}_{kl}&=\dot{S}_{kl}+S_{km}v_{l,m}=\dot{\sigma}_{kl}-v_{k,p}\sigma_{pl}+v_{p,p}\sigma_{kl}\\\dot{\boldsymbol{T}}&=\dot{\boldsymbol{S}}+\boldsymbol{S}\boldsymbol{\Gamma}^{\mathrm{T}}=\dot{\boldsymbol{\sigma}}-\boldsymbol{\Gamma}\boldsymbol{\sigma}+v_{p,p}\boldsymbol{\sigma}\end{aligned}\right\}\tag{3-69}$$

3.4.2 与刚体旋转无关的应力率

在 2.7.2 节中见到,E 应变率 $\dot{\boldsymbol{\varepsilon}}$ 与物体的刚体旋转有关,而 L 应变率 $\boldsymbol{E}$ 则与之无关。在各种应力率中,弄清哪些与物体的刚体转动有关,哪些无关,在有限变形理论中是很重要的。

首先讨论 E 应力率 $\dot{\boldsymbol{\sigma}}$。设一物体作定轴等角速度刚体旋转,其旋率张量为 $\boldsymbol{\omega}$。取在空间静止的 E 坐标系 $Ox_1x_2x_3$ 和随物体做刚体旋转的动坐标系(Ⅰ坐标系)$\bar{O}\bar{x}_1\bar{x}_2\bar{x}_3$,如图 3-9 所示。

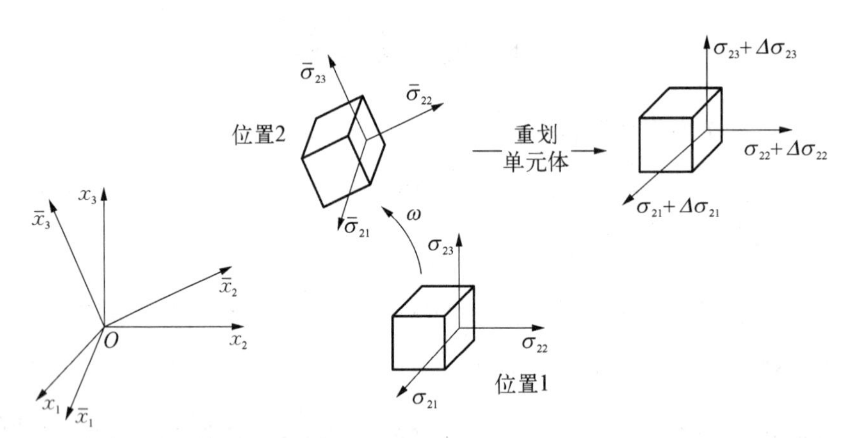

图 3-9 刚体旋转所引起的 $\boldsymbol{\sigma}$ 变化

设 t 瞬时,E 和Ⅰ坐标系重合,从物体中取出的某单元体处于位置 1,其上作用的 E 应力为 $\boldsymbol{\sigma}$。物体做刚体旋转后,在 $t+\Delta t$ 瞬时,该单元体运动到位置 2,其上的应力为 $\bar{\boldsymbol{\sigma}}$。因Ⅰ坐标系和物体一起做等速旋转,因此在Ⅰ坐标系中,$\boldsymbol{\sigma}$ 的诸分量没有变化,即有 $\sigma_{kl}=\bar{\sigma}_{kl}$,$\bar{\sigma}_{kl}$ 为 $\bar{\boldsymbol{\sigma}}$ 在Ⅰ坐标系中的分量,但 σ_{kl} 和 $\bar{\sigma}_{kl}$ 在空间的指向不同。因而若在位置 2 重新截取和 E 坐标系

中的坐标面相平行的单元体，其上将作用应力 $\boldsymbol{\sigma}+\Delta\boldsymbol{\sigma}$，其大小可由 $\bar{\boldsymbol{\sigma}}$ 求出。当 $\Delta t\to 0$ 时，由 Ⅰ 到 E 坐标系的变换张量 Q 可由第 2 章例 1 中的式 (j) 求出：

$$\sigma_{kl}+\Delta\sigma_{kl}=\bar{\sigma}_{mn}Q_{km}Q_{ln}=\bar{\sigma}_{mn}(\delta_{km}+\omega_{km}\Delta t)(\delta_{ln}+\omega_{ln}\Delta t)$$
$$\approx\sigma_{kl}+\sigma_{kn}\omega_{ln}\Delta t+\sigma_{ml}\omega_{km}\Delta t \tag{3-70}$$

把式(3-70)除以 Δt，再令 $\Delta t\to 0$ 并取极限，可得

$$\dot{\sigma}_{kl}=\sigma_{kn}\omega_{ln}+\omega_{km}\sigma_{ml}\quad 或\quad \dot{\boldsymbol{\sigma}}=\boldsymbol{\omega\sigma}-\boldsymbol{\sigma\omega} \tag{3-71}$$

由式(3-71)知，E 应力的物质导数 $\dot{\boldsymbol{\sigma}}$ 与物体的刚体旋转有关，这在应用中是不合适的。但如果从 $\dot{\boldsymbol{\sigma}}$ 中扣除刚体转动的影响，那么剩下的部分便与刚体转动无关了。因此，我们定义焦曼(Jaumann)或焦曼-诺尔(Jaumann-Noll)或共旋(co-rotational)应力率为

$$\dot{\sigma}_{kl}^{\mathrm{J}}=\dot{\sigma}_{kl}-\omega_{kp}\sigma_{pl}-\sigma_{kn}\omega_{ln}\quad 或\quad \dot{\boldsymbol{\sigma}}^{\mathrm{J}}=\dot{\boldsymbol{\sigma}}-\boldsymbol{\omega\sigma}+\boldsymbol{\sigma\omega} \tag{3-72}$$

显然，当物体做刚体旋转时，$\dot{\boldsymbol{\sigma}}^{\mathrm{J}}=\mathbf{0}$；$\dot{\boldsymbol{\sigma}}^{\mathrm{J}}$ 是对称张量。

文献还常引入在随同物体一起变形的坐标系中所观察到的随体(convected)导数，它也与物体的刚体转动无关：

$$\left.\begin{aligned}&\dot{\sigma}_{kl}^{\mathrm{C}}=\dot{\sigma}_{kl}^{\mathrm{J}}-D_{kp}\sigma_{pl}-\sigma_{kp}D_{pl}=\dot{\sigma}_{kl}-v_{k,p}\sigma_{pl}-\sigma_{kp}v_{l,p}\\&\dot{\boldsymbol{\sigma}}^{\mathrm{C}}=\dot{\boldsymbol{\sigma}}^{\mathrm{J}}-\boldsymbol{D\sigma}-\boldsymbol{\sigma D}=\dot{\boldsymbol{\sigma}}-\boldsymbol{\Gamma\sigma}-\boldsymbol{\sigma\Gamma}^{\mathrm{T}}\end{aligned}\right\} \tag{3-73}$$

由式(3-69)，对于流动参照构形与 E、L 坐标系一致的情况，可以求得

$$\dot{\boldsymbol{S}}=\dot{\boldsymbol{\sigma}}-\boldsymbol{\Gamma\sigma}-\boldsymbol{\sigma\Gamma}^{\mathrm{T}}+v_{p,p}\boldsymbol{\sigma}=\dot{\boldsymbol{\sigma}}^{\mathrm{J}}-\boldsymbol{D\sigma}-\boldsymbol{\sigma D}+v_{p,p}\boldsymbol{\sigma} \tag{3-74}$$

$$\dot{\boldsymbol{T}}=\dot{\boldsymbol{\sigma}}-\boldsymbol{\Gamma\sigma}+v_{p,p}\boldsymbol{\sigma}=\dot{\boldsymbol{\sigma}}^{\mathrm{J}}-\boldsymbol{\sigma\omega}-\boldsymbol{D\sigma}+v_{p,p}\boldsymbol{\sigma} \tag{3-75}$$

由式(3-74)知，$\dot{\boldsymbol{S}}$ 是与转动无关的，且是对称张量；由式(3-75)知，$\boldsymbol{T}$ 是与转动有关的，且是不对称张量。

与转动速率无关的应力率称为客观性应力率，且通常记为 $\overset{\nabla}{\boldsymbol{\sigma}}$，可以定义很多，但都必须从物质导数中减去式(3-71)所代表的刚体旋转的影响，即都能表示成 $\dot{\boldsymbol{\sigma}}^{\mathrm{J}}$ 加上与 $\boldsymbol{\omega}$ 无关的一些项，如式(3-73)所示。对于刚体旋转，$\boldsymbol{\omega}$ 是明确的，但对于变形体，正如 2.7.3 节所表明的，可以用作"变形体旋率"的量也有多种定义，如有些作者建议采用相对旋率 $\boldsymbol{\Omega}$ 作为物体旋转的量度，因而建议采用下述修正的 Jaumann 应力率 $\dot{\boldsymbol{\sigma}}^{(\mathrm{G})}$：

$$\dot{\boldsymbol{\sigma}}^{(\mathrm{G})}=\dot{\boldsymbol{\sigma}}-\boldsymbol{\Omega\sigma}+\boldsymbol{\sigma\Omega} \tag{3-76a}$$

而 $\boldsymbol{\Omega}$ 由式(2-168)表示。式(3-76a)还可写成

$$\dot{\boldsymbol{\sigma}}^{(\mathrm{G})}=\dot{\boldsymbol{\sigma}}^{\mathrm{J}}+\frac{1}{2}R(\dot{\boldsymbol{U}}\boldsymbol{U}^{-1}-\boldsymbol{U}^{-1}\dot{\boldsymbol{U}})\boldsymbol{R}^{\mathrm{T}}\boldsymbol{\sigma}+\frac{1}{2}\boldsymbol{\sigma R}(\dot{\boldsymbol{U}}\boldsymbol{U}^{-1}-\boldsymbol{U}^{-1}\dot{\boldsymbol{U}})\boldsymbol{R}^{\mathrm{T}} \tag{3-76b}$$

在现实物体的本构关系中选用的旋率，应当与物质的内部结构联系起来，才会获得满意的结果，这将在适当的地方给以简短的讨论。

3.5 应力率运动方程与平衡方程

在非线性理论中,几何变形较大,且物体的响应与路径相关,所以问题应当采用增率(速度)型或增量型,然后逐步求解。因此,从某种意义上说,增率型运动方程是基本的运动方程,本节将详细推导几种增率型运动方程。

3.5.1 增率型运动方程

设 t 时刻和 $t+\Delta t$ 时刻,L 形式的运动方程分别为

$$\boldsymbol{T}_{K,K}+\rho_0(\boldsymbol{f}-\boldsymbol{w})=\boldsymbol{0} \tag{3-77}$$

$$(\boldsymbol{T}_K+\Delta\boldsymbol{T}_K)_{,K}+\rho_0(\boldsymbol{f}+\Delta\boldsymbol{f}-\boldsymbol{w}-\Delta\boldsymbol{w})=\boldsymbol{0} \tag{3-78}$$

式(3-77)和式(3-78)之差为

$$\Delta\boldsymbol{T}_{K,K}+\rho_0(\Delta\boldsymbol{f}-\Delta\boldsymbol{w})=\boldsymbol{0} \tag{3-79}$$

L 运动方程中的自变量是 X_K,即是针对物体微元写出的,因而式(3-79)的差分公式也是针对物质微元的,是物质差分,把此式除以 Δt,再令 $\Delta t\to 0$,取极限后便得

$$\dot{\boldsymbol{T}}_{K,K}+\rho_0(\dot{\boldsymbol{f}}-\dot{\boldsymbol{w}})=\boldsymbol{0} \quad 或 \quad \mathrm{Div}\,\dot{\boldsymbol{T}}+\rho_0(\dot{\boldsymbol{f}}-\dot{\boldsymbol{w}})=\boldsymbol{0} \tag{3-80}$$

式(3-80)便是 L 应力矢量增率运动方程。推导这一方程时,已应用了 $\dfrac{\mathrm{d}}{\mathrm{d}t}(\boldsymbol{T}_{K,K})=\dot{\boldsymbol{T}}_{K,K}$,因 X_K 与时间 t 无关。式(3-80)表明,如物体在 t 时刻满足 L 运动方程,同时又满足增率形式的 L 运动方程,那么在无限接近的未来时刻 $t+\mathrm{d}t$,物体也一定满足 L 运动方程。

把式(3-80)写成空间坐标系中的分量形式,便得 L 应力率运动方程

$$\dot{T}_{Lk,L}+\rho_0(\dot{f}_k-\dot{w}_k)=0 \tag{3-81}$$

应用式(3-65),式(3-81)可变换为 K 应力率运动方程

$$\frac{\mathrm{d}}{\mathrm{d}t}(S_{KL}x_{k,L})_K+\rho_0(\dot{f}_k-\dot{w}_k)=0$$

$$(\dot{S}_{KL}x_{k,L}+S_{KL}v_{k,L})_{,K}+\rho_0(\dot{f}_k-\dot{w}_k)=0 \tag{3-82}$$

若取用流动参照构形,L 和 E 坐标系一致,式(3-81)和式(3-82)还可写成

$$\dot{T}_{lk,l}+\rho_0(\dot{f}_k-\dot{w}_k)=0 \tag{3-83}$$

$$(\dot{S}_{kl}+S_{kp}v_{l,p})_{,k}+\rho_0(\dot{f}_l-\dot{w}_l)=0 \tag{3-84}$$

E 应力率运动方程是相对于现时构形列出的,实质上它取用的是流动参照构形,把式(3-68)代入式(3-83)或式(3-84)可得

$$\left.\begin{aligned}&(\dot{\sigma}_{kl}-v_{k,p}\sigma_{pl}+v_{p,p}\sigma_{kl})_{,k}+\rho(\dot{f}_l-\dot{w}_l)=0\\&\mathrm{div}(\dot{\boldsymbol{\sigma}}-\boldsymbol{\Gamma}\boldsymbol{\sigma}+v_{p,p}\boldsymbol{\sigma})+\rho(\dot{\boldsymbol{f}}-\dot{\boldsymbol{w}})=\boldsymbol{0}\end{aligned}\right\} \tag{3-85}$$

或

$$\left.\begin{array}{l}(\dot{\sigma}^{\mathrm{J}}_{kl}-D_{kp}\sigma_{pl}+\sigma_{kp}\omega_{lp}+v_{p,p}\sigma_{kl})_{,k}+\rho(f_l-\dot{w}_l)=0\\ \operatorname{div}(\dot{\boldsymbol{\sigma}}^{\mathrm{J}}-\boldsymbol{\sigma}\boldsymbol{\omega}-\boldsymbol{D}\boldsymbol{\sigma}+v_{p,p}\boldsymbol{\sigma})+\rho(\dot{\boldsymbol{f}}-\dot{\boldsymbol{w}})=\boldsymbol{0}\end{array}\right\} \tag{3-86}$$

由于式(3-86)在数值分析理论中较为重要,下面再介绍另一种推导方法。

设 t 时刻和 $t+\Delta t$ 时刻的 E 运动方程分别为

$$\boldsymbol{p}_{k,k}+\rho(\boldsymbol{f}-\boldsymbol{w})=\boldsymbol{0} \tag{3-87}$$

$$(\boldsymbol{p}_k+\Delta'\boldsymbol{p}_k)_{,k}+\rho(\boldsymbol{f}-\boldsymbol{w})+\Delta'[\rho(\boldsymbol{f}-\boldsymbol{w})]=\boldsymbol{0} \tag{3-88}$$

式(3-87)和式(3-88)之差为

$$\Delta'\boldsymbol{p}_{k,k}+\Delta'[\rho(\boldsymbol{f}-\boldsymbol{w})]=\boldsymbol{0} \tag{3-89}$$

因为欧拉描写法着眼于固定的空间微元体,自变量为空间变量 x_k,所以式(3-89)不是固定质点的物质差分,而是固定空间点的局部差分,记号 Δ' 正是强调这一点。在 t 和 $t+\Delta t$ 时刻,E 运动方程是由固定空间微元体,而不是由同一物质微元导出的。因而,把式(3-89)除以 Δt,再令 $\Delta t\to 0$ 取极限,得到的是局部微商的方程:

$$\frac{\partial}{\partial t}(\boldsymbol{p}_{k,k})+\frac{\partial}{\partial t}[\rho(\boldsymbol{f}-\boldsymbol{w})]=\boldsymbol{0} \tag{3-90}$$

式中,$\frac{\partial}{\partial t}(\boldsymbol{p}_{k,k})=\left(\frac{\partial\boldsymbol{p}_k}{\partial t}\right)_{,k}$,因偏导数的次序可以交换。应用物质导数公式

$$\frac{\mathrm{d}}{\mathrm{d}t}=\frac{\partial}{\partial t}+\left(v_n\frac{\partial}{\partial x_n}\right)$$

则式(3-90)可化成

$$\begin{aligned}\dot{\boldsymbol{p}}_{k,k}+\frac{\mathrm{d}}{\mathrm{d}t}[\rho(\boldsymbol{f}-\boldsymbol{w})]&=\left[\left(v_n\frac{\partial}{\partial x_n}\right)\boldsymbol{p}_k\right]_{,k}+\left(v_n\frac{\partial}{\partial x_n}\right)[\rho(\boldsymbol{f}-\boldsymbol{w})]\\&=\left(v_n\frac{\partial}{\partial x_n}\right)[\boldsymbol{p}_{k,k}+\rho(\boldsymbol{f}-\boldsymbol{w})]+v_{n,k}\boldsymbol{p}_{k,n}=v_{n,k}\boldsymbol{p}_{k,n}\end{aligned} \tag{3-91}$$

式(3-91)中应用了运动方程。式(3-91)和 L 应力矢量增率运动方程(3-80)在形式上的差别之一,是式(3-91)多了等式最右边的项,该项是由质点的迁移运动引起的。微分式(3-4)得

$$\frac{\mathrm{d}\rho}{\mathrm{d}t}=\rho_0\frac{\mathrm{d}j^{-1}}{\mathrm{d}t}=-\rho_0 j^{-1}v_{q,q}=-\rho v_{q,q}$$

在流动参照构形中 $j=1$,应用这些条件和运动方程后可得

$$\begin{aligned}\frac{\mathrm{d}}{\mathrm{d}t}[\rho(\boldsymbol{f}-\boldsymbol{w})]&=\rho\frac{\mathrm{d}}{\mathrm{d}t}(\boldsymbol{f}-\boldsymbol{w})+\frac{\mathrm{d}\rho}{\mathrm{d}t}(\boldsymbol{f}-\boldsymbol{w})\\&=\rho(\dot{\boldsymbol{f}}-\dot{\boldsymbol{w}})-v_{q,q}\rho(\boldsymbol{f}-\boldsymbol{w})=\rho(\dot{\boldsymbol{f}}-\dot{\boldsymbol{w}})+v_{q,q}\boldsymbol{p}_{k,k}\end{aligned} \tag{3-92}$$

把式(3-92)代入式(3-91),便得与式(3-85)对应的矢量形式的运动方程。

$$\dot{\boldsymbol{p}}_{k,k}-v_{n,k}\boldsymbol{p}_{k,n}+v_{q,q}\boldsymbol{p}_{k,k}+\rho(\dot{\boldsymbol{f}}-\dot{\boldsymbol{w}})=\boldsymbol{0} \tag{3-93}$$

3.5.2 应力率边界条件

在E描写法中,自变量 x_k、边界形状及其法线 $\boldsymbol{n}$ 都是时间的函数,所以边界条件是相当复杂的。对式(3-19)微分可得

$$\left.\begin{aligned}\dot{\bar{p}}_l&=\frac{\mathrm{d}}{\mathrm{d}t}(\sigma_{kl}n_k)=\dot{\sigma}_{kl}n_k+\sigma_{kl}\dot{n}_k\\ \dot{\bar{\boldsymbol{p}}}^{(n)}&=\boldsymbol{n}\cdot\dot{\boldsymbol{\sigma}}+\dot{\boldsymbol{n}}\cdot\boldsymbol{\sigma}\end{aligned}\right\} \tag{3-94}$$

应用第2章的式(2-149a)和式(2-149b),式(3-94)可化成

$$\left.\begin{aligned}\dot{\bar{p}}_l&=(\dot{\sigma}_{kl}+\sigma_{kl}v_{r,m}n_rn_m-\sigma_{rl}v_{k,r})n_k\\ \dot{\bar{\boldsymbol{p}}}^{(n)}&=\dot{\boldsymbol{\sigma}}\boldsymbol{n}+\boldsymbol{\sigma}[(\boldsymbol{n}\cdot\boldsymbol{\Gamma}\boldsymbol{n})\boldsymbol{n}-\boldsymbol{\Gamma}^{\mathrm{T}}\boldsymbol{n}]\end{aligned}\right\} \tag{3-95}$$

在L描写法中,自变量 X_K,边界形状及其法线 $\boldsymbol{N}$ 都不随时间变化,故常用K或L应力去求解问题。对式(3-34)和式(3-35)微分可得

$$\left.\begin{aligned}\dot{\bar{T}}_l&=\dot{T}_{Kl}N_K=(\dot{S}_{KL}x_{l,L}+S_{KL}v_{l,L})N_K\\ \dot{\bar{\boldsymbol{T}}}^{(N)}&=\boldsymbol{N}\cdot\dot{\boldsymbol{T}}=\boldsymbol{N}\cdot(\boldsymbol{S}\cdot\boldsymbol{F}^{\mathrm{T}})^{\cdot}\end{aligned}\right\} \tag{3-96}$$

式中,$\dot{\bar{T}}_l=\partial\bar{T}_l/\partial t$,$\dot{T}_{kl}=\partial T_{kl}/\partial t$,$\dot{S}_{KL}=\partial S_{KL}/\partial t$。

式(3-94)~式(3-96)便是一般的应力率边界条件。因为 $\dot{\bar{\boldsymbol{p}}}^{(n)}$ 或 $\bar{\boldsymbol{p}}^{(n)}$ 都是时间 t 的函数,它们随时间变化的规律往往又与边界形状的变化耦合在一起,所以问题较为复杂,需要具体问题具体研究。例如对于水静压力为 $p_0\boldsymbol{n}$ 的边界条件,此时在边界面上恒有 $\bar{p}_l=\bar{p}_0\dot{\boldsymbol{n}}_l$,从而增率边界条件为 $\dot{\bar{\boldsymbol{p}}}=\bar{p}_0\dot{\boldsymbol{n}}$。又如对于所谓的"死载荷",即不随时间而变的载荷,$\bar{p}_l=\bar{p}_{l0}=$ 常数,增率边界条件为 $\dot{\bar{p}}_l=0$。式(3-94)或式(3-95)也可用Jaumann应力率来表示。

例5 试直接微分E运动方程以求E应力率运动方程。

解: E运动方程

$$\sigma_{kl,k}+\rho(f_l-w_l)=0 \tag{3-97}$$

式(3-97)对时间 t 求导可得

$$\begin{aligned}&\frac{\mathrm{d}}{\mathrm{d}t}(\sigma_{kl,K}X_{K,k})+\dot{\rho}(f_l-w_l)+\rho(\dot{f}_l-\dot{w}_l)\\ &=\dot{\sigma}_{kl,K}X_{K,k}+\sigma_{kl,K}\frac{\mathrm{d}}{\mathrm{d}t}(X_{K,k})-\rho v_{q,q}(f_l-w_l)+\rho(\dot{f}_l-\dot{w}_l)\\ &=\dot{\sigma}_{kl,k}-\sigma_{kl,m}v_{m,k}+v_{q,q}\sigma_{kl,k}+\rho(\dot{f}_l-\dot{w}_l)\\ &=(\dot{\sigma}_{kl}-v_{k,q}\sigma_q+v_{q,q}\sigma_{kl})_{,k}-\sigma_{ql}v_{k,qk}+\sigma_{kl}v_{q,qk}+\rho(\dot{f}_l-\dot{w}_l)\\ &=(\dot{\sigma}_{kl}-v_{k,q}\sigma_{ql}+v_{q,q}\sigma_{kl})_{,k}+\rho(\dot{f}_l-\dot{w}_l)=0\end{aligned} \tag{3-98}$$

式(3-98)即式(3-85)。

3.6 间断面上的间断条件,含间断面时体积分等的物质导数

在连续介质力学的许多问题中,某些物理量通过某一薄层后会发生显著的变化,通常把这一薄层理想化为一不连续面或间断面,在它的两侧,某些物理量取不同的有限值,或谓通过间断面后发生跳跃或间断。例如超声速流中的击波面,理想弹塑性梁在极限载荷作用下的中性层等都属于这种情形。

3.6.1 质量间断面上的间断条件

我们知道,质量守恒方程是自然界的普遍定律,不管在介质内是否存在间断面,都应该满足守恒定律,因此,通过间断面的间断条件,只是守恒定律在特定情况下的一种特殊表现。

设连续介质中存在一间断面 π。间断面的法线 $\boldsymbol{n}$,由负侧指向正侧,在坐标轴上的投影为 n_k;间断面以速度 $\boldsymbol{\nu}$ 在空间运动,它的分量为 ν_k。围绕间断面上 P 点作一微小平行六面体,3 个边长分别为 $\mathrm{d}l_1$、$\mathrm{d}l_2$ 和 $\mathrm{d}h$,其中 $\mathrm{d}h$ 为位于间断面两侧且和其平行的两个面的间距(见图 3-10)。

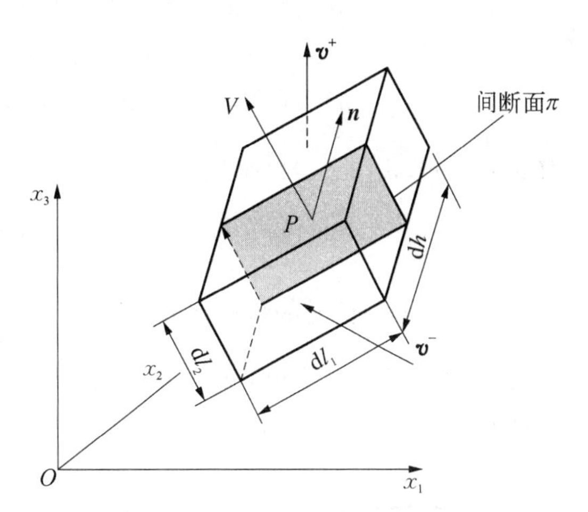

图 3-10 以速度 ν 运动的间断面

若选取一个动坐标系和间断面一起运动,那么间断面在动坐标系中便是静止的。因而在这种动坐标系中,间断面正侧介质的相对速度为 $\boldsymbol{v}^+ - \boldsymbol{\nu}$,负侧的为 $\boldsymbol{v}^- - \boldsymbol{\nu}$。因此由负侧流入和正侧流出间断面的质量分别为

负侧流入: $$(\boldsymbol{v}^- - \boldsymbol{\nu})\cdot\boldsymbol{n}\,\mathrm{d}l_1\mathrm{d}l_2$$

正侧流出: $$(\boldsymbol{v}^+ - \boldsymbol{\nu})\cdot\boldsymbol{n}\,\mathrm{d}l_1\mathrm{d}l_2$$

因此经过此两面流出的净质量速度为 $[\rho^+(\boldsymbol{v}^+ - \boldsymbol{\nu}) - \rho^-(\boldsymbol{v}^- - \boldsymbol{\nu})]\cdot n\mathrm{d}l_1\mathrm{d}l_2$,经过 $\mathrm{d}h\mathrm{d}l_1$ 两对面和从 $\mathrm{d}h\mathrm{d}l_2$ 两对面流出的质量速度以及六面体中质量的变化率,因 $\mathrm{d}h$ 相对于 $\mathrm{d}l_1$、$\mathrm{d}l_2$ 为高阶小量,故均可以忽略不计,从而通过单位间断面时质量的间断(或连续)条件为

$$\left.\begin{aligned}&-\frac{1}{\mathrm{d}l_1\mathrm{d}l_2}\frac{\mathrm{d}}{\mathrm{d}t}\int_{\Delta v}\rho\mathrm{d}v = [\rho(\boldsymbol{v}-\boldsymbol{\nu})]\cdot\boldsymbol{n} = [\rho(v_k-\nu_k)]n_k = 0\\&[\rho(\boldsymbol{v}-\boldsymbol{\nu})]\cdot\boldsymbol{n} = \rho^+(\boldsymbol{v}^+ - \boldsymbol{\nu})\cdot\boldsymbol{n} - \rho^-(\boldsymbol{v}^- - \boldsymbol{\nu})\cdot\boldsymbol{n}\end{aligned}\right\}\tag{3-99}$$

对静止间断面,式(3-99)简化为

$$[\rho\boldsymbol{v}]\cdot\boldsymbol{n} = 0,\ 或\ \rho^+\boldsymbol{v}^+\cdot\boldsymbol{n} = \rho^-\boldsymbol{v}^-\cdot\boldsymbol{n}$$

3.6.2 动量在间断面上的间断条件

利用与上面相同的方法,把质量换为动量,便得流出围绕 P 点单位间断面的薄层微小六

面体的总动量速度为

$$\frac{1}{\mathrm{d}l_1\mathrm{d}l_2}\frac{\mathrm{d}}{\mathrm{d}t}\int_{\Delta v}\rho\boldsymbol{v}\,\mathrm{d}\boldsymbol{v}=[\rho\boldsymbol{v}\cdot(\boldsymbol{v}-\boldsymbol{\nu})]\cdot n=[\rho\boldsymbol{v}(v_k-\nu_k)]n_k \tag{3-100a}$$

按动量方程式(3-45),还需要计算

$$\oint_{\Delta a}\boldsymbol{p}^{(n)}\,\mathrm{d}a=\oint_{\Delta a}\boldsymbol{p}_k n_k\,\mathrm{d}a=[\boldsymbol{p}_k]n_k\,\mathrm{d}l_1\mathrm{d}l_2=\boldsymbol{n}\cdot[\boldsymbol{\sigma}]\mathrm{d}l_1\mathrm{d}l_2 \tag{3-100b}$$

由于$\oint_{\Delta v}\rho\boldsymbol{f}\,\mathrm{d}v$为更高阶的无穷小量,故略去后,由式(3-100a)和式(3-100b)得,通过间断面时,动量的间断(或连续)条件为

或

$$\left.\begin{aligned}&\frac{1}{\mathrm{d}l_1\mathrm{d}l_2}\frac{\mathrm{d}}{\mathrm{d}t}\int_{\Delta v}\rho\boldsymbol{v}\mathrm{d}v-[\rho\boldsymbol{v}(v_k-\nu_k)]\cdot n_k=[\boldsymbol{p}_k]n_k\\&[\rho v_l(v_k-\nu_k)]n_k=[\sigma_{kl}]n_k\\&\boldsymbol{n}\cdot[(\boldsymbol{v}-\boldsymbol{\nu})\otimes\rho\boldsymbol{v}]=[\rho\boldsymbol{v}\{(\boldsymbol{v}-\boldsymbol{\nu})\cdot\boldsymbol{n}\}]=\boldsymbol{n}\cdot[\boldsymbol{\sigma}]\end{aligned}\right\} \tag{3-101}$$

对静止间断面,式(3-101)简化为

$$[\rho\boldsymbol{v}v_k]n_k=[\boldsymbol{p}_k]n_k\quad \boldsymbol{n}\cdot[\boldsymbol{v}\otimes\rho\boldsymbol{v}]=\boldsymbol{n}\cdot[\boldsymbol{\sigma}] \tag{3-102}$$

3.6.3 含间断面时的积分定理和体积分的物质导数

式(1-52)给出了体积分和面积分相互转换的高斯公式,若在体积v内存在一以速度$\boldsymbol{\nu}$运动的间断面π(见图3-11),由于π的两侧物理量$\boldsymbol{u}$有间断,因而该公式要加以修正。

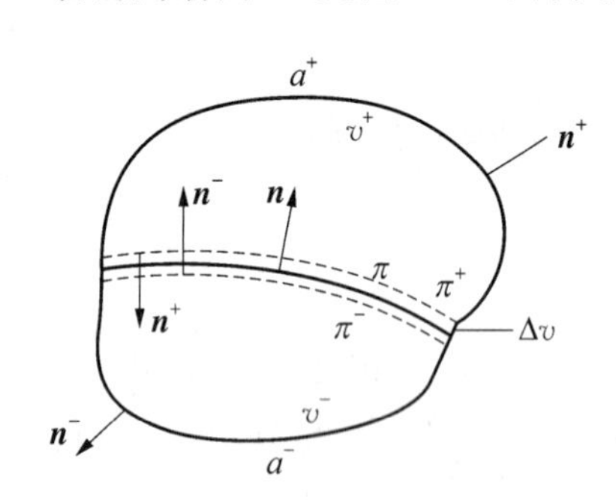

图3-11 体积v中含有间断面π

把v分为v^+、v^-和Δv,Δv为包含间断面π在内的一薄层体积,当薄层厚度无限趋于零的极限情形时,我们仍记Δv为π。v^+、v^-的表面分别为$a^+ + \pi^+$、$a^- + \pi^-$,法线为$\boldsymbol{n}^+$和$\boldsymbol{n}^-$,π面的法线为$\boldsymbol{n}$,由v^-指向v^+。式(1-52)可以写成

$$\int_v\boldsymbol{\nabla}\cdot\boldsymbol{u}\mathrm{d}v=\lim_{\Delta v\to 0}\left\{\int_{v^+}\boldsymbol{\nabla}\cdot\boldsymbol{u}\mathrm{d}v+\int_{v^-}\boldsymbol{\nabla}\cdot\boldsymbol{u}\mathrm{d}v+\int_{\Delta v}\boldsymbol{\nabla}\cdot\boldsymbol{u}\mathrm{d}v\right\}$$

或

$$\begin{aligned}\int_{v-\pi}\boldsymbol{\nabla}\cdot\boldsymbol{u}\mathrm{d}v&=\int_{v^+}\boldsymbol{\nabla}\cdot\boldsymbol{u}\mathrm{d}v+\int_{v^-}\boldsymbol{\nabla}\cdot\boldsymbol{u}\mathrm{d}v\\&=\int_{a^+}\boldsymbol{n}^+\cdot\boldsymbol{u}^+\,\mathrm{d}a+\int_{\pi^+}\boldsymbol{n}^+\cdot\boldsymbol{u}^+\,\mathrm{d}a+\int_{a^-}\boldsymbol{n}^-\cdot\boldsymbol{u}^-\,\mathrm{d}a+\int_{\pi^-}\boldsymbol{n}^-\cdot\boldsymbol{u}^-\,\mathrm{d}a\\&=\int_{a-\pi}\boldsymbol{n}\cdot\boldsymbol{u}\mathrm{d}a-\int_{\pi}\boldsymbol{n}\cdot[\boldsymbol{u}]\mathrm{d}a\end{aligned} \tag{3-103}$$

式中,$[\boldsymbol{u}]=\boldsymbol{u}^+-\boldsymbol{u}^-$,$a-\pi=a^++a^-$,$v-\pi=v^++v^-$

利用式(3-103),含间断面的雷诺(Reynold)输运定理可以写成

$$\frac{\mathrm{d}}{\mathrm{d}t}\int_{v-\pi}\varphi\mathrm{d}v=\int_{v-\pi}\frac{\partial\varphi}{\partial t}\mathrm{d}v+\int_{a-\pi}\varphi\boldsymbol{v}\cdot\boldsymbol{n}\mathrm{d}a-\int_{\pi}[\varphi\boldsymbol{v}]\cdot\boldsymbol{n}\mathrm{d}a$$

$$=\int_{v-\pi}\frac{\partial\varphi}{\partial t}\mathrm{d}v+\int_{v-\pi}\boldsymbol{\nabla}\cdot(\varphi\boldsymbol{v})\mathrm{d}v+\int_{\pi}\boldsymbol{n}\cdot[(\boldsymbol{v}-\boldsymbol{v})]\mathrm{d}a$$

$$=\int_{v-\pi}(\dot{\varphi}+\varphi\boldsymbol{\nabla}\cdot\boldsymbol{v})\mathrm{d}v+\int_{\pi}[\varphi(\boldsymbol{v}-\boldsymbol{v})]\cdot\boldsymbol{n}\mathrm{d}a \tag{3-104}$$

上面已应用了式(3-103)并设间断面 π 以速度 $\boldsymbol{v}$ 运动。式(1-57)给出了面积分和线积分相互转换的斯托克斯公式,若存在间断线 γ,则相应公式需要修改。参照图 3-12,我们有

$$\int_{a-\gamma}(\boldsymbol{\nabla}\times\boldsymbol{u})\cdot\boldsymbol{n}\mathrm{d}a=\int_{c^+}\boldsymbol{u}\cdot\mathrm{d}\boldsymbol{x}+\int_{\gamma^+}\boldsymbol{u}^+\cdot\mathrm{d}\boldsymbol{x}^++$$

$$\int_{c_-}\boldsymbol{u}\cdot\mathrm{d}\boldsymbol{x}+\int_{\gamma^-}\boldsymbol{u}^-\cdot\mathrm{d}\boldsymbol{x}$$

$$=\int_{c-\gamma}\boldsymbol{u}\cdot\mathrm{d}\boldsymbol{x}-\int_{\gamma}[\boldsymbol{u}]\cdot\boldsymbol{t}\mathrm{d}s \tag{3-105}$$

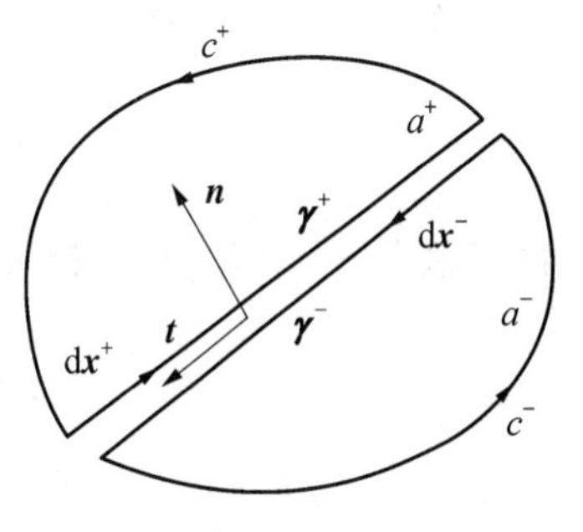

图 3-12 含间断线 γ 的物质面

式中,$c-\gamma=c^++c^-$;$[\boldsymbol{u}]=\boldsymbol{u}^+-\boldsymbol{u}^-$;$\boldsymbol{t}$ 由 $\boldsymbol{n}$ 逆时针方向旋转 90° 得到;$\boldsymbol{n}$ 由 $\boldsymbol{\gamma}^-$ 指向 $\boldsymbol{\gamma}^+$;$\mathrm{d}s$ 为 $\boldsymbol{\gamma}$ 上微元长度;$\mathrm{d}\boldsymbol{x}^-=\boldsymbol{t}\mathrm{d}s$。

式(3-13)给出了面积分的物质导数的表示式,现把它推广到含间断线 γ 的情形。首先对无 γ 的情形,利用式(1-57),把式(3-13)改写成

$$\frac{\mathrm{d}}{\mathrm{d}t}\int_a\boldsymbol{w}\cdot\mathrm{d}\boldsymbol{a}=\int_a\overset{*}{\boldsymbol{w}}\cdot\mathrm{d}\boldsymbol{a}=\int_a\left\{\frac{\partial\boldsymbol{w}}{\partial t}+\boldsymbol{v}(\boldsymbol{\nabla}\cdot\boldsymbol{w})\right\}\cdot\mathrm{d}\boldsymbol{a}+\int_c(\boldsymbol{w}\times\boldsymbol{v})\cdot\mathrm{d}\boldsymbol{x} \tag{3-106}$$

类似于式(3-104)的讨论,当存在以速度 $\boldsymbol{v}$ 运动的间断线 γ 时,利用式(3-105),式(3-106)可化为

$$\frac{\mathrm{d}}{\mathrm{d}t}\int_{a-\gamma}\boldsymbol{w}\cdot\mathrm{d}\boldsymbol{a}=\int_{a-\gamma}\overset{*}{\boldsymbol{w}}\cdot\mathrm{d}\boldsymbol{a}+\int_{\gamma}[\boldsymbol{w}\times(\boldsymbol{v}-\boldsymbol{v})]\cdot\boldsymbol{t}\mathrm{d}s \tag{3-107}$$

式(3-107)在电磁理论中有重要应用。

3.6.4 间断面上的运动学条件

在 E 描述法中,任意一物理量 φ 的物质导数为 $\mathrm{d}\varphi/\mathrm{d}t=\partial\varphi/\partial t+\boldsymbol{\nabla}\varphi\cdot\boldsymbol{v}$。因此在间断面上存在下列运动学条件:

$$\frac{\mathrm{d}[\varphi]}{\mathrm{d}t}=\left[\frac{\partial\varphi}{\partial t}\right]+[\boldsymbol{\nabla}\varphi]\cdot\boldsymbol{v} \tag{3-108a}$$

对矢量 $\boldsymbol{u}$ 有

$$\frac{\mathrm{d}[\boldsymbol{u}]}{\mathrm{d}t}=\left[\frac{\partial\boldsymbol{u}}{\partial t}\right]+[\mathrm{grad}\boldsymbol{u}]\cdot\boldsymbol{v} \tag{3-108b}$$

特别是,当 $\boldsymbol{u}$ 为位移,越过间断面时连续则有 $[\boldsymbol{u}]=\mathrm{d}[\boldsymbol{u}]/\mathrm{d}t=0$,从而

$$\left[\frac{\partial \boldsymbol{u}}{\partial t}\right]=-[\boldsymbol{u}\otimes\boldsymbol{\nabla}]\cdot\boldsymbol{v}\quad\left[\frac{\partial u_k}{\partial t}\right]=-[u_{k,l}]v_l \tag{3-109}$$

例 6 试写出存在间断面 π 时的下列方程

$$\frac{\mathrm{d}}{\mathrm{d}t}\int_v \varphi\mathrm{d}v=\oint_a \boldsymbol{\tau}\cdot\boldsymbol{n}\mathrm{d}a+\int_v \rho f\mathrm{d}v$$

解: 类似于上面的讨论有

$$\oint_{a-\pi}\boldsymbol{\tau}\cdot\boldsymbol{n}\mathrm{d}a=\int_{a^+}\boldsymbol{\tau}\cdot\boldsymbol{n}\mathrm{d}a+\int_{a^-}\boldsymbol{\tau}\cdot\boldsymbol{n}\mathrm{d}a+\int_\pi[\boldsymbol{\tau}]\boldsymbol{n}\mathrm{d}a$$

再利用式(3-103),便可推出

$$\begin{aligned}&\int_{v-\pi}\left(\frac{\mathrm{d}\varphi}{\mathrm{d}t}+\varphi v_{k,k}\right)\mathrm{d}v+\int_\pi[\varphi(v_k-\nu_k)]n_k\mathrm{d}a\\&=\int_{a-\pi}\tau_k n_k\mathrm{d}a+\int_\pi[\tau_k]n_k\mathrm{d}a+\int_v\rho f\mathrm{d}v\end{aligned} \tag{3-110a}$$

或改写成

$$\int_{v-\pi}\left[\frac{\partial\varphi}{\partial t}+\mathrm{div}(\varphi v)-\tau_{k,k}-\rho f\right]\mathrm{d}v+\int_a[\varphi(v_k-\nu_k)-\tau_k]n_k\mathrm{d}a=0 \tag{3-110b}$$

特别是,把式(3-110)应用到动量方程时有

$$\int_{v-\pi}\left(\rho\frac{\mathrm{d}\boldsymbol{v}}{\mathrm{d}t}-\boldsymbol{p}_{k,k}-\rho\boldsymbol{f}\right)\mathrm{d}v+\int_a[\rho\boldsymbol{v}(v_k-\nu_k)-\boldsymbol{p}_k]n_k\mathrm{d}a=0 \tag{3-111a}$$

或

$$\int_{v-\pi}\left(\rho\frac{\mathrm{d}\boldsymbol{v}}{\mathrm{d}t}-\mathrm{div}(\boldsymbol{\sigma})-\rho\boldsymbol{f}\right)\mathrm{d}v+\int_a[\rho\boldsymbol{v}(\boldsymbol{v}-\boldsymbol{\nu})-\boldsymbol{\sigma}]\cdot\boldsymbol{n}\mathrm{d}a=0 \tag{3-111b}$$

习　　题

1. 证明恒等式

$$\frac{\mathrm{d}}{\mathrm{d}t}\int_a\boldsymbol{v}\cdot\boldsymbol{n}\mathrm{d}a=\frac{\mathrm{d}}{\mathrm{d}t}\int_v\mathrm{div}\,\boldsymbol{v}\mathrm{d}v=\frac{\mathrm{d}}{\mathrm{d}t}\int_v\frac{1}{j}\frac{\mathrm{d}j}{\mathrm{d}t}\mathrm{d}v$$

式中,a 是 v 的表面。

2. 设一不可压缩的二维流体流动的速度分布为

$$\boldsymbol{v}=A\frac{x_1^2-x_2^2}{r^4}\boldsymbol{i}_1+2A\frac{x_1x_2}{r^4}\boldsymbol{i}_2\quad r^2=x_1^2+x_2^2$$

试证此运动为无旋运动且满足连续性方程。

3. 设在 P 点的应力张量 $\boldsymbol{\sigma}$ 由下列数组给出:

$$\boldsymbol{\sigma}=\begin{bmatrix}7 & 0 & -2\\ 0 & 5 & 0\\ -2 & 0 & 4\end{bmatrix}$$

试证单位法线为 $n=\frac{2}{3}\boldsymbol{i}_1-\frac{2}{3}\boldsymbol{i}_2+\frac{1}{3}\boldsymbol{i}_3$ 的平面上的应力矢量为

$$\boldsymbol{p}^{(n)}=4\boldsymbol{i}_1-\frac{10}{3}\boldsymbol{i}_2$$

4. 设过 P 点的单位法线为 $\boldsymbol{n}$ 的平面上的应力矢量为 $\boldsymbol{p}^{(n)}$，法应力为 σ，切应力为 τ，试证在主轴坐标系中成立

$$(\sigma_2-\sigma)(\sigma_3-\sigma)+\tau^2=n_1^2(\sigma_2-\sigma_1)(\sigma_3-\sigma_1)$$

$$(\sigma_3-\sigma)(\sigma_1-\sigma)+\tau^2=n_2^2(\sigma_3-\sigma_2)(\sigma_1-\sigma_2)$$

$$(\sigma_1-\sigma)(\sigma_2-\sigma)+\tau^2=n_3^2(\sigma_1-\sigma_3)(\sigma_2-\sigma_3)$$

并在 σ - $|\tau|$ 图上作图表示，该图称为莫尔(Mohr)圆。

5. 对颗粒体的振动和大分子聚合物，以及存在高应力梯度的情形，经典弹性理论和实验符合不佳，Cosserat 兄弟的偶应力理论有重要意义。这一理论认为在任意一微元面上，不仅作用应力矢量 $\boldsymbol{p}^{(n)}$，还作用偶应力矢量 $\boldsymbol{m}^{(n)}$，$\boldsymbol{m}^{(n)}\mathrm{d}A$ 表示作用在 $\mathrm{d}A$ 微面元上的力矩。令

$$p_k=\sigma_{lk}n_l \quad m_k=\mu_{lk}n_l$$

式中，σ_{kl} 为 E 应力；μ_{kl} 为偶应力。又设单位质量的体积力为 $\boldsymbol{f}$，单位质量的体积力偶为 $\boldsymbol{\zeta}$，试证

力平衡方程为 $$\sigma_{lk,l}+\rho f_k=0$$

力矩平衡方程为 $$e_{klm}\sigma_{lm}+\mu_{lk,l}+\rho\zeta_k=0$$

6. 法线为 $\boldsymbol{n}$ 的任意一微元面上的切应力的平方可表示为 $\tau^2=\boldsymbol{p}^{(n)}\cdot\boldsymbol{p}^{(n)}-(\boldsymbol{n}\cdot\boldsymbol{p}^{(n)})^2$，试证 τ^2 沿所有可能方向的平均值为

$$\frac{1}{15}[(\sigma_2-\sigma_3)^2+(\sigma_3-\sigma_1)^2+(\sigma_1-\sigma_2)^2]$$

式中，σ_1、σ_2 和 σ_3 为主应力。

7. 研究体积为 v，表面为 a 的物体，在其内部作用体积力 $\boldsymbol{f}$，表面上作用面力 $\boldsymbol{p}^{(n)}=\boldsymbol{n}\cdot\boldsymbol{\sigma}$，试证平均应力 σ_m 张量为

$$v\sigma_m=\int_v\boldsymbol{\sigma}\mathrm{d}v=\int_a\boldsymbol{p}^{(n)}\otimes\boldsymbol{x}\mathrm{d}a+\int_v\rho\boldsymbol{f}\otimes\boldsymbol{x}\mathrm{d}v \tag{3-112}$$

式中，$\boldsymbol{x}$ 为矢径。式(3-112)称为 Signorini 定理。

8. 试证下列诸公式成立：

$$\int_V\boldsymbol{F}\mathrm{d}V=\int_A\boldsymbol{x}\otimes\boldsymbol{N}\mathrm{d}A$$

$$\int_V \boldsymbol{T} \mathrm{d}V = \int_A \boldsymbol{X} \otimes \boldsymbol{T}^{\mathrm{T}} \boldsymbol{N} \mathrm{d}A + \int_A \rho_0 \boldsymbol{X} \otimes \boldsymbol{f} \mathrm{d}V$$

$$\int_V \boldsymbol{F}\boldsymbol{T} \mathrm{d}V = \int_A \boldsymbol{x} \otimes \boldsymbol{T}^{\mathrm{T}} \boldsymbol{N} \mathrm{d}A + \int_V \rho_0 \boldsymbol{x} \otimes \boldsymbol{f} \mathrm{d}V$$

式中,V 和 A 分别为物体在初始时刻的体积和表面积;$\boldsymbol{x}$ 为现时构形中的矢径;$\boldsymbol{X}$ 为初始构形中的矢径。

9. 试直接证明随体导数 $\dot{\boldsymbol{\sigma}}^{\mathrm{c}} = \dot{\boldsymbol{\sigma}} - \boldsymbol{\Gamma}\boldsymbol{\sigma} - \boldsymbol{\sigma}\boldsymbol{\Gamma}^{\mathrm{T}}$ 与刚体旋转无关,并试构造几种有意义的其他与刚体旋转无关的 $\boldsymbol{\sigma}$ 的导数。

10. 试证

$$\mathrm{tr}(\dot{\boldsymbol{T}}\dot{\boldsymbol{F}}) = \mathrm{tr}(\dot{\boldsymbol{S}}\dot{\boldsymbol{E}}) + \mathrm{tr}(\boldsymbol{S}\dot{\boldsymbol{F}}^{\mathrm{T}}\dot{\boldsymbol{F}})$$

4 虚功率原理与增量理论

4.1 虚功率原理

4.1.1 E 描述法

假设一个物体在变形后的现时结构形中，体积为 v，表面为 a，$a = a_\sigma + a_u$，在 a_σ 上给定表面力 $\bar{p}^{(n)}$，在 a_u 上给定表面位移 $\bar{\boldsymbol{u}}$ 或速度 $\boldsymbol{v}$，单位质量上作用的体积力为 $\boldsymbol{f}$。同时存在下列方程

$$\left.\begin{array}{lll} \text{欧拉运动方程} & \sigma_{lk,l} + \rho(f_k - w_k) = 0 & \\ \text{应力边界条件} & \sigma_{lk} n_l = \bar{p}_k & \text{在 } a_0 \text{ 上} \\ \text{速度边界条件} & v_k = \bar{v}_k & \text{在 } a_u \text{ 上} \end{array}\right\} \tag{4-1}$$

在现时构形中，设想给物体内各点以虚速度 $\delta \boldsymbol{v} = \delta v_k \boldsymbol{i}_k$，其中 δv_k 仅是 x_k 的函数，同时在 a_u 上 $v_k = \bar{v}_k$ 或 $\delta v_k = 0$。从而外力（包括惯性力）将因虚速度而作虚功率，即

$$\delta \dot{W}^* = \int_v \rho(\boldsymbol{f} - \boldsymbol{w}) \cdot \delta \boldsymbol{v} \mathrm{d}v + \int_{a_\sigma} \bar{\boldsymbol{p}}^{(n)} \cdot \delta \boldsymbol{v} \mathrm{d}a \tag{4-2a}$$

应用 $\bar{p}^{(n)} = \boldsymbol{p}_k n_k$ 和散度定理，并考虑到在 a_v 上 $\delta v_k = 0$（速度边界条件），则有

$$\begin{aligned} \int_{a_a} \bar{\boldsymbol{p}}^{(n)} \cdot \delta \boldsymbol{v} \mathrm{d}a &= \int_a \boldsymbol{p}_k n_k \cdot \delta v \mathrm{d}a = \int_v (\boldsymbol{p}_k \cdot \delta \boldsymbol{v})_{,k} \mathrm{d}v \\ &= \int_v \boldsymbol{p}_{k,k} \delta \boldsymbol{v} \mathrm{d}v + \int_v \boldsymbol{p}_k \cdot \delta \boldsymbol{v}_{,k} \mathrm{d}v = \int_v p_{k,k} \delta \boldsymbol{v} \mathrm{d}v + \int_v \sigma_{kl} \delta D_{lk} \mathrm{d}v \end{aligned}$$

式中

$$\delta D_{kl} = \frac{1}{2}(\delta v_{k,l} + \delta v_{l,k}) \tag{4-3}$$

为虚变形率。从而应用运动方程后，式(4－2a)化为

$$\delta \dot{W}^* = \int_v \sigma_{kl} \delta D_{kl} \mathrm{d}v = \int_v \boldsymbol{\sigma} : \delta \boldsymbol{D} \mathrm{d}v \tag{4-2b}$$

式中，$\int_v \boldsymbol{\sigma} : \delta \boldsymbol{D} \mathrm{d}v$ 表示物体因虚速度引起的单位体积的虚应变能增率。式(4－2b)表示虚功率和虚应变能增率相等，称为 E 描述法的虚功率原理或虚速度原理，它是力学中的一个普遍原理。如设虚功率原理成立，则因

$$\begin{aligned} \int_v \sigma_{kl} \delta D_{kl} \mathrm{d}v &= \int_v (\sigma_{kl} \delta v_k)_{,l} \mathrm{d}v - \int_v \sigma_{kl,l} \delta v_k \mathrm{d}v \\ &= \int_a \sigma_{kl} n_l \delta v_k \mathrm{d}a - \int_v \sigma_{kl,l} \delta v_k \mathrm{d}v \end{aligned}$$

代入式(4-2b)便得

$$\int_v \rho(f_k - w_k)\delta v_k \mathrm{d}v + \int_{a_\sigma} \bar{p}_k \delta v_k \mathrm{d}a = \int_a \sigma_{kl} n_l \delta v_k \mathrm{d}a - \int_v \sigma_{kl,l} \delta v_k \mathrm{d}v$$

由 δv_k 的任意性和在 a_v 上 $\delta v_k = 0$ 的条件,立即可得运动方程和应力边界条件。因此,在现在的条件下,虚功率原理与运动方程和应力边界条件等阶。

4.1.2 L 描述法

根据

$$\int_v \rho(\boldsymbol{f} - \boldsymbol{w}) \cdot \delta \boldsymbol{v} \mathrm{d}v = \int_V \rho_0 (\boldsymbol{f} - \boldsymbol{w}) \cdot \delta \boldsymbol{v} \mathrm{d}V$$

和

$$\begin{aligned}\int_{a_\sigma} \bar{\boldsymbol{p}}^{(n)} \cdot \delta \boldsymbol{v} \mathrm{d}a &= \int_{A_\sigma} \bar{\boldsymbol{T}}^{(N)} \cdot \delta \boldsymbol{v} \mathrm{d}A = \int_{A_\sigma} \boldsymbol{T}_K N_K \cdot \delta \boldsymbol{v} \mathrm{d}A \\ &= \int_V \boldsymbol{T}_{K,K} \cdot \delta \boldsymbol{v} \mathrm{d}V + \int_V \boldsymbol{T}_K \cdot \delta \boldsymbol{v}_{,K} \mathrm{d}V\end{aligned}$$

代入式(4-2),并应用运动方程可得

$$\begin{aligned}\delta \dot{W}^* &= \int_V \rho_0 (\boldsymbol{f} - \boldsymbol{w}) \cdot \delta \boldsymbol{v} \mathrm{d}V + \int_{A_\sigma} \bar{\boldsymbol{T}}^{(N)} \cdot \delta \boldsymbol{v} \mathrm{d}A \\ &= \int_V \boldsymbol{T}_K \cdot \delta \boldsymbol{v}_{,K} \mathrm{d}V \end{aligned} \tag{4-4}$$

式(4-4)便是 L 矢量形式的虚功率原理。式中 V 和 A 分别为初始构形中物体的体积和表面积。利用式(3-34)、式(3-35)和式(2-7),式(4-5)可写成 L 应力形式和 K 应力形式的虚功率原理,它们分别是

$$\delta \dot{W}^* = \int_V T_{Kl} \delta v_{l,K} \mathrm{d}V = \int_V \boldsymbol{T} : \delta \dot{\boldsymbol{F}}^{\mathrm{T}} \mathrm{d}V \tag{4-5}$$

$$\delta \dot{W}^* = \int_V S_{kl} x_{l,L} \delta v_{l,K} \mathrm{d}V = \int_V S_{kl} \delta E_{kl} \mathrm{d}V = \int_V \boldsymbol{S} : \delta \dot{\boldsymbol{E}} \mathrm{d}V \tag{4-6}$$

推导式(4-6)时应用了 $\boldsymbol{S}$ 的对称性,即

$$\begin{aligned}\boldsymbol{S} : \delta \boldsymbol{E} &= S_{kl} \delta \frac{1}{2}(x_{k,K} x_{k,L}) = \frac{1}{2} S_{kl} (x_{k,K} \delta v_{k,L} + x_{k,L} \delta v_{k,K}) \\ &= S_{kl} x_{l,L} \delta v_{l,K}\end{aligned}$$

由于 L 应力形式或 K 应力形式的虚功率原理是力学中的普遍原理,因此按与上面相反的顺序可证明,它们分别等价于用 L 应力表示的运动方程和应力边界条件及 K 应力表示的运动方程和应力边界条件。

如按式(3-44)引入带权的柯西应力 $\hat{\boldsymbol{\sigma}} = j\boldsymbol{\sigma}$,则式(4-2b)又可写成

$$\delta \dot{W}^* = \int_v \boldsymbol{\sigma} : \delta \boldsymbol{D} \mathrm{d}v = \int_v j\boldsymbol{\sigma} : \delta \boldsymbol{D} \mathrm{d}V = \int_V \hat{\boldsymbol{\sigma}} : \delta \boldsymbol{D} \mathrm{d}V \tag{4-7}$$

式中，V 是初始构形中和现时构形中体积 v 对应的体积。

4.1.3 功率平衡方程

在式(4-2)和式(4-6)中，若令 $\delta \boldsymbol{v}$ 为真实速度增量 $\mathrm{d}\boldsymbol{v}$，便可得到真实的功率平衡方程。现把它写成通常的形式。先令动能 K 为

$$K=\frac{1}{2}\int_{v}\rho v_{k}v_{k}\mathrm{d}v=\frac{1}{2}\int_{v}\rho\boldsymbol{v}\cdot\boldsymbol{v}\mathrm{d}v=\frac{1}{2}\int_{V}\rho_{0}\boldsymbol{v}\cdot\boldsymbol{v}\mathrm{d}V \tag{4-8}$$

则

$$\dot{K}=\int_{v}\rho\boldsymbol{v}\cdot\boldsymbol{w}\mathrm{d}v=\int_{v}\rho_{0}\boldsymbol{v}\cdot\boldsymbol{w}\mathrm{d}V \tag{4-9}$$

令 $\dot{U}$ 为应变能增率，即

$$\dot{U}=\int_{v}\boldsymbol{\sigma}:\boldsymbol{D}\mathrm{d}v=\int_{V}\boldsymbol{T}:\dot{\boldsymbol{F}}^{\mathrm{T}}\mathrm{d}V=\int_{V}\boldsymbol{S}:\dot{\boldsymbol{E}}\mathrm{d}V \tag{4-10}$$

再令不包括惯性力的外力功率为 $\dot{W}$，即

$$\dot{W}=\dot{W}^{*}-\dot{K}=\int_{v}\rho\boldsymbol{f}\cdot\boldsymbol{v}\mathrm{d}v+\oint_{a}\bar{\boldsymbol{p}}^{(n)}\cdot\boldsymbol{v}\mathrm{d}a \tag{4-11}$$

则式(4-2)～式(4-6)可统一写成

$$\dot{K}+\dot{U}=\dot{W} \tag{4-12}$$

式(4-12)便是功率平衡方程。

在许多情况下，外加体积力有势，即存在一个与时间无关的势函数，使

$$f_{k}=-\Phi_{,k} \tag{4-13}$$

则

$$\int_{v}\rho\boldsymbol{f}\cdot\boldsymbol{v}\mathrm{d}v=-\int_{v}\rho\Phi_{,k}v_{k}\mathrm{d}v=-\int_{v}\rho\dot{\Phi}\mathrm{d}v=-\dot{\varphi} \tag{4-14}$$

式中，$\dot{\varphi}=\int_{v}\rho\dot{\Phi}\mathrm{d}v$，称 φ 为势能。又若表面力和表面速度 $\boldsymbol{v}$ 正交，即 $\bar{\boldsymbol{p}}^{(n)}\cdot\boldsymbol{v}=0$，则式(4-12)化为

$$\dot{K}+\dot{U}+\dot{\varphi}=0 \quad 或 \quad K+U+\varphi=常数 \tag{4-15}$$

称为总机械能守恒方程。

4.1.4 共轭应力-应变率对

$\boldsymbol{\sigma}:\boldsymbol{D}$ 为现时构形中单位体积的应变能增率 $\rho\dot{\varepsilon}$，其中 ρ 为密度，$\dot{\varepsilon}$ 为单位质量的应变能密度。我们定义凡能组成应变能增率的应力 $\boldsymbol{T}^{(m)}$ 和应变率 $\dot{\boldsymbol{E}}^{(m)}$ 称为共轭应力-应变率对，而其中 $\dot{\boldsymbol{E}}^{(m)}$ 可能不是通常意义下的应变率，要做广义理解。$\boldsymbol{S}:\dot{\boldsymbol{E}}$、$\boldsymbol{T}:\dot{\boldsymbol{F}}^{\mathrm{T}}$ 是初始构形中单位体积的应变能增率；$\boldsymbol{S}$ 和 $\dot{\boldsymbol{E}}$、$\boldsymbol{T}$ 和 $\dot{\boldsymbol{F}}^{\mathrm{T}}$ 也组成共轭应力-应变率对；$\hat{\boldsymbol{\sigma}}$ 和 $\boldsymbol{D}$ 是现时构形中定义的量，

但 $\hat{\boldsymbol{\sigma}}:\boldsymbol{D}$ 却是初始构形单位体积中的应变能增率;对具体情况,读者要分辨清楚。由于能量原理是自然界的普遍原理,因此共轭应力-应变率对具有深刻的物理含意,它们的一般定义可写成

$$\rho\dot{\varepsilon}=\boldsymbol{\sigma}:\boldsymbol{D}(=\boldsymbol{\sigma}:\overset{\nabla}{\boldsymbol{\varepsilon}})=\alpha\boldsymbol{T}^{(m)}:\overset{\nabla}{\boldsymbol{E}}^{(m)} \tag{4-16}$$

式中,$\overset{\nabla}{\boldsymbol{E}}^{(m)}$ 是客观性应变率,详见第 6 章;α 是转换系数,当 $\boldsymbol{T}^{(m)}:\overset{\nabla}{\boldsymbol{E}}^{(m)}$ 是现时构形中单位体积的应变能增率时 $\alpha=1$,是初始构形中的则 $\alpha=j=|x_{k,K}|$。因 $\dot{\boldsymbol{F}}^{\mathrm{T}}$ 和 $\dot{\boldsymbol{E}}$ 分别是 $\boldsymbol{F}^{\mathrm{T}}$ 和 $\boldsymbol{E}$ 的物质导数,所以 $\boldsymbol{T}$ 和 $\boldsymbol{F}^{\mathrm{T}}$、$\boldsymbol{S}$ 和 $\boldsymbol{E}$ 组成共轭应力-应变对,而 $\boldsymbol{D}$ 不是某个变形张量的物质导数,因而就没有相应的共轭应力-应变对。共轭应力-应变率对可以有很多种,除上述 4 种外,例如可利用 2.4.3 节中的广义应变张量的物质导数来定义相应的广义应力-应变率对,下面举例说明。

(1) $\boldsymbol{T}^{(1)}-\dot{\boldsymbol{U}}(=\dot{\boldsymbol{E}}^{(1)})$。

利用 $\boldsymbol{S}$ 的对称性可推出

$$\left.\begin{aligned}&\boldsymbol{S}:\dot{\boldsymbol{E}}=\boldsymbol{S}:\frac{1}{2}(\boldsymbol{U}^2-\boldsymbol{I})^{\cdot}=\boldsymbol{S}:\frac{1}{2}(\dot{\boldsymbol{U}}\boldsymbol{U}+\boldsymbol{U}\dot{\boldsymbol{U}})=\boldsymbol{T}^{(1)}:\dot{\boldsymbol{E}}^{(1)}\\&\boldsymbol{T}^{(1)}=\frac{1}{2}(\boldsymbol{S}\boldsymbol{U}+\boldsymbol{U}\boldsymbol{S})\end{aligned}\right\} \tag{4-17}$$

称 $\boldsymbol{T}^{(1)}$ 为 Biot 应力张量,它与 $\boldsymbol{S}$ 的关系如式(4-17)所示。

(2) $\boldsymbol{T}^{(-2)}-\dot{\boldsymbol{E}}^{(-2)}$。

利用

$$\dot{\boldsymbol{E}}^{(-2)}=\frac{1}{2}(\boldsymbol{I}-\boldsymbol{F}^{-1}\boldsymbol{F}^{-\mathrm{T}})^{\cdot}=\frac{1}{2}(\boldsymbol{F}^{-1}\boldsymbol{\Gamma}\boldsymbol{F}^{-\mathrm{T}}+\boldsymbol{F}^{-1}\boldsymbol{\Gamma}^{\mathrm{T}}\boldsymbol{F}^{-\mathrm{T}})=\boldsymbol{F}^{-1}\boldsymbol{D}\boldsymbol{F}^{-\mathrm{T}}$$

得

$$\left.\begin{aligned}&\boldsymbol{\sigma}:\boldsymbol{D}=\boldsymbol{\sigma}:(\boldsymbol{F}\dot{\boldsymbol{E}}^{(-2)}\boldsymbol{F}^{\mathrm{T}})=\boldsymbol{T}^{(-2)}:\dot{\boldsymbol{E}}^{(-2)}\\&\boldsymbol{T}^{(-2)}=\boldsymbol{F}^{\mathrm{T}}\boldsymbol{\sigma}\boldsymbol{F}=\boldsymbol{U}\boldsymbol{R}^{\mathrm{T}}\boldsymbol{\sigma}\boldsymbol{R}\boldsymbol{U}\end{aligned}\right\} \tag{4-18}$$

(3) $\boldsymbol{T}^{(0)}-(\ln\boldsymbol{U})^{\cdot}\ (=\dot{\boldsymbol{E}}^{(0)})$。

由式(2-196)在主轴坐标系中有

$$\dot{E}^{(0)}_{\alpha\beta}=\begin{cases}\bar{D}_{\underline{\alpha\alpha}} & \text{当}\ \alpha=\beta\ \text{时}\\ \bar{D}_{\alpha\beta} & \text{当}\ \alpha\neq\beta,\ \lambda_\alpha=\lambda_\beta\ \text{时}\\ 2\lambda_{\underline{\alpha}}\lambda_{\underline{\beta}}\dfrac{\ln(\lambda_{\underline{\alpha}}/\lambda_{\underline{\beta}})}{\lambda^2_{\underline{\alpha}}-\lambda^2_{\underline{\beta}}}\bar{D}_{\alpha\beta} & \text{当}\ \alpha\neq\beta,\ \lambda_\alpha\neq\lambda_\beta\ \text{时}\end{cases} \tag{4-19}$$

式中,$\overline{\boldsymbol{D}}$ 是 L 坐标系中的张量。由式(4-19)可得

$$\bar{D}_{\alpha\beta}=\begin{cases}\dot{E}^{(0)}_{\underline{\alpha\alpha}} & \text{当}\ \alpha=\beta\ \text{时}\\ \dot{E}^{(0)}_{\alpha\beta} & \text{当}\ \alpha\neq\beta,\ \lambda_\alpha=\lambda_\beta\ \text{时}\\ \dfrac{\lambda^2_{\underline{\alpha}}-\lambda^2_{\underline{\beta}}}{2\lambda_{\underline{\alpha}}\lambda_{\underline{\beta}}\ln(\lambda_{\underline{\alpha}}/\lambda_{\underline{\beta}})}\dot{E}^{(0)}_{\alpha\beta} & \text{当}\ \alpha\neq\beta,\ \lambda_\alpha\neq\lambda_\beta\ \text{时}\end{cases} \tag{4-20}$$

式中，$\alpha \neq \beta$，$\lambda_\alpha = \lambda_\beta$ 的情形由 $\alpha \neq \beta$，$\lambda_\alpha \neq \lambda_\beta$ 的情形极限过渡得到。

首先讨论 $\lambda_1 \neq \lambda_2 = \lambda_3 = \lambda_0$ 的情形。寻求下列形式的解：

$$\overline{\boldsymbol{D}} = \psi_1 \dot{\boldsymbol{E}}^{(0)} + \psi_2 (\boldsymbol{U}\dot{\boldsymbol{E}}^{(0)} + \dot{\boldsymbol{E}}^{(0)}\boldsymbol{U}) + \psi_3 \boldsymbol{U}\dot{\boldsymbol{E}}^{(0)}\boldsymbol{U} \tag{4-21}$$

式中，$\boldsymbol{U} = \boldsymbol{R}^{\mathrm{T}}\boldsymbol{F} = \boldsymbol{R}^{\mathrm{T}}\boldsymbol{V}\boldsymbol{R}$；$\psi_k$ 为待定常数。在主轴坐标系中式(4-21)为

$$\bar{D}_{\alpha\beta} = [\psi_1 + \psi_2(\lambda_{\underline{\alpha}} + \lambda_{\underline{\beta}}) + \psi_3 \lambda_{\underline{\alpha}} \lambda_{\underline{\beta}}]\, \dot{E}_{\alpha\beta}^{(0)} \tag{4-22}$$

比较式(4-20)和式(4-22)，得到确定 ψ_k 的方程组，解得

$$\left.\begin{aligned} &\psi_1 = 1 + \lambda_1\lambda_0\psi_3 \quad \psi_2 = -\frac{1}{2}(\lambda_1 + \lambda_0)\psi_3 \\ &\psi_3 = \frac{-(\lambda_1^2 - \lambda_0^2) + 2\lambda_1\lambda_0 \ln(\lambda_1/\lambda_0)}{\lambda_1\lambda_0(\lambda_1 - \lambda_0)^2 \ln(\lambda_1/\lambda_0)} \end{aligned}\right\} \tag{4-23}$$

这表明式(4-21)表示的解存在，且其系数由式(4-23)确定。从而利用式(2-157)后得到

$$\boldsymbol{D} = \boldsymbol{R}\{\psi_1 \dot{\boldsymbol{E}}^{(0)} + \psi_2(\boldsymbol{U}\dot{\boldsymbol{E}}^{(0)} + \dot{\boldsymbol{E}}^{(0)}\boldsymbol{U}) + \psi_3 \boldsymbol{U}\dot{\boldsymbol{E}}^{(0)}\boldsymbol{U}\}\boldsymbol{R}^{\mathrm{T}} \tag{4-24}$$

利用式(4-16)便可求出 $\boldsymbol{T}^{(0)}$ 与 $\boldsymbol{\sigma}$ 的关系。对于 $\lambda_2 \neq \lambda_1 = \lambda_3 = \lambda_0$，$\lambda_3 \neq \lambda_1 = \lambda_2 = \lambda_0$ 的情形可同样处理。类似地可讨论 $\lambda_1 \neq \lambda_2 \neq \lambda_3 \neq \lambda_1$ 的情形，最终可得

$$\boldsymbol{T}^{(0)} = \left\{\begin{aligned} &j\boldsymbol{R}^{\mathrm{T}}\{\varphi_1\boldsymbol{\sigma} + \varphi_2(\boldsymbol{\sigma}\boldsymbol{V} + \boldsymbol{V}\boldsymbol{\sigma}) + \varphi_3(\boldsymbol{V}^2\boldsymbol{\sigma} + \boldsymbol{\sigma}\boldsymbol{V}^2) + \varphi_4\boldsymbol{V}\boldsymbol{\sigma}\boldsymbol{V} + \\ &\quad \varphi_5(\boldsymbol{V}^2\boldsymbol{\sigma}\boldsymbol{V} + \boldsymbol{V}\boldsymbol{\sigma}\boldsymbol{V}^2) + \varphi_6\boldsymbol{V}^2\boldsymbol{\sigma}\boldsymbol{V}^2\}\boldsymbol{R} \quad \lambda_1 \neq \lambda_2 \neq \lambda_3 \neq \lambda_1 \\ &j\boldsymbol{R}^{\mathrm{T}}\{\psi_1\boldsymbol{\sigma} + \psi_2(\boldsymbol{V}\boldsymbol{\sigma} + \boldsymbol{\sigma}\boldsymbol{V}) + \psi_3\boldsymbol{V}\boldsymbol{\sigma}\boldsymbol{v}\}\boldsymbol{R} \quad \lambda_1 \neq \lambda_2 = \lambda_3 \\ &j\boldsymbol{R}^{\mathrm{T}}\boldsymbol{\sigma}\boldsymbol{R} \quad \lambda_1 = \lambda_2 = \lambda_3 \end{aligned}\right\} \tag{4-25}$$

式中，ψ_k 由式(4-23)确定；而 φ_k 由下列方程确定

$$\left.\begin{aligned} &\varphi_1 = 1 - 2j\varphi_5 - \mathrm{I}_\lambda j\varphi_6 \quad \varphi_2 = \mathrm{II}_\lambda\varphi_5 + \frac{1}{2}(\mathrm{I}_\lambda\mathrm{II}_\lambda - j)\varphi_6 \\ &\varphi_4 = -2\varphi_3 - 2\mathrm{I}_\lambda\varphi_5 - (\mathrm{I}_\lambda^2 - \mathrm{II}_\lambda)\varphi_6 \\ &\varphi_3 = \frac{1}{\Delta^2}(4\mathrm{II}_\lambda^2 - 3\mathrm{I}_\lambda j - \mathrm{I}_\lambda^2\mathrm{II}_\lambda) + \frac{1}{h\Delta}\sum_{k=1}^{3}(2j\lambda_k\nu_k - p_k^2\mu_k^2) \\ &\varphi_5 = \frac{1}{\Delta^2}(7\mathrm{I}_\lambda\mathrm{II}_\lambda - 2\mathrm{I}_\lambda^3 - 9j) - \frac{1}{h\Delta}\sum_{k=1}^{3}(2\lambda_k + q_k)\lambda_k q_k \nu_k \\ &\varphi_6 = \frac{2}{\Delta^2}(3\mathrm{II}_\lambda - \mathrm{I}_\lambda^2) - \frac{2}{\Delta}\sum_{k=1}^{3}p_k\mu_k^2 \end{aligned}\right\} \tag{4-26}$$

而

$$\left.\begin{aligned} &p_k = \lambda_l\lambda_m \quad q_k = \lambda_l + \lambda_m \quad \mu_k = \ln(\lambda_l/\lambda_m) \\ &\nu_k = \ln(\lambda_k/\lambda_l)\ln(\lambda_m/\lambda_k) \quad \Delta = (\lambda_1 - \lambda_2)(\lambda_2 - \lambda_3)(\lambda_3 - \lambda_1) \\ &h = 2\lambda_1\lambda_2\lambda_3 \ln(\lambda_1/\lambda_2)\ln(\lambda_2/\lambda_3)\ln(\lambda_3/\lambda_1) \\ &\mathrm{I}_\lambda = \lambda_1 + \lambda_2 + \lambda_3 \quad \mathrm{II}_\lambda = \lambda_1\lambda_2 + \lambda_2\lambda_3 + \lambda_3\lambda_1 \quad j = \lambda_1\lambda_2\lambda_3 \end{aligned}\right\} \tag{4-27}$$

式中，k、l、m 机会均等地做 1、2、3 的顺次交换。

4.1.5 虚功原理

在 4.1.1 节和 4.1.2 节中用虚位移 $\delta \boldsymbol{u}$ 代替虚速度 $\delta \boldsymbol{v}$，便可得到相应的虚功原理或虚位移原理。

4.2 虚功率增率原理

上面指出，虚功率原理等价于运动方程和应力边界条件，与此类似，虚功率增率原理将等价于增率型运动方程和增率型应力边界条件，它在有限元的增量理论中有着广泛的应用，现推导如下。

t 和 $t+\Delta t$ 时刻 L 应力矢量形式的虚功率方程分别为

$$\int_V \rho_0(\boldsymbol{f}-\boldsymbol{w})\cdot\delta\boldsymbol{v}\mathrm{d}V+\int_{A_\sigma}\bar{\boldsymbol{T}}^{(N)}\cdot\delta\boldsymbol{v}\mathrm{d}A=\int_V \boldsymbol{T}_K\cdot\delta\boldsymbol{v}_{,K}\mathrm{d}V \tag{4-28}$$

$$\int_V \rho_0(\boldsymbol{f}+\Delta\boldsymbol{f}-\boldsymbol{w}-\Delta\boldsymbol{w})\cdot\delta\boldsymbol{v}\mathrm{d}V+\int_{A_\sigma}(\bar{\boldsymbol{T}}^{(N)}+\Delta\bar{\boldsymbol{T}}^{(N)})\cdot\delta\boldsymbol{v}\mathrm{d}A=\int_V(\boldsymbol{T}_k+\Delta\boldsymbol{T}_K)\cdot\delta\boldsymbol{v}_{,K}\mathrm{d}V \tag{4-29}$$

显然，在 t 和 $t+\Delta t$ 瞬时，选择相同的 $\delta\boldsymbol{v}$ 是可能的，且在 A_u 上要求 $\delta\boldsymbol{v}=0$。式(4-28)与式(4-29)相减后除以 Δt，再令 $\Delta t\to 0$ 取极限，便得 L 应力矢量形式的虚功率增率方程：

$$\int_V \rho_0(\dot{\boldsymbol{f}}-\dot{\boldsymbol{w}})\cdot\delta\boldsymbol{v}\mathrm{d}V+\int_{A_\sigma}\dot{\bar{\boldsymbol{T}}}^{(N)}\cdot\delta\boldsymbol{v}\mathrm{d}A=\int_V \dot{\boldsymbol{T}}_K\cdot\delta\boldsymbol{v}_{,K}\mathrm{d}V \tag{4-30}$$

由此得出 L 应力形式的虚功率增率原理的表达式为

$$\int_V \rho_0(\dot{f}_k-\dot{w}_k)\delta v_k\mathrm{d}V+\int_{A_\sigma}\dot{\bar{T}}_k\delta v_k\mathrm{d}A=\int_V \dot{T}_{Kl}\delta v_{l,K}\mathrm{d}V=\int_V \dot{\boldsymbol{T}}:\delta\dot{\boldsymbol{F}}^{\mathrm{T}}\mathrm{d}V \tag{4-31}$$

和 K 应力形式的虚功率增率原理的表达式为

$$\begin{aligned}\int_V \rho_0(\dot{f}_k-\dot{w}_k)\delta v_k\mathrm{d}V+\int_{A_\sigma}\dot{\bar{T}}_k\delta v_k\mathrm{d}A&=\int_V \frac{\mathrm{d}}{\mathrm{d}t}(S_{KL}x_{l,L})\delta v_{l,K}\mathrm{d}V\\&=\int_V(\dot{S}_{KL}\delta\dot{E}_{KL}+S_{KL}v_{l,L}\delta v_{l,K})\mathrm{d}V=\int_V\left[\dot{\boldsymbol{S}}:\delta\dot{\boldsymbol{E}}+\frac{1}{2}\boldsymbol{S}:\delta(\dot{\boldsymbol{F}}^{\mathrm{T}}\dot{\boldsymbol{F}})\right]\mathrm{d}V\end{aligned} \tag{4-32}$$

利用

$$\begin{aligned}\int_V \dot{T}_{Kl}\delta v_{l,K}\mathrm{d}V&=\int_V jX_{K,k}(\dot{\sigma}_{kl}-v_{k,p}\sigma_{pl}+v_{p,p}\sigma_{kl})\delta v_{l,K}\mathrm{d}V\\&=\int_V(\dot{\sigma}_{kl}-v_{k,p}\sigma_{pl}+v_{p,p}\sigma_{kl})(\delta v_{l,K}X_{K,k})(j\mathrm{d}V)\\&=\int_v(\dot{\sigma}_{kl}-v_{k,p}\sigma_{pl}+v_{p,p}\sigma_{kl})\delta v_{l,k}\mathrm{d}v\end{aligned}$$

和

$$\int_V \rho_0(\dot{f}_k - \dot{w}_k)\delta v_k \mathrm{d}V = \int_v \rho(\dot{f}_k - \dot{w}_k)\delta v_k \mathrm{d}v$$

以及

$$\int_{A_\sigma} \dot{\bar{T}}_k \delta v_k \mathrm{d}A = \int_{A_\sigma} \frac{\mathrm{d}}{\mathrm{d}t}(\bar{T}_k \mathrm{d}A)\delta v_k = \int_{a_\sigma} \frac{\mathrm{d}}{\mathrm{d}t}(\bar{p}_k \mathrm{d}a)\delta v_k$$
$$= \int_{a_\sigma} [\dot{\bar{p}}_k + \bar{p}_k(v_{p,p} - v_{p,k}n_p n_k)]\delta v_k \mathrm{d}a$$

便可得到 E 应力形式的虚功率增率原理的表达式为

$$\int_v \rho(\dot{f}_k - \dot{w}_k)\delta v_k \mathrm{d}v + \int_{a_\sigma} [\dot{\bar{p}}_k + \bar{p}_k(v_{p,p} - v_{p,k}n_p n_k)]\delta v_k \mathrm{d}a$$
$$= \int_v (\dot{\sigma}_{kl} - v_{k,p}\sigma_{pl} + v_{p,p}\sigma_{kl})\delta v_{l,k} \mathrm{d}v$$

$$\int_v \rho(\dot{\boldsymbol{f}} - \dot{\boldsymbol{w}}) \cdot \delta \boldsymbol{v} \mathrm{d}v + \int_{a_\sigma} \frac{\mathrm{d}}{\mathrm{d}t}(\bar{\boldsymbol{p}}^{(n)} \mathrm{d}a) \cdot \delta \boldsymbol{v}$$
$$= \int_v (\dot{\boldsymbol{\sigma}} - \boldsymbol{\Gamma}\boldsymbol{\sigma} + v_{p,p}\boldsymbol{\sigma}) : \delta\boldsymbol{\Gamma} \mathrm{d}v$$
$$= \int_v (\dot{\boldsymbol{\sigma}}^{\mathrm{J}} - \boldsymbol{\sigma}\boldsymbol{\omega} - \boldsymbol{D}\boldsymbol{\sigma} + v_{p,p}\boldsymbol{\sigma}) : \delta\boldsymbol{\Gamma} \mathrm{d}v \tag{4-33}$$

关于虚功率增率原理和增率形式的运动方程与边界条件的等价性，读者可自行证明。

这里指出，虚功率增率原理可通过对虚功率原理中的各项求物质导数得到。但要注意，不要对虚速度求导，这是因为虚速度是在时间“凝固不变”的情况下选取的，即时间是作为固定参数的。从而虚功率增率原理的表达式又可写为

L 应力形式

$$\frac{\mathrm{d}}{\mathrm{d}t}\left\{\int_V T_{Kl}\delta v_{l,K} \mathrm{d}v - \int_V \rho_0(f_k - w_k)\delta v_k \mathrm{d}V - \int_{A_\sigma} \bar{T}_k \delta v_k \mathrm{d}A\right\} = 0 \tag{4-34}$$

K 应力形式

$$\frac{\mathrm{d}}{\mathrm{d}t}\left\{\int_V S_{KL}\delta \dot{E}_{KL} \mathrm{d}V - \int_V \rho_0(f_k - w_k)\delta v_k \mathrm{d}V - \int_{A_\sigma} \bar{T}_k \delta v_k \mathrm{d}A\right\} = 0 \tag{4-35}$$

E 应力形式

$$\frac{\mathrm{d}}{\mathrm{d}t}\left\{\int_v \sigma_{ki}\delta v_{l,k} \mathrm{d}v - \int_v \rho(f_k - w_k)\delta v_k \mathrm{d}v - \int_{a_\sigma} \bar{p}_k \delta v_k \mathrm{d}a\right\} = 0 \tag{4-36}$$

式(4-34)的证明是显然的。式(4-35)的证明中需要说明的是

$$\frac{\mathrm{d}}{\mathrm{d}t}(S_{KL}\delta \dot{E}_{KL}) = \dot{S}_{KL}\delta \dot{E}_{KL} + S_{KL}\frac{\mathrm{d}}{\mathrm{d}t}(\delta \dot{E}_{KL}) = \dot{S}_{KL}\delta \dot{E}_{KL} + S_{KL}v_{k,L}\delta v_{k,K}$$

式(4-36)的证明如下：

$$\frac{\mathrm{d}}{\mathrm{d}t}\int_v \rho(f_k - w_k)\delta v_k \mathrm{d}v = \int_v \rho(\dot{f}_k - \dot{w}_k)\delta v_k \mathrm{d}v$$

$$\frac{\mathrm{d}}{\mathrm{d}t}\int_{a_\sigma}\bar{p}_k\delta v_k\mathrm{d}a=\int_{a_\sigma}\frac{\mathrm{d}}{\mathrm{d}t}(\bar{p}_k\mathrm{d}a)\delta v_k$$

$$=\int_{a_\sigma}[\dot{\bar{p}}_k+\bar{p}_k(v_{p,p}-v_{p,k}n_pn_k)]\delta v_k\mathrm{d}a$$

$$\frac{\mathrm{d}}{\mathrm{d}t}\int_v\sigma_{kl}\delta v_{l,k}\mathrm{d}v=\int_v\left\{\dot{\sigma}_{kl}\delta v_{l,k}+\sigma_{kl}\frac{\mathrm{d}}{\mathrm{d}t}(\delta v_{l,L}X_{L,k})\right\}\mathrm{d}v+\int_v\sigma_{kl}\delta v_{l,k}\frac{\mathrm{d}}{\mathrm{d}t}(\mathrm{d}v)$$

$$=\int_v\{\dot{\sigma}_{kl}\delta v_{l,k}-\sigma_{kl}X_{L,p}v_{p,k}\delta v_{l,L}+v_{p,p}\sigma_{kl}\delta v_{l,k}\}\mathrm{d}v$$

$$=\int_v(\dot{\sigma}_{kl}-v_{l,p}\sigma_{kp}+v_{p,p}\sigma_{kl})\delta v_{l,k}\mathrm{d}v$$

把上述诸式代入式(4-36),可得式(4-33)。由此证明式(4-36)成立。

4.3 广义虚功率原理

在式(4-2)表示的虚功率原理中,存在两个限制,一个是在表面 a_u 上,虚速度取规定值 $v_k=\bar{v}_k$,且 $\delta\bar{v}_k=0$;另一个是 $\boldsymbol{D}$ 和 v 之间存在协调方程 $D_{kl}=\frac{1}{2}(v_{k,l}+v_{l,k})$;因此,它是有约束的虚功率原理。

1964 年,本书作者在讨论变分原理时(见附录 A)指出,可以通过引入拉格朗日乘子,把有约束的变分原理化为无约束的变分原理,再用应力和位移等物理量代换拉格朗日乘子,便可得到各种形式的广义变分原理。这一方法同样可应用到虚功率原理,使有约束的虚功率原理转变为无约束的广义虚功率原理。

使用分量为 λ_k、λ'_k 和 λ_{kl} 的拉格朗日乘子,把约束条件附加到式(4-2),便得

$$\int_v\rho(f_k-w_k)\delta v_k\mathrm{d}v+\int_{a_\sigma}\bar{p}_k\delta v_k\mathrm{d}a+\delta\int_{a_u}\lambda_k(v_k-\bar{v}_k)\mathrm{d}a+\int_{a_u}\lambda'_k\delta\bar{v}_k\mathrm{d}a$$
$$=\int_v\sigma_{kl}\delta D_{kl}\mathrm{d}v+\delta\int_v\lambda_{kl}\left[\frac{1}{2}(v_{k,l}+v_{l,k})-D_{kl}\right]\mathrm{d}v \tag{4-37}$$

完成上述变分,经整理后便得

$$\int_v\left[\frac{1}{2}(\lambda_{kl,l}+\lambda_{lk,l})+\rho f_k-\rho w_k\right]\delta v_k\mathrm{d}v+\int_v(\lambda_{kl}-\sigma_{kl})\delta D_{lk}\mathrm{d}v-$$
$$\int_v\left[\frac{1}{2}(v_{k,l}+v_{l,k})-D_{lk}\right]\delta\lambda_{kl}\mathrm{d}v+\int_{a_u}(v_k-\bar{v}_k)\delta\lambda_k\mathrm{d}a+$$
$$\int_{a_u}(\lambda'_k-\lambda_k)\delta\bar{v}_k\mathrm{d}a+\int_{a_u}\lambda_k\delta v_k\mathrm{d}a+\int_{a_\sigma}\bar{p}_k\delta v_k\mathrm{d}a-\int_a\frac{1}{2}(\lambda_{kl}n_l+\lambda_{lk}n_l)\delta v_k\mathrm{d}a=0 \tag{4-38}$$

式(4-38)中,v_k、$\bar{v}_k$、D_{lk} 和 λ_k、λ_{kl} 均可独立变分,由此推导得场方程为

$$\frac{1}{2}(\lambda_{kl,l}+\lambda_{lk,l})+\rho f_k-\rho\omega_k=0\quad\lambda_k=\lambda'_k$$

$$\lambda_{kl}=\sigma_{kl} \quad \frac{1}{2}(v_{k,l}+v_{l,k})-D_{lk}=0$$

和边界条件为

在 a_σ 上：
$$\frac{1}{2}(\lambda_{kl}n_l+\lambda_{lk}n_l)=\bar{p}_k$$

在 a_u 上：
$$v_k=\bar{v}_k \quad 且\frac{1}{2}(\lambda_{kl}n_l+\lambda_{lk}n_l)\equiv\lambda_k$$

上述诸式表明 λ_k 和 λ_{kl} 的物理含义为 $\lambda_{kl}=\sigma_{kl}$，$\lambda_k=p_k$。其余的方程分别代表运动方程、协调方程、在 a_a 上的应力边界条件和在 a_u 上的速度边界条件。

把 $\lambda_{kl}=\sigma_{kl}$，$\lambda_k=\lambda'_k=p_k$ 代入式(4-37)，整理后便得

$$\begin{aligned}&\int_v\rho(f_k-w_k)\delta v_k\mathrm{d}v+\int_{a_\sigma}\bar{p}_k\delta v_k\mathrm{d}a+\int_{a_u}p_k\delta v_k\mathrm{d}a+\int_{a_u}(v_k-\bar{v}_k)\delta p_k\mathrm{d}a\\&=\int_v\left[\frac{1}{2}(v_{k,l}+v_{l,k})-D_{kl}\right]\delta\sigma_{kl}\mathrm{d}v+\int_v\sigma_{kl}\delta v_{l,k}\mathrm{d}v\end{aligned} \tag{4-39}$$

式(4-39)便是广义虚功率原理。由式(4-39)可得到许多特点。

(1) 协调方程 $D_{kl}=\frac{1}{2}(v_{k,l}+v_{l,k})$ 自动满足，在 a_u 上满足 $v_k=\bar{v}_k$，且 $\delta v_k=\delta\bar{v}_k=0$，则式(4-39)化为通常的虚功率原理式(4-2)。

(2) 应力满足运动方程 $\sigma_{kl,l}+\rho(f_k-w_k)=0$，在 a_σ 上满足 $\sigma_{kl}n_l=\bar{p}_k$，则式(4-39)化为虚应力原理或余虚功率原理的表达式

$$\int_v\left[\frac{1}{2}(v_{k,l}+v_{l,k})-D_{kl}\right]\delta\sigma_{kl}\mathrm{d}v-\int_{a_u}(v_k-\bar{v}_k)n_l\delta\sigma_{kl}\mathrm{d}a=0 \tag{4-40a}$$

如进一步设 $\delta\sigma_{kl,l}=0$ 和 $\delta\bar{p}_k=0$，则式(4-40)可化成常用的形式

$$\int_{a_u}\bar{v}_k\delta p_k\mathrm{d}a-\int_v D_{kl}\delta\sigma_{kl}\mathrm{d}v=0 \tag{4-40b}$$

(3) 如应力满足运动方程，速度满足协调方程，则式(4-39)化为

$$\int_{a_u}(v_k-\bar{v}_k)\delta p_k\mathrm{d}a+\int_{a_\sigma}(\bar{p}_k-\sigma_{kl}n_l)\delta v_k\mathrm{d}a=0 \tag{4-41}$$

(4) 设物体内部满足协调方程，但在给定位移的边界上，允许 $v_k\neq\bar{v}_k$，则式(4-39)化为

$$\int_v\sigma_{kl}\delta D_{lk}\mathrm{d}v=\int_v\rho(f_k-w_k)\delta v_k\mathrm{d}v+\int_{a_\sigma}\bar{p}_k\delta v_k\mathrm{d}a+\int_{a_u}p_k\delta v_k\mathrm{d}a+\int_{a_u}(v_k-\bar{v}_k)\delta p_k\mathrm{d}a \tag{4-42a}$$

若设在 a_u 上，$v_k=\bar{v}_k$，但 $\delta\bar{v}_k\neq0$，则式(4-42a)可化为

$$\int_v\sigma_{kl}\delta D_{lk}\mathrm{d}v=\int_v\rho(f_k-w_k)\delta v_k\mathrm{d}v+\int_{a_\sigma}\bar{p}_k\delta v_k\mathrm{d}a+\int_{a_u}p_k\delta\bar{v}_k\mathrm{d}a \tag{4-42b}$$

(5) 设物体内部满足运动方程，但在给定外力的边界上，允许 $p_k\neq\bar{p}_k$，则式(4-39)化为

$$\int_v \left[\frac{1}{2}(v_{k,l}+v_{l,k})-D_{kl}\right]\delta\sigma_{kl}\mathrm{d}v=\int_{a_\sigma}(\bar{p}_k-p_k)\delta v_k\mathrm{d}a+\int_{a_u}(v_k-\bar{v}_k)\delta p_k\mathrm{d}a \tag{4-43a}$$

或

$$\int_v D_{kl}\delta\sigma_{kl}\mathrm{d}v=\int_{a_\sigma}(p_k-\bar{p}_k)\delta v_k\mathrm{d}a+\int_{a_\sigma}v_k\delta p_k\mathrm{d}a+\int_{a_u}\bar{v}_k\delta p_k\mathrm{d}a+\int_v\rho v_k\delta(f_k-w_k)\mathrm{d}v \tag{4-43b}$$

若设在 a_σ 上，$p_k=\bar{p}_k$，但 $\delta\bar{p}_k\neq 0$，对静态问题，式(4－43b)化为

$$\int_v D_{kl}\delta\sigma_{kl}\mathrm{d}v=\int_{a_\sigma}v_k\delta\bar{p}_k\mathrm{d}a+\int_v\rho v_k\delta f_k\mathrm{d}v+\int_{a_u}\bar{v}_k\delta p_k\mathrm{d}a \tag{4-43c}$$

式(4－43c)比线弹性静力学中的卡氏(Castigliano)定理更一般。

用同样的方法，可讨论 L 方法描述的虚功率原理。

4.4 应变的增量理论

本节将讨论应变的增量理论，即在已知变形状态上叠加一个小变形的应变理论。由于这一理论在几何和物理非线性的固体力学的数值计算中有重要应用，故采用数值计算中常用的分析方法来讨论。解这类非线性连续介质力学问题时，通常首先由已知的初始状态出发，求出 Δt 后第一步的诸物理量。然后，再由第一步结束时的已知量求第二步的未知量，如此继续下去，直到解出所需的结果。因此，解这类问题的标准格式如下：由已知的第 N 步结束时的位移、应变和应力等物理量，去推求由第 N 步到第 $N+1$ 步的诸物理量的增量，再把增量叠加到第 N 步的诸物理量上，便得到第 $N+1$ 步结束时的诸物理量。所以弄清应变增量的表达式和不同表达式之间的转换关系是很重要的。

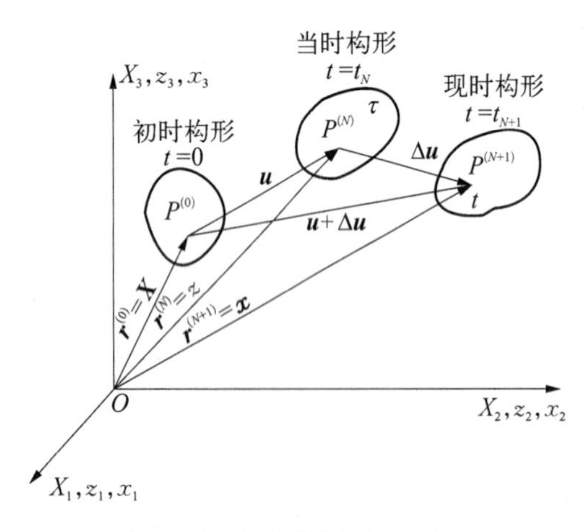

图 4－1　物体的增量变形过程

从实用的目的出发，本节设 E 和 L 坐标系一致，因而大写和小写下标不需要加以区别，但为醒目起见，初始构形中的量仍用大写下标。设 $t=0$ 时初始构形中的点 $P^{(0)}$ 的矢径 $\boldsymbol{r}^{(0)}=\boldsymbol{X}$；在 $t=t_N$ 时的第 N 步当时构形中，$P^{(0)}$ 变到 $P^{(N)}$，其矢径为 $\boldsymbol{r}^{(N)}=\boldsymbol{z}$，$P^{(0)}$ 到 $P^{(N)}$ 的位移记为 $\boldsymbol{u}$；在 $t=t_{N+1}$ 的第 $N+1$ 步现时构形中，$P^{(N)}$ 变到现时构形 $P^{(N+1)}$，其矢径为 $\boldsymbol{r}^{(N+1)}=\boldsymbol{x}$，$P^{(N)}$ 到 $P^{(N+1)}$ 的位移增量记为 $\Delta\boldsymbol{u}$，如图 4－1 所示，则有

$$\left.\begin{aligned}
&\boldsymbol{r}^{(0)}=\boldsymbol{X}=X_k\boldsymbol{i}_k=X_K\boldsymbol{I}_K\text{（本节中 }X_K=X_k,\ \boldsymbol{I}_K=\boldsymbol{i}_k\text{）}\\
&\boldsymbol{r}^{(N)}=\boldsymbol{z}=z_k\boldsymbol{i}_k=\boldsymbol{r}^{(0)}+\boldsymbol{u}=(X_k+u_k)\boldsymbol{i}_k\\
&\boldsymbol{r}^{(N+1)}=\boldsymbol{x}=x_k\boldsymbol{i}_k=\boldsymbol{r}^{(N)}+\Delta\boldsymbol{u}=(z_k+\Delta u_k)\boldsymbol{i}_k=\boldsymbol{r}^{(0)}+\boldsymbol{u}+\Delta\boldsymbol{u}=(X_k+u_k+\Delta u_k)\boldsymbol{i}_k
\end{aligned}\right\} \tag{4-44}$$

下面取用记号 $\dfrac{\partial(\quad)}{\partial X_K}=(\quad)_{,K}$，而对 z_k 和 x_k 的偏导数 $\dfrac{\partial(\quad)}{\partial z_k}$ 和 $\dfrac{\partial(\quad)}{\partial x_k}$ 均明显写出。

描写从第 N 步到第 $N+1$ 步的增量变形有 3 种方法：① 始终以初始构形作为参照构形，称为全拉格朗日法或 TLD 方法；② 以第 N 步的当时构形(一种特殊的中间构形)作为参照构形，称为修正的拉格朗日方法或 ULD 法；③ 以第 $N+1$ 步的现时构形作为参照构形，称为欧拉方法。

1. TLD 法

按定义，变形梯度 $\boldsymbol{F}$ 的分量为

$$\left.\begin{aligned}&\boldsymbol{F}(t_N):\ F_{kL}(t_N)=z_{k,L}=\delta_{kL}+U_{k,L}\\&\boldsymbol{F}(t_{N+1}):\ F_{kL}(t_{N+1})=x_{k,L}=\delta_{kL}+(U_k+\Delta U_k)_{,L}\end{aligned}\right\}\tag{4-45}$$

因 E 和 L 坐标系一致，故 $U_K=U_k=u_k$。根据 $\boldsymbol{E}=\dfrac{1}{2}(\boldsymbol{C}-\boldsymbol{I})$，$\boldsymbol{C}=\boldsymbol{F}^{\mathrm{T}}\boldsymbol{F}$ 可得

$$E_{KL}(t_N)=\frac{1}{2}(U_{K,L}+U_{L,K}+U_{M,K}U_{M,L})$$

$$E_{KL}(t_{N+1})=\frac{1}{2}[(U_K+\Delta U_K)_{,L}+(U_L+\Delta U_L)_{,K}+(U_M+\Delta U_M)_{,K}(U_M+\Delta U_M)_{,L}]$$

由此可得

$$\left.\begin{aligned}\Delta E_{KL}&=E_{KL}(t_{N+1})-E_{KL}(t_N)=\frac{1}{2}(x_{m,K}x_{m,L}-z_{m,K}z_{m,L})\\&=\Delta E_{kl}^0+\frac{1}{2}\Delta U_{M,K}\Delta U_{M,L}\\\Delta E_{KL}^0&=\frac{1}{2}[(\delta_{MK}+U_{M,K})\Delta U_{M,L}+(\delta_{ML}+U_{M,L})\Delta U_{M,K}]\end{aligned}\right\}\tag{4-46}$$

2. ULD 法

按定义从第 N 步到第 $N+1$ 步的变形梯度 $\boldsymbol{F}_{(N)}(t_{N+1})$ 的分量为

$$F_{(N)kl}(t_{N+1})=\frac{\partial x_k}{\partial z_l}=\frac{\partial x_k}{\partial X_M}\frac{\partial X_M}{\partial z_l}=F_{kM}(t_{N+1})F_{Mk}^{-1}(t_N)=\delta_{kl}+\frac{\partial\Delta u_k}{\partial z_l}\tag{4-47}$$

从第 N 步到第 $N+1$ 步的格林应变增量 $\Delta\boldsymbol{E}_{(N)}$ 的分量为

$$\left.\begin{aligned}\Delta E_{(N)kl}&=\frac{1}{2}\left(\frac{\partial x_m}{\partial z_k}\frac{\partial x_m}{\partial z_l}-\delta_{kl}\right)=\Delta E_{(N)kl}^0+\frac{1}{2}\frac{\partial\Delta u_m}{\partial z_K}\frac{\partial\Delta u_m}{\partial z_l}\\\Delta E_{(N)kl}^0&=\frac{1}{2}\left(\frac{\partial\Delta u_k}{\partial z_l}+\frac{\partial\Delta u_l}{\partial z_k}\right)=D_{(N)kl}\Delta t\end{aligned}\right\}\tag{4-48}$$

当 Δt 很小时，

$$\Delta\boldsymbol{E}_{(N)}=\boldsymbol{D}_{(N)}\Delta t\tag{4-49}$$

如果计及 Δt 很小时 $\partial\Delta\boldsymbol{u}/\partial\boldsymbol{z}$ 和 $\partial\Delta\boldsymbol{u}/\partial\boldsymbol{x}$ 的差别很小，所以虽然概念上有差别，但在数值上 $\boldsymbol{D}_{(N)}$ 和 $\boldsymbol{D}$ 只差一高阶小量。式(4-46)和式(4-48)中，ΔE_{kl}^0 和 $\Delta E_{(N)kl}^0$ 分别为 ΔE_{KL} 和

$\Delta E_{(N)kl}$ 的线性部分。由式(4-46)和式(4-48)可以推得

$$\Delta E_{KL}=\frac{1}{2}(x_{m,K}x_{m,L}-z_{m,K}z_{m,L})=\frac{1}{2}\left(\frac{\partial x_m}{\partial z_p}z_{p,K}\frac{\partial x_m}{\partial z_q}z_{q,L}-z_{m,K}z_{m,L}\right)$$
$$=\frac{1}{2}\left(\frac{\partial x_m}{\partial z_p}\frac{\partial x_m}{\partial z_q}-\delta_{pq}\right)z_{p,K}z_{q,L}=\Delta E_{(N)pq}z_{p,K}z_{q,L} \tag{4-50}$$

其逆关系为

$$\Delta E_{(N)kl}=\Delta E_{PQ}\frac{\partial X_P}{\partial z_k}\frac{\partial X_Q}{\partial z_l} \tag{4-51}$$

在 TLD 法中,第 N 步和第 $N+1$ 步的雅可比变换行列式分别为

$$j(t_N)=|z_{k,L}|\quad j(t_{N+1})=|x_{k,L}| \tag{4-52}$$

在 ULD 法中,从第 N 步到第 $N+1$ 步的雅可比变换行列式为

$$j_{(N)}(t_{N+1})=\frac{|\partial x_k|}{|\partial z_l|}=\frac{|x_{k,L}|}{|\dot{z}_{k,L}|}=\frac{j(t_{N+1})}{j(t_N)} \tag{4-53}$$

3. 欧拉法

欧拉法中采用欧拉应变 ε 描写是合适的,它由式(2-35)表示;正如 2.7.2 节中阐明的,$\boldsymbol{\varepsilon}$ 的物质导数 $\dot{\boldsymbol{\varepsilon}}$ 与刚体旋转有关,因而用来描写本构方程是不合适的,应当采用本构导数 $\overset{\nabla}{\boldsymbol{\varepsilon}}$,通常选用 $\dot{\boldsymbol{\varepsilon}}^C=\boldsymbol{D}$。所以实际计算中用到的是 $\boldsymbol{D}$,需要按式(2-123)转换成 $\Delta\boldsymbol{\varepsilon}$,即由 N 到 $N+1$ 步的增量为

$$\left.\begin{aligned}&\dot{\boldsymbol{\varepsilon}}=\Delta\boldsymbol{\varepsilon}/\Delta t=\boldsymbol{D}-\frac{1}{2}(\boldsymbol{\Gamma}^{\mathrm{T}}\boldsymbol{\varepsilon}+\boldsymbol{\varepsilon}\boldsymbol{\Gamma})\\&\Delta\varepsilon_{kl}=\frac{1}{2}\{(\Delta u_{k,l}+\Delta u_{l,k})-(u_{m,k}\Delta u_{m,l}+u_{m,l}\Delta u_{m,k})\}\end{aligned}\right\} \tag{4-54}$$

采用速率型方程,首先求出 $\dot{\boldsymbol{\varepsilon}}(t_N)$,给定 Δt,求出 t_{N+1} 步诸物理量,校核是否满足 t_{N+1} 时的速率方程,迭代求解。

由上述讨论可知,ULD 法以第 N 步构形为基准构形,Z 为自变量,而欧拉法以第 $N+1$ 步的构形为基准构形,自变量为 $\boldsymbol{x}$,采用速率型方程特别合适。当 N 到 $N+1$ 步增量很小时,z 和 x 的差别是很小的。

例 1 试由应变率理论直接证明格林应变增量的线性化公式(4-46)第 2 式和式(4-49),以及它们的转换关系式(4-50)。

当 E 和 L 坐标系一致时,由式(2-159)得

$$\dot{E}_{KL}=D_{mn}x_{m,K}x_{n,L}=\frac{1}{2}\left(\frac{\partial v_m}{\partial x_n}+\frac{\partial v_n}{\partial x_m}\right)x_{m,K}x_{n,L}$$
$$=\frac{1}{2}\left(\frac{\partial v_m}{\partial X_L}\frac{\partial x_m}{\partial X_K}+\frac{\partial v_n}{\partial X_K}\frac{\partial x_n}{\partial X_L}\right) \tag{4-55}$$

在 TLD 法中,由式(2-232),$x_{m,K}=\delta_{mK}+u_{m,K}+\Delta u_{m,K}$,代入式(4-55),略去 Δu_m 和 Δu_n 乘积的二次小量,便得

$$\dot{E}_{KL}=\frac{1}{2}[v_{m,L}(\delta_{mK}+u_{m,K})+v_{n,K}(\delta_{nL}+\Delta u_{n,L})] \tag{4-56}$$

把式(4-56)两边乘以 Δt，并计及 $\Delta u_m=v_m\Delta t$，便得(4-46)第2式。在ULD法中，以第 N 步的构形为参照构形，故在式(4-55)中应以 z_k 替代 X_K，从而有

$$\dot{E}_{(N)KL}=\frac{1}{2}\left[\frac{\partial v_m}{\partial z_l}(\delta_{mk}+\Delta u_{m,k})+\frac{\partial v_n}{\partial z_k}(\delta_{nl}+\Delta u_{n,l})\right] \tag{4-57}$$

两边乘以 Δt，略去 Δu_m 和 Δu_k 乘积的二次小量，便得式(4-49)。
在式(4-55)中略去高阶小量后可写成

$$\dot{E}_{KL}=\frac{1}{2}\left(\frac{\partial v_m}{\partial z_n}+\frac{\partial v_n}{\partial z_m}\right)z_{m,K}z_{n,L}=\dot{E}_{(N)mn}z_{m,K}z_{n,L}$$

两边乘以 Δt 后便是式(4-50)。

由此可知，ULD法中的线性化增量理论做极限过渡后与应变率理论等价。

4.5 应力的增量理论

和4.4节相对应，本节讨论在一个已知应力状态上叠加小应力的应力增量理论，即已知第 N 步的物理量，求解由 N 到 $N+1$ 步的增量。与4.4节采用相同的符号，仍设E和L坐标系一致。本构方程中取用客观性应力率和应变率。工程中希望知道E应力，因而各种客观性应力增量都希望能转换成E应力增量。

4.5.1 E应力增量 $\Delta\boldsymbol{\sigma}$ 和Jaumann应力增量 $\Delta\boldsymbol{\sigma}^{\mathrm{J}}$

在ULD法中，第 N 步的构形取作参照构形，第 N 步的坐标 $\boldsymbol{z}$ 为自变量，在第 N 步取 $\boldsymbol{T}(t_N)=\boldsymbol{\sigma}(t_N)$，$\Delta\boldsymbol{\sigma}$ 也是以 $\boldsymbol{z}$ 作为自变量，从而

$$\boldsymbol{\sigma}(t_{N+1},\boldsymbol{z})=\boldsymbol{\sigma}(t_N)+\Delta\boldsymbol{\sigma}(t_N) \tag{4-58a}$$

转换到第 $N+1$ 步的自变量 $\boldsymbol{x}$ 时可利用式(3-42)，得

$$\boldsymbol{\sigma}(t_{N+1},\boldsymbol{x})=J\boldsymbol{F}\boldsymbol{\sigma}(t_{N+1},\boldsymbol{z})\quad J=|\partial\boldsymbol{z}/\partial\boldsymbol{x}| \tag{4-58b}$$

由于本构方程常取用 $\boldsymbol{\sigma}^{\mathrm{J}}$，即 $\Delta\boldsymbol{\sigma}^{\mathrm{J}}$ 由本构方程求得，从而

$$\left.\begin{aligned}&\Delta\boldsymbol{\sigma}=\Delta\boldsymbol{\sigma}^{\mathrm{J}}+\boldsymbol{\omega\sigma}\Delta t-\boldsymbol{\sigma\omega}\Delta t\quad \Delta\sigma_{kl}=\Delta\sigma^{\mathrm{J}}_{kl}+\omega_{km}\sigma_{ml}\Delta t-\sigma_{kn}\omega_{ml}\Delta t\\&\boldsymbol{\omega}\Delta t\ \text{为}\ \omega_{kl}\Delta t=\frac{1}{2}(\Delta u_{k,l}-\Delta u_{l,k})\end{aligned}\right\} \tag{4-59}$$

$\Delta\boldsymbol{\sigma}^{\mathrm{J}}(t_N)$ 是以第 N 步 t_N 时的构形作为参照构形进行计算的，一旦算出 $\Delta\boldsymbol{\sigma}^{\mathrm{J}}(t_N)$，由式(4-59)便可算得 $\Delta\boldsymbol{\sigma}(t_N)$，由式(4-58a)和式(4-58b)可算得第 $N+1$ 步的E应力 $\boldsymbol{\sigma}(t_{N+1})$。读者注意，$\boldsymbol{\sigma}(t_N)+\Delta\boldsymbol{\sigma}^{\mathrm{J}}(t_N)\neq\boldsymbol{\sigma}(t_{N+1})$，而是在和物质微元作为相同旋转的动坐标系中的应力。

4.5.2 K 应力增量 ΔS 和 $\Delta S_{(N)}$

与格林应变增量的描写相似,K 应力增量的描写也有两种方法:TLD 法的 $\Delta \boldsymbol{S}$ 和 ULD 法的 $\Delta \boldsymbol{S}_{(N)}$。在 TLD 法中,始终把初始构形选作参照构形;而在 ULD 法中,则把第 N 步 t_N 时的构形选作参照构形,且在参照构形中令 $\boldsymbol{S}=\boldsymbol{\sigma}$。参照图 4-1,初始构形中点 $P^{(0)}$ 的矢径用 $\boldsymbol{r}^{(0)}=\boldsymbol{X}$ 表示,第 N 步和 $N+1$ 步构形中的点 $P^{(N)}$ 和 $P^{(N+1)}$ 分别用 $\boldsymbol{r}^{(N)}=\boldsymbol{z}$ 和 $\boldsymbol{r}^{(N+1)}=\boldsymbol{x}$ 表示。应用 3.2 节中有关公式时要注意这种差别。

由式(2-232)知,(因 E 和 L 坐标系一致,故有 $X_K=X_k$, …)

$$z_k=X_K+u_k \quad x_k=z_k+\Delta u_k=X_K+u_k+\Delta u_k$$

若设 Δu_k 为小量,略去其高阶项后,便可得线性化形式。

1. TLD 法

由式(3-42)的 $\boldsymbol{\sigma}=J\boldsymbol{FSF}^{\mathrm{T}}$ 可得

$$\left.\begin{aligned}\sigma_{kl}(t_N)&=J(t_N)z_{k,M}z_{l,N}S_{MN}(t_N)\\ \sigma_{kl}(t_{N+1})&=J(t_{N+1})x_{k,M}x_{l,N}S_{MN}(t_{N+1})\end{aligned}\right\} \tag{4-60}$$

为简单计,令 $S_{MN}=S_{MN}(t_N)$, $\sigma_{kl}=\sigma_{kl}(t_N)$,则有

$$\Delta\sigma_{kl}=\sigma_k(t_{N+1})-\sigma_{kl}=J(t_{N+1})x_{k,M}x_{l,N}S_{MN}(t_{N+1})-J(t_N)z_{k,M}z_{l,N}S_{MN} \tag{4-61}$$

由式(2-240)可求得 $J(t_{N+1})=J(t_N)J_{(N)}(t_{N+1})$,而 $J_{(N)}(t_{N+1})=|\partial z_k/\partial x_l|\approx(1-\partial\Delta u_k/\partial x_k)\approx(1-\partial\Delta u_k/\partial z_k)$,从而 $J(t_{N+1})\approx J(t_N)(1-\partial\Delta u_k/\partial z_k)$。由此得出式(4-61)的线性化形式为

$$\begin{aligned}\Delta\sigma_{kl}^0=&J(t_N)\{[(z_{k,M}+\Delta u_{k,M})(z_{l,N}+\Delta u_{l,N})(S_{MN}+\Delta S_{MN})-z_{k,M}z_{l,N}S_{MN}]-\\&\frac{\partial\Delta u_p}{\partial z_p}x_{k,M}x_{l,N}(S_{MN}+\Delta S_{MN})\}\\ \approx&J(t_N)[(z_{k,M}\Delta u_{l,N}+z_{l,N}\Delta u_{k,M})S_{mn}+z_{k,M}z_{l,N}\Delta S_{MN}-\frac{\partial\Delta u_p}{\partial z_p}z_{k,M}z_{l,N}S_{MN}]\end{aligned} \tag{4-62}$$

当 Δt 和 Δu 很小时,$\boldsymbol{z}$ 和 $\boldsymbol{x}$ 的差别很小,式(4-62)和增率形式的公式(3-68)在数值上的差别属高阶小量,在线性化范围内是相同的。

2. ULD 法

在 ULD 法中以 t_N 时的构形作为参照构形,故按式(3-41),在 t_{N+1} 时有

$$S_{(N)kl}+\Delta S_{(N)kl}=\left|\frac{\partial x_p}{\partial z_q}\right|\frac{\partial z_k}{\partial x_m}\frac{\partial z_l}{\partial x_n}(\sigma_{mn}+\Delta\sigma_{mn}) \tag{4-63}$$

$S_{(N)kl}$ 右下方括号中的指标 N,表示以 t_N 时的构形为参照构形。在参照构形中,令 $S_{(N)kl}=\sigma_{kl}$。注意到 $|\partial x_p/\partial z_q|=|(\partial x_p/\partial X_m)(\partial X_m/\partial z_q)|=j(t_{N+1})/j(t_N)\approx1+\partial\Delta u_p/\partial z_p$,则由式(4-61)、式(4-63)可推出下述线性化形式

$$\Delta S^{0}_{(N)kl}=\Delta\sigma^{0}_{kl}-\sigma_{kn}\frac{\partial\Delta u_l}{\partial z_n}-\sigma_{ml}\frac{\partial\Delta u_k}{\partial z_m}+\sigma_{kl}\frac{\partial\Delta u_p}{\partial z_p}\tag{4-64a}$$

当 Δt 很小时，式(4-64a)和式(3-69)在数值上仅相差高阶小量。利用式(4-59)和式(4-48)又可得

$$\Delta S^{0}_{(N)kl}=\Delta\sigma^{\mathrm{J}}_{kl}-\Delta E^{0}_{(N)ln}\sigma_{nk}-\Delta E^{0}_{(n)kn}\sigma_{ml}+\Delta E^{0}_{(N)pp}\sigma_{kl}\tag{4-64b}$$

改写(4-60)第2式为

$$\sigma_{kl}+\Delta\sigma_{kl}=J(t_{N+1})\frac{\partial x_k}{\partial X_M}\frac{\partial x_l}{\partial X_N}(S_{MN}+\Delta S_{MN})\tag{4-65}$$

比较式(4-65)和式(4-54)，并计及 $|\partial x_p/\partial z_q|=j(t_{N+1})/j(t_N)$，和 $S_{(N)kl}=\sigma_{kl}$，便可求得

$$\begin{aligned}\sigma_{kl}+\Delta S_{(N)kl}&=\frac{j(t_{N+1})}{j(t_N)}J(t_{N+1})\frac{\partial z_k}{\partial x_m}\frac{\partial z_l}{\partial x_n}\frac{\partial x_m}{\partial X_P}\frac{\partial x_n}{\partial X_Q}(S_{PQ}+\Delta S_{PQ})\\&=J(t_N)z_{k,P}z_{l,Q}(S_{PQ}+\Delta S_{PQ})\\&=\sigma_{kl}+J(t_N)z_{k,P}z_{l,Q}\Delta S_{PQ}\end{aligned}$$

由此推出

$$\left.\begin{aligned}&\Delta S_{(N)kl}=J(t_N)z_{k,M}z_{l,N}\Delta S_{MN}\\ \text{或}\quad&\Delta S_{kl}=j(t_N)\frac{\partial X_K}{\partial z_m}\frac{\partial X_L}{\partial z_n}\Delta S_{(N)mn}\end{aligned}\right\}\tag{4-66}$$

4.5.3 欧拉方法

在E坐标系中有

$$\left.\begin{aligned}&\Delta\boldsymbol{\sigma}(t_{N+1})/\Delta t=\Delta'\boldsymbol{\sigma}(t_{N+1})/\Delta t+(\partial\boldsymbol{\sigma}(t_{N+1})/\partial\boldsymbol{x})\boldsymbol{v}\\&\boldsymbol{\sigma}(t_{N+1})=\boldsymbol{\sigma}(t_N)+\Delta\boldsymbol{\sigma}(t_{N+1})\end{aligned}\right\}\tag{4-67}$$

式中，$\Delta'\boldsymbol{\sigma}/\Delta t=\partial\boldsymbol{\sigma}/\partial t$。

4.6 增量有限元的基本理论

本节将扼要介绍虚功率和虚功率增量原理在增量有限元方法中的应用，这里假设读者已具有有限元的基本知识。本节设E坐标系和L坐标系一致；物体第 N 步增量变形过程的几何表示可参见图4-1，符号也与那里的相同。本节主要讨论静态问题，即不计惯性力。

4.6.1 增量型本构方程

关于本构理论的详细讨论将在第6章及其后几章进行，但为了介绍有限元方法，本节将给出增量型本构方程的一种可能的简单模式。因为纯粹的刚体旋转会产生应力、应变这样的现象是不合理的，所以在增量型本构方程中需要应用与刚体旋转无关的应力增量和应变增量。根据前面的讨论可知，$\Delta\boldsymbol{\sigma}^{\mathrm{J}}=\dot{\boldsymbol{\sigma}}^{\mathrm{J}}\Delta t$，$\Delta\boldsymbol{S}$，$\Delta\boldsymbol{S}_{(N)}$，$\Delta\boldsymbol{E}$，$\boldsymbol{D}_{(N)}\Delta t=\frac{1}{2}\left(\frac{\partial\Delta u_k}{\partial z_l}+\frac{\partial\Delta u_l}{\partial z_k}\right)$ 等都符

合要求,其中 $\Delta u_k = v_k \Delta t$。 利用式(4-46)和式(4-48),可设

$$\Delta\sigma^{\mathrm{J}}_{kl} = A^{\mathrm{J}}_{klmn} D_{(N)mn} \Delta t = \frac{1}{2} A^{\mathrm{J}}_{klmn} \left(\frac{\partial \Delta u_m}{\partial z_n} + \frac{\partial \Delta u_n}{\partial z_m} \right) \tag{4-68}$$

$$\begin{aligned} \Delta S_{KL} &= A_{KLMN} \Delta E_{MN} \\ &= \frac{1}{2} A_{KL,MN} [(\delta_{PM} + u_{P,M}) \Delta u_{P,N} + (\delta_{PN} + u_{P,N}) \Delta u_{P,M} + \Delta u_{P,M} \Delta u_{P,N}] \\ &\approx \frac{1}{2} A_{KLMN} [\Delta u_{M,N} + \Delta u_{N,M} + u_{P,M} \Delta u_{P,N} + u_{P,N} \Delta u_{P,M}] \end{aligned} \tag{4-69}$$

式中,$u_{P,M} = \partial u_P / \partial X_M$;当 E、L 坐标系一致时,有 $X_M = X_m$,$u_P = u_p$ 等。

$$\begin{aligned} \Delta S_{(N)kl} &= A_{(N)klmn} \Delta E_{(N)mn} = \frac{1}{2} A_{(N)klmn} \left(\frac{\partial \Delta u_m}{\partial z_n} + \frac{\partial \Delta u_n}{\partial z_m} + \frac{\partial \Delta u_p}{\partial z_m} \frac{\partial \Delta u_p}{\partial z_n} \right) \\ &\approx \frac{1}{2} A_{(N)klmn} \left(\frac{\partial \Delta u_m}{\partial z_n} + \frac{\partial \Delta u_n}{\partial z_m} \right) \end{aligned} \tag{4-70}$$

式(4-70)中略去了 $\Delta u_p \Delta u_q$ 等二阶小量。$A^{\mathrm{J}}_{klmn} = A^{\mathrm{J}}_{lkmn} = A^{\mathrm{J}}_{klnm} = A^{\mathrm{J}}_{mnkl}$;$A_{KLMN}$ 与 $A_{(N)klmn}$ 有相同的性质。由式(4-68)、式(4-70)和式(4-66)得

$$\begin{aligned} \frac{1}{2} A_{(N)klmn} \left(\frac{\partial \Delta u_m}{\partial z_n} + \frac{\partial \Delta u_n}{\partial z_m} \right) &= \frac{1}{2} A^{\mathrm{J}}_{klmn} \left(\frac{\partial \Delta u_m}{\partial z_n} + \frac{\partial \Delta u_n}{\partial z_m} \right) - \frac{1}{2} \sigma_{nk} \left(\frac{\partial \Delta u_l}{\partial z_n} + \frac{\partial \Delta u_n}{\partial z_l} \right) - \\ &\quad \frac{1}{2} \sigma_{ml} \left(\frac{\partial \Delta u_k}{\partial z_m} + \frac{\partial \Delta u_m}{\partial z_k} \right) + \sigma_{kl} \frac{\partial \Delta u_p}{\partial z_p} \end{aligned}$$

由此得到

$$A_{(N)klmn} = A^{\mathrm{J}}_{klmn} - \sigma_{nk} \delta_{lm} - \sigma_{ml} \delta_{kn} + \sigma_{kl} \delta_{mn} \tag{4-71}$$

类似地,由式(4-69)、式(4-70)、式(4-67)和式(4-51)可推出

$$A_{KLMN} = j(t_N) \frac{\partial X_K}{\partial z_p} \frac{\partial X_L}{\partial z_q} \frac{\partial X_M}{\partial z_r} \frac{\partial X_N}{\partial z_s} A_{(N)pqrs} \tag{4-72}$$

4.6.2 瞬时 ULD 法: Jaumann 应力增量

前面曾详细讨论了虚功率和虚功率增率原理,如把虚速度乘以 Δt,便可得与之对应的虚功增量和虚功率增量原理。设从 t_N 到 $t_{N+1} = t_N + \Delta t$ 的 Δt 时间内,各物理量均取得一个增量,从而在 t_{N+1} 时刻用 L 应力矢量形式表示的虚功增量方程为

$$\begin{aligned} &\int_V \rho_0 (\boldsymbol{f} + \Delta \boldsymbol{f} - \boldsymbol{w} - \Delta \boldsymbol{w}) \cdot \delta \Delta \boldsymbol{u} \mathrm{d}V + \int_{A_\sigma} (\bar{T}^{(N)} + \Delta \bar{T}^{(N)}) \cdot \delta \Delta \boldsymbol{u} \mathrm{d}A \\ &= \int_V (\boldsymbol{T}_K + \Delta \boldsymbol{T}_K) \cdot \delta \Delta \boldsymbol{u}_{,K} \mathrm{d}V \end{aligned} \tag{4-73}$$

式中,$\Delta \boldsymbol{u} = \boldsymbol{v} \Delta t$。 改写式(4-73)可得

$$\left.\begin{aligned}&\int_V \Delta \boldsymbol{T}_K \cdot \delta\Delta \boldsymbol{u}_{,K}\mathrm{d}V-\int_V \rho_0(\Delta \boldsymbol{f}-\Delta \boldsymbol{w})\cdot\delta\Delta\boldsymbol{u}\mathrm{d}V-\int_{A_\sigma}\Delta\bar{\boldsymbol{T}}^{(N)}\cdot\delta\Delta\boldsymbol{u}\mathrm{d}A=\Delta F\\&\Delta F=\int_V\rho_0(\boldsymbol{f}-\boldsymbol{w})\cdot\delta\Delta\boldsymbol{u}\mathrm{d}V+\int_{A_\sigma}\bar{\boldsymbol{T}}^{(N)}\cdot\delta\Delta\boldsymbol{u}\mathrm{d}A-\int_V\boldsymbol{T}_K\cdot\delta\Delta\boldsymbol{u}_{,K}\mathrm{d}V\end{aligned}\right\}\tag{4-74}$$

从理论上讲，在 t_N 瞬时，物体也是满足虚功增量原理的，即在式(4-74)中应有 $\Delta F=0$，但在数值计算中很难精确做到，因而 $\Delta F\neq 0$，它是由于在 t_N 时不能精确满足运动方程引起的，即由数值计算误差引起的残留不平衡力(包括惯性力)造成的。与式(4-33)的讨论类似，若把式(4-74)变换到第 N 步的当时构形中去，对静态情形则可得

$$\int_v\{(\dot{\boldsymbol{\sigma}}^{\mathrm{J}}+\boldsymbol{\sigma}\operatorname{tr}\boldsymbol{D}_{(N)}):\delta\boldsymbol{D}_{(N)}-\frac{1}{2}\boldsymbol{\sigma}:\delta(2\boldsymbol{D}_{(N)}\boldsymbol{D}_{(N)}-\boldsymbol{\Gamma}^{\mathrm{T}}_{(N)}\boldsymbol{\Gamma}_{(N)})\}\mathrm{d}v-$$

$$\int_v\rho\dot{\boldsymbol{f}}\delta\boldsymbol{v}\mathrm{d}v-\int_{a_\sigma}\{\bar{\boldsymbol{p}}+\boldsymbol{p}(\operatorname{tr}\boldsymbol{v}-\boldsymbol{n}\cdot\boldsymbol{\Gamma}\boldsymbol{n})\}\delta\boldsymbol{v}\mathrm{d}a=\Delta F\tag{4-75a}$$

式中诸量都在当时构形中计算，式(4-75)的增量形式为

$$\int_v\Delta\sigma^{\mathrm{J}}_{kl}\delta\frac{\partial\Delta u_k}{\partial z_l}\mathrm{d}v-\int_v\Big[\frac{1}{2}\Big(\sigma_{km}\frac{\partial\Delta u_m}{\partial z_l}-\sigma_{km}\frac{\partial\Delta u_l}{\partial z_m}+\sigma_{lm}\frac{\partial\Delta u_k}{\partial z_m}+\sigma_{lm}\frac{\partial\Delta u_m}{\partial z_k}\Big)-$$

$$\sigma_{kl}\frac{\partial\Delta u_r}{\partial z_r}\Big]\delta\frac{\partial\Delta u_l}{\partial z_k}\mathrm{d}v\quad-\int_v\rho\Delta f_k\delta\Delta u_k\mathrm{d}v-$$

$$\int_{a_\sigma}\Big[\Delta\bar{p}_k+\bar{p}_k\Big(\frac{\partial\Delta u_r}{\partial z_r}-\frac{\partial\Delta u_r}{\partial z_m}n_rn_m\Big)\Big]\delta\Delta u_k\mathrm{d}a=\Delta F\tag{4-75b}$$

$$\Delta F=\int_v\rho f_k\delta\Delta u_k\mathrm{d}v+\int_{a_\sigma}\bar{p}_k\delta\Delta u_k\mathrm{d}a-\int_v\sigma_{kl}\delta\frac{\partial\Delta u_k}{\partial z_l}\mathrm{d}v\tag{4-76}$$

式(4-76)中的 v 和 a_σ 分别为 t_N 时物体的体积和给定面力的表面积。从理论上讲，$\Delta F=0$，此时式(4-75a)和式(4-75b)可理解为把式(4-33)中各项乘以 Δt 后得到，但诸物理量都是当时构形中，而不是现时构形中的量。使用上述方程时，要求在 a_u 上，$\Delta u_k=\Delta\bar{u}_k$，$\delta\Delta u_k=0$。

在有限元方法中，把物体用网格分成众多的单元体，单元体内部的位移增量，通过形函数 ϕ_{kl}，用节点的位移增量 Δq_k 来表示，有

$$\Delta u_k=\phi_{kl}\Delta q_l\tag{4-77}$$

式中，ϕ_{kl} 是坐标的已知函数，当 $k=l$ 时，$\phi_{kl}=1$，当 $k\neq l$ 时，$\phi_{kl}=0$。把式(4-68)、式(4-77)代入式(4-75a)和式(4-75b)可得离散化的有限元方程

$$[(K^{(0)}_{pq}+K^{(1)}_{pq}+K^{(a)}_{pq})\Delta q_p-\Delta\bar{Q}_q-\Delta F_q]\delta\Delta q_q=0\tag{4-78}$$

或写成下列常用的矩阵形式

$$(\delta\Delta\boldsymbol{q})^{\mathrm{T}}[(\boldsymbol{K}^{(0)}+\boldsymbol{K}^{(1)}+\boldsymbol{K}^{(a)})\Delta\boldsymbol{q}-\Delta\bar{\boldsymbol{Q}}-\Delta\boldsymbol{F}]=0\tag{4-79}$$

式中，$\boldsymbol{K}^{(0)}$、$\boldsymbol{K}^{(1)}$、$\boldsymbol{K}^{(a)}$ 为刚度阵；$\Delta\bar{\boldsymbol{Q}}$ 为载荷列阵；$\Delta\boldsymbol{F}$ 为残留不平衡力列阵，它们分别为

$$
\left.\begin{aligned}
K_{pq}^{(0)} &= \sum_{e}\int_{v^{(e)}} A_{klmn}^{\mathrm{J}} \frac{\partial \phi_{kp}}{\partial z_{l}} \frac{\partial \phi_{mq}}{\partial z_{n}} \mathrm{d}v \\
K_{pq}^{(1)} &= -\sum_{e}\int_{v^{(e)}} \left\{\frac{1}{2}\left[\sigma_{km}\left(\frac{\partial \phi_{mp}}{\partial z_{l}} - \frac{\partial \phi_{lp}}{\partial z_{m}}\right) + \sigma_{lm}\left(\frac{\partial \phi_{kp}}{\partial z_{m}} + \frac{\partial \phi_{mp}}{\partial z_{k}}\right)\right] - \sigma_{kl} \frac{\partial \phi_{rp}}{\partial z_{r}}\right\} \frac{\partial \phi_{lq}}{\partial z_{k}} \mathrm{d}v \\
K_{pq}^{(a)} &= -\sum_{b}\int_{a_{\sigma}^{(b)}} \bar{p}_{k}\left(\frac{\partial \phi_{rp}}{\partial z_{r}} - \frac{\partial \phi_{rp}}{\partial z_{k}} n_{r} n_{k}\right) \phi_{kq} \mathrm{d}a \\
\Delta \bar{Q}_{q} &= \sum_{e}\int_{v^{(e)}} \rho \Delta \bar{f}_{k} \phi_{kq} \mathrm{d}v + \sum_{b}\int_{a_{\sigma}^{(b)}} \Delta \bar{p}_{k} \phi_{kq} \mathrm{d}a \\
\Delta F_{q} &= \sum_{e}\int_{v^{(e)}} \bar{f}_{k} \phi_{kq} \mathrm{d}v + \sum_{b}\int_{a_{\sigma}^{(b)}} \bar{p}_{k} \phi_{kq} \mathrm{d}a - \sum_{e}\int_{v^{(e)}} \sigma_{kl} \frac{\partial \phi_{kq}}{\partial z_{l}} \mathrm{d}v
\end{aligned}\right\}
\tag{4-80}
$$

式中，$v^{(e)}$ 表示单元体的体积；$\sum_{e}$ 表示对全部单元求和；$a_{\sigma}^{(b)}$ 表示给定应力边界上划分出的单元表面积；$\sum_{b}$ 表示对所有这种表面求和。从式(4-80)可知，$K_{pq}^{(0)}$ 是对称的，$K_{pq}^{(1)}$ 是不对称的，但若从 $K_{pq}^{(1)}$ 中除去与体积变化相关的项 $\int_{v} \sigma_{kl} \frac{\partial \phi_{rp}}{\partial z_{r}} \frac{\partial \phi_{lq}}{\partial z_{k}} \mathrm{d}v$ 便成为对称的了；$K_{pq}^{(a)}$ 是不对称的(在特殊情况下可以成为对称)。

对称的刚度矩阵，所占计算机的内存和计算时间远低于同阶的不对称的矩阵，因而使刚度矩阵对称化有重要的现实意义。有限元方程的求解，可按下述格式进行。

(1) 在式(4-79)中代入合适的位移边界条件，解出 $\{\Delta \boldsymbol{q}\}$。

(2) 按式(4-77)计算单元体内部点的位移增量 Δu_{k}，计算应变增量 $\Delta e_{kl} = D_{kl} \Delta t = \frac{1}{2}\left(\frac{\partial \Delta u_{k}}{\partial z_{l}} + \frac{\partial \Delta u_{l}}{\partial z_{k}}\right)$。

(3) 由式(4-68)计算 $\Delta \boldsymbol{\sigma}^{\mathrm{J}}$。

(4) 由式(4-59)计算 $\Delta \boldsymbol{\sigma}$，由式(4-52a)和式(4-52b)计算 $\boldsymbol{\sigma}(t_{N+1})$。

(5) 计算 $\boldsymbol{u}(t_{N+1}) = \boldsymbol{u}(t_{N}) + \Delta \boldsymbol{u}$，$\boldsymbol{x}(t_{N+1}) = \boldsymbol{x}(t_{N}) + \Delta \boldsymbol{u}$，修改节点坐标。

(6) 以 t_{N+1} 时的构形为参照构形，按式(4-80)计算新的刚度矩阵和节点力矢量等，组成式(4-79)的有限元方程。

(7) 重复上列诸步骤，解出 t_{N+2} 时的位移和应力等，继续重复计算，直至所需结果为止。

在计算式(4-80)中各项积分时，通常采用高斯求积法，因而只须知道单元内高斯积分点上的应力和位移等便足够了。在有限元计算中，通常也只是求出单元内高斯积分点上的位移和应力，再转换到节点上去。有限元方法中，还有其他的计算格式。

在弹塑性问题中，加载和卸载时的本构方程是不同的，因此，在程序中要增加判断加载或卸载的准则，以组成正确的刚度矩阵。

4.6.3 瞬时 ULD 法：K 应力增量

下面较详细地介绍用 K 应力增量 $\Delta \boldsymbol{S}_{(N)}$ 在 ULD 法中的应用，其基本思路与 4.6.2 节相同。现在应采用当时构形中的虚功率增率方程(4-32)和虚功率方程(4-6)，而本构方程则采用式(4－70)。在 ULD 法中,以第 N 步 t_N 时的构形为参照构形,所以 $\boldsymbol{S}_{(N)}=\boldsymbol{\sigma}$, $\Delta\boldsymbol{S}_{(N)}\approx\dot{\boldsymbol{S}}\Delta t$, $\Delta\boldsymbol{E}\approx\dot{\boldsymbol{E}}^0\Delta t=\boldsymbol{D}\Delta t$, $X_K=X_k=z_k$,把式(4－32)和式(4－6)乘以 Δt 后,分别可写成

$$\int_{V_{(N)}}\Delta S_{(N)kl}\delta\frac{\partial\Delta u_k}{\partial z_l}\mathrm{d}V+\int_{V_{(N)}}\sigma_{kl}\frac{\partial\Delta u_m}{\partial z_l}\delta\frac{\partial\Delta u_m}{\partial z_k}\mathrm{d}V-\int_{V_{(N)}}\rho\Delta f_k\delta\Delta u_k\mathrm{d}V-\int_{A_{\sigma(N)}}\Delta\bar{T}_k\delta\Delta u_k\mathrm{d}A=\Delta F \tag{4-81}$$

$$\Delta F=\int_{V_{(V)}}\rho f_k\delta\Delta u_k\mathrm{d}V+\int_{A_{\sigma(N)}}\bar{T}_k\delta\Delta u_k\mathrm{d}A-\int_{V_{(N)}}\sigma_{kl}\delta\frac{\partial\Delta u_k}{\partial z_l}\mathrm{d}V \tag{4-82}$$

式中,$V_{(N)}$ 和 $A_{\sigma(N)}$ 分别为 t_N 时物体的体积和给定外力的表面积。

设 $\Delta u_k=\phi_{kl}\Delta q_l$,则可得下述有限元离散化方程

$$\left.\begin{array}{l}[(K_{pq}^{(0)}+K_{pq}^{(1)})\Delta q_p-\Delta\bar{Q}_q-\Delta F_q]\delta\Delta q_q=0\\ \{\delta\Delta\boldsymbol{q}\}^{\mathrm{T}}[(\boldsymbol{K}^{(0)}+\boldsymbol{K}^{(1)})\Delta\boldsymbol{q}-\Delta\bar{\boldsymbol{Q}}-\Delta\boldsymbol{F}]=\boldsymbol{0}\end{array}\right\} \tag{4-83}$$

式中

$$\left.\begin{array}{l}K_{pq}^{(0)}=\sum\limits_e\int_{v^{(e)}}A_{(N)klmn}\frac{\partial\phi_{kp}}{\partial z_l}\frac{\partial\phi_{mq}}{\partial z_n}\mathrm{d}v\\ K_{pq}^{(1)}=\sum\limits_e\int_{v^{(e)}}\sigma_{kl}\frac{\partial\phi_{mp}}{\partial z_l}\frac{\partial\phi_{mq}}{\partial z_k}\mathrm{d}V\\ \Delta\bar{Q}_q=\sum\limits_e\int_{v^{(e)}}\Delta f_k\phi_{kq}\mathrm{d}v+\sum\limits_b\int_{a_\sigma^{(b)}}\Delta\bar{T}_k\phi_{kq}\mathrm{d}a\\ \Delta F_q=\sum\limits_e\int_{v^{(e)}}f_k\phi_{kq}\mathrm{d}v+\sum\limits_b\int_{a_\sigma^{(b)}}\bar{T}\phi_{kq}\mathrm{d}a-\sum\limits_e\int_{v^{(e)}}\sigma_{kl}\phi_{kq,l}\mathrm{d}v\end{array}\right\} \tag{4-84}$$

通常称 $\boldsymbol{K}^{(0)}$ 为小变形增量刚度矩阵,$\boldsymbol{K}^{(1)}$ 为初应力增量刚度矩阵。

由式(4－83)在合适的边界条件下解出 $\Delta\boldsymbol{q}$;求出单元体内部高斯积分点的位移 $\Delta\boldsymbol{u}$;算出应变增量 $\Delta\boldsymbol{E}_{(N)}$;由式(4－70)求出 $\Delta\boldsymbol{S}_{(N)}$,算出 $\boldsymbol{S}_{(N)}(t_{N+1})=\boldsymbol{\sigma}(t_N)+\Delta\boldsymbol{S}_{(N)}$;由式(4－60)求出 $\boldsymbol{\sigma}(t_{N+1})$;求出节点新的坐标 $\boldsymbol{x}(t_{N+1})=\boldsymbol{x}(t_N)+\Delta\boldsymbol{u}$,最后求出位移总量 $\boldsymbol{u}(t_{N+1})=\boldsymbol{u}(t_N)+\Delta\boldsymbol{u}$。当求出 t_{N+1} 时诸物理量后,再以 t_{N+1} 时的构形为新的参照构形,由式(4－84)用高斯积分法形成新的刚度阵和节点力列阵等,继续上述步骤,推求 t_{N+2} 时的诸物理量。

4.6.4 全 TLD 法:K 应力增量

与 ULD 法不同,TLD 法始终以初始构形作为参照构形。此时,虚功率方程用式(4－6),虚功率增率方程用式(4－32),而本构方程则用式(4－69)。应用这些方程时,应使用 $\Delta S_{KL}=\dot{S}_{KL}\Delta t$, $\Delta E_{KL}^0=\dot{E}_{KL}^0\Delta t=\frac{1}{2}[(\delta_{MK}+u_{M,K})\Delta u_{M,L}+(\delta_{ML}+u_{M,L})\Delta u_{M,K}]$。因此,在 TLD 法中,式(4－32)乘以 Δt 后为

$$\int_V \Delta S_{KL}\delta(\Delta u_{K,L}+u_{M,K}\Delta u_{M,L})\mathrm{d}V+\int_V S_{KL}\Delta u_{P,L}\delta\Delta u_{P,K}\mathrm{d}V-$$
$$\int_V \rho_0\Delta f_K\delta\Delta u_K\mathrm{d}V-\int_{A_\sigma}\Delta T_K\delta\Delta u_K\mathrm{d}V=\Delta F \tag{4-85}$$

$$\Delta F=\int_V \rho_0 f_K\delta\Delta u_K\mathrm{d}V+\int_{A_\sigma}\bar{T}_K\delta\Delta u_K\mathrm{d}A-\int_V S_{KL}\delta(\Delta u_{K,L}+u_{M,K}\delta\Delta u_{M,L})\mathrm{d}V \tag{4-86}$$

且在 A_u 上，$\Delta u_K=\Delta\bar{u}_K$。本构关系取 $\Delta S_{kl}=A_{KLMN}(\Delta u_{M,N}+u_{P,M}\Delta u_{P,N})$。

若令 $\Delta u_K=\phi_{KL}\Delta q_L$，则可得下述有限元离散化方程

$$\left.\begin{aligned}&[(K_{PQ}^{(0)}+K_{PQ}^{(1)}+K_{PQ}^{(2)})\Delta q_P-\Delta\bar{Q}_Q-\Delta F_Q]\delta\Delta q_Q=0\\&\{\delta\Delta\boldsymbol{q}\}^{\mathrm{T}}[(\boldsymbol{K}^{(0)}+\boldsymbol{K}^{(1)}+\boldsymbol{K}^{(2)})\Delta\boldsymbol{q}-\Delta\boldsymbol{Q}-\Delta\boldsymbol{F}]=\boldsymbol{0}\end{aligned}\right\} \tag{4-87}$$

式中，

$$\left.\begin{aligned}&K_{PQ}^{(0)}=\sum_e\int_{V^{(e)}}A_{KLMN}\phi_{MP,N}\phi_{KQ,L}\mathrm{d}V\\&K_{PQ}^{(1)}=\sum_e\int_{V^{(e)}}A_{KLMN}(u_{S,K}\delta_{RM}+u_{R,M}\delta_{KS}+u_{R,M}u_{S,K})\phi_{RP,N}\phi_{SQ,L}\mathrm{d}V\\&K_{PQ}^{(2)}=\sum_e\int_{V^{(e)}}S_{KL}\phi_{RP,L}\phi_{RQ,K}\mathrm{d}V\\&\Delta\bar{Q}_Q=\sum_e\int_{V^{(e)}}\Delta f_K\phi_{KQ}\mathrm{d}V+\sum_b\int_{A_\sigma^{(b)}}\Delta\bar{T}_K\phi_{KQ}\mathrm{d}A\\&\Delta F_Q=\sum_e\int_{V^{(e)}}f_K\phi_{KQ}\mathrm{d}V+\sum_b\int_{A_\sigma^{(b)}}\bar{T}_K\phi_{KQ}\mathrm{d}A-\sum_e\int_{V^{(e)}}S_{KL}(\delta_{MK}+u_{M,K})\phi_{MQ,L}\mathrm{d}V\end{aligned}\right\} \tag{4-88}$$

通常称 $\boldsymbol{K}^{(0)}$ 为小变形增量刚度矩阵，$\boldsymbol{K}^{(1)}$ 为几何非线性增量刚度矩阵，$\boldsymbol{K}^{(2)}$ 为初应力增量刚度矩阵。

由式(4-87)在合适的边界条件下解出 $\Delta\boldsymbol{q}$；求出单元内部高斯点上的位移增量 $\Delta\boldsymbol{u}$；算出 E_{KL}^0；算出 ΔS_{KL}，由 $S_{kl}(t_{N+1})=S_{KL}(t_N)+\Delta S_{KL}$；求出 $u_K(t_{N+1})=u_K(t_N)+\Delta u_K$。

4.6.5 欧拉方法

E 法和 L 法的主要区别是前者的有限元网格在空间是固定的，因而在不同的瞬时由不同的质点组成，物理量的物质导数由式(2-10)计算，而后者的有限元网格随物体一起变形，不同的瞬时由相同的质点组成，物理量的物质导数由式(2-9)计算。在 E 法中采用的本构方程，对各向同性材料可取

$$\Delta\boldsymbol{\sigma}(t_{N+1})=\boldsymbol{A}:\Delta\boldsymbol{\varepsilon}(t_{N+1}) \tag{4-89}$$

式中，$\boldsymbol{A}$ 由式(1-77)表示，即 $\boldsymbol{A}=2\mu\left(\boldsymbol{I}_4+\dfrac{\nu}{1-2\nu}\boldsymbol{I}\otimes\boldsymbol{I}\right)$。虽然 $\dot{\boldsymbol{\sigma}}$、$\dot{\boldsymbol{\varepsilon}}$ 都不是客观性变量，但式(4-87)却是客观性的，即与坐标旋转无关(参见 6.2 节例 2)。由式(4-33)得

$$\int_v \left(\frac{\partial \boldsymbol{\sigma}}{\partial t} + \frac{\partial \boldsymbol{\sigma}}{\partial \boldsymbol{x}} v - \boldsymbol{\Gamma\sigma} + v_{p,p}\boldsymbol{\sigma}\right) : \delta \boldsymbol{\Gamma} \mathrm{d}v = \int_v \rho \left(\frac{\partial \boldsymbol{f}}{\partial t} + \frac{\partial \boldsymbol{f}}{\partial \boldsymbol{x}}\boldsymbol{v} - \frac{\partial \boldsymbol{v}}{\partial t} - \frac{\partial \boldsymbol{v}}{\partial \boldsymbol{x}}\boldsymbol{v}\right) \mathrm{d}v + \int_{a_\sigma} \frac{\mathrm{d}}{\mathrm{d}t}(\bar{\boldsymbol{p}}^{(n)} \mathrm{d}a) \cdot \delta \boldsymbol{v} \tag{4-90}$$

通常 E 法应用到固体(或流变体)的定常流动状态较好,如金属的拉丝过程,金属的轧制,熔融塑料的成型等,此时任意一空间点在不同的时刻变形状态是相同的,空间边界是固定不变的,其上的边界条件不随时间变化,有 $\partial \boldsymbol{f}/\partial t = \partial \bar{\boldsymbol{p}}^{(n)}/\partial t = 0$。对于一般的变形固体,$E$ 法极为复杂,往往要和 L 法混合使用,目前并未达到工程实用阶段。

4.6.6 关于动态增量有限元的说明

动态增量有限元和上述静态问题的主要差别是必须考虑惯性项 $\rho\ddot{\boldsymbol{u}}$,因而必然与时间有关。从而在空间域内进行离散化的同时,还必须在时间域内也进行离散化。在时间域内的离散是一维离散问题,可采用有限元法或差分法,目前,差分法使用较多。对于非定常流动,欧拉方法采用速度作为自变量较好,如用位移作为自变量,公式显得非常复杂,在实际使用中往往会形成 E 法和 L 法的混合使用。

习 题

1. 定义广义拉格朗日应变 $\boldsymbol{E}^{(m)} = \frac{1}{m}(\boldsymbol{U}^m - \boldsymbol{I})(m \neq 0)$,令和 $\boldsymbol{E}^{(m)}$ 共轭的应力为 $\boldsymbol{T}^{(m)}$,即 $\boldsymbol{T}^{(m)} : \dot{\boldsymbol{E}}^{(m)}$ 为功率。试证

$$\dot{\boldsymbol{E}}^{(m)} = \frac{1}{m}(\dot{\boldsymbol{U}}\boldsymbol{U}^{m-1} + \boldsymbol{U}\dot{\boldsymbol{U}}\boldsymbol{U}^{m-2} + \cdots + \boldsymbol{U}^{m-2}\dot{\boldsymbol{U}}\boldsymbol{U} + \boldsymbol{U}^{m-1}\dot{\boldsymbol{U}})$$

以此代入等式 $\boldsymbol{T}^{(m)} : \dot{\boldsymbol{E}}^{(m)} = \boldsymbol{T}^{(1)} : \dot{\boldsymbol{E}}^{(1)}$,试证 Biot 应力 $\boldsymbol{T}^{(1)}$ 为

$$\boldsymbol{T}^{(1)} = \frac{1}{m}(\boldsymbol{U}^{m-1}\boldsymbol{T}^{(m)} + \boldsymbol{U}^{m-2}\boldsymbol{T}^{(m)}\boldsymbol{U} + \cdots + \boldsymbol{U}\boldsymbol{T}^{(m)}\boldsymbol{U}^{m-2} + \boldsymbol{T}^{(m)}\boldsymbol{U}^{m-1}) \tag{4-91}$$

由式(4-91)得

$$\boldsymbol{T}^{(1)} = \frac{1}{2}(\boldsymbol{T}^{(2)}\boldsymbol{U} + \boldsymbol{U}\boldsymbol{T}^{(2)}) = \frac{1}{2}(\boldsymbol{S}\boldsymbol{U} + \boldsymbol{U}\boldsymbol{S})$$

试由此证明

$$\boldsymbol{T}^{(1)} = \frac{1}{2}(\boldsymbol{T}\boldsymbol{R} + \boldsymbol{R}^{\mathrm{T}}\boldsymbol{T}^{\mathrm{T}})$$

2. 试直接证明虚功率增率原理与应力增率形式的运动方程和应力增率边界条件等价。

3. 设一线弹性体,体积力为零。给定速度的边界上 $\bar{v}_k = 0$,只承受集中力作用,试证下述结构力学常用的卡氏定理:$d_k = \frac{\partial V}{\partial p_k}$,其中 p_k 为第 k 个集中力,d_k 为 p_k 作用点沿它作用方向的位移,$V = \int \boldsymbol{D} : \delta\boldsymbol{\sigma} \mathrm{d}v$ 为余应变能。

5　连续介质热力学

5.1　平衡系统热力学的基本理论

5.1.1　基本概念

在热力学中，通常把被研究的若干物体组成的集合称为系统，系统周围的物体形成的集合称为环境。如系统和环境之间既无能量交换，又无物质交换，则该系统称为孤立系统；如只交换能量，而不交换物质，则称为封闭系统；如既有能量交换，又有物质交换，则称为开放系统。如系统和环境之间没有热量交换，则称为绝热系统。

系统所处的状态，要用一些参数来描写，描写系统状态的参数称为状态参数，例如理想气体的压力 p、密度 ρ 或比体积(比容) $1/\rho$，$1/\rho$ 是单位质量的体积，温度 T 等都是状态参数。如果系统内各处的状态参数都相同，则称为均匀系统；如状态参数不随时间变化，则称为平衡系统。如状态参数随时间变化，这些变化状态的总和称为过程。经典热力学只研究无限缓慢的过程或准静态过程，这种过程可以看成系统由一个平衡态“平衡”地过渡到另一个平衡态，因而可用平衡热力学理论来处理。准静态过程是可逆过程，即系统可以相反的次序经过正过程所经历的一切状态。经典热力学便是研究均匀系的平衡热力学。

可以选作状态参数的变量是很多的，但彼此并非相互独立，它们之间存在一定的关系。设状态参数为 f_v，$v=1, 2, \cdots, m+n$，其中 f_α，$\alpha=1, 2, \cdots, n$ 是独立的，那么存在 m 个关系

$$f_\beta = f_\beta(f_\alpha) \quad \alpha=1, 2, \cdots, n \quad \beta=n+1, \cdots, n+m \tag{5-1}$$

上述方程便是一般情况下的状态方程，在连续介质力学中也称为本构方程。如把每一独立的状态参数看成是一个坐标，则全体独立的状态参数便组成一个“状态空间”。物体的一种状态在状态空间中由一个代表点表示，代表点在状态空间运动所形成的曲线，代表系统状态变化的一个过程。对理想气体有

$$\left.\begin{aligned} &pV = nRT \qquad n = M/m^* \\ &p/\rho = RT/m^* \end{aligned}\right\} \tag{5-2}$$

式中，m^* 为摩尔质量(kg/mol)，其数值为相对分子质量的千分之一；M 为总质量；n 为摩尔数，单位为 mol，它是物质的量的单位；R 是气体普适常数，$R=8.3144\,\mathrm{J\cdot K^{-1}\cdot mol^{-1}}$；$T$ 是绝对温度 K。式(5-2)是理想气体的状态方程，表明三个状态参数中只有两个是独立的。

5.1.2　热力学第一与第二定律

设有一绝热系统，环境对它做功，大量实验，特别是焦耳实验表明，不管做功的方式如何，只要完成功 W，系统便由状态 1 变到状态 2，由此推断，系统存在某一态函数。我们称这个在绝热过程中得到的态函数为系统的内能，记为 U。重要的不是它的绝对值，而是它相对于某

一基态的相对值，$U_2-U_1=W$。例如对理想气体有

$$U_2-U_1=W=\int_1^2(-p)\mathrm{d}V=-\int_1^2 p\,\mathrm{d}V$$

但是，如过程不是绝热的，那么系统和环境之间便要产生热交换。设环境供给系统的热量为 Q，实验表明存在关系

$$Q=(U_2-U_1)-W \tag{5-3}$$

式(5-3)可作为热量的定义，也可解释为内能的增加等于环境对系统所做的功和供给热量的和。式中 Q 和 W 是与热力学过程相关的，可称为过程量。实验表明，不管 W 是机械功、电磁功或其他形式的功，式(5-3)均成立，通常称为热力学第一定律，它是能量平衡方程。式(5-3)的微分形式为

$$\mathrm{d}U=\mathrm{d}W+\mathrm{d}Q \tag{5-4}$$

热力学第一定律表明不同形式的能量可以相互转化，其总和是守恒的。因此由第一定律可知，不可能造出一部永动机，它不需要外界供给能量，却能永远对环境做功。但是，第一定律并未说明自然过程自发进行的方向。对过程自发进行的方向做出说明的是热力学第二定律。第二定律有多种等价的表达方式，常见的如下。

(1) 克劳修斯(Clausius)说法。热不能自动由低温传到高温。这清楚表明传热过程是不可逆的，只能自动由高温传到低温，反之不能。

(2) 开尔文(Kelvin)说法。对循环做功的热机从单一热源取出热，使之变为有用功，而又不引起其他的变化，这是不可能的，这也可简单地说成第二类永动机是不能实现的。

(3) 喀拉氏(Carathéodory)说法。在热均匀系统任意一给定的平衡态附近，总存在这样的态，它不能由给定的平衡态经过绝热过程达到。

上述第一和第二种说法的等价性，可在热力学教程中找到。对于第三种说法下面做详细讨论。

5.1.3 喀拉氏提法，态函数

首先我们来证明热力学第二定律的喀拉氏(Carathéodory)说法与开尔文提法的等价性。为明确起见，讨论具有两个独立广义位移的可逆系统，可逆热量记为 Q^{r}。此时有

$$\mathrm{d}Q^{\mathrm{r}}=\mathrm{d}U-X(x,\ y,\ \theta)\mathrm{d}x-Y(x,\ y,\ \theta)\mathrm{d}y \tag{5-5}$$

式中，X、Y 为广义力；x、y 为广义位移；θ 为温度。对可逆绝热过程有

$$\mathrm{d}U-X\mathrm{d}x-Y\mathrm{d}y=0 \tag{5-6}$$

图 5-1 表示以 x、y、θ 为直角坐标的状态空间，a 点代表任意一平衡态，b 点表示由 a 点经过绝热过程可以达到的平衡态，因而满足式(5-6)。令 c 点为另一平衡态，它和 b 点有相同的 $(x,\ y)$ 值，但 θ 值不同。现设 c 也可由 a 经绝热可逆路径 ac 达到，则 $acba$ 组成一循环；在此循环中，按假设 ac、ba 为两个绝热过程，因此不存在热量传递，过程 bc 中环境未做功；因此循环终止时系统对环境所做的功必为 cb 过程中输入的热量产生，但这一循环中无放热过程，即从单一热源吸热而做了有用功，这违背了开尔文说法，因而是不可能的，即喀拉氏提法和开

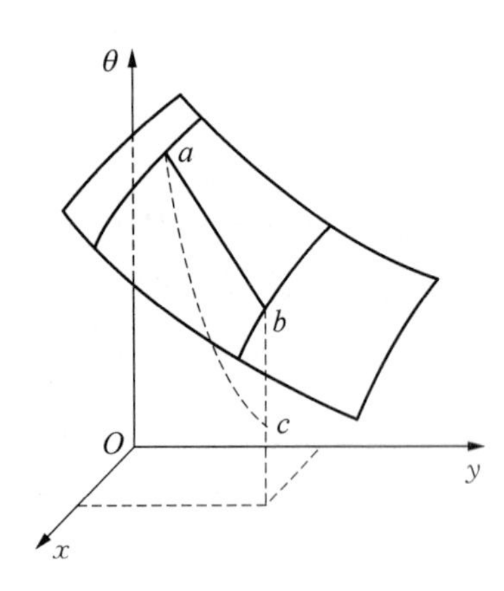

图 5-1 喀拉氏提法图解

尔文提法等价。

然后证明存在态函数熵。上面的讨论表明，对于同一 (x, y) 值，b 点是 a 点可以通过绝热可逆过程唯一达到的状态；式(5-6)表示状态空间的绝热面，由此推知过 a 点的绝热面是唯一的，因而在状态空间存在一簇互不相交的可逆绝热面，其方程可写为

$$\phi = f(x,\ y,\ \theta) \tag{5-7}$$

不同的 ϕ 值对应不同的绝热面，因而 ϕ 必须是状态函数。从而在 $(x,\ y,\ \theta)$ 空间内的任何一点均可由 $(\phi,\ x,\ y)$ 的值确定。将 U 作为 ϕ、x、y 的函数，则 U 的全微分是

$$\mathrm{d}U = \frac{\partial U}{\partial \phi}\mathrm{d}\phi + \frac{\partial U}{\partial x}\mathrm{d}x + \frac{\partial U}{\partial y}\mathrm{d}y \tag{5-8}$$

把式(5-8)代入式(5-5)得

$$\mathrm{d}Q^{\mathrm{r}} = \frac{\partial U}{\partial \phi}\mathrm{d}\phi + \left(\frac{\partial U}{\partial x} - X\right)\mathrm{d}x + \left(\frac{\partial U}{\partial y} - Y\right)\mathrm{d}y \tag{5-9}$$

因 $\mathrm{d}\phi = 0$ 时恒有 $\mathrm{d}Q^{\mathrm{r}} = 0$，由式(5-9)得

$$\mathrm{d}Q^{\mathrm{r}} = \lambda\,\mathrm{d}\phi \qquad \frac{\partial U}{\partial x} = X \qquad \frac{\partial U}{\partial y} = Y \tag{5-10}$$

式中

$$\lambda = (\partial U/\partial \phi)_{x,\,y\text{不变}} = \lambda(\phi,\ x,\ y) \quad \text{或} \quad \lambda = \lambda(\phi,\ x,\ \theta) \tag{5-11}$$

现考虑两个处于热平衡的子系统 1 和 2，由式(5-11)得

$$\left.\begin{array}{l} \mathrm{d}Q^{\mathrm{r}(1)} = \lambda_1(\phi_1,\ x_1,\ \theta_1)\mathrm{d}\phi_1 \quad \mathrm{d}Q^{\mathrm{r}(2)} = \lambda_2(\phi_2,\ x_2,\ \theta_2)\mathrm{d}\phi_2 \\ \mathrm{d}Q^{\mathrm{r}} = \lambda\,\mathrm{d}\phi = \mathrm{d}Q^{\mathrm{r}(1)} + \mathrm{d}Q^{\mathrm{r}(2)} = \lambda_1\mathrm{d}\phi_1 + \lambda_2\mathrm{d}\phi_2 \end{array}\right\} \tag{5-12}$$

显然 ϕ 和 λ 应是 ϕ_1、ϕ_2、x_1、x_2、$\theta(=\theta_1=\theta_2)$ 的函数，从而

$$\mathrm{d}\phi = \frac{\partial \phi}{\partial \phi_1}\mathrm{d}\phi_1 + \frac{\partial \phi}{\partial \phi_2}\mathrm{d}\phi_2 + \frac{\partial \phi}{\partial x_1}\mathrm{d}x_1 + \frac{\partial \phi}{\partial x_2}\mathrm{d}x_2 + \frac{\partial \phi}{\partial \theta}\mathrm{d}\theta \tag{5-13}$$

比较式(5-12)和式(5-13)得

$$\frac{\partial \phi}{\partial \theta} = 0 \qquad \frac{\partial \phi}{\partial x_1} = 0 \qquad \frac{\partial \phi}{\partial x_2} = 0 \tag{5-14}$$

$$\frac{\partial \phi}{\partial \phi_1} = \frac{\lambda_1}{\lambda} \qquad \frac{\partial \phi}{\partial \phi_2} = \frac{\lambda_2}{\lambda} \tag{5-15}$$

由式(5-14)推知 ϕ 与 θ、x_1、x_2 无关，只依赖于 ϕ_1 和 ϕ_2；由式(5-15)又推知 λ_1/λ 和 λ_2/λ 只依赖于 ϕ_1 和 ϕ_2。因此由 λ_1/λ 推知 λ 不应含 x_2；由 λ_2/λ 推知 λ 不应含 x_1，因此 λ 只能是 ϕ_1、ϕ_2 和 θ 的函数，即 $\lambda(\phi_1, \phi_2,\ \theta)$；由此又推出 $\lambda_1 = \lambda_1(\phi_1,\ \theta)$，$\lambda_2 = \lambda_2(\phi_2,\ \theta)$，因此要 ϕ 与 θ 无

关，必须

$$\lambda = T(\theta)f(\phi) \tag{5-16}$$

代入式(5-10)第1式，则有

$$dQ^r = T(\theta)f(\phi)d\phi = TdS \tag{5-17}$$

式中，$dS = f(\phi)d\phi$，故 S 是状态函数，取名为熵；而 T 为积分因子，使 dQ^r 成为全微分，称为绝对温度。可见对可逆过程，由热力学第二定律的喀拉氏提法，必导致状态函数熵的存在。上面的论证对广义位移多于两个的一般情形同样成立，不再赘述。由式(5-17)可得

$$dS = dQ^r/T \quad S^{(2)} - S^{(1)} = \int_1^2 dQ^r/T \quad \oint dS = 0 \tag{5-18}$$

对不可逆过程，熵的问题需要做更深入的研究。

5.2 理想气体的特性函数和比热

5.2.1 单元系

先讨论只有一种物质组成的单元系。理想气体只能受压，不能受拉或剪切。所以在理想气体中，只能存在压力 p，因而环境对系统做功的表达式为

$$dW = -p dV \quad W = -\int_{V^{(1)}}^{V^{(2)}} p dV \tag{5-19}$$

式中，$V^{(1)}$ 为初态时的体积；$V^{(2)}$ 为终态时的体积。把式(5-18)、式(5-19)代入式(5-4)可得吉布斯(Gibbs)方程

$$dU = TdS - pdV \tag{5-20}$$

如把 S 和 V 选作独立变数，则因 U 是态函数，dU 为全微分，因而由式(5-20)可导出

$$\left(\frac{\partial U}{\partial S}\right)_V = T \quad \left(\frac{\partial U}{\partial V}\right)_S = -p \tag{5-21}$$

从式(5-21)的两式中消去 S，可得 p、V、T 的关系，即物态方程。若从式(5-21)的两式中消去 V，便得 S、p、T 的关系。如把由此推出的 V、S 和 p、T 的关系代入式(5-20)，便可把 U 变换成 p、T 的函数。因此，知道 U，便确定了系统的平衡性质。通常称某一热力学函数为特性函数，是指只要知道了它，均匀系统的平衡性质便完全确定。内能 U 便是一个特性函数。其他常用的特性函数还有

$$\left.\begin{aligned}
&\text{自由能 } F: && F(T,\ V) = U - TS \\
&\text{热焓 } H: && H(S,\ p) = U + pV \\
&\text{吉布斯函数 } G: && G(T,\ p) = U + pV - TS = H - TS = F + pV
\end{aligned}\right\} \tag{5-22}$$

式中，F 也称为亥姆霍兹(Helmholtz)自由能；G 也称为吉布斯自由能。由式(5-22)得

$$dF = -SdT - pdV \quad dH = TdS + Vdp \quad dG = -SdT + Vdp \tag{5-23}$$

由于 F、H、G 都是态函数,故由式(5-23)和式(5-21)式可得

$$\left.\begin{aligned}
&T=\left(\frac{\partial U}{\partial S}\right)_V=\left(\frac{\partial H}{\partial S}\right)_p \qquad S=-\left(\frac{\partial F}{\partial T}\right)_V=-\left(\frac{\partial G}{\partial T}\right)_p\\
&p=-\left(\frac{\partial U}{\partial V}\right)_S=-\left(\frac{\partial F}{\partial V}\right)_T \quad V=\left(\frac{\partial H}{\partial p}\right)_S=\left(\frac{\partial G}{\partial p}\right)_T
\end{aligned}\right\} \tag{5-24}$$

如果利用 $\dfrac{\partial^2 U}{\partial S\partial V}=\dfrac{\partial^2 U}{\partial V\partial S}$ 和 F、H、G 的类似关系,可得下述麦克斯韦(Maxwell)关系式:

$$\left.\begin{aligned}
&\left(\frac{\partial T}{\partial V}\right)_S=-\left(\frac{\partial p}{\partial S}\right)_V \quad \left(\frac{\partial T}{\partial p}\right)_S=\left(\frac{\partial V}{\partial S}\right)_p\\
&\left(\frac{\partial p}{\partial T}\right)_V=\left(\frac{\partial S}{\partial V}\right)_T \quad \left(\frac{\partial V}{\partial T}\right)_p=-\left(\frac{\partial S}{\partial p}\right)_T
\end{aligned}\right\} \tag{5-25}$$

今后的讨论,常需要用到单位质量和单位体积的某物理量。设 M 为系统总质量,则单位质量的比内能 e、比熵 s、比自由能 f、比热焓 h、比吉布斯函数 g 以及单位体积的对应量 $\hat{e}$、$\hat{s}$、$\hat{f}$、$\hat{h}$ 和 $\hat{g}$ 可分别定义为

$$\left.\begin{aligned}
&e=\frac{U}{M} \quad s=\frac{S}{M} \quad h=\frac{H}{M} \quad f=\frac{F}{M} \quad g=\frac{G}{M}\\
&\hat{e}=\rho e \quad \hat{s}=\rho s \quad \hat{h}=\rho h \quad \hat{f}=\rho f \quad \hat{g}=\rho g
\end{aligned}\right\} \tag{5-26}$$

对于非均匀系统,式(5-26)将在极限的意义上理解,例如

$$e=\lim_{\Delta M\to 0}\frac{\Delta U}{\Delta M}$$

其余类推。对单位质量的特性函数,存在下述关系:

$$f=e-T_s \quad h=e+p/\rho \quad g=e+p/\rho-Ts \tag{5-27}$$

$$\left.\begin{aligned}
&\mathrm{d}e=T\mathrm{d}s-p\mathrm{d}\frac{1}{\rho} \quad \mathrm{d}f=-s\mathrm{d}T-p\mathrm{d}\frac{1}{\rho}\\
&\mathrm{d}h=T\mathrm{d}s+\frac{1}{\rho}\mathrm{d}p \quad \mathrm{d}g=-s\mathrm{d}T+\frac{1}{\rho}\mathrm{d}p
\end{aligned}\right\} \tag{5-28}$$

应强调,式(5-27)和式(5-28)中 p 是压力;如以拉应力为正,则应用 σ 代替 $-p$。

5.2.2 热容直、比热容和摩尔热容

任何物体从环境获得热量时,温度将升高,温度升高 1 度所需的热量称为该物体的热容量,单位质量的热容量称为比热容,1 mol (1 摩尔分子)物质的热容量称为摩尔热容。比热容和摩尔热容随温度和压力而变化,与过程有关。通常应用等容过程的比热容 c_V 或摩尔热容 c_V^{mol},等压过程的比热容 c_p 或摩尔热容 c_p^{mol}。对固体,c_p 和 c_V,c_p^{mol} 和 c_V^{mol} 差别不大,可近似认为相等;但对气体,差别显著。

对等容变化,$V=$常数,$\Delta V=0$,故外力功增量 $\Delta W=0$,由式(5-4)知,此时 $\Delta Q=\Delta U=M\Delta e$,因而有

$$c_V = \frac{c_V^{\mathrm{mol}}}{m^*} = \frac{1}{M}\lim_{\Delta T\to 0}\left(\frac{\Delta U}{\Delta T}\right)_{1/\rho} = \left(\frac{\partial e}{\partial T}\right)_{1/\rho} \tag{5-29}$$

对等压变化，$p=$常数，外力功增量 $\Delta W = -p\Delta V = -(p\Delta V)$，所以 $\Delta Q = \Delta U + p\Delta V = \Delta H = M\Delta h = M(e + p/\rho)$，从而

$$c_p = \frac{c_p^{\mathrm{mol}}}{m^*} = \frac{1}{M}\lim_{\Delta T\to 0}\left(\frac{\Delta H}{\Delta T}\right)_p = \left(\frac{\partial h}{\partial T}\right)_p = \left(\frac{\partial e}{\partial T}\right)_p + p\left(\frac{\partial \frac{1}{\rho}}{\partial T}\right)_p \tag{5-30}$$

若设 e 是 T 和 $\frac{1}{\rho}$ 的函数，则按微分规则有

$$\left(\frac{\partial e}{\partial T}\right)_p = \left(\frac{\partial e}{\partial T}\right)_{1/p} + \left(\frac{\partial e}{\partial \frac{1}{\rho}}\right)_T\left(\frac{\partial \frac{1}{\rho}}{\partial T}\right)_p$$

结合式(5-29)和式(5-30)，可得到 c_p 和 c_V 的关系

$$c_p - c_V = \frac{1}{m^*}(c_p^{\mathrm{mol}} - c_V^{\mathrm{mol}}) = \left[\left(\frac{\partial e}{\partial \frac{1}{\rho}}\right)_T + p\right]\left(\frac{\partial \frac{1}{\rho}}{\partial T}\right)_p \tag{5-31}$$

由式(5-31)可得

$$\left(\frac{\partial e}{\partial \frac{1}{\rho}}\right)_T = (c_p - c_V)\left(\frac{\partial T}{\partial \frac{1}{\rho}}\right)_p - p \tag{5-32}$$

对理想气体，焦耳实验表明，内能只是温度的函数，即有 $\left(\frac{\partial e}{\partial \frac{1}{\rho}}\right)_T = 0$。由物态方程式(5-2)推得 $\left(\frac{\partial \frac{1}{\rho}}{\partial T}\right)_p = \frac{R}{p}$，因而由式(5-32)可得

$$c_p - c_V = R \quad c_p^{\mathrm{mol}} - c_V^{\mathrm{mol}} = R_M \tag{5-33}$$

对理想气体有

$$\mathrm{d}e = c_V \mathrm{d}T \tag{5-34}$$

5.2.3　多元系

先讨论单组元开放系统，即系统的质量 M 可变，则有

$$
\begin{aligned}
\mathrm{d}U &= \mathrm{d}(Me) = M\mathrm{d}e + e\mathrm{d}M = MT\mathrm{d}s - Mp\mathrm{d}\frac{1}{\rho} + e\mathrm{d}M \\
&= T\mathrm{d}(Ms) - Ts\mathrm{d}M - p\mathrm{d}\left(M\frac{1}{\rho}\right) + p\frac{1}{\rho}\mathrm{d}M + e\mathrm{d}M \\
&= T\mathrm{d}S - p\mathrm{d}V + g\mathrm{d}M
\end{aligned} \tag{5-35}
$$

式中，g 正是式(5-27)引入的比吉布斯函数。

再讨论多元系，所谓多元系是指由多种物质组成的均匀系统，每一种物质构成系统的一个组元，第 k 种组元的总质量 $M^{(k)}$、密度 $\rho^{(k)}$，设每一组元的质量可以变化，但系统的总质量不变，即

$$
\sum_{k=1}^{n} M^{(k)} = M \tag{5-36}
$$

由于讨论的是均匀的平衡系，所以各组元有相同的温度 T、相同的压力 p。对每一组元应用式(5-35)，有

$$
\mathrm{d}U^{(k)} = T\mathrm{d}S^{(k)} - p\mathrm{d}V^{(k)} + g^{(k)}\mathrm{d}M^{(k)}
$$

把各组元相加便得

$$
\mathrm{d}U = T\mathrm{d}s - p\mathrm{d}V + \sum_{k} g^{(k)}\mathrm{d}M^{(k)} \tag{5-37}
$$

且

$$
\left.
\begin{aligned}
&U = \sum U^{(k)} \quad S = \sum S^{(k)} \quad V = \sum V^{(k)} \\
&g^{(k)} = e^{(k)} - Ts^{(k)} + pV^{(k)}
\end{aligned}
\right\} \tag{5-38}
$$

因为对每一组元存在与式(5-27)和式(5-28)相同的关系，所以易于得到

$$
\mathrm{d}F = \mathrm{d}\left(\sum_{k=1}^{n} M^{(k)} f^{(k)}\right) = -S\mathrm{d}T - p\mathrm{d}V + \sum_{k} g^{(k)}\mathrm{d}M^{(k)} \tag{5-39}
$$

$$
\mathrm{d}H = \mathrm{d}\left(\sum_{k=1}^{n} M^{(k)} h^{(k)}\right) = T\mathrm{d}S + V\mathrm{d}p + \sum_{k} g^{(k)}\mathrm{d}M^{(k)} \tag{5-40}
$$

$$
\mathrm{d}G = \mathrm{d}\left(\sum_{k=1}^{n} M^{(k)} g^{(k)}\right) = -S\mathrm{d}T + V\mathrm{d}p + \sum_{k} g^{(k)}\mathrm{d}M^{(k)} \tag{5-41}
$$

5.3 连续介质热力学第一定律

前几节讨论了均匀平衡热力学系统的准静态过程。但在连续介质力学中，物体各处的状态一般是非均匀的，过程一般也不是准静态的，物体并不处在完全的平衡状态中。因此一般来讲，连续介质热力学属于不可逆过程热力学的范畴，不能直接应用均匀平衡系统热力学的结果。

热力学第一定律是能量守恒定律，对可逆过程和不可逆过程都成立。我们设想把连续介质无限细分，每一微元体都有它自己的内能和动能，并设其处于平衡状态中。整个物体的内能和动能可由微元体的内能和动能积分得到。

5.3.1 用欧拉法描述第一定律时的公式

先在现时构形中应用 E 坐标系来讨论。物体的内能和动能为

$$U=\int_{v}\rho e\mathrm{d}v \quad K=\frac{1}{2}\int_{v}\rho\boldsymbol{v}\cdot\boldsymbol{v}\mathrm{d}v \tag{5-42}$$

类似地，单位时间内外力对物体做功，即功率为

$$\dot{W}=\oint_{a}\boldsymbol{p}^{(n)}\cdot\boldsymbol{v}\mathrm{d}a+\int_{v}\rho\boldsymbol{f}\cdot\boldsymbol{v}\mathrm{d}v \tag{5-43}$$

环境传给物体的热量的速度为

$$\dot{Q}=-\oint_{a}\boldsymbol{q}\cdot\boldsymbol{n}\mathrm{d}a+\int_{v}\rho\dot{r}\mathrm{d}v \tag{5-44}$$

式中，$\dot{r}$ 为如辐射等的热源强度，是环境在单位时间内供给单位质量的热量；$\boldsymbol{q}$ 为热流矢量，是单位时间内沿热流方向通过单位面积的热量，选取和表面外法线 $\boldsymbol{n}$ 成锐角的方向为正方向，故单位时间内环境通过物体表面供给系统的热量为 $-\oint_{a}\boldsymbol{q}\cdot\boldsymbol{n}\mathrm{d}a$。

计入动能以后，式(5-4)在连续介质中成为

$$\dot{K}+\dot{U}=\dot{W}+\dot{Q} \tag{5-45}$$

与式(4-12)相比，式(5-45)显然是该式在存在热现象时的推广。

把式(5-42)对时间 t 求导，得

$$\dot{K}=\int_{v}\left[\rho v_{k}\dot{v}_{k}\mathrm{d}v+\frac{1}{2}v_{k}v_{k}\frac{\mathrm{d}}{\mathrm{d}t}(\rho\mathrm{d}v)\right]$$

$$\dot{U}=\int_{v}\left[\rho\dot{e}\mathrm{d}v+e\frac{\mathrm{d}}{\mathrm{d}t}(\rho\mathrm{d}v)\right]$$

利用散度定理和第 3 章的理论，把式(5-43)和式(5-44)变换成

$$\dot{W}=\int_{v}[\sigma_{lk}v_{k,l}+\sigma_{lk,l}v_{k}+\rho f_{k}v_{k}]\mathrm{d}v \tag{5-46}$$

$$\dot{Q}=\int_{v}[-q_{k,k}+\rho\dot{r}]\mathrm{d}v \tag{5-47}$$

把式(5-46)和式(5-47)代入式(5-45)，便得

$$\int_{v}\left\{(\rho\dot{e}-\sigma_{lk}v_{k,l}+q_{k,k}-\rho\dot{r})\mathrm{d}v+\left(e+\frac{1}{2}v_{k}v_{k}\right)\frac{\mathrm{d}}{\mathrm{d}t}(\rho\mathrm{d}v)+(\rho\dot{v}_{k}-\sigma_{lk,l}-\rho f_{k})v_{k}\mathrm{d}v\right\}=0 \tag{5-48}$$

式(5-48)便是连续介质力学中最一般的能量守恒方程。对封闭系统，质量守恒要求 $\frac{\mathrm{d}}{\mathrm{d}t}(\rho\mathrm{d}v)=0$，动量方程要求 $\rho\dot{v}_{k}-\sigma_{lk,l}-\rho f_{k}=0$；再计及体积 v 选择的任意性，由式(5-48)推得

$$\dot{\rho} = \rho\dot{\varepsilon} - q_{k,k} + \dot{\rho} \tag{5-49}$$

$$\dot{\rho} = \boldsymbol{\sigma} : \boldsymbol{D} = \sigma_{kl} D_{kl} \tag{5-50}$$

式(5-49)是用E描述法时的局部能量守恒方程,其中的 $\dot{\varepsilon}$ 为单位质量的应变能变化率,用应力偏量 $\boldsymbol{\sigma}'$ 表示则为

$$\rho\dot{\varepsilon} = \sigma_0 v_{k,k} + \boldsymbol{\sigma}' : \boldsymbol{D} = \sigma_0 v_{k,k} + \sigma'_{kl} D_{kl} \quad \sigma_0 = \frac{1}{3}\sigma_{kk} \tag{5-51}$$

式(5-49)表示的局部能量守恒方程是由普遍的能量守恒原理导出的,对可逆和不可逆过程同样成立,它是连续介质力学中最基本的方程之一。如令 $\dot{q}$ 为单位时间内环境供给物体内部单位质量的总热量,由式(5-47)知

$$\dot{Q} = \int_v \rho\dot{q}\,\mathrm{d}v = \int_v (-q_{k,k} + \rho\dot{r})\,\mathrm{d}v \tag{5-52}$$

由于体积 v 任意选取时上式都应成立,从而有

$$\rho\dot{q} = -q_{k,k} + \rho\dot{r} \tag{5-53}$$

所以式(5-49)又可写成

$$\dot{e} = \dot{\varepsilon} + \dot{q} \quad 或 \quad \rho\dot{e} = \rho\dot{\varepsilon} + \rho\dot{q} \tag{5-54}$$

5.3.2 用拉格朗日法描述第一定律时的公式

由于比内能 e,比熵 s,比自由能 f,比焓 h,比吉布斯函数 g,热源强度 $\dot{r}$,单位质量的体积力 f,等等,都是相对于单位质量定义的,因而与在哪个构形中定义是没有关系的。用L方法描述时,我们把问题变换到初始构形和L坐标系中讨论,此时物体的内能变化率和动能变化率分别为

$$\dot{U} = \int_V \rho_0 \dot{e}\,\mathrm{d}V \quad \dot{K} = \int_V \rho_0 v_k \dot{v}_k\,\mathrm{d}V$$

由式(4-4)和式(4-6)推得外力所做的功率为

$$\dot{W} = \int_{A_0} \bar{\boldsymbol{T}}^{(N)} \cdot \boldsymbol{v}\,\mathrm{d}A + \int_V \rho_0 \boldsymbol{f} \cdot \boldsymbol{v}\,\mathrm{d}V = \dot{W}^* + \dot{K} = \int_V \boldsymbol{S} : \dot{\boldsymbol{E}}\,\mathrm{d}V + \dot{K}$$

无论在现时构形中讨论问题,或是变换到初始构形中研究,环境传给物体的热量变化率总是一样的,因此在初始构形中讨论时的热流矢量 $\boldsymbol{Q}$ 应按式(5-55)定义。

$$\left.\begin{aligned} &\boldsymbol{q} \cdot \boldsymbol{n}\,\mathrm{d}a = \boldsymbol{Q} \cdot \boldsymbol{N}\,\mathrm{d}A \quad 或 \quad q_k \mathrm{d}a_k = Q_K \mathrm{d}A_K \\ &\dot{Q} = \oint_a \boldsymbol{q} \cdot \boldsymbol{n}\,\mathrm{d}a = \oint_A \boldsymbol{Q} \cdot \boldsymbol{N}\,\mathrm{d}A \end{aligned}\right\} \tag{5-55}$$

利用式(2-133)的 $\mathrm{d}a_k = jX_{K,k}\mathrm{d}A_K$,由式(5-55)可导出

$$Q_K = jX_{K,k} q_k \quad q_k = J x_{k,K} Q_K \tag{5-56}$$

利用式(2-20),进行与第3章例4相仿的讨论,可证

$$(jX_{K,k})_{,K}=(J^{-1}X_{K,k})_{,K}=0$$

由此可证

$$\int_V Q_{K,K}\mathrm{d}V=\int_V jX_{K,k}q_{k,K}\mathrm{d}V=\int_V jq_{k,k}\mathrm{d}V=\int_v q_{k,k}\mathrm{d}v \tag{5-57}$$

由式(5-57)推得

$$Q_{K,K}=jq_{k,k} \tag{5-58}$$

将式(5-55)～(5-58)代入式(5-45)，并计及选择体积 V 的任意性，便得 L 描述的局部能量守恒方程为

$$\rho_0\dot{e}=\rho_0\dot{\varepsilon}-Q_{K,K}+\rho_0\dot{r} \tag{5-59}$$

$$\rho_0\dot{\varepsilon}=\boldsymbol{S}:\dot{\boldsymbol{E}}=\boldsymbol{T}:\dot{\boldsymbol{F}}^{\mathrm{T}}=\hat{\boldsymbol{\sigma}}:\boldsymbol{D}=j\rho\dot{\varepsilon} \tag{5-60}$$

类似于式(5-54)，有

$$\rho_0 e=\rho_0\dot{\varepsilon}+\rho_0\dot{q}\quad \rho_0\dot{q}=-Q_{K,K}+\rho_0\dot{r} \tag{5-61}$$

计及 $Q_{K,K}=jq_{k,k}=\dfrac{\rho_0}{\rho}q_{k,k}$，式(5-61)可化为式(5-54)。

5.4 连续介质热力学第二定律与熵产率

5.4.1 克劳修斯-杜安(Clausius-Duhem)不等式

在均匀平衡热力学系统中，根据第二定律的喀拉氏(Carathéodory)说法，5.1.3 节很好地定义了态函数熵；但在不平衡系统中，熵是否有确切的宏观定义，科学家的意见并不一致。在本书中，我们将设不平衡系统的熵存在，且可表示为

$$\mathrm{d}S=\mathrm{d}S^{\mathrm{r}}+\mathrm{d}S^{\mathrm{i}}\quad \mathrm{d}S^{\mathrm{i}}\geqslant 0 \tag{5-62}$$

即系统的总熵增量 $\mathrm{d}S$ 等于环境供给的熵增量 $\mathrm{d}S^{\mathrm{r}}$ 和系统内部耗散机制产生的熵增量 $\mathrm{d}S^{\mathrm{i}}$ 之和。耗散过程是不可逆过程，由热力学第二定律可以推出不可逆过程的熵总是增加的，故有 $\mathrm{d}S^{\mathrm{i}}\geqslant 0$。通常，环境供给系统的热量，一部分以热流矢量 $\boldsymbol{q}$ 通过表面输入，另一部分以内热源强度 $\dot{r}$ 的方式供给物体内部的点。与此相应，环境供给系统的熵也由两部分组成，一部分由通过表面的熵流矢量 $\dfrac{\boldsymbol{q}}{T}$ 产生，另一部分由内热源强度 $\dot{r}$ 产生，即

$$\dot{S}^{\mathrm{r}}=\frac{\mathrm{d}S^{\mathrm{r}}}{\mathrm{d}t}=\int_v\rho\,\frac{\dot{r}}{T}\mathrm{d}v-\int_a\frac{\boldsymbol{q}}{T}\cdot\boldsymbol{n}\,\mathrm{d}a=\int_v\left[\rho\,\frac{\dot{r}}{T}-\left(\frac{q_k}{T}\right)_{,k}\right]\mathrm{d}v \tag{5-63}$$

令 $\sigma^*=\dot{s}^{\mathrm{i}}$，为单位质量的熵产率或比熵产率，$\dot{S}^{\mathrm{i}}$ 为系统的总熵产率，S^{i} 为系统的总熵产量。显然

$$\dot{S}^{\mathrm{i}}=\int_v\rho\sigma^*\,\mathrm{d}v \tag{5-64}$$

单位质量的 σ^* 值,不会因在现时构形或初始构形中讨论而有所改变。把式(5-63)、式(5-64)代入式(5-62)可得

$$\int_v \rho\sigma^* \mathrm{d}v = \int_v \dot{\rho}\mathrm{d}v - \int_v \left[\rho\,\frac{\dot{r}}{T} - \left(\frac{q_k}{T}\right)_{,k}\right]\mathrm{d}v \tag{5-65}$$

由于体积的任意性,从而导出比熵产率的公式为

$$\dot{\sigma}^* = \dot{s} - \frac{\dot{r}}{T} + \frac{1}{\rho}\left(\frac{q_k}{T}\right)_{,k} \geqslant 0 \tag{5-66}$$

由热力学第二定律知,$\sigma^* \geqslant 0$。因为

$$q_{k,k} = T\left(\frac{q_k}{T}\right)_{,k} - Tq_k\left(\frac{1}{T}\right)_{,k}$$

再应用局部能量守恒方程式(5-49),则式(5-65)和式(5-66)可写成

$$\rho T\sigma^* = \rho(\dot{\varepsilon} + T\dot{s} - \dot{e}) - \frac{1}{T}T_{,k}q_k \geqslant 0 \tag{5-67}$$

这便是克劳修斯-杜安不等式。它可以看成第二定律的数学表述,说明自然界的任何过程,熵产率永不为负值。

按式(5-27)的定义,比自由能 $f = e - Ts$,故

$$\dot{f} = \dot{e} - T\dot{s} - s\dot{T}$$

代入式(5-67),可得用比自由能表示的克劳修斯-杜安不等式

$$\rho T\sigma^* = \rho(\dot{\varepsilon} - s\dot{T} - \dot{f}) - \frac{1}{T}T_{,k}q_k \geqslant 0 \tag{5-68}$$

式(5-67)和式(5-68)所表示的熵产率公式,属于连续介质力学中的基本公式。式(5-68)等号右边括号中的项有时称为内禀耗散项,而右边第二项称为热流耗散项。

我们还可以下述方式引进熵位移矢量 $\boldsymbol{\eta}$

$$\operatorname{div}\boldsymbol{\eta} = -s \quad \operatorname{rot}\boldsymbol{\eta} = \boldsymbol{0} \tag{5-69}$$

式(5-63)中的 $\boldsymbol{q}/T$ 便是环境通过表面传导供给系统的熵流或熵位移速度,$\boldsymbol{q}/T = \dot{s}^{\mathrm{r}}$,$s^{\mathrm{r}}$ 表示 s 的可逆部分。

以上采用的是欧拉描述法,类似地可用拉格朗日描述法得到相应的公式:

$$\sigma^* = \dot{s} - \frac{\dot{r}}{T} + \frac{1}{\rho_0}\left(\frac{Q_K}{T}\right)_{,K} \geqslant 0 \tag{5-70}$$

$$\left.\begin{aligned} \rho_0 T\sigma^* &= \rho_0(\dot{\varepsilon} + T\dot{s} - \dot{e}) - \frac{Q_K}{T}T_{,K} \geqslant 0 \\ \rho_0 T\sigma^* &= \rho_0(\dot{\varepsilon} - s\dot{T} - \dot{f}) - \frac{Q_K}{T}T_{,K} \geqslant 0 \end{aligned}\right\} \tag{5-71}$$

5.4.2 平衡判据

如果系统进行的过程是不可逆的，则式(5-67)和式(5-68)对系统内部任意一点成立，因而对系统内任意的体积积分后仍成立。它们不仅对真实过程成立，还对平衡态附近的任何可能的虚变动也必须成立，即

$$\int_v \rho T\sigma^* \mathrm{d}v = \int_v \rho\left(\frac{\delta\varepsilon}{\delta t} + T\frac{\delta s}{\delta t} - \frac{\delta e}{\delta t}\right)\mathrm{d}v - \int_v \frac{\delta T}{\delta x_k}\frac{q_k}{T}\mathrm{d}v \geqslant 0 \tag{5-72}$$

$$\int_v \rho T\sigma^* \mathrm{d}v = \int_v \rho\left(\frac{\delta\varepsilon}{\delta t} - s\frac{\delta T}{\delta t} - \frac{\delta f}{\delta t}\right)\mathrm{d}v - \int_v \frac{\delta T}{\delta x_k}\frac{q_k}{T}\mathrm{d}v \geqslant 0 \tag{5-73}$$

式中，$\delta(\quad)/\delta t$ 表示可能的虚变化；$\boldsymbol{q}$ 表示虚热流。式(5-72)和式(5-73)是由热力学第二定律推出的新的原理，称为平衡判据。下面讨论一些特例。

(1) 熵判据。如虚变动保持系统的位置和形状不变，系统的内能也不变，且是绝热的，即 $\dfrac{\delta\varepsilon}{\delta t}=\dfrac{\delta e}{\delta t}=q_k=0$，则由式(5-72)知，恒有 $\int_v \rho T\dfrac{\delta s}{\delta t}\mathrm{d}v = T\int_v \rho\dfrac{\delta s}{\delta t}\mathrm{d}v = T\dfrac{\delta S}{\delta t}\geqslant 0$，即对孤立系统的平衡态，熵取极大值。因为任何自发的过程，对孤立系统有 $\delta S/\delta t>0$，因此系统的熵总是增加的，一旦达到极大值，便不能再增加了，系统达到平衡。因此判断平衡的熵判据又可表述成：对孤立系统的各种可能的虚变动而言，平衡态的熵取极大值。

(2) 自由能判据。如虚变动保持系统的位置和形状不变，系统的温度也不变，即 $\dfrac{\delta\varepsilon}{\delta t}=\dfrac{\delta T}{\delta t}=\dfrac{\delta T}{\delta x_k}=0$，则由式(5-72)和式(5-73)可得 $-\int_v \rho\dfrac{\delta f}{\delta t}\mathrm{d}v\geqslant 0$，或对任何自发过程有 $\dfrac{\delta F}{\delta t}=\int_v \rho\dfrac{\delta f}{\delta t}\mathrm{d}v\leqslant 0$，因此可导出自由能判据：当系统的位置和形状不变，温度均匀且不变时，对各种可能的虚变动而言，平衡态的自由能取极小值。

(3) 吉布斯函数判据。若虚变动保持作用在系统上的外力不变，温度均匀且不变时，即 $\dfrac{\delta T}{\delta t}=\dfrac{\delta T}{\delta x_k}=0$，$\dfrac{\delta\boldsymbol{\sigma}}{\delta t}=\boldsymbol{0}$，则式(5-72)化为

$$\int_v \rho\left(\frac{\delta\varepsilon}{\delta t} + T\frac{\delta s}{\delta t} - \frac{\delta e}{\delta t}\right)\mathrm{d}v = \frac{\delta}{\delta t}\int_v (\boldsymbol{\sigma}:\boldsymbol{\varepsilon} - \rho f)\mathrm{d}v = -\frac{\delta G}{\delta t}\geqslant 0 \tag{5-74}$$

式中，$f=e-Ts$。与前面的讨论类似可得吉布斯函数(自变量换成 $\boldsymbol{\sigma}$，T)判据：当系统的温度和作用于其上的外力不变时，对各种可能的虚变动而言，吉布斯函数取极小值。等温自由能 ρf 为 $\dfrac{1}{2}\boldsymbol{\sigma}:\boldsymbol{\varepsilon}$，所以式(5-74)可以化成 $\dfrac{\delta}{\delta t}\int_v \dfrac{1}{2}\boldsymbol{\sigma}:\boldsymbol{\varepsilon}(\boldsymbol{\sigma})\mathrm{d}v\geqslant 0$，此乃当虚应力满足平衡方程和边界条件时的余能原理。

(4) 若式(5-74)以位移或应变为基本变量，那么可得弹性力学中的总势能原理，事实上对静态 $(\dot{K}=0)$ 和外力不变时，由式(5-45)得

$$\int_v \rho\delta\varepsilon\,\mathrm{d}v = \dot{W} = \int_v \rho \boldsymbol{f}\cdot\delta\boldsymbol{u}\,\mathrm{d}v + \int_{a_\sigma} \boldsymbol{p}^{(n)}\cdot\delta\boldsymbol{u}\,\mathrm{d}v$$
$$= \int_v \rho\delta(\boldsymbol{f}\cdot\boldsymbol{u})\,\mathrm{d}v + \int_{a_\sigma}\delta(\boldsymbol{p}^{(n)}\cdot\boldsymbol{u})\,\mathrm{d}v$$

当温度又不变时,由式(5-74)得

$$\delta\left\{\int_v \rho f\,\mathrm{d}v - \int_v \rho\boldsymbol{f}\cdot\boldsymbol{u}\,\mathrm{d}v - \int_{a_\sigma}\boldsymbol{p}^{(n)}\cdot\boldsymbol{u}\,\mathrm{d}a\right\} = 0$$

例1 设容器中有两种相同温度的气体,用非常柔软的薄膜隔开,膜的刚性可以忽略不计,试求平衡时,两种气体压力间的关系。

解: 因容器的体积不变,气体的温度又相同,因而应用自由能判据较为合适。现给两种气体的体积以虚变动,分别为 δV_1 和 δV_2,总体积不变的要求使 $\delta V_1 + \delta V_2 = 0$。由式(5-23),气体自由能的变化为

$$\delta F_1 = -p_1\delta V_1 \quad \delta F_2 = -p_2\delta V_2 \quad \delta F = \delta F_1 + \delta F_2 = (p_2 - p_1)\delta V_1$$

自由能判据要求 $\delta F = 0$,由此推出 $p_2 = p_1$。

例2 由总势能原理推导等温物体的平衡方程。

解: 对于等温可逆情形,比自由能 f 等于单位质量的应变能,即 $f = \sigma_{kl}v_{l,k}$ 或 $\delta f = \sigma_{kl}\delta u_{l,k}$,再由吉布斯判据可得

$$\delta G = \int_v \sigma_{kl}\delta u_{l,k}\,\mathrm{d}v - \int_v \rho f_k\delta u_k\,\mathrm{d}v - \int_{a_\sigma} p_k\delta u_k\,\mathrm{d}a = 0 \tag{5-75}$$

利用散度定理,计及给定位移的边界上 $\delta\boldsymbol{u} = 0$,式(5-75)可化为

$$\delta G = \int_a (\sigma_{kl}n_k - p_l)\delta u_l\,\mathrm{d}a - \int_v (\sigma_{kl,k} + \rho f_l)\delta u_l\,\mathrm{d}v = 0 \tag{5-76}$$

由于 δu_l 的任意性,由式(5-76)导出

$$\sigma_{kl,k} + \rho f_l = 0$$
$$\sigma_{kl}n_k = p(\text{在 } a_\sigma \text{ 上})$$

此即平衡方程和应力边界条件。

5.5 不可逆过程热力学理论

5.5.1 E 描写方法

对理想气体,吉布斯方程式(5-20)成立,实验和统计热力学表明,当系统偏离平衡过程不很远时,此式仍可近似应用,但其中的压力 p 应理解为可由平衡热力学确定的可逆热力学变量 p,即把式(5-20)理解为

$$\mathrm{d}U = T\mathrm{d}s - p^{\mathrm{r}}\mathrm{d}v = T(\mathrm{d}s^{r} + \mathrm{d}s^{\mathrm{i}}) - p^{\mathrm{r}}\mathrm{d}v \tag{5-77}$$

式中,$T\mathrm{d}s$ 是环境提供的热量和系统内部耗散过程产生的热量之和,大于由环境单纯提供的

热量 d$\boldsymbol{Q}$。换言之，外力功的一部分是可恢复的 $\mathrm{d}W^{(r)}=-p^{r}\mathrm{d}v$，另一部分是不可恢复的 $\mathrm{d}W^{(i)}=-p^{i}\mathrm{d}v$，用来补偿系统内部的耗散而转化为热量，使 $T\mathrm{d}s$ 增大。但要注意 s 是态函数。式(5-77)是不可逆过程热力学(TIP)的基石，这是很好的线性化近似理论，在物理学中有许多应用。这一理论推广到连续介质力学时可表述如下。

令

$$\boldsymbol{\sigma}=\boldsymbol{\sigma}^{r}+\boldsymbol{\sigma}^{i} \tag{5-78}$$

式中，$\boldsymbol{\sigma}^{r}$ 和 $\boldsymbol{\sigma}^{i}$ 分别为 $\boldsymbol{\sigma}$ 的可逆与不可逆部分。吉布斯方程推广为

$$\dot{\rho}=\rho T\dot{s}+\dot{\varepsilon}^{(r)}=\rho T\dot{s}+\boldsymbol{\sigma}^{r}:\boldsymbol{D} \tag{5-79}$$

$$\rho\dot{f}=-\rho s\dot{T}+\boldsymbol{\sigma}^{r}:\boldsymbol{D}=-\rho s\dot{T}+\sigma^{r}_{kl}D_{kl} \tag{5-80}$$

把式(5-79)代入式(5-67)，式(5-80)代入式(5-68)后可得

$$\rho T\sigma^{*}=\rho\dot{\varepsilon}^{(i)}-T_{,k}q_{k}/T=\boldsymbol{\sigma}^{i}:\boldsymbol{D}-T_{,k}q_{k}/T\geqslant 0 \tag{5-81}$$

由式(2-162a)和(2-162b)知 $\boldsymbol{D}=\overset{\nabla}{\boldsymbol{\varepsilon}}=\dot{\boldsymbol{\varepsilon}}+\boldsymbol{\Gamma}^{r}\boldsymbol{\varepsilon}+\boldsymbol{\varepsilon}\boldsymbol{\Gamma}$，由此解或数值解 $\boldsymbol{\varepsilon}$。不可逆过程热力学(TIP)理论的第一个基本假设吉布斯关系成立，且 T、s、$\boldsymbol{\sigma}^{r}$、$\boldsymbol{\varepsilon}$ 是热力学变量，可由热力学特性函数决定，即从式(5-79)和式(5-80)可推出第一组本构方程：

$$\left.\begin{aligned}&T=\left(\frac{\partial e}{\partial s}\right)_{\varepsilon}\quad s=-\left(\frac{\partial f}{\partial T}\right)_{\varepsilon}\\&\boldsymbol{\sigma}^{r}=\rho\left(\frac{\partial e}{\partial\boldsymbol{\varepsilon}}\right)_{S}=\rho\left(\frac{\partial f}{\partial\boldsymbol{\varepsilon}}\right)_{T}\end{aligned}\right\} \tag{5-82}$$

式(5-71)还可写成

$$\rho T\sigma^{*}=\boldsymbol{\Sigma}^{i}:\dot{\boldsymbol{\alpha}}\quad \boldsymbol{\Sigma}^{i}=[\boldsymbol{\sigma}^{i},-\nabla T]^{T}\quad \dot{\boldsymbol{\alpha}}=[\boldsymbol{D},\boldsymbol{q}/T]^{T} \tag{5-83}$$

式中，$\boldsymbol{\Sigma}^{i}$ 称为广义不可逆力；$\dot{\boldsymbol{\alpha}}$ 称为广义不可逆流或通量。昂萨格(Onsager)和开西米尔(Casimir)等人用统计力学方法证明，在偏离平衡态不很显著的情况下，$\boldsymbol{\Sigma}^{i}$ 和 $\dot{\boldsymbol{\alpha}}$ 存在线性关系

$$\boldsymbol{\Sigma}^{i}=\boldsymbol{L}:\dot{\boldsymbol{\alpha}}\ \text{或}\ \Sigma^{i}_{k}=L_{kl}\dot{\alpha}_{l} \tag{5-84}$$

且在熵产率中合适选择 $\boldsymbol{\Sigma}^{i}$ 和 $\dot{\boldsymbol{\alpha}}$ 后，有

$$L_{kl}=L_{lk} \tag{5-85}$$

即 $\boldsymbol{L}$ 是对称张量，称昂萨格-开西米尔倒易关系。这些构成 TIP 理论的第二个基本假设，由此得到第二组本构方程或演化方程

$$\left.\begin{aligned}&\boldsymbol{\sigma}^{i}=\boldsymbol{C}^{o}:\boldsymbol{D}+\boldsymbol{a}^{T}\cdot\boldsymbol{q}/T\quad \sigma^{i}_{kl}=C^{o}_{klmn}D_{mn}+a_{mkl}q_{m}/T\\&\nabla T=\boldsymbol{b}\cdot\boldsymbol{q}/T+\boldsymbol{a}:\boldsymbol{D}\quad T_{,k}=b_{kl}q_{l}/T+a_{klm}D_{lm}\end{aligned}\right\} \tag{5-86}$$

根据式(5-85)和 $\boldsymbol{\sigma}^{i}$、$\boldsymbol{D}$ 的对称性推知

$$C^{\sigma}_{klmn}=C^{\sigma}_{lkmn}=C^{\sigma}_{klnm}\quad a_{klm}=a_{kml}=a_{lmk}\quad b_{kl}=b_{lk} \tag{5-87}$$

对各向同性体，读者易于证明，下标为奇数的系数应为零，即 $a_{klm}=0$，称为居里(Curie)对称原理。

5.5.2 L 描写方法

吉布斯方程为

$$\rho_0 \dot{e} = \rho_0 \dot{T} + \boldsymbol{S}^{\mathrm{r}} : \dot{\boldsymbol{E}} = \rho_0 \dot{T} + \boldsymbol{T}^{\mathrm{r}} : \dot{\boldsymbol{F}}^{\mathrm{T}} \tag{5-88}$$

$$\rho_0 \dot{f} = -\rho_0 \dot{s} + \boldsymbol{S}^{\mathrm{r}} : \dot{\boldsymbol{E}} = -\rho_0 s\dot{T} + \boldsymbol{T}^{\mathrm{r}} : \dot{\boldsymbol{F}}^{\mathrm{T}} \tag{5-89}$$

由此推出第一组本构方程为

$$\left.\begin{aligned} &T = \left(\frac{\partial e}{\partial s}\right)_{\boldsymbol{E}} = \left(\frac{\partial e}{\partial s}\right)_{\boldsymbol{F}^{\mathrm{T}}}, \ s = -\left(\frac{\partial f}{\partial T}\right)_{\boldsymbol{E}} = -\left(\frac{\partial f}{\partial T}\right)_{\boldsymbol{F}^{\mathrm{T}}} \\ &\boldsymbol{S}^{\mathrm{r}} = \rho_0\left(\frac{\partial e}{\partial \boldsymbol{E}}\right)_s = \rho_0\left(\frac{\partial f}{\partial \boldsymbol{E}}\right)_T \\ &\boldsymbol{T}^{\mathrm{r}} = \rho_0\left(\frac{\partial e}{\partial \boldsymbol{F}^{\mathrm{T}}}\right)_s = \rho_0\left(\frac{\partial f}{\partial \boldsymbol{F}^{\mathrm{T}}}\right)_T \end{aligned}\right\} \tag{5-90}$$

熵产率方程为

$$\begin{aligned} \rho_0 T\sigma^* &= \rho_0 \dot{\varepsilon}^{(\mathrm{i})} - T_{,K}Q_K/T = \boldsymbol{S}^{\mathrm{i}} : \dot{\boldsymbol{E}} - T_{,K}Q_K/T \\ &= \boldsymbol{T}^{\mathrm{i}} : \dot{\boldsymbol{F}}^{\mathrm{T}} - T_{,K}Q_K/T \end{aligned} \tag{5-91}$$

第二组本构方程或演化方程为

$$\left.\begin{aligned} &\boldsymbol{S}^{\mathrm{i}} = \boldsymbol{C}^{\mathrm{s}} : \dot{\boldsymbol{E}} + \boldsymbol{A}^{\mathrm{T}} \cdot \boldsymbol{Q}/T \quad \boldsymbol{T}^{\mathrm{i}} = \boldsymbol{C}^{\mathrm{T}} : \dot{\boldsymbol{F}}^{\mathrm{T}} + \boldsymbol{A}_1^{\mathrm{T}} \cdot \boldsymbol{Q}/T \\ &\nabla T = \boldsymbol{B} \cdot \boldsymbol{Q}/T + \boldsymbol{A} : \dot{\boldsymbol{E}} \quad \nabla T = \boldsymbol{B}_1 \cdot \boldsymbol{Q}/T + \boldsymbol{A}_1 : \dot{\boldsymbol{F}}^{\mathrm{T}} \end{aligned}\right\} \tag{5-92}$$

在不少情况下应用比吉布斯函数 g 与比焓 h 也是方便的,此时有

$$\rho_0 g = \rho_0 f - \boldsymbol{S}^{\mathrm{r}} : \boldsymbol{E} \quad \rho_0 h = \rho_0 e - \boldsymbol{S}^{\mathrm{r}} : \boldsymbol{E} \tag{5-93}$$

由此导出第一组本构方程为

$$\left.\begin{aligned} &T = \left(\frac{\partial h}{\partial s}\right)_{\boldsymbol{S}^{\mathrm{r}}} \quad s = -\left(\frac{\partial g}{\partial T}\right)_{\boldsymbol{S}^{\mathrm{r}}} \\ &\boldsymbol{E} = -\rho_0\left(\frac{\partial h}{\partial \boldsymbol{S}^{\mathrm{r}}}\right)_s = -\rho_0\left(\frac{\partial g}{\partial \boldsymbol{S}^{\mathrm{r}}}\right)_T \end{aligned}\right\} \tag{5-94}$$

5.5.3 例题

例 3 试推导牛顿黏性流体的基本方程。

解: 在黏性流体中,水静压力的一部分是可逆的,但也可能存在不可逆的那一部分,但全部切应力是黏性不可逆应力,它们和切变率形成耗散功率。令

$$\left.\begin{aligned} &p = -\frac{1}{3}\sigma_{kk} = p^{\mathrm{r}} + p^{\mathrm{i}} \\ &\sigma_{kl} = -(p^{\mathrm{r}} + p^{\mathrm{i}})\delta_{kl} + \sigma'_{kl} \end{aligned}\right\} \tag{5-95}$$

式中,σ'_{kl} 为应力偏量;p^{r}、p^{i} 分别为压力 p 的可逆和不可逆部分。根据式(5-50),总功率

$\rho\dot{\varepsilon}=(-p\delta_{kl}+\sigma'_{kl})D_{lk}$，可逆部分为 $-p^{r}D_{kk}$，不可逆部分为 $(-p^{i}\delta_{kl}+\sigma'_{kl})D_{lk}$。$D_{kk}$ 为流动参照构形中的体积变化率，因而在 E 坐标系中，按式(5-79)推知

$$e=e\left(s,\ \frac{1}{\rho}\right) \tag{5-96}$$

从而第一组本构方程为

$$T=\frac{\partial e}{\partial s}\quad p^{r}=-\frac{\partial e}{\partial\rho^{-1}} \tag{5-97}$$

又由式(5-81)得出

$$\rho T\sigma^{*}=(-p^{i}\delta_{kl}+\sigma'_{kl})D_{kl}-T_{,k}\frac{q_k}{T}\geqslant 0 \tag{5-98}$$

注意到流体是各向同性的，利用居里对称原理，由式(5-86)得第二组本构方程或演化方程

$$\nabla T=\boldsymbol{b}\cdot\boldsymbol{q}/T\quad 或\quad \boldsymbol{q}=-\hat{\lambda}\nabla T \tag{5-99}$$

$$-p^{i}\delta_{kl}+\sigma'_{kl}=\lambda_{v}D_{mm}\delta_{kl}+2\mu D_{kl} \tag{5-100}$$

代入式(5-95)得

$$\sigma_{kl}=(-p^{r}+\lambda_{v}D_{mm})\delta_{kl}+2\mu D_{kl} \tag{5-101}$$

式(5-99)为热传导方程，式(5-101)为一般牛顿黏性流体的本构方程。式(5-100)还可写成

$$\left.\begin{aligned}&\sigma'_{kl}=2\mu D_{kl} && 当\ k\neq l\ 时\\ &-p^{i}=\left(\lambda_{v}+\frac{2}{3}\mu\right)D_{mm} && 当\ k=l\ 时\end{aligned}\right\} \tag{5-102}$$

称 μ 为第一黏性系数，与切变率相关；$\lambda'_{v}=\lambda_{v}+\frac{2}{3}\mu$ 为第二黏性系数，与体变率相关，只当压缩性明显时才有必要考虑。当压缩性较小时，可令 $\lambda'_{v}=0$，或 $\lambda_{v}=-\frac{2}{3}\mu$，此时 $p^{i}=0$，只剩下一个黏性系数 μ，称为斯托克斯(Stokes)条件。

例 4 试给出各向同性热弹性体小变形时的基本方程。

解：弹性变形是可逆的，因而外力功都是可逆的，从而热弹性的不可逆现象仅由热传导产生。由式(5-74)知，f 是温度 T 和小应变 e 的函数，对各向同性体，可令

$$\rho f=\frac{\lambda}{2}e_{kk}e_{l}+\mu e_{kl}e_{kl}-(3\lambda+2\mu)\alpha(T-T_0)e_{kk}+\rho f_0 \tag{5-103}$$

式中，λ、μ 为拉梅(Lamé)常数；α 为热膨胀系数；T_0 为参照或环境温度；f_0 为 $e_{kl}=0$ 时的 f 值，是 T 的函数。计及 $\frac{\partial e_{kk}}{\partial\varepsilon_{mn}}=\delta_{mn}$ 并考虑到小变形时 ρ 的变化可以略去，由式(5-82)得第一组本构方程

$$\sigma_{kl}=\rho\frac{\partial f}{\partial\varepsilon_{kl}}=\lambda e_{mm}\delta_{kl}+2\mu e_{kl}-(3\lambda+2\mu)\alpha(T-T_0)\delta_{kl} \tag{5-104}$$

$$s = -\frac{\partial f}{\partial T} = \frac{1}{\rho}\left[(3\lambda + 2\mu)\alpha e_{kk} - \rho \frac{\mathrm{d} f_0}{\mathrm{d} T}\right] \tag{5-105}$$

再由式(5-104)可得

$$e_{kk} = \frac{1}{3\lambda + 2\mu}\sigma_{kk} + 3\alpha(T - T_0) \tag{5-106}$$

把式(5-106)代回式(5-104),解得

$$e_{kl} = \frac{1+\nu}{E}\sigma_{kl} - \frac{\nu}{E}\sigma_{mn}\delta_{kl} + \alpha(T - T_0)\delta_{kl} \tag{5-107}$$

式中,E 为弹性模量;ν 为泊松(Poisson)比,且

$$\lambda = \frac{\nu E}{(1+\nu)(1-2\nu)} \quad \mu = \frac{E}{2(1+\nu)}$$

由式(5-81)得 $\rho T\sigma^* = -T_{,k}\dfrac{q_k}{T}$,从而导出第二组本构方程为

$$q_k = -\hat{\lambda} T_{,k}$$

式中,热传导系数 $\hat{\lambda}$ 可以是 T 的函数。在本问题中,由于 $\boldsymbol{\sigma} : \boldsymbol{D}^{\mathrm{i}} = 0$,所以 $T\dot{s}$ 等于环境供给系统内单位质量的热量增率,又因 $\dot{r} = 0$,故由式(5-52)知,$\rho T\dot{s} = \rho\dot{q} = -q_{k,k}$。把式(4-86)对 x_k 求导,并应用上述关系和式(5-105)可得

$$\begin{aligned}(\hat{\lambda} T_{,k})_{,k} &= -q_{k,k} = \rho T\dot{s} \\ &= (3\lambda + 2\mu)T\frac{\mathrm{d}}{\mathrm{d}t}(\alpha e_{kk}) - \rho T\dot{T}\frac{\mathrm{d}^2 f_0}{\mathrm{d}T^2}\end{aligned} \tag{5-108}$$

设 $\hat{\lambda}$ 和 α 为常量,式(5-108)可简化为

$$\hat{\lambda} T_{,kk} = (3\lambda + 2\mu)\alpha T\dot{e}_{kk} - \rho T\dot{T}\frac{\mathrm{d}^2 f_0}{\mathrm{d}T^2} \tag{5-109}$$

这便是存在弹性变形时的热传导方程。等式右端第一项是温度和变形的耦合项。下面引进比热容,把式(5-109)化为通常使用的形式。

设比内能 e 为 T 和 $\boldsymbol{e}$ 的函数,则有

$$\mathrm{d}e = \left(\frac{\partial e}{\partial T}\right)_{\boldsymbol{e}}\mathrm{d}T + \left(\frac{\partial e}{\partial \boldsymbol{e}}\right)_T : \mathrm{d}\boldsymbol{e} \tag{5-110}$$

设 e 为 s 和 $\boldsymbol{e}$ 的函数,而 s 为 T 和 $\boldsymbol{e}$ 的函数,则又有

$$\mathrm{d}e = T\mathrm{d}s + \boldsymbol{\sigma} : \mathrm{d}\boldsymbol{e} = T\left(\frac{\partial s}{\partial T}\right)_{\boldsymbol{e}}\mathrm{d}T + \left[T\left(\frac{\partial s}{\partial \boldsymbol{e}}\right)_T + \boldsymbol{\sigma}\right] : \mathrm{d}\boldsymbol{e} \tag{5-111}$$

比较式(5-110)和式(5-111)得

$$\left(\frac{\partial e}{\partial T}\right)_{\boldsymbol{e}} = T\left(\frac{\partial s}{\partial T}\right)_{\boldsymbol{e}} \qquad \left(\frac{\partial e}{\partial \boldsymbol{e}}\right)_T = T\left(\frac{\partial s}{\partial \boldsymbol{e}}\right)_T + \boldsymbol{\sigma} \tag{5-112}$$

对等应变情形，$\mathrm{d}e=\mathrm{d}q$。定义等应变比热容 c_e，则有

$$c_e=\left(\frac{\mathrm{d}q}{\mathrm{d}T}\right)_e=\left(\frac{\mathrm{d}e}{\mathrm{d}T}\right)_e=T\left(\frac{\partial s}{\partial T}\right)_e \tag{5-113}$$

类似地可定义等应力比热容 $c_{\boldsymbol{\sigma}}$：

$$c_{\boldsymbol{\sigma}}=\left(T\frac{\partial s}{\partial T}\right)_{\boldsymbol{\sigma}} \tag{5-114}$$

由式(5-105)求得

$$c_e=-T\frac{\mathrm{d}^2 f_0}{\mathrm{d}T^2} \tag{5-115}$$

因讨论小变形，故初始构形和现时构形近乎相同。由式(5-93)知，吉布斯函数 g 是温度 T 和应力 $\boldsymbol{\sigma}$（小变形时 $\boldsymbol{\sigma}=\boldsymbol{S}$）的函数，或利用式(5-107)后可得

$$\rho g=\rho f-\boldsymbol{\sigma}:\boldsymbol{e}=-\frac{1+\nu}{2E}\sigma_{kl}\sigma_{kl}+\frac{\nu}{2E}\sigma_{kk}\sigma_{ll}-a(T-T_0)\sigma_{kk}-\frac{3E}{2(1-2\nu)}a^2(T-T_0)^2+\rho f_0 \tag{5-116}$$

从而

$$\rho s=-\rho\frac{\partial g}{\partial T}=a\sigma_{kk}+\frac{3Ea^2}{1-2\nu}(T-T_0)-\rho\frac{\mathrm{d}f_0}{\mathrm{d}T}$$

$$c_{\boldsymbol{\sigma}}=\left(T\frac{\partial s}{\partial T}\right)_{\boldsymbol{\sigma}}=\frac{1}{\rho}\frac{3Ea^2T}{1-2\nu}-T\frac{\mathrm{d}^2 f_0}{\mathrm{d}T^2} \tag{5-117}$$

由式(5-116)和式(5-117)，得出

$$c_{\boldsymbol{\sigma}}-c_e=\frac{1}{\rho}\frac{3Ea^2T}{1-2\nu}=\frac{3}{\rho}(3\lambda+2\mu)a^2T \tag{5-118}$$

因此式(5-109)可改写成

$$\hat{\lambda}T_{,kk}=\rho c_e\dot{T}+\rho\frac{c_{\boldsymbol{\sigma}}-c_e}{3\alpha}\dot{e}_{kk} \tag{5-119}$$

式(5-104)、式(5-118)和式(5-119)便是热弹性体的基本方程。

如弹性体内存在初应力 $\boldsymbol{\sigma}^{\circ}$，则在式(5-103)中的 ρf 加一项 $\boldsymbol{\sigma}^{\circ}:\boldsymbol{e}=\sigma^{\circ}_{kk}e_{kl}$。

(1) 等温过程　由式(5-104)得

$$\sigma_{kl}=\lambda e_{mn}\delta_{kl}+2\mu e_{kl}$$

(2) 等熵过程　设 c_e 为常数，由式(5-115)得

$$\int\mathrm{d}\left(\frac{\mathrm{d}f_0}{\mathrm{d}T}\right)=-\int c_e\frac{\mathrm{d}T}{T}\quad\text{或}\quad\frac{\mathrm{d}f_0}{\mathrm{d}T}=-c_e\ln\frac{T}{T_0} \tag{5-120}$$

上面已设 $T=T_0$ 时 $\dfrac{\mathrm{d}f_0}{\mathrm{d}T}=0$。当 $T-T_0$ 比 T_0 小得多时,式(5-120)可化为

$$\frac{\mathrm{d}f_0}{\mathrm{d}T}=-c_e\frac{T-T_0}{T_0}$$

以此代入式(5-105),并考虑等熵过程 s 可取为零,从而得到

$$T-T_0=-\frac{1}{c_e}(3\lambda+2\mu)\alpha T_0 e_{mm}$$

再代入式(5-104)便得

$$\sigma_{kl}=\lambda_a e_{mm}\delta_{kl}+2\mu e_{kl}$$

$$\lambda_a=\lambda+\frac{1}{c_e}(3\lambda+2\mu)^2\alpha^2 T_0$$

由此可知,等熵过程的拉梅常数 λ_a 大于等温过程的 λ,但本构方程具有相同的形式。

5.6 内变量理论

5.6.1 基本概念和假设

5.5 节讨论了 TIP 理论,其理论基础为推广的吉布斯关系,这一理论未能详细地反映不可逆过程的机理,且属线性理论。事实上不可逆过程伴随着介质内部的能量耗散,这种耗散与变形方式有关,甚至引起物质内部结构的改变,这种改变必然对变形产生影响。内变量理论便是在这种认识的基础上,引进"内变量" $\boldsymbol{\eta}$ 来描写这种变化的,内变量的变化是介质内部状态的变化引起的,标志着过程是不可逆的。如一个过程中内变量没有变化,便表示这一过程是可逆的,但是不同的内变量水平仍表示本构关系可能不同,此时内变量起参数的作用。内变量变化的规律称为演化方程,是本构方程的组成部分。引入与 $\boldsymbol{\eta}$ 共轭的广义不可逆应力 $\boldsymbol{A}$, $\boldsymbol{A}\cdot\boldsymbol{\eta}$ 代表内变量变化时耗散的功率,使系统的比熵增加。内变量理论的实质便是在通常的平衡热力学变量之外,再增加一些独立的内变量,用这些内变量和热力学变量共同去描写系统的不可逆过程。因此,内变量理论状态空间的维数比平衡热力学状态空间的维数要多,组成增广状态空间。在增广状态空间研究不可逆过程可采用经典热力学的方法,经典热力学中定义的各种特性函数,如内能、自由能、吉布斯函数和熵等均可继续应用,但这些函数不仅是热力学变量的函数,还是内变量的函数。

内变量理论的形式较多,本书不可能一一介绍,仅介绍其中的一些理论。为简化叙述,本节采用 L 描写法,并取应力 $\boldsymbol{S}$ 和应变 $\boldsymbol{E}$。本书提出的一种理论的基本假设如下。

(1) 任何情况下外力产生的功率 $\dot{W}$ 可以分成可逆部分 $\dot{W}^{(r)}$ 和不可逆部分 $\dot{W}^{(i)}$ 之和:

$$\dot{W}=\dot{W}^{(r)}+\dot{W}^{(i)} \tag{5-121}$$

(2) 总应力张量 $\boldsymbol{S}$ 是一些内部分支的应力张量 $\boldsymbol{S}_a$ 之和,每个分支都与介质中的某种变形机制相关:

$$\boldsymbol{S}=\sum_{\alpha=1}^{N}\boldsymbol{S}_{\alpha} \tag{5-122}$$

式中，N 为介质内部分支的总数；希腊字母下标 α 表示不同分支的应力张量，不是分量的记号。

(3) 对应于每个 $\boldsymbol{S}_\alpha$ 有一个 $\dot{\boldsymbol{E}}_\alpha$，所有的 $\dot{\boldsymbol{E}}_\alpha$ 都相等且等于 $\dot{\boldsymbol{E}}$，但不同的 $\dot{\boldsymbol{E}}_\alpha$ 可以有不同的部分 $\dot{\boldsymbol{E}}_\alpha^{\mathrm{e}}$，$\dot{\boldsymbol{E}}_\alpha^{\mathrm{p}}$，$\dot{\boldsymbol{E}}_\alpha^{\mathrm{c}}$，… 组成，即

$$\dot{\boldsymbol{E}}=\dot{\boldsymbol{E}}_1=\dot{\boldsymbol{E}}_2=\cdots=\dot{\boldsymbol{E}}_N \quad \dot{\boldsymbol{E}}_\alpha=\dot{\boldsymbol{E}}_\alpha^{\mathrm{r}}+\dot{\boldsymbol{E}}_\alpha^{\mathrm{i}} \quad \dot{\boldsymbol{E}}^{\mathrm{i}}=\dot{\boldsymbol{E}}^{\mathrm{p}}+\dot{\boldsymbol{E}}^{\mathrm{c}}+\cdots \tag{5-123}$$

式中，$\dot{\boldsymbol{E}}_\alpha^{\mathrm{r}}$、$\dot{\boldsymbol{E}}_\alpha^{\mathrm{i}}$ 分别代表可逆与不可逆应变率。例如 $\dot{\boldsymbol{E}}^{\mathrm{r}}$ 可以是弹性应变率 $\dot{\boldsymbol{E}}^{\mathrm{e}}$ 等，$\dot{\boldsymbol{E}}^{\mathrm{i}}$ 可以是塑性应变率 $\dot{\boldsymbol{E}}^{\mathrm{p}}$ 和蠕变应变率 $\dot{\boldsymbol{E}}^{\mathrm{c}}$ 等。

(4) $\dot{\boldsymbol{E}}^{\mathrm{r}}$ 产生 $\dot{W}^{(\mathrm{r})}$，$\dot{\boldsymbol{E}}^{\mathrm{i}}$ 产生 $W^{(\mathrm{i})}$。

(5) 对于某些内变量可以存在界限(临界)面 $f_j(\boldsymbol{S}_\alpha, T, \boldsymbol{\eta})=0$，通过界限面后，本构方程可以有突然变化，如塑性屈服面、损伤面、蠕变界限面等。

(6) 上述假设可表示为图 5-2 的结构，并可表示为

$$\left.\begin{aligned}&\dot{W}=\dot{W}^{(\mathrm{r})}+\dot{W}^{(\mathrm{i})} \quad \dot{W}^{(\mathrm{r})}=\sum_{\alpha=1}^{N}\boldsymbol{S}_\alpha:\dot{\boldsymbol{E}}_\alpha^{\mathrm{r}} \quad \dot{W}^{(\mathrm{i})}=\sum_{\alpha=1}^{N}\boldsymbol{S}_\alpha:\dot{\boldsymbol{E}}^{\mathrm{i}}\\&\dot{\boldsymbol{E}}=\dot{\boldsymbol{E}}^{\mathrm{r}}+\dot{\boldsymbol{E}}^{\mathrm{i}}\ \dot{\boldsymbol{E}}^{\mathrm{i}}=\dot{\boldsymbol{E}}^{\mathrm{p}}+\dot{\boldsymbol{E}}^{\mathrm{c}}+\cdots\end{aligned}\right\} \tag{5-124}$$

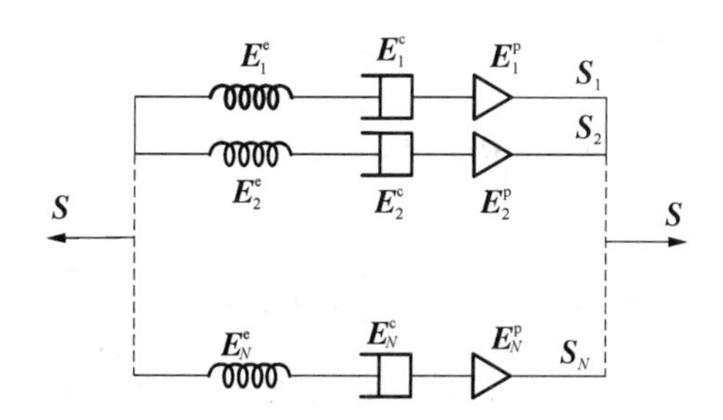

图 5-2 一种内变量理论的基本假设

(7) 如有必要，形如图 5-2 的结构可以串联和并联使用。

这一理论借用了黏弹性理论中结构元件组合的方法，但其中的每一单元都与一定的变形机理相联系。

5.6.2 本构方程的建立

假设热力学特性函数是热力学变量和内变量的函数，即

$$\left.\begin{aligned}&e=e(\boldsymbol{E}_\alpha^{\mathrm{r}}, s, \boldsymbol{\eta}_\alpha) \quad f=f(\boldsymbol{E}_\alpha^{\mathrm{r}}, T, \boldsymbol{\eta}_\alpha)\\&g=g(\boldsymbol{S}_\alpha, T, \boldsymbol{\eta}_\alpha) \quad h=h(\boldsymbol{S}_\alpha, s, \boldsymbol{\eta}_\alpha)\end{aligned}\right\} \tag{5-125}$$

对熵 s 也有类似的表达式。式(5-125)已认为特性函数与 ∇T 无关。事实上若设 $f=f(\boldsymbol{E}_\alpha^{\mathrm{r}}, T, \boldsymbol{\eta}_\alpha, \nabla T)$，把式(5-124)和式(5-125)代入式(5-68)可得

$$\rho_0 T\sigma^* = \sum_{\alpha=1}^{N}\left(\boldsymbol{S}_\alpha : \dot{\boldsymbol{E}}_\alpha^{\mathrm{r}} + \boldsymbol{S}_\alpha : \dot{\boldsymbol{E}}_\alpha^{\mathrm{i}} - \rho_0 \frac{\partial f}{\partial \boldsymbol{E}_\alpha^{\mathrm{r}}} : \dot{\boldsymbol{E}}_\alpha^{\mathrm{r}}\right) - \rho_0 s\dot{T} - \rho_0 \frac{\partial f}{\partial T}\dot{T} - \sum_{\alpha=1}^{N}\rho_0 \frac{\partial f}{\partial \boldsymbol{\eta}_\alpha} \cdot \dot{\boldsymbol{\eta}}_\alpha - \rho_0 \frac{\partial f}{\partial \boldsymbol{\nabla} T} \cdot \boldsymbol{\nabla} \dot{T} - \boldsymbol{\nabla} T \cdot \boldsymbol{q}/T \geqslant 0 \tag{5-126}$$

要式(5-126)成立必须

$$\boldsymbol{S}_\alpha = \rho_0 \partial f/\partial \boldsymbol{E}_\alpha^{\mathrm{r}} \quad s = -\partial f/\partial T \quad \boldsymbol{0} = \partial f/\partial(\boldsymbol{\nabla} T) \quad \boldsymbol{A}_\alpha = -\rho_0 \partial f/\partial \boldsymbol{\eta}_\alpha \tag{5-127}$$

$$\rho_0 T\sigma^* = \sum_{\alpha=1}^{N}(\boldsymbol{S}_\alpha : \dot{\boldsymbol{E}}_\alpha^{\mathrm{i}} + \boldsymbol{A}_\alpha \cdot \dot{\boldsymbol{\eta}}_\alpha) - \boldsymbol{\nabla} T \cdot \boldsymbol{q}/T \geqslant 0 \tag{5-128}$$

傅里叶(Fourier)定律表明,$\boldsymbol{q} = -\hat{\boldsymbol{\lambda}} \cdot \boldsymbol{\nabla} T$,且 $\hat{\boldsymbol{\lambda}}$ 为正定对称张量,因此式(5-128)又可写成

$$\sum_{\alpha=1}^{N}(\boldsymbol{S}_\alpha : \dot{\boldsymbol{E}}_\alpha^{\mathrm{i}} + \boldsymbol{A}_\alpha \cdot \dot{\boldsymbol{\eta}}_\alpha) \geqslant 0 \quad -\boldsymbol{\nabla} T \cdot \boldsymbol{q}/T \geqslant 0 \tag{5-129}$$

式(5-127)第3式表示 f 确实与 $\boldsymbol{\nabla} T$ 无关,同样可以证明其他特性函数均与 $\boldsymbol{\nabla} T$ 无关。如采用 g,类似地有

$$\rho_0 T\sigma^* = -\sum_{\alpha=1}^{N}\left(\boldsymbol{E}_\alpha + \rho_0 \frac{\partial g}{\partial \boldsymbol{S}_\alpha}\right) : \dot{\boldsymbol{S}}_\alpha - \rho_0\left(s + \frac{\partial g}{\partial T}\right)\dot{T} - \rho_0 \frac{\partial g}{\partial \boldsymbol{\eta}_\alpha} \cdot \dot{\boldsymbol{\eta}}_\alpha - \boldsymbol{\nabla} T \cdot \frac{\boldsymbol{q}}{T} \geqslant 0 \tag{5-130}$$

由此得

$$\boldsymbol{E}_\alpha = -\rho_0 \partial g/\partial \boldsymbol{S}_\alpha \quad s = -\partial g/\partial T \quad \boldsymbol{B}_\alpha = -\rho_0 \partial g/\partial \boldsymbol{\eta}_\alpha \tag{5-131}$$

$$\rho_0 T\sigma^* = \boldsymbol{B}_\alpha \cdot \dot{\boldsymbol{\eta}}_\alpha - \nabla T \cdot \boldsymbol{q}/T \geqslant 0 \tag{5-132}$$

式(5-132)还可写成

$$\boldsymbol{B}_\alpha \cdot \dot{\boldsymbol{\eta}}_\alpha \geqslant 0 \quad -\nabla T \cdot \boldsymbol{q}/T \geqslant 0 \tag{5-133}$$

从上面的推导过程可知,式(5-127)是式(5-126)的结果,式(5-131)是式(5-130)的结果;换言之,第一组本构方程是克劳修斯-杜安熵产率恒正原理的结果,这里不需要引入吉布斯方程,而且是比吉布斯方程更一般和深刻的结果,这正是理性热力学理论的基础。理性热力学把不可逆过程熵的存在看成是一个公理,而我们这里同样假设熵的存在,但并未提高到公理的程度,即认为进一步的改进和修正仍然是可能的,或保留进一步证明其存在的必要性。虽然理性热力学还给出了自己的本构理论的框架,但上面的理论也已概括了它的实质,而且和TIP理论不是对立,而是相互更为协调。有关理性热力学的进一步讨论,读者可参阅有关著作。

式(5-127)中的 $\boldsymbol{S}_\alpha$ 是热力学变量,但式(5-131)中的 $\boldsymbol{E}_\alpha$ 却不是,因其中含 $\boldsymbol{E}_\alpha^{\mathrm{i}}$;产生这一差别的原因是本理论中只设 $\boldsymbol{E}$ 可区分为可逆与不可逆部分,而 $\boldsymbol{S}_\alpha$ 是不区分的,这符合连续介质变形时的实际情况。

对可逆变形或在平衡热力学的范围内,内变量没有变化时,由力学平衡方程、协调方程等,未知量的个数和方程数是一致的。对不可逆变形,增加了内变量和广义不可逆力,两者之间只有一组关系,因而还须补充一组关系,与TIP理论一样,补充关系本质上仍需从熵产率的方程中寻找,不可逆力和通量之间存在函数关系,但具体的关系要结合实验资料去确定。

根据通常取用的内变量的性质，可以分成两种类型来讨论。

(1) 第一种类型。

内变量间接地反映不可逆变形机制引起的变化，如流动应力、硬化参数、不可逆变形、损伤参数等，此时 $\boldsymbol{E}_{\alpha}^{\mathrm{i}}$ 本身取作独立内变量，因而不是其他内变量的函数。由式(5-127)～式(5-129)可得

$$\left.\begin{array}{lll}\boldsymbol{S}_{\alpha}=\rho_{0}\partial f/\partial\boldsymbol{E}_{\alpha}^{\mathrm{r}} & \boldsymbol{A}_{\alpha}=-\rho_{0}\partial f/\partial\boldsymbol{\eta}_{\alpha} & s=-\partial f/\partial T\\ \dot{\boldsymbol{E}}_{\alpha}^{\mathrm{i}}=\dot{\boldsymbol{E}}_{\alpha}^{\mathrm{i}}(\boldsymbol{S}_{\beta},\boldsymbol{A}_{\beta}) & \dot{\boldsymbol{\eta}}_{\alpha}=\dot{\boldsymbol{\eta}}_{\alpha}(\boldsymbol{S}_{\beta},\boldsymbol{A}_{\beta}) & \boldsymbol{q}=-\hat{\boldsymbol{\lambda}}(T)\boldsymbol{\nabla}T\end{array}\right\}\tag{5-134}$$

式(5-134)给出了 $\boldsymbol{T}_{\alpha}^{\mathrm{i}}$、$\dot{\boldsymbol{\eta}}_{\alpha}^{\mathrm{i}}$ 演化方程的一般结构，但确定其具体形式仍相当困难。对许多实际工程材料，演化方程可方便地通过引入耗散势率 ϕ 或余耗散势率 ϕ^{**} 来确定。设 $\phi(\dot{\boldsymbol{E}}_{\alpha}^{\mathrm{i}},\dot{\boldsymbol{\eta}}_{\alpha})$ 是其自变量的正定凸函数，且 $\phi(0,0)=0$，使

$$\boldsymbol{S}_{\alpha}=\partial\phi/\partial\dot{\boldsymbol{E}}_{\alpha}^{\mathrm{i}}\quad\boldsymbol{A}_{\alpha}=-\partial\phi/\partial\dot{\boldsymbol{\eta}}_{\alpha}\tag{5-135}$$

利用勒让德(Legendre)变换可得余耗散势率 $\phi^{**}(\boldsymbol{S}_{\alpha},\boldsymbol{A}_{\alpha})$，则有

$$\phi^{**}(\boldsymbol{S}_{\alpha},\boldsymbol{A}_{\alpha})=\boldsymbol{S}_{\alpha}:\dot{\boldsymbol{E}}_{\alpha}^{\mathrm{i}}-\boldsymbol{A}_{\alpha}\cdot\dot{\boldsymbol{\eta}}_{\alpha}-\phi(\dot{\boldsymbol{E}}_{\alpha}^{\mathrm{i}},\dot{\boldsymbol{\eta}}_{\alpha})\tag{5-136}$$

由式(5-136)可导出 $\dot{\boldsymbol{E}}_{\alpha}^{\mathrm{i}}$ 和 $\dot{\boldsymbol{\eta}}_{\alpha}$ 的表达式，通常更方便的是取用一个新的余耗散势率 ϕ^{*}，并令

$$\dot{\boldsymbol{E}}_{\alpha}^{\mathrm{i}}=\dot{\lambda}\partial\phi^{*}/\partial\boldsymbol{S}_{\alpha}\quad\dot{\boldsymbol{\eta}}_{\alpha}=-\dot{\lambda}\partial\phi^{*}/\partial\boldsymbol{A}_{\alpha}\tag{5-137}$$

如此定义的材料称为广义正则材料，不可逆流垂直于 ϕ^{*} 的等势面。由于设定 ϕ^{*} 是其自变量的正定凸函数，从而 $\sigma^{*}\geqslant 0$ 的条件自动满足，即自动有

$$\boldsymbol{S}_{\alpha}:\dot{\boldsymbol{E}}_{\alpha}^{\mathrm{i}}+\boldsymbol{A}_{\alpha}\dot{\boldsymbol{\eta}}_{\alpha}=\boldsymbol{S}_{\alpha}:\partial\phi^{*}/\partial\boldsymbol{S}_{\alpha}+\boldsymbol{A}_{\alpha}\cdot\partial\phi^{*}/\partial\boldsymbol{A}_{\alpha}\geqslant 0\tag{5-138}$$

(2) 第二种类型。

内变量直接描写不可逆变形机制的变化，如位错、双晶的密度和变化，晶体滑移面上的切应变等，此时 $\boldsymbol{E}_{\alpha}^{\mathrm{i}}$ 不属于内变量，而是 $\boldsymbol{\eta}_{\alpha}$ 的函数。由式(5-131)可得

$$\dot{\boldsymbol{E}}_{\alpha}=\dot{\boldsymbol{E}}_{\alpha}^{\mathrm{r}}+\dot{\boldsymbol{E}}_{\alpha}^{\mathrm{i}}=-\rho_{0}\left(\frac{\partial^{2}g}{\partial\boldsymbol{S}_{\alpha}\partial\boldsymbol{S}_{\beta}}:\dot{\boldsymbol{S}}_{\beta}+\frac{\partial^{2}g}{\partial\boldsymbol{S}_{\alpha}\partial T}\dot{T}+\frac{\partial^{2}g}{\partial\boldsymbol{S}_{\alpha}\partial\boldsymbol{\eta}_{\beta}}\cdot\dot{\boldsymbol{\eta}}_{\beta}\right)\tag{5-139}$$

$$\dot{s}=\dot{s}^{\mathrm{r}}+\dot{s}^{\mathrm{i}}=-\frac{\partial^{2}g}{\partial\boldsymbol{S}_{\alpha}\partial T}:\dot{\boldsymbol{S}}_{\alpha}-\frac{\partial^{2}g}{\partial T^{2}}\dot{T}-\frac{\partial^{2}g}{\partial T\partial\boldsymbol{\eta}_{\beta}}\cdot\dot{\boldsymbol{\eta}}_{\beta}\tag{5-140}$$

由此推得

$$\left.\begin{array}{l}\dot{\boldsymbol{E}}_{\alpha}^{\mathrm{r}}=-\rho_{0}(\partial^{2}g/\partial\boldsymbol{S}_{\alpha}\partial\boldsymbol{S}_{\beta}):\dot{\boldsymbol{S}}_{\beta}-\rho_{0}(\partial^{2}g/\partial\boldsymbol{S}_{\alpha}\partial T)\dot{T}\\ \dot{\boldsymbol{E}}_{\alpha}^{\mathrm{i}}=-\rho_{0}(\partial^{2}g/\partial\boldsymbol{S}_{\alpha}\partial\boldsymbol{\eta}_{\beta})\cdot\dot{\boldsymbol{\eta}}_{\beta}\end{array}\right\}\tag{5-141}$$

$$\left.\begin{array}{l}s^{\mathrm{r}}=-(\partial^{2}g/\partial\boldsymbol{S}_{\alpha}\partial T):\dot{\boldsymbol{S}}_{\alpha}-(\partial^{2}g/\partial T^{2})\dot{T}\\ s^{\mathrm{i}}=-(\partial^{2}g/\partial T\partial\boldsymbol{\eta})\cdot\dot{\boldsymbol{\eta}}_{\beta}=(1/\rho)(\partial\boldsymbol{B}/\partial T)\cdot\dot{\boldsymbol{\eta}}_{\beta}\end{array}\right\}\tag{5-142}$$

根据熵产率的公式(5-133)，可假设 $\dot{\boldsymbol{\eta}}_{\alpha}$ 仅是 $\boldsymbol{B}_{\beta}$ 的显函数，而不是 $\boldsymbol{S}$ 和 T 的显函数。因此

$$\dot{\boldsymbol{\eta}}_{\alpha}=\dot{\boldsymbol{\eta}}_{\alpha}(\boldsymbol{B}_{\beta})\tag{5-143}$$

式(5-141)～式(5-143)组成完整的本构方程组。由式(5-141)第1式和式(5-142)第1式知道，$\dot{\boldsymbol{E}}^{(r)}$ 是 $\dot{s}^{(r)}$ 和 $\dot{T}$ 的函数，但从式(5-141)第2式、式(5-142)第2式和式(5-115)看出，$\dot{\boldsymbol{E}}^{i}$ 和 $\dot{s}^{i}$ 仅是 $\boldsymbol{S}$、T 和 $\boldsymbol{B}$ 的函数，而与 $\dot{s}$、$\dot{T}$ 无关，这一差别是深刻的。

讨论非弹性变形时，可以假设存在流动势 $\psi(\boldsymbol{B}_{\alpha})$，使

$$\dot{\boldsymbol{\eta}}_{\alpha}=\frac{\partial \psi}{\partial \boldsymbol{B}_{\alpha}} \tag{5-144}$$

此时，由式(5-131)第2式、式(5-142)第2式和式(5-144)可得

$$\left.\begin{aligned}\dot{\boldsymbol{E}}_{\alpha}^{i}&=\frac{\partial \boldsymbol{B}_{\beta}}{\partial \boldsymbol{S}_{\alpha}}\cdot\dot{\boldsymbol{\eta}}_{\beta}=\frac{\partial \psi}{\partial \boldsymbol{S}_{\alpha}}\\ \dot{s}^{i}&=\frac{1}{\rho_{0}}\frac{\partial \boldsymbol{B}_{\beta}}{\partial T}\cdot\dot{\boldsymbol{\eta}}_{\beta}=\frac{1}{\rho_{0}}\frac{\partial \psi}{\partial T}\end{aligned}\right\} \tag{5-145}$$

由式(5-145)知，在应力空间，非弹性应变率(或增量)比例于塑性势的梯度，其方向沿等塑性势面的法向，通常称为正则化规则。给定了塑性势的形式，便确定了塑性应变的演化方程；给定了 g 和 ψ，便完全确定了本构方程。

由于目前的内变量理论只是给出本构关系中应当包含那些变量以及它们之间的定性关系，因而上述诸理论可参照使用，相互印证；而具体关系要在内变量理论指导下根据实验资料和经验确定。

例5 试给出小变形等温塑性硬化情形的非弹性应变的本构方程(小变形时 $\boldsymbol{S}=\boldsymbol{\sigma}$，$\boldsymbol{E}=\boldsymbol{e}$)。

解： 令比自由能 f 为

$$\rho f=\frac{1}{2}a_{klmn}e_{kl}^{r}e_{mn}^{r}+\varphi_{1}(\eta_{kl})+\varphi_{2}(\eta) \tag{5-146}$$

式中，$e_{kl}^{r}=e_{kl}-e_{kl}^{i}$。$e_{kl}^{i}$、$\eta_{kl}$、$\eta$ 取为内变量，其中 $\varphi_{1}(\eta_{kl})$ 和 $\varphi_{2}(\eta)$ 是用来描写塑性硬化的。由式(5-134)得

$$\sigma_{kl}^{r}=a_{klmn}e_{mn}^{r}\quad A_{kl}=-\frac{\mathrm{d}\varphi_{1}}{\mathrm{d}\eta_{kl}}\quad A=-\frac{\mathrm{d}\varphi_{2}}{\mathrm{d}\eta} \tag{5-147}$$

对等温情形，式(5-128)和(5-129)化为

$$\rho T\sigma^{*}=\boldsymbol{\sigma}^{i}:\dot{\boldsymbol{e}}^{i}+A_{kl}\dot{\eta}_{kl}+A\dot{\eta} \tag{5-148}$$

式中，$\dot{\boldsymbol{e}}^{i}=\boldsymbol{D}^{i}$。设屈服函数为

$$F(\sigma_{kl}',A_{kl},A,K_{0})=\sqrt{(\sigma_{kl}'+A_{kl}')(\sigma_{kl}'+A_{kl}')}+A-K_{0} \tag{5-149}$$

式中，K_{0} 为材料常数；σ' 为应力偏量。设 $\boldsymbol{D}^{i}$、$\dot{\eta}$、$\dot{\eta}$ 可由余耗散势率 ϕ^{*} 导出，并令 $\phi^{*}=\lambda F$，λ 为示性函数，当 $F<0$ 时 $\lambda=0$，而当 $F=0$ 时 $\lambda>0$，$F>0$ 在物理上是不可能的，因此非弹性应变的本构关系可以写成

$$\left.\begin{array}{ll}\dot{e}^{i}_{kl}=\dot{\eta}_{kl}=\dot{\eta}=0 & \text{当 } F<0 \text{ 时}\\ \dot{e}^{\mathrm{i}}_{kl}=\dot{\eta}_{kl}=\partial\phi^{*}/\partial A'_{kl}=\lambda(\sigma'_{kl}+A'_{kl})/\sqrt{(\sigma'_{kl}+A'_{kl})(\sigma'_{kl}+A'_{kl})} & \\ \dot{\eta}=\partial\phi^{*}/\partial A=\lambda & \text{当 } F=0 \text{ 时}\end{array}\right\} \tag{5-150}$$

分析式(5-150),可令 $\eta_{kl}\equiv e^{i}_{kl}$,并可看出 η 是累计塑性应变,即

$$\dot{\eta}=\sqrt{\dot{e}^{\mathrm{i}}_{kl}\dot{e}^{\mathrm{i}}_{kl}} \tag{5-151}$$

若令 $\varphi_1(\eta_{kl})$ 为常数,则 $A_{kl}=0$,屈服函数可化为 $F=\sqrt{\sigma'_{kl}\sigma'_{kl}}+A-K_0$,代表各向同性硬化;如令 $\varphi_2(\eta)$ 为常数,则 $F=\sqrt{(\sigma'_{kl}+A'_{kl})(\sigma'_{kl}+A'_{kl})}-K_0$,代表运动硬化。

例 6 试讨论等温标准黏弹性固体的本构方程(见图 5-3)。

解: 本问题中分支数 $N=2$,分支 1 由弹性元件组成,分支 2 由弹性元件和黏壶组成。采用两种方法处理。

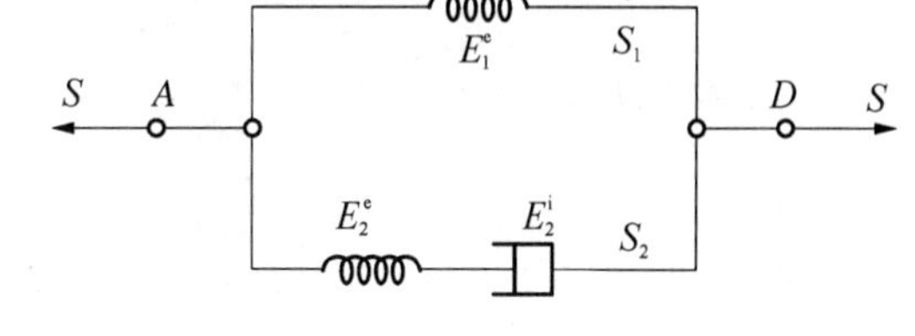

图 5-3 标准黏弹性固体

方法 1:令

$$\rho_0 f=\frac{1}{2}(C_1E^{\mathrm{e}}_1E^{\mathrm{e}}_1+C_2E^{\mathrm{e}}_2E^{\mathrm{e}}_2) \tag{5-152}$$

式中,C_1、C_2 分别为分支 1 和 2 中弹性元件的弹性模量。式(5-152)表示材料中储存的可逆自由能密度。由式(5-138),得

$$S_1=\rho_0\partial f/\partial E^{\mathrm{e}}_1=C_1E^{\mathrm{e}}_1\quad S_2=\rho_0\partial f/\partial E^{\mathrm{e}}_2=C_2E^{\mathrm{e}}_2 \tag{5-153}$$

由式(5-128)和式(5-129)得

$$\rho_0T\sigma^{*}=S_2\dot{E}^{\mathrm{i}}_2\geqslant 0 \tag{5-154}$$

由式(5-138)第 2 式并进一步设

$$\dot{E}^{\mathrm{i}}_2=\dot{E}^{\mathrm{i}}_2(S_2)=S_2/\mu_2 \tag{5-155}$$

式中,μ_2 为黏性系数。结合图 5-2 推导出

$$S=S_1+S_2\quad \dot{E}^{\mathrm{e}}_1=\dot{E}^{\mathrm{e}}_2+\dot{E}^{\mathrm{i}}_2=\dot{E} \tag{5-156}$$

从而推出本构方程为

$$\dot{S}+C_2S/\mu_2=(C_1+C_2)\dot{E}+C_1C_2E/\mu_2 \tag{5-157}$$

方法 2:令

$$-\rho_0 g=\frac{1}{2}S^2_1/C_1+\frac{1}{2}S^2_2/C_2+\rho_0\tilde{g}(S_2,\ \eta) \tag{5-158}$$

由式(5-132)、式(5-133)和式(5-140)得

$$E^{\mathrm{e}}_1=S_1/C_1\quad E^{\mathrm{e}}_2=S_2/C_2\quad \dot{E}^{\mathrm{i}}_2=(\partial B/\partial S_2)\dot{\eta}\quad B=-\rho_0\partial\tilde{g}/\partial\eta \tag{5-159}$$

进一步设存在式(5-137)表示的余耗散势率中为

$$\phi^{*}=\frac{1}{2}\sigma_{2}^{2}/\mu_{2} \tag{5-160}$$

则

$$\dot{E}_{2}^{\mathrm{i}}=S_{2}/\mu_{2} \tag{5-161}$$

利用式(5-159)、式(5-161)和方法1中的式(5-156),求得的本构方程仍为方法1中的式(5-157)。这表明,两种方法在合理的假设下得到同样的结果。

例7 利用自由能 f 推导图5-2中只有一个分支的第二种类型内变量的本构方程。

解: 应用比自由能 f 时,自变量采用 $\boldsymbol{E}$、T、$\boldsymbol{\eta}$。设

$$s=s^{\mathrm{r}}+s^{\mathrm{i}} \quad \dot{\boldsymbol{E}}=\dot{\boldsymbol{E}}^{\mathrm{r}}+\dot{\boldsymbol{E}}^{\mathrm{i}}$$

将自由能相应地分为 $\dot{f}=\dot{f}^{\mathrm{r}}+\dot{f}^{\mathrm{i}}$,且

$$\left.\begin{aligned}\rho_{0}\dot{f}^{\mathrm{r}}&=-\rho_{0}s^{\mathrm{r}}\dot{T}+\boldsymbol{S}:\dot{\boldsymbol{E}}^{\mathrm{r}}\\ \rho_{0}\dot{f}^{\mathrm{i}}&=-\rho_{0}s^{\mathrm{i}}\dot{T}+\boldsymbol{S}:\dot{\boldsymbol{E}}^{\mathrm{i}}-\boldsymbol{A}\cdot\dot{\boldsymbol{\eta}}\end{aligned}\right\} \tag{5-162}$$

内变量不变的过程是可逆过程,只有当内变量 $\boldsymbol{\eta}$ 变化时才产生 $\dot{f}^{\mathrm{i}}$、$\dot{s}^{\mathrm{i}}$ 和 $\dot{\boldsymbol{E}}^{\mathrm{i}}$,因而有

$$\rho_{0}\dot{f}^{\mathrm{i}}=-\rho_{0}s^{\mathrm{i}}\dot{T}+\left(\boldsymbol{S}:\frac{\partial\boldsymbol{E}^{\mathrm{i}}}{\partial\eta_{K}}-A_{K}\right)\dot{\eta}_{K}$$

即 f^{i} 仅随 $\boldsymbol{\eta}$ 改变而变化,由此推出

$$s^{\mathrm{i}}=-\frac{\partial f^{\mathrm{i}}}{\partial T} \quad \boldsymbol{S}:\frac{\partial\boldsymbol{E}^{\mathrm{i}}}{\partial\eta_{K}}-A_{K}=\rho_{0}\frac{\partial f^{\mathrm{i}}}{\partial\eta_{K}} \tag{5-163}$$

由于 $\boldsymbol{\eta}$ 不变时,$\boldsymbol{E}^{\mathrm{i}}$、$\boldsymbol{f}^{\mathrm{i}}$ 均不变。所以保持 $\boldsymbol{\eta}$ 不变,把上面第2式对 $\boldsymbol{S}$ 求导便得

$$\frac{\partial\boldsymbol{E}^{\mathrm{i}}}{\partial\eta_{K}}=\frac{\partial A_{K}}{\partial\boldsymbol{S}} \quad 或 \quad \frac{\partial E_{KL}^{\mathrm{i}}}{\partial\eta_{M}}=\frac{\partial A_{M}}{\partial S_{kl}} \tag{5-164}$$

对塑性问题,如存在式(5-144)表示的流动势,则可得

$$\dot{E}_{KL}^{\mathrm{i}}=\frac{\partial E_{KL}^{\mathrm{i}}}{\partial\eta_{M}}\dot{\eta}_{M}=\frac{\partial E_{KL}^{\mathrm{i}}}{\partial\eta_{M}}\frac{\partial\psi}{\partial A_{M}}=\frac{\partial\psi}{\partial S_{KL}} \tag{5-165}$$

式(5-165)正是式(5-145)。

例8 试推导等温小变形情况下,具有减退记忆性质的各向异性黏弹性体的本构方程。

对等温情况 $T_{,k}=q_{k}=0$,小变形时 $\boldsymbol{\sigma}=\boldsymbol{S}$,$\boldsymbol{E}=\boldsymbol{e}$,$\rho$ 近似为常数。取E和L坐标系相同。在图5-2中取分支数为2,分支1含一弹性元件,分支2含一黏壶。因此,$\boldsymbol{e}_{1}^{\mathrm{r}}=\boldsymbol{e}_{2}^{\mathrm{i}}=\boldsymbol{e}$,并记 $\boldsymbol{\sigma}_{1}=\boldsymbol{\sigma}^{\mathrm{r}}$,$\boldsymbol{\sigma}_{2}=\boldsymbol{\sigma}^{\mathrm{i}}$(许多文献把应力分成可逆与不可逆部分,可以看成本书中模型的特例)。令内变量为 $\boldsymbol{\eta}$。设

$$\rho f=\frac{1}{2}a_{klmn}e_{kl}e_{mn}+\frac{1}{2}a_{kl}\eta_{k}\eta_{l} \tag{5-166}$$

由式(5-134)得

$$\sigma_{kl}^{\mathrm{r}}=a_{klmn}e_{mn}\quad A_k=-a_{kl}\eta_l \tag{5-167}$$

式(5-102)变为

$$\rho T\sigma^{*}=\sigma_{kl}^{\mathrm{i}}\dot{e}_{kl}+A_k\dot{\eta}_k\geqslant 0 \tag{5-168}$$

设整个变形过程偏离平衡态不大,可近似取用二次函数的耗散势率 ϕ

$$\phi=\frac{1}{2}b_{klmn}\dot{e}_{kl}\dot{e}_{mn}+\frac{1}{2}b_{kl}\dot{\eta}_k\dot{\eta}_l+b_{klj}\dot{e}_{kl}\dot{\eta}_j \tag{5-169}$$

由式(5-135)得

$$\sigma_{kl}^{\mathrm{i}}=b_{klmn}\dot{e}_{mn}+b_{klj}\dot{\eta}_j\quad A_k=b_{klj}\dot{e}_{lj}+b_{kl}\dot{\eta}_l \tag{5-170}$$

因 $\boldsymbol{\sigma}=\boldsymbol{\sigma}^{\mathrm{r}}+\boldsymbol{\sigma}^{\mathrm{i}}$, 故联合式(5-167)和式(5-170)可得

$$\sigma_{kl}=a_{klmn}e_{mn}+b_{klmn}\dot{e}_{mn}+b_{klm}\dot{\eta}_m \tag{5-171}$$

$$0=a_{kl}\eta_l+b_{klm}\dot{e}_{lm}+b_{kl}\dot{\eta}_l \tag{5-172}$$

式(5-171)和式(5-172)中的系数均设为实数。根据 $\rho T\sigma^{*}\geqslant 0$, $\boldsymbol{A}\cdot\dot{\boldsymbol{\eta}}\geqslant 0$ 的要求,系数 b_{kl} 组成实对称正定方阵 $[b_{kl}]$; 根据等温情况下平衡态的自由能取极小值的性质, a_{kl} 组成实对称非负方阵 $[a_{kl}]$。由 1.3.3 节的式(1-13)可知,此时必存在一非奇异矩阵 $[P_{kl}]$, 使 $[a_{kl}]$ 和 $[b_{kl}]$ 同时对角化,即有

$$P_{km}P_{ln}a_{mn}=\lambda_k\delta_{kl}\quad P_{km}P_{ln}b_{mn}=\delta_{kl} \tag{5-173}$$

且 λ_k 为实数。令 $\eta_l=P_{lr}\xi_r$, 或 $\xi_r=P_{lr}^{-1}\eta_l$, 则式(5-170)化为

$$a_{kl}P_{lr}\xi_r+b_{klm}\dot{e}_{lm}+b_{kl}P_{lr}\dot{\xi}_r=0 \tag{5-174}$$

把式(5-174)乘以 P_{kr} 后,利用式(5-173)可得

$$\lambda_{r}\xi_r+P_{kr}b_{klm}\dot{e}_{lm}+\dot{\xi}_r=0 \tag{5-175}$$

式(5-175)的解为

$$\xi_r=c_r\mathrm{e}^{-\lambda_r t}-P_{kr}\int_0^t b_{klm}c^{-\lambda_{\underline{r}}(t-\tau)}\dot{e}_{lm}\mathrm{d}\tau \tag{5-176}$$

恢复原变量,便得

$$\eta_k=P_{kr}\xi_r=c_rP_{kr}\mathrm{e}^{-\lambda_r t}-P_{kr}P_{lr}\int_0^t b_{lmn}c^{-\lambda_{\underline{r}}(t-\tau)}\dot{e}_{mn}\mathrm{d}\tau \tag{5-177}$$

按以前的规定,本例诸式中凡下标下有一短横的不参与求和,故 $\lambda_{\underline{r}}\xi_r$ 不对 r 求和,但 $c_rP_{kr}\mathrm{e}^{-\lambda_{\underline{r}}t}$ 则对 r 求和: $c_rP_{kr}\mathrm{e}^{-\lambda_{\underline{r}}t}=\sum\limits_{r=1}^{n}c_rP_{kr}\mathrm{e}^{-\lambda_{\underline{r}}t}$, n 为 η_k 的个数,其中 c_r 为常数,这一项代表初始条件的影响,通常可不考虑,因经一定时间后,该项很快衰减,从而由式(5-177)可得

$$\dot{\eta}_k=-P_{kr}P_{lr}b_{lmn}\dot{e}_{mn}+\lambda_rP_{kr}P_{lr}\int_0^t b_{lmn}\mathrm{e}^{-\lambda_{\underline{r}}(t-\tau)}\dot{e}_{mn}\mathrm{d}\tau \tag{5-178}$$

把式(5-178)代入式(5-171)得

$$\sigma_{kl} = a_{klmn} e_{mn} + (b_{klmn} - b_{kli} b_{jmn} P_{ir} P_{jr}) \dot{e}_{mn} + \lambda_r P_{ir} P_{jr} b_{kli} \int_0^t b_{jmn} e^{-\lambda_r (t-\tau)} \dot{e}_{mn} d\tau \tag{5-179}$$

通常假设在黏弹性体本构关系中不含 $\dot{e}_{mn}$ 的项,因它排除了瞬时弹性响应的可能,若 e_{mn} 有阶跃变化,则 $\dot{e}_{mn}$ 便趋向无穷大,从而要求无限的应力。把该项除去后,便得通常使用的各向异性黏弹性体的本构方程

$$\sigma_{kl} = a_{klmn} e_{mn} + \sum_r \int_0^t b_{klmn}^{(r)} e^{-\lambda_r (t-\tau)} \dot{e}_{mn} d\tau \tag{5-180}$$

因 $\lambda_r > 0$,故式(5-180)具有减退记忆的性质。式中

$$b_{klmn}^{(r)} = \lambda_r P_{ir} P_{jr} b_{kli} b_{jmn}$$

5.7 能量和熵的间断条件

在 3.6 节中,阐明了质量和动量在间断面两侧的间断条件,现用同样的方法,介绍能量和熵的间断条件。设在现时构形中,间断面的单位法线 $\boldsymbol{n}$,由负侧指向正侧,其分量在 E 坐标系中为 n_k。间断面在空间的运动速度为 $\boldsymbol{\nu}$,分量为 ν_k;介质的运动速度为 $\boldsymbol{v}$,分量为 v_k。

利用式(3-103)和式(3-105),并令体积 v 无限缩向间断面 π,略去 $\int_{v-\pi}(\quad)d\varphi$ 的项后,可得

$$\left.\begin{aligned}
\dot{K} &= \frac{d}{dt}\int_v \frac{\rho}{2} v_l v_l dv = \frac{1}{2}\int_\pi [\rho v_l v_l (v_k - \nu_k)] n_k da \\
\dot{U} &= \frac{d}{dt}\int_v \rho e dv = \int_\pi [\rho e (v_k - \nu_k)] n_k da \\
\dot{W} &= \int_v \rho \boldsymbol{f} \cdot \boldsymbol{v} dv + \int_a \boldsymbol{p}^{(n)} \cdot \boldsymbol{v} da \approx \int_a \boldsymbol{p}^{(n)} \cdot \boldsymbol{v} da = \int_\pi [\sigma_{kl} v_l] n_k da \\
\dot{Q} &= \frac{d}{dt}\int_a -\boldsymbol{q} \cdot \boldsymbol{n} da + \int_v \rho \dot{r} dv \approx \frac{d}{dt}\int_a -\boldsymbol{q} \cdot \boldsymbol{n} da = -\int_\pi [q_k] n_k da
\end{aligned}\right\} \tag{5-181}$$

推导式(5-181)时应用了单元体厚度两侧趋向间断面时,$\int_v \rho \boldsymbol{f} \cdot \boldsymbol{v} dv$ 和 $\int_v \rho \dot{r} dv$ 是高阶小量的条件。在式(5-181)的积分区间 π 可以是实际间断面的任意一部分,因而代入式(5-45)后可得

$$\left.\begin{aligned}
\left[\rho\left(e + \frac{1}{2} v_l v_l\right)(v_k - \nu_k)\right] n_k &= [\sigma_{kl} u_l - q_k] n_k \\
\left[\rho\left(e + \frac{1}{2} v_l v_l\right)(\boldsymbol{v} - \boldsymbol{\nu}) \cdot \boldsymbol{n}\right] &= [(\boldsymbol{\sigma} \cdot \boldsymbol{v} - \boldsymbol{q}) \cdot \boldsymbol{n}]
\end{aligned}\right\} \tag{5-182}$$

式(5-182)便是间断面处的能量间断条件。同理

$$\left.\begin{aligned}&\int_v \rho\sigma^* \mathrm{d}v = \frac{\mathrm{d}}{\mathrm{d}t}\int_v \rho s^{(\mathrm{i})}\mathrm{d}v = \int_\pi [\rho s^{(\mathrm{i})}(v_k - \nu_k)]n_k \mathrm{d}a \\ &\int_v \dot{s}\mathrm{d}v = \frac{\mathrm{d}}{\mathrm{d}t}\int_v \rho s\mathrm{d}v = \int_\pi [\rho s(v_k - \nu_k)]n_k \mathrm{d}a \\ &\dot{S}^{(e)} = \int_v \rho\frac{\dot{r}}{T}\mathrm{d}v - \int_a \frac{\boldsymbol{q}}{T}\cdot\boldsymbol{n}\mathrm{d}a = -\int_\pi [q_k/T]n_k \mathrm{d}a\end{aligned}\right\} \tag{5-183}$$

由此可得间断面处熵的间断条件

$$\left.\begin{aligned}&[\rho s^{(\mathrm{i})}(v_k - \nu_k)]n_k = [\rho s(v_k - \nu_k) + q_k/T]n_k \geqslant 0 \\ &[\rho s^{(\mathrm{i})}(v - \boldsymbol{\nu})\cdot\boldsymbol{n}] = [\{\rho s(v - \boldsymbol{\nu}) + q/T\}\cdot\boldsymbol{n}] \geqslant 0\end{aligned}\right\} \tag{5-184}$$

例 9 试讨论理想正压流体中的一维定常击波关系。

解: 所谓理想正压流体,是指本构方程为下列方程的流体

$$\boldsymbol{\sigma} = -p\boldsymbol{I} \quad p = p(\rho) \tag{5-185}$$

由式(5-2)、式(5-33)和式(5-34)有

$$p\hat{v} = RT \quad \mathrm{d}e = c_V\mathrm{d}T \quad c_p - c_V = R \quad \hat{v} = 1/\rho \tag{5-186}$$

对绝热过程 $\mathrm{d}Q = 0$,可得 $\mathrm{d}e = -p\mathrm{d}\hat{v}$,因而由式(5-186)推导得

$$p\mathrm{d}\hat{v} + \hat{v}\mathrm{d}p = R\mathrm{d}T = R\frac{\mathrm{d}e}{c_V} = -Rp\frac{\mathrm{d}\hat{v}}{c_V}$$

或

$$\frac{\mathrm{d}p}{p} = -\chi\frac{\mathrm{d}\hat{v}}{\hat{v}} \quad \chi = \frac{c_p}{c_V} \tag{5-187}$$

设 p_0、ρ_0 为静止气体中的压力和密度,则由式(5-187)得出

$$\frac{p}{p_0} = \left(\frac{\rho}{\rho_0}\right)^\chi \quad \rho = \hat{v}^{-1} \tag{5-188}$$

式(5-188)称为泊松等熵绝热线。对理想正压流体的平衡过程,绝热过程是等熵的。

当压力波在气体中传播时,压力波幅愈大,传播愈快,波前的形状愈来愈陡,最后在波前处形成有限间断,称为击波。一旦击波形成,波前便成为间断面,间断面前后各物理量的变化,要由质量、动量、能量和熵的间断条件来确定。为简单计,讨论间断面在空间不动的一维定常击波(见图 5-4),在此情况下,式(3-83)、式(3-99)、式(5-183)和式(5-184)中,$\boldsymbol{\nu}=0$,$\boldsymbol{n}=\boldsymbol{i}_1$。下面以下标 1 表示击波前或来流中的诸物理量,以下标 2 表示击波后的诸物理量,则有

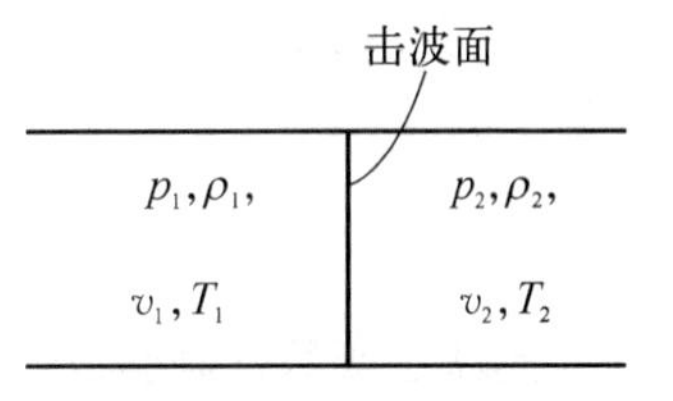

图 5-4 一维定常击波

质量守恒方程
$$\rho_1 v_1 = \rho_2 v_2 \tag{5-189}$$

动量方程
$$\rho_1 v_1^2 + p_1 = \rho_2 v_2^2 + p_2 \tag{5-190}$$

能量方程
$$\rho_1 v_1\left(e_1 + \frac{v_1^2}{2} + \frac{p_1}{\rho_1}\right) = \rho_2 v_2\left(e_2 + \frac{v_2^2}{2} + \frac{p_2}{\rho_2}\right) \tag{5-191}$$

熵方程
$$\rho_2 s_2 v_2 > \rho_1 s_1 v_1 \tag{5-192}$$

利用式(5-34)的 $\mathrm{d}e = c_V \mathrm{d}T$,当 c_V 为常值时有 $e = c_V T$,所以

$$e + \frac{p}{\rho} = c_V T + \frac{p}{\rho} = \left(\frac{c_V}{R} + 1\right)\frac{p}{\rho} = \frac{\chi}{\chi - 1}\frac{p}{\rho} \tag{5-193}$$

利用式(5-189)和式(5-193),式(5-191)化为

$$\frac{\chi}{\chi-1}\frac{p_1}{\rho_1} + \frac{v_1^2}{2} = \frac{\chi}{\chi-1}\frac{p_2}{\rho_2} + \frac{v_2^2}{2} \tag{5-194}$$

击波前的 p_1、ρ_1、v_1 若已知,则由式(5-189)、式(5-190)和式(5-194)可确定击波后的未知量 p_2、ρ_2 和 v_2。

由式(5-189)和式(5-190)可得

$$v_2^2 - v_1^2 = -(p_2 - p_1)\left(\frac{1}{\rho_1} + \frac{1}{\rho_2}\right) \tag{5-195}$$

把式(5-195)代入式(5-194),整理后可得

$$\frac{p_2}{p_1} = \frac{(\chi+1)\rho_2 - (\chi-1)\rho_1}{(\chi+1)\rho_1 - (\chi-1)\rho_2} = \frac{(\chi+1)(\rho_2/\rho_1) - (\chi-1)}{(\chi+1) - (\chi-1)(\rho_2/\rho_1)} \tag{5-196}$$

式(5-196)称为于戈尼奥(Hugoniot)击波绝热线,它与式(5-188)表示的等熵绝热线是不同的,这表明气体通过击波时是绝热的,但不是等熵的,通过击波时的不可逆过程产生了耗散热,熵产率不为零,结果使熵增加。

理想气体的熵可如下计算。对可逆过程有

$$\begin{aligned} \mathrm{d}s &= \frac{\mathrm{d}q}{T} = \frac{1}{T}\left(c_V \mathrm{d}T + p\,\mathrm{d}\frac{1}{\rho}\right) = c_V\frac{\mathrm{d}T}{T} - R\frac{\mathrm{d}\rho}{\rho} = c_V \mathrm{d}\ln(RT) - R\,\mathrm{d}\ln\rho \\ &= R\left[\frac{1}{\chi-1}\mathrm{d}\ln\left(\frac{p}{\rho}\right) - \mathrm{d}\ln\rho\right] = \frac{R}{\chi-1}\mathrm{d}\ln\left(\frac{p}{\rho^{\chi}}\right) \end{aligned} \tag{5-197}$$

积分式(5-197)得

$$s = \frac{R}{\chi-1}\ln\left(\frac{p}{\rho^{\chi}}\right) + s_0 \quad s_0 = \text{常数} \tag{5-198}$$

由于 s 是状态函数,因此知道了气体的状态 (p, ρ),便可由式(5-198)计算熵,而与到达此状态的过程是否可逆无关。因此,击波前后熵的变化为

$$s_2 - s_1 = \frac{R}{\chi-1}\left[\ln\left(\frac{p_2}{\rho_2^{\chi}}\right) - \ln\left(\frac{p_1}{\rho_1^{\chi}}\right)\right] = \frac{R}{\chi-1}\ln\left[\frac{p_2}{p_1}\left(\frac{\rho_1}{\rho_2}\right)^{\chi}\right] \tag{5-199}$$

从式(5-199)看到,若过程是等熵的,即 $s_2 - s_1 = 0$,则式(5-188)必然成立。若 $\rho_2 > \rho_1$,气体的 χ 值约1.4,计算表明 $\frac{p_2}{p_1}\left(\frac{\rho_1}{\rho_2}\right)^{\chi}$ 大于1,故由式(5-199)知,对击波有 $s_2 > s_1$,表明熵确有增加。

习　题

1. 讨论一不可压缩牛顿流体,本构方程为

$$\sigma_{kl}=-p\delta_{kl}+2\mu D_{kl}\quad q_k=-\hat{\lambda}T_{,k}\quad e=cT$$

式中,e 为内能;T 为温度;μ、c、$\hat{\lambda}$ 为常数。求证能量方程可写为

$$\rho c\left(\frac{\partial T}{\partial t}+v_k T_{,k}\right)=2\mu D_{kl}D_{kl}+\hat{\lambda}T_{,kk}$$

2. 试用不可逆热力学理论讨论四参数黏弹性体的本构方程:

(1) 在图 5-3 的右端加一阻尼器的四参数模型;

(2) 在图 5-3 的右端加一弹簧的四参数模型。

3. 参阅微分方程书籍,求普法夫(Pfaff)方程

(1) $P(x_1, x_2)\mathrm{d}x_1+Q(x_1, x_2)\mathrm{d}x_2=0$。

(2) $P(x_1, x_2, x_3)\mathrm{d}x_1+Q(x_1, x_2, x_3)\mathrm{d}x_2+R(x_1, x_2, x_3)\mathrm{d}x_3=0$。

存在积分因子的条件。

4. 设 $\psi=\dfrac{\lambda}{n+1}\varphi^{n+1}$, $n\to\infty$; $\varphi=\dfrac{1}{2}A_{KL}\theta_K\theta_L\leqslant 1$

式中,λ 为正常数;n 为整数;$\boldsymbol{A}$ 为二阶正定常数张量。

(1) 试由式(5-165)求非弹性应变。

(2) 当 $n\to\infty$ 时,$\varphi(\theta_K)<1$ 时 $\dot{\boldsymbol{E}}^{(i)}=0$,因而要产生非弹性应变,须 $\varphi(\theta_K)=1$。如由 $\varphi=1$ 的状态出发,要继续保持 $\varphi=1$,则必须 $\dot{\varphi}=0$,由此可定 λ,试证

$$\lambda=\frac{\partial\varphi}{\partial S_{KL}}\dot{S}_{KL}\left(\frac{\partial^2 f^{(i)}}{\partial\eta_M\partial\eta_N}\frac{\partial\varphi}{\partial\theta_M}\frac{\partial\varphi}{\partial\theta_N}\right)^{-1}$$

(3) 证明非弹性应变的本构方程为

$$\dot{E}_{kl}^{(\mathrm{i})}=\frac{1}{\dfrac{\partial^2 f^{(\mathrm{i})}}{\partial\eta_M\partial\eta_N}\dfrac{\partial\varphi}{\partial\theta_M}\dfrac{\partial\varphi}{\partial\theta_N}}\frac{\partial\varphi}{\partial S_{KL}}\frac{\partial\varphi}{\partial S_{PQ}}\dot{S}_{pQ}\tag{5-200}$$

式(5-200)与塑性体各向同性强化的公式形式相同(参阅例 7)。

5. 设图 5-2 中含两个分支,第 1 分支含一弹性元件,第二分支含一黏壶,并设 $\boldsymbol{S}_1=\boldsymbol{S}^{\mathrm{r}}$, $\boldsymbol{S}_2=\boldsymbol{S}^{\mathrm{i}}$, $\boldsymbol{E}_1^{\mathrm{r}}=\boldsymbol{E}_2^{\mathrm{i}}=\boldsymbol{E}$,应用自由能推演本构方程时,试证可用下列表示:

$$\dot{\boldsymbol{S}}=\dot{\boldsymbol{S}}^{\mathrm{r}}+\dot{\boldsymbol{S}}^{\mathrm{i}}\qquad \dot{s}=\dot{s}^{\mathrm{r}}+\dot{s}^{\mathrm{i}}$$

$$\left.\begin{aligned}\dot{\boldsymbol{S}}^{\mathrm{r}}&=\rho_0\left(\frac{\partial^2 f}{\partial\boldsymbol{E}\partial E_{mn}}\dot{E}_{MN}+\frac{\partial^2 f}{\partial\boldsymbol{E}\partial T}\dot{T}\right)\\ \dot{\boldsymbol{S}}^{\mathrm{i}}&=\rho_0\frac{\partial^2 f}{\partial\boldsymbol{E}\partial\eta_K}\dot{\eta}_K=\frac{\partial\theta_K}{\partial\boldsymbol{E}}\dot{\eta}_K=\frac{\partial\hat{\psi}}{\partial\boldsymbol{E}}\end{aligned}\right\}$$

$$\left.\begin{aligned}\dot{s}^{\mathrm{r}}&=-\left(\frac{\partial^2 f}{\partial E_{MN}\partial T}\dot{E}_{MN}+\frac{\partial^2 f}{\partial T^2}\dot{T}\right)\\ \dot{s}^{\mathrm{i}}&=-\frac{\partial^2 f}{\partial T\partial\eta_K}\dot{\eta}_K=\frac{1}{\rho_0}\frac{\partial\theta_K}{\partial T}\dot{\eta}_K=\frac{1}{\rho_0}\frac{\partial\hat{\psi}}{\partial T}\end{aligned}\right\}$$

式中，$\dot{\eta}_K=\dfrac{\partial\hat{\psi}}{\partial\theta_K}$；$\hat{\psi}=\hat{\psi}(\theta_K)$；$\theta_K=\theta_K(\boldsymbol{E},\ T,\ \boldsymbol{\eta})$。

6. 如 $T\dfrac{\mathrm{d}s}{\mathrm{d}t}=-\dfrac{v_{i,i}}{\rho}$，比自由能 $f=e-TS$，证明能量方程可写为

$$\rho\frac{\mathrm{d}f}{\mathrm{d}t}+\rho S\frac{\mathrm{d}T}{\mathrm{d}t}=\sigma_{ij}D_{ij}$$

6 本构方程的基本理论

6.1 本构方程构成的基本原理

前几章介绍了适用于所有连续介质的共同原理，归纳起来，这些共同的或普遍的原理，用欧拉(Euler)法和拉格朗日(Lagrange)法表示的方程有

质量守恒
$$\left.\begin{aligned}&\dot{\rho}+\rho\operatorname{div} v=0 && (\mathrm{E})\\&\rho=J\rho_0\quad \rho_0=j\rho && (\mathrm{L})\end{aligned}\right\}\tag{6-1}$$

动量守恒
$$\left.\begin{aligned}&\operatorname{div}\boldsymbol{\sigma}+\rho\boldsymbol{f}=\rho\boldsymbol{\omega} && (\mathrm{E})\\&\operatorname{Div}\boldsymbol{T}+\rho_0\boldsymbol{f}=\rho_0\boldsymbol{\omega} && (\mathrm{L})\\&\operatorname{Div}(\boldsymbol{S}\boldsymbol{F}^{\mathrm{T}})+\rho_0\boldsymbol{f}=\rho_0\boldsymbol{\omega} && (\mathrm{K})\end{aligned}\right\}\tag{6-2}$$

动量矩方程
$$\left.\begin{aligned}&\boldsymbol{\sigma}=\boldsymbol{\sigma}^{\mathrm{T}} && (\mathrm{E})\\&\boldsymbol{F}\boldsymbol{T}=(\boldsymbol{F}\boldsymbol{T})^{\mathrm{T}} && (\mathrm{L})\\&\boldsymbol{S}=\boldsymbol{S}^{\mathrm{T}} && (\mathrm{K})\end{aligned}\right\}\tag{6-3}$$

局部能量守恒
$$\left.\begin{aligned}&\rho\dot{e}=\boldsymbol{\sigma}:\boldsymbol{D}-\operatorname{div}\boldsymbol{q}+\rho\dot{r} && (\mathrm{E})\\&\rho_0\dot{e}=\boldsymbol{T}:\dot{\boldsymbol{F}}^{\mathrm{T}}-\operatorname{Div}\boldsymbol{Q}+\rho_0\dot{r} && (\mathrm{L})\\&\rho_0\dot{e}=\boldsymbol{S}:\boldsymbol{E}-\operatorname{Div}\boldsymbol{Q}+\rho_0\dot{r} && (\mathrm{K})\end{aligned}\right\}\tag{6-4}$$

熵产率原理
$$\left.\begin{aligned}&\rho T\sigma^{*}=\boldsymbol{\sigma}:\boldsymbol{D}+\rho(T\dot{s}-\dot{e})-\operatorname{grad}T\cdot\boldsymbol{q}/T\geqslant 0 && (\mathrm{E})\\&\rho_0 T\sigma^{*}=\boldsymbol{T}:\dot{\boldsymbol{F}}^{\mathrm{T}}+\rho_0(T\dot{s}-\dot{e})-\operatorname{Grad}T\cdot\boldsymbol{Q}/T\geqslant 0 && (\mathrm{L})\\&\rho_0 T\sigma^{*}=\boldsymbol{S}:\dot{\boldsymbol{E}}+\rho_0(T\dot{s}-\dot{e})-\operatorname{Grad}T\cdot\boldsymbol{Q}/T\geqslant 0 && (\mathrm{K})\end{aligned}\right\}\tag{6-5}$$

式中，$\boldsymbol{Q}$ 表示热流矢量(不是变换张量)。

式(6-1)～式(6-4)，共有 8 个独立方程，然而，独立变量有 ρ、$\boldsymbol{v}$、$\boldsymbol{\sigma}$(或 $\boldsymbol{T}$、$\boldsymbol{S}$)、$\boldsymbol{q}$(或 $\boldsymbol{Q}$)、e 等。

因此，独立变量数远大于独立方程数，要求解问题，必须寻找补充方程。这些补充方程将是描述各物质特性的本构方程。

自然界的物质是多种多样的，不同的物质需要用不同的本构方程来描写；然而不同的物质又都属于同一自然界，因此所有物质的本构方程又必须服从一些共同的准则或原理。这些原理对物质的本构方程施加了确定的限制，下面列举几个主要的原理。

6.1.1 物质客观性原理

本构方程是由物质性质决定的，它是不随观测者变化而变化的，因而做相对运动的两个观测者在做材料试验时应当得到相同的本构方程，换言之，在做相对运动的坐标系中，本构方程

具有相同的形式。本原理不考虑时间的反演。

同时,本构方程不因坐标系的选择不同而不同,在各种坐标系中均具有相同的形式,因此本构方程具有张量形式,有时这也称为坐标系无差异原理。

6.1.2 确定性(或遗传性)原理

确定性原理认为,对纯机械过程,物体中某点 X 的应力恒可由物体内各点的以往运动史唯一决定,而与未来的运动无关。令 t 为现时刻,τ 为过去某一时刻,则 τ 时刻离开现时刻 t 的时间间隔就是 $t^* = t - \tau$。令 $\boldsymbol{x}^{(t)}(X, t^*)$ 为

$$\boldsymbol{x}^{(t)}(X, t^*) = \boldsymbol{x}^{(t)}(X, t-\tau) = \boldsymbol{x}(X, \tau) \quad \infty > t^* \geqslant 0 \quad t \geqslant \tau > -\infty \tag{6-6}$$

当 t^* 由 0 变到 ∞ 或 τ 由 $-\infty$ 变到 t 时,式(6-6)代表 t 时刻前的全部以往运动史。2.9 节曾指出,$\boldsymbol{x}$ 右上角的 (t) 表示以现时刻为时间的计算起点,今后更认为这一记号代表以现时刻为计算起点的整个运动史,即包含 $0 \leqslant t^* < \infty$ 的全部时间。确定性原理要求 t 时刻的应力 $\boldsymbol{\sigma}$ 由式(6-7)决定

$$\boldsymbol{\sigma}(X, t) = \mathscr{F}(\boldsymbol{x}^{(t)}; X, t) \tag{6-7}$$

式中,$\mathscr{F}$ 是 X、t 的普通函数,但是 $\boldsymbol{x}^{(t)}$ 的泛函数。称 $\mathscr{F}$ 为本构泛函或响应泛函,式(6-7)为本构方程。对热、机械过程,本构方程可以写成

$$\boldsymbol{\sigma}(X, t) = \mathscr{F}(\boldsymbol{x}^{(t)}, T^{(t)}; X, T, t) \tag{6-8}$$

式中,$T^{(t)}$ 为温度史。更复杂的情况可仿此处理。

6.1.3 局部作用原理

物体内诸点的运动对某点 X 的应力或其他物理量的影响,随离该点距离的增大而减小,特别是对大多数物质,只有 X 点邻近质点的运动才对 X 点的应力有影响,而离开 X 点有限距离的质点的运动,对 X 点的应力没有影响。设 Z 位于 X 点的某邻近区域 $R(X)$ 内,即 $|\boldsymbol{Z} - \boldsymbol{X}| < \varepsilon$,$\varepsilon$ 为任意一微小正数,考虑两个运动史 $\boldsymbol{x}^{(t)}$ 和 $\tilde{\boldsymbol{x}}^{(t)}$,它们在 $R(X)$ 内是一致的,在其外部是不同的。这时,局部作用原理认为这两种运动在 X 点产生相同的应力,即

$$\mathscr{F}(\boldsymbol{x}^{(t)}; X, t) = \mathscr{F}(\tilde{\boldsymbol{x}}^{(t)}; X, t) \tag{6-9}$$

6.1.4 减退记忆原理

离现时刻愈远的过去的历史,对现时刻的应力影响愈小,即 t^* 愈大时影响愈小,对通常的工程材料呈现指数衰减的倾向。

6.1.5 物质对称性原理

本构方程要自动反映物质自身的对称性质,不能违背这种对称性。

6.1.6 相容性原理

本构方程不能违背式(6-1)~式(6-5)所表示的普遍原理,其中特别是熵产率恒正原理

常常给出本构方程的一些限制。

在上述原理中，物质客观性原理、确定性(或遗传性)原理和局部作用原理称为 Noll 三原则。除上述诸原理外，还可列举一些，如本构方程中各项的量纲应当一致的量纲一致性原理等，不同的作者可以列出不同的条款，但上面指出的应当认为是基本的。

6.2　物质客观性原理

6.2.1　时空系的变换

为了描述自然界中某一事件发生的过程，需要选择参照系，它由三维的空间标架和固定在此标架内的时钟组成四维的时空系，空间标架用来指示某事件发生的空间位置，时钟用来表示某事件发生的时刻。读者请注意，这里讨论的坐标系是欧拉坐标系。

讨论两个做相对运动的时空系 ϕ 和 $\bar{\phi}$，某一事件在 ϕ 中观测，得 $(\boldsymbol{x}, t)$，而在 $\bar{\phi}$ 中观测，得 $(\bar{\boldsymbol{x}}, \bar{t})$。过程 $(\boldsymbol{x}, t)$ 和 $(\bar{\boldsymbol{x}}, \bar{t})$ 是同一事件在不同坐标系中观测所得的结果，因而可以通过时空系的变换，由一个得到另一个。在通常的欧拉空间中，时空系的变换要求空间距离和时间间隔保持不变，这便给变换施加了严格的限制。这一变换，通常可以表示为下列形式(见图 6-1)：

$$\left.\begin{aligned}&\bar{\boldsymbol{x}}-\bar{\boldsymbol{x}}^0=\boldsymbol{Q}(t)(\boldsymbol{x}-\boldsymbol{x}^0)\\&t=\bar{t}+t^0\end{aligned}\quad\text{或}\quad\begin{aligned}&\bar{\boldsymbol{x}}=\boldsymbol{Q}(\boldsymbol{x}-\boldsymbol{c})\\&\boldsymbol{c}=\boldsymbol{x}^0-\boldsymbol{Q}^{\mathrm{T}}\bar{\boldsymbol{x}}^0\end{aligned}\right\}\tag{6-10}$$

式中，$\bar{\boldsymbol{x}}$、$\boldsymbol{x}$ 分别为 M 点在 $\bar{\phi}$ 和 ϕ 中的坐标；$\bar{\boldsymbol{x}}^0$、$\boldsymbol{x}^0$ 为 N 点的相应值；c 为 ϕ 和 $\bar{\phi}$ 原点间距离；t_0 为常数，由于时间平移无实质性作用，今后简单地令 $\bar{t}=t$，从而 ϕ 和 $\bar{\phi}$ 也称为坐标系；$\boldsymbol{Q}$ 为正交变换张量，由坐标轴的旋转和反射组成：

$$\boldsymbol{Q}\boldsymbol{Q}^{\mathrm{T}}=\boldsymbol{Q}^{\mathrm{T}}\boldsymbol{Q}=\boldsymbol{I}\quad\det(\boldsymbol{Q})=\pm 1\tag{6-11}$$

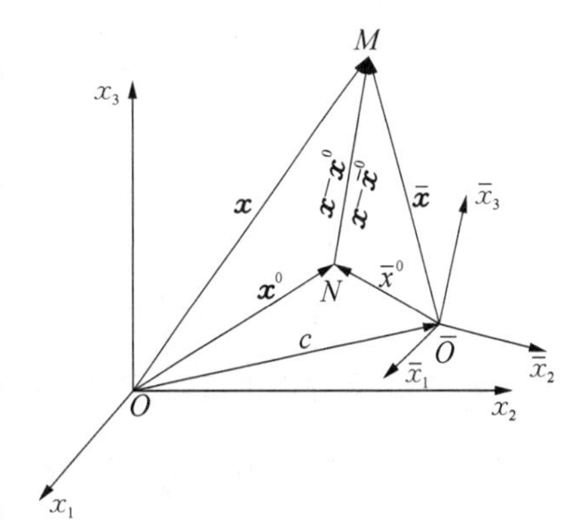

图 6-1　时空系变换

$\det(\boldsymbol{Q})=1$ 表示旋转，$\det(\boldsymbol{Q})=-1$ 表示坐标轴的反射变换，或旋转加反射的变换，这两种情形在上述变换中都是允许的。通常文献中取用式(6-10)中的第二种形式，但第一种更对称。现在来证明，在式(6-11)条件下，变换式(6-10)满足空间距离和时间间隔不变性的要求。

(1) 空间距离的不变性。设事件 1 和事件 2 在 ϕ 中分别用 $(\boldsymbol{x}^{(1)}, t^{(1)})$、$(\boldsymbol{x}^{(2)}, t^{(2)})$ 表示，在 $\bar{\phi}$ 中用 $(\bar{\boldsymbol{x}}^{(1)}, \bar{t}^{(1)})$、$(\bar{\boldsymbol{x}}^{(2)}, \bar{t}^{(2)})$ 表示，则由式(6-10)得

$$(\bar{\boldsymbol{x}}^{(1)}-\bar{\boldsymbol{x}}^{(2)})=\boldsymbol{Q}(t)(\boldsymbol{x}^{(1)}-\boldsymbol{x}^{(2)})$$

因此空间距离为

$$\begin{aligned}(\bar{\boldsymbol{x}}^{(1)}-\bar{\boldsymbol{x}}^{(2)})^2&=(\boldsymbol{x}^{(1)}-\boldsymbol{x}^{(2)})\cdot\boldsymbol{Q}(t)^{\mathrm{T}}\boldsymbol{Q}(t)(\boldsymbol{x}^{(1)}-\boldsymbol{x}^{(2)})\\&=(\boldsymbol{x}^{(1)}-\boldsymbol{x}^{(2)})^2\end{aligned}$$

(2) 时间间隔的不变性。

$$\bar{t}^{(1)} - \bar{t}^{(2)} = t^{(1)} - t^{(2)}$$

6.2.2 客观性变量

物质客观性原理的基本内容如下：所有的物理规律，包括本构方程，在式(6－10)表示的时空系变换下，具有不变的性质。任何描述物理规律的方程都包含许多物理变量，因此当研究时空系变换时，了解物理量的变换性质是有意义的。下面介绍一些有代表性的变量的变换性质。

(1) 变形梯度 $\boldsymbol{F}$ 及其物质导数 $\dot{\boldsymbol{F}}$。

当 $\boldsymbol{x}^0$ 趋近 $\boldsymbol{x}$，$\bar{\boldsymbol{x}}^0$ 趋近 $\bar{\boldsymbol{x}}$ 时，由式(6－10)可得 $\mathrm{d}\bar{\boldsymbol{x}} = \lim\limits_{\bar{x}\to\bar{x}^0}(\bar{\boldsymbol{x}} - \boldsymbol{x}^0) = \boldsymbol{Q}(t)\mathrm{d}\boldsymbol{x}$，或 $\bar{\boldsymbol{F}}\mathrm{d}\boldsymbol{X} = \boldsymbol{QF}\mathrm{d}\boldsymbol{X}$，故有

$$\bar{\boldsymbol{F}} = \boldsymbol{QF} \quad 或 \quad \bar{x}_{k,K} = Q_{kl}x_{l,K} \tag{6－12}$$

$$\dot{\bar{\boldsymbol{F}}} = \boldsymbol{Q}\dot{\boldsymbol{F}} + \dot{\boldsymbol{Q}}\boldsymbol{F} \quad 或 \quad \dot{\bar{\boldsymbol{x}}}_{k,K} = Q_{kl}\dot{x}_{l,K} + \dot{Q}_{kl}x_{l,K} \tag{6－13}$$

(2) 速度梯度 $\boldsymbol{\Gamma}$，变形率 $\boldsymbol{D}$ 和旋率 $\boldsymbol{\omega}$。

由式(2－141)知，$\dot{\boldsymbol{F}} = \boldsymbol{\Gamma F}$，故利用式(6－13)后可得

$$\dot{\bar{\boldsymbol{F}}} = \overline{\boldsymbol{\Gamma F}} = \boldsymbol{Q\Gamma F} + \dot{\boldsymbol{Q}}\boldsymbol{F} = (\boldsymbol{Q\Gamma} + \dot{\boldsymbol{Q}})\boldsymbol{F} = (\boldsymbol{Q\Gamma} + \dot{\boldsymbol{Q}})\boldsymbol{Q}^{\mathrm{T}}\bar{\boldsymbol{F}}$$

由此可得

$$\bar{\boldsymbol{\Gamma}} = \boldsymbol{Q\Gamma Q}^{\mathrm{T}} + \boldsymbol{\omega}^* \quad 或 \quad \bar{v}_{k,n} = Q_{kl}Q_{nm}v_{l,m} + \omega^*_{kn} \tag{6－14}$$

$$\boldsymbol{\omega}^* = \dot{\boldsymbol{Q}}\boldsymbol{Q}^{\mathrm{T}} = \boldsymbol{Q}^{\mathrm{T}}\dot{\boldsymbol{Q}} \quad 或 \quad \omega^*_{kn} = \dot{Q}_{km}Q_{nm} \tag{6－15}$$

微分式(6－11)得

$$\dot{\boldsymbol{Q}}\boldsymbol{Q}^{\mathrm{T}} + \boldsymbol{Q}\dot{\boldsymbol{Q}}^{\mathrm{T}} = 0 \quad 或 \quad \boldsymbol{\omega}^* = -\boldsymbol{\omega}^{*\mathrm{T}} \quad \boldsymbol{\omega}^{*\mathrm{T}} = \boldsymbol{Q}\dot{\boldsymbol{Q}}^{\mathrm{T}} = \dot{\boldsymbol{Q}}^{\mathrm{T}}\boldsymbol{Q} \tag{6－16}$$

式中，$\boldsymbol{\omega}^{*\mathrm{T}}$ 为反对称张量，代表时空系 $\bar{\phi}$ 相对于 ϕ 的旋率张量。

由式(2－155)知 $\boldsymbol{D} = \dfrac{1}{2}(\boldsymbol{\Gamma} + \boldsymbol{\Gamma}^{\mathrm{T}})$，故有

$$\bar{\boldsymbol{D}} = \frac{1}{2}(\boldsymbol{Q\Gamma Q}^{\mathrm{T}} + \dot{\boldsymbol{Q}}\boldsymbol{Q}^{\mathrm{T}} + \boldsymbol{Q\Gamma}^{\mathrm{T}}\boldsymbol{Q}^{\mathrm{T}} + \boldsymbol{Q}\dot{\boldsymbol{Q}}^{\mathrm{T}}) = \boldsymbol{QDQ}^{\mathrm{T}} \tag{6－17}$$

由式(2－163)知，$\boldsymbol{\omega} = \dfrac{1}{2}(\boldsymbol{\Gamma} - \boldsymbol{\Gamma}^{\mathrm{T}})$，故有

$$\bar{\boldsymbol{\omega}} = \frac{1}{2}(\boldsymbol{Q\Gamma Q}^{\mathrm{T}} + \dot{\boldsymbol{Q}}\boldsymbol{Q}^{\mathrm{T}} - \boldsymbol{Q\Gamma}^{\mathrm{T}}\boldsymbol{Q}^{\mathrm{T}} - \boldsymbol{Q}\dot{\boldsymbol{Q}}^{\mathrm{T}}) = \boldsymbol{Q\omega Q}^{\mathrm{T}} + \boldsymbol{\omega}^* \tag{6－18}$$

如把式(6－18)等式两边右乘 $\boldsymbol{Q}$，解得 $\boldsymbol{Q}$ 为

$$\dot{\boldsymbol{Q}} = \bar{\boldsymbol{\omega}}\boldsymbol{Q} - \boldsymbol{Q\omega} \quad 或 \quad \dot{Q}_{km} = \overline{\omega_{kl}}Q_{lm} - Q_{kl}\omega_{lm} \tag{6－19}$$

(3) 速度矢量 $\boldsymbol{v}$ 和加速度矢量 $\boldsymbol{w}$。

令 $\bar{\boldsymbol{x}}$ 相对于 $\bar{\phi}$ 的速度为 $\bar{\boldsymbol{v}}=\mathrm{d}\bar{\boldsymbol{x}}/\mathrm{d}t$，$\boldsymbol{x}$ 相对于 ϕ 的速度为 $\boldsymbol{v}=\mathrm{d}\boldsymbol{x}/\mathrm{d}t$，由式(6-10)推得

$$\bar{\boldsymbol{v}}-\bar{\boldsymbol{v}}^{0}=\boldsymbol{Q}(\boldsymbol{v}-\boldsymbol{v}^{0})+\dot{\boldsymbol{Q}}(\boldsymbol{x}-\boldsymbol{x}^{0}) \tag{6-20}$$

利用式(6-19),式(6-20)可化为

$$\bar{\boldsymbol{v}}-\overline{\boldsymbol{v}^{0}}=\boldsymbol{Q}(\boldsymbol{v}-\boldsymbol{v}^{0})-\boldsymbol{Q}\boldsymbol{\omega}(\boldsymbol{x}-\boldsymbol{x}^{0})+\bar{\boldsymbol{\omega}}(\bar{\boldsymbol{x}}-\overline{\boldsymbol{x}^{0}})$$

因此若令 $\boldsymbol{x}-\boldsymbol{x}^{0}$ 的一次客观导数为 $\boldsymbol{v}^{(K)}$，则有

$$\left.\begin{aligned}\boldsymbol{v}^{(K)}&=(\boldsymbol{v}-\boldsymbol{v}^{0})-\boldsymbol{\omega}(\boldsymbol{x}-\boldsymbol{x}^{0})\\ \bar{\boldsymbol{v}}^{(K)}&=\boldsymbol{Q}\boldsymbol{v}^{(K)}\end{aligned}\right\} \tag{6-21}$$

由式(6-21)得

$$\begin{aligned}\boldsymbol{v}&=\boldsymbol{Q}^{\mathrm{T}}\bar{\boldsymbol{v}}+[\boldsymbol{v}^{0}-\boldsymbol{Q}^{\mathrm{T}}\bar{\boldsymbol{v}}^{0}+\boldsymbol{\omega}^{*\mathrm{T}}(\boldsymbol{x}-\boldsymbol{x}^{0})]\\ &=\boldsymbol{Q}^{\mathrm{T}}\bar{\boldsymbol{v}}+[\dot{\boldsymbol{c}}+\boldsymbol{\omega}^{*\mathrm{T}}(\boldsymbol{x}-\boldsymbol{c})]\end{aligned} \tag{6-22}$$

式中,利用了式(6-18),即 $\boldsymbol{\omega}-\boldsymbol{Q}^{\mathrm{T}}\bar{\boldsymbol{\omega}}\boldsymbol{Q}=-\boldsymbol{Q}^{\mathrm{T}}\boldsymbol{\omega}^{*}\boldsymbol{Q}=-\boldsymbol{\omega}^{*}=\boldsymbol{\omega}^{*\mathrm{T}}$ 和式(6-10) $\dot{\boldsymbol{c}}=\boldsymbol{v}^{0}-\boldsymbol{Q}^{\mathrm{T}}\overline{\boldsymbol{v}^{0}}-\boldsymbol{\omega}^{*\mathrm{T}}\boldsymbol{Q}^{\mathrm{T}}\overline{\boldsymbol{x}^{0}}$。由式(1-32)知，$\boldsymbol{\omega}^{*\mathrm{T}}(\boldsymbol{x}-\boldsymbol{c})=\boldsymbol{\Omega}\times(\boldsymbol{x}-\boldsymbol{c})$，$\boldsymbol{\Omega}$ 为 $\bar{\phi}$ 相对于 ϕ 的旋转角速度。式(6-22)等式右边方括号中的称为牵连速度。

对式(6-20)求导可得

$$\bar{\boldsymbol{w}}-\bar{\boldsymbol{w}}^{0}=\boldsymbol{Q}(\boldsymbol{w}-\boldsymbol{w}^{0})+\ddot{\boldsymbol{Q}}(\boldsymbol{x}-\boldsymbol{x}^{0})+2\dot{\boldsymbol{Q}}(\boldsymbol{v}-\boldsymbol{v}^{0}) \tag{6-23}$$

利用式(6-19)可得

$$\begin{aligned}\ddot{\boldsymbol{Q}}(\boldsymbol{x}-\boldsymbol{x}^{0})&=(\dot{\bar{\boldsymbol{\omega}}}\boldsymbol{Q}+\bar{\boldsymbol{\omega}}\dot{\boldsymbol{Q}}-\dot{\boldsymbol{Q}}\boldsymbol{\omega}-\boldsymbol{Q}\dot{\boldsymbol{\omega}})(\boldsymbol{x}-\boldsymbol{x}^{0})\\ &=(\dot{\bar{\boldsymbol{\omega}}}+\bar{\boldsymbol{\omega}}\,\bar{\boldsymbol{\omega}})(\bar{\boldsymbol{x}}-\overline{\boldsymbol{x}^{0}})-2\bar{\boldsymbol{\omega}}\boldsymbol{Q}\boldsymbol{\omega}(\boldsymbol{x}-\boldsymbol{x}^{0})+\boldsymbol{Q}(\boldsymbol{\omega}\boldsymbol{\omega}-\dot{\boldsymbol{\omega}})(\boldsymbol{x}-\boldsymbol{x}^{0})\end{aligned} \tag{6-24}$$

$$\begin{aligned}2\dot{\boldsymbol{Q}}(\boldsymbol{v}-\boldsymbol{v}^{0})&=2(\bar{\boldsymbol{\omega}}\boldsymbol{Q}-\boldsymbol{Q}\boldsymbol{\omega})(\boldsymbol{v}-\boldsymbol{v}^{0})\\ &=2[\bar{\boldsymbol{\omega}}(\bar{\boldsymbol{v}}-\overline{\boldsymbol{v}^{0}})-\bar{\boldsymbol{\omega}}\,\bar{\boldsymbol{\omega}}(\bar{\boldsymbol{x}}-\overline{\boldsymbol{x}^{0}})+\bar{\boldsymbol{\omega}}\boldsymbol{Q}\boldsymbol{\omega}(\boldsymbol{x}-\boldsymbol{x}^{0})-\boldsymbol{Q}\boldsymbol{\omega}(\boldsymbol{v}-\boldsymbol{v}^{0})]\end{aligned} \tag{6-25}$$

将式(6-24)和式(6-25)代入式(6-23),并令 $\boldsymbol{x}-\boldsymbol{x}^{0}$ 的二次客观导数为 $\boldsymbol{\omega}^{(K)}$，整理后便得

$$\left.\begin{aligned}\bar{\boldsymbol{w}}^{(K)}&=\boldsymbol{Q}\boldsymbol{w}^{(k)}\\ \boldsymbol{w}^{(K)}&=\boldsymbol{w}-\boldsymbol{w}^{0}-2\boldsymbol{\omega}(\boldsymbol{v}-\boldsymbol{v}^{0})-(\dot{\boldsymbol{\omega}}-\boldsymbol{\omega}\boldsymbol{\omega})(\boldsymbol{x}-\boldsymbol{x}^{0})\end{aligned}\right\} \tag{6-26}$$

或

$$\begin{aligned}&\bar{\boldsymbol{w}}-\overline{\boldsymbol{w}^{0}}-(\dot{\bar{\boldsymbol{\omega}}}-\bar{\boldsymbol{\omega}}\bar{\boldsymbol{\omega}})(\bar{\boldsymbol{x}}-\overline{\boldsymbol{x}^{0}})-2\bar{\boldsymbol{\omega}}(\bar{\boldsymbol{v}}-\overline{\boldsymbol{v}^{0}})\\ &=\boldsymbol{Q}[\boldsymbol{w}-\boldsymbol{w}^{0}-(\dot{\boldsymbol{\omega}}-\boldsymbol{\omega}\boldsymbol{\omega})(\boldsymbol{x}-\boldsymbol{x}^{0})-2\boldsymbol{\omega}(\boldsymbol{v}-\boldsymbol{v}^{0})]\end{aligned} \tag{6-27}$$

利用式(6-22),式(6-27)可化为

$$\begin{aligned}\boldsymbol{w}=\boldsymbol{Q}^{\mathrm{T}}\bar{\boldsymbol{w}}&+\{\boldsymbol{w}^{0}-\boldsymbol{Q}^{\mathrm{T}}\overline{\boldsymbol{w}^{0}}+[\dot{\boldsymbol{\omega}}-\boldsymbol{\omega}\boldsymbol{\omega}-\boldsymbol{Q}^{\mathrm{T}}(\dot{\bar{\boldsymbol{\omega}}}-\bar{\boldsymbol{\omega}}\bar{\boldsymbol{\omega}})\boldsymbol{Q}](\boldsymbol{x}-\boldsymbol{x}^{0})\}+\\ &[2(\boldsymbol{\omega}-\boldsymbol{Q}^{\mathrm{T}}\bar{\boldsymbol{\omega}}\boldsymbol{Q})(\boldsymbol{v}-\boldsymbol{v}^{0})+2\boldsymbol{Q}^{\mathrm{T}}\bar{\boldsymbol{\omega}}\boldsymbol{Q}\boldsymbol{\omega}^{*\mathrm{T}}(\boldsymbol{x}-\boldsymbol{x}^{0})]\end{aligned}$$

$$
\begin{aligned}
&= \boldsymbol{Q}^{\mathrm{T}} \bar{\boldsymbol{w}} + \{ \boldsymbol{w}^0 - \boldsymbol{Q}^{\mathrm{T}} \overline{\boldsymbol{\omega}^0} + [(\boldsymbol{\omega}^{*\mathrm{T}})^{*} - \boldsymbol{\omega}^{*\mathrm{T}} \boldsymbol{\omega}^{*\mathrm{T}}](\boldsymbol{x} - \boldsymbol{x}^0) \} + 2\boldsymbol{\omega}^{*\mathrm{T}}(\boldsymbol{v} - \boldsymbol{v}^0) \\
&= \boldsymbol{Q}^{\mathrm{T}} \bar{\boldsymbol{w}} + \{ \ddot{\boldsymbol{c}} + [(\boldsymbol{\omega}^{*\mathrm{T}})^{*} - \boldsymbol{\omega}^{*\mathrm{T}} \boldsymbol{\omega}^{*\mathrm{T}}](\boldsymbol{x} - \boldsymbol{c}) \} + 2\boldsymbol{\omega}^{*\mathrm{T}}(\boldsymbol{v} - \dot{\boldsymbol{c}})
\end{aligned} \tag{6-28}
$$

式中,已经利用了式(6-18)、式(6-16)和式(6-10),即

$$
\begin{aligned}
(\boldsymbol{\omega}^{*})^{*} &= (\boldsymbol{Q}^{\mathrm{T}} \boldsymbol{\omega}^{*} \boldsymbol{Q})^{*} = (\boldsymbol{Q}^{\mathrm{T}} \bar{\boldsymbol{\omega}} \boldsymbol{Q} - \boldsymbol{\omega})^{*} \\
&= -\dot{\boldsymbol{\omega}} + \boldsymbol{Q}^{\mathrm{T}} \dot{\bar{\boldsymbol{\omega}}} \boldsymbol{Q} + \boldsymbol{\omega}^{*\mathrm{T}} \boldsymbol{Q}^{\mathrm{T}} \bar{\boldsymbol{\omega}} \boldsymbol{Q} + \boldsymbol{Q}^{\mathrm{T}} \bar{\boldsymbol{\omega}} \boldsymbol{Q} \boldsymbol{\omega}^{*}
\end{aligned}
$$

$$
\begin{aligned}
\dot{\boldsymbol{\omega}} - \boldsymbol{\omega}\boldsymbol{\omega} - \boldsymbol{Q}^{\mathrm{T}}(\dot{\bar{\boldsymbol{\omega}}} - \bar{\boldsymbol{\omega}}\bar{\boldsymbol{\omega}})\boldsymbol{Q} &= -(\boldsymbol{\omega}^{*})^{*} + \boldsymbol{\omega}^{*\mathrm{T}} \boldsymbol{Q}^{\mathrm{T}} \bar{\boldsymbol{\omega}} \boldsymbol{Q} + \boldsymbol{Q}^{\mathrm{T}} \bar{\boldsymbol{\omega}} \boldsymbol{Q} \boldsymbol{\omega}^{*} - \boldsymbol{\omega}\boldsymbol{\omega} + \boldsymbol{Q}^{\mathrm{T}} \bar{\boldsymbol{\omega}} \boldsymbol{Q} \boldsymbol{Q}^{\mathrm{T}} \bar{\boldsymbol{\omega}} \boldsymbol{Q} \\
&= -(\boldsymbol{\omega}^{*})^{*} + \boldsymbol{\omega}^{*} \boldsymbol{\omega}^{*\mathrm{T}}
\end{aligned}
$$

$$
\ddot{\boldsymbol{c}} = \boldsymbol{w}^0 - \boldsymbol{Q}^{\mathrm{T}} \bar{\boldsymbol{w}}^0 - [(\boldsymbol{\omega}^{*\mathrm{T}})^{*} + \boldsymbol{\omega}^{*\mathrm{T}} \boldsymbol{\omega}^{*\mathrm{T}}] \boldsymbol{Q}^{\mathrm{T}} \bar{\boldsymbol{x}}^0 - 2\boldsymbol{\omega}^{*\mathrm{T}} \boldsymbol{Q}^{\mathrm{T}} \bar{\boldsymbol{v}}^0
$$

式(6-28)最后一个等式右端的三项分别称为相对加速度、牵连加速度和科里奥利(Coriolis)加速度。

(4) E 应力 $\boldsymbol{\sigma}$ 及其导数。

由式(3-20)知 $\bar{\boldsymbol{\sigma}} = \boldsymbol{Q}\boldsymbol{\sigma}\boldsymbol{Q}^{\mathrm{T}}$,故其物质导数为

$$
\dot{\bar{\boldsymbol{\sigma}}} = \dot{\boldsymbol{Q}}\boldsymbol{\sigma}\boldsymbol{Q}^{\mathrm{T}} + \boldsymbol{Q}\dot{\sigma}\boldsymbol{Q}^{\mathrm{T}} + \boldsymbol{Q}\boldsymbol{\sigma}\dot{\boldsymbol{Q}}^{\mathrm{T}} \tag{6-29}
$$

利用式(6-19),式(6-29)可化为

$$
\dot{\bar{\boldsymbol{\sigma}}} = \boldsymbol{Q}\dot{\boldsymbol{\sigma}}\boldsymbol{Q}^{\mathrm{T}} - \boldsymbol{Q}(\boldsymbol{\omega}\boldsymbol{\sigma} + \boldsymbol{\sigma}\boldsymbol{\omega}^{\mathrm{T}})\boldsymbol{Q}^{\mathrm{T}} + (\bar{\boldsymbol{\omega}}\bar{\boldsymbol{\sigma}} + \bar{\boldsymbol{\sigma}}\bar{\boldsymbol{\omega}}^{\mathrm{T}})
$$

因此若令 $\boldsymbol{\sigma}$ 的本构导数为 $\overset{\nabla}{\boldsymbol{\sigma}}$,则有

$$
\overset{\nabla}{\boldsymbol{\sigma}} = \dot{\boldsymbol{\sigma}} - \boldsymbol{\omega}\boldsymbol{\sigma} + \boldsymbol{\sigma}\boldsymbol{\omega} \tag{6-30}
$$

$$
\overset{\nabla}{\bar{\boldsymbol{\sigma}}} = \boldsymbol{Q}\overset{\nabla}{\boldsymbol{\sigma}}\boldsymbol{Q}^{\mathrm{T}} \tag{6-31}
$$

式中,$\dot{\boldsymbol{\sigma}}$ 为 $\boldsymbol{\sigma}$ 的物质导数。式(6-31)和 Jaumann 应力增率 $\dot{\boldsymbol{\sigma}}^{J}$ 一致。

(5) 拉格朗日应力张量 $\boldsymbol{T}$ 及其导数。

当仅变换 E 坐标系,不变换 L 坐标系时,由式(3-37)知,$\bar{\boldsymbol{T}} = \boldsymbol{T}\boldsymbol{Q}^{\mathrm{T}}$(本处用 $\boldsymbol{Q}$ 代替了那里的 $\boldsymbol{q}$),故有

$$
\dot{\bar{\boldsymbol{T}}} - \dot{\boldsymbol{T}}\boldsymbol{Q}^{\mathrm{T}} + \boldsymbol{T}\dot{\boldsymbol{Q}}^{\mathrm{T}} \tag{6-32}
$$

利用式(6-19),式(6-32)化为

$$
\dot{\bar{\boldsymbol{T}}} = \dot{\boldsymbol{T}}\boldsymbol{Q}^{\mathrm{T}} + \boldsymbol{T}\boldsymbol{Q}^{\mathrm{T}}\bar{\boldsymbol{\omega}}^{\mathrm{T}} - \boldsymbol{T}\boldsymbol{\omega}^{\mathrm{T}}\boldsymbol{Q}^{\mathrm{T}}
$$

因此若令 $\boldsymbol{T}$ 的本构导数为 $\overset{\nabla}{\boldsymbol{T}}$,则有

$$
\overset{\nabla}{\boldsymbol{T}} = \dot{\boldsymbol{T}} - \boldsymbol{T}\boldsymbol{\omega}^{\mathrm{T}} \tag{6-33}
$$

$$
\overset{\nabla}{\bar{\boldsymbol{T}}} = \overset{\nabla}{\boldsymbol{T}}\boldsymbol{Q}^{\mathrm{T}} \tag{6-34}
$$

(6) 基尔霍夫应力张量 $\boldsymbol{S}$ 及其导数。

由于 $\boldsymbol{S}$ 是在 L 坐标系中定义的,与 E 坐标系的变换无关,因此 E 坐标系变换时有 $\bar{\boldsymbol{S}} = \boldsymbol{S}$。事实上由式(3-41)知 $\boldsymbol{S} = j\boldsymbol{F}^{-1}\sigma(\boldsymbol{F}^{-1})^{\mathrm{T}}$,故有

$$\bar{S}=j\bar{F}^{-1}\bar{\sigma}(\bar{F}^{-1})^{\mathrm{T}}=jF^{-1}Q^{-1}Q\sigma Q^{\mathrm{T}}Q^{-\mathrm{T}}F^{-\mathrm{T}}$$
$$=jF^{-1}\sigma F^{-\mathrm{T}}=S \tag{6-35}$$

对式(6-35)求导得

$$\dot{\bar{S}}=\frac{\mathrm{d}}{\mathrm{d}t}(\bar{S})=\frac{\mathrm{d}}{\mathrm{d}t}(S)=\dot{S} \tag{6-36}$$

(7) 左柯西-格林变形张量 $\boldsymbol{B}$ 及其导数。

由于 $\boldsymbol{B}=\boldsymbol{F}\boldsymbol{F}^{\mathrm{T}}$，故 $\bar{\boldsymbol{B}}=\boldsymbol{Q}\boldsymbol{B}\boldsymbol{Q}^{\mathrm{T}}$，与 E 应力 $\boldsymbol{\sigma}$ 类似，因此若令 $\boldsymbol{B}$ 的本构导数为 $\overset{\nabla}{\boldsymbol{B}}$，则有

$$\overset{\nabla}{\boldsymbol{B}}=\dot{\boldsymbol{B}}-\boldsymbol{\omega}\boldsymbol{B}+\boldsymbol{B}\boldsymbol{\omega}\quad \overset{\nabla}{\bar{\boldsymbol{B}}}=\boldsymbol{Q}\overset{\nabla}{\boldsymbol{B}}\boldsymbol{Q}^{\mathrm{T}} \tag{6-37}$$

(8) 右柯西-格林变形张量 $\boldsymbol{C}$ 及其导数。

$$\left.\begin{aligned}&\bar{\boldsymbol{C}}=\bar{\boldsymbol{F}}^{\mathrm{T}}\bar{\boldsymbol{F}}=\boldsymbol{F}^{\mathrm{T}}\boldsymbol{Q}^{\mathrm{T}}\boldsymbol{Q}\boldsymbol{F}=\boldsymbol{F}^{\mathrm{T}}\boldsymbol{F}=\boldsymbol{C}\\&\dot{\bar{\boldsymbol{C}}}=\dot{\boldsymbol{C}}\end{aligned}\right\} \tag{6-38}$$

分析上面诸式可以得出结论，当时空系按式(5-9)变换时，各物理量的变换性质大致可分成两类：一类与变换张量 $\boldsymbol{Q}(t)$ 的各阶导数有关，如 $\dot{\boldsymbol{F}}$、$\boldsymbol{\Gamma}$、$\boldsymbol{\omega}$、$\dot{\boldsymbol{\sigma}}$、$v$、$\omega$ 等；另一类则与 $\boldsymbol{Q}(t)$ 的导数无关，如 $\boldsymbol{F}$、$\boldsymbol{D}$、$\boldsymbol{\sigma}$、$\overset{\nabla}{\boldsymbol{\sigma}}$、$\overset{\nabla}{\boldsymbol{B}}$、$\boldsymbol{C}$、$\dot{\boldsymbol{C}}$、$\boldsymbol{S}$、$\dot{\boldsymbol{S}}$ 等。$\boldsymbol{Q}(t)$ 的导数与时空系 ϕ 和 $\bar{\phi}$ 的相对旋转有关，通常称与坐标系旋率无关的变量为客观性变量，反之为非客观性变量。

客观性变量中可以区分 3 种不同类型：第一类是在现时构形 E 坐标系中定义的 E 变量，如 $\boldsymbol{\sigma}$ 和欧拉应变率 $\boldsymbol{\varepsilon}$，它们服从二阶张量的变换规则 $\bar{\boldsymbol{\sigma}}=\boldsymbol{Q}\boldsymbol{\sigma}\boldsymbol{Q}^{\mathrm{T}}$，$\bar{\boldsymbol{\varepsilon}}=\boldsymbol{Q}\boldsymbol{\varepsilon}\boldsymbol{Q}^{\mathrm{T}}$；热流矢量 $\boldsymbol{q}$、应力矢量 $\boldsymbol{p}^{(n)}$ 服从矢量变换规则 $\bar{\boldsymbol{q}}=\boldsymbol{Q}\boldsymbol{q}$，$\bar{\boldsymbol{p}}^{(n)}=\boldsymbol{Q}\boldsymbol{p}^{(n)}$；体积变化率 $v_{k,k}$ 服从纯量变换规则 $\bar{v}_{k,k}=v_{k,k}$ ①。同时，E 矢量和张量的物质导数都不是客观性变量，只有它们的本构导数才是客观性变量。第二类变量是在初始构形 L 坐标系中定义的 L 变量，如二阶张量 $\boldsymbol{S}$、$\boldsymbol{C}$、$\boldsymbol{E}$、矢量 $\boldsymbol{Q}$、$\boldsymbol{T}^{(N)}$、纯量 ρ_0 等，在 E 坐标系做形如式(5-9)的变换时，它们和它们的物质导数都不变，都是客观性变量。第三类变量是同时在 E 和 L 坐标系中定义的两点变量，如 $\boldsymbol{F}$、$\boldsymbol{T}$ 它们服从规则 $\bar{\boldsymbol{F}}=\boldsymbol{Q}\boldsymbol{F}$，$\bar{\boldsymbol{T}}=\boldsymbol{T}\boldsymbol{Q}^{\mathrm{T}}$，或 $\bar{F}_{kK}=Q_{kl}F_{lK}$，$\bar{T}_{kl}=T_{Km}Q_{lm}$，只对与 E 坐标系有关的部分进行变换，它们的物质导数不是客观性变量，但其本构导数是客观性变量。纯量 $\bar{j}=|\bar{\boldsymbol{F}}|=|\boldsymbol{Q}\boldsymbol{F}|=j$ 是不变的。

6.2.3 物理定律的客观性

(1) 质量守恒方程(6-1)，局部能量守恒方程(6-4)，熵产率方程(6-5)各式中的各项，如 ρ、$\operatorname{div}\boldsymbol{v}$、$\operatorname{div}\boldsymbol{q}$、$\dot{e}$、$\sigma^*$、$\dot{r}$、$\dot{s}$、$\boldsymbol{\sigma}:\boldsymbol{D}$ 等都是纯量，因而在时空系变换时，这些方程不变，都是客观性的方程。

动量矩方程(6-3)不涉及 $\boldsymbol{\sigma}$ 的物质导数，故也具有客观性，如 $\bar{\boldsymbol{\sigma}}=\boldsymbol{Q}\boldsymbol{\sigma}\boldsymbol{Q}^{\mathrm{T}}=\boldsymbol{Q}\boldsymbol{\sigma}^{\mathrm{T}}\boldsymbol{Q}^{\mathrm{T}}=\bar{\boldsymbol{\sigma}}^{\mathrm{T}}$。

(2) 动量方程(6-2)中包含加速度 ω，ω 为 x 的二阶导数，那么正如前面指出的，它不是

---

① $$\bar{v}_{k,k}=\frac{\partial\bar{v}_k}{\partial\bar{x}_k}=\frac{\partial}{\partial x_m}(Q_{kl}v_l+\dot{Q}_{kl}x_l)\frac{\partial x_m}{\partial\bar{x}_k}$$
$$=(Q_{kl}v_{l,m}+\dot{Q}_{kl}\delta_{lm})Q_{km}=Q_{kl}Q_{km}v_{l,m}+\dot{Q}_{kl}Q_{kl}=v_{l,l}$$

客观性变量;相反 f 是客观性变量,即有 $\bar{f}=Qf$。而

$$\begin{aligned}\operatorname{div}\bar{\boldsymbol{\sigma}} &=\partial\overline{\sigma_{kl}}/\partial\bar{x}_l=(\partial Q_{km}Q_{ln}\sigma_{mn}/\partial x_p)(\partial x_p/\partial\bar{x}_l)\\ &=Q_{km}Q_{ln}Q_{lp}\sigma_{mn,\,p}=Q_{km}\sigma_{mp,\,p}=\boldsymbol{Q}\operatorname{div}\boldsymbol{\sigma}\end{aligned}$$

故 $\operatorname{div}\bar{\boldsymbol{\sigma}}$ 是客观性变量。由此推出,通常形式的动量方程不是客观性的。

例 1 试证用 $\boldsymbol{T}$ 应力表示的动量矩方程具有客观性,并证 $\operatorname{div}\boldsymbol{T}$ 具有客观性。

解: 因 $(\boldsymbol{FT})=(\boldsymbol{FT})^{\mathrm{T}}$,故

$$\bar{\boldsymbol{F}}\bar{\boldsymbol{T}}=\boldsymbol{QFTQ}^{\mathrm{T}}=\boldsymbol{Q}(\boldsymbol{FT})^{\mathrm{T}}\boldsymbol{Q}^{\mathrm{T}}=(\bar{\boldsymbol{F}}\bar{\boldsymbol{T}})^{\mathrm{T}}$$

即动量矩方程具有客观性。$\operatorname{div}\boldsymbol{T}$ 的客观性可如下证明:

$$\begin{aligned}\operatorname{div}\bar{\boldsymbol{T}} &=(\partial\bar{T}_{kl})/\partial\bar{X}_K=\frac{\partial}{\partial X_M}(T_{Kn}Q_{ln})\frac{\partial X_M}{\partial X_K}\\ &=T_{Kn,\,M}Q_{ln}\delta_{MK}=T_{Kn,\,K}Q_{ln}=Q\cdot\operatorname{div}\boldsymbol{T}\end{aligned}\tag{6-39}$$

例 2 试证对各向同性体 $\dot{\boldsymbol{\sigma}}=\boldsymbol{C}:\dot{\boldsymbol{\varepsilon}}$ 符合客观性原理。

解: $\boldsymbol{\sigma}$ 和 $\boldsymbol{\varepsilon}$ 都是 E 坐标系中的二阶张量,坐标变换时服从相同的变换规律。即有

$$\dot{\bar{\boldsymbol{\sigma}}}=\boldsymbol{Q}\dot{\boldsymbol{\sigma}}\boldsymbol{Q}^{\mathrm{T}}+\boldsymbol{\omega}^*\boldsymbol{Q}\boldsymbol{\sigma}\boldsymbol{Q}^{\mathrm{T}}+\boldsymbol{Q}\boldsymbol{\sigma}\boldsymbol{Q}^{\mathrm{T}}\boldsymbol{\omega}^{*\mathrm{T}}$$

$$\dot{\bar{\boldsymbol{\varepsilon}}}=\boldsymbol{Q}\dot{\boldsymbol{\varepsilon}}\boldsymbol{Q}^{\mathrm{T}}+\boldsymbol{\omega}^*\boldsymbol{Q}\boldsymbol{\varepsilon}\boldsymbol{Q}^{\mathrm{T}}+\boldsymbol{Q}\boldsymbol{\varepsilon}\boldsymbol{Q}^{\mathrm{T}}\boldsymbol{\omega}^{*\mathrm{T}}$$

由于 $\boldsymbol{C}$ 是常值模量,因此如有 $\boldsymbol{\varepsilon}=\boldsymbol{0}$ 时 $\boldsymbol{\sigma}=\boldsymbol{0}$,则由 $\dot{\boldsymbol{\sigma}}=\boldsymbol{C}:\dot{\boldsymbol{\varepsilon}}$ 推出 $\boldsymbol{\sigma}=\boldsymbol{C}:\boldsymbol{\varepsilon}$。又因 $\boldsymbol{C}$ 是各向同性张量,所以 $\boldsymbol{C}:\boldsymbol{\omega}^*\boldsymbol{Q}\boldsymbol{\varepsilon}\boldsymbol{Q}^{\mathrm{T}}=\boldsymbol{\omega}^*\boldsymbol{Q}\boldsymbol{C}:\boldsymbol{\varepsilon}\boldsymbol{Q}^{\mathrm{T}}=\boldsymbol{\omega}^*\boldsymbol{Q}\boldsymbol{\sigma}\boldsymbol{Q}^{\mathrm{T}}$,$\boldsymbol{C}:\boldsymbol{Q}\boldsymbol{\varepsilon}\boldsymbol{Q}^{\mathrm{T}}\boldsymbol{\omega}^{\mathrm{T}}=\boldsymbol{Q}\boldsymbol{\sigma}\boldsymbol{Q}^{\mathrm{T}}\boldsymbol{\omega}^{*\mathrm{T}}$。从而推知,虽然 $\dot{\boldsymbol{\sigma}}$、$\dot{\boldsymbol{\varepsilon}}$ 都不是客观性张量,但 $\dot{\boldsymbol{\sigma}}=\boldsymbol{C}:\dot{\boldsymbol{\varepsilon}}$ 却是客观性的本构方程,即有 $\dot{\bar{\boldsymbol{\sigma}}}=\bar{\boldsymbol{C}}:\dot{\bar{\boldsymbol{\varepsilon}}}$。

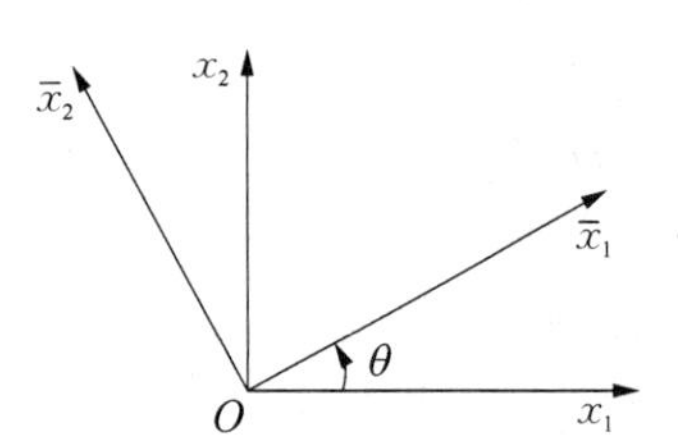

图 6-2　ω^* 的几何意义

例 3 试在二维空间中解释 $\boldsymbol{\omega}^*=\dot{\boldsymbol{Q}}\boldsymbol{Q}^{\mathrm{T}}$ 的几何意义。

解: 设在二维空间中有两个做相对运动的坐标系 $\phi(Ox_1x_2)$ 和 $\bar{\phi}(O\bar{x}_1\bar{x}_2)$,如图 6-2 所示。它们之间的变换关系为

$$\begin{Bmatrix}\bar{x}_1\\ \bar{x}_2\end{Bmatrix}=\begin{bmatrix}\cos\theta & \sin\theta\\ -\sin\theta & \cos\theta\end{bmatrix}\begin{Bmatrix}x_1\\ x_2\end{Bmatrix}$$

由此可得

$$\dot{\boldsymbol{Q}}\boldsymbol{Q}^{\mathrm{T}}=\begin{bmatrix}-\sin\theta & \cos\theta\\ -\cos\theta & -\sin\theta\end{bmatrix}\begin{bmatrix}\cos\theta & -\sin\theta\\ \sin\theta & \cos\theta\end{bmatrix}\dot{\theta}=\begin{bmatrix}0 & 1\\ -1 & 0\end{bmatrix}\dot{\theta}$$

由式(1-32)知,与之对应的轴矢量为 $\boldsymbol{\Omega}=-\dfrac{1}{2}\boldsymbol{e}:\boldsymbol{\omega}^*=-\dot{\theta}\boldsymbol{i}_3$。另外,当坐标系不动,刚体以角速度 $\boldsymbol{\Omega}$ 旋转时,任意一瞬时质点的位置为 $\boldsymbol{r}=\boldsymbol{r}_0+\boldsymbol{\Omega}\times\boldsymbol{r}=\boldsymbol{r}_0-\dot{\theta}\boldsymbol{i}_3\times\boldsymbol{r}$,所以与 $\dot{\theta}\boldsymbol{i}_3$ 对应的旋率张量为 $\boldsymbol{\omega}^{*\mathrm{T}}$,代表 $\bar{\phi}$ 相对于 ϕ 的旋率张量。

例 4 试讨论欧拉-柯西运动第一定律的客观形式。

解: 设对于牛顿惯性坐标系 ϕ,欧拉-柯西运动第一定律取式(3-47),即

$$\operatorname{div}\boldsymbol{\sigma}+\rho\boldsymbol{f}=\rho\boldsymbol{\omega}$$

把式(6-28)代入并左乘 $\boldsymbol{Q}$,得

$$\frac{1}{\rho}\boldsymbol{Q}\operatorname{div}\boldsymbol{\sigma}+\boldsymbol{Q}\boldsymbol{f}=\bar{\boldsymbol{\omega}}+\boldsymbol{Q}\{\ddot{\boldsymbol{c}}+(\dot{\boldsymbol{\omega}}^{*\mathrm{T}}-\boldsymbol{\omega}^{*\mathrm{T}}\boldsymbol{\omega}^{*\mathrm{T}})(\boldsymbol{x}-\boldsymbol{c})+2\boldsymbol{\omega}^{*\mathrm{T}}(\boldsymbol{v}-\dot{\boldsymbol{c}})\} \tag{6-40}$$

令

$$\boldsymbol{f}_1=\boldsymbol{f}-\{\ddot{\boldsymbol{c}}+(\dot{\boldsymbol{\omega}}^{*\mathrm{T}}-\boldsymbol{\omega}^{*\mathrm{T}}\boldsymbol{\omega}^{*\mathrm{T}})(\boldsymbol{x}-\boldsymbol{c})+2\boldsymbol{\omega}^{*\mathrm{T}}(\boldsymbol{v}-\dot{\boldsymbol{c}})\} \tag{6-41}$$

则有

$$\frac{1}{\rho}\boldsymbol{Q}\operatorname{div}\boldsymbol{\sigma}+\boldsymbol{Q}\boldsymbol{f}_1=\frac{1}{\rho}\operatorname{div}\bar{\boldsymbol{\sigma}}+\bar{\boldsymbol{f}}_1=\bar{\boldsymbol{\omega}} \tag{6-42}$$

在牛顿惯性坐标系中，$\boldsymbol{\omega}^{*\mathrm{T}}=\boldsymbol{0}$，$\ddot{c}=\boldsymbol{0}$，$f_1=f$，式(6-42)化为式(3-47)，即由式(6-42)代表的运动方程是客观性的式(6-41)中的 f_1 等于体积力减去因坐标系运动引起的牵连和科里奥利惯性力。利用 $\boldsymbol{\omega}^{(k)}$ 可以得到更优美的客观形式，事实上

$$\frac{1}{\rho}\boldsymbol{Q}\operatorname{div}\boldsymbol{\sigma}+\boldsymbol{Q}\boldsymbol{f}=\bar{\boldsymbol{\omega}}-\bar{\boldsymbol{\omega}}_0+\boldsymbol{Q}\{\boldsymbol{\omega}^0+(\dot{\boldsymbol{\omega}}^{*\mathrm{T}}-\boldsymbol{\omega}^{*\mathrm{T}}\boldsymbol{\omega}^{*\mathrm{T}})(\boldsymbol{x}-\boldsymbol{x}^0)+2\boldsymbol{\omega}^{*\mathrm{T}}(\boldsymbol{v}-\boldsymbol{v}^0)\} \tag{6-43}$$

注意到，相对于惯性参照坐标系 ϕ 有 $\boldsymbol{\omega}^{*\mathrm{T}}=-\bar{\boldsymbol{\omega}}$，再令

$$\boldsymbol{f}_2=\boldsymbol{f}-\boldsymbol{\omega}^0 \tag{6-44}$$

则有下述客观形式

$$\frac{1}{\rho}\operatorname{div}\bar{\boldsymbol{\sigma}}+\bar{\boldsymbol{f}}_2=\bar{\boldsymbol{\omega}}^{(K)} \tag{6-45}$$

根据式(6-45)，也可称 $\boldsymbol{\omega}^{(k)}$ 为本构加速度。$\boldsymbol{\omega}^0$ 为图 6-1 中 N 点在惯性坐标系 ϕ 中的加速度；式(6-45)可否推广到一般参照系，有待研究。

6.3 简单物质的本构方程

6.1 节提出了本构方程应满足的几个基本原理，这些原理实际上也是对本构方程所施加的限制。虽然施加了一些限制，但由此导出的本构方程还是相当一般的，难以直接付诸应用，还须继续简化。本节将从上述几条原理出发，建立一类所谓简单物质的本构方程。它包含了大多数常用材料的本构方程，因而具有实用价值。

6.3.1 用 E 应力 $\boldsymbol{\sigma}$ 表示的本构方程

根据确定性原理，得到在时空系 ϕ 中用 $\boldsymbol{\sigma}$ 表示的本构方程式(6-7)为

$$\boldsymbol{\sigma}(X,t)=\mathscr{F}(\boldsymbol{x}^{(t)};X,t)$$

它表示 $\boldsymbol{\sigma}$ 可由过去的运动史唯一确定。客观性原理要求在做式(6-10)形式的时空系变换时，本构方程具有不变的性质，所以在时空系 $\bar{\phi}$ 中，本构方程应为

$$\bar{\boldsymbol{\sigma}}(X,\bar{t})=\mathscr{F}(\bar{\boldsymbol{x}}^{(\bar{t})},X,\bar{t}) \tag{6-46}$$

在以现时刻为基准的时间计算系中,式(6-10)可写成

$$\left.\begin{aligned}&\bar{\boldsymbol{x}}^{(t)}-\bar{\boldsymbol{x}}^{0(\bar{t})}=\boldsymbol{Q}(t^*)(\boldsymbol{x}^{(t)}-\boldsymbol{x}^{0(t)})\\&\bar{t}^*=t^*+t^0\quad t^*=t-\tau\end{aligned}\right\}\tag{6-47}$$

由于时间变换属于平移,对本构方程没有实质影响,故今后简单地令 $t^0=0$,只讨论坐标变换。

现考虑一特殊的坐标系变换,坐标系 $\bar{\phi}$ 的原点取在 X,$\bar{\phi}$ 相对于坐标系 ϕ 做平移运动,取 ϕ 的原点 O,X 和图 6-1 中的 N 点重合,故有

$$\left.\begin{aligned}&\boldsymbol{x}^{0(t)}=\boldsymbol{x}(t)(X,t^*)=\boldsymbol{x}(X,\tau)\\&\boldsymbol{Q}(t^*)=\boldsymbol{I}\quad\bar{\boldsymbol{x}}^{0(t)}=\boldsymbol{0}\end{aligned}\right\}\tag{6-48}$$

对 X 点的邻近点 Z,式(6-47)化为

$$\begin{aligned}\bar{\boldsymbol{x}}^{(t)}(Z,t^*)&=\boldsymbol{x}^{(t)}(Z,t^*)-\boldsymbol{x}^{(t)}(X,t^*)\\&=\boldsymbol{x}(Z,\tau)-\boldsymbol{x}(X,\tau)\end{aligned}\tag{6-49}$$

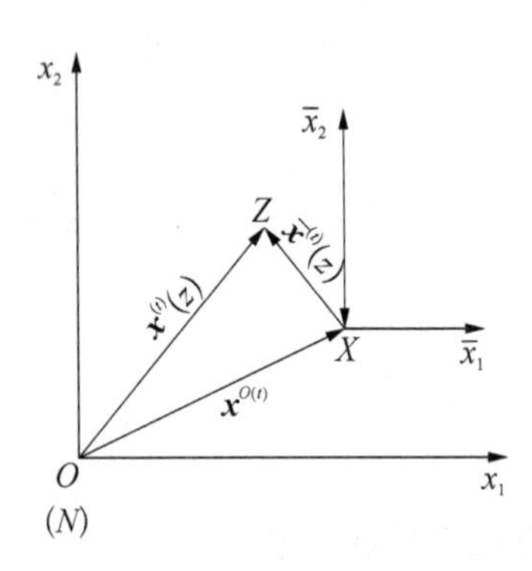

图 6-3 $\bar{\phi}$ 的原点在 X,并相对于 ϕ 做平移运动

在图 6-3 上,$OX=\boldsymbol{x}^{(t)}(X,t^*)=\boldsymbol{x}^{o(t)}$,$OZ=\boldsymbol{x}^{(t)}(Z,t^*)$,而 $XZ=\bar{\boldsymbol{x}}^{(t)}(Z,t^*)$。由于 $\boldsymbol{Q}(t^*)=\boldsymbol{I}$,所以在坐标系 ϕ 和 $\bar{\phi}$ 中 E 应力的分量是相同的,或 $\boldsymbol{\sigma}=\bar{\boldsymbol{\sigma}}$。根据局部作用原理,在式(6-46)中对 $\boldsymbol{\sigma}$ 有影响的 $\bar{\boldsymbol{x}}^{(t)}$ 只是 X 点的邻近点,如 Z 点,$Z\in R(X)$,$R(X)$ 表示 X 点邻近的任意微小区域。从而,结合式(6-7)、式(6-46)和式(6-49)可得

$$\boldsymbol{\sigma}(X,t)=\int_R\mathscr{F}[\boldsymbol{x}^{(t)}(Z,t^*)-\boldsymbol{x}^{(t)}(X,t^*);X,t]\mathrm{d}R\tag{6-50}$$

由于 $Z\in R(X)$,把式(6-50)展开成以 X 点为中心的泰勒(Taylor)级数,得

$$\boldsymbol{\sigma}(X,t)=\int\mathscr{F}[\boldsymbol{F}^{(t)}(X,t^*)](Z-X)\mathrm{d}R+\frac{1}{2}\int\{\boldsymbol{F}^{(t)(2)}(X,t^*)(Z-X)^2+\cdots\}\mathrm{d}R$$

虽然,$Z-X$ 只依赖于初始构形中的领域 $R(X)$,与物体的运动无关,而 $R(X)$ 是由材料性质决定的。因此可以通过在 $R(X)$ 内的积分,把变量 Z 消去,从而上式又可写成

$$\boldsymbol{\sigma}(X,t)=\mathscr{F}[\boldsymbol{F}^{(t)}(X,t^*),\boldsymbol{F}^{(t)(2)}(X,t^*),\cdots\boldsymbol{F}^{(t)(n)}(X,t^*);X,t]\tag{6-51}$$

式中,$\boldsymbol{F}^{(t)(n)}=\partial^n\boldsymbol{x}^{(t)}/\partial\boldsymbol{X}^n$,是 $\boldsymbol{x}^{(t)}$ 的 n 次梯度。

上述物质称为 n 次物质。如果某种物质的本构方程只与 $\boldsymbol{x}^{(t)}$ 的一次梯度 $\boldsymbol{F}^{(t)}$ 有关,与其高次梯度无关,便称该物质为简单物质。因此,简单物质的本构方程为

$$\boldsymbol{\sigma}(X,t)=\mathscr{F}(\boldsymbol{F}^{(t)}(X,t^*);X,t)=\mathscr{F}(\boldsymbol{F}^{(t)})\tag{6-52}$$

由式(6-52)可知,简单物质的本构方程只与以往的变形梯度史直接相关,称泛函 $\mathscr{F}(\boldsymbol{F}^{(t)})$ 为本构泛函或响应泛函。

在推导式(6-52)时已应用了确定性原理和局部作用原理,客观性原理只应用了坐标系平

移的特殊情况，因此还需要探讨在一般的坐标变换式(6-10)下客观性原理对本构方程所加的限制。由 6.2 节的讨论知，在坐标变换下有

$$\bar{\boldsymbol{F}}=\boldsymbol{Q}(t)\boldsymbol{F}\quad \bar{\boldsymbol{\sigma}}=\boldsymbol{Q}(t)\boldsymbol{\sigma}\boldsymbol{Q}(t)^{\mathrm{T}}$$

对于梯度史类似地有 $\bar{\boldsymbol{F}}^{(t)}(t^*)=\boldsymbol{Q}^{(t)}(t^*)\boldsymbol{F}^{(t)}(t^*)$。因而客观性原理要求对任何正交张量变换史 $\boldsymbol{Q}^{(t)}$，在 t 时刻存在关系

$$\mathscr{F}(\boldsymbol{Q}^{(t)}(t^*)\boldsymbol{F}^{(t)}(t^*))=\boldsymbol{Q}(t)\,\mathscr{F}(\boldsymbol{F}^{(t)}(t^*))\boldsymbol{Q}(t)^{\mathrm{T}} \tag{6-53}$$

类似于变形梯度的极分解，变形梯度史的极分解为

$$\boldsymbol{F}^{(t)}(t^*)=\boldsymbol{R}^{(t)}(t^*)\boldsymbol{U}^{(t)}(t^*)=\boldsymbol{V}^{(t)}(t^*)\boldsymbol{R}^{(t)}(t^*)$$

代入式(6-53)得

$$\mathscr{F}(\boldsymbol{Q}^{(t)}\boldsymbol{R}^{(t)}\boldsymbol{U}^{(t)})=\boldsymbol{Q}\,\mathscr{F}(\boldsymbol{F}^{(t)})\boldsymbol{Q}^{\mathrm{T}} \tag{6-54}$$

因为式(6-54)对任何 $\boldsymbol{Q}^{(t)}$ 成立，因此可取 E 和 L 坐标系一致，且 $\boldsymbol{Q}^{(t)}=\boldsymbol{R}^{(t)\mathrm{T}}$。计及 $\boldsymbol{Q}^{(t)}(0)=\boldsymbol{Q}(t)$，$\boldsymbol{R}^{(t)}(0)=\boldsymbol{R}(t)$，故在此特殊选择下 $\boldsymbol{Q}=\boldsymbol{R}^{\mathrm{T}}$。将此代入式(6-54)，解出 $\mathscr{F}(\boldsymbol{F}^{(t)})$ 便得

$$\mathscr{F}(\boldsymbol{F}^{(t)})=\mathscr{F}(\boldsymbol{R}^{(t)}\boldsymbol{U}^{(t)})=\boldsymbol{R}(t)\,\mathscr{F}(\boldsymbol{U}^{(t)})\boldsymbol{R}^{\mathrm{T}}(t) \tag{6-55}$$

现设式(6-55)成立，若以 $\boldsymbol{Q}^{(t)}\boldsymbol{F}^{(t)}$ 代该式中的 $\boldsymbol{F}^{(t)}$，$\boldsymbol{Q}^{(t)}\boldsymbol{R}^{(t)}$ 代 $\boldsymbol{R}^{(t)}$，则有

$$\begin{aligned}\mathscr{F}(\boldsymbol{Q}^{(t)}\boldsymbol{F}^{(t)})&=\mathscr{F}(\boldsymbol{Q}^{(t)}\boldsymbol{R}^{(t)}\boldsymbol{U}^{(t)})=(\boldsymbol{Q}\boldsymbol{R})\,\mathscr{F}(\boldsymbol{U}^{(t)})(\boldsymbol{Q}\boldsymbol{R})^{\mathrm{T}}\\&=\boldsymbol{Q}[\boldsymbol{R}\,\mathscr{F}(\boldsymbol{U}^{(t)})\boldsymbol{R}^{\mathrm{T}}]\boldsymbol{Q}^{\mathrm{T}}=\boldsymbol{Q}\,\mathscr{F}(\boldsymbol{F}^{(t)})\boldsymbol{Q}^{\mathrm{T}}\end{aligned}$$

即满足客观性原理。因此，符合客观性原理的简单物质的本构方程可以写成

$$\boldsymbol{\sigma}(X,\ t)=\boldsymbol{R}\,\mathscr{F}(\boldsymbol{U}^{(t)})\boldsymbol{R}^{\mathrm{T}} \tag{6-56}$$

式(6-56)表明，只有纯粹变形的历史才影响现时刻的应力，以往的转动史并无影响。但现时刻的相对旋转影响现时刻的应力分量。

6.3.2　用 $\boldsymbol{T}$ 和 $\boldsymbol{S}$ 表示的本构方程

利用 3.2 节中给出的 $\boldsymbol{\sigma}$、$\boldsymbol{T}$ 和 $\boldsymbol{S}$ 之间的变换关系，本构方程也可容易地用 $\boldsymbol{T}$ 和 $\boldsymbol{S}$ 来表示。利用式(3-40)～式(3-42)，由式(6-56)可推出满足客观性原理的下述关系

$$\begin{aligned}\boldsymbol{T}&=j\boldsymbol{F}^{-1}\boldsymbol{\sigma}=j\boldsymbol{U}^{-1}\boldsymbol{R}^{-1}\boldsymbol{R}\,\mathscr{F}(\boldsymbol{U}^{(t)})\boldsymbol{R}^{\mathrm{T}}\\&=j\boldsymbol{U}^{-1}\,\mathscr{F}(\boldsymbol{U}^{(t)})\boldsymbol{R}^{\mathrm{T}}=\mathscr{G}(\boldsymbol{U}^{(t)})\boldsymbol{R}^{\mathrm{T}}\end{aligned} \tag{6-57}$$

$$\begin{aligned}\boldsymbol{S}&=j\boldsymbol{F}^{-1}\boldsymbol{\sigma}\boldsymbol{F}^{-\mathrm{T}}=j\boldsymbol{U}^{-1}\boldsymbol{R}^{-1}\boldsymbol{R}\,\mathscr{F}(\boldsymbol{U}^{(t)})\boldsymbol{R}^{\mathrm{T}}\boldsymbol{R}^{-\mathrm{T}}\boldsymbol{U}^{-\mathrm{T}}\\&=j\boldsymbol{U}^{-1}\,\mathscr{F}(\boldsymbol{U}^{(t)})\boldsymbol{U}^{-\mathrm{T}}=\mathscr{H}(\boldsymbol{U}^{(t)})=\mathscr{H}(\boldsymbol{E}^{(t)})\end{aligned} \tag{6-58}$$

式(6-58)已利用了 $\boldsymbol{E}^{(t)}=\dfrac{1}{2}-(\boldsymbol{U}^{(t)}\boldsymbol{U}^{(t)}-\boldsymbol{I})$。

我们也可直接设

$$\boldsymbol{T}=\mathscr{G}(\boldsymbol{F}^{(t)})\quad \boldsymbol{S}=\mathscr{H}(\boldsymbol{F}^{(t)}) \tag{6-59}$$

物质客观性原理要求当 $\boldsymbol{F}$ 换为 $\bar{\boldsymbol{F}}=\boldsymbol{QF}$ 时,应有

$$\bar{\boldsymbol{T}}=\boldsymbol{TQ}^{\mathrm{T}}\quad \bar{\boldsymbol{S}}=\boldsymbol{S}\tag{6-60}$$

所以客观性原理加在本构方程上的限制是

$$\mathscr{G}(\boldsymbol{Q}^{(t)}\boldsymbol{F}^{(t)})=\mathscr{G}(\boldsymbol{F}^{(t)})\boldsymbol{Q}^{\mathrm{T}}\quad \mathscr{H}(\boldsymbol{Q}^{(t)}\boldsymbol{F}^{(t)})=\mathscr{H}(\boldsymbol{F}^{(t)})\tag{6-61}$$

由此可得满足客观性原理的本构方程仍为式(6-47)和式(6-48)。因 $\boldsymbol{T}$ 和 $\boldsymbol{F}^{\mathrm{T}}$, $\boldsymbol{S}$ 和 $\boldsymbol{E}$ 组成共轭应力-应变对,故在应用中较方便。

6.3.3 流动参照构形中的本构方程

在流动参照构形中的相对变形梯度由式(2-199)表示,即 $\boldsymbol{F}(\tau)=\boldsymbol{F}_{(t)}(\tau)\boldsymbol{F}(t)$。由于 $\boldsymbol{F}(\tau)\to\boldsymbol{F}^{(t)}(t^*)$ 只是时间的变换,与空间变换无关,所以这一公式易于推广到相对变形梯度史 $\boldsymbol{F}^{(t)}(t^*)$,即有

$$\boldsymbol{F}^{(t)}(t^*)=\boldsymbol{F}_{(t)}^{(t)}(t^*)\boldsymbol{F}(t)\tag{6-62}$$

应用极分解公式

$$\boldsymbol{F}=\boldsymbol{RU}\quad \boldsymbol{F}_{(t)}^{(t)}=\boldsymbol{R}_{(t)}^{(t)}\boldsymbol{U}_{(t)}^{(t)}\quad \boldsymbol{F}^{(t)}=\boldsymbol{R}^{(t)}\boldsymbol{U}^{(t)}$$

则由式(6-54)可得

$$\begin{aligned}\mathscr{F}(\boldsymbol{F}^{(t)})&=\boldsymbol{Q}^{\mathrm{T}}\mathscr{F}(\boldsymbol{Q}^{(t)}\boldsymbol{R}^{(t)}\boldsymbol{U}^{(t)})\boldsymbol{Q}\\&=\boldsymbol{Q}^{\mathrm{T}}\mathscr{F}(\boldsymbol{Q}^{(t)}\boldsymbol{R}_{(t)}^{(t)}\boldsymbol{U}_{(t)}^{(t)}\boldsymbol{RU})\boldsymbol{Q}\end{aligned}\tag{6-63}$$

由于式(6-63)对任何 $\boldsymbol{Q}^{(t)}$ 均成立,故可令 $\boldsymbol{Q}^{(t)}=\boldsymbol{R}_{(t)}^{(t)\mathrm{T}}$,从而得

$$\mathscr{F}(\boldsymbol{F}^{(t)})=\boldsymbol{R}_{(t)}^{(t)}(0)\mathscr{F}(\boldsymbol{U}_{(t)}^{(t)}\boldsymbol{RU})\boldsymbol{R}_{(t)}^{(t)}(0)=\mathscr{F}(\boldsymbol{U}_{(t)}^{(t)}\boldsymbol{RU})\tag{6-64}$$

式(6-64)已使用 $\boldsymbol{R}_{(t)}^{(t)}(0)=\boldsymbol{I}$ 的关系。如令

$$\bar{\boldsymbol{U}}_{(t)}^{(t)}=\boldsymbol{R}^{\mathrm{T}}\boldsymbol{U}_{(t)}^{(t)}\boldsymbol{R}\quad 或\quad \boldsymbol{U}_{(t)}^{(t)}\boldsymbol{R}=\boldsymbol{R}\bar{\boldsymbol{U}}_{(t)}^{(t)}\tag{6-65}$$

把式(6-65)代入式(6-64),再代入式(6-53)可得

$$\mathscr{F}(\boldsymbol{Q}^{(t)}\boldsymbol{R}\bar{\boldsymbol{U}}_{(t)}^{(t)}\boldsymbol{U})=\boldsymbol{Q}\mathscr{F}(\boldsymbol{F}^{(t)})\boldsymbol{Q}^{\mathrm{T}}\tag{6-66}$$

因式(6-66)对任何 $\boldsymbol{Q}^{(t)}$ 成立,故可令 $\boldsymbol{Q}^{(t)}=\boldsymbol{R}^{\mathrm{T}}$,由此推得

$$\mathscr{F}(\boldsymbol{F}^{(t)})=\boldsymbol{R}\mathscr{F}(\bar{\boldsymbol{U}}_{(t)}^{(t)}\boldsymbol{U})\boldsymbol{R}^{\mathrm{T}}\tag{6-67}$$

因 $(\bar{\boldsymbol{U}}_{(t)}^{(t)})^2=\bar{\boldsymbol{C}}_{(t)}^{(t)}$,故本构方程可写成

$$\boldsymbol{\sigma}=\boldsymbol{R}\mathscr{F}(\bar{\boldsymbol{U}}_{(t)}^{(t)}\boldsymbol{U})\boldsymbol{R}^{\mathrm{T}}=\boldsymbol{R}\widetilde{\mathscr{F}}(\bar{\boldsymbol{C}}_{(t)}^{(t)};\ \boldsymbol{C}(t))\boldsymbol{R}^{\mathrm{T}}\tag{6-68}$$

式中, $\boldsymbol{C}_{(t)}^{(t)}$ 是在流动参照构形中测出的相对格林变形张量史,而 $\boldsymbol{C}(t)$ 是在初始构形中测出的格林变形张量,所以虽然采用流动参照构形,但初始构形的影响还是通过 $\boldsymbol{C}(t)$ 而进入,因而应力与初始构形的选择依然有关。

6.3.4　内部约束

在一些物质中，存在内部约束，这种内部约束使某些应变分量之间相互关联，减少了独立的应变分量数，在某些情况下，甚至使某些变形方式不能产生。例如对于刚体，不允许发生任何变形，即有

$$\boldsymbol{D} \equiv \boldsymbol{0} \quad 或 \quad \boldsymbol{U} = \boldsymbol{C} = \boldsymbol{F} = \boldsymbol{I}$$

又如在橡皮中，若沿 $\boldsymbol{i}_1$ 方向嵌入钢丝，则可近似认为物体沿 $\boldsymbol{i}_1$ 方向没有伸长，即

$$D_{11} = 0 \quad 或 \quad U_{\mathrm{II}} = C_{\mathrm{II}} = F_{\mathrm{II}} = 1$$

更常见的是物质不可压缩，在这种情况下有

$$D_{kk} = v_{k,k} = 0 \quad 或 \quad \det(\boldsymbol{C}) = \det(\boldsymbol{F}) = 1 \tag{6-69}$$

总之，当物质存在内部约束时，便有一个或几个下述形式的函数方程：

$$f(\boldsymbol{F}) = 0 \tag{6-70a}$$

根据客观性原理有 $f(\boldsymbol{QF}) = f(\boldsymbol{F}) = 0$，其中 $\boldsymbol{Q}$ 为任何正交张量，若选 $\boldsymbol{Q} = \boldsymbol{R}^{\mathrm{T}}$，则式(6－70a)为

$$f(\boldsymbol{U}) = 0 \quad 或 \quad f(\boldsymbol{C}) = 0 \tag{6-70b}$$

式(6－70b)便是物质内部约束对本构方程施加的约束条件。

对式(6－70a)求导得

$$\dot{f} = (\partial f/\partial \boldsymbol{F})^{\mathrm{T}} : \dot{\boldsymbol{F}}^{\mathrm{T}} = (\partial f/\partial F_{kK})\dot{F}_{kK} = 0 \tag{6-71}$$

我们知道，应变能变化率可表示为 $\boldsymbol{T} : \dot{\boldsymbol{F}}^{\mathrm{T}}$，因此若令

$$\boldsymbol{T} = \boldsymbol{Y}_1(\boldsymbol{F}^{(t)}) + g^{(T)}(\partial f/\partial \boldsymbol{F})^{\mathrm{T}} \tag{6-72}$$

则 $g^{(T)}$ 取任何值均不影响应变能变化率，所以也不影响能量方程和熵产率方程，$g^{(T)}$ 为一纯量，相当于拉格朗日乘子，具有应力的量纲，显然它不能由本构方程确定，因而成为一个独立变量。有几个形如式(6－70a)和(6－70b)的约束方程，广义应变的独立分量个数便减少几个，恰好由相同个数的独立变量 $g^{(T)}$ 来补充。因此，$g^{(T)}$ 和独立广义应变同时由场方程和边界条件确定。

式(6－72)便是存在内部约束时用 $\boldsymbol{T}$ 表示的本构方程。类似地，在此情形用 $\boldsymbol{\sigma}$ 和 $\boldsymbol{S}$ 表示的本构方程可写成

$$\boldsymbol{\sigma} = \mathscr{F}_1(\boldsymbol{F}^{(t)}) + g^{(\sigma)}\boldsymbol{F} \cdot (\partial f/\partial \boldsymbol{F})^{\mathrm{T}} \tag{6-73}$$

$$\boldsymbol{S} = \mathscr{K}_1(\boldsymbol{F}^{(t)}) + g^{(S)}(\partial f/\partial \boldsymbol{F})^{\mathrm{T}} \cdot \boldsymbol{F}^{-\mathrm{T}} \tag{6-74}$$

例 5　试推导不可压缩材料的本构方程。

解： 由式(6－69)知，此时 $\det(\boldsymbol{F}) = 1$，所以

$\partial f/\partial \boldsymbol{F} = \partial \det(\boldsymbol{F})/\partial \boldsymbol{F} = (\partial j/\partial x_{k,K})\boldsymbol{i}_k \otimes \boldsymbol{I}_K = jX_{K,k}\boldsymbol{i}_k \otimes \boldsymbol{I}_K = X_{K,k}\boldsymbol{i}_k \otimes \boldsymbol{I}_K$，代入式(6－72)，并令 $g^{(T)} = -p$，则有

$$T_{Kk} = [\boldsymbol{Y}_1(\boldsymbol{F}^{(t)})]_{Kk} - pX_{K,k} \tag{6-75}$$

式中，p 便是水静压力。由式(6-73)和式(6-74)可得

$$\sigma_{kl}=[\mathscr{F}_1(\boldsymbol{F}^{(t)})]_{kl}-p\delta_{kl} \tag{6-76}$$

$$S_{kl}=[\mathscr{H}_1(\boldsymbol{F}^{(t)})]_{KL}-pX_{K,l}X_{L,l} \tag{6-77}$$

例 6 设在初始构形中，物体沿单位矢量 $\boldsymbol{M}$ 的方向不能伸缩，试推导其本构方程。

解：设变形前沿 $\boldsymbol{M}$ 方向的线元 $\mathrm{d}\boldsymbol{X}^{(M)}=|\mathrm{d}\boldsymbol{X}^{(M)}|\boldsymbol{M}$，变形后为 $\mathrm{d}\boldsymbol{x}^{(M)}$，按式(2-14)和题意可得

$$\mathrm{d}\boldsymbol{x}^{(M)}=\boldsymbol{F}\cdot\mathrm{d}\boldsymbol{X}^{(M)}=\boldsymbol{F}\cdot\boldsymbol{M}\,|\mathrm{d}\boldsymbol{X}^{(M)}| \tag{6-78}$$

$$\begin{aligned}\mathrm{d}\boldsymbol{x}^{(M)}\cdot\mathrm{d}\boldsymbol{x}^{(M)}&=|\mathrm{d}\boldsymbol{X}^{(M)}|^2(\boldsymbol{FM})\cdot(\boldsymbol{FM})\\&=\boldsymbol{M}\cdot(\boldsymbol{F}^{\mathrm{T}}\boldsymbol{FM})\,|\mathrm{d}\boldsymbol{X}^{(M)}|^2\\&=F_{kK}F_{kL}M_KM_L\,|\mathrm{d}\boldsymbol{X}^{(M)}|^2\end{aligned} \tag{6-79}$$

因此沿 $\boldsymbol{M}$ 方向不能伸缩的约束条件为

$$\boldsymbol{M}\cdot(\boldsymbol{F}^{\mathrm{T}}\boldsymbol{FM})=1 \quad 或 \quad f(\boldsymbol{F})=F_{kK}F_{kl}M_KM_L-1=0 \tag{6-80}$$

或

$$\boldsymbol{M}\cdot(\boldsymbol{CM})=\boldsymbol{M}\cdot[(\boldsymbol{I}+2\boldsymbol{E})\boldsymbol{M}]=1\rightarrow\boldsymbol{M}\cdot(\boldsymbol{EM})=0$$

因而

$$\frac{\partial f}{\partial F_{kK}}=2F_{kl}M_KM_L=2x_{k,L}M_KM_L$$

代入式(6-72)～式(6-74)可得

$$T_{Kl}=[\mathscr{Y}_1(\boldsymbol{F}^{(t)})]_{kl}+2g^{(T)}x_{l,L}M_KM_L \tag{6-81}$$

$$\sigma_{kl}=[\mathscr{F}_1(\boldsymbol{F}^{(t)})]_{kl}+2g^{(\sigma)}x_{k,K}x_{l,L}M_KM_L \tag{6-82}$$

$$S_{KL}=[\mathscr{H}_1(\boldsymbol{F}^{(t)})]_{KL}+2g^{(S)}M_KM_L \tag{6-83}$$

6.4 物质对称性原理

6.4.1 对称群

自然界中的物质都存在这样或那样的对称性，使物质的各向异性程度降低，本构方程也应反映这种对称性，这便是物质对称性原理。对称性是对质点或质点的微小邻域而言的，物体中不同的质点，原则上可以具有不同的对称性。与客观性原理不同，对称性是指物质参照构形(物质坐标 X)做某种变换时物体的本构方程具有不变的性质。

取物体的两个参照构形Ⅰ和Ⅱ，其中的坐标系分别为 $OX_{\mathrm{I}}X_{\mathrm{II}}X_{\mathrm{III}}$ 和 $\bar{O}\bar{X}_{\mathrm{I}}\bar{X}_{\mathrm{II}}\bar{X}_{\mathrm{III}}$。设从构形Ⅰ到构形Ⅱ的(某质点)变换为 $\boldsymbol{P}$，即 $P_{KL}=\partial\bar{X}_K/\partial X_L$。又设 $\boldsymbol{F}^{(t)}$ 和 $\bar{\boldsymbol{F}}^{(t)}$ 分别为物体(某质点)相对于构形Ⅰ和Ⅱ的变形梯度史，按照参照构形的变换规则有

$$\boldsymbol{F}^{(t)}=\bar{\boldsymbol{F}}^{(t)}\boldsymbol{P} \quad 或 \quad \bar{\boldsymbol{F}}^{(t)}=\boldsymbol{F}^{(t)}\boldsymbol{P}^{-1} \tag{6-84}$$

式(6－84)已设 $\boldsymbol{P}$ 为非奇异的，其逆为 $\boldsymbol{P}^{-1}$，它们与时间无关。由式(6－52)和式(6－53)知，本构方程可表示为

$$\left.\begin{aligned}\boldsymbol{\sigma}=\mathscr{F}(\boldsymbol{F}^{(t)})=\mathscr{F}(\bar{\boldsymbol{F}}^{(t)}\boldsymbol{P})=\bar{\mathscr{F}}(\bar{\boldsymbol{F}}^{(t)})\\ \mathscr{F}(\boldsymbol{Q}^{(t)}\boldsymbol{F}^{(t)})=\boldsymbol{Q}\,\mathscr{F}(\boldsymbol{F}^{(t)})\boldsymbol{Q}^{\mathrm{T}}\end{aligned}\right\}\tag{6－85}$$

式中，$\mathscr{F}$ 和 $\bar{\mathscr{F}}$分别为相对于构形Ⅰ和Ⅱ的本构泛函。一般讲来 $\mathscr{F}$ 和 $\bar{\mathscr{F}}$是不同的。换言之，本构方程与参照构形的选择有关。但由式(6－85)看出，如对于构形Ⅰ是简单物质，即只与变形梯度史相关，那么对于构形Ⅱ也是简单物质，即简单物质的定义与参照构形的选择无关。

在式(6－85)中，一般讲来 $\mathscr{F}$ 和 $\bar{\mathscr{F}}$不同，但若对某些参照构形 $\mathscr{F}$ 和 $\bar{\mathscr{F}}$是相同的函数，便称这些参照构形是相互对称的，或在应力的意义上是相互对称的，此时记 $\boldsymbol{P}^{-1}=\boldsymbol{H}$。故对于对称构形的变换有

$$\left.\begin{aligned}&\mathscr{F}(\boldsymbol{F}^{(t)})=\mathscr{F}(\bar{\boldsymbol{F}}^{(t)})=\mathscr{F}(\boldsymbol{F}^{(t)}\boldsymbol{H})\\ &\mathscr{F}(\boldsymbol{Q}^{(t)}\boldsymbol{F}^{(t)})=\mathscr{F}(\boldsymbol{Q}^{(t)}\boldsymbol{F}^{(t)}\boldsymbol{H})=\boldsymbol{Q}\,\mathscr{F}(\boldsymbol{F}^{(t)}\boldsymbol{H})\boldsymbol{Q}^{\mathrm{T}}\\ &\qquad=\boldsymbol{Q}\,\mathscr{F}(\boldsymbol{F}^{(t)})\boldsymbol{Q}^{\mathrm{T}}\end{aligned}\right\}\tag{6－86}$$

易于证明，所有符合式(6－86)的 $\boldsymbol{H}$ 形成的集合 $\mathscr{Q}$ 构成群。事实上，若 $\boldsymbol{H}_1$、$\boldsymbol{H}_2$、$\boldsymbol{H}_3$ 属于集合 $\mathscr{Q}$，则有

(1) $\boldsymbol{H}_1$ 和 $\boldsymbol{H}_2$ 的积也属于集合 $\mathscr{Q}$，因为

$$\mathscr{F}(\boldsymbol{F}^{(t)}\boldsymbol{H}_1\boldsymbol{H}_2)=\mathscr{F}(\boldsymbol{F}^{(t)}\boldsymbol{H}_1)=\mathscr{F}(\boldsymbol{F}^{(t)})$$

(2) 满足结合律 $\boldsymbol{H}_1(\boldsymbol{H}_2\boldsymbol{H}_3)=(\boldsymbol{H}_1\boldsymbol{H}_2)\boldsymbol{H}_3$，因为

$$\begin{aligned}\mathscr{F}(\boldsymbol{F}^{(t)}\boldsymbol{H}_1(\boldsymbol{H}_2\boldsymbol{H}_3))&=\mathscr{F}(\boldsymbol{F}^{(t)}\boldsymbol{H}_1)=\mathscr{F}(\boldsymbol{F}^{(t)}\boldsymbol{H}_1\boldsymbol{H}_2\boldsymbol{H}_3)\\&=\mathscr{F}(\boldsymbol{F}^{(t)}(\boldsymbol{H}_1\boldsymbol{H}_2)\boldsymbol{H}_3)\end{aligned}$$

(3) 存在单位元素 $\boldsymbol{I}$，使 $\boldsymbol{HI}=\boldsymbol{IH}=\boldsymbol{H}$。显然，恒等变换便是这种单位元素。$\boldsymbol{I}$ 属于集合$\mathscr{Q}$。

(4) 存在 $\boldsymbol{H}$ 的逆 $\boldsymbol{H}^{-1}=\bar{\boldsymbol{H}}$，$\bar{\boldsymbol{H}}$ 也属于 $\mathscr{Q}$。因为 $\bar{\boldsymbol{H}}$ 存在，所以若以 $\boldsymbol{F}^{(t)}\bar{\boldsymbol{H}}$ 代替式(6－68)中的 $\boldsymbol{F}^{(t)}$，可得

$$\mathscr{F}(\boldsymbol{F}^{(t)}\bar{\boldsymbol{H}})=\mathscr{F}(\boldsymbol{F}^{(t)}\boldsymbol{H}\bar{\boldsymbol{H}})=\mathscr{F}(\boldsymbol{F}^{(t)})$$

因此，满足式(6－86)的 $\boldsymbol{H}$ 集合符合群的定义，构成群 $\mathscr{Q}$，称为对于构形Ⅰ的对称群。

由式(6－86)知，若进行 n 次变换，便有

$$\boldsymbol{\sigma}=\mathscr{F}(\boldsymbol{F}^{(t)})=\mathscr{F}(\boldsymbol{F}^{(t)}\boldsymbol{H})=\cdots=\mathscr{F}(\boldsymbol{F}^{(t)}\boldsymbol{H}^n)$$

而 $H_{kl}=\partial X_K/\partial\bar{X}_L$，故 $\det(\boldsymbol{H})$ 代表参照构形变换时的体积变化。因此，若 $\det(\boldsymbol{H})\neq1$，则 n 次变换后，体积经历多次改变，这与应力不变的事实相矛盾。因此，对称群元一定是等容或等密度变形，即 $\det(\boldsymbol{H})$ 的绝对值为 1，或

$$|\det(\boldsymbol{H})|=|\det(\bar{\boldsymbol{H}})|=1\tag{6－87}$$

只要求保持体积不变的变形梯度的集合构成的群，称为“幺模群”，对称群是幺模群的物质，是具有最大对称性的物质。

对称群和参照构形的选择有关。设 $\boldsymbol{H}$ 是相对于参照构形Ⅰ的对称群 L 中的元素,即满足式(6-86),$\mathscr{F}(\boldsymbol{F}^{(t)})=\mathscr{F}(\boldsymbol{F}^{(t)}\boldsymbol{H})$。利用式(6-85)得

$$\begin{aligned}\mathscr{F}(\bar{\boldsymbol{F}}^{(t)})&=\mathscr{F}(\boldsymbol{F}^{(t)})=\mathscr{F}(\boldsymbol{F}^{(t)}\boldsymbol{H})=\mathscr{F}(\bar{\boldsymbol{F}}^{(t)}\boldsymbol{P}\boldsymbol{H})\\&=\mathscr{F}(\bar{\boldsymbol{F}}^{(t)}\boldsymbol{P}\boldsymbol{H}\boldsymbol{P}^{-1}\boldsymbol{P})=\mathscr{F}(\bar{\boldsymbol{F}}^{(t)}\boldsymbol{P}\boldsymbol{H}\boldsymbol{P}^{-1})\end{aligned}\tag{6-88}$$

式(6-88)表明,如 $\boldsymbol{H}$ 是 $\mathscr{Q}$ 的元素,则 $\boldsymbol{P}\boldsymbol{H}\boldsymbol{P}^{-1}$ 便是 $\bar{\mathscr{Q}}$ 的元素,而 $\bar{\mathscr{Q}}$ 是相对于参照构形Ⅱ的对称群。这一事实可简记为

$$\bar{\mathscr{Q}}=\boldsymbol{P}\,\mathscr{Q}\,\boldsymbol{P}^{-1}\tag{6-89}$$

式(6-89)便是参照构形变换时,对称群的变换规律。在一般情况下,$\mathscr{Q}$ 和 $\bar{\mathscr{Q}}$ 是不同的群。由群的理论知,对任意的非奇异变换,总存在两个群使 $\mathscr{Q}=\boldsymbol{P}\,\mathscr{Q}\,\boldsymbol{P}^{-1}$,这便是幺模群和三斜群,三斜群只包含元素 $\{\boldsymbol{I},-\boldsymbol{I}\}$,对称群是三斜群的物质,是具有最小对称性的物质,是最一般的各向异性材料。

6.4.2 物质对称群的元是正交张的情形

实用上最重要的情形是正交张量为对称群的元。物体从参照构形Ⅰ刚性地转到参照构形Ⅱ,其变换张量为正交张量,这与参照构形不同,但是 L 坐标系作反方向的转动是等价的,因此,直接从研究 L 坐标系的变换着手更为方便。现在来证明正交张量 $\boldsymbol{Q}$ 属于物质对称群 $\mathscr{Q}$ 的充要条件是

$$\mathscr{F}(\boldsymbol{Q}\boldsymbol{F}^{(t)}\boldsymbol{Q}^{\mathrm{T}})=\boldsymbol{Q}\,\mathscr{F}(\boldsymbol{F}^{(t)})\boldsymbol{Q}^{\mathrm{T}}\tag{6-90}$$

先证必要性。设 $Q\in L$,则 $\boldsymbol{Q}^{-1}=\boldsymbol{Q}^{\mathrm{T}}\in L$。因此,若在式(6-86)中令 $\boldsymbol{H}=\boldsymbol{Q}^{\mathrm{T}}$,并以 $\boldsymbol{Q}\boldsymbol{F}^{(t)}$ 代 $\boldsymbol{F}^{(t)}$,则有

$$\mathscr{F}(\boldsymbol{Q}\boldsymbol{F}^{(t)})=\mathscr{F}(\boldsymbol{Q}\boldsymbol{F}^{(t)}\boldsymbol{Q}^{\mathrm{T}})\tag{6-91}$$

此外,由客观性原理知,对任意的 $\boldsymbol{Q}^{(t)}$,式(6-86)第 2 式或式(6-53)都成立,因此有

$$\mathscr{F}(\boldsymbol{Q}\boldsymbol{F}^{(t)})=\boldsymbol{Q}\,\mathscr{F}(\boldsymbol{F}^{(t)})\boldsymbol{Q}^{\mathrm{T}}\tag{6-92}$$

结合式(6-90)和式(6-91)便得式(6-90),故其必要性得证。

再证充分性。在式(6-92)中以 $\boldsymbol{F}^{(t)}\boldsymbol{Q}^{\mathrm{T}}$ 代替 $\boldsymbol{F}^{(t)}$,可得

$$\mathscr{F}(\boldsymbol{Q}\boldsymbol{F}^{(t)}\boldsymbol{Q}^{\mathrm{T}})=\boldsymbol{Q}\,\mathscr{F}(\boldsymbol{F}^{(t)}\boldsymbol{Q}^{\mathrm{T}})\boldsymbol{Q}^{\mathrm{T}}\tag{6-93}$$

若设式(6-90)成立,比较式(6-93)和式(6-90)可得

$$\mathscr{F}(F^{(t)})=\mathscr{F}(\boldsymbol{F}^{(t)}\boldsymbol{Q}^{\mathrm{T}})$$

故 $\boldsymbol{Q}^{\mathrm{T}}$ 属于对称群,从而证明式(6-90)是充分条件。

如果物体至少存在一种参照构形,使全部正交张量的集合 O 都是对称群的元,即 $L=O$,便称该物质是各向同性的,并称该参照构形为无畸变的构形。因此,对各向同性物质的无畸变构形,不论其中的直角坐标系怎样旋转和反射,物质的本构方程都是相同的,故从物体中沿任意方向取出的同样尺寸的试件,在相同外载作用下,都会得到相同的结果。各向同性物质的性质不随方向而变化。

设 Q 是相对于参照构形Ⅰ的对称群的元，由式(6-89)知，相对于参照构形Ⅱ的对称群的元可表示为 $\boldsymbol{PQP}^{-1}$，如 P 也是正交张量，那么 $\boldsymbol{P}^{-1}=\boldsymbol{P}^{\mathrm{T}}$，从而

$$(\boldsymbol{PQP}^{(-1)})(\boldsymbol{PQP}^{-1})^{\mathrm{T}}=\boldsymbol{PQP}^{-1}\boldsymbol{P}^{-\mathrm{T}}\boldsymbol{Q}^{\mathrm{T}}\boldsymbol{P}^{\mathrm{T}}=\boldsymbol{I}$$

即相对于参照构形Ⅱ的对称群的元也是正交张量。换言之，各向同性物质在正交变换下，对称群的元由某一正交张量变换成另一正交张量。

如 Q 属于对称群，那么物质的本构方程，由式(6-86)知，应当满足方程

$$\mathscr{F}(\boldsymbol{F}^{(t)})=\mathscr{F}(\boldsymbol{F}^{(t)}\boldsymbol{Q}) \tag{6-94}$$

式(6-94)便是对各向同性物质的本构方程所加的限制，常可使方程大为简化。

6.4.3 各向同性物质的本构方程

对简单物质，利用式(6-65)，本构方程(6-68)可写成

$$\boldsymbol{\sigma}=\boldsymbol{R}\,\mathscr{F}(\boldsymbol{R}^{\mathrm{T}}\boldsymbol{C}_{(t)}^{(t)})\boldsymbol{R};\ \boldsymbol{C}(t)\boldsymbol{R}^{\mathrm{T}} \tag{6-95}$$

对各向同性物质的无畸变参照构形，任何正交张量都是对称群的元，因而 $\boldsymbol{R}^{\mathrm{T}}$ 也是对称群的元，故用 $\boldsymbol{F}^{(t)}\boldsymbol{R}^{\mathrm{T}}$ 代换 $\boldsymbol{F}^{(t)}$ 后，本构方程不变。下面箭头"→"左边的量是做这种代换前的量，其右方是代换后的量，则有

$$\boldsymbol{F}\rightarrow\boldsymbol{FR}^{\mathrm{T}}=\boldsymbol{V}\quad \boldsymbol{V}=(\boldsymbol{FF}^{\mathrm{T}})^{1/2}\rightarrow(\boldsymbol{FR}^{\mathrm{T}}\boldsymbol{RF}^{\mathrm{T}})^{1/2}=\boldsymbol{V}$$

$$\boldsymbol{R}=\boldsymbol{V}^{-1}\boldsymbol{F}\rightarrow\boldsymbol{V}^{-1}\boldsymbol{FR}^{\mathrm{T}}=\boldsymbol{RR}^{\mathrm{T}}=\boldsymbol{I}$$

$$\boldsymbol{C}=\boldsymbol{F}^{\mathrm{T}}\boldsymbol{F}=\boldsymbol{RF}^{\mathrm{T}}\boldsymbol{FR}^{\mathrm{T}}=\boldsymbol{RCR}^{\mathrm{T}}=\boldsymbol{B}$$

$$\boldsymbol{F}_{(t)}^{(t)}=\boldsymbol{F}^{(t)}\boldsymbol{F}^{-1}\rightarrow(\boldsymbol{F}^{(t)}\boldsymbol{R}^{\mathrm{T}})(\boldsymbol{FR}^{\mathrm{T}})^{-1}=\boldsymbol{F}^{(t)}\boldsymbol{R}^{\mathrm{T}}\boldsymbol{RF}^{-1}=\boldsymbol{F}_{(t)}^{(t)}$$

$$\boldsymbol{C}_{(t)}^{(t)}=\boldsymbol{F}_{(t)}^{(t)}\boldsymbol{F}_{(t)}^{(t)}\rightarrow\boldsymbol{F}_{(t)}^{(t)}\boldsymbol{F}_{(t)}^{(t)}=\boldsymbol{C}_{(t)}^{(t)}$$

把这些代换公式应用到式(6-95)，便得出简化后的各向同性物质的本构方程

$$\boldsymbol{\sigma}=\mathscr{F}(\boldsymbol{C}_{(t)}^{(t)};\ \boldsymbol{B}) \tag{6-96}$$

与式(6-90)相对应，正交张量 Q 属于对称群的条件还可写成

$$\mathscr{F}(\boldsymbol{QC}_{(t)}^{(t)}\boldsymbol{Q}^{\mathrm{T}};\ \boldsymbol{QBQ}^{\mathrm{T}})=\boldsymbol{Q}\,\mathscr{F}(\boldsymbol{C}_{(t)}^{(t)};\ \boldsymbol{B})\boldsymbol{Q}^{\mathrm{T}} \tag{6-97}$$

由式(6-95)知，在一般情况下，简单物质的本构方程是 $\boldsymbol{C}$ 和 $\boldsymbol{R}$ 的函数，因而与 L 坐标系的旋转(或参照构形的旋转)有关；而由式(6-96)知，对各向同性物质的无畸变构形，本构方程是 $\boldsymbol{B}$, $\boldsymbol{C}_{(t)}^{(t)}$ 的函数，故与 L 坐标系的旋转无关。不过应当注意，若参照构形选择不当，如选择了有残余应变的构形为参照构形，那么即使在自然状态是各向同性的物质，其本构方程也会与 L 坐标系的旋转有关。

例 7 讨论线弹性体小变形时本构方程的对称性条件。

解： 弹性体的本构方程与应变史无关，现时刻的应力只由现时刻的应变决定。设 E 和 L 坐标系一致，小变形时，E 应变和 L 应变一致。因此，线弹性体的本构方程可写成

$$\boldsymbol{\sigma}=\boldsymbol{A}:\boldsymbol{e}\quad 或\quad \sigma_{kl}=A_{klmn}e_{mn} \tag{6-98}$$

设在无畸变的物质参照构形中有两组坐标系 L 和 $\bar{\mathrm{L}}$，在 L 和 $\bar{\mathrm{L}}$ 中的本构方程可分别写成

$$\boldsymbol{\sigma}=\boldsymbol{A}:\boldsymbol{e} \quad \text{和} \quad \bar{\boldsymbol{\sigma}}=\bar{\boldsymbol{A}}:\bar{\boldsymbol{e}} \tag{6-99}$$

L 和 $\bar{\mathrm{L}}$ 互为对称的条件要求 $\boldsymbol{A}=\bar{\boldsymbol{A}}$。由式(6-99)第 2 式导出

$$\boldsymbol{Q\sigma Q}^{\mathrm{T}}=\boldsymbol{A}:(\boldsymbol{QeQ}^{\mathrm{T}}) \quad \text{或} \quad \boldsymbol{\sigma}=\boldsymbol{Q}^{\mathrm{T}}[\boldsymbol{A}:(\boldsymbol{QeQ}^{\mathrm{T}})]\boldsymbol{Q} \tag{6-100}$$

比较(6-99)第 1 式和式(6-100)，便得 $\boldsymbol{A}$ 的下述对称性条件

$$A_{klmn}=Q_{pk}Q_{ql}Q_{rm}Q_{sn}A_{pqrs} \tag{6-101}$$

6.5 张量函数表示理论与本构方程

张量函数表示理论主要研究由张量构成的不变量理论和具有特定性质的张量函数的结构，即本构泛函中自变张量应具有怎样的结构。利用张量函数表示理论可系统地建立符合客观性原理和物质对称性原理的本构方程。为应用方便，本节中 E 和 L 坐标系取成同一个坐标系，从而两者将同时发生相同的坐标变换。

6.5.1 张量函数不变量

设自变张量为对称二阶张量 $\boldsymbol{A}$、反对称二阶张量 $\boldsymbol{W}$ 和矢理 $\boldsymbol{v}$。设对完全正交变换群 O，纯量张量函数 φ 具有下列性质：

$$\varphi(\boldsymbol{QAQ}^{\mathrm{T}},\ \boldsymbol{QWQ}^{\mathrm{T}},\ \boldsymbol{Qv})=\varphi(\boldsymbol{A},\ \boldsymbol{W},\ \boldsymbol{v})(\det \boldsymbol{Q})^{q} \tag{6-102}$$

则当 $q=0$ 时称为绝对不变量，$q\neq 0$ 时称为相对不变量。今后限于讨论 $q=0$ 的绝对不变量情形。如式(6-102)对全部(完全)正交变换都成立，则称 φ 为各向同性不变量；若仅对正常正交变换成立，则称为半(或伪)各向同性的；如只对 O 中的某一子群 L 成立，则称关于该子群 L 的不变量。例如式(1-70)中的 I_A、II_A 和 III_A，或等价的 $\mathrm{tr}\,\boldsymbol{A}$、$\mathrm{tr}\,\boldsymbol{A}^2$、$\mathrm{tr}\,\boldsymbol{A}^3$ 便是 3 个各向同性不变量。以 $\boldsymbol{A}$ 的这种单个不变量作为元素构成 $\boldsymbol{A}$ 的不变量集合，如该集合外的所有 $\boldsymbol{A}$ 的不变量均可用集合内的元素表示，则称这一集合为完备的；如集合内任意一元素均不能表示成集合内其他元素的单值函数，则称这一集合是不可约的；完备的不可约的不变量集合是不变量研究的主要内容。如集合内任意一元素不能单值地用集合内元素的多项式或一般函数表示，则分别称这一集合为整基或泛函基，显然泛函基元素的个数不多于整基元数的个数，因多项式只是一般函数的一种。由凯莱-汉密尔顿(Cayley-Hamilton)定理知，二阶对称张量 $\boldsymbol{A}$ 的四次幂及以上的项均可由线性无关的 $\boldsymbol{A}$、$\boldsymbol{A}^2$、$\boldsymbol{A}^3$ 表示，因而 $\mathrm{tr}\,\boldsymbol{A}$、$\mathrm{tr}\,\boldsymbol{A}^2$、$\mathrm{tr}\,\boldsymbol{A}^3$ 构成 $\mathrm{tr}\,\boldsymbol{A}$、$\mathrm{tr}\,\boldsymbol{A}^2$、$\mathrm{tr}\,\boldsymbol{A}^3$ 的不变量的完备的不可约集合。关于整基，有下述希尔伯特(Hilbert)定理：

任何阶次的张量(含矢量)的有限集合存在有限的整基。

推导不可约基时，下述一些关于矩阵迹的公式是很有用的。设 $\boldsymbol{P}$、$\boldsymbol{T}$、$\boldsymbol{R}$、$\boldsymbol{S}$ 为三维空间的二阶张量，则有

(1) $\mathrm{tr}(\boldsymbol{PTRS})=P_{ik}T_{kl}R_{lm}S_{mi}=\mathrm{tr}(\boldsymbol{PTRS})^{\mathrm{T}}$。

(2) $\mathrm{tr}(\boldsymbol{PTRS})=\mathrm{tr}(\boldsymbol{TRSP})=\mathrm{tr}(\boldsymbol{RSPT})=\mathrm{tr}(\boldsymbol{SPTR})$。

(3) 凯莱-汉密尔顿定理。

$$\boldsymbol{P}^3-\boldsymbol{P}^2\operatorname{tr}\boldsymbol{P}+\frac{1}{2}\boldsymbol{P}[(\operatorname{tr}\boldsymbol{P})^2-\operatorname{tr}\boldsymbol{P}^2]-\boldsymbol{I}\det\boldsymbol{P}=\boldsymbol{0} \tag{6-103}$$

(4) $\det\boldsymbol{P}=\frac{1}{3}\left\{\operatorname{tr}\boldsymbol{P}^3-\frac{3}{2}\operatorname{tr}\boldsymbol{P}^2\operatorname{tr}\boldsymbol{P}+\frac{1}{2}(\operatorname{tr}\boldsymbol{P})^3\right\}$。

把式(6-103)右乘 $\boldsymbol{S}$ 并取迹便得

$$\operatorname{tr}\boldsymbol{P}^3\boldsymbol{S}-\operatorname{tr}\boldsymbol{P}^2\boldsymbol{S}\operatorname{tr}\boldsymbol{P}+\frac{1}{2}\operatorname{tr}\boldsymbol{PS}[(\operatorname{tr}\boldsymbol{P})^2-\operatorname{tr}\boldsymbol{P}^2]-\operatorname{tr}\boldsymbol{S}\det\boldsymbol{P}=0$$

或

(5) $\operatorname{tr}\boldsymbol{P}^3\boldsymbol{S}=0$。

在式(6-103)中以 $\lambda\boldsymbol{P}+\mu\boldsymbol{T}+\nu\boldsymbol{R}$ 代替 $\boldsymbol{P}$，其中 λ、μ、ν 为任意常数，如果令 λ、μ、ν 前的系数为零，便得一重要恒等式，即式(6-104)。

(6)
$$\begin{aligned}&\boldsymbol{PTR}+\boldsymbol{PRT}+\boldsymbol{TPR}+\boldsymbol{TRP}+\boldsymbol{RPT}+\boldsymbol{RTP}-\\&(\boldsymbol{TR}+\boldsymbol{RT})\operatorname{tr}\boldsymbol{P}-(\boldsymbol{RP}+\boldsymbol{PR})\operatorname{tr}\boldsymbol{T}-(\boldsymbol{PT}+\boldsymbol{TP})\operatorname{tr}\boldsymbol{R}-\\&\boldsymbol{P}(\operatorname{tr}\boldsymbol{TR}-\operatorname{tr}\boldsymbol{T}\operatorname{tr}\boldsymbol{R})-\boldsymbol{T}(\operatorname{tr}\boldsymbol{RP}-\operatorname{tr}\boldsymbol{R}\operatorname{tr}\boldsymbol{P})-\boldsymbol{R}(\operatorname{tr}\boldsymbol{PT}-\operatorname{tr}\boldsymbol{P}\operatorname{tr}\boldsymbol{T})-\\&\boldsymbol{I}(\operatorname{tr}\boldsymbol{PTR}+\operatorname{tr}\boldsymbol{RTP}-\operatorname{tr}\boldsymbol{P}\operatorname{tr}\boldsymbol{TR}-\operatorname{tr}\boldsymbol{T}\operatorname{tr}\boldsymbol{RP}-\operatorname{tr}\boldsymbol{R}\operatorname{tr}\boldsymbol{PT}+\operatorname{tr}\boldsymbol{P}\operatorname{tr}\boldsymbol{T}\operatorname{tr}\boldsymbol{R})=\boldsymbol{0}\end{aligned} \tag{6-104}$$

把式(6-104)右乘 $\boldsymbol{S}$ 并取迹，可得

(7)
$$\operatorname{tr}(\boldsymbol{PTR}+\boldsymbol{PRT}+\boldsymbol{TPR}+\boldsymbol{TRP}+\boldsymbol{RPT}+\boldsymbol{RTP})\boldsymbol{S}=0 \tag{6-105}$$

在式(6-105)中若令 $\boldsymbol{P}=\boldsymbol{T}$，用 $\boldsymbol{PS}$ 替代 $\boldsymbol{S}$ 等方法可得一系列恒等式。

利用式(6-103)和上面的等式，可推导出表6-1中不同情况下的完备不可约各向同性泛函基。表中两个自变张量 $\boldsymbol{A}_1$、$\boldsymbol{A}_2$ 的泛函基中的元素，除去同行的 $\operatorname{tr}\boldsymbol{A}_1\boldsymbol{A}_2$、$\operatorname{tr}\boldsymbol{A}_1^2\boldsymbol{A}_2$、$\operatorname{tr}\boldsymbol{A}_1\boldsymbol{A}_2^2$、$\operatorname{tr}\boldsymbol{A}_1^2\boldsymbol{A}_2^2$ 外，还应包含第一行中的元素 $\operatorname{tr}\boldsymbol{A}_1$、$\operatorname{tr}\boldsymbol{A}_2$、$\operatorname{tr}\boldsymbol{A}_1^2$、$\operatorname{tr}\boldsymbol{A}_2^2$、$\operatorname{tr}\boldsymbol{A}^3$、$\operatorname{tr}\boldsymbol{A}_2^3$。其他情形仿此。

表6-1 完备的不可约各向同性泛函基

自变量	不变量
$\boldsymbol{A}$	$\operatorname{tr}\boldsymbol{A}$, $\operatorname{tr}\boldsymbol{A}^2$, $\operatorname{tr}\boldsymbol{A}^3$
$\boldsymbol{W}$	$\operatorname{tr}\boldsymbol{W}^2$
$\boldsymbol{v}$	$\boldsymbol{v}\cdot\boldsymbol{v}$
$\boldsymbol{A}_1$, $\boldsymbol{A}_2$	$\operatorname{tr}\boldsymbol{A}_1\boldsymbol{A}_2$, $\operatorname{tr}\boldsymbol{A}_1^2\boldsymbol{A}_2$, $\operatorname{tr}\boldsymbol{A}_1\boldsymbol{A}_2^2$, $\operatorname{tr}\boldsymbol{A}_1^2\boldsymbol{A}_2^2$
$\boldsymbol{A}$, $\boldsymbol{W}$	$\operatorname{tr}\boldsymbol{AW}^2$, $\operatorname{tr}\boldsymbol{A}^2\boldsymbol{W}^2$, $\operatorname{tr}\boldsymbol{A}^2\boldsymbol{W}^2\boldsymbol{AW}$
$\boldsymbol{A}$, $\boldsymbol{v}$	$\boldsymbol{v}\cdot\boldsymbol{Av}$, $\boldsymbol{v}\cdot\boldsymbol{A}^2\boldsymbol{v}$
$\boldsymbol{W}_1$, $\boldsymbol{W}_2$	$\operatorname{tr}\boldsymbol{W}_1\boldsymbol{W}_2$
$\boldsymbol{W}$, $\boldsymbol{v}$	$\boldsymbol{v}\cdot\boldsymbol{W}^2\boldsymbol{v}$
$\boldsymbol{v}_1$, $\boldsymbol{v}_2$	$\boldsymbol{v}_1\cdot\boldsymbol{v}_2$

续 表

自 变 量	不 变 量
$\boldsymbol{A}_1, \boldsymbol{A}_2, \boldsymbol{A}_3$	$\mathrm{tr}\,\boldsymbol{A}_1\boldsymbol{A}_2\boldsymbol{A}_3$
$\boldsymbol{A}_1, \boldsymbol{A}_2, \boldsymbol{W}$	$\mathrm{tr}\,\boldsymbol{A}_1\boldsymbol{A}_2\boldsymbol{W}$, $\mathrm{tr}\,\boldsymbol{A}_1^2\boldsymbol{A}_2\boldsymbol{W}$, $\mathrm{tr}\,\boldsymbol{A}_1\boldsymbol{A}_2^2\boldsymbol{W}$, $\mathrm{tr}\,\boldsymbol{A}_1\boldsymbol{W}^2\boldsymbol{A}_2\boldsymbol{W}$
$\boldsymbol{A}, \boldsymbol{W}_1, \boldsymbol{W}_2$	$\mathrm{tr}\,\boldsymbol{A}\boldsymbol{W}_1\boldsymbol{W}_2$, $\mathrm{tr}\,\boldsymbol{A}\boldsymbol{W}_1^2\boldsymbol{W}_2$, $\mathrm{tr}\,\boldsymbol{A}\boldsymbol{W}_1\boldsymbol{W}_2^2$
$\boldsymbol{W}_1, \boldsymbol{W}_2, \boldsymbol{W}_3$	$\mathrm{tr}\,\boldsymbol{W}_1\boldsymbol{W}_2\boldsymbol{W}_3$
$\boldsymbol{A}_1, \boldsymbol{A}_2, \boldsymbol{v}$	$\boldsymbol{A}_1\boldsymbol{v}\cdot\boldsymbol{A}_2\boldsymbol{v}$
$\boldsymbol{A}, \boldsymbol{v}_1, \boldsymbol{v}_2$	$\boldsymbol{v}_1\cdot\boldsymbol{A}\boldsymbol{v}_2$, $\boldsymbol{v}_1\cdot\boldsymbol{A}^2\boldsymbol{v}_2$
$\boldsymbol{W}_1, \boldsymbol{W}_2, \boldsymbol{v}$	$\boldsymbol{W}_1\boldsymbol{v}\cdot\boldsymbol{W}_2\boldsymbol{v}$, $\boldsymbol{W}_1^2\boldsymbol{v}\cdot\boldsymbol{W}_2\boldsymbol{v}$, $\boldsymbol{W}_1\boldsymbol{v}\cdot\boldsymbol{W}_2^2\boldsymbol{v}$
$\boldsymbol{W}, \boldsymbol{v}_1, \boldsymbol{v}_2$	$\boldsymbol{v}_1\cdot\boldsymbol{W}\boldsymbol{v}_2$, $\boldsymbol{v}_1\cdot\boldsymbol{W}^2\boldsymbol{v}_2$
$\boldsymbol{A}, \boldsymbol{W}, \boldsymbol{v}$	$\boldsymbol{A}\boldsymbol{v}\cdot\boldsymbol{W}\boldsymbol{v}$, $\boldsymbol{A}^2\boldsymbol{v}\cdot\boldsymbol{W}\boldsymbol{v}$, $\boldsymbol{A}\boldsymbol{W}\boldsymbol{v}\cdot\boldsymbol{W}^2\boldsymbol{v}$
$\boldsymbol{A}_1, \boldsymbol{A}_2, \boldsymbol{v}_1, \boldsymbol{v}_2$	$\boldsymbol{A}_1\boldsymbol{v}_1\cdot\boldsymbol{A}_2\boldsymbol{v}_2-\boldsymbol{A}_1\boldsymbol{v}_2\cdot\boldsymbol{A}_2\boldsymbol{v}_1$
$\boldsymbol{A}, \boldsymbol{W}, \boldsymbol{v}_1, \boldsymbol{v}_2$	$\boldsymbol{A}\boldsymbol{v}_1\cdot\boldsymbol{W}\boldsymbol{v}_2-\boldsymbol{A}\boldsymbol{v}_2\cdot\boldsymbol{W}\boldsymbol{v}_1$
$\boldsymbol{W}_1, \boldsymbol{W}_2, \boldsymbol{v}_1, \boldsymbol{v}_2$	$\boldsymbol{W}_1\boldsymbol{v}_1\cdot\boldsymbol{W}_2\boldsymbol{v}_2-\boldsymbol{W}_1\boldsymbol{v}_2\cdot\boldsymbol{W}_2\boldsymbol{v}_1$

注：$\boldsymbol{A}$ 为二阶对称张量；$\boldsymbol{W}$ 为二阶反对称张量；$\boldsymbol{v}$ 为矢量。

6.5.2 各向同性张量函数和各向同性介质的本构方程

式(6-90)中若 $Q\in O$，则 $\mathscr{F}$ 是各向同性张量函数，说得更明确一些，如对任意的正交变换 $\boldsymbol{Q}$，对张量的矢量函数 $\boldsymbol{u}$，张量的张量函数 $\boldsymbol{H}$ 都有

$$\left.\begin{aligned}\boldsymbol{u}(\boldsymbol{QAQ}^{\mathrm{T}},\ \boldsymbol{QWQ}^{\mathrm{T}},\ \boldsymbol{Qv})&=\boldsymbol{Qu}(\boldsymbol{A},\ \boldsymbol{W},\ \boldsymbol{v})\\ \boldsymbol{H}(\boldsymbol{QAQ}^{\mathrm{T}},\ \boldsymbol{QWQ}^{\mathrm{T}},\ \boldsymbol{Qv})&=\boldsymbol{QH}(\boldsymbol{A},\ \boldsymbol{W},\ \boldsymbol{v})\boldsymbol{Q}^{\mathrm{T}}\end{aligned}\right\}\tag{6-106}$$

则称 $\boldsymbol{u}$ 和 $\boldsymbol{H}$ 分别为张量的各向同性矢量函数和张量的各向同性张量函数。式(6-106)的物理含意在如下：自变张量和张量函数都服从张量变换规则，这保证了正交变换后，张量函数和自变张量间的关系与变换前具有相同的形式，通常称这一事实为标架无差异原理。

以各向同性弹性介质为例，因其本构方程与变形史无关，由式(6-96)知，$\boldsymbol{\sigma}$ 只取决于 $\boldsymbol{B}$。若令

$$\boldsymbol{\sigma}=\phi_0\boldsymbol{I}+\phi_1\boldsymbol{B}+\phi_2\boldsymbol{B}^2\tag{6-107}$$

式中，ϕ_0、ϕ_1、ϕ_2 是泛函基中不变量元素的函数。由表 6-1 知，它们是 $\mathrm{tr}\,\boldsymbol{B}$、$\mathrm{tr}\,\boldsymbol{B}^2$、$\mathrm{tr}\,\boldsymbol{B}^3$ 的函数，或等价地是式(1-70)中的 I_B、II_B、III_B 的函数。把式(6-107)做正交变换便得

$$\bar{\boldsymbol{\sigma}}=\phi_0\boldsymbol{I}+\phi_1\boldsymbol{QBQ}^{\mathrm{T}}+\phi_2\boldsymbol{QBQ}^{\mathrm{T}}\boldsymbol{QBQ}^{\mathrm{T}}=\boldsymbol{Q\sigma Q}^{\mathrm{T}}$$

即满足式(6-106)。$\boldsymbol{I}$、$\boldsymbol{B}$、$\boldsymbol{B}^2$ 是线性无关的，而由凯莱-汉密尔顿定理知，任何 $\boldsymbol{B}^3$ 及更高的幂次均可用 $\boldsymbol{I}$、$\boldsymbol{B}$、$\boldsymbol{B}^2$ 表示，因而 $\boldsymbol{I}$、$\boldsymbol{B}$、$\boldsymbol{B}^2$ 也是完备的。$\boldsymbol{\sigma}$ 是由 $\boldsymbol{I}$、$\boldsymbol{B}$、$\boldsymbol{B}^2$ 构成的或生成的，所以称 $\boldsymbol{I}$、$\boldsymbol{B}$、$\boldsymbol{B}^2$ 为 $\boldsymbol{\sigma}$ 的生成元。由上述讨论可知，$\boldsymbol{I}$、$\boldsymbol{B}$、$\boldsymbol{B}^2$ 是完备的不可约生成元集合，寻求一般情况下的完备不可约生成元集合是张量函数表示理论的主要内容之一。表 6-2 给出了不

同情况下的完备不可约生成元集合，关于表 6－1 的说明同样要应用到表 6－2。有了表 6－1 和表 6－2，对于通常的各向同性介质便易于写出其本构方程了。

表 6－2 二阶对称各向同性张量的完备不可约生成元

自变量	生成元
	$\boldsymbol{I}$
$\boldsymbol{A}$	$\boldsymbol{A},\ \boldsymbol{A}^2$
$\boldsymbol{W}$	$\boldsymbol{W}^2$
$\boldsymbol{v}$	$\boldsymbol{v}\otimes\boldsymbol{v}$
$\boldsymbol{A}_1,\ \boldsymbol{A}_2$	$\boldsymbol{A}_1\boldsymbol{A}_2+\boldsymbol{A}_2\boldsymbol{A}_1,\ \boldsymbol{A}_1^2\boldsymbol{A}_2+\boldsymbol{A}_2\boldsymbol{A}_1^2,\ \boldsymbol{A}_1\boldsymbol{A}_2^2+\boldsymbol{A}_2^2\boldsymbol{A}_1$
$\boldsymbol{A},\ \boldsymbol{W}$	$\boldsymbol{AW}-\boldsymbol{WA},\ \boldsymbol{WAW},\ \boldsymbol{A}^2\boldsymbol{W}-\boldsymbol{WA}^2,\ \boldsymbol{WAW}^2-\boldsymbol{W}^2\boldsymbol{AW}$
$\boldsymbol{A},\ \boldsymbol{v}$	$\boldsymbol{v}\otimes\boldsymbol{Av}+\boldsymbol{Av}\otimes\boldsymbol{v},\ \boldsymbol{v}\otimes\boldsymbol{A}^2\boldsymbol{v}+\boldsymbol{A}^2\boldsymbol{v}\otimes\boldsymbol{v}$
$\boldsymbol{W}_1,\ \boldsymbol{W}_2$	$\boldsymbol{W}_1\boldsymbol{W}_2+\boldsymbol{W}_2\boldsymbol{W}_1,\ \boldsymbol{W}_1\boldsymbol{W}_2^2+\boldsymbol{W}_2^2\boldsymbol{W}_1,\ \boldsymbol{W}_1^2\boldsymbol{W}_2+\boldsymbol{W}_2\boldsymbol{W}_1^2$
$\boldsymbol{W},\ \boldsymbol{v}$	$\boldsymbol{Wv}\otimes\boldsymbol{Wv},\ \boldsymbol{v}\otimes\boldsymbol{Wv}+\boldsymbol{Wv}\otimes\boldsymbol{v},\ \boldsymbol{Wv}\otimes\boldsymbol{W}^2\boldsymbol{v}+\boldsymbol{W}^2\boldsymbol{v}\otimes\boldsymbol{Wv}$
$\boldsymbol{v}_1,\ \boldsymbol{v}_2$	$\boldsymbol{v}_1\otimes\boldsymbol{v}_2+\boldsymbol{v}_2\otimes\boldsymbol{v}_1$
$\boldsymbol{A},\ \boldsymbol{v}_1,\ \boldsymbol{v}_2$	$(\boldsymbol{v}_1\otimes\boldsymbol{Av}_2+\boldsymbol{Av}_2\otimes\boldsymbol{v}_1)-(\boldsymbol{v}_2\otimes\boldsymbol{Av}_1+\boldsymbol{Av}_1\otimes\boldsymbol{v}_2)$
$\boldsymbol{W},\ \boldsymbol{v}_1,\ \boldsymbol{v}_2$	$(\boldsymbol{v}_1\otimes\boldsymbol{Wv}_2+\boldsymbol{Wv}_2\otimes\boldsymbol{v}_1)-(\boldsymbol{v}_2\otimes\boldsymbol{Wv}_1+\boldsymbol{Wv}_1\otimes\boldsymbol{v}_2)$

注：同表 6－1。

6.5.3 结构张量与各向异性介质的本构方程

考虑各向异性介质且具一定物质对称性时，可通过引入一组结构张量 $\boldsymbol{\xi}_\alpha$ 来描写，且物质对称群 L（完全正交群 O 的子群）是 $\boldsymbol{\xi}_\alpha$ 的不变群，即有

$$\overline{\boldsymbol{\xi}_\alpha}=\boldsymbol{Q}\boldsymbol{\xi}_\alpha\boldsymbol{Q}^{\mathrm{T}}=\boldsymbol{\xi}_\alpha\quad \boldsymbol{Q}\in L \tag{6-108}$$

研究表明，各向异性张量函数可表示为将 $\boldsymbol{\xi}_\alpha$ 作为附加自变张量的各向同性张量函数，因而可充分利用各向同性张量函数表示理论的已有结果。以弹性体为例，本构方程可写成

$$\boldsymbol{\sigma}=\mathscr{F}(\boldsymbol{B},\boldsymbol{\xi}_\alpha) \tag{6-109}$$

由客观性原理和式(6－102)得

$$\mathscr{F}(\boldsymbol{QBQ}^{\mathrm{T}},\boldsymbol{Q}\boldsymbol{\xi}_\alpha\boldsymbol{Q}^{\mathrm{T}})=\mathscr{F}(\boldsymbol{QBQ}^{\mathrm{T}},\boldsymbol{\xi}_\alpha)=\boldsymbol{Q}\mathscr{F}(\boldsymbol{B},\boldsymbol{\xi}_\alpha)\boldsymbol{Q}^{\mathrm{T}}\quad \boldsymbol{Q}\in L \tag{6-110}$$

式(6－110)表示当 $\boldsymbol{Q}\in\mathscr{L}$ 且仅当 $\boldsymbol{Q}\in\mathscr{L}$ 时，$\mathscr{F}$ 关于 $\boldsymbol{B}$ 是不变的，因此对其他变换 $\mathscr{F}$ 关于 $\boldsymbol{B}$ 是各向异性的，各向异性的类型由结构张量 $\boldsymbol{\xi}_\alpha$ 的不变群 $\mathscr{L}$ 表征。因此如果找到了 $\boldsymbol{\xi}_\alpha$，那么由各向同性张量函数的表示理论，便可由式(6－110)写出各向异性弹性介质的本构方程。寻找 $\boldsymbol{\xi}_\alpha$ 一般并非易事，需仔细研究实际问题。

6.5.4 二维问题

上面有关三维问题的讨论也适用于二维问题，由式(1－8b)知，二维问题中二阶张量的凯

莱-汉密尔顿定理可写成

$$\boldsymbol{P}^2-(\operatorname{tr}\boldsymbol{P})\boldsymbol{P}+\frac{1}{2}(\operatorname{tr}^2\boldsymbol{P}-\operatorname{tr}\boldsymbol{P}^2)\boldsymbol{I}=\boldsymbol{0} \tag{6-111}$$

因此 $\boldsymbol{P}^2$ 及更高的幂次可用 $\boldsymbol{I}$ 和 $\boldsymbol{P}$ 表示。在式(6-111)中若用 $\boldsymbol{P}+\lambda\boldsymbol{T}$ 代替 $\boldsymbol{P}$，其中 λ 为任意常数，再令 λ 前的系数为零可得

$$\boldsymbol{PT}+\boldsymbol{TP}-(\operatorname{tr}\boldsymbol{P})\boldsymbol{T}-(\operatorname{tr}\boldsymbol{T})\boldsymbol{P}+(\operatorname{tr}\boldsymbol{P}\operatorname{tr}\boldsymbol{T}-\operatorname{tr}\boldsymbol{PT})=\boldsymbol{0} \tag{6-112}$$

由式(6-112)可得一系列恒等式，在寻求不可约生成元和泛函基中是很有用的。

例 8 给出二维正交弹性材料的本构方程。

解： 设二维正交弹性材料的材料主轴为 $\boldsymbol{v}_1$、$\boldsymbol{v}_2$，则物质对称群 $\mathscr{L}$ 为

$$\mathscr{L}=\{\pm\boldsymbol{I},\ \boldsymbol{Q}^{(1)},\ \boldsymbol{Q}^{(2)}\} \tag{6-113}$$

式中，$\boldsymbol{Q}^{(1)}$、$\boldsymbol{Q}^{(2)}$ 为 $\boldsymbol{v}_1$、$\boldsymbol{v}_2$ 方向的反射变换；$\boldsymbol{I}$ 为恒等变换，参阅 1.6 节。由式(6-113)知 $\mathscr{L}$ 只是完全正交群 O 的子群，这表明材料的各向异性性质。引入二阶张量 $\boldsymbol{M}$：

$$\boldsymbol{M}=\boldsymbol{v}_1\otimes\boldsymbol{v}_1 \quad 或 \quad [\boldsymbol{M}]_{主轴}=\begin{bmatrix}1&0\\0&0\end{bmatrix} \tag{6-114}$$

在材料主轴坐标系(见图 6-4)中有

$$\boldsymbol{Q}^{(1)}=\begin{bmatrix}-1&0\\0&1\end{bmatrix} \quad \boldsymbol{Q}^{(2)}=\begin{bmatrix}1&0\\0&-1\end{bmatrix}$$

故有 $\boldsymbol{Q}^{(1)}\boldsymbol{M}\boldsymbol{Q}^{(1)\mathrm{T}}=\boldsymbol{M}$，$\boldsymbol{Q}^{(2)}\boldsymbol{M}\boldsymbol{Q}^{(2)\mathrm{T}}=\boldsymbol{M}$，即 $\boldsymbol{M}$ 是结构张量。在一般坐标系 Ox_1x_2 (如图 6-4)中 $\boldsymbol{M}$ 的表达式为

$$\begin{aligned}\boldsymbol{M}&=\begin{bmatrix}\cos\theta&\sin\theta\\-\sin\theta&\cos\theta\end{bmatrix}\begin{bmatrix}1&0\\0&0\end{bmatrix}\begin{bmatrix}\cos\theta&\sin\theta\\\sin\theta&\cos\theta\end{bmatrix}\\&=\begin{bmatrix}\cos^2\theta&-\sin\theta\cos\theta\\-\sin\theta\cos\theta&\sin^2\theta\end{bmatrix}\\&=\begin{bmatrix}\cos^2\theta&-\sin\theta\cos\theta\\-\sin\theta\cos\theta&\sin^2\theta\end{bmatrix}\end{aligned} \tag{6-115}$$

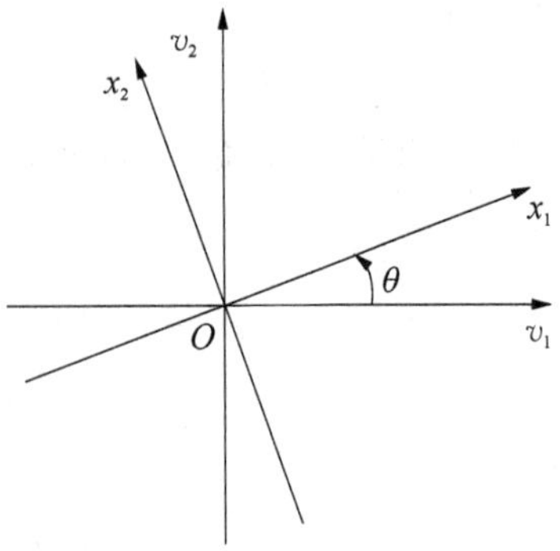

图 6-4 一般坐标 Ox_1x_2 与材料主轴坐标 OM_1M_2

对二维正交弹性材料，只须引入一个对称的二阶结构张量 $\boldsymbol{M}$，按式(6-104)有

$$\boldsymbol{\sigma}=\boldsymbol{F}(\boldsymbol{B},\ \boldsymbol{M}) \tag{6-116}$$

按各向同性张量函数表示理论，由表 6-2 知，生成元为 $\boldsymbol{I}$、$\boldsymbol{B}$、$\boldsymbol{M}$，故本构方程可写成

$$\boldsymbol{\sigma}=\phi_0\boldsymbol{I}+\phi_1\boldsymbol{M}+\phi_2\boldsymbol{B} \tag{6-117}$$

由表 6-1 知，ϕ_0、ϕ_1、ϕ_2 是 $\operatorname{tr}\boldsymbol{B}$、$\operatorname{tr}\boldsymbol{B}^2$ 和 $\operatorname{tr}\boldsymbol{MB}$ 的函数。

例 9 给出三维正交材料的本构方程。

解： 设材料主轴为 $\boldsymbol{v}_1$、$\boldsymbol{v}_2$、$\boldsymbol{v}_3$，物质对称群为

$$L=\{\pm \boldsymbol{I}, \boldsymbol{Q}^{(1)}, \boldsymbol{Q}^{(2)}, \boldsymbol{Q}^{(3)}\} \tag{6-118}$$

式中，$\boldsymbol{Q}^{(1)}$、$\boldsymbol{Q}^{(2)}$、$\boldsymbol{Q}^{(3)}$ 是 $\boldsymbol{v}_1$、$\boldsymbol{v}_2$、$\boldsymbol{v}_3$ 方向的反射变换。引入张量

$$\boldsymbol{M}_1=\boldsymbol{v}_1\otimes\boldsymbol{v}_1 \quad \boldsymbol{M}_2=\boldsymbol{v}_2\otimes\boldsymbol{v}_2 \quad \boldsymbol{M}_3=\boldsymbol{v}_3\otimes\boldsymbol{v}_3 \tag{6-119a}$$

在材料主轴坐标系中有

$$\boldsymbol{M}_1=\begin{bmatrix}1&0&0\\0&0&0\\0&0&0\end{bmatrix} \quad \boldsymbol{M}_2=\begin{bmatrix}0&0&0\\0&1&0\\0&0&0\end{bmatrix} \quad \boldsymbol{M}_3=\begin{bmatrix}0&0&0\\0&0&0\\0&0&1\end{bmatrix} \tag{6-119b}$$

易证有 $\boldsymbol{Q}\boldsymbol{M}_k\boldsymbol{Q}^{\mathrm{T}}=\boldsymbol{M}_k$，当 $Q\in\mathscr{L}$ 时，即 $\boldsymbol{M}_k$ 为结构张量。因此利用表 6-2 和表 6-1 便可写出本构方程。利用下述 $\boldsymbol{v}_1$、$\boldsymbol{v}_2$ 和 $\boldsymbol{v}_3$ 的归一化和正交条件

$$\left.\begin{array}{l}\operatorname{tr}\boldsymbol{M}_k=1, \quad \boldsymbol{M}_k\boldsymbol{M}_l=\delta_{kl}, \quad \boldsymbol{M}_k^n=\boldsymbol{M}_k \quad (k, l=1, 2, 3)\\ \operatorname{tr}\boldsymbol{M}_1\boldsymbol{B}+\operatorname{tr}\boldsymbol{M}_2\boldsymbol{B}+\operatorname{tr}\boldsymbol{M}_3\boldsymbol{B}=\operatorname{tr}\boldsymbol{B}\\ (\boldsymbol{M}_1\boldsymbol{B}+\boldsymbol{B}\boldsymbol{M}_1)+(\boldsymbol{M}_2\boldsymbol{B}+\boldsymbol{B}\boldsymbol{M}_2)+(\boldsymbol{M}_3\boldsymbol{B}+\boldsymbol{B}\boldsymbol{M}_3)=2\boldsymbol{B}\end{array}\right\} \tag{6-120}$$

式中，n 为幂次。可得下述本构方程的不可约表示为

$$\begin{aligned}\boldsymbol{\sigma}=&\phi\boldsymbol{M}_1+\phi_2\boldsymbol{M}_2+\phi_3\boldsymbol{M}_3+\phi_4(\boldsymbol{M}_1\boldsymbol{B}+\boldsymbol{B}\boldsymbol{M}_1)+\phi_5(\boldsymbol{M}_2\boldsymbol{B}+\boldsymbol{B}\boldsymbol{M}_2)+\\&\phi_6(\boldsymbol{M}_3\boldsymbol{B}+\boldsymbol{B}\boldsymbol{M}_3)+\phi_7\boldsymbol{B}^2\end{aligned} \tag{6-121}$$

式中

$$\phi_k=\phi_k(\operatorname{tr}\boldsymbol{M}_1\boldsymbol{B}, \operatorname{tr}\boldsymbol{M}_2\boldsymbol{B}, \operatorname{tr}\boldsymbol{M}_3\boldsymbol{B}, \operatorname{tr}\boldsymbol{M}_1\boldsymbol{B}^2, \operatorname{tr}\boldsymbol{M}_2\boldsymbol{B}^2, \operatorname{tr}\boldsymbol{M}_3\boldsymbol{B}^2, \operatorname{tr}\boldsymbol{B}^3) \tag{6-122}$$

例 10 对 $(\boldsymbol{v}_1, \boldsymbol{v}_2)$ 平面为横观各向同性平面的材料，其物质对称群为

$$\mathscr{L}=\{\pm\boldsymbol{I}, \boldsymbol{Q}^{(1)}, \boldsymbol{Q}^{(2)}, \boldsymbol{Q}^{(3)}, \boldsymbol{Q}^{(\theta)}, 0\leqslant\theta\leqslant 2\pi\} \tag{6-123}$$

式中，$\boldsymbol{Q}^{(1)}$、$\boldsymbol{Q}^{(2)}$、$\boldsymbol{Q}^{(3)}$ 为 $\boldsymbol{v}_1$、$\boldsymbol{v}_2$、$\boldsymbol{v}_3$ 方向的反射变换；$\boldsymbol{Q}^{(\theta)}$ 为关于 $\boldsymbol{v}_3$ 轴的全部旋转变换。引入结构张量

$$\boldsymbol{M}=\boldsymbol{v}_3\otimes\boldsymbol{v}_3 \tag{6-124}$$

可求得本构泛函的不可约表示为

$$\left.\begin{array}{l}\boldsymbol{\sigma}=\phi_0\boldsymbol{I}+\phi_1\boldsymbol{M}+\phi_2\boldsymbol{B}+\phi_3(\boldsymbol{M}\boldsymbol{B}+\boldsymbol{B}\boldsymbol{M})+\phi_4\boldsymbol{B}^2+\phi_5(\boldsymbol{M}\boldsymbol{B}^2+\boldsymbol{B}^2\boldsymbol{M})\\ \phi_k=\phi_k(\operatorname{tr}\boldsymbol{B}, \operatorname{tr}\boldsymbol{B}^2, \operatorname{tr}\boldsymbol{B}^3, \operatorname{tr}\boldsymbol{M}\boldsymbol{B}, \operatorname{tr}\boldsymbol{M}\boldsymbol{B}^2)\end{array}\right\} \tag{6-125}$$

对一般的各向异性材料，物质对称群 $L=\{\pm\boldsymbol{I}\}$，需要引入 6 个结构张量

$$\left.\begin{array}{l}\boldsymbol{M}_1=\boldsymbol{v}_1\otimes\boldsymbol{v}_1, \quad \boldsymbol{M}_2=\boldsymbol{v}_2\otimes\boldsymbol{v}_2, \quad \boldsymbol{M}_3=\boldsymbol{v}_3\otimes\boldsymbol{v}_3\\ \boldsymbol{M}_{kl}+\boldsymbol{M}_{lk}=\boldsymbol{v}_k\otimes\boldsymbol{v}_l+\boldsymbol{v}_l\otimes\boldsymbol{v}_k \quad (k\neq l)\end{array}\right\} \tag{6-126}$$

本构泛函的不可约表示为

$$\left.\begin{array}{l}\boldsymbol{\sigma}=\phi\boldsymbol{M}_1+\phi_2\boldsymbol{M}_2+\phi_3\boldsymbol{M}_3+\phi_4(\boldsymbol{M}_{23}+\boldsymbol{M}_{32})+\phi_5(\boldsymbol{M}_{31}+\boldsymbol{M}_{13})+\phi_6(\boldsymbol{M}_{12}+\boldsymbol{M}_{21})\\ \phi_k=\phi_k(\operatorname{tr}\boldsymbol{M}_1\boldsymbol{B}, \operatorname{tr}\boldsymbol{M}_2\boldsymbol{B}, \operatorname{tr}\boldsymbol{M}_3\boldsymbol{B}, \operatorname{tr}\boldsymbol{M}_{23}\boldsymbol{B}, \operatorname{tr}\boldsymbol{M}_{31}\boldsymbol{B}, \operatorname{tr}\boldsymbol{M}_{12}\boldsymbol{B})\end{array}\right\} \tag{6-127}$$

正交各向异性材料和横观各向同性材料的泛函基和生成元分别如表 6-3 和表 6-4 所示,表 6-1 的说明同样适用。

表 6-3 正交各向异性和横观各向同性材料的泛函基

变 量	正交各向异性材料	横观各向同性材料
$\boldsymbol{A}$	$\mathrm{tr}\,\boldsymbol{M}_1\boldsymbol{A}$, $\mathrm{tr}\,\boldsymbol{M}_1\boldsymbol{A}^2$, $\mathrm{tr}\,\boldsymbol{A}^3$ $\mathrm{tr}\,\boldsymbol{M}_2\boldsymbol{A}$, $\mathrm{tr}\,\boldsymbol{M}_2\boldsymbol{A}^2$ $\mathrm{tr}\,\boldsymbol{M}_3\boldsymbol{A}$, $\mathrm{tr}\,\boldsymbol{M}_3\boldsymbol{A}^2$	$\mathrm{tr}\,\boldsymbol{A}$, $\mathrm{tr}\,\boldsymbol{A}^2$, $\mathrm{tr}\,\boldsymbol{A}^3$ $\mathrm{tr}\,\boldsymbol{MA}$, $\mathrm{tr}\,\boldsymbol{MA}^2$
$\boldsymbol{A}_1$, $\boldsymbol{A}_2$	$\mathrm{tr}\,\boldsymbol{M}_1\boldsymbol{A}_1\boldsymbol{A}_2$, $\mathrm{tr}\,\boldsymbol{A}_1^2\boldsymbol{A}_2$, $\mathrm{tr}\,\boldsymbol{A}_1\boldsymbol{A}_2^2$ $\mathrm{tr}\,\boldsymbol{M}_2\boldsymbol{A}_1\boldsymbol{A}_2$ $\mathrm{tr}\,\boldsymbol{M}_3\boldsymbol{A}_1\boldsymbol{A}_2$	$\mathrm{tr}\,\boldsymbol{A}_1\boldsymbol{A}_2$, $\mathrm{tr}\,\boldsymbol{MA}_1\boldsymbol{A}_2$ $\mathrm{tr}\,\boldsymbol{A}_1^2\boldsymbol{A}_2$, $\mathrm{tr}\,\boldsymbol{A}_1\boldsymbol{A}_2^2$
$\boldsymbol{A}_1$, $\boldsymbol{A}_2$, $\boldsymbol{A}_3$	$\mathrm{tr}\,\boldsymbol{A}_1\boldsymbol{A}_2\boldsymbol{A}_3$	$\mathrm{tr}\,\boldsymbol{A}_1\boldsymbol{A}_2\boldsymbol{A}_3$

注:同表 6-1。

表 6-4 正交各向异性和横观各向同性材料的生成元

变 量	正交各向异性材料	横观各向同性材料
	$\boldsymbol{M}_1$, $\boldsymbol{M}_2$, $\boldsymbol{M}_3$	$\boldsymbol{I}$, $\boldsymbol{M}$
$\boldsymbol{A}$	$\boldsymbol{M}_1\boldsymbol{A}+\boldsymbol{AM}_1$, $\boldsymbol{A}^2$ $\boldsymbol{M}_2\boldsymbol{A}+\boldsymbol{AM}_2$ $\boldsymbol{M}_3\boldsymbol{A}+\boldsymbol{AM}_3$	$\boldsymbol{A}$, $\boldsymbol{MA}+\boldsymbol{AM}$, $\boldsymbol{A}^2$, $\boldsymbol{MA}^2+\boldsymbol{A}^2\boldsymbol{M}$
$\boldsymbol{A}_1$, $\boldsymbol{A}_2$	$\boldsymbol{A}_1\boldsymbol{A}_2+\boldsymbol{A}_2\boldsymbol{A}_1$	$\boldsymbol{A}_1\boldsymbol{A}_2+\boldsymbol{A}_2\boldsymbol{A}_1$ $\boldsymbol{A}_1^2\boldsymbol{A}_2+\boldsymbol{A}_2\boldsymbol{A}_1^2$ $\boldsymbol{A}_1\boldsymbol{A}_2^2+\boldsymbol{A}_2^2\boldsymbol{A}_1$

注:同表 6-1。

习 题

1. 试证下列诸量是客观性的 E 变量

$$\dot{\boldsymbol{\sigma}}+\boldsymbol{\Gamma}^{\mathrm{T}}\boldsymbol{\sigma}+\boldsymbol{\sigma}\boldsymbol{\Gamma}+\alpha\boldsymbol{D}\boldsymbol{\sigma}+\beta\boldsymbol{\sigma}\boldsymbol{D}\quad \boldsymbol{A}^{(n)}\quad (\text{R - E 张量})$$

$$\dot{\boldsymbol{v}}-\dot{\boldsymbol{R}}\boldsymbol{R}^{\mathrm{T}}\boldsymbol{v}\quad \dot{\boldsymbol{\sigma}}-\dot{\boldsymbol{R}}\boldsymbol{R}^{\mathrm{T}}\boldsymbol{\sigma}+\boldsymbol{\sigma}\dot{\boldsymbol{R}}\boldsymbol{R}^{\mathrm{T}}$$

式中,α 和 β 为纯量;$\boldsymbol{R}$ 为极分解中的转动张量。

2. 若某弹性体存在一特殊的方向 $\boldsymbol{n}$,在法线为 $\boldsymbol{n}$ 的平面上的所有方向性质都相同,便称为横观各向同性弹性体。显然,对称群是绕 $\boldsymbol{n}$ 和 $-\boldsymbol{n}$ 旋转的任意转动张量,试求其弹性常数的个数。

3. 线性黏弹性体的本构方程可以写成

$$\boldsymbol{\sigma} = \mathscr{L}(\boldsymbol{\Gamma};\ \boldsymbol{F},\ \boldsymbol{X}) \tag{6-128}$$

$\mathscr{L}$ 是 $\boldsymbol{\Gamma}$ 的线性算子。试证式(6-128)满足客观性原理的条件是它必须等价于下列方程

$$\boldsymbol{R}^{\mathrm{T}}\boldsymbol{\sigma}\boldsymbol{R} = L(\boldsymbol{R}^{\mathrm{T}}\boldsymbol{D}\boldsymbol{R};\ \boldsymbol{U},\ \boldsymbol{X})$$

4. 试证本构方程

$$\boldsymbol{\sigma} = \mathscr{L}(\boldsymbol{F}) = \alpha(\boldsymbol{FM}) \otimes (\boldsymbol{FM}) \quad 或 \quad \sigma_{kl} = \alpha(\boldsymbol{FM})_k(\boldsymbol{FM})_l$$

满足本构方程的 Noll 三原则。其中 α 为常数；$\boldsymbol{M}$ 为给定的单位矢量。具有上述本构方程的物质称为流晶。

5. 试证上题中流晶的对称群是满足下列方程的张量 $\boldsymbol{H}$ 的集合：$\boldsymbol{Hm} = \pm\boldsymbol{m}$，$\det\boldsymbol{H} = \pm 1$。

提示：先证满足 $\boldsymbol{Hm} = \pm\boldsymbol{m}$ 的张量 $\boldsymbol{H}$ 的集合构成群，再证 $L(\boldsymbol{FH}) = L(\boldsymbol{F})$。

6. (1) 若 ϕ 是 $\boldsymbol{F}$ 的客观性函数，即有 $\phi(\boldsymbol{F}) = \phi(\boldsymbol{U})$，且又是各向同性函数，试证(a) $\phi(\boldsymbol{V}) = \phi(\boldsymbol{U})$；(b) $\dfrac{\partial\phi}{\partial\boldsymbol{F}} = \dfrac{\partial\phi}{\partial\boldsymbol{U}}\boldsymbol{R}^{\mathrm{T}} = \boldsymbol{R}^{\mathrm{T}}\dfrac{\partial\phi}{\partial\boldsymbol{V}}$。

(2) 如 $\dfrac{\partial\phi}{\partial\boldsymbol{F}} = \dfrac{\partial\phi}{\partial\boldsymbol{U}}\boldsymbol{R}^{\mathrm{T}}$ 成立，则 ϕ 必为各向同性函数，式中，$\boldsymbol{F} = \boldsymbol{RU} = \boldsymbol{VR}$。

7. 若 $\boldsymbol{H}$ 满足 $\boldsymbol{QHQ}^{\mathrm{T}} = \boldsymbol{H}$，试证明 $\boldsymbol{H} = \lambda\boldsymbol{I}$，$\lambda$ 为常数（$\boldsymbol{Q}$ 为坐标变换张量）。

7　曲线坐标系中的变形、应力与基本方程

1.4 节曾指出，张量的符号记法与坐标系无关，用张量符号表示的公式既适用于直角坐标系，又适用于一般曲线坐标系；但公式的分量和并矢记法是与坐标系相关的，特别是涉及微分运算，由于曲线坐标系中的基矢是逐点变化的，它对坐标的微分不为零，因此，在矢量和张量微分的分量和并矢记法中，要用协变微分代替直角坐标系中的普通微分。本章将在前几章的基础上，简要地用曲线坐标系中的一般张量讨论连续介质力学问题。不熟悉一般张量的读者，在附录 B 中可找到必要的知识。

7.1　曲线坐标系中的变形

7.1.1　变形梯度、变形张量、应变张量和协调方程

采用三种坐标系，即物质坐标系 L、空间坐标系 E 和随体坐标系 Ⅰ。L 固结在物体的初始构形中，E 固定在空间，因而两者的基矢均不随时间（或变形过程）变化；而 Ⅰ 是固结在物体中并和物体一起变形的，因而其基矢是随时间变化的。三种坐标系的基矢均随各自的坐标而变化。图 7-1 画出变形前、后的构形 B 和 b 以及相应的 L 和 E 坐标系，Ⅰ 坐标系未在图上画出。

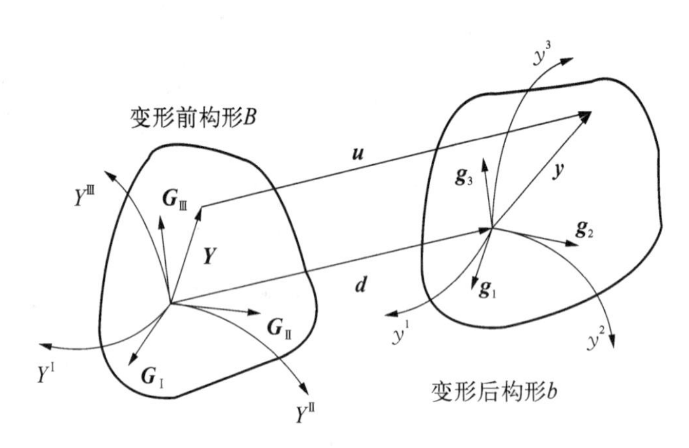

图 7-1　L 和 E 曲线坐标系

设质点 Y 在初始构形 L 坐标系中的矢径为 $\boldsymbol{Y}$，在现时构形 E 坐标系中的矢径为 $\boldsymbol{y}$，Y 点的位移为 $\boldsymbol{u}$，则运动规律可写成

$$\left.\begin{array}{ll} y^k = y^k(Y^K,\ t) \quad 或 & Y^K = Y^K(y^k,\ t) \\ \boldsymbol{u} = \boldsymbol{y} - \boldsymbol{Y} + \boldsymbol{d} & \boldsymbol{y} = \boldsymbol{y}(\boldsymbol{Y},\ t) \end{array}\right\} \tag{7-1}$$

$\boldsymbol{d}$ 为 L 和 E 坐标系原点之间的常值矢量。设 L、E 和 Ⅰ 坐标系中的协变基矢分别为 $\boldsymbol{G}_K$、$\boldsymbol{g}_k$

和 $\boldsymbol{C}_K$，逆变基矢分别为 $\boldsymbol{G}^K$、$\boldsymbol{g}^k$ 和 $\boldsymbol{C}^K$，则有

$$\left.\begin{array}{l}\boldsymbol{G}_K=\boldsymbol{Y}_{,K}\quad \boldsymbol{g}_k=\boldsymbol{y}_{,k}\quad \boldsymbol{C}_K=\boldsymbol{y}_{,K}=\boldsymbol{y}_{,k}\boldsymbol{y}^k_{,K}=\boldsymbol{y}^k_{,K}\boldsymbol{g}_k\\ \boldsymbol{G}_K\cdot\boldsymbol{G}_L=G_{kl}\quad \boldsymbol{G}_K\cdot\boldsymbol{G}^L=G^L_K=\delta^L_K,\ \cdots\\ \boldsymbol{g}_k\cdot\boldsymbol{g}_l=g_{kl}\quad \boldsymbol{g}_k\cdot\boldsymbol{g}^l=g^l_k=\delta^l_k,\ \cdots\\ \boldsymbol{C}_K\cdot\boldsymbol{C}_L=C_{kl}\quad \boldsymbol{C}_K\cdot\boldsymbol{C}^L=C^L_K=\delta^L_K,\ \cdots\end{array}\right\}\tag{7-2}$$

相应的微线元矢量可表示为

$$\mathrm{d}\boldsymbol{Y}=\mathrm{d}Y^K\boldsymbol{G}_K=Y^K_{,k}\mathrm{d}y^k\boldsymbol{G}_K=\mathrm{d}Y_K\boldsymbol{G}^K=Y_{K,k}\mathrm{d}y^k\boldsymbol{G}^K\tag{7-3}$$

$$\mathrm{d}\boldsymbol{y}=\mathrm{d}y^k\boldsymbol{g}_k=y^k_{,K}\mathrm{d}Y^K\boldsymbol{g}_k=\mathrm{d}Y^K\boldsymbol{C}_K=\cdots\quad \boldsymbol{C}_K=y^k_{,K}\boldsymbol{g}_k\tag{7-4}$$

令变形梯度为 $\boldsymbol{F}$，则有

$$\left.\begin{array}{l}\mathrm{d}\boldsymbol{y}=\boldsymbol{F}\cdot\mathrm{d}\boldsymbol{Y}\quad \mathrm{d}\boldsymbol{Y}=\boldsymbol{F}^{-1}\cdot\mathrm{d}\boldsymbol{y}\\ \boldsymbol{F}=y^k_{,}\ \boldsymbol{g}_k\otimes\boldsymbol{G}^K=y_{k,K}\boldsymbol{g}^k\otimes\boldsymbol{G}^K=\boldsymbol{y}_{,K}\otimes\boldsymbol{Y}^K_{,}=\boldsymbol{C}_K\otimes\boldsymbol{G}^K\\ \boldsymbol{F}^{-1}=Y^K_{,k}\boldsymbol{G}_K\otimes\boldsymbol{g}^k=Y_{K,k}\boldsymbol{G}^K\otimes\boldsymbol{g}^k=\boldsymbol{Y}_{,k}\otimes\boldsymbol{y}^k_{,}=\boldsymbol{G}_K\otimes\boldsymbol{C}^K\end{array}\right\}\tag{7-5}$$

显然，$\boldsymbol{F}$ 和 $\boldsymbol{F}^{-1}$ 都是两点张量，且 $F^{k\cdot}_{\cdot K}=y^k_{,K}$，$F_{kK}=y_{k,K}$，…。

设初始构形中某线元的长度为 $\mathrm{d}L$，变形后为 $\mathrm{d}l$，则有

$$\begin{aligned}\mathrm{d}L^2&=\mathrm{d}\boldsymbol{Y}\cdot\mathrm{d}\boldsymbol{Y}=G_{KL}\mathrm{d}Y^K\mathrm{d}Y^L=\mathrm{d}\boldsymbol{Y}\cdot\boldsymbol{G}\cdot\mathrm{d}\boldsymbol{Y}\\ &=\mathrm{d}\boldsymbol{y}\cdot(\boldsymbol{F}^{-\mathrm{T}}\cdot\boldsymbol{F}^{-1})\cdot\mathrm{d}\boldsymbol{y}=\mathrm{d}\boldsymbol{y}\cdot\boldsymbol{B}^{-1}\cdot\mathrm{d}\boldsymbol{y}\\ &=B^{-1}_{kl}\mathrm{d}y^k\mathrm{d}y^l\end{aligned}\tag{7-6}$$

$$\begin{aligned}\mathrm{d}l^2&=\mathrm{d}\boldsymbol{y}\cdot\mathrm{d}\boldsymbol{y}=g_{kl}\mathrm{d}y^k\mathrm{d}y^l=\mathrm{d}\boldsymbol{y}\cdot\boldsymbol{g}\cdot\mathrm{d}\boldsymbol{y}\\ &=\mathrm{d}\boldsymbol{Y}\cdot(\boldsymbol{F}^{\mathrm{T}}\cdot\boldsymbol{F})\cdot\mathrm{d}\boldsymbol{Y}=\mathrm{d}\boldsymbol{Y}\cdot\boldsymbol{C}\cdot\mathrm{d}\boldsymbol{Y}\\ &=C_{KL}\mathrm{d}Y^K\mathrm{d}Y^L\end{aligned}\tag{7-7}$$

式中，$\boldsymbol{G}$ 和 $\boldsymbol{g}$ 分别是 L 和 E 坐标系中的量度张量。

$$\left.\begin{aligned}\boldsymbol{G}&=G_{KL}\boldsymbol{G}^K\otimes\boldsymbol{G}^L=G^{KL}\boldsymbol{G}_K\otimes\boldsymbol{G}_L\\ &=G^{K\cdot}_{\cdot L}\boldsymbol{G}_K\otimes\boldsymbol{G}^L=G^{\cdot L}_{K\cdot}\boldsymbol{G}^K\otimes\boldsymbol{G}_L\\ \boldsymbol{g}&=g_{kl}\boldsymbol{g}^k\otimes\boldsymbol{g}^l=g^{kl}\boldsymbol{g}_k\otimes\boldsymbol{g}_l\\ &=g^{k\cdot}_{\cdot l}\boldsymbol{g}_k\otimes\boldsymbol{g}^l=g^{\cdot l}_{k\cdot}\boldsymbol{g}^k\otimes\boldsymbol{g}_l\end{aligned}\right\}\tag{7-8}$$

$\boldsymbol{C}$ 是 I 坐标系中的量度张量。在 I 坐标系中，$\boldsymbol{C}_K$ 是随变形的变化而改变的，但 $\mathrm{d}\boldsymbol{Y}=\mathrm{d}Y^K\boldsymbol{C}_K$ 中 $\mathrm{d}Y^K$ 是不变的，这表明 I 坐标系和基矢不随变形而改变的 L 和 E 坐标系是不同的。按式(7-6)和式(7-7)有

$$\left.\begin{array}{l}\boldsymbol{C}=\boldsymbol{F}^{\mathrm{T}}\boldsymbol{F}=C_{KL}\boldsymbol{G}^K\otimes\boldsymbol{G}^L\\ \boldsymbol{B}^{-1}=\boldsymbol{F}^{-\mathrm{T}}\boldsymbol{F}^{-1}=B^{-1}_{kl}\boldsymbol{g}^k\otimes\boldsymbol{g}^l\\ C_{kl}=g_{kl}y^k_{,K}y^l_{,L}=g^{kl}y_{k,K}y_{l,L}=y^l_{,K}y_{l,L}=F^{l\cdot}_{\cdot K}F_{lL}\\ B^{-1}_{kl}=G_{KL}Y^K_{,k}Y^L_{,l}=G^{KL}Y_{K,k}Y_{L,l}=Y^L_{,k}Y_{L,l}\\ \boldsymbol{C}^{-1}=\boldsymbol{F}^{-1}\boldsymbol{F}^{-\mathrm{T}}=g^{kl}Y^K_{,k}Y^L_{,l}\boldsymbol{G}_K\otimes\boldsymbol{G}_L\\ \boldsymbol{B}=\boldsymbol{F}\boldsymbol{F}^{\mathrm{T}}=G^{KL}y^k_{,K}y^l_{,L}\boldsymbol{g}_k\otimes\boldsymbol{g}_l\end{array}\right\}\tag{7-9}$$

称 $\boldsymbol{C}$ 和 $\boldsymbol{B}$ 分别为右和左柯西-格林变形张量。格林(或拉格朗日)应变张量和欧拉(或阿尔曼西)应变张量分别定义为

$$\boldsymbol{E}=\frac{1}{2}(\boldsymbol{C}-\boldsymbol{G})\quad \boldsymbol{\varepsilon}=\frac{1}{2}(\boldsymbol{g}-\boldsymbol{B}^{-1}) \tag{7-10}$$

由式(7-6)和式(7-7)还可推出

$$\left.\begin{aligned}&G_{KL}M^KM^L=1\quad M^K=\mathrm{d}Y^K/\mathrm{d}L\quad \boldsymbol{M}=M^K\boldsymbol{G}_K=\boldsymbol{M}_K\boldsymbol{G}^K\\&g_{kl}m^km^l=1\quad m^k=\mathrm{d}y^k/\mathrm{d}l\quad \boldsymbol{m}=m^k\boldsymbol{g}_k=m_k\boldsymbol{g}^k\end{aligned}\right\} \tag{7-11}$$

式中,$\boldsymbol{M}$ 和 $\boldsymbol{m}$ 分别为沿变形前和变形后线元方向的单位矢量。

根据 $\boldsymbol{G}^K=G^{KL}\boldsymbol{G}_L$,$\boldsymbol{g}^k=g^{kl}\boldsymbol{g}_l$ 等,易于推知,$\boldsymbol{C}$、$\boldsymbol{C}^{-1}$、$\boldsymbol{E}$、$\boldsymbol{M}$ 等可通过量度张量 $\boldsymbol{G}$ 来升降指标,而 $\boldsymbol{B}$、$\boldsymbol{B}^{-1}$、$\boldsymbol{\varepsilon}$、$\boldsymbol{m}$ 等可通过量度张量 $\boldsymbol{g}$ 来升降指标。对于两点张量 $\boldsymbol{F}$,升降小写字母的指标用 $\boldsymbol{g}$,升降大写字母的指标用 $\boldsymbol{G}$。例如

$$\begin{aligned}&C^{K\cdot}_{\cdot L}=G^{KM}C_{ML}\quad C^{KL}=G^{LN}C^{K\cdot}_{\cdot N}=G^{KM}G^{LN}C_{MN}\\&B^{k\cdot}_{\cdot l}=g^{km}B_{ml}\quad B^{kl}=g^{ln}B^{k\cdot}_{\cdot n}=g^{kn}g^{ln}B_{mn}\\&M^K=G^{KL}M_L\quad m^k=g^{kl}m_l\end{aligned}$$

$\boldsymbol{B}$、$\boldsymbol{C}$ 等有四种不同的并矢式,$\boldsymbol{M}$、$\boldsymbol{m}$ 有两种表示方式。

称 $\mathrm{d}l/\mathrm{d}L$ 为线元的伸长比,由式(7-8)和式(7-10)得

$$\left(\frac{\mathrm{d}l}{\mathrm{d}L}\right)^2=C_{kl}M^KM^L=2E_{KL}M^KM^L+1 \tag{7-12}$$

在式(7-11)第1式条件下求式(7-12)取极值的方向,组成方程

$$\frac{\partial}{\partial M^N}[C_{KL}M^KM^L-C(G_{KL}M^KM^L-1)]=0 \tag{7-13}$$

由式(7-13)得

$$(C_{KL}-OG_{KL})M^L=0\quad 或\quad (E_{KL}-EG_{KL})M^L=0 \tag{7-14}$$

利用 $C_{KL}=G_{KM}C^{M\cdot}_{\cdot L}$,$G_{KL}=G_{KM}\delta^M_L$ 由式(7-14)推得本征方程为

$$\left.\begin{aligned}&|C_{KL}-CG_{KL}|=0\quad 或\quad |C^{K\cdot}_{\cdot L}-c\delta^K_L|=0\\&|E_{KL}-EG_{KL}|=0\quad 或\quad |E^{K\cdot}_{\cdot L}-E\delta^K_L|=0\end{aligned}\right\} \tag{7-15}$$

通常记 $\boldsymbol{C}$ 的主值为 $C_\alpha=\lambda^2_\alpha$,$E_\alpha=\frac{1}{2}(\lambda^2_\alpha-1)$。求出 λ^2_α 后,由式(7-12)和式(7-11)第1式求主方向。对 $\boldsymbol{B}$、$\boldsymbol{B}^{-1}$、$\boldsymbol{C}^{-1}$、$\boldsymbol{\varepsilon}$,可做同样讨论。由 $\boldsymbol{C}$、$\boldsymbol{E}$、$\boldsymbol{B}$ 等组成的第一、二、三不变量,仍由式(2-82)表示。如

$$\left.\begin{aligned}&\mathrm{I}_c=C^{K\cdot}_{\cdot K}=G_{KL}C^{KL}=G^{KL}C_{KL}=\lambda_1^2+\lambda_2^2+\lambda_3^2\\&\mathrm{II}_c=\frac{1}{2}(C^{K\cdot}_{\cdot K}C^{L\cdot}_{\cdot L}-C^{K\cdot}_{\cdot L}C^{L\cdot}_{\cdot K})=\lambda_1^2\lambda_2^2+\lambda_2^2\lambda_3^2+\lambda_3^2\lambda_1^2\\&\mathrm{III}_c=\frac{1}{6}\epsilon_{KLMR}\epsilon_{PQR}C^{P\cdot}_{\cdot K}C^{Q\cdot}_{\cdot L}C^{R\cdot}_{\cdot M}=\lambda_1^2\lambda_2^2\lambda_3^2\end{aligned}\right\} \tag{7-16}$$

式中，ϵ 为三指标置换张量，可参阅附录 B 中式(B-20)。利用式(7-1)，可用 $\boldsymbol{u}$ 来表示诸变形量。由于(参阅附录 B 中式(B-38)、式(B-39)和式(B-50))

$$\left.\begin{aligned}&\boldsymbol{u}_{,K}=(U^L\boldsymbol{G}_L)_{,K}=U^L_{,K}\boldsymbol{G}_L+U^L\boldsymbol{G}_{L,K}=U^L\mid_K\boldsymbol{G}_L\\&U^L\mid_K=U^L_{,K}+U^M\Gamma^L_{MK}\end{aligned}\right\}\tag{7-17}$$

式中，Γ^L_{MK} 为克里斯托费尔(Christoffel)记号(参见式(B-2))，从而有

$$\left.\begin{aligned}&\boldsymbol{C}_K=\boldsymbol{y}_{,K}=\boldsymbol{Y}_{,K}+\boldsymbol{u}_{,K}=\boldsymbol{G}_K+U^L\mid_K\boldsymbol{G}_L=(\delta^L_K+U^L\mid_K)\boldsymbol{G}_L\\&C_{KL}=\boldsymbol{C}_K\cdot\boldsymbol{C}_L=G_{KL}+U_K\mid_L+U_L\mid_K+U_M\mid_KU^M\mid_L\\&E_{KL}=\frac{1}{2}(U_K\mid_L+U_L\mid_K+U_M\mid_KU^M\mid_L)\end{aligned}\right\}\tag{7-18}$$

利用 $\boldsymbol{u}_{,k}=(u^l\boldsymbol{g}_l)_{,k}$，类似地可得

$$\left.\begin{aligned}&\boldsymbol{B}^{-1}_k=\boldsymbol{Y}_{,k}=\boldsymbol{y}_{,k}-\boldsymbol{u}_{,k}=\boldsymbol{g}_k-u^l\mid_k\boldsymbol{g}_l\\&B^{-1}_{kl}=\boldsymbol{Y}_{,k}\boldsymbol{Y}_{,k}=g_{kl}-u_k\mid_l-u_l\mid_k+u_m\mid_ku^m\mid_l\\&\varepsilon_{kl}=\frac{1}{2}(u_k\mid_l+u_l\mid_k-u_m\mid_ku^m\mid_l)\end{aligned}\right\}\tag{7-19}$$

由于物体变形后仍是欧拉空间的连续体，随体坐标系和物体一同变形，从而由随体坐标系量度张量 $\boldsymbol{C}$ 组成的黎曼-克里斯托费尔曲率张量 $\boldsymbol{R}$ 为零(参见式(B-59))，即

$$\left.\begin{aligned}&R_{KLMN}=\frac{1}{2}(C_{KN,LM}-C_{LN,KM}-C_{KM,LN}+C_{LM,KN})+C^{PQ}(\Gamma_{LMQ}\Gamma_{KNP}-\Gamma_{LNQ}\Gamma_{KMP})=0\\&\Gamma_{KLM}=\frac{1}{2}(C_{LM,K}+C_{MK,L}-C_{KL,M})\end{aligned}\right\}\tag{7-20}$$

式(7-20)便是协调方程式(2-125)。利用 $\boldsymbol{C}=\boldsymbol{G}+2\boldsymbol{E}$，式(7-20)还可用 $\boldsymbol{E}$ 表示。在三维空间，$\boldsymbol{R}$ 有 6 个分量，且满足比安基(Bianchi)恒等式，或下述爱因斯坦(Einstein)张量为零的 3 个条件(参见式(B-70))，即

$$\left.\begin{aligned}&\left(R^{K\cdot}_{\cdot M}-\frac{1}{2}R\delta^K_M\right)\Big|_K=0\\&R^{K\cdot}_{\cdot M}=C^{KL}R^N_{LMN}\quad R=R^{K\cdot}_{\cdot K}\end{aligned}\right\}\tag{7-21}$$

7.1.2 变形张量的物理分量

令 $\mathrm{d}\boldsymbol{y}$ 的物理分量为 $\mathrm{d}y^{[k]}$，即(参阅式(B-34))

$$\left.\begin{aligned}&\mathrm{d}\boldsymbol{y}=\mathrm{d}y^k\boldsymbol{g}_k=\mathrm{d}y^{[k]}\boldsymbol{g}_k/\sqrt{g_{\underline{\underline{kk}}}}\qquad \mathrm{d}y^{[k]}=\mathrm{d}y^k\sqrt{g_{\underline{\underline{kk}}}}\\&\mathrm{d}\boldsymbol{Y}=\mathrm{d}Y^K\boldsymbol{G}_K=\mathrm{d}Y^{[K]}\boldsymbol{G}_K/\sqrt{G_{\underline{\underline{KK}}}}\qquad \mathrm{d}Y^{[K]}=\mathrm{d}Y^K\sqrt{G_{\underline{\underline{KK}}}}\end{aligned}\right\}\tag{7-22}$$

记 C_{kl} 的物理分量为 $C_{[KL]}$，则

$$\left.\begin{aligned} dl^2 &= C_{KL}dY^K dY^L = C_{[KL]}dY^{[K]}dY^{[L]} \\ C_{[KL]} &= C_{KL}/\sqrt{G_{\underline{KK}}G_{\underline{LL}}} \end{aligned}\right\} \tag{7-23a}$$

类似地有

$$\left.\begin{aligned} &G_{[KL]} = G_{KL}/\sqrt{G_{\underline{KK}}G_{\underline{LL}}} \quad g_{[kl]} = g_{kl}/\sqrt{g_{\underline{kk}}g_{\underline{ll}}} \\ &B^{-1}_{[kl]} = B^{-1}_{kl}/\sqrt{g_{\underline{kk}}g_{\underline{ll}}} \end{aligned}\right\} \tag{7-23b}$$

式(7-23a)和(7-23b)中的 $G_{[KL]}$、$g_{[KL]}$、$C_{[KL]}$ 等都是物理分量。我们还可以写出,例如

$$\boldsymbol{g} = g_{kl}\boldsymbol{g}^k \otimes \boldsymbol{g}^l = g_{kl}\sqrt{g^{\underline{kk}}g^{\underline{ll}}}\frac{\boldsymbol{g}^k}{\sqrt{g^{\underline{kk}}}} \otimes \frac{\boldsymbol{g}^l}{\sqrt{g^{\underline{ll}}}} = \tilde{g}_{[kl]}\frac{\boldsymbol{g}^k}{\sqrt{g^{\underline{kk}}}} \otimes \frac{\boldsymbol{g}^l}{\sqrt{g^{\underline{ll}}}}$$

显然,$\tilde{g}_{[kl]}$ 与 $g_{[kl]}$ 是不同的,因此 $\tilde{g}_{[kl]}$ 不是在规定 $dy^{[k]}$ 为物理分量的条件下的量度张量的物理分量。但是对于正交曲线坐标系有 $\sqrt{g_{\underline{kk}}g^{\underline{kk}}}=1$(参见式(B-36)),从而

$$\tilde{g}_{[kl]} = g_{kl}\sqrt{g^{\underline{kk}}g^{\underline{ll}}} = g_{kl}/\sqrt{g_{\underline{kk}}g_{\underline{ll}}} = g_{[KL]}$$

即此时 $\tilde{g}_{[kl]}=g_{[kl]}$,自然就是物理分量。由于在正交曲线坐标系中,$\boldsymbol{g}_k/\sqrt{g_{\underline{kk}}}$ 和 $\boldsymbol{g}^k/\sqrt{g^{\underline{kk}}}$ 是相互平行的单位矢量,原点相同时,两者一致,所以任何张量 $\boldsymbol{A}$ 的物理分量均极易求得为

$$A_{[kl]} = A_{kl}/\sqrt{g_{\underline{kk}}g_{\underline{ll}}} \quad A^{[kl]} = A^{kl}/\sqrt{g^{\underline{kk}}g^{\underline{ll}}}$$
$$A^{[k]}_{[k]} = A^{k\cdot}_{\cdot l}/\sqrt{g^{\underline{kk}}g_{\underline{ll}}} \quad A^{[l]}_{[k]} = A^{\cdot l}_{k\cdot}/\sqrt{g_{\underline{kk}}g^{\underline{ll}}}$$

而且它们都相等,统一记为 $A\langle kl\rangle$,即

$$A\langle kl\rangle = A_{ki}/\sqrt{g_{\underline{kk}}g_{\underline{ll}}} = A^{kl}/\sqrt{g^{\underline{kk}}g^{\underline{ll}}} = A^{k\cdot}_{\cdot l}/\sqrt{g^{\underline{kk}}g_{\underline{ll}}} = A^{\cdot l}_{k\cdot}/\sqrt{g_{\underline{kk}}g^{\underline{ll}}} \tag{7-24}$$

本书将广泛使用上述结果。

7.1.3 变形梯度的极分解

按式(2-87)有

$$\boldsymbol{F} = \boldsymbol{RU} = \boldsymbol{VR} \quad \boldsymbol{R}^{\mathrm{T}}\boldsymbol{R} = \boldsymbol{g} \tag{7-25a}$$

在直角坐标系中量度张量 $\boldsymbol{g}$ 就是单位张量 $\boldsymbol{I}$,$\boldsymbol{R}$ 为两点正交张量,有

$$\begin{aligned} \boldsymbol{R}\cdot\boldsymbol{R}^{\mathrm{T}} &= g^k_l\boldsymbol{g}_k \otimes \boldsymbol{g}^l = R^{k\cdot}_{\cdot K}\boldsymbol{g}_k \otimes \boldsymbol{G}^K \cdot R^{\cdot L}_{l\cdot}\boldsymbol{G}_L \otimes \boldsymbol{g}^l \\ &= R^{k\cdot}_{\cdot K}R^{\cdot K}_{i\cdot}\boldsymbol{g}_k \otimes \boldsymbol{g}^l \end{aligned}$$

由此推得正交张量 $\boldsymbol{R}$ 满足条件

$$R^{k\cdot}_{\cdot K}R^{\cdot K}_{l\cdot} = g^{k}_{\cdot l} = \delta^k_l \tag{7-25b}$$

式(7-25a)的并矢式为

$$\begin{aligned} \boldsymbol{F} &= y^k_{,K}\boldsymbol{g}_k \otimes \boldsymbol{G}^K = R^{k\cdot}_{\cdot L}\boldsymbol{g}_k \otimes \boldsymbol{G}^L \cdot U^{M\cdot}_{\cdot K}\boldsymbol{G}_M \otimes \boldsymbol{G}^K \\ &= G^L_M R^{k\cdot}_{\cdot L}U^{M\cdot}_{\cdot K}\boldsymbol{g}_k \otimes \boldsymbol{G}^K \end{aligned}$$

由此立即得到 $\boldsymbol{F}=\boldsymbol{RU}$ 的分量形式

$$F^{k\cdot}_{\cdot K}=y^{k}_{,K}=G^{L}_{M}R^{k\cdot}_{\cdot L}U^{M\cdot}_{\cdot K}=R^{k\cdot}_{\cdot M}U^{M\cdot}_{\cdot K} \tag{7-25c}$$

7.2 曲线坐标系中的速度、加速度和变形率

7.2.1 速度、加速度和二阶张量的时间变化率

物体的运动规律可用现时构形中的矢径 $\boldsymbol{y}$ 表示为

$$\left.\begin{aligned}&\boldsymbol{y}=\boldsymbol{y}(y^{k})=\boldsymbol{y}[y^{k}(Y^{K},t)]=\boldsymbol{y}(Y^{K},t)\\&\boldsymbol{Y}=\boldsymbol{Y}(y^{k},t)\end{aligned}\right\} \tag{7-26}$$

质点的位移 $\boldsymbol{u}$、速度 $\boldsymbol{v}$、加速度 $w=\mathrm{d}\boldsymbol{v}/\mathrm{d}t$ 等都是对质点定义的，是质点的函数。它们可用 L 描述法，自变量用 (Y^{k},t)；也可用 E 描述法，自变量用 (y^{k},t)。 注意到 $\boldsymbol{G}$ 和 Y^{k} 不是时间 t 的函数，故在 L 描述法中有

$$\left.\begin{aligned}&\boldsymbol{v}=\dot{\boldsymbol{u}}(Y^{k},t)=\frac{\mathrm{d}}{\mathrm{d}t}(U^{K}\boldsymbol{G}_{K})=\frac{\partial U^{K}}{\partial t}\boldsymbol{G}_{K}\\&\boldsymbol{w}=\dot{\boldsymbol{v}}(Y^{K},t)=\ddot{\boldsymbol{u}}(Y^{K},t)=\frac{\partial V^{K}}{\partial t}\boldsymbol{G}_{K}=\frac{\partial^{2}U^{K}}{\partial t^{2}}\boldsymbol{G}_{K}\\&\boldsymbol{u}=U^{K}\boldsymbol{G}_{K}\quad \boldsymbol{v}=V^{K}\boldsymbol{G}_{K}\quad \boldsymbol{w}=W^{K}\boldsymbol{G}_{K}\end{aligned}\right\} \tag{7-27}$$

在 E 描述法中，y^{k} 是 Y^{K} 和 t 的函数，计及 $\partial \boldsymbol{g}_{k}/\partial t=0$，则有

$$\left.\begin{aligned}&\boldsymbol{v}=\frac{\mathrm{d}\boldsymbol{y}}{\mathrm{d}t}=\frac{\partial \boldsymbol{y}}{\partial y^{k}}\cdot\frac{\mathrm{d}y^{k}}{\mathrm{d}t}=\dot{y}^{k}\boldsymbol{g}_{k}=v^{k}\boldsymbol{g}_{k}\\&v^{k}=\dot{y}^{k}=\frac{\partial y^{k}(Y^{k},t)}{\partial t}\quad v_{k}=g_{kl}v^{l}\end{aligned}\right\} \tag{7-28a}$$

$$\left.\begin{aligned}&\boldsymbol{w}=\dot{\boldsymbol{v}}(y^{k},t)=\frac{\partial \boldsymbol{v}}{\partial t}+\boldsymbol{v}_{,k}\dot{y}^{k}=\frac{\mathrm{D}v^{k}}{\mathrm{D}t}\boldsymbol{g}_{k}=w^{k}\boldsymbol{g}_{k}\\&w^{k}=\frac{\mathrm{D}v^{k}}{\mathrm{D}t}=\frac{\partial v^{k}}{\partial t}+v^{k}|_{l}\,\dot{y}^{l}\end{aligned}\right\} \tag{7-28b}$$

式中，$\mathrm{D}v^{k}/\mathrm{D}t$ 为 v^{k} 的绝对导数或矢量 $\boldsymbol{v}$ 的物质(或绝对)导数的分量，$v^{k}|_{l}=v^{k}_{,l}+\Gamma^{k}_{ml}v^{m}$ 为 v^{k} 的协变导数。式(7-28b)表明，在一般情况下，矢量物质导数的分量不等于把该分量看作纯量时的时间变化率，例如

$$\mathrm{D}v^{l}/\mathrm{D}t=\partial v^{l}/\partial t+v^{l}|_{k}\,\dot{y}^{k}=\partial v^{l}/\partial t+v^{l}_{,k}\,\dot{y}^{k}+v^{m}\Gamma^{l}_{mk}\,\dot{y}^{k}=\dot{v}^{l}+v^{m}\Gamma^{l}_{mk}\,\dot{y}^{k} \tag{7-29}$$

式中，$\dot{v}^{l}=\mathrm{d}v^{l}/\mathrm{d}t=\partial v^{l}/\partial t+v^{l}_{,k}\,\dot{y}^{k}$，表示把 v^{l} 看作纯量时的时间变化率，这种差异是因基矢本身是位置的函数引起的。在直角坐标系中 $\Gamma^{l}_{mk}=0$，所以 $\mathrm{D}v^{l}/\mathrm{D}t=\dot{v}^{l}$，即 $\dot{v}^{l}$ 本身便是矢量分量的物质导数，在前几章中称 $\dot{v}^{l}$ 为物质导数，其理由即在于此。类似于式(7-28b)和式(7-15)，张量 $\boldsymbol{A}$ 的物质(或绝对)导数为

$$\frac{\mathrm{d}\boldsymbol{A}}{\mathrm{d}t}=\frac{\mathrm{D}A^{kl}}{\mathrm{D}t}\boldsymbol{g}_k\otimes\boldsymbol{g}_l=\frac{\mathrm{D}A^{k\cdot}_{\cdot l}}{\mathrm{D}t}\boldsymbol{g}_k\otimes\boldsymbol{g}^l=\frac{\mathrm{D}A^{\cdot l}_{k\cdot}}{\mathrm{D}t}\boldsymbol{g}^k\otimes\boldsymbol{g}_l=\frac{\mathrm{D}A_{kl}}{\mathrm{D}t}\boldsymbol{g}^k\otimes\boldsymbol{g}^l \tag{7-30}$$

式中，$\frac{\mathrm{D}A^{kl}}{\mathrm{D}t}$ 等为 A^{kl} 的绝对导数，它们可表示为(见式(B-54)、式(B-55))

$$\left.\begin{aligned}
\frac{\mathrm{D}A^{kl}}{\mathrm{D}t}&=\frac{\partial A^{kl}}{\partial t}+A^{kl}\mid_m\dot{y}^m=\dot{A}^{kl}+\Gamma^k_{mn}A^{ml}v^n+\Gamma^v_{nm}A^{kn}v^n\\
\frac{\mathrm{D}A^{k\cdot}_{\cdot l}}{\mathrm{D}t}&=\frac{\partial A^{k\cdot}_{\cdot l}}{\partial t}+A^{k\cdot}_{\cdot l}\mid_m\dot{y}^m=\dot{A}^{k\cdot}_{\cdot l}+\Gamma^k_{mn}A^{m\cdot}_{\cdot l}v^n-\Gamma^n_{nl}A^{k\cdot}_{\cdot m}v_n\\
\frac{\mathrm{D}A^{\cdot l}_{k\cdot}}{\mathrm{D}t}&=\frac{\partial A^{\cdot l}_{k\cdot}}{\partial t}+A^{\cdot l}_{k\cdot}\mid_m\dot{y}^m=\dot{A}^{\cdot l}_{k\cdot}-\Gamma^m_{kn}A^{\cdot l}_{m\cdot}v^n+\Gamma^l_{mn}A^{\cdot m}_{k\cdot}v^n\\
\frac{\mathrm{D}A_{kl}}{\mathrm{D}t}&=\frac{\partial A_{kl}}{\partial t}+A_{kl}\mid_m\dot{y}^m=\dot{A}_{kl}-\Gamma^m_{kn}A_{ml}v^n-\Gamma^m_{nl}A_{km}v^n\\
\dot{A}^{kl}&=\frac{\partial A^{kl}}{\partial t}+A^{kl}_{\cdot m}\dot{y}^m
\end{aligned}\right\} \tag{7-31}$$

7.2.2 变形率、应变率和旋率

首先讨论位移梯度 $\boldsymbol{F}$ 的时间变化率，为此须计算 $F^{k\cdot}_{\cdot K}=y^k_{,K}$ 的物质导数 $\frac{\mathrm{D}}{\mathrm{D}t}(y^k{}^k_K)$。由于 Y^K 不是时间的函数，故有

$$\begin{aligned}
\frac{\mathrm{D}}{\mathrm{D}t}(y^k_{,K})&=\frac{\mathrm{d}}{\mathrm{d}t}(y^k_{,K})+\Gamma^k_{ml}y^m_{,K}\dot{y}^l=v^k_{,K}+\Gamma^k_{ml}y^m_{,K}v^l\\
&=v^k_{,m}y^m_{,K}+\Gamma^k_{ml}v^ly^m_{,K}=v^k\mid_my^m_{,K}
\end{aligned} \tag{7-32a}$$

类似地可求得

$$\frac{\mathrm{D}}{\mathrm{D}t}(Y^K_{,k})=-Y^K_{,m}v^m\mid_k \tag{7-32b}$$

把式(7-32a)两边同乘以 $\mathrm{d}Y^K$，可得

$$\frac{\mathrm{D}}{\mathrm{D}t}(\mathrm{d}y^k)=v^k\mid_m\mathrm{d}y^m \tag{7-33}$$

与第2章相同，定义欧拉变形率 $\boldsymbol{D}$ 和拉格朗日变形率 $\dot{\boldsymbol{E}}$ 为

$$\frac{\mathrm{D}}{\mathrm{D}t}(\mathrm{d}l^2-\mathrm{d}L^2)=2D_{kl}\mathrm{d}y^k\mathrm{d}y^l=2\frac{\mathrm{D}E_{kl}}{\mathrm{D}t}\mathrm{d}Y^K\mathrm{d}Y^L$$

利用

$$\frac{\mathrm{D}}{\mathrm{D}t}(\mathrm{d}l^2-\mathrm{d}L^2)=\frac{\mathrm{D}}{\mathrm{D}t}(g_{kl}\mathrm{d}y^k\mathrm{d}y^l)=g_{kl}\left[\frac{\mathrm{D}}{\mathrm{D}t}(\mathrm{d}y^k)\mathrm{d}y^l+\mathrm{d}y^k\frac{\mathrm{D}}{\mathrm{D}t}(\mathrm{d}y^l)\right]$$

和式(7-33)便可求得

$$\left.\begin{aligned}D_{kl}&=\frac{1}{2}(v_k\mid_l+v_l\mid_k)=\frac{1}{2}(v_{k,l}+v_{l,k}-2\Gamma^n_{kl}v_m)\\\frac{\mathrm{D}E_{KL}}{\mathrm{D}t}&=D_{kl}y^k_{,K}y^l_{,L}=\frac{1}{2}(y^k_{,K}v_k\mid_L+y^l_{,L}v_l\mid_K)\end{aligned}\right\}\tag{7-34}$$

可以证明，L 变形率和 L 应变率是相同的，事实上有

$$\begin{aligned}\frac{\mathrm{D}}{\mathrm{D}t}(\mathrm{d}l^2-\mathrm{d}L^2)&=\frac{\mathrm{D}}{\mathrm{D}t}(C_{kl}\mathrm{d}Y^K\mathrm{d}Y^L)=\frac{\mathrm{D}C_{KL}}{\mathrm{D}t}\mathrm{d}Y^K\mathrm{d}Y^L\\&=2\frac{\mathrm{D}E_{KL}}{\mathrm{D}t}\mathrm{d}Y^K\mathrm{d}Y^L\end{aligned}$$

但 E 变形率和 E 应变率是不同的，因为利用 $\mathrm{d}y^k=y^k_{,K}\mathrm{d}Y^K$ 和式(7-33)后得

$$\frac{\mathrm{D}}{\mathrm{D}t}(\mathrm{d}l^2-\mathrm{d}L^2)=2\frac{\mathrm{D}}{\mathrm{D}t}(\varepsilon_{kl}\mathrm{d}y^k\mathrm{d}y^l)=2\left(\frac{\mathrm{D}\varepsilon_{kl}}{\mathrm{D}t}+\varepsilon^{m\cdot}_{\cdot k}v_m\mid_l+\varepsilon^{m\cdot}_{\cdot l}v_m\mid_k\right)\mathrm{d}y^k\mathrm{d}y^l$$

但按式(7-35)定义的 $\boldsymbol{\varepsilon}$ 的一种本构导数 $\dot{\boldsymbol{\varepsilon}}^{\mathrm{J}}$ 与 $\boldsymbol{D}$ 相同：

$$\dot{\varepsilon}^{\mathrm{J}}_{kl}=D_{kl}=\frac{\mathrm{D}\varepsilon_{kl}}{\mathrm{D}t}+\varepsilon^{m\cdot}_{\cdot k}v_m\mid_l+\varepsilon^{m\cdot}_{\cdot l}v_m\mid_k\tag{7-35}$$

类似地，旋率张量定义为

$$\omega_{kl}=\frac{1}{2}(v_k\mid_l-v_l\mid_k)=\frac{1}{2}(v_{k,l}-v_{l,k})\tag{7-36}$$

易于证明，$\dot{\boldsymbol{\varepsilon}}^{\mathrm{J}}=\boldsymbol{D}$ 和 $\dot{\boldsymbol{E}}$ 是客观性变量，而 $\dot{\boldsymbol{\varepsilon}}$ 和 $\boldsymbol{\omega}$ 则不是。

7.2.3 里夫林-埃里克森张量

式(2-213)和式(2-214)是用直接记法给出的里夫林-埃里克森(Rivlin-Ericksen)张量的递推公式，因而在曲线坐标系中也适用，其分量形式为

$$A^{(0)}_{kl}=g_{kl}\quad A^{(1)}_{kl}=2D_{kl}=v_k\mid_l+v_l\mid_k\tag{7-37a}$$

$$\begin{aligned}A^{(n+1)}_{kl}&=\frac{\mathrm{D}}{\mathrm{D}t}A^{(n)}_{kl}+v^m\mid_kA^{(n)}_{ml}+A^{(n)}_{km}v^m\mid_l\\&=(\partial A^{(n)}_{kl}/\partial t)+v^mA^{(n)}_{kl,m}-v^n(\Gamma^n_{kn}A_{ml}+\Gamma^n_{nl}A_{km})+\\&\quad v^m_{,k}A^{(n)}_{ml}+v^n\Gamma^m_{nk}A^{(n)}_{ml}+v^m_{,l}A^{(n)}_{km}+v^n\Gamma^m_{nl}A_{km}\\&=(\partial A^{(n)}_{kl}/\partial t)+v^mA^{(n)}_{kl,m}+v^m_{,k}A^{(n)}_{ml}+v^m_{,l}A^{(n)}_{km}\end{aligned}\tag{7-37b}$$

7.2.4 有关诸量的物理分量

根据 $\mathrm{d}y^{[k]}$ 的表达式(7-20)，可得下列关系：

$$\left.\begin{aligned}&\mathrm{d}y^{[k]}=\mathrm{d}y^k\sqrt{g_{\underline{kk}}}\qquad u^{[k]}=u^k\sqrt{g_{\underline{kk}}}\qquad v^{[k]}=v^k\sqrt{g_{\underline{kk}}}\\&w^{[k]}=w^k\sqrt{g_{\underline{kk}}}\end{aligned}\right\}\tag{7-38}$$

由 $\dfrac{\mathrm{D}}{\mathrm{D}t}(\mathrm{d}l^2)=2D_{kl}\mathrm{d}y^k\mathrm{d}y^l$，可规定

$$D_{[kl]}=D_{kl}/\sqrt{g_{\underline{kk}}g_{\underline{ll}}}\quad A_{[kl]}^{(n)}=A_{kl}^{(n)}/\sqrt{g_{\underline{kk}}g_{\underline{ll}}} \tag{7-39}$$

在正交曲线坐标系中有

$$\left.\begin{aligned}&u\langle k\rangle=\frac{u^k}{\sqrt{g^{\underline{kk}}}}=u^k\sqrt{g_{\underline{kk}}}\quad v\langle k\rangle=\frac{v_k}{\sqrt{g_{\underline{kk}}}}=v_k\sqrt{g^{\underline{kk}}}\quad\cdots\\&D\langle kl\rangle=\frac{D_{kl}}{\sqrt{g_{\underline{kk}}g_{\underline{ll}}}}=D_{kl}\sqrt{g^{\underline{kk}}g^{\underline{ll}}}=\frac{D^{kl}}{\sqrt{g^{\underline{kk}}g^{\underline{ll}}}}=D^{kl}\sqrt{g_{\underline{kk}}g_{\underline{ll}}}\quad\cdots\end{aligned}\right\} \tag{7-40}$$

7.3 曲线坐标系中线元、面元和体元的变化

7.3.1 线元、面元和体元的变化

本节讨论变形前的任意一线元、面元和体元在变形后将发生怎样的变化。图 7-2 所示为变形前基矢沿物质坐标轴的单元体在变形前后的情形。变形前的坐标系为 $YY^{\mathrm{I}}Y^{\mathrm{II}}Y^{\mathrm{III}}$，基矢为 G_K，变形前和 L 坐标系重合的随体坐标系为 $y\xi^{\mathrm{I}}\xi^{\mathrm{II}}\xi^{\mathrm{III}}$，变形后基矢为 $\boldsymbol{C}_K$。变形后现时构形中的空间坐标系为 $Oy^1y^2y^3$，基矢为 g_k。

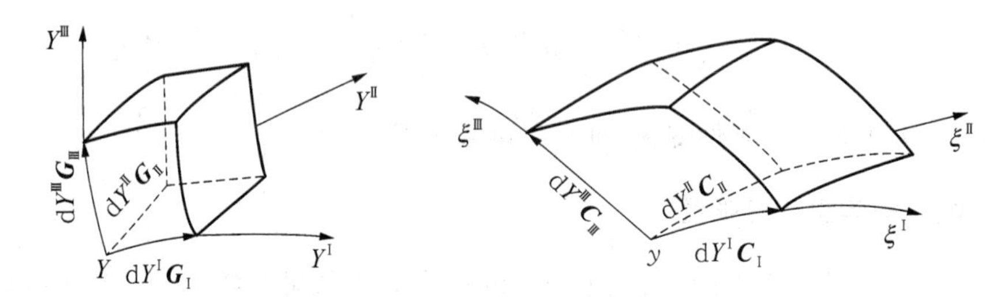

图 7-2　单元体的变形

令沿 d$\boldsymbol{Y}$ 和 d$\boldsymbol{y}$ 方向的线元长度分别为 $\mathrm{d}L$ 和 $\mathrm{d}l$，单位矢量为 $\boldsymbol{M}$ 和 $\boldsymbol{m}$，由式(7-7)可得线元的名义相对伸长 $\Lambda^{(M)}$ 为

$$\Lambda^{(M)}=\frac{\mathrm{d}l}{\mathrm{d}L}-1=\sqrt{C_{KL}M^KM^L}-1 \tag{7-41}$$

变形前单元体的微分体积为

$$\begin{aligned}\mathrm{d}V&=\mathrm{d}Y^{\mathrm{I}}\boldsymbol{G}_{\mathrm{I}}\cdot(\mathrm{d}Y^{\mathrm{II}}\boldsymbol{G}_{\mathrm{II}}\times\mathrm{d}Y^{\mathrm{III}}\boldsymbol{G}_{\mathrm{III}})=\mathrm{d}Y^{\mathrm{I}}\mathrm{d}Y^{\mathrm{II}}\mathrm{d}Y^{\mathrm{III}}\boldsymbol{G}_{\mathrm{I}}\cdot(\boldsymbol{G}_{\mathrm{II}}\times\boldsymbol{G}_{\mathrm{III}})\\&=\sqrt{G}\,\mathrm{d}Y^{\mathrm{I}}\mathrm{d}Y^{\mathrm{II}}\mathrm{d}Y^{\mathrm{III}}\end{aligned} \tag{7-42}$$

式中，$G=|G_{ki}|$

变形后，$\mathrm{d}V$ 变为 $\mathrm{d}v$，利用随体坐标系得

$$\begin{aligned}\mathrm{d}v&=\mathrm{d}Y^{\mathrm{I}}\boldsymbol{C}_{\mathrm{I}}\cdot(\mathrm{d}Y^{\mathrm{II}}\boldsymbol{C}_{\mathrm{II}}\times\mathrm{d}Y^{\mathrm{III}}\boldsymbol{C}_{\mathrm{III}})\\&=\mathrm{d}Y^{\mathrm{I}}\mathrm{d}Y^{\mathrm{II}}\mathrm{d}Y^{\mathrm{III}}\boldsymbol{C}_{\mathrm{I}}\cdot(\boldsymbol{C}_{\mathrm{II}}\times\boldsymbol{C}_{\mathrm{III}})\end{aligned}$$

由式(7-2)得

$$\begin{aligned}\boldsymbol{C}_{\mathrm{I}}\cdot(\boldsymbol{C}_{\mathrm{II}}\times\boldsymbol{C}_{\mathrm{III}})&=y^k_{,\mathrm{I}}\boldsymbol{g}_k\cdot(y^l_{,\mathrm{II}}\boldsymbol{g}_l\times y^m_{,\mathrm{III}}\boldsymbol{g}_m)\\&=y^k_{,\mathrm{I}}y^l_{,\mathrm{II}}y^m_{,\mathrm{III}}\boldsymbol{g}_k\cdot(\boldsymbol{g}_l\times\boldsymbol{g}_m)=\epsilon_{lmk}y^k_{,\mathrm{I}}y^l_{,\mathrm{II}}y^m_{,\mathrm{III}}\\&=\sqrt{g}\mid y^k_{,K}\mid=j\sqrt{g}\end{aligned}$$

故

$$\mathrm{d}v=j\sqrt{g}\,\mathrm{d}Y^{\mathrm{I}}\,\mathrm{d}Y^{\mathrm{II}}\,\mathrm{d}Y^{\mathrm{III}}=j\sqrt{\frac{g}{G}}\,\mathrm{d}V \tag{7-43}$$

式中，$j=\mid y^k_{,K}\mid$；$g=\mid g_{kl}\mid$。

初始构形中任意两个不共线的微分矢量 $\mathrm{d}\boldsymbol{R}=\mathrm{d}R^K\boldsymbol{G}_K$，$\mathrm{d}\boldsymbol{Q}=\mathrm{d}\boldsymbol{Q}^K\cdot\boldsymbol{G}_K$ 组成一微元面积 $\mathrm{d}\boldsymbol{A}$，其模为 $\mathrm{d}A$，单位法线 $\boldsymbol{N}$。变形后在现时构形中变为 $\mathrm{d}\boldsymbol{r}=\mathrm{d}\boldsymbol{r}^k\boldsymbol{g}_k$，$\mathrm{d}\boldsymbol{q}=\mathrm{d}\boldsymbol{q}^k\boldsymbol{g}_k$，以及 $\mathrm{d}\boldsymbol{a}$、$\mathrm{d}a$、$\boldsymbol{n}$。利用矢量积的公式[参见式(B-28)]可得

$$\left.\begin{aligned}\mathrm{d}\boldsymbol{A}&=\boldsymbol{N}\mathrm{d}A=\mathrm{d}\boldsymbol{R}\times\mathrm{d}\boldsymbol{Q}=\boldsymbol{G}_K\times\boldsymbol{G}_L\mathrm{d}R^K\mathrm{d}Q^L=\epsilon_{\mathrm{KLM}}\boldsymbol{G}^M\mathrm{d}R^K\mathrm{d}Q^L\\\mathrm{d}\boldsymbol{a}&=\boldsymbol{n}\mathrm{d}a=\mathrm{d}\boldsymbol{r}\times\mathrm{d}\boldsymbol{q}=\boldsymbol{g}_k\times\boldsymbol{g}_l\mathrm{d}r^k\mathrm{d}q^l=\epsilon_{klm}\boldsymbol{g}^m\mathrm{d}r^k\mathrm{d}q^l\end{aligned}\right\} \tag{7-44}$$

把式(7-44)中两式两边分别乘以 $\boldsymbol{G}_P$ 和 $\boldsymbol{g}_p$ 便得

$$\left.\begin{aligned}\boldsymbol{N}\mathrm{d}A\cdot\boldsymbol{G}_P&=N_P\mathrm{d}A=\mathrm{d}A_P=\epsilon_{KLP}\mathrm{d}R^K\mathrm{d}Q^L\\\boldsymbol{n}\mathrm{d}a\cdot\boldsymbol{g}_p&=n_p\mathrm{d}a=\mathrm{d}a_P=\epsilon_{klp}\mathrm{d}r^k\mathrm{d}q^l\end{aligned}\right\} \tag{7-45}$$

按式(7-1)，$Y^K=Y^K(y^k,\ t)$，一般地，有 $\mathrm{d}Y^K=Y^K_{,k}\mathrm{d}y^k$，因此有 $\mathrm{d}R^K=Y^K_{,k}\mathrm{d}r^k$，$\mathrm{d}Q^L=Y^L_{,l}\mathrm{d}q^l$。把(7-45)第1式两边乘以 $Y^P_{,m}$ 后可得

$$\begin{aligned}Y^P_{,m}\mathrm{d}A_P&=\epsilon_{KLP}Y^P_{,m}Y^K_{,k}y^L_{,l}\mathrm{d}r^k\mathrm{d}q^l\\&=\sqrt{G}e_{KLP}Y^P_{,m}Y^K_{,k}Y^L_{,l}\mathrm{d}r^k\mathrm{d}q^l\end{aligned}$$

由行列式的展开公式(1-16)推知

$$e_{mkl}\mid Y^K_{,k}\mid=e_{mkl}j^{-1}=e_{klP}Y^P_{,m}Y^K_{,k}Y^L_{,l} \tag{7-46}$$

从而

$$\begin{aligned}Y^P_{,m}\mathrm{d}A_P&=\sqrt{G}j^{-1}e_{mkl}\mathrm{d}r^k\mathrm{d}q^l=j^{-1}\sqrt{\frac{G}{g}}\epsilon_{mkl}\mathrm{d}r^k\mathrm{d}q^l\\&=j^{-1}\sqrt{\frac{G}{g}}\mathrm{d}a_m\end{aligned}$$

最终可得变形前后微元面积的变换关系

$$\mathrm{d}a_m=j\sqrt{\frac{g}{G}}Y^P_{,m}\mathrm{d}A_P\quad \boldsymbol{n}=j\boldsymbol{N}\boldsymbol{F}^{-1}\frac{\mathrm{d}A}{\mathrm{d}a} \tag{7-47}$$

我们知道，$\mathrm{d}A_P$、$\mathrm{d}a_p$ 均为张量分量，由于选取 $\mathrm{d}y^{[k]}$ 为物理分量，即本处选 $\mathrm{d}r^{[k]}$、$\mathrm{d}q^{[l]}$、$\mathrm{d}R^{[K]}$、$\mathrm{d}Q^{[L]}$，所以面积的物理分量按式(7-44)选沿逆变基矢 $\boldsymbol{G}^K$ 和 $\boldsymbol{g}^k$ 方向的物理分量为宜

$$\left.\begin{aligned} \mathrm{d}\boldsymbol{A} &= \mathrm{d}A_K \boldsymbol{G}^K = \mathrm{d}A_{[K]} \boldsymbol{G}^K / \sqrt{G^{\underline{KK}}} \quad & \mathrm{d}A_{[K]} &= \mathrm{d}A_K \sqrt{G^{\underline{KK}}} \\ \mathrm{d}\boldsymbol{a} &= \mathrm{d}a_k \boldsymbol{g}^k = \mathrm{d}a_{[k]} \boldsymbol{g}^k / \sqrt{g^{\underline{kk}}} \quad & \mathrm{d}a_{[k]} &= \mathrm{d}a_k \sqrt{g^{\underline{kk}}} \end{aligned}\right\} \tag{7-48a}$$

在正交曲线坐标系中还可写成

$$\begin{aligned} \mathrm{d}A\langle K\rangle &= \mathrm{d}A_K / \sqrt{G_{\underline{KK}}} = \mathrm{d}A^K / \sqrt{G^{\underline{KK}}} \\ \mathrm{d}a\langle k\rangle &= \mathrm{d}a_k / \sqrt{g_{\underline{kk}}} = \mathrm{d}a^k / \sqrt{g^{\underline{kk}}} \end{aligned} \tag{7-48b}$$

7.3.2 体元和面元的物质导数

雅可比变换行列式 $j = | y^k_{,K} |$ 的物质导数可求出如下：

$$\frac{\mathrm{D}j}{\mathrm{D}t} = \frac{\partial j}{\partial y^k_{,K}} \cdot \frac{\mathrm{D}}{\mathrm{D}t}(y^k_{,K})$$

由式(1－17)知 $\partial j / \partial y^k_{,K} = j Y^K_{,k}$，由式(7－32a)知 $\mathrm{D}(y^k_{,K})/\mathrm{D}t = v^k |_m y^m_{,K}$，故

$$\frac{\mathrm{D}j}{\mathrm{D}t} = j Y^K_{,k} v^k |_m y^m_{,K} = j v^m |_m \tag{7-49}$$

由于 g_{kl} 与时间无关，$\partial g_{kl}/\partial t = 0$，又由里奇(Ricci)定律知 $g_{kl} |_m = 0$，所以 $\mathrm{D}g_{kl}/\mathrm{D}t = 0$，从而 $\mathrm{D}g/\mathrm{D}t = 0$；类似地有 $\mathrm{D}G/\mathrm{D}t = 0$。根据式(7－43)可得

$$\frac{\mathrm{D}(\mathrm{d}v)}{\mathrm{D}t} = \frac{\mathrm{D}}{\mathrm{D}t}\left(j\sqrt{\frac{g}{G}}\mathrm{d}V\right) = \sqrt{\frac{g}{G}}\mathrm{d}V\frac{\mathrm{D}j}{\mathrm{D}t} = \sqrt{\frac{g}{G}}\mathrm{d}V j v^m \Big|_m = v^m |_m \mathrm{d}v \tag{7-50}$$

式(7－50)便是体元的物质导数。根据式(7－47)可得

$$\begin{aligned} \frac{\mathrm{D}}{\mathrm{D}t}(\mathrm{d}a_m) &= \frac{\mathrm{D}}{\mathrm{D}t}\left(j\sqrt{\frac{g}{G}} Y^P_{,m} \mathrm{d}A_P\right) = \frac{\mathrm{D}}{\mathrm{D}t}(j Y^P_{,m}) \sqrt{\frac{g}{G}} \mathrm{d}A_P \\ &= (j v^l |_l Y^P_{,m} - j Y^P_{,l} v^l |_m) \sqrt{\frac{g}{G}} \mathrm{d}A_P \\ &= v^l |_l \mathrm{d}a_m - v^l |_m \mathrm{d}a_l \end{aligned} \tag{7-51}$$

式(7－51)便是面元的物质导数。

7.4 曲线坐标系中的应力

图 7－3 所示为初始构形中的曲边四面体 $QABC$，ABC 为斜面，法线为 $\boldsymbol{N}$，面积为 $\mathrm{d}A$；QAB、QBC、QCA 为 L 坐标系中的坐标面，坐标系的基矢为 $\boldsymbol{G}_K$，也可取用基矢为 $\boldsymbol{G}^K$ 的坐标系，同时利用两者，可以给出 4 种不同的应力分量；在变形后的现时构形中，四面体变形为 $qabc$，abc 面的法线为 $\boldsymbol{n}$，面积为 $\mathrm{d}a$，qab、qbc、qca 为随体坐标系中的坐标面，基矢为 $\boldsymbol{C}_K$ 或 $\boldsymbol{C}^K$，在现时构形中以 abc 为斜面，另作四面体 $oabc$。oab、obc、oca 为 E 坐标系中的坐标面，基矢为 $\boldsymbol{g}_k$ 或 $\boldsymbol{g}^k$。

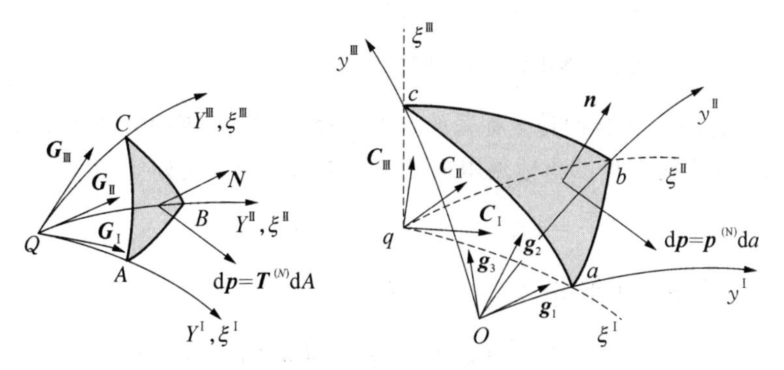

图 7-3 曲线坐标系中的应力矢量和基矢 G_K、C_k 和 g_k

abc 面上的应力矢量为 $\boldsymbol{p}^{(n)}$，作用力为 $\mathrm{d}\boldsymbol{p}=\boldsymbol{p}^{(n)}\mathrm{d}a$，我们有

$$\mathrm{d}\boldsymbol{a}=\boldsymbol{n}\mathrm{d}a=n_k\mathrm{d}a\boldsymbol{g}^k=\mathrm{d}a_k\boldsymbol{g}^k=\mathrm{d}a^k\boldsymbol{g}_k \tag{7-52}$$

按平衡原理，$\mathrm{d}\boldsymbol{p}$ 由 3 个坐标面上作用的力平衡，即

$$\mathrm{d}\boldsymbol{p}=\boldsymbol{p}^{(n)}\mathrm{d}a=\boldsymbol{p}^k\mathrm{d}a_k=\boldsymbol{p}_k\mathrm{d}a^k \tag{7-53}$$

或

$$\boldsymbol{p}^{(n)}=\boldsymbol{p}^k n_k=\boldsymbol{p}_k n^k \quad n_k=\mathrm{d}a_k/\mathrm{d}a \quad n^k=\mathrm{d}a^k/\mathrm{d}a \tag{7-54}$$

式中，$\boldsymbol{p}^k$ 和 $\boldsymbol{p}_k$ 分别是法线沿 $\boldsymbol{g}^k$ 和 $\boldsymbol{g}_k$ 方向的坐标面上的应力矢量。按式(7-55)定义 E 应力张量 $\boldsymbol{\sigma}$：

$$\boldsymbol{p}^{(n)}=\boldsymbol{n}\cdot\boldsymbol{\sigma} \quad \boldsymbol{p}^k=\sigma^{kl}\boldsymbol{g}_l=\boldsymbol{g}^k\cdot\boldsymbol{\sigma} \tag{7-55}$$

$$\begin{aligned}\boldsymbol{\sigma}&=\sigma^{kl}\boldsymbol{g}_k\otimes\boldsymbol{g}_l=\sigma^{k\cdot}_{\cdot l}\boldsymbol{g}_k\otimes\boldsymbol{g}^l=\sigma^{\cdot l}_{k\cdot}\boldsymbol{g}^k\otimes\boldsymbol{g}_l=\sigma_{kl}\boldsymbol{g}^k\otimes\boldsymbol{g}^l\\&=\boldsymbol{g}_k\otimes\boldsymbol{p}^k\end{aligned} \tag{7-56}$$

利用 $\boldsymbol{g}^k=g^{kn}\boldsymbol{g}_m$，由式(7-56)易证 $\boldsymbol{\sigma}$ 分量中的指标可用量度张量 $\boldsymbol{g}$ 来升降，例如

$$\sigma^{k\cdot}_{\cdot l}=g_{ml}\sigma^{km}=g^{km}\sigma_{ml}=g^{km}g_{nl}\sigma^{\cdot n}_{m\cdot} \tag{7-57}$$

利用 $\boldsymbol{p}^{(n)}=p^l\boldsymbol{g}_l=p_i\boldsymbol{g}^i$；$p^l$、$p_l$ 分别为 $p^{(n)}$ 的逆变和协变分量，由式(7-53)可得

$$p^l=\sigma^{kl}n_k=\sigma^{\cdot l}_{k\cdot}n^k \quad p_l=\sigma^{k\cdot}_{\cdot l}n_k=\sigma_{kl}n^k \tag{7-58}$$

与第 3 章的讨论相仿，定义 L 应力张量 $\boldsymbol{T}$ 时，设想在初始构形中斜面 ABC 上作用的力仍为 $\mathrm{d}\boldsymbol{p}=\boldsymbol{T}^{(N)}\mathrm{d}A$，$\boldsymbol{T}^{(N)}$ 为其上的应力矢量，T^l 和 T_l 分别为 $\boldsymbol{T}^{(N)}$ 的逆变和协变分量；设 $\boldsymbol{T}_K$ 和 $\boldsymbol{T}^K$ 分别为初始构形中法线沿 $\boldsymbol{G}^K$ 和 $\boldsymbol{G}_K$ 方向的坐标面上的应力矢量。按下式定义 L 应力张量 $\boldsymbol{T}$：

$$\mathrm{d}\boldsymbol{p}=\boldsymbol{p}^{(n)}\mathrm{d}a=\boldsymbol{T}^{(N)}\mathrm{d}A \tag{7-59}$$

$$\left.\begin{aligned}&\boldsymbol{T}^{(N)}=\boldsymbol{N}\cdot\boldsymbol{T} \quad \boldsymbol{T}^K=T^{Kl}\boldsymbol{g}_l\\&\boldsymbol{T}=T^{Kl}\boldsymbol{G}_K\otimes\boldsymbol{g}_l=T^{K\cdot}_{\cdot l}\boldsymbol{G}_K\otimes\boldsymbol{g}^l=T^{\cdot l}_{K}\cdot\boldsymbol{G}^K\otimes\boldsymbol{g}_l=T_{Kl}\boldsymbol{G}^K\otimes\boldsymbol{g}^l\end{aligned}\right\} \tag{7-60}$$

根据平衡原理可得

$$\left.\begin{array}{l}\boldsymbol{T}^{(N)}=\boldsymbol{T}^{K}N_{K}=\boldsymbol{T}_{K}N^{K}\quad N_{K}=\mathrm{d}A_{K}/\mathrm{d}A\\ \mathrm{d}\boldsymbol{A}=\boldsymbol{N}\mathrm{d}A=N_{K}\mathrm{d}A\boldsymbol{G}^{K}=N^{K}\mathrm{d}A\boldsymbol{G}_{K}\end{array}\right\} \tag{7-61}$$

$\boldsymbol{T}$ 的基张量 $\boldsymbol{G}_K\otimes\boldsymbol{g}_l$，…，包含两种坐标系的基矢，是两点张量，因而升降 $\boldsymbol{T}$ 中大写字母的指标须用量度张量 $\boldsymbol{G}$，而小写字母的指标须用量度张量 $\boldsymbol{g}$ 来升降。例如

$$T^{K\cdot}_{\cdot l}=g_{ml}T^{Km}=G^{KM}T_{Ml}=G^{KM}g_{nl}T^{\cdot n}_{M\cdot} \tag{7-62}$$

利用 $\boldsymbol{T}^{(N)}=T^{i}\boldsymbol{g}_{l}=T_{l}\boldsymbol{g}^{l}$，可推出

$$T^{l}=T^{Kl}N_{K}=T^{\cdot l}_{K\cdot}N^{K}\quad T_{l}=T^{K\cdot}_{\cdot l}N_{K}=T_{Kl}N^{K} \tag{7-63}$$

定义 K 应力张量 $\boldsymbol{S}$ 时，设作用在斜面 ABC 上的力为 $\boldsymbol{F}^{-1}\mathrm{d}\boldsymbol{p}=\boldsymbol{F}^{-1}\boldsymbol{T}^{(N)}\mathrm{d}A$。按式(7-64)定义 K 应力张量 $\boldsymbol{S}$：

$$\boldsymbol{F}^{-1}\boldsymbol{T}^{(N)}=\boldsymbol{N}\cdot\boldsymbol{S}\quad 或 \quad \boldsymbol{T}^{(N)}=\boldsymbol{F}\cdot(\boldsymbol{N}\cdot\boldsymbol{S})=\boldsymbol{N}\cdot\boldsymbol{S}\cdot\boldsymbol{F}^{\mathrm{T}} \tag{7-64}$$

$$\begin{aligned}\boldsymbol{S}&=S^{KL}\boldsymbol{G}_{K}\otimes\boldsymbol{G}_{L}=S^{K}_{\cdot L}\cdot\boldsymbol{G}_{K}\otimes\boldsymbol{G}^{L}\\&=S^{\cdot L}_{K}\cdot\boldsymbol{G}^{K}\otimes\boldsymbol{G}_{L}=S_{KL}\boldsymbol{G}^{K}\otimes\boldsymbol{G}^{L}\end{aligned} \tag{7-65}$$

$\boldsymbol{S}$ 是 L 坐标系中的应力张量，用 $\boldsymbol{G}$ 升降其指标。例如

$$S^{K\cdot}_{\cdot L}=G_{ML}S^{KM}=G^{KM}S_{ML}=G^{KM}G_{NL}S^{\cdot L}_{M\cdot} \tag{7-66}$$

由式(7-64)易于得出

$$T^{l}=S^{KL}y^{l}_{,L}N_{K}=S^{\cdot L}_{K\cdot}y^{l}_{,L}N^{K} \tag{7-67}$$

由(7-61)第 1 式和式(7-2)可得

$$\left.\begin{array}{l}\boldsymbol{T}^{K}=S^{KL}y^{l}_{,L}\boldsymbol{g}_{l}=S^{KL}\boldsymbol{C}_{L}\neq S^{K\cdot}_{\cdot L}\boldsymbol{C}^{L}\\ \boldsymbol{T}_{K}=S^{\cdot L}_{K\cdot}y^{l}_{,L}\boldsymbol{g}_{l}=S^{\cdot L}_{K\cdot}\boldsymbol{C}_{L}\neq S_{KL}\boldsymbol{C}^{L}\end{array}\right\} \tag{7-68}$$

式(7-68)表明，S^{kl} 和 $S^{\cdot L}_{K\cdot}$ 分别可看成 $\boldsymbol{T}^{K}$ 和 $\boldsymbol{T}_{K}$ 在随体坐标系中沿 $\boldsymbol{C}_{L}$ 方向的分量，但 $S^{\cdot L}_{K\cdot}$ 和 S_{ki} 没有对应的解释。

下面讨论三种应力之间的关系。利用式(7-47)、式(7-55)、式(7-59)和式(7-61)可得

$$T^{K}=j\sqrt{\frac{g}{G}}Y^{K}_{,k}p^{k} \tag{7-69}$$

由式(7-69)立即可得

$$T^{Kl}=\sqrt{\frac{g}{G}}jY^{K}_{,k}p^{k}\cdot\boldsymbol{g}^{l}=\sqrt{\frac{g}{G}}jY^{K}_{,k}\sigma^{kl} \tag{7-70}$$

$$S^{KL}=T^{Kl}Y^{L}_{,l}=\sqrt{\frac{g}{G}}jY^{K}_{,k}Y^{L}_{,l}\sigma^{kl} \tag{7-71}$$

因为 σ^{kl} 对称，故由式(7-71)知 S^{KL} 对称，但对 T^{Kl}，即使 E 和 L 坐标系重合，也不对称。注

意：$S^{K}{}_{\cdot L}$ 和 $S:\dfrac{L}{K}$ 是不同的。

实用上有两种情形特别重要。

(1) 现时构形作为参照构形的流动参照构形，且 E 和 L 坐标系重合。当各量相对于流动参照构形定义，上、下标全用小写字母时则有

$$S^{Kl}=T^{Kl}=\sigma^{kl}=T^{kl}=S^{kl} \tag{7-72}$$

(2) 瞬时空间坐标系和随体坐标系重合。此时 y^{k} 和 Y^{K} 一致，从而 $y^{k}_{,K}=\delta^{k}_{K}$（本处为克罗内克 δ)，$j=1$，我们记 T^{Kl} 为 T^{KL}，σ^{kl} 为 σ^{KL}，则有

$$T^{KL}=S^{KL}=\sqrt{\frac{g}{G}}\sigma^{KL}=\frac{\rho_0}{\rho}\sigma^{KL}=\hat{\sigma}^{KL} \tag{7-73}$$

上面给出的是 $\boldsymbol{\sigma}$、$\boldsymbol{T}$、$\boldsymbol{S}$ 的张量分量，其物理分量可如下推求。首先由式(7-53)有

$$\boldsymbol{p}^{(n)}\mathrm{d}a=\boldsymbol{p}^{k}\mathrm{d}a_{k}=\frac{\boldsymbol{p}^{k}}{\sqrt{g^{kk}}}\sqrt{\boldsymbol{g}^{kk}}\,\mathrm{d}a_{k}=\boldsymbol{p}^{[k]}\mathrm{d}a_{[k]}$$

由此推出，法线沿 $\boldsymbol{g}^{k}$ 方向的坐标面上的物理应力矢量 $\boldsymbol{p}^{[k]}$（单位坐标面上的力)为

$$\boldsymbol{p}^{[k]}=\frac{\boldsymbol{p}^{k}}{\sqrt{g^{kk}}} \tag{7-74}$$

其次，按定义有 $\boldsymbol{p}^{k}=\sigma^{kl}g_{l}$，故有

$$p^{[k]}\sqrt{g^{\underline{kk}}}=\sigma^{kl}\sqrt{g_{\underline{ll}}}\frac{g_{l}}{\sqrt{g_{\underline{ll}}}}$$

由此可知，σ^{kl} 的物理分量 $\sigma^{[kl]}$ 为

$$\left.\begin{aligned}&\sigma^{[kl]}=\sigma^{kl}\sqrt{g_{\underline{ll}}}/\sqrt{g^{\underline{kk}}}\qquad \boldsymbol{p}^{[k]}=\sigma^{[kl]}\frac{\boldsymbol{g}_{l}}{\sqrt{g_{\underline{ll}}}}\\&\sigma^{[k]\cdot}_{\cdot[l]}=\sigma^{k\cdot}_{\cdot l}\sqrt{g^{\underline{ll}}}/\sqrt{g^{\underline{kk}}}\end{aligned}\right\} \tag{7-75}$$

类似地可得

$$\boldsymbol{T}^{[K]}=\boldsymbol{T}^{K}/\sqrt{G^{\underline{KK}}} \tag{7-76}$$

$$\left.\begin{aligned}&T^{[Kl]}=T^{Kl}\sqrt{g_{\underline{ll}}}/\sqrt{G^{\underline{KK}}}\\&S^{[KL]}=S^{KL}\sqrt{C_{\underline{LL}}}/\sqrt{G^{\underline{KK}}}=S^{KL}\sqrt{g_{kl}y^{k}{}_{,L}y^{l}{}_{,L}}/\sqrt{G^{\underline{KK}}}\end{aligned}\right\} \tag{7-77}$$

在正交曲线坐标系中的物理分量为

$$\sigma\langle kl\rangle=\sigma^{kl}\sqrt{g_{\underline{kk}}g_{\underline{ll}}}=\sigma^{k\cdot}_{\cdot l}\sqrt{g_{\underline{kk}}g^{\underline{ll}}}=\sigma_{kl}\sqrt{g^{\underline{kk}}g^{\underline{ll}}}$$

$T\langle Kl\rangle$ 和 $S\langle KL\rangle$ 有类似的表达式，但要注意，$S^{[KL]}$ 或 $\boldsymbol{T}^{[KL]}$ 只是表示 $\boldsymbol{S}$ 和 $\boldsymbol{T}$ 在局部直线坐标系中的分量，不是真应力。

7.5 曲线坐标系中的基本方程

7.5.1 质量守恒

由式(6-1)知

$$\rho_0 = j\rho \quad \dot{\rho} + \rho \operatorname{div} \boldsymbol{v} = 0 \quad 或 \quad \dot{\rho} + \rho v^k |_k = 0 \tag{7-78}$$

7.5.2 运动方程

从物体中划出一任意体积 v，动量原理要求

$$\int_v \rho \frac{\mathrm{d}\boldsymbol{v}}{\mathrm{d}t} \mathrm{d}v = \oint_a \boldsymbol{p}^{(n)} \mathrm{d}a + \int_v \rho \boldsymbol{f} \mathrm{d}v \tag{7-79}$$

利用矢量形式的高斯散度定理可得

$$\oint_a \boldsymbol{p}^{(n)} \mathrm{d}a = \oint_a \boldsymbol{p}^k \mathrm{d}a_k = \int_v \boldsymbol{p}^k_{.k} \mathrm{d}v = \int_v \operatorname{div} \boldsymbol{\sigma} \mathrm{d}v \tag{7-80}$$

式(7-80)已应用了 $\boldsymbol{p}^k = \sigma^{kl} \boldsymbol{g}_1$。把式(7-80)代入式(7-79)，再利用体积 v 的任意性便可得

$$\left.\begin{aligned} &\boldsymbol{p}^k_{,k} + \rho(\boldsymbol{f} - \boldsymbol{w}) = \boldsymbol{0} \qquad \boldsymbol{w} = \dot{\boldsymbol{v}} = \frac{\mathrm{d}\boldsymbol{v}}{\mathrm{d}t} \\ &\operatorname{div} \boldsymbol{\sigma} + \rho(\boldsymbol{f} - \boldsymbol{w}) = \boldsymbol{0} \quad \sigma^{lk} |_l + \rho(f^k - w^k) = 0 \end{aligned}\right\} \tag{7-81}$$

式(7-81)中 $w^k = \mathrm{D}v^k/\mathrm{D}t$，是 v^k 的物质导数。如前所述，在一般情况下不等于 $\dot{v}^k$。$\operatorname{div} \boldsymbol{\sigma}$ 表示 $\boldsymbol{\sigma}$ 在现时构形中的散度。

在 L 描述法中的运动方程可推导如下。因按质量守恒，有 $\rho \mathrm{d}v = \rho_0 \mathrm{d}V$，又根据定义 $\boldsymbol{p}^{(n)} \mathrm{d}a = T^{(N)} \mathrm{d}A$，所以

$$\int_v \rho(\boldsymbol{f} - \boldsymbol{w}) \mathrm{d}v = \int_V \rho_0 (\boldsymbol{f} - \boldsymbol{w}) \mathrm{d}V$$

$$\oint_a \boldsymbol{p}^{(n)} \mathrm{d}a = \oint_A \boldsymbol{T}^{(N)} \mathrm{d}A = \oint_A \boldsymbol{T}^K \mathrm{d}A_K = \int_V \boldsymbol{T}^K_K \mathrm{d}V$$

由体积的任意性便可得

$$\boldsymbol{T}^K_{,K} + \rho_0 (\boldsymbol{f} - \boldsymbol{w}) = \boldsymbol{0} \tag{7-82}$$

应用 $\boldsymbol{T}$ 的定义和 $\boldsymbol{g}_i |_k = 0$ 的性质，立即得出

$$\left.\begin{aligned} &T^{Kl} |_K + \rho_0 (f^l - w^l) = 0 \\ &\operatorname{Div} \boldsymbol{T} + \rho_0 (\boldsymbol{f} - \boldsymbol{w}) = \boldsymbol{0} \end{aligned}\right\} \tag{7-83}$$

式中，$\operatorname{Div} \boldsymbol{T}$ 表示 $\boldsymbol{T}$ 在初始构形中的散度，Div 和 div 不同。利用 $\boldsymbol{S}$ 的定义，式(7-82)可写成

$$(S^{KL} \boldsymbol{y}_{,L})_K + \rho_0 (\boldsymbol{f} - \boldsymbol{w}) = \boldsymbol{0} \tag{7-84a}$$

利用 $\boldsymbol{y}_{,L}=(\boldsymbol{Y}+\boldsymbol{u}-\boldsymbol{d})_{,L}=(\delta_L^M+U^M|_L)\boldsymbol{G}_M$，把式(7-84a)向 $\boldsymbol{G}_K$ 轴上投影可得

$$\{S^{KL}(\delta_L^M+U^M|_L)\}|_K+\rho_0\left(F^M-\frac{\mathrm{D}V^M}{\mathrm{D}t}\right)=0 \tag{7-84b}$$

利用 $\boldsymbol{g}_k|_K=0$，把式(7-84a)向 $\boldsymbol{g}_k$ 轴投影可得另一形式

$$(S^{KL}y^k_{,L})|_K+\rho_0(f^k-w^k)=0 \tag{7-84c}$$

利用动量矩方程可证

$$\sigma^{kl}=\sigma^{lk}\quad S^{KL}=S^{LK}\quad T^{Kl}y^m_{,K}=T^{Km}y^l_{,K} \tag{7-85}$$

应用式(7-58)、式(7-63)和式(7-67)可得应力边界条件。例如：

在现时构形中
$$\bar{p}^k=\sigma^{ik}n_l \tag{7-86}$$

在初始构形中
$$\bar{T}^k=T^{Kk}N_K=S^{KL}N_Ky^k_{,L} \tag{7-87a}$$

或
$$\bar{T}^kY^L_{,k}=S^{KL}N_K \tag{7-87b}$$

式中，$\bar{p}^k$，$\bar{T}^k$ 为边界面上给定的应力矢量 $\bar{\boldsymbol{p}}^{(n)}$ 和 $\bar{\boldsymbol{T}}^{(N)}$ 的分量。

7.5.3 热力学定律

第 5 章给出热力学第一定律的公式为

$$\frac{\mathrm{d}}{\mathrm{d}t}\int_v\left(\rho e+\frac{1}{2}\rho v\cdot v\right)\mathrm{d}v=\int_v\rho(f\cdot v+\dot{r})\mathrm{d}v+\oint_a(\boldsymbol{p}^{(n)}\cdot\boldsymbol{v}-\boldsymbol{q}\cdot\boldsymbol{n})\mathrm{d}a \tag{7-88}$$

利用质量守恒律 $\frac{\mathrm{d}}{\mathrm{d}t}\int_v\rho\mathrm{d}v=0$，以及 $\boldsymbol{v}\cdot\boldsymbol{v}=v^k\boldsymbol{g}_k\cdot v_l\boldsymbol{g}^l=v^kv_k$，$f\cdot\boldsymbol{v}=f^kv_k$，$\boldsymbol{p}^{(n)}\cdot\boldsymbol{v}=\boldsymbol{p}^kn_k\cdot\boldsymbol{v}=\sigma^{kl}n_kv_l$，$\boldsymbol{q}\cdot\boldsymbol{n}=\boldsymbol{q}^kn_k$，再利用散度定理，式(7-88)可化为

$$\int_v\rho\left(\dot{e}+v_k\frac{\mathrm{D}v^k}{\mathrm{D}t}\right)\mathrm{d}v=\int_v\rho(f^kv_k+\dot{r})\mathrm{d}v+\int_v\{(\sigma^{kl}v_l)|_k-q^k|_k\}\mathrm{d}v$$

应用运动方程及体积的任意性，便可求得在曲线坐标系中的局部能量守恒方程为

$$\dot{\rho}=\sigma^{kl}D_{lk}+\rho\dot{r}-q^k|_k \tag{7-89}$$

类似于第 5 章，设在 L 描述法中的热流 Q 满足关系

$$q^k\mathrm{d}a_k=Q^K\mathrm{d}A_K \tag{7-90}$$

则不难证明，局部能量守恒方程在 L 描述法中为

$$\rho_0\dot{e}=S^{KL}\dot{E}_{KL}+\rho_0\dot{r}-Q^K|_K \tag{7-91}$$

第 5 章给出的热力学第二定律的公式为

$$\frac{\mathrm{d}}{\mathrm{d}t}\int_v\rho s^{(i)}\mathrm{d}v=\frac{\mathrm{d}}{\mathrm{d}t}\int_v\rho s\mathrm{d}v-\int_v\rho\frac{\dot{r}}{T}\mathrm{d}v+\oint_a\frac{\boldsymbol{q}}{T}\cdot\boldsymbol{n}\mathrm{d}a\geqslant0 \tag{7-92}$$

应用熵产率 σ^*，经过与前面类似的推演，式(7-92)可化为局部形式：

$$\rho T\sigma^* = \rho T\dot{s} - \rho\dot{r} + T\left(\frac{q^k}{T}\right)|_k \geqslant 0 \tag{7-93}$$

利用

$$q^k|_k = T\left(\frac{q^k}{T}\right)\Big|_k - Tq^k\left(\frac{1}{T}\right)\Big|_k \tag{7-94}$$

式(7-94)还可写成

$$\rho T\sigma^* = \rho T\dot{s} - \rho\dot{r} + q^k|_k - \frac{1}{T}q^k T|_k \geqslant 0 \tag{7-95}$$

应用式(7-89)的局部能量守恒原理,式(7-95)化为

$$\rho T\sigma^* = \sigma^{kl}D_{lk} + \rho(\dot{T} - \dot{e}) - \frac{1}{T}q^k T|_k \geqslant 0 \tag{7-96}$$

在 L 描述法中的形式为

$$\rho_0 T\sigma^* = S^{KL}\dot{E}_{KL} + \rho_0(T\dot{s} - \dot{e}) - \frac{1}{T}Q^K T|_K \geqslant 0 \tag{7-97}$$

7.5.4 本构方程

由于第 6 章中关于本构方程的叙述,基本上采用的是矢量和张量符号法,因而这些方程同样适用于曲线坐标系,只是写成分量形式时要注意曲线坐标系的特点,如各向同性弹性体的本构方程式(6-107)为

$$\boldsymbol{\sigma} = \phi_0\boldsymbol{I} + \phi_1\boldsymbol{B} + \phi_2\boldsymbol{B}^2 \quad \sigma^{kl} = \phi_0 g^{kl} + \phi_1 B^{kl} + \phi_2 B^{km}B^l_m \tag{7-98}$$

7.6 曲线坐标系中的应力增率理论

7.6.1 应力在空间(E)坐标系中的物质导数

取 E 坐标系 $Oy^1y^2y^3$,其基矢为 $\boldsymbol{g}_k$ 或 $\boldsymbol{g}^k$,基矢本身是不随时间变化的,即 $\partial\boldsymbol{g}_k/\partial t = \partial\boldsymbol{g}^k/\partial t = 0$,同时 $\boldsymbol{g}_{kl} = \Gamma^m_{kl}\boldsymbol{g}_m$,$\boldsymbol{g}^k_{,m} = -\Gamma^k_{lm}\boldsymbol{g}^l$(参见式(B-39)、式(B-45)),从而得出

$$\left.\begin{aligned} \mathrm{d}\boldsymbol{g}_k/\mathrm{d}t &= \partial\boldsymbol{g}_k/\partial t + \boldsymbol{g}_{k,m}\dot{y}^m = \Gamma^l_{km}v^m\boldsymbol{g}_l \\ \mathrm{d}\boldsymbol{g}^k/\mathrm{d}t &= \partial\boldsymbol{g}^k/\partial t + \boldsymbol{g}^k_{,m}\dot{y}^m = -\Gamma^k_{m}v^m\boldsymbol{g}^l \end{aligned}\right\} \tag{7-99}$$

$\boldsymbol{\sigma}$ 的并矢式 $\sigma^{kl}\boldsymbol{g}_k\otimes\boldsymbol{g}_l$ 的时间导数为

$$\begin{aligned} \frac{\mathrm{d}\boldsymbol{\sigma}}{\mathrm{d}t} &= \dot{\sigma}^{kl}\boldsymbol{g}_k\otimes\boldsymbol{g}_l + \sigma^{kl}\frac{\mathrm{d}\boldsymbol{g}_k}{\mathrm{d}t}\otimes\boldsymbol{g}_l + \sigma^{kl}\boldsymbol{g}_k\otimes\frac{\mathrm{d}\boldsymbol{g}_l}{\mathrm{d}t} \\ &= (\dot{\sigma}^{kl} + \Gamma^k_{mn}\sigma^{ml}v^n + \Gamma^l_{nm}\sigma^{km}v^n)\boldsymbol{g}_k\otimes\boldsymbol{g}_l \\ &= \frac{\mathrm{D}\sigma^{kl}}{\mathrm{D}t}\boldsymbol{g}_k\otimes\boldsymbol{g}_l \end{aligned}$$

对其他并矢式也有类似关系，从而有

$$\begin{aligned}\frac{\mathrm{d}\boldsymbol{\sigma}}{\mathrm{d}t}&=\frac{\mathrm{D}\sigma^{kl}}{\mathrm{D}t}\boldsymbol{g}_k\otimes\boldsymbol{g}_l=\frac{\mathrm{D}\sigma^{k\cdot}_{\cdot l}}{\mathrm{D}t}\boldsymbol{g}_k\otimes\boldsymbol{g}^l\\&=\frac{\mathrm{D}\sigma^{\cdot l}_{k\cdot}}{\mathrm{D}t}\boldsymbol{g}^k\otimes\boldsymbol{g}_l=\frac{\mathrm{D}\sigma_{kl}}{\mathrm{D}t}\boldsymbol{g}^k\otimes\boldsymbol{g}^l\end{aligned}\tag{7-100}$$

式中

$$\left.\begin{aligned}\frac{\mathrm{D}\sigma^{kl}}{\mathrm{D}t}&=\dot{\sigma}^{kl}+\Gamma^k_{mn}\sigma^{ml}\dot{y}^n+\Gamma^l_{nm}\sigma^{km}\dot{y}^n=\frac{\partial\sigma^{kl}}{\partial t}+\sigma^{kl}\mid_m v^m\\\frac{\mathrm{D}\sigma^{k\cdot}_{\cdot l}}{\mathrm{D}t}&=\dot{\sigma}^{k\cdot}_{\cdot l}+\Gamma^k_{mn}\sigma^{m\cdot}_{\cdot l}\dot{y}^n-\Gamma^m_{nl}\sigma^{k\cdot}_{\cdot m}\dot{y}^n=\frac{\partial\sigma^{k\cdot}_{\cdot l}}{\partial t}+\sigma^{k\cdot}_{\cdot l}\mid_m v^m\\\frac{\mathrm{D}\sigma^{\cdot l}_{k\cdot}}{\mathrm{D}t}&=\dot{\sigma}^{\cdot l}_{k\cdot}-\Gamma^n_{kn}\sigma^{\cdot l}_{m\cdot}\dot{y}^n+\Gamma^l_{mn}\sigma^{\cdot n}_{k\cdot}\cdot\dot{y}^n=\frac{\partial\sigma^{\cdot l}_{k\cdot}}{\partial t}+\sigma^{\cdot l}_{k\cdot}\mid_m v^m\\\frac{\mathrm{D}\sigma_{kl}}{\mathrm{D}t}&=\dot{\sigma}_{kl}-\Gamma^n_{kn}\sigma_{ml}\dot{y}^n-\Gamma^m_{nl}\sigma_{km}\dot{y}^n=\frac{\partial\sigma_{kl}}{\partial t}+\sigma_{kl}\mid_m v^m\end{aligned}\right\}\tag{7-101}$$

称 $\mathrm{D}\sigma^{kl}/\mathrm{D}t$ 等为物质(或绝对)导数；$\partial\sigma^{kl}/\partial t$ 等为局部导数；$\sigma^{kl}\mid_m v^m$ 等为迁移导数。它们都是二阶张量，但因 Γ^k_{mn} 不是张量，故 $\dot{\sigma}^{kl}$、$\dot{\sigma}^{k\cdot}_{\cdot l}$、$\dot{\sigma}^{\cdot l}_{k\cdot}$ 和 $\dot{\sigma}_{kl}$ 都不是张量。式(7-101)与式(7-31)一致。

7.6.2 三种应力物质导数之间的关系

利用 $Dg/\mathrm{D}t=0$ 和式(7-32)、式(7-49)，从式(7-70)、式(7-71)分别可得

$$\begin{aligned}\frac{\mathrm{D}T^{Kl}}{\mathrm{D}t}&=\frac{\mathrm{D}}{\mathrm{D}t}\left(\sqrt{\frac{g}{G}}jY^K_{,k}\sigma^{kl}\right)=\sqrt{\frac{g}{G}}j\left(v^m\mid_m Y^K_{,k}\sigma^{kl}-Y^K_{,m}v^m\mid_k\sigma^{kl}+Y^K_{,k}\frac{\mathrm{D}\sigma^{kl}}{\mathrm{D}t}\right)\\&=\sqrt{\frac{g}{G}}jY^K_{,k}\left(\frac{\mathrm{D}\sigma^{kl}}{\mathrm{D}t}-v^k\mid_m\sigma^{ml}+v^m\mid_m\sigma^{kl}\right)\end{aligned}\tag{7-102}$$

和

$$\begin{aligned}\frac{\mathrm{D}S^{KL}}{\mathrm{D}t}&=\frac{\mathrm{D}}{\mathrm{D}t}\left(\sqrt{\frac{g}{G}}jY^K_{,K}Y^L_{,l}\sigma^{kl}\right)\\&=\sqrt{\frac{g}{G}}jY^K_{,k}Y^L_{,l}\left(\frac{\mathrm{D}\sigma^{kl}}{\mathrm{D}t}-v^k\mid_m\sigma^{ml}-v^l\mid_m\sigma^{kn}+v^m\mid_m\sigma^{kl}\right)\end{aligned}\tag{7-103}$$

当所有物理量相对于流动参照构形定义，且 E 与 L 坐标系一致时，$g=G$，$j=1$，$Y^K_{,k}=\delta^K_k$，下标全用小写时有

$$\frac{\mathrm{D}T^{kl}}{\mathrm{D}t}=\frac{\mathrm{D}\sigma^{kl}}{\mathrm{D}t}-v^k\mid_m\sigma^{ml}+v^m\mid_m\sigma^{kl}\tag{7-104}$$

$$\frac{\mathrm{D}S^{kl}}{\mathrm{D}t}=\frac{\mathrm{D}\sigma^{kl}}{\mathrm{D}t}-v^k\mid_m\sigma^{ml}-v^l\mid_m\sigma^{km}+v^m\mid_m\sigma^{kl}\tag{7-105}$$

当(瞬时)E 坐标系与 I 坐标系一致时，恒有 $j=1$，$y^k_{,L}=\delta^k_L$，但此时 $\mathrm{D}g/\mathrm{D}t\neq 0$，而 $\sqrt{g/G}=\rho_0/\rho$，由式(7-73)可得

$$\frac{\mathrm{D}S^{KL}}{\mathrm{D}t}=\frac{\mathrm{D}}{\mathrm{D}t}\left(\frac{\rho_0}{\rho}\sigma^{kl}\right)=\frac{\rho_0}{\rho}\frac{\mathrm{D}\sigma^{kl}}{\mathrm{D}t}-\frac{\rho_0}{\rho^2}\dot{\rho}\sigma^{kl} \tag{7-106}$$

特别是当随体坐标系与 E 坐标系一致，现时构形又取作参照构形时，利用连续性方程 $\dot{\rho}+\rho v^m|_m=0$，式(7-106)化为

$$\frac{\mathrm{D}S^{KL}}{\mathrm{D}t}=\frac{\mathrm{D}\sigma^{kl}}{\mathrm{D}t}+v^m|_m\sigma^{kl} \tag{7-107}$$

7.6.3 应力增率形式的运动方程

与第 3 章的讨论相仿，由 L 应力矢量形式的运动方程出发较为方便，因为质点在 L 坐标系中的位置是不随时间变化的。在 t 和 $t+\Delta t$ 时刻的运动方程分别为

$$\boldsymbol{T}^K|_K+\rho_0(\boldsymbol{f}-\boldsymbol{w})=\boldsymbol{0} \tag{7-108}$$

$$(\boldsymbol{T}^K+\Delta\boldsymbol{T}^K)|_K+\rho_0(f+\Delta\boldsymbol{f}-\boldsymbol{w}-\Delta\boldsymbol{w})=\boldsymbol{0} \tag{7-109}$$

由于式(7-108)和式(7-109)是相对于初始构形中同一单元体的，因此单元体的形状大小等均不随时间变化，所以相减后便得增量形式的运动方程

$$\Delta\boldsymbol{T}^K|_\kappa+\rho_0(\Delta\boldsymbol{f}-\Delta\boldsymbol{w})=\boldsymbol{0} \tag{7-110}$$

除以 Δt，取极限得增率形式的运动方程

$$\dot{\boldsymbol{T}}^K|_k+\rho_0(\dot{\boldsymbol{f}}-\dot{\boldsymbol{w}})=\boldsymbol{0} \tag{7-111}$$

其分量形式为

$$\left(\frac{\mathrm{D}T^{KL}}{\mathrm{D}t}\right)\Big|_\kappa+\rho_0\left(\frac{\mathrm{D}f^l}{\mathrm{D}t}-\frac{\mathrm{D}w^l}{\mathrm{D}t}\right)=\boldsymbol{0} \tag{7-112}$$

根据应力的物质导数之间的关系，由式(7-112)可求得 $\boldsymbol{S}$、$\boldsymbol{\sigma}$ 的增率方程，有兴趣的读者可自行推导。

7.6.4 应力在随体坐标系中的物质导数与客观性应力率

设Ⅰ坐标系 $O\xi^{\mathrm{I}}\xi^{\mathrm{II}}\xi^{\mathrm{III}}$，其基矢为 $\boldsymbol{C}_K$ 和 $\boldsymbol{C}^K$，在初始构形中与 L 坐标系一致。在变形过程中，$\boldsymbol{C}_K$ 和 $\boldsymbol{C}^K$ 是时间 t 的函数。按式(7-2)可得

$$\begin{aligned}\mathrm{d}\boldsymbol{C}_K/\mathrm{d}t&=\frac{\mathrm{d}}{\mathrm{d}t}(\boldsymbol{y}_{,K})=v_{,K}=V^L|_K\boldsymbol{C}_L=V_L|_K\boldsymbol{C}^L\\&=v^l|_K\boldsymbol{g}_l=v_l|_K\boldsymbol{g}^l\end{aligned} \tag{7-113a}$$

利用 $\boldsymbol{C}^K\cdot\boldsymbol{C}_L=\delta^K_L$，便有 $\frac{\mathrm{d}}{\mathrm{d}t}(\boldsymbol{C}^K\cdot\boldsymbol{C}_L)=0$，或 $\frac{\mathrm{d}\boldsymbol{C}^K}{\mathrm{d}t}\cdot\boldsymbol{C}_L=-\boldsymbol{C}^K\cdot\frac{\mathrm{d}\boldsymbol{C}_L}{\mathrm{d}t}$，由此推出

$$\frac{\mathrm{d}\boldsymbol{C}^K}{\mathrm{d}t}=-V^K|_L\boldsymbol{C}^L \tag{7-113b}$$

式中，V^K 是 v 在Ⅰ坐标系中的逆变分量。对并矢式 $\boldsymbol{\sigma}=\sigma^{KL}\boldsymbol{C}_K\otimes\boldsymbol{C}_L$ 有

$$\frac{\mathrm{d}\boldsymbol{\sigma}}{\mathrm{d}t}=\frac{\mathrm{d}}{\mathrm{d}t}(\sigma^{KL}\boldsymbol{C}_K\otimes\boldsymbol{C}_L)=\dot{\sigma}^{KL}\boldsymbol{C}_K\otimes\boldsymbol{C}_L+\sigma^{KL}V^M\mid_K\boldsymbol{C}_M\otimes\boldsymbol{C}_L+\sigma^{KL}V^M\mid_L\boldsymbol{C}_K\otimes\boldsymbol{C}_M$$
$$=(\dot{\sigma}^{KL}+\sigma^{ML}V^K\mid_M+\sigma^{KM}V^L\mid_M)\boldsymbol{C}_K\otimes\boldsymbol{C}_L \tag{1-114}$$

类似地还可得到用 $\dot{\sigma}^{K\cdot}_{\cdot L}$，…的表达式。在式(7-114)及未写出的诸式中，σ^{KL}、$\sigma^{K\cdot}_{\cdot L}$、$\sigma^{\cdot L}_{K\cdot}$ 和 σ_{KL} 是同一个张量 $\boldsymbol{\sigma}$ 的 4 个不同的张量分量；由于 $\mathrm{d}\boldsymbol{\sigma}/\mathrm{d}t$ 是随体导数，不受 E 坐标系转换的影响，是 I 坐标系中的张量；等式右边的第二、第三项也是张量，故 $\dot{\sigma}^{KL}$、$\dot{\sigma}^{K\cdot}_{\cdot L}$、$\dot{\sigma}^{\cdot L}_{K\cdot}$、$\dot{\sigma}_{KL}$ 都是 I 坐标系中的张量，但是 4 个不同张量的分量，相互之间不能用量度张量 $\boldsymbol{C}$ 来升降其指标，引起这一情况的原因是 $\boldsymbol{C}$ 本身是时间的函数，如

$$\dot{\sigma}^{KL}=C^{ML}\dot{\sigma}^{K\cdot}_{\cdot M}+\dot{C}^{ML}\sigma^{K\cdot}_{\cdot M}=C^{ML}\dot{\sigma}^{K\cdot}_{\cdot M}-\sigma^{KM}V^L\mid_M-C^{ML}\sigma^{K\cdot}_{\cdot N}V^N\mid_M\neq C^{ML}\dot{\sigma}^{K\cdot}_{\cdot M}$$

综上所述，有

$$\frac{\mathrm{d}\boldsymbol{\sigma}}{\mathrm{d}t}=\frac{\mathrm{D}\sigma^{KL}}{\mathrm{D}t}\boldsymbol{C}_K\otimes\boldsymbol{C}_L=\frac{\mathrm{D}\sigma^{K\cdot}_{\cdot L}}{\mathrm{D}t}\boldsymbol{C}_K\otimes\boldsymbol{C}^L$$
$$=\frac{\mathrm{D}\sigma^{\cdot L}_{K\cdot}}{\mathrm{D}t}\boldsymbol{C}^K\otimes\boldsymbol{C}_L=\frac{\mathrm{D}\sigma_{KL}}{\mathrm{D}t}\boldsymbol{C}^K\otimes\boldsymbol{C}^L \tag{7-115}$$

式中

$$\left.\begin{aligned}
\frac{\mathrm{D}\sigma^{KL}}{\mathrm{D}t}&=\dot{\sigma}_1^{KL}+\sigma^{ML}V^K\mid_M+\sigma^{KM}V^L\mid_M\\
\frac{\mathrm{D}\sigma^{K\cdot}_{\cdot L}}{\mathrm{D}t}&=\dot{\sigma}^{K\cdot}_{2\cdot L}+\sigma^{M\cdot}_{\cdot L}V^K\mid_M-\sigma^{K\cdot}_{\cdot M}V^M\mid_L\\
\frac{\mathrm{D}\sigma^{\cdot L}_{K\cdot}}{\mathrm{D}t}&=\dot{\sigma}^{\cdot L}_{3K\cdot}-\sigma^{\cdot L}_{K\cdot}\cdot V^M\mid_K+\sigma^{\cdot M}_{K\cdot}V^L\mid_M\\
\frac{\mathrm{D}\sigma_{KL}}{\mathrm{D}t}&=\dot{\sigma}_{4KL}-\sigma_{ML}V^M\mid_K-\sigma_{KM}V^M\mid_L
\end{aligned}\right\} \tag{7-116}$$

在 I 坐标系中有

$$\left.\begin{aligned}
&D_{KL}=\frac{1}{2}(V_K\mid_L+V_L\mid_K)\quad \omega_{KL}=\frac{1}{2}(V_K\mid_L-V_L\mid_K)\\
&\mathrm{D}^{K\cdot}_{\cdot L}=C^{KM}D_{ML}\quad \mathrm{D}^{\cdot L}_{K\cdot}=C^{LM}D_{KM}\quad \mathrm{D}^{KL}=C^{KM}C^{LN}C_{MN}\\
&\omega^{K\cdot}_{\cdot L}=C^{KM}\omega_{ML}\quad \omega^{\cdot L}_{K\cdot}=C^{LM}\omega_{KM}\quad \omega^{KL}=C^{KM}C^{LN}\omega_{MN}
\end{aligned}\right\} \tag{7-117}$$

因 $\mathrm{D}^{K\cdot}_{\cdot L}=C^{KM}D_{ML}=D_{LM}C^{MK}=\mathrm{D}^{\cdot K}_{L\cdot}$，$\omega^{K\cdot}_{\cdot L}=C^{KM}\omega_{ML}=-\omega_{LM}\cdot C^{MK}=-\omega^{\cdot K}_{L\cdot}$，所以 $V^K\mid_L=\mathrm{D}^{K\cdot}_{\cdot L}+\omega^{K\cdot}_{\cdot L}=\mathrm{D}^{\cdot K}_{L\cdot}\omega^{\cdot K}_{L\cdot}$，从而式(7-116)又可写成

$$\left.\begin{aligned}
\frac{\mathrm{D}\sigma^{KL}}{\mathrm{D}t}&=\dot{\sigma}_1^{KL}+(\mathrm{D}^{K\cdot}_{\cdot M}\sigma^{ML}+\sigma^{KM}\mathrm{D}^{\cdot L}_{M\cdot})+(\omega^{K\cdot}_{\cdot M}\sigma^{MI}-\sigma^{KM}\omega^{\cdot L}_{M\cdot})\\
\frac{\mathrm{D}\sigma^{K\cdot}_{\cdot L}}{\mathrm{D}t}&=\dot{\sigma}^{K\cdot}_{2\cdot L}+(\mathrm{D}^{K\cdot}_{\cdot M}\sigma^{M\cdot}_{\cdot L}-\sigma^{K\cdot}_{\cdot M}\mathrm{D}^{M\cdot}_{\cdot L})+(\omega^{K\cdot}_{\cdot M}\sigma^{M\cdot}_{\cdot L}-\sigma^{K\cdot}_{\cdot M}\omega^{M\cdot}_{\cdot L})\\
\frac{\mathrm{D}\sigma^{\cdot L}_{K\cdot}}{\mathrm{D}t}&=\dot{\sigma}^{\cdot L}_{3K\cdot}-(\mathrm{D}^{M\cdot}_{\cdot K}\sigma^{\cdot L}_{M\cdot}-\sigma^{M\cdot}_{\cdot K}\mathrm{D}^{\cdot L}_{M\cdot})+(\omega^{M\cdot}_{\cdot K}\sigma^{\cdot L}_{M\cdot}-\sigma^{M\cdot}_{\cdot K}\omega^{\cdot L}_{M\cdot})\\
\frac{\mathrm{D}\sigma_{KL}}{\mathrm{D}t}&=\dot{\sigma}_{4KL}-(\mathrm{D}^{M\cdot}_{\cdot K}\sigma_{ML}+\sigma_{KM}\mathrm{D}^{M\cdot}_{\cdot L})+(\omega^{M\cdot}_{\cdot K}\sigma_{ML}-\sigma_{KM}\omega^{M\cdot}_{\cdot L})
\end{aligned}\right\} \tag{7-118}$$

引入变形速度梯度 $\boldsymbol{\Gamma}$

$$\begin{aligned}\boldsymbol{\Gamma} &= v_k \mid_l \boldsymbol{g}^k \otimes \boldsymbol{g}^l = v^k \mid_l \boldsymbol{g}_k \otimes \boldsymbol{g}^l = V_K \mid_L \boldsymbol{C}^K \otimes \boldsymbol{C}^L \\ &= V^K \mid_L \boldsymbol{C}_K \otimes \boldsymbol{C}^L\end{aligned} \tag{7-119}$$

则由式(7-117)可得

$$\boldsymbol{\Gamma} = \boldsymbol{D} + \boldsymbol{\omega} \quad \boldsymbol{\Gamma}^{\mathrm{T}} = \boldsymbol{D} - \boldsymbol{\omega} \tag{7-120}$$

式(7-116)和式(7-118)用张量符号直接记法后便有

$$\left.\begin{aligned}\frac{\mathrm{d}\boldsymbol{\sigma}}{\mathrm{d}t} &= \dot{\boldsymbol{\sigma}}_1 + \boldsymbol{\Gamma}\cdot\boldsymbol{\sigma} + \boldsymbol{\sigma}\cdot\boldsymbol{\Gamma}^{\mathrm{T}} = \dot{\boldsymbol{\sigma}}_1 + (\boldsymbol{D}\boldsymbol{\sigma} + \boldsymbol{\sigma}\boldsymbol{D}) + (\boldsymbol{\omega}\boldsymbol{\sigma} - \boldsymbol{\sigma}\boldsymbol{\omega}) \\ &= \dot{\boldsymbol{\sigma}}_2 + \boldsymbol{\Gamma}\cdot\boldsymbol{\sigma} - \boldsymbol{\sigma}\cdot\boldsymbol{\Gamma} = \dot{\boldsymbol{\sigma}}_2 + (\boldsymbol{D}\boldsymbol{\sigma} - \boldsymbol{\sigma}\boldsymbol{D}) + (\boldsymbol{\omega}\boldsymbol{\sigma} - \boldsymbol{\sigma}\boldsymbol{\omega}) \\ &= \dot{\boldsymbol{\sigma}}_3 - \boldsymbol{\Gamma}^{\mathrm{T}}\cdot\boldsymbol{\sigma} + \boldsymbol{\sigma}\cdot\boldsymbol{\Gamma}^{\mathrm{T}} = \dot{\boldsymbol{\sigma}}_3 - (\boldsymbol{D}\boldsymbol{\sigma} - \boldsymbol{\sigma}\boldsymbol{D}) + (\boldsymbol{\omega}\boldsymbol{\sigma} - \boldsymbol{\sigma}\boldsymbol{\omega}) \\ &= \dot{\boldsymbol{\sigma}}_4 - \boldsymbol{\Gamma}^{\mathrm{T}}\cdot\boldsymbol{\sigma} - \boldsymbol{\sigma}\cdot\boldsymbol{\Gamma} = \dot{\boldsymbol{\sigma}}_4 - (\boldsymbol{D}\boldsymbol{\sigma} + \boldsymbol{\sigma}\boldsymbol{D}) + (\boldsymbol{\omega}\boldsymbol{\sigma} - \boldsymbol{\sigma}\boldsymbol{\omega})\end{aligned}\right\} \tag{7-121}$$

或

$$\left.\begin{aligned}\dot{\boldsymbol{\sigma}}_1 &= \dot{\sigma}_1^{KL}\boldsymbol{C}_K \otimes \boldsymbol{C}_L = \frac{\mathrm{d}\boldsymbol{\sigma}}{\mathrm{d}t} - \boldsymbol{\Gamma}\boldsymbol{\sigma} - \boldsymbol{\sigma}\boldsymbol{\Gamma}^{\mathrm{T}} (= \dot{\sigma}_1^{kl}\boldsymbol{g}_k \otimes \boldsymbol{g}_l) \\ \dot{\boldsymbol{\sigma}}_2 &= \dot{\sigma}_{2\cdot L}^{K\cdot}\boldsymbol{C}_K \otimes \boldsymbol{C}^L = \frac{\mathrm{d}\boldsymbol{\sigma}}{\mathrm{d}t} - \boldsymbol{\Gamma}\boldsymbol{\sigma} + \boldsymbol{\sigma}\boldsymbol{\Gamma} (= \dot{\sigma}_{2\cdot l}^{k\cdot}\boldsymbol{g}_k \otimes \boldsymbol{g}^l) \\ \dot{\boldsymbol{\sigma}}_3 &= \dot{\sigma}_{3K}^{\cdot L}\cdot\boldsymbol{C}^K \otimes \boldsymbol{C}_L = \frac{\mathrm{d}\boldsymbol{\sigma}}{\mathrm{d}t} + \boldsymbol{\Gamma}^{\mathrm{T}}\boldsymbol{\sigma} - \boldsymbol{\sigma}\boldsymbol{\Gamma}^{\mathrm{T}} (= \dot{\sigma}_{3k}^{\cdot l}\boldsymbol{g}^k \otimes \boldsymbol{g}_l) \\ \dot{\boldsymbol{\sigma}}_4 &= \dot{\sigma}_{4KL}\boldsymbol{C}^K \otimes \boldsymbol{C}^L = \frac{\mathrm{d}\boldsymbol{\sigma}}{\mathrm{d}t} + \boldsymbol{\Gamma}^{\mathrm{T}}\boldsymbol{\sigma} + \boldsymbol{\sigma}\boldsymbol{\Gamma} (= \dot{\sigma}_{4kl}\boldsymbol{g}^k \otimes \boldsymbol{g}^l)\end{aligned}\right\} \tag{7-122}$$

上述 $\dot{\sigma}_1$、$\dot{\sigma}_2$、$\dot{\sigma}_3$ 和 $\dot{\sigma}_4$ 都是客观性张量，例如应用 $\dot{\boldsymbol{Q}}\boldsymbol{Q}^{\mathrm{T}} + \boldsymbol{Q}\dot{\boldsymbol{Q}}^{\mathrm{T}} = \boldsymbol{0}$ 后有

$$\begin{aligned}\dot{\bar{\boldsymbol{\sigma}}}_1 &= \dot{\bar{\boldsymbol{\sigma}}} - \bar{\boldsymbol{\Gamma}}\bar{\boldsymbol{\sigma}} - \bar{\boldsymbol{\sigma}}\bar{\boldsymbol{\Gamma}}^{\mathrm{T}} = \boldsymbol{Q}\dot{\boldsymbol{\sigma}}\boldsymbol{Q}^{\mathrm{T}} + \dot{\boldsymbol{Q}}\boldsymbol{\sigma}\boldsymbol{Q}^{\mathrm{T}} + \boldsymbol{Q}\boldsymbol{\sigma}\dot{\boldsymbol{Q}}^{\mathrm{T}} - (\boldsymbol{Q}\boldsymbol{\Gamma}\boldsymbol{Q}^{\mathrm{T}}\cdot\boldsymbol{Q}\boldsymbol{\sigma}\boldsymbol{Q}^{\mathrm{T}} + \dot{\boldsymbol{Q}}\boldsymbol{Q}^{\mathrm{T}}\boldsymbol{Q}\boldsymbol{\sigma}\boldsymbol{Q}^{\mathrm{T}}) - \\ &\quad (\boldsymbol{Q}\boldsymbol{\sigma}\boldsymbol{Q}^{\mathrm{T}}\boldsymbol{Q}\boldsymbol{\Gamma}^{\mathrm{T}}\boldsymbol{Q}^{\mathrm{T}} + \boldsymbol{Q}\boldsymbol{\sigma}\boldsymbol{Q}^{\mathrm{T}}\boldsymbol{Q}\dot{\boldsymbol{Q}}^{\mathrm{T}}) \\ &= \boldsymbol{Q}(\dot{\boldsymbol{\sigma}} - \boldsymbol{\Gamma}\boldsymbol{\sigma} - \boldsymbol{\sigma}\boldsymbol{\Gamma}^{\mathrm{T}})\boldsymbol{Q}^{\mathrm{T}} = \boldsymbol{Q}\dot{\sigma}_1\boldsymbol{Q}^{\mathrm{T}}\end{aligned}$$

其余 $\dot{\boldsymbol{\sigma}}_2$、$\dot{\boldsymbol{\sigma}}_3$ 和 $\dot{\boldsymbol{\sigma}}_4$ 的证明相同。$\dot{\boldsymbol{\sigma}}_1$、$\dot{\boldsymbol{\sigma}}_2$ 和 $\dot{\boldsymbol{\sigma}}_3$ 以及 $\dot{\boldsymbol{\sigma}}_4$ 都代表随同物体一起旋转和变形的观察者测得的 $\boldsymbol{\sigma}$ 随时间的变化率，这可由令式(7-122)中 $\boldsymbol{\Gamma}=0$ 立即看出。

应当指出，根据张量一般理论，$\dot{\boldsymbol{\sigma}}_1$、$\dot{\boldsymbol{\sigma}}_2$、$\dot{\boldsymbol{\sigma}}_3$、$\dot{\boldsymbol{\sigma}}_4$ 在任何坐标系中都是张量。通常称 $\dot{\boldsymbol{\sigma}}_1$ 为应力的随体导数，$\dot{\boldsymbol{\sigma}}_1 + \mathrm{tr}\,\boldsymbol{D}$ 为 Oldroyd-Truesdell 应力增率张量，$\dot{\boldsymbol{\sigma}}_4$ 为 Cotter-Rivlin 应力增率张量，而 $\dot{\boldsymbol{\sigma}}_2$ 和 $\dot{\boldsymbol{\sigma}}_3$ 首先由 Седов 所研究。从式(7-121)还可看出

$$\dot{\boldsymbol{\sigma}}^{\mathrm{J}} = \dot{\boldsymbol{\sigma}} - \boldsymbol{\omega}\boldsymbol{\sigma} + \boldsymbol{\sigma}\boldsymbol{\omega} \tag{7-123}$$

也是客观性的，称为 Jaumann 或共旋应力增率张量，它代表观察者随 I 坐标系一起旋转，但不一起变形时所观察到的 $\boldsymbol{\sigma}$ 的时间变化率。显然 $\dot{\boldsymbol{\sigma}}^{\mathrm{J}} + f(\boldsymbol{\sigma})\boldsymbol{D}$ 的都是客观性应力率，式中 $f(\boldsymbol{\sigma})$ 为 $\boldsymbol{\sigma}$ 的任意函数。

由于 $\dot{\boldsymbol{\sigma}}_1$、$\dot{\boldsymbol{\sigma}}_2$、$\dot{\boldsymbol{\sigma}}_3$、$\dot{\boldsymbol{\sigma}}_4$、$\dot{\boldsymbol{\sigma}}^{\mathrm{J}}$，都是张量，因而由式(7-122)、式(7-123)很容易写出它们在任何坐标系中的表达式，如在 E 坐标系中 $\dot{\boldsymbol{\sigma}}^{\mathrm{J}}$ 可写成

$$\left.\begin{aligned}
\dot{\sigma}^{\mathrm{J}kl} &= \frac{\mathrm{D}\sigma^{kl}}{\mathrm{D}t} - \omega^{k\cdot}_{\cdot m}\sigma^{ml} + \sigma^{km}\omega^{\cdot l}_{m\cdot} \\
\dot{\sigma}^{\mathrm{J}k\cdot}_{\cdot l} &= \frac{\mathrm{D}\sigma^{\cdot k}_{\cdot l}}{\mathrm{D}t} - \omega^{k\cdot}_{\cdot m}\sigma^{m\cdot}_{\cdot l} + \sigma^{k\cdot}_{\cdot m}\omega^{m\cdot}_{\cdot l} \\
\dot{\sigma}^{\mathrm{J}\cdot l}_{k\cdot} &= \frac{\mathrm{D}\sigma^{\cdot l}_{k\cdot}}{\mathrm{D}t} - \omega^{\cdot m}_{k\cdot}\sigma^{\cdot l}_{m\cdot} + \sigma^{\cdot m}_{k\cdot}\omega^{\cdot l}_{m\cdot} \\
\dot{\sigma}^{\mathrm{J}}_{kl} &= \frac{\mathrm{D}\sigma_{kl}}{\mathrm{D}t} - \omega^{\cdot m}_{k\cdot}\sigma_{ml} + \sigma_{km}\omega^{m\cdot}_{\cdot l}
\end{aligned}\right\} \tag{7-124}$$

式(7-124)中的 $\dot{\sigma}^{\mathrm{J}kl}$、$\dot{\sigma}^{\mathrm{J}k\cdot}_{\cdot l}$、$\dot{\sigma}^{\mathrm{J}\cdot l}_{k\cdot}$ 和 $\dot{\sigma}^{\mathrm{J}}_{kl}$ 是同一个应力增率张量 $\dot{\boldsymbol{\sigma}}^{\mathrm{J}}$ 的不同分量，因而可用量度张量 g 来升降指标。

显然，上述理论也可应用于欧拉应变张量 $\boldsymbol{\varepsilon}$，构成各种与刚体旋转无关的 $\boldsymbol{\varepsilon}$ 的本构导数 $\overset{\nabla}{\boldsymbol{\varepsilon}}$，式(7-35)是这类本构导数中的一种，而且是特别有用的一种。

7.7 圆柱坐标系中的基本方程

设 E 和 L 坐标系一致，都是圆柱坐标系(见图 7-4)。初始时刻为 (R, Θ, Z)，现时时刻为 (r, θ, z)。另取一空间直角坐标系 $Ox^1x^2x^3$。在曲线坐标系中取

$$\left.\begin{aligned}
Y^{\mathrm{I}} &= R \quad Y^{\mathrm{II}} = \Theta \quad Y^{\mathrm{III}} = Z \\
y^1 &= r \quad\ \ y^2 = \theta \quad\ \ y^3 = z
\end{aligned}\right\} \tag{7-125}$$

任意一点 P 的矢径 $\boldsymbol{y}$ 在直角坐标系中可表示为

$$\boldsymbol{y} = r\cos\theta\boldsymbol{i}^l_1 + r\sin\theta\boldsymbol{i}_2 + \boldsymbol{z}_3 \tag{7-126}$$

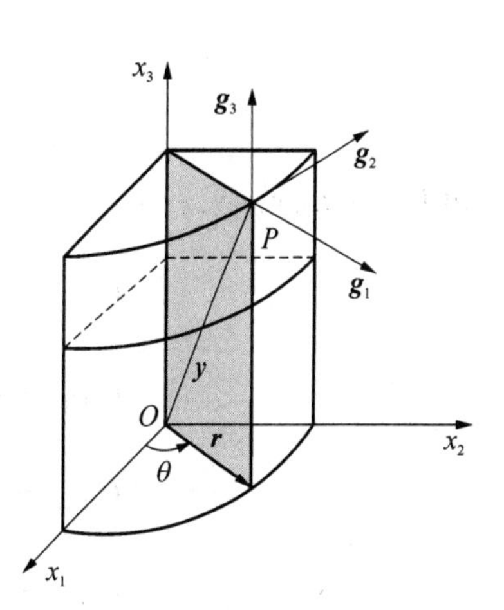

图 7-4 圆柱坐标系

7.7.1 坐标的几何性质

按 $\boldsymbol{g}_k = \boldsymbol{y}_{,k}$ 有

$$\boldsymbol{g}_1 = \begin{bmatrix}\cos\theta \\ \sin\theta \\ 0\end{bmatrix} \quad \boldsymbol{g}_2 = \begin{bmatrix}-r\sin\theta \\ r\cos\theta \\ 0\end{bmatrix} \quad \boldsymbol{g}_3 = \begin{bmatrix}0 \\ 0 \\ 1\end{bmatrix} \tag{7-127}$$

$$\boldsymbol{g}_{1,1} = \boldsymbol{g}_{1,3} = \boldsymbol{g}_{2,3} = \boldsymbol{g}_{3,1} = \boldsymbol{g}_{3,2} = \boldsymbol{g}_{3,3} = \boldsymbol{0}$$

$$\boldsymbol{g}_{1,2} = \boldsymbol{g}_{2,1} = -\frac{1}{r}\boldsymbol{g}_2 \quad \boldsymbol{g}_{2,2} = -r\boldsymbol{g}_1$$

按 $\boldsymbol{g}_k \cdot \boldsymbol{g}^l = \delta^l_k$ 得

$$\boldsymbol{g}_1 = \boldsymbol{g}^1 \quad \boldsymbol{g}_2 = \boldsymbol{r}^2\boldsymbol{g}^2 \quad \boldsymbol{g}_3 = \boldsymbol{g}^3$$

按 $g_{kl} = \boldsymbol{g}_k \cdot \boldsymbol{g}_l$，$g^{kl} = \boldsymbol{g}^k \cdot \boldsymbol{g}^l$ 得

$$[g_{kl}] = \begin{bmatrix}1 & 0 & 0 \\ 0 & r^2 & 0 \\ 0 & 0 & 1\end{bmatrix} \quad [g^{kl}] = \begin{bmatrix}1 & 0 & 0 \\ 0 & 1/r^2 & 0 \\ 0 & 0 & 1\end{bmatrix} \tag{7-128}$$

由式(7-128)知，$g_{kl}=g^{kl}=0$，当 $k\neq l$，故是正交曲线坐标系。由 $g=|g_{kl}|$ 得

$$g=r^2 \quad |g^{kl}|=1/g=1/r^2$$

按 $\Gamma_{klm}=\frac{1}{2}(g_{lm,k}+g_{mk,l}-g_{kl,m})$ 或 $\Gamma_{klm}=\boldsymbol{g}_{k,l}\cdot\boldsymbol{g}_m$ 得

$$\Gamma_{122}=\Gamma_{212}=r \quad \Gamma_{221}=-r \quad \text{其余为零}$$

按 $\Gamma^n_{kl}=g^{mn}\Gamma_{kln}$ 或 $\Gamma^m_{kl}=g_{k,l}\cdot g^m$ 得

$$\Gamma^2_{12}=\Gamma^2_{21}=1/r \quad \Gamma^1_{22}=-r \quad \text{其余为零}$$

沿圆柱坐标轴的单位基矢是

$$\boldsymbol{e}_r=\boldsymbol{g}_1/\sqrt{g_{11}}=\boldsymbol{g}_1 \quad \boldsymbol{e}_\theta=\boldsymbol{g}_2/r \quad \boldsymbol{e}_z=\boldsymbol{g}_3$$

7.7.2 变形梯度、变形张量

用 R、Θ、Z、$\boldsymbol{G}_K$、G_{KL} 等代换上面诸公式中的 r、θ、z、$\boldsymbol{g}_k$、g_{kl} 等便得 L 坐标系中诸量的表达式。物质变形梯度 $\boldsymbol{F}=y^k_{,K}\boldsymbol{g}_k\otimes\boldsymbol{G}^K$，为

$$[y^k_{,K}]=\begin{bmatrix}\partial r/\partial R & \partial r/\partial\Theta & \partial r/\partial Z\\ \partial\theta/\partial R & \partial\theta/\partial\Theta & \partial\theta/\partial Z\\ \partial z/\partial R & \partial z/\partial\Theta & \partial z/\partial Z\end{bmatrix} \tag{7-129}$$

由 $C_{KL}=g_{kl}y^k_{,K}y^l_{,L}$ 得

$$\left.\begin{aligned}
C_{\mathrm{I\,I}}&=\frac{\partial r}{\partial R}\frac{\partial r}{\partial R}+r^2\frac{\partial\theta}{\partial R}\frac{\partial\theta}{\partial R}+\frac{\partial z}{\partial R}\frac{\partial z}{\partial R}\\
C_{\mathrm{I\,II}}&=\frac{\partial r}{\partial R}\frac{\partial r}{\partial\Theta}+r^2\frac{\partial\theta}{\partial R}\frac{\partial\theta}{\partial\Theta}+\frac{\partial z}{\partial R}\frac{\partial z}{\partial\Theta}\\
C_{\mathrm{I\,III}}&=\frac{\partial r}{\partial R}\frac{\partial r}{\partial Z}+r^2\frac{\partial\theta}{\partial R}\frac{\partial\theta}{\partial Z}+\frac{\partial z}{\partial R}\frac{\partial z}{\partial Z}\\
C_{\mathrm{II\,II}}&=\frac{\partial r}{\partial\Theta}\frac{\partial r}{\partial\Theta}+r^2\frac{\partial\theta}{\partial\Theta}\frac{\partial\theta}{\partial\Theta}+\frac{\partial z}{\partial\Theta}\frac{\partial z}{\partial\Theta}\\
C_{\mathrm{II\,III}}&=\frac{\partial r}{\partial\Theta}\frac{\partial r}{\partial Z}+r^2\frac{\partial\theta}{\partial\Theta}\frac{\partial\theta}{\partial Z}+\frac{\partial z}{\partial\Theta}\frac{\partial z}{\partial Z}\\
C_{\mathrm{III\,III}}&=\frac{\partial r}{\partial Z}\frac{\partial r}{\partial Z}+r^2\frac{\partial\theta}{\partial Z}\frac{\partial\theta}{\partial Z}+\frac{\partial z}{\partial Z}\frac{\partial z}{\partial Z}
\end{aligned}\right\} \tag{7-130}$$

其物理分量为

$$\left.\begin{aligned}
&C\langle\mathrm{I\ I}\rangle=C_{\mathrm{I\,I}} \quad C\langle\mathrm{I\ II}\rangle=\frac{1}{R}C_{\mathrm{I\,II}} \quad C\langle\mathrm{I\ III}\rangle=C_{\mathrm{I\,III}}\\
&C\langle\mathrm{II\ II}\rangle=\frac{1}{R^2}C_{\mathrm{II\,II}} \quad C\langle\mathrm{II\ III}\rangle=\frac{1}{R}C_{\mathrm{II\,II}} \quad C\langle\mathrm{III\ III}\rangle=C_{\mathrm{II\,II}}
\end{aligned}\right\} \tag{7-131}$$

格林应变张量 $\boldsymbol{E}$ 为

$$E_{KL}=\frac{1}{2}(C_{kl}-G_{kl})\quad E\langle KL\rangle=E_{KL}/\sqrt{G_{\underline{KK}}G_{\underline{LL}}}$$

其他的应变张量可类似处理。

7.7.3 变形率和应变率

由式(7-28a)、式(7-28b)和式(7-125)得

$$\left.\begin{aligned}&v^1=\dot{r}\quad v^2=\theta\quad v^3=\dot{z}\\&v_1=g_{1l}v^l=v^1\quad v_2=g_{2l}v^l=r^2\theta\quad v_3=g_{3l}v^l=v^3\end{aligned}\right\}\tag{7-132}$$

按 $v\langle 1\rangle=v_r$，$v\langle 2\rangle=v_\theta$，$v\langle 3\rangle=v_z$，则有

$$v_r=v_1=v^1=\dot{r}\quad v_\theta=\frac{v_2}{r}=rv^2=r\dot{\theta}\quad v_z=v_3=v^3=\dot{z}\tag{7-133}$$

按 $v_k\,|_l=v_{k,l}-\Gamma^n_{kl}v_m$ 可得

$$[v_k\,|_l]=\begin{bmatrix}\partial v_1/\partial r & \partial v_1/\partial\theta-v_2/r & \partial v_1/\partial z\\ \partial v_2/\partial r-v_2/r & \partial v_2/\partial\theta+v_1 r & \partial v_2/\partial z\\ \partial v_3/\partial r & \partial v_3/\partial\theta & \partial v_3/\partial z\end{bmatrix}\tag{7-134}$$

物理分量 $v\langle k\rangle\mid\langle l\rangle=v_k\,|_l/\sqrt{g_{\underline{kk}}g_{\underline{ll}}}$，为

$$[v\langle k\rangle\mid\langle l\rangle]=\begin{bmatrix}\dfrac{\partial v_r}{\partial r} & \dfrac{1}{r}\dfrac{\partial v_r}{\partial\theta}-\dfrac{v_\theta}{r} & \dfrac{\partial v_r}{\partial z}\\ \dfrac{\partial v_\theta}{\partial r} & \dfrac{1}{r}\dfrac{\partial v_\theta}{\partial\theta}+\dfrac{v_r}{r} & \dfrac{\partial v_\theta}{\partial z}\\ \dfrac{\partial v_z}{\partial r} & \dfrac{1}{r}\dfrac{\partial v_z}{\partial\theta} & \dfrac{\partial v_z}{\partial z}\end{bmatrix}\tag{7-135}$$

由式(7-135)立即可求

$$\begin{aligned}&\mathrm{D}\langle kl\rangle=\frac{1}{2}(v\langle k\rangle\mid\langle l\rangle+v\langle l\rangle\mid\langle k\rangle)\\&\omega\langle kl\rangle=\frac{1}{2}(v\langle k\rangle\mid\langle l\rangle-v\langle l\rangle\mid\langle k\rangle)\end{aligned}\tag{7-136}$$

7.7.4 运动方程和应力边界条件

按 $\sigma^{kl}\,|_k+\rho(f^l-w^l)=0$ 和 $\sigma^{kl}\,|_k=\sigma^{kl}_{,k}+\Gamma^k_{kn}\sigma^{nl}+\Gamma^l_{kn}\sigma^{kn}$ 求得

$$\left.\begin{aligned}&\sigma^{11}_{,1}+\sigma^{21}_{,2}+\sigma^{31}_{,3}+\sigma^{11}/r-\sigma^{22}r+\rho(f^1-w^1)=0\\&\sigma^{12}_{,1}+\sigma^{22}_{,2}+\sigma^{32}_{,3}+2\sigma^{12}/r+\sigma^{21}/r+\rho(f^2-w^2)=0\\&\sigma^{13}_{,1}+\sigma^{23}_{,2}+\sigma^{33}_{,3}+\sigma^{13}/r+\rho(f^3-w^3)=0\end{aligned}\right\}\tag{7-137}$$

根据 $w^k=\mathrm{D}v^k/\mathrm{D}t=\dot{v}^k+\Gamma^k_{ml}v^m v^l$ 可求得

$$\left.\begin{aligned}
&w^1=\dot{v}^1+\Gamma_{22}^1 v^2 v^2=\dot{v}^1-\dot{\theta}^2=\dot{v}_r-\dot{\theta}^2\\
&w^2=\dot{v}^2+(\Gamma_{12}^2+\Gamma_{21}^2)v^1 v^2=\ddot{\theta}+\frac{2}{r}v^1 v^2=\dot{\theta}+\frac{2}{r}v_r\dot{\theta}\\
&w^3=\dot{v}^3=\dot{v}_x
\end{aligned}\right\}\tag{7-138}$$

写成物理分量表达式有

$$\left.\begin{aligned}
&\sigma_r=\sigma\langle 11\rangle=\sigma^{11} && \sigma_{r\theta}=\sigma\langle 12\rangle=r\sigma^{12} && \sigma_{rz}=\sigma\langle 13\rangle=\sigma^{13}\\
&\sigma_\theta=\sigma\langle 22\rangle=r^2\sigma^{22} && \sigma_{\theta_z}=\sigma\langle 23\rangle=r\sigma^{23} && \sigma_z=\sigma\langle 33\rangle=\sigma^{33}\\
&w_r=w\langle 1\rangle=w^1 && w_\theta=w\langle 2\rangle=rw^2 && w_z=w\langle 3\rangle=w^3\\
&f_r=f\langle 1\rangle=f^1 && f_0=f\langle 2\rangle=rf^2 && f_z=f\langle 3\rangle=f^3
\end{aligned}\right\}\tag{7-139}$$

和

$$\left.\begin{aligned}
&\frac{\partial\sigma_r}{\partial r}+\frac{1}{r}\frac{\partial\sigma_{r\theta}}{\partial\theta}+\frac{\partial\sigma_{rz}}{\partial z}+\frac{1}{r}(\sigma_r-\sigma_\theta)+\rho(f_r-w_r)=0\\
&\frac{\partial\sigma_{r\theta}}{\partial r}+\frac{1}{r}\frac{\partial\sigma_\theta}{\partial\theta}+\frac{\partial\sigma_{\theta_z}}{\partial z}+\frac{2}{r}\sigma_{r\theta}+\rho(f_\theta-w_\theta)=0\\
&\frac{\partial\sigma_{rz}}{\partial r}+\frac{1}{r}\frac{\partial\sigma_{\theta z}}{\partial\theta}+\frac{\partial\sigma_z}{\partial z}+\frac{1}{r}\sigma_{rz}+\rho(f_z-w_z)=0
\end{aligned}\right\}\tag{7-140}$$

边界条件 $p^k=\sigma^{kl}n_l$ 为

$$\left.\begin{aligned}
&p_r=p\langle 1\rangle=\sigma_r n_r+\sigma_{\theta\theta}n_\theta+\sigma_{rz}n_z\\
&p_\theta=p\langle 2\rangle=\sigma_{r\theta}n_r+\sigma_\theta n_\theta+\sigma_{\theta z}n_z\\
&p_z=p\langle 3\rangle=\sigma_{zr}n_r+\sigma_{z\theta}n_\theta+\sigma_z n_z
\end{aligned}\right\}\tag{7-141}$$

式中

$$n_r=n\langle 1\rangle=n_1\quad n_\theta=n\langle 2\rangle=n_2/r\quad n_z=n\langle 3\rangle=n_3$$

7.7.5 里夫林-埃里克森张量

R-E 张量由式(7-35a)和式(7-35b)决定,如用物理分量表示,该式可以写成

$$\boldsymbol{A}^{(1)}\langle kl\rangle=2\boldsymbol{D}\langle kl\rangle=2\begin{pmatrix}
\dfrac{\partial v_r}{\partial r} & \dfrac{1}{2}\left(\dfrac{1}{r}\dfrac{\partial v_r}{\partial\theta}+\dfrac{\partial v_\theta}{\partial r}-\dfrac{v_\theta}{r}\right) & \dfrac{1}{2}\left(\dfrac{\partial v_r}{\partial z}+\dfrac{\partial v_z}{\partial r}\right)\\
 & \dfrac{1}{r}\dfrac{\partial v_\theta}{\partial\theta}+\dfrac{v_r}{r} & \dfrac{1}{2}\left(\dfrac{\partial v_\theta}{\partial z}+\dfrac{\partial v_z}{r\partial\theta}\right)\\
 & \text{对称} & \dfrac{\partial v_z}{\partial z}
\end{pmatrix}\tag{7-142}$$

$v^m A_{kl,m}$ 的物理分量为

$$\frac{1}{\sqrt{g_{\underline{kk}}g_{\underline{ll}}}}v^m A_{kl,m}=\frac{1}{\sqrt{g_{\underline{kk}}g_{\underline{ll}}}}\frac{v\langle m\rangle}{\sqrt{g_{\underline{mm}}}}(A\langle kl\rangle\sqrt{g_{\underline{kk}}g_{\underline{ll}}})_{,m}$$
$$=\frac{v\langle m\rangle}{\sqrt{g_{\underline{mm}}}}(A\langle kl\rangle)_{,m}+\frac{v_r A\langle kl\rangle}{\sqrt{g_{\underline{kk}}g_{\underline{ll}}}}\frac{\partial\sqrt{g_{kk}g_{ll}}}{\partial r} \tag{7-143a}$$

式中

$$\left[\frac{v_r A\langle kl\rangle}{\sqrt{g_{\underline{kk}}g_{\underline{ll}}}}\frac{\partial\sqrt{g_{kk}g_{ll}}}{\partial r}\right]=v_r\begin{bmatrix}0 & \dfrac{A\langle 12\rangle}{r} & 0\\ & \dfrac{2A\langle 22\rangle}{r} & \dfrac{A\langle 23\rangle}{r}\\ \text{对称} & & 0\end{bmatrix} \tag{7-143b}$$

$v^m_{,k}A_{ml}$ 的物理分量为

$$\frac{1}{\sqrt{g_{\underline{ll}}g_{\underline{kk}}}}=v^m_{,k}A_{ml}=\frac{1}{\sqrt{g_{\underline{kk}}g_{\underline{ll}}}}v^m_{,k}A\langle ml\rangle\sqrt{g_{\underline{mm}}g_{\underline{ll}}}$$
$$=\sqrt{g_{\underline{mm}}/g_{\underline{kk}}}\,v^m_{,k}A\langle ml\rangle=\sqrt{g_{\underline{mm}}/g_{\underline{kk}}}\,(v\langle m\rangle/\sqrt{g_{\underline{mm}}})_{,k}A\langle ml\rangle$$
$$=[\Delta\langle km\rangle]^{\mathrm{T}}[A\langle ml\rangle] \tag{7-144a}$$

$$[\Delta\langle kl\rangle]=\begin{bmatrix}\dfrac{\partial v_r}{\partial r} & \dfrac{1}{r}\dfrac{\partial v_r}{\partial\theta} & \dfrac{\partial v_r}{\partial z}\\ \dfrac{\partial v_\theta}{\partial r}-\dfrac{v_\theta}{r} & \dfrac{1}{r}\dfrac{\partial v_\theta}{\partial\theta} & \dfrac{\partial v_\theta}{\partial z}\\ \dfrac{\partial v_z}{\partial r} & \dfrac{1}{r}\dfrac{\partial v_z}{\partial\theta} & \dfrac{\partial v_z}{\partial z}\end{bmatrix} \tag{7-144b}$$

把式(7-142)～式(7-144)代入式(7-37)便得

$$[A^{(n+1)}\langle kl\rangle]=\frac{\partial}{\partial t}[A^{(n)}\langle kl\rangle]+v_r\left(\frac{\partial}{\partial r}[A^{(n)}\langle kl\rangle]+\left[\frac{A^{(n)}\langle kl\rangle}{\sqrt{g_{\underline{kk}}g_{\underline{ll}}}}\frac{\partial\sqrt{g_{\underline{kk}}g_{\underline{ll}}}}{\partial r}\right]\right)+$$
$$\frac{v_\theta}{r}\frac{\partial}{\partial\theta}[A^{(n)}\langle kl\rangle]+v_n\frac{\partial}{\partial\alpha}[A^{(n)}\langle kl\rangle]+[\Delta\langle km\rangle]^{\mathrm{T}}[A^{(n)}\langle ml\rangle]+$$
$$[A^{(n)}\langle km\rangle][\Delta\langle ml\rangle] \tag{7-145}$$

7.8 球坐标系中的基本方程

图 7-5 所示为一球坐标系，设 E 和 L 坐标系一致。初始时刻点的坐标为 (R,Θ,Φ)，现时时刻则为 (r,θ,φ)，再取一空间直角坐标系 $Oy^1y^2y^3$。在曲线坐标系中取

$$Y^{\mathrm{I}}=R\quad Y^{\mathrm{II}}=\Theta\quad Y^{\mathrm{III}}=\Phi$$
$$y^1=r\quad y^2=\theta\quad y^3=\varphi \tag{7-146}$$

任意一点 P 的矢径 $\boldsymbol{y}$ 在直角坐标系中可表示为

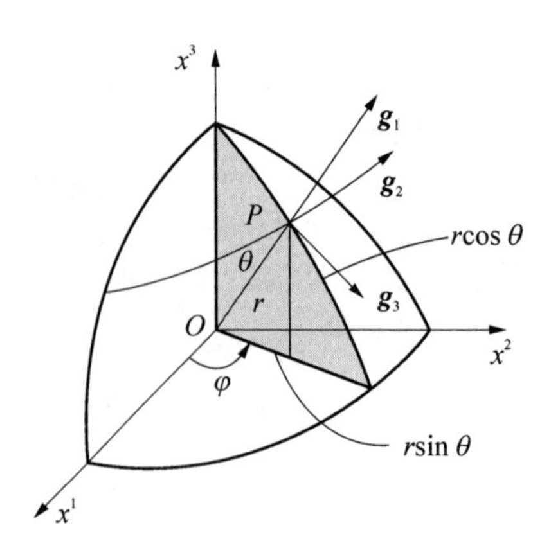

图 7-5　球坐标系

$$\boldsymbol{y}=r\sin\theta\cos\varphi\boldsymbol{i}_1+r\sin\varphi\sin\theta\boldsymbol{i}_2+r\cos\theta\boldsymbol{i}_3 \tag{7-147}$$

与 7.7.1 节相仿,可求得几何关系为

$$\left.\begin{aligned}&\boldsymbol{g}_1=\begin{bmatrix}\sin\theta\cos\varphi\\ \sin\theta\sin\varphi\\ \cos\theta\end{bmatrix}\quad \boldsymbol{g}_2=\begin{bmatrix}r\cos\theta\cos\varphi\\ r\cos\theta\sin\varphi\\ -r\sin\theta\end{bmatrix}\\ &\boldsymbol{g}_3=\begin{bmatrix}-r\sin\theta\sin\varphi\\ r\sin\theta\cos\varphi\\ 0\end{bmatrix}\end{aligned}\right\} \tag{7-148}$$

$$\boldsymbol{g}_{1,1}=0\quad \boldsymbol{g}_{1,2}=\boldsymbol{g}_{2,1}=\frac{1}{r}\boldsymbol{g}_2\quad \boldsymbol{g}_{1,3}=\boldsymbol{g}_{3,1}=\frac{1}{r}\boldsymbol{g}_3$$

$$\boldsymbol{g}_{2,2}=-r\boldsymbol{g}_1\quad \boldsymbol{g}_{2,3}=\cot\theta\boldsymbol{g}_3\quad \boldsymbol{g}_{3,3}=-r\sin^2\theta\boldsymbol{g}_1-\sin\theta\cos\theta\boldsymbol{g}_2$$

$$\boldsymbol{g}^1=\boldsymbol{g}_1\quad \boldsymbol{g}^2=\frac{1}{r^2}\boldsymbol{g}_2\quad \boldsymbol{g}^3=\frac{1}{r^2\sin^2\theta}\boldsymbol{g}_2$$

$$[g_{kl}]=\begin{bmatrix}1&0&0\\0&r^2&0\\0&0&r^2\sin^2\theta\end{bmatrix}\quad [g^{kl}]=\begin{bmatrix}1&0&0\\0&1/r^2&0\\0&0&1/r^2\sin^2\theta\end{bmatrix} \tag{7-149}$$

$$g=|g_{kl}|=r^4\sin^2\theta\qquad |g^{kl}|=1/g=1/r^4\sin^2\theta$$

$$\Gamma^1_{22}=-r\quad \Gamma^1_{33}=-r\sin^2\theta\quad \Gamma^2_{12}=\Gamma^2_{21}=\Gamma^3_{13}=\Gamma^3_{31}=\frac{1}{r}$$

$$\Gamma^2_{33}=-\sin\theta\cos\theta\quad \Gamma^3_{23}=\Gamma^3_{32}=\cot\theta\quad \text{其余为零。}$$

沿球坐标轴的单位基矢为

$$\boldsymbol{e}_r=\boldsymbol{g}_1\quad \boldsymbol{e}_\theta=\boldsymbol{g}_2/r\quad \boldsymbol{e}_\varphi=\boldsymbol{g}_3/(r\sin\theta) \tag{7-150}$$

若用 R、Θ、Φ、$\boldsymbol{G}^K$、G_{kl} 代替 r、θ、φ、$\boldsymbol{g}^k$、g_{kl} 等,便得 L 坐标系中诸量的表达式。右柯西-格林变形张量推导如下

$$[y^k_{,K}]=\begin{bmatrix}\partial r/\partial R & \partial r/\partial \Theta & \partial r/\partial \Phi\\ \partial \theta/\partial R & \partial \theta/\partial \Theta & \partial \theta/\partial \Phi\\ \partial \varphi/\partial R & \partial \varphi/\partial \Theta & \partial \varphi/\partial \Phi\end{bmatrix} \tag{7-151}$$

$$\left.\begin{aligned}
C_{\mathrm{I\,I}}&=\left(\frac{\partial r}{\partial R}\right)^2+r^2\left(\frac{\partial \theta}{\partial R}\right)^2+r^2\sin^2\theta\left(\frac{\partial \varphi}{\partial R}\right)^2\\
C_{\mathrm{I\,II}}&=\frac{\partial r}{\partial R}\frac{\partial r}{\partial \Theta}+r^2\frac{\partial \theta}{\partial R}\frac{\partial \theta}{\partial \Theta}+r^2\sin^2\theta\frac{\partial \varphi}{\partial R}\frac{\partial \varphi}{\partial \Theta}\\
C_{\mathrm{I\,III}}&=\frac{\partial r}{\partial R}\frac{\partial r}{\partial \Phi}+r^2\frac{\partial \theta}{\partial R}\frac{\partial \theta}{\partial \Phi}+r^2\sin^2\theta\frac{\partial \varphi}{\partial R}\frac{\partial \varphi}{\partial \Phi}\\
C_{\mathrm{II\,II}}&=\left(\frac{\partial r}{\partial \Theta}\right)^2+r^2\left(\frac{\partial \theta}{\partial \Theta}\right)^2+r^2\sin^2\theta\left(\frac{\partial \varphi}{\partial \Theta}\right)^2\\
C_{\mathrm{II\,III}}&=\frac{\partial r}{\partial \Theta}\frac{\partial r}{\partial \Phi}+r^2\frac{\partial \theta}{\partial \Theta}\frac{\partial \theta}{\partial \Phi}+r^2\sin^2\theta\frac{\partial \varphi}{\partial \Theta}\frac{\partial \varphi}{\partial \Phi}\\
C_{\mathrm{III\,III}}&=\left(\frac{\partial r}{\partial \Phi}\right)^2+r^2\left(\frac{\partial \theta}{\partial \Phi}\right)^2+r^2\sin^2\theta\left(\frac{\partial \varphi}{\partial \Phi}\right)^2
\end{aligned}\right\} \tag{7-152}$$

其物理分量为

$$\begin{aligned}
&C\langle \mathrm{I\ I}\rangle=C_{\mathrm{I\,I}}\quad C\langle \mathrm{I\ II}\rangle=\frac{1}{R}C_{\mathrm{I\,II}}\\
&C\langle \mathrm{I\ III}\rangle=\frac{1}{R\sin\Theta}C_{\mathrm{I\,III}}\quad C\langle \mathrm{II\ II}\rangle=\frac{1}{R^2}C_{\mathrm{II\,II}}\\
&C\langle \mathrm{II\ III}\rangle=\frac{1}{R^2\sin\Theta}C_{\mathrm{II\,III}}\quad C\langle \mathrm{III\ III}\rangle=\frac{1}{R^2\sin^2\Theta}C_{\mathrm{III\,III}}
\end{aligned} \tag{7-153}$$

格林应变张量为

$$E_{kl}=\frac{1}{2}(C_{kl}-G_{kl})\quad E_{\langle kl\rangle}=E_{kl}/\sqrt{G_{\underline{KK}}G_{\underline{LL}}}$$

速度为

$$v^1=\dot r\quad v^2=\theta\quad v^3=\dot\varphi\quad v_1=\dot r\quad v_2=r^2\theta\quad v_3=r^2\sin^2\dot\varphi \tag{7-154}$$

速度梯度 $v_k\mid_l=v_{k,l}-\Gamma^m_{kl}v_m$ 为

$$[v_k\mid_k]=\begin{bmatrix}
\dfrac{\partial v_1}{\partial r} & \dfrac{\partial v_1}{\partial \theta}-\dfrac{v_2}{r} & \dfrac{\partial v_1}{\partial \varphi}-\dfrac{v_3}{r}\\
\dfrac{\partial v_2}{\partial r}-\dfrac{v_2}{r} & \dfrac{\partial v_2}{\partial \theta}+rv_1 & \dfrac{\partial v_2}{\partial \varphi}-\cot\theta v_3\\
\dfrac{\partial v_3}{\partial r}-\dfrac{v_3}{r} & \dfrac{\partial v_3}{\partial \theta}-\cot\theta v_3 & \dfrac{\partial v_3}{\partial \varphi}+r\sin\theta v_1+\sin\theta\cos\theta v_2
\end{bmatrix} \tag{7-155}$$

引入速度的物理分量

$$v_r = v\langle 1\rangle = v_1 = v^1 = \dot{r} \quad v_\theta = v\langle 2\rangle = \frac{v_2}{r} = rv^2 = r\theta$$

$$v_\varphi = v\langle 3\rangle = \frac{v_3}{r\sin\theta} = r\sin\theta v^3 = r\sin\theta\,\dot{\varphi}$$

则速度梯度 $v_k|_l$ 的物理分量 $v\langle k\rangle \mid \langle l\rangle$ 为

$$[v\langle k\rangle \mid \langle l\rangle] = \begin{bmatrix} \dfrac{\partial v_r}{\partial r} & \dfrac{1}{r}\dfrac{\partial v_r}{\partial \theta} - \dfrac{v_\theta}{r} & \dfrac{1}{r\sin\theta}\dfrac{\partial v_r}{\partial \varphi} - \dfrac{v_\varphi}{r} \\ \dfrac{\partial v_\theta}{\partial r} & \dfrac{1}{r}\dfrac{\partial v_\theta}{\partial \theta} + \dfrac{v_r}{r} & \dfrac{1}{r\sin\theta}\dfrac{\partial v_\theta}{\partial \varphi} - \dfrac{\cot\theta}{r}v_\varphi \\ \dfrac{\partial v_\varphi}{\partial r} & \dfrac{1}{r}\dfrac{\partial v_\varphi}{\partial \theta} & \dfrac{1}{r\sin\theta}\dfrac{\partial v_\varphi}{\partial \varphi} - \dfrac{v_r}{r} + \dfrac{\cot\theta}{r}v_\theta \end{bmatrix} \tag{7-156}$$

变形率和旋率张量的物理分量分别为

$$\begin{aligned} D\langle kl\rangle &= \frac{1}{2}(v\langle k\rangle \mid \langle l\rangle + v\langle l\rangle \mid \langle k\rangle) \\ \omega\langle kl\rangle &= \frac{1}{2}(v\langle k\rangle \mid \langle l\rangle - v\langle l\rangle \mid \langle k\rangle) \end{aligned} \tag{7-157}$$

运动方程 $\sigma^{kl}|_k + \rho(f^l - w^l) = 0$ 为

$$\left.\begin{aligned} &\sigma^{11}_{,1} + \sigma^{21}_{,2} + \sigma^{31}_{,3} + 2\sigma^{11}/r - r\sigma^{22} + \cot\theta\sigma^{21} - r\sin^2\theta\sigma^{33} + \rho(f^1 - w^1) = 0 \\ &\sigma^{12}_{,1} + \sigma^{22}_{,2} + \sigma^{32}_{,3} + 3\sigma^{12}/r + \sigma^{21}/r + \cot\theta\sigma^{22} - \sin\theta\cos\theta\sigma^{33} + \rho(f^2 - w^2) = 0 \\ &\sigma^{13}_{,1} + \sigma^{23}_{,2} + \sigma^{33}_{,3} + 3\sigma^{13}/r + \sigma^{31}/r + 2\cot\theta\sigma^{23} + \cot\theta\sigma^{32} + \rho(f^3 - w^3) = 0 \end{aligned}\right\} \tag{7-158}$$

引入物理分量

$$\left.\begin{aligned} &\sigma_r = \sigma\langle 11\rangle = \sigma^{11} \quad \sigma_{r\theta} = \sigma\langle 12\rangle = r\sigma^{12} \quad \sigma_{r\varphi} = \sigma\langle 13\rangle = r\sin\theta\sigma^{13} \\ &\sigma_\theta = \sigma\langle 22\rangle = r^2\sigma^{22} \quad \sigma_{\theta\varphi} = \sigma\langle 23\rangle = r^2\sin\theta\sigma^{23} \\ &\sigma_\varphi = \sigma\langle 33\rangle = r^2\sin^2\theta\sigma^{33} \\ &f_r = f\langle 1\rangle = f^1 \quad f_\theta = f\langle 2\rangle = rf^2 \quad f_\varphi = f\langle 3\rangle = r\sin\theta f^3 \\ &w_r = w\langle 1\rangle = w^1 = \dot{v}_r - r\theta^2 - r\sin^2\theta\,\dot{\varphi}^2 \\ &w_\theta = w\langle 2\rangle = rw^2 = r\left(\ddot{\theta} + \frac{2}{r}v_r\,\dot{\theta} - \sin\theta\cos\theta\,\dot{\varphi}^2\right) \\ &w_\varphi = w\langle 3\rangle = r\sin\theta w^3 = r\sin\theta\left(\ddot{\varphi} + 2\cot\theta\,\dot{\theta}\,\dot{\varphi} + \frac{2}{r}v_r\,\dot{\varphi}\right) \end{aligned}\right\} \tag{7-159}$$

则得用物理分量表示的运动方程

$$\left.\begin{aligned}&\frac{\partial\sigma_r}{\partial r}+\frac{1}{r}\frac{\partial\sigma_{r\theta}}{\partial\theta}+\frac{1}{r\sin\theta}\frac{\partial\sigma_{r\varphi}}{\partial\varphi}+\frac{2\sigma_r}{r}-\frac{\sigma_\theta}{r}+\frac{\cot\theta}{r}\sigma_{r\theta}-\frac{\sigma_\varphi}{r}+\rho(f_r-w_r)=0\\&\frac{\partial\sigma_{r\theta}}{\partial r}+\frac{1}{r}\frac{\partial\sigma_\theta}{\partial\theta}+\frac{1}{r\sin\theta}\frac{\partial\sigma_{\theta\varphi}}{\partial\varphi}+\frac{3\sigma_{r\theta}}{r}+\frac{\cot\theta}{r}(\sigma_\theta-\sigma_\varphi)+\rho(f_\theta-w_\theta)=0\\&\frac{\partial\sigma_{r\varphi}}{\partial r}+\frac{1}{r}\frac{\partial\sigma_{\theta\varphi}}{\partial\theta}+\frac{1}{r\sin\theta}\frac{\partial\sigma_\varphi}{\partial\varphi}+\frac{3\sigma_{r\varphi}}{r}+\frac{2\cot\theta}{r}\sigma_{\varphi\theta}+\rho(f_\varphi-w_\varphi)=0\end{aligned}\right\}\tag{7-160}$$

边界条件为

$$\left.\begin{aligned}&\bar{p}^k=\sigma^{kl}n_l\\&\bar{p}_r=\bar{p}\langle1\rangle=\sigma_r n_r+\sigma_{r\theta}n_\theta+\sigma_{r\varphi}n_\varphi\\&\bar{p}_\theta=\bar{p}\langle2\rangle=\sigma_{r\theta}n_r+\sigma_\theta n_\theta+\sigma_{\theta\varphi}n_\varphi\\&\bar{p}_\varphi=\bar{p}\langle3\rangle=\sigma_{r\varphi}n_r+\sigma_{\theta\varphi}n_\theta+\sigma_\varphi n_\varphi\end{aligned}\right\}\tag{7-161}$$

式中，$n_r=n\langle1\rangle=n_1$，$n_\theta=n\langle2\rangle=n_2/r$，$n_\varphi=n\langle3\rangle=n_3/r\sin\theta$。

R-E张量由式(7-37a)和式(7-37b)决定，与7.7.5节相仿，也可用物理分量表示。此时仍有

$$\frac{1}{\sqrt{g_{\underline{kk}}g_{\underline{ll}}}}v^m A_{kl,m}=\frac{1}{\sqrt{g_{\underline{kk}}g_{\underline{ll}}}}\frac{v\langle m\rangle}{\sqrt{g_{\underline{mm}}}}(A\langle kl\rangle\sqrt{g_{\underline{kk}}g_{\underline{ll}}})_{,m}\tag{7-162}$$

$$\begin{aligned}\frac{1}{\sqrt{g_{\underline{kk}}g_{\underline{ll}}}}v^m_{,k}A_{ml}&=\sqrt{g_{\underline{mm}}/g_{\underline{kk}}}(v\langle m\rangle/\sqrt{g_{\underline{kk}}})_{,k}A\langle ml\rangle\\&=[\Delta'\langle km\rangle]^{\mathrm{T}}[A\langle ml\rangle]\end{aligned}\tag{7-163a}$$

$$[\Delta'\langle kl\rangle]=\begin{bmatrix}\dfrac{\partial v_r}{\partial r}&\dfrac{\partial v_r}{r\partial\theta}&\left(\dfrac{1}{r\sin\theta}\right)\dfrac{\partial v_r}{\partial\varphi}\\\dfrac{\partial v_\theta}{\partial r}-\dfrac{v_\theta}{r}&\dfrac{\partial v_\theta}{r\partial\theta}&\left(\dfrac{1}{r\sin\theta}\right)\dfrac{\partial v_\theta}{\partial\varphi}\\\dfrac{\partial v_\varphi}{\partial r}-\dfrac{v_\varphi}{r}&\dfrac{\left(\dfrac{\partial v_\varphi}{\partial\theta}-v_\varphi\cot\theta\right)}{r}&\left(\dfrac{1}{r\sin\theta}\right)\dfrac{\partial v_\varphi}{\partial\varphi}\end{bmatrix}\tag{7-163b}$$

由式(7-156)、式(7-157)得

$$[A^{(1)}\langle kl\rangle]=2[D\langle kl\rangle]$$

$$=2\begin{bmatrix}\dfrac{\partial v_r}{\partial r}&\dfrac{1}{2}\left(\dfrac{1}{r}\dfrac{\partial v_r}{\partial\theta}+\dfrac{\partial v_\theta}{\partial r}-\dfrac{v_\theta}{r}\right)&\dfrac{1}{2}\left(\dfrac{1}{r\sin\theta}\dfrac{\partial v_r}{\partial\varphi}+\dfrac{\partial v_\varphi}{\partial r}-\dfrac{v_\varphi}{r}\right)\\\dfrac{1}{r}&\dfrac{\partial v_\theta}{\partial\theta}+\dfrac{v_r}{r}&\dfrac{1}{2}\left(\dfrac{1}{r\sin\theta}\dfrac{\partial v_\theta}{\partial\varphi}+\dfrac{1}{r}\dfrac{\partial v_\varphi}{\partial\theta}-\dfrac{\cot\theta}{r}v_\varphi\right)\\\text{对称}&&\dfrac{1}{r\sin\theta}\dfrac{\partial v_\varphi}{\partial\varphi}+\dfrac{v_r}{r}+\dfrac{\cot\theta}{r}v_\theta\end{bmatrix}\tag{7-164}$$

式(7-37)的物理分量形式为

$$[A^{(n+1)}\langle kl\rangle]=\frac{\partial}{\partial t}[A^{(n)}\langle kl\rangle]+\left[\frac{1}{\sqrt{g_{\underline{\underline{kk}}}g_{\underline{\underline{ll}}}}}\frac{v\langle m\rangle}{\sqrt{g_{\underline{\underline{mm}}}}}\cdot(A^{(n)}\langle kl\rangle\sqrt{g_{\underline{\underline{kk}}}g_{\underline{\underline{ll}}}})_{,m}\right]+$$
$$[\Delta'\langle km\rangle]^{\mathrm{T}}[A^{(n)}\langle ml\rangle]+[A^{(n)}\langle ml\rangle][\Delta'\langle ml\rangle] \tag{7-165}$$

习　题

1. 设 $\boldsymbol{T}$ 为三维空间 V 的反对称张量,试证

(1) 对所有的 $u\in V$ 有 $(\boldsymbol{T}\cdot\boldsymbol{u})\cdot\boldsymbol{u}=0$。

(2) T 没有0以外的实主值。

(3) 对所有的 $\boldsymbol{u}$ 有 $\boldsymbol{Tu}=\boldsymbol{v}\times\boldsymbol{u}$, $\boldsymbol{v}\in V$。

(4) 写出(1)~(3)诸命题中公式的各种张量分量形式。

2. 试证 $\boldsymbol{T}$ 的任意正交不变量的函数,用 T^i_j 表示和用其物理分量 $T\langle ij\rangle$ 表示是相等的。

3. 用各种应力分量形式写出越过间断面时,应力张量所遵守的连续性条件。

4. 试证对任意的矩阵 $\boldsymbol{A}$ 有

$$A_{mk}A_{nl}A_{pq}\epsilon_{mnp}=\det(\boldsymbol{A})\epsilon_{klq}$$

5. 试求向量 $T^{ij}V$ 的全导数,并由此推出

$$T^{ij}\mid_k=T^{ij}_{,k}+\Gamma^i_{km}T^{mj}+\Gamma^j_{km}T^{im}$$

6. 椭球坐标系 (ξ,η,ζ), ξ,η,ζ 是下列 ω 方程的3个根

$$\frac{x^2}{a^2+\omega}+\frac{y^2}{b^2+\omega}+\frac{z^2}{c^2+\omega}-1=\frac{(\xi-\omega)(\eta-\omega)(\zeta-\omega)}{(a^2+\omega)(b^2+\omega)(c^2+\omega)}=0$$

它们与直角坐标系 (x,y,z) 的关系为

$$(a^2-b^2)(a^2-c^2)x^2=(a^2+\xi)(a^2+\eta)(a^2+\zeta)$$
$$(b^2-c^2)(b^2-a^2)y^2=(b^2+\xi)(b^2+\eta)(b^2+\zeta)$$
$$(c^2-a^2)(c^2-b^2)z^2=(c^2+\xi)(c^2+\eta)(c^2+\zeta)$$

式中,$-a^2\leqslant\zeta\leqslant-b^2\leqslant\eta\leqslant-c^2\leqslant\xi<\infty$, $a^2\geqslant b^2\geqslant c^2$。试求连续介质力学的基本方程在椭球坐标系中的表达式。

8 弹 性 体

8.1 E 描写法中弹性体的本构方程

在变形不大时,大多数工程材料均可看成弹性材料;对于橡胶类型的材料,即使变形相当大,也仍然可当成弹性材料来处理。弹性材料是现实材料的主要理论模型之一,其中的应力,只取决于变形前的初始状态和变形后的现时状态,与复杂的变形过程没有关系;外力一旦除去,便恢复到初始状态,而且对周围环境不产生任何影响,变形过程是可逆的。

8.1.1 一般理论

由于弹性材料的本构关系与运动历史无关,只取决于变形的终态和初态,是简单物质中的极端情形。因此,在式(6-68)中,有关相对变形史的项 $\bar{\boldsymbol{C}}_{(t)}^{(t)}$ 消失,从而弹性材料的本构方程可表示为

$$\boldsymbol{\sigma} = \boldsymbol{R}\,\mathcal{F}(\boldsymbol{U}(t))\boldsymbol{R}^{\mathrm{T}} = \boldsymbol{R}\,\tilde{\mathcal{F}}(\boldsymbol{C}(t))\boldsymbol{R}^{\mathrm{T}} \tag{8-1}$$

由式(8-1)知,弹性体的固有性质 $\mathcal{F}(\boldsymbol{U})$、$\tilde{\mathcal{F}}(\boldsymbol{C})$ 不受变形中转动部分的影响,仅由纯粹变形确定,这就可以通过一些简单的试验来确定 $\tilde{\mathcal{F}}(C)$,使问题的处理变得容易。

由式(6-12)知,当坐标变换时,$\bar{\boldsymbol{F}} = \boldsymbol{QF}$,而由极分解定理知 $\boldsymbol{F}=\boldsymbol{RU}$,但 $\boldsymbol{U}$ 是 L 变量,E 坐标变换时不变,所以推得 $\bar{\boldsymbol{R}} = \boldsymbol{QR}$,以此代入式(8-1),易知其满足客观性原理,$\bar{\boldsymbol{\sigma}} = \boldsymbol{Q\sigma Q}^{\mathrm{T}}$,这与式(6-68)本身是满足客观性原理的结论一致。计及与梯度史无关后,本构方程式(6-52)也可写成

$$\boldsymbol{\sigma} = \mathcal{F}(\boldsymbol{F}) \tag{8-2}$$

而客观性原理要求式(8-2)满足:

$$\mathcal{F}(\boldsymbol{QF}) = \boldsymbol{Q}\,\mathcal{F}(\boldsymbol{F})\boldsymbol{Q}^{\mathrm{T}} \tag{8-3}$$

设参照构形 2 相对于 1 的变换为 $\boldsymbol{H}^{-1}$,则构形 1 和 2 对称的条件是

$$\mathcal{F}(\boldsymbol{F}) = \mathcal{F}(\boldsymbol{FH}) \quad \det \boldsymbol{H} = 1 \tag{8-4}$$

$\boldsymbol{H}$ 的集合构成了弹性物质的对称群 $\mathcal{L}$。对于各向同性弹性物质,物质对称群是完全正交群 O。因而若令 $\boldsymbol{H} = \boldsymbol{R}^{\mathrm{T}}$,计及 $\boldsymbol{FR}^{\mathrm{T}} = \boldsymbol{V}$,再结合式(8-2)和式(8-4),可导出各向同性弹性物质的本构方程

$$\boldsymbol{\sigma} = \mathcal{F}(\boldsymbol{V}) = \mathcal{F}(\boldsymbol{B}) \tag{8-5}$$

式(8-5)也可直接由式(6-96)中舍弃和变形史相关的项得出。由式(6-97)知,正交张量属于对称群的条件,对于弹性材料,有

$$\tilde{\mathscr{F}}(\boldsymbol{Q}\boldsymbol{B}\boldsymbol{Q}^{\mathrm{T}})=\boldsymbol{Q}\,\tilde{\mathscr{F}}(\boldsymbol{B})\boldsymbol{Q}^{\mathrm{T}} \tag{8-6}$$

对于不可压缩物质,其内部约束条件是体积在变形过程中保持不变。由式(6-76)知,此时本构方程可写成

$$\boldsymbol{\sigma}=-p\boldsymbol{I}+\mathscr{F}_1(\boldsymbol{F}) \quad 且\ \mathscr{F}_1(\boldsymbol{I})=\boldsymbol{0} \tag{8-7}$$

对于各向同性不可压缩物质的本构方程可写成

$$\boldsymbol{\sigma}=-p\boldsymbol{I}+\tilde{\mathscr{F}}_1(\boldsymbol{B}) \tag{8-8}$$

上面推导弹性物质的本构方程时,并未假设物质存在应变能,而应力不一定能从应变能对应变求导得到,这种弹性材料通常称为柯西(Cauchy)弹性材料。

对各向同性材料,我们可以把式(8-5)展开成 $\boldsymbol{B}$ 的幂极数,由凯莱-汉密尔顿定理

$$\left.\begin{aligned}\boldsymbol{B}^3&=\mathrm{I}_B\boldsymbol{B}^2-\mathrm{II}_B\boldsymbol{B}+\mathrm{III}_B\boldsymbol{I}\\ \boldsymbol{B}^2&=\mathrm{I}_B\boldsymbol{B}-\mathrm{II}_B\boldsymbol{I}+\mathrm{III}_B\boldsymbol{B}^{-1}\end{aligned}\right\} \tag{8-9}$$

可得(参见式(6-106))

$$\left.\begin{aligned}\boldsymbol{\sigma}&=\phi_0\boldsymbol{I}+\phi_1\boldsymbol{B}+\phi_2\boldsymbol{B}^2\\ \sigma_{kl}&=\phi_0\delta_{kl}+\phi_1B_{kl}+\phi_2B_{km}B_{ml}\end{aligned}\right\} \tag{8-10}$$

或

$$\left.\begin{aligned}&\boldsymbol{\sigma}=\psi_{-1}\boldsymbol{B}^{-1}+\psi_0\boldsymbol{I}+\psi_1\boldsymbol{B}\\ &\sigma_{kl}=\psi_{-1}B_{kl}^{-1}+\psi_0\delta_{kl}+\psi_1B_{kl}\\ &\psi_0=\phi_0-\mathrm{II}_B\phi_2\quad \psi_1=\phi_1+\mathrm{I}_B\phi_2\quad \psi_{-1}=\mathrm{III}_B\phi_2\end{aligned}\right\} \tag{8-11}$$

式中,ϕ_0、ϕ_1、ϕ_2、ψ_0、ψ_1、ψ_{-1} 是不变量 I_B、II_B、III_B 的函数。由式(8-10)或式(8-11)知,$\boldsymbol{\sigma}$ 的主轴与 $\boldsymbol{B}$ 的主轴一致。

对不可压缩各向同性物质,在式(8-8)中,把 $\tilde{\mathscr{F}}(\boldsymbol{B})$ 展成 $\boldsymbol{B}$ 的幂级数,并合并 $\boldsymbol{B}$ 的零次幂项,可得

$$\left.\begin{aligned}\boldsymbol{\sigma}&=-p\boldsymbol{I}+\phi_1\boldsymbol{B}+\phi_2\boldsymbol{B}^2\\ 或\quad \boldsymbol{\sigma}&=-p\boldsymbol{I}+\phi_1\boldsymbol{B}+\phi_{-1}\boldsymbol{B}^{-1}\end{aligned}\right\} \tag{8-12}$$

此时 $\mathrm{III}_B=\det\boldsymbol{B}=\det(\boldsymbol{F}\boldsymbol{F}^{\mathrm{T}})=j^2=1$,所以对不可压缩材料,$\phi_1$、$\phi_2$、$\psi_1$ 和 ψ_2 是不变量 I_B、II_B 的函数。式(8-12)中的 p 是非确定应力,即不能由本构方程单独确定的压力。

8.1.2 超弹性材料

弹性材料的变形过程是可逆的,因而如无其他不可逆过程伴随着,单纯弹性变形过程的熵产率为零。对等熵过程 $\dot{s}=0$(可逆过程时与绝热过程等价),由式(5-67)推知

$$\rho T\sigma^*=\rho(\dot{\varepsilon}-\dot{e})=0$$

即单位质量的内能 e 便是单位质量的应变能。对等温过程,因 $\dot{T}=T$,$k=0$,由式(5-68)可知

$$\rho T\sigma^*=\rho(\dot{\varepsilon}-\dot{f})=0$$

即单位质量的自由能 f 便是单位质量的应变能。存在应变能的材料称为超弹性材料或格林弹性材料。

设弹性体存在应变能 $\varepsilon(\boldsymbol{F})$，按定义有

$$\boldsymbol{\sigma} : \boldsymbol{D} = \rho\dot{\boldsymbol{\varepsilon}}(F) \quad 或 \quad \sigma_{kl} v_{k,l} = \rho\left(\frac{\partial \boldsymbol{\varepsilon}}{\partial x_{k,K}}\right)\dot{x}_{k,K} \tag{8-13}$$

利用 $\dot{x}_{k,K} = v_{k,l} x_{l,K}$，由式(8 - 13)可导出

$$\boldsymbol{\sigma} = \rho\left(\frac{\partial \varepsilon}{\partial \boldsymbol{F}}\right)\boldsymbol{F}^{\mathrm{T}} \quad 或 \quad \sigma_{kl} = \rho\left(\frac{\partial \varepsilon}{\partial x_{k,K}}\right) x_{l,k} \tag{8-14}$$

因应变能是纯量函数,所以物质客观性原理要求

$$\varepsilon(\boldsymbol{QF}) = \varepsilon(\boldsymbol{F}) \tag{8-15}$$

式(8 - 15)对一切 $\boldsymbol{Q}$ 成立,若取 E 和 L 坐标系一致和 $\boldsymbol{Q} = \boldsymbol{R}^{\mathrm{T}}$，则符合客观性原理的应变能表达式为

$$\varepsilon(\boldsymbol{F}) = \varepsilon(\boldsymbol{R}^{\mathrm{T}}\boldsymbol{F}) = \varepsilon(\boldsymbol{U}) = \tilde{\varepsilon}(\boldsymbol{C}) \tag{8-16}$$

又因

$$\varepsilon(\boldsymbol{U}) = \varepsilon(\boldsymbol{R}^{\mathrm{T}}\boldsymbol{VR}) \quad \tilde{\varepsilon}(\boldsymbol{C}) = \tilde{\varepsilon}(\boldsymbol{R}^{\mathrm{T}}\boldsymbol{BR}) \tag{8-17}$$

在式(8 - 17)中若令 $\boldsymbol{Q} = \boldsymbol{R}^{\mathrm{T}}$，则又可得

$$\varepsilon(\boldsymbol{U}) = \varepsilon(\boldsymbol{QVQ}^{\mathrm{T}})\varepsilon = (\boldsymbol{V}) \quad \tilde{\varepsilon}(\boldsymbol{C}) = \tilde{\varepsilon}(\boldsymbol{B}) \tag{8-18}$$

对于各向同性超弹性材料,式(8 - 17)及式(8 - 18)对任何正交变换都成立,因而 ε 可用不变量 I_B、II_B、III_B 或 $\sqrt{\boldsymbol{B}}$ 的主值 λ_1、λ_2、λ_3 的函数来表示,当然也可用 I_C、II_C、III_C 来表示,即

$$\varepsilon = \varepsilon(\mathrm{I}_B, \mathrm{II}_B, \mathrm{III}_B) = \varepsilon(\lambda_1, \lambda_2, \lambda_3) \tag{8-19}$$

由式(8 - 14)和式(8 - 19),可求得各向同性超弹性体的应力为

$$\sigma_{kl} = \rho \frac{\partial \varepsilon}{\partial x_{k,K}} x_{l,K} = \rho\left(\frac{\partial \varepsilon}{\partial \mathrm{I}_B}\frac{\partial \mathrm{I}_B}{\partial B_{mn}} + \frac{\partial \varepsilon}{\partial \mathrm{II}_B}\frac{\partial \mathrm{II}_B}{\partial B_{mn}} + \frac{\partial \varepsilon}{\partial \mathrm{III}_B}\frac{\partial \mathrm{III}_B}{\partial B_{mn}}\right)\frac{\partial B_{mn}}{\partial x_{k,K}} x_{l,K} \tag{8-20}$$

利用式(2 - 70)(把该式中的 $\boldsymbol{E}$ 换为 $\boldsymbol{B}$)可得

$$\left.\begin{aligned}
&\frac{\partial \mathrm{I}_B}{\partial B_{mn}} = \frac{\partial B_{kk}}{\partial B_{mn}} = \delta_{mn} \quad 或 \quad \frac{\partial \mathrm{I}_B}{\partial \boldsymbol{B}} = \boldsymbol{I} \\
&\frac{\partial \mathrm{II}_B}{\partial B_{mm}} = \frac{1}{2}\frac{\partial}{\partial B_{mm}}(B_{kk}B_{ll} - B_{kl}B_{lk}) \\
&\qquad\quad = \mathrm{I}_B\delta_{mn} - B_{mn} \\
或 \quad &\frac{\partial \mathrm{II}_B}{\partial \boldsymbol{B}} = \mathrm{I}_B\boldsymbol{I} - \boldsymbol{B} \\
&\frac{\partial \mathrm{III}_B}{\partial B_{mn}} = \mathrm{II}_B\delta_{mn} - \mathrm{I}_B B_{mn} + B_{mp}B_{pn} \\
或 \quad &\frac{\partial \mathrm{III}_B}{\partial \boldsymbol{B}} = \mathrm{III}_B\boldsymbol{B}^{-1} = \mathrm{II}_B\boldsymbol{I} - \mathrm{I}_B\boldsymbol{B} + \boldsymbol{B}^2
\end{aligned}\right\} \tag{8-21}$$

因 $B_{mn}=x_{m,M}x_{n,M}$，所以又有

$$\left(\frac{\partial B_{mn}}{\partial x_{k,K}}\right)x_{l,K}=(\delta_{mk}\delta_{MK}x_{n,M}+\delta_{nk}\delta_{MK}x_{m,M})x_{l,K}$$
$$=\delta_{mk}x_{n,K}x_{l,K}+\delta_{nk}x_{m,K}x_{l,K}=\delta_{mk}B_{nl}+\delta_{nk}B_{ml} \tag{8-22}$$

把式(8-21)和式(8-22)代入式(8-20)便得

$$\sigma_{kl}=\rho\left(\frac{\partial\varepsilon}{\partial \mathrm{I}_B}\frac{\partial \mathrm{I}_B}{\partial B_{mn}}+\frac{\partial\varepsilon}{\partial \mathrm{II}_B}\frac{\partial \mathrm{II}_B}{\partial B_{mn}}+\frac{\partial\varepsilon}{\partial \mathrm{II}_B}\frac{\partial \mathrm{II}_B}{\partial B_{mn}}\right)\cdot(\delta_{mk}B_{nl}+\delta_{nk}B_{ml})$$
$$=2\rho\Big[B_{kl}\left(\frac{\partial\varepsilon}{\partial \mathrm{I}_B}+\mathrm{I}_B\frac{\partial\varepsilon}{\partial \mathrm{II}_B}+\mathrm{II}_B\frac{\partial\varepsilon}{\partial \mathrm{II}_B}\right)-$$
$$B_{kn}B_{nl}\left(\frac{\partial\varepsilon}{\partial \mathrm{II}_B}+\mathrm{I}_B\frac{\partial\varepsilon}{\partial \mathrm{II}_B}\right)+B_{kp}B_{pn}B_{nl}\frac{\partial\varepsilon}{\partial \mathrm{II}_B}\Big]$$

或

$$\boldsymbol{\sigma}=2\rho\left[\left(\frac{\partial\varepsilon}{\partial \mathrm{I}_B}+\mathrm{I}_B\frac{\partial\varepsilon}{\partial \mathrm{II}_B}+\mathrm{II}_B\frac{\partial\varepsilon}{\partial \mathrm{III}_B}\right)\boldsymbol{B}-\left(\frac{\partial\varepsilon}{\partial \mathrm{II}_B}+\mathrm{I}_B\frac{\partial\varepsilon}{\partial \mathrm{III}_B}\right)\boldsymbol{B}^2+\frac{\partial\varepsilon}{\partial \mathrm{III}_B}\boldsymbol{B}^3\right] \tag{8-23}$$

把式(8-9)第 1 式代入式(8-23)便得

$$\left.\begin{aligned}\boldsymbol{\sigma}&=a_0\boldsymbol{I}+a_1\boldsymbol{B}+a_2\boldsymbol{B}^2\\ \sigma_{kl}&=a_0\delta_{kl}+a_1B_{kl}+a_2B_{km}B_{ml}\end{aligned}\right\} \tag{8-24}$$

式中

$$a_0=2\rho\,\mathrm{III}_B\frac{\partial\varepsilon}{\partial \mathrm{III}}\quad a_1=2\rho\left(\frac{\partial\varepsilon}{\partial \mathrm{I}_B}+\mathrm{I}_B\frac{\partial\varepsilon}{\partial \mathrm{II}_B}\right)$$
$$a_2=-2\rho\frac{\partial\varepsilon}{\partial \mathrm{II}_B} \tag{8-25}$$

把式(8-9)第 2 式代入式(8-24)，则本构方程又可写成

$$\left.\begin{aligned}\boldsymbol{\sigma}&=b_{-1}\boldsymbol{B}^{-1}+b_0\boldsymbol{I}+b_1\boldsymbol{B}\\ \sigma_{kl}&=b_{-1}B_{kl}^{-1}+b_0\delta_{kl}+b_1B_{kl}\end{aligned}\right\} \tag{8-26}$$

式中

$$b_{-1}=-2\rho\,\mathrm{III}_B\frac{\partial\varepsilon}{\partial \mathrm{II}_B}\quad b_0=2\rho\left(\mathrm{II}_B\frac{\partial\varepsilon}{\partial \mathrm{II}_B}+\mathrm{III}_B\frac{\partial\varepsilon}{\partial \mathrm{III}_B}\right)$$
$$b_1=2\rho\frac{\partial\varepsilon}{\partial \mathrm{I}_B} \tag{8-27}$$

比较式(8-11)和式(8-26)可知，两者形式完全相同，但超弹性材料本构方程的系数由应变能求得，因而增加了对称性。

如各向同性物质是不可压缩的，则有

$$\varepsilon = \varepsilon(\mathrm{I}_B, \mathrm{II}_B) \quad \mathrm{III}_B = 1 \quad \frac{\partial \varepsilon}{\partial \mathrm{III}_B} = 0 \tag{8-28}$$

故本构方程简化为

$$\boldsymbol{\sigma} = -p\boldsymbol{I} + 2\rho\left(\frac{\partial \varepsilon}{\partial \mathrm{I}_B} + \mathrm{I}_B \frac{\partial \varepsilon}{\partial \mathrm{II}_B}\right)\boldsymbol{B} - 2\rho \frac{\partial \varepsilon}{\partial \mathrm{II}_B}\boldsymbol{B}^2 \tag{8-29}$$

$$\boldsymbol{\sigma} = -p\boldsymbol{I} + 2\rho \frac{\partial \varepsilon}{\partial \mathrm{I}_B}\boldsymbol{B} - 2\rho \frac{\partial \varepsilon}{\partial \mathrm{II}_B}\boldsymbol{B}^{-1} \tag{8-30}$$

式中，p 为水静压力。

如物体的初始状态是自然状态，此时物体内的应力和应变都为零，即 $\boldsymbol{B} = \boldsymbol{B}^{-1} = \boldsymbol{I}$，$\mathrm{I}_B = \mathrm{II}_B = 3$，$\mathrm{III}_B = 1$ 和 $\boldsymbol{\sigma} = 0$，所以由式(8-26)得出

$$b_{-1} + b_0 + b_1 = 0 \tag{8-31}$$

利用式(8-27)，式(8-31)可写成

$$\frac{\partial \varepsilon}{\partial \mathrm{I}_B} + 2\frac{\partial \varepsilon}{\partial \mathrm{II}_B} + \frac{\partial \varepsilon}{\partial \mathrm{III}_B} = 0 \quad \text{当 } \boldsymbol{B} = \boldsymbol{I},\ \boldsymbol{\sigma} = \boldsymbol{0} \text{ 时} \tag{8-32}$$

式(8-32)便是物体存在自然状态时，应变能需要满足的方程。通常根据实验，还可对应变能提出另一些附加限制，这些限制对于整理实验数据，校核本构方程的正确性具有一定的价值。作为例子，给出"拉力-伸长"条件对应变能的限制。"拉力-伸长"条件表示主伸长大的方向主应力也大。设 λ_α^2 是 $\boldsymbol{B}$ 的主值，在主方向上式(8-26)化为

$$\sigma_\alpha = b_{-1}\lambda_\alpha^{-2} + b_0 + b_1\lambda_\alpha^2 \tag{8-33}$$

式中，σ_α 是主应力。因此，若设 $\lambda_\alpha > \lambda_\beta$，则有

$$(\sigma_\alpha - \sigma_\beta) = (\lambda_\alpha^2 - \lambda_\beta^2)\left(b_1 - \frac{b_{-1}}{\lambda_\alpha^2\lambda_\beta^2}\right) > 0$$

得

$$b_1 > \frac{b_{-1}}{(\lambda_\alpha^2\lambda_\beta^2)} \quad \text{当 } \lambda_\alpha > \lambda_\beta \text{ 时} \tag{8-34a}$$

根据应力随应变连续变化的事实，当 $\lambda_\beta \to \lambda_\alpha$ 时仍应有

$$b_1 \geqslant \frac{b_{-1}}{\lambda_\alpha^4} \quad \text{当 } \lambda_\alpha = \lambda_\beta \text{ 时} \tag{8-34b}$$

式中，等号是考虑 $\lambda_\alpha = \lambda_\beta$ 时 $\sigma_\alpha = \sigma_\beta$。这是有可能出现的情况，但不可能出现 $b_1 < \frac{b_{-1}}{\lambda_\alpha^4}$ 的情形。利用 $\mathrm{III}_B = \lambda_1^2\lambda_2^2\lambda_2^2 > 0$，由式(8-27)可推出

$$\left.\begin{aligned}&\frac{\partial \varepsilon}{\partial \mathrm{I}_B} + \lambda_\gamma^2\frac{\partial \varepsilon}{\partial \mathrm{II}_B} > 0,\quad \text{当 } \lambda_\alpha \neq \lambda_\beta \text{ 且 } \lambda_\gamma \neq \lambda_\alpha \text{ 和 } \lambda_\beta \text{ 时}\\&\frac{\partial \varepsilon}{\partial \mathrm{I}_B} + \lambda_\gamma^2\frac{\partial \varepsilon}{\partial \mathrm{II}_B} \geqslant 0,\quad \text{当 } \lambda_\alpha = \lambda_\beta \text{ 且 } \lambda_\gamma \neq \lambda_\alpha \text{ 和 } \lambda_\beta \text{ 时}\end{aligned}\right\} \tag{8-35}$$

式(8-35)便是拉力-伸长条件对应变能函数施加的限制。

8.1.3 广义弹性材料

我们把柯西弹性材料推广,可以得到更为一般的广义弹性材料,其本构方程及客观性条件可以写成

$$\left.\begin{aligned}&\mathcal{Q}(\boldsymbol{\sigma})=\mathcal{F}(\boldsymbol{F})\\&\mathcal{Q}(\boldsymbol{Q}\boldsymbol{\sigma}\boldsymbol{Q}^{\mathrm{T}})=\boldsymbol{Q}\,\mathcal{Q}(\boldsymbol{\sigma})\boldsymbol{Q}^{\mathrm{T}}\quad \mathcal{F}(\boldsymbol{Q}\boldsymbol{F})=\boldsymbol{Q}\,\mathcal{F}(\boldsymbol{F})\boldsymbol{Q}^{\mathrm{T}}\end{aligned}\right\}\tag{8-36}$$

式中,$\boldsymbol{Q}$ 为正交张量。

类似于前面的推导,对于各向同性材料可以写出

$$\left.\begin{aligned}c_0\boldsymbol{I}+c_1\boldsymbol{\sigma}+c_2\boldsymbol{\sigma}^2&=\phi_0\boldsymbol{I}+\phi_1\boldsymbol{B}+\phi_2\boldsymbol{B}^2\\&=\phi_{-1}\boldsymbol{B}^{-1}+\psi_0\boldsymbol{I}+\psi_1\boldsymbol{B}\end{aligned}\right\}\tag{8-37}$$

8.2 L 描写法中弹性体的本构方程

由式(8-15)知,满足客观性原理的应变能函数可表示为

$$\varepsilon=\tilde{\varepsilon}(\boldsymbol{C})\tag{8-38}$$

事实上,$\boldsymbol{C}$ 是 L 变量,所以式(8-38)满足客观性原理是显然的。按照

$$\sigma_{kl}D_{lk}=\rho\dot{\varepsilon}=\rho\frac{\partial\varepsilon}{\partial C_{KL}}\dot{C}_{KL}=2\rho\frac{\partial\varepsilon}{\partial C_{KL}}x_{k,K}x_{l,L}D_{kl}\tag{8-39}$$

式(8-39)对任何 D_{lk} 成立,所以得到

$$\left.\begin{aligned}&\sigma_{kl}=2\rho\frac{\partial\varepsilon}{\partial C_{KL}}x_{k,K}x_{l,L}=\rho\frac{\partial\varepsilon}{\partial E_{KL}}x_{k,K}x_{l,L}\\&\boldsymbol{\sigma}=\rho\boldsymbol{F}\cdot\left(\frac{\partial\varepsilon}{\partial\boldsymbol{E}}\right)\cdot\boldsymbol{F}^{\mathrm{T}}\end{aligned}\right\}\tag{8-40}$$

式(8-40)称为波希尼斯克(Boussinesq)形式的本构方程。利用应力之间的转换关系式(3-40),(3-41),可得 Kelvin-Cosserat 形式的本构方程

$$\left.\begin{aligned}&\boldsymbol{T}=j\boldsymbol{F}^{-1}\boldsymbol{\sigma}=j\rho\boldsymbol{F}^{-1}\boldsymbol{F}\cdot\left(\frac{\partial\varepsilon}{\partial\boldsymbol{E}}\right)\cdot\boldsymbol{F}^{\mathrm{T}}=\rho_0\left(\frac{\partial\varepsilon}{\partial\boldsymbol{E}}\right)\boldsymbol{F}^{\mathrm{T}}\\&T_{Kl}=\rho_0\frac{\partial\varepsilon}{\partial E_{KM}}x_{l,M}\end{aligned}\right\}\tag{8-41}$$

和

$$\left.\begin{aligned}&\boldsymbol{S}=j\boldsymbol{F}^{-1}\boldsymbol{\sigma}\boldsymbol{F}^{-\mathrm{T}}=\rho_0\frac{\partial\varepsilon}{\partial\boldsymbol{E}}\\&S_{KL}=\rho_0\frac{\partial\varepsilon}{\partial E_{KL}}\end{aligned}\right\}\tag{8-42}$$

上列诸式中，$\rho_0 = j\rho$，为初始构形中物体的密度。

利用 $E_{KL}=\frac{1}{2}(x_{k,K}x_{k,L}-\delta_{KL})$ 可求出

$$\frac{\partial E_{KL}}{\partial x_{k,M}}=\frac{1}{2}(\delta_{KM}x_{k,L}+\delta_{LM}x_{k,K})$$

进而可求得

$$\begin{aligned}\frac{\partial \varepsilon}{\partial x_{k,M}}&=\left(\frac{\partial \varepsilon}{\partial E_{KL}}\right)\left(\frac{\partial E_{KL}}{\partial x_{k,M}}\right)=\frac{1}{2}\left(\frac{\partial \varepsilon}{\partial E_{ML}}x_{k,L}+\frac{\partial \varepsilon}{\partial E_{KM}}x_{k,K}\right)\\&=\frac{1}{2}\left(\frac{\partial \varepsilon}{\partial E_{MK}}+\frac{\partial \varepsilon}{\partial E_{KM}}\right)x_{k,K}=\frac{\partial \varepsilon}{\partial E_{MK}}x_{k,K}\end{aligned} \tag{8-43}$$

将式(8－43)代入式(8－41)和式(8－42)便得

$$T_{Kl}=\rho_0\frac{\partial \varepsilon}{\partial x_{l,K}} \quad 或 \quad \boldsymbol{T}=\rho_0\left(\frac{\partial \varepsilon}{\partial \boldsymbol{F}}\right)^{\mathrm{T}} \tag{8-44}$$

$$S_{Kl}=\rho_0\frac{\partial \varepsilon}{\partial x_{l,K}}X_{L,l} \quad 或 \quad \boldsymbol{S}=\rho_0\boldsymbol{F}^{-1}\frac{\partial \varepsilon}{\partial \boldsymbol{F}} \tag{8-45}$$

易于证明，式(8－41)～式(8－45)都符合物质客观性原理，其中式(8－42)和式(8－44)特别简单，实际经常采用。

如果物质是各向同性的，如前所述，ε 可表示为

$$\varepsilon=\varepsilon(\mathrm{I}_E,\ \mathrm{II}_E,\ \mathrm{III}_E) \tag{8-46}$$

与式(8－21)相仿，有

$$\frac{\partial \mathrm{I}_E}{\partial \boldsymbol{E}}=\boldsymbol{I} \quad \frac{\partial \mathrm{II}_E}{\partial \boldsymbol{E}}=\mathrm{I}_E\boldsymbol{I}-\boldsymbol{E} \quad \frac{\partial \mathrm{III}_E}{\partial \boldsymbol{E}}=\mathrm{II}_E\boldsymbol{I}-\mathrm{I}_E\boldsymbol{E}+\boldsymbol{E}^2 \tag{8-47}$$

从而

$$\begin{aligned}\boldsymbol{S}&=\rho_0\frac{\partial \varepsilon}{\partial \boldsymbol{E}}=\rho_0\left[\frac{\partial \varepsilon}{\partial \mathrm{I}_E}\boldsymbol{I}+\frac{\partial \varepsilon}{\partial \mathrm{II}_E}(\mathrm{I}_E\boldsymbol{I}-\boldsymbol{E})+\frac{\partial \varepsilon}{\partial \mathrm{III}_E}(\mathrm{II}_E\boldsymbol{I}-\mathrm{I}_E\boldsymbol{E}+\boldsymbol{E}^2)\right]\\&=\rho_0\left[\left(\frac{\partial \varepsilon}{\partial \mathrm{I}_E}+\mathrm{I}_E\frac{\partial \varepsilon}{\partial \mathrm{II}_E}+\mathrm{II}_E\frac{\partial \varepsilon}{\partial \mathrm{III}_E}\right)\boldsymbol{I}-\left(\frac{\partial \varepsilon}{\partial \mathrm{II}_E}+\mathrm{I}_{\mathrm{II}}\frac{\partial \varepsilon}{\partial \mathrm{III}_E}\right)\boldsymbol{E}+\frac{\partial \varepsilon}{\partial \mathrm{III}_E}\boldsymbol{E}^2\right]\end{aligned} \tag{8-48}$$

$$\boldsymbol{T}=\boldsymbol{S}\boldsymbol{F}^{\mathrm{T}}=\rho_0\begin{bmatrix}\left(\dfrac{\partial \varepsilon}{\partial \mathrm{I}_E}+\mathrm{I}_E\dfrac{\partial \varepsilon}{\partial \mathrm{II}_E}+\mathrm{II}_E\dfrac{\partial \varepsilon}{\partial \mathrm{III}_E}\right)\boldsymbol{I}-\\\left(\dfrac{\partial \varepsilon}{\partial \mathrm{II}_E}+\mathrm{I}_E\dfrac{\partial \varepsilon}{\partial \mathrm{III}_E}\right)\boldsymbol{E}+\dfrac{\partial \varepsilon}{\partial \mathrm{III}_E}\boldsymbol{E}^2\end{bmatrix}\cdot\boldsymbol{F}^{\mathrm{T}} \tag{8-49}$$

如各向同性物质是不可压缩的，则

$$\varepsilon=\tilde{\varepsilon}(\mathrm{II}_E,\ \mathrm{III}_E) \quad \mathrm{I}_E+2\mathrm{II}_E+4\mathrm{III}_E=0 \tag{8-50}$$

本构方程化为

$$\boldsymbol{S}=-p_0\boldsymbol{I}-\rho_0\left(\frac{\partial\tilde{\varepsilon}}{\partial \mathrm{II}_E}+\mathrm{I}_E\frac{\partial\tilde{\varepsilon}}{\partial \mathrm{III}_E}\right)\boldsymbol{E}+\rho_0\frac{\partial\tilde{\varepsilon}}{\partial \mathrm{III}_E}\boldsymbol{E}^2 \tag{8-51}$$

$$\boldsymbol{T}=-p_0\boldsymbol{F}^{\mathrm{T}}-\rho_0\left(\frac{\partial\tilde{\varepsilon}}{\partial \mathrm{II}_E}+\mathrm{I}_E\frac{\partial\tilde{\varepsilon}}{\partial \mathrm{III}_E}\right)\boldsymbol{E}\boldsymbol{F}^{\mathrm{T}}+\rho_0\frac{\partial\tilde{\varepsilon}}{\partial \mathrm{III}_E}\boldsymbol{E}^2\boldsymbol{F}^{\mathrm{T}} \tag{8-52}$$

式中，p_0 为非确定压力，且按初始构形中的面积计算。

物体自然状态对应变能附加的限制，可在式(8-48)中令 $\boldsymbol{S}=0$ 时，$\boldsymbol{E}=0$，$\mathrm{I}_E=\mathrm{II}_E=\mathrm{III}_E=0$，得到

$$\frac{\partial\varepsilon}{\partial \mathrm{I}_E}=0 \tag{8-53}$$

由于 $\boldsymbol{S}$ 和 $\dot{\boldsymbol{E}}$、$\boldsymbol{T}$ 和 $\dot{\boldsymbol{F}}^{\mathrm{T}}$ 组成共轭应力应变率对，因而在有限变形弹性公式中，用 $\boldsymbol{S}$ 和 $\boldsymbol{E}$、$\boldsymbol{T}$ 和 $\boldsymbol{F}^{\mathrm{T}}$ 配对的公式比较简洁；而 $\boldsymbol{\sigma}$ 和 $\boldsymbol{D}$ 组成共轭应力应变率对，$\boldsymbol{D}$ 的本构积分是 E 应变 $\boldsymbol{\varepsilon}$，故可用 $\boldsymbol{\sigma}$ 和 $\boldsymbol{\varepsilon}$ 或 $\boldsymbol{B}$ 配对。虽然原则上任意一种应力可与任意一种应变同时使用，但符合共轭应力应变率对的组合将具有最简洁的形式。

例　设应变能函数 $\varepsilon=\varepsilon(\boldsymbol{C})$，求反射对称对其所加的限制。

解：设 E 和 L 坐标系一致，下标全用小写。

由式(7-15)知，物质客观性原理要求

$$\varepsilon(\boldsymbol{F})=\tilde{\varepsilon}(\boldsymbol{C}) \tag{8-54}$$

如两个参照构形相互对称，要求 $\varepsilon(\boldsymbol{F})=\varepsilon(\boldsymbol{F}\boldsymbol{H}_\varepsilon)$，这等价于要求

$$\tilde{\varepsilon}(\boldsymbol{C})=\tilde{\varepsilon}(\boldsymbol{H}_\varepsilon^{\mathrm{T}}\boldsymbol{C}\boldsymbol{H}_\varepsilon) \tag{8-55}$$

设 Ox_1x_2 为对称面，反射变换相当于把 Ox_3 轴的正向变换到相反的方向，变换矩阵为式(1-67)中的 $\boldsymbol{Q}^{(3)}$，取 $\boldsymbol{H}_\varepsilon=\boldsymbol{Q}^{(3)\mathrm{T}}$，则式(8-55)变为

$$\begin{aligned}&\tilde{\varepsilon}(C_{11},C_{22},C_{33},C_{12},C_{23},C_{31})\\&=\tilde{\varepsilon}(C_{11},C_{22},C_{33},C_{12},-C_{23},-C_{31})\end{aligned} \tag{8-56}$$

这要求 ε 是 C_{11}、C_{22}、C_{33}、C_{12}、C_{23}^2、C_{31}^2、C_{23}、C_{31} 的函数。特别是，如 Ox_1x_2 为对称面时，物质的应变能可用此 8 项的多项式来表示。

8.3　弹性力学边值问题的提法

线弹性理论已研究得相当完善，问题的提法和求解，解的存在性和唯一性都得到比较满意的解决。但对于非线性问题，只有极为简单的问题才能得到精确解。近年来，卓有成效地应用数值方法求解非线性问题，取得了许多重要结果。讨论非线性问题时，应力可选用 $\boldsymbol{\sigma}$、$\boldsymbol{S}$ 和 $\boldsymbol{T}$ 等中的任何一种，应变可选用 $\boldsymbol{E}$、$\boldsymbol{\varepsilon}$、$\boldsymbol{C}$ 和 $\boldsymbol{B}$ 等中的任何一种。本章选用 $\boldsymbol{\sigma}$ 和 $\boldsymbol{B}$ 配对及 $\boldsymbol{S}$ 和 $\boldsymbol{E}$ 配对。

用 $\boldsymbol{\sigma}$ 和 $\boldsymbol{B}$ 表示的非线性弹性问题的基本方程组如下。

(1) 质量守恒

$$\rho_0=\rho\sqrt{\mathrm{III}_B} \tag{8-57}$$

(2) 动量方程

$$\operatorname{div} \boldsymbol{\sigma} + \rho \boldsymbol{f} = \rho \boldsymbol{w} \tag{8-58}$$

(3) 动量矩方程

$$\boldsymbol{\sigma} = \boldsymbol{\sigma}^{\mathrm{T}} \tag{8-59}$$

(4) 运动学关系

$$\left.\begin{aligned} &\boldsymbol{B} = \boldsymbol{F}\boldsymbol{F}^{\mathrm{T}} \\ &\boldsymbol{v} = \dot{\boldsymbol{u}} \\ &\boldsymbol{w} = \dot{\boldsymbol{v}} = \frac{\mathrm{D}v^k}{\mathrm{D}t}\boldsymbol{g}_k \end{aligned}\right\} \tag{8-60}$$

(5) 能量方程

$$\rho\dot{e} = \boldsymbol{\sigma} : \boldsymbol{D} - \operatorname{div} \boldsymbol{q} + \rho\dot{r} \tag{8-61}$$

只当有不同形式的能量相互转换时,才起实质性作用。对于超弹性材料,应变能可表示为

$$\varepsilon = \varepsilon(\mathrm{I}_B, \mathrm{II}_B \mathrm{III}_B)\text{(可压缩材料)} \tag{8-62}$$

$$\varepsilon = \varepsilon(\mathrm{I}_B, \mathrm{II}_B)\text{(不可压缩材料,} \mathrm{III}_B = 1\text{)} \tag{8-63}$$

(6) 本构方程。

对可压缩材料为

$$\boldsymbol{\sigma} = b_{-1}\boldsymbol{B}^{-1} + b_0\boldsymbol{I} + b_1\boldsymbol{B} \tag{8-64}$$

$$b_{-1} = -2\rho\,\mathrm{III}_B \frac{\partial\varepsilon}{\partial \mathrm{II}_B} \quad b_0 = 2\rho\left(\mathrm{II}_B \frac{\partial\varepsilon}{\partial \mathrm{II}_B} + \mathrm{III}_B \frac{\partial\varepsilon}{\partial \mathrm{III}_B}\right)$$

$$b_1 = 2\rho \frac{\partial\varepsilon}{\partial \mathrm{I}_B} \tag{8-65}$$

对不可压缩材料为

$$\left.\begin{aligned} &\boldsymbol{\sigma} = -p\boldsymbol{I} + 2\rho \frac{\partial\varepsilon}{\partial \mathrm{I}_B}\boldsymbol{B} - 2\rho \frac{\partial\varepsilon}{\partial \mathrm{II}_B}\boldsymbol{B}^{-1} \quad \rho = \rho_0 \\ \text{或} \quad &\boldsymbol{\sigma} = -p\boldsymbol{I} + 2\rho\left(\frac{\partial\varepsilon}{\partial \mathrm{I}_B} + \mathrm{I}_B \frac{\partial\varepsilon}{\partial \mathrm{II}_B}\right)\boldsymbol{B} - 2\rho \frac{\partial\varepsilon}{\partial \mathrm{II}_B}\boldsymbol{B}^2 \end{aligned}\right\} \tag{8-66}$$

(7) 边界条件。

部分边界 a_σ 上给定外应力矢量 $\bar{\boldsymbol{p}}$;部分边界 a_u 上给定位移 $\bar{\boldsymbol{u}}$(或给定速度 $\bar{v}$),即

$$\boldsymbol{n} \cdot \boldsymbol{\sigma} = \bar{\boldsymbol{p}} \quad \text{在 } a_a \text{ 上} \tag{8-67a}$$

$$\boldsymbol{u} = \bar{\boldsymbol{u}}\text{(或 } \boldsymbol{v} = \bar{\boldsymbol{v}}\text{)} \quad \text{在 } a_u \text{ 上} \tag{8-67b}$$

有时也遇到部分边界上给定面力的某个分量和位移的某个分量的混合边界条件。对静力学问题,外力和外力矩的总和为零。

(8) 初始条件。

给定初始时刻 $t=0$ 时物体各点的位置矢量 $\boldsymbol{x}_0$ 和速度 $\boldsymbol{v}_0$，即

$$\boldsymbol{x}(\boldsymbol{X},\ 0)=\boldsymbol{x}_0(\boldsymbol{X})\quad \boldsymbol{v}(\boldsymbol{X},\ 0)=\boldsymbol{v}_0(\boldsymbol{X}) \tag{8-68}$$

对静力学问题不需要初始条件。

弹性力学问题的提法是在给定的边界条件式(8-67)和初始条件式(8-68)下,求适合式(8-57)～式(8-61)及本构方程式(8-64)或式(8-66)的位移场和应力场,对非线性问题,要注意解的非唯一性,根据加载历史,选择适当的解。

8.4 橡胶试验和应变能函数的确定

8.4.1 一般介绍

对超弹性材料,一旦得到了应变能函数,本构方程便可由式(8-64)～式(8-66)确定,所以通过实验确定材料的应变能函数极为重要,本节以橡胶为例说明确定应变能函数的方法。

与其他固体相比,橡胶是非常特殊的,它非常柔软,且容易变形,它在低应变区的弹性系数为 1 MPa(1 N/mm^2) 左右,而结构钢的约为 2×10^6 MPa,故橡胶在低应变区的弹性系数仅约为钢的二十万分之一。橡胶可以拉得非常长,可拉长到原长的 5～6 倍,甚至 10 倍,而钢却只在伸长小于 1% 时才保持弹性。橡胶还有一个非常独特的热学性质,即受热后会缩短,这与受热后膨胀的一般固体相反。所有这些外在表现都说明橡胶与其他固体有不同的内部结构。事实也确实如此,它是由数千个 C_5H_8 连续结合而成的链状高分子聚合物,在其中加入硫或其他无机物后,链便相互搭桥形成网状结构,从而成为具有高度弹性且几乎不发生体积变化的固体。无外力作用时,这些链状高分子处于无规则的卷曲状态,在拉力作用下,卷曲的链状分子通过内部旋转被拉直,如图 8-1 所示。显然,这比钢要克服原子间的结合力容易得多。但被拉直的链状分子的无规则运动,力图使其恢复卷曲状态。当温度升高时,这种运动加强,因而使弹性系数加大,这与气体有些类似。

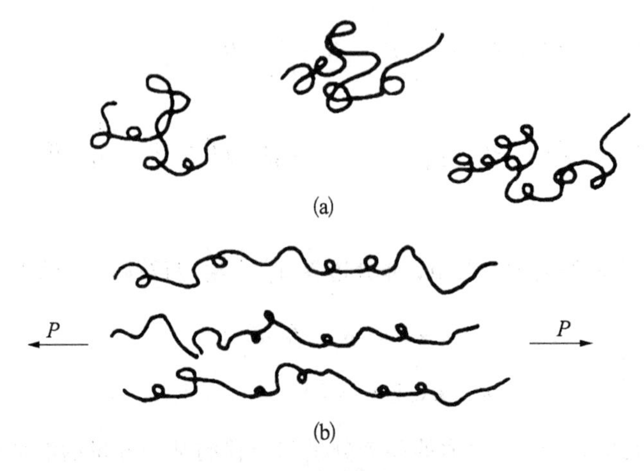

图 8-1 橡胶链状分子

8.4.2 橡胶的本构方程

在实用上，橡胶可看成不可压缩的各向同性完全弹性体，因而其本构方程可由式(8-66)表示，即

$$\left.\begin{aligned}&\boldsymbol{\sigma}=-p\boldsymbol{I}+2\rho\frac{\partial\varepsilon}{\partial \mathrm{I}_B}\boldsymbol{B}-2\rho\frac{\partial\varepsilon}{\partial \mathrm{II}_B}\boldsymbol{B}^{-1}\\&\varepsilon=\varepsilon(\mathrm{I}_B,\ \mathrm{II}_B)\quad \mathrm{III}_B=\lambda_1^2\lambda_2^2\lambda_3^2=1\end{aligned}\right\}\tag{8-69}$$

式中，λ_α^2 为$\boldsymbol{B}$ 的主值。由于不可压缩，故还有不变量

$$\left.\begin{aligned}\mathrm{I}_B&=\lambda_1^2+\lambda_2^2+\lambda_3^2=\lambda_1^2+\lambda_2^2+\lambda_1^{-2}\lambda_2^{-2}\\\mathrm{II}_B&=\lambda_1^2\lambda_2^2+\lambda_2^2\lambda_3^2+\lambda_3^2\lambda_1^2=\lambda_1^{-2}+\lambda_2^{-2}+\lambda_3^{-2}\\&=\lambda_1^{-2}+\lambda_2^{-2}+\lambda_1^2\lambda_2^2\end{aligned}\right\}\tag{8-70}$$

在自然状态下，$\mathrm{I}_B=\mathrm{II}_B=3$。

对各向同性材料，$\boldsymbol{\sigma}$、$\boldsymbol{B}$、$\boldsymbol{B}^{-1}$ 的主轴相同，因而在主轴坐标系中，式(8-69)可写成

$$\sigma_\alpha=-p+2\rho\lambda_\alpha^2\frac{\partial\varepsilon}{\partial \mathrm{I}_B}-\frac{\partial\rho}{\lambda_\alpha^2}\frac{\partial\varepsilon}{\partial \mathrm{II}_B}\tag{8-71}$$

$$\sigma_\alpha-\sigma_\beta=2(\lambda_\alpha^2-\lambda_\beta^2)\frac{\partial\rho\varepsilon}{\partial \mathrm{I}_B}+2\left(\frac{1}{\lambda_\beta^2}-\frac{1}{\lambda_\alpha^2}\right)\frac{\partial\rho\varepsilon}{\partial \mathrm{II}_B}\tag{8-72}$$

利用关系

$$\frac{\partial\varepsilon}{\partial\lambda_\alpha}=\frac{\partial\varepsilon}{\partial \mathrm{I}_B}\frac{\partial \mathrm{I}_B}{\partial\lambda_\alpha}+\frac{\partial\varepsilon}{\partial \mathrm{II}_B}\frac{\partial \mathrm{II}_B}{\partial\lambda_\alpha}=2\lambda_\alpha\frac{\partial\varepsilon}{\partial \mathrm{I}_B}-\frac{2}{\lambda_\alpha^2}\frac{\partial\varepsilon}{\partial \mathrm{II}_B}\tag{8-73}$$

则式(8-71)和式(8-72)可写成

$$\sigma_\alpha=-p+\rho\lambda_{\underline{\alpha}}\frac{\partial\varepsilon}{\partial\lambda_{\underline{\alpha}}}\tag{8-74}$$

和

$$\sigma_\alpha-\sigma_\beta=\rho\lambda_{\underline{\alpha}}\frac{\partial\varepsilon}{\partial\lambda_{\underline{\alpha}}}-\rho\lambda_{\underline{\beta}}\frac{\partial\varepsilon}{\partial\lambda_{\underline{\beta}}}\tag{8-75}$$

与以前一样，下标下加一横，表示对该指标不求和。

Rivlin 认为橡胶为各向同性，因而应变能函数 ε 应是 λ_1、λ_2 和 λ_3 的对称函数；又认为拉压性质相同，故 λ_α 改变符号时 ε 应不变，因此，橡胶的应变能函数可表示成下列级数

$$\varepsilon=\sum_{m=0}^{\infty}\sum_{n=0}^{\infty}A_{mm}(\mathrm{I}_B-3)^m(\mathrm{II}_B-3)^n\quad A_{00}=0\tag{8-76}$$

当变形不大时，式(8-76)可近似地取为

$$\varepsilon=A_{10}(\mathrm{I}_B-3)+A_{01}(\mathrm{II}_B-3)\quad 或\quad \varepsilon=A_{10}(\mathrm{I}_B-3)\tag{8-77}$$

式(8-77)中的第一个为穆尼(Mooney)公式,后一个为新胡克(Hooke)公式。

1972年Ogden放弃了应变能函数ε是主伸长比λ_α的偶函数的假设,并认为采用不变量I_B、II_B来描写ε是不必要的复杂化,他直接用λ_α作为自变量并采用下列公式:

$$\varepsilon=\sum_{n=1}^{\infty}\frac{\mu_n}{\alpha_n}(\lambda_{1n}^{\alpha}+\lambda_{2n}^{\alpha}+\lambda_{3n}^{\alpha}-3) \tag{8-78}$$

式中,α_n可取任何实数值,不限于正数和整数;μ_n为常数。在式(8-78)中,若取$n=2$, $\alpha_1=2$, $\alpha_2=-2$,则化为穆尼公式。

把式(8-78)代入式(8-74)和式(8-75),还可得下述Ogden公式

$$\sigma_\alpha=-p+\rho\sum_{n=1}^{\infty}\mu_n\lambda_{\alpha n}^{\alpha} \tag{8-79}$$

$$\sigma_\alpha-\sigma_\beta=\rho\sum_{n=1}^{\infty}\mu_n(\lambda_{\alpha n}^{\alpha}-\lambda_{\beta n}^{\alpha}) \tag{8-80}$$

通常$\partial\varepsilon/\partial\mathrm{II}_B$比$\partial\varepsilon/\partial\mathrm{I}_B$小得多,因此Yeoh建议在应变能中舍弃含$\mathrm{II}_B$的项,取

$$\rho\varepsilon=A_{10}(\mathrm{I}_B-3)+A_{20}(\mathrm{I}_B-3)^2+A_{30}(\mathrm{I}_B-3)^3 \tag{8-81}$$

此时有

$$\boldsymbol{\sigma}=-p\boldsymbol{I}+[2A_{10}+4A_{20}(\mathrm{I}_B-3)+6A_{30}(\mathrm{I}_B-3)^2]\boldsymbol{B} \tag{8-82}$$

当计及橡胶体积变化时,一些文献常把应变能分为等容部分$\tilde{\varepsilon}(\bar{\mathrm{I}}_C, \bar{\mathrm{II}}_C)$和体积变化部分$\varepsilon_V$,变形不太大时可取

$$\left.\begin{aligned}&\varepsilon=\tilde{\varepsilon}+\varepsilon_V\quad \tilde{\varepsilon}(\bar{\mathrm{I}}_C, \bar{\mathrm{II}}_C)=A_{10}(\bar{\mathrm{I}}_C-3)+A_{01}(\bar{\mathrm{II}}_C-3)\\&\varepsilon_V=p(\mathrm{III}_C-1)\quad \bar{\mathrm{I}}_C=\mathrm{I}_C\mathrm{III}_C^{-1/3}\quad \bar{\mathrm{II}}_C=\mathrm{II}_C\mathrm{III}_C^{-1/3}\end{aligned}\right\} \tag{8-83}$$

对均匀变形有$\lambda_1=\lambda_2=\lambda_3$,由式(8-83)知$\bar{\mathrm{I}}_C=3$, $\bar{\mathrm{II}}_C=3$和$\tilde{\varepsilon}=0$。式中,A_{10}、A_{01}、p为常数。对不可压缩材料,式(8-81)化为式(8-77)第1式。

8.4.3 几种简单的实验

本节采用直角坐标系。

1. 单轴拉伸

此时$\sigma_2=\sigma_3=0$, $\lambda_2=\lambda_3=\sqrt{\lambda_1^{-1}}$。设试件的初始截面积为$A$,载荷为$P$,则拉伸后,现时构形中试件的瞬时截面积为$A\lambda_2\lambda_3=\dfrac{A}{\lambda_1}$,所以$\boldsymbol{E}$应力$\sigma_1$和名义应力(L应力)$T_1$为

$$\sigma_1=P\frac{\lambda_1}{A}\quad T_1=\frac{\sigma_1}{\lambda_1}=\frac{P}{A}\quad \sigma_2=\sigma_3=T_2=T_3=0 \tag{8-84}$$

在式(8-72)和式(8-80)中令$\alpha=1$, $\beta=2$,则可求得

Rivlin型公式:

$$T_1=2\rho\left(\lambda_1-\frac{1}{\lambda_1^2}\right)\left(\frac{\partial\varepsilon}{\partial\mathrm{I}_B}+\frac{1}{\lambda_1}\frac{\partial\varepsilon}{\partial\mathrm{II}_B}\right) \tag{8-85}$$

Ogden 型公式：

$$T_1=\rho\sum_{n=1}^{\infty}\mu_n(\lambda_1^{\alpha_n-1}-\lambda_1^{-\frac{\alpha_n}{2}-1})\tag{8-86}$$

通过实验可以得到 $T_1-\lambda_1$ 曲线，由此求出式(8-85)和式(8-86)中的系数。

2. 等双轴拉伸

取一正方形橡胶片，在 Ox_1Ox_2 轴方向拉伸，Ox_3 轴垂直于橡胶片。对于等双轴拉伸，有

$$\sigma_1=\sigma_2\quad\sigma_3=0\quad\lambda_1=\lambda_2\quad\lambda_3=\frac{1}{\lambda_1^2}$$

代入式(8-72)、式(8-79)和式(8-80)得

Rivlin 型公式：

$$\left.\begin{aligned}&\sigma_1=\sigma_2=2\rho(\lambda_1^2-\lambda_1^{-4})\left(\frac{\partial\varepsilon}{\partial\,\mathrm{I}_B}+\lambda_1^2\frac{\partial\varepsilon}{\partial\,\mathrm{II}_B}\right)\\&T_1=T_2=2\rho(\lambda_1-\lambda_1^{-5})\left(\frac{\partial\varepsilon}{\partial\,\mathrm{I}_B}+\lambda_1^2\frac{\partial\varepsilon}{\partial\,\mathrm{II}_B}\right)\\&p=2\rho\left(\lambda_1^{-4}\frac{\partial\varepsilon}{\partial\,\mathrm{I}_B}-\lambda_1^4\frac{\partial\varepsilon}{\partial\,\mathrm{II}_B}\right)\end{aligned}\right\}\tag{8-87}$$

Ogden 型公式：

$$\left.\begin{aligned}&\sigma_1=\sigma_2=\rho\sum_{n=1}^{\infty}\mu_n(\lambda_1^{\alpha_n}-\lambda_1^{-2\alpha_n})\\&T_1=T_2=\rho\sum_{n=1}^{\infty}\mu_n(\lambda_1^{\alpha_n-1}-\lambda_1^{-2\alpha_n-1})\\&p=\rho\sum_{n=1}^{\infty}\lambda_1^{-2\alpha_n}\end{aligned}\right\}\tag{8-88}$$

由实验确定 $T_1-\lambda_1$ 曲线，再由上列诸式求出各系数。

单轴和等双轴拉伸变形都是等比例均匀变形的特例。在主轴坐标系中，这种变形可表示为

$$x_k=\lambda_{\underline{k}}X_{\underline{k}}\quad(\text{E 和 L 轴一致})\tag{8-89}$$

在整个变形过程中 $\lambda_1:\lambda_2:\lambda_3$ 保持为常数，变形主轴在空间保持同一方向，不发生旋转。

3. 纯剪变形

应变主轴方向在空间不变的剪切变形称为纯粹剪切，这一变形状态可用图 8-2 所示的简单试验实现。

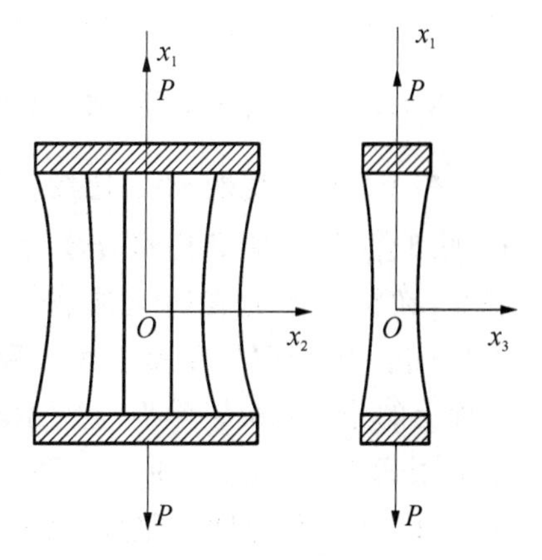

图 8-2　纯剪试验

取一宽而薄的橡胶片，固定在两块金属板上，沿 x_1 方向作用拉伸载荷。由于两块金属板的变形可以略去，而橡胶片又很宽，因而中央部分可近似地有 $\lambda_2=1$。橡胶的压缩性在通常情况下可以略去，故 $\lambda_1\lambda_3=1$。应力主轴方向

又不变,所以橡胶片中央部分产生纯粹剪切变形。

因为橡胶很薄,故近似有 $\sigma_3=0$,代入式(8-72),令其中的 $\sigma_\alpha=\sigma_1$,$\sigma_\beta=\sigma_3=0$,$\lambda_\beta=\lambda_3=\frac{1}{\lambda_1}$,则得 Rivlin 型公式:

$$\left.\begin{aligned}\sigma_1&=2\rho\left(\lambda_1^2-\frac{1}{\lambda_1^2}\right)\left(\frac{\partial\varepsilon}{\partial \mathrm{I}_B}+\frac{\partial\varepsilon}{\partial \mathrm{II}_B}\right)\\ \text{或}\qquad T_1&=2\rho\left(\lambda_1-\frac{1}{\lambda_1^3}\right)\left(\frac{\partial\varepsilon}{\partial \mathrm{I}_B}+\frac{\partial\varepsilon}{\partial \mathrm{II}_B}\right)\end{aligned}\right\}\tag{8-90}$$

若令 $\sigma_\alpha=\sigma_3=0$,则又可得

$$p=2\rho\left(\frac{1}{\lambda_1^2}\frac{\partial\varepsilon}{\partial \mathrm{I}_B}-\lambda_1^2\frac{\partial\varepsilon}{\partial \mathrm{II}_B}\right)\tag{8-91}$$

利用式(8-79)和式(8-80),可得 Ogden 型公式:

$$\sigma_1=\rho\sum_{n=1}^{\infty}\mu_n(\lambda_1^{\alpha_n}-\lambda_1^{-\alpha_n})$$

$$T_1=\rho\sum_{n=1}^{\infty}\mu_1(\lambda_1^{\alpha_n-1}-\lambda_1^{-\alpha_n-1})\tag{8-92}$$

$$p=\rho\sum_{n=1}^{\infty}\mu_n\lambda_1^{-\alpha_n}\tag{8-93}$$

通过实验确定 T_1-λ_1 曲线,再由上列诸公式求出诸系数。由式(8-92)和式(8-80)知,在本试验中,x_2 方向的应力为

$$\left.\begin{aligned}&\text{Rivlin 型公式}:\sigma_2=2\rho(1-\lambda_1^{-2})\left(\frac{\partial\varepsilon}{\partial \mathrm{I}_B}+\lambda_1^2\frac{\partial\varepsilon}{\partial \mathrm{II}_B}\right)\\ &\text{Ogden 型公式}:\sigma_2=\rho\sum_{n=1}^{\infty}\mu_n(1-\lambda_1^{-\alpha_n})\end{aligned}\right\}\tag{8-94}$$

这一应力由橡胶片两端的金属夹板承担。

8.4.4 实验方法和结果的讨论

一个好的应变能函数,应在任何 I_B、II_B 或 λ_1、λ_2 的组合下,都能导出符合实际的应力应变关系。因此,在推求 ε 的表达式时,要做多种试验。如以 I_B、II_B 为坐标轴,那么上面 3 种试验在 I_B - II_B 平面上的分布曲线如图 8-3 所示。显然这 3 条曲线不能覆盖整个 I_B - II_B 平面,但它们所包含的 $\mathrm{I}_B/\mathrm{II}_B$ 的变化范围已很大,因此,如果一个应变能函数能很好地符合这 3 种试验,那么它便具有相当普

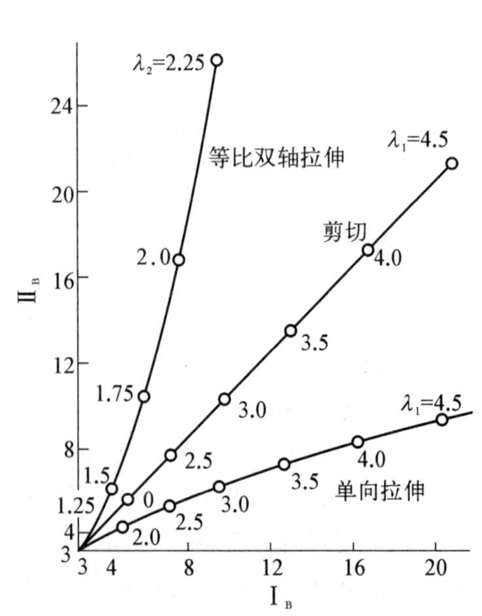

图 8-3 各种试验在 I_B - II_B 平面上的分布曲线

遍的意义了。

实验表明 Yeoh 提出的式(8-82)和 Ogden 公式可用较少的项数较为精确地描写橡胶的本构关系。分析现有文献上的应变能表达式,许多情况下可近似表示成主伸长比的三个相同的分离函数之和,即

$$\varepsilon=\phi(\lambda_1)+\phi(\lambda_2)+\phi(\lambda_3) \tag{8-95}$$

这便可通过一种试验简单地确定。

8.5 有限简单前切变形

设 E 和 L 为同一个直角坐标系,变形规律为

$$\left.\begin{aligned}&x_1=X_{\mathrm{I}}+\beta X_{\mathrm{II}}\quad x_2=X_{\mathrm{II}}\quad x_3=X_{\mathrm{III}}\\ \text{或}\quad &X_{\mathrm{I}}=x_1-\beta x_2\quad X_{\mathrm{II}}=x_2\quad X_{\mathrm{III}}=x_3\end{aligned}\right\} \tag{8-96}$$

如图 8-4 所示,设

$$\beta=\tan\theta$$

θ 为剪切角,则

$$\boldsymbol{B}=\begin{bmatrix}1+\beta^2 & \beta & 0\\ \beta & 1 & 0\\ 0 & 0 & 1\end{bmatrix}$$

$$\boldsymbol{B}^{-1}=\begin{bmatrix}1 & -\beta & 0\\ -\beta & 1+\beta^2 & 0\\ 0 & 0 & 1\end{bmatrix}$$

$$\mathrm{I}_B=3+\beta^2\quad \mathrm{II}_B=3+\beta^2\quad \mathrm{III}_B=1$$

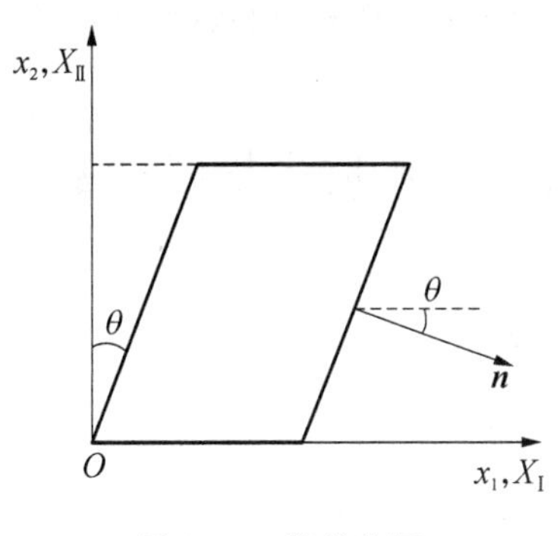

图 8-4 简单剪切

因 $\mathrm{III}_B=1$,故简单剪切变形保持体积不变,$\rho=\rho_0$。把上式代入式(8-64)和式(8-65),得可压缩材料的本构方程为

$$\left.\begin{aligned}&\sigma_{11}=2\rho_0\left(\frac{\partial\varepsilon}{\partial \mathrm{I}_B}+2\frac{\partial\varepsilon}{\partial \mathrm{II}_B}+\frac{\partial\varepsilon}{\partial \mathrm{III}_B}\right)+2\rho_0\beta^2\left(\frac{\partial\varepsilon}{\partial \mathrm{I}_B}+\frac{\partial\varepsilon}{\partial \mathrm{II}_B}\right)\\ &\sigma_{22}=2\rho_0\left(\frac{\partial\varepsilon}{\partial \mathrm{I}_B}+2\frac{\partial\varepsilon}{\partial \mathrm{II}_B}+\frac{\partial\varepsilon}{\partial \mathrm{III}_B}\right)\\ &\sigma_{33}=2\rho_0\left(\frac{\partial\varepsilon}{\partial \mathrm{I}_B}+2\frac{\partial\varepsilon}{\partial \mathrm{II}_B}+\frac{\partial\varepsilon}{\partial \mathrm{III}_B}\right)+2\rho_0\beta^2\frac{\partial\varepsilon}{\partial \mathrm{II}_B}\\ &\sigma_{12}=2\rho_0\beta\left(\frac{\partial\varepsilon}{\partial \mathrm{I}_B}+\frac{\partial\varepsilon}{\partial \mathrm{II}_B}\right)\\ &\sigma_{23}=\sigma_{31}=0\end{aligned}\right\} \tag{8-97}$$

式(8-97)表明,简单剪切变形不仅产生切应力,还产生正应力,表明变形过程中,物质纤维有伸长和缩短。但也可看出,在 $OX_{\mathrm{I}}X_{\mathrm{II}}$ 面内的剪切变形,不产生此平面外的面外切应力。

设 $\beta=\theta=0$ 对应于物体的自然状态，按式(8－32)有

$$\frac{\partial \varepsilon}{\partial \mathrm{I}_B}+2\frac{\partial \varepsilon}{\partial \mathrm{II}_B}+\frac{\partial \varepsilon}{\partial \mathrm{III}_B}=0 \quad \text{当 } \beta=\theta=0 \text{ 时}$$

那么，对很小的 β，近似成立。

$$\begin{aligned}
&\frac{\partial \varepsilon}{\partial \mathrm{I}_B}+2\frac{\partial \varepsilon}{\partial \mathrm{II}_B}+\frac{\partial \varepsilon}{\partial \mathrm{III}_B}=\frac{\partial}{\partial \beta}\left(\frac{\partial \varepsilon}{\partial \mathrm{I}_B}+2\frac{\partial \varepsilon}{\partial \mathrm{II}_B}+\frac{\partial \varepsilon}{\partial \mathrm{III}_B}\right)\beta \\
&=\left(\frac{\partial}{\partial \mathrm{I}_B}+2\frac{\partial}{\partial \mathrm{II}_B}+\frac{\partial}{\partial \mathrm{III}_B}\right)\left(\frac{\partial \varepsilon}{\partial \mathrm{I}_B}\frac{\partial \mathrm{I}_B}{\partial \beta}+\frac{\partial \varepsilon}{\partial \mathrm{II}_B}\frac{\partial \mathrm{II}_B}{\partial \beta}+\frac{\partial \varepsilon}{\partial \mathrm{III}_B}\frac{\partial \mathrm{III}_B}{\partial \beta}\right)\beta \\
&=2\beta^2\left(\frac{\partial}{\partial \mathrm{I}_B}+2\frac{\partial}{\partial \mathrm{II}_B}+\frac{\partial}{\partial \mathrm{III}_B}\right)\left(\frac{\partial \varepsilon}{\partial \mathrm{I}_B}+\frac{\partial \varepsilon}{\partial \mathrm{II}_B}\right)
\end{aligned} \tag{8-98}$$

把式(8－98)代入式(8－97)，当 β 很小时有

$$\sigma_{12}\propto\beta \quad \sigma_{11},\sigma_{22},\sigma_{33}\propto\beta^2 \quad \sigma_{23}=\sigma_{31}=0 \tag{8-99}$$

如略去 β 二次以上的项，简单剪切变形是不会产生正应力的，这正是通常小变形的结果。

由以上讨论可知，要产生简单剪切变形，除施加切应力外，还须施加恰当的正应力 σ_{11}、σ_{22} 和 σ_{33}。此外，由式(8－97)还可得到下列关系：

$$\sigma_{11}-\sigma_{22}=\beta\sigma_{12} \tag{8-100}$$

$\boldsymbol{B}$ 的主值由下列方程决定：

$$(\lambda_a^2)^3-\mathrm{I}_B(\lambda_a^2)^2+\mathrm{II}_B\lambda_a^2-\mathrm{III}_B=0$$

或

$$(\lambda_a^2-1)[(\lambda_a^2)^2-(2+\beta^2)\lambda_a^2+1]=0$$

由此解得

$$\lambda_{1,3}=\sqrt{1+\frac{\beta^2}{4}}\pm\frac{\beta}{2} \quad \lambda_2=1 \quad \lambda_1\lambda_3=1 \quad \beta=\lambda_1-\lambda_3 \tag{8-101}$$

对应的主方向由式(8－102)决定；

$$\boldsymbol{B}\cdot\boldsymbol{n}=\lambda_a^2\boldsymbol{n} \quad \boldsymbol{n}\cdot\boldsymbol{n}=1 \tag{8-102}$$

解得与主值 λ_α 对应的主方向为

$$[\boldsymbol{M}_1\boldsymbol{M}_2\boldsymbol{M}_3]=\begin{bmatrix}\dfrac{1}{\sqrt{1+\lambda_1^2}} & 0 & \dfrac{\lambda_1}{\sqrt{1+\lambda_1^2}} \\ 0 & 1 & 0 \\ -\dfrac{1}{\sqrt{1+\lambda_3^2}} & 0 & \dfrac{\lambda_3}{\sqrt{1+\lambda_3^2}}\end{bmatrix} \tag{8-103}$$

式(8－103)表明，变形过程中主轴方向不断旋转。

8.6 不可压缩材料直杆的纯弯曲

对于初始构形中的直杆，物质坐标系取直角坐标系 $OY^{\mathrm{I}}Y^{\mathrm{II}}Y^{\mathrm{III}}$。在弯矩 $\boldsymbol{M}$ 的作用下，直

杆变为曲杆，现时构形中的空间坐标系取圆柱坐标系(r, θ, z)，即$y^1 = r$，$y^2 = \theta$，$y^3 = z$。OY^{III}和Oy^3垂直纸面，图8-5中未画出。

$$G_{KL} = \delta_{KL} \quad [g_{kl}] = \begin{bmatrix} 1 & 0 & 0 \\ 0 & r^2 & 0 \\ 0 & 0 & 1 \end{bmatrix} \tag{8-104}$$

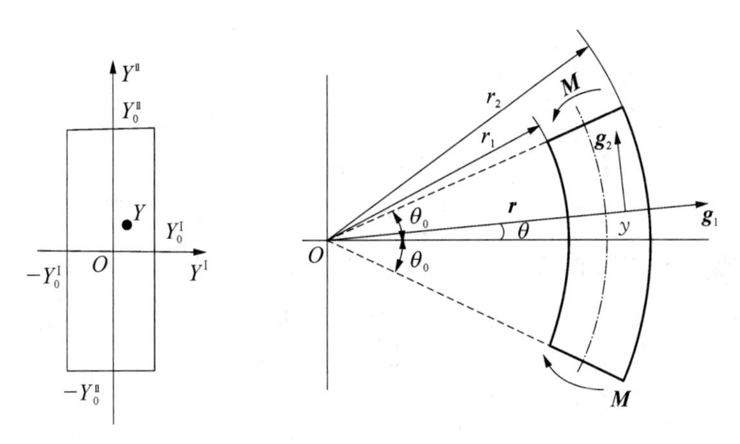

图8-5　直杆的纯弯曲

设变形服从下列规律：

$$r = f(Y^{\mathrm{I}}) \quad \theta = g(Y^{\mathrm{II}}) \quad z = h(Y^{\mathrm{III}}) \tag{8-105}$$

从而变形梯度为

$$[y^k_{,K}] = \begin{bmatrix} f_{,\mathrm{I}} & 0 & 0 \\ 0 & g_{,\mathrm{I}} & 0 \\ 0 & 0 & h_{,\mathrm{II}} \end{bmatrix}$$

根据$B^{ki} = G^{KL} y^k_K y^l_L$，$B\langle kl \rangle = B^{kl}\sqrt{g_{\underline{k}} g_{\underline{\underline{u}}}}$得

$$[B^{kl}] = \begin{bmatrix} f^2_{,\mathrm{I}} & 0 & 0 \\ 0 & g^2_{,\mathrm{II}} & 0 \\ 0 & 0 & h^2_{,\mathrm{III}} \end{bmatrix} \quad [B\langle kl \rangle] = \begin{bmatrix} f^2_{,\mathrm{I}} & 0 & 0 \\ 0 & r^2 g^2_{,\mathrm{II}} & 0 \\ 0 & 0 & h^2_{,\mathrm{III}} \end{bmatrix}$$

因而由$\boldsymbol{B}$的物理分量组成的不变量为

$$\mathrm{I}\langle B \rangle = f^2_{,\mathrm{I}} + r^2 g^2_{,\mathrm{II}} + h^2_{,\mathrm{III}} \quad \mathrm{II}\langle B \rangle = f^2_{,\mathrm{I}} h^2_{,\mathrm{III}} + r^2 g^2_{,\mathrm{II}} (f^2_{,\mathrm{I}} + h^2_{,\mathrm{III}})$$

$$\mathrm{III}\langle B \rangle = r^2 f^2_{,\mathrm{I}} g^2_{,\mathrm{II}} h^2_{,\mathrm{III}}$$

设材料不可压缩，则$\mathrm{III}\langle B \rangle = 1$，即要求

$$f f_{,\mathrm{I}} = A \quad g_{,\mathrm{II}} = C \quad h_{,\mathrm{III}} = D = (AC)^{-1} \tag{8-106}$$

且A、C和D均为常数。由此可得

$$r=(2AY^{\mathrm{I}}+B)^{1/2}\quad \theta=CY^{\mathrm{II}}+E\quad z=DY^{\mathrm{III}}+F \tag{8-107}$$

式中，B、E、F 为常数。若取 $Y^{\mathrm{II}}=0$ 和 $\theta=0$ 对应，$Y^{\mathrm{III}}=0$ 时 $z=0$，则有 $E=F=0$，从而

$$\left.\begin{aligned}
&[B\langle kl\rangle]=\begin{bmatrix} A^2/r^2 & 0 & 0\\ 0 & C^2r^2 & 0\\ 0 & 0 & D^2\end{bmatrix}\\
&[B^{-1}\langle kl\rangle]=\begin{bmatrix} r^2/A^2 & 0 & 0\\ 0 & 1/C^2r^2 & 0\\ 0 & 0 & 1/D^2\end{bmatrix}\\
&\mathrm{I}\langle B\rangle=A^2/r^2+C^2r^2+D\\
&\mathrm{II}\langle B\rangle=r^2A^2+1/C^2r^2+1/D^2\quad \mathrm{III}\langle B\rangle=1
\end{aligned}\right\} \tag{8-108}$$

由此可知，应变能 $\varepsilon(\mathrm{I}\langle B\rangle,\mathrm{II}\langle B\rangle)=\varepsilon(r)$，仅是 r 的函数。故

$$\begin{aligned}
\frac{\mathrm{d}\varepsilon}{\mathrm{d}r}&=\frac{\partial\varepsilon}{\partial\mathrm{I}\langle B\rangle}\frac{\partial\mathrm{I}\langle B\rangle}{\partial r}+\frac{\partial\varepsilon}{\partial\mathrm{II}\langle B\rangle}\frac{\partial\mathrm{II}\langle B\rangle}{\partial r}\\
&=-2\left(\frac{A^2}{r^2}-C^2r\right)\frac{\partial\varepsilon}{\partial\mathrm{I}\langle B\rangle}+2\left(\frac{r}{A^2}-\frac{1}{C^2r^3}\right)\frac{\partial\varepsilon}{\partial\mathrm{II}\langle B\rangle}
\end{aligned} \tag{8-109}$$

不可压材料的本构方程由式(8-66)给出：

$$\boldsymbol{\sigma}=-p\boldsymbol{I}+2\rho\frac{\partial\varepsilon}{\partial\mathrm{I}_B}\boldsymbol{B}-2\rho\frac{\partial\varepsilon}{\partial\mathrm{II}_B}\boldsymbol{B}^{-1}$$

令 $\rho=1$，则本处为

$$\left.\begin{aligned}
&\sigma\langle 11\rangle=-p+2\frac{A^2}{r^2}\frac{\partial\varepsilon}{\partial\mathrm{I}\langle B\rangle}-2\frac{r^2}{A^2}\frac{\partial\varepsilon}{\partial\mathrm{II}\langle B\rangle}\\
&\sigma\langle 12\rangle=0\\
&\sigma\langle 22\rangle=-p+2C^2r^2\frac{\partial\varepsilon}{\partial\mathrm{I}\langle B\rangle}-\frac{2}{C^2r^2}\frac{\partial\varepsilon}{\partial\mathrm{II}\langle B\rangle}\\
&\sigma\langle 23\rangle=0\\
&\sigma\langle 33\rangle=-p+2D^2\frac{\partial\varepsilon}{\partial\mathrm{I}\langle B\rangle}-\frac{2}{D^2}\frac{\partial\varepsilon}{\partial\mathrm{II}\langle B\rangle}\\
&\sigma\langle 31\rangle=0
\end{aligned}\right\} \tag{8-110}$$

比较式(8-109)和式(8-110)知

$$\frac{\mathrm{d}\varepsilon}{\mathrm{d}r}=-\frac{1}{r}(\sigma\langle 11\rangle-\sigma\langle 22\rangle) \tag{8-111}$$

若无体积力，则平衡方程化为

$$\left.\begin{aligned}
&\frac{\partial\sigma\langle 11\rangle}{\partial r}+\frac{\sigma\langle 11\rangle-\sigma\langle 22\rangle}{r}=\frac{\mathrm{d}}{\mathrm{d}r}(\sigma\langle 11\rangle-\varepsilon)=0\\
&\frac{\partial\sigma\langle 22\rangle}{\partial\theta}=0\quad \frac{\partial\sigma\langle 33\rangle}{\partial z}=0
\end{aligned}\right\} \tag{8-112}$$

由此得出，p 只可能是 r 的函数，以及

$$\sigma\langle 11\rangle-\varepsilon=H \quad H=\text{常数} \tag{8-113}$$

由以上诸式可得

$$\left.\begin{aligned}
&\sigma\langle 11\rangle=\varepsilon+H\\
&\sigma\langle 22\rangle=\sigma\langle 11\rangle+r\frac{\mathrm{d}\varepsilon}{\mathrm{d}r}=2\left(C^2r^2-\frac{A^2}{r^2}\right)\left(\frac{\partial\varepsilon}{\partial \mathrm{I}_B}+D^2\frac{\partial\varepsilon}{\partial \mathrm{II}_B}\right)+\varepsilon+H\\
&\sigma\langle 33\rangle=2\left(D^2-\frac{A^2}{r^2}\right)\left(\frac{\partial\varepsilon}{\partial \mathrm{I}_B}+r^2C^2\frac{\partial\varepsilon}{\partial \mathrm{II}_B}\right)+\varepsilon+H\\
&\sigma\langle 12\rangle=\sigma\langle 23\rangle=\sigma\langle 31\rangle=0\\
&p=2\frac{A^2}{r^2}\frac{\partial\varepsilon}{\partial \mathrm{I}_B}-2\frac{r^2}{A^2}\frac{\partial\varepsilon}{\partial \mathrm{II}_B}-\varepsilon-H
\end{aligned}\right\} \tag{8-114}$$

设直杆初始尺寸为 $(-Y_0^{\mathrm{I}}, Y_0^{\mathrm{I}})$ 和 $(-Y_0^{\mathrm{II}}, Y_0^{\mathrm{II}})$，即宽为 $2Y_0^{\mathrm{I}}$、长为 $2Y_0^{\mathrm{II}}$ 和厚度为 1。变形后变为圆形曲杆，$Y^{\mathrm{I}}=-Y_0^{\mathrm{I}}$ 的边变为半径为 $r=r_1$ 的圆弧边，$Y^{\mathrm{I}}=Y_0^{\mathrm{I}}$ 的边变为半径 $r=r_2$ 的圆弧边；而 $Y^{\mathrm{II}}=-Y_0^{\mathrm{II}}$ 的边变为 $\theta=-\theta_0$ 的边，$Y^{\mathrm{II}}=Y_0^{\mathrm{II}}$ 的边变为 $\theta=\theta_0$ 的边。那么由式(8-106)和式(8-107)可求出

$$C=\frac{\theta_0}{Y_0^{\mathrm{II}}} \quad D=\frac{1}{AC}$$

$$A=(r_2^2-r_1^2)/4Y_0^{\mathrm{I}} \quad B=(r_1^2+r_2^2)/2 \tag{8-115}$$

由式(8-114)和式(8-115)知，存在 4 个独立常数 A、B、C、H 或 r_1、r_2、θ_0、H。它们要由边界条件决定。能量函数 ε 由实验确定。这些边界条件如下。

(1) 在 $r=r_1$ 和 r_2 的侧面上，$\sigma\langle 11\rangle=0$，由此得出

$$\varepsilon(r_1)=\varepsilon(r_2)=-H \tag{8-116a}$$

因 $\varepsilon=\varepsilon(\mathrm{I}\langle B\rangle, \mathrm{II}\langle B\rangle)$，所以上式要求 $\mathrm{I}\langle B\rangle(r_1)=\mathrm{I}\langle B\rangle(r_2)$ 和 $\mathrm{II}\langle B\rangle(r_1)=\mathrm{II}\langle B\rangle(r_2)$，由此得

$$A=Cr_1r_2 \tag{8-116b}$$

(2) 在 $\theta=\pm\theta_0$ 的端面上合力为零，要求

$$\begin{aligned}\int_{r_1}^{r_2}\sigma\langle 22\rangle\mathrm{d}r&=\int_{r_1}^{r_2}\left(r\frac{\mathrm{d}\varepsilon}{\mathrm{d}r}+\varepsilon+H\right)\mathrm{d}r=\int_{r_1}^{r_2}\left[\frac{\mathrm{d}(r\varepsilon)}{\mathrm{d}r}+H\right]\mathrm{d}r\\&=[r_2\varepsilon(r_2)-r_1\varepsilon(r_1)]+(r_2-r_1)H\equiv 0\end{aligned}$$

上述条件恒满足。

(3) 在 $\theta=\pm\theta_0$ 的端面上应力的合力矩为 M，要求

$$M=\int_{r_1}^{r_2}\sigma\langle 22\rangle r\,\mathrm{d}r=\int_{r_1}^{r_2}\left(r^2\frac{\mathrm{d}\varepsilon}{\mathrm{d}r}+r\varepsilon+rH\right)\mathrm{d}r \tag{8-116c}$$

(4) 沿 z 方向给定伸长 $\bar{B}\langle 33\rangle$，即

$$\bar{B}\langle 33\rangle = h^2_{,\mathrm{III}} = D^2 \tag{8-116d}$$

式(8-116)确定了常数 A、C（或 r_1）、D 及 H；B 可由式(8-115)确定，问题解毕。由式(8-114)可知，要维持纯弯曲，沿 z 方向须加合适的外力，这与小变形情况不同。

在弯曲过程中，设 $r=r_0$ 处的纤维沿 θ 方向无伸长或缩短，要求 $B\langle 22\rangle = C^2 r_0^2 = 1$，或 $r_0^2 = 1/C^2 = r_1^2 r_2^2/A^2 = Dr_1 r_2$，对 z 方向很长的杆子，近于平面应变，可令 $D=1$，则有

$$r_0^2 = r_1 r_2 \tag{8-117}$$

这与小变形情况相同。$r=r_0$ 的纤维层便是中性层。

8.7 不可压缩无限介质中平面应变裂纹尖端的渐近解

8.7.1 问题的提法

研究材料中的裂纹尖端的渐近解是断裂力学中的中心问题之一，裂纹尖端变形很大，超出弹性范围，属非线性问题；但由于求解困难，工程上仍当成线性问题处理。本节采用简单的新胡克定律作为材料的本构方程，对裂尖渐近场做非线性分析，作为连续介质力学对工程问题分析的例子，也可对非线性裂纹的一般特征有个概略的认识。

设无限介质中有一半无限裂纹，裂纹面上自由，无穷远处作用均匀变形梯度 $\boldsymbol{F}^{\infty}$，取 E 和 L 为同一直角坐标系(见图 8-6)，则初始构形中的边界条件为

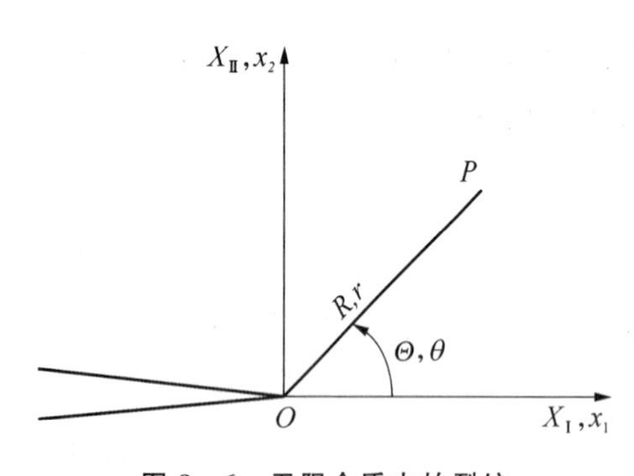

图 8-6 无限介质中的裂纹

$$T^*_{i2}(X_1,\ 0^+) = T^*_{i2}(X_1,\ 0^-) = 0, \quad 当\ X_1 < 0\ 时 \tag{8-118}$$

$$\boldsymbol{x} = \boldsymbol{F}^{\infty}\boldsymbol{X} \quad \det \boldsymbol{F}^{\infty} = 1, \quad 当\ X_1^2 + X_2^2 \to \infty\ 时 \tag{8-119}$$

式中，T^* 的定义见式(3-34)和式(3-36)，即 $\boldsymbol{T}^* = T_{Kl}\boldsymbol{i}_l \otimes \boldsymbol{I}_K$。讨论裂尖渐近解时，式(8-119)可以不考虑，它只对问题的全场解起作用，用来确定渐近解中的待定常数。讨论渐近解时，采用 X_1X_2 面内原点 O 位于裂尖的极坐标，变形前为 R 和 Θ，变形后为 r 和 θ。在极坐标中设存在可分离变量的渐近解为

$$\left.\begin{aligned} x_\alpha - X_\alpha &= u_\alpha(X_\beta) = R^m\, \tilde{u}_\alpha(\Theta) \\ p &= R^l\, \tilde{p}(\Theta) \quad \alpha = 1,\ 2 \end{aligned}\right\} \quad R \to 0 \quad |\Theta| < \pi \tag{8-120}$$

式中，m 和 l 为待定指数。

8.7.2 本构方程

不可压缩材料的本构方程见式(8-66)和式(3-42)，即

$$\left.\begin{aligned}&\boldsymbol{T}^{*}=\boldsymbol{\sigma}\boldsymbol{F}^{-\mathrm{T}}=(-p_{1}\boldsymbol{I}+\phi_{1}\boldsymbol{B}+\phi_{2}\boldsymbol{B}^{2})\boldsymbol{F}^{-\mathrm{T}}=\boldsymbol{F}(-p_{1}\boldsymbol{C}^{-1}+\phi_{1}+\phi_{2}\boldsymbol{C})\\&\phi_{1}=2\left(\frac{\partial\rho\varepsilon}{\partial\,\mathrm{I}_{C}}+\mathrm{I}_{C}\frac{\partial\rho\varepsilon}{\partial\,\mathrm{II}_{C}}\right)\quad\phi_{2}=-2\frac{\partial\rho\varepsilon}{\partial\,\mathrm{II}_{C}}\end{aligned}\right\}\tag{8-121}$$

对不可压材料的平面应变状态有

$$\left.\begin{aligned}&x_{\alpha}=X_{\alpha}+u_{\alpha}(X_{\beta})\quad x_{3}=X_{3}\quad\lambda_{3}=1\quad\alpha,\beta=1,2\\&F_{3\alpha}=F_{\alpha3}=F_{3\alpha}^{-1}=F_{\alpha3}^{-1}=C_{\alpha3}=0\quad F_{33}=C_{33}=1\quad\mathrm{III}_{C}=1\\&\mathrm{I}_{C}=1+\mathrm{I}_{0}\quad\mathrm{II}_{C}=\lambda_{1}^{2}+\lambda_{2}^{2}+\lambda_{1}^{2}\lambda_{2}^{2}=\mathrm{I}_{C}\quad\mathrm{I}_{0}=C_{\alpha\alpha}=\lambda_{1}^{2}+\lambda_{2}^{2}\end{aligned}\right\}\tag{8-122}$$

所以现在 ε 只是 I_0 的函数，取 $\varepsilon=\varepsilon_1(\mathrm{I}_0)/2$，且

$$\rho\varepsilon_{1}(\mathrm{I}_{0})=A\,\mathrm{I}_{0}^{n}+B\,\mathrm{I}_{0}^{n-1}\quad 当\ \mathrm{I}_{0}\rightarrow\infty\ 时\tag{8-123}$$

式中，A、B、n 为材料常数，且设 $A>0$，$n>0$。由于裂尖变形很大，故讨论渐近解时式(8-123)已足够。

在平面应变情况下，凯莱-汉密尔顿定理可以写成

$$\boldsymbol{C}^{3}-(\lambda_{1}^{2}+\lambda_{2}^{2}+1)\boldsymbol{C}^{2}+(\lambda_{1}^{2}\lambda_{2}^{2}+\lambda_{1}^{2}\lambda_{2}^{2})\boldsymbol{C}-\lambda_{1}^{2}\lambda_{2}^{2}\boldsymbol{I}=\boldsymbol{0}$$

或

$$(\boldsymbol{C}-\boldsymbol{I})\{\boldsymbol{C}^{2}-(\lambda_{1}^{2}+\lambda_{2}^{2})\boldsymbol{C}+\lambda_{1}^{2}\lambda_{2}^{2}\boldsymbol{I}\}=\boldsymbol{0}\tag{8-124}$$

式(8-124)表明 X_1X_2 面内的变形和面外变形是各自独立的，利用式(8-124)和式(8-122)，对面内情形可得

$$C_{\alpha\beta}=I_{0}\delta_{\alpha\beta}-C_{\alpha\beta}^{-1}\tag{8-125}$$

以此代入式(8-121)可得

$$\left.\begin{aligned}&T_{\alpha3}^{*}=T_{3\alpha}^{*}=0\quad T_{33}^{*}=I_{0}\frac{\partial\rho\varepsilon_{1}}{\partial I_{0}}-p\\&T_{\alpha\beta}^{*}=2\frac{\partial\rho\varepsilon_{1}}{\partial I_{0}}F_{\alpha\beta}-pF_{\beta\alpha}^{-1}\quad p=p_{1}-\frac{\partial\rho\varepsilon_{1}}{\partial I_{0}}\end{aligned}\right\}\tag{8-126}$$

8.7.3 化为本征值问题

讨论 X_1X_2 面内的二维问题，面内极坐标系中的平衡方程 $T_{\alpha\beta,\beta}^{*}=0$ 的物理分量的形式可以写成

$$\left.\begin{aligned}&\frac{\partial p}{\partial R}=2\frac{\partial\rho\varepsilon_{1}}{\partial\,\mathrm{I}_{0}}\frac{\partial x_{\alpha}}{\partial R}\nabla^{2}x_{\alpha}+2\frac{\partial^{2}\rho\varepsilon_{1}}{\partial\,\mathrm{I}_{0}^{2}}\left[h_{1}\frac{\partial\,\mathrm{I}_{0}}{\partial R}+\frac{1}{R^{2}}h_{2}\frac{\partial\,\mathrm{I}_{0}}{\partial\Theta}\right]\\&\frac{\partial p}{\partial\Theta}=2\frac{\partial\rho\varepsilon_{1}}{\partial\,\mathrm{I}_{0}}\frac{\partial x_{\alpha}}{\partial\Theta}\nabla^{2}x_{\alpha}+2\frac{\partial^{2}\rho\varepsilon_{1}}{\partial\,\mathrm{I}_{0}^{2}}\left[h_{2}\frac{\partial\,\mathrm{I}_{0}}{\partial R}+\frac{1}{R^{2}}h_{3}\frac{\partial\,\mathrm{I}_{0}}{\partial\Theta}\right]\end{aligned}\right\}\tag{8-127}$$

式中

$$h_{1}=\frac{\partial x_{\alpha}}{\partial R}\frac{\partial x_{\alpha}}{\partial R}\quad h_{2}=\frac{\partial x_{\alpha}}{\partial R}\frac{\partial x_{\alpha}}{\partial\Theta}\quad h_{3}=\frac{\partial x_{\alpha}}{\partial\Theta}\frac{\partial x_{\alpha}}{\partial\Theta}\tag{8-128}$$

边界条件式(8-118)化为

$$2\frac{\partial\rho\varepsilon_1}{\partial \mathrm{I}_0}\frac{\partial x_1}{\partial\Theta}+Rp\frac{\partial x_2}{\partial R}=0\quad 2\frac{\partial\rho\varepsilon_1}{\partial \mathrm{I}_0}\frac{\partial x_2}{\partial\Theta}-Rp\frac{\partial x_1}{\partial R}=0\quad \text{当 }\Theta=\pm\pi\text{ 时} \tag{8-129a}$$

或改写为

$$p=\frac{2}{h_1}\rho\varepsilon_1(\mathrm{I}_0)=\frac{2}{R_2}\frac{\partial\rho\varepsilon_1}{\partial \mathrm{I}_0}h_3\quad h_2=0\quad \text{当 }\Theta=\pm\pi\text{ 时} \tag{8-129b}$$

同时

$$I_0=C_{\alpha\alpha}=\frac{\partial x_\alpha}{\partial X_1}\frac{\partial x_\alpha}{\partial X_1}+\frac{\partial x_\alpha}{\partial X_2}\frac{\partial x_\alpha}{\partial X_2}=h_1+\frac{1}{R^2}h_3 \tag{8-130}$$

$$\det\boldsymbol{F}=\frac{\partial x_1}{\partial X_1}\frac{\partial x_2}{\partial X_2}-\frac{\partial x_1}{\partial X_2}\frac{\partial x_2}{\partial X_1}=\frac{1}{R}\left(\frac{\partial x_1}{\partial R}\frac{\partial x_2}{\partial\Theta}-\frac{\partial x_2}{\partial R}\frac{\partial x_1}{\partial\Theta}\right)=1 \tag{8-131}$$

现在问题化为寻求符合式(8-127)、式(8-129)、式(8-131)时,式(8-120)的 m 和 $\tilde{u}_\alpha(\Theta)$。把式(8-120)代入式(8-130)和式(8-131)分别得

$$\mathrm{I}_0=R^{2(m-1)}[\tilde{u}_1^{12}+\tilde{u}_2^{12}+m^2(\tilde{u}_1^2+\tilde{u}_2^2)] \tag{8-132}$$

$$\mathrm{del}\,\boldsymbol{F}=mr^{2(m-1)}(\tilde{u}_1\tilde{u}_2^1-\tilde{u}_2\tilde{u}_1^1)+\cdots=1 \tag{8-133}$$

式中,u_α' 表示 u_α 对 Θ 的导数。由于 $m<1$,所以式(8-133)要求 $r\to 0$ 时 $\tilde{u}_1\tilde{u}_2^1-\tilde{u}_2\tilde{u}_1^1=0$,由此推出

$$\tilde{u}_\alpha=a_\alpha U(\Theta)\quad a_\alpha\neq 0\quad \text{当 }r\to 0\text{ 时} \tag{8-134}$$

式中,a_α 为常数,$U(\Theta)$ 为 Θ 的待定函数。

由式(8-127)及有关诸式可推出

$$\left.\begin{aligned}\frac{\partial p}{\partial R}&\approx 2Aa^{2n}R^{2(m-1)n-1}mUH\\ \frac{\partial p}{\partial\Theta}&\approx 2Aa^{2n}R^{2(m-1)n}U'H\end{aligned}\right\} \tag{8-135}$$

式中

$$\left.\begin{aligned}&H=L^{n-2}\{L(U''+m^2U)+(n-1)[L'U'+2m(m-1)LU)]\}\\ &L=U'^2+m^2U^2\quad a=\sqrt{a_1^2+a_2^2}\end{aligned}\right\} \tag{8-136}$$

积分式(8-135)得

$$p\approx 2Aa^{2n}R^{2(m-1)n}mUH/[2(m-1)n] \tag{8-137}$$

分别对 Θ、R 微分式(8-135)第 1 式和式(8-135)第 2 式得

$$UH'+\left[1+\frac{2(1-m)n}{m}\right]HU'=0 \tag{8-138}$$

边界条件(8-129)可化为

$$\left.\begin{aligned}&UU'=0\\&p\approx 2Ana^{2n}r^{2(m-1)n}L^{n-1}U'^{2}\end{aligned}\right\}\quad 当\ \Theta=\pm\pi\ 时 \tag{8-139}$$

比较式(8-137)和式(8-138)知,只能设 $U(\pm\pi)\neq 0$, $U'(\pm\pi)=0$, 由此推出必有

$$H(\pi)=H(-\pi)=0 \tag{8-140}$$

从而由式(8-138)和式(8-140)推出要 H 有非零解,必须

$$\left.\begin{aligned}&LU''+(n-1)L'U'+m[(2n-1)(m-1)+1]LU=0\\&U'(\pm\pi)=0\end{aligned}\right\} \tag{8-141}$$

式(8-141)组成 U 的非线性本征值问题。

8.7.4 一阶渐近解

求解式(8-141)时,引入函数 $\xi(\Theta)$ 和 $\eta(\Theta)$, 令

$$mU=\xi\cos\eta\quad U'=\xi\sin\eta\quad -\pi\leqslant\theta\leqslant\pi \tag{8-142}$$

由式(8-136)知此时 $L=\xi^2$。 由式(8-142)成立的条件以及式(8-141)求得

$$\left.\begin{aligned}&\xi'\cos\eta-\eta'\xi\sin\eta-m\xi\sin\eta=0\\&(2n-1)\xi'\sin\eta+\eta'\xi\cos\eta+[(2n-1)(m-1)+1]\xi\cos\eta=0\end{aligned}\right\} \tag{8-143}$$

消去 ξ' 后得

$$\eta'=\frac{d\eta}{d\Theta}=-\frac{(2n-1)(2m-1)+1-2(n-1)\cos 2\eta}{2[n-(n-1)\cos 2\eta]} \tag{8-144}$$

利用

$$\begin{aligned}&\frac{1}{2}\arctan\frac{2\sqrt{m(2n-1)[(2n-1)(m-1)+1]}}{-2(n-1)+[(2n-1)(2m-1)+1]}\frac{\sin 2\eta}{\cos 2\eta}\\&=\frac{1}{2}\arctan\frac{2\gamma\tan\eta}{1-\gamma^2\tan^2\eta}=\arctan(\gamma\tan\eta)\end{aligned}$$

积分式(8-144),并不失一般性,令 $\Theta=\pi$ 时的 $\eta=0$, 得

$$\Theta(\eta)=\pi-\eta-\frac{1-m}{m}\gamma\{\arctan(\gamma\tan\eta)+j\pi\} \tag{8-145}$$

$$\gamma=\{(2n-1)m/[(m-1)(2n-1)+1]\}^{1/2}$$

$$(2j-1)\frac{\pi}{2}\leqslant\eta\leqslant(2j+1)\frac{\pi}{2}\quad j=0,\pm 1,\pm 2,\cdots$$

结合式(8-141)第2式、式(8-142)、式(8-144)、式(8-145),推知 $\eta(-\pi)=\pi$, 和

$$m=1-\frac{1}{2n},\quad \frac{1}{2}<n<\infty \tag{8-146}$$

把 m 值代入式(8-141),解得

$$\left.\begin{aligned}&U(\Theta)=\sin\frac{\Theta}{2}\left[1-\frac{2k^2\cos^2\dfrac{\theta}{2}}{1+\omega(\theta,\ n)}\right]^{1/2}[\omega(\theta,\ n)+k\cos\theta]^{k/2}\\&\omega(\theta,\ n)=\sqrt{1-k^2\sin^2\theta},\quad k=(n-1)/n\end{aligned}\right\}\tag{8-147}$$

最终得到,应变能由式(8-123),且 $\frac{1}{2}<n<\infty$ 表示的材料的有限变形时裂尖的一阶渐近解为

$$x_\alpha=a_\alpha r^m U(\Theta)\quad m=1-\frac{1}{2n}\tag{8-148}$$

由此可见,原始的直线裂纹,变形后尖点钝化,形成缺口,这是通常小变形理论不能做到的。至于 p 的渐近解须用高阶渐近,本书略去。

8.8 有限变形弹性理论中的变分原理

变分原理是连续介质力学和物理学中的一个重要组成部分,借助于它,许多物理定律可用更统一的方式叙述,可以建立一些新的公式和方程,特别是可用它来发展各种有效的近似计算方法。因此,变分原理一直广泛地受到人们的注意。第 4 章讨论了广义虚功率原理,第 5 章讨论了热力学中的平衡判据,这些与变分原理都是相互关联的。

只有位移可以独立变分的一类变量的变分原理,称为最小势能原理,只有应力可以独立变分的一类变量的变分原理,称为最小余能原理。这两种变分原理在力学中首先获得广泛应用。赫林格和赖斯纳先后提出位移和应力两者可以同时独立变分的两类变量的广义变分原理。1954 年前后,胡海昌和鹫津久一郎先后提出位移、应力和应变三者均可以同时独立变分的三类变量的广义变分原理,使力学中的变分原理达到了相当完善的程度。1964 年前后,本书作者首先提出拉格朗日乘子法,这是一种可以迅速获得各类广义变分原理的方法。本节将采用拉格朗日乘子法扼要地介绍静态有限弹性变形理论中三类变量的广义变分原理(参见附录 A)。

8.8.1 广义势能原理

为简化问题的讨论,设 E 和 L 坐标系一致,下标全用小写。通常物质的密度变化不太大,且只考虑机械力的作用,从而质量和能量方程无须单独考虑。设物质存在应变能 $\varepsilon(E_{kl})$ 和余能 $\hat{\varepsilon}(S_{kl})$,本构方程为

$$S_{kl}=\rho_0\frac{\partial\varepsilon}{\partial E_{kl}}\quad E_{kl}=\rho_0\frac{\partial\hat{\varepsilon}}{\partial S_{kl}}\tag{8-149}$$

静力平衡方程和几何方程分别为

$$(S_{kl}x_{m,l})_{,k}+\rho_0 f_m=0\quad 或\quad \left(\rho_0\frac{\partial\varepsilon}{\partial E_{kl}}x_{m,l}\right)_{,k}+\rho_0 f_m=0\tag{8-150}$$

$$E_{kl}=\frac{1}{2}(u_{k,l}+u_{l,k}+u_{m,k}u_{m,l})=\frac{1}{2}(x_{m,k}x_{m,l}-\delta_{kl}) \tag{8-151}$$

式中，$x_k=X_k+u_k$。边界条件为

$$S_{kl}x_{m,l}N_k=\bar{T}_m \quad 或 \quad \rho_0\frac{\partial\varepsilon}{\partial E_{kl}}x_{m,l}N_k=\bar{T}_m \quad 在 A_\sigma 上 \tag{8-152a}$$

$$u_m=\bar{u}_m \quad 在 A_u 上 \tag{8-152b}$$

根据最小势能原理，弹性力学中稳定平衡问题的正确解，是在一切适合连续性方程和位移边界条件的近似解中，总势能 $\widetilde{\Pi}_E$ 取极小值的解，即对一切在 A_u 上满足 $\delta u_m=0$ 的位移，有

$$\left.\begin{aligned}&\delta\widetilde{\Pi}_E=0\\&\widetilde{\Pi}_E=\int_V\rho_0\varepsilon(E_{kl})\mathrm{d}V-\int_V\rho_0f_mu_m\mathrm{d}V-\int_{A_\sigma}\bar{T}_mu_m\mathrm{d}A\end{aligned}\right\} \tag{8-153}$$

事实上，利用式(8-151)和式(8-152b)，我们有

$$\begin{aligned}\delta\int_V\rho_0\varepsilon\mathrm{d}V&=\int_V\rho_0\frac{\partial\varepsilon}{\partial E_{kl}}\delta E_{kl}\mathrm{d}V=\int_V\rho_0\frac{\partial\varepsilon}{\partial E_{kl}}x_{m,l}\delta u_{m,k}\mathrm{d}V\\&=\int_A\rho_0\frac{\partial\varepsilon}{\partial E_{kl}}x_{m,l}N_k\delta u_m\mathrm{d}A-\int_V\left(\rho_0\frac{\partial\varepsilon}{\partial E_{kl}}x_{m,l}\right)_{,k}\delta u_m\mathrm{d}V\\&=\int_{A_\sigma}\rho_0\frac{\partial\varepsilon}{\partial E_{kl}}x_{m,l}N_k\delta u_m\mathrm{d}A-\int_V\left(\rho_0\frac{\partial\varepsilon}{\partial E_{kl}}x_{m,l}\right)_{,k}\delta u_m\mathrm{d}V\end{aligned} \tag{8-154}$$

把式(8-154)代入式(8-153)，由于 δu_m 的任意性，立即可得(8-150)第2式和式(8-152a)第2式；如式(8-149)成立，则可进一步推出式(8-150)第1式和式(8-152a)第1式。因此可认为式(8-149)是独立于变分问题式(8-153)之外的方程。变分问题式(8-153)是在约束条件式(8-151)和式(8-152b)之下一类变量 $\boldsymbol{u}$ 的约束变分原理，它与 $\boldsymbol{S}$ 没有必然联系。

现在引入拉格朗日乘子 λ_{kl} 和 μ_k，化式(8-153)为无约束变分问题。组成下述变分方程

$$\begin{aligned}&\delta\left\{\int_V\rho_0\varepsilon(E_{kl})\mathrm{d}V-\int_V\rho_0f_mu_m\mathrm{d}V-\int_{A_\sigma}\bar{T}_mu_m\mathrm{d}A+\right.\\&\left.\int_V\lambda_{kl}\left[E_{kl}-\frac{1}{2}(x_{m,k}x_{m,l}-\delta_{kl})\right]\mathrm{d}V+\int_{A_u}\mu_m(u_m-\bar{u}_m)\mathrm{d}A\right\}=0\end{aligned} \tag{8-155}$$

由于解除了约束，式(8-155)中的 E_{kl}、u_k、λ_{kl}、μ_k 均可独立变分，完成变分运算，计及 δu_k 等变分的任意性，便得

$$\left.\begin{aligned}&\rho_0\frac{\partial\varepsilon}{\partial E_{kl}}+\lambda_{kl}=0\\&E_{kl}-\frac{1}{2}(x_{m,k}x_{m,l}-\delta_{kl})=0\\&(\lambda_{kl}x_{m,l})_{,k}-\rho_0f_m=0\\&-\lambda_{kl}x_{m,l}N_k+\mu_m=0 \quad 在 A_u 上\\&-\lambda_{kl}x_{m,l}N_k-\bar{T}_m=0 \quad 在 A_\sigma 上\\&u_m-\bar{u}_m=0 \quad\quad 在 A_u 上\end{aligned}\right\} \tag{8-156}$$

式(8－156)是 ε、E_{kl}、λ_{kl}、μ_m 的方程，与应力 $\boldsymbol{S}$ 尚未发生关系。但研究 λ_{kl} 和 μ_m 所满足的方程后，易知 λ_{kl} 和 $-S_{kl}$ 等价，μ_m 和 $(-T_m)$ 等价，这正是拉格朗日乘子在本问题中的物理意义。一旦做置换 $\lambda_{kl}=-S_{kl}$，$\mu_m=-T_m$ 之后，本构方程(8－149)便不再是独立于变分问题之外的方程，而是包含在式(8－155)的变分问题之中，此时 $\boldsymbol{S}$ 和 $\boldsymbol{E}$ 必然相关。代入 $\lambda_{kl}=-S_{kl}$，$\mu_m=-T_m$ 后，式(8－155)化为

$$\left.\begin{aligned}&\delta\Pi_E=0\\&\Pi_E=\int_V\left[S_{kl}E_{kl}-\rho_0\varepsilon-\frac{1}{2}S_{kl}(u_{k,l}+u_{l,k}+u_{m,k}u_{m,l})+\rho_0 f_m u_m\right]\mathrm{d}V+\\&\qquad\int_{A_\sigma}\bar{T}_m u_m\,\mathrm{d}A+\int_{A_u}T_m(u_m-\bar{u}_m)\,\mathrm{d}A\end{aligned}\right\}\tag{8-157}$$

式中，$\boldsymbol{u}$、$\boldsymbol{E}$、$\boldsymbol{S}$ 均可独立变分，故是三类变量的广义变分原理，通常称为胡海昌-鹫津久一郎原理。$\delta\Pi_E=0$ 等价于全部弹性力学方程(8－149)第1式～式(8－152b)。

式(8－153)和式(8－157)所表示的两个变分原理的差别是深刻的。在式(8－153)中，应力是独立于变分问题之外所定义的物理量，本构方程是独立于变分问题之外的方程；在式(8－157)中，应力和本构方程都是由变分问题本身所确定的。

特别是，应力可以看成是在解除式(8－153)表示的最小势能原理的约束的过程中，所引入的拉格朗日乘子。

8.8.2　广义余能原理

令

$$S_{kl}E_{kl}=\rho_0(\varepsilon+\hat{\varepsilon})\tag{8-158}$$

因为 $\delta(S_{kl}E_{kl})=\rho_0\delta(\varepsilon+\hat{\varepsilon})=\rho_0\left(\dfrac{\partial\varepsilon}{\partial E_{kl}}\delta E_{kl}+\dfrac{\partial\hat{\varepsilon}}{\partial S_{kl}}\delta S_{kl}\right)$，所以式(8－158)等价于

$$E_{kl}=\rho_0\frac{\partial\hat{\varepsilon}}{\partial S_{kl}}\tag{8-159}$$

由此，式(8－157)可化为只有 $\boldsymbol{S}$ 和 $\boldsymbol{u}$ 可以独立变分的二类变量的广义变分原理，它是赫林格-赖斯纳(Hell-inger-Reissner)原理在非线性情况下的推广，有

$$\left.\begin{aligned}&\delta\Pi_S=0\\&\Pi_S=\int_V\left[\rho_0\hat{\varepsilon}-\frac{1}{2}S_{kl}(u_{k,l}+u_{l,k}+u_{m,k}u_{m,l})+\rho_0 f_m u_m\right]\mathrm{d}V+\\&\qquad\int_{A_\sigma}\bar{T}_m u_m\,\mathrm{d}A+\int_{A_u}T_m(u_m-\vec{u}_m)\,\mathrm{d}A\end{aligned}\right\}\tag{8-160}$$

式中，$\boldsymbol{S}$ 和 $\boldsymbol{u}$ 可以任意变分，是二类变量的广义变分原理，因变分式中含 $\hat{\varepsilon}(\boldsymbol{S})$，通常称为广义余能原理。如果式(8－159)成立，由式(8－160)可导出弹性力学其余的全部方程。

因为

$$\int_A T_m u_m\,\mathrm{d}A=\int_V(S_{kl}x_{m,l}u_m)_{,k}\,\mathrm{d}A=\int_V\left[(S_{kl}x_{m,l})_{,k}u_m+S_{kl}x_{m,l}u_{m,k}\right]\mathrm{d}V$$

所以式(8－160)第2式又可写成另一形式

$$\Pi_S = \int_V \left[\rho_0 \hat{\varepsilon} + \frac{1}{2} S_{kl} u_{m,k} u_{m,l} + (S_{kl} x_{m,l})_{,k} u_m + \rho_0 f_m u_m\right] \mathrm{d}V - \int_A (T_m - \bar{T}_m) u_m \mathrm{d}A - \int_{A_u} T_m \bar{u}_m \mathrm{d}A \tag{8-161}$$

若平衡方程和应力边界条件已事先满足，由式(8-161)可得通常的最小余能原理：

$$\left.\begin{aligned} &\delta \widetilde{\Pi}_S = 0 \\ &\widetilde{\Pi}_S = \int_V \left(\rho_0 \dot{\varepsilon} + \frac{1}{2} S_{kl} u_{m,k} u_{m,l}\right) \mathrm{d}V - \int_{A_u} T_m \bar{u}_m \mathrm{d}A \end{aligned}\right\} \tag{8-162}$$

式(8-162)表示，弹性力学中稳定平衡问题的正确解，是在一切适合平衡方程和应力边界条件的近似解中，总余能 $\widetilde{\Pi}_S$ 取极值的解，且可证此为极小值。

对小变形问题，$\frac{1}{2} S_{kl} u_{m,k} u_{m,l}$ 可略去，从而式(8-162)是只含一类变量 $\boldsymbol{S}$ 的变分原理，但在有限变形中，却是 $\boldsymbol{S}$ 和 $\boldsymbol{u}$ 的两类变量的变分原理。

8.9 不可压缩球体在对称载荷下的分叉解

8.9.1 问题的提法

非线性弹性问题的一个显著特点，是在一定条件下可能有多于一个的解，形成分叉问题。本节讨论不可压缩新胡克材料球体在均布外载荷下的解。材料的应变能函数设为

$$\rho \varepsilon = \frac{G}{2} (\lambda_1^2 + \lambda_2^2 + \lambda_3^2 - 3) \tag{8-163}$$

式中，G 为剪切模量；λ_k 为主伸长。作用在球体上的外载为均匀法向应力 p，这一问题的基本解显然是球体保持初始形状，但内部产生均匀应力场。然而当 p 超过临界值后，球体会出现非球对称的解或内部出现空洞。本节处理这一问题采用总势能原理：平衡位置使下述总势能

$$U = \int_V \rho \varepsilon \mathrm{d}V - \int_a p \boldsymbol{n} \cdot (\boldsymbol{x} - \boldsymbol{X}) \mathrm{d}a \tag{8-164}$$

取驻值，稳定的平衡位置取局部极小值。由于问题的复杂性，通常采用半逆解法，即从假设变形模式开始。由于假设的许可位移是有限的几种，因而得出的解是近似解。

8.9.2 许可变形

设球体的初始外半径为 1，内部任意一点的半径为 $R < 1$。因此有

$$X_1^2 + X_2^2 + X_3^2 = R^2 \tag{8-165}$$

设许可变形取下列形式：

$$x_k = \psi_k(R) X_{\underline{k}} \quad \psi_k(R) > 0 \quad k = 1, 2, 3 \tag{8-166}$$

不可压条件要求 $\det \boldsymbol{F} = 0$，由式(8-166)可求得

$$\psi_1\psi_2\psi_3+R\psi_1\psi_2\psi'_3+X_1^2\psi_2(\psi'_1\psi_3-\psi_1\psi'_3)/R+X_2^2\psi_1(\psi'_2\psi_3-\psi_2\psi'_3)/R=1 \tag{8-167}$$

式(8-167)对物体内任意点成立的条件要求

$$\psi'_1\psi_3-\psi_1\psi'_3=0 \quad \psi'_2\psi_3-\psi_2\psi'_3=0 \quad \psi_1\psi_2\psi_3+R\psi_1\psi_2\psi'_3=1 \tag{8-168}$$

解式(8-165)～式(8-167)得

$$\left.\begin{aligned}&\psi_1(R)=\psi(R)/(\alpha_2\alpha_3) \quad \psi_2(R)=\alpha_2\psi(R) \quad \psi_3(R)=\alpha_3\psi(R)\\&\psi(R)=(1+\beta^3/R^3)^{1/3}\end{aligned}\right\} \tag{8-169}$$

式中,α_2、α_3、β 为待定的积分常数,由 $\psi_k(R)>0$ 的要求推知 α_2、α_3、β 均大于零。因此在此处假设的许可变形中,α_2、α_3、β 3 个参数完全表征了变形特征。由式(8-165)、式(8-166)和式(8-169)推知

$$\alpha_2^2\alpha_3^2x_1^2+(x_2/\alpha_2)^2+(x_3/\alpha_3)^2=(R^3+\beta^3)^{2/3} \tag{8-170}$$

式(8-170)表明一般情况下,变形后为椭球体,特别是球心可能变为椭球孔,孔的大小由 β 表征。

由式(8-163)、式(8-166)、式(8-169)求得应变能为

$$\begin{aligned}\rho\varepsilon&=(G/2)(\lambda_1^2+\lambda_2^2+\lambda_3^2-3)=(G/2)[\mathrm{tr}(\boldsymbol{F}\boldsymbol{F}^{\mathrm{T}}-3)]\\&=(G/2)[\psi^2(\alpha_2^{-2}\alpha_3^{-2}+\alpha_2^2+\alpha_3^2)+\\&\qquad R^{-2}(\psi^{-4}-\psi^2)(X_1^2\alpha_2^{-2}\alpha_3^{-2}+\alpha_2^2X_2^2+\alpha_3^2X_3^2)-3]\end{aligned} \tag{8-171}$$

式(8-164)中的面积分项可用球坐标方便地算出,最终得总势能为

$$\begin{aligned}U=\frac{4}{3}\pi G\Big[&\frac{1}{2}(\alpha_2^{-2}\alpha_3^{-2}+\alpha_2^2+\alpha_3^2)(1+2\beta^3)(1+\beta^3)^{-1/3}-\\&\sigma(1+\beta^3)^{1/3}(\alpha_2^{-1}\alpha_3^{-1}+\alpha_2+\alpha_3)\Big]\end{aligned} \tag{8-172}$$

式中,$\sigma=p/G$,是规一化载荷。

8.9.3 轴对称变形

在式(8-167)中令 $\alpha_2=\alpha_3=\alpha$,总势能化为

$$U=\frac{4}{3}\pi G[(\alpha^{-4}+2\alpha^2)(1+2\beta^3)(1+\beta^3)^{-1/3}/2-\sigma(\alpha^{-2}+2\alpha)(1+\beta^3)^{1/3}] \tag{8-173}$$

平衡位置由下列方程组确定:

$$\left.\begin{aligned}&\frac{\partial U}{\partial\beta}=\frac{4}{3}\pi G\left\{\frac{\beta^2}{(1+\beta^3)^{2/3}}\left[\left(\frac{1}{\alpha^4}+2\alpha^2\right)\frac{5+4\beta^3}{2(1+\beta^3)^{2/3}}-\sigma\left(\frac{1}{\alpha^2}+2\alpha\right)\right]\right\}=0\\&\frac{\partial U}{\partial\alpha}=\frac{4}{3}\pi G\left\{2(1+\beta^3)^{1/3}\left(1-\frac{1}{\alpha^3}\right)\left[\left(\frac{1}{\alpha^2}+\alpha\right)\frac{1+2\beta^3}{(1+\beta^3)^{2/3}}-\sigma\right]\right\}=0\end{aligned}\right\} \tag{8-174}$$

上述方程有 4 组可能的解,具体如下。

(1) 基本解

$$\beta=0 \quad \alpha=1 \tag{8-175}$$

(2) 轴对称解

$$\beta=0 \quad \sigma=\alpha^{-2}+\alpha \quad \alpha>0 \tag{8-176}$$

(3) 球孔成核

$$\alpha=1 \quad \sigma=\frac{1}{2}(5+4\beta^3)(1+\beta^3)^{-2/3} \tag{8-177}$$

(4) 椭球孔成核,式(8-174)中方括号中的项同时为零,或改写成

$$\left.\begin{aligned}\beta^3&=\alpha^{-3}(2\alpha^6-2\alpha^3+1)/4\\ \sigma&=2^{1/3}\alpha^{-3}(2\alpha^6+1)(\alpha^3+1)(2\alpha^6+2\alpha^3+1)^{-2/3}\end{aligned}\right\} \tag{8-178}$$

由式(8-178)便可解出 σ 和 β 的关系。

式(8-175)表示球体没有变形。式(8-176)表示当 $\sigma>\sigma_1=3\times4^{-1/3}\approx1.889\,88$ 后,有两个 $\alpha>0$ 的解,即出现两种非球对称变形的解;$\sigma_1<\sigma<\sigma_2=2$ 时,两个 α 均大于零,这一结果如图 8-7 所示。

式(8-177)表示 $\sigma>\sigma_3=5/2$ 后有 $\beta>0$ 的解,表示球的中心部分出现球形孔,如图 8-8 所示。

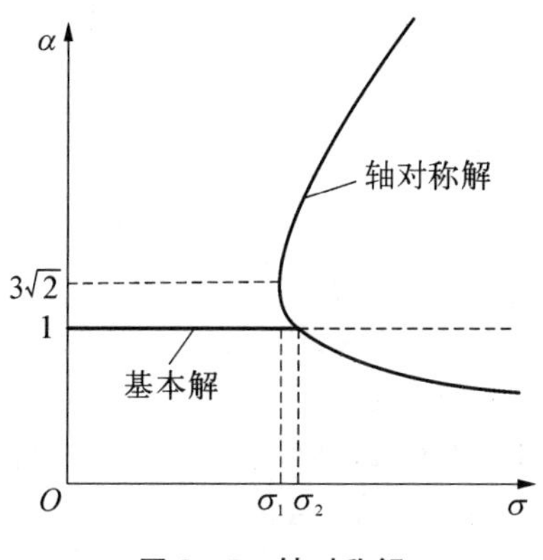

图 8-7 轴对称解

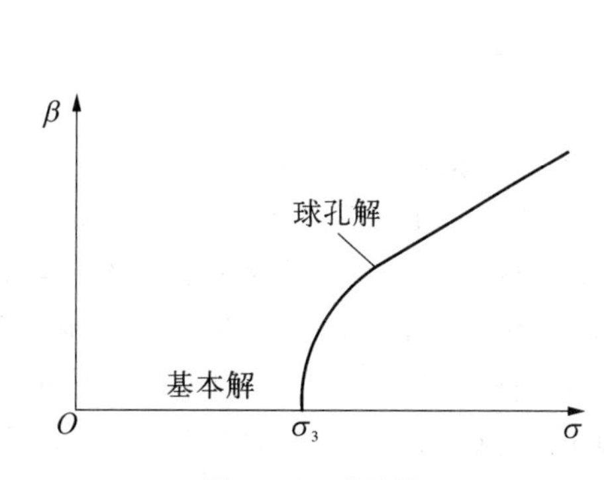

图 8-8 球孔解

解式(8-178),当 $\sigma>\sigma_4\approx2.583\,46$ 后,有两个 $\alpha>0$ 的解,对应于每个 α 有一个 $\beta>0$ 的解;表示 $\sigma>\sigma_4$ 后,球形可能出现两种不同的椭球孔的解,如图 8-9 所示。

多个解中哪个是稳定解?哪个是非稳定解?要有稳定性判别准则进行判定。一般来讲,自由度多的许可位移的稳定性区域小于自由度少的情形,真实解具有最小的稳定区域,有兴趣的读者可参考其他专著。

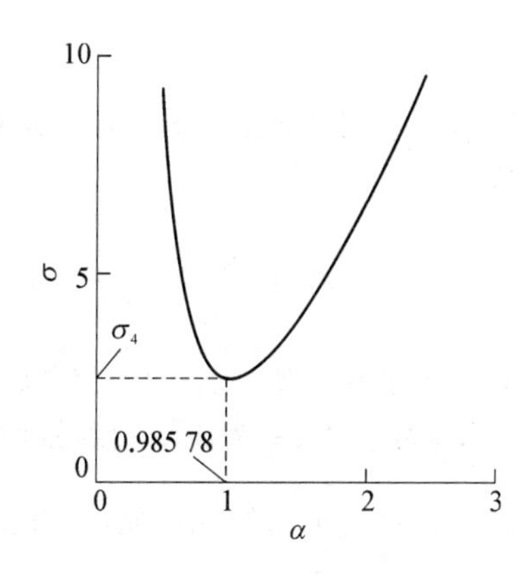

图 8-9 椭球孔解

习　题

1. 试证在小变形情况下,弹性力学问题解的唯一性,并进而讨论在有限变形情况下,解是否唯一? 如何从物理上来理解?

2. 小变形的弹性静力学问题,用位移表示的平衡方程是

$$Gu_{i,jj}+\frac{G}{1-2\nu}u_{j,ji}+\rho f_i=0 \tag{8-179}$$

但当 $\nu=\frac{1}{2}$ 时,式(8-179)第二项失去意义,试证明此时式(8-179)可改写成

$$Gu_{i,jj}+\frac{1}{3}\sigma_{jj,i}+\rho f_i=0\quad u_{i,i}=0 \tag{8-180}$$

式(8-180)方程组是4个未知量 u_1、u_2、u_3 和 σ_{jj} 的4个方程。

3. 试把下列弹性体的本构方程

$$\boldsymbol{\sigma}=\alpha\boldsymbol{B}^{-1}\quad \boldsymbol{\sigma}=\alpha\boldsymbol{B}^{4}\quad \boldsymbol{\sigma}=\alpha B_{kk}\boldsymbol{I}$$

表示成 $\boldsymbol{\sigma}=\phi_0\boldsymbol{I}+\phi_1\boldsymbol{B}+\phi_2\boldsymbol{B}^2$ 的形式,式中 α 为常数。

4. 设 $\boldsymbol{\sigma}$ 的主值为 σ_1、σ_2 和 σ_3,$\boldsymbol{B}$ 的主值为 B_1、B_2 和 B_3。试把弹性体的本构方程 $\boldsymbol{\sigma}=\alpha\mathrm{e}^{\boldsymbol{B}}$($\alpha$ 为常数)表示为

$$\sigma_k=\phi_0+\phi_1B_k+\phi_2B_k^2\quad k=1,2,3$$

的形式,把 ϕ_0、ϕ_1 和 ϕ_2 用 B_k 的函数表示。

提示:第3、4题要应用凯莱-汉密尔顿定理。

5. 试证不可压缩弹性材料的平面变形问题,在该平面内最多只存在一个无伸长的方向,并进而指出如存在一个无伸长的方向,那么必为简单剪切变形。

6. 本构方程式(8-10)可写成另一形式:$\boldsymbol{\sigma}=\tilde{\phi}_0\boldsymbol{I}+\tilde{\phi}_1\boldsymbol{V}+\tilde{\phi}_2\boldsymbol{V}^2$,式中 $\boldsymbol{V}$ 为左伸长张量。若令 σ_k 为 $\boldsymbol{\sigma}$ 的主值,λ_k 为 $\boldsymbol{V}$ 的主值,且设 $\epsilon=\varepsilon(\mathrm{I}_V,\mathrm{II}_V,\mathrm{III}_V)$,试证

$$\frac{\sigma_k-\sigma_l}{\lambda_k-\lambda_l}=\mathrm{III}_V^{-1}\frac{\partial\varepsilon}{\partial\mathrm{I}_V}+\lambda_k^{-1}\lambda_l^{-1}\frac{\partial\varepsilon}{\partial\mathrm{II}_V}$$

7. 设一不可压缩超弹性材料,沿单位矢量 $\boldsymbol{L}$ 方向的线元不能伸缩,试证此时本构方程可以写成

$$\boldsymbol{\sigma}=\rho\sum_{k=1}^{3}\lambda_k\frac{\partial\varepsilon}{\partial\lambda_k}\boldsymbol{m}_k\otimes\boldsymbol{m}_k-p\boldsymbol{I}+\sum_{k,l=1}^{3}2qL_kL_l\lambda_k\lambda_l\boldsymbol{m}_k\otimes\boldsymbol{m}_l$$

式中,λ_k 为主伸长比;$\boldsymbol{m}_k$ 为欧拉主轴($\boldsymbol{B}$ 的主轴)方向的单位矢量;$L_k=\boldsymbol{L}\cdot\boldsymbol{m}_k$;$q$ 为待定乘子;p 为水静应力;ε 为应变能函数 $\varepsilon(\lambda_1,\lambda_2,\lambda_3)$。

提示:沿 $\boldsymbol{L}$ 方向线元不能伸缩的条件为 $\sum_{k=1}^{3}\lambda_k^2L_k^2=1$。

8. 研究一圆管,在初始构形中的尺寸为

$$R_1 \leqslant R \leqslant R_2 \quad 0 \leqslant \Theta \leqslant 2\pi \quad 0 \leqslant Z \leqslant L$$

式中，R、Θ、Z 是初始构形中的圆柱坐标。设该圆管承受轴向力 N 和内压 p 作用。应变能函数设具下列形式：$\varepsilon = \Phi(\mathrm{I}_\lambda) - \nu \mathrm{II}_\lambda + \mu \mathrm{III}_\lambda$。其中 λ_1、λ_2、λ_3 为 $\boldsymbol{U}$ 的主值；I_λ、II_λ、III_λ 为用主值表示的第一、第二和第三不变量。求 λ_1、λ_2 和 λ_3。

提示，根据对称性，可设变形规律为

$$r = Rf(R) \quad \theta = \Theta \quad z = \lambda_3 Z \quad r_1 \leqslant r \leqslant r_2 \quad 0 \leqslant z \leqslant l = \lambda_2 L$$

式中，r、θ、z 为现时构形中的圆柱坐标。

9. 试推导不可压缩弹性体的最小势能原理。

提示：应用拉格朗日乘子法，约束条件为 $\mathrm{III}_C = 1$

10. 设有一同心复合球，内球半径为 a，外球半径 R 为 $a \leqslant R \leqslant b$，均为各向同性不可压材料，应变能函数为 $\rho\varepsilon_k = \mu_k(\lambda_1^2 + \lambda_2^2 + \lambda_3^2 - 3)$，$k = 1, 2$，试求出在均匀法向拉应力作用下，球心产生孔洞时的临界拉应力。

9 流　　体

9.1 流体的本构方程

9.1.1 一般理论

流体是可以流动的物质，在切应力作用下可任意变形；流体是各向同性物质，没有性质特别的方向，在密度相同的任意一构形中本构方程相同。由式(6-96)知，各向同性物质的本构方程可以写成

$$\boldsymbol{\sigma}=\tilde{\mathscr{F}}(\boldsymbol{C}_{(t)}^{(t)},\ \boldsymbol{B}) \tag{9-1}$$

参阅图2-12，相对于现时构形的相对右柯西-格林变形张量 $\boldsymbol{C}_{(t)}^{(t)}(t^*)$ 为

$$\boldsymbol{C}_{(t)kl}^{(t)}=\frac{\partial z_\alpha^{(t)}(t^*)}{\partial x_k}\frac{\partial z_\alpha^{(t)}(t^*)}{\partial x_l}=\frac{\partial z_\alpha(\tau)}{\partial x_k}\frac{\partial z_\alpha(\tau)}{\partial x_l} \tag{9-2}$$

式中，x_k 和 z_k 分别为质点 X 在 t 时刻的现时构形中的坐标和在 τ 时刻的中间构形中的坐标；$t^*=t-\tau$ 为 τ 时刻离开现时刻 t 的时间间隔。$\boldsymbol{C}_{(t)}^{(t)}$ 和初始构形无关，初始构形的影响只通过 $\boldsymbol{B}$ 表现出来。对各向同性固体，一切正交张量都是对称群的元；而对于各向同性流体，对称群是幺模群，它是具有最大对称性的物质。当初始构形变换时，只要保证密度相同，所得到的本构方程便是一样的，因此可认为 $\boldsymbol{B}$ 对 $\boldsymbol{\sigma}$ 的影响，只通过 $\det(\boldsymbol{B})$ 或 ρ 表现出来，从而流体的本构方程可以写成

$$\boldsymbol{\sigma}=\tilde{\mathscr{F}}(\boldsymbol{C}_{(t)}^{(t)};\ \rho) \tag{9-3}$$

式(9-3)表明，流体的本构方程通过 $\boldsymbol{C}_{(t)}^{(t)}$ 和以往的变形史相关，又因 $\boldsymbol{\sigma}$ 只和 ρ 相关，故和初始构形的选择无关，或谓流体有彻底忘记初始构形的特性。由此可知，选用以现时构形作为参照构形的流动参照构形，对流体最为合适。

由于流体的对称群是幺模群，所以对任何正交张量，式(6-97)表示的条件都成立，此时有

$$\tilde{\mathscr{F}}(\boldsymbol{Q}\boldsymbol{C}_{(t)}^{(t)}\boldsymbol{Q}^{\mathrm{T}};\ \rho)=\boldsymbol{Q}\,\tilde{\mathscr{F}}(\boldsymbol{C}_{(t)}^{(t)};\ \rho)\boldsymbol{Q}^{\mathrm{T}} \tag{9-4}$$

式(9-4)对全部正交张量 $\boldsymbol{Q}$ 以及所有正定对称的张量史 $\boldsymbol{C}_{(t)}^{(t)}$ 都成立。根据上述讨论，式(9-3)还可改写成

$$\boldsymbol{\sigma}=-p(\rho)\boldsymbol{I}+\tilde{\mathscr{F}}_1(\boldsymbol{K}_t^t(t,\ t^*);\rho) \tag{9-5}$$

$$-p(\rho)\boldsymbol{I}=\tilde{\mathscr{F}}(\boldsymbol{I}^{(t)};\ \rho)\qquad \tilde{\mathscr{F}}_1(\boldsymbol{0}^{(t)};\ \rho)=\boldsymbol{0} \tag{9-6}$$

$$\boldsymbol{K}_t^t(t,\ t^*)=\boldsymbol{C}_{(t)}^{(t)}-\boldsymbol{I} \tag{9-7}$$

由式(9-5)推知，静止的流体具有静水压力 $-p(\rho)\boldsymbol{I}$。

对于不可压缩流体，ρ 为常数，压力 p 不能由状态方程决定，成为“非确定压力”，要和速度等其他未知量一起，由场方程和边界条件决定。不可压缩液体的本构方程可写成

$$\boldsymbol{\sigma}=-p\boldsymbol{I}+\tilde{\mathscr{F}}_1[\boldsymbol{K}_t^t(t,\ t^*)]\quad \tilde{\mathscr{F}}_1(\boldsymbol{0}^{(t)})=\boldsymbol{0}\quad \rho=\text{常数} \tag{9-8}$$

9.1.2 短程记忆流体

设一实际运动的运动规律为

$$\boldsymbol{x}=\boldsymbol{x}(\boldsymbol{X},\ t)$$

再考虑下述一簇运动

$$\overset{(s)}{\boldsymbol{x}}(\boldsymbol{X},\ t)=\boldsymbol{x}(\boldsymbol{X},\ t/\delta)\quad 1\geqslant\delta\geqslant 0 \tag{9-9}$$

这一运动称为实际运动的延缓运动。延缓运动的运动速度是普通运动的 δ 倍，$\delta\to 0$ 时，接近静止历史。延缓运动是比实际运动更慢的运动。对实际运动，设 $\boldsymbol{C}_{(t)}^{(t)}$ 可微，且 $\boldsymbol{K}_t^t(t,\ t^*)=\boldsymbol{C}_{(t)}^{(t)}(t^*)-\boldsymbol{I}$ 可展开成下述泰勒级数：

$$\begin{aligned}\boldsymbol{K}_t^t(t,\ t^*)&=\sum_{k=0}^{\infty}\frac{(-1)^k}{k!}\boldsymbol{A}^{(k)}(t)t^{*k}-\boldsymbol{I}\\&=\sum_{k=1}^{n}\frac{(-t^*)^k}{k!}\boldsymbol{A}^{(k)}(t)+\boldsymbol{R}^{(n)}(t,\ t^*)\end{aligned} \tag{9-10}$$

式中的 $\boldsymbol{A}^{(k)}(t)$ 是在 2.9 节中讨论过的里夫林-埃里克森张量，而

$$|\boldsymbol{R}^{(n)}(t,\ t^*)|=0(t^{*n})\quad \text{当 } t^*\to 0 \text{ 时，} t \text{ 固定} \tag{9-11}$$

对延缓运动，因有

$$\overset{(s)}{\boldsymbol{A}}{}^{(k)}=\delta^k\boldsymbol{A}^{(k)} \tag{9-12}$$

所以得

$$\left.\begin{aligned}&\overset{(s)}{\boldsymbol{K}}{}_t^t(t,\ t^*)=\sum_{k=1}^{n}\frac{(-\delta t^*)^k}{k!}\boldsymbol{A}^{(k)}(t)+\overset{(s)}{\boldsymbol{R}}{}^{(n)}(t,\ t^*)\\&\text{且 }|\overset{(s)}{\boldsymbol{R}}{}^{(n)}(t,\ t^*)|=0(\delta^n t^{*n})\ \text{当 } t^*\to 0 \text{ 时，} t \text{ 固定}\end{aligned}\right\} \tag{9-13}$$

式(9-13)也可看成某种物质的特性，它对实际运动的响应具有延缓运动的性质。

定义代表变形史的核函数 $\boldsymbol{K}_t^t(t,\ t^*)$ 大小的范数 $\|\boldsymbol{K}_t^t(t)\|$ 为

$$\|\boldsymbol{K}_t^t(t)\|=\left\{\int_0^{\infty}|\boldsymbol{K}_t^t(t,\ t^*)|^2h^2(t^*)\mathrm{d}t^*\right\}^{1/2} \tag{9-14}$$

式中，$h(t^*)(0\leqslant t^*<\infty)$ 是“影响函数”，表示离现时刻 t^* 时间处的运动对范数的加权系数，是表示记忆减退程度的量，随 t^* 增大而减小，定性地可表示为

$$h(t^*)>0\quad \lim_{t^*\to\infty}t^{*m}h(t^*)=0 \tag{9-15}$$

式中，m 表示记忆衰减快慢的指数。如果假定 $\|\boldsymbol{K}_t^t(t)\|$ 是有界的，那么范数有界的运动史

的集合构成希尔伯特空间。既然 $\| \boldsymbol{K}_t^t(t) \|$ 有界,那么 $\int_0^{\infty} \boldsymbol{R}^{(n)}(t,\ t^*)\ |^2 h^2(t^*)\mathrm{d}t^*$ 有界,从而 $\int_0^{\infty}\ |\ \boldsymbol{R}^{(n)}(t,\ t^*)\ |^2 h^2(t^*)\mathrm{d}t^*$ 将以 δ^{2n} 的量级趋于零,因此,对任何的 t^*,延缓运动有

$$\| \overset{(s)}{\boldsymbol{R}^{(n)}}(t,\ t^*) \| = 0(\delta^n) \quad (\text{当}\ \delta \to 0\ \text{时}) \tag{9-16}$$

根据式(9-5)、式(9-13)和式(9-16),对延缓运动,当 $\delta \to 0$ 时有

$$\begin{aligned}\overset{(s)}{\boldsymbol{\sigma}} &= -p(\rho)\boldsymbol{I} + \tilde{\mathscr{F}}_1(\boldsymbol{K}_t^t(t,\ t^*);\rho) \\ &= -p(\rho)\boldsymbol{I} + \tilde{\mathscr{F}}_1\left(\sum_{k=1}^{n} \frac{(-\delta t^*)^k}{k!}\boldsymbol{A}^{(k)}(t);\rho\right) + \boldsymbol{0}(\delta^n) \\ &= -p(\rho)\boldsymbol{I} + \tilde{\mathscr{F}}_1(\delta\boldsymbol{A}^{(1)},\ \delta^2\boldsymbol{A}^{(2)},\ \cdots,\ \delta^n\boldsymbol{A}^{(n)};\ \rho) + \boldsymbol{0}(\delta^n)\end{aligned} \tag{9-17}$$

对简单流体,由式(9-5)知,要决定应力,必须知道流体的全部运动史,但由式(9-17)知,对于延缓运动,只须知道现时刻的 $\boldsymbol{A}^{(k)}(t)$, $k=1,\ 2,\ \cdots,\ n$,便可确定应力,而 $\boldsymbol{A}^{(k)}(t)$,只须知道无限接近现时刻的运动史便可决定。一个物质对真实运动的响应,具有延缓运动的性质,便是短程记忆物质,它只具有"无限近的记忆",对离现时刻有限间隔的全部以往运动史的影响,都包含在误差 $\boldsymbol{0}(\delta^n)$ 之中。

9.1.3 里夫林-埃里克森流体和斯托克斯流体

里夫林-埃里克森流体或R-E流体,是指具有下述本构方程的流体

$$\boldsymbol{\sigma} = -p(\rho)\boldsymbol{I} + \tilde{\mathscr{F}}_1(\boldsymbol{A}^{(1)}(t),\boldsymbol{A}^{(2)}(t),\cdots,\ \boldsymbol{A}^{(n)}(t);\rho) \tag{9-18}$$

客观性原理和各向同性原理还要求式(9-19)成立

$$\tilde{\mathscr{F}}_1(\boldsymbol{Q}^{\mathrm{T}}\boldsymbol{A}^{(1)}\boldsymbol{Q},\ \cdots,\ \boldsymbol{Q}^{\mathrm{T}}\boldsymbol{A}^{(n)}\boldsymbol{Q};\ \rho) = \boldsymbol{Q}^{\mathrm{T}}\ \tilde{\mathscr{F}}_1(\boldsymbol{A}^{(1)},\ \cdots,\ \boldsymbol{A}^{(n)};\ \rho)\boldsymbol{Q} \tag{9-19}$$

在式(9-17)中若保留 $\delta^n\boldsymbol{A}^{(n)}$ 项,便得 n 次R-E流体。利用张量函数的表示理论,知二次R-E流体应包含下列各项(见表6-1和表6-2):

$$\boldsymbol{I},\ \boldsymbol{A}^{(1)},\ \boldsymbol{A}^{(1)}\boldsymbol{A}^{(1)},\ \boldsymbol{A}^{(2)}$$

因此,可压缩R-E二次流体的本构方程可以写成

$$\left.\begin{aligned}\boldsymbol{\sigma} &= -p(\rho)\boldsymbol{I} + \eta\boldsymbol{A}^{(1)} + \beta_1\boldsymbol{A}^{(1)}\boldsymbol{A}^{(1)} + \beta_2\boldsymbol{A}^{(2)} \\ \sigma_{kl} &= -p(\rho)\delta_{kl} + \eta A_{kl}^{(1)} + \beta_1 A_{km}^{(1)}A_{ml}^{(1)} + \beta_2 A_{kl}^{(2)}\end{aligned}\right\} \tag{9-20}$$

式中,η、β_1 和 β_2 为物质常数,是 $\mathrm{I}_{A^{(1)}}$ $\mathrm{II}_{A^{(1)}}$、$\mathrm{III}_{A^{(1)}}$ 和 $\mathrm{I}_{A^{(2)}}$ 的函数。由于

$$\boldsymbol{A}^{(2)} = \dot{\boldsymbol{A}}^{(1)} + \boldsymbol{\Gamma}^{\mathrm{T}}\boldsymbol{A}^{(1)} + \boldsymbol{A}^{(1)}\boldsymbol{\Gamma} \tag{9-21}$$

则 $\boldsymbol{A}^{(2)}$ 和变形加速度相关,即R-E二次流体的本构方程和变形率及变形加速度均有关。计及 $\boldsymbol{A}^{(1)} = \boldsymbol{D}$,则二次可压缩R-E流体的本构方程可写成

$$\boldsymbol{\sigma} = -p(\rho)\boldsymbol{I} + 2\eta\boldsymbol{D} + 4\beta_1\boldsymbol{D}^2 + \beta_2\boldsymbol{A}^{(2)} \tag{9-22}$$

当 $\beta_2 = 0$, η 和 β_1 与 $\mathrm{I}_{A^{(2)}}$ 无关时,式(9-22)便代表斯托克斯二次流体的本构方程。斯托

克斯流体只和变形率有关，对不可压缩流体，式(9-20)和式(9-22)中的 p 为常数。

还可定义如下：

一次流体
$$\left.\begin{aligned}&\boldsymbol{\sigma}=-p(\rho)\boldsymbol{I}+2\eta\boldsymbol{D}\quad \eta=\eta(\mathrm{I}_D,\ \mathrm{II}_D,\ \mathrm{III}_D)\\&\boldsymbol{\sigma}=-p\boldsymbol{I}+2\eta\boldsymbol{D}\quad \eta=\eta(\mathrm{II}_D,\ \mathrm{III}_D)\quad(\rho=\text{常数})\end{aligned}\right\}\tag{9-23}$$

零次流体
$$\left.\begin{aligned}&\boldsymbol{\sigma}=-p(\rho)\boldsymbol{I}\\&\boldsymbol{\sigma}=-p\boldsymbol{I}\quad(\rho=\text{常数})\end{aligned}\right\}\tag{9-24}$$

一次流体通常称为纳维-斯托克斯(Navier-Stokes)流体，若 $\eta=$ 常数，便称为牛顿黏性流体。现有研究表明，低相对分子质量的流体，如水和空气等都属于牛顿流体，工程中广泛地应用牛顿流体模型，因方程简单且有满意的精度。但高相对分子质量的流体，如聚合物溶液、聚合物熔体、蛋清、亚麻仁油、低切变率下的血液等都是非牛顿流体，要用 R-E 二次或更高次的流体、斯托克斯流体或其他的流体模型来研究。

例 试根据熵产率大于零的原理，推导一次流体本构方程中的系数所应满足的条件。

解： 根据第 5 章例 3 的讨论，黏性流体中只有可逆压力 $p^{(r)}$ 产生的功是可逆的，其余的应力分量所产生的功均不可逆。从而有

$$-p=-p^{(r)}-p^{(i)}\qquad -p^{(i)}=\lambda_v I_D$$

由该例中的式(d)可得

$$\begin{aligned}\rho T\sigma^{*}&=(\boldsymbol{\sigma}+p^{(r)}\boldsymbol{I}):\boldsymbol{D}=(-p^{(i)}\boldsymbol{I}+2\eta\boldsymbol{D}):\boldsymbol{D}\\&=\lambda_v\mathrm{I}_D^2+2\eta\boldsymbol{D}:\boldsymbol{D}=(\lambda_v+2\eta)\mathrm{I}_D^2-4\eta\mathit{II}_D\\&=\left(\lambda_v+\frac{2\eta}{3}\right)\mathrm{I}_D^2+4\eta\Gamma_2>0\end{aligned}\tag{9-25}$$

式中，$\mathrm{I}_D^2>0$，$\Gamma_2=\frac{1}{2}\boldsymbol{D}':\boldsymbol{D}'>0$，$\boldsymbol{D}'=\boldsymbol{D}-\frac{1}{3}D_{mm}\boldsymbol{I}$。因此式(9-25)等价于

$$\lambda_v+\frac{2}{3}\eta\geqslant 0\quad \eta\geqslant 0\tag{9-26}$$

式(9-26)便是熵产率原理对一次流体的黏性系数所加的限制。如流体满足斯托克斯条件，即 $-p^{(r)}=\frac{1}{3}\sigma_{kk}$，则由式(9-23)推出

$$\begin{aligned}\sigma_{kk}&=-3p+2\eta D_{kk}=-3p^{(r)}-3p^{(i)}+2\eta I_D\\&=-3p^{(r)}+(3\lambda_v+2\eta)I_D\end{aligned}$$

故推出 $\lambda_v+\frac{2}{3}\eta=0$，从而式(9-26)化为

$$\lambda_v=-\frac{2}{3}\eta\quad \eta\geqslant 0\tag{9-27}$$

9.2 流体动力学问题的提法

流体通常分成气体和液体，气体的可压缩性大，和温度关系密切，除低速运动和压力变化

较小的一些情况外，很难不考虑密度和温度的影响，若再考虑非线性的本构方程，问题的求解将非常困难。液体除去水击等特殊情况外，密度变化不大，温度影响也不明显，因而常可看成不可压缩的并与温度无关的流体，对于简单问题，采用非线性本构方程，仍可得到分析解，本章讨论的问题都属于这一类。

流体动力学的基本方程如下。

(1) 质量守恒

$$\dot{\rho}+\rho\operatorname{div}\boldsymbol{v}=0 \tag{9-28a}$$

对不可压缩液体有

$$\dot{\rho}=0 \quad 或 \quad \operatorname{div}\boldsymbol{v}=0 \tag{9-28b}$$

(2) 动量方程

$$\operatorname{div}\boldsymbol{\sigma}+\rho\boldsymbol{f}=\rho\boldsymbol{w} \tag{9-29}$$

(3) 动量矩方程

$$\boldsymbol{\sigma}=\boldsymbol{\sigma}^{\mathrm{T}} \tag{9-30}$$

(4) 运动学关系

$$\left.\begin{aligned}\boldsymbol{w}&=\partial\boldsymbol{v}/\partial t+v^{k}\boldsymbol{v}_{,k}\\ \boldsymbol{D}&=\frac{1}{2}(\nabla\boldsymbol{v}+\boldsymbol{v}\nabla)\end{aligned}\right\} \tag{9-31}$$

(5) 能量方程

$$\rho\dot{\mathrm{e}}=\boldsymbol{\sigma}:\boldsymbol{D}+\rho\dot{q} \tag{9-32}$$

(6) 熵产率方程

$$\rho T\sigma^{*}\geqslant 0 \tag{9-33}$$

(7) 本构方程

$$\left.\begin{aligned}\boldsymbol{\sigma}&=-p\boldsymbol{I}+\boldsymbol{\sigma}'\\ \boldsymbol{\sigma}'&=\boldsymbol{\sigma}'(\boldsymbol{A}^{(1)},\boldsymbol{A}^{(2)},\cdots,\boldsymbol{A}^{(n)})\end{aligned}\right\} \tag{9-34a}$$

式中，$\boldsymbol{\sigma}'$ 为应力偏量张量。对于 R-E 二次流体有

$$\boldsymbol{\sigma}'=2\eta\boldsymbol{D}+4\beta_1\boldsymbol{D}^2+\beta_2\boldsymbol{A}^{(2)} \tag{9-34b}$$

式中，η 和 β_α 是 I_D、II_D、III_D 和 $\mathrm{tr}\,\boldsymbol{A}^{(2)}$ 的函数。若 $\beta_2=0$，η 和 β_1 是 I_D、II_D 和 III_D 的函数，则化为斯托克斯流体。如流体不可压缩，则 $\mathrm{I}_D=0$，p 成为不能由本构方程确定的非确定压力。

(8) 边界条件如下：

自由表面上
$$\sigma_{\mathrm{n}}=-p_0 \quad \sigma_{\mathrm{nt}}=0 \tag{9-35a}$$

式中，σ_{n}、σ_{nt} 分别为流体表面的法向和切向应力，p_0 为大气压力。

流体和固体界面上 $$v_n = \bar{v}_n \quad v_t = \bar{v}_t + k\sigma_{nt} \tag{9-35b}$$

式中，$\boldsymbol{n}$、$\boldsymbol{t}$ 为界面法线和切线；$\bar{v}_n$、$\bar{v}_t$ 分别为固体的法向和切向速度；v_n、v_t 为流体在界面处的法向和切向速度。一般情况下，k 是一个小的系数，表示流体和固体之间存在切向滑移；$k=0$ 则表示黏着条件。

对于无黏性的理想流体，因流体和固体表面之间不存在切应力，因而 v_t 不能由 $\bar{v}_t$ 决定，可以存在切向间断。

在有些情况下，还给出流过某一横截面的流量，作为补充条件。

(9) 初始条件

$$v(X_K,\ 0) = v_0(X_K) \tag{9-36}$$

流体动力学的边值问题，便是在给定的边界和初始条件下，求满足场方程的速度场和应力场。

对于定常流动问题，速度分布和时间无关，因而在这种情况下初始条件不起作用，无须考虑。

9.3　不可压缩 R－E 流体在两平行板间的平行运动

设流体位于上下两无限平板之间，上下平板分别以常速 $U^{(1)}$ 和 $U^{(2)}$ 运动，两板间距离为 $2h$，E 和 L 坐标一致，如图 9－1 所示。

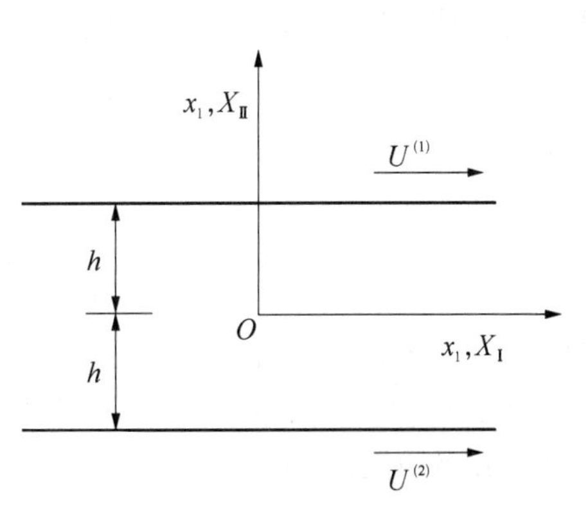

图 9－1　流体在平行极间的运动

这一运动是定常运动，由于问题的对称性，可设速度场为

$$\dot{x}_1 = v_1(x_2) \quad \dot{x}_2 = \dot{x}_3 = 0 \tag{9-37}$$

$\boldsymbol{D}$ 和 $\boldsymbol{A}^{(2)}$ 的计算参见第 2 章例 8。该例中 $\mathrm{I}_D = \mathrm{III}_D = 0$，$\mathrm{II}_D = -\frac{1}{4}v_{1,2}^2$，$\mathrm{tr}\,\boldsymbol{A}^{(2)} = 2v_{1,2}^2$。代入本构方程(9－23)，得

$$\boldsymbol{\sigma} = -p\begin{bmatrix}1 & 0 & 0\\0 & 1 & 0\\0 & 0 & 1\end{bmatrix} + \eta v_{1,2}\begin{bmatrix}0 & 1 & 0\\1 & 0 & 0\\0 & 0 & 0\end{bmatrix} + \beta v_{1,2}^2\begin{bmatrix}\frac{\beta_1}{\beta} & 0 & 0\\0 & 1 & 0\\0 & 0 & 0\end{bmatrix} \tag{9-38}$$

式中，$\beta = \beta_1 + 2\beta_2$。因为 $v_{1,2}$ 只是 x_2 的函数，所以 η、β_1、β 也都只是 x_2 的函数。由式(9－38)知，p 可由无穷远处的边界条件 $\sigma_{33}|_\infty$ 来决定。本构方程中含 β_1 和 β_2 的非线性项只影响正应力，不影响切应力。σ_{11} 比 $-p$ 超出 $\beta_1 v_{1,2}^2$，而 σ_{22} 比 $-p$ 超出 $\beta v_{1,2}^2$，$\sigma_{11} - \sigma_{22} = -2\beta_2 v_{1,2}^2$。若聚合物熔液 $\beta_1 > 0$，$\beta_2 < 0$，$\beta < 0$，那么此种流动便有使平板互相分离的倾向。这种剪切流引起垂直方向应力的现象，称为正应力效应或坡印亭(Poynting)效应。这表现出非牛顿流体，存在弹性，所以也称为黏弹性流体。由式(9－37)知，$\ddot{\boldsymbol{x}} = \boldsymbol{0}$，再设 $\boldsymbol{f} = \boldsymbol{0}$，把式

(9－38)代入动量方程式(9－29)便得

$$-p_{,1}+(\eta v_{1,2})_{,2}=0 \quad -p_{,2}+(\beta v_{1,2}^{2})_{,2}=0 \quad p_{,3}=0 \tag{9-39}$$

注意到 η、β 现在只可能是 x_2 的函数，则由式(9－39)可得

$$\eta v_{1,2}=-cx_2+c_1 \quad -p+\beta v_{1,2}^{2}=cx_1+c_2 \tag{9-40}$$

式中，c、c_1、c_2 为待定常数。由式(9－38)和式(9－39)可推出

$$c=-p_{,1}=-\frac{\partial p}{\partial x_1} \tag{9-41}$$

式(9－41)表明 c 为沿 x_1 方向单位长度上的压力降，称为比推力。

把式(9－40)代入式(9－38)便得

$$\left.\begin{aligned}&\sigma_{11}=-p+\beta_1 v_{1,2}^{2}\\&\sigma_{22}=-p+\beta v_{1,2}^{2}=cx_1+c_2 \quad \sigma_{33}=-p\\&\sigma_{12}=\eta v_{1,2}=-cx_2+c_1 \quad \sigma_{13}=\sigma_{23}=0\end{aligned}\right\} \tag{9-42}$$

现在来讨论上下两平板静止，流体在比推力 c 的作用下的流动。此时边界条件为

$$v_1=0 \quad 当\ x=\pm h\ 时 \tag{9-43}$$

根据对称性可推出

$$v_1(-x_2)=v_1(x_2) \quad v_{1,2}(-x_2)=-v_{1,2}(x_2) \tag{9-44}$$

结合式(9－41)～式(9－44)可推得 $c_1=0$ 和

$$v_1=\frac{1}{2\eta}p_{,1}(h^2-x_2^2) \quad v_{1,2}=\frac{1}{\eta}p_{,1}x_2 \tag{9-45}$$

由式(9－45)知，v_1 沿 x_2 方向呈抛物线分布，在 $x_2=0$ 的中间面上达极大值 $v_{1\max}=-h^2p_{,1}/(2\eta)$。比推力 $c=-p_{,1}$ 可用测量流量的方法来确定。设单位时间内通过单位宽度的质量流量为 Q_M，则

$$Q_M=\int_{-h}^{h}\rho v_1\,\mathrm{d}x_2=-\frac{\rho}{2\eta}p\int_{-1}^{h}(h_2-x_2^2)\,\mathrm{d}x_2=-\frac{2}{3\eta}h^3p_{,1} \tag{9-46}$$

因此，测出 Q_M，便可求得 $p_{,1}$。由式(9－43)和式(9－45)推得

$$-p=c_2-p_{,1}x_1-\frac{\beta}{\eta^2}p_{,1}^2x_2^2 \tag{9-47}$$

因此计及非线性效应时，压力也随 x_2 变化。式中常数 c_2 由边界条件定出，例如可由管道出口条件 $x_1=x_{10}$ 时 $p=p_0$ 确定。

9.4 测 黏 流

9.4.1 圆柱坐标系中测黏流的一般讨论

研究圆管或同心圆柱间的流动，用圆柱坐标系 (r, θ, z) 较方便。取沿 r、θ、z 方向的局

部直角坐标系，其基矢分别为$\boldsymbol{i}_r$、$\boldsymbol{i}_\theta$和$\boldsymbol{i}_z$，如图 9－2 所示。主要公式已在 7.7 节中做了详细介绍：动量方程见式(7－140)，$\boldsymbol{D}$ 见式(7－135)和式(7－136)，$\boldsymbol{A}^{(n)}$ 见式(7－145)。

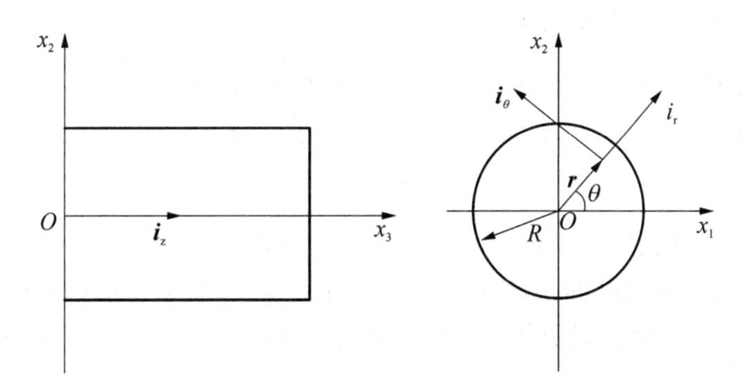

图 9－2　圆管流动

本节讨论圆柱坐标系中的测黏流这种简单的运动，此时式(7－136)、式(7－145)有很大简化，具体如下。

(1) 情形 1　$v_r=0,\ v_\theta=0,\ v_z=v(r)$

$$\left.\begin{array}{l}\boldsymbol{D}=\begin{bmatrix}0 & 0 & v_{,r}/2\\ 0 & 0 & 0\\ v_{,r}/2 & 0 & 0\end{bmatrix}\quad \boldsymbol{A}^{(2)}=\begin{bmatrix}2v_{,r}^2 & 0 & 0\\ 0 & 0 & 0\\ 0 & 0 & 0\end{bmatrix}\\ \mathrm{I}_D=0\quad \mathrm{II}_D=-v_{,r}^2/4\quad \mathrm{III}_D=0\quad \mathrm{tr}\,\boldsymbol{A}^{(2)}=2v_{,r}^2\end{array}\right\}\tag{9-48}$$

(2) 情形 2　$v_r=0,\ v_\theta=r\omega(r),\ v_z=0$

$$\left.\begin{array}{l}\boldsymbol{D}=\begin{bmatrix}0 & r\omega_{,r}/2 & 0\\ r\omega_{,r}/2 & 0 & 0\\ 0 & 0 & 0\end{bmatrix}\quad \boldsymbol{A}^{(2)}=\begin{bmatrix}2r^2\omega_{,r}^2 & 0 & 0\\ 0 & 0 & 0\\ 0 & 0 & 0\end{bmatrix}\\ \mathrm{I}_D=0\quad \mathrm{II}_D=-r^2\omega_{,r}^2/4\quad \mathrm{III}_D=0\quad \mathrm{tr}\,\boldsymbol{A}^{(2)}=2r^2\omega_{,r}^2\end{array}\right\}\tag{9-49}$$

(3) 情形 3　$v_r=0,\ v_\theta=r\omega(z),\ v_z=0$

$$\left.\begin{array}{l}\boldsymbol{D}=\begin{bmatrix}0 & 0 & 0\\ 0 & 0 & r\omega_{,z}/2\\ 0 & r\omega_{,z}/2 & 0\end{bmatrix}\quad \boldsymbol{A}^{(2)}=\begin{bmatrix}0 & 0 & 0\\ 0 & 0 & 0\\ 0 & 0 & 2r^2\omega_{,z}^2\end{bmatrix}\\ \mathrm{I}_D=0\quad \mathrm{II}_D=-r^2\omega_{,x}^2/4\quad \mathrm{III}_D=0\quad \mathrm{tr}\,\boldsymbol{A}^{(2)}=2r^2\omega_{,z}^2\end{array}\right\}\tag{9-50}$$

由 R－E 张量的递推关系，对上述 3 种情形均可推出当 $n\geqslant 3$ 时，$\boldsymbol{A}^{(n)}=0$。存在这一关系的流动称为测黏流或黏度计流，此时本构方程(7－36)精确地化为

$$\boldsymbol{\sigma}'=\boldsymbol{\sigma}'(\boldsymbol{A}^{(1)},\ \boldsymbol{A}^{(2)})\quad \boldsymbol{\sigma}=-p\boldsymbol{I}+\boldsymbol{\sigma}'$$

本构方程由式(9－23)描写时，测黏流只需要 3 个黏性系数便可决定流动性质。

物质客观性原理要求

$$\boldsymbol{Q}\boldsymbol{\sigma}'\boldsymbol{Q}^{\mathrm{T}}=\boldsymbol{\sigma}'(\boldsymbol{Q}\boldsymbol{A}^{(1)}\boldsymbol{Q}^{\mathrm{T}},\ \boldsymbol{Q}\boldsymbol{A}^{(2)}\boldsymbol{Q}^{\mathrm{T}})$$

若对上述(1)(2)(3)情形,分别取用1.6节式(1-67)中的变换 $\boldsymbol{Q}^{(2)}$、$\boldsymbol{Q}^{(3)}$ 和 $\boldsymbol{Q}^{(1)}$,则易证必有:对情形1,$\sigma_{r\theta}=\sigma_{\theta z}=0$;对情形2,$\sigma_{rz}=\sigma_{\theta z}=0$;对情形3,$\sigma_{r\theta}=\sigma_{rz}=0$。因此,上述情形只有4个应力分量不为零,通常写为

$$\left.\begin{array}{llll}\text{情形 1} & \sigma_{\theta z}=\tau(\dot{\gamma}) & \sigma_{zz}-\sigma_{rr}=\sigma_1(\dot{\gamma}) & \sigma_{rr}-\sigma_{\theta\theta}=\sigma_2(\dot{\gamma}) \\ \text{情形 2} & \sigma_{r\theta}=\tau(\dot{\gamma}) & \sigma_{\theta\theta}-\sigma_{rr}=\sigma_1(\dot{\gamma}) & \sigma_{rr}-\sigma_{zz}=\sigma_2(\dot{\gamma}) \\ \text{情形 3} & \sigma_{\theta z}=\tau(\dot{\gamma}) & \sigma_{\theta\theta}-\sigma_{zz}=\sigma_1(\dot{\gamma}) & \sigma_{zz}-\sigma_{rr}=\sigma_2(\dot{\gamma})\end{array}\right\} \tag{9-51}$$

称切应力 $\tau(\dot{\gamma})$,第一法向应力差函数 $\sigma_1(\dot{\gamma})$ 和第二法向应力差函数 $\sigma_2(\dot{\gamma})$ 为测黏函数,它们都是工程切应变率 $\dot{\gamma}$(为对应的张量分量的2倍)的函数。对不可压缩流体,水静压力对流动性质无影响;测得了3个测黏函数便可确定3个黏度函数 η、β_1 和 β_2,从而确定了测黏流动的特性。

9.4.2 R-E流体的泊肃叶流

因泊肃叶(Poiseuille)流是定常轴对称的轴向流,可设

$$\left.\begin{array}{l} v_r=v_\theta=0 \quad v_z=v(r) \quad v_r=v_\theta=v_x=0 \quad 0\leqslant r\leqslant R \\ \text{边界条件 } v_z\big|_{r=R}=0 \end{array}\right\} \tag{9-52}$$

式中,R 为圆管半径。这一流动属于9.4.1节讨论过的情形1,把式(9-48)代入式(9-23),并令 $\beta=\beta_1+2\beta_2$,便得

$$\left.\begin{array}{l} \sigma_{rr}=-p+\beta v_{,r}^2, \quad \sigma_{\theta\theta}=-p \\ \sigma_{zz}=-p+\beta_1 v_{,r}^2 \\ \sigma_{rz}=\eta v_{,r} \quad \sigma_{\theta z}=\sigma_{r\theta}=0 \end{array}\right\} \tag{9-53}$$

由式(9-48)知,η、β_1 和 β 只是 v、r 的函数,因而仅是 r 的函数。如不计体力,则动量方程式(7-140)化为

$$\left.\begin{array}{l} -p_{,r}+\dfrac{1}{r}(\beta r v_{,r}^2)_{,r}=0 \\ -p_{,\theta}=0 \\ -p_{,z}+\dfrac{1}{r}(\eta r v_{,r})_{,r}=0 \end{array}\right\} \tag{9-54}$$

由式(9-54)第2式知,p 只是 r 和 z 的函数,由式(9-54)第1式知,p 只能取 $f(r)+g(z)$ 的形式;再由式(9-54)第3式可得

$$p_{,z}=\frac{1}{r}(\eta r v_{,r})_{,r}=-c \quad (c=\text{常数}) \tag{9-55a}$$

称式(9-55a)中的 c 为比推力。利用管道中心线上 $v_{,r}\big|_{r=0}$ 有界的条件,由式(9-55a)可得

$$p=-cz+f(r) \quad 2\eta v_{,r}=-cr \tag{9-55b}$$

因在管壁上的边界条件 $v\big|_{r=R}=0$,积分式(9-55b)中第2式,便得

$$v=-\int_R^r \frac{1}{2\eta} cr\,\mathrm{d}r \tag{9-56}$$

把式(9－55b)代入式(9－53)第1式，得

$$f(r)=\beta v_{,r}^2+c^2\int \frac{\tilde{\eta}}{4\eta^2} r\,\mathrm{d}r+c_2 \tag{9-57}$$

式中，c_2 为常数。

测量通过圆管截面的质量流量 Q_M，可求出比推力 c，即

$$\begin{aligned}
Q_M &= \int_0^R \rho v 2\pi r\,\mathrm{d}r=\rho\pi\int_0^R v\,\mathrm{d}r^2 \\
&= \rho\pi\left[\int_0^R \mathrm{d}(vr^2)-\int_0^R r^2 v_{,r}\,\mathrm{d}r\right] \\
&= \frac{1}{2}\rho\pi c\int_0^R \frac{1}{\eta} r^3\,\mathrm{d}r
\end{aligned} \tag{9-58}$$

c_2 可由圆管出口条件求得，设流体在 $z=0$ 处流出管道，而管口外的大气压为 p_0，则由平衡条件可得

$$\begin{aligned}
\pi R^2 p_0 &= -2\pi\int_0^R \sigma_{zz}\,|_{z=0}\, r\,\mathrm{d}r \\
&= \pi c^2\int_0^R \frac{\beta_2}{\eta^2} r^3\,\mathrm{d}r+2\pi c^2\int_0^R r\,\mathrm{d}r\left(\int \frac{\beta}{4\eta^2} r\,\mathrm{d}r\right)+\pi R^2 c_2 z
\end{aligned} \tag{9-59}$$

若 η、β_1、β_2 为常数，则有

$$\left.\begin{aligned}
& v=\frac{1}{4\eta} c(R^2-r^2) \quad Q_M=\frac{1}{8\eta}\rho\pi c R^4 \\
& v=v_{\max}\left(1-\frac{r^2}{R^2}\right) \quad v_{\max}=\frac{c}{4\eta} R^2 \\
& v_{平均}=\frac{1}{\pi R^2}\int_0^R 2\pi r v\,\mathrm{d}r=\frac{1}{2} v_{\max}=\frac{Q_M}{4\pi R^2}
\end{aligned}\right\} \tag{9-60}$$

和

$$\left.\begin{aligned}
& \sigma_{rr}=cz-\frac{\beta}{8\eta^2} c^2 r^2-c_2 \\
& \sigma_{\theta\theta}=cz-\frac{3\beta}{8\eta^2} c^2 r^2-c_2 \\
& \sigma_{zz}=cz-\frac{\beta}{8\eta^2} c^2 r^2-\frac{\beta_2}{2\eta} c^2 r^2-c_2 \\
& c_{rz}=-\frac{1}{2} cr \quad \sigma_{r\theta}=\sigma_{\theta z}=0 \\
& c_2=p_0-\frac{c^2 R^2}{4\eta^2}\left(\beta_2+\frac{\beta}{4}\right)
\end{aligned}\right\} \tag{9-61}$$

式(9－60)与通常的牛顿流体的公式相同，但应力表达式(9－61)不同，这是由含 β_1、β_2 的非线性项引起的。由于非线性项的存在，引起了一个有趣的现象。设 $z=0$ 为管流出口，管口外大气压为 p_0。出口处管内壁上的压力为

$$p\big|_{z=0,\,r=R}=-\sigma_{rr}\big|_{z=0,\,r=R}=p_0+\left(\frac{\beta}{16\eta^2}-\frac{\beta_2}{4\eta^2}\right)c^2R^2$$

因此，流体在出口处压力有跳跃，其差值为

$$p\big|_{z=0,\,r=R}-p_0=\left(\frac{\beta}{16\eta^2}-\frac{\beta_2}{4\eta^2}\right)c^2R^2 \quad (9-62)$$

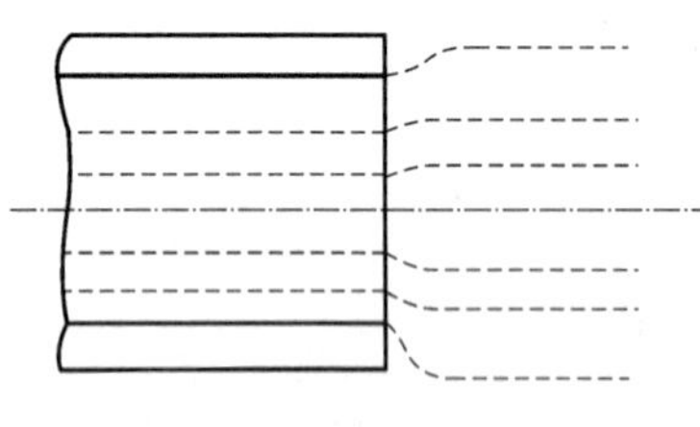

图 9－3　Merrington 膨胀

对通常的聚合物流体，$\beta_2<0$，而 $\beta\to 0$，表明管壁上的压力大于大气压，因而流体流出管口时会产生膨胀效应，称为 Merrington 膨胀效应，这也是非牛顿流体存在弹性的表现，如图 9－3 所示。对牛顿流体，$\beta_1=\beta_2=\beta=0$，故无上述效应。

9.4.3　幂律流体

对许多一次流体，切应力和切应变率可用幂指数规律相联系，即对轴对称定常圆管流有

$$\sigma_{rz}=\eta_1 v_{,r}^{n} \quad (9-63)$$

式中，n 为幂指数；η_1 为常数。$n=1$ 代表牛顿流体；$n>1$ 代表剪切变稠的流体，因为这种流体随切应变率的增长，切应力以更快的速度增加；$n<1$ 代表剪切变稀的流体。根据所讨论的流动的性质，推知 σ_{rz} 应是 v、r 的奇函数。

比较式(9－63)和式(9－53)第 3 式知，若令“有效黏度” η 为

$$\eta=\frac{1}{v_{,r}^{1-n}}\eta_1 \quad (9-64)$$

则两个方程中的切应力和切应变率之间的关系便相同。把式(9－64)代入式(9－55b)可得

$$v_{,r}=\frac{\mathrm{d}\eta}{\mathrm{d}r}=\left(\frac{-cr}{2\eta_1}\right)^{1/n} \quad (9-65)$$

满足管中心线上速度有界和管壁上速度为零的边界条件的解为

$$v=(-1)^{\frac{n+1}{n}}\left(\frac{n}{n+1}\right)\left(\frac{c}{2\eta_1}\right)^{\frac{1}{n}}R^{\frac{n+1}{n}}\left[1-\left(\frac{r}{R}\right)^{\frac{n+1}{n}}\right] \quad (9-66)$$

代入式(9－58)，得质量流量的公式为

$$Q_M=\rho\pi c\int_0^R\frac{1}{2\eta}v_{,r}^{1-n}r^3\mathrm{d}r=(-1)^{\frac{n+1}{n}}\frac{\rho\pi R^{3+\frac{1}{n}}}{3+\dfrac{1}{n}}\left(\frac{c}{2\eta_1}\right)^{\frac{1}{n}} \quad (9-67)$$

即本构方程呈指数规律的流体，其质量流量比例于压力梯度的 $\dfrac{1}{n}$ 次幂，而牛顿流体则是正比关系。

9.5 库埃特流和测黏函数的实验测定

9.5.1 库埃特(Couette)流

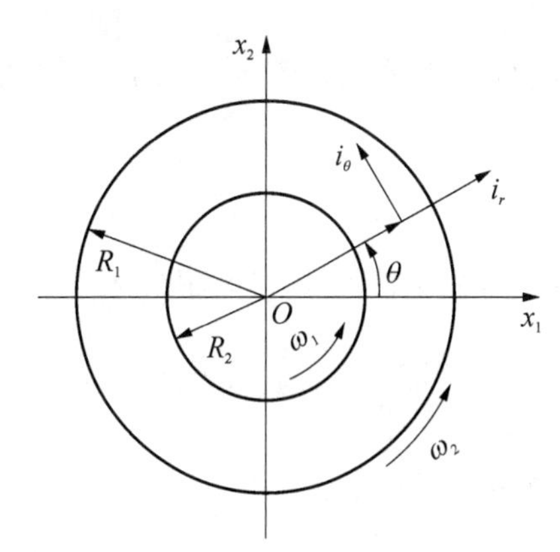

图 9-4　库埃特流

设有两个圆柱，内圆柱半径为 R_1，以角速度 ω_1 旋转；空心外圆柱，内半径为 R_2，以角速度 ω_2 旋转。两圆柱之间充满流体(见图 9-4)。流体在旋转圆柱和重力场的作用下运动。圆柱的轴线选为 z 轴，且和重力场的方向一致，即垂直向下。单位质量的体积力为重力加速度 $\boldsymbol{g}$。边界条件为

$$\left.\begin{aligned} \omega(r)=\omega_1 \quad \text{当 } r=R_1 \text{ 时} \\ \omega(r)=\omega_2 \quad \text{当 } r=R_2 \text{ 时} \end{aligned}\right\} \tag{9-68}$$

式中，$\omega(r)$ 为流体角速度。根据流场的轴对称和定常性，取流体的速度场为

$$v_r=0 \quad v_\theta=r\omega(r) \quad v_z=0 \tag{9-69}$$

此乃 9.4.1 节中讨论过的情形 2。把式(9-49)代入本构方程(9-23)得

$$\left.\begin{aligned} \sigma_{rr}&=-p+\beta r^2\omega_{,r}^2 \\ \sigma_{\theta\theta}&=-p+\beta_1 r^2\omega_{,r}^2 \\ \sigma_{zz}&=-p \\ \sigma_{r\theta}&=\eta r\omega_{,r} \quad \sigma_{rz}=\sigma_{\theta z}=0 \end{aligned}\right\} \tag{9-70}$$

式中，$\beta=\beta_1+2\beta_2$，它们是 II_D、III_D 和 $\mathrm{tr}\,\boldsymbol{A}^{(2)}$ 的函数，本处是 $r^2\omega_{,r}^2$ 的函数，故仅为 r 的函数。动量方程式(7-140)化为

$$\left.\begin{aligned} &\sigma_{r,r}+\frac{1}{r}(\sigma_{rr}-\sigma_{\theta\theta})=(-p+\beta r^2\omega_{,r}^2)_{,r}+2\beta_2 r\omega_{,r}^2=-\rho r\omega^2 \\ &\sigma_{r\theta,r}+\frac{2}{r}\sigma_{r\theta}=(\eta r\omega_{,r})_{,r}+2\eta\omega_{,r}=0 \\ &-p_{,z}+\rho g=0 \end{aligned}\right\} \tag{9-71}$$

由式(9-71)第 2 式得，$3\eta\omega_{,r}+r(\eta\omega_{,r})_{,r}=0$，由此得出

$$\eta\omega_{,r}=\frac{c_1}{r^3} \quad (c_1=\text{常数}) \tag{9-72}$$

由式(9-71)第 3 式得

$$p=\rho g z+f(r) \tag{9-73}$$

代入式(9-71)第 1 式得

$$[-f(r)-\rho g z+\beta r^2\omega_{,r}^2]_{,r}+2\beta_2 r\omega_{,r}^2+\rho r\omega^2=0$$

由此得

$$f(r)=\beta r^2\omega_{,r}^2+\int(\rho r\omega^2+2\beta_2 r\omega_{,r}^2)\mathrm{d}r+c_2 \tag{9-74}$$

式中，c_2 为常数。若 η、β_1、β_2 为常数，由式(9-72)可得

$$\omega=\int\frac{c_1}{\eta}\frac{\mathrm{d}r}{r^3}+c_3=-\frac{c_1}{2\eta r^2}+c_3$$

代入边界条件式(9-68)求得

$$c_1=2\eta(\omega_1-\omega_2)\left(\frac{1}{R_2^2}-\frac{1}{R_1^2}\right)\quad c_3=\frac{\omega_1 R_1^2-\omega_2 R_2^2}{R_1^2-R_2^2} \tag{9-75}$$

因此得

$$\omega=\frac{R_1^2R_2^2}{R_2^2-R_1^2}\left[\omega_1\left(\frac{1}{r^2}-\frac{1}{R_2^2}\right)+\omega_2\left(\frac{1}{R_1^2}-\frac{1}{r^2}\right)\right] \tag{9-76}$$

设 $z=0$ 为旋转圆柱的端面，在此面上 σ_{zz} 的合力应和大气压力的合力平衡，即

$$2\pi\int_{R_1}^{R_2}r\sigma_{zz}\mid_{z=0}\mathrm{d}r=-\pi p_0(R_2^2-R_1^2) \tag{9-77}$$

由式(9-77)可计算常数 c_2。利用

$$\begin{aligned}2\beta_2\int r\omega_{,r}^2\mathrm{d}r&=\frac{2\beta_2}{\eta^2}\int\frac{1}{r}\eta^2r^2\omega_{,r}^2\mathrm{d}r\\&=\frac{2\beta_2}{\eta^2}\int\frac{c_1^2}{r^5}\mathrm{d}r=-\frac{\beta_2}{2\eta_2}\frac{c_1^2}{r^4}\end{aligned}$$

由式(9-70)、式(9-73)～式(9-77)可得

$$\left.\begin{aligned}\sigma_{rr}&=-\rho gz+\frac{\beta_2}{2\eta^2}\frac{c_1^2}{r^4}-\int\rho r\omega^2\mathrm{d}r-c_2\\\sigma_{\theta\theta}&=-\rho gz+\frac{3\beta_2}{2\eta^2}\frac{c_1^2}{r^4}-\int\rho r\omega^2\mathrm{d}r-c_2\\\sigma_{zz}&=-\rho gz-\frac{2\beta_1+3\beta_2}{2\eta^2}\frac{c_1^2}{r^4}-\int\rho r\omega^2\mathrm{d}r-c_2\\\sigma_{\theta\theta}&=\eta r\omega_{,r}=\frac{c_1}{r^2}\quad\sigma_{rz}=\sigma_{\theta z}=0\end{aligned}\right\} \tag{9-78}$$

把式(9-78)第3式对 r 求导便得

$$\sigma_{zz,r}=\frac{2c_1^2}{\eta r^2}(2\beta_1+3\beta_2)-\rho r\omega^2 \tag{9-79}$$

通常的聚合物流体，$\beta_1>0$，$\beta_2<0$，且 $2\beta_1+3\beta_2>0$。因而有如下情况。

(1) 若

$$\rho r\omega^2 > \frac{2c_1^2}{\eta^2 R_1^5}(2\beta_1 + 3\beta_2)$$

则处处 $\sigma_{zz,r} < 0$，表明随着 r 的增加，σ_{zz} 减小或 $-\sigma_{zz}$ 增大，所以在流体内部同一水平面上，r 越大，压力越大。这表明流体的自由表面将呈中央凹陷的形状，如图 9-5(a)所示。对牛顿流体，$\beta_1 = \beta_2 = 0$，便属于这一情况。

(2) 若

$$\rho r\omega^2 < \frac{2c_1^2}{\eta^2 R_2^5}(2\beta_1 + 3\beta_2)$$

则处处 $\sigma_{zz,r} > 0$，所以流体的自由表面将呈中央凸起的形状，如图 9-5(b)所示。这一沿旋转内圆柱爬升的现象，称为魏森贝格(Weissenberg)效应，桐油、油漆、亚麻仁油和聚合物熔液等都具有上述性质。对斯托克斯流体，也可证明存在上述效应。

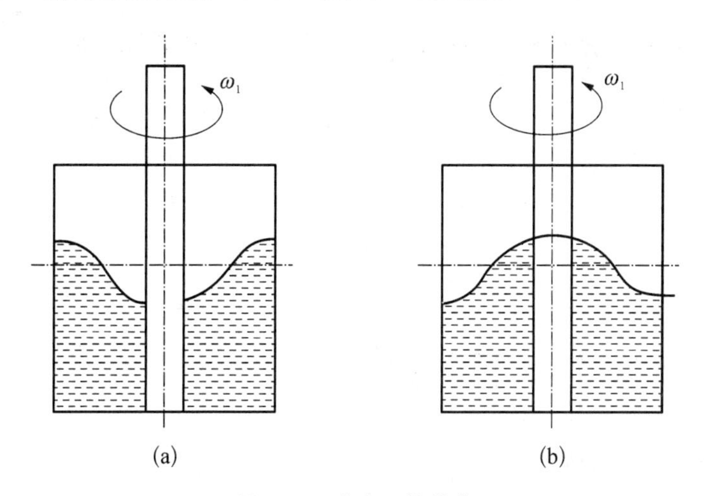

图 9-5 魏森贝格效应

9.5.2 测黏函数的实验测定

9.4.1 节指出，对由式(9-23)描写的本构方程，测黏流的流动性质由 3 个黏性函数确定，3 个测黏函数恰可确定 3 个黏性系数，因而用实验的方法测出测黏函数至为重要。利用库埃特流原理可制造同轴圆筒黏度计，用来确定测黏函数。在生物力学中，黏性系数的取值范围可用作判断血液是否处于正常的生理状态，对高血压等病症常有异常，但 β_1、β_2 至今尚未开发利用。讨论测黏函数时只设 τ、σ_1、σ_2 为工程切应变率 $\dot{\gamma}$ 的函数，不设本构方程的具体形式。按式(9-49)有

$$\left.\begin{array}{l} \dot{\gamma} = r\omega_{,r} \quad \tau(\dot{\gamma}) = \sigma_{\otimes} \\ \sigma_1(\dot{\gamma}) = \sigma_{\theta\theta} - \sigma_{rr} \quad \sigma_2(\dot{\gamma}) = \sigma_{rr} - \sigma_{zz} \end{array}\right\} \tag{9-80}$$

运动方程(9-71)第 2 式为 $\sigma_{r\theta,r} + \frac{2}{r}\sigma_{r\theta} = 0$，由此可得

$$\sigma_{r\theta}=c_1/r^2 \tag{9-81}$$

作用于单位长度上半径为 r 处的扭矩为

$$M=2\pi r^2\sigma_{r\theta}=2\pi c_1 \quad 或 \quad c_1=M/2\pi \tag{9-82}$$

由此得出

$$\left.\begin{aligned}\tau(\dot{\gamma})&=\frac{M}{2\pi r^2}\\ \dot{\gamma}&=r\omega_{,r}=\lambda\left(\frac{M}{2\pi r^2}\right)\end{aligned}\right\} \tag{9-83}$$

因此，$\dot{\gamma}$ 是 $M/2\pi r^2$ 的函数。积分式(9-83)可得

$$\Delta\omega=\omega_2-\omega_1=\int_{R_1}^{R_2}\frac{1}{r}\lambda(M/2\pi r^2)\mathrm{d}r \tag{9-84}$$

通常的圆筒黏度计，$\dfrac{R_2}{R_1}\rightarrow 1$，两圆筒间的缝隙很小，所以被积函数中的 r 可近似地取为 $(R_1+R_2)/2$，从而有

$$\begin{aligned}\Delta\omega&\approx\frac{2(R_2-R_1)}{R_2+R_1}\lambda\left(\frac{2M}{\pi(R_1+R_2)^2}\right)\\ &\approx\frac{R_2-R_1}{R_1}\lambda\left(\frac{M}{2\pi R_1^2}\right)\end{aligned} \tag{9-85}$$

由实验测出 M 和 $\Delta\omega$ 的关系，便可算出 $\dfrac{R_1}{R_2-R_1}\Delta\omega\approx\dot{\gamma}=\lambda\left(\dfrac{M}{2\pi r^2}\right)$，求其逆便得 $\tau(\dot{\gamma})=M/2\pi r^2$。

改写动量方程(9-71)的第1式得

$$\sigma_{rr,r}=-\rho r\omega^2+\frac{1}{r}\sigma_1(\dot{\gamma}) \tag{9-86}$$

积分式(9-86)得

$$\sigma_{rr}\,|_{r=R_2}-\sigma_{rr}\,|_{r=R_1}=\int_{R_1}^{R_2}\left[\frac{1}{r}\hat{\sigma}_1\left(\frac{M}{2r^2}\right)-\rho r\omega^2\right]\mathrm{d}r \tag{9-87}$$

式中

$$\hat{\sigma}_1\left(\frac{M}{2\pi r^2}\right)=\sigma_1\left[\lambda\left(\frac{M}{2\pi r^2}\right)\right] \tag{9-88}$$

当 $\dfrac{R_2}{R_1}\rightarrow 1$ 时，式(9-87)可用式(9-89)近似

$$\sigma_{rr}\,|_{r=R_2}-\sigma_{rr}\,|_{r=R_1}\approx\frac{R_2-R_1}{R_1}\left[\hat{\sigma}_1\left(\frac{M}{2\pi R_1^2}\right)-\rho R_1^2\left(\frac{\omega_1+\omega_2}{2}\right)^2\right] \tag{9-89}$$

测出内外圆筒壁上的径向应力差，便可确定第一法向应力差 σ_1。

对本构方程(9-23)表示的流体，由式(9-79)和式(9-70)可得

$$\tau(\dot{\gamma})=\eta\dot{\gamma}\quad \sigma_1\dot{\gamma}=-2\beta_2\dot{\gamma}^2\quad \sigma_2(\dot{\gamma})=\beta\dot{\gamma}^2 \tag{9-90}$$

由式(9-90)第1式和式(9-83)得

$$\dot{\gamma}=\frac{\tau(\dot{\gamma})}{\eta}=\frac{M}{2\pi r^2\eta}\quad 或\quad \eta\approx\frac{R_2-R_1}{R_1}\frac{M}{2\pi R_1^2\Delta\omega} \tag{9-91}$$

由式(9-91)可直接求 η。式(9-89)此时可用式(9-92)近似

$$\sigma_{rr}\big|_{r=R_2}-\sigma_{rr}\big|_{r=R_1}\approx\frac{R_2-R_1}{R_1}\left[-\frac{2\beta_2}{\eta^2}\left(\frac{M}{2\pi R_1^2}\right)^2-\frac{1}{4}\rho R_1^2(\omega_1+\omega_2)^2\right] \tag{9-92}$$

实验表明，对聚合物流体，$\sigma_1(\dot{\gamma})>0$，$\sigma_2(\dot{\gamma})<0$($|\sigma_2|$ 约为 $\sigma_1/10$)，由此推出 $\beta_2<0$，$\beta_1>0$，这一结果在前面的讨论中已利用过。实验测量时，在起始阶段，流体和仪器测试元件的惯性效应比较明显，须做适当修正。

9.5.3 在两旋转圆筒之间的宾干姆流体的运动

不可压缩宾干姆(Bingham)流体的本构方程是

$$\left.\begin{aligned}&\boldsymbol{\sigma}=-p\boldsymbol{I}+\left\{\eta+\frac{\tau_Y}{\sqrt{-\mathrm{II}_A}}\right\}\boldsymbol{A}^{(1)} && 若\ \tau_{(r)}\geqslant\tau_Y\\&\boldsymbol{A}^{(1)}=\boldsymbol{0} && 若\ \tau_{(r)}<\tau_Y\end{aligned}\right\} \tag{9-93}$$

式中

$$\tau_r=\sqrt{\frac{1}{2}\boldsymbol{\sigma}':\boldsymbol{\sigma}'}\quad -\mathrm{II}_A=\frac{1}{2}\boldsymbol{A}^{(1)}:\boldsymbol{A}^{(1)} \tag{9-94}$$

称 $\tau_{(r)}$ 为切应力强度或相当切应力，τ_Y 为屈服切应力。式(9-93)表示，只有当 $\tau_{(r)}\geqslant\tau_Y$ 时才发生黏性流动。

两旋转圆筒间流体的速度分布仍假设为式(9-69)，因而仍属情形2。把式(9-49)代入本构方程(9-93)便得

$$\left.\begin{aligned}&\left.\begin{aligned}&\sigma_{rr}=\sigma_{\theta\theta}=\sigma_{zz}=-p\quad \sigma_{rz}=\sigma_{\theta z}=0\\&\sigma_{r\theta}=\tau_Y+\eta r\omega_{,r}\end{aligned}\right\}\ 当\ \sigma_{r\theta}\geqslant r_Y\ 时\\&\boldsymbol{A}^{(1)}=\boldsymbol{0}\qquad\qquad 当\ \sigma_{r\theta}<\tau_Y\ 时\end{aligned}\right\} \tag{9-95}$$

动量方程为

$$-p_{,r}=-\rho r\omega^2\quad \sigma_{r\theta,r}+\frac{2\sigma_{r\theta}}{r}=0\quad -p_{,z}+\rho g=0 \tag{9-96}$$

由式中第2个等式做类似于式(9-82)和式(9-83)的推导后可得

$$\sigma_{r\theta}=c_1/r^2=M/2\pi r^2\quad c_1=M/2\pi \tag{9-97}$$

由式(9-97)的第1和第3等式可得

$$p=\rho g z+\frac{1}{2}\rho r^{2}\omega^{2}+c_{2} \tag{9-98}$$

式中，c_2 为常数。根据宾干姆流体存在屈服的特点，需要分成下列3种情况进行讨论。

(1) $\frac{c_1}{R_2^2}>\tau_Y$。此时两圆筒间的流体都做黏性流动。结合式(9-96)和式(9-98)得

$$\frac{c_1}{r^2}=\tau_Y+\eta r\frac{\mathrm{d}\omega}{\mathrm{d}r} \quad 或 \quad \mathrm{d}\omega=\frac{1}{\eta}\left(\frac{c_1}{r^3}-\frac{\tau_Y}{r}\right)\mathrm{d}r$$

因此圆筒间流体的角速度为

$$\omega=\frac{1}{\eta}\left(-\frac{c_1}{2r^2}-\tau_Y\ln r\right)+c_3$$

利用边界条件式(9-68)可得

$$\omega_2-\omega_1=\frac{c_1}{2\eta}\left(\frac{1}{R_1^2}-\frac{1}{R_2^2}\right)-\frac{\tau_Y}{\eta}\ln\frac{R_2}{R_1} \tag{9-99}$$

$$\omega=\frac{R_1^2R_2^2}{R_2^2-R_1^2}\left[\left(\frac{1}{r^2}-\frac{1}{R_2^2}\right)\left(\omega_1+\frac{\tau_Y}{\eta}\ln R_1\right)+\left(\frac{1}{R_1^2}-\frac{1}{r^2}\right)\left(\omega_2+\frac{\tau_Y}{\eta}\ln R_2\right)\right]-\frac{\tau_Y}{\eta}\ln r \tag{9-100}$$

(2) $\frac{c_1}{R_1^2}>\tau_Y>\frac{c_1}{R_2^2}$。此时必存在 $-R_0$，使

$$\frac{c_1}{R_0^2}=\tau_Y \quad 或 \quad R_0=\sqrt{\frac{c_1}{\tau_Y}} \tag{9-101}$$

在区域 (R_1, R_0) 之间，存在如(1)中讨论过的黏性流；在区域 (R_0, R_2) 之间像一块刚体一样以转速 ω_0 旋转，在式(9-99)中，用 R_0 替换 R_2，并利用式(9-101)，便可求得 ω_0。

$$\begin{aligned}\omega_0-\omega_1&=\frac{c_1}{2\eta}\left(\frac{1}{R_1^2}-\frac{1}{R_0^2}\right)-\frac{\tau_Y}{\eta}\ln\frac{R_0}{R_1}\\&=\frac{1}{\eta}\left(\frac{c_1}{2R_1^2}-\frac{\tau_Y}{2}-\frac{\tau_Y}{2}\ln\frac{c_1}{\tau_YR_1^2}\right)\end{aligned} \tag{9-102}$$

(3) $\frac{c_1}{R_1^2}<\tau_Y$。圆筒间的全部流体没有相对流动。

宾干姆流体的本构方程除式(9-96)的形式外，还可写成其他形式，如对细小血管中的血液流动，本书作者和罗小玉提出了一个改进的卡森(Casson)方程，此时式(9-95)中 $\sigma_{r\theta}=\tau$ 的公式是

$$\sqrt{\tau}=\sqrt{\tau_Y}+\eta_1\dot{\gamma}+\eta_2\sqrt{\dot{\gamma}} \tag{9-103}$$

式中，η_1 和 η_2 为黏性系数；τ_Y 为剪切屈服应力。上述公式在切变率相当宽广的范围内都和

实验结果一致。

9.6 平行板黏度计

半径为 R 的两块同轴圆板，上板固定，下板以角速度 ω_0 旋转，板间的流体被剪切(见图 9-6)。

取圆柱坐标系 r、θ、z，以上板中心为原点 O，z 轴向下，设速度分布为

$$v_r = 0 \quad v_\theta = r\omega(z) \quad v_z = 0 \tag{9-104}$$

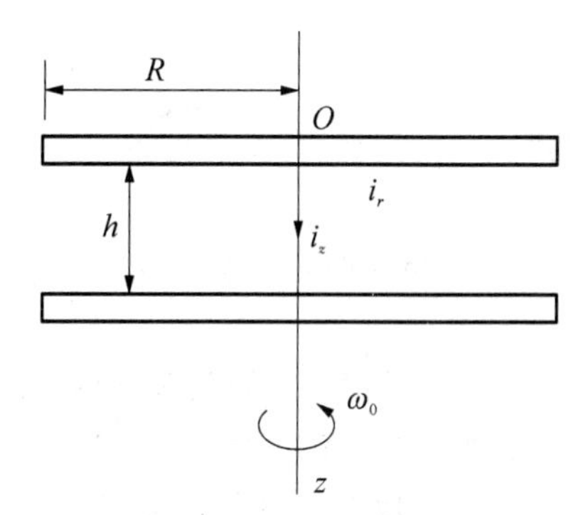

图 9-6 平板黏度计

边界条件为

$$\left.\begin{aligned} &\omega(z) = 0, && 当\ z = 0\ 时 \\ &\omega(z) = \omega_0, && 当\ z = h\ 时 \\ &\sigma_{rr} = -p_0, && 当\ r = R\ 时 \end{aligned}\right\} \tag{9-105}$$

式中，p_0 为大气压力。这一问题属于 9.4.1 节中的情形 3。设 ω_0 较小，可以略去惯性力，从而运动方程式(7-140)化为

$$\left.\begin{aligned} &\sigma_{rr,\,r} + \frac{1}{r}(\sigma_{rr} - \sigma_{\theta\theta}) = 0 \quad 或 \quad \sigma_{rr,\,r} = \frac{1}{r}(\sigma_1 + \sigma_2) \\ &\sigma_{\theta z,\,z} = 0 \quad \sigma_{zz,\,z} = 0 \end{aligned}\right\} \tag{9-106}$$

式中

$$\left.\begin{aligned} &\sigma_1(\dot{\gamma}) = \sigma_{\theta\theta} - \sigma_{zz} \quad \sigma_2(\dot{\gamma}) = \sigma_{zz} - \sigma_{rr} \\ &\dot{\gamma} = 2D_{\theta z} = r\omega_{,\,z} \end{aligned}\right\} \tag{9-107}$$

由式(9-106)和式(9-107)知，$\sigma_{\theta z}$ 和 σ_{zz} 均与 z 无关，因此 $\dot{\gamma}$ 与 z 无关，测黏函数 $\tau(\dot{\gamma})$，$\sigma_1(\dot{\gamma})$ 和 $\sigma_2(\dot{\gamma})$ 均仅为 r 的函数。由式(9-107)推出 $\omega_{,\,z}$ 为常数，应用边界条件式(9-105)便得

$$\omega = \omega_0 \frac{z}{h} \tag{9-108}$$

作用在上板上的压力差为 $-\sigma_{zz} - p_0$，利用

$$\sigma_{zz,\,r} = \sigma_{rr,\,r} + \sigma_{2,\,r} = \frac{1}{r}(\sigma_1 + \sigma_2) + \sigma_{2,\,r} \tag{9-109}$$

则维持上板不动的总力 P 为

$$\begin{aligned} P &= -2\pi\int_0^R (\sigma_{zz} + p_0) r\,\mathrm{d}r = -\pi(\sigma_{zz}\,|_{r=R} + p_0)R^2 + \pi\int_0^R r^2 \mathrm{d}\sigma_{zz} \\ &= -\pi(\sigma_{zz}\,|_{r=R} + p_0)R^2 + \pi\int_0^R [r(\sigma_1 + \sigma_2) + r^2\sigma_{2,\,r}]\mathrm{d}r \\ &= -\pi(\sigma_{zz}\,|_{r=R} + p_0)R^2 + \pi\int_0^R r(\sigma_1 - \sigma_2)\mathrm{d}r + \pi(r^2\sigma_2)\Big|_0^R \\ &= \pi\int_0^R (\sigma_1 - \sigma_2) r\,\mathrm{d}r \end{aligned} \tag{9-110}$$

又由式(9-107)和式(9-108)得

$$\dot{\gamma}=\frac{r\omega_0}{h} \quad 或 \quad r=\frac{\dot{\gamma}h}{\omega_0} \tag{9-111}$$

把式(9-111)代入式(9-110),可把 P 表示为 $\dot{\gamma}$ 的函数,即

$$P=\frac{\pi R^2}{\dot{\gamma}_R^2}\int_0^{\dot{\gamma}_R}(\sigma_1-\sigma_2)\,\dot{\gamma}\mathrm{d}\dot{\gamma} \quad \dot{\gamma}_R=R\,\frac{\omega_0}{h} \tag{9-112}$$

把式(9-112)对 $\dot{\gamma}_R$ 求导可得

$$\sigma_1(\dot{\gamma}_R)-\sigma_2(\dot{\gamma}_R)=\frac{2P}{\pi R^2}\left(1+\frac{\dot{\gamma}_R}{2P}\,\frac{\mathrm{d}P}{\mathrm{d}\dot{\gamma}_R}\right)=\frac{2P}{\pi R^2}\left(1+\frac{1}{2}\,\frac{\mathrm{d}\ln P}{\mathrm{d}\ln\dot{\gamma}_R}\right) \tag{9-113}$$

由实验测出 P 和 $\dot{\gamma}_R$ 的关系,便可由式(9-113)求得 $\sigma_1(\dot{\gamma}_R)-\sigma_2(\dot{\gamma}_R)$。用这一原理制成的黏度计称为平行板黏度计。

保持上板不动的力矩 M 为

$$M=2\pi\int_0^R r^2\sigma_{r\theta}\mathrm{d}r=2\pi\int_0^R r^2\tau(r)\mathrm{d}r \tag{9-114}$$

设 $\tau=\eta(\dot{\gamma})\,\dot{\gamma}$,利用式(9-111)可将式(9-114)变换为

$$M=2\pi\,\frac{R^3}{\dot{\gamma}_R^3}\int_0^{\dot{\gamma}_R}\dot{\gamma}^3\eta(\dot{\gamma})\mathrm{d}\dot{\gamma} \tag{9-115}$$

把式(9-115)对 $\dot{\gamma}_R$ 求导可得

$$\eta(\dot{\gamma}_R)=\frac{1}{2\pi R^3}\left(\frac{3M}{\dot{\gamma}_R}+\frac{\mathrm{d}M}{\mathrm{d}\dot{\gamma}_R}\right) \tag{9-116}$$

由实验测出 M 和 $\dot{\gamma}_R$ 的关系,便可求得 $\eta(\dot{\gamma}_R)$。

对 R-E 二次流体,由式(9-23)得

$$\left.\begin{array}{l}\sigma_{rr}=-p \quad \sigma_{\theta\theta}=-p+\beta_1 r^2\omega_{,z}^2 \quad \sigma_{zz}=-p+\beta r^2\omega_{,z}^2 \\ \sigma_{\theta z}=\eta r\omega_{,z} \quad \sigma_{r\theta}=\sigma_{rz}=0 \quad \beta=\beta_1+2\beta_2\end{array}\right\} \tag{9-117}$$

由式(9-117)和式(9-106)得

$$\tau(\dot{\gamma})=\eta\,\dot{\gamma} \quad \sigma_1(\dot{\gamma})=-2\beta_2\dot{\gamma}^2 \quad \sigma_2(\dot{\gamma})=\beta\,\dot{\gamma}^2 \tag{9-118}$$

同时

$$\sigma_1(\dot{\gamma}_R)-\sigma_2(\dot{\gamma}_R)=(-4\beta_2-\beta_1)\,\dot{\gamma}_{R^2} \tag{9-119}$$

如在上述讨论中不略去惯性力,问题求解将较为复杂。

9.7 锥-板黏度计

锥-板黏度计是测量非牛顿流体黏度的常用仪器之一,它由半径为 R 的圆板和圆锥体组

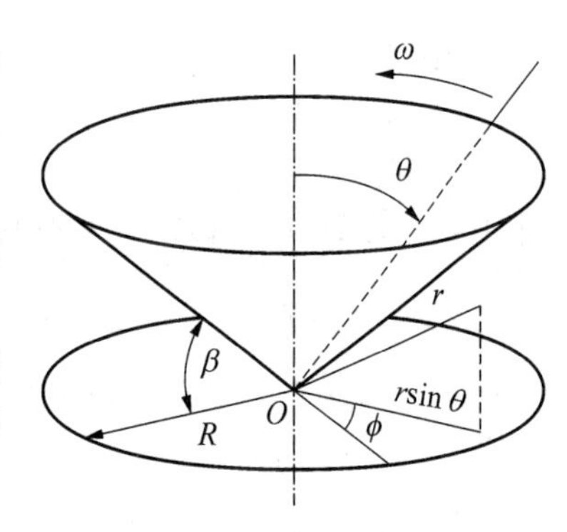

图 9-7　锥-板黏度计

成，锥与板之间的夹角 β 很小，通常小于 4°（见图 9-7）。圆锥以常角速度 ω_0 旋转，平板不动，在低切应变率黏度计中，ω_0 一般较小，惯性可略去不计。

采用球坐标系 (r, θ, φ)，有关方程已在第 7 章中讨论过。$\boldsymbol{D}$ 由式（7-156）和式（7-157）表示，运动方程由式(7-160)表示，R-E 张量由式(7-164)和式(7-165)表示。略去惯性后，锥-板黏度计中的流动仍然是测黏流，即 $\boldsymbol{A}^{(3)}$ 及 $\boldsymbol{A}^{(3)}$ 以上的项均为零。

可设锥-板黏度计中流场的速度分布为

$$v_r=0 \quad v_\theta=0 \quad v_\varphi=r\sin\theta\omega(\theta) \tag{9-120}$$

由式(7-156)和式(7-157)、式(7-164)和式(7-165)得

$$\boldsymbol{D}=\frac{1}{2}\begin{bmatrix}0 & 0 & 0\\ 0 & 0 & \sin\theta\omega_{,\theta}\\ 0 & \sin\theta\omega_{,\theta} & 0\end{bmatrix}\approx\frac{1}{2}\begin{bmatrix}0 & 0 & 0\\ 0 & 0 & \omega_{,\theta}\\ 0 & \omega_{,\theta} & 0\end{bmatrix} \tag{9-121}$$

$$\boldsymbol{A}^{(2)}=2\begin{bmatrix}0 & 0 & 0\\ 0 & \sin^2\theta\omega_{,\theta}^2 & 0\\ 0 & 0 & 0\end{bmatrix}\approx 2\begin{bmatrix}0 & 0 & 0\\ 0 & \omega_{,\theta}^2 & 0\\ 0 & 0 & 0\end{bmatrix} \tag{9-122}$$

式中，已利用了 $\theta\approx\pi/2$ 时 $\sin\theta\approx 1$。从而又有 $r\sin\theta\approx r$。

根据流动的轴对称性质，可设 σ 与 φ 无关和 $\sigma_{r\theta}=\sigma_{r\varphi}=0$，由于略去惯性力，体积力只有重力，令

$$f_r=-g\cos\theta \quad f_\theta=g\sin\theta \quad f_\varphi=0$$

式中，g 为重力加速度。运动方程式(7-160)化成

$$\left.\begin{aligned}&\sigma_{rr,r}+\frac{1}{r}(2\sigma_{rr}-\sigma_{\theta\theta}-\sigma_{\varphi\varphi})=\rho g\cos\theta\\ &\frac{1}{r}\sigma_{\theta\theta,\theta}+\frac{1}{r}(\sigma_{\theta\theta}-\sigma_{\varphi\varphi})\cot\theta=-\rho g\sin\theta\\ &\frac{1}{r}\sigma_{\theta\varphi,\theta}+\frac{2}{r}\sigma_{\theta\varphi}\cot\theta=0\end{aligned}\right\} \tag{9-123}$$

边界条件为

$$\left.\begin{aligned}&\text{在不动的平板面上}\quad \theta=\frac{\pi}{2}\quad \omega=0\\ &\text{在旋转的锥板面上}\quad \theta=\frac{\pi}{2}-\beta\quad \omega=\omega_0\\ &\text{在流体自由界面上}\quad r=R\quad \sigma_{rr}=-p_0\end{aligned}\right\} \tag{9-124}$$

式中，p_0 为大气压，已略去了表面张力对自由界面几何形状的影响。

由(9-123)第3式得 $(\sigma_{\theta\varphi}\sin^2\theta)_{,\theta}=0$，故推得

$$\sigma_{\theta\varphi}\sin^2\theta=c_1 \quad 或 \quad \sigma_{\theta\varphi}\approx c_1 \tag{9-125}$$

式中，c_1 为常数。由式(9-121)推出工程切应变率

$$\dot{\gamma}=2D_{\theta\varphi}\approx\omega_{,\theta} \tag{9-126}$$

它仅是 θ 的函数。设切应力函数 $\tau(\dot{\gamma})$ 为

$$\tau(\dot{\gamma})=\sigma_{\theta\varphi}=\eta(\dot{\gamma})\,\dot{\gamma} \tag{9-127}$$

流体作用在平板 $(\theta=\pi/2)$ 上的总扭矩 M 为

$$M=\int_0^R r\sigma_{\theta\varphi}\mathrm{d}(\pi r^2)=\frac{2}{3}\pi R^3 c_1$$

或

$$c_1=\sigma_{\theta\varphi}\,|_{\theta=\pi/2}=\frac{3M}{2\pi R^3} \tag{9-128}$$

若 β 很小,则有

$$\omega_{,\theta}\approx\omega_0/\beta \quad \tau(\dot{\gamma})\approx\eta(\dot{\gamma})\omega_0/\beta \tag{9-129}$$

结合式(9-125)、式(9-128)和式(9-129)可得

$$\eta(\dot{\gamma})=\tau(\dot{\gamma})\beta/\omega_0=\frac{3M\beta}{2\pi R^3\omega_0} \tag{9-130}$$

因此,通过实验测定 M 和 ω_0 的关系,便可确定 $\eta(\dot{\gamma})$。

把式(9-123)第1式对 θ 求导,式(9-123)第2式乘以 r 后对 r 求导,然后相减,并利用 $\theta\to\frac{\pi}{2}$ 时 $\cos\theta\approx0$ 的性质可得

$$(2\sigma_{rr}-\sigma_{\theta\theta}-\sigma_{\varphi\varphi})_{,\theta}=-[\sigma_1(\dot{\gamma})+2\sigma_2(\dot{\gamma})]_{,\theta}=0 \tag{9-131}$$

$$\sigma_1(\dot{\gamma})=\sigma_{\varphi\varphi}-\sigma_{\theta\theta} \quad \sigma_2(\dot{\gamma})=\sigma_{\theta\theta}-\sigma_{rr} \tag{9-132}$$

由式(9-126)知 $\dot{\gamma}$ 仅是 θ 的函数,从而 σ_1、σ_2 仅是 θ 的函数,又由式(9-131)知 $\sigma_1+2\sigma_2$ 不是 θ 的函数,而是常数,不过这一结果是在设 β 很小和略去惯性力的情况下得到的。

在式(9-123)第1式中,因 $\theta\approx\frac{\pi}{2}$,故 $\rho g\cos\theta\approx0$。由本构方程式(9-34)知,$\boldsymbol{\sigma}'$ 只与 $\boldsymbol{D}$ 和 $\boldsymbol{A}^{(2)}$ 相关,因而与 r 无关;由 $\boldsymbol{\sigma}=-p\boldsymbol{I}+\boldsymbol{\sigma}'$ 知,只有 p 可能与 r 有关,所以式(9-123)第1式可写成

$$\frac{\partial p}{\partial r}=\frac{1}{r}(2\sigma_{rr}-\sigma_{\theta\theta}-\sigma\varphi\varphi)=-\frac{1}{r}(\sigma_1+2\sigma_2)$$

或

$$\partial p/\partial\ln r=-(\sigma_1+2\sigma_2) \tag{9-133}$$

因此,测出板上的压力分布,便可求得 $\sigma_1 + 2\sigma_2$。

积分式(9-133),利用边界条件 $r=R$ 时 $\sigma_{rr} = -p_0$,可得

$$p = (\sigma_1 + 2\sigma_2)\ln(R/r) + p_0 - \frac{1}{3}(\sigma_1 + 2\sigma_2) \tag{9-134}$$

作用在平板上的总力 P 为

$$\begin{aligned} P &= \int_0^R 2\pi r(-\sigma_{\theta\theta} - p_0)\mathrm{d}r = -\pi r^2(\sigma_{\theta\theta} + p_0)\Big|_0^R + \pi\int_0^R r^2(-p + \sigma'_{\theta\theta} + p_0)\mathrm{d}r \\ &= -\pi R^2(\sigma_{\theta\theta} + p_0)\mid_{r=R} + \pi\int_0^R r^2(-p)_{,r} - \mathrm{d}r \\ &= \pi R^2\left\{-(\sigma_{\theta\theta} + p_0) + \frac{1}{2}(\sigma_1 + 2\sigma_2)\right\}\Big|_{r=R} \end{aligned} \tag{9-135}$$

注意到 $r=R$ 时 $\sigma_{rr} = -p_0$,则 $\sigma_1 + 2\sigma_2 = \sigma_{\theta\theta} + \sigma_{\varphi\varphi} + 2p_0$,式(9-135)化为

$$p = \frac{1}{2}\pi R^2(\sigma_{\varphi\varphi} - \sigma_{\theta\theta}) = \frac{1}{2}\pi R^2\sigma_1 \tag{9-136}$$

因此测出作用在平板上的合力,便可确定 σ_1。式(9-130)、式(9-133)和式(9-136)便是确定3个测黏函数的方程,这都可由锥-板试验测得。通常,测定压力分布精度不够理想,因而常联合使用雉-板黏度计和平行板黏度计,由式(9-113)确定 $\sigma_1 - \sigma_2$。而由(9-136)确定 σ_1,再由式(9-130)确定 τ。当然也可利用圆筒形黏度计(库埃特流)。

对R-E二次流体,本构方程为

$$\left.\begin{aligned} &\sigma_{rr} = -p \quad \sigma_{\theta\theta} = -p + \beta\omega_{,\theta}^2 \quad \sigma_{\varphi\varphi} = -p + \beta_1\omega_{,\theta}^2 \\ &\sigma_{\theta\varphi} = \eta\omega_{,\theta} \quad \sigma_{r\theta} = \sigma_{r\varphi} = 0 \quad \beta = \beta_1 + 2\beta_2 \end{aligned}\right\} \tag{9-137}$$

由此推得

$$\tau(\dot{\gamma}) = \eta\dot{\gamma} \quad \sigma_1(\dot{\gamma}) = -2\beta_2\dot{\gamma}^2 \quad \sigma_2(\dot{\gamma}) = \beta\dot{\gamma}^2 \tag{9-138}$$

式(9-130)、式(9-133)和式(9-136),此时分别为

$$\begin{gathered} \eta = 3M\beta/2\pi R^2\omega_0 \quad \partial p/\partial\ln r = -2(\beta_1 + \beta_2)\dot{\gamma}^2 \\ P = -\pi R^2/\beta_2\dot{\gamma}^2 \end{gathered} \tag{9-139}$$

9.8 单轴拉伸流动与其他问题

9.8.1 单轴拉伸流动

近半个世纪以来,合成纤维制品有了迅速的发展,由于纺丝过程对纤维的性能有显著的影响,因而流变学在纺丝技术中获得了广泛的应用。纤维纺丝基本上是一种连续的单轴拉伸操作,只有具有高黏度的物质才是可纺的。设不可压缩黏液单轴拉伸流动时的速度分布为

$$v_1 = kx_1 \quad v_2 = -\frac{1}{2}kx_2 \quad v_3 = -\frac{1}{2}kx_3 \tag{9-140}$$

式中，k 是常数。式(9-140)满足不可压缩条件。积分式(9-140)，并设 $t=0$ 时 $x_i=X_i(i=1,2,3)$，则有

$$x_1=X_1\mathrm{e}^{kt}\quad x_2=X_2\mathrm{e}^{-\frac{1}{2}kt}\quad x_3=X_3\mathrm{e}^{\frac{1}{2}kt}\tag{9-141}$$

在任意一瞬时 τ 有

$$z_1=X_1\mathrm{e}^{k\tau}\quad z_2=X_2\mathrm{e}^{-\frac{1}{2}k\tau}\quad z_3=X_3\mathrm{e}^{-\frac{1}{2}k\tau}\tag{9-142}$$

采用流动参照构形，并以现时刻作为时间计算起点后则有

$$z_1(t^*)=x_1\mathrm{e}^{-kt^*}\quad z_2(t^*)=x_2\mathrm{e}^{\frac{1}{2}kt^*}\quad z_3(t^*)=x_3\mathrm{e}^{\frac{1}{2}kt^*}\tag{9-143}$$

式中，$t^*=t-\tau$。由此求得

$$[C_{(t)}(t^*)]=\begin{bmatrix}\mathrm{e}^{-2kt^*} & 0 & 0\\ 0 & \mathrm{e}^{k^*} & 0\\ 0 & 0 & \mathrm{e}^{kt^*}\end{bmatrix}\tag{9-144}$$

把式(9-144)展开成 t^* 的深级数，并和式(2-215)比较便得

$$\left.\begin{aligned}&\boldsymbol{D}=\frac{k}{2}\begin{bmatrix}2 & 0 & 0\\ 0 & -1 & 0\\ 0 & 0 & -1\end{bmatrix}\quad \boldsymbol{A}^{(2)}=k^2\begin{bmatrix}4 & 0 & 0\\ 0 & 1 & 0\\ 0 & 0 & 1\end{bmatrix}\quad \boldsymbol{A}^{(3)}=k^3\begin{bmatrix}8 & 0 & 0\\ 0 & -1 & 0\\ 0 & 0 & -1\end{bmatrix}\\ &\mathrm{I}_D=0\quad \mathrm{II}_D=-\frac{3}{4}k^2\quad \mathrm{III}_D=\frac{k^2}{4}\quad \mathrm{tr}\,\boldsymbol{A}^{(2)}=6k^2\end{aligned}\right\}\tag{9-145}$$

和 $\boldsymbol{A}^{(4)}$ 及以上的项。由此看出单轴拉伸流动不是测黏流动，但和测黏流动有一共同点，即相对右柯西-格林变形张量都和初始时刻无关，通常称具有这种流动性质的运动为“具有恒定伸长史”的流动或“实质上驻定”的流动。

对 R-E 二次流体，本构方程可以写成

$$\left.\begin{aligned}&\sigma_{11}=-p+2\eta k+4\beta k^2\quad \sigma_{22}=\sigma_{33}=-p-\eta k+\beta k^2\\ &\sigma_{12}=\sigma_{23}=\sigma_{31}=0\quad \beta=\beta_1+\beta_2\end{aligned}\right\}\tag{9-146}$$

由式(9-146)得

$$\sigma_{11}-\sigma_{22}=3\eta k+3\beta k^2=\eta_E(k)k\tag{9-147}$$

对牛顿流体 $\beta=0$，故 $\eta_E(k)=3\eta$，表示拉伸黏度是剪切黏度的 3 倍，并且此时 $p=-\frac{1}{3}\sigma_{kk}$。

9.8.2 具有恒定伸长史的一般运动

具有恒定伸长史的运动不依赖于参考时间 $t=0$，只依赖于离现时刻的相对时间间隔 $t^*=t-\tau$，而且可以表示为

$$C_{(t)}^{(t)}(t^*)=Q(t)C_{(0)}^{(0)}(t^*)Q^{\mathrm{T}}(t) \tag{9-148}$$

式中，$C_{(0)}^{(0)}(t^*)$ 为 $t=0$ 时的 $C_{(t)}^{(t)}(t^*)$；$Q(t)$ 为正交张量，且 $Q(0)=I$。式(9-148)把 $C_{(t)}^{(t)}(t^*)$ 分解成与 t 有关的 $Q(t)$ 和仅与 t^* 有关的 $C_{(0)}^{(0)}(t^*)$ 两部分的点积，单轴拉伸流动是其特例。

设 $C_{(t)}^{(t)}(t^*)$ 和 $C_{(0)}^{(0)}(t^*)$ 的主值分别为 $\lambda_K^{(t)2}(t^*)$ 和 $\lambda_K^{(0)2}(t^*)$，主方向分别为 $M_K^{(t)}(t^*)$ 和 $M_K^{(0)}(t^*)$。按式(2-73)有

$$C_{(t)}^{(t)}M_K^{(t)}=\lambda_K^{(t)2}M_K^{(t)} \quad C_{(0)}^{(0)}M_K^{(0)}=\lambda_K^{(0)2}M_K^{(0)} \tag{9-149}$$

把式(9-148)右乘 $Q(t)M_K^{(0)}$ 得

$$C_{(t)}^{(t)}QM_K^{(0)}=QC_{(0)}^{(0)}Q^{\mathrm{T}}QM_K^{(0)}=QC_{(0)}^{(0)}M_K^{(0)}=\lambda_K^{(0)2}QM_K^{(0)} \tag{9-150}$$

由式(9-150)知，$C_{(t)}^{(t)}$ 的主值 $\lambda_k^{(t)2}$ 和 $\lambda_k^{(0)2}$ 相等，可见在整个变形过程中，主相对伸长史 $C_{(t)}^{(t)}(t^*)$ 在任何时刻都是相同的，这也是为何称这种运动为具有恒定伸长史的运动的原因；但在变形过程中，主方向不断旋转，且由式(7-158)知 $M_K^{(t)}=QM_K^{(0)}$。对具有恒定伸长史的运动，任意一时刻 τ 的变形梯度 $F(\tau)$ 可表示为

$$F(\tau)=Q(\tau)\mathrm{e}^{\tau\kappa N} \quad Q(0)=I \quad |N|=1 \tag{9-151}$$

式中，N 为常张量；κ 为纯量。式(9-150)和式(9-151)等价。事实上，由于 $C_{(t)}^{(t)}(t^*)=C_{(t)}(\tau)=C_{(t)}(t-t^*)$，所以若式(9-151)成立，则有

$$C_{(0)}^{(0)}(t^*)=C(-t^*)=F^{\mathrm{T}}(-t^*)F(-t^*)=\mathrm{e}^{-t^*\kappa N^{\mathrm{T}}}\mathrm{e}^{-t^*\kappa N} \tag{9-152}$$

又因

$$\begin{aligned}F_{(t)}^{(t)}(t^*)&=F_{(t)}(t-t^*)=F(t-t^*)F^{-1}(t)\\&=Q(t-t^*)\mathrm{e}^{(t-t^*)\kappa N}\mathrm{e}^{-t\kappa N}Q^{-1}(t)=Q(t-t^*)\mathrm{e}^{-t^*\kappa N}Q^{\mathrm{T}}(t)\end{aligned} \tag{9-153}$$

所以有

$$\begin{aligned}C_{(t)}^{(t)}(t^*)&=F_{(t)}^{(t)}(t^*)F_{(t)}^{(t)}(t^*)=Q(t)\mathrm{e}^{-t^*\kappa N^{\mathrm{T}}}\mathrm{e}^{-t^*\kappa N}Q^{\mathrm{T}}(t)\\&=Q(t)C_{(0)}^{(0)}(t^*)Q^{\mathrm{T}}(t)\end{aligned} \tag{9-154}$$

由此可见，若式(9-151)成立，则式(9-150)成立。反之，若式(9-150)，即式(9-154)成立，则利用式(9-152)～式(9-154)可以推出

$$F(t-t^*)F^{-1}(t)=Q(t-t^*)Q^{\mathrm{T}}(-t^*)F(-t^*)Q^{\mathrm{T}}(t)$$

或

$$Q^{\mathrm{T}}(t-t^*)F(t-t^*)=Q^{\mathrm{T}}(-t^*)F(-t^*)Q^{\mathrm{T}}(t)F(t)$$

由此推出式(9-151)。

9.8.3 其他

在聚合物熔液的拉丝理论中，还使用其他的理论，例如广义 Jeffreys 的本构方程为

$$\boldsymbol{\sigma}' + \alpha_1 \dot{\boldsymbol{\sigma}}'^{\mathrm{J}} = 2\eta(\boldsymbol{D} + \alpha_2 \dot{\boldsymbol{D}}^{\mathrm{J}}) \tag{9-155}$$

式中,$\dot{\boldsymbol{\sigma}}'^{\mathrm{J}}$ 和 $\dot{\boldsymbol{D}}'^{\mathrm{J}}$ 分别表示 $\boldsymbol{\sigma}'$ 和 $\boldsymbol{D}$ 的 Jaumann 导数;η,α_1 和 α_2 为常数。

非牛顿流体也可使用积分形式的本构方程。关于积分形式的本构方程将在黏弹性一章中做详细介绍。

最后指出,关于黏滞流体,还有一些很有趣的现象。例如,存在一类“胶体物质”,它们是固体或液体微粒的聚集体,油漆是由氧化锉或氧化铁微粒加在熟油中充分搅拌而成,化妆用的油脂是由脂肪微粒制成,牛奶则是充分分散状态的脂肪微粒,黏土是黏土矿微粒的聚集物。胶体粒子的直径为 $10^{-1} \sim 10^{-3}\ \mu\mathrm{m}$,约和高分子的大小相当。这类物质有一个特性,静止时黏滞性很大,搅动后减小,使胶体“变稀”;换言之,黏滞性具有触变性质,这种黏滞性的跳跃式变化是由于胶体的结构改变引起的。颜色涂料长时间在罐中存放不用,会变成豆腐块样物质,但搅拌后又会恢复流动状态;沼泽地形似固体,如动物误落其中,搅动后便会变稀,致使动物遭遇灭顶之灾,这些都与黏性的触变性质有关。非牛顿流体的性质多种多样,更广泛深入的研究是必要的。

习　题

1. 设某不可压缩斯托克斯流体的本构方程为

$$\boldsymbol{\sigma} = -p\boldsymbol{I} + \mu(1 + \alpha \boldsymbol{D} : \boldsymbol{D})\boldsymbol{D} + \beta \boldsymbol{D}^2$$

式中,α、β 和 μ 为常数。确定流体中由如下速度场产生的应力

$$\boldsymbol{v} = -x_2\omega(x_3)\boldsymbol{i}_1 + x_1\omega(x_3)\boldsymbol{i}_2$$

并证明,若 $\omega = Ax_2 + B$,式中 A 和 B 为常数,则仅当 $A = 0$ 时,该速度分布才是可能的。

2. 设一不可压缩非牛顿流体的本构方程为

$$\boldsymbol{\sigma} = -p\boldsymbol{I} + 2\eta(1 - 2a\boldsymbol{D} : \boldsymbol{D})\boldsymbol{D} + 4\beta \boldsymbol{D}^2$$

式中,η、α 和 β 均为常数,且 $\alpha \ll 1$。若流体的速度分布为

$$v_r = 0 \quad v_\theta = 0 \quad v_z = v(r)$$

试确定圆柱坐标中的应力分量,并证明(1) 符合不可压缩条件。(2) 为满足运动方程,$v(r)$ 应由下列方程确定:

$$v_{,r} - \alpha v_{,r}^3 = -\frac{cr}{2\eta} + \frac{c_2}{r}$$

式中,$c = -p_{,z}$ 为比推力,c_2 为任意常数,为使 $r = 0$ 时 v 有界,c_2 取 0 值。根据

$$v(r) = v_0(r) + \alpha v_1(r) + \alpha^2 v_2(r) + \cdots$$

求精确到 α 的 n 阶的 $v(r)$ 的表达式,这个式子给出恒压力梯度下沿半径为 a 的圆管轴向流的速度分布。

3. 证明 9.4.1 节所指出的测黏流的 3 种情形，只有 4 个独立应力分量的结论。测黏流的本构方程可以写成

$$\boldsymbol{\sigma} = -p\boldsymbol{I} + \boldsymbol{\sigma}'(\boldsymbol{A}^{(1)}, \boldsymbol{A}^{(2)})$$

试证对测黏流恒有 $\boldsymbol{A}^{(1)} = \dot{\gamma}(\boldsymbol{N} + \boldsymbol{N}^{\mathrm{T}})$，$\boldsymbol{A}^{(2)} = 2\dot{\gamma}^2 \boldsymbol{N}^{\mathrm{T}}\boldsymbol{N}$，适当选择坐标系，二阶张量 $\boldsymbol{N}$ 的矩阵可写成

$$\boldsymbol{N} = \begin{bmatrix} 0 & 1 & 0 \\ 0 & 0 & 0 \\ 0 & 0 & 0 \end{bmatrix}$$

因此，测黏流可统一进行研究。

4. 设一同轴圆筒黏度计，内径 2.253 cm，外径 2.508 cm，长 7.25 cm，下面给出聚合物溶液的一组数据：

外圆筒转速/(rad/s)	0.021 7	0.096 9	0.391	1.384	3.26	8.48	15.16	22.0	28.1	35.2	41.7
内圆柱扭矩/(N・m×10⁻¹¹)	0.569	1.008	1.293	2.54	3.59	5.61	7.58	9.40	10.90	12.61	14.11

求有效黏度 $\tau(\dot{\gamma})/\dot{\gamma}$。

5. 为求得聚合物材料的第一与第二法向应力差函数 $\sigma_1(\dot{\gamma})$ 和 $\sigma_2(\dot{\gamma})$，同时使用平行板黏度计和锥板黏度计，数据如下：

(1) 平行板黏度计：间隙 $h = 0.11$ cm，半径 $R = 3$ cm，

转速 /(r/min)	0.8	1.9	2.5	4.6	7.3	10.0	14.0
板上的作用力 /(9.8×10^{-3} N)	13.8	65.5	117	321	515	843	975

(2) 锥-板黏度计：半径 $R = 3$ cm，锥角 $\beta = 2°$，

转速 /(r/min)	0.75	1.50	4.75	7.30	10.10	13.10
板上的作用力 /(9.8×10^{-3} N)	27.5	101	465	810	1 150	1 290

试计算 $\sigma_1(\dot{\gamma})$、$\sigma_2(\dot{\gamma})$ 和 $\eta(\dot{\gamma})$。

6. 不可压缩作纯剪切运动的流体，本构方程为

(1) 斯托克斯流体　$\boldsymbol{\sigma} = -p\boldsymbol{I} + \eta_1\boldsymbol{D} + \eta_2\boldsymbol{D}^2$；

(2) R－E 二次流体　$\boldsymbol{\sigma} = -p\boldsymbol{I} + \mu\boldsymbol{A}_1 + \boldsymbol{\beta}\boldsymbol{A}_1^2 + \nu\boldsymbol{A}_2$。

试求其测黏函数。

7. 斯托克斯二次流体的测黏函数 $\tau = \mu k$，$\sigma_1 = \nu_1 k^2$，$\sigma_2 = \nu_2 k^2$，对如图 9－8 所示平行板间流动，$v_x = v(x)$，$v_y = v_z = 0$，$k = \partial v/\partial x$，试求其内部的速度分布和应力分布。

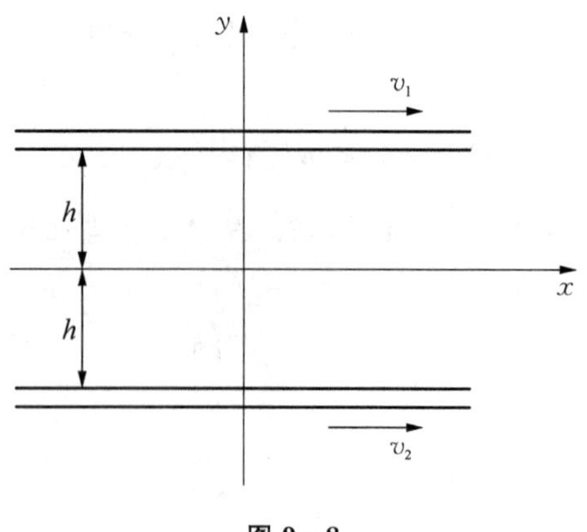

图 9-8

8. 若连续体本构方程为 $\boldsymbol{\sigma}=-p\boldsymbol{I}+p\boldsymbol{D}+\alpha\boldsymbol{D}\boldsymbol{D}^{\mathrm{T}}$

证明：$\sigma_{ii}=3(-p-2\alpha\,\mathrm{II}_D/3)$，假定 $D_{ii}=0$，不可压缩，II_D 为 $\boldsymbol{D}$ 的第二不变量。

9. 各向同性流体的本构方程可写为

$$\boldsymbol{\sigma}=-p\boldsymbol{I}+\boldsymbol{A}:\boldsymbol{D}$$

$\boldsymbol{A}$ 为四阶张量,试证应力主轴和变形率主轴一致。

10 黏 弹 性 体

物体内部的黏性是变形时的一种耗散机制，外力克服黏性的功将转化为热，热的一部分使物体温度升高，另一部分将散失到周围环境中。黏弹性材料可以想象为一个“谱”，“谱”的最右端是经典黏性流体，最左端是理想弹性固体。金属、橡胶、固体高聚物接近弹性端，黏弹性流体(高分子溶液)接近黏性端，熔融的高分子材料接近中间位置。黏弹性固体的变形受到弹性约束，不能随时间无限增长。

10.1 线性黏弹性体的结构单元模型

10.1.1 一维结构单元模型

本节将用经典的方法对线性黏弹性体做概括性的介绍。我们设想黏弹性体中有两种基本的变形机制，一种是弹性，用弹簧元件表示；另一种是黏性，用阻尼元件(黏壶)表示。对于一维情形，两种元件的本构方程分别是

$$\boldsymbol{\sigma}=Ee \quad \boldsymbol{\sigma}=\eta\dot{e} \quad e=\int_0^t \frac{\boldsymbol{\sigma}}{\eta}\mathrm{d}\tau \tag{10-1}$$

式中，E 为弹性模量；η 为黏性系数；$\boldsymbol{\sigma}$ 和 $\boldsymbol{e}$ 为小应变时的应力和应变，对小变形以前以不同方式定义的应力和应变都是相同的。两种变形元件的不同组合可以描写复杂材料的本构关系。最简单的是麦克斯韦黏弹性流体模型和沃伊特(Voigt)黏弹性固体模型(见图 10-1)，它们的一维本构方程分别如下。

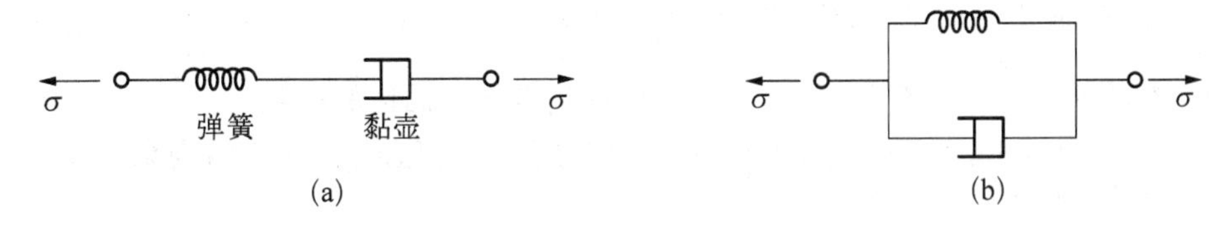

图 10-1 黏弹性模型

(a) 麦克斯韦模型； (b) 沃伊特模型

(1) 麦克斯韦模型。

$$\dot{e}=\frac{\dot{\sigma}}{E}+\frac{\sigma}{\eta} \tag{10-2}$$

如给定应力和应变史，则式(10-2)可积分成

$$e(t)=\frac{\sigma(t)}{E}+\int_0^t \frac{\sigma(\tau)}{\eta}\mathrm{d}\tau=\int_0^t\left(\frac{1}{E}+\frac{t-\tau}{\eta}\right)\dot{\sigma}(\tau)\mathrm{d}\tau \tag{10-3}$$

$$\sigma(t)=E\int_0^t \mathrm{e}^{-(t-\tau)\tau_R}\,\dot{e}(\tau)\mathrm{d}\tau \quad \tau_R=\frac{\eta}{E} \tag{10-4}$$

(2) 沃伊特模型。

$$\sigma = Ee + \eta \dot{e} \tag{10-5}$$

给定应力史时,式(10-5)的积分形式是

$$e(t) = \frac{1}{\eta}\int_0^t \sigma(\tau) \mathrm{e}^{-(t-\tau)/\tau_d} \mathrm{d}\tau \quad \tau_d = \frac{\eta}{E} \tag{10-6}$$

上列诸式中已设 $t=0$ 时 $\sigma=0$, $e=0$,即无初应力。

引入赫维赛德(Heaviside)阶跃函数 $\mathrm{H}(t-\tau)$

$$\left.\begin{aligned} &\mathrm{H}(t-\tau)=0 \quad 当\ t<\tau \quad \mathrm{H}(t-\tau)=1 \quad 当\ t>\tau\ 时 \\ &\int_{-\infty}^{t} f(t')\mathrm{H}(t'-\tau)\mathrm{d}t' = \mathrm{H}(t-\tau)\int_{\tau}^{t} f(t')\mathrm{d}t' \end{aligned}\right\} \tag{10-7}$$

定义 $\dfrac{\mathrm{d}}{\mathrm{d}t}\mathrm{H}(t-\tau)=\delta(t-\tau)$,称为单位脉冲函数或狄拉克(Dirac) δ 分布函数

$$\left.\begin{aligned} &\delta(t-\tau)=0 \quad 当\ t\neq\tau\ 时 \quad \int_{-\infty}^{\infty}\delta(t-\tau)\mathrm{d}t=1 \\ &\int_{-\infty}^{t} f(t')\delta(t'-\tau)\mathrm{d}t' = f(\tau)\mathrm{H}(t-\tau) \end{aligned}\right\} \tag{10-8}$$

在式(10-7)和式(10-8)中已设 $f(t)$ 为连续函数。

在阶跃应变 $e=e_0\mathrm{H}(\tau-\tau_1)$ 的作用下,物体内的应力随时间衰减的现象称为松弛,由式(10-4)得麦克斯韦模型的松弛响应为

$$\begin{aligned} \sigma(t) &= Ee_0\int_0^t \mathrm{e}^{-(t-\tau)/\tau_R}\,\dot{\mathrm{H}}(\tau-\tau_1)\mathrm{d}\tau \\ &= Ee_0\mathrm{e}^{-(t-\tau_1)/\tau_R}\,\mathrm{H}(t-\tau_1) \end{aligned} \tag{10-9}$$

式中,$\tau_R=\eta/E$,具有时间量纲,称为松弛时间;当 $t-\tau_1=\tau_R$ 时 $\sigma=\dfrac{1}{\mathrm{e}}Ee_0$,即 σ 降为初始应力的 $1/\mathrm{e}$ 倍,由式(10-9)知,当 $t\to\infty$ 时 $\sigma\to 0$,故适合描写固体的松弛。

在阶跃应力 $\sigma=\sigma_0\mathrm{H}(\tau-\tau_1)$ 的作用下,物体的应变随时间增长的现象称为蠕变,由式(10-6)得沃伊特模型的蠕变响应为

$$e(t) = \frac{\sigma_0}{E}(1-\mathrm{e}^{-(t-\tau_1)/\tau_d})\mathrm{H}(t-\tau_1) \tag{10-10}$$

$t=\tau_1$ 时式(10-10)给出 $e(t)=0$,这表明沃伊特模型不能描写黏弹体的瞬时弹性响应。$t\to\infty$ 时 $e(t)\to\sigma_0/E$,即趋近于弹性应变,这又表明应变随时间的变化趋势适宜于描写蠕变响应。式中的 τ_d 也具有时间的量纲,称为延迟时间。当 $t-\tau_1=\tau_d$ 时,$e(t)=\dfrac{\sigma_0}{E}\left(1-\dfrac{1}{\mathrm{e}}\right)=0.632\,1\,\dfrac{\sigma_0}{E}$,即应变为 $t\to\infty$ 时的应变 e_∞ 的 0.632 1 倍。

在众多的黏弹体模型中,三参数的黏弹性固体受到特别的青睐(见图 10-2),其本构方程为

$$\left(\frac{E_1}{E_2}+1\right)\sigma+\frac{\eta}{E_2}\dot{\sigma}=E_1 e+\eta\dot{e} \tag{10-11}$$

式中，E_1、E_2 和 η 为材料常数。对阶跃应力 $\sigma=\sigma_0 \mathrm{H}(\tau-\tau_1)$ 的蠕变响应是

$$e(t)=\frac{\sigma_0}{E_2}+\frac{\sigma_0}{E_1}(1-\mathrm{e}^{-(t-\tau_1)/\tau_d}) \quad \tau_d=\frac{\eta}{E_1} \quad t>t_1 \tag{10-12}$$

可见比沃伊特模型有改进，此时可以描述瞬时弹性响应。对阶跃应变 $e=e_0 \mathrm{H}(t-\tau_1)$ 的松弛响应为

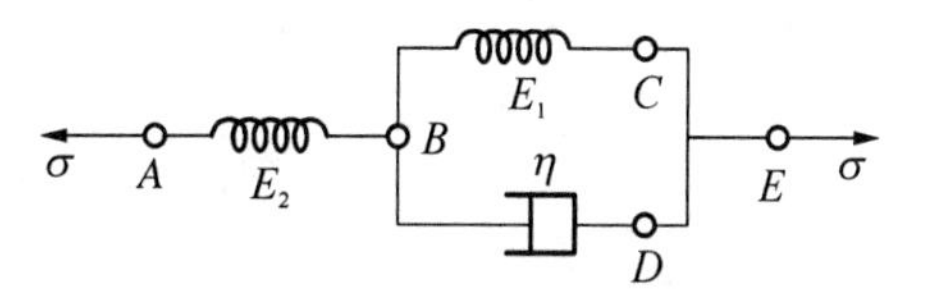

图 10-2 三参数黏弹性固体模型

$$\sigma(t)=E_2 e_0-\frac{E_2^2 e_0}{E_1+E_2}(1-\mathrm{e}^{-(t-t_1)/\tau_R})$$

$$\tau_R=\frac{\eta}{E_1+E_2} \quad t>t_1 \tag{10-13}$$

可见比麦克斯韦模型有改进，此时当 $t\to\infty$ 时，$\sigma_\infty\to E_1E_2/(E_1+E_2)e_0$ 的稳态值。

10.1.2 广义沃伊特模型和广义麦克斯韦模型

图 10-3(a)所示为广义沃伊特模型，它由沃伊特元串联而成；图 10-3(b)所示为广义麦克斯韦模型，它由麦克斯韦元并联而成。

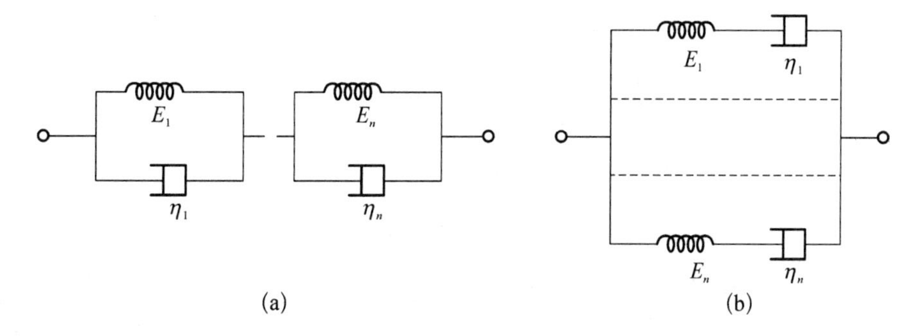

图 10-3 广义黏弹性模型

(a) 广义沃伊特模型；(b) 广义麦克斯韦模型

对每个沃伊特元，应力是相同的，总应变是各个元的应变之和。由式(10-6)得

$$e(t)=\sum_{k=1}^{n}\frac{1}{\eta k}\int_0^t \sigma(\tau)\mathrm{e}^{-(t-\tau)/\tau_k^*}\,\mathrm{d}\tau \tag{10-14}$$

式中，$\tau_k^*=\dfrac{\eta_k}{E_k}$。设作用应力 $\sigma=\sigma_0 \mathrm{H}(\tau-\tau_1)$，则有

$$\left.\begin{aligned} &e(t)=J(t-\tau_1)\sigma_0 \mathrm{H}(t-\tau_1)\\ &J(t-\tau_1)=\sum_{k=1}^{n}\frac{1}{E_k}[1-\mathrm{e}^{-(t-\tau_1)/\tau_k^*}]\end{aligned}\right\} \tag{10-15a}$$

称 $J(t-\tau_1)$ 为蠕变函数或蠕变柔度。如第一个沃伊特元的 $\eta_1=0$ 则有

$$J(t-\tau_1)=\frac{1}{E_1}+\sum_{k=2}^{n}\frac{1}{E_k}[1-\mathrm{e}^{-(t-\tau_1)/\tau_k^*}] \tag{10-15b}$$

其中等式右边第一项代表瞬时弹性响应。若沃伊特元的个数无限增加,且使

$$j_k=\frac{1}{E_k}\to 0 \quad \lim_{n\to\infty}\sum_{k=1}^{n}j_k=\text{有限值}$$

那么通过极限过渡,式(10-15a)和式(10-15b)可化为下述积分形式

$$\left.\begin{aligned}J(t-\tau_1)&=\int_0^\infty j(\tau)[1-\mathrm{e}^{-(t-\tau_1)/\tau}\mathrm{d}\tau]\\J(t-\tau_1)&=\frac{1}{E}+\int_0^\infty j(\tau)[1-\mathrm{e}^{-(t-\tau_1)/\tau}]\mathrm{d}\tau\end{aligned}\right\} \tag{10-16}$$

式中,$j(\tau)$ 称为蠕变频谱或延迟频谱,它可以是连续谱,也可以是离散谱,对于离散谱的情形 $j(\tau)=\sum\frac{1}{E_k}\delta(\tau-\tau_k)$,从而式(10-16)化回到式(10-15)。由式(10-16)第2式知

$$J(0)=\frac{1}{E} \quad J(\infty)=\frac{1}{E}+\int_0^\infty j(\tau)\mathrm{d}\tau \tag{10-17}$$

对每个麦克斯韦元,应变是相同的,总应力是各个元的应力之和。由式(10-4)得

$$\sigma(t)=\sum_{k=1}^{n}E_k\int_0^t \mathrm{e}^{-(t-\tau)\tau_k^*}\ \dot{e}(\tau)\mathrm{d}\tau \tag{10-18}$$

式中,$\tau_k^*=\eta_k/E_k$。设作用应变 $e=e_0\mathrm{H}(t-\tau_1)$,则有

$$\left.\begin{aligned}\sigma(t)&=E(t-\tau_1)e_0\mathrm{H}(t-\tau_1)\\E(t-\tau_1)&=\sum_{k=1}^{n}E_k\mathrm{e}^{-(t-\tau_1)/\tau_k^*}\end{aligned}\right\} \tag{10-19}$$

称 $E(t-\tau_1)$ 为松弛函数或松弛模量。如果并联麦克斯韦元的个数无限增加,且使

$$E_k\to 0 \quad \lim_{n\to\infty}\sum_{k=1}^{n}E_k=\text{有限值}$$

则通过极限过渡,式(10-19)第2式化为下述积分形式:

$$E(t-\tau_i)=\int_0^\infty \tilde{j}(\tau)\mathrm{e}^{-(t-\tau_1)/\tau}\mathrm{d}\tau \tag{10-20}$$

称 $\tilde{j}(\tau)$ 为松弛频谱,它可以是连续谱,也可以是离散谱,若 $\tilde{j}(\tau)=\sum E_k\delta(\tau-\tau_k)$,则式(10-20)化回到式(10-19)第2式。

例1 试由单轴蠕变试验确定具有离散谱($n=4$)的蠕变函数中的诸参数。

解:在式(10-15b)中取 $n=4$,并令 $\tau_1=0$,则由式(10-15)可得

$$e(t)=\left\{\frac{1}{E_1}+\sum_{k=2}^{4}\frac{1}{E_k}(1-\mathrm{e}^{-t/\tau_k^*})\right\}\sigma_0 \quad t>0$$

式中,τ_k 的选取,由感兴趣的范围来确定。首先有

$$\left.\begin{aligned} e(0) &= \frac{\sigma_0}{E_1} \quad \text{或} \quad E_1 = \sigma_0 / e(0) \\ e(\infty) &= \frac{\sigma_0}{E_1} + \sigma_0 \sum_{k=2}^{4} \frac{1}{E_k} \end{aligned}\right\} \tag{10-21}$$

因而

$$\frac{1}{\sigma_0}[e(\infty) - e(t)] = \sum_{k}^{4} \frac{1}{E_k} e^{-t/\tau_k^*} \tag{10-22}$$

对水泥,可取 $\tau_2^* = 1\ \text{d}$(天),$\tau_3^* = 10\ \text{d}$,$\tau_4^* = 100\ \text{d}$,而测定 $\varepsilon(t)$ 的时间可取 $t_2 = 0.5\ \text{d}$,$t_3 = 5\ \text{d}$,$t_4 = 50\ \text{d}$,从而

$$\left.\begin{aligned} \frac{1}{\sigma_0}[e(\infty) - e(t_1)] &= \frac{1}{E_2} e^{-0.5} + \frac{1}{E_3} e^{-0.05} + \frac{1}{E_4} e^{-0.005} \\ \frac{1}{\sigma_0}[e(\infty) - e(t_2)] &= \frac{1}{E_2} e^{-5} + \frac{1}{E_3} e^{-0.5} + \frac{1}{E_4} e^{-0.05} \\ \frac{1}{\sigma_0}[e(\infty) - e(t_3)] &= \frac{1}{E_2} e^{-50} + \frac{1}{E_3} e^{-5} + \frac{1}{E_4} e^{-0.5} \end{aligned}\right\} \tag{10-23}$$

根据测定的 $e(t_1)$、$e(t_2)$、$e(t_3)$ 和 $e(\infty)$ 或 $e(0)$,便可由式(10-21)和式(10-23)确定 E_1、E_2、E_3 和 E_4。进而由选定的 τ_k^* 和已确定的 E_k,便可求出 η_k。

10.2 线性黏弹性体的经典理论

10.2.1 玻尔兹曼(Boltzmann)叠加原理和遗传积分

首先讨论 $t = 0$ 时,杆件上作用应力 $\sigma_0 \mathrm{H}(t)$,在 $t = \tau_1$ 时又增加了 $\Delta\sigma_1 \mathrm{H}(t - \tau_1)$,如图 10-4(a)所示。玻尔兹曼叠加原理可表述如下:总应变响应是各应力单独作用时应变响应的和。玻尔兹曼叠加原理只适用于线性黏弹性体。由式(10-15)可推出

$$e(t) = \sigma_0 J(t) \mathrm{H}(t) + \Delta\sigma_1 J(t - \tau_1) \mathrm{H}(t - \tau_1)$$

当应力随时间做阶跃变化,如图 10-4(b)中虚线所示时,则有

$$\sigma(t) = \sigma_0 \mathrm{H}(t) + \sum_{k=1}^{n} \Delta\sigma_k \mathrm{H}(t - \tau_k)$$

应变响应为

$$e(t) = \sigma_0 J(t) \mathrm{H}(t) + \sum_{k=1}^{n} \Delta\sigma_k J(t - \tau_k) \mathrm{H}(t - \tau_k) \tag{10-24}$$

若 $\tau_k - \tau_{k-1} \to 0$,即阶跃变化的数目趋于无限时,式(10-24)可化为

$$e(t) = \sigma_0 J(t) \mathrm{H}(t) + \int_0^t J(t - \tau) \mathrm{H}(t - \tau) \mathrm{d}\sigma(\tau)$$

由于 t 是现时刻,故恒有 $\tau \leqslant t$,因而又可写成

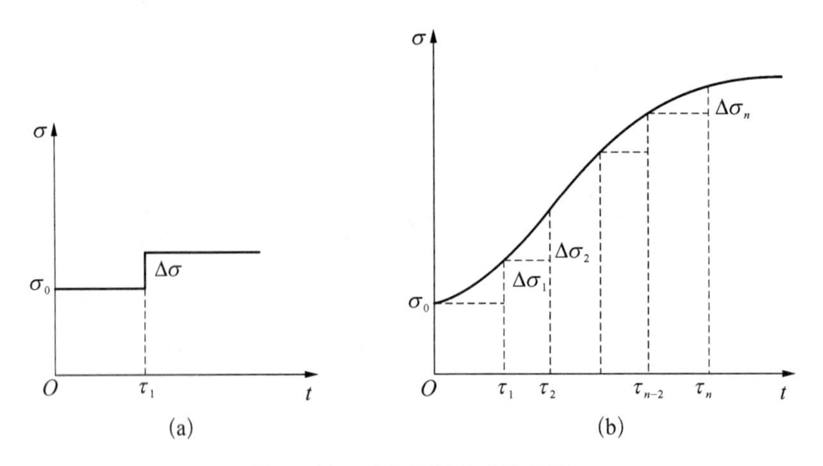

图 10-4 应力连续变化的情形

$$e(t)=\sigma_0 J(t)+\int_0^t J(t-\tau)\mathrm{d}\sigma(\tau) \tag{10-25}$$

称式(10-25)为遗传积分,属于斯蒂尔切斯(Stieltjes)积分。如应力是连续可微的,式(10-25)可写成

$$e(t)=\sigma_0 J(t)+\int_0^t J(t-\tau)\frac{\mathrm{d}\sigma(\tau)}{\mathrm{d}\tau}\mathrm{d}\tau \tag{10-26}$$

对式(10-26)分部积分,并计及 $\bar{\sigma}(0)=0$,可得

$$e(t)=J(0)\sigma(t)-\int_0^t \frac{\partial J(t-\tau)}{\partial\tau}\sigma(\tau)\mathrm{d}\tau \tag{10-27a}$$

做变量置换 $t-\tau=t^*$,式(10-27a)又可化成

$$e(t)=J(0)\sigma(t)+\int_0^t \frac{\partial J(t^*)}{\partial t^*}\sigma(t-t^*)\mathrm{d}t^* \tag{10-27b}$$

上列诸式及今后均把积分下限"0"理解为"0^+"。如设 $t<0$ 时 $e(t)=0$,则式(10-26)还可写成

$$e(t)=\int_{-\infty}^t J(t-\tau)\frac{\mathrm{d}\sigma(\tau)}{\mathrm{d}\tau}\mathrm{d}\tau \tag{10-28}$$

显然,若在 $t=0$ 时作用突加应力 σ_0 时,式(10-28)可化为式(10-26)。类似地,对给定应变史的情况,应力由下述方程确定:

$$\begin{aligned}\sigma(t)&=\int_{-\infty}^t E(t-\tau)\frac{\mathrm{d}e(\tau)}{\mathrm{d}\tau}\mathrm{d}\tau\\&=e_0E(t)+\int_0^t E(t-\tau)\frac{\mathrm{d}e(\tau)}{\mathrm{d}\tau}\mathrm{d}\tau\\&=E(0)e(t)-\int_0^t\frac{\partial E(t-\tau)}{\partial\tau}e(\tau)\mathrm{d}\tau\\&=E(0)e(t)+\int_0^t\frac{\partial E(t^*)}{\partial t^*}e(t-t^*)\mathrm{d}t^*\end{aligned} \tag{10-29}$$

10.2.2 动态复模量和静态模量随温度和时间的变化

设应变按下述规律变化

$$e(t)=e_0 e^{i\omega t} \tag{10-30}$$

现在来求应力的响应。在式(10-29)中把 $E(t)$ 分为两部分

$$E(t)=\overset{0}{E}+\widetilde{E}(t) \quad \widetilde{E}(t)\to 0(\text{当 } t\to\infty \text{ 时}) \tag{10-31}$$

则式(10-29)可以写成

$$\sigma(t)=\overset{0}{E}e_0 e^{i\omega t}+i\omega e_0\int_{-\infty}^{t}\widetilde{E}(t-\tau)e^{i\omega\tau}d\tau \tag{10-32}$$

式中,$\overset{0}{E}$ 为常数,$\overset{0}{E}=0$ 代表黏弹性流体。令 $t-\tau=t^*$,式(10-32)便化为

$$\sigma(t)=E^*(i\omega)e(t) \tag{10-33}$$

$$\left.\begin{aligned}
E^*(i\omega)&=E_1(\omega)+iE_2(\omega)\\
E_1(\omega)&=\overset{0}{E}+\omega\int_0^{\infty}\widetilde{E}(t^*)\sin\omega t^*\,dt^*\\
E_2(\omega)&=\omega\int_0^{\infty}\widetilde{E}(t^*)\cos\omega t^*\,dt^*
\end{aligned}\right\} \tag{10-34a}$$

称 $E^*(i\omega)$ 为复模量;$E_1(\omega)$ 为存储模量;$E_2(\omega)$ 为耗损模量。通过分部积分,$E_1(\omega)$、$E_2(\omega)$ 还可写成

$$\left.\begin{aligned}
E_1(\omega)&=\overset{0}{E}+\widetilde{E}(0)+\int_0^{\infty}\frac{d\widetilde{E}(t^*)}{dt^*}\cos\omega t^*\,dt^*\\
E_2(\omega)&=-\int_0^{\infty}\frac{d\widetilde{E}(t^*)}{dt^*}\sin\omega t^*\,dt^*
\end{aligned}\right\} \tag{10-34b}$$

由式(10-34a)得出,当 $\omega\to 0$ 时或对非常慢的运动有

$$E_1(0)=\overset{0}{E}=E(t)\big|_{t\to\infty} \quad E_2=0 \tag{10-35a}$$

在式(10-34b)中做变量置换,令 $\tau^*=\omega t^*$,当 $d\widetilde{E}(t^*)/dt^*$ 有界时,便可立即看出,当 $\omega\to\infty$ 时或对非常快的运动有

$$E_1(\infty)=\overset{0}{E}+\widetilde{E}(0)=E(t)\big|_{t\to 0} \quad E_2(\infty)=0 \tag{10-35b}$$

聚合物黏弹体复模量如图 10-5 所示。在快速变形时,聚合物呈玻璃态特性,具有很高的模量;当变形缓慢时,呈橡胶态特性,具有极低的弹性模量,和玻璃态模量差几个数量级;在两种情况下,耗损模量均为零。对于中等变形速度,具有明显的黏弹性特征,存储模量和耗损模量均不为零。

上面描述了聚合物的黏弹性模量随应变频率的变化。静态黏弹性模量随时间和温度的变化也有类似的关系。聚合物存在一个玻璃化温度 T_g,在 T_g 周围 5~20℃范围内,黏弹性效应

特别明显，当温度低于这个范围的温度时，呈玻璃态；当温度高于这个范围的温度而低于黏流温度 T_f 时，呈橡胶态，当温度高于 T_f 的某个狭窄范围后便呈黏流状态。在 $t=0$ 时给定阶跃应变，在相同温度下测量不同时间的黏弹性模量，当时间达到松弛时间 t_R 的一个狭窄范围内时呈明显的黏弹性态，当时间短于这个时间范围的下界时呈玻璃态，而当时间长于这个狭窄范围的上界时便呈橡胶态到黏流态(见图 10-6)。

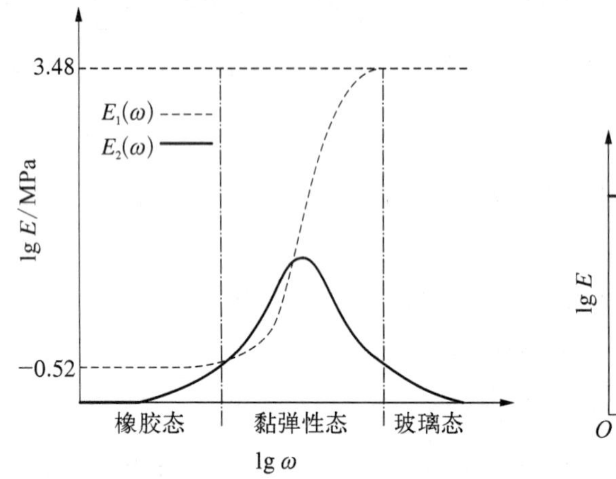

图 10-5　聚合物复模量的示意图

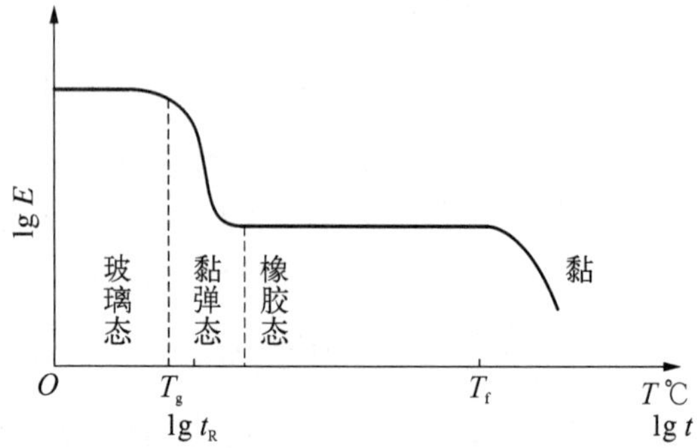

图 10-6　黏弹性模量随温度和时间变化的示意图

实验表明，静态模量随温度和时间的变化之间存在对应关系，这种对应关系称为时-温等效原理。这一原理认为在温度 T_1 和 T_2 测得的松弛模量可按式(10-36)转换

$$\frac{E(T_1,\ t)}{\rho_1 T_1}=\frac{E(T_2,\ t/a_t)}{\rho_2 T_2} \tag{10-36}$$

式中，T_1 和 T_2 是热力学温度；ρ_1 和 ρ_2 分别为 T_1 和 T_2 时的密度；a_t 为时间移动因子，只是温度的函数，代表在 $\lg t$ 坐标轴上的移动量，即

$$t_2=t_1/a_t \quad \lg t_2-\lg t_1=-\lg a_t \tag{10-37}$$

实验发现，a_t 可用下列 WLF 方程表示

$$\lg a_t=\frac{-C_1(T-T_0)}{C_2+(T-T_0)} \tag{10-38}$$

式中，T_0 为某一选定的温度，通常取 $T_0=T_g$；C_1 和 C_2 为对应于 T_0 为参照温度时的常数。这一原理具有重要的实际意义，这就使低温长期的松弛模量可由高温短期的试验获得。

10.2.3　三维情形的本构方程

可以把单轴应力下得到的公式(10-25)～式(10-29)推广到三维情形，由此可写出下述公式：

$$\left.\begin{aligned}\boldsymbol{e}(t)&=\int_{-\infty}^{t}\boldsymbol{J}(t-\tau)\frac{\partial\boldsymbol{\sigma}}{\partial\tau}\mathrm{d}\tau=\boldsymbol{J}(0)\boldsymbol{\sigma}(t)+\int_{0}^{\infty}\frac{\partial\boldsymbol{J}(t^*)}{\partial t^*}\boldsymbol{\sigma}(t-t^*)\mathrm{d}t^*\\ \boldsymbol{\sigma}(t)&=\int_{-\infty}^{t}\boldsymbol{G}(t-\tau)\frac{\partial\boldsymbol{e}}{\partial\tau}\mathrm{d}\tau=\boldsymbol{G}(0)\boldsymbol{e}(t)+\int_{0}^{\infty}\frac{\partial\boldsymbol{G}(t^*)}{\partial t^*}\boldsymbol{e}(t-t^*)\mathrm{d}t^*\end{aligned}\right\} \tag{10-39}$$

式中，$\boldsymbol{J}(t)$ 和 $\boldsymbol{G}(t)$ 为四阶张量；$\boldsymbol{e}$ 为小应变张量。由应力应变的对称性易知存在下列关系：

$$J_{klmn}=J_{lkmn}=J_{klnm}\quad G_{klmn}=G_{lkmn}=G_{klnm}\tag{10-40}$$

对各向同性黏弹性体，四阶张量 $\boldsymbol{G}$ 和 $\boldsymbol{J}$ 可表为(参见式(1-77))

$$\left.\begin{aligned}G_{klmn}&=\frac{1}{3}[G_2(t)-G_1(t)]\delta_{kl}\delta_{mn}+\\&\quad\frac{1}{2}G_1(t)(\delta_{km}\delta_{ln}+\delta_{kn}\delta_{lm})\\J_{klmn}&=\frac{1}{3}[J_2(t)-J_1(t)]\delta_{kl}\delta_{mn}+\\&\quad\frac{1}{2}J_1(t)(\delta_{km}\delta_{ln}+\delta_{kn}\delta_{lm})\end{aligned}\right\}\tag{10-41}$$

式中，$G_1(t)$ 和 $G_2(t)$ 为两个独立的松弛函数；$J_1(t)$ 和 $J_2(t)$ 为两个独立的蠕变函数，且当 $-\infty<t<0$ 时，$\boldsymbol{G}(t)=\boldsymbol{J}(t)=0$。对各向同性黏弹性体，本构方程往往写成下列形式

$$\left.\begin{aligned}e'_{kl}(t)&=\int_{-\infty}^{t}J_1(t-\tau)\frac{\partial\sigma'_{kl}(\tau)}{\partial\tau}\mathrm{d}\tau\\&=J_1(0)\sigma'_{kl}(t)+\int_0^{\infty}\frac{\partial J_1(t^*)}{\partial t^*}\sigma'_{kl}(t-t^*)\mathrm{d}t^*\\e_{kk}(t)&=\int_{-\infty}^{t}J_2(t-\tau)\frac{\partial\sigma_{kk}(\tau)}{\partial\tau}\mathrm{d}\tau\\&=J_2(0)\sigma_{kk}(t)+\int_0^{\infty}\frac{\partial J_2(t^*)}{\partial t^*}\sigma_{kk}(t-t^*)\mathrm{d}t^*\end{aligned}\right\}\tag{10-42}$$

或

$$\begin{aligned}\sigma'_{kl}(t)&=\int_{-\infty}^{t}G_1(t-\tau)\frac{\partial e'_{kl}(\tau)}{\partial\tau}\mathrm{d}\tau\\&=G_1(0)e'_{kl}(t)+\int_0^{\infty}\frac{\partial G_1(t^*)}{\partial t^*}e'_{kl}(t-t^*)\mathrm{d}t^*\\\sigma_{kk}(t)&=\int_{-\infty}^{t}G_2(t-\tau)\frac{\partial e_{kk}(\tau)}{\partial\tau}\mathrm{d}\tau\\&=G_2(0)e_{kk}(t)+\int_0^{\infty}\frac{\partial G_2(t^*)}{\partial t^*}e_{kk}(t-t^*)\mathrm{d}t^*\end{aligned}\tag{10-43}$$

式中，σ'_{kl} 为应力偏量；e'_{kl} 为小应变偏量。通常还令 $G_1(t)=2G(t)$，$G_2(t)=3K(t)$；$G(t)$ 和 $K(t)$ 为新的松弛函数。实用上常把 $G(t)$ 和 $K(t)$ 用 Prony 级数逼近，即令

$$G(t)=\sum_{k=1}^{m}G_k\mathrm{e}^{-t/\tau_k^*}\quad K(t)=\sum_{k=1}^{m}K_k\mathrm{e}^{-t/\tau_k^*}\tag{10-44}$$

式中，G_k 和 K_k 为常数，由实验确定。对于金属，有时采用 $G(t)/K(t)\approx$ 常数，因而通过实验定出 G_k 后便可确定 K_k。

10.2.4 黏弹性体-线弹性体对应原理

利用拉普拉斯(Laplace)变换,可以得到各向同性线性黏弹性体和线性弹性体的对应原理。

1. 拉普拉斯变换的基本性质

定义函数 $f(t)$ 的拉普拉斯变换 $\bar{f}(s)$ 为

$$\bar{f}(s)=\int_0^\infty f(t)\mathrm{e}^{-st}\mathrm{d}t \tag{10-45a}$$

式中,s 是变换参数,它是复数。如果 $f(t)$ 是分段连续的,当 $t<0$ 时 $f(t)=0$,当 $t\to\infty$ 时 $|f(t)|<M\mathrm{e}^{a_0 t}$,其中 $M>0$,$a_0>0$ 是常数,则在 $\mathrm{Re}s=a>a_0$ 的半平面上 $\bar{f}(s)$ 存在。$\bar{f}(s)$ 的反变换为

$$f(t)=\frac{1}{2\pi i}\int_{a-i\infty}^{a+i\infty}\mathrm{e}^{st}\,\bar{f}(s)\mathrm{d}s\quad (i=\sqrt{-1}) \tag{10-45b}$$

定义两个分段连续的函数 $f(t)$ 和 $g(t)$ 的卷积为

$$f*g=\int_0^t f(t)g(t-\tau)\mathrm{d}\tau \tag{10-46}$$

其拉普拉斯变换式为

$$\bar{f}(s)\,\bar{g}(s)=\int_0^\infty\left[\int_0^t f(t)g(t-\tau)\right]\mathrm{e}^{-st}\mathrm{d}t=\bar{g}(s)\,\bar{f}(s) \tag{10-47}$$

函数 $f(t)$ 的 n 次导数的拉普拉斯变换式为

$$\int_0^\infty\frac{\mathrm{d}^n f(t)}{\mathrm{d}t^n}\mathrm{e}^{-st}\mathrm{d}t=s^n\,\bar{f}(s)-s^{n-1}f(0)-s^{n-2}f^{(1)}(0)-\cdots-sf^{(n-2)}(0)-f^{(n-1)}(0) \tag{10-48}$$

式中,$f^{(k)}(0)$ 为 $\mathrm{d}^k f(t)/\mathrm{d}t^k$ 在 $t=0$ 时的值。

2. 本构方程的拉普拉斯变换

利用式(10-45)、式(10-47)和式(10-48)并利用 $t<0$ 时,$\boldsymbol{e}=\boldsymbol{\sigma}=0$,式(10-42)和式(10-43)的拉普拉斯变换式分别为

$$\left.\begin{aligned}&\bar{e}'_{kl}(s)=s\bar{J}_1(s)\,\bar{\sigma}'_{kl}(s)\quad \bar{e}_{kk}(s)=s\bar{J}_2(s)\,\bar{\sigma}_{kk}(s)\\&\bar{\sigma}'_{kl}(s)=s\bar{G}_1(s)\,\bar{e}'_{kl}(s)\quad \bar{\sigma}_{kk}(s)=s\bar{G}_2(s)\,\bar{e}_{kk}(s)\end{aligned}\right\} \tag{10-49}$$

由式(10-48)和式(10-49)可得到 $\bar{J}_\alpha$ 和 $\bar{G}_\alpha$ 之间的关系

$$s^2\,\bar{J}_{\underset{\sim}{\alpha}}\,\bar{G}_{\underset{\sim}{\alpha}}=1 \tag{10-50}$$

在线弹性力学中,刚度和柔度系数互成反比,这与式(10-49)表示的黏弹性关系不同。但若利用拉普拉斯变换的初值定理和终值定理可证

$$J_{\underset{\sim}{\alpha}}(0)G_{\underset{\sim}{\alpha}}(0)=1\text{ 和 }J_{\underset{\sim}{\alpha}}(\infty)G_{\underset{\sim}{\alpha}}(\infty)=1 \tag{10-51}$$

3. 黏弹性体-线弹性体对应原理

黏弹性体的静力平衡方程，几何方程，边界条件及它们的拉普拉斯变换式分别为

$$\left.\begin{aligned} &\sigma_{kl,l}+f_k=0 \\ &e_{kl}=\frac{1}{2}(u_{k,l}+u_{l,k}) \\ &\sigma_{kl}n_l=p_l \quad \text{在 } a_\sigma \text{ 上} \\ &u_k=\Delta_k \quad \text{在 } a_u \text{ 上} \end{aligned}\right\} \quad \left.\begin{aligned} &\bar{\sigma}_{kl,l}+f_k=0 \\ &\bar{e}_{kl}=\frac{1}{2}(\bar{u}_{k,l}+\bar{u}_{l,k}) \\ &\bar{\sigma}_{kl}n_l=\bar{p}_l \quad \text{在 } a_\sigma \text{ 上} \\ &\bar{u}_k=\bar{\Delta}_k \quad \text{在 } a_u \text{ 上} \end{aligned}\right\} \tag{10-52}$$

如果在本构方程(10-49)中以 $2\bar{G}(s)$ 代换 $\bar{G}_1(s)$，以 $3\bar{K}(s)$ 代换 $\bar{G}_2(s)$，那么由式(10-49)和式(10-52)可以得出，经过拉普拉斯变换后的方程组和线弹性的微分方程组(包括边界条件)完全相同，只须在线弹性方程组中出现常数 G 和 K 的地方代以 $sG(s)$ 和 $sK(s)$ 即可。由此推断，拉普拉斯变换后的黏弹性方程组的解可由相同的线弹性问题的解得到，只须在线弹性解中把 G 和 K 分别用 $sG(s)$ 和 $sK(s)$ 代换。这一对应性通常称为黏弹性——线弹性对应原理。把得到的解 $\boldsymbol{u}(s)$ 和 $\boldsymbol{\sigma}(s)$ 反演，便可得到黏弹性问题的解。但要注意对应原理要求：① 边界不随时间变化；② $\bar{p}_k$、$\bar{u}_k$ 是已知的。因此，对接触问题，裂纹扩展问题等，对应原理需要增加补充条件方可应用。

10.2.5 本构方程的一般微分形式

如从式(10-1)出发，对任何由弹性元和阻尼元构成的复杂系统或模型，一般地可导出下列形式的本构方程

$$P(D)\sigma'(t)=Q(D)e'(t) \quad L(D)\sigma_{kk}(t)=M(D)e_{kk}(t) \tag{10-53}$$

式中，$D=\frac{\mathrm{d}}{\mathrm{d}t}$；$P(D)$、$Q(D)$、$L(D)$ 和 $M(D)$ 为 D 的 4 个多项式。

微分形式和积分形式的本构方程，各具优点，在实际计算中均可应用，两者在一定的条件下可相互转换。

例 2 写出和下列积分形式本构方程

$$\sigma(t)=\int_0^t \Gamma(t-\tau)e(\tau)\mathrm{d}\tau$$

$$\Gamma(t)=E\delta(t)-\frac{E}{\tau_R}\mathrm{e}^{-t/\tau_R}$$

等价的微分形式的本构方程。

解： 因为

$$\int_0^t E\delta(t-\tau)e(\tau)\mathrm{d}\tau=Ee(t) \quad \text{当 } t\geqslant\tau \text{ 时}$$

所以

$$\sigma(t)=Ee(t)-\int_0^t \frac{E}{\tau_R}\mathrm{e}^{-(t-\tau)/\tau_R}e(\tau)\mathrm{d}\tau$$

或

$$\begin{aligned}\dot{\sigma}(t)&=E\,\dot{e}(t)-\frac{E}{\tau_R}e(t)+\int_0^t\frac{E}{\tau_R^2}\mathrm{e}^{-(t-\tau)/\tau_R}e(\tau)\mathrm{d}\tau\\&=E\,\dot{e}(t)-\frac{1}{\tau_R}\left[Ee(t)-\int_0^t\frac{E}{\tau_R}\mathrm{e}^{-(t-\tau)/\tau_R}e(\tau)\mathrm{d}\tau\right]\\&=E\,\dot{e}(t)-\frac{1}{\tau_R}\sigma(t)\\&=E\,\dot{e}(t)-\frac{E}{\eta}\sigma(t)\end{aligned}\tag{10-54}$$

式(10-54)即为麦克斯韦模型的微分形式的本构方程。

10.3 黏弹性体的减退记忆理论

本节将利用减退记忆原理,从简单物质的本构方程直接导出几何非线性的黏弹性体本构方程,进而导出线性理论。在第6章中式(6-56)~式(6-68)给出了用E应力表示的、满足客观性原理的一般简单物质的本构方程,它们是

$$\boldsymbol{\sigma}(X,\ t)=\boldsymbol{R}\mathscr{F}(\boldsymbol{U}^{(t)})\boldsymbol{R}^{\mathrm{T}}$$

$$\bar{\boldsymbol{\sigma}}=\boldsymbol{R}^{\mathrm{T}}\boldsymbol{\sigma}\boldsymbol{R}=\tilde{\mathscr{F}}(\bar{\boldsymbol{C}}_{(t)}^{(t)};\ \boldsymbol{C}(t))\qquad\bar{\boldsymbol{C}}_{(t)}^{(t)}=\boldsymbol{R}^{\mathrm{T}}\boldsymbol{C}_{(t)}^{(t)}\boldsymbol{R}$$

对各向同性简单物质,本构方程由式(10-55)给出,即

$$\boldsymbol{\sigma}=\tilde{\mathscr{F}}(\boldsymbol{C}_{(t)}^{(t)},\ \boldsymbol{B})\tag{10-55}$$

相应的客观性原理为式(6-97),即

$$\tilde{\mathscr{F}}(\boldsymbol{Q}\boldsymbol{C}_{(t)}^{(t)}\boldsymbol{Q}^{\mathrm{T}};\ \boldsymbol{Q}\boldsymbol{B}\boldsymbol{Q}^{\mathrm{T}})=\boldsymbol{Q}\,\tilde{\mathscr{F}}(\boldsymbol{C}_{(t)}^{(t)};\ \boldsymbol{B})\boldsymbol{Q}^{\mathrm{T}}$$

10.3.1 黏弹性体的减退记忆理论

从式(6-68)出发,把 $\bar{\boldsymbol{\sigma}}$ 分成弹性应力 $\bar{\boldsymbol{\sigma}}^{\mathrm{e}}$ 和非弹性应力 $\bar{\boldsymbol{\sigma}}^{\mathrm{i}}$ 两部分,即令

$$\left.\begin{aligned}&\bar{\boldsymbol{\sigma}}=\bar{\boldsymbol{\sigma}}^{\mathrm{e}}+\bar{\boldsymbol{\sigma}}^{\mathrm{i}}\\&\bar{\boldsymbol{\sigma}}^{\mathrm{e}}=\tilde{\mathscr{F}}(\boldsymbol{I},\ \boldsymbol{C})=\boldsymbol{K}_1(\boldsymbol{C})\\&\bar{\boldsymbol{\sigma}}^{\mathrm{i}}=\tilde{\mathscr{F}}(\bar{\boldsymbol{C}}_{(t)}^{(t)};\ \boldsymbol{C})-\boldsymbol{K}_1(\boldsymbol{C})=\boldsymbol{K}_2(\tilde{\boldsymbol{C}}_{(t)}^{(t)};\ \boldsymbol{C})\\&\tilde{\boldsymbol{C}}_{(t)}^{(t)}=\bar{\boldsymbol{C}}_{(t)}^{(t)}-\boldsymbol{I}\quad\boldsymbol{K}_2(0;\ \boldsymbol{I})=0\end{aligned}\right\}\tag{10-56}$$

对静止历史,$\bar{\boldsymbol{C}}_{(t)}^{(t)}=\boldsymbol{I}$,$\tilde{\boldsymbol{C}}_{(t)}^{(t)}=\boldsymbol{0}$,此时只有弹性应力。这一分解相当于在图5-2的模型中只有两个分支,第一个分支是弹性元,第二个分支是阻尼元。

减退记忆原理认为,离现时刻愈远的历史,对现时刻应力的影响愈小。因此定义应变史 $\tilde{\boldsymbol{C}}_{(t)}^{(t)}(t,\ t^*)$ 的范数时要注意到这一因素。引进一表示记忆减退程度的影响函数 $h(t^*)$,它是 t^* 的单调减函数。称 $h(t^*)$ 是 m 阶的,如有

$$\lim_{t^*\to\infty}t^{*m}h(t^*)=0\quad h(t^*)>0\tag{10-57}$$

定义 $\widetilde{\boldsymbol{C}}_{(t)}^{(t)}$ 的范数为

$$\widetilde{\boldsymbol{C}}_{(t)}^{(t)}(t)=\left[\int_0^{\infty}|\widetilde{\boldsymbol{C}}_{(t)}^{(t)}(t,t^*)|^2h^2(t^*)\mathrm{d}t^*\right]^{1/2} \tag{10-58}$$

由于对静止历史 $\widetilde{\boldsymbol{C}}_{(t)}^{(t)}=0$，故其范数为零，所以式(10－58)又表示应变史 $\widetilde{\boldsymbol{C}}_{(t)}^{(t)}$ 相对于静止历史的距离。

设本构泛函 $\boldsymbol{K}_2$ 对 $\widetilde{\boldsymbol{C}}_{(t)}^{(t)}$ 是 Gâteaux n 单独占一个字符 n 次可微的，即设

$$\delta^n\boldsymbol{K}_2=\frac{\mathrm{d}^n}{\mathrm{d}\alpha^n}[\boldsymbol{K}_2(\widetilde{\boldsymbol{C}}_{(t)}^{(t)}+\alpha\delta\widetilde{\boldsymbol{C}}_{(t)}^{(t)};\boldsymbol{C})]_{\alpha=0} \tag{10-59}$$

对所有 $m\leqslant n$ 均存在。把 $\boldsymbol{K}_2$ 相对静止历史展开便得

$$\boldsymbol{K}_2(\widetilde{\boldsymbol{C}}_{(t)}^{(t)};\boldsymbol{C})=\delta\boldsymbol{K}_2(\widetilde{\boldsymbol{C}}_{(t)}^{(t)};\boldsymbol{C})+\frac{1}{2}\delta^2\boldsymbol{K}_2(\widetilde{\boldsymbol{C}}_{(t)}^{(t)};\boldsymbol{C})+\cdots \tag{10-60}$$

把式(10－60)代入式(10－56)得

$$\bar{\boldsymbol{\sigma}}=\boldsymbol{K}_1(C)+\delta\boldsymbol{K}_2(\widetilde{\boldsymbol{C}}_{(t)}^{(t)};\boldsymbol{C})+\frac{1}{2}\delta^2\boldsymbol{K}_2(\widetilde{\boldsymbol{C}}_{(t)}^{(t)};\boldsymbol{C})+\cdots \tag{10-61}$$

由于假设 $\widetilde{\boldsymbol{C}}_{(t)}^{(t)}$ 有界，$\boldsymbol{K}_2$ 是 Gâteaux 可微的，故式(10－61)中的级数收敛。若保留到 $\delta^n\boldsymbol{K}_2$ 的项，便得有 n 阶记忆的黏弹性物质；若只保留到 $\delta\boldsymbol{K}_2$ 的项，便得一次黏弹性物质，但仍可以是几何非线性的，下面着重讨论这种黏弹性物质。

具有有界范数的应变史的集合形成一个希尔伯特(Hilbert)空间，在希尔伯特空间中，根据里斯(Riesz)表现定理，一切线性有界泛函均可表示为内积的形式。由于 $\delta\boldsymbol{K}_2(\widetilde{\boldsymbol{C}}_{(t)}^{(t)};\boldsymbol{C})$ 对 $\widetilde{\boldsymbol{C}}_{(t)}^{(t)}$ 是线性的，因此可表示成下述积分(或内积)形式。

$$\delta\boldsymbol{K}_2(\widetilde{\boldsymbol{C}}_{(t)}^{(t)},\boldsymbol{C})=\int_0^{\infty}K(t^*;\boldsymbol{C}):\widetilde{\boldsymbol{C}}_{(t)}^{(t)}(t,t^*)\mathrm{d}t^* \tag{10-62}$$

式中，$\boldsymbol{K}(t^*;C)$ 是四阶张量，它把二阶对称张量 $\widetilde{C}_{in}^{(t)}$ 变换为另一二阶对称张量，为保证 $\delta\boldsymbol{K}_2$ 有界，应有

$$\left[\int_0^{\infty}|\boldsymbol{K}(t^*;\boldsymbol{C})|^2h(t^*)^{-2}\mathrm{d}t^*\right]^{1/2}<\infty$$

即 $\boldsymbol{K}(t^*;C)$ 是当 $t^*\rightarrow\infty$ 时很快趋于零的函数。

由上述讨论可知，有限变形的线性黏弹性物质的本构方程为

$$\left.\begin{aligned}\bar{\boldsymbol{\sigma}}&=\boldsymbol{K}_1(\boldsymbol{C})+\int_0^{\infty}\boldsymbol{K}(t^*;\boldsymbol{C}):\widetilde{\boldsymbol{C}}_{(t)}^{(t)}(t,t^*)\mathrm{d}t^*\\ \bar{\sigma}_{kl}&=(K_1)_{kl}+\int_0^{\infty}(K)_{klmn}(\widetilde{C}_{(t)}^{(t)})_{mn}\mathrm{d}t^*\end{aligned}\right\} \tag{10-63}$$

对各向同性黏弹性体，从式(6－96)出发，经过类似的推导，可求得其本构方程为

$$\left.\begin{aligned}\boldsymbol{\sigma}&=\boldsymbol{K}_1(\boldsymbol{B})+\int_0^{\infty}\boldsymbol{K}(t^*,\boldsymbol{B}):\bar{\boldsymbol{C}}_{(t)}^{(t)}(t,t^*)\mathrm{d}t^*\\ \sigma_{kl}&=(K_1)_{kl}+\int_0^{\infty}(K)_{klmn}(\bar{\boldsymbol{C}}_{(t)mn}^{(t)}\mathrm{d}t^*)\end{aligned}\right\} \tag{10-64}$$

式中，$\bar{\boldsymbol{C}}_{(i)}^{(t)}(t, t^*)=\boldsymbol{C}_{(i)}^{(t)}-\boldsymbol{I}$。同时，客观性原理要求

$$\left.\begin{aligned}&\boldsymbol{QK}_1(\boldsymbol{B})\boldsymbol{Q}^{\mathrm{T}}=\boldsymbol{K}_1(\boldsymbol{QBQ}^{\mathrm{T}})\\&\boldsymbol{Q}[\boldsymbol{K}(t^*;\boldsymbol{B}):\bar{\boldsymbol{C}}_{(t)}^{(t)}(t, t^*)]\boldsymbol{Q}^{\mathrm{T}}\\&=\boldsymbol{K}(t^*;\boldsymbol{QBQ}^{\mathrm{T}}):[\boldsymbol{Q}\bar{\boldsymbol{C}}_{(t)}^{(t)}(t, t^*)\boldsymbol{Q}^{\mathrm{T}}]\end{aligned}\right\}\tag{10-65}$$

利用式(6-65)，可以得

$$\left.\begin{aligned}&\boldsymbol{S}=\tilde{\mathscr{H}}_1(\boldsymbol{C})+\int_0^{\infty}\boldsymbol{H}(t^*;\boldsymbol{C}):\bar{\boldsymbol{C}}_{(t)}^{(t)}(t, t^*)\mathrm{d}t^*\\&\tilde{\mathscr{H}}_1(\boldsymbol{C})=\tilde{\mathscr{H}}(\boldsymbol{I};\boldsymbol{C})\quad \bar{\boldsymbol{C}}_{(i, t)}^{(t)}(t, t^*)=\boldsymbol{C}_{(t)}^{(t)}-\boldsymbol{I}\end{aligned}\right\}\tag{10-66}$$

式中，$\boldsymbol{H}$ 是四阶张量。

10.3.2 线性黏弹体理论

如果变形无限小，本构方程式(10-63)和式(10-64)可大大简化，由此可导得线性黏弹体理论。在下面的讨论中，令 E 和 L 坐标系一致，因而不再区分大写和小写的下标，而统一用小写的下标。根据第 2 章式(2-12)，有

$$x=X+u-d$$

式中，$\boldsymbol{u}$ 为位移；$\boldsymbol{d}$ 为常值矢量。从而在一级近似程度内，下列诸式成立：

$$\left.\begin{aligned}&F_{kl}=x_{k,l}=\delta_{kl}+u_{k,l}=\delta_{kl}+e_{kl}+\omega_{kl}\quad \boldsymbol{F}=\boldsymbol{I}+\boldsymbol{e}+\boldsymbol{\omega}\\&\boldsymbol{F}^{-1}=\boldsymbol{I}-\boldsymbol{e}-\boldsymbol{\omega}\quad \boldsymbol{F}^{(t)}=\boldsymbol{I}+\boldsymbol{e}^{(t)}+\boldsymbol{\omega}^{(t)}\\&\boldsymbol{C}=\boldsymbol{F}^{\mathrm{T}}\boldsymbol{F}=\boldsymbol{I}+2\boldsymbol{e}\quad \boldsymbol{U}=\boldsymbol{I}+\boldsymbol{e}\quad \boldsymbol{U}^{-1}=\boldsymbol{I}-\boldsymbol{e}\\&\boldsymbol{R}=\boldsymbol{F}\boldsymbol{U}^{-1}=\boldsymbol{I}+\boldsymbol{\omega}\quad \boldsymbol{C}^{(t)}=\boldsymbol{I}+2\boldsymbol{e}^{(t)}\\&\boldsymbol{C}_{(t)}^{(t)}=(\boldsymbol{F}_{(t)}^{(t)})^{\mathrm{T}}\boldsymbol{F}_{(t)}^{(t)}=(\boldsymbol{F}^{(t)}\boldsymbol{F}^{-1})^{\mathrm{T}}(\boldsymbol{F}^{(t)}\boldsymbol{F}^{-1})\\&\quad=\boldsymbol{I}+2[\boldsymbol{e}^{(t)}(t^*)-\boldsymbol{e}(t)]\end{aligned}\right\}\tag{10-67}$$

式中

$$e_{kl}=\frac{1}{2}(u_{k,l}+u_{l,k})\quad \omega_{kl}=\frac{1}{2}(u_{k,l}-u_{l,k})$$

$\tilde{\boldsymbol{C}}_{(t)}^{(t)}(t, t^*)$ 的线性化形式为

$$\tilde{\boldsymbol{C}}_{(t)}^{(t)}(t, t^*)=\boldsymbol{R}^{\mathrm{T}}(t)\boldsymbol{C}_{(t)}^{(t)}(t^*)\boldsymbol{R}(t)-\boldsymbol{I}=2[\boldsymbol{e}^{(t)}(t^*)-\boldsymbol{e}(t)]\tag{10-68}$$

又设 $\boldsymbol{K}_1(\boldsymbol{C})$ 是对 $\boldsymbol{C}$ 连续可微的，在自然状态 $\boldsymbol{C}=\boldsymbol{I}$ 时物体中没有应力，因而可把 $\boldsymbol{K}_1(\boldsymbol{C})$ 在 $\boldsymbol{C}=\boldsymbol{I}$ 处展开成

$$\boldsymbol{K}_1(C)=2\left.\frac{\partial\boldsymbol{K}_1(\boldsymbol{C})}{\partial\boldsymbol{C}}\right|_{C=1}:\boldsymbol{e}(t)=\boldsymbol{L}:\boldsymbol{e}(t)\tag{10-69}$$

把式(10-68)、式(10-69)代入式(10-64)，并计及 $\bar{\boldsymbol{\sigma}}=\boldsymbol{R}^{\mathrm{T}}\boldsymbol{\sigma}\boldsymbol{R}\approx\boldsymbol{\sigma}$，可得

$$\boldsymbol{\sigma}=\boldsymbol{L}:\boldsymbol{e}(t)+2\int_0^{\infty}\boldsymbol{K}(t^*;\boldsymbol{C}):[\boldsymbol{e}^{(t)}(t^*)-\boldsymbol{e}(t)]\mathrm{d}t^*\tag{10-70}$$

再令

$$\left.\begin{aligned}&\boldsymbol{G}(t^*)=-2\int_{t^*}^{\infty}\boldsymbol{K}(s;\boldsymbol{C})\mathrm{d}s\\&\mathrm{d}\boldsymbol{G}(t^*)/\mathrm{d}t^*=2\boldsymbol{K}(t^*;\boldsymbol{C})\\&\boldsymbol{G}(0)=-2\int_{0}^{\infty}\boldsymbol{K}(s;\boldsymbol{C})\mathrm{d}s\end{aligned}\right\}\tag{10-71}$$

把式(10－71)代入式(10－70)，并计及 $\boldsymbol{e}^{(t)}(t^*)=\boldsymbol{e}(t-t^*)$，可得

$$\boldsymbol{\sigma}=(\boldsymbol{L}+\boldsymbol{G}(0)):\boldsymbol{e}(t)+\int_0^{\infty}(\mathrm{d}\boldsymbol{G}(t^*)/\mathrm{d}t^*):\boldsymbol{e}(t-t^*)\mathrm{d}t^*\tag{10-72}$$

比较式(10－72)和式(10－39)知，两者具有相同的形式，是玻尔兹曼积分型的黏弹性体本构方程。反演式(10－72)，可得用 $\boldsymbol{\sigma}$ 的历史表示的 $\boldsymbol{e}(t)$。

10.4 黏弹性体的非线性本构方程

10.4.1 多重积分理论

用内变量理论讨论黏弹性体本构方程的方法是多种多样的。第5章的例8曾讨论过线性黏弹性体本构方程的一种理论，本节将以过去的应变史对静态的偏差 $\boldsymbol{E}^{(t)}-\boldsymbol{I}$ 作为内变量，从而内变量的个数成为无限个，或成为内变量函数。设比自由能是瞬时弹性应变 $\boldsymbol{E}$ 的函数和应变史 $\boldsymbol{E}^{(t)}$ 的泛函数，即

$$f=f(\boldsymbol{E}^{(t)};\boldsymbol{E}(t))\tag{10-73}$$

根据减退记忆原理，仿照式(10－58)，设 $\boldsymbol{E}^{(t)}$ 的范数

$$\|\boldsymbol{E}^{(t)}\|=\left[\int_0^{\infty}\boldsymbol{E}^{(t)}:\boldsymbol{E}^{(t)}h^2(t^*)\mathrm{d}t^*\right]^{1/2}$$

有界，有界的格林应变史的集合组成希尔伯特空间。设 f 对 $\boldsymbol{E}(t)$ 的普通导数和对 $\boldsymbol{E}^{(t)}$ 的 Gâteaux 导数都存在，则它相对于静止历史的展开式可写成

$$\dot{f}=\frac{\partial f}{\partial \boldsymbol{E}}:\dot{\boldsymbol{E}}+\frac{\delta f}{\delta t}\tag{10-74}$$

式中，$\delta f/\delta t$ 表示 f 对 $\boldsymbol{E}^{(t)}$ 的 Gâteaux 导数。

由式(5－68)知，等温情形熵产率的不等式为

$$\boldsymbol{\sigma}:\boldsymbol{D}-\dot{\rho}\hat{f}\geqslant 0\tag{10-75}$$

利用 $\dot{E}_{KL}=D_{mn}x_{m,K}x_{n,L}$，把式(10－74)代入式(10－75)可得下列公式

$$\left(\sigma_{kl}-\rho\frac{\partial f}{\partial E_{MN}}x_{k,M}x_{l,N}\right)D_{kl}-\rho\frac{\delta f}{\delta t}\geqslant 0\tag{10-76}$$

由于式(10－76)对任何 $\boldsymbol{D}$ 成立，因此有

或

$$\left.\begin{aligned}&\sigma_{kl}=\rho\frac{\partial f}{\partial E_{MN}}x_{k,M}x_{l,N}\\&\boldsymbol{\sigma}=\boldsymbol{F}\cdot\rho\frac{\partial f}{\partial\boldsymbol{E}}\cdot\boldsymbol{F}^{\mathrm{T}}\quad-\rho\frac{\delta f}{\partial t}\geqslant 0\end{aligned}\right\}\tag{10-77}$$

式(10-77)第1式便是用自由能表示的本构方程,应力可由自由能对应变的偏导数求得。式(10-77)第2式中的 $-\rho\frac{\delta f}{\delta t}$ 代表耗散能,永不为负。由式(10-74)还可推出 $\frac{\partial f}{\partial\boldsymbol{E}}=\frac{\partial\dot{f}}{\partial\dot{\boldsymbol{E}}}$,因此式(10-77)第1式还可写成

$$\sigma_{kl}=\rho\frac{\partial\dot{f}}{\partial\dot{E}_{MN}}x_{k,M}x_{l,N}\quad\text{或}\quad\boldsymbol{\sigma}=\boldsymbol{F}\cdot\rho\frac{\partial\dot{f}}{\partial\dot{\boldsymbol{E}}}\cdot\boldsymbol{F}^{\mathrm{T}}\tag{10-78}$$

如材料是不可压缩的,则由存在内部约束的本构方程理论可得

$$\boldsymbol{\sigma}=-p\boldsymbol{I}+\boldsymbol{F}\cdot\rho\frac{\partial f_1}{\partial\boldsymbol{E}}\cdot\boldsymbol{F}^{\mathrm{T}}\quad D_{kk}=0\tag{10-79}$$

式中,p 为非确定压力;f_1 为自由能。

由泛函分析知,$\boldsymbol{E}(\tau)$ 的实值连续的纯量值泛函可用 $\boldsymbol{E}(\tau)$ 的实值连续的线性纯量值泛函的多项式去逼近,因此有

$$f=\sum_{i=1}^{n}f_{(i)}+\sum_{i=1}^{n}\sum_{j=1}^{n}f_{(i)}f_{(j)}+\cdots\tag{10-80}$$

式中,$f_{(i)}$ 为 $\boldsymbol{E}^{(t)}(t^*)$ 或 $\boldsymbol{E}(\tau)$ 的线性泛函,由里斯表现定理知,$f_{(i)}$ 可表示为

$$f_{(i)}=\int_0^{\infty}E_{kl}^{(t)}(t^*)\mathrm{d}G_{kl}^{(i)}(t^*)=\int_0^{\infty}E_{KL}(t-t^*)\mathrm{d}G_{KL}^{(i)}(t^*)\tag{10-81a}$$

通过分部积分,计及 $E_{KL}(-\infty)=0$,并令 $t-t^*=\tau$,则式(10-81a)还可写成

$$f_{(i)}=\int_{-\infty}^{t}G_{KL}^{(i)}(t-\tau)\frac{\partial E_{KL}(\tau)}{\partial\tau}\mathrm{d}\tau\tag{10-81b}$$

把式(10-81b)代入式(10-80)可得其首次形式为

$$\begin{aligned}f=&\int_{-\infty}^{t}G_{KL}(t-\tau)\frac{\partial E_{KL}(\tau)}{\partial\tau}\mathrm{d}\tau+\\&\int_{-\infty}^{t}\int_{-\infty}^{t}G_{KLMN}(t-\tau,t-\eta)\frac{\partial E_{KL}(\tau)}{\partial\tau}\frac{\partial E_{MN}(\eta)}{\partial\eta}\mathrm{d}\tau\,\mathrm{d}\eta+\cdots\end{aligned}\tag{10-82}$$

式中,$G_{KL}(t-\tau)$、$G_{KLMN}(t-\tau,t-\eta)$ 由材料性质决定,且具有减退记忆的特点。对各向同性黏弹性体,Wineman 和 Pipkin 指出,f 应是下述应变史 $\boldsymbol{E}^{(t)}$ 的6个不变量的函数

$$\mathrm{tr}\,\boldsymbol{E}^{(t)}(t^*)\quad\mathrm{tr}[\boldsymbol{E}^{(t)}(t_1^*)\boldsymbol{E}^{(t)}(t_2^*)]\quad\cdots$$

$$\mathrm{tr}[\boldsymbol{E}^{(t)}(t_1^*)\boldsymbol{E}^{(t)}(t_2^*)\cdots\boldsymbol{E}^{(t)}(t_b^*)]$$

因此,对各向同性黏弹性体,式(10-82)化为

$$f=\int_{-\infty}^{t} G(t-\tau)\frac{\partial E_{KK}(\tau)}{\partial \tau}\mathrm{d}\tau+\int_{-\infty}^{t}\int_{-\infty}^{t} G_2(t-\tau,\ t-\eta)\frac{\partial E_{KK}(\tau)}{\partial \tau}\frac{\partial E_{LL}(\eta)}{\partial \eta}\mathrm{d}\tau\mathrm{d}\eta+\int_{-\infty}^{t}\int_{-\infty}^{t} G_1(t-\tau,\ t-\eta)\frac{\partial E_{KL}(\tau)}{\partial \tau}\frac{\partial E_{KL}(\eta)}{\partial \eta}\mathrm{d}\tau\mathrm{d}\eta+\cdots \tag{10-83}$$

有了 f 的表达式后，便可由式(10－77)或式(10－79)求应力 $\boldsymbol{\sigma}$。由此得到的本构方程是几何非线性和物理非线性的。

由式(3－42)知，$\boldsymbol{\sigma}=J\boldsymbol{FSF}^{\mathrm{T}}$，而 $J=\rho/\rho_0$，所以式(10－77)和式(10－78)又可写成

$$\boldsymbol{S}=\rho_0\partial f/\partial \boldsymbol{E}=\rho_0\partial \dot{f}/\partial \dot{\boldsymbol{E}} \tag{10-84}$$

例 3 导出简单剪切时不可压缩物质的本构方程。

解: 设 E 和 L 坐标系一致，并设运动规律为

$$x_1=X_1+K(t)X_2 \quad x_2=X_2 \quad x_3=X_3 \tag{10-85}$$

并设 $x_3=$常数的边界上无外力作用。自由能选为

$$\rho f=\int_{-\infty}^{t}\int_{-\infty}^{t} G_2(t-\tau,\ t-\eta)\frac{\partial E_{KK}(\tau)}{\partial \tau}\frac{\partial E_{LL}(\eta)}{\partial \eta}\mathrm{d}\tau\mathrm{d}\eta+\int_{-\infty}^{t}\int_{-\infty}^{t} G_1(t-\tau,\ t-\eta)\frac{\partial E_{KL}(\tau)}{\partial \tau}\frac{\partial E_{KL}(\eta)}{\partial \eta}\mathrm{d}\tau\mathrm{d}\eta \tag{10-86}$$

式中，G_2、G_1 为松弛函数，且满足下述关系：

$$\left.\begin{aligned}&G_2(\tau,\ \eta)=0 \quad G_1(\tau,\ \eta)=0 \quad \text{当}\ \tau<0\ \text{或}\ \eta<0\ \text{时}\\&G_2(\tau,\ \eta)=G_2(\eta,\ \tau) \quad G_1(\tau,\ \eta)=G_1(\eta,\ \tau)\end{aligned}\right\} \tag{10-87}$$

由式(10－85)得

$$\boldsymbol{F}=\begin{bmatrix}1 & K(t) & 0\\0 & 1 & 0\\0 & 0 & 1\end{bmatrix} \quad \boldsymbol{E}=\frac{1}{2}\begin{bmatrix}0 & K(t) & 0\\K(t) & K^2(t) & 0\\0 & 0 & 0\end{bmatrix} \tag{10-88}$$

结合式(10－79)和式(10－88)，并计及 $\partial f/\partial \boldsymbol{E}=\partial \dot{f}/\partial \dot{\boldsymbol{E}}$，不可压缩物质的本构方程便化为

$$\left.\begin{aligned}\sigma_{11}&=-p+\rho\partial \dot{f}/\partial \dot{E}_{11}+K^2(t)\rho\partial \dot{f}/\partial \dot{E}_{22}+\\&\quad K(t)\rho(\partial \dot{f}/\partial \dot{E}_{12}+\partial \dot{f}/\partial \dot{E}_{21})\\\sigma_{22}&=-p+\rho\partial \dot{f}/\partial \dot{E}_{22}\\\sigma_{33}&=-p+\rho\partial \dot{f}/\partial \dot{E}_{33}\\\sigma_{12}&=K(t)\rho\partial \dot{f}/\partial \dot{E}_{22}+\rho\partial \dot{f}/\partial \dot{E}_{12}\\\sigma_{23}&=\rho\partial \dot{f}/\partial \dot{E}_{23}\\\sigma_{31}&=\rho\partial f/\partial \dot{E}_{31}\end{aligned}\right\} \tag{10-89}$$

按 $x_3=$常数的边界上 $\sigma_{33}(t)=0$ 的条件，对于本问题讨论的均匀变形问题可证处处有

$\sigma_{33}(t)=0$，因而可由式(10－89)第3式解出 p：

$$p=\rho\partial\dot{f}/\partial\dot{E}_{33} \tag{10-90}$$

由式(10－86)得

$$\begin{aligned}\dot{\rho}f=&2\dot{E}_{LL}\int_{-\infty}^{t}G_2(t-\tau,\ 0)\frac{\partial E_{KK}(\tau)}{\partial\tau}\mathrm{d}\tau+\\&\int_{-\infty}^{t}\int_{-\infty}^{t}\frac{\mathrm{d}}{\mathrm{d}t}\left[G_2(t-\tau,\ t-\eta)\frac{\partial E_{KK}(\tau)}{\partial\tau}\frac{\partial E_{LL}(\eta)}{\partial\eta}\right]\mathrm{d}\tau\mathrm{d}\eta+\\&2\dot{E}_{KL}\int_{-\infty}^{t}G_1(t-\tau,\ 0)\frac{\partial E_{KL}(\tau)}{\partial\tau}\mathrm{d}\tau+\\&\int_{-\infty}^{t}\int_{-\infty}^{t}\frac{\mathrm{d}}{\mathrm{d}t}\left[G_1(t-\tau,\ t-\eta)\frac{\partial E_{KL}(\tau)}{\partial\tau}\frac{\partial E_{KL}(\eta)}{\partial\eta}\right]\mathrm{d}\tau\mathrm{d}\eta\end{aligned} \tag{10-91}$$

把式(10－90)和式(10－91)代入式(10－89)可得

$$\left.\begin{aligned}&\sigma_{11}(t)=K^2(t)\int_{-\infty}^{t}[G_2(t-\tau,\ 0)+G_1(t-\tau,\ 0)](\partial K^2(\tau)/\partial\tau)\mathrm{d}\tau+\\&2K(t)\int_{-\infty}^{t}G_1(t-\tau,\ 0)(\partial K(\tau)/\partial\tau)\mathrm{d}\tau\\&\sigma_{22}(t)=\int_{-\infty}^{t}G_1(t-\tau,\ 0)(\partial K^2(\tau)/\partial\tau)\mathrm{d}\tau\\&\sigma_{12}(t)=K(t)\int_{-\infty}^{t}[G_2(t-\tau,\ 0)+G_1(t-\tau,\ 0)](\partial K^2(\tau)/\partial\tau)\mathrm{d}\tau+\\&\int_{-\infty}^{t}G_1(t-\tau,\ 0)(\partial K(\tau)/\partial\tau)\mathrm{d}\tau\\&\sigma_{23}=\sigma_{31}=\sigma_{33}=0\end{aligned}\right\} \tag{10-92}$$

$G_1(\tau)$、$G_2(\tau)$ 一旦由实验确定，上述本构方程便可实际应用。

在由式(10－28)、式(10－29)和式(10－39)表示的线性黏弹体的本构关系中，蠕变函数 $J(t-\tau)$ 和松弛函数 $E(t-\tau)$ 是单变量 $t-\tau$ 的函数，与外力作用的时间 τ 无关，这一特点与9.8节中讨论的具有恒定伸长史的黏弹性流体有类似之处。而由式(10－83)表示的非线性本构方程，不仅与 $t-\tau$ 有关，还与 τ 本身相关，例如水泥等材料，浇注后的初期表现得相当明显。作为多重积分形式的非线性本构关系，对一维情形一般也可表示为

$$\begin{aligned}\varepsilon(t)=&\int_0^t J_1(t-\tau_1)\frac{\partial\sigma(\tau_1)}{\partial\tau_1}\mathrm{d}\tau_1+\\&\int_0^t\int_0^t J_2(t-\tau_1,\ t-\tau_2)\frac{\partial\sigma(\tau_1)}{\partial\tau_1}\frac{\partial\sigma(\tau_2)}{\partial\tau_2}\mathrm{d}\tau_1\mathrm{d}\tau_2+\\&\int_0^t\int_0^t\int_0^t J_3(t-\tau_1,\ t-\tau_2,\ t-\tau_3)\frac{\partial\sigma(\tau_1)}{\partial\tau_1}\frac{\partial\sigma(\tau_2)}{\partial\tau_2}\frac{\partial\sigma(\tau_3)}{\partial\tau_3}\mathrm{d}\tau_1\mathrm{d}\tau_2\mathrm{d}\tau_3+\cdots\end{aligned} \tag{10-93}$$

或

$$
\begin{aligned}
\sigma(t) = & \int_0^t E_1(t-\tau_1)\frac{\partial\varepsilon(\tau_1)}{\partial\tau_1}\mathrm{d}\tau_1 + \\
& \int_0^t\int_0^t E_2(t-\tau_1, t-\tau_2)\frac{\partial\varepsilon(\tau_1)}{\partial\tau_1}\frac{\partial\varepsilon(\tau_2)}{\partial\tau_2}\mathrm{d}\tau_1\mathrm{d}\tau_2 + \\
& \int_0^t\int_0^t\int_0^t E_3(t-\tau_1, t-\tau_2, t-\tau_3)\frac{\partial\varepsilon(\tau_1)}{\partial\tau_1}\frac{\partial\varepsilon(\tau_2)}{\partial\tau_2}\frac{\partial\varepsilon(\tau_3)}{\partial\tau_3}\mathrm{d}\tau_1\mathrm{d}\tau_2\mathrm{d}\tau_3 + \cdots
\end{aligned}
\tag{10-94}
$$

10.4.2 非线性本构方程的单积分形式

由上面讨论知，多重积分的本构方程非常复杂，不利于实际应用，因而寻求更简单的单积分形式便是顺理成章之事。这些理论有的从不可逆热力学理论出发，有的从推广线弹性理论出发，结合实验资料，给出半理论半经验的实用公式。

1. Shapery 方程

在单轴等温小应变条件下为

$$
\left.
\begin{aligned}
& e(t) = g_0 J(0)\sigma(t) + g_1\int_0^t J(\gamma-\gamma')\frac{\partial}{\partial\tau}[g_2\sigma(\zeta)]\mathrm{d}\zeta \\
& \sigma(t) = h_0(0)e(t) + h_1\int_0^t G(\rho-\rho')\frac{\partial}{\partial\tau}[h_2 e(\zeta)]\mathrm{d}\zeta \\
& \gamma(\zeta) = \int_0^\zeta \frac{\mathrm{d}\tau}{a_\sigma[\sigma(\tau)]} \quad \rho(\zeta) = \int_0^\zeta \frac{\mathrm{d}\tau}{a_e[e(\tau)]}
\end{aligned}
\right\}
\tag{10-95}
$$

式中，g_0、g_1、g_2、a_σ 是应力的函数；h_0、h_1、h_2、a_e 是应变的函数，由材料性质决定；$\gamma(\zeta)$ 和 $\rho(\zeta)$ 为折算时间，计及不同应力或应变路经对材料性质影响的不同而引入的量。

2. BKZ 方程

对各向同性体有

$$
\begin{aligned}
\sigma_{ij}(t) = & -p\delta_{ij} + x_{i,K}x_{i,L}[m\delta_{KL} + k\delta_{KL}E_{pp}(t) + 2\mu E_{KL}(t) - \\
& \delta_{KL}\int_{-\infty}^t a(t-\zeta)E_{pp}(\zeta)\mathrm{d}\zeta - 2\int_{-\infty}^t b(t-\zeta)E_{KL}(\zeta)\mathrm{d}\zeta]
\end{aligned}
\tag{10-96}
$$

式中，m、k、μ 为材料常数；$a(t)$ 和 $b(t)$ 为由材料性质决定的函数。对各向异性体可以写成

$$
\sigma_{ij}(t) = -p\delta_{ij} + x_{i,K}x_{,LL}\left[m_{KL} + k_{KLMN}E_{MN}(t) - \int_{-\infty}^t G_{KLMN}(t-\tau)E_{MN}(\tau)\mathrm{d}\tau\right]
\tag{10-97}
$$

式中，m_{KL}、k_{KLMN} 为常数；$G_{KLMN}(t)$ 为由材料性质决定的函数。

3. Christensen 方程

$$
\sigma_{ij}(t) = -p\delta_{ij} + x_{i,K}x_{j,L}\left[g_0\delta_{KL} + \int_0^t g_1(t-\tau)\dot{E}_{KL}(\tau)\mathrm{d}\tau\right]
\tag{10-98}
$$

式中，g_0 为材料常数；$g_1(t)$ 为由材料性质决定的函数。

10.4.3 基于蠕变硬化面概念的蝉变本构方程

单轴蠕变本构方程可以写成

$$\dot{e}^c = f(q, \sigma)\mathrm{sgn}[\sigma] \quad \dot{q} = |\dot{e}^c| \tag{10-99}$$

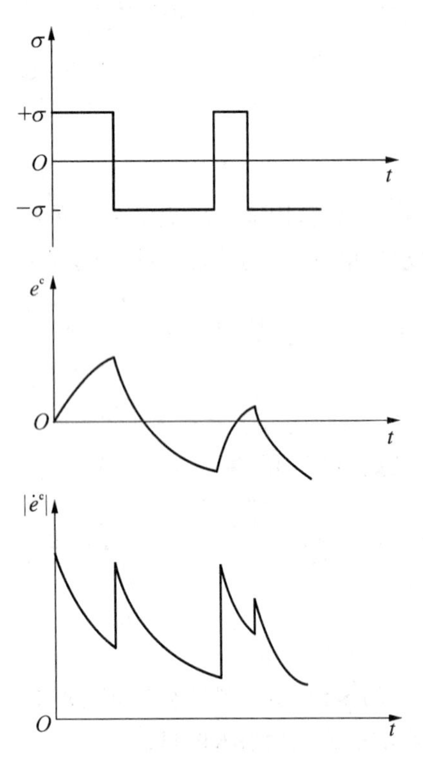

图 10-7 应力反向时的蠕变应变和蠕变应变率

式中，e^c 为蠕变应变；q 为累积蠕变应变绝对值，取作纯量内变量；sgn 表示仅取其后方括号中变量的符号。实验研究发现在复杂应力状态下，当应力空间的应力路径突然改变方向时，在后继应变的一定范围内，不但引起应力和蠕变率的不共轴性，而且蠕变率有明显增加，或材料发生软化，随后蠕变应变率又逐步降低到无反向应力时的情形，如图 10-7 所示。对于这类复杂的问题，连续介质力学的方法须结合材料微观组织分析的方法，才能给出符合实际的理论。上述现象一种理想化的解释方法如下：应力沿一个方向增加时，材料中的位错数将增加且在一些障碍处塞积，引起材料硬化；当应力反向时，这些位错将逐次反向运动，开始时阻力较小，随后随反向塞积程度的增加，材料硬化阻力再次增加。这种微观机理的分析，导致引入蠕变硬化面的概念。引入蠕变硬化函数 g，则

$$g = (e^c - \alpha)^2 - \rho^2 \leqslant 0 \tag{10-100}$$

式中，α 和 ρ 为表示材料微观组织演变的内变量，称 $g = 0$ 为蠕变硬化面或界限面，在此闭合曲面内部 $g < 0$，α 为这一区域或范围的中心，2ρ 为其大小。仅当蠕变应变点位于硬化面上且向外运动时，硬化面才会扩张，因此 ρ 的演化方程可设为

$$\dot{\rho} = \begin{cases} \lambda\,|\dot{e}^c| & g = 0 \quad 和 \quad (\partial g/\partial e^c)\,\dot{e}^c > 0 \\ 0 & g < 0 \quad 或 \quad (\partial g/\partial e^c)\,\dot{e}^c \leqslant 0 \end{cases} \tag{10-101}$$

式中，λ 是材料常数。由一致性原理，对硬化面有 $g = 0$，$g + \mathrm{d}g = 0$ 或 $\mathrm{d}g = 0$，因此由式(10-100)和式(10-101)推出 α 的演化方程为

$$\dot{\alpha} = \begin{cases} (1-\lambda)\,\dot{e}^c & g = 0 \quad 和 \quad (\partial g/\partial e^c)\,\dot{e}^c > 0 \\ 0 & g = 0 \quad 或 \quad (\partial g/\partial e^c)\,\dot{e}^c \leqslant 0 \end{cases} \tag{10-102}$$

设 $0 \leqslant t < t_1$ 范围，应力单调变化，由式(10-99)可得

$$q = |e^c| = (1/\lambda)\rho \quad (0 \leqslant t < t_1) \tag{10-103a}$$

在 $t = t_1$ 时应力反向，设反向运动的可动位错密度非常大，使 $|q|$ 瞬时降到零，随后又(反向)继续增长，$t = t_2$ 时到达另一方向的硬化面上，在 $t_1 \leqslant t < t_2$ 范围不会产生新的硬化，但 $t = t_2$ 时能记住 $t = t_1$ 时的硬化特性，$t > t_2$ 后如应力不再反向，则有

$$q = | e^{c}(t_1) | + | e^{c}(t) - e^{c}(t_2) | = (1/\lambda)\rho \quad (t \geqslant t_2) \tag{10-103b}$$

式(10－103b)明显表示 $t=t_2$ 时 $q=|e^{c}(t_1)|$，即记住 $t=t_1$ 时的硬化特性。在 $t_1 \leqslant t < t_2$ 之间产生软化现象，有

$$q = (1/2\lambda) | e^{c} - (\alpha + \rho) | = (1/2\lambda)[\rho - (e^{c} - \alpha)] \quad (t_1 \leqslant t < t_2) \tag{10-103c}$$

式(10－103c)表明，$t=t_1$ 时因 $e^{c}=\alpha+\rho$ 而有 $q=0$，$t=t_2$ 时因 $e^{c}=\alpha-\rho$ 而有 $q=(1/\lambda)\rho$。式(10－103a)和式(10－103c)可统一写成

$$q = (1/2\lambda)\rho + \mathrm{sgn}[\sigma(e^{c} - \alpha)](1/2\lambda) | e^{c} - \alpha | \tag{10-104}$$

上述一维情形的本构方程，在合适的假设下可以推广到三维情形，读者可参阅有关文献。从本节简短的讨论可以认识到，对复杂加载下固体的非弹性变形，由于其与变形路径的明显相关，使问题变得十分复杂，需要积累大量的实验数据和提出合适的理论。

10.5 积分型本构方程的增量形式

在实际计算中，通常采用积分型本构方程的增量形式进行数值计算，本节将做简要讨论。

10.5.1 线性理论的增且形式

按通常的习惯，在式(10－43)中取 $G_1(t)=2G(t)$，$G_2(t)=3K(t)$，则小变形时的线性本构方程为

$$\left.\begin{aligned}\sigma'_{kl}(t) &= 2\int_{-\infty}^{t} G(t-\tau)\frac{\partial e'_{kl}(\tau)}{\partial \tau}\mathrm{d}\tau \\ \sigma_{kk}(t) &= 3\int_{-\infty}^{t} K(t-\tau)\frac{\partial e_{kk}(\tau)}{\partial \tau}\mathrm{d}\tau\end{aligned}\right\} \tag{10-105a}$$

而在 $t+\Delta t$ 时有

$$\left.\begin{aligned}\sigma'_{kl}(t+\Delta t) &= 2\int_{-\infty}^{t+\Delta t} G(t+\Delta t-\tau)\frac{\partial e'_{kl}(\tau)}{\partial \tau}\mathrm{d}\tau \\ \sigma_{kk}(t+\Delta t) &= 3\int_{-\infty}^{+\Delta t} K(t+\Delta t-\tau)\frac{\partial e_{kk}(\tau)}{\partial \tau}\mathrm{d}\tau\end{aligned}\right\} \tag{10-105b}$$

由式(10－105a)和(10－105b)可得

$$\begin{aligned}\Delta\sigma'_{kl}(t) &= \sigma'_{kl}(t+\Delta t) - \sigma'_{kl}(t) \\ &= 2\left\{\int_{-\infty}^{t}[G(t+\Delta t-\tau) - G(t-\tau)]\frac{\partial e'_{kl}(\tau)}{\partial \tau}\mathrm{d}\tau + \right. \\ &\qquad \left.\int_{t}^{t+\Delta t} G(t+\Delta t-\tau)\frac{\partial e'_{kl}(\tau)}{\partial \tau}\mathrm{d}\tau\right\} \\ \Delta\sigma_{kk}(t) &= \sigma_{kk}(t+\Delta t) - \sigma_{kk}(t) \\ &= 3\left\{\int_{-\infty}^{t}[K(t+\Delta t-\tau) - K(t-\tau)]\frac{\partial e_{kk}(\tau)}{\partial \tau}\mathrm{d}\tau + \right. \\ &\qquad \left.\int_{t}^{t+\Delta t} K(t+\Delta t-\tau)\frac{\partial e_{kk}(\tau)}{\partial \tau}\mathrm{d}\tau\right\}\end{aligned} \tag{10-106}$$

设 $G(t)$、$K(t)$ 可表示为式(10-44)形式的级数或 Prony 级数,即设

$$G(t)=\sum_{p=1}^{m}G_p e^{-\alpha_p t}\quad K(t)=\sum_{p=1}^{m}K_p e^{-\beta_p t}\tag{10-107}$$

式中,G_p、K_p、α_p 和 β_p 均为常数。把式(10-107)代入式(10-106),整理后得

$$\left.\begin{aligned}\Delta\sigma'_{kl}(t)&=2\sum_{p=1}^{m}G_p\frac{1-e^{-\alpha_p\Delta t}}{\alpha_p\Delta t}\Delta e'_{kl}-\sum_{p=1}^{m}(1-e^{-\alpha_p\Delta t})\sigma_{kl}^{(p)\prime}(t)\\ \Delta\sigma_{kk}(t)&=3\sum_{p=1}^{m}K_p\frac{1-e^{-\beta_p\Delta t}}{\beta_p\Delta t}\Delta e_{kk}-\sum_{p=1}^{m}(1-e^{-\beta_p\Delta t})\sigma_{kk}^{(p)}(t)\end{aligned}\right\}\tag{10-108}$$

式中

$$\left.\begin{aligned}\sigma_{k}^{(p)\prime}(t)&=2\int_{-\infty}^{t}G_p e^{-\alpha_p(t-\tau)}\frac{\partial e'_{kl}(\tau)}{\partial\tau}d\tau\\ \sigma_{kk}^{(p)}(t)&=3\int_{-\infty}^{t}K_p e^{-\beta_p(t-\tau)}\frac{\partial e_{kk}(\tau)}{\partial\tau}d\tau\end{aligned}\right\}\tag{10-109}$$

式中,$\sigma_{k}^{(p)\prime}$和 $\sigma_{kk}^{(p)}$ 分别为和 Prony 级数中第 p 个模式对应的时刻 t 的欧拉应力分量,它们在数值分析中是已知量,作为初应力处理。

如 $\alpha_p\Delta t\ll 1$,由式(10-108)可得出

$$\left.\begin{aligned}&\Delta\sigma'_{kl}(t)=2\sum_{p=1}^{m}G_p\Delta e'_{kl}(t)-\\ &2\sum_{p=1}^{m}G_p\alpha_p\Delta t\int_{-\infty}^{t}e^{-\alpha_p(t-\tau)}\frac{\partial e'_{kl}(\tau)}{\partial\tau}d\tau\\ &\Delta\sigma_{kk}(t)=3\sum_{p=1}^{m}K_p\Delta e_{kk}(t)-\\ &3\sum_{p=1}^{m}K_p\beta_p\Delta t\int_{-\infty}^{t}e^{-\beta_p(t-\tau)}\frac{\partial e_{kk}(\tau)}{\partial\tau}d\tau\end{aligned}\right\}\tag{10-110}$$

若把式(10-105a)对时间求导,可得应力增率形式的本构方程

$$\left.\begin{aligned}\dot\sigma'_{kl}(t)&=2G(0)\,\dot e'_{kl}(t)+2\int_{-\infty}^{t}\frac{\partial G(t-\tau)}{\partial t}\frac{\partial e'_{kl}(\tau)}{\partial\tau}d\tau\\ \dot\sigma_{kk}(t)&=3K(0)\,\dot e_{kk}(t)+3\int_{-\infty}^{t}\frac{\partial K(t-\tau)}{\partial t}\frac{\partial e_{kk}(\tau)}{\partial\tau}d\tau\end{aligned}\right\}\tag{10-111}$$

再把式(10-111)乘以 Δt,也可得到式(10-110)。

在实际计算中,当在式(10-107)中取的项数较多时,例如7~8项时,往往 α_1 和 α_8 会差好几个数量级,此时若要使全部 $\alpha_k\Delta t\to 0$,Δt 就要取得非常小,以致实际计算时很难做到,故往往采用式(10-109)进行计算。但若 $G(t)$、$K(t)$ 采用表格函数或其他合适的近似表达式时,式(10-110)同样可以应用。

10.5.2 有限变形理论的增量形式

对有限变形的情形,推导各向同性黏弹性体的本构方程可以从式(10-64)或(10-78)出

发。但更方便的是在式(10-105a)中以 K 应力 $\boldsymbol{S}$ 代替 $\boldsymbol{\sigma}$，以格林应变 $\boldsymbol{E}$ 代替小应变，这相当于在式(10-84)中取一特殊的自由能 f，从而有

$$\left.\begin{aligned}S'_{KL}&=2\int_{-\infty}^{t}\widetilde{G}(t-\tau)\frac{\partial E'_{KL}(\tau)}{\partial\tau}\mathrm{d}\tau\\S_{KK}&=3\int_{-\infty}^{t}\widetilde{K}(t-\tau)\frac{\partial E_{KK}(\tau)}{\partial\tau}\mathrm{d}\tau\end{aligned}\right\}\tag{10-112}$$

式中，$\widetilde{G}(\tau)$、$\widetilde{K}(\tau)$ 是采用 $\boldsymbol{S}$ 和 $\boldsymbol{E}$ 系统时的松弛函数。显然不同于式(10-105a)中的 $G(\tau)$ 和 $K(\tau)$。

按照第2章和第3章所介绍的，式(10-112)的增量形式有两种，它们分别是由 TLD 法和 ULD 法所得到的方程。

在 TLD 法中，$\Delta\boldsymbol{S}=\boldsymbol{S}(t+\Delta t)-\boldsymbol{S}(t)$，$\Delta\boldsymbol{E}$ 由式(4-46)确定。由于始终把初始构形选作参照构形，易于得到其增量型的本构方程

如采用

$$\left.\begin{aligned}\Delta S'_{KL}(t)=2\Big\{&\int_{-\infty}^{t}[\widetilde{G}(t+\Delta t-\tau)-\widetilde{G}(t-\tau)]\cdot\frac{\partial E'_{KL}(\tau)}{\partial\tau}\mathrm{d}\tau+\\&\int_{t}^{t+\Delta t}\widetilde{G}(t+\Delta t-\tau)\frac{\partial E'_{KL}(\tau)}{\partial\tau}\mathrm{d}\tau\\\Delta S_{KK}(t)=3\Big\{&\int_{-\infty}^{t}[\widetilde{K}(t+\Delta t-\tau)-\widetilde{K}(t-\tau)]\cdot\frac{\partial E_{KK}(\tau)}{\partial\tau}\mathrm{d}\tau+\\&\int_{t}^{t+\Delta t}\widetilde{K}(t+\Delta t-\tau)\frac{\partial E_{KK}(\tau)}{\partial\tau}\mathrm{d}\tau\Big\}\end{aligned}\right\}\tag{10-113}$$

如采用

$$\widetilde{G}(t)=\sum_{p=1}^{m}\widetilde{G}_p\mathrm{e}^{-\alpha}p^{t}\qquad\widetilde{K}(t)=\sum_{p=1}^{m}\widetilde{K}_p\mathrm{e}^{-\beta_p t}\tag{10-114}$$

则式(10-114)可化为和式(10-108)完全类似的形式

$$\left.\begin{aligned}\Delta S'_{KL}(t)=2\sum_{p=1}^{m}\widetilde{G}_p\frac{1-\mathrm{e}^{-\alpha_p\Delta t}}{\alpha_p\Delta t}\Delta E'_{KL}-\\\sum_{p=1}^{m}(1-\mathrm{e}^{-\alpha_p\Delta t})S_{KL}^{(p)\prime}(t)\\\Delta S_{KK}(t)=3\sum_{p=1}^{m}\widetilde{K}_p\frac{1-\mathrm{e}^{-\beta_p\Delta t}}{\beta_p\Delta t}\Delta E_{KK}-\\\sum_{p=1}^{m}(1-\mathrm{e}^{-\beta_p\Delta t})S_{KK}^{(p)}(t)\end{aligned}\right\}\tag{10-115}$$

式中

$$\left.\begin{aligned}S_{KL}^{(p)\prime}&=2\int_{-\infty}^{t}\widetilde{G}_p\mathrm{e}^{-\alpha_p(\tau-\tau)}\frac{\partial E'_{KL}(\tau)}{\partial\tau}\mathrm{d}\tau\\S_{KK}^{(p)}&=3\int_{-\infty}^{t}\widetilde{K}_p\mathrm{e}^{-\beta_p(t-\tau)}\frac{\partial E_{KK}(\tau)}{\partial\tau}\mathrm{d}\tau\end{aligned}\right\}\tag{10-116}$$

式中，$S_{KL}^{(p)\prime}$ 和 $S_{KK}^{(p)}$ 分别为和 Prony 级数中第 p 个模式对应的 t 时刻的 Kirohhoff 应力分量，因而是已知量。

求出 $\boldsymbol{S}$ 后，由式(3-42)可求出 $\boldsymbol{\sigma}$。

在 ULD 法中，以第 N 步的构形为参照构形，在此构形中取 $\boldsymbol{S}_{(N)}=\boldsymbol{\sigma}$。第 N 步到第 $N+1$ 步的 $\boldsymbol{S}$ 和 $\boldsymbol{E}$ 的增量记为 $\Delta\boldsymbol{S}_{(N)}$ 和 $\Delta\boldsymbol{E}_{(N)}$；$\Delta\boldsymbol{S}_{(N)}$ 和 $\Delta\boldsymbol{S}$ 的关系由式(4-66)确定，$\Delta\boldsymbol{E}_{(N)}$ 和 $\Delta\boldsymbol{E}$ 的关系由式(4-50)确定，$\Delta\boldsymbol{E}_{(N)}$ 由式(4-48)确定

$$\Delta S_{(N)kl}=J(t_N)z_{k,M}z_{l,N}\Delta S_{MN}\approx J(t_N)x_{k,M}x_{l,N}\Delta S_{MN}$$

$$\Delta E_{KL,}=z_{p,k}z_{q,L}\Delta E_{(N)pq}\approx x_{p,K}x_{q,L}\Delta E_{(N)pq}$$

而 $\boldsymbol{S}$ 和 $\boldsymbol{\sigma}$ 的关系由式(3-42)确定，即 $\sigma_{kl}=Jx_{k,M}x_{l,N}S_{MN}$。

把上列诸式代入式(10-115)可得

$$\left.\begin{aligned}\Delta S'_{(N)kl}(t)&=2J(t_N)x_{k,M}x_{l,N}x_{r,M}x_{s,N}\sum_{p=1}^{m}\widetilde{G}_p\cdot\frac{1-\mathrm{e}^{-\alpha_p\Delta t}}{\alpha_p\Delta t}\Delta E'_{(N)rs}-\\&\quad\sum_{p=1}^{m}(1-\mathrm{e}^{-\alpha_p\Delta t})\sigma_{kl}^{(p)\prime}(t)\\\Delta S_{(N)kt}(t)&=3J(t_N)x_{k,M}x_{k,M}x_{r,N}x_{r,N}\sum_{p=1}^{m}\widetilde{K}_p\cdot\frac{1-\mathrm{e}^{-\beta_p\Delta t}}{\beta_p\Delta t}\Delta E_{(N)q}-\\&\quad\sum_{p=1}^{m}(1-\mathrm{e}^{-\beta_p\Delta t})\sigma_{kk}^{(p)}(t)\end{aligned}\right\}\tag{10-117}$$

在 ULD 法中，还可用 $\Delta\boldsymbol{\sigma}^{\mathrm{J}}$，替式(10-108)中的 $\Delta\boldsymbol{\sigma}$，得到符合客观性原理的本构方程。

根据实验结果，同时为了简化计算，许多作者认为 $G(t)$ 和 $K(t)$ 之比可近似取为

$$3K(t)/2G(t)=(1+\nu)/(1-2\nu)\tag{10-118}$$

且设 ν 为常数，以简化计算。

10.6 黏弹体本构方程的其他理论次弹性体

10.6.1 黏弹性体的张量函数表示理论

对各向同性黏弹性体，微分型或增率型本构方程可设为

$$\dot{\boldsymbol{S}}=\mathscr{H}(\boldsymbol{E},\dot{\boldsymbol{E}},S)\quad\text{或}\quad\dot{\boldsymbol{\sigma}}^{\mathrm{J}}=\mathscr{F}(\boldsymbol{C},\boldsymbol{D},\sigma)\tag{10-119}$$

重要的一点是必须取用客观性应力增率，以满足物质客观性原理。应用时常采用比式(10-119)更简单一些的方程，如

$$\dot{\boldsymbol{S}}=\mathscr{H}(\dot{\boldsymbol{E}},S)\quad\text{或}\quad\dot{\boldsymbol{\sigma}}^{\mathrm{J}}=\mathscr{F}(\boldsymbol{D},\sigma)\tag{10-120}$$

由 6.5 节(张量函数表示理论与本构方程)知，式(10-120)可写成

$$\begin{aligned}\dot{\boldsymbol{S}}=&b_{00}\boldsymbol{I}+b_{10}\dot{\boldsymbol{E}}+b_{01}\boldsymbol{S}+b_{20}\boldsymbol{E}^2+b_{02}\boldsymbol{S}^2+b_{11}(\dot{\boldsymbol{E}}\boldsymbol{S}+\boldsymbol{S}\dot{\boldsymbol{E}})+\\&b_{12}(\dot{\boldsymbol{E}}\boldsymbol{S}^2+\boldsymbol{S}^2\dot{\boldsymbol{E}})+b_{21}(\dot{\boldsymbol{E}}^2\boldsymbol{S}+\boldsymbol{S}\dot{\boldsymbol{E}}^2)\end{aligned}\tag{10-121}$$

或

$$\dot{\boldsymbol{\sigma}}^{\mathrm{j}}=\alpha_{00}\boldsymbol{I}+\alpha_{10}\boldsymbol{D}+\alpha_{01}\boldsymbol{\sigma}+\alpha_{20}\boldsymbol{D}^2+\alpha_{02}\boldsymbol{\sigma}^2+\alpha_{11}(\boldsymbol{D\sigma}+\boldsymbol{\sigma D})+\alpha_{12}(\boldsymbol{D\sigma}^2+\boldsymbol{\sigma}^2\boldsymbol{D})+\alpha_{21}(\boldsymbol{D}^2\boldsymbol{\sigma}+\boldsymbol{\sigma D}^2) \tag{10-122}$$

式中，α_{kl}、b_{kl} 是对应的不变量的函数，可由表 6-1 查得。如 α_{kl} 应是 $\mathrm{tr}\,\boldsymbol{D}$、$\mathrm{tr}\,\boldsymbol{\sigma}$、$\mathrm{tr}\,\boldsymbol{D}^2$、$\mathrm{tr}\,\boldsymbol{\sigma}^2$、$\mathrm{tr}\,\boldsymbol{D}^3$、$\mathrm{tr}\,\boldsymbol{\sigma}^3$、$\mathrm{tr}\,\boldsymbol{D\sigma}$、$\mathrm{tr}\,\boldsymbol{D}^2\boldsymbol{\sigma}$、$\mathrm{tr}\,\boldsymbol{D\sigma}^2$、$\mathrm{tr}\,\boldsymbol{D}^2\boldsymbol{\sigma}^2$ 的函数。

式(10-122)的一个特别简单的情形，或称为线性液态体，它在 $\boldsymbol{D}=\boldsymbol{\omega}=\dot{\boldsymbol{\sigma}}=\boldsymbol{0}$ 的自然状态下，只存在水静压力 $p=p(\rho)$，令 $\tilde{\boldsymbol{\sigma}}$ 为超过水静压力的部分，则线性液态体的本构方程可写成

$$\left.\begin{aligned}&\boldsymbol{\sigma}=-p\boldsymbol{I}+\tilde{\boldsymbol{\sigma}}\quad p=p(\rho)\\&\dot{\tilde{\boldsymbol{\sigma}}}^{\mathrm{J}}=\alpha_{00}\boldsymbol{I}+\alpha_{10}\boldsymbol{D}+\alpha_{01}\tilde{\boldsymbol{\sigma}}+\alpha_{11}(\tilde{\boldsymbol{D}}\tilde{\boldsymbol{\sigma}}+\tilde{\boldsymbol{\sigma}}\boldsymbol{D})\end{aligned}\right\} \tag{10-123}$$

式中

$$\left.\begin{aligned}&\alpha_{00}=\mu_2\mathrm{tr}\,\boldsymbol{D}+\lambda_2\mathrm{tr}\,\tilde{\boldsymbol{\sigma}}+\alpha_1\mathrm{tr}\,\boldsymbol{D}\tilde{\boldsymbol{\sigma}}+\alpha_4\mathrm{tr}\,\tilde{\boldsymbol{\sigma}}\,\mathrm{tr}\,\boldsymbol{D}\\&\alpha_{10}=\mu_1+\alpha_2\mathrm{tr}\,\tilde{\boldsymbol{\sigma}}\quad\alpha_{01}=\lambda_1+\alpha_5+\mathrm{tr}\,\boldsymbol{D}\quad\alpha_{11}=\alpha_3\end{aligned}\right\} \tag{10-124}$$

式中，α_k、μ_k、λ_k 为常数。把式(10-124)代入式(10-123)得

$$\begin{aligned}\dot{\tilde{\sigma}}_{kl}+\tilde{\sigma}_{km}\omega_{ml}-\omega_{km}\tilde{\sigma}_{ml}=&(\mu_2D_{mm}+\lambda_2\tilde{\sigma}_{mm}+\alpha_1D_{mn}\tilde{\sigma}_{nm}+\alpha_4D_{mm}\tilde{\sigma}_{nn})\delta_{kl}+\\&(\mu_1+\alpha_2\tilde{\sigma}_{mm})D_{kl}+(\lambda_1+\alpha_6D_{mm})\tilde{\sigma}_{kl}+\\&\alpha_3(\tilde{\sigma}_{km}D_{ml}+D_{km}\tilde{\sigma}_{ml})\end{aligned} \tag{10-125}$$

把式(10-119)～式(10-123)的等式两边乘以 Δt，可得线性化的增量型本构方程。

例 4 图 10-8 所示为一简单剪切流，板Ⅰ固定不动，板Ⅱ以速度 $\boldsymbol{v}=v_0\boldsymbol{i}_1$ 向右运动，设速度分布规律为

$$v_1=v_0\frac{x_2}{d}\quad v_2=v_3=0 \tag{10-126}$$

试求线性液态体中的应力分布。

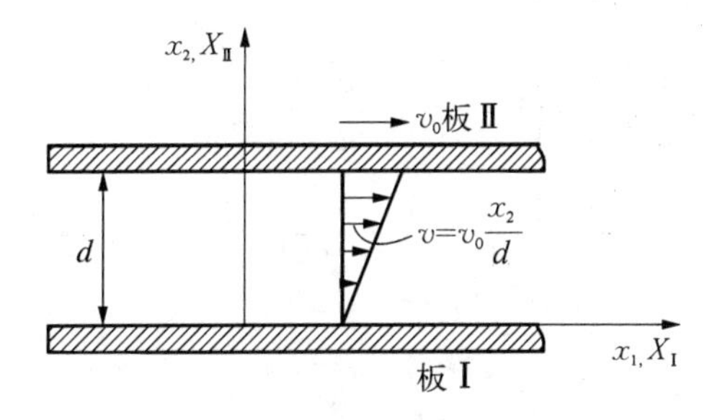

图 10-8 线性液态体的简单剪切

解： 根据对剪切流分析的知识，可设 $\tilde{\sigma}_{13}=\tilde{\sigma}_{23}=0$，且 $\tilde{\boldsymbol{\sigma}}$ 和 x_1，x_2 无关，即 $\tilde{\boldsymbol{\sigma}}=\tilde{\boldsymbol{\sigma}}(x_2)$。由式(10-126)得

$$\boldsymbol{D}=\frac{1}{2}\frac{v_0}{d}\begin{bmatrix}0&1&0\\1&0&0\\0&0&0\end{bmatrix}\quad\boldsymbol{\omega}=\frac{1}{2}\frac{v_0}{d}\begin{bmatrix}0&1&0\\-1&0&0\\0&0&0\end{bmatrix}\quad D_{kk}=0 \tag{10-127}$$

由式(10－127)知 $\boldsymbol{D}$ 和 $\boldsymbol{\omega}$ 为常数,与时间无关,因而可设 $\boldsymbol{\sigma}$ 与时间无关。把这些代入式(10－125)可得

$$\left.\begin{aligned}&-\frac{v_0}{d}\tilde{\sigma}_{12}=\lambda_1\tilde{\sigma}_{11}+\lambda_2\tilde{\sigma}_{mm}+(\alpha_1+\alpha_3)\frac{v_0}{d}\tilde{\sigma}_{12}\\&\frac{v_0}{d}\tilde{\sigma}_{12}=\lambda_1\tilde{\sigma}_{22}+\lambda_2\tilde{\sigma}_{mm}+(\alpha_1+\alpha_3)\frac{v_0}{d}\tilde{\sigma}_{12}\\&0=\lambda_1\tilde{\sigma}_{33}+\lambda_2\tilde{\sigma}_{mm}+\alpha_1\frac{v_0}{d}\tilde{\sigma}_{12}\\&\frac{v_0}{d}(\tilde{\sigma}_{11}-\tilde{\sigma}_{22})=2\lambda_1\tilde{\sigma}_{12}+[\mu_1+\alpha_2\tilde{\sigma}_{mm}+\alpha_3(\tilde{\sigma}_{11}+\tilde{\sigma}_{22})]\frac{v_0}{d}\end{aligned}\right\}\tag{10-128}$$

把式(10－128)的前 3 个方程相加得

$$0=(\lambda_1+3\lambda_2)\tilde{\sigma}_{mm}+(3\alpha_1+2\alpha_3)\frac{v_0}{d}\tilde{\sigma}_{12}\tag{10-129}$$

把式(10－128)的前两式相加和相减,分别得

$$0=\lambda_1(\tilde{\sigma}_{11}+\tilde{\sigma}_{22})+2\lambda_2\tilde{\sigma}_{mm}+2(\alpha_1+\alpha_3)\frac{v_0}{d}\tilde{\sigma}_{12}-2\frac{v_0}{d}\tilde{\sigma}_{12}\tag{10-130}$$

$$=\lambda_1(\tilde{\sigma}_{11}-\tilde{\sigma}_{22})\tag{10-131}$$

把式(10－129)和式(10－130)中的 $(\tilde{\sigma}_{11}-\tilde{\sigma}_{22})$ 和 $(\tilde{\sigma}_{11}+\tilde{\sigma}_{22})$ 代入式(10－128)第 4 式可得

$$-\frac{1}{\lambda_1}\frac{v_0^2}{d^2}\tilde{\sigma}_{12}=\lambda_1\tilde{\sigma}_{12}+\left[\mu_1+\frac{1}{\lambda_1}(\lambda_1\alpha_2-2\lambda_2\alpha_3)\tilde{\sigma}_{mm}-\frac{2}{\lambda_1}(\alpha_1+\alpha_3)\alpha_3\frac{v_0}{d}\tilde{\sigma}_{12}\right]\frac{1}{2}\frac{v_0}{d}\tag{10-132}$$

联立式(10－129)和式(10－132)解得

$$\left.\begin{aligned}&\tilde{\sigma}_{12}=\frac{1}{2}\eta\frac{v_0}{d}\left(1+\alpha\tau^{*2}\frac{v_0^2}{d^2}\right)^{-1}\\&\tilde{\sigma}_{mm}=-\frac{3\alpha_1+2\alpha_3}{\lambda_1+3\lambda_2}\frac{1}{2}\eta\frac{v_0^2}{d^2}\left(1+\alpha\tau^{*2}\frac{v_0^2}{d^2}\right)^{-1}\end{aligned}\right\}\tag{10-133}$$

再代回式(10－128)可得

$$\left.\begin{aligned}&\tilde{\sigma}_{11}=\tau^*(-\alpha_0+\alpha_3+\alpha_1+1)\frac{v_0}{d}\tilde{\sigma}_{12}\\&\tilde{\sigma}_{22}=\tau^*(-\alpha_0+\alpha_3+\alpha_1-1)\frac{v_0}{d}\tilde{\sigma}_{12}\\&\tilde{\sigma}_{33}=\tau^*(-\alpha_0+\alpha_1)\frac{v_0}{d}\tilde{\sigma}_{12}\end{aligned}\right\}\tag{10-134}$$

式中

$$
\left.\begin{aligned}
&\tau^{*}=-\frac{1}{\lambda_{1}} \quad \eta=-\frac{\mu_{1}}{\lambda_{1}} \quad \alpha_{0}=\frac{\lambda_{2}}{\lambda_{1}+3\lambda_{2}}(3\alpha_{1}+2\alpha_{3}) \\
&\alpha=1+\frac{2\lambda_{2}\alpha_{3}-\lambda_{1}\alpha_{2}}{2(\lambda_{1}+3\lambda_{2})}(2\alpha_{3}+3\alpha_{1})-\alpha_{3}(\alpha_{1}+\alpha_{3})
\end{aligned}\right\} \tag{10-135}
$$

无体积力时的运动方程为

$$
\tilde{\sigma}_{12,2}-p_{,1}=0 \quad \tilde{\sigma}_{22,2}-p_{,2}=0 \quad p_{,3}=0 \tag{10-136}
$$

其解为

$$
\tilde{\sigma}_{12}=-ax_{2}+b \quad p=-ax_{1}+\tilde{\sigma}_{22}+c \tag{10-137}
$$

式中，a、b、c 为常数，由边界条件决定。应力 $\boldsymbol{\sigma}$ 为

$$
\boldsymbol{\sigma}=-p\boldsymbol{I}+\tilde{\boldsymbol{\sigma}} \tag{10-138}
$$

上列诸式表明应力和时间 t 无关。

如 $\alpha=0$，由式(10-133)得

$$
\tilde{\sigma}_{12}=\frac{1}{2}\eta\frac{v_{0}}{d}
$$

代表黏性流体。如 $\alpha>0$，则 $\tilde{\sigma}_{12}$ 和 $\frac{v_0}{d}$ 的关系如图10-9所示，当 $\frac{v_0}{d}=(\sqrt{\alpha}\tau^{*})^{-1}$ 时，$\tilde{\sigma}_{12}$ 达极大值，调整 λ_1、λ_2、μ_1、μ_2、α_1、α_2、α_3 和 α_4 的值，可使曲线的形状有很大的变化。$\alpha>0$ 表示黏弹性固体。

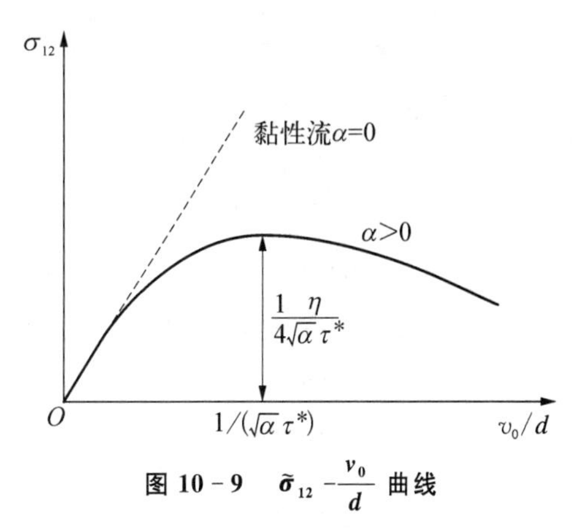

图 10-9　$\tilde{\boldsymbol{\sigma}}_{12}$ - $\frac{\boldsymbol{v}_0}{\boldsymbol{d}}$ 曲线

10.6.2　黏性项呈幂指数或指数形式的情形

对于各项同性黏弹性体，对单轴加载情形，$\sigma_{11}=\sigma$，σ 为轴向应力，其余的应力分量为零，因而应力不变量只是 σ 的函数。$D_{11}=\dot{\varepsilon}$，$\dot{\varepsilon}$ 为轴向变形率，其余的变形率分量或为零，或为 $\dot{\varepsilon}$ 的函数，故变形率不变量只是 $\dot{\varepsilon}$ 的函数。因此，式(10-122)中的系数 b_{kl} 只是 σ 和 $\dot{\varepsilon}$ 的函数。又因为单轴应力时，$\boldsymbol{\omega}=\boldsymbol{0}$，所以 $\dot{\boldsymbol{\sigma}}^{\mathrm{J}}=\boldsymbol{\sigma}$。

对于许多现实的材料，单轴应力时的本构方程可写成下列形式

$$
\dot{\sigma}=E[\dot{\varepsilon}-c(\sigma/\sigma_{\mathrm{Y}})^{n}] \tag{10-139}
$$

式中，E 为弹性模量；σ_{Y} 为门槛应力；c 和 n 是常数。如 $c=0$，式(10-139)代表弹性体的本构方程，即 $E\dot{\varepsilon}$ 代表瞬时弹性响应；$(\sigma/\sigma_{\mathrm{Y}})^{n}$ 项代表黏性影响，使得应力与应变的历史及应变率相关，若 $n\rightarrow\infty$，则 σ 由 0 增至 σ_{Y} 后，便保持常值，这与通常的屈服概念相同。当 n 取有限值，$c\neq0$ 时，应力将与应变及应变率相关，这在动载和循环载荷下，表现得很明显。令 ε 为真应变，$\varepsilon=\ln\frac{l}{l_0}$，$l$ 和 l_0 分别为试件瞬时和初始长度。

图 10-10 给出 $E=1.8\times10^{4}$ MPa，$c=0.1\ \mathrm{s}^{-1}$，$\sigma_{\mathrm{Y}}=600$ MPa，$\dot{\varepsilon}=1\ \mathrm{s}^{-1}$ 时，不同 n 时的

$\sigma-\varepsilon$ 加载曲线。

图 10-11 给出 $n=5$ 时(E、c、σ_Y 数据同前),不同 $\dot{\varepsilon}$ 时的 $\sigma-\varepsilon$ 加载曲线。由图可见,$\dot{\varepsilon}$ 愈大,材料性质愈接近弹性。

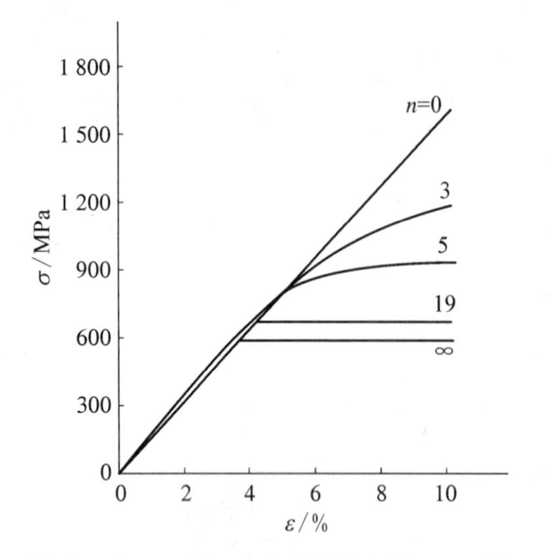

图 10-10 n 对 $\sigma-\varepsilon$ 曲线的影响 ($\dot{\varepsilon}=1\ \mathrm{s}^{-1}$)

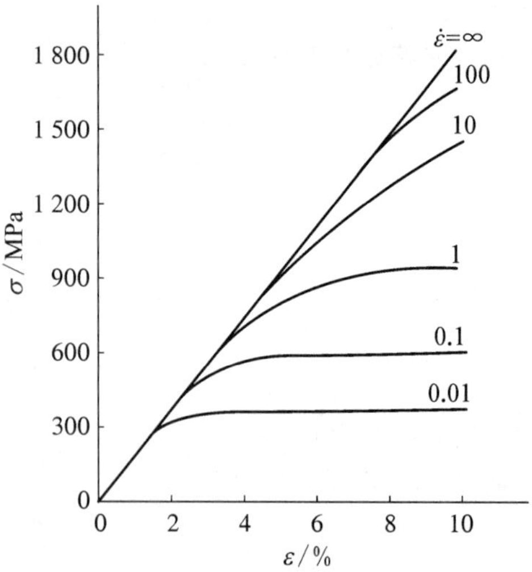

图 10-11 $\dot{\varepsilon}$ 对 $\sigma-\varepsilon$ 曲线的影响 ($n=5$)

图 10-12 给出 $n=5$,$|\dot{\varepsilon}|=1$ 和 0.1 时的加载-卸载循环曲线(E、c 和 σ_Y 的数据同前)。由图可知,适当选择参数,可使加载曲线接近幂硬化材料,而卸载曲线接近弹性卸载曲线,因此 Bodner 和 Parton 采用这种类型的本构方程模拟无屈服面的弹-黏塑性材料。式(10-139)易于推广到多轴应力情形。

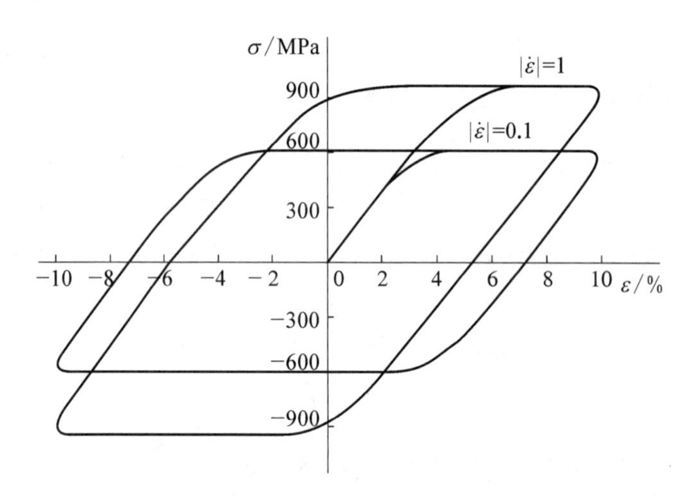

图 10-12 $n=5$, $|\dot{\varepsilon}|=1$ 和 0.1 时的循环曲线

除去幂指数形式外,非弹性变形率 $\boldsymbol{D}^{\mathrm{i}}$ 还可采用下述指数形式

$$\left.\begin{aligned}&\dot{\boldsymbol{D}}^{\mathrm{i}}=\lambda\boldsymbol{\sigma}\quad \lambda^2=D^{\mathrm{i}}_{(\mathrm{r})}/\sigma_{(\mathrm{r})}\\ \text{且}\quad &D^{\mathrm{i}}_{(\mathrm{r})}=D_0^2\exp[-(c^2/\sigma_{(\mathrm{r})})^n]\quad c^2=\frac{1}{3}Z^2\left(\frac{n+1}{n}\right)^{1/n}\end{aligned}\right\}\tag{10-140}$$

$$Z = Z_1 + (Z_0 - Z_1)\exp(-mW^{\mathrm{i}}/Z_0) \tag{10-141}$$

式中，Z_0、Z_1、m、n、D_0 为材料常数；$\sigma_{(\mathrm{r})}$ 和 $D^{\mathrm{i}}_{(\mathrm{r})}$ 分别为等效应力和等效非弹性变形率(参见第11章)；W^{i} 为非弹性变形功。式(10-141)常称为 Z 的演化方程，随非弹性变形的发展而变化。

10.6.3 次弹性体

式(10-121)和式(10-122)给出了黏弹体的较为一般的增率形式的本构方程，在一般情况下，这种类型的本构方程所描述的应力-应变关系，既与变形路径相关，又与时间有关。如果只与变形路径有关，而与时间无关，通常便称这类物质为次弹性体。由于式(10-121)和式(10-122)的左端是 $\dot{\boldsymbol{S}}$ 和 $\dot{\boldsymbol{\sigma}}^{\mathrm{J}}$，包含时间倒数的量纲，因而对次弹性体，上述方程右端也必须包含时间倒数的量纲，即必须为 $\dot{\boldsymbol{E}}$ 或 $\boldsymbol{D}$ 的一次齐次式，即次弹性体的本构方程应具有下述形式

$$\dot{\boldsymbol{S}} = \boldsymbol{A}(\boldsymbol{S}) : \dot{\boldsymbol{E}} \quad \dot{\boldsymbol{\sigma}}^{\mathrm{J}} = \boldsymbol{B}(\boldsymbol{\sigma}) : \boldsymbol{D} \tag{10-142}$$

式中，$\boldsymbol{A}$、$\boldsymbol{B}$ 为本构方程中的系数或模量，是四阶张量，它们分别只是 $\boldsymbol{S}$ 和 $\boldsymbol{\sigma}$ 的函数。由此推出，在式(10-121)和式(10-122)中应有 $a_{20} = a_{21} = a_{22} = b_{20} = b_{21} = b_{22} = 0$；$a_{10}$、$a_{11}$、$a_{12}$ 与 $\dot{\boldsymbol{E}}$ 无关；b_{10}、b_{11}、b_{12} 与 $\boldsymbol{D}$ 无关；a_{00}、a_{01}、a_{02} 只是 $\dot{\boldsymbol{E}}$ 的一次函数；b_{00}、b_{01}、b_{02} 只是 $\boldsymbol{D}$ 的一次函数。因此，以式(10-122)为例，次弹性体的本构方程可写成

$$\begin{aligned}\dot{\boldsymbol{\sigma}}^{\mathrm{J}} = {} & b_0 D_{kk}\boldsymbol{I} + b_1\boldsymbol{D} + b_2 D_{kk}\boldsymbol{\sigma} + b_3(\boldsymbol{\sigma} : \boldsymbol{D})\boldsymbol{I} + \\ & \frac{1}{2}b_4(\boldsymbol{D}\cdot\boldsymbol{\sigma} + \boldsymbol{\sigma}\cdot\boldsymbol{D}) + b_5 D_{kk}\boldsymbol{\sigma}^2 + b_6(\boldsymbol{\sigma} : \boldsymbol{D})\boldsymbol{\sigma} + b_7(\boldsymbol{\sigma}^2 : \boldsymbol{D})\boldsymbol{I} + \\ & \frac{1}{2}b_8(\boldsymbol{D}\cdot\boldsymbol{\sigma}^2 + \boldsymbol{\sigma}^2\cdot\boldsymbol{D}) + b_9(\boldsymbol{\sigma} : \boldsymbol{D})\boldsymbol{\sigma}^2 + b_{10}(\boldsymbol{\sigma}^2 : \boldsymbol{D})\boldsymbol{\sigma} + b_{11}(\boldsymbol{\sigma}^2 : \boldsymbol{D})\boldsymbol{\sigma}^2\end{aligned} \tag{10-143}$$

式中，$\boldsymbol{D}_{kl}$ 是 $\boldsymbol{\sigma}$ 和 $\boldsymbol{D}$ 的不变量的函数。

次弹性体和通常所说的弹塑性体的差别，在于弹塑性体存在屈服现象，而次弹性体的本构方程不能描写屈服。弹性体可以看成力学响应与变形路径无关的次弹性体，是次弹性体的特款。

例5 设物体的运动规律为

$$x_1 = X_{\mathrm{I}} + v(X_{\mathrm{II}})t \quad x_2 = X_{\mathrm{II}} \quad x_3 = X_{\mathrm{III}} \tag{10-144}$$

次弹性体的本构方程为

$$\overset{\triangledown}{\boldsymbol{\sigma}} = \dot{\boldsymbol{\sigma}} - \boldsymbol{\Omega}\boldsymbol{\sigma} + \boldsymbol{\sigma}\boldsymbol{\Omega} = \lambda\boldsymbol{I}\,\mathrm{tr}\,\boldsymbol{D} + 2\mu\boldsymbol{D} \tag{10-145}$$

式中，λ 和 μ 为材料常数。试讨论物体的运动规律。

解：这一问题的几何学和运动学描述已在第2章例4和例6中讨论过，利用那里的结果，式(10-145)可以写成

$$\left.\begin{aligned}&\overset{\triangledown}{\sigma}_{11} = \dot{\sigma}_{11} - 2\Omega_{12}\sigma_{21} = 2\mu D_{11} = 0\\&\overset{\triangledown}{\sigma}_{12} = \dot{\sigma}_{12} - \Omega_{12}\sigma_{22} + \sigma_{11}\Omega_{12} = 2\mu D_{12}\\&\overset{\triangledown}{\sigma}_{22} = \dot{\sigma}_{22} + 2\Omega_{12}\sigma_{12} = 2\mu D_{22} = 0\end{aligned}\right\} \tag{10-146}$$

易于将上述方程组化为下列方程组

$$\frac{\mathrm{d}^2\sigma_{11}}{\mathrm{d}\beta^2}+4\sigma_{11}=\frac{4\mu}{\cos^2\beta}\quad \sigma_{22}=-\sigma_{11}\quad \sigma_{12}=\frac{1}{2}\frac{\mathrm{d}\sigma_{11}}{\mathrm{d}\beta} \tag{10-147}$$

式中，$2\tan\beta=(\mathrm{d}v/\mathrm{d}X_{\mathrm{II}})$。易于求得 σ_{11} 的通解为

$$\sigma_{11}=4\mu(\cos 2\beta\ln\cos\beta+\beta\sin 2\beta-\sin^2\beta)+A\cos 2\beta+B\sin 2\beta$$

如设初始时刻全部应力为零,则 $A=B=0$。从而

$$\left.\begin{aligned}\sigma_{11}&=4\mu(\cos 2\beta\ln\cos\beta+\beta\sin 2\beta-\sin^2\beta)\\ \sigma_{12}&=2\mu\cos 2\beta(2\beta-2\tan^2\beta\ln\cos\beta-\tan\beta)\end{aligned}\right\} \tag{10-148}$$

无量纲应力 σ_{12}/μ 和欧拉切应变 $\tan\beta$ 的关系曲线如图 10－13 所示。图中还表示了 $\nabla=\dot{\boldsymbol{\sigma}}^{\mathrm{J}}=\dot{\boldsymbol{\sigma}}-\omega\boldsymbol{\sigma}+\boldsymbol{\sigma\omega}$ 时的结果。由此也可见到,采用不同的旋率进入客观性应力率,其结果是不同的。图中曲线表明,直接用 $\dot{\boldsymbol{\sigma}}^{\mathrm{J}}$ 代替式(10－145)中的 $\overset{\nabla}{\boldsymbol{\sigma}}$ 所得到的本构关系是不合适的,因为当切应变超过一定数值后,切应力随切应变的增加而减小,甚至可能变成负值;但可以取用 $\dot{\boldsymbol{\sigma}}^{\mathrm{J}}$ 的其他合适的本构方程而得到满意的结果。对小变形,取用不同旋率时的结果几乎都相同,都能很好地描写物体的本构方程。

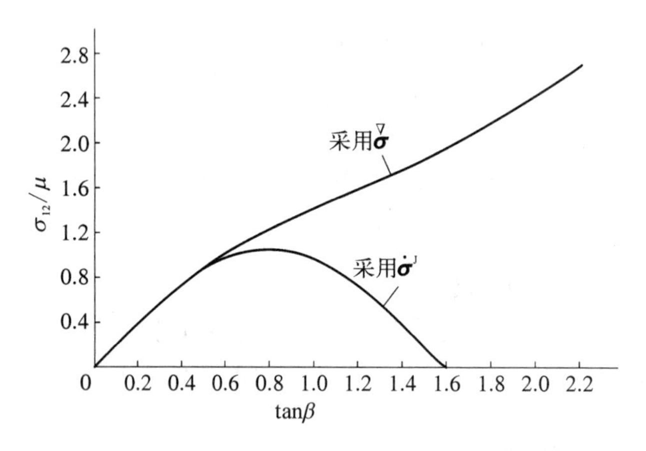

图 10－13 采用不同旋率时次弹性体的应力和变形的关系

10.7 动物肌肉的本构关系

动物的肌肉通常分为 3 种：骨骼肌、心肌和平滑肌。其中骨骼肌和心肌属于条纹肌,有相似的微结构,在平滑肌中看不到明显的条纹。不同种类的肌肉,其差别是明显的,然而它们都具有能动收缩特性,是有生命的材料,每个细胞均由肌节组成,含有交叉对插的粗的(直径约 12 nm)肌球蛋白丝和细的(直径约 5 nm)肌动蛋白丝,肌球蛋白纤维大约由 180 个相对分子质量为 500 000 的肌球蛋白分子组成。心肌和骨骼肌在随意神经的控制下,细胞内部的化学变化产生高能量的三磷酸腺苷(ATP),输送到线粒体外,扩散到肌球蛋白-肌动蛋白的基体中,产生收缩功能;平滑肌的收缩机理和心肌大体相同,但属自发节律收缩,不受随意神经控制。

所以从力学的角度看，肌肉是自备内部能源的材料，这也是它和工程无生命材料的最大差别。

10.7.1　电刺激引起的肌肉纤维中的收缩力

电和化学脉冲刺激均会使肌肉纤维产生收缩，如纤维两端固定，纤维中便会产生拉应力，图 10-14 给出了这种响应的示意图。对于单个电脉冲，收缩力-时间的响应曲线示于图的左下角，此时可以产生零点几秒的抽动；如以一定的频率进行电脉冲刺激，则相应的各单个抽动便相互叠加；当频率达到临界值且电压足够时，各单个抽动便融合在一起形成一条连续的响应曲线，并趋于一个极限值；在此之后继续增加频率和电压，响应曲线的变化便很小，这时肌肉处于强直性痉挛状态。由于一条肌肉中含有许多肌纤维，它的响应需要计入纤维间的相互作用和统计的方法。

10.7.2　强直性痉挛肌肉的希尔方程

如把一条长 l 的肌肉条两端固定，施以较高频率的强电刺激产生痉挛状态，其中的拉力为 P_0，然后让一端可以滑动，并把 P_0 突然减小到 P，则滑移端便有一收缩速度 v，它可用下述希尔(Hill)方程描写(见图 10-15)：

$$(-v+b)(P+a)=b(P_0+a) \tag{10-149a}$$

或写成

$$\frac{v}{v_0}=-\frac{1-P/P_0}{1+cP/P_0} \quad v_0=\frac{b}{a}P_0 \quad c=P_0/a \tag{10-149b}$$

式中，v_0 是仅有电刺激下的最大收缩速度，由于取用伸长速度为正，所以式(10-149) v 的前面加一负号。

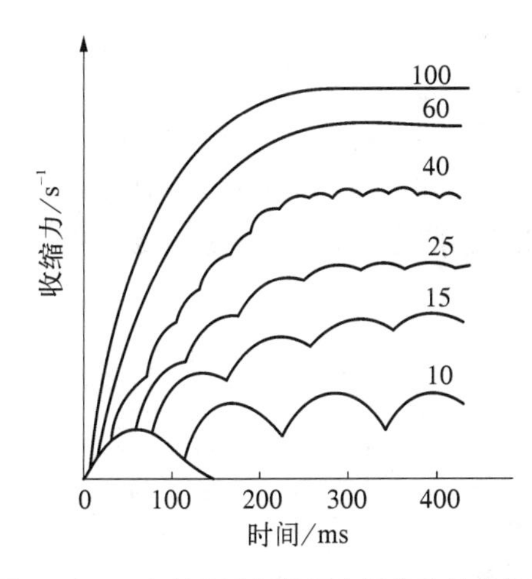

图 10-14　电刺激引起的肌肉纤维中的收缩力

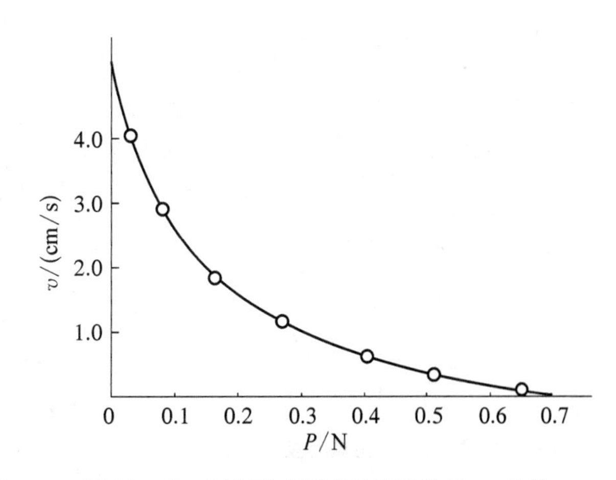

图 10-15　痉挛肌肉等张收缩时的 $P-v$ 曲线

一般讲来，P_0 的大小与刺激时肌节的长度 l 相关，且当 l 为无外力作用的自然状态下的静息长度 l_0 时，P_0 达其最大值 $P_{0\max}$。图 10-16 表示青蛙骨骼肌的无量纲力 $P_0/P_{0\max}$ 随肌节试验长度 l 的变化曲线，其静息长度 $l_0=2.1\ \mu m$。图 10-16 下方的图是肌球蛋白与肌动蛋白相互搭接的示意图，两者搭接部分太多(情形 A)或太少(情形 C)，$P_0/P_{0\max}$ 均小于 1。

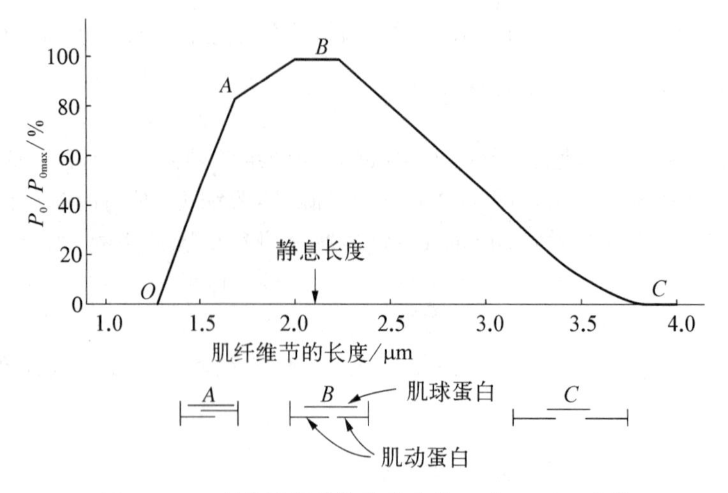

图 10-16　骨骼肌纤维等长状态的 $P_0/P_{0max}-l$ 曲线

10.7.3　收缩元

根据上述实验,通常引入收缩元来描写激励状态下肌肉的收缩性能,它源于细胞内肌动蛋白与肌球蛋白复杂的搭接状况的变化。收缩元具有下列性质:① 静息状态没有应力,可自由伸缩;② 激励状态下可以缩短,而缩短是在存在拉应力的情况下发生的,缩短的速度可用希尔方程(10-149)描写。由于问题的复杂性,很难找到准确的关系,为此建议收缩元取用下述本构方程:

$$\left.\begin{aligned}&\sigma=0 && \text{(静息状态)}\\&\dot{\varepsilon}=-\dot{\varepsilon}^0(1-\sigma/\sigma^0)/(1+c\sigma/\sigma^0) && \text{(激励状态)}\end{aligned}\right\}\qquad(10-150)$$

式中,c、$\dot{\varepsilon}^0$ 和 σ^0 为肌肉性质和激励状态决定的常数。

10.7.4　肌肉的本构方程

肌肉的本构方程极为复杂,至今未有满意的理论,需要进一步探讨。静息状态的肌肉具有黏弹性性质,因此可借用黏弹体的结构单元方法,图 10-17 所示为一种简单的模型。由图 10-17 易于推出肌肉的本构方程为静息状态

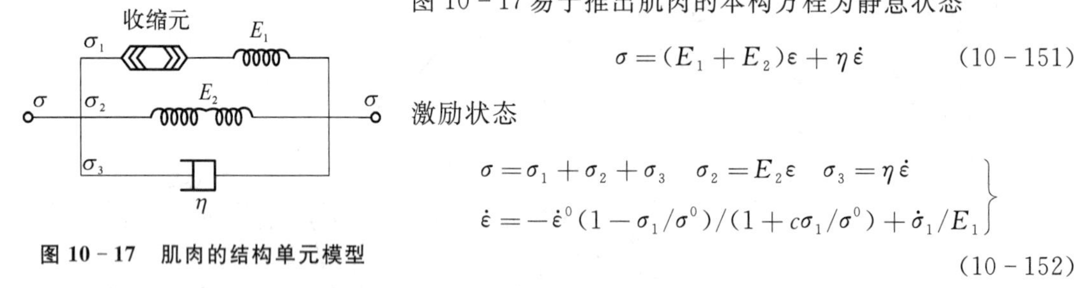

图 10-17　肌肉的结构单元模型

$$\sigma=(E_1+E_2)\varepsilon+\eta\dot{\varepsilon}\qquad(10-151)$$

激励状态

$$\left.\begin{aligned}&\sigma=\sigma_1+\sigma_2+\sigma_3\quad \sigma_2=E_2\varepsilon\quad \sigma_3=\eta\dot{\varepsilon}\\&\dot{\varepsilon}=-\dot{\varepsilon}^0(1-\sigma_1/\sigma^0)/(1+c\sigma_1/\sigma^0)+\dot{\sigma}_1/E_1\end{aligned}\right\}\qquad(10-152)$$

上述本构方程仅仅提供一个例子,更好的方程还有待探讨。

习　　题

1. 设在时间间隔 $(0,\ t_1)$ 应力任意变化,当 $t>t_1$ 后应力为零,试证

(1) 若 $J'(\infty)=0$，则经过长时间后材料恢复到初态，即 $\varepsilon(\infty)=0$。

(2) 若 $J'(\infty)=\dfrac{1}{\eta}$，则材料不能恢复到初态，存在永久变形 $\varepsilon(\infty)=\dfrac{1}{\eta}\int_0^t\sigma(t)\mathrm{d}t$。

2. 通常 $J(t)$ 是时间的增函数，$E(t)$ 是时间的减函数，试证 $J(t)E(t)\leqslant 1$。

提示：如应变史是 $J(t)$，则应力是 $H(t)$。

3. 当应变按正弦变化时，试证应变能的增量 $\mathrm{d}W$ 可以写成

$$\mathrm{d}W=\sigma\mathrm{d}\varepsilon=\mathrm{d}\left(\frac{1}{2}E_1\varepsilon^2\right)+\frac{E_2}{\omega}(\dot{\varepsilon})^2\mathrm{d}t$$

通常称 $\dfrac{1}{2}E_1\varepsilon^2$ 为存储能；$\dfrac{E_2}{\omega}(\dot{\varepsilon})^2$ 为散逸能增率。

4. 设一不可压缩黏弹性材料的本构方程为

$$\boldsymbol{\sigma}=-p\boldsymbol{I}+a_{10}\boldsymbol{C}+a_{20}\boldsymbol{C}^2+a_{01}\boldsymbol{D}+a_{02}\boldsymbol{D}^2+a_{11}(\boldsymbol{CD}+\boldsymbol{DC})+$$
$$a_{12}(\boldsymbol{CD}^2+\boldsymbol{D}^2\boldsymbol{C})+a_{21}(\boldsymbol{C}^2\boldsymbol{D}+\boldsymbol{DC}^2)+a_{22}(\boldsymbol{C}^2\boldsymbol{D}^2+\boldsymbol{D}^2\boldsymbol{C}^2)$$

式中，a_{kl} 是下列 9 个不变量的函数：$\mathrm{tr}\,\boldsymbol{C}$、$\mathrm{tr}\,\boldsymbol{C}^2$、$\mathrm{tr}\,\boldsymbol{C}^3$、$\mathrm{tr}\,\boldsymbol{D}^2$、$\mathrm{tr}\,\boldsymbol{D}^3$、$\mathrm{tr}\,\boldsymbol{CD}$、$\mathrm{tr}\,\boldsymbol{CD}^2$、$\mathrm{tr}\,\boldsymbol{C}^2\boldsymbol{D}$、$\mathrm{tr}\,\boldsymbol{C}^2\boldsymbol{D}^2$。

试给出下述前切变形所引起的应力（E 和 L 坐标系一致）：

$$x_1=X_1+k(t-\tau)X_2\quad x_2=X_2\quad x_3=X_3$$

并证明当 $p=p(t)$，且不计体力时，所得应力满足运动方程。

5. 试简述里斯表现定理，并查阅有关泛函分析书籍。

6. 某种固体推进剂材料的单轴松弛模量 $E(t)$ 可近似用 8 项的 Prony 级数表示，$E(t)=\sum_{k=1}^{15}E_k\mathrm{e}^{-\alpha_k t}$；$E_k$ 和 α_k 如表 10 - 1 所示。

表 10 - 1　E_k 和 α_k 值

$\alpha_k/\mathrm{min}^{-1}$	1	10	10^2	10^3	10^4	10^5	10^6	10^7
E_k	592	200	421	506	1 603	1 893	5 302	4 410

试给出常应变率下的应力响应，并画出 $\dot{\varepsilon}=10$，1，0.1，0.01 时的应力-应变曲线。

7. 对 Poynting-Thomson 模型（见图 10 - 18），设 $\varepsilon(t)=\varepsilon_0\mathrm{e}^{\mathrm{i}\omega t}$，$\sigma(t)=\sigma_0\mathrm{e}^{\mathrm{i}\omega t}$ 求其复模量，并就 $\omega\to 0$ 和 $\omega\to\infty$ 讨论之。

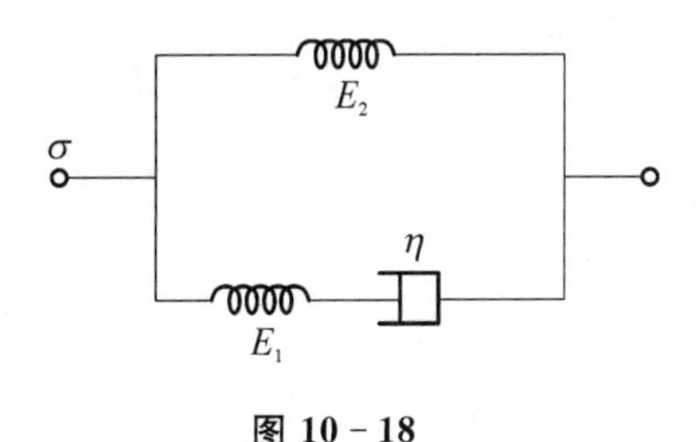

图 10 - 18

11 弹塑性体

11.1 弹塑性体变形的基本概念

11.1.1 一般概念

弹塑性体的应力响应只与变形的路径或历史相关，不是时间的显函数，这与次弹性体类似，称为率无关型材料；与次弹性体不同的是，弹塑性体进入塑性后，加载和卸载服从不同的本构关系。图 11-1 表示弹塑性体单轴拉伸时典型的应力-应变曲线，其中 σ 为欧拉真应力，$E^{(0)}$ 为对数真应变。在 A 点之前，$\sigma < \sigma_s$，为弹性变形阶段，应力-应变关系服从胡克定律；从 A 点继续加载时，应力-应变便服从弹塑性变形规律，但卸载时仍服从胡克定律，称 σ_s 为初始屈服应力或屈服应力。当载荷从 B 点卸载，然后再加载时，只有当 σ 达到 B 点的 σ_s^B 时，材料才重新进入弹塑性状态，此时弹性变形阶段的应力范围扩大了，即屈服应力是变形历史的函数，称此时的 σ_s^B 为后继屈服应力，曲线 AB 代表屈服应力 σ_s 随应变 $E^{(0)}$ 变化的情形。图中 σ_s 随 $E^{(0)}$ 增加而增加，称为加工硬化，如 σ_s 不随 $E^{(0)}$ 变化便称为理想塑性；如在 $E^{(0)}$ 的一定范围内，σ_s 随 $E^{(0)}$ 增加而减小，便称为加工软化。对于无明显屈服点的材料，工程上通常定义塑性应变为 0.2% 时的应力为条件屈服应力，并记为 $\sigma_{0.2}$；理论研究时还取用 $\sigma_{0.1}$、$\sigma_{0.05}$ 等。

图 11-2 表示，弹塑性变形时，应力增加 $\Delta\sigma$ 后，应变增加 $\Delta E^{(0)}$，应力再减少 $\Delta\sigma$ 时，应变只减少 $\Delta E^{(0)\mathrm{e}} = \Delta\sigma/E$，还留有不可恢复的变形 $\Delta E^{(0)\mathrm{p}} = \Delta E^{(0)} - \Delta E^{(0)\mathrm{e}}$，称 $\Delta E^{(0)}$，$\Delta E^{(0)\mathrm{e}}$，$\Delta E^{(0)\mathrm{p}}$ 分别为总应变、弹性应变和塑性应变增量。用欧拉变形率 $\boldsymbol{D}$ 时便有

$$\boldsymbol{D} = \boldsymbol{D}^{\mathrm{e}} + \boldsymbol{D}^{\mathrm{p}} \tag{11-1a}$$

如果还考虑温度的影响，令 $\boldsymbol{D}^{\mathrm{T}}$ 为温度引起的变形率，则有

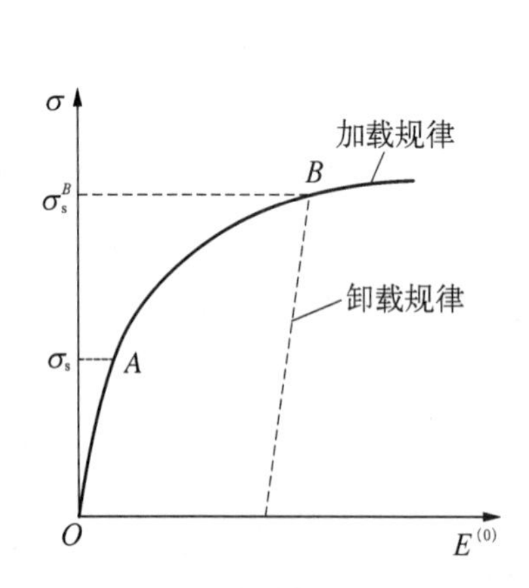

图 11-1 典型的单轴拉伸应力应变曲线

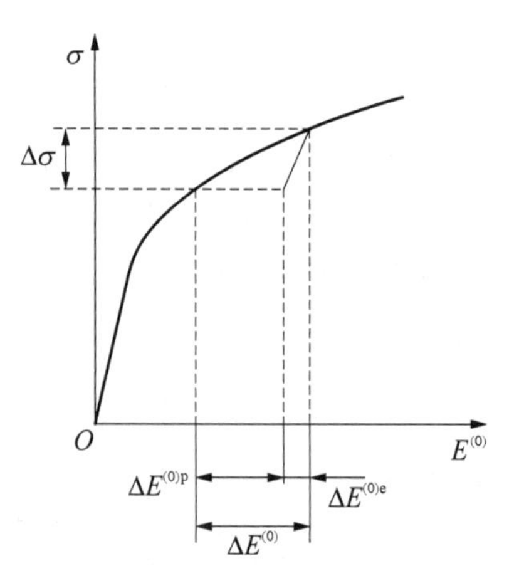

图 11-2 应变增量的分解

$$\boldsymbol{D}=\boldsymbol{D}^{\mathrm{e}}+\boldsymbol{D}^{\mathrm{p}}+\boldsymbol{D}^{\mathrm{T}} \tag{11-1b}$$

复杂应力状态下，问题十分复杂，通常引入等效应力 $\sigma_{(\mathrm{r})}$ 和等效应变 $\varepsilon_{(\mathrm{r})}$，等效变形率 $D_{(\mathrm{r})}$ 的概念，假设 $\sigma_{(\mathrm{r})}$ 和 $\int \mathrm{d}D_{(\mathrm{r})}$ 或 $\varepsilon_{(\mathrm{r})}$ 之间存在单一的曲线关系，它和单轴拉伸曲线一致，这便是“单一曲线”，假设。等效应力和等效应变如何选取，这是一个非常困难的问题，它和弹塑性材料的屈服问题联系在一起，将在有关地方逐步引入。因此，弹塑性问题需要解决下列关键问题。

(1) 屈服准则，它又分为初始屈服准则和后继屈服准则，后者还是材料变形历史的函数。

(2) 加载准则，判断材料屈服后，进一步的变形是否符合后继屈服准则，符合则采用弹塑性变形规律，不符合则采用弹性变形规律。

(3) 欧拉塑性变形率 $\boldsymbol{D}^{\mathrm{p}}$ 和应力率(其系数可以是应力的函数)服从什么规律，进而建立弹塑性本构方程。

11.1.2 屈服准则和屈服面

在复杂应力状态下，屈服准则一般地可写成

$$f(\boldsymbol{\sigma},\ T,\ \boldsymbol{\eta})=f(\boldsymbol{\sigma}',\ \sigma_{\mathrm{m}},\ T,\ \boldsymbol{\eta})=0 \tag{11-2}$$

式中，$\boldsymbol{\sigma}'$ 为应力偏量张量；σ_{m} 为平均应力；T 为温度；$\boldsymbol{\eta}$ 为内变量(纯量、矢量或张量)。

$$\boldsymbol{\sigma}'=\boldsymbol{\sigma}-\sigma_{\mathrm{m}}\boldsymbol{I} \quad \sigma_{\mathrm{m}}=\frac{1}{3}\sigma_{kk} \tag{11-3}$$

当内变量 $\boldsymbol{\eta}$ 和温度 T 不变时，式(11-2)代表六维应力空间的五维的超曲面，称为屈服面。

$\boldsymbol{\sigma}'$ 引起物体几何形状的变化，对屈服面的形状起着关键的作用；σ_{m} 引起物体的体积变化，在通常工作条件下的金属，可认为体积变化是弹性的，因而 σ_{m} 不影响屈服面，但对塑性变形很大而引起微孔洞损伤的金属，以及岩土等多孔介质，可以产生塑性体积变化，必须考虑 σ_{m} 的影响。通常当 $T<\frac{1}{3}T_{\mathrm{m}}$ 时，T_{m} 为金属的熔化温度，温度的影响通过温度对材料参数的影响和屈服面的大小而影响屈服面，但当 $T>\frac{1}{3}T_{\mathrm{m}}$ 后，温度便会引起材料的蠕变而进入黏塑性状态，黏塑性问题将在后面讨论。一般讲来，内变量 $\boldsymbol{\eta}$ 是塑性应变历史的函数，初始屈服时是材料初始状态决定的常数。后继屈服面的形状和初始屈服面有很大的差异。任何一个初始屈服后的加载状态，和式(11-2)对应的超曲面称为后继屈服面或加载面，对应的 f 称为后继屈服函数或加载函数。对塑性不可压缩的各向同性体，目前广泛使用下列米泽斯(Mises)型的屈服函数

$$f=\frac{3}{2}(\boldsymbol{\sigma}'-\boldsymbol{\theta}):(\boldsymbol{\sigma}'-\boldsymbol{\theta})-\sigma_{\mathrm{s}}^{2}=0 \tag{11-4a}$$

或

$$f_{2}=\frac{1}{2}(\boldsymbol{\sigma}'-\boldsymbol{\theta}):(\boldsymbol{\sigma}'-\boldsymbol{\theta})-\tau_{\mathrm{s}}^{2}=0 \tag{11-4b}$$

式中，$\boldsymbol{\theta}$ 为背应力，代表材料内部的残余应力状态；σ_{s} 是单向拉伸时的屈服应力；τ_{s} 是纯扭时

的剪切屈服应力。如设初始状态没有残余应力,则初始屈服时 $\boldsymbol{\theta}=\mathbf{0}$, $\sigma_s=\sigma_s^0$, $\tau_s=\tau_s^0$,对后继屈服面,σ_s 和 τ_s 是应变历史的函数,取成

$$\left.\begin{aligned}&\sigma_s=\sigma_s(l^p,\ T)\quad \tau_s=\tau_s(l^p,\ T)\\&l^p=\int_0^t D_{(r)}^p\,dt\qquad D_{(r)}^p=\sqrt{\frac{2}{3}\boldsymbol{D}^p:\boldsymbol{D}^p}\end{aligned}\right\}\tag{11-5}$$

l^p 为塑性应变空间中塑性应变路径弧长的量度,或称为等效累积塑性应变,可取作内变量;$D_{(r)}^p$ 称为等效塑性变形率;σ_s 的大小代表屈服面膨胀的程度。

由于内变量背应力 $\boldsymbol{\theta}$ 代表微观残余应力的影响,所以随应变历史变化的规律非常复杂,目前常用的演化方程有

$$\dot{\boldsymbol{\theta}}=c\boldsymbol{D}^p\quad(c>0;\ \text{Prager})\tag{11-6}$$

$$\dot{\boldsymbol{\theta}}=\mu(\sigma-\theta)\quad(\mu>0;\ \text{Ziegler})\tag{11-7}$$

$$\dot{\boldsymbol{\theta}}=\mu_s\dot{\boldsymbol{\sigma}}'\quad(\mu_s>0;\ \text{Phillips})\tag{11-8}$$

$$\dot{\boldsymbol{\theta}}=C\boldsymbol{D}^p-\gamma D_{(r)}^p\theta\quad(\text{Armstrong 和 Frederick})\tag{11-9}$$

式中,c、μ_s、C、γ 和 μ 都可以是应力和塑性应变历史的函数。$\boldsymbol{\theta}$ 的变化代表屈服面中心的移动,因此可以描写包辛格(Bauschinger)效应,即拉伸(压缩)达到屈服变形后的金属,反向压缩(拉伸)时,其屈服应力明显低于拉伸(压缩)时的屈服应力。在式(11-4)中,如 $\boldsymbol{\theta}=\mathbf{0}$, 则称为各向同性强化;如 σ_s 为常数,则称为运动硬化;一般情形则称为混合强化。

实用上另一个使用较多的初始屈服准则是最大切应力或特雷斯卡(Tresca)准则

$$[(\sigma_2-\sigma_3)^2-4\tau_s^2][(\sigma_3-\sigma_1)^2-4\tau_s^2][(\sigma_1-\sigma_2)^2-4\tau_s^2]=0\tag{11-10}$$

对正交各向异性材料,下述希尔方程是较早提出来的一个对初始屈服的准则:

$$\begin{aligned}f=&F(\sigma_{22}-\sigma_{33})^2+G(\sigma_{33}-\sigma_{11})^2+H(\sigma_{11}-\sigma_{22})^2+2L\sigma_{23}^2+\\&2M\sigma_{31}^2+2N\sigma_{12}^2-1=0\end{aligned}\tag{11-11}$$

式中,F、G、H、L、M、N 为常数。现在又有多种改进的理论。

例 1 试讨论砂土的初始屈服准则。

解:特雷斯卡最大切应力屈服准则和平均应力没有关系,如设 σ_1 为最大主应力,σ_3 为最小主应力(代数值),则式(11-10)可以写成

$$\frac{1}{2}(\sigma_1-\sigma_3)=\tau_{\max}=\tau_s\tag{11-12}$$

但是对砂土这类材料,其屈服准则明显地和水静压力相关,服从莫尔-库仑(Mohr-Coulomb)准则

$$|\tau|+\sigma\tan\varphi=\tau_0\tag{11-13}$$

式中,$|\tau|$ 为切应力的绝对值;σ 为正应力(本书以拉应力为正,但岩土力学课程以压应力为正);φ 和 τ_0 为材料常数。τ_0 为当 $\sigma=0$ 时引起剪切滑动的切应力,代表材料的内聚力;φ 称为

内摩擦角，$\tan\varphi$ 类似于库仑摩擦中的摩擦系数。以 τ 为纵轴，σ 为横轴，作莫尔应力圆，则莫尔-库仑准则由图 11-3 上的 RA 直线代表。

由图 11-3 知

$$\tau = AE = \frac{1}{2}(\sigma_1 - \sigma_3)\cos\varphi \tag{11-14}$$

$$\sigma = OE = \frac{1}{2}(\sigma_1 + \sigma_3) + \frac{1}{2}(\sigma_1 - \sigma_3)\sin\varphi \tag{11-15}$$

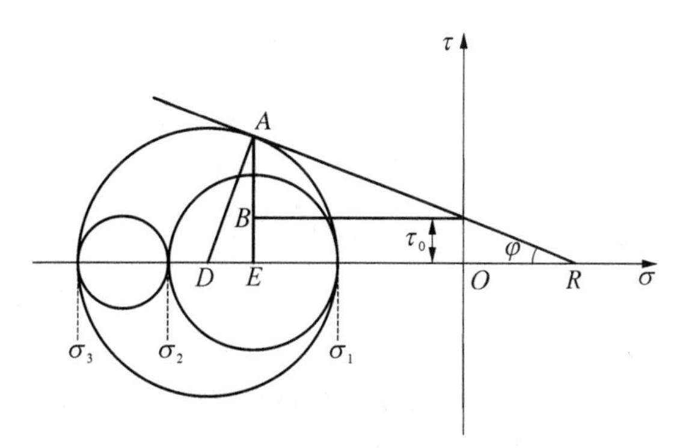

图 11-3　莫尔-库仑准则图解

$$\sin\varphi = \frac{AD}{RD} = \frac{(\sigma_3 - \sigma_1)/2}{(\sigma_1 + \sigma_3)/2 - \tau_0/\tan\varphi} \tag{11-16}$$

把式(11-14)、式(11-15)和式(11-6)代入式(11-13)，得莫尔-库仑准则的另一形式

$$\frac{1}{2}(\sigma_1 - \sigma_3) + \frac{1}{2}(\sigma_1 + \sigma_3)\sin\varphi = \tau_0\cos\varphi \tag{11-17}$$

若设单向拉伸和压缩时的屈服应力分别为 σ_{ST} 和 σ_{SC}，则单拉时 $\sigma_1 = \sigma_{ST}$，单压时 $\sigma_3 = \sigma_{SC}$，代入式(11-17)得

$$\sigma_{ST}(1 + \sin\varphi) = 2\tau_0\cos\varphi - \sigma_{Sc}(1 - \sin\varphi) = 2\tau_0\cos\varphi \# (g) \tag{11-18}$$

由此又可推得

$$\sin\varphi = -(\sigma_{ST} + \sigma_{SC})/(\sigma_{ST} - \sigma_{SC}) \tag{11-19}$$

和

$$\tau_0 = \frac{1}{2}\sqrt{-\sigma_{ST}\sigma_{SC}} \tag{11-20}$$

11.1.3　加载准则

从热动力学观点分析，塑性变形是不可逆的，伴随着内变量 $\boldsymbol{\eta}$ 的变化。初始屈服之前变形是弹性的，因而 $\boldsymbol{\eta}$ 不变，一经屈服产生塑性变形，$\boldsymbol{\eta}$ 便产生变化。设在某一载荷状态下，材料处于屈服状态，式(11-2)成立，当载荷有微小变动而不引起 $\boldsymbol{\eta}$ 变化，则材料处于弹性卸载或中性变载状态，如引起 $\boldsymbol{\eta}$ 变化且处于后继屈服面上，则材料处于弹塑性加载状态，按弹塑性规律变形，此时有

$$f + \mathrm{d}f = f(\boldsymbol{\sigma} + \mathrm{d}\boldsymbol{\sigma},\ T + \mathrm{d}T,\ \boldsymbol{\eta} + \mathrm{d}\boldsymbol{\eta}) = 0 \tag{11-21}$$

因此继续弹塑性加载的条件可以写成

$$\dot{f} = \frac{\partial f}{\partial \boldsymbol{\sigma}} : \dot{\boldsymbol{\sigma}} + \frac{\partial f}{\partial T}T + \frac{\partial f}{\partial \boldsymbol{\eta}} \cdot \dot{\boldsymbol{\eta}} = 0 \tag{11-22}$$

上述原则称为一致性条件。概括起来有

$$\left.\begin{array}{llll}\text{弹性阶段：} & f<0 & & D_{(r)}^{p}=0 \\ \text{加载：} & f=0 & \dot{f}=0 & D_{(r)}^{p}>0 \\ \text{卸载：} & f=0 & \dot{f}<0 & D_{(r)}^{p}=0 \\ \text{中性变载：} & f=0 & \dot{f}=0 & D_{(r)}^{p}=0\end{array}\right\} \tag{11-23}$$

在单轴应力下，中性变载表示应力不变；复杂应力情况，中性变载表示应力可以在原屈服面上变动，但不产生新的塑性应变。

例 2 试讨论等温各向同性强化规律下的加载和卸载准则。

解： 由式(11-4)得，等温各向同性强化规律为

$$f=\sigma_{(r)}^{2}-\sigma_{s}^{2}=0 \tag{11-24}$$

式中

$$J_{2}=\frac{1}{2}\boldsymbol{\sigma}' : \boldsymbol{\sigma}' \quad \sigma_{(r)}=\sqrt{3J_{2}} \tag{11-25}$$

称 $\sigma_{(r)}$ 为等效应力，通常定义等效应变 $e_{(r)}$ 为

$$e_{(r)}=\sqrt{\frac{6}{4(1+\nu)^{2}}\boldsymbol{e}' : \boldsymbol{e}'} \quad \text{或} \quad \boldsymbol{e}_{(r)}=\sqrt{\frac{2}{3}\boldsymbol{e}' : \boldsymbol{e}'} \quad \text{当 } \nu=\frac{1}{2} \text{ 时} \tag{11-26}$$

$$\begin{aligned}\frac{\partial f}{\partial \sigma_{kl}}\dot{\sigma}_{kl} &= \frac{\partial f}{\partial \sigma'_{mn}}\frac{\partial \sigma'_{mn}}{\partial \sigma_{kl}}\dot{\sigma}_{kl}=3\sigma'_{mn}\frac{\partial\left(\sigma_{mn}-\frac{1}{3}\sigma_{pp}\delta_{mn}\right)\dot{\sigma}_{kl}}{\partial \sigma_{kl}} \\ &= 3\sigma'_{mn}\left(\delta_{mk}\delta_{nl}-\frac{1}{3}\delta_{kl}\delta_{mn}\right)\dot{\sigma}_{kl}=3\sigma'_{kl}\dot{\sigma}_{kl} \\ &= 3\sigma'_{kl}\dot{\sigma}'_{kl}=\frac{3}{2}\frac{\mathrm{d}}{\mathrm{d}t}(\sigma'_{kl}\sigma'_{kl})=3\dot{J}_{2}\end{aligned} \tag{11-27}$$

所以按式(11-24)和式(11-27)有

$$\begin{array}{llll}\text{加载：} & f=0 & \dot{J}_{2}=\frac{2}{3}\sigma_{s}\dot{\sigma}_{s} & D_{(r)}^{p}>0 \\ \text{卸载：} & f=0 & \dot{J}_{2}<\frac{2}{3}\sigma_{s}\dot{\sigma}_{s} & D_{(r)}^{p}=0 \\ \text{中性变载：} & f=0 & \dot{J}_{2}=\frac{2}{3}\sigma_{s}\dot{\sigma}_{s} & D_{(r)}^{p}=0\end{array}$$

在经典弹塑性理论中，$f>0$ 是没有意义的，但在广义塑性理论中是允许的。

11.1.4 应变空间中的屈服面

和式(11-2)相类似，可以在应变空间讨论屈服面，屈服函数 g 为

$$g(\boldsymbol{\varepsilon}, T, \boldsymbol{\xi})=g(\boldsymbol{\varepsilon}', \varepsilon_{m}, T, \boldsymbol{\xi})=0 \tag{11-28}$$

式中，$\boldsymbol{\xi}$ 为内变量。一致性条件为

$$\dot{g}=\frac{\partial g}{\partial \varepsilon}:\dot{\boldsymbol{\varepsilon}}+\frac{\partial g}{\partial T}\dot{T}+\frac{\partial g}{\partial \boldsymbol{\xi}}\cdot\dot{\boldsymbol{\xi}}=0 \tag{11-29}$$

把式(11-23)中的 f 换为 g，便得加载条件。

计及内变量后，如应力和应变之间存在一一对应关系

$$\boldsymbol{\sigma}=\boldsymbol{\sigma}(\boldsymbol{\varepsilon},\ T,\ \boldsymbol{\xi}) \tag{11-30}$$

则式(11-28)和式(11-2)是等价的，可以相互转换。由于目前在弹塑性理论中，引入的内变量是不完全的，所以在一些情况下，如存在应变硬化和软化的情形，式(11-30)的一一对应关系不再成立，此时以应变空间和以应力空间发展起来的弹塑性理论也会出现差别。

11.2 小变形等温情况下的塑性积分不等式和法向流动规则

11.2.1 塑性积分不等式和稳定的塑性材料

Drucker(1951)和 Ильюшин(1961)等用积分不等式来讨论材料的硬化概念，他们研究小变形的等温情况，并令 $\boldsymbol{e}=\boldsymbol{e}^{\mathrm{e}}+\boldsymbol{e}^{\mathrm{p}}$。Drucker 提出了图 11-4 所示的应力循环，图中 $f=0$ 为原加载面，$f+\delta f=0$ 为应力增加 $\delta\boldsymbol{\sigma}$ 后的新加载面。设从加载面 $f=0$ 内 ($f<0$) 某点 B 开始，加载到 $f=0$ 面上某点 A，再加载至 $f+\delta f=0$ 面上某点 A_1，然后由 A_1 卸载到 B，应力回到 $\boldsymbol{\sigma}_B$，完成应力循环但应变未回到 $\boldsymbol{e}_B$，而是 $\boldsymbol{e}_D$。

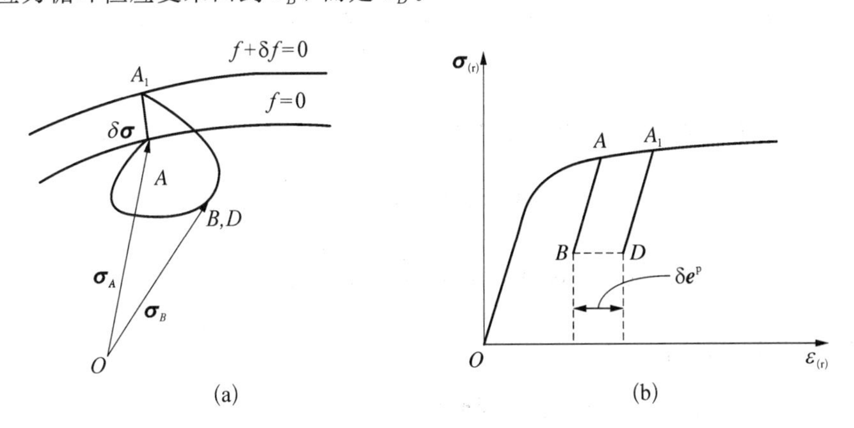

图 11-4 Drucker 应力循环

(a) 应力空间内的表示；(b) $\sigma-e$ 图上的表示

Ильюшин 提出了图 11-5 所示的应变循环 BAA_1C，$\boldsymbol{e}_B=\boldsymbol{e}_C$，但 $\boldsymbol{\sigma}_B\neq\boldsymbol{\sigma}_C$。

Drucker 采用的积分不等式是

$$\oint_{\sigma}(\boldsymbol{\sigma}-\boldsymbol{\sigma}_B):\mathrm{d}\boldsymbol{e}\geqslant 0 \tag{11-31}$$

而 Ильюшин 采用的积分不等式是

$$\oint_{e}\boldsymbol{\sigma}:\mathrm{d}\boldsymbol{e}\geqslant 0 \tag{11-32}$$

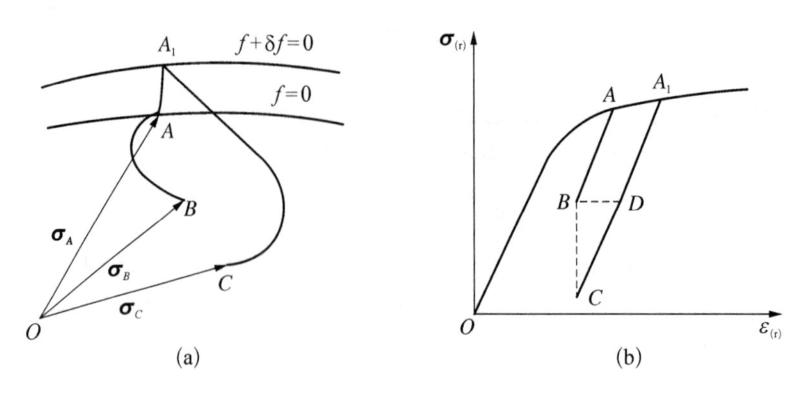

图 11-5 Ильюшин 应变循环

因为弹性应变是可逆的,故有$\oint_{\sigma}(\boldsymbol{\sigma}-\boldsymbol{\sigma}_B):\mathrm{d}e^{\mathrm{e}}=0$,从而 Drucker 积分不等式又可写成

$$\oint_{\sigma}(\boldsymbol{\sigma}-\boldsymbol{\sigma}_B):\mathrm{d}e=\int_B^A(\boldsymbol{\sigma}-\boldsymbol{\sigma}_B):\mathrm{d}e^{\mathrm{e}}+\int_A^{A_1}(\boldsymbol{\sigma}-\boldsymbol{\sigma}_B):(\mathrm{d}e^{\mathrm{e}}+\mathrm{d}e^{\mathrm{p}})+\int_{A_1}^{D}(\boldsymbol{\sigma}-\boldsymbol{\sigma}_B):\mathrm{d}e^{\mathrm{e}}$$

$$=\int_A^{A_1}(\boldsymbol{\sigma}-\boldsymbol{\sigma}_B):\mathrm{d}e^{\mathrm{p}}\approx\left(\boldsymbol{\sigma}_A-\boldsymbol{\sigma}_B+\frac{1}{2}\delta\boldsymbol{\sigma}\right):\delta\boldsymbol{e}^{\mathrm{p}} \tag{11-33}$$

式中,$\delta\boldsymbol{\sigma}=\boldsymbol{\sigma}_{A_1}-\boldsymbol{\sigma}_A$,$\delta\boldsymbol{e}^{\mathrm{p}}=\boldsymbol{e}^{\mathrm{p}}_{A_1}-\boldsymbol{e}^{\mathrm{p}}_A$。

在 Ильюшин 应变循环中,由 D 点卸载到 C 点的弹性应变 $\Delta e^{\mathrm{e}}=\Delta e_D-\Delta e_{\mathrm{B}}=\Delta e_D-\Delta e_{\mathrm{C}}$ 和循环过程中的总塑性应变 $\delta e^{\mathrm{p}}=\boldsymbol{e}^{\mathrm{p}}_{A_1}-\boldsymbol{e}^{\mathrm{p}}_A$ 相等;再令 $\Delta\boldsymbol{\sigma}^{\mathrm{p}}=\boldsymbol{\sigma}_B-\boldsymbol{\sigma}_C$,则 Ильюшнн 应变循环又可写成

$$\oint_{e}\boldsymbol{\sigma}:\mathrm{d}e=\oint_{\sigma}\boldsymbol{\sigma}:\mathrm{d}e+\int_D^C\boldsymbol{\sigma}:\mathrm{d}e$$

$$\approx\left(\boldsymbol{\sigma}_A+\frac{1}{2}\delta\boldsymbol{\sigma}\right):\delta e^{\mathrm{p}}+\left(\boldsymbol{\sigma}_B-\frac{1}{2}\Delta\boldsymbol{\sigma}^{\mathrm{p}}\right):(-\delta\boldsymbol{e}^{\mathrm{p}})$$

$$=(\boldsymbol{\sigma}_A-\boldsymbol{\sigma}_B):\delta\boldsymbol{e}^{\mathrm{p}}+\frac{1}{2}(\delta\boldsymbol{\sigma}+\Delta\boldsymbol{\sigma}^{\mathrm{p}}):\delta\boldsymbol{e}^{\mathrm{p}}\geqslant 0 \tag{11-34}$$

如使 B 点和 A 点重合,则有

$$\left.\begin{aligned}&\text{Drucker 不等式}\quad \delta\boldsymbol{\sigma}:\delta\boldsymbol{e}^{\mathrm{p}}\geqslant 0\\&\text{Ильюшин 不等式}\quad \delta\boldsymbol{\sigma}:\delta\boldsymbol{e}^{\mathrm{p}}\geqslant-\Delta\boldsymbol{\sigma}^{\mathrm{p}}:\delta\boldsymbol{e}^{\mathrm{p}}\end{aligned}\right\} \tag{11-35}$$

式(11-35)称为本构不等式。图 11-6 表示单轴应力-应变曲线,AD 为满足 Drucker 不等式的硬化材料,AD_1 为其极限线,即在 AD 上任意一点切线的斜率不能小于零。AL 为满足 Ильюшин 不等式的材料,允许发生软化,但其上任意一点的斜率不能小于 $-\tan\alpha(=-E$,E 为弹性模量),即 AL_1 为其极限线。软化意味着随应变的增长,应力会降低,在通常的理解上被认为是不稳定的,因此,Drucker 积分不等式表示的是一类稳定的弹塑性材料。但也应指出,对稳定性材料,两个不等式是等价的。

对等温情形,由式(5-68)知,此时有

$$\rho T\sigma^{*}=\boldsymbol{\sigma}:\boldsymbol{D}-\dot{\rho}f\geqslant 0 \tag{11-36}$$

式中，f 是自由能函数，在线性热动力学理论中是温度和物体几何形状的函数。对于 Ильюшин 应变循环，循环开始和终止的温度及几何形状相同，故 $\oint_e \rho \mathrm{d}f = 0$，从而由式(11－36)知，必有 $\oint_e \boldsymbol{\sigma} : D\mathrm{d}t = \oint_e \boldsymbol{\sigma} : \mathrm{d}\boldsymbol{e} \geqslant 0$。因此，Ильюшин 积分不等式可以看成是热力学第二定律对现实材料所加的限制，而 Drucker 积分不等式可以看成是对稳定的弹塑性材料所施加的热力学限制。

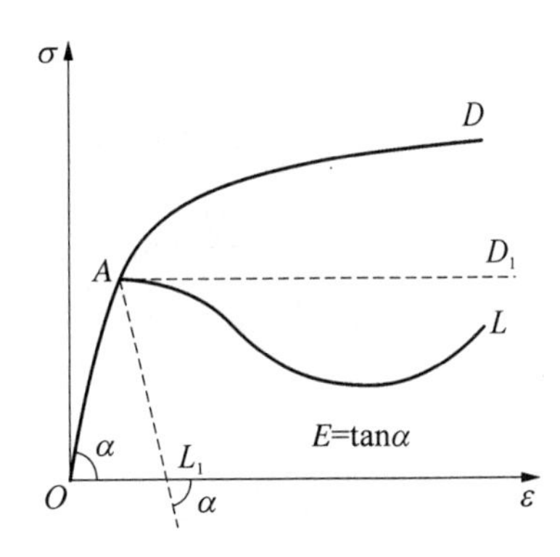

图 11－6　材料的硬化和软化特性

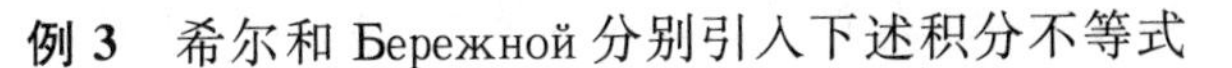

例 3　希尔和 Бережной 分别引入下述积分不等式

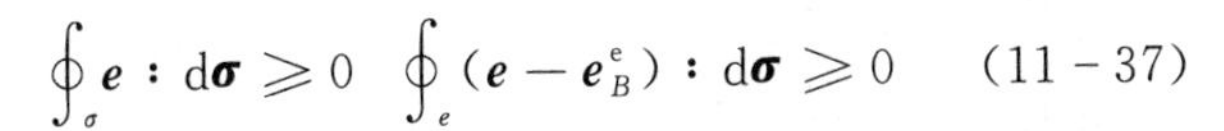

$$\oint_\sigma \boldsymbol{e} : \mathrm{d}\boldsymbol{\sigma} \geqslant 0 \quad \oint_e (\boldsymbol{e} - \boldsymbol{e}_B^{\mathrm{e}}) : \mathrm{d}\boldsymbol{\sigma} \geqslant 0 \tag{11-37}$$

解： 试证希尔积分不等式和 Drucker 的等价，Бережной 积分不等式和 Ильюшин 的等价。因

$$\oint_\sigma \mathrm{d}(\boldsymbol{\sigma} : \boldsymbol{e}) = (\boldsymbol{\sigma} : \boldsymbol{e})\big|_B^D = \boldsymbol{\sigma}_B : \delta \boldsymbol{e}^{\mathrm{p}} \tag{11-38}$$

式(11－38)表示应力循环终止时，应力回到开始值 σ_B，但应变却增加了 $\delta \boldsymbol{e}^{\mathrm{p}}$。由此可得

$$\oint_0 \boldsymbol{e} : \mathrm{d}\boldsymbol{\sigma} = \oint_\sigma \mathrm{d}(\boldsymbol{\sigma} : \boldsymbol{e}) - \oint_0 \boldsymbol{\sigma} : \mathrm{d}\boldsymbol{e} = -\oint_\sigma (\boldsymbol{\sigma} - \boldsymbol{\sigma}_B) : \mathrm{d}\boldsymbol{e}$$

故 Drucker 的和希尔的积分不等式等价。计及 $\boldsymbol{e}_C = \boldsymbol{e}_B^{\mathrm{e}}$，Ильюшин 和 Бережной 的积分不等式的等价性可证明如下

$$\begin{aligned}\oint_e (\boldsymbol{e} - \boldsymbol{e}_B^{\mathrm{e}}) : \mathrm{d}\boldsymbol{\sigma} &= \oint_e \mathrm{d}(\boldsymbol{\sigma} : \boldsymbol{e}) - \oint_e \boldsymbol{\sigma} : \mathrm{d}\boldsymbol{e} - \boldsymbol{e}_B^{\mathrm{e}} \oint_e \mathrm{d}\boldsymbol{\sigma} \\ &= \boldsymbol{\sigma}_C : \boldsymbol{e}_C - \boldsymbol{\sigma}_B : \boldsymbol{e}_B^{\mathrm{e}} - \oint_e \boldsymbol{\sigma} : \mathrm{d}\boldsymbol{e} - \boldsymbol{e}_B^{\mathrm{e}} (\boldsymbol{\sigma}_C - \boldsymbol{\sigma}_B) = \oint_e \boldsymbol{\sigma} : \mathrm{d}\boldsymbol{e}\end{aligned}$$

由式(11－31)、式(11－32)和式(11－37)，根据上面的讨论又可导出

$$\left.\begin{aligned}\oint_\sigma (\boldsymbol{\sigma} - \boldsymbol{\sigma}_B) : \mathrm{d}\boldsymbol{e} + \oint_\sigma \boldsymbol{e} : \mathrm{d}\boldsymbol{\sigma} = 0 \\ \oint_e \boldsymbol{\sigma} : \mathrm{d}\boldsymbol{e} + \int_e (\boldsymbol{e} - \boldsymbol{e}_B^{\mathrm{e}}) : \mathrm{d}\boldsymbol{\sigma} = 0\end{aligned}\right\} \tag{11-39}$$

11.2.2　稳定弹塑性材料屈服面的外凸性和塑性应变的法向规则

$\boldsymbol{\sigma}$ 和 $\boldsymbol{e}^{\mathrm{p}}$ 都有 9 个分量，故可看成九维空间中的矢量，记和 $\boldsymbol{\sigma}$ 对应的矢量为 $\boldsymbol{a}_\sigma$，记乘以具有应力量纲单位乘子后的 $\boldsymbol{e}^{\mathrm{p}}$ 所对应的矢量为 $\boldsymbol{a}_e^{\mathrm{p}}$，则 $\boldsymbol{a}_\sigma$ 和 $\boldsymbol{a}_e^{\mathrm{p}}$ 均可在同一九维应力空间中用几何的方法来讨论。根据(11－35)第 1 式的 Drucker 不等式，对稳定材料有

$$\mathrm{d}\boldsymbol{a}_\sigma \cdot \mathrm{d}\boldsymbol{a}_e^{\mathrm{p}} = |\mathrm{d}\boldsymbol{a}_\sigma|\,|\mathrm{d}\boldsymbol{a}_e^{\mathrm{p}}| \cos\theta \geqslant 0 \tag{11-40}$$

式(11－40)要求

$$-\frac{\pi}{2} \leqslant \theta \leqslant \frac{\pi}{2}$$

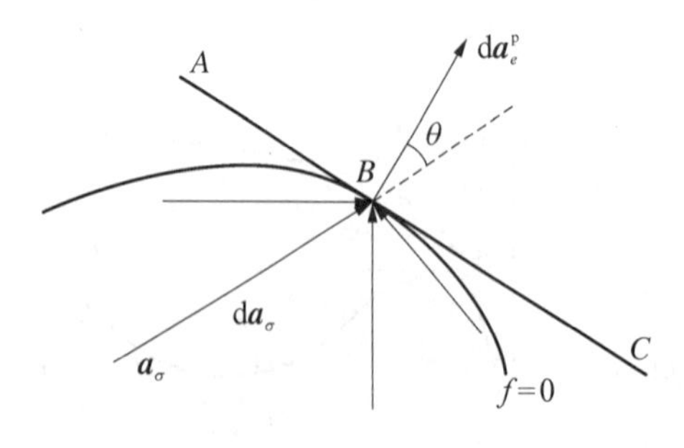

图 11-7 应力空间中屈服面的凸性和塑性应变的法向规则

故 $d\boldsymbol{a}_\sigma$ 和 $d\boldsymbol{a}^p_e$ 之间的夹角 θ 是锐角。在图 11-7 中,B 是屈服面上的一个正常点,ABC 代表和 $d\boldsymbol{a}^p_e$ 垂直的超平面。式(11-40)表明,屈服面的内点或矢量 $d\boldsymbol{a}_\sigma$ 必位于和 $d\boldsymbol{a}^p_e$ 相对的超平面 ABC 的另一侧,同时 $d\boldsymbol{a}_\sigma$ 应当指向屈服面的外侧,因此 ABC 必为屈服面在 B 点的切平面。所以矢量 $d\boldsymbol{a}^p_e$ 必沿屈服面的外法线,和 $d\boldsymbol{a}_\sigma$ 的方向无关,此即法向规则。上述讨论同样清楚地表明,屈服面及其所有的内点必位于超平面 ABC 的一侧,此即屈服面的外凸性。由法向流动规则可得

$$\left.\begin{aligned} d\boldsymbol{e}^p &= d\lambda\,\partial f/\partial\boldsymbol{\sigma} \quad (d\lambda > 0) \\ \dot{\boldsymbol{e}}^p &= \dot{\lambda}\,\partial f/\partial\boldsymbol{\sigma} \qquad (\dot{\lambda} > 0) \end{aligned}\right\} \tag{11-41}$$

由法向规则还可以导出塑性力学中的重要变分原理——最大塑性功原理。设 $\boldsymbol{\sigma}$ 是真应力,$\tilde{\boldsymbol{\sigma}}$ 是许可应力,许可应力是指它满足平衡方程,满足应力边界条件,不超过屈服面的应力。最大塑性功原理是

$$\int(\boldsymbol{\sigma} - \tilde{\boldsymbol{\sigma}}) : d\boldsymbol{e}^p \geqslant 0 \tag{11-42}$$

由于 $d\boldsymbol{e}^p$ 沿着屈服面法向,由式(10-41)表示,又由式(11-27)知,对米泽斯型的屈服函数,$\partial f/\partial\boldsymbol{\sigma}$ 平行于 $\boldsymbol{\sigma}'$,由塑性不可压缩 $de^p_{kb}=0$ 知 $\boldsymbol{\sigma}' : d\boldsymbol{e}^p = \boldsymbol{\sigma} : d\boldsymbol{e}^p$,所以 $d\boldsymbol{e}^p$ 和 $\boldsymbol{\sigma}$ 平行,而任何其他的许可应力 $\tilde{\boldsymbol{\sigma}}$ 都不平行于 $d\boldsymbol{e}^p$(见图 11-8),由此推出式(11-42)。由于 $\boldsymbol{\sigma}$ 和 $\tilde{\boldsymbol{\sigma}}$ 都满足应力平衡条件和应力边界条件,所以由式(11-42)推出

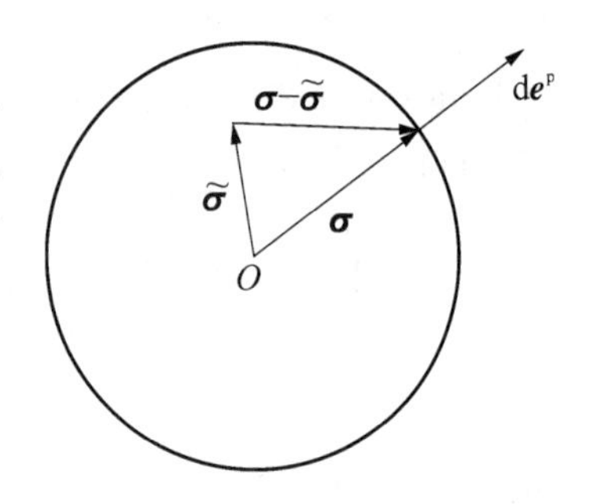

图 11-8 最大塑性功原理图解

$$\begin{aligned} &\int_{s_v} \boldsymbol{p}^{(n)} \cdot v\,ds \geqslant \int_{s_v} \tilde{\boldsymbol{p}}^{(n)} \cdot v\,ds \quad \boldsymbol{p}^{(n)} = \boldsymbol{\sigma} \cdot \boldsymbol{n} \\ &\dot{\boldsymbol{e}}^p = \frac{1}{2}(\boldsymbol{\nabla} \otimes \boldsymbol{v}^p + \boldsymbol{v}^p \otimes \boldsymbol{\nabla}) \end{aligned} \tag{11-43}$$

式(11-43)表示真实的表面力在给定的速度上做的塑性功率大于任何其他静力学上许可的表面力所做的塑性功率。

对于屈服面上的非正常点,如棱边上的点或锥顶点等,按照和上面相同的讨论,$d\boldsymbol{a}^p_e$ 必位于棱边两侧屈服面的外法线所形成的角度之内,或位于锥顶点周围屈服面的外法线所形成的锥体之内,如图 11-9 所示。若把角点理解为曲率半径很小的圆弧,则 $d\boldsymbol{a}^p_e$ 的方向是处处确定的。

11.2.3 应变空间伪弹性应力的法向规则

应变空间的屈服面由式(11-28)描述,此时 Ильюшин 应变循环如图 11-10 所示。利用推导式(11-34)相同的讨论可知

$$\Delta\boldsymbol{\sigma}^p = \boldsymbol{\sigma}_B - \boldsymbol{\sigma}_C = \boldsymbol{A} : (\boldsymbol{e}^p_{A_1} - \boldsymbol{e}^p_A) = \boldsymbol{A} : \delta\boldsymbol{e}^p \tag{11-44}$$

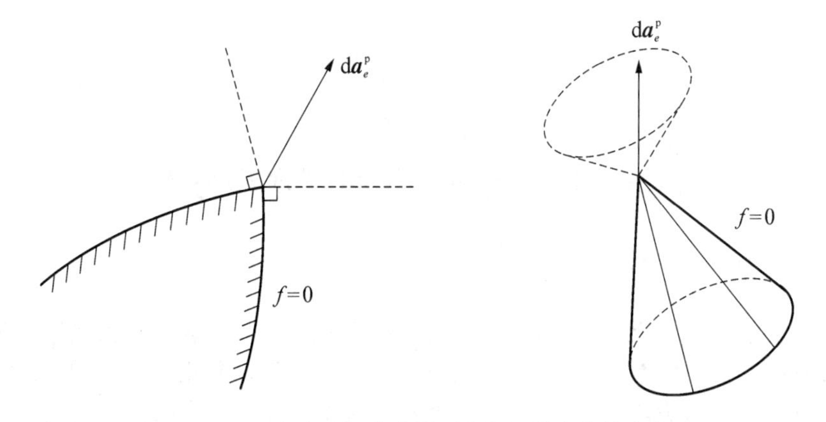

图 11－9　在棱边上点或锥顶点处塑性应变的方向

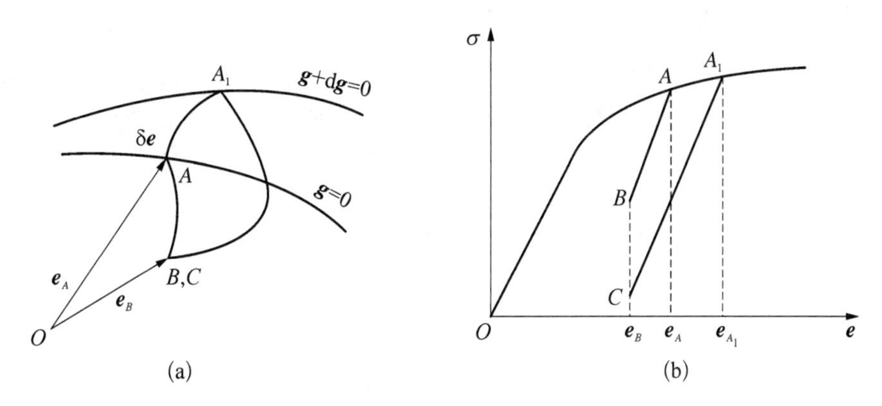

图 11－10　应变空间的 Ильюшин 循环

式中，$\boldsymbol{A}$ 为弹性模量。

因为从 A 点到 A_1 点的应力增量

$$\Delta\boldsymbol{\sigma}=\boldsymbol{\sigma}_{A_1}-\boldsymbol{\sigma}_A=\boldsymbol{A}:\{(\boldsymbol{e}_{A_1}-\boldsymbol{e}_A)-\delta\boldsymbol{e}^{\mathrm{p}}\}=\boldsymbol{A}:(\boldsymbol{e}_{A_1}-\boldsymbol{e}_A)-\Delta\boldsymbol{\sigma}^{\mathrm{p}}$$

所以称 $\Delta\boldsymbol{\sigma}^{\mathrm{p}}$ 为伪弹性应力。按图 11－10，Ильюшин 积分不等式相当于要求面积 BAA_1CB 大于零，故又可表示为

$$\oint_e \boldsymbol{\sigma}:\mathrm{d}e=(\boldsymbol{e}_A-\boldsymbol{e}_B):\Delta\boldsymbol{\sigma}^{\mathrm{p}}+\frac{1}{2}(\boldsymbol{e}_{A_1}-\boldsymbol{e}_A):\Delta\boldsymbol{\sigma}^{\mathrm{p}}\geqslant 0 \tag{11-45a}$$

当 $\boldsymbol{e}_A-\boldsymbol{e}_B\neq\boldsymbol{0}$，而 $\boldsymbol{e}_{A_1}-\boldsymbol{e}_A\to\boldsymbol{0}$ 时式(11－45a)仍应成立，故又推出

$$\oint_e \boldsymbol{\sigma}:\mathrm{d}\boldsymbol{e}=(\boldsymbol{e}_A-\boldsymbol{e}_B):\Delta\boldsymbol{\sigma}^{\mathrm{p}}\geqslant 0 \tag{11-45b}$$

由此立即推出，应变空间的屈服面是凸的，伪弹性应力沿屈服面的法向，从而有

$$\mathrm{d}\boldsymbol{\sigma}^{\mathrm{p}}=\mathrm{d}\tilde{\lambda}\,\partial g/\partial\boldsymbol{e}\quad \mathrm{d}\boldsymbol{\sigma}^{\mathrm{p}}=A:\mathrm{d}\boldsymbol{e}^{\mathrm{p}} \tag{11-46}$$

式(11－46)对满足条件式(11－35)第 2 式的硬化和软化材料都成立。类似于最大塑性功原理，易于推出最大伪弹性余功原理，即对一切满足协调方程和位移边界条件且满足屈服条件的

可能应变 $\tilde{\boldsymbol{e}}$，真实的应变使伪弹性余功取最大值

$$\int (\boldsymbol{e} - \tilde{\boldsymbol{e}}) : \mathrm{d}\boldsymbol{\sigma}^{\mathrm{p}} \geqslant 0 \tag{11-47}$$

11.3 弹塑性体的增量型本构方程

11.3.1 小变形时的关联流动

式(11-1)表示 $\boldsymbol{D}$ 可分解为 $\boldsymbol{D}^{\mathrm{e}}$ 与 $\boldsymbol{D}^{\mathrm{p}}$ 之和，$\boldsymbol{D}^{\mathrm{e}}$ 由胡克定律确定，$\boldsymbol{D}^{\mathrm{p}}$ 由屈服函数的法向导数式(11-42)确定，其中的系数 $\dot{\lambda}$ 由一致性条件确定，而屈服函数由式(11-2)或式(11-4)确定；这样弹塑性体的本构方程便完全确定了，并称之为关联流动，下面讨论几种具体的方程。

1. 等温各向同性硬化

由于是各向同性硬化，故式(11-4)中的 $\boldsymbol{\theta} = \boldsymbol{0}$，从而有

$$\left.\begin{aligned} &\boldsymbol{D} = \boldsymbol{D}^{\mathrm{e}} + \boldsymbol{D}^{\mathrm{p}} \\ &\boldsymbol{D}^{\mathrm{e}} = \boldsymbol{A}^{-1} : \boldsymbol{\sigma} \boldsymbol{D}^{\mathrm{p}} = \lambda \partial f / \partial \boldsymbol{\sigma} \end{aligned}\right\} \tag{11-48}$$

利用一致性条件

$$\left.\begin{aligned} &f = \frac{3}{2}\boldsymbol{\sigma}' : \boldsymbol{\sigma}' - \sigma_{\mathrm{s}}^{2} = 0 \quad \sigma_{\mathrm{s}} = \sigma_{\mathrm{s}}(l^{\mathrm{p}}) \\ &\dot{f} = 3\boldsymbol{\sigma}' : \dot{\boldsymbol{\sigma}}' - 2\sigma_{\mathrm{s}} H D_{(\mathrm{r})}^{\mathrm{p}} = 0 \end{aligned}\right\} \tag{11-49}$$

式中

$$H = \partial \sigma_{\mathrm{s}} / \partial l^{\mathrm{p}} \tag{11-50}$$

为单向拉伸曲线上的切线模量。利用

$$\left.\begin{aligned} &\frac{\partial f}{\partial \boldsymbol{\sigma}} = \frac{\partial f}{\partial \boldsymbol{\sigma}'} \frac{\partial \boldsymbol{\sigma}'}{\partial \boldsymbol{\sigma}} = 3\boldsymbol{\sigma}' \frac{\partial}{\partial \boldsymbol{\sigma}}(\boldsymbol{\sigma} - \sigma_{\mathrm{m}} \boldsymbol{I}) = 3\boldsymbol{\sigma}' \\ &D_{(\mathrm{r})}^{\mathrm{p}} \cdot D_{(\mathrm{r})}^{\mathrm{p}} = \frac{2}{3} \boldsymbol{D}^{\mathrm{p}} : \boldsymbol{D}^{\mathrm{p}} = \dot{\lambda}^{2} 6 \boldsymbol{\sigma}' : \boldsymbol{\sigma}' \end{aligned}\right\} \tag{11-51}$$

由式(11-49)和式(11-51)可得

$$\dot{\lambda} = 3\boldsymbol{\sigma}' : \dot{\boldsymbol{\sigma}}' / (4H\sigma_{(\mathrm{r})}^{2}) \quad \sigma_{(\mathrm{r})}^{2} = \frac{3}{2}\boldsymbol{\sigma}' : \boldsymbol{\sigma}' = 3J_{2} \tag{11-52}$$

对各向同性弹塑性体，$\boldsymbol{A}$ 由式(1-77)表示，即

$$A_{ijkl} = 2G\left(\delta_{ik}\delta_{jl} + \frac{\nu}{1-2\nu}\delta_{ij}\delta_{kl}\right)$$

从而由式(11-48)、式(11-51)、式(11-52)推得

$$\left.\begin{aligned} &\boldsymbol{D} = \frac{1}{2G}\dot{\boldsymbol{\sigma}}' + \frac{1-2\boldsymbol{\nu} \cdot \dot{\sigma}_{mn}\boldsymbol{I}}{3E} \quad (\text{弹性加、卸载}) \\ &\boldsymbol{D} = \frac{1}{2G}\dot{\boldsymbol{\sigma}}' + \frac{1-2\nu}{3E}\dot{\sigma}_{mn}\boldsymbol{I} + \frac{9(\boldsymbol{\sigma}' : \dot{\boldsymbol{\sigma}})}{4H\sigma_{(\mathrm{r})}^{2}}\boldsymbol{\sigma}' (\text{弹塑性加载}) \end{aligned}\right\} \tag{11-53}$$

利用弹性规律 $\dot{\boldsymbol{\sigma}}'=2G\boldsymbol{D}^{\mathrm{e}}$ 可得

$$\boldsymbol{\sigma}':\dot{\boldsymbol{\sigma}}'=2G\boldsymbol{\sigma}':(\boldsymbol{D}-\boldsymbol{D}^{\mathrm{p}})=2G\boldsymbol{\sigma}':(\boldsymbol{D}-3\dot{\lambda}\boldsymbol{\sigma}')$$

或

$$2G\boldsymbol{\sigma}':\boldsymbol{D}=\boldsymbol{\sigma}':\dot{\boldsymbol{\sigma}}'+6G\boldsymbol{\sigma}':\boldsymbol{\sigma}'\dot{\lambda}=4J_2H\dot{\lambda}+12GJ_2\dot{\lambda}$$

由此又可推出

$$\dot{\lambda}=\boldsymbol{\sigma}':\boldsymbol{D}\Big/\left[6J_2\left(1+\frac{H}{3G}\right)\right]=\boldsymbol{\sigma}':\boldsymbol{D}\Big/\left[2\sigma_{(\mathrm{r})}^2\left(1+\frac{H}{3G}\right)\right]\tag{11-54}$$

结合弹性规律 $\dot{\sigma}_{kk}=\dfrac{2G(1+\nu)}{1-2\nu}D_{kk}=3KD_{kk}$，又可得式(11－53)的逆形式的弹塑性体的增量型本构方程

$$\left.\begin{aligned}&\dot{\boldsymbol{\sigma}}=2G\left(\boldsymbol{D}+\frac{\nu}{1-2\nu}D_{mm}\boldsymbol{I}\right)\quad(\text{弹性加、卸载})\\&\dot{\boldsymbol{\sigma}}=2G\left(\boldsymbol{D}+\frac{\nu}{1-2\nu}D_{mm}\boldsymbol{I}-3\dot{\lambda}\boldsymbol{\sigma}'\right)\quad(\text{弹塑性加载})\end{aligned}\right\}\tag{11-55}$$

式(11－53)和式(11－55)便是各向同性体等温小变形时的普朗特－罗伊斯(Prandtl-Reuss)方程，在单调加载的弹塑性理论中获得广泛的应用。

由式(11－51)和式(11－52)可得

$$D_{(\mathrm{r})}^{\mathrm{p}}=\dot{\lambda}\sqrt{6\boldsymbol{\sigma}':\boldsymbol{\sigma}'}=\frac{3\boldsymbol{\sigma}:\dot{\boldsymbol{\sigma}}'}{\sqrt{12J_2}H}=\frac{3\dot{J}_2}{\sqrt{12J_2}H}=\frac{1}{\sqrt{12J_2}H}\frac{\partial f}{\partial\boldsymbol{\sigma}}:\dot{\boldsymbol{\sigma}}\tag{11-56}$$

由式(11－56)知，对普朗特－罗伊斯方程，$D_{(\mathrm{r})}^{\mathrm{p}}$ 和 $\dot{J}_2$ 有相同的符号，所以对于稳定性材料，加、卸载规则中的 $D_{(\mathrm{r})}^{\mathrm{p}}$ 的符号可用 $\dot{J}_2$ 或 $(\partial f/\partial\boldsymbol{\sigma}):\dot{\boldsymbol{\sigma}}$ 的符号代替。对应变空间屈服函数的类似情形，可用 $(\partial g/\partial\boldsymbol{e}):\dot{\boldsymbol{e}}$ 的符号，此时可适用于满足 Ильюшин 积分不等式(11－35)第 2 式的硬化或软化材料。

2. 温度的影响

对各向同性体，通常假设温度不影响屈服面的形状和法向流动规则，但影响材料常数和屈服面的大小，从而式(11－51)不变，而式(11－48)和式(11－49)变为

$$\left.\begin{aligned}&\boldsymbol{D}=\boldsymbol{D}^{\mathrm{e}}+\boldsymbol{D}^{\mathrm{p}}+\boldsymbol{D}^{\mathrm{T}}\\&\boldsymbol{D}^{\mathrm{e}}=(\boldsymbol{A}^{-1}:\boldsymbol{\sigma})^{\cdot}\quad\boldsymbol{D}^{\mathrm{p}}=\dot{\lambda}\partial f/\partial\boldsymbol{\sigma}\quad\boldsymbol{D}^{\mathrm{T}}=(\alpha T)^{\cdot}\boldsymbol{I}\end{aligned}\right\}\tag{11-57}$$

$$\left.\begin{aligned}&f=\frac{3}{2}\boldsymbol{\sigma}':\boldsymbol{\sigma}'-\sigma_{\mathrm{s}}^2=0\quad\sigma_{\mathrm{s}}=\sigma_{\mathrm{s}}(l^{\mathrm{p}},T)\\&\dot{f}=3\boldsymbol{\sigma}':\dot{\boldsymbol{\sigma}}'-2\sigma_{\mathrm{s}}(HD_{(\mathrm{r})}^{\mathrm{p}}+k\dot{T})=0\end{aligned}\right\}\tag{11-58}$$

式中，k 为单向拉伸屈服应力 σ_{s} 随温度的变化率，即

$$k=\partial\sigma_{\mathrm{s}}/\partial T\tag{11-59}$$

由式(11－51)和式(11－58)可得

$$\dot{\lambda}=(3\boldsymbol{\sigma}':\dot{\boldsymbol{\sigma}}'-2\sqrt{3J_2}k\dot{T})/(12HJ_2) \tag{11-60}$$

$\boldsymbol{A}$ 由式(1-77)表示,由式(11-57)、式(11-59)可得本构方程

$$\left.\begin{aligned}\boldsymbol{D}&=\left(\frac{1}{2G}\boldsymbol{\sigma}'\right)^{\cdot}+\left(\frac{1-2\nu}{3E}\sigma_{mn}+\alpha T\right)^{\cdot}I\quad f<0\text{ 或 }f=0\quad \dot{f}<0\text{ 或 }f=\dot{f}=0\quad \dot{J}_2<0\\ \boldsymbol{D}&=\left(\frac{1}{2G}\boldsymbol{\sigma}'\right)^{\cdot}+\left(\frac{1-2\nu}{3E}\sigma_{mn}+\alpha T\right)^{\cdot}\boldsymbol{I}+\frac{3\boldsymbol{\sigma}':\dot{\boldsymbol{\sigma}}'-2\sqrt{3J_2}k\dot{T}}{12HJ_2}\boldsymbol{\sigma}'\quad f=\dot{f}=0\quad \dot{J}_2>0\end{aligned}\right\} \tag{11-61}$$

下面推导式(11-61)的逆形式。由式(11-57)可得

$$\dot{\boldsymbol{\sigma}}=\boldsymbol{A}:\tilde{\boldsymbol{D}}-3\lambda A:\boldsymbol{\sigma}'\quad \tilde{\boldsymbol{D}}=\boldsymbol{D}-\boldsymbol{D}^{\mathrm{T}}-\dot{\boldsymbol{A}}^{-1}:\boldsymbol{\sigma} \tag{11-62}$$

把式(11-62)代入式(11-58)第2式,解出 λ 并利用式(1-77)中的 $\boldsymbol{A}=2G\left(\boldsymbol{I}_4+\frac{\nu}{1-2\nu}\boldsymbol{I}\otimes\boldsymbol{I}\right)$ 便得

$$\dot{\lambda}=\frac{\boldsymbol{\sigma}':(\boldsymbol{A}:\tilde{\boldsymbol{D}})-\sqrt{4J_2/3}k\dot{T}}{4HJ_2+3\boldsymbol{\sigma}':(\boldsymbol{A}:\boldsymbol{\sigma}')}=\frac{\boldsymbol{\sigma}':\tilde{\boldsymbol{D}}-\sqrt{J_2/3}k\dot{T}/G}{6J_2(1+H/3G)} \tag{11-63}$$

把式(11-63)代回式(11-62),便得弹塑性加载时的增量本构方程

$$\dot{\boldsymbol{\sigma}}=2G\left(\tilde{\boldsymbol{D}}+\frac{\nu}{1-2\nu}\tilde{D}_{mm}\boldsymbol{I}-3\dot{\lambda}\boldsymbol{\sigma}'\right) \tag{11-64}$$

按式(1-72)有 $\boldsymbol{A}^{-1}=\frac{1}{2G}\left(\boldsymbol{I}_4-\frac{\nu}{1+\nu}\boldsymbol{I}\otimes\boldsymbol{I}\right)$。

3. 非线性随动强化模型

这里介绍一种循环载荷作用下的本构模型,由此也可看到复载加载下本构模型的一般图式。非线性随动强化模型的屈服函数由式(11-4a)表示,背应力的演化方程由式(11-9)表示。其中,$\boldsymbol{C}\boldsymbol{D}^{\mathrm{p}}$ 一项代表由于位错塞积等原因引起的运动硬化;$-\gamma D^{\mathrm{p}}_{(\mathrm{r})}\boldsymbol{\theta}$ 代表由交叉滑移等引起的塞积位错可动化等原因产生的动力恢复项。按式(11-4a),由一致性条件可得

$$\frac{\partial f}{\partial\boldsymbol{\sigma}}:\dot{\boldsymbol{\sigma}}+\frac{\partial f}{\partial\boldsymbol{\theta}}:\dot{\boldsymbol{\theta}}+\frac{\partial f}{\partial\sigma_s^2}(\sigma_s^2)^{\cdot}=0$$

利用式(11-48)、式(11-9)、式(1-17)和 $\frac{\partial f}{\partial\boldsymbol{\sigma}}=-\frac{\partial f}{\partial\boldsymbol{\theta}}=3(\boldsymbol{\sigma}'-\boldsymbol{\theta})$,可得

$$\dot{\lambda}=\frac{(\boldsymbol{\sigma}'-\boldsymbol{\theta}):\dot{\boldsymbol{\sigma}}}{3\left\{C(\boldsymbol{\sigma}'-\boldsymbol{\theta}):(\boldsymbol{\sigma}'-\boldsymbol{\theta})-\sqrt{\frac{2}{3}(\boldsymbol{\sigma}'-\boldsymbol{\theta}):(\boldsymbol{\sigma}'-\boldsymbol{\theta})}\left[\gamma(\boldsymbol{\sigma}'-\boldsymbol{\theta}):\boldsymbol{\theta}-\frac{H}{3}\right]\right\}}$$

令

$$n=\frac{\dfrac{\partial f}{\partial\boldsymbol{\sigma}}}{\sqrt{\dfrac{\partial f}{\partial\boldsymbol{\sigma}}:\dfrac{\partial f}{\partial\boldsymbol{\sigma}}}}=\frac{\sqrt{3}(\boldsymbol{\sigma}'-\boldsymbol{\theta})}{\sqrt{2}\sigma_s} \tag{11-65}$$

再利用式(11-4a)便可求得

$$\dot{\lambda}=\frac{1}{6\sigma_s^2 h}\frac{\partial f}{\partial \boldsymbol{\sigma}}:\dot{\boldsymbol{\sigma}} \quad h=C+\frac{2}{3}H-\sqrt{\frac{2}{3}}\gamma \boldsymbol{n}:\boldsymbol{\theta} \tag{11-66}$$

从而塑性变形率 $\boldsymbol{D}^{\mathrm{p}}$ 为

$$\boldsymbol{D}^{\mathrm{p}}=\dot{\lambda}\frac{\partial f}{\partial \boldsymbol{\sigma}}=\frac{1}{2\sigma_s^2 h}[(\boldsymbol{\sigma}'-\boldsymbol{\theta}:\dot{\boldsymbol{\sigma}})](\boldsymbol{\sigma}'-\boldsymbol{\theta})=\frac{1}{h}(\boldsymbol{n}:\dot{\boldsymbol{\sigma}})\boldsymbol{n} \tag{11-67}$$

如设塑性变形不引起体积变化，且在初始时刻 $\boldsymbol{\theta}_0=\boldsymbol{0}$，则有

$$\mathrm{tr}(\boldsymbol{\theta})=C\mathrm{tr}(\boldsymbol{D}^{\mathrm{p}})-\gamma D_{(\mathrm{r})}^{\mathrm{p}}\mathrm{tr}(\boldsymbol{\theta})=-\gamma D_{(\mathrm{r})}^{\mathrm{p}}\mathrm{tr}(\boldsymbol{\theta})$$

积分后得

$$\mathrm{tr}(\boldsymbol{\theta})=\mathrm{tr}(\boldsymbol{\theta}_0)\mathrm{e}^{-\gamma l^{\mathrm{p}}}=0$$

故背应力 $\boldsymbol{\theta}$ 是偏张量，即有 $\theta_{kk}=0$。

利用上述本构理论，可以描写非线性的循环应力-应变曲线，包辛格效应和材料硬化及软化性质，为使理论结果和实验更为一致，可把 $\boldsymbol{\theta}$ 表示成级数形式

$$\left.\begin{aligned}\dot{\boldsymbol{\theta}}&=\sum_{k=1}^{m-1}\dot{\boldsymbol{\theta}}^{(k)}+C^{(m)}\boldsymbol{D}^{\mathrm{p}}\\ \dot{\boldsymbol{\theta}}^{(k)}&=C^{(k)}\boldsymbol{D}^{\mathrm{p}}-\gamma^{(k)}D_{(\mathrm{r})}^{\mathrm{p}}\boldsymbol{\theta}^{(k)}\end{aligned}\right\} \tag{11-68}$$

从本模型还可推出存在极限面的结论。事实由屈服函数(11-4a)推知

$$\frac{3}{2}(\boldsymbol{\sigma}'-\boldsymbol{\theta}):(\boldsymbol{\sigma}'-\boldsymbol{\theta})\leqslant\sigma_s^2$$

如设 $\boldsymbol{\theta}:\dot{\boldsymbol{\theta}}\geqslant 0$，则由式(11-9)推知

$$C^2\boldsymbol{D}^{\mathrm{p}}:\boldsymbol{D}^{\mathrm{p}}:(\gamma D_{(\mathrm{r})}^{\mathrm{p}}\boldsymbol{\theta}+\dot{\boldsymbol{\theta}}):(\gamma D_{(\mathrm{r})}^{\theta}+\dot{\boldsymbol{\theta}})\geqslant\gamma^2 D_{(\mathrm{r})}^{\mathrm{p}}D_{(\mathrm{r})}^{\mathrm{p}}\boldsymbol{\theta}:\boldsymbol{\theta} \tag{11-69}$$

或

$$\frac{3}{2}\boldsymbol{\theta}:\boldsymbol{\theta}\leqslant\frac{9}{4}\frac{C^2}{\gamma^2} \tag{11-70}$$

结合式(11-69)和式(11-70)可得

$$\sqrt{\frac{3}{2}\boldsymbol{\sigma}':\boldsymbol{\sigma}'}\leqslant\sqrt{\frac{3}{2}(\boldsymbol{\sigma}'-\boldsymbol{\theta}):(\boldsymbol{\sigma}'-\boldsymbol{\theta})}+\sqrt{\frac{3}{2}\boldsymbol{\theta}:\boldsymbol{\theta}}\leqslant\sigma_s+\frac{3}{2}\frac{C}{\gamma} \tag{11-71}$$

由此推出存在一个比屈服面更大的极限面，它的中心在 $\bar{\boldsymbol{\theta}}$，半径为 $\bar{\sigma}_s$ 即

$$\bar{f}=\frac{3}{2}(\boldsymbol{\sigma}'-\bar{\boldsymbol{\theta}}):(\boldsymbol{\sigma}'-\bar{\boldsymbol{\theta}})-\bar{\sigma}_s^2\leqslant 0 \tag{11-72}$$

式(11-72)表明在循环加载过程中，存在一极限面。在加载过程中任意一瞬时某点的应力状态必位于初始屈服面和极限面之间的某个屈服面上，这一结论和 Dafalias-Popov 双面模型一致。

例 4 试由单向拉伸试验确定式(11－50)中的 H。

解: 令单轴应力为 σ,单轴应变为 ε。因现在 $\varepsilon^{p}=l^{p}$,由式(11－50)得

$$H=\frac{d\sigma}{d\varepsilon^{p}}\quad d\varepsilon^{p}=d\varepsilon-d\varepsilon^{e}$$

由此求得

$$H=\frac{d\sigma}{d\varepsilon-d\varepsilon^{e}}=\left(\frac{d\varepsilon}{d\sigma}-\frac{d\varepsilon^{e}}{d\sigma}\right)^{-1}=\left(\frac{1}{E_{t}}-\frac{1}{E}\right)^{-1}=\frac{EE_{t}}{E-E_{t}}$$

式中,E 为弹性模量,由 $\sigma\varepsilon$ 曲线原点处的初始斜率决定;E_{t} 为切线模量,由 $\sigma\varepsilon$ 曲线上所讨论点处的斜率决定。

11.3.2 小变形时的非关联流动

非关联流动的特点是塑性势 $\phi(\boldsymbol{\sigma},\ \boldsymbol{\eta})$ 不同于屈服函数 $f(\boldsymbol{\sigma},\ \boldsymbol{\eta})$,对非关联流动,设塑性变形率沿等塑性势面的法向,即

$$\boldsymbol{D}^{p}=\dot{\tilde{\lambda}}\partial\phi/\partial\sigma \tag{11-73}$$

从而非关联流动的弹塑性加载时的本构方程为

$$D=\boldsymbol{D}^{e}+\boldsymbol{D}^{p}=\boldsymbol{A}:\dot{\boldsymbol{\sigma}}+\dot{\tilde{\lambda}}\partial\phi/\partial\boldsymbol{\sigma} \tag{11-74}$$

系数 $\dot{\tilde{\lambda}}$ 可由下述 Prager 一致性条件求取,即

$$f=0\quad \dot{f}=0$$

对岩土和某些高强钢,它们的体积可以产生塑性变化,平均应力可以影响加载函数。但由关联流动算出的塑性体积变化大于实际值,故须用非关联流动处理。对各向同性情形,一种可能的选择是

$$f=\sqrt{J_{2}}-\tilde{f}(I_{\sigma},\ \Delta^{p},\ \xi) \tag{11-75}$$

$$\phi=\sqrt{J_{2}}+\tilde{\phi}(I_{\sigma},\ \Delta^{p},\ \xi) \tag{11-76}$$

式中,$I_{\sigma}=\sigma_{kk}$;Δ^{p} 和 ξ 分别为在初始构形中度量的单位体积的塑性体积应变和塑性畸变功,即

$$\Delta^{p}=\int_{0}^{t}jv_{k,k}^{p}d\tau=\int_{0}^{t}\frac{\rho_{0}}{\rho}D_{kk}^{p}d\tau\quad \xi=\int_{0}^{t}\frac{\rho_{0}}{\rho}\boldsymbol{\sigma}':\boldsymbol{D}^{p}d\tau \tag{11-77}$$

式中,t 为时间或与时间有对应关系的其他参数。把式(11－75)代入一致性条件后可得

$$\left.\begin{aligned}&\dot{\tilde{\lambda}}=\left(\sqrt{\dot{J}_{2}}-\frac{\partial\tilde{f}}{\partial I_{\sigma}}\dot{I}_{\sigma}\right)\Big/H'=\left(\frac{1}{2\sqrt{J_{2}}}\sigma'_{kl}\dot{\sigma}_{kl}-\frac{\partial\tilde{f}}{\partial I_{\sigma}}\dot{\sigma}_{kk}\right)\Big/H'\\&H'=\frac{\rho_{0}}{\rho}\left(3\frac{\partial\tilde{\phi}}{\partial I_{\sigma}}\frac{\partial\tilde{f}}{\partial\Delta^{p}}+\sqrt{J_{2}}\frac{\partial\tilde{f}}{\partial\xi}\right)\end{aligned}\right\} \tag{11-78}$$

把式(11－78)代入式(11－73)可得

$$
\left.\begin{aligned}
D^{\mathrm{p}\prime}_{kl} &= \frac{\sigma'_{kl}}{2H'\sqrt{J_2}}\left(\frac{1}{2\sqrt{J_2}}\sigma'_{kl}\dot{\sigma}_{kl} - \frac{\partial\tilde{f}}{\partial I_\sigma}\dot{\sigma}_{kk}\right) \\
D^{\mathrm{p}}_{kk} &= \frac{3}{H'}\frac{\partial\Phi}{\partial I_\sigma}\left(\frac{1}{2\sqrt{J_2}}\sigma'_{kl}\dot{\sigma}_{kl} - \frac{\partial\tilde{f}}{\partial I_\sigma}\dot{\sigma}_{kk}\right)
\end{aligned}\right\} \tag{11-79}
$$

把式(11-79)中的第一式乘以 σ'_{kl}，再利用第二式可得

$$
3\frac{\partial\tilde{\phi}}{\partial I_\sigma} = \frac{\sqrt{J_2}\,D^{\mathrm{p}}_{kk}}{\sigma'_{kl}D^{\mathrm{p}\prime}_{kl}}
$$

式(11-79)等式右边的分母是正数，故 $\partial\tilde{\phi}/\partial I_\sigma$ 的符号和 D^{p}_{kk} 相同，因此 $3\partial\tilde{\phi}/\partial I_\sigma$ 反映了塑性体积瞬时变化率，称它为膨胀因子。而 $\partial\tilde{f}/\partial I_\sigma$ 表示平均应力对加载函数的影响，它代表颗粒材料的内摩擦对屈服的效应。一般来讲，颗粒性材料的有效内摩擦和瞬时膨胀高度依赖于非弹性体积改变和非弹性的畸变，对于砂土，前一因素是主要的，对于黏土，后一因素是主要的(参阅例1)。

把式(11-79)代入式(11-74)，对各向同性情形，可得下述本构方程：

$$
\left.\begin{aligned}
&\boldsymbol{D} = \tilde{\boldsymbol{A}} : \dot{\boldsymbol{\sigma}} \quad 或 \quad D_{kl} = \tilde{A}_{klmn}\dot{\sigma}_{mn} \\
&\tilde{A}_{klmn} = \frac{1}{4G}(\delta_{km}\delta_{ln} + \delta_{lm}\delta_{kn}) + \left(\frac{1}{9K} - \frac{1}{6G}\right)\delta_{kl}\delta_{mn} + \\
&\qquad \frac{1}{H'}\left(\frac{\sigma'_{kl}}{2\sqrt{J_2}} + \frac{\partial\tilde{\phi}}{\partial I_\sigma}\delta_{kl}\right)\left(\frac{\sigma'_{mn}}{2\sqrt{J_2}} - \frac{\partial\tilde{f}}{\partial I_\sigma}\delta_{mn}\right)
\end{aligned}\right\} \tag{11-80}
$$

式(11-80)已利用了各向同性弹性变形的公式

$$
D^{\mathrm{e}\prime}_{kl} = \dot{\sigma}'_{kl}/2G \quad D^{\mathrm{e}}_{kk} = \dot{\sigma}_{kk}/3K
$$

式(11-80)的逆形式为

$$
\left.\begin{aligned}
&\dot{\boldsymbol{\sigma}} = \tilde{\boldsymbol{A}}^{-1} : \boldsymbol{D} \quad 或 \quad \dot{\sigma}_{kl} = \tilde{A}^{-1}_{klmn}D_{mn} \\
&\tilde{A}^{-1}_{klmn} = G(\delta_{km}\delta_{ln} + \delta_{lm}\delta_{kn}) + \left(K - \frac{2}{3}G\right)\delta_{kl}\delta_{mn} - \\
&\qquad \left(H' + G - 9K\frac{\partial\tilde{f}}{\partial I_\sigma}\frac{\partial\tilde{\phi}}{\partial I_\sigma}\right)^{-1}\left(\frac{G}{\sqrt{J_2}}\sigma'_{kl} + 3K\frac{\partial\tilde{\phi}}{\partial I_\sigma}\delta_{kl}\right)\cdot \\
&\qquad \left(\frac{G}{\sqrt{J_2}}\sigma'_{mn} - 3K\frac{\partial\tilde{f}}{\partial I_\sigma}\delta_{mn}\right)
\end{aligned}\right\} \tag{11-81}
$$

如 $\dfrac{\partial\tilde{f}}{\partial I_\sigma}=0$，则式(11-74)化为米泽斯屈服函数，若再令 $\phi=0$ 和 $H'=H/3$，则式(11-80)、式(11-81)化为对应的普朗特-罗伊斯方程。

11.3.3 形变理论(全量理论)

和增量理论不同，Ильюшин 提出的小弹塑性形变理论，直接把应力和应变联系起来，形变理论可表示为

$$\left.\begin{aligned} &\boldsymbol{e}=\frac{1}{3}e_{kk}\boldsymbol{I}+\boldsymbol{e}' \quad e_{kk}=\frac{1-2\nu}{E}\sigma_{mm} \\ &\boldsymbol{e}'=\frac{1}{2G}\boldsymbol{\sigma}'+\boldsymbol{e}^{\mathrm{p}} \quad \boldsymbol{e}^{\mathrm{p}}=\lambda\boldsymbol{\sigma}' \end{aligned}\right\} \tag{11-82}$$

式中,λ 为变量。若把 $\boldsymbol{e}^{\mathrm{p}}$ 对时间求导,便得

$$\dot{\boldsymbol{e}}^{\mathrm{p}}=\lambda\dot{\boldsymbol{\sigma}}'+\dot{\lambda}\boldsymbol{\sigma}' \tag{11-83}$$

由

$$(e_{(\mathrm{r})}^{\mathrm{p}})^2=\frac{2}{3}\boldsymbol{e}^{\mathrm{p}}:\boldsymbol{e}^{\mathrm{p}}=\frac{2}{3}\lambda^2\boldsymbol{\sigma}':\boldsymbol{\sigma}'=\frac{4}{9}\lambda^2\sigma_{(\mathrm{r})}^2$$

$$2e_{(\mathrm{r})}^{\mathrm{p}}\dot{e}_{(\mathrm{r})}^{\mathrm{p}}=\frac{8}{9}\lambda\dot{\lambda}\sigma_{(\mathrm{r})}^2+\frac{8}{9}\lambda^2\sigma_{(\mathrm{r})}\dot{\sigma}_{(\mathrm{r})}$$

可解得

$$\lambda=-\frac{3}{2E_{\mathrm{s}}} \quad \dot{\lambda}=\frac{3\dot{\sigma}_{(\mathrm{r})}}{2\sigma_{(\mathrm{r})}}\left(\frac{1}{E_{\mathrm{t}}}-\frac{1}{E_{\mathrm{s}}}\right)$$

从而求得

$$\left.\begin{aligned} &\boldsymbol{D}^{\mathrm{p}}=\dot{\boldsymbol{e}}^{\mathrm{p}}=\frac{3}{2E_{\mathrm{s}}}\dot{\boldsymbol{\sigma}}'+\frac{3\dot{\sigma}_{(\mathrm{r})}}{2\sigma_{(\mathrm{r})}}-\left(\frac{1}{E_{\mathrm{t}}}-\frac{1}{E_{\mathrm{s}}}\right)\boldsymbol{\sigma}' \\ &E_{\mathrm{s}}=\sigma_{(\mathrm{r})}/e_{(\mathrm{p})}^{\mathrm{p}} \quad E_{\mathrm{t}}=\dot{\sigma}_{(\mathrm{r})}/\dot{e}_{(\mathrm{r})}^{\mathrm{p}} \end{aligned}\right\} \tag{11-84}$$

式中,E_{s} 和 E_{t} 可解释为单轴拉伸时应力-塑性应变曲线上的割线模量和切线模量。

由式(11-84)知,$\boldsymbol{D}^{\mathrm{p}}$ 存在和 $\dot{\boldsymbol{\sigma}}'$ 相关的分量,这和前面讨论的关联流动、非关联流动都不相同。虽然形变理论的物理根据不很充分,但在塑性失稳等问题中,由形变理论得到的结果往往和实验符合得较好,这便启示人们在研究这类问题时,要寻求更一般的本构关系,而不要为法向流动规则所束缚。

对于一类应力和应变成比例地增加的比例加载情形,可以证明形变理论和增量理论是一致的。

11.3.4 有限变形时的增量弹塑性本构方程

有限变形弹塑性本构方程,在现时构形中建立的称为 E 形式,在初始构形中建立的称为 L 形式;第 12 章还将讨论以选定的某个中间构形为参照构形建立的本构方程。中等程度有限变形的本构方程通常是在小变形理论的基础上加以修正而建立的,现简单予以讨论。

(1) 按 4.1.4 节中讨论选择共轭应力应变对,现时构形中定义的有 $\boldsymbol{\sigma}$ 和 $\boldsymbol{D}$,有时也采用 $\hat{\boldsymbol{\sigma}}=j\boldsymbol{\sigma}$ 和 $\boldsymbol{D}$,但要注意 $\hat{\boldsymbol{\sigma}}:\boldsymbol{D}$ 是初始构形中单位体积的应变能增率;在初始构形中定义的有 $\boldsymbol{S}$ 和 $\dot{\boldsymbol{E}}$, $\boldsymbol{T}$ 和 $\dot{\boldsymbol{F}}^{\mathrm{T}}$。

(2) 所有变量的导数均采用客观性的本构导数,本构导数可以有不同的选择,这在第 2、3、6 章中已有详细论述。目前较常采用的有 $\dot{\boldsymbol{\sigma}}^{\mathrm{J}}$, $\dot{\boldsymbol{\varepsilon}}^{\mathrm{J}}=\boldsymbol{D}$, $\dot{\hat{\boldsymbol{\sigma}}}^{\mathrm{J}}$, $\dot{\boldsymbol{S}}$, $\dot{\boldsymbol{S}}^{\mathrm{J}}$, $\dot{\boldsymbol{E}}$。例如本构方程中应用 $\dot{J}_2=\boldsymbol{\sigma}':\dot{\boldsymbol{\sigma}}^{\mathrm{J}}$ 代替 $\boldsymbol{\sigma}':\dot{\boldsymbol{\sigma}}$,不过目前 $\boldsymbol{\sigma}':\dot{\boldsymbol{\sigma}}^{\mathrm{J}}=\boldsymbol{\sigma}':\dot{\boldsymbol{\sigma}}$,事实上

$$\sigma' : \dot{\sigma}^{\mathrm{J}} = \boldsymbol{\sigma}' : (\dot{\boldsymbol{\sigma}} - \boldsymbol{\omega}\sigma' + \sigma'\boldsymbol{\omega}) = \boldsymbol{\sigma}' : \dot{\boldsymbol{\sigma}} - \mathrm{tr}(\boldsymbol{\sigma}' \cdot \boldsymbol{\omega}\boldsymbol{\sigma}') - \mathrm{tr}(\boldsymbol{\sigma}' \cdot \boldsymbol{\sigma}'\boldsymbol{\omega}) = \boldsymbol{\sigma}' : \dot{\boldsymbol{\sigma}}$$

(3) 采用不同形式的本构方程，其中的材料常数、内变量等都不相同；对于实质上相同的本构方程，它们的材料常数可以相互转换。

(4) 对于用 $\dot{\boldsymbol{\sigma}}^{\mathrm{J}}$ 和 $\boldsymbol{D}$ 的本构方程，有限变形本构方程可取

$$\left.\begin{array}{ll}
\text{变形率的和分解} & \boldsymbol{D} = \boldsymbol{D}^{\mathrm{e}} + \boldsymbol{D}^{\mathrm{p}} \\
\text{屈服函数} & f = f(\boldsymbol{\sigma},\ \boldsymbol{\theta},\ \sigma_{\mathrm{s}}^{2}) = 0 \\
\text{法向流动规则} & D^{\mathrm{p}} = \lambda \dfrac{\partial \phi}{\partial \sigma} \\
\text{一致性条件} & \dot{f} = \dfrac{\partial f}{\partial \boldsymbol{\sigma}} : \dot{\boldsymbol{\sigma}}^{\mathrm{J}} + \dfrac{\partial f}{\partial \boldsymbol{\theta}} : \dot{\boldsymbol{\theta}}^{\mathrm{J}} + \dfrac{\partial f}{\partial \sigma_{\mathrm{s}}^{2}} \dot{\sigma}_{\mathrm{s}}^{2} = 0 \\
\text{弹性本构关系} & \boldsymbol{D}^{\mathrm{e}} = A : \dot{\boldsymbol{\sigma}}^{\mathrm{J}} \\
\text{加载准则} & f = 0 \quad \dot{f} = 0 \quad \dfrac{\partial f}{\partial \boldsymbol{\sigma}} : \dot{\boldsymbol{\sigma}}^{\mathrm{J}} > 0
\end{array}\right\} \tag{11-85}$$

如设

$$\dot{\boldsymbol{\theta}}^{\mathrm{J}} = C\boldsymbol{D}^{\mathrm{p}} - \gamma D_{(\mathrm{r})}^{\mathrm{p}} \boldsymbol{\theta} \qquad \dot{\sigma}_{\mathrm{s}}^{2} = \beta D_{(\mathrm{r})}^{\mathrm{p}}$$

则由一致性条件可解出 $\dot{\lambda}$，则有

$$\dot{\lambda} = -\frac{\dfrac{\partial f}{\partial \boldsymbol{\sigma}} : \dot{\boldsymbol{\sigma}}^{\mathrm{J}}}{C \dfrac{\partial f}{\partial \boldsymbol{\theta}} : \dfrac{\partial g}{\partial \boldsymbol{\sigma}} + \sqrt{\dfrac{3}{2} \dfrac{\partial g}{\partial \boldsymbol{\sigma}} : \dfrac{\partial g}{\partial \boldsymbol{\sigma}}} \left(-\gamma \dfrac{\partial f}{\partial \boldsymbol{\theta}} : \boldsymbol{\theta} + \beta \dfrac{\partial f}{\partial \sigma_{\mathrm{s}}^{2}}\right)} \tag{11-86}$$

例 5 试求单向拉伸时 E、$\widetilde{E}$、$\hat{E}$ 和 $E^{(s)}$（定义见下）之间的关系。

解： 设试件初始长度 L，截面积 A，拉伸后变为 l 和 a，载荷为 P。由第 3 章例 3 知：$\sigma_{11} = \dfrac{P}{a} = \sigma$，$\hat{\sigma}_{11} = j\sigma$，$T_{l1} = \dfrac{P}{A} = j\dfrac{L}{l}\sigma$，$S_{\mathrm{II}} = \dfrac{PL}{Al} = j\left(\dfrac{L}{l}\right)^{2}\sigma$。由第 2 章例 3 知，$D_{11} = \dot{E}_{11}^{(0)}$，$E_{11}^{(0)} = \ln\dfrac{l}{L}$，$E_{11}^{(1)} = \dfrac{l}{L} - 1$，$E_{\mathrm{II}} = E_{11}^{(2)} = \dfrac{1}{2}\left[\left(\dfrac{l}{L}\right)^{2} - 1\right]$。由此得出

$$E = \frac{\mathrm{d}\sigma_{11}}{\mathrm{d}E_{11}^{(0)}}$$

$$\widetilde{E} = \frac{\mathrm{d}T_{l1}}{\mathrm{d}E_{11}^{(1)}} = \frac{\mathrm{d}(\sigma jL/l)}{\mathrm{d}E_{11}^{(0)}} \frac{\mathrm{d}E_{11}^{(0)}}{\mathrm{d}E_{11}^{(1)}} = j(E - 2\nu\sigma_{11})\left(\frac{L}{l}\right)^{2}$$

$$\hat{E} = \frac{\mathrm{d}\hat{\sigma}_{11}}{\mathrm{d}E_{11}^{(0)}} = \frac{\mathrm{d}(j\sigma)}{\mathrm{d}E_{11}^{(0)}} = j[(1 - 2\nu)\sigma_{11} + E]$$

$$E^{(s)} = \frac{\mathrm{d}S_{\mathrm{II}}}{\mathrm{d}E_{\mathrm{II}}} = \frac{\mathrm{d}S_{\mathrm{II}}}{\mathrm{d}E_{11}^{(0)}} \frac{\mathrm{d}E_{11}^{(0)}}{\mathrm{d}E_{\mathrm{II}}} = j[E - (1 + 2\nu)\sigma_{11}]\left(\frac{L}{l}\right)^{4}$$

推导上列诸式时已应用了下列关系

$$\mathrm{d}j/\mathrm{d}E_{11}^{(0)} = (\mathrm{d}j/\mathrm{d}t)/(\mathrm{d}E_{11}^{(0)}/\mathrm{d}t) = jv_{k,k}/D_{11} = j(1-2\nu)$$

$$\mathrm{d}E_{11}^{(0)}/\mathrm{d}E_{11}^{(1)} = \mathrm{d}\ln(l/L)/\mathrm{d}\left(\frac{l}{L}-1\right) = L/l$$

$$\begin{aligned}\mathrm{d}E_{11}^{(0)}/\mathrm{d}E_{\mathrm{II}} &= 2\mathrm{d}\ln(l/L)/\mathrm{d}[(l/L)^2-1] \\ &= \mathrm{d}\ln(l/L)^2/\mathrm{d}(l/L)^2 = (L/l)^2\end{aligned}$$

其中，ν 为泊松比；$j=\dfrac{la}{LA}=\mathrm{e}^{(1-2\nu)E_{11}^{(0)}}$。由于 $\boldsymbol{S}$、$\boldsymbol{T}$ 等不仅和单位面积上的力有关，还和物体的变形因素有关，因此由单向拉伸的一维本构方程推广到三维时，通常采用 $\dot{\boldsymbol{\sigma}}^{\mathrm{J}}$ 和 $\boldsymbol{D}$，再通过转换关系去推求 $\dot{\boldsymbol{S}}$ 和 $\dot{\boldsymbol{E}}$ 或 $\boldsymbol{T}$ 和 $\dot{\boldsymbol{F}}^{\mathrm{T}}$ 等表示的本构方程。这方面的问题仍在深入研究中。

11.4 复杂加载下的弹塑性体

11.4.1 屈服面

屈服面本身属于那种模糊概念之列，实际应用时要人为地给一个明确的定义，如定义比例极限为屈服应力，塑性应变达到确定值(0.2%，0.05%…)时的应力为屈服应力，或取弹性直线与硬化曲线切线的交点为屈服应力等，不同定义的屈服应力互不相同，随应变的演化规律也不同。因此，对实际问题需要取用一种定义，再配合实验，得到可以实用的结果。但从几何上看，屈服面在应变偏量空间随变形路径的演化可分为膨胀或收缩，平移，畸变和转动，畸变方向前部曲率变大，后部较平坦，如图 11-11 所示。畸变方向沿 $\mathrm{d}\boldsymbol{\sigma}'$ 方向或 $\mathrm{d}\boldsymbol{\varepsilon}^{\mathrm{p}}$ 方向，或它们的组合方向，尚无定论，由此可见后继屈服面的描写比式(11-4)要复杂。

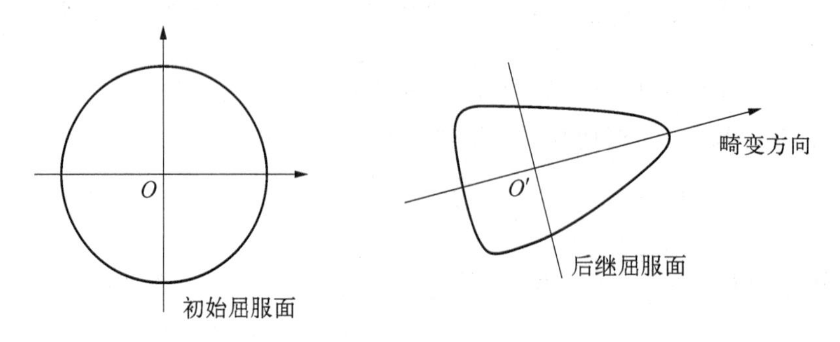

图 11-11　偏应力空间屈服面的变形

11.4.2 循环载荷下的硬化与棘轮效应

工程结构承受的载荷或多或少存在一定的周期性，所以循环载荷受到特别的重视。通常采用薄壁圆筒试件，在程控试验机上做拉伸和扭转的联合加载试验，加载路径取如图 11-12 所示的几种。由于取用米泽斯等效应力，所以纵轴上取用 $\sqrt{3}\tau$ 或 $\gamma/\sqrt{3}$。控制应变的实验发现：对同一种加载路径，应变幅值愈大，应力循环强化愈大；塑性应变幅值由小到大时，后继较大应变幅值下的熵和应力幅值不受先前较小幅值历史的影响；塑性应变幅值由大到小时，后继较小应变幅值下的饱和应力幅值受到应变历史的明显影响，有一定提高，这种记忆效应随累积塑性应变的增长而衰减。对于同一等效幅值塑性应变，比例加载路径引起的应力循环硬化最小，而圆形路径最大，通常称为非比例加载路径的附加硬化，且非比例程度由小到大时，后继循环硬化和先前应变史无关，若非比例程度由大到小，则后继较小非比例程度的变形将产生循环软化。在非比例加载路径中，塑性应变率的方向既不同于应力偏量方向，也不同于偏应力率的方向。

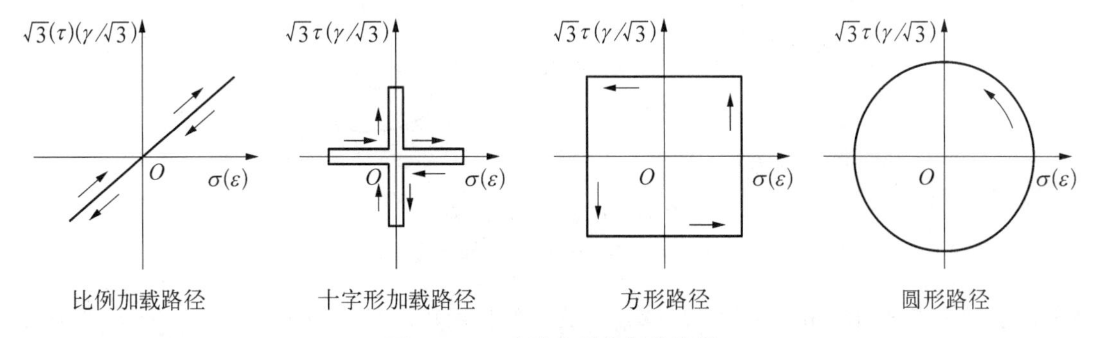

图 11－12　几种典型的加载路径

对于应力控制实验发现，在非对称应力循环作用下，累积塑性应变随循环次数增加而增长，这一现象称为棘轮效应。平均应力增大，棘轮应变率增大，最终的循环稳定值也增大；平均应力不变，应力幅值增加，棘轮应变率也增大；平均应力恒定时，棘轮应变率逐渐衰减，棘轮应变也稳定在一稳定值。

所有上述实验事实都表明循环载荷下的弹塑性本构关系和单调载荷下的有明显差异，需要进行更深入的研究。

11.4.3　循环塑性的双面本构模型

目前尚无公认的能完全描述上述现象的理论模型，本处介绍一种较为简单但在一定程度上反映了事物的本质和众多理论的共同特征。双面理论认为在应力空间存在两个界限面，一个便是屈服面，另一个是极限面。极限面是应变历史上曾达到的最大屈服面，它对以后的变形过程有明显影响，所以也称为记忆面。设屈服面仍由式(11－4a)表示，极限面取为

$$F=\frac{3}{2}(\tilde{\boldsymbol{\sigma}}'-\tilde{\boldsymbol{\theta}}):(\tilde{\boldsymbol{\sigma}}'-\tilde{\boldsymbol{\theta}})-\tilde{\sigma}_s^2=0 \tag{11-87}$$

式中，$\tilde{\boldsymbol{\sigma}}'$、$\tilde{\boldsymbol{\theta}}$、$\tilde{\sigma}_s^2$ 等表示极限面上的应力偏量、极限面的中心和半径(见图 11－13)。

按式(11－67)，由法向规则得

$$\boldsymbol{D}^{\mathrm{p}}=\frac{1}{h}(\boldsymbol{n}:\dot{\boldsymbol{\sigma}})\boldsymbol{n}\quad \boldsymbol{n}=\frac{\partial f}{\partial\boldsymbol{\sigma}}\Big/\sqrt{\frac{\partial f}{\partial\boldsymbol{\sigma}}:\frac{\partial f}{\partial\boldsymbol{\sigma}}} \tag{11-88}$$

式中，h 称为广义塑性模量，考虑到极限面的影响，为更符合实验，h 按下列方法赋值

$$h=h_0+g(|\boldsymbol{\delta}_{\mathrm{in}}|)\boldsymbol{\delta}\cdot\boldsymbol{n}/\langle(\boldsymbol{\delta}_{\mathrm{in}}-\boldsymbol{\delta})\cdot n\rangle\quad \delta=\boldsymbol{\delta}\cdot\boldsymbol{n} \tag{11-89}$$

式中，$\boldsymbol{\delta}_{\mathrm{in}}$ 为任意一次开始进入屈服时，屈服面和极限面上具有相同法线 $\boldsymbol{n}$ (此处理解为当前屈服面的外法线矢量的对应点之间的距离矢量，而 $\boldsymbol{\delta}$ 为该次屈服中任意一瞬时屈服面上的点和

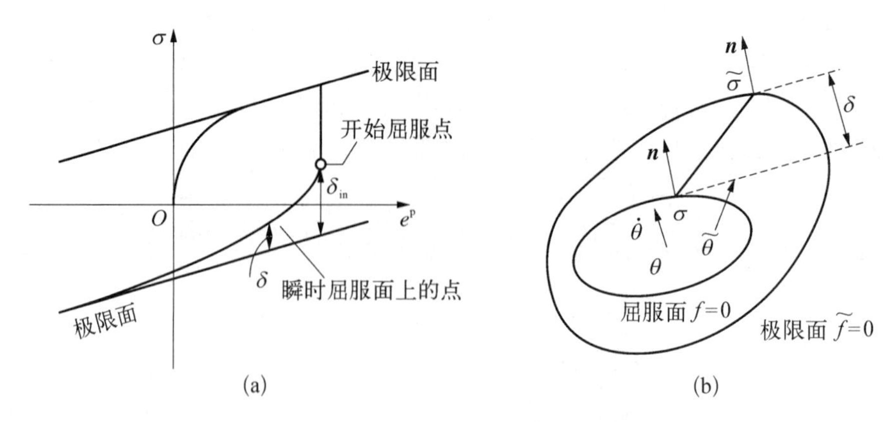

图 11-13　双面理论模型

(a) δ 和 δ_{in} 的图解；(b) 屈服面和极限面及其运动

极限面上对应点之间的距离矢量，$g(|\boldsymbol{\delta}_{in}|)$ 为一修正函数。当 $\boldsymbol{\delta}=\mathbf{0}$ 时，$h=h_0$，即 h_0 为屈服面趋于极限面时的广义塑性模量，$\boldsymbol{\delta}=\boldsymbol{\delta}_{in}$ 时广义塑性模量无界，这正是开始屈服点的特点。记号 $\langle(\boldsymbol{\delta}_{in}-\boldsymbol{\delta})\cdot\boldsymbol{n}\rangle$ 表示 $(\boldsymbol{\delta}_{in}-\boldsymbol{\delta})\cdot\boldsymbol{n}\leqslant 0$ 时就需要修正 $\boldsymbol{\delta}_{in}$ 的值。屈服面和极限面的平移规律可设为

$$\mathrm{d}\boldsymbol{\theta}=\frac{h_\alpha}{h}\frac{(\boldsymbol{n}:\mathrm{d}\boldsymbol{\sigma})}{\boldsymbol{n}:(\tilde{\boldsymbol{\sigma}}-\boldsymbol{\sigma})}(\tilde{\boldsymbol{\sigma}}-\boldsymbol{\sigma})\quad \mathrm{d}\tilde{\boldsymbol{\theta}}=\mathrm{d}\boldsymbol{\theta}-\mathrm{d}\mu(\tilde{\boldsymbol{\sigma}}-\boldsymbol{\sigma}) \tag{11-90}$$

式中，h_α 由一致性条件 $\mathrm{d}F=0$ 确定，而 $\mathrm{d}\mu$ 由极限面的一致性条件 $\mathrm{d}F=0$ 确定。由式(11-88)得

$$D^{\mathrm{p}}_{(\mathrm{r})}=\sqrt{\frac{2}{3}\boldsymbol{D}^{\mathrm{p}}:\boldsymbol{D}^{\mathrm{p}}}=\sqrt{\frac{2}{3}}\frac{1}{h}(\boldsymbol{n}:\dot{\boldsymbol{\sigma}})\quad 或\quad \mathrm{d}l^{\mathrm{p}}=\sqrt{\frac{2}{3}}\frac{1}{h}(\boldsymbol{n}:\mathrm{d}\boldsymbol{\sigma})$$

代入式(11-90)第 1 式得

$$\mathrm{d}\boldsymbol{\theta}=\sqrt{\frac{3}{2}}h_\alpha\frac{\mathrm{d}l^{\mathrm{p}}}{\boldsymbol{n}:(\tilde{\boldsymbol{\sigma}}-\boldsymbol{\sigma})}(\tilde{\boldsymbol{\sigma}}-\boldsymbol{\sigma})$$

由式(11-4a)得

$$\frac{\partial f}{\partial\boldsymbol{\sigma}}:\left(\frac{\partial\boldsymbol{\sigma}}{\partial l^{\mathrm{p}}}-\frac{\partial\boldsymbol{\theta}}{\partial l^{\mathrm{p}}}\right)-\frac{\partial\sigma_{\mathrm{s}}^2}{\partial l^{\mathrm{p}}}=0\quad 或\quad \boldsymbol{n}:\left(\frac{\partial\boldsymbol{\sigma}}{\partial l^{\mathrm{p}}}-\frac{\partial\boldsymbol{\theta}}{\partial l^{\mathrm{p}}}\right)-\frac{2\sigma_{\mathrm{s}}}{\sqrt{\partial f/\partial\boldsymbol{\sigma}:\partial f/\partial\boldsymbol{\sigma}}}\frac{\partial\sigma_{\mathrm{s}}}{\partial l^{\mathrm{p}}}=0$$

由此推得

$$h_\alpha=h-\frac{2\sqrt{2}}{\sqrt{3}}\frac{\sigma_{\mathrm{s}}}{\sqrt{\partial f/\partial\boldsymbol{\sigma}:\partial f/\partial\boldsymbol{\sigma}}}\frac{\partial\sigma_{\mathrm{s}}}{\partial l^{\mathrm{p}}} \tag{11-91}$$

由式(11-87)和式(11-90)得

$$\frac{\partial F}{\partial\tilde{\boldsymbol{\sigma}}}:\left[\frac{\partial\tilde{\boldsymbol{\sigma}}}{\partial l^{\mathrm{p}}}-\frac{\partial\boldsymbol{\theta}}{\partial l^{\mathrm{p}}}+\frac{\mathrm{d}\mu}{\mathrm{d}l^{\mathrm{p}}}(\tilde{\boldsymbol{\sigma}}-\boldsymbol{\sigma})\right]-2\tilde{\sigma}_{\mathrm{s}}\frac{\partial\tilde{\sigma}_{\mathrm{s}}}{\partial l^{\mathrm{p}}}=0$$

在屈服面和极限面的对应点上有相同的法线，从而推出

$$d\mu=\frac{h_a}{h}\frac{\boldsymbol{n}:d\boldsymbol{\sigma}}{\boldsymbol{n}:(\tilde{\boldsymbol{\sigma}}-\boldsymbol{\sigma})}-\frac{\boldsymbol{n}:d\tilde{\boldsymbol{\sigma}}}{\boldsymbol{n}:(\tilde{\boldsymbol{\sigma}}-\boldsymbol{\sigma})}+\frac{2\sqrt{2}}{\sqrt{3}}\frac{\sigma_s(\boldsymbol{n}:d\boldsymbol{\sigma})}{h\boldsymbol{n}:(\tilde{\boldsymbol{\sigma}}-\boldsymbol{\sigma})}\frac{\partial\sigma_s/\partial l^{\mathrm{p}}}{\sqrt{\partial F/\partial\tilde{\boldsymbol{\sigma}}:\partial F/\partial\tilde{\boldsymbol{\sigma}}}} \tag{11-92}$$

由此又可推出

$$d\tilde{\boldsymbol{\theta}}=\left(\frac{\boldsymbol{n}:d\tilde{\boldsymbol{\sigma}}}{\boldsymbol{n}:d\boldsymbol{\sigma}}-\frac{2\sqrt{2}}{\sqrt{3}h}\frac{\sigma_s\partial\sigma_s/\partial l^{\mathrm{P}}}{\sqrt{\partial F/\partial\tilde{\boldsymbol{\sigma}}:\partial F/\partial\tilde{\boldsymbol{\sigma}}}}\right)\frac{\boldsymbol{n}:d\boldsymbol{\sigma}}{\boldsymbol{n}:(\tilde{\boldsymbol{\sigma}}-\boldsymbol{\sigma})(\tilde{\boldsymbol{\sigma}}-\boldsymbol{\sigma})} \tag{11-93}$$

由以上公式可知，循环载荷，特别是非比例加载情况，公式非常复杂，寻求更简单的理论将是重要的发展方向。某些理论将在第 12 章结合损伤介质一起讨论。

11.5 弹塑性体的积分型本构方程

11.5.1 基本理论

应力采用 $\boldsymbol{S}$，应变采用 $\boldsymbol{E}$，对简单物质按式(6-58)有 $\boldsymbol{S}=\mathscr{H}(\boldsymbol{E}^{(t)})$，表示 $\boldsymbol{S}$ 是 $\boldsymbol{E}$ 的整个变化历史的函数，这一理论可以借用到弹塑性体中。由于弹塑性体的物质响应不是时间的显函数，因而改写上式中的 $\boldsymbol{E}^{(t)}$ 为 $\boldsymbol{E}^{(5)}$，ζ 表示某个参量。一般的二阶张量均可以用它们的 9 个分量构成矢量，对称的二阶张量只有 6 个独立分量。我们取 L 和 E 坐标系相同，下标一律用小写字母。下列形式的方程

$$S_{ij}=A_{ijkl}E_{kl}\quad E_{ij}=A_{ijkl}^{-1}S_{kl} \tag{11-94a}$$

可改写为

$$S_i=A_{ij}E_j\quad E_i=A_{ij}^{-1}S_j \tag{11-94b}$$

且下标按下述规则变换：11→1，22→2，33→3，23→4，31→5，12→6；但对 A_{ij}^{-1}，当 i，j 中有一个 $\geqslant 4$ 时须乘以 2，两个都 $\geqslant 4$ 时须乘以 4，如 $A_{14}^{-1}=2A_{1123}^{-1}$，$A_{45}^{-1}=4A_{2331}^{-1}$。须注意上式中 E_4、E_5 和 E_6 为工程切应变。

如设材料没有明显的屈服极限，弹性变形和塑性变形总是相伴而生，则应变空间、塑性应变空间和应力空间是同构的，采用各自的相应标尺，也可以在一个空间中同时表示出来。在这些空间中，任何一个变形过程都可以用一条相应的曲线表示。n 维空间一条曲线的几何形状完全由曲率矢量 $\boldsymbol{\kappa}$ 表征，$\boldsymbol{\kappa}$ 有 $n-1$ 个分量，分别称为第 1，第 2，…，第 $n-1$ 曲率。再给定特定点的 $\boldsymbol{\kappa}$ 值 $\boldsymbol{\kappa}_0$，便完全确定了该曲线在选定坐标系中的空间位置；特定点一般可选为塑性应变路径的起始点或转折点。定义塑性应变空间的累积弧长 ζ 为微元弧长 $d\zeta$ 绝对值的和，从而它只会增加不会减少，这和时间的不可逆性一致，选 ζ 作为变形路径的参数是合适的。为了表征材料性质和塑性应变历史相关的特点，塑性应变空间应当看成具有量度张量 $\boldsymbol{P}$ 的非欧空间，即微元弧长要表示为

$$d\zeta=\sqrt{d\boldsymbol{E}^{\mathrm{p}}:\boldsymbol{P}:d\boldsymbol{E}^{\mathrm{p}}}=\sqrt{P_{i,kl}dE^{\mathrm{p}ij}E^{\mathrm{p}kl}}=\sqrt{P_{ij}dE^{\mathrm{p}i}dE^{\mathrm{p}j}} \tag{11-95}$$

式中，$\boldsymbol{P}$ 本身是材料性质和塑性应变历史的函数。在非单调加载的变形过程中，即使 $\boldsymbol{E}^{\mathrm{p}}$ 相同，但 ζ 不同，则 $\boldsymbol{P}$ 亦不相同，这是比普通几何学中的理论更复杂的地方，这也是本处采用累积塑性应变弧长代替普通几何学中弧长的必然结果。根据上面的理论，弹塑性体积分型本构方程的一般形式可以写为

$$\boldsymbol{S}=\int_{0}^{Z} H(Z-\zeta,\ \boldsymbol{\kappa}(\zeta);\zeta_{0},\ \boldsymbol{\kappa}_{0}):\frac{\mathrm{d}\boldsymbol{E}^{\mathrm{p}}}{\mathrm{d}\zeta}\mathrm{d}\zeta \tag{11-96}$$

式中，Z 为 ζ 的现时值；$\boldsymbol{H}$ 为积分的核函数。在塑性力学中平均应力和应力偏量所起的作用很不相同，所以式(11-96)往往表达成下述形式

$$\boldsymbol{S}'=\int_{0}^{Z}\boldsymbol{H}_{1}(Z-\zeta,\ \boldsymbol{\kappa}(\zeta);\zeta_{0},\ \boldsymbol{\kappa}_{0}):\frac{\mathrm{d}\boldsymbol{E}^{\mathrm{p}\prime}}{\mathrm{d}\zeta}\mathrm{d}\zeta \tag{11-97a}$$

和

$$S_{KK}=\int_{0}^{Z}\boldsymbol{H}_{2}(Z-\zeta,\ \boldsymbol{\kappa}(\zeta);\zeta_{0},\ \boldsymbol{\kappa}_{0})\frac{\mathrm{d}E_{\mathrm{KK}}}{\mathrm{d}\zeta}\mathrm{d}\zeta \tag{11-97b}$$

下面讨论如何由给定的空间曲线来求 κ 或反之。由式(11-95)可得

$$P_{ij}\tau_{1}^{i}\tau_{1}^{j}=1\quad \boldsymbol{\tau}_{1}=\mathrm{d}\boldsymbol{E}^{\mathrm{p}}/\mathrm{d}\zeta \tag{11-98}$$

式中，τ_{1}^{i} 是曲线(塑性应变空间的变形路径)的单位切向矢量 $\boldsymbol{\tau}_{1}$ 的逆变分量。利用 $\boldsymbol{P}$ 的协变微分为零和其对称性，微分式(11-98)可得

$$P_{ij}\frac{\delta\tau_{1}^{i}}{\delta\zeta}\tau_{1}^{j}+P_{ij}\tau_{1}^{i}\frac{\delta\tau_{1}^{j}}{\delta\zeta}=2P_{ij}\frac{\delta\tau_{1}^{i}}{\delta\zeta}\tau_{1}^{j}=0 \tag{11-99}$$

式中

$$\frac{\delta\tau_{1}^{i}}{\delta\zeta}=\frac{\mathrm{d}\tau_{1}^{i}}{\mathrm{d}\zeta}+\Gamma_{ml}^{i}\tau_{1}^{m}\frac{\mathrm{d}E^{\mathrm{p}l}}{\mathrm{d}\zeta}=(\tau_{1}^{i}\mid_{l})\frac{\mathrm{d}E^{\mathrm{p}l}}{\mathrm{d}\zeta} \tag{11-100}$$

为 τ_{1}^{i} 对 ζ 的绝对微分。由式(11-99)知，$\delta\boldsymbol{\tau}_{1}/\delta\zeta$ 和 $\boldsymbol{\tau}_{1}$ 相互垂直，因此可以引入和 $\boldsymbol{\tau}_{1}$ 垂直的单位矢量 $\boldsymbol{\tau}_{2}$，则有

$$\tau_{2}^{j}=\frac{1}{\kappa_{1}}\frac{\delta\tau_{1}^{j}}{\delta\zeta}\quad P_{ij}\tau_{2}^{i}\tau_{2}^{j}=1\quad P_{ij}\tau_{1}^{i}\tau_{2}^{j}=0 \tag{11-101}$$

式中，$\kappa_{1}>0$，称为第一曲率。微分式(11-101)可得

$$P_{ij}\tau_{2}^{i}\frac{\delta\tau_{2}^{j}}{\delta\zeta}=0 \tag{11-102a}$$

$$P_{ij}\tau_{1}^{i}\frac{\delta\tau_{2}^{j}}{\delta\zeta}=-P_{ij}\frac{\delta\tau_{1}^{i}}{\delta\zeta}\tau_{2}^{j}=-\kappa_{1}P_{ij}\tau_{2}^{i}\tau_{2}^{j}=-\kappa_{1}$$

结合式(11-95)可得

$$P_{ij}\tau_{1}^{i}\left(\frac{\delta\tau_{2}^{j}}{\delta\zeta}+\kappa_{1}\tau_{1}^{j}\right)=0 \tag{11-102b}$$

引入单位矢量 $\boldsymbol{\tau}_3$

$$\tau_3^j = \frac{1}{\kappa_2}\left(\frac{\delta \tau_2^j}{\delta \zeta} + \kappa_1 \tau_1^j\right) \quad \kappa_2 > 0 \tag{11-103}$$

则由式(11-99)和(11-100)知，$\boldsymbol{\tau}_3$ 垂直于 $\boldsymbol{\tau}_1$ 和 $\boldsymbol{\tau}_2$，即有

$$P_{ij}\tau_3^i\tau_3^j = 1 \quad P_{ij}\tau_1^i\tau_3^j = 0 \quad P_{ij}\tau_2^i\tau_3^j = 0 \tag{11-104}$$

仿此进行，对六维空间中的曲线可以建立由 6 个单位矢量 $\boldsymbol{\tau}_1$，$\boldsymbol{\tau}_2$，…，$\boldsymbol{\tau}_6$ 组成的正交标架，称为 Frenet 标架。又设存在 5 个正数量函数 $\kappa_1(\zeta)$，$\kappa_2(\zeta)$，…，$\kappa_5(\zeta)$，则存在关系

$$\left.\begin{aligned} &\frac{\delta \boldsymbol{\tau}_i}{\delta \zeta} = -\boldsymbol{\kappa}_{i-1}\boldsymbol{\tau}_{i-1} + \boldsymbol{\kappa}_i\boldsymbol{\tau}_{i+1} \quad i = 1,\ 2,\ \cdots,\ 6 \\ &\boldsymbol{\kappa}_0 = \boldsymbol{\kappa}_6 = 0 \quad \boldsymbol{\tau}_0 = \boldsymbol{\tau}_7 = 0 \end{aligned}\right\} \tag{11-105}$$

式(11-105)称为 Serret-Frenet 公式。由该式可知，给定曲线便可求出 κ 和 $\boldsymbol{\tau}_k$；反之，给定 κ 和一点的 κ 值 κ_0，便可决定该空间曲线。上面规定 $\kappa_i > 0$，但在三维欧氏空间中，为使 Frenet 标架组成右手坐标系，也允许 κ_i 取负值。

式(11-95)原则上是可行的，但要实用还须做大量的工作，核函数的确定还涉及许多理论问题。上述理论是在 Ильюшин A. A.的理论基础上发展起来的。

11.5.2 内时理论

在式(11-95)～式(11-97)中，如不计曲率的影响，对各向同性体便可导出 Valanis 的内时理论。若再令

$$P = I/g^2(L^{\mathrm{p}}) \quad \mathrm{d}L^{\mathrm{p}2} = \mathrm{d}\boldsymbol{E}^{\mathrm{p}} : \mathrm{d}\boldsymbol{E}^{\mathrm{p}} \quad \mathrm{d}\zeta = \mathrm{d}L^{\mathrm{p}}/g(L^{\mathrm{p}}) \tag{11-106}$$

则可得内时理论的一种简单形式

$$\left.\begin{aligned} S'_{KL} &= 2\int_{0-}^{Z} G(Z-\zeta)\frac{\mathrm{d}E'_{KL}}{\mathrm{d}\zeta}\mathrm{d}\zeta \\ S_{KK} &= 3\int_{0-}^{Z} K(Z-\zeta)\frac{\mathrm{d}E_{KK}}{\mathrm{d}\zeta}\mathrm{d}\zeta \end{aligned}\right\} \tag{11-107}$$

式中，$Z = l^{\mathrm{p}}/g(l^{\mathrm{p}})$；$l^{\mathrm{p}}$ 为 t 时刻的 L^{p} 值。对金属材料可设 $E_{KK}^{\mathrm{p}} = 0$，此时平均应力不能由塑性体积变形史确定；ζ 称为内时，它在本构方程中的地位相当于时间，但它包含材料本身性质的信息；称 $g(L^{\mathrm{p}})$ 为材料的硬化(或强化)函数，它同样能表示材料的软化(或弱化)现象。对于小变形情况有

$$\left.\begin{aligned} &\boldsymbol{\sigma}' = 2G\int_0^Z \rho(Z-\zeta)\frac{\mathrm{d}\boldsymbol{e}^{\mathrm{p}}(\zeta)}{\mathrm{d}\zeta}\mathrm{d}\zeta \quad (\mathrm{d}\boldsymbol{e}^{\mathrm{p}} \neq \boldsymbol{0}) \\ &\mathrm{d}\boldsymbol{\sigma}' = 2G\mathrm{d}\boldsymbol{e}^{\mathrm{e}\prime} \quad \mathrm{d}\sigma_{kk} = 3K\,\mathrm{d}e_{kk}^{\mathrm{e}} \\ &\mathrm{d}L^{\mathrm{p}} = \sqrt{\mathrm{d}\boldsymbol{e}^{\mathrm{p}} : \mathrm{d}\boldsymbol{e}^{\mathrm{p}}} \quad \mathrm{d}\zeta = \frac{\mathrm{d}L^{\mathrm{p}}}{g(L^{\mathrm{p}})} \quad \mathrm{d}Z = \mathrm{d}l^{\mathrm{p}}/g(l^{\mathrm{p}}) \\ &\dot{\boldsymbol{e}} = \dot{\boldsymbol{e}}^{\mathrm{e}} + \dot{\boldsymbol{e}}^{\mathrm{p}} \quad \boldsymbol{e}^{\mathrm{e}\prime} = \boldsymbol{e}^{\mathrm{e}} - \frac{1}{3}e_{kk}^{\mathrm{e}}\boldsymbol{I} \end{aligned}\right\} \tag{11-108}$$

式中,G 和 K 分别为剪切弹性模量和体积弹性模量;$\rho(\zeta)$ 为新的核函数。把式(11-108)第1式对 Z 求导可得

$$\frac{\mathrm{d}\boldsymbol{\sigma}'}{\mathrm{d}Z}=2G\left[\rho(0)\frac{\mathrm{d}\boldsymbol{e}^{\mathrm{p}}(Z)}{\mathrm{d}Z}+\int_0^Z\frac{\mathrm{d}\rho(Z-\zeta)}{\mathrm{d}Z}\frac{\mathrm{d}\boldsymbol{e}^{\mathrm{p}}(\zeta)}{\mathrm{d}\zeta}\mathrm{d}\zeta\right] \tag{11-109}$$

把式(11-108)第2式和第4式代入式(11-109)可得

$$\left.\begin{aligned}&\mathrm{d}\boldsymbol{\sigma}'=2G^{\mathrm{p}}\left[\mathrm{d}\boldsymbol{e}+\frac{\boldsymbol{h}(Z)}{\rho(0)}\mathrm{d}Z\right]\\&G^{\mathrm{p}}=\frac{G\rho(0)}{1+\rho(0)}\quad\boldsymbol{h}(Z)=\int_0^Z\frac{\mathrm{d}\rho(Z-\zeta)}{\mathrm{d}Z}\frac{\mathrm{d}\boldsymbol{e}^{\mathrm{p}}(\zeta)}{\mathrm{d}\zeta}\mathrm{d}\zeta\end{aligned}\right\} \tag{11-110a}$$

因此,由内时理论导出的加载时的增量型本构方程为

$$\left.\begin{aligned}&\mathrm{d}\boldsymbol{\sigma}'=2G^{\mathrm{p}}\left[\mathrm{d}\boldsymbol{e}+\frac{\boldsymbol{h}(Z)}{\rho(0)}\mathrm{d}Z\right]\\&\mathrm{d}\sigma_{kk}=3K\,\mathrm{d}e_{kk}\quad e_{kk}^{\mathrm{p}}=0\end{aligned}\right\} \tag{11-110b}$$

上述方程在有限元计算中得到应用。

11.5.3 内时理论与经典塑性理论的关系

在内时理论中,代表物体变形历史性质的核函数 $\rho(\zeta)$ 扮演非常重要的角色。若设 $\rho(\zeta)$ 可以表示为下列形式:

$$\rho(\zeta)=\rho_0\delta(\zeta)+\rho_1(\zeta) \tag{11-111}$$

式中,ρ_0 为常数;$\delta(\zeta)$ 为 Dirac 函数;$\rho_1(\zeta)$ 为非奇异函数。把式(11-111)代入(11-108)第1式可得

$$\left.\begin{aligned}&\boldsymbol{\sigma}'=\sqrt{\frac{2}{3}}\sigma_{\mathrm{s}}\frac{\mathrm{d}\boldsymbol{e}^{\mathrm{p}}}{\mathrm{d}Z}+\boldsymbol{r}(Z)\\&\sqrt{\frac{2}{3}}\sigma_{\mathrm{s}}=2G\rho_0\quad\boldsymbol{r}(Z)=2G\int_0^Z\rho_1(Z-\zeta)\frac{\mathrm{d}\boldsymbol{e}^{\mathrm{p}}}{\mathrm{d}\zeta}\mathrm{d}\zeta\end{aligned}\right\} \tag{11-112}$$

式中,σ_{s} 代表单向拉伸时的初始屈服应力。把式(11-112)改写为

$$\mathrm{d}\boldsymbol{e}^{\mathrm{p}}=\frac{(\boldsymbol{\sigma}'-\boldsymbol{r})\mathrm{d}l^{\mathrm{p}}}{\sqrt{\frac{2}{3}}\sigma_{\mathrm{s}}g(l^{\mathrm{p}})}\quad\text{或}\quad\frac{\mathrm{d}\boldsymbol{e}^{\mathrm{p}}}{\mathrm{d}l^{\mathrm{p}}}=\frac{\boldsymbol{\sigma}'-\boldsymbol{r}}{\sqrt{\frac{2}{3}}\sigma_{\mathrm{s}}g(l^{\mathrm{p}})} \tag{11-113}$$

利用 $\mathrm{d}\boldsymbol{e}^{\mathrm{p}}:\mathrm{d}\boldsymbol{e}^{\mathrm{p}}=(\mathrm{d}l^{\mathrm{p}})^2$,由式(11-113)可导出

$$(\boldsymbol{\sigma}'-\boldsymbol{r}):(\boldsymbol{\sigma}'-\boldsymbol{r})=\frac{2}{3}[\sigma_{\mathrm{s}}g(l^{\mathrm{p}})]^2 \tag{11-114}$$

式(11-114)和式(11-4)在形式上完全一致,代表推广的米泽斯屈服条件,在应力偏量空间,代表中心在 $\boldsymbol{r}$,半径为 $\sqrt{\frac{2}{3}}\sigma_{\mathrm{s}}g(l^{\mathrm{p}})$ 的米泽斯圆柱。由式(11-114)易知,$g(l^{\mathrm{p}})$ 确实代表材

料的硬化和软化性质，导致屈服面的膨胀或收缩；r 代表背应力，代表应力偏量空间中屈服面中心的移动量，通过式(11－112)和 $\rho_1(\zeta)$ 相关；而 $\rho_0\delta(\zeta)$ 表示初始屈服面的存在，从而式(11－113)便表示应用米泽斯屈服条件时，塑性应变增量的法向规则。

把式(11－112)第1式对 l^{p} 求导，可得

$$\frac{\mathrm{d}\boldsymbol{\sigma}'}{\mathrm{d}l^{\mathrm{p}}}=\sqrt{\frac{2}{3}}\sigma_{\mathrm{s}}\left(\frac{\mathrm{d}^2\boldsymbol{e}^{\mathrm{p}}}{\mathrm{d}l^{\mathrm{p}2}}g+\frac{\mathrm{d}\boldsymbol{e}^{\mathrm{p}}}{\mathrm{d}l^{\mathrm{p}}}\frac{\mathrm{d}g}{\mathrm{d}l^{\mathrm{p}}}\right)+\frac{\mathrm{d}\boldsymbol{r}}{\mathrm{d}l^{\mathrm{p}}} \tag{11－115}$$

由式(11－108)第2式和式(11－112)第2式又可分别得

$$\left.\begin{aligned}&\frac{\mathrm{d}\boldsymbol{\sigma}'}{\mathrm{d}l^{\mathrm{p}}}=2G\left(\frac{\mathrm{d}\boldsymbol{e}'}{\mathrm{d}l^{\mathrm{p}}}-\frac{\mathrm{d}\boldsymbol{e}^{\mathrm{p}}}{\mathrm{d}l^{\mathrm{p}}}\right)\qquad \frac{\mathrm{d}\boldsymbol{r}}{\mathrm{d}l^{\mathrm{p}}}=2G\left[\rho_1(0)\frac{\mathrm{d}\boldsymbol{e}^{\mathrm{p}}}{\mathrm{d}l^{\mathrm{p}}}+\frac{\boldsymbol{h}^*}{g}\right]\\&\boldsymbol{h}^*=\int_0^Z\frac{\mathrm{d}\rho_1(Z-\zeta)}{\mathrm{d}Z}\frac{\mathrm{d}\boldsymbol{e}^{\mathrm{p}}}{\mathrm{d}\zeta}\mathrm{d}\zeta\end{aligned}\right\} \tag{11－116}$$

结合式(11－115)和式(11－116)，当塑性变形时便有

$$\mathrm{d}\boldsymbol{e}'=\left[1+\rho_1(0)+\sqrt{\frac{2}{3}}\frac{\sigma_{\mathrm{s}}}{2G}\frac{\mathrm{d}g}{\mathrm{d}l^{\mathrm{p}}}\right]\mathrm{d}\boldsymbol{e}^{\mathrm{p}}+\left[\sqrt{\frac{2}{3}}\frac{\sigma_{\mathrm{s}}}{2G}\frac{\mathrm{d}^2\boldsymbol{e}^{\mathrm{p}}}{\mathrm{d}(l^{\mathrm{p}})^2}+\frac{\boldsymbol{h}^*}{g}\right]\mathrm{d}l^{\mathrm{p}} \tag{11－117}$$

由 $\mathrm{d}\boldsymbol{e}^{\mathrm{p}}:\mathrm{d}\boldsymbol{e}^{\mathrm{p}}=(\mathrm{d}l^{\mathrm{p}})^2$ 可知 $\dfrac{\mathrm{d}^2\boldsymbol{e}^{\mathrm{p}}}{\mathrm{d}(l^{\mathrm{p}})^2}:\dfrac{\mathrm{d}\boldsymbol{e}^{\mathrm{p}}}{\mathrm{d}l^{\mathrm{p}}}=0$，再利用式(11－113)由式(11－117)可得

$$\mathrm{d}\boldsymbol{e}':\frac{(\boldsymbol{\sigma}'-\boldsymbol{r})}{\sqrt{\frac{2}{3}}\sigma_{\mathrm{s}}g}=\left[1+\rho_1(0)+\sqrt{\frac{2}{3}}\frac{\sigma_{\mathrm{s}}}{2G}\frac{\mathrm{d}g}{\mathrm{d}l^{\mathrm{p}}}+\frac{\boldsymbol{h}^*:(\boldsymbol{\sigma}'-\boldsymbol{r})}{\sqrt{\frac{2}{3}}\sigma_{\mathrm{s}}g}\right]\mathrm{d}l^{\mathrm{p}}$$

或利用 N 和应力偏量相关的性质，得

$$\left.\begin{aligned}&\mathrm{d}l^2=\frac{1}{C}\mathrm{d}e:N\\&C=1+\rho_1(0)+\sqrt{\frac{2}{3}}\frac{\sigma_{\mathrm{s}}}{2G}\frac{\mathrm{d}g}{\mathrm{d}l^{\mathrm{p}}}+\frac{\boldsymbol{h}^*:(\boldsymbol{\sigma}'-\boldsymbol{r})}{\sqrt{\frac{2}{3}}\sigma_{\mathrm{s}}g}\\&\boldsymbol{N}=\frac{\boldsymbol{\sigma}'-\boldsymbol{r}}{\sqrt{\frac{2}{3}}\sigma_{\mathrm{s}}g}\quad\text{（屈服面单位法线）}\end{aligned}\right\} \tag{11－118}$$

对塑性变形过程有 $\mathrm{d}\boldsymbol{e}^{\mathrm{p}}\neq\boldsymbol{0}$，故 $\mathrm{d}l^{\mathrm{p}}>0$，对弹性过程有 $\mathrm{d}l^{\mathrm{p}}=0$。因而，可利用式(11－114)和式(11－118)来定义弹性和塑性过程。

塑性过程：

$$(\boldsymbol{\sigma}'-\boldsymbol{r}):(\boldsymbol{\sigma}'-\boldsymbol{r})=\frac{2}{3}(\sigma_{\mathrm{s}}g)^2\ \text{和}\ \mathrm{d}e:\boldsymbol{N}>0 \tag{11－119}$$

弹性过程：

$$\left.\begin{array}{l}(\boldsymbol{\sigma}'-\boldsymbol{r}):(\boldsymbol{\sigma}'-\boldsymbol{r})<\dfrac{2}{3}(\sigma_s g)^2 \\ \text{或} \\ (\boldsymbol{\sigma}'-\boldsymbol{r}):(\boldsymbol{\sigma}'-\boldsymbol{r})=\dfrac{2}{3}(\sigma_s g)^2 \quad \text{和} \quad \mathrm{d}\boldsymbol{e}:\boldsymbol{N}<0\end{array}\right\} \tag{11-120}$$

由式(11-56)知,在经典塑性的加载卸载理论中,采用的是 $\mathrm{d}\boldsymbol{\sigma}:\partial f/\partial\boldsymbol{\sigma}$ 或 $\mathrm{d}\boldsymbol{\sigma}:\boldsymbol{N}$,而不是像上述那样取用 $\mathrm{d}e:N$ 来作为判断的参量。取用 $\mathrm{d}e:N$ 作为加载准则可用到软化过程。

在式(11-111)中,若令 $\rho_0\to 0$,则由式(11-112)和式(11-114)知,此时米泽斯屈服圆柱的半径趋于零,故不存在屈服面。此时有 $\boldsymbol{\sigma}'=\boldsymbol{r}$,注意到 $l^{\mathrm{p}}=0$ 时 $\boldsymbol{h}^*=0$,利用式(11-116)可得

$$\left.\frac{\mathrm{d}\boldsymbol{\sigma}'}{\mathrm{d}\boldsymbol{e}^{\mathrm{p}}}\right|_{l^{\mathrm{p}}=0}=\left.\frac{\mathrm{d}\boldsymbol{r}}{\mathrm{d}\boldsymbol{e}^{\mathrm{p}}}\right|_{l^{\mathrm{p}}=0}=2Gp_1(0)$$

如 $\rho_1(0)=\infty$,表明塑性变形开始发生的瞬间,塑性刚度或模量是无界的,因而 $\dfrac{\mathrm{d}\boldsymbol{\sigma}'}{\mathrm{d}\boldsymbol{e}}$ 将由弹性刚度或模量决定。随着塑性变形的发展,塑性模量下降,取有限值,$\dfrac{\mathrm{d}\boldsymbol{\sigma}'}{\mathrm{d}\boldsymbol{e}}$ 将由弹性和塑性模量共同决定。这便构成 Valanis 无屈服面理论的基础。这一理论假设

$$\left.\begin{array}{l}\rho_0=0 \quad \rho_1(\zeta)=\displaystyle\sum_{k=1}^{\infty}\rho_{1k}\mathrm{e}^{-\alpha_k\zeta} \\ \rho_1(0)=\displaystyle\sum_{k=1}^{\infty}\rho_{1k}=\infty \quad \sum_{k=1}^{\infty}\frac{\rho_{1k}}{\alpha_k}<\infty\end{array}\right\} \tag{11-121}$$

式中,α_k、ρ_{1k} 为常数;$\rho_0=0$ 表示无屈服面;$\rho_1(0)=\infty$ 表示 $\boldsymbol{e}^{\mathrm{p}}=\boldsymbol{0}$ 时塑性模量无界;$\displaystyle\sum_{k=1}^{\infty}\frac{\rho_{1k}}{\alpha_k}<\infty$ 用以保证 $\boldsymbol{\sigma}'$ 有界。通常令 $\rho_1(0)$ 足够大,已可取得满意结果。内时理论不以屈服面的存在为其理论前提,但在一定条件下允许存在屈服面。然而应当指出,$\delta(\zeta)$ 是广义函数,不是通常意义下的普通函数,因而假设 $\rho(\zeta)$ 中含 $\rho_0\delta(\zeta)$,这实际上和经典塑性理论中假定存在屈服面等价。

例 6 试确定单向拉伸情况下,内时理论中的本构常数。设

$$g(L^{\mathrm{p}})=1+\beta L^{\mathrm{p}} \tag{11-122}$$

$$\rho_1(\zeta)=\frac{E_1}{E}\mathrm{e}^{-\alpha_\zeta}+\frac{E_2}{E} \tag{11-123}$$

单向拉伸时,除 σ_{11} 外,其余应力分量为零;$\mathrm{d}e_{22}^{\mathrm{p}}=\mathrm{d}e_{33}^{\mathrm{p}}=-\dfrac{1}{2}\mathrm{d}e_{11}^{\mathrm{p}}$,其余应变分量为零。由式(11-108)得

$$\mathrm{d}L^{\mathrm{p}}=\sqrt{\mathrm{d}\boldsymbol{e}^{\mathrm{p}}:\mathrm{d}\boldsymbol{e}^{\mathrm{p}}}=\sqrt{\frac{3}{2}}\;|\mathrm{d}e_{11}^{\mathrm{p}}| \qquad \sigma_{11}'=\frac{2}{3}\sigma_{11} \tag{11-124}$$

$$\sigma_{11}=3G\rho_0\frac{\mathrm{d}e_{11}^{\mathrm{p}}}{\mathrm{d}Z}+3G\int_0^Z\rho_1(Z-\zeta)\frac{\mathrm{d}e_{11}^{\mathrm{p}}}{\mathrm{d}\zeta}\mathrm{d}\zeta$$

$$=\sqrt{6}G\rho_0\left(1+\sqrt{\frac{3}{2}}\beta e_{11}^{\mathrm{p}}\right)+\sqrt{\frac{2}{3}}\left(\frac{3G}{E}\right)\frac{E_1}{\beta^n}\left(1+\sqrt{\frac{3}{2}}\beta e_{11}^{\mathrm{p}}\right)\cdot$$

$$\left[1-\left(1+\sqrt{\frac{3}{2}}\beta e_{11}^{\mathrm{p}}\right)^{-n}\right]+\left(\frac{3G}{E}\right)E_2 e_{11}^{\mathrm{p}}\quad 当\ e_{11}^{\mathrm{p}}\geqslant 0\ 时 \tag{11-125}$$

$$\frac{\mathrm{d}\sigma_{11}}{\mathrm{d}e_{11}^{\mathrm{p}}}=3G\rho_0\beta+\left(\frac{3G}{E}\right)\frac{E_1}{n}\left[1+(n-1)\left(1+\sqrt{\frac{3}{2}}\beta e_{11}^{\mathrm{p}}\right)^{-n}\right]+\frac{3G}{E}E_2 \tag{11-126}$$

$$n=1+\alpha/\beta \tag{11-127}$$

上列诸式中，E 和 G 为弹性常数；$\rho_0\alpha$、β、E_1 和 E_2 均可由实验确定。

11.6 晶体塑性理论初步

晶体的特点是分子或原子按一定的几何规则排列，在空间形成“晶格”，因而所有的单晶体都是各向异性的。在晶格内部和晶界上可能存在缺陷，或是缺少原子，或是存在杂质原子等。在塑性变形理论中特别重要的一类缺陷是位错，它是尺寸量级为 10^{-7} m 的一类线缺陷，沿包含位错线的任意闭围线环行一周后，位移将获得一确定的有限增量。位错不能在晶格中沿任意方向运动，它只能沿滑移平面上的滑移方向运动，这是由原子在晶格中的规则排列引起的。晶格内部可以存在几个滑移面，每个滑移面也可有几个滑移方向，因此位错可以同时在几个方向上运动，或同时存在几个滑移系，α 滑移系由单位法线矢量为 $\boldsymbol{m}^{(\alpha)}$ 的滑移面和单位切线矢量为 $\boldsymbol{b}^{\alpha}$ 的滑移方向组成。这种滑移引起晶体的塑性变形，由此产生的体积变化，通常小于 0.2%，可以略去。在位错滑移运动的同时，晶格本身也伸缩和旋转，通常认为这属弹性变形的范畴。

11.6.1 晶体变形几何学

按上面的讨论，现在可给予变形梯度 $\boldsymbol{F}$ 的乘法分解(2-223)以新的解释：$\boldsymbol{F}^{\mathrm{p}}$ 是由晶体滑移引起的，而 $\boldsymbol{F}^{\mathrm{e}}$ 是由晶体本身的伸缩和旋转引起的(见图 11-14)，并改记为 $\boldsymbol{F}^*$。从而式(2-229)和式(2-230)可以改写为

$$\left.\begin{aligned}&\boldsymbol{\Gamma}=\boldsymbol{D}+\boldsymbol{\omega}\quad \boldsymbol{D}=\boldsymbol{D}^*+\boldsymbol{D}^{*\mathrm{p}}\qquad \boldsymbol{\omega}=\boldsymbol{\omega}^*+\boldsymbol{\omega}^{*\mathrm{p}}\\&\boldsymbol{D}^{*\mathrm{p}}+\boldsymbol{\omega}^{*\mathrm{p}}=\boldsymbol{F}^*\ \dot{\boldsymbol{F}}^{\mathrm{p}}(\boldsymbol{F}^{\mathrm{p}})^{-1}(\boldsymbol{F}^*)^{-1}\end{aligned}\right\} \tag{11-128}$$

因 $\boldsymbol{D}^{*\mathrm{p}}+\boldsymbol{\omega}^{*\mathrm{p}}$ 由位错引起，故又有

$$\boldsymbol{D}^{*\mathrm{p}}+\boldsymbol{\omega}^{*\mathrm{p}}=\sum_{\alpha=1}^{n}\dot{\gamma}^{(\alpha)}\boldsymbol{b}^{*(\alpha)}\otimes\boldsymbol{m}^{*(\alpha)} \tag{11-129}$$

式中，$\dot{\gamma}^{(\alpha)}$ 是 α 滑移系的滑移增率，并在初始构形中定义

$$\dot{\boldsymbol{F}}^{\mathrm{p}}(\boldsymbol{F}^{\mathrm{p}})^{-1}=\sum_{\alpha=1}^{n}\dot{\gamma}^{(\alpha)}\boldsymbol{b}^{(\alpha)}\otimes\boldsymbol{m}^{(\alpha)} \tag{11-130}$$

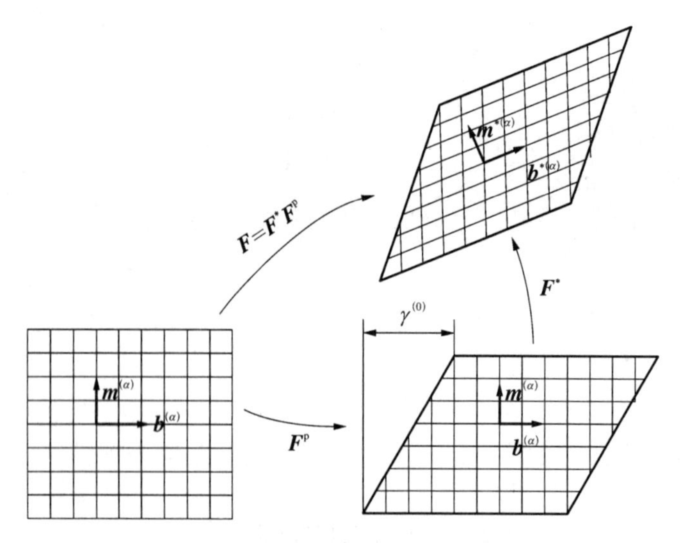

图 11-14 晶体弹塑性变形的乘法分解

式(11-129)和(11-130)中 $\boldsymbol{m}^{(\alpha)}$、$\boldsymbol{b}^{(\alpha)}$ 为在初始构形中 α 滑移系的滑移面的单位法线和沿滑移方向的单位矢量，$\boldsymbol{m}^{*(\alpha)}$ 和 $\boldsymbol{b}^{*(\alpha)}$ 为在现时构形中的对应量，它们之间存在关系

$$\boldsymbol{b}^{*(\alpha)}=\boldsymbol{F}^{*}\boldsymbol{b}^{(\alpha)}\quad \boldsymbol{m}^{*(\alpha)}=\boldsymbol{m}^{(\alpha)}(\boldsymbol{F}^{*})^{-1}$$

令

$$\boldsymbol{P}^{(\alpha)}=\frac{1}{2}(\boldsymbol{b}^{*(\alpha)}\otimes\boldsymbol{m}^{*(\alpha)}+\boldsymbol{m}^{*(\alpha)}\otimes\boldsymbol{b}^{*(\alpha)})$$

$$\boldsymbol{\Omega}^{(\alpha)}=\frac{1}{2}(\boldsymbol{b}^{*(\alpha)}\otimes\boldsymbol{m}^{*(\alpha)}-\boldsymbol{m}^{*(\alpha)}\otimes\boldsymbol{b}^{*(\alpha)})\tag{11-131}$$

则式(11-128)又可写成

$$\boldsymbol{D}^{*\mathrm{p}}=\sum_{\alpha=1}^{n}\boldsymbol{P}^{(\alpha)}\dot{\gamma}^{(\alpha)}\quad \boldsymbol{\omega}^{*\mathrm{p}}=\sum_{\alpha=1}^{n}\boldsymbol{\Omega}^{(\alpha)}\dot{\gamma}^{(\alpha)}\tag{11-132}$$

11.6.2 Schmid 切应力

Schmid 切应力 $\tau^{(\alpha)}$ 是在滑移平面上沿滑移方向的切应力分量，它是推动位错运动的应力分量，在 α 滑移系中，$\tau^{(\alpha)}$ 和 $\dot{\gamma}^{(\alpha)}$ 组成共轭应力应变率对，$\tau^{(\alpha)}\dot{\gamma}^{(\alpha)}$ 代表以初始构形中单位体积度量的沿 α 滑移系的功率。因此，由功率的一般表达式可得

$$\hat{\boldsymbol{\sigma}}:\boldsymbol{D}^{*\mathrm{p}}=\sum_{\alpha=1}^{n}\hat{\boldsymbol{\sigma}}:\boldsymbol{P}^{(\alpha)}\dot{\gamma}^{(\alpha)}=\sum_{\alpha=1}^{n}\tau^{(\alpha)}\dot{\gamma}^{(\alpha)}\tag{11-133}$$

由此可得 α 滑移系中的 Schmid 切应力 $\tau^{(\alpha)}$ 为

$$\tau^{(\alpha)}=\boldsymbol{P}^{(\alpha)}:\hat{\boldsymbol{\sigma}}\tag{11-134}$$

通常称 $\boldsymbol{P}^{(\alpha)}$ 为 Schmid(指向)因子，它和 $\hat{\boldsymbol{\sigma}}$ 的双点积给出 α 滑移系上的 Schmid 切应力；$\boldsymbol{P}^{(\alpha)}$ 和

晶格指向及应力状态有关，加载变形时，$\boldsymbol{P}^{(\alpha)}$ 将改变，有塑性流动时，可能产生永久性改变。由式(11-134)可推出用 $\boldsymbol{P}^{(\alpha)}$ 和 $\hat{\boldsymbol{\sigma}}$ 的物质导数表示的 $\dot{\tau}^{(\sigma)}$

$$\dot{\tau}^{(\alpha)}=\dot{\boldsymbol{P}}^{(\alpha)}:\hat{\boldsymbol{\sigma}}+\boldsymbol{P}^{(\alpha)}:\dot{\hat{\boldsymbol{\sigma}}} \tag{11-135}$$

最好用前面提及的两种 Jaumann 导数中的任意一种表示，即

$$\dot{\tau}^{(\alpha)}=\dot{\boldsymbol{P}}^{*\mathrm{J}(\alpha)}:\hat{\boldsymbol{\sigma}}+\boldsymbol{P}^{(\alpha)}:\dot{\hat{\boldsymbol{\sigma}}}^{*\mathrm{J}} \tag{11-136}$$

$$\dot{\tau}^{(\alpha)}=\dot{\boldsymbol{P}}^{\mathrm{J}(\alpha)}:\hat{\boldsymbol{\sigma}}+\boldsymbol{P}^{(\alpha)}:\dot{\hat{\boldsymbol{\sigma}}}^{\mathrm{J}} \tag{11-137}$$

在随晶格旋转的坐标系中，Schmid 因子仅和 $\boldsymbol{D}^{*}$ 有关，即

$$\dot{\boldsymbol{P}}^{*\mathrm{J}(\alpha)}=\boldsymbol{H}^{(\alpha)}:\boldsymbol{D}^{*} \tag{11-138}$$

式中，$\boldsymbol{H}^{(\alpha)}$ 与 $\boldsymbol{b}^{(\alpha)}$、$\boldsymbol{m}^{(\alpha)}$ 随晶格的变形方式有关。Asaro 和 Rice 指出 4 种可能的方式，经计算后有

$$\dot{\boldsymbol{P}}^{*\mathrm{J}(\alpha)}:\hat{\boldsymbol{\sigma}}=\hat{\boldsymbol{\sigma}}:\boldsymbol{H}^{(\alpha)}:\boldsymbol{D}^{*}=Q^{(\alpha)}:\boldsymbol{D}^{*} \tag{11-139}$$

例 7 试求单向拉伸情况下滑移方向的切应力。

解： 设拉伸应力 σ 沿 Ox_3 方向，α 滑移系滑移面的法线 $\boldsymbol{m}^{(\alpha)}$ 选在 $\overline{Ox}_2$ 方向，滑移面上的滑移方向选为 $\overline{Ox}_1$ 方向，$\boldsymbol{b}^{(\alpha)}$ 为其单位矢量。Ox_3 和 $\overline{Ox}_2$ 的夹角为 φ，Ox_3 和 $\overline{Ox}_1$ 的夹角为 θ（见图 11-15）。

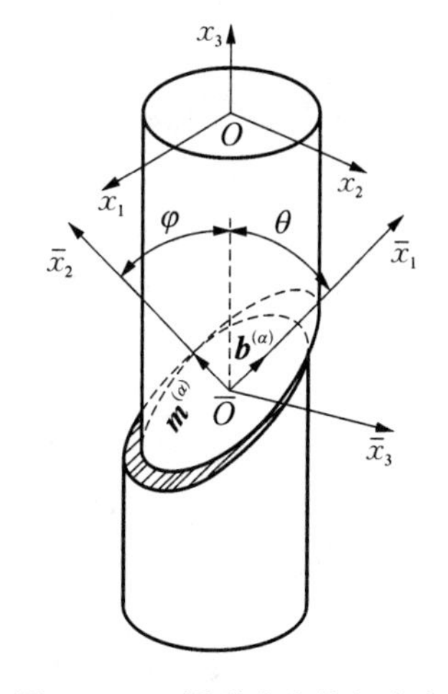

图 11-15 滑移方向的切应力

$Ox_1x_2x_3$ 的基矢为 $\boldsymbol{i}_k$，则 $\boldsymbol{b}^{(\alpha)}$ 和 $\boldsymbol{m}^{(\alpha)}$ 可表示为

$$\boldsymbol{b}^{(\alpha)}=b_k^{(\alpha)}\boldsymbol{i}_k \quad \boldsymbol{m}^{(\alpha)}=m_l^{(\alpha)}\boldsymbol{i}_l \tag{11-140}$$

所以 Schmid 指向因子 $\boldsymbol{P}^{(\alpha)}$ 为

$$\boldsymbol{P}^{(\alpha)}=\frac{1}{2}(b_k^{(\alpha)}m_l^{(\alpha)}+b_l^{(\alpha)}m_k^{(\alpha)})\boldsymbol{i}_k\otimes\boldsymbol{i}_l \tag{11-141}$$

而带权柯西应力张量

$$\hat{\boldsymbol{\sigma}}=\frac{\rho_0}{\rho}\sigma\boldsymbol{i}_3\otimes\boldsymbol{i}_3 \tag{11-142}$$

所以 α 滑移系的切应力 $\tau^{(\alpha)}$ 为

$$\tau^{(\alpha)}=\boldsymbol{P}^{(\alpha)}:\hat{\boldsymbol{\sigma}}=\frac{\rho_0}{\rho}\sigma b_s^{(\alpha)}m_s^{(\alpha)}=\frac{\rho_0}{\rho}\sigma\cos\varphi\cos\theta \tag{11-143}$$

因此，单向拉伸时 Schmid 因子的分量 $\cos\varphi\cos\theta$ 和 $\frac{\rho_0}{\rho}\sigma$ 的乘积，给出滑移方向的切应力 $\tau^{(\alpha)}$，当 $\tau^{(\alpha)}$ 达到临界值 $\tau_c^{(\alpha)}$ 时，α 滑移系成为主动滑移系，位错开始沿 $\boldsymbol{b}$ 方向运动，晶格发生塑性滑移。

11.6.3 Schmid 屈服条件和弹塑性材料的硬化律

当 α 滑移系的切应力 $\tau^{(\alpha)}$ 达到某一临界值 $\tau_c^{(\alpha)}$ 时，位错沿 $\boldsymbol{b}$ 方向运动，晶格开始滑移流动，

产生塑性变形。滑移开始后,临界切应力 $\tau_c^{(\alpha)}$ 发生变化,对硬化材料将变大,因此初始屈服后,继续加载时有

$$\dot{\tau}^{(\alpha)}=\dot{\tau}_c^{(\alpha)}=\sum_{\beta=1}^{n}h_{\alpha\beta}\mid\dot{\gamma}^{(\beta)}\mid\quad 如\ \dot{\gamma}^{(\beta)}>0 \tag{11-144}$$

如卸载或中性变载,则有

$$\tau^{(\alpha)}<\tau_c^{(\alpha)}\quad 或\quad \tau^{(\alpha)}=\tau_c^{(\alpha)}\ 和\ \dot{\gamma}^{(\alpha)}=0 \tag{11-145}$$

称 $h_{\alpha\beta}$ 为滑移面硬化率,其中对角线项代表滑移系的"自硬化",而非对角项代表不同滑移系之间的耦合效应,称为"潜在硬化"。$h_{\alpha\beta}$ 由实验确定。在许多情况下为简单计,常设

$$h_{\alpha\beta}=h\quad 当\ \alpha=\beta\ 时;\quad h_{\alpha\beta}=qh\quad 当\ \alpha\neq\beta,\ 1<q<1.4\ 时 \tag{11-146}$$

11.6.4 本构方程

通常认为滑移不影响晶体的弹性性质,希尔和赖斯认为弹性本构方程可以写成

$$\dot{\hat{\boldsymbol{\sigma}}}^{*\mathrm{J}}=\boldsymbol{A}:\boldsymbol{D}^{*}=\boldsymbol{A}:(\boldsymbol{D}-\boldsymbol{D}^{*\mathrm{p}})=\boldsymbol{A}:\boldsymbol{D}-\sum_{\alpha=1}^{n}A:\boldsymbol{P}^{(\alpha)}\dot{\gamma}^{(\alpha)} \tag{11-147}$$

式中,$\boldsymbol{A}$ 为弹性模量张量,并设可由自由能导出,因而存在下述对称关系

$$A_{klmn}=A_{lkmn}=A_{klnm}=A_{mnkl} \tag{11-148}$$

而 $\hat{\boldsymbol{\sigma}}=j\boldsymbol{\sigma}$ 为带权柯西应力,$\dot{\hat{\boldsymbol{\sigma}}}=\dot{\boldsymbol{\sigma}}+\boldsymbol{\sigma}D_{\mathrm{kk}}^{*}$,且

$$\dot{\hat{\boldsymbol{\sigma}}}^{*\mathrm{J}}=\dot{\hat{\boldsymbol{\sigma}}}-\boldsymbol{\omega}^{*}\hat{\boldsymbol{\sigma}}+\hat{\boldsymbol{\sigma}}\boldsymbol{\omega}^{*} \tag{11-149}$$

是带权柯西应力 $\hat{\boldsymbol{\sigma}}$ 相对于随同晶格一起旋转的坐标系的Jaumann导数,$\dot{\hat{\boldsymbol{\sigma}}}$ 是其物质导数。相对于随同物质一起旋转的坐标系的 $\hat{\boldsymbol{\sigma}}$ 的Jaumann导数为

$$\dot{\hat{\boldsymbol{\sigma}}}^{\mathrm{J}}=\dot{\hat{\boldsymbol{\sigma}}}-\boldsymbol{\omega}\hat{\boldsymbol{\sigma}}+\hat{\boldsymbol{\sigma}}\boldsymbol{\omega} \tag{11-150}$$

由式(11-149)、式(11-150)和式(11-132)可得

$$\left.\begin{aligned}&\dot{\hat{\boldsymbol{\sigma}}}^{*\mathrm{J}}-\dot{\hat{\boldsymbol{\sigma}}}^{\mathrm{J}}=\sum_{\alpha=1}^{n}\boldsymbol{Q}^{(\alpha)}\dot{\gamma}^{(\alpha)}\\&\boldsymbol{Q}^{(\alpha)}=\boldsymbol{\Omega}^{(\alpha)}\hat{\boldsymbol{\sigma}}-\hat{\boldsymbol{\sigma}}\boldsymbol{\Omega}^{(\alpha)}\end{aligned}\right\} \tag{11-151}$$

结合式(11-147)、式(11-150)和式(11-151),得到晶体的本构方程为

$$\dot{\hat{\boldsymbol{\sigma}}}^{\mathrm{J}}=\boldsymbol{A}:\boldsymbol{D}-\sum_{\alpha=1}^{n}\lambda^{(\alpha)}\dot{\gamma}^{(\alpha)} \tag{11-152}$$

$$\boldsymbol{\lambda}^{(\alpha)}=\sum_{\alpha=1}^{n}[\boldsymbol{A}:\boldsymbol{P}^{(\alpha)}+\boldsymbol{Q}^{(\alpha)}] \tag{11-153}$$

把式(11-147)和式(11-139)代入式(11-136)得

$$\dot{\tau}^{(\alpha)}=(\boldsymbol{P}^{(\alpha)}:\boldsymbol{A}+\boldsymbol{Q}^{(\alpha)}):\boldsymbol{D}^{*}=\boldsymbol{\lambda}^{(\alpha)}:\boldsymbol{D}^{*} \tag{11-154}$$

结合式(11－154)、式(11－152)、式(11－147)、式(11－139)和式(11－144)、式(11－145)可得

$$\left.\begin{aligned}&\boldsymbol{\lambda}^{(\alpha)}:\boldsymbol{D}^{*}=\boldsymbol{\mu}^{(\alpha)}:\hat{\dot{\boldsymbol{\sigma}}}^{*\mathrm{J}}=\sum_{\beta=1}^{n}h_{\alpha\beta}\dot{\boldsymbol{\gamma}}^{(\beta)}\quad \dot{\boldsymbol{\gamma}}^{(\beta)}>0\\&\boldsymbol{\lambda}^{(\alpha)}:\boldsymbol{D}^{*}=\boldsymbol{\mu}^{(\alpha)}:\hat{\dot{\boldsymbol{\sigma}}}^{*\mathrm{J}}\leqslant\sum_{\beta=1}^{n}h_{\alpha\beta}\dot{\boldsymbol{\gamma}}^{(\beta)}\quad \dot{\boldsymbol{\gamma}}^{(\beta)}=0\\&\boldsymbol{\mu}^{(\alpha)}=\boldsymbol{A}^{-1}:\boldsymbol{\lambda}^{(\alpha)}\end{aligned}\right\}\tag{11-155}$$

利用式(11－132)和 $\boldsymbol{D}=\boldsymbol{D}^{*}+\boldsymbol{D}^{*p}$，则式(11－155)还可化为

$$\left.\begin{aligned}&\boldsymbol{\lambda}^{(\alpha)}:\boldsymbol{D}=\sum_{\beta=1}^{n}\tilde{h}_{\alpha\beta}\dot{\boldsymbol{\gamma}}^{(\beta)}\quad \dot{\boldsymbol{\gamma}}^{(\beta)}>0\\&\boldsymbol{\lambda}^{(\alpha)}:\boldsymbol{D}\leqslant\sum_{\beta=1}^{n}\tilde{h}_{\alpha\beta}\dot{\boldsymbol{\gamma}}^{(\beta)}\quad \dot{\boldsymbol{\gamma}}^{(\beta)}=0\\&\tilde{h}_{\alpha\beta}=h_{\alpha\beta}+\boldsymbol{\lambda}^{(\alpha)}:\boldsymbol{P}^{(\beta)}=h_{\alpha\beta}+\boldsymbol{P}^{(\alpha)}:\boldsymbol{A}:\boldsymbol{P}^{(\beta)}+\boldsymbol{Q}^{(\alpha)}:\boldsymbol{P}^{(\beta)}\end{aligned}\right\}\tag{11-156}$$

对加载情况由式(11－156)得

$$\dot{\gamma}^{(\alpha)}=\sum_{\beta=1}^{n}\tilde{h}_{\alpha\beta}^{-1}\boldsymbol{\lambda}^{(\beta)}:\boldsymbol{D}\tag{11-157}$$

把式(11－157)代入式(11－152)可得

$$\hat{\dot{\boldsymbol{\sigma}}}^{\mathrm{J}}=\boldsymbol{L}:\boldsymbol{D}\quad \boldsymbol{L}=\boldsymbol{A}-\sum_{\alpha=1}^{n}\sum_{\beta=1}^{n}\tilde{h}_{\alpha\beta}^{-1}\boldsymbol{\lambda}^{(\alpha)}\otimes\boldsymbol{\lambda}^{(\beta)}\tag{11-158}$$

第 α 个滑移系上，分解切应力和切变率间的本构关系，由实验结果可写成

$$\dot{\gamma}^{(\alpha)}/\dot{\gamma}_{\mathrm{c}}^{(\alpha)}=(\tau^{(\alpha)}/\tau_{\mathrm{c}}^{(\alpha)})\mid\tau^{(\alpha)}/\tau_{\mathrm{c}}^{(\alpha)}\mid^{\frac{1}{m}-1}\quad \tau^{(\alpha)}\geqslant\tau_{\mathrm{c}}^{(\alpha)}\tag{11-159}$$

式中，$\dot{\gamma}_{\mathrm{c}}^{(\alpha)}$ 为参考切变率；m 为敏感指数。

上面只讨论了晶体滑移的情况，实际上还存在另一种塑性变形机制，即孪晶，可采取类似的方法讨论，此时式(11－133)应改为

$$\hat{\boldsymbol{\sigma}}:\boldsymbol{D}^{*\mathrm{p}}=\sum_{\alpha=1}^{n}\tau_{\mathrm{c}}^{(\alpha)}\dot{\boldsymbol{\gamma}}^{(\alpha)}+\sum_{\beta=1}^{m}\tau_{\mathrm{t}}^{(\beta)}\dot{\boldsymbol{\xi}}^{(\beta)}\tag{11-160}$$

式中，τ_{t} 为发生孪晶的临界切应力；$\xi^{(\beta)}$ 为第 β 个孪晶系的切变形。

上面的讨论是对单晶体进行的，工程材料是多晶体，多晶体的力学行为由单晶体的力学行为决定，如果单晶体在多晶体中的排列是杂乱无章的，没有特别明显的方向性，那么多晶体的性质可以看成单晶体性质的平均值，如果单晶体在多晶体中的排列呈现一定的方向性，那么多晶体的性质可用单晶体性质加权平均的方法表示。当然，最为妥当的方法是用概率统计的方法，把单晶体的性质推广到多晶体中去。

习　题

1. 对各向同性和拉压性质相同的金属材料，试讨论下述几个屈服准则，并在主应力空间

作图表示

米泽斯准则 $\sigma_s^2 = 3J_2 = \frac{1}{2}[(\sigma_1 - \sigma_2)^2 + (\sigma_2 - \sigma_3)^2 + (\sigma_3 - \sigma_1)^2]$

特雷斯卡准则 $\text{mex}\left[\frac{1}{2} \mid \sigma_1 - \sigma_2 \mid, \frac{1}{2} \mid \sigma_2 - \sigma_3 \mid, \frac{1}{2} \mid \sigma_3 - \sigma_1 \mid\right] = \tau_s$

折算应力准则 $\sigma_s = \frac{1}{m}\left|\sigma_1 - \frac{1}{2}(\sigma_2 + \sigma_3)\right|$ 及 $\mid \sigma_2 - \sigma_3 \mid \leqslant \frac{2}{3}m\sigma_s$

$$\sigma_s = \frac{1}{m}\left|\sigma_2 - \frac{1}{2}(\sigma_3 + \sigma_1)\right| \quad 及 \quad \mid \sigma_2 - \sigma_1 \mid \leqslant \frac{2}{3}m\sigma_s$$

$$\sigma_s = \frac{1}{m}\left|\sigma_3 - \frac{1}{2}(\sigma_1 + \sigma_2)\right| \quad 及 \quad \mid \sigma_1 - \sigma_2 \mid \leqslant \frac{2}{3}m\sigma_s$$

$$\left(\frac{\sqrt{3}}{2} \leqslant m \leqslant 1\right)$$

2. 试证

(1) $\frac{\partial J_2}{\partial \boldsymbol{\sigma}} = \frac{\partial J_2}{\partial \boldsymbol{\sigma}'} = \boldsymbol{\sigma}'$。

(2) 主应力偏量 σ'_1、σ'_2、σ'_3 满足方程

$$\boldsymbol{\sigma}'^3 - J_2\boldsymbol{\sigma}' - J_3\boldsymbol{I} = \boldsymbol{0}$$

3. 试在主轴坐标系中写出普朗特-罗伊斯方程。

4. 研究一、二维应力状态，$\sigma_1 = \frac{\sigma_s}{\sqrt{3}}$，$\sigma_2 = -\frac{\sigma_s}{\sqrt{3}}$，且设 $d\varepsilon_p^p = c$，c 为常数，求等效塑性应变增量 $dE_{(r)}^p$ 和塑性功增量 dW_p。

5. 力学中常做三向压缩试验以确定土壤的力学性质，且规定压应力为正，拉应力为负。设初始均匀应力状态为 $\sigma_{11} = \sigma_1$，$\sigma_{22} = \sigma_{33} = \sigma_2$，其余分量为零。由此得 $D_{11}^p = D_1^p$，$D_{22}^p = D_{33}^p = D_2^p$，主伸长比(不计弹性)为 λ_1，$\lambda_2 = \lambda_3$。因 $\sigma_1 > \sigma_2$，所以 $\lambda_1 < 1$ 和 $\lambda_2 > 1$，而体积应变 $\Delta^p = 1 - \lambda_1\lambda_2^2$。令

$$p = \frac{1}{3}I_\sigma = \frac{1}{3}(\sigma_1 + 2\sigma_2) \quad q = \sigma_1 - \sigma_2 = \sqrt{3J_2} \tag{11-161}$$

$$\frac{\dot{v}}{v} = D_1^p + 2D_2^p \quad \dot{\varepsilon} = D_{11}^p = \frac{2}{3}(D_1^p - D_2^p)$$

$$\varepsilon = \frac{2}{3}\ln\frac{\lambda_2}{\lambda_1} \tag{11-162}$$

式中，$\frac{\dot{v}}{v}$ 为体积应变率；$\dot{\varepsilon}$ 为畸变应变率。

(1) 对砂土模型，设 $\sqrt{3}\ \frac{\partial \widetilde{G}}{\partial p} = 3\ \frac{\partial \widetilde{F}}{\partial p} - \frac{q}{p}$，试证硬化参数

$$H' = \frac{1}{\sqrt{3}}\left[\left(3\,\frac{\partial \widetilde{F}}{\partial p} - \frac{q}{p}\right)(1-\Delta^{\mathrm{p}})\,\frac{\partial \widetilde{F}}{\partial \Delta^{\mathrm{p}}} + \frac{\partial \widetilde{F}}{\partial \varepsilon}\right]$$

(2) 对黏土模型,设$\sqrt{3}\,\dfrac{\partial \widetilde{G}}{\partial p} = 3\,\dfrac{\partial \widetilde{F}}{\partial p} - \dfrac{3q-\tau_0}{3p}$,$\tau_0$ 为内聚力,试证硬化参数

$$H' = \frac{1}{\sqrt{3}}\left[\left(3\,\frac{\partial \widetilde{F}}{\partial p} - \frac{3q-\tau_0}{3p}\right)(1-\Delta^{\mathrm{p}})\,\frac{\partial \widetilde{F}}{\partial \Delta^{\mathrm{p}}} + \frac{\partial \widetilde{F}}{\partial \varepsilon}\right]$$

6. 设将下列屈服函数作为塑性势:$f = \phi_1(\sigma'_{kl}) - \phi_2(W^{\mathrm{p}})$

$$\phi_1(\sigma'_{kl}) = J_2\left(1 - c\,\frac{J_2^2}{J_2^3}\right),\quad c\ \text{为常数}$$

求证,此时的塑性应变率由以下形式表示:

$$\dot{e}^{0}_{kl} = \frac{\phi_1}{2\phi_1\phi'_2}\left[\left(1+2c\,\frac{J_2^2}{J_2^3}\right)\sigma'_{kl} - 2c\,\frac{J_3}{J_2^2}\sigma'_{km}\sigma'_{ml}\right]$$

式中,$\phi_1 = \dfrac{\partial \phi_1}{\partial \sigma'_{kl}}\dot{\sigma}_{kl}$, $\phi'_2 = \dfrac{\partial \phi_2}{\partial W^{\mathrm{p}}}$

7. 塑性变形问题,按(11-106)第 3 式定义内时 ζ,它和真实的时间没有关系;但在塑性和蠕变同时存在的问题,内时的定义便需要修改,Valanis 设为

$$(\mathrm{d}\zeta)^2 = \frac{(\mathrm{d}L^{\mathrm{i}})^2}{g^2(L^{\mathrm{i}})} + \frac{(\mathrm{d}t)^2}{f^2}$$

式中,$\mathrm{d}L^{\mathrm{i}}$ 为非弹性应变弧长;$\mathrm{d}L^{\mathrm{i}} = \mathrm{d}L^{\mathrm{p}} + \mathrm{d}L^{\mathrm{c}}$,$\mathrm{d}L^{\mathrm{c}}$ 代表蠕变应变弧长增量。试参阅文献,推导这一情况下的本构方程。

12 弹-黏塑性体 损伤介质

12.1 弹-黏塑性体的基本概念

高分子聚合物和生物软组织等材料，在弹性范围内便呈现黏性性质，称为黏弹性材料。对于高温下的金属以及某些常温下的金属，弹性响应可以不计黏性，但塑性变形时伴随黏性效应，便称为弹-黏塑性材料，本章主要讨论这类材料。如弹塑性响应均须计及黏性，便称为弹-黏塑性材料。由于黏性效应直接和时间相关，因此本构方程中至少包含应变率或应力率，且不是时间的齐次函数。

图 12-1 表示几种材料在不同应变率下的应力-应变曲线，由图可见，应变率愈大，应力-应变曲线的位置愈高；一般来讲，纯金属比合金的敏感程度要高；对温度而言，温度愈低，应力-应变曲线的位置愈高。图 12-2 表示热作模具钢的屈服极限和温度、应变率的关系。当塑性

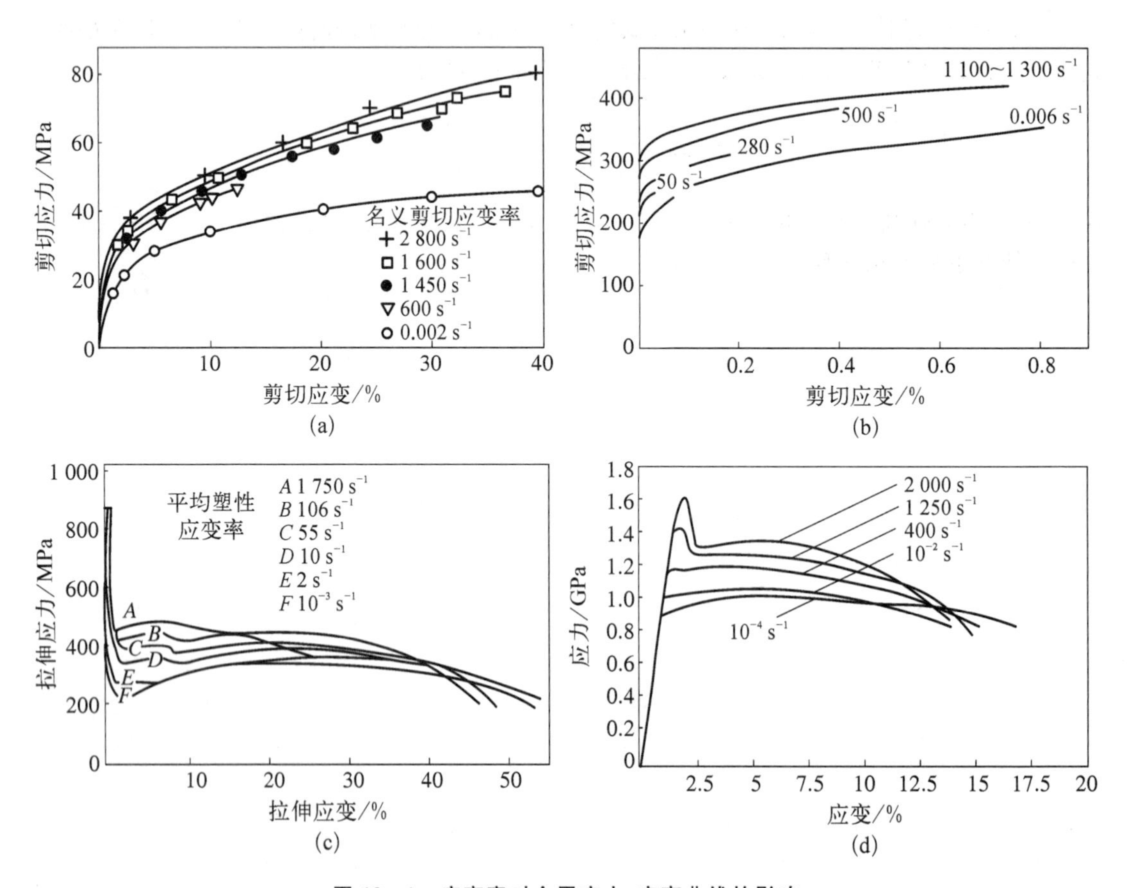

图 12-1 应变率对金属应力-应变曲线的影响

(a) 铝(扭转加载)；(b) 钛(扭转加载)；(c) 软钢(拉伸加载)；(d) 钛合金

变形率主要由位错运动的热激活机制所控制时,从位错运动的热激活理论可推出单向应力-应变关系为

$$\sigma=\sigma_a+\Delta U/\Omega+(kT/\Omega)\ln(\dot{\varepsilon}^{\mathrm{p}}/\dot{\varepsilon}_0) \tag{12-1}$$

式中,$\dot{\varepsilon}_0$ 为频率因子;Ω 为热激活体积;k 为玻尔兹曼常数;T 是绝对温度;ΔU 为激活能;σ_a 为应力中和温度无关的部分。式(12-1)用 $(kT/\Omega)\ln(\dot{\varepsilon}^{\mathrm{p}}/\dot{\varepsilon}_0)$ 把温度和应变率很好地组合成一个参数,使本构关系具有较为简单的形式。图 12-3 表示 310 不锈钢的延性 $2\ln(d_0/d_f)$ 和温度与应变率的关系曲线,其中 d_0 和 d_f 分别表示圆柱形试件的初始和拉断后断口的断面直径。

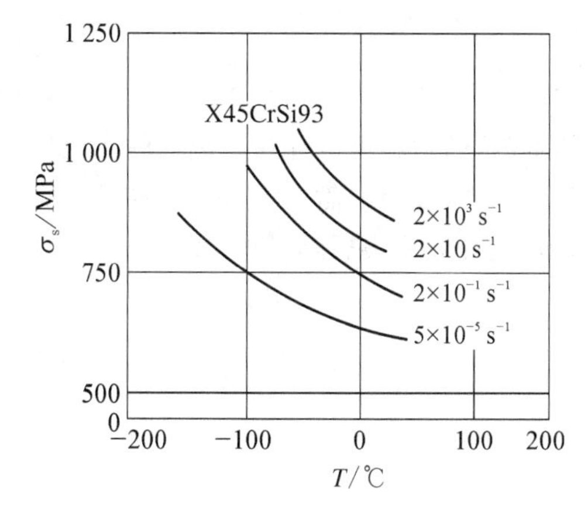

图 12-2 温度和应变率对热作模具钢屈服强度的影响

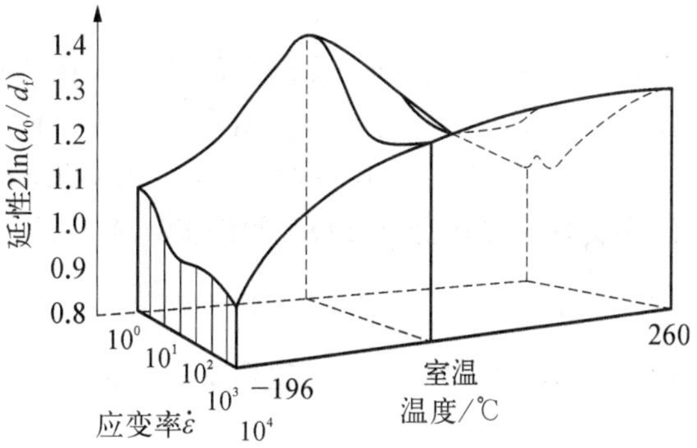

图 12-3 屈服强度和温度-应变率参数的关系曲线

和黏弹性体相类似,讨论黏塑性体本构关系的基本概念时,可形象化地采用结构单元法,这种方法从热力学的角度看也是合理的。对弹-黏塑性体要引入塑性元件,当塑性元件中的应力 σ 小于静态屈服应力 σ_s 时,元件的行为像刚体一样;而当 $\sigma \geqslant \sigma_s$ 后,元件承受应力 σ_s。

图 12-4 给出两种单向拉伸的模型。图 12-4(a)表示刚-黏塑性体模型,其本构方程为

$$\left.\begin{array}{ll}\varepsilon=0 & \text{当 } \sigma<\sigma_s \text{ 时} \\ \eta\dot{\varepsilon}=\sigma-\sigma_s & \text{当 } \sigma\geqslant\sigma_s \text{ 时}\end{array}\right\} \tag{12-2}$$

以前讨论过的宾干姆流体便属于这种类型,图 12-4(b)表示弹-黏塑性本模型,其本构关系为

$$\left.\begin{array}{ll}\dot{\varepsilon}=\dfrac{1}{E}\dot{\sigma} & \text{当 } \sigma<\sigma_s \text{ 时} \\ \dot{\varepsilon}=\dfrac{1}{E}\dot{\sigma}+\dfrac{1}{\eta}(\sigma-\sigma_s) & \text{当 } \sigma\geqslant\sigma_s \text{ 时}\end{array}\right\} \tag{12-3}$$

称 $\sigma-\sigma_s$ 为"过应力";σ_s 表示静态屈服应力;σ 表示应变速率不为零的动载荷下的应力,通常在动载荷作用下的金属材料服从上述类型的方程。

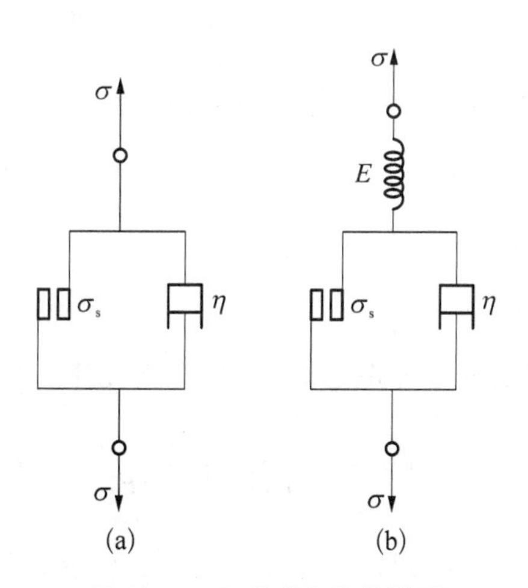

图 12-4 两种单向拉伸模型

(a) 刚-黏塑性体模型;(b) 弹-黏塑性体模型

把式(12-3)推广,三维情况下弹-黏塑性体的较为一般的本构方程可以写成

$$\dot{\boldsymbol{\varepsilon}}=\varphi(\boldsymbol{\sigma},\boldsymbol{\varepsilon})\dot{\boldsymbol{\sigma}}+\psi(\boldsymbol{\sigma},\boldsymbol{\varepsilon}) \tag{12-4}$$

在单轴应力下,Соколовский 和 Malvern 选用

$$\left.\begin{aligned}&\varphi(\sigma,\varepsilon)=\frac{1}{E}\\&\psi(\sigma,\varepsilon)=\langle\Phi[\sigma-\sigma_{s}(\varepsilon)]\rangle\end{aligned}\right\} \tag{12-5}$$

令 σ_s^+ 和 σ_s^- 分别表示拉伸和压缩静态屈服应力,则式中记号〈 〉称为 MacCauley 括号,表示

$$\langle\Phi\rangle=\begin{cases}0 & \text{当 } \sigma_s^+(\varepsilon)>\sigma>0 \quad \text{或 } 0>\sigma>\sigma_s^-(\varepsilon) \text{ 时}\\ \Phi & \text{当 } \sigma\geqslant\sigma_s^+(\varepsilon) \quad \text{或 } \sigma\leqslant\sigma_s^-(\varepsilon) \text{ 时}\end{cases} \tag{12-6}$$

式中,$\sigma_s(\varepsilon)$ 特别标明 $\dot{\varepsilon}\to 0$ 的准静态屈服应力是 ε 的函数,即材料可以存在硬化或软化现象。$\dot{\varepsilon}$ 取有限值时,$|\sigma|>|\sigma_s|$。函数 $\Phi(r)$ 具有性质 $\Phi(0)=0$,表示准静态情形没有黏性效应,当 $r>0$ 时有 $\Phi(r)>0$, $\Phi'(r)>0$,表示动态情形存在黏性效应,且随 r 的增加,黏性效应增强。在文献中可以见到 $\Phi(r)$ 的许多具体形式,如 Malvern 给出

$$\Phi(r)=cr \quad \Phi(r)=c(\mathrm{e}^{\lambda r}-1) \quad r>0 \quad \lambda>0 \tag{12-7}$$

式中,c 为黏性系数;λ 亦为物质常数。Kukudjanov 给出

$$\Phi(r)=c\left(\frac{r}{a}\right)^{n} \quad r\geqslant 0 \quad a>0 \quad n>0 \tag{12-8}$$

但由这些简单函数算出的结果,往往和实验符合得不好,因而常须采用下列指数函数或幂函数的级数形式

$$\left.\begin{aligned}&\Phi(r)=\sum_{\alpha=1}^{n}a_{\alpha}(\mathrm{e}^{r\alpha}-1)\\&\Phi(r)=\sum_{\alpha=1}^{n}b_{\alpha}r^{\alpha}\end{aligned}\right\} \tag{12-9}$$

对于有限变形,式(12-4)的一种可能的推广为

$$\boldsymbol{D}=\varphi(\boldsymbol{\sigma},\boldsymbol{\varepsilon})\dot{\boldsymbol{\sigma}}^{\mathrm{J}}+\psi(\boldsymbol{\sigma},\boldsymbol{\varepsilon}) \quad \overset{\nabla}{\boldsymbol{\varepsilon}}=D \tag{12-10}$$

或

$$\dot{\boldsymbol{E}}=\varphi(\boldsymbol{S},\boldsymbol{E})\dot{\boldsymbol{S}}+\psi(\boldsymbol{S},\boldsymbol{E}) \tag{12-11}$$

和弹塑性体理论相仿,弹-黏塑性体的普朗特-罗伊斯方程可写成

$$\left.\begin{aligned}&D_{kl}=\frac{1}{2G}\dot{\sigma}_{kl}^{\mathrm{J}}+\frac{1-2\nu}{3E}\dot{\sigma}_{mm}^{\mathrm{J}}\delta_{kl} \quad \text{当 } \sigma_{(\mathrm{r})}<\sigma_{s} \text{ 或 } \sigma_{(\mathrm{r})}=\sigma_{s} \quad \dot{\sigma}_{(\mathrm{r})}\sigma_{(\mathrm{r})}<0\\&D_{kl}=\frac{1}{2G}\dot{\sigma}_{kl}^{\mathrm{J}}+\frac{1-2\nu}{3E}\dot{\sigma}_{mm}^{\mathrm{J}}\delta_{kl}+\frac{9\sigma'_{kl}\sigma'_{mn}}{4H\sigma_{s}^{2}}\dot{\sigma}_{mn}^{\mathrm{J}}+\frac{1}{\eta}\left[1-\frac{\sigma_{s}}{\sigma_{(\mathrm{r})}}\right]^{q}\sigma'_{kl}\\&\text{当 } \sigma_{(\mathrm{r})}\geqslant\sigma_{s} \quad \dot{\sigma}_{(\mathrm{r})}\sigma_{(\mathrm{r})}>0\end{aligned}\right\} \tag{12-12}$$

式中，η 为黏性系数；q 为指数。

12.2 统一黏塑性本构理论

12.2.1 统一黏塑性本构理论的一般框架

早期人们把黏塑性问题处理成塑性和蠕变问题的叠加，忽视了它们之间的相互作用，存在不少弊病。现在人们统一处理塑性和黏性（蠕变）的问题，并称为统一黏塑性理论。统一理论有多种模型，本书只讨论小变形情况下的少数几种，现有理论中均设

$$\dot{\boldsymbol{e}} = \dot{\boldsymbol{e}}^{\mathrm{e}} + \dot{\boldsymbol{e}}^{\mathrm{i}} \quad \dot{\boldsymbol{e}}^{\mathrm{e}} = A^{-1} : \dot{\boldsymbol{\sigma}} \tag{12-13}$$

式中，$\dot{\boldsymbol{e}}^{i}$ 为非弹性应变率，由塑性、蠕变等共同引起。弹性应变服从胡克定律，非弹性应变率则有多种模型。

1. 非弹性应变率的第一种形式

讨论等温情形，设在应力空间存在黏塑性势 ϕ^{*}，则

$$\left.\begin{aligned} &\phi^{*} = RG(\sigma_{v}/R) \quad \sigma_{v} = \langle J(\boldsymbol{\sigma}-\boldsymbol{\theta}) - k \rangle \\ &J(\boldsymbol{\sigma}-\boldsymbol{\theta}) = \left[\frac{3}{2}(\boldsymbol{\sigma}'-\boldsymbol{\theta}) : (\boldsymbol{\sigma}'-\boldsymbol{\theta})\right]^{1/2} \end{aligned}\right\} \tag{12-14}$$

式中，$\boldsymbol{\theta}$ 为背应力；k 为依赖于温度的材料参数；σ_{v} 为黏性应力；R 为黏性阻力；$\langle\quad\rangle$ 为 MacCauley 括号。对于假设存在屈服面的理论，k 便是屈服应力 σ_{s}，σ_{v} 便是过应力，但对黏塑性体，通常并不假设存在屈服面，因而也就没有这种解释。类似于通常的弹塑性理论，非弹性应变率假设沿等黏塑性势面的法向，且等于其法向导数，即

$$\dot{\boldsymbol{e}}^{\mathrm{i}} = \frac{\partial \phi^{*}}{\partial \boldsymbol{\sigma}} = G'\left(\frac{\sigma_{v}}{R}\right)\frac{\partial \sigma_{v}}{\partial \boldsymbol{\sigma}} = \frac{3}{2}G'\left(\frac{\sigma_{v}}{R}\right)\frac{\boldsymbol{\sigma}'-\boldsymbol{\theta}}{J(\boldsymbol{\sigma}-\boldsymbol{\theta})} \tag{12-15}$$

式中，$G'(\sigma_{v}/R) = \partial G/\partial(\sigma_{v}/R)$。由此又可推出塑性应变率和累积塑性应变为

$$\dot{e}^{\mathrm{p}}_{(\mathrm{r})} = \sqrt{\frac{2}{3}\dot{\boldsymbol{e}}^{\mathrm{p}} : \dot{\boldsymbol{e}}^{\mathrm{p}}} = G'\left(\frac{\sigma_{v}}{R}\right) = \frac{\partial \phi^{*}}{\partial \sigma_{v}} \quad l^{\mathrm{p}} = \int_{0}^{t} \dot{e}^{\mathrm{p}}_{(\mathrm{r})}\,\mathrm{d}t \tag{12-16}$$

由于黏塑性变形的响应与非弹性应变历史相关，因而式(12-14)、式(12-15)中的 $\boldsymbol{\theta}$、k、R 是非弹性应变历史的函数，需要给出演化方程。目前这种演化方程大多根据实验结果、材料变形的微观机理和推理给出，因而不同作者给出的方程是不同的，但大体都包含材料硬化项、动力恢复项（如位错塞积的减弱等）和静力恢复项（如温度引起的扩散等）。如 Chaboche 给出的演化方程为

$$\left.\begin{aligned} &\boldsymbol{\theta} = \sum_{j}\boldsymbol{\theta}_{j} \\ &\dot{\boldsymbol{\theta}}_{j} = \frac{2}{3}C_{j}\,\dot{\boldsymbol{e}}^{i} - \varphi(k)\left[1-\frac{\theta_{cj}}{J(\boldsymbol{\theta}_{j})}\right]\{d_{j}\boldsymbol{\theta}_{j}\,\dot{l}^{\mathrm{p}} + d_{ij}[J(\boldsymbol{\theta}_{j})]^{m_{j}-1}\boldsymbol{\theta}_{j}\} \\ &\dot{k} = b_{1}(Q_{1}-k)\,\dot{l}^{\mathrm{p}} - \beta_{1r}\,|\,k-Q_{1r}\,|^{m_{1}r}\,\mathrm{sign}(k-Q_{1r}) \\ &\dot{R} = b_{2}(Q_{2}-R)\,\dot{l}^{\mathrm{p}} - \beta_{2r}\,|\,R-Q_{2r}\,|^{m_{2}r}\,\mathrm{sign}(R-Q_{2r}) \end{aligned}\right\} \tag{12-17}$$

在上述方程中已设 k 和 R 相互之间没有影响。$\dot{\boldsymbol{\theta}}_j$ 的硬化项设为和应变率成正比,动力恢复项设为和 $\dot{l}^{p}\boldsymbol{\theta}_j$ 成正比,静力恢复项设为 $\boldsymbol{\theta}_j$ 自身的非线性函数;材料常数 C_j、b_1、Q_1、b_2、Q_2 表征硬化的快慢,d_j、b_1、b_2 表征动力恢复强度,d_{tj}、β_{1r}、β_{2r} 表征静力恢复强度,θ_{cj} 表示 $\boldsymbol{\theta}_j$ 的门槛值,用来改善对棘轮效应的描写,$\varphi(k)$ 用来描写循环硬化对切线模量的影响。

2. 非弹性应变率的第二种形式

这种形式的本构理论一般都不假设存在屈服面,$\dot{e}^{i}$ 取下列形式:

$$\left.\begin{aligned}&\dot{\boldsymbol{e}}^{i}=\boldsymbol{G}[(\boldsymbol{\sigma}-\boldsymbol{\theta})/K]\\&\boldsymbol{\theta}=\dot{\boldsymbol{\theta}}(\dot{\boldsymbol{e}}^{i},\ \boldsymbol{\theta},\ K,\ T)\quad \dot{K}=\dot{K}(\dot{\boldsymbol{e}}^{i},\ \boldsymbol{\theta},\ K,\ T)\end{aligned}\right\}\tag{12-18}$$

并设 $\boldsymbol{\sigma}=\mathbf{0}$ 时 $\boldsymbol{\theta}=\mathbf{0}$, $K=K_0$。用 K 的变化来模拟各向同性硬化,$\boldsymbol{\theta}$ 模拟运动硬化。Miller 取用的演化方程为

$$\left.\begin{aligned}&\dot{\boldsymbol{e}}^{i}=Bh(T)\{\sinh[J(\boldsymbol{\sigma}-\boldsymbol{\theta})/K]^{3/2}\}^{n}(\boldsymbol{\sigma}'-\boldsymbol{\theta})/J(\boldsymbol{\sigma}-\boldsymbol{\theta})\\&\boldsymbol{\theta}=H_1\,\dot{\boldsymbol{e}}^{i}-H_1Bh(T)\{\sinh[A_1J(\boldsymbol{\theta})]^{n}\boldsymbol{\theta}/J(\boldsymbol{\theta})\}\\&\dot{K}=H_2\{C_2+J(\boldsymbol{\theta})-A_2K^3/A_1\}e^{i}_{(r)}-H_2C_2Bh(T)\{\sinh(A_2K^3)\}^{n}\\&h_{(r)}=\exp[-\boldsymbol{Q}/(kT)]\quad 当\ T\geqslant 0.6T_m\ 时\\&\qquad=\exp\{[-Q/(0.6kT)][\ln(0.6T_m/T)+1]\}\quad 当\ T<0.6T_m\ 时\end{aligned}\right\}\tag{12-19}$$

式中,B、n、H_1、H_2、A_1、A_2、C_2、Q、T_m 等为材料常数;$\dot{\boldsymbol{\theta}}$, $\dot{K}$ 等式右边的第二项为恢复项。除 Miller 模型外,还有众多的其他模型,读者可参考有关文献。

除上述两种形式,非弹性应变率还有其他表示方式,如式(10-140)。

在弹-黏塑性理论中,在应力-应变循环曲线上,由弹性到塑性的过渡部分往往和实验不一致,显得转变有点突然。对于高温工作下的金属,采用黏弹塑性模型将会改进这种状况,此时最简单的方法是把式(12-13)改成黏弹性的,即

$$\dot{\boldsymbol{e}}^{e}=\mathbf{A}^{-1}:\dot{\boldsymbol{\sigma}}+\mathbf{A}_1:\boldsymbol{\sigma}\quad 或\ \boldsymbol{\sigma}=\mathbf{A}:\dot{\boldsymbol{e}}^{e}+\mathbf{A}_2:\boldsymbol{e}^{e}\tag{12-20}$$

12.2.2 黏塑性本构方程的内变且理论

内变量理论在 5.6 节中已做过详细讨论,在那里还引入了广义正则材料的概念。对广义正则材料,采用亥姆霍兹自由能 f 作为特性函数,则有下列方程

$$\begin{aligned}\rho T\sigma^{*}&=\boldsymbol{\sigma}:\dot{\boldsymbol{e}}-\rho s\dot{T}-\dot{f}-\frac{1}{T}\boldsymbol{q}\cdot\nabla\boldsymbol{T}\geqslant 0\\&=\boldsymbol{\sigma}:\dot{e}^{i}+\mathbf{A}\cdot\boldsymbol{\eta}-\frac{1}{T}\boldsymbol{q}\cdot\nabla\boldsymbol{T}\geqslant 0\end{aligned}$$

$$\boldsymbol{\sigma}=\rho\partial f/\partial\boldsymbol{e}^{e}\quad \mathbf{A}=-\rho\partial f/\partial\boldsymbol{\eta}\quad S=-\partial f/\partial T$$

$$\dot{\boldsymbol{e}}^{i}=\partial\phi^{*}/\partial\boldsymbol{\sigma}\quad \dot{\boldsymbol{\eta}}=-\partial\phi^{*}/\partial\mathbf{A}$$

$$f=f(\boldsymbol{e}^{e},\ \boldsymbol{\eta},\ T)$$

式中,$\boldsymbol{\eta}$ 为 5.6 节指出的第一种类型的内变量;$\mathbf{A}$ 为与之对应的广义不可逆力;ϕ^{*} 为余耗散势。

现在取耗散势为与式(12-13)相同的塑性势,则按式(5-137),$\dot{\boldsymbol{e}}^{i}$ 仍由式(12-14)表示。

$\boldsymbol{A}$ 取为 $\boldsymbol{\theta}$、k 和 R，相应的内变量 $\boldsymbol{\eta}$ 取为 $\boldsymbol{\alpha}$、δ 和 r，则有

$$\left.\begin{aligned}\dot{\boldsymbol{\alpha}} &= -\partial\phi^*/\partial\boldsymbol{\theta} = -G'\partial\sigma_v/\partial\boldsymbol{\theta} = \dot{\boldsymbol{e}}^{\mathrm{i}}\\ \dot{\delta} &= -\partial\phi^*/\partial k = G' = \dot{l}^{\mathrm{p}}\\ \dot{r} &= -\partial\phi^*/\partial R = -G + G'\sigma_v/R\end{aligned}\right\} \tag{12-21}$$

由式(12-21)知，上述理论中 $\dot{\boldsymbol{\alpha}}$ 未能计及动力和静力恢复项，因而存在缺陷，需要适当修正，更详细的讨论请参阅有关文献。

12.3 多孔损伤介质的弹塑性本构方程

12.3.1 均匀化方法

在高塑性变形区，介质内部会形成许多微小的孔洞，类似于多孔介质。分析这类问题可以有几种不同的方法：① 采用有限元或其他数值方法，直接分析多孔介质，得出“真实的微观”应力、应变和速度场，但由于有非常多的微孔，因此分析非常繁复。② 从介质中取出一个“元胞”或“代表性单位体积”，元胞中含一个或几个微孔，多孔介质可以看成是由这些元胞堆砌而成的，犹如晶体是由晶格元胞构造而成的一样。元胞要选择得足够简单而又能代表整体介质的性质。③ 在上述两种分析的基础上，采用某种统计平均的方法，构造出材料的宏观连续平均的本构方程，这种方法常称为均匀化方法。④ 直接总结实验的规律，但这种方法难以揭示材料内部定量的变形机理。

在高塑性应变区，一方面产生新的微小孔洞，另一方面原有孔洞要长大。对这种状况定量描述的一个简便方法，是由 Качанов(1958)首先引入的损伤概念，对各向同性损伤，损伤变量可取成孔洞的体积分数

$$f_{\mathrm{v}} = V_{\mathrm{D}}/V \tag{12-22}$$

式中，V 为选取的元胞的体积；V_D 为该元胞中孔洞所占的体积；f_{v} 随塑性应变的增加而增加。

设基体中的微观应力、应变、速度和变形率分别为 $\boldsymbol{\sigma}$、$\boldsymbol{e}$、$\boldsymbol{v}$ 和 $\boldsymbol{D}$。Bishop 和希尔定义把孔洞材料视为等效连续介质时的宏观变形率 $\bar{\boldsymbol{D}}$ 为

$$\bar{D}_{kl} = \frac{1}{V}\int_V D_{kl}\,\mathrm{d}V = \frac{1}{V}\ \frac{1}{2}\int_a (v_k n_l + v_l n_k)\,\mathrm{d}a \tag{12-23}$$

式中，V 是元胞的体积；a 为其外表面；n 为 a 上微面元的单位外法线矢量。利用高斯定理，式(12-23)可化为

$$\begin{aligned}\bar{D}_{kl} &= \frac{1}{V}\left[\frac{1}{2}\int_{a+a_{孔}} (v_k n_l + v_l n_k)\,\mathrm{d}a - \frac{1}{2}\int_{a_{孔}} (v_k n_l + v_l n_k)\,\mathrm{d}a\right]\\ &= \frac{1}{V}\int_{V_1} D_{kl}\,\mathrm{d}V + \frac{1}{V}\ \frac{1}{2}\int_{a_{孔}} (v_k \bar{n}_l + v_l \bar{n}_k)\,\mathrm{d}a\end{aligned} \tag{12-24}$$

式中，V_1 是元胞中基体的体积；$a_{孔}$ 为孔的表面积；$a + a_{孔}$ 表示由元胞外表面和孔表面的面积和，其间充满基体介质；$\boldsymbol{n}$ 表示孔表面指向介质的内向法线，$\boldsymbol{n} = -\bar{\boldsymbol{n}}$。

通常设基体是塑性不可压缩的，即 $D_{kk}^{\mathrm{p}} = 0$，但元胞却是可压缩的，即 $\bar{D}_{kk}^{\mathrm{p}} \neq 0$，其可压缩

性是由式(12-21)中 $\dfrac{1}{V}\dfrac{1}{2}\int_{a_{孔}}(v_k\bar{n}_l+v_l\bar{n}_k)\mathrm{d}a$ 引起的。

元胞中单位体积的塑性耗散功率为

$$\begin{aligned}\dot{W}^{\mathrm{p}}&=\frac{1}{V}\int\boldsymbol{\sigma}':\boldsymbol{D}^{\mathrm{p}}\mathrm{d}V=\frac{1}{V}\int_{V_1}\boldsymbol{\sigma}':\boldsymbol{D}^{\mathrm{p}}\mathrm{d}V+\frac{1}{V}\int_{V_{孔}}\sigma_{kl}v^{\mathrm{p}}_{k,\,l}\mathrm{d}V\\&=\frac{1}{V}\int_{V_1}\boldsymbol{\sigma}':\boldsymbol{D}^{\mathrm{p}}\mathrm{d}v+\frac{1}{V}\frac{1}{2}\int_{a_{孔}}\sigma_{kl}(v^{\mathrm{p}}_k\bar{n}_l+v^{\mathrm{p}}_l\bar{n}_k)\mathrm{d}a\end{aligned}\tag{12-25}$$

式(12-25)已应用了在孔洞内部 $\sigma_{kl,\,k}=0$，即其内部无应力场。

宏观应力可按等塑性耗散功率确定

$$\Sigma:\bar{\boldsymbol{D}}^{\mathrm{p}}=\dot{W}^{\mathrm{p}}\tag{12-26}$$

对静力学上许可且不超过屈服限的微观应力 $\tilde{\boldsymbol{\sigma}}$ 及其对应的应变率 $\tilde{\boldsymbol{D}}$，即 $\tilde{\boldsymbol{\sigma}}=\tilde{\boldsymbol{\sigma}}(\tilde{\boldsymbol{D}})$，则由最大塑性功原理式(11-42)知

$$\int_V\{\boldsymbol{\sigma}'(\boldsymbol{D})-\tilde{\boldsymbol{\sigma}}'(\tilde{\boldsymbol{D}})\}:\boldsymbol{D}\mathrm{d}V\geqslant 0\tag{12-27}$$

应用式(12-26)，由式(12-27)可导出

$$(\boldsymbol{\Sigma}-\tilde{\boldsymbol{\Sigma}}):\bar{\boldsymbol{D}}\geqslant 0\tag{12-28}$$

式(12-28)表明按式(12-26)定义平均应力时，对均匀化后的宏观介质，最大塑性功原理依然存在，相应地，法向流动规则和屈服面的外凸性也成立。由式(12-26)可推出

$$\delta\dot{\boldsymbol{W}}^{\mathrm{p}}=\delta\boldsymbol{\Sigma}:\bar{\boldsymbol{D}}^{\mathrm{p}}+\boldsymbol{\Sigma}:\delta\bar{\boldsymbol{D}}^{\mathrm{p}}=\boldsymbol{\Sigma}:\delta\bar{\boldsymbol{D}}^{\mathrm{p}}\tag{12-29}$$

式(12-29)已利用了法向流动规则。由此又可推出

$$\boldsymbol{\Sigma}=\partial\dot{\boldsymbol{W}}^{\mathrm{p}}/\partial\bar{\boldsymbol{D}}^{\mathrm{p}}\tag{12-30}$$

12.3.2 Gurson 屈服函数

Gurson 讨论理想塑性、不可压缩的、稳定的米泽斯型基体材料，按法向流动规则，其本构方程可以写成

$$\boldsymbol{D}=\dot{\lambda}\boldsymbol{\sigma}'\quad 或\quad \boldsymbol{\sigma}'=\frac{2}{3}\frac{\sigma_{\mathrm{s}}}{D_{(\mathrm{r})}}\boldsymbol{D}\tag{12-31}$$

图 12-5 表示带孔洞的长圆柱体元胞，其中 a 为孔径，b 为圆柱体外径，r、θ、x_3 为柱坐标，且选择 $D_{12}=0$ 的直角坐标系 $Ox_1x_2x_3$，在外表面施加速度场

$$v_i=\beta_{ij}x_j\quad 且\ \beta_{ij}=\bar{D}_{ij}\quad \beta_{12}=0\quad 当\ r=b\ 时\tag{12-32}$$

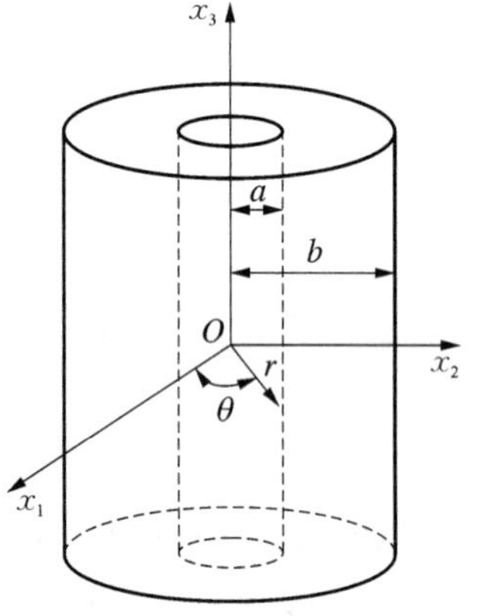

图 12-5　带孔洞的长圆柱元胞

变换到圆柱坐标系则有

$$\left.\begin{aligned}
v_r &= \beta_1 b\cos 2\theta + \frac{1}{2}(\beta_{11}+\beta_{22})b + Vz\cos\gamma \\
v_\theta &= -\beta_1 b\sin 2\theta - Vz\sin\gamma \\
v_z &= Vb\cos\gamma + \beta_{33}z
\end{aligned}\right\} \quad 当\ r=b\ 时 \tag{12-33}$$

式中，$z=x_3$；

$$V=\sqrt{\beta_{13}^2+\beta_{23}^2} \quad \beta_1=\frac{1}{2}(\beta_{11}-\beta_{22})$$

$$\tan\gamma=\frac{\beta_{13}\sin\theta-\beta_{23}\cos\theta}{\beta_{13}\cos\theta+\beta_{23}\sin\theta} \tag{12-34}$$

Gurson 选择下列近似速度场

$$\left.\begin{aligned}
v_r &= \beta_1 r\cos 2\theta + \frac{\beta b^2}{r} - \beta_{33}\frac{r}{2} + Vz\cos\gamma \\
v_\theta &= -\beta_1 r\sin 2\theta - Vz\sin\gamma \\
v_z &= \beta_{33}z + Vr\cos\gamma
\end{aligned}\right\} \tag{12-35}$$

式中，$\beta=\beta_{kk}/2$。由此推出

$$\left.\begin{aligned}
&D_{rr}=\beta_1\cos 2\theta-\beta b^2/r^2-\frac{1}{2}\beta_{33} \quad D_{\theta\theta}=-\beta_1\cos 2\theta+\beta b^2/r^2-\frac{1}{2}\beta_{33} \\
&D_{zz}=\beta_{33} \quad D_{r\theta}=-\beta_1\sin 2\theta \\
&D_{rz}=V\cos\gamma \quad D_{\theta z}=-V\sin\gamma
\end{aligned}\right\} \tag{12-36}$$

$$\begin{aligned}
D_{(r)}^2=\frac{2}{3}\boldsymbol{D}:\boldsymbol{D}=\frac{2}{3}\Big(&2\beta_1^2+\beta_{12}^2+\beta_{21}^2+4\beta_1\beta\frac{b^2}{r^2}\cos 2\theta+2\beta^2\frac{b^4}{r^4}+ \\
&\frac{3}{2}\beta_{33}^2+\beta_{13}^2+\beta_{31}^2+\beta_{23}^2+\beta_{32}^2\Big)
\end{aligned} \tag{12-37}$$

由式(12-40)知，$D_{kk}=0$，即基体材料是不可压缩的，但均匀化后的等效介质 $\beta_{kk}\neq 0$，即是可压缩的，这是由孔洞变形引起的。对理想塑性体 σ_s 为常量，故有

$$\dot{W}=\frac{1}{V}\int_V \boldsymbol{\sigma}:\boldsymbol{D}\,\mathrm{d}V=\frac{1}{V}\int_V \sigma_s D_{(r)}\,\mathrm{d}V=\frac{1}{V}\sigma_s\int_V D_{(r)}\,\mathrm{d}V \tag{12-38}$$

由式(12-30)得

$$\Sigma_{ij}=\partial\dot{W}/\partial\beta_{ij} \tag{12-39}$$

为简单计，下面讨论轴对称问题，此时

$$\left.\begin{aligned}
&\Sigma_{11}=\Sigma_{22} \quad \Sigma_{\alpha\alpha}=\Sigma_{11}+\Sigma_{22}=2\Sigma_{11} \quad \Sigma_{(r)}=|\Sigma_{33}-\Sigma_{11}| \\
&\beta_{11}=\beta_{22} \quad \beta_{12}=\beta_{23}=\beta_{31}=0 \quad \beta_1=0 \quad \beta=\beta_{11}+\beta_{33}/2
\end{aligned}\right\} \tag{12-40}$$

由式(12-33)和式(12-36)得

$$\left.\begin{aligned}\Sigma_{33}-\Sigma_{11}&=\frac{\sqrt{3}}{2}\ \frac{1}{V}\sigma_{s}\int_{V}\beta_{33}\left(\beta^{2}\ \frac{b^{4}}{r^{4}}+\frac{3}{4}\beta_{33}^{2}\right)^{-1/2}\mathrm{d}V\\\Sigma_{22}&=\frac{2}{\sqrt{3}}\ \frac{1}{V}\sigma_{s}\int_{V}\beta\ \frac{b^{4}}{r^{4}}\left(\beta^{2}\ \frac{b^{4}}{r^{4}}+\frac{3}{4}\beta_{33}^{2}\right)^{-1/2}\mathrm{d}V\end{aligned}\right\}\tag{12-41}$$

对轴对称情形,式(12-41)中

$$\frac{1}{V}\int\mathrm{d}V=\frac{1}{\pi b^{2}L}\int_{0}^{L}\int_{0}^{2\pi}\int_{a}^{b}r\,\mathrm{d}r\,\mathrm{d}\theta\,\mathrm{d}z=\frac{2}{b^{2}}\int_{a}^{b}r\,\mathrm{d}r$$

积分式(12-41)得

$$\left.\begin{aligned}\frac{1}{\sigma_{s}}\Sigma_{(r)}&=\left(\sqrt{\beta^{2}+\frac{3}{4}\beta_{33}^{2}}-\sqrt{\beta^{2}+\frac{3}{4}\beta_{33}^{2}f_{v}}\right)\Big/\left(\frac{\sqrt{3}}{2}\beta_{33}\right)\\\frac{1}{\sigma_{s}}T_{\alpha\alpha}&=\frac{2}{\sqrt{3}}\ln\left\{\left(\sqrt{\beta^{2}+\frac{3}{4}\beta_{33}^{2}f_{v}}+\beta\right)\Big/\left[f_{v}\left(\sqrt{\beta^{2}+\frac{3}{4}\beta_{33}^{2}}+\beta\right)\right]\right\}\end{aligned}\right\}\tag{12-42}$$

由式(12-42)消去 $\frac{3}{4}\beta_{33}^{2}$ 得

$$F_{1}=(\Sigma_{(r)}/\sigma_{s})^{2}+2f_{v}\cosh\left(\frac{\sqrt{3}}{2}\ \frac{\Sigma_{\alpha\alpha}}{\sigma_{s}}\right)-1-f_{v}^{2}=0\tag{12-43a}$$

对带球形孔洞的球体元胞的类似分析得到

$$F_{2}=(\Sigma_{(r)}/\sigma_{s})^{2}+2f_{v}\cosh\left(\frac{1}{2}\ \frac{\Sigma_{kk}}{\sigma_{s}}\right)-1-f_{v}^{2}=0\tag{12-43b}$$

式中,f_v 为孔洞的体积分数。式(12-43)为 Gurson 屈服函数或塑性势。当 $f_v=0$ 时化为连续体的米泽斯屈服函数。我们还可以选择比式(12-35)更佳的速度场,使之同时满足外边界的给定边界条件和孔边自由的条件,满足不可压缩的条件并保留一些自由参数,再利用最大塑性功率原理的极值性质确定这些参数。一些结果表明,屈服函数仍具式(12-43)的形式,表明这一形式是可取的。

12.3.3 Gurson 屈服函数的改进

由上面的推导过程可知,Gurson 屈服函数是在相当简化的假设下推导得到的,实验和有限元分析结果表明,当 f_v 较小时,Gurson 屈服函数是可用的。f_v 较大时需要考虑孔洞周围的非均匀应力场、孔洞间的相互作用以及相互聚合的影响,因此 Tvergaad 等建议了一个修正的 Gurson 塑性势

$$F=\left(\frac{\Sigma_{(r)}}{\sigma_{M}}\right)^{2}+2f_{v}^{*}q_{1}\cosh\left(\frac{q_{2}\Sigma_{kk}}{2\sigma_{M}}\right)-(1+q_{1}^{2}f_{v}^{*2})=0\tag{12-44}$$

式中,q_1、q_2 为经验系数,通常取 $q_1\approx1.25\sim1.5$,$q_2\approx1$。f_v^{*} 为考虑孔洞长大聚合效应而引进的等效孔洞体积分数

$$f_v^* = \begin{cases} f_v & \text{当 } f_v \leqslant f_c \text{ 时} \\ f_c + \dfrac{f_u^* - f_c}{f_F - f_c}(f_v - f_c) & \text{当 } f_v > f_c \text{ 时} \end{cases} \tag{12-45}$$

式中，f_c 为孔洞开始聚合时的 f_v 值，通常取 $f_c \approx 0.15$；f_F 为材料局部断裂时的 f_v 值，通常取 $f_F = 0.25 \sim 0.3$；$f_u^* = f_u^*(f_F) \approx 1/q_1$。

式(12-44)还推广应用到硬化材料，此时基体的 σ_s 是塑性应变史的函数，并改用 σ_M 表示。

除式(12-44)外，还存在一些多孔介质经验性的屈服函数。

12.3.4　孔洞演化方程

随着塑性变形的增长，f_v 将不断增长，可用下述演化方程表示

$$\dot{f}_v = \{A(\dot{\sigma}_M + \dot{\Sigma}_m) + B\dot{\varepsilon}_M^p\} + (1 - f_v)\bar{D}_{kk}^p \quad \Sigma_m = \Sigma_{kk}/3 \tag{12-46}$$

式中，等式右端第一项代表微孔成核的贡献；第二项为微孔增大的贡献；ε_m^p 为基体中的塑性有效应变。假设孔洞成核服从正态分布规律，则由基体应力控制的成核过程可取

$$A = \frac{f_N}{S_N\sqrt{2\pi}}\exp\left\{-\frac{1}{2}\left(\frac{\sigma_M + \Sigma_m - \sigma_N}{S_N}\right)^2\right\} \quad B = 0 \tag{12-47}$$

由应变控制的成核过程可取

$$B = \frac{1}{h_M}\frac{f_N}{S_N\sqrt{2\pi}}\exp\left\{-\frac{1}{2}\left(\frac{\varepsilon_M^p - \varepsilon_N}{S_N}\right)^2\right\} \quad A = 0 \tag{12-48}$$

式中，σ_N、ε_N 分别为成核应力和应变的平均值；f_N 为成核粒子的极限体积分数，S_N 是对应的标准偏差。

基体材料微观等效塑性应变 ε_M^p 可由宏观和微观塑性功的等价关系确定

$$\boldsymbol{\Sigma} : \bar{\boldsymbol{D}}^p = (1 - f)\sigma_M\dot{\varepsilon}_M^p \tag{12-49}$$

基体材料的流动应力 σ_M 的演化规律取为

$$\dot{\sigma}_M = \frac{d\sigma_M}{d\varepsilon_M^p}\dot{\varepsilon}_M^p = h_M\frac{\boldsymbol{\Sigma} : \bar{\boldsymbol{D}}^p}{(1 - f_v)\sigma_M} \quad h_M = \frac{d\sigma_M}{d\varepsilon_M^p} \tag{12-50}$$

12.3.5　修正的 Gurson 型本构方程

修正的 Gurson 型屈服函数由式(12-44)表示，由于假设法向流动规则成立，$\langle\boldsymbol{D}\rangle = \dot{\lambda}\boldsymbol{\Sigma}'$ 中的 $\dot{\lambda}$ 由一致性条件确定，即

$$\dot{F} = \frac{\partial F}{\partial\boldsymbol{\Sigma}} : \dot{\boldsymbol{\Sigma}} + \frac{\partial F}{\partial\sigma_M}\dot{\sigma}_M + \frac{\partial F}{\partial f_v^*}\dot{f}_v^* = 0 \tag{12-51}$$

引用记号

$$\left.\begin{aligned}
&\alpha=\frac{1}{2}q_1q_2f_{\mathrm{v}}^{*}\sinh\left(\frac{q_2\Sigma_{kk}}{2\sigma_{\mathrm{M}}}\right)\quad \boldsymbol{n}=\frac{3\boldsymbol{\sigma}'}{2\sigma_{\mathrm{M}}}+\alpha\boldsymbol{I}\\
&\omega=\frac{\Sigma_{(\mathrm{r})}^{2}}{\sigma_{\mathrm{M}}^{2}}=1+q_1^2f_{\mathrm{v}}^{*2}-2q_1f_{\mathrm{v}}^{*}\cosh\left(\frac{\Sigma_{kk}}{2\sigma_{\mathrm{M}}}\right)\quad \beta=\frac{1}{2}\frac{\partial f_{\mathrm{v}}}{\partial f_{\mathrm{v}}^{*}}=q_1\cosh\left(\frac{q_2\Sigma_{kk}}{2\sigma_{\mathrm{M}}}\right)-q_1^2f_{\mathrm{v}}^{*}\\
&H=\frac{h_{\mathrm{M}}}{1-f_{\mathrm{v}}}\left(\omega+\alpha\frac{\Sigma_{kk}}{\sigma_{\mathrm{M}}}\right)\left[\omega+\alpha\frac{\Sigma_{kk}}{\sigma_{\mathrm{M}}}-\beta\left(A+\frac{B}{h_{\mathrm{M}}}\right)\sigma_{\mathrm{M}}\frac{\partial f_{\mathrm{v}}^{*}}{\partial f_{\mathrm{v}}}\right]-3\alpha\beta\sigma_{\mathrm{M}}(1-f_{\mathrm{v}})\frac{\partial f_{\mathrm{v}}^{*}}{\partial f_{\mathrm{v}}}
\end{aligned}\right\}\tag{12-52}$$

利用下列关系

$$\left.\begin{aligned}
&\frac{\partial\Sigma'_{kl}}{\partial\Sigma_{ij}}=\delta_{ik}\delta_{jl}-\frac{1}{3}\delta_{ij}\delta_{kl}\quad \frac{\partial\Sigma_{(\mathrm{r})}}{\partial\Sigma_{ij}}=\frac{3\Sigma'_{ij}}{2\Sigma_{(\mathrm{r})}}\\
&\frac{\partial F}{\partial\boldsymbol{\Sigma}}=\frac{2}{\sigma_{\mathrm{M}}}\boldsymbol{n}\quad \frac{\partial F}{\partial\sigma_{\mathrm{M}}}=-\frac{2}{\sigma_{\mathrm{M}}}\left(\omega+\frac{\Sigma_{kk}}{\sigma_{\mathrm{m}}}\alpha\right)\quad \frac{\partial F}{\partial f_{\mathrm{v}}^{*}}=2\beta
\end{aligned}\right\}\tag{12-53}$$

和式(12-50)得

$$\dot f_{\mathrm{v}}^{*}=\frac{\partial f_{\mathrm{v}}^{*}}{\partial f_{\mathrm{v}}}\dot f_{\mathrm{v}}=\frac{\partial f_{\mathrm{v}}^{*}}{\partial f_{\mathrm{v}}}\left[(1-f_{\mathrm{v}})\bar D_{kk}^{\mathrm{p}}+\left(A+\frac{B}{h_{\mathrm{M}}}\right)\dot\sigma_{\mathrm{M}}+A\dot\sigma_{\mathrm{M}}\right]\tag{12-54}$$

把上列诸关系代入式(12-51)得

$$\begin{aligned}
\dot F=&\frac{2}{\sigma_{\mathrm{M}}}\boldsymbol{n}:\dot{\boldsymbol{\Sigma}}+\frac{2}{\sigma_{\mathrm{M}}}\left(\omega+\frac{\Sigma_{kk}}{\sigma_{\mathrm{M}}}\boldsymbol{\alpha}\right)h_{\mathrm{M}}\frac{\boldsymbol{\Sigma}:\bar{\boldsymbol{D}}^{\mathrm{p}}}{(1-f_{\mathrm{v}})\sigma_{\mathrm{M}}}+\\
&2\beta\frac{\partial f_{v}^{*}}{\partial f_{\mathrm{v}}}\left[(1-f_{\mathrm{v}})\bar D_{kk}^{\mathrm{p}}+\left(A+\frac{B}{h_{\mathrm{M}}}\right)\dot\sigma_{\mathrm{M}}+\frac{A}{3}\dot\Sigma_{kk}\right]=0
\end{aligned}\tag{12-55}$$

把 $\bar{\boldsymbol{D}}^{\mathrm{p}}=\dot\lambda\boldsymbol{\Sigma}'$ 代入式(12-55),解得 $\dot\lambda$ 为

$$\dot\lambda=\frac{\sigma_{\mathrm{M}}}{2H}\boldsymbol{m}:\dot{\boldsymbol{\Sigma}}\quad \boldsymbol{m}=\boldsymbol{n}+\frac{1}{3}A\beta\sigma_{\mathrm{M}}\frac{\partial f_{\mathrm{v}}^{*}}{\partial f_{\mathrm{v}}}\boldsymbol{I}\tag{12-56}$$

弹塑性加载时的 Gurson 型本构方程,因而可写成

$$\bar{\boldsymbol{D}}=\frac{1+\nu}{E}\dot{\boldsymbol{\Sigma}}-\frac{\nu}{E}\dot\Sigma_{kk}\boldsymbol{I}+\frac{1}{H}(\boldsymbol{m}:\dot{\boldsymbol{\Sigma}})\boldsymbol{n}\tag{12-57}$$

其逆形式为

$$\left.\begin{aligned}
&\dot{\boldsymbol{\Sigma}}=\frac{E}{1+\nu}\left(\bar{\boldsymbol{D}}+\frac{\nu}{1-2\nu}\bar D_{kk}\boldsymbol{I}\right)-\frac{E}{(1-2\nu)C}(\boldsymbol{M}:\bar{\boldsymbol{D}})\boldsymbol{N}\\
&\boldsymbol{N}=\frac{3(1-2\nu)}{2(1+\nu)}\frac{\boldsymbol{\Sigma}'}{\sigma_{\mathrm{M}}}+\boldsymbol{\alpha}\boldsymbol{I}\quad \boldsymbol{M}=\frac{3(1-2\nu)}{2(1+\nu)}\frac{\boldsymbol{\Sigma}'}{\sigma_{\mathrm{M}}}+\boldsymbol{\alpha}\boldsymbol{I}+\frac{1}{3}A\beta\sigma_{\mathrm{M}}\frac{\partial f_{\mathrm{v}}^{*}}{\partial f_{\mathrm{v}}}\boldsymbol{I}\\
&C=(1-2\nu)\frac{H}{E}+\frac{3(1-2\nu)}{2(1+\nu)}\omega+3\alpha\left(\alpha+\frac{1}{3}A\beta\sigma_{\mathrm{M}}\frac{\partial f_{\mathrm{v}}^{*}}{\partial f_{\mathrm{v}}}\right)
\end{aligned}\right\}\tag{12-58}$$

上述本构方程远非完善,演化方程更只属于假设型一类,有限元计算时,不少作者予以简

化,即在 H 中令 $B=0$,同时又设 $\boldsymbol{M}=\boldsymbol{N}$,$\boldsymbol{m}=\boldsymbol{n}$,略去式(12-54)中 $A\dot{\sigma}_{\mathrm{M}}$ 一项。此时式(12-58)化为

$$\left.\begin{aligned}\dot{\boldsymbol{\Sigma}}&=\frac{E}{1+\nu}\left(\bar{\boldsymbol{D}}+\frac{\nu}{1-2\nu}\bar{D}_{kk}\boldsymbol{I}\right)-\frac{E}{(1-2\nu)C}(\boldsymbol{N}:\bar{\boldsymbol{D}})\boldsymbol{N}\\ C&=(1-2\nu)\frac{H}{E}+\frac{3(1-2\nu)}{2(1+\nu)}\omega+3\alpha^{2}\end{aligned}\right\}\tag{12-59}$$

由于在本构方程式(12-57)和式(12-58)中,$\boldsymbol{\Sigma}$ 和 $\bar{\boldsymbol{D}}$ 是多孔介质均匀化后的整体物理量,或等效连续介质中的应力和变形率,因此通常仍记为 $\boldsymbol{\sigma}$ 和 $\boldsymbol{D}$;而有关基体材料的性质用下标 M 表示,如 σ_{M}、h_{M}。E 和 ν 等最好取用等效连续介质中的值。

12.4 各向同性损伤的内变量理论

12.4.1 各向同性损伤变量与有效应力

工程中应用的固体材料,其组织内部一般都存在微观缺陷,当外界供给能量时,这些缺陷将产生运动,如位错滑移、孔穴扩散、晶界滑移和微裂纹的扩展等,在宏观上便观察到非弹性的变形。较大的非弹性变形,对材料的密度、本构关系和破坏强度等都有着明显的影响。从分析微观缺陷的运动和它们之间的相互影响入手,采用概率统计的方法去研究其对材料宏观性质的影响,在物理上是合理的。但由于缺陷数量很大,尺寸很小,分布又不规则,这种分析是很困难的,迄今只处理了少量简单的模型,如 12.3 节中的 Gurson 模型。另一途径是绕过这一困难的宏观分析方法,把内部缺陷用宏观变量"损伤变量"或"损伤因子"加以描写,采用半理论半经验的公式描写损伤变量随非弹性变形的增长而演化发展的情况。损伤变量是表征材料内部缺陷的物理量,属于前面讨论过的内变量,因此采用内变量理论来描写有损伤的物体的本构理论是合适的。Качанов(1958)首先在蠕变问题中引入了损伤的概念。如何定义损伤变量,对损伤理论的发展有重要意义,各向同性损伤变量是最基本、最有效也是最简单的一种。

从损伤介质中作一横截面,从横截面上取一微面元,其外法线为 $\boldsymbol{n}$,面积为 A(见图 12-6)。该面积微元和缺陷交出的缺陷面积总和为 A_{D},$A-A_{\mathrm{D}}$ 为该微面元的实际净面积。考虑到缺陷引起应力集中,把有效(或计算)面积 $\tilde{A}$ 选得比净面积小,即 $\tilde{A}\leqslant A-A_{\mathrm{D}}$。定义下述缺陷面积百分数 D_n 为损伤变量

$$D_n=\frac{A-\tilde{A}}{A}=1-\frac{\tilde{A}}{A}\qquad \frac{\tilde{A}}{A}\leqslant 1-\frac{A_D}{A}\tag{12-60}$$

$D_n=0$ 表示 $\tilde{A}=A$,无损伤;$D_n=D_{\mathrm{c}}<1$ 对应于局部破坏,$0<D_n<D_{\mathrm{c}}$ 表示损伤状态。D_{c} 为 D_n 的临界值。如孔穴和裂纹在各个方向是均等分布的,或损伤是各向同性的,则 D_n 和 $\boldsymbol{n}$ 无关,变为纯量,记为 D。本节限于讨论这一情形。

图 12-7 表示一边厚为 l 的立方体,在其中截出厚为 δy_2 的微长方体,微长方体中缺陷的体积 $\mathrm{d}V_{\mathrm{D}}$ 为 $A_{\mathrm{D}}\mathrm{d}y_2$,所以立方体中缺陷的总体积 V_{D} 为

$$V_{\mathrm{D}}=\int_0^l A_{\mathrm{D}}\mathrm{d}y_2=\bar{A}_{\mathrm{D}}l$$

$\bar{A}_D$ 为体积 V 中平行于 Oy_1y_3 截面上的平均缺陷面积，显然

$$\lim_{l\to 0}\frac{V_D}{V}=\lim_{l\to 0}\frac{\bar{A}_D l}{Al}-\frac{\bar{A}_D}{A} \tag{12-61}$$

式(12-61)表明缺陷的体积百分数和缺陷的平均面积百分数相等，这便是体视学中的 Delesse 公式。显然还可选用有效密度 $\tilde{\rho}$ 作为损伤变量，设 ρ_0 为初始密度，则有

$$\frac{\tilde{\rho}}{\rho_0}=\frac{\tilde{V}}{V}=\frac{\tilde{A}}{A}=1-D \quad \tilde{V}\leqslant V(1-D) \tag{12-62}$$

可以用作各向同性损伤变量的还有弹性常数、电阻、声波速度的损伤率等，有些情况下还取用材料内部破损时产生的声发射次数作为损伤的度量。

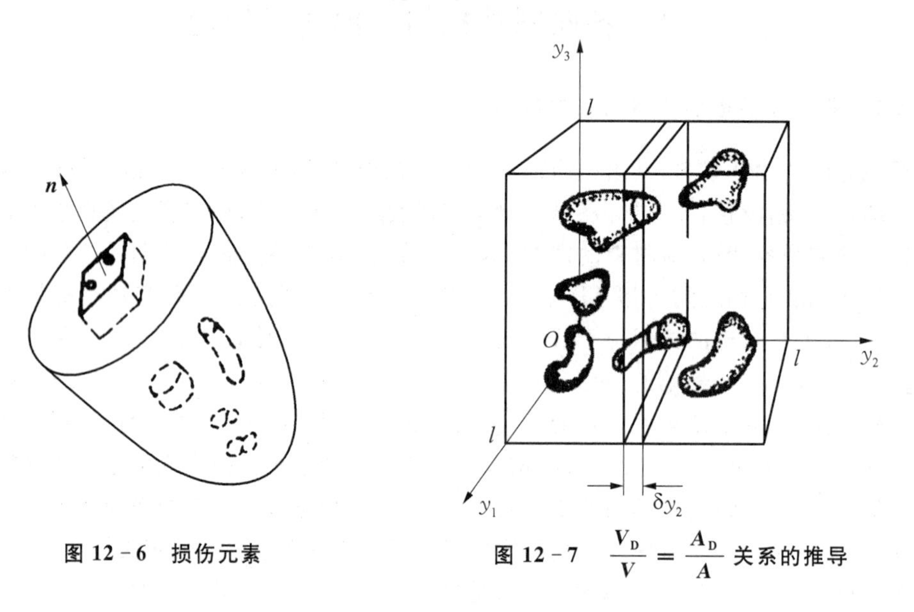

图 12-6　损伤元素

图 12-7　$\dfrac{\boldsymbol{V}_D}{\boldsymbol{V}}=\dfrac{\boldsymbol{A}_D}{\boldsymbol{A}}$ 关系的推导

令 $\tilde{\boldsymbol{p}}^{(n)}$ 和 $\tilde{\boldsymbol{\sigma}}$ 为计及损伤时的有效应力矢量和有效柯西应力；$\boldsymbol{p}^{(n)}$ 和 $\boldsymbol{\sigma}$ 为不计损伤时的应力矢量和柯西应力，有

$$\tilde{\boldsymbol{p}}^{(n)}=\frac{\boldsymbol{p}}{\tilde{A}}=\frac{p}{A(1-D)}=\frac{\boldsymbol{p}^{(n)}}{(1-D)}$$

式中，$\boldsymbol{p}$ 为作用在微面元上的力。利用 $\boldsymbol{n}\cdot\boldsymbol{\sigma}=\boldsymbol{p}^{(n)}$ 和 $\boldsymbol{n}\cdot\tilde{\boldsymbol{\sigma}}=\tilde{\boldsymbol{p}}^{(n)}$ 得

$$\tilde{\boldsymbol{\sigma}}=\frac{\boldsymbol{\sigma}}{(1-D)} \tag{12-63}$$

12.4.2　应变等价与能贯等价理论

介质中存在应力就一定会引起应变，两者之间的关系如何，是损伤理论(或力学)必须解决的问题，应变等价和能量等价理论便是为解决这一问题而提出的两种假设。应变等价理论认为，应力 $\boldsymbol{\sigma}$ 在材料损伤状态引起的应变和有效应力 $\tilde{\boldsymbol{\sigma}}$ 在材料无损状态引起的应变相同，即

$$e = \widetilde{\boldsymbol{E}}^{-1} : \boldsymbol{\sigma} = \boldsymbol{E}^{-1} : \tilde{\boldsymbol{\sigma}} = (1-D)^{-1}\boldsymbol{E}^{-1} : \boldsymbol{\sigma} \tag{12-64}$$

式中，$\boldsymbol{E}$ 和 $\widetilde{\boldsymbol{E}}$ 分别为损伤前、后的弹性模量(不是 L 应变张量)，有

$$\widetilde{\boldsymbol{E}} = \boldsymbol{E}(1-D) \tag{12-65}$$

能量等价原理则认为 $\boldsymbol{\sigma}$ 在损伤状态产生的余能和 $\tilde{\boldsymbol{\sigma}}$ 在无损状态产生的余能相同，即

$$\frac{1}{2}\boldsymbol{\sigma} : \widetilde{\boldsymbol{E}}^{-1} : \boldsymbol{\sigma} = \frac{1}{2}\tilde{\boldsymbol{\sigma}} : \boldsymbol{E}^{-1}\tilde{\boldsymbol{\sigma}} = \frac{1}{2}(1-D)^{-2}\boldsymbol{\sigma} : \boldsymbol{E}^{-1} : \boldsymbol{\sigma} \tag{12-66}$$

由此推出

$$\widetilde{\boldsymbol{E}} = \boldsymbol{E}(1-D)^2 \quad e = (1-D)^{-2}\boldsymbol{E}^{-1}\boldsymbol{\sigma} \tag{12-67}$$

比较两个理论可知，在相同有效应力时，能量等价理论给出更大的应变。目前对各向同性损伤问题使用较广的是应变等价理论。在内变量理论中选择热力学特性函数时将应用到这些理论。

12.4.3 损伤介质的内变助理论

把损伤变量 D 看成内变量之一，并单独写出，便可应用 5.6 节讨论过的内变量理论，通常取用第一种类型的内变量，因而采用式(5-134)～式(5-138)，当分支数为 1 时有

$$\left.\begin{array}{lll}\boldsymbol{\sigma} = \rho\partial f/\partial \boldsymbol{e}^{\mathrm{e}} & \mathbf{A} = -\rho\partial f/\partial \boldsymbol{\eta} & Y = -\rho\partial f/\partial D \\ s = -\partial f/\partial T & \boldsymbol{q} = -\dot{\lambda}(T)\nabla \mathbf{T} & \end{array}\right\} \tag{12-68}$$

式中，f 为自由能；$\boldsymbol{e}^{\mathrm{e}}$ 为 $\boldsymbol{e}$ 的可逆或弹性部分；$\boldsymbol{\eta}$ 为除 D 外的内变量；$\mathbf{A}$ 和 Y 是分别对应于 $\boldsymbol{\eta}$ 和 D 的广义热力学不可逆力。Y 是 D 改变时引起的 f 变化率，可解释为损伤应变能释放率[参见式(12-72)]。如采用吉布斯自由能 g，对小变形则有

$$\left.\begin{array}{lll}\boldsymbol{e} = -\rho\partial g/\partial \boldsymbol{\sigma} & \mathbf{B} = -\rho\partial g/\partial \boldsymbol{\eta} & Y = -\rho\partial g/\partial D \\ s = -\partial g/\partial T & \boldsymbol{q} = -\dot{\boldsymbol{\lambda}}(T)\nabla \mathbf{T} & \end{array}\right\} \tag{12-69}$$

如引入余耗散势率 ϕ^*，按式(5-137)则有

$$\dot{\boldsymbol{e}}^{\mathrm{i}} = \dot{\lambda}\partial\phi^*/\partial\boldsymbol{\sigma} \quad \dot{\boldsymbol{\eta}} = -\dot{\lambda}\partial\phi^*/\partial\mathbf{A} \quad D = -\dot{\lambda}\partial\phi^*/\partial Y \tag{12-70}$$

连续介质损伤力学的关键问题，便是要在上述内变量理论的框架下，寻求合适的 f(或 g)和 ϕ^*。

12.5 损伤的某些实用理论

12.5.1 等温弹塑性损伤

设自由能 f 可分为可逆与不可逆两部分，且不可逆部分 f^{i} 不是 D 的显函数，即

$$f = \frac{1}{2\rho}\boldsymbol{e}^{\mathrm{e}} : \boldsymbol{E} : \boldsymbol{e}^{\mathrm{e}}(1-D) + f^{\mathrm{i}}(\boldsymbol{e}^{\mathrm{e}},\ \boldsymbol{e}^{\mathrm{p}},\ \boldsymbol{\eta}) \tag{12-71}$$

由式(12－68)得与损伤理论直接相关的量为

$$\boldsymbol{\sigma}=\rho\frac{\partial f}{\partial \boldsymbol{e}^{\mathrm{e}}}=(1-D)\boldsymbol{E}:\boldsymbol{e}^{\mathrm{e}}\quad \tilde{\boldsymbol{\sigma}}=\boldsymbol{\sigma}/(1-D)$$

$$Y=-\rho\frac{\partial f}{\partial D}=\frac{1}{2}\boldsymbol{e}^{\mathrm{e}}:\boldsymbol{E}:\boldsymbol{e}^{\mathrm{e}} \tag{12-72}$$

对各向同性材料，式(12－72)可化成

$$\left.\begin{aligned}&\boldsymbol{e}^{\mathrm{e}'}=\frac{1+\nu}{E}\frac{\boldsymbol{\sigma}'}{1-D}\quad e_{\mathrm{m}}=\frac{1-2\nu}{E}\frac{\sigma_{\mathrm{m}}}{1-D}\\&e_{\mathrm{m}}=\frac{1}{3}e_{kk}\quad \sigma_{\mathrm{m}}=\frac{1}{3}\sigma_{kk}\end{aligned}\right\} \tag{12-73}$$

$$\begin{aligned}Y&=\frac{1}{2}\left[\frac{1+\nu}{E}\frac{\boldsymbol{\sigma}':\boldsymbol{\sigma}'}{(1-D)^2}+3\frac{1-2\nu}{E}\frac{\sigma_{\mathrm{m}}^2}{(1-D)^2}\right]\\&=\frac{\sigma_{(\mathrm{r})}^{*2}}{2E(1-D)^2}=\frac{\tilde{\sigma}_{(\mathrm{r})}^{*2}}{2E}\end{aligned} \tag{12-74}$$

$$\left.\begin{aligned}&\sigma_{(\mathrm{r})}^{*2}=\sigma_{(\mathrm{r})}^{2}\Phi(\sigma_{\mathrm{m}}/\sigma_{(\mathrm{r})})\\&\Phi(\sigma_{\mathrm{m}}/\sigma_{(\mathrm{r})})=\frac{2}{3}(1+\nu)+3(1-2\nu)\left[\frac{\sigma_{\mathrm{m}}}{\sigma_{(\mathrm{r})}}\right]^2\\&\tilde{\sigma}_{(\mathrm{r})}^{*}=\frac{\sigma_{(\mathrm{r})}^{*}}{(1-D)}\quad \sigma_{(\mathrm{r})}^{2}=\frac{3}{2}\boldsymbol{\sigma}':\boldsymbol{\sigma}'\end{aligned}\right\} \tag{12-75}$$

称 $\sigma_{(\mathrm{r})}^{*}$ 为损伤等效应力，$\tilde{\sigma}_{(\mathrm{r})}^{*}$ 为有效损伤等效应力。$\sigma_{(\mathrm{r})}^{*}$ 和无损伤时米泽斯等效应力 $\sigma_{(\mathrm{r})}$ 差一含三轴性应力比 $\dfrac{\sigma_{\mathrm{m}}}{\sigma_{(\mathrm{r})}}$ 的函数项。实验和理论分析表明，$\dfrac{\sigma_{\mathrm{m}}}{\sigma_{(\mathrm{r})}}$ 对损伤的发展起重要作用。

Lemaitre 认为当 $Y=Y_{\mathrm{c}}$ 时，损伤过程开始形成宏观裂纹，Y_{c} 为材料常数。$Y=Y_{\mathrm{c}}$ 时，$D=D_{\mathrm{c}}$，$\tilde{\sigma}_{(\mathrm{r})}^{*}=\tilde{\sigma}_{(\mathrm{R})}^{*}$；$D_{\mathrm{c}}$ 为引起宏观裂纹时损伤的临界值，$\tilde{\sigma}_{(\mathrm{R})}^{*}$ 代表奥罗万(Orowan)脆断应力，许多实验表明，除纯铜等韧性特别好的材料 D_{c} 可达 0.8 外，大多数材料 $D_{\mathrm{c}}<0.3$。

按 5.6 节，内变量 $\boldsymbol{e}^{\mathrm{p}}$、$D$、$\boldsymbol{\eta}$ 的演化方程可由余耗散势 ϕ^* 得到，根据现有知识，对各向同性硬化的情形可设

$$\phi^*=\frac{\sigma_{(\mathrm{r})}-R}{1-D}-\frac{\beta}{2(1-D)}\left(\frac{Y}{\beta}\right)^2\frac{(l_{\mathrm{c}}-l_{\mathrm{p}})^{\alpha-1}}{l_{\mathrm{p}}^{2N}} \tag{12-76}$$

$$\sigma_{(\mathrm{r})}/(1-D)=Kl_{\mathrm{p}}^{N}\quad \text{(Ramberg-Osgood 硬化律)} \tag{12-77}$$

式中，α、β、K 为材料常数；N 为材料硬化指数；$R=R(l_{\mathrm{p}})$，是材料中的流动屈服应力；l_{p}、l_{p} 由式(12－16)定义。内变量为 e^{p}、l_{p} 和 D，由式(12－72)和式(5－137)可得

$$\dot{e}_{ij}^{\mathrm{p}}=\dot{\lambda}\frac{\partial \phi^*}{\partial \sigma_{ij}}=\frac{3}{2}\frac{\dot{\lambda}}{1-D}\frac{\sigma_{ij}'}{\sigma_{(\mathrm{r})}} \tag{12-78}$$

$$\dot{l}_{\mathrm{p}} = -\dot{\lambda}\,\frac{\partial \phi^{*}}{\partial R} = \frac{\dot{\lambda}}{1-D} \tag{12-79}$$

$$\dot{D} = -\dot{\lambda}\,\frac{\partial \phi^{*}}{\partial Y} = \frac{\dot{\lambda}}{1-D}\left(\frac{Y}{\beta}\right)\frac{(l_{\mathrm{c}}-l_{\mathrm{p}})^{\alpha-1}}{l_{\mathrm{p}}^{2N}} \tag{12-80}$$

式中，l_{c} 为对应于 $D=D_{\mathrm{c}}$ 时 l_{p} 的临界值。由式(12－80)、式(12－79)、式(12－77)可推出

$$\dot{D} = \frac{K^{2}}{2E\beta}\Phi\left(\frac{\sigma_{\mathrm{m}}}{\sigma_{(\mathrm{r})}}\right)(l_{\mathrm{c}}-l_{\mathrm{p}})^{\alpha-1}\,\dot{l}_{\mathrm{p}} \tag{12-81}$$

对接近比例加载等情况，可近似取 $\sigma_{\mathrm{m}}/\sigma_{(\mathrm{r})}$ 为常数，此时式(12－81)可积分为

$$D-D_{0} = \frac{K^{2}}{2E\alpha\beta}\Phi\left(\frac{\sigma_{\mathrm{m}}}{\sigma_{(\mathrm{r})}}\right)\left[(l_{\mathrm{c}}-l_{0})^{\alpha}-(l_{\mathrm{c}}-l_{\mathrm{p}})^{\alpha}\right] \tag{12-82}$$

式中，l_{0} 和 D_{0} 分别为 l_{p} 和 D 的初值，如设为零，再顾及 $l_{\mathrm{p}}=l_{\mathrm{c}}$ 时 $D=D_{\mathrm{c}}$，则可得到 D 和 l_{p} 的一个非常简单的关系

$$D = D_{\mathrm{c}}\{1-(1-l_{\mathrm{p}}/l_{\mathrm{c}})^{\alpha}\} \tag{12-83}$$

12.5.2 蠕变损伤

设

$$\phi^{*} = -\frac{2}{\alpha+2}\left(\frac{\beta^{2}}{2E}\right)\left(Y\,\frac{2E}{\beta^{2}}\right)^{1+\frac{\alpha}{2}} \tag{12-84}$$

则

$$\dot{D} = \left(\frac{\sqrt{2EY}}{\beta}\right)^{\alpha} = \left(\frac{\sigma_{(\mathrm{r})}^{*}}{(1-D)\beta}\right)^{\alpha} \tag{12-85}$$

式中，α、β 为与温度相关的材料系数。如设

$$\text{当 } t=0 \text{ 时}, D=0;\quad \text{当 } t=t_{\mathrm{c}} \text{ 时}, D=D_{\mathrm{c}} \tag{12-86}$$

如蠕变过程中 $\sigma_{(\mathrm{r})}^{*}$ 为常数，则由式(12－85)和式(12－86)可积分得蠕变破坏时间 t_{c} 为

$$t_{\mathrm{c}} = \frac{1}{\alpha+1}\left(\frac{\sigma_{(\mathrm{r})}^{*}}{\beta}\right)^{-\alpha}\left[1-(1-D_{\mathrm{c}})^{\alpha+1}\right] \approx \frac{1}{\alpha+1}\left(\frac{\sigma_{(\mathrm{r})}^{*}}{\beta}\right)^{-\alpha} \tag{12-87}$$

12.5.3 有限变形塑性损伤

假设损伤由大塑性变形引起，弹性变形相对较小，因而采用弹性卸载后的中间构形 (κ) 作为参照构形时，此时可近似取 $\boldsymbol{F}^{\mathrm{e}} \approx \boldsymbol{I}+\boldsymbol{e}^{\mathrm{e}}$, $\rho \approx \rho_{\kappa}$, $\boldsymbol{\sigma}=\boldsymbol{S}_{\kappa}$, $\boldsymbol{D}=\boldsymbol{D}^{\mathrm{e}}+\boldsymbol{D}^{\mathrm{p}}$ (参阅 5.10 节)。如弹性变形不产生损伤，可设

$$\rho_{0} f(\boldsymbol{e}^{\mathrm{e}}, l_{\mathrm{p}}, D) = \frac{1}{2}\boldsymbol{e}^{\mathrm{e}} : \boldsymbol{E} : \boldsymbol{e}^{\mathrm{e}} + f_{1}(l_{\mathrm{p}}) + f_{2}(D) \tag{12-88}$$

$$\phi^{*}(\sigma, R, Y)=F=\sqrt{J_2}+R/\sqrt{3}+Yg(\sigma_{\mathrm{m}}) \quad J_2=\frac{1}{2}\boldsymbol{\sigma}':\boldsymbol{\sigma}' \tag{12-89}$$

式中，f_1、f_2、g 为待定函数。由式(12-64)、式(12-66)和式(12-88)、式(12-89)得

$$\frac{\rho_0}{\rho}\boldsymbol{\sigma}=\boldsymbol{E}:\boldsymbol{e}^{\mathrm{e}} \quad \frac{\rho_0}{\rho}R=-\frac{\mathrm{d}f_1}{\mathrm{d}l_{\mathrm{p}}} \quad \frac{\rho_0}{\rho}Y=-\frac{\mathrm{d}f_2}{\mathrm{d}D} \tag{12-90}$$

$$\boldsymbol{D}^{\mathrm{p}'}=\frac{\dot{\lambda}\boldsymbol{\sigma}'}{2\sqrt{J_2}} \quad D_{\mathrm{m}}^{\mathrm{p}}=\frac{1}{3}\dot{\lambda}Y\frac{\mathrm{d}g(\sigma_{\mathrm{m}})}{\mathrm{d}\sigma_{\mathrm{m}}} \tag{12-91}$$

$$\dot{l}_{\mathrm{p}}=\frac{\dot{\lambda}}{\sqrt{3}} \quad \dot{D}=\dot{\lambda}g(\sigma_{\mathrm{m}}) \tag{12-92}$$

由式(12-91)和式(12-92)，易于得到 $\dot{l}_{\mathrm{p}}=D_{(\mathrm{r})}^{\mathrm{p}}$，故 $l_{\mathrm{p}}=\int D_{(\mathrm{r})}^{\mathrm{p}}\mathrm{d}t$。

质量守恒方程为

$$\dot{\rho}+\rho v_{k,k}=\dot{\rho}+3\rho D^{\mathrm{p}}=0 \tag{12-93}$$

由式(12-91)第 2 式和式(12-92)第 2 式及 $D=D(\rho)$ 的性质可得

$$\frac{\dfrac{\mathrm{d}g}{\mathrm{d}\sigma_{\mathrm{m}}}}{g}=-\frac{1}{\rho Y\left(\dfrac{\mathrm{d}D}{\mathrm{d}\rho}\right)}=\frac{C}{\sigma_{\mathrm{s}}} \tag{12-94}$$

因为由式(12-90)知 Y 只是 ρ 的函数，故 $\left[-\rho Y\left(\dfrac{\mathrm{d}D}{\mathrm{d}\rho}\right)\right]^{-1}$ 只是 ρ 的函数，而 $\dfrac{1}{g}\dfrac{\mathrm{d}g}{\mathrm{d}\sigma_{\mathrm{m}}}$ 是 σ_{m} 的函数，故可简单地认为它们都是常数以满足式(12-94)。该常数取为 $\dfrac{C}{\sigma_{\mathrm{s}}}$，$\sigma_{\mathrm{s}}$ 为初始屈服应力，强调它对损伤的重要影响。积分式(12-94)得

$$g(\sigma_{\mathrm{m}})=B\mathrm{e}^{C\sigma_{\mathrm{m}}/\sigma_{\mathrm{s}}} \tag{12-95}$$

式中，B 为常数。因损伤随 σ_{m} 的增加而增加，故要求 B 和 C 为正数，以保证 $\dot{D}\geqslant 0$。又因损伤过程是不可逆的，故要求 $\lambda\geqslant 0$。结合式(12-92)第 2 式和式(12-95)可得

$$\dot{D}=\dot{\lambda}B\mathrm{e}^{C\sigma_{\mathrm{m}}/\sigma_{\mathrm{s}}} \tag{12-96}$$

式(12-96)表明 $\dot{D}$ 和 σ_{m} 成指数关系，这与实验和其他理论结果一致。

由式(12-94)、式(12-95)和式(12-90)第 2 式可推出

$$\frac{C}{\sigma_{\mathrm{s}}}=\frac{1}{\dfrac{\rho^2\mathrm{d}f_2}{\rho_0\mathrm{d}D}\dfrac{\mathrm{d}D}{\mathrm{d}\rho}} \quad 或 \quad f_2=-\frac{\sigma_{\mathrm{s}}}{C}\frac{\rho_0}{\rho}+K \tag{12-97}$$

利用 $D=0$ 或 $\rho=\rho_0$ 时 $f_2=0$，由式(12-97)可导出

$$f_2(\eta_2)=\frac{\sigma_{\mathrm{s}}}{C}\left(1-\frac{\rho_0}{\rho}\right) \tag{12-98}$$

若令 $D=1-\rho/\rho_0$，则可导出

$$Y=-\frac{\mathrm{d}f_2}{\mathrm{d}D}=\frac{\rho_0^2\sigma_s}{\rho^2 C} \tag{12-99}$$

对弹性变形部分较小的情况，$\boldsymbol{D}=\boldsymbol{D}^e+\boldsymbol{D}^p$，$\boldsymbol{D}^e$ 由式(12－90)给出，$\boldsymbol{D}^p$ 由式(12－91)给出，所以各向同性正则材料的本构方程为

$$D=\frac{\rho}{\rho_0}\left(\frac{1}{2G}\dot{\boldsymbol{\sigma}}'+\frac{1-2\nu}{E}\sigma_m\boldsymbol{I}\right)+\alpha\dot{\lambda}\left[\frac{\boldsymbol{\sigma}'}{2\sqrt{J_2}}+\frac{Y}{3}\frac{\mathrm{d}g(\sigma_m)}{\mathrm{d}\sigma_m}\boldsymbol{I}\right] \tag{12-100}$$

对弹塑性加载 $\alpha=1$，否则 $\alpha=0$。$\dot{\lambda}$ 可由 $F=0$ 和 $\dot{F}=0$ 的一致性条件求出。由式(12－89)得

$$F=\frac{1}{2}\frac{\boldsymbol{\sigma}':\dot{\boldsymbol{\sigma}}}{\sqrt{J_2}}+\frac{1}{\sqrt{3}}\dot{R}+\dot{Y}g(\sigma_m)+Y\frac{\mathrm{d}g(\sigma_m)}{\mathrm{d}\sigma_m}\dot{\sigma}_m=0 \tag{12-101}$$

由式(12－90)～式(12－93)得

$$\left.\begin{aligned}\dot{R}&=-\frac{\mathrm{d}}{\mathrm{d}t}\left(\frac{\rho}{\rho_0}\frac{\mathrm{d}f_1}{\mathrm{d}l_p}\right)=\frac{\rho}{\rho_0}\left(Y\frac{\mathrm{d}f_1}{\mathrm{d}l_p}\frac{\mathrm{d}g}{\mathrm{d}\sigma_m}-\frac{1}{\sqrt{3}}\frac{\mathrm{d}^2 f_1}{\mathrm{d}l_p^2}\right)\dot{\lambda}\\ \dot{Y}&=-\frac{\mathrm{d}}{\mathrm{d}t}\left(\frac{\rho}{\rho_0}\frac{\mathrm{d}f_2}{\mathrm{d}D}\right)=\frac{\rho}{\rho_0}\left(Y\frac{\mathrm{d}f_2}{\mathrm{d}D}\frac{\mathrm{d}g}{\mathrm{d}\sigma_m}-\frac{\mathrm{d}^2 f_2}{\mathrm{d}D^2}g\right)\dot{\lambda}\end{aligned}\right\} \tag{12-102}$$

把式(12－102)代入式(12－100)得

$$\dot{\lambda}=\frac{\dfrac{\rho_0}{\rho}\dfrac{1}{2}\dfrac{\boldsymbol{\sigma}':\dot{\boldsymbol{\sigma}}}{\sqrt{J_2}}+Y\dfrac{\mathrm{d}g}{\mathrm{d}\sigma_m}\dot{\sigma}_m}{\dfrac{1}{3}\dfrac{\mathrm{d}^2 f_1}{\mathrm{d}l_p^2}+\dfrac{\mathrm{d}^2 f_2}{\mathrm{d}D^2}g^2-Y\dfrac{\mathrm{d}g}{\mathrm{d}\sigma_m}\left(\dfrac{\mathrm{d}f_1}{\mathrm{d}l_p}+\dfrac{\mathrm{d}f_2}{\mathrm{d}D}g\right)} \tag{12-103}$$

$f_1(l_p)$ 由实验给出，D 由式(12－96)确定，$f_2(D)$、Y 均可由实验或由式(12－97)、式(12－99)确定；$\rho/\rho_0=1-D$，再由实验确定 C、σ_s，本构方程便完全确定，便可用于实际计算。上述公式是在 Rousselier 理论的基础上重新推导的，与原文有所不同。

12.5.4 有关各向同性损伤变量的讨论

损伤是由材料内部微观组织的变化引起的，这种变化引起材料的某些性质“劣化”，人们特别关心的是引起材料使用寿命降低的“劣化”。脆性材料中的微裂纹，塑性材料中的孔洞，是目前研究最多的损伤类型，这种损伤是不可逆的，用电镜或更粗糙的金相学方法可以观察和计量，可以采用微观的方法详细研究。除去存在非常明显的方向性损伤外，大多数情况下均可作为各向同性损伤处理。描写这类损伤的损伤变量，比较直观的是孔洞体积分数和密度变化率[式(12－63)]，弹性模量的改变率[式(12－65)或式(12－67)]。但也可利用超声波在材料中的速度变化定义

$$D=1-\tilde{v}_L^2/v_L^2 \tag{12-104}$$

式中，v_L 和 $\tilde{v}_L$ 分别为无损伤和有损伤状态的纵向声波速度。利用材料电阻的变化，定义

$$D = 1 - V/\widetilde{V} \tag{12-105}$$

式中，V 和 $\widetilde{V}$ 分别为无损伤和有损伤状态测得的材料中两点电压的变化。

塑性材料中的位错数量和形态(花样)同样影响材料的性质，目前主要从材料硬化特性方面展开研究，如果从材料塑性的角度展开研究，也可看成是一种损伤，但在形成微裂纹之前，在适当的温度下，这类损伤可以恢复。在疲劳问题中，可以采用材料的静态延伸率 ε_f 或断面收缩率 ψ 随循环周次的变化来定义损伤变量，即令

$$D = 1 - \widetilde{\varepsilon}_f/\varepsilon_f = 1 - \ln(1-\widetilde{\psi})/\ln(1-\psi) \tag{12-106}$$

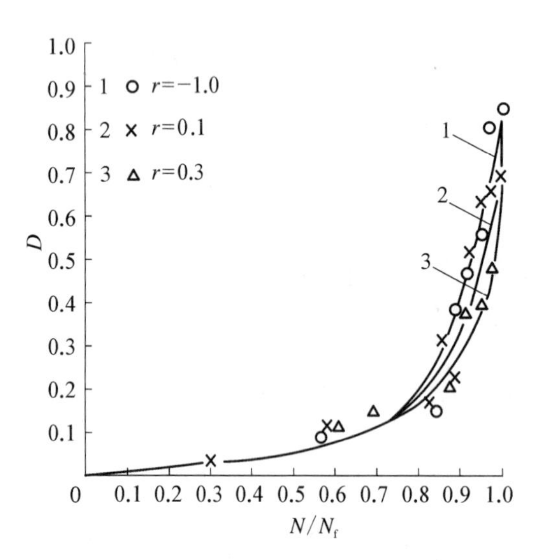

图 12-8 疲劳损伤演化规律

式中，ε_f、ψ 为未损伤状态(循环周次为零)的量；而 $\widetilde{\varepsilon}_f$、$\widetilde{\psi}$ 为循环一定周次后损伤状态的量。这种损伤变量可以描写从位错、微孔洞直至宏观裂纹的全过程，对损伤比较敏感，且易于测量。图 12-8 表示低合金钢 16MnR 疲劳试验在不同的循环特征 r 下，D 随相对循环数 N/N_f 的变化，其中 N 为循环次数，N_f 为疲劳寿命。当 $|\sigma_{\min}| \leqslant |\sigma_{\max}|$ 时 $r = \sigma_{\min}/\sigma_{\max}$，当 $|\sigma_{\min}| \geqslant |\sigma_{\max}|$ 时 $r = \sigma_{\max}/\sigma_{\min}$。图中的实线表示用下列公式拟合的曲线

$$D = D_c\{1 - [1 - (N/N_f)^{1/(\alpha-1)}]^{1/(\beta+1)}\} \tag{12-107}$$

式中，$D_c = 0.875$；$\alpha = 0.655$；$\beta = 0.667$。应当指出，由式(12-106)定义的 D 和孔洞百分数定义的 D 是不同的，两者的 D_c 也不同。

12.6 各向异性损伤介绍

12.6.1 有效应力和损伤张量

对线弹性材料，按等效应变理论有

$$\sigma_{ij} = \widetilde{E}_{ijkl} e_{kl} \qquad \widetilde{\sigma}_{ij} = E_{ijkl} e_{kl} \tag{12-108}$$

由于 $\boldsymbol{E}$ 和 $\widetilde{\boldsymbol{E}}$ 均为四阶张量，因而它们之间相互转换的张量 $\boldsymbol{Q}_8$ 应是八阶张量，即

$$\widetilde{\boldsymbol{E}} = \boldsymbol{Q}_8 :: \boldsymbol{E} = (\boldsymbol{I}_8 - \boldsymbol{D}_8) :: \boldsymbol{E} = Q_{ijklmnpq} E_{mnpq} \tag{12-109}$$

式中，$\boldsymbol{D}_8$ 为八阶损伤张量；$\boldsymbol{I}_8$ 为八阶单位张量，且可表示为

$$\begin{aligned} I_{ijklmnpq} = \frac{1}{4}(&\delta_{im}\delta_{jn}\delta_{kp}\delta_{lq} + \delta_{im}\delta_{jn}\delta_{kq}\delta_{lp} + \\ &\delta_{in}\delta_{jm}\delta_{kp}\delta_{lq} + \delta_{in}\delta_{jm}\delta_{kq}\delta_{lp}) \end{aligned} \tag{12-110}$$

从而可推出有效应力 $\widetilde{\boldsymbol{\sigma}}$ 和名义应力 $\boldsymbol{\sigma}$ 之间的关系

$$\begin{aligned}\sigma_{ij} &= Q_{ijklmnpq}E_{mnpq}E_{klrs}^{-1}\,\widetilde{\sigma}_{rs} = P_{ijrs}\,\widetilde{\sigma}_{rs}\\ &= \boldsymbol{P}_4 : \widetilde{\boldsymbol{\sigma}} = (\boldsymbol{I}_4 - \boldsymbol{D}_4) : \widetilde{\boldsymbol{\sigma}}\end{aligned} \tag{12-111}$$

式中，$\boldsymbol{P}_4$ 为四阶张量；$\boldsymbol{I}_4$ 为四阶单位张量；$\boldsymbol{D}_4$ 为四阶损伤张量，且

$$\left.\begin{aligned}I_{ijrs} &= \frac{1}{2}(\delta_{ir}\delta_{js} + \delta_{is}\delta_{jr})\\ D_{ijrs} &= D_{ijkmnpq}E_{mnpq}E_{klrs}^{-1}\end{aligned}\right\} \tag{12-112}$$

利用式(12-110)和式(12-112)，则式(12-109)可写成

$$\begin{aligned}\widetilde{E}_{ijkl} &= E_{ijkl} - D_{ijklmnpq}E_{mnpq} = E_{ijkl} - D_{ijrs}E_{rskl}\\ &= (I_{ijrs} - D_{ijrs})E_{rskl} = P_{ijrs}E_{rskl}\\ \widetilde{\boldsymbol{E}} &= (\boldsymbol{I}_4 - \boldsymbol{D}_4) : \boldsymbol{E} = \boldsymbol{P}_4 : \boldsymbol{E}\end{aligned} \tag{12-113}$$

因此，在等效应变的假设下，最一般的损伤张量是四阶的 $\boldsymbol{D}_4$。一般情况下 $\boldsymbol{E}$ 和 $\widetilde{\boldsymbol{E}}$ 具有 21 个独立分量，且 $E_{ijkl}=E_{jikl}=E_{ijlk}=E_{klij}$，这种对称性和材料的对称性将限制 $\boldsymbol{D}_4$ 的独立分量数目，一般情况下 $D_{ijkl}\neq D_{klij}$。如果材料是初始各向同性的，则 $\boldsymbol{E}$ 只有两个独立分量 G 和 ν，又若变形引起的损伤是正交各向异性的，那么可以证明 $\boldsymbol{D}$ 只有 9 个独立分量，在应力应变的六维空间中可以表示为

$$\boldsymbol{D} = \begin{bmatrix} D_{1\,111} & D_{1\,122} & D_{1\,133} & 0 & 0 & 0\\ D_{2\,211} & D_{2\,222} & D_{2\,233} & 0 & 0 & 0\\ D_{3\,311} & D_{3\,322} & D_{3\,333} & 0 & 0 & 0\\ 0 & 0 & 0 & 2D_{2\,323} & 0 & 0\\ 0 & 0 & 0 & 0 & 2D_{1\,313} & 0\\ 0 & 0 & 0 & 0 & 0 & 2D_{1\,212}\end{bmatrix} \tag{12-114}$$

且

$$\left.\begin{aligned}&D_{2\,211} - D_{1\,122} = (D_{1\,111} - D_{2\,222})\frac{\nu}{1-\nu} + (D_{1\,133} - D_{2\,233})\frac{\nu}{1-\nu}\\ &D_{3\,311} - D_{1\,133}\frac{1-\nu+\nu^2}{1-\nu} = (D_{1\,122} - D_{3\,333})\nu + (D_{1\,111} - \nu D_{2\,222} - D_{2\,233})\frac{\nu}{1-\nu}\\ &D_{3\,322} - D_{2\,233} = (D_{2\,222} - D_{3\,333})\nu + (D_{1\,122} - D_{1\,133})\nu\end{aligned}\right\} \tag{12-115}$$

最后应当指出，如果从能量等效理论出发，$\boldsymbol{D}$ 具有更好的对称性。

12.6.2 二阶损伤张量及其对应的有效应力

在 12.4.1 节中曾设损伤是各向同性的，因而取用一个纯量损伤变量已足够。但事实上，损伤将引起各向异性，因而一方面使原来的微元面积 δA 变为 $\delta\widetilde{A}$，另一方面 δA 的法线 n 变为 $\delta\widetilde{A}$ 的法线 $\widetilde{\boldsymbol{n}}$，因此若用 $\boldsymbol{D}_2$ 表示二阶损伤张量，则有

$$(\boldsymbol{I} - \boldsymbol{D}_2)\cdot \boldsymbol{n}\delta A = \widetilde{\boldsymbol{n}}\cdot\delta\widetilde{A} \tag{12-116}$$

由于 $\boldsymbol{D}_2$ 是二阶对称张量,故存在 3 个主方向,以主方向为坐标系时的 $\boldsymbol{D}_2$ 主轴坐标系中,$\boldsymbol{D}_2$ 只有 3 个分量,即主值 D_1、D_2、D_3,这特别适于描写具有 3 个正交对称面的损伤情况。根据微元面上损伤前后面力 p_n 相等的条件可求出有效应力

$$\boldsymbol{p}_n=\boldsymbol{\sigma}\cdot\boldsymbol{n}\delta A=\tilde{\boldsymbol{\sigma}}\cdot\tilde{\boldsymbol{n}}\delta\tilde{A} \tag{12-117}$$

由式(12-116)和式(12-117)推出

$$\tilde{\boldsymbol{\sigma}}=\boldsymbol{\sigma}\cdot(\boldsymbol{I}-\boldsymbol{D}_2)^{-1} \tag{12-118}$$

由于式(12-118)得出的 $\tilde{\boldsymbol{\sigma}}$ 不具对称性,为此常采用对称化的有效应力

$$\tilde{\boldsymbol{\sigma}}=\frac{1}{2}[\boldsymbol{\sigma}\cdot(\boldsymbol{I}-\boldsymbol{D}_2)^{-1}+(\boldsymbol{I}-\boldsymbol{D}_2)^{-1}\cdot\boldsymbol{\sigma}] \tag{12-119}$$

当应力和损伤的主方向一致时有

$$\tilde{\boldsymbol{\sigma}}=\begin{bmatrix}\sigma_1/(1-D_1) & 0 & 0\\ 0 & \sigma_2/(1-D_2) & 0\\ 0 & 0 & \sigma_3/(1-D_3)\end{bmatrix} \tag{12-120}$$

由式(12-116)导出的 $\boldsymbol{D}_2$,已隐含了所有 $\boldsymbol{n}$ 方向的 $\boldsymbol{D}_2$ 相同,因而不如四阶损伤张量 $\boldsymbol{D}_4$ 一般,但具有更简单的形式。

12.6.3 弹塑性各向异性损伤

在目前弹塑性各向异性损伤理论中,塑性变形和损伤的耦合作用是通过有效应力实现的,即在各向异性塑性理论中,以有效应力代替名义应力。塑性余耗散势 ϕ^* 或屈服函数 F 取为

$$\left.\begin{aligned}&F(\boldsymbol{\sigma},\boldsymbol{D},R)=F(\tilde{\boldsymbol{\sigma}},R)=\tilde{\sigma}_{(\mathrm{r})}-\sigma_{\mathrm{s}}(l_{\mathrm{p}})=0\\&\tilde{\sigma}_{(\mathrm{r})}=\frac{1}{2}(\tilde{\boldsymbol{\sigma}}:\boldsymbol{H}:\tilde{\boldsymbol{\sigma}})^{1/2}\end{aligned}\right\} \tag{12-121}$$

式中,$\boldsymbol{H}$ 是由各向异性塑性理论确定的四阶对称张量,不同的理论确定的 $\boldsymbol{H}$ 是不同的。弹塑性各向异性损伤的发展,有赖于各向异性弹塑性理论自身的完善,或两者相互关联的发展。

习　题

1. 研究一单向拉伸的弹-黏塑性直杆,外力按 $\sigma=\sigma_{\mathrm{s}}\dfrac{t}{t_1}$ 加载到 $t=2t_1$ 时停止;本构方程设为式(12-3),求应变响应。

2. 讨论一高 $2h$、宽 b 的矩形截面纯弯曲梁,设梁变形服从平截面假设。梁设损伤规律为

$$D=\tilde{\sigma}/K,\ 当\tilde{\sigma}>0\ 时;\ D=0,\ 当\tilde{\sigma}\leqslant 0\ 时$$

式中,D 为损伤变量,此处可理解为孔洞体积百分数;K 为损伤模量;$\tilde{\sigma}$ 为有效应力,它和名义应力 σ 的关系为

$$\tilde{\sigma}(1-D)=\sigma$$

采用应变等价理论，试证最大压应力 $\tilde{\sigma}_1$，最大拉应力 $\tilde{\sigma}_2$ 为

$$\tilde{\sigma}_1 = 6hy_0\frac{(h+y_0)}{(h-y_0)^3}K \qquad \tilde{\sigma}_2 = -\frac{6hy_0}{(h-y_0)^2}K$$

$$(9-2m)y_0^3 + 3(9+2m)hy_0^2 + 6(2-m)h^2y_0 + 2mh^3 = 0$$

$$m = 3M/(2bh^2K)$$

式中，M 为弯矩；y_0 为中性层的位置，即离开梁中心层的距离（见图 12-9）。

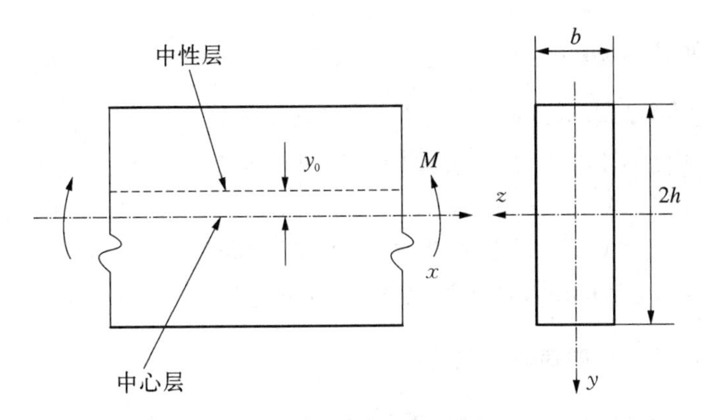

图 12-9　损伤矩形梁的纯弯曲

3. 讨论直杆拉伸的不耦合的蠕变-损伤规律，即此时首先按蠕变规律求出应力，直接代入损伤规律再求破坏所需时间，不计损伤对蠕变规律的影响。设直杆初始截面积和长度分别为 F_0 与 l_0，蠕变后变为 F 和 l，且服从体积不变规律，即有 $F_0l_0 = Fl$，蠕变前后应力分别为 σ_0 和 σ，稳定阶段的蠕变规律为

$$\dot{\varepsilon}^c = B_1\sigma^m \qquad \sigma F = \sigma_0 F_0$$

式中，$\dot{\varepsilon}^c$ 为蠕变应变；B_1 和 m 为材料常数。蠕变损伤演化规律为

$$\dot{D} = A\left(\frac{\sigma}{1-D}\right)^n$$

式中，A、n 为材料常数。试证

(1) $\dfrac{F}{F_0} = \left(1-\dfrac{t}{t_{DR}}\right)^{1/m} \qquad t \leqslant t_{DR} = 1/(mB_1\sigma_0^m)$

(2) $\dfrac{t_f}{t_{DR}} = 1-\left(1-\dfrac{m-n}{m}\dfrac{t_{BR}}{t_{DR}}\right)^{m/(m-n)} \qquad m > n$

$t_{BR} = 1/[(n+1)A\sigma_0^n]$

式中，$t_f < t_{DR}$，为直杆开始变形到破坏所需的时间。

(3) 根据 $t_f \leqslant t_{DR}$ 的要求证明外加应力 σ_0 必须

$$\sigma_0 \leqslant \left[\frac{A(n+1)}{B_1(m-n)}\right]^{1/(m-n)} = \hat{\sigma}_0$$

13　电磁介质力学

13.1　经典电动力学的基本方程

13.1.1　国际单位制(SI)

国际单位制(SI)的基本单位如下：长度 m（米），质量 kg（千克），时间 s(秒)，电流 A(安)，温度 K(开)，发光强度 cd(坎)。其他重要的导出单位如下：力 N(牛) = kg · m/s^2，压力 Pa(帕) = N/m^2，能量 J(焦) = N · m，功率 W(瓦) = J/s = V · A，电量 C(库) = A · S，电势 V(伏) = W/A，电容 F(法) = C/V，电阻 Ω(欧) = V/A，磁场强度 A/m(安/米)，磁通 Wb(韦) = V · S，磁通密度 T(特) = Wb/m^2，电感 H(亨) = Wb/A。

13.1.2　电荷电场强度磁荷磁场强度

电荷是物质的基本属性之一，它的最小分割单位是一个电子的电荷 $e = 1.602 \times 10^{-19}$ C，电子的质量是 $m_e = 9.106 \times 10^{-31}$ kg。除讨论和原子相关的问题外，电荷可做连续分布处理，以后自由电荷的体积密度记为 ρ_e，以区别于质量密度 ρ_0。空间内一点的电场强度 $\boldsymbol{E}$（本章中 $\boldsymbol{E}$ 是电场强度，不是 L 应变）定义为单位正电荷受到的力，即

$$\boldsymbol{E} = \boldsymbol{F}/q \tag{13-1}$$

式中，q 为电荷的值；$\boldsymbol{F}$ 为正电荷所受到的力；$\boldsymbol{E}$ 的单位是 V/m = N/C。

利用一根细长的小磁针，两端的相互作用可以不计，因而它的一端便可看成一个“磁荷” q_m，进而可以和电场类似地定义磁场强度 $\boldsymbol{H}$，即

$$\boldsymbol{H} = \boldsymbol{F}/q_m \tag{13-2}$$

同时应当指出，目前宏观实验中尚未发现存在“自由磁荷”，这仍然是一个需要探索的问题，但这不妨碍引用磁荷的概念处理问题。

13.1.3　物质中的极化与磁化

电介质是由原子、分子组成的，因而其中的每一个点可看成存在正负电荷，未极化状态时正、负电荷彼此抵消，存在外电场或力场时，正、负电荷发生相互位移，发生极化。每一对 $\pm q$ 的电荷形成电偶极子，其偶极矩为

$$\boldsymbol{p} = \lim_{\substack{d \to 0 \\ q \to \infty}} q\boldsymbol{d} \tag{13-3}$$

式中，$\boldsymbol{d}$ 是两电荷间的距离，方向由负电荷指向正电荷，它的大小一般小于原子或分子的尺寸。如图 13-1 所示，设极化后每单位体积内有 N 个电偶极子，讨论任意一包围体积 V 的封闭曲

面 a，在面上微元 $\mathrm{d}\boldsymbol{a}$ 外面的微元体积 $\mathrm{d}V=\boldsymbol{d}\cdot\mathrm{d}\boldsymbol{a}$ 内含有正电荷，对应的负电荷将留在面 a 内，从而留在 V 内的净电荷为

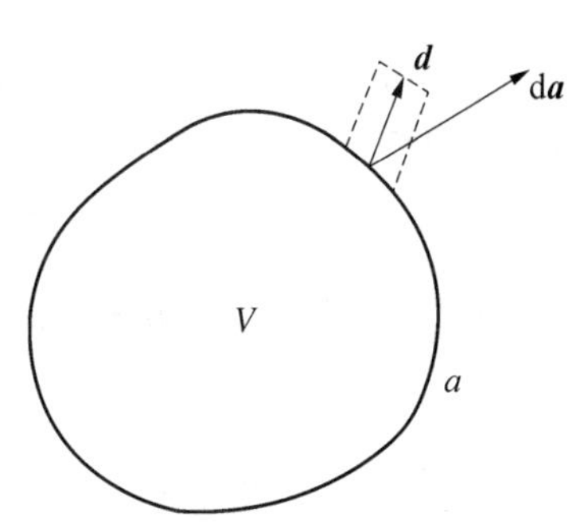

图 13-1 计算偶极子留在面 a 内净电荷的图解

$$\boldsymbol{Q}_{\mathrm{p}}=-\oint_{a}\boldsymbol{P}\cdot\mathrm{d}\boldsymbol{a}=-\int_{V}\boldsymbol{\nabla}\cdot\boldsymbol{P}\mathrm{d}V=\int_{V}\rho_{\mathrm{p}}\mathrm{d}V \tag{13-4}$$

$$\rho_{\mathrm{p}}=-\boldsymbol{\nabla}\cdot\boldsymbol{P}\quad \boldsymbol{P}=Nq\boldsymbol{d} \tag{13-5a}$$

式中，ρ_{p} 为 V 内的极化或束缚电荷密度；N 为单位体积中的偶极子个数；$\boldsymbol{P}$ 称为极化强度，是 $\boldsymbol{E}$ 的函数：$\boldsymbol{P}=\boldsymbol{P}(\boldsymbol{E})$。$\boldsymbol{P}$ 还可更精确地写成

$$\boldsymbol{P}=\lim_{\Delta V\to 0}\Delta\boldsymbol{p}/\Delta V \tag{13-5b}$$

式中，$\Delta\boldsymbol{p}$ 为 ΔV 中的偶极矩矢量；电介质中的总电荷密度 ρ_{t} 将由自由电荷密度 ρ_{e} 和束缚电荷 ρ_{p} 组成，即

$$\rho_{\mathrm{t}}=\rho_{\mathrm{e}}+\rho_{\mathrm{p}}=\rho_{\mathrm{e}}-\boldsymbol{\nabla}\cdot\boldsymbol{P}_{\mathrm{e}} \tag{13-6}$$

类似地可引入磁介质中的磁化强度矢量 $\boldsymbol{M}$

$$\mu_{0}\boldsymbol{M}=\lim_{\Delta V\to 0}\Delta\boldsymbol{p}_{\mathrm{m}}/\Delta V \tag{13-7}$$

式中，$\Delta\boldsymbol{p}_{\mathrm{m}}$ 为 ΔV 中的磁偶极矩矢量；μ_{0} 为自由空间的磁导率，$\mu_{0}=4\pi\times10^{-7}\,\mathrm{H/m(N/A^{2})}$。原子外层电子绕原子核的旋转和自旋可看成微电流环，这种微电流环除去环附近区域外，可看成磁偶极矩为 $p_{\mathrm{m}}=\mu\mathrm{m}$ 的磁偶极子产生的磁场。通常用 $m=i\Delta a$ 表示微电流环的“磁偶极矩”，其中 i 和 Δa 分别为微电流环中的电流和面积(参见 13.1.4 节和式(13-45))。无外磁场时，这些磁矩是随机排列的，无宏观效应；但在外磁场作用下将按一定方向排列，呈现磁化效应。

13.1.4 电流

电荷的有序运动形成电流，电流的分布由矢量场来表征。穿过任意一微曲面 Δa 上的电流 ΔI 等于电荷穿过这个曲面的速率，设 $\boldsymbol{J}$ 为 Δa 上正电子的电流密度矢量，$\boldsymbol{n}$ 为 Δa 的正法线，则可得

$$\Delta I=\boldsymbol{J}\cdot\boldsymbol{n}\Delta a \tag{13-8}$$

在金属导体中载体是负电子，故 $\boldsymbol{J}$ 的方向和电子的运动方向相反。现讨论包围体积 V 的封面曲面 a，其 $\boldsymbol{n}$ 的正向是向外的，V 中的总电荷为 Q_{1}，则由电荷守恒定律知

$$-\frac{\mathrm{d}\boldsymbol{Q}_{\mathrm{t}}}{\mathrm{d}t}=-\int_{V}\frac{\partial\rho_{\mathrm{t}}}{\partial t}\mathrm{d}V=\int_{a}\boldsymbol{J}_{\mathrm{t}}\cdot\boldsymbol{n}\mathrm{d}a=\int_{V}\boldsymbol{\nabla}\cdot\boldsymbol{J}_{\mathrm{t}}\mathrm{d}V \tag{13-9a}$$

由此推出电荷的局部守恒定律为

$$\frac{\partial\rho_{\mathrm{t}}}{\partial t}+\boldsymbol{\nabla}\cdot\boldsymbol{J}_{\mathrm{t}}=0 \tag{13-9b}$$

式中，ρ_{t} 为总电荷密度；$\boldsymbol{J}_{\mathrm{t}}$ 为总电流密度。

由于极化过程只涉及极化电荷的分开或偶极矩的重新取向,因而极化电荷必守恒。利用式(13-4)和式(13-5)可得

$$\partial \rho_{\mathrm{p}} / \partial t + \nabla \cdot \boldsymbol{J}_{\mathrm{p}} = \nabla \cdot (\boldsymbol{J}_{\mathrm{p}} - \partial \boldsymbol{P} / \partial t) = 0$$

式中,$\boldsymbol{J}_{\mathrm{p}}$ 为极化电荷的电流密度。由此得

$$\boldsymbol{J}_{\mathrm{p}} = \partial \boldsymbol{P} / \partial t \tag{13-10}$$

现在来讨论磁化电流。设 C 为磁场中任意一闭合回路,回路内部的微电流环磁偶极子 1 穿过回路正负方向各一次,故穿过回路的净电流为零,但包围回路的微电流环 2 只穿过回路一次,故有净电流穿过回路[见图 13-2(a)]。如以 C 上微元 d$\boldsymbol{s}$ 为轴,以微电流环面 $\boldsymbol{a}$ (其法线为 $\boldsymbol{n}$,中心在 C) 为底作一柱体[见图 13-2(b)],则中心在此柱体内的微电流环都只穿过 C 一次。设此柱体中的单位体积内有 $\boldsymbol{N}$ 个微电流环,则通过 C 电流 $\mathrm{d}I_m$ 为

$$\mathrm{d}I_{\mathrm{m}} = Ni\Delta a\boldsymbol{n} \cdot \mathrm{d}\boldsymbol{s} = N\boldsymbol{m} \cdot \mathrm{d}\boldsymbol{s} = \boldsymbol{M} \cdot \mathrm{d}\boldsymbol{s}$$

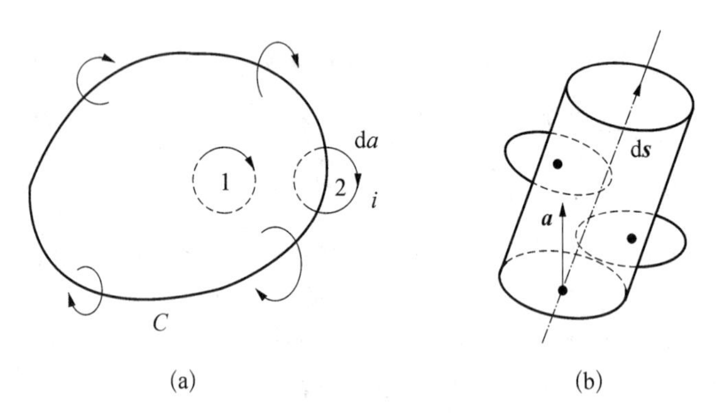

图 13-2 磁化电流图解

式中,$\boldsymbol{m} = i\Delta a\boldsymbol{n}$ 为微电流环的磁矩。若设介质中的磁流密度为 $\boldsymbol{J}_{\mathrm{m}}$,则可推出

$$\int_a \boldsymbol{J}_{\mathrm{m}} \cdot \mathrm{d}\boldsymbol{a} = \oint_C \boldsymbol{M} \cdot \mathrm{d}\boldsymbol{s}$$

式中,a 为以 C 为边界的曲面,M 为 C 上的线磁矩密度。由此得

$$\boldsymbol{J}_{\mathrm{m}} = \nabla \times \boldsymbol{M} \quad \nabla \cdot \boldsymbol{J}_{\mathrm{m}} = 0 \tag{13-11}$$

式(13-11)表明不存在磁化电流的源。

设介质中的传导电流为 $\boldsymbol{J}$,则总电流密度 $\boldsymbol{J}_{\mathrm{t}}$ 为

$$\boldsymbol{J}_{\mathrm{t}} = \boldsymbol{J} + \boldsymbol{J}_{\mathrm{p}} + \boldsymbol{J}_{\mathrm{m}} = \boldsymbol{J} + \partial \boldsymbol{P} / \partial t + \nabla \times \boldsymbol{M} \tag{13-12}$$

由于极化电流守恒,磁化电流无源,所以自由电荷守恒,即

$$\partial \rho_{\mathrm{e}} / \partial t + \nabla \cdot \boldsymbol{J} = 0 \tag{13-13}$$

电子在自由空间运动时引起对流电流,设电子束的密度为 ρ_{e},运动速度为 v,则在垂直 v 方向的单位截面上的电荷迁移率或电流密度 $\boldsymbol{J}$ 为

$$\boldsymbol{J}=\rho_{e}\boldsymbol{v} \tag{13-14}$$

对流电流和传导电流都是自由电流。

13.1.5 基本实验定律

1. 库仑(Coulomb)定律

设自由空间有两个点电荷 q 和 q'，q 到 q' 的距离矢量为 $\boldsymbol{r}$，库仑定律指出 q' 受到 q 的作用力 $\boldsymbol{F}$ 为

$$\boldsymbol{F}=\frac{1}{4\pi\epsilon_0}\frac{qq'}{r^2}\boldsymbol{r}^0 \quad r=|\boldsymbol{r}| \quad \boldsymbol{r}^0=\boldsymbol{r}/r \tag{13-15}$$

式中，ϵ_0 为自由空间的介电常数；$t_0=8.854\times10^{-12}$ F/m(C^2/N·m^2)。由式(13-1)和式(13-15)推出自由空间由点电荷 q 产生的电场强度为

$$\boldsymbol{E}=\frac{1}{4\pi\epsilon_0}\frac{q}{r^2}\boldsymbol{r}^0 \tag{13-16}$$

2. 高斯(Gauss)定律

对自由空间任意一微面元 d$\boldsymbol{a}$（见图 13-3），按式(13-16)有

$$\epsilon_0\boldsymbol{E}\cdot \mathrm{d}\boldsymbol{a}=\frac{1}{4\pi}\frac{q}{r^2}\boldsymbol{r}^0\cdot \mathrm{d}\boldsymbol{a}=\frac{1}{4\pi}\frac{q}{r^2}\mathrm{d}a'=\frac{1}{4\pi}q\,\mathrm{d}\Omega$$

式中，$\mathrm{d}a'=\boldsymbol{r}^0\cdot\mathrm{d}\boldsymbol{a}$，$\mathrm{d}\Omega$ 为 $\mathrm{d}a'$ 张成的立体角，所以对任意一包围 q 的闭曲面 $\boldsymbol{a}$ 有

$$\oint_a \epsilon_0\boldsymbol{E}\mathrm{d}\boldsymbol{a}=\frac{1}{4\pi}\int_V q\,\mathrm{d}\Omega=q$$

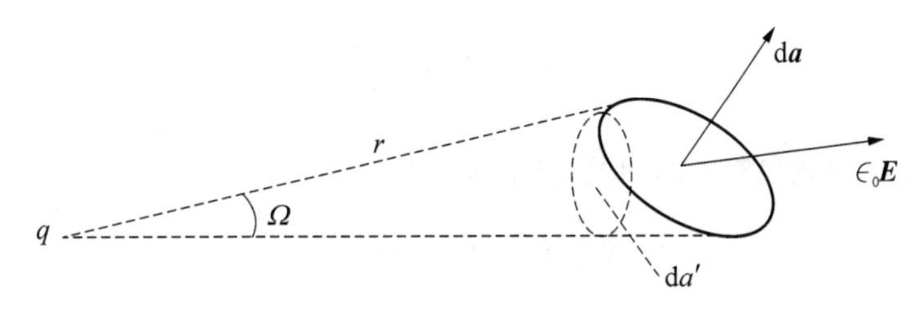

图 13-3 高斯定律图解

利用由实验得出的叠加原理，对自由空间总电荷密度为 ρ_r 的分布电荷有

$$\oint_a \epsilon_0 E\,\mathrm{d}\boldsymbol{a}=\int_V \nabla\cdot(\epsilon_0\boldsymbol{E})\mathrm{d}V=\int_V\rho_t\mathrm{d}V \tag{13-17}$$

由此推出

$$\nabla\cdot(\epsilon_0\boldsymbol{E})=\rho_t \tag{13-18}$$

在极化介质中 $\rho_t=\rho_e+\rho_p=\rho_e-\nabla\cdot\boldsymbol{P}$，所以有

$$\nabla\cdot\boldsymbol{D}=\rho_e \tag{13-19}$$

$$\boldsymbol{D}=\epsilon_0\boldsymbol{E}+\boldsymbol{P}=\epsilon E \tag{13-20}$$

称 $\boldsymbol{D}$ 为电位移矢量，或电感应强度矢量；ϵ 为电介质中的介电常数；$\boldsymbol{D}$ 和 $\boldsymbol{P}$ 有相同的量纲 C/m^2。

3. 磁通连续性方程

磁通连续性方程类似于高斯定律，并注意到自由磁荷不存在的事实，立即可得磁通连续性方程

$$\nabla\cdot\boldsymbol{B}=\boldsymbol{0}\quad\oint_a\boldsymbol{B}\cdot\mathrm{d}\boldsymbol{a}=0 \tag{13-21}$$

$$\boldsymbol{B}=\mu_0(\boldsymbol{H}+\boldsymbol{M}) \tag{13-22}$$

式中，$\boldsymbol{B}$ 为磁通密度矢量或磁感应强度。

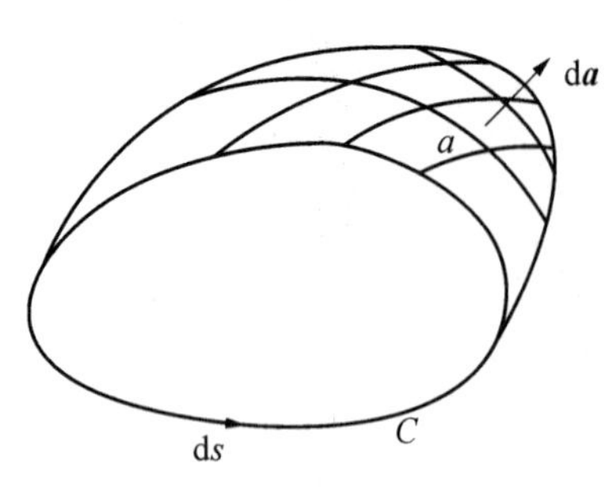

图 13-4　安培定律图解

4. 安培(Ampére)定律

自由空间中安培定律的积分形式是(见图 13-4)

$$\oint_C\boldsymbol{H}\cdot\mathrm{d}\boldsymbol{s}=\int_a\boldsymbol{J}\cdot\mathrm{d}\boldsymbol{a}+\frac{\partial}{\partial t}\int_a\epsilon_0\cdot\boldsymbol{E}\mathrm{d}\boldsymbol{a} \tag{13-23}$$

式中，C 为空间的固定闭曲线；a 为以 C 为周界的固定开曲面，$\mathrm{d}s$ 和 $\mathrm{d}a$ 的正方向如图 13-4 所示。按斯托克斯(Stokes)定律，式(13-23)可变换为

$$\int_a\nabla\times\boldsymbol{H}\cdot\mathrm{d}\boldsymbol{a}=\int_a\boldsymbol{J}\cdot\mathrm{d}\boldsymbol{a}+\int_a\frac{\partial\epsilon_0\boldsymbol{E}}{\partial t}\cdot\mathrm{d}\boldsymbol{a}$$

由 C 和 a 的任意性推出

$$\nabla\times\boldsymbol{H}=\boldsymbol{J}+\frac{\partial\epsilon_0\boldsymbol{E}}{\partial t} \tag{13-24}$$

电磁介质中，应用 $\boldsymbol{D}$ 代式(13-23)中的 $\epsilon_0\boldsymbol{E}$，从而有

$$\nabla\times\boldsymbol{H}=\boldsymbol{J}+\partial\boldsymbol{D}/\partial t \tag{13-25}$$

5. 法拉第(Faraday)电磁感应定律

电磁介质中法拉第定律的积分形式是

$$\oint_C\boldsymbol{E}\cdot\mathrm{d}\boldsymbol{s}=-\frac{\partial}{\partial t}\int_a\boldsymbol{B}\cdot\mathrm{d}\boldsymbol{a} \tag{13-26}$$

式(13-26)的微分形式是

$$\nabla\times\boldsymbol{E}=-\partial\boldsymbol{B}/\partial t \tag{13-27}$$

13.1.6　电动力学基本方程

综合上面诸实验事实，我们得到电动力学的麦克斯韦方程组

$$
\left.\begin{array}{ll}
\nabla \cdot \boldsymbol{D}=\rho_{e} & \oint_{a} \boldsymbol{D} \cdot \mathrm{d} \boldsymbol{a}=\int_{V} \rho_{e} \mathrm{d} V \\
\nabla \times \boldsymbol{E}=-\partial \boldsymbol{B} / \partial t & \oint_{C} \boldsymbol{E} \cdot \mathrm{d} \boldsymbol{s}=-\frac{\partial}{\partial t} \int_{a} \boldsymbol{B} \cdot \mathrm{d} \boldsymbol{a} \\
\nabla \cdot \boldsymbol{B}=0 & \oint_{a} \boldsymbol{B} \cdot \mathrm{d} \boldsymbol{a}=0 \\
\nabla \times \boldsymbol{H}=\boldsymbol{J}+\partial \boldsymbol{D} / \partial t & \oint_{C} \boldsymbol{H} \cdot \mathrm{d} \boldsymbol{s}=\int_{a} \boldsymbol{J} \cdot \mathrm{d} \boldsymbol{a}+\frac{\partial}{\partial t} \int_{a} \boldsymbol{D} \cdot \mathrm{d} \boldsymbol{a}
\end{array}\right\} \tag{13-28}
$$

进一步分析表明，当 $cL/\tau \leqslant 1$ 时，$\partial \boldsymbol{B}/\partial t$ 和 $\partial \boldsymbol{D}/\partial t$ 可以略去，这种场称为准静态场；$c=\sqrt{\mu\varepsilon}$ 为介质中的光速；L 为物体的最大尺寸；τ 为所讨论问题关心的时间间隔。

总电荷和自由电荷的守恒定律分别由式(13-9)和式(13-13)表示。如设式(13-13)成立，若对式(13-28)第4式取散度则得

$$\nabla \cdot \boldsymbol{J}+\nabla \cdot \partial \boldsymbol{D}/\partial t=\partial(\nabla \cdot \boldsymbol{D}-\rho_{e})/\partial t=0$$

若对式(13-28)第2式取散度则得

$$\nabla \cdot \partial \boldsymbol{B}/\partial t=\partial(\nabla \cdot \boldsymbol{B})/\partial t=0$$

因此如设初始时刻 $\nabla \cdot \boldsymbol{D}-\rho_{e}=0$，$\nabla \cdot \boldsymbol{B}=0$，则在任何时刻它们都是零。因此式(13-28)第1式和式(13-28)第3式只是限制 $\nabla \cdot \boldsymbol{D}-\rho_{e}$ 和 $\nabla \cdot \boldsymbol{B}$ 在初始时刻取零值，它们不是独立的。

自由空间电量为 q、速度为 v 的运动粒子，电磁场作用于其上的电磁力由洛伦兹(Lorentz)定律给出

$$\boldsymbol{F}=q(\boldsymbol{E}+\boldsymbol{v}\times\boldsymbol{B}) \tag{13-29a}$$

所以对运动的分布电荷有

$$\boldsymbol{F}=\int_{V}\rho_{e}(\boldsymbol{E}+\boldsymbol{v}\times\boldsymbol{B})\mathrm{d}V=\int_{V}(\rho_{e}\boldsymbol{E}+\boldsymbol{J}\times\boldsymbol{B})\mathrm{d}V \tag{13-29b}$$

上述对自由带电粒子的洛伦兹公式，实验表明同样适用于载流体中大量电子运动的统计平均值传导电流。由此推出电磁场引起的载流体的体积力密度为

$$\rho\boldsymbol{f}=\rho_{e}\boldsymbol{E}+\boldsymbol{J}\times\boldsymbol{B} \tag{13-30a}$$

一些作者把式(13-30a)直接推广到静止电磁介质中，此时

$$\rho\boldsymbol{f}=\rho_{t}\boldsymbol{E}+\boldsymbol{J}_{t}\times\boldsymbol{B} \tag{13-30b}$$

式中，ρ_{t} 为总电荷密度；$\boldsymbol{J}_{t}$ 为总电流密度。但是这一推广并没有令人很满意，人们又寻求其他更符合实际的公式。

在经典电动力学范围内，极化是因外加电场引起的，磁化是因外加磁场引起的，介质被认为是不变形的刚体，因此 $\boldsymbol{D}$ 或 $\boldsymbol{P}$ 是 $\boldsymbol{E}$ 的函数，$\boldsymbol{B}$ 或 $\boldsymbol{M}$ 是 $\boldsymbol{H}$ 的函数，联系它们的本构方程可以表示为

$$D_{i}=D_{i}(0)+(\partial D_{i}/\partial E_{j})_{0}E_{j}+\frac{1}{2}(\partial^{2}D_{i}/\partial E_{j}\partial E_{k})_{0}E_{j}E_{k}+\cdots \tag{13-31a}$$

$$B_i = B_i(0) + (\partial B_i/\partial H_j)_0 H_j + \frac{1}{2}(\partial^2 B_i/\partial H_j \partial H_k)_0 H_j H_k + \cdots \tag{13-32a}$$

利用 $\boldsymbol{E}=\boldsymbol{0}$ 时，$\boldsymbol{D}=\boldsymbol{0}$，$\boldsymbol{H}=\boldsymbol{0}$ 时 $\boldsymbol{B}=\boldsymbol{0}$，则当 $\boldsymbol{E}$ 和 $\boldsymbol{H}$ 较小时有

$$\boldsymbol{D}=\boldsymbol{\epsilon E} \tag{13-31b}$$

$$\boldsymbol{B}=\boldsymbol{\mu H} \tag{13-32b}$$

称 $\boldsymbol{\epsilon}$ 为介电张量或电容率张量；$\boldsymbol{\mu}$ 为磁导率张量。对一些驻极体，在极化以后，即使除去电场，介质仍处于极化状态；对于天然磁石、铁磁体等在无外加磁场时亦可能处在磁化状态；对这类材料须另行讨论。

和束缚电荷不同，自由电荷在电磁场中将产生运动，但在介质内粒子运动时相互碰撞，平均速度相当低，使磁场力可以忽略，因而可以认为电流密度取决于电场。因而有

$$J_i = J_i(0) + (\partial J_i/\partial E_j)_0 E_j + \frac{1}{2}(\partial^2 J_i/\partial E_j \partial E_k)_0 E_j E_k + \cdots \tag{13-33a}$$

计及 $\boldsymbol{E}=\boldsymbol{0}$ 时 $\boldsymbol{J}=\boldsymbol{0}$，当 $\boldsymbol{E}$ 较小时有

$$\boldsymbol{J}=\boldsymbol{\sigma E} \tag{13-33b}$$

式中，$\boldsymbol{\sigma}$（此处不是 E 应力张量）为电导率张量。式(13-33b)是联系 $\boldsymbol{J}$ 和 $\boldsymbol{E}$ 的本构方程。

13.1.7 电磁学边界条件

1. $\boldsymbol{D}$ 的法向分量

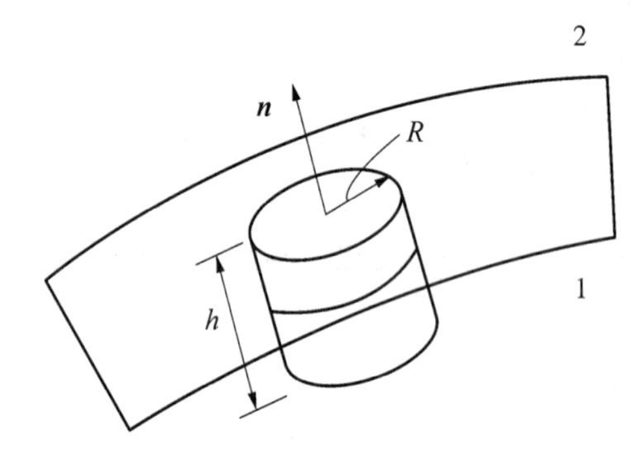

图 13-5 D、B 的法向边界条件

设界面的法线 n，由介质 1 指向 2，作一高 $h \to 0$、半径为 R 的薄圆柱体，其底面平行于界面（见图 13-5）。由高斯定律得

$$\oint_a \boldsymbol{D}\cdot \mathrm{d}\boldsymbol{a} = (\boldsymbol{D}_2-\boldsymbol{D}_1)\cdot \boldsymbol{n}\pi R^2 + \overline{\boldsymbol{D}}\cdot \boldsymbol{m}2\pi R h = \int_V \rho \,\mathrm{d}V = \rho\pi R^2 h$$

式中，$\boldsymbol{m}$ 为圆柱侧面的法线；$\bar{\boldsymbol{D}}$ 为侧面 $\boldsymbol{D}$ 的平均值且设为有界；又令 $\rho h=\sigma_s$ 为界面上电荷的面密度。当 $h\to 0$ 时便有

$$(\boldsymbol{D}_2-\boldsymbol{D}_1)\cdot n=\sigma_s \quad 或 \quad n\cdot(\boldsymbol{E}_2-\boldsymbol{E}_1)=\frac{1}{\epsilon_0}(\sigma_s+\sigma'_s) \quad \sigma'_s=-n\cdot(\boldsymbol{P}_2-\boldsymbol{P}_1) \tag{13-34}$$

式中，σ'_s 为极化电荷的面密度。

2. $\boldsymbol{B}$ 的法向分量

与上面相仿，由磁通连续性条件得

$$(\boldsymbol{B}_2-\boldsymbol{B}_1)\cdot \boldsymbol{n}=0 \quad 或 \quad B_{2n}-B_{1n}=0 \tag{13-35}$$

3. **H** 的切向分量

取一长 l、高 $d\to 0$ 的矩形积分面 a 横切界面 a'，a' 的法线 $\boldsymbol{n}$，由介质 1 指向 2，a 的法线 $\boldsymbol{m}$，l 平行于界面，其在介质 2 中的切向单位矢量为 $\boldsymbol{t}$，令 $\boldsymbol{t}$、$\boldsymbol{m}$、$\boldsymbol{n}$ 组成右手系(见图 13-6)。按安培定律有

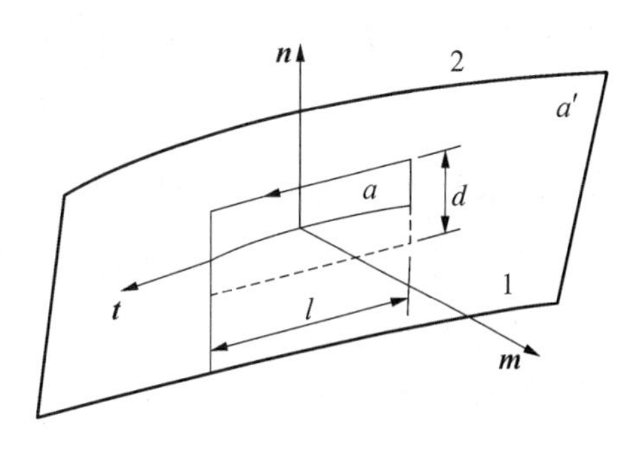

图 13-6 E，H 的切向边界条件

$$\oint_C \boldsymbol{H}\cdot \mathrm{d}\boldsymbol{s}=(\boldsymbol{H}_2-\boldsymbol{H}_1)\cdot \boldsymbol{t}l+(\boldsymbol{H}_{12}-\boldsymbol{H}_{21})\cdot \boldsymbol{n}d$$

$$=\int_a \boldsymbol{J}\cdot \mathrm{d}\boldsymbol{a}+\int_a \frac{\partial \boldsymbol{D}}{\partial t}\cdot \mathrm{d}\boldsymbol{a}$$

$$=\boldsymbol{J}\cdot \boldsymbol{m}ld+\frac{\partial \boldsymbol{D}}{\partial t}\cdot \boldsymbol{m}ld$$

式中，$\boldsymbol{H}_{12}(\boldsymbol{H}_{21})$ 表示右(左)短边 d 上的 $\boldsymbol{H}$ 值。设 $\partial \boldsymbol{D}/\partial t$，$\boldsymbol{H}_{12}$，$\boldsymbol{H}_{21}$ 有界，$\boldsymbol{J}_s=\boldsymbol{J}d$ 为界面上电流的面密度，则当 $d\to 0$ 时有

$$(\boldsymbol{H}_2-\boldsymbol{H}_1)\cdot \boldsymbol{t}l=\boldsymbol{J}_s\cdot \boldsymbol{m}l$$

计及 $\boldsymbol{t}=\boldsymbol{m}\times\boldsymbol{n}$，$(\boldsymbol{H}_2-\boldsymbol{H}_1)\cdot(\boldsymbol{m}\times\boldsymbol{n})=\boldsymbol{m}\cdot[\boldsymbol{n}\times(\boldsymbol{H}_2-\boldsymbol{H}_1)]$ 则得

$$\boldsymbol{n}\times(\boldsymbol{H}_2-\boldsymbol{H}_1)=\boldsymbol{J}_s \quad 或 \quad \boldsymbol{n}\times(\boldsymbol{B}_2-\boldsymbol{B}_1)=\mu_0(\boldsymbol{J}_s+\boldsymbol{J}'_s) \quad \boldsymbol{J}'_s=\boldsymbol{n}\times(\boldsymbol{M}_2-\boldsymbol{M}_1) \tag{13-36}$$

式中，$\boldsymbol{J}'_s$ 为磁化电流面密度。

4. **E** 的切向分量

利用上面相同的方法按法拉第定律计算。当界面上存在分布面密度为 $\pi_s=\sigma_s d$ 的电偶极子层，且规定界面法线 $\boldsymbol{n}$ 为由负电荷层指向正电荷层时有

$$\oint_C \boldsymbol{E}\cdot \mathrm{d}\boldsymbol{S}=(\boldsymbol{E}_2-\boldsymbol{E}_1)\cdot \boldsymbol{t}l+(\boldsymbol{E}_{12}-\boldsymbol{E}_{21})\cdot \boldsymbol{n}d$$

$$=-\int_a \frac{\partial \boldsymbol{B}}{\partial t}\cdot \mathrm{d}\boldsymbol{a}=-\frac{\partial \boldsymbol{B}}{\partial t}\cdot \boldsymbol{m}ld=0$$

式中，已设 $\partial \boldsymbol{B}/\partial t$ 有界。当 $l\to 0$ 时 $(\boldsymbol{E}_{12}-\boldsymbol{E}_{21})/l=-\partial \boldsymbol{E}/\partial \boldsymbol{l}$，表示沿 $\boldsymbol{t}$ 方向的方向导数。计及 $\boldsymbol{E}\cdot \boldsymbol{n}d=-\boldsymbol{\pi}_s/\epsilon$ [见式(13-49)]，则得

$$(\boldsymbol{E}_2-\boldsymbol{E}_1)\cdot \boldsymbol{t}=\partial(\boldsymbol{E}\cdot \boldsymbol{n}d)/\partial l \quad 或 \quad E_{2t}-E_{1t}=-\partial(\pi_s/\epsilon)/\partial l \tag{13-37a}$$

由于式(13-37a)在界面内任意方向成立，所以又可写成

$$\boldsymbol{n}\times(\boldsymbol{E}_2-\boldsymbol{E}_1)=-\nabla(\pi_s/\epsilon) \tag{13-37b}$$

应当注意，如介质 1 是导体，则在导体内 $\boldsymbol{E}_1=\boldsymbol{D}_1=\boldsymbol{0}$。

13.1.8 电势、磁势和自由空间准静态问题的几个典型解

由麦克斯韦方程(13-28)第 3 式 $\nabla\cdot \boldsymbol{B}=0$ 知 $\boldsymbol{B}$ 可表示为

$$\boldsymbol{B}=\nabla\times\boldsymbol{A} \tag{13-38}$$

称 $\boldsymbol{A}$ 为磁矢量势,代入式(13-28)第2式得

$$\nabla\times(\boldsymbol{E}+\partial\boldsymbol{A}/\partial t)=\boldsymbol{0} \tag{13-39}$$

引入标量势 φ,式(13-39)可表示为

$$\boldsymbol{E}+\partial\boldsymbol{A}/\partial t=-\nabla\varphi \quad 或 \quad \boldsymbol{E}=-\nabla\varphi-\partial\boldsymbol{A}/\partial t \tag{13-40a}$$

当本构方程式(13-31b)和式(13-32b)成立时,由式(13-38)、式(13-40)和式(13-28)第1式、式(13-28)第4式可得

$$\left.\begin{aligned}&\nabla^2\varphi+\frac{\partial}{\partial t}\nabla\cdot\boldsymbol{A}=-\frac{\rho_e}{\epsilon}\\&\nabla^2\boldsymbol{A}-\mu\epsilon\frac{\partial^2}{\partial t^2}\boldsymbol{A}-\nabla\left(\nabla\cdot\boldsymbol{A}+\mu\epsilon\frac{\partial\varphi}{\partial t}\right)=-\mu\boldsymbol{J}\end{aligned}\right\} \tag{13-40b}$$

由于 $\boldsymbol{B}=\nabla\times\boldsymbol{A}$,所以 $\boldsymbol{A}$ 不能由 $\boldsymbol{B}$ 唯一确定,还须补充一个条件。洛伦兹选择

$$\nabla\cdot\boldsymbol{A}+\mu\epsilon\partial\varphi/\partial t=0 \tag{13-41a}$$

称为洛伦兹规范化条件,此时式(13-40b)化第2式为

$$\nabla^2\boldsymbol{A}-\mu\epsilon\frac{\partial^2}{\partial t^2}\boldsymbol{A}=-\mu\boldsymbol{J} \tag{13-41b}$$

对准静态情形有

$$\left.\begin{aligned}&\boldsymbol{E}=-\nabla\varphi \qquad \nabla^2\varphi=-\rho_e/\epsilon\\&\nabla^2\boldsymbol{A}=-\mu\boldsymbol{J}\end{aligned}\right\} \tag{13-42}$$

式(13-42)为典型的泊松方程,可用标准方法求解。

对均匀介质中的准静态磁场且电流密度 $\boldsymbol{J}=\boldsymbol{0}$ 时有

$$\nabla\times\boldsymbol{H}=0 \quad \nabla\cdot\boldsymbol{H}=0$$

因而也是无旋的,此时可引入磁标量势 ψ,则

$$H=-\nabla\psi \quad \nabla^2\psi=0 \tag{13-43}$$

下面给出自由空间中几个典型问题的解,此时 $\epsilon=\epsilon_0$, $\mu=\mu_0$。

(1) 点电荷。点电荷产生的电场由式(13-15)表示,相应的电势为

$$\varphi=\frac{1}{4\pi\epsilon_0}\frac{q}{r} \tag{13-44}$$

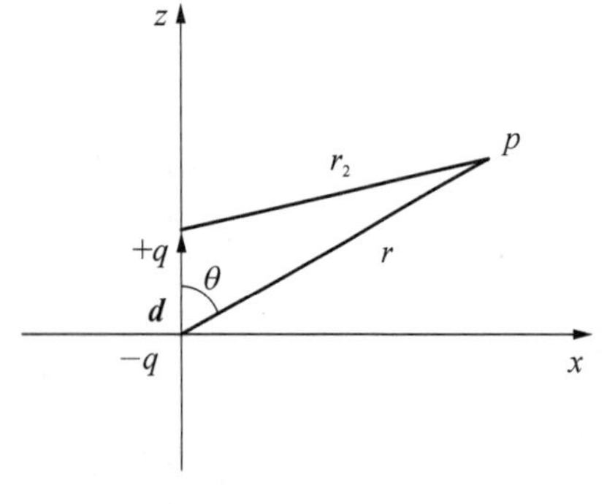

图 13-7 电偶极子

(2) 电偶极子(见图13-7)。设 $-q$ 位于坐标原点,q 位于 z 轴上 $d(\to 0)$ 处,则 P 点电势为

$$\varphi=\frac{q}{4\pi\epsilon_0}\left(\frac{1}{r_2}-\frac{1}{r}\right)=\frac{qd}{4\pi\epsilon_0}\frac{\cos\theta}{r^2}$$

$$=\frac{1}{4\pi\epsilon_0}\frac{\boldsymbol{p}\cdot\boldsymbol{r}^0}{r^2}=-\frac{1}{4\pi\epsilon_0}\boldsymbol{p}\cdot\nabla\left(\frac{1}{r}\right) \tag{13-45}$$

式中，$\boldsymbol{p}=q\boldsymbol{d}$；$\boldsymbol{d}$ 由 $-q$ 指向 q；$\boldsymbol{r}^0=\boldsymbol{r}/|\boldsymbol{r}|$。上述矢量形式对任何坐标系均成立。

(3) 单层电荷分布。设曲面 a 上的电荷面密度为 σ_s，按式(13-44)有

$$\left.\begin{aligned}\varphi(\boldsymbol{x})&=\frac{1}{4\pi\epsilon_0}\int_a\frac{\sigma_s(\boldsymbol{x}')}{r}\mathrm{d}a'\\ \boldsymbol{E}(\boldsymbol{x})&=\frac{1}{4\pi\epsilon_0}\int_a\sigma_*(\boldsymbol{x}')\nabla\left(\frac{1}{r}\right)\mathrm{d}a'\end{aligned}\right\} \tag{13-46}$$

式中，$r^2=(\boldsymbol{x}-\boldsymbol{x}')\cdot(\boldsymbol{x}-\boldsymbol{x}')$。可以证明 $\varphi(\boldsymbol{x})$ 在曲面外和曲面上都是连续的，但 $\boldsymbol{E}(\boldsymbol{x})$ 在穿越曲面时有间断，如式(13-31)所示。

(4) 双层电荷分布。设曲面 a' 上的电偶极子面密度为 π_s，曲面法线 $\boldsymbol{n}$ 由负电荷指向正电荷。按式(13-45)，采用图 13-8 的记号，任意一点 P 的电势为

$$\varphi=\frac{1}{4\pi\epsilon_0}\int_a\frac{\pi_s\boldsymbol{n}\cdot\boldsymbol{r}^0}{|\boldsymbol{r}-\boldsymbol{r}'|^2}\mathrm{d}a'=\frac{1}{4\pi\epsilon_0}\int_\Omega\pi_s\mathrm{d}\Omega\quad \boldsymbol{r}^0=\frac{\boldsymbol{r}-\boldsymbol{r}'}{|\boldsymbol{r}-\boldsymbol{r}'|} \tag{13-47}$$

式中，$\mathrm{d}\Omega$ 是微元面积 $\mathrm{d}a'$ 对 P 点所张成的立体角。

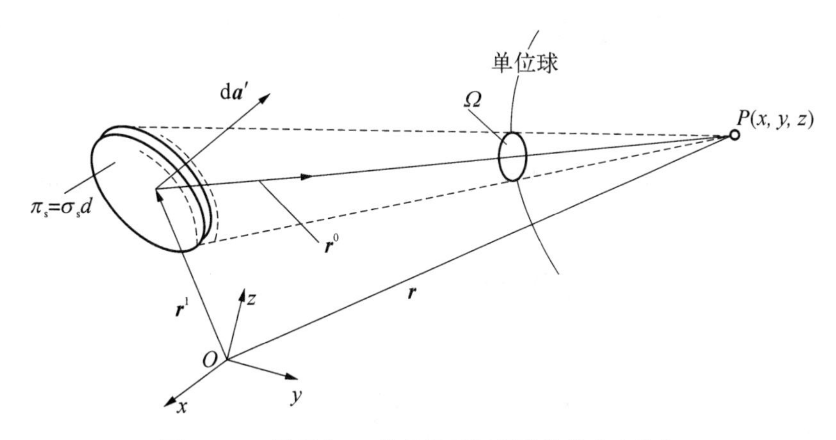

图 13-8　面积为 d*a* 的偶极子层所张的微分立体角

易于看出 φ 穿过偶极子层面时是不连续的，事实上，当 P 点位于+边(见图 13-9)时张成的立体角为 $4\pi-\Omega_0$，而在负边时张成的立体角为 $-\Omega_0$，所以跨过 a 面时

$$\varphi_+-\varphi_-=\frac{\pi_s}{4\pi_0}\{(4\pi-\Omega_0)-(-\Omega_0)\}=\frac{\pi_s}{\iota_0} \tag{13-48}$$

偶极子层内电场强度的法向分量

$$E_n=-(\varphi_+-\varphi_-)/d=-\sigma_s/\epsilon_0 \tag{13-49}$$

(5) 微电流环的磁场。图 13-10 表示一线电流为 i 的电流环，环的面积为 Δa，周线为 C。由式(13-22a)表示的安培定律和式(13-43)知，在准静态情形有

$$\int_\Gamma\boldsymbol{H}\cdot\mathrm{d}\boldsymbol{s}=\int_\Gamma(-\nabla\psi)\cdot\mathrm{d}\boldsymbol{s}=\Delta\psi=i \tag{13-50}$$

式中，Γ 为环绕导线的几乎闭合但不闭合的路径；$\Delta\psi$ 则为 Γ 两端点 ψ 的差值，式(13-50)表明 ψ 为多值函数。因此以 C 为边界作一任意的曲面 S，只要 Γ 不穿越 S，ψ 便是处处单值的，而 S 则成为 ψ 的间断面，可以设想成双层磁荷分布面。这和(4)中讨论的双层电荷分布在数学上是相同的，因而可采用解式(13-47)，但需要用 ψ 的间断值 i 代替 φ 的间断值 π_s/ϵ_0，即

$$\psi=\frac{i}{4\pi}\Omega=\frac{i}{4\pi}\frac{\boldsymbol{n}\cdot\boldsymbol{r}^0}{r^2}\Delta a=\frac{\mu_0 m}{4\pi\mu_0}\frac{\boldsymbol{n}\cdot\boldsymbol{r}^0}{r^2}\quad m=i\Delta a \tag{13-51}$$

式中，Ω 是电流环的面积 Δa 对观察点 P 张成的立体角；$\boldsymbol{n}$ 为面 Δa 的法线；r 为微电流环中心到 P 点的距离；m 为电流环的“磁偶极距”。和式(13-45)对比可知，式(13-51)代表磁偶极矩 $p_m=\mu_0 m$ 的“磁偶极子”的势，磁偶极子的方向沿 $\boldsymbol{n}$。因此除邻近电流环的区域，微电流环产生的磁场和 $p_m=\mu_0 m$ 的磁偶极子产生的磁场是相同的。

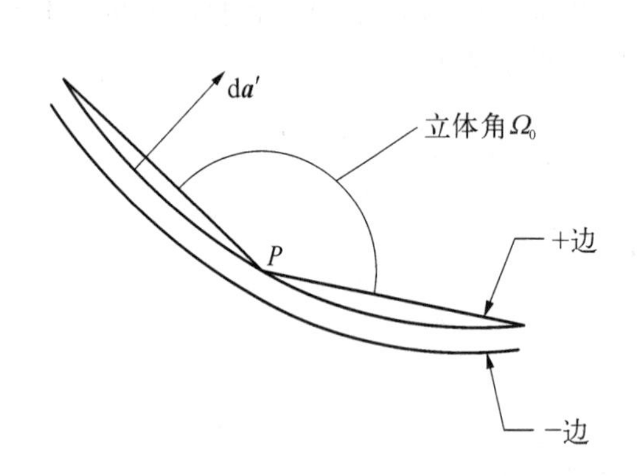

图 13-9　由偶极子层的两个相反边观察的立体角

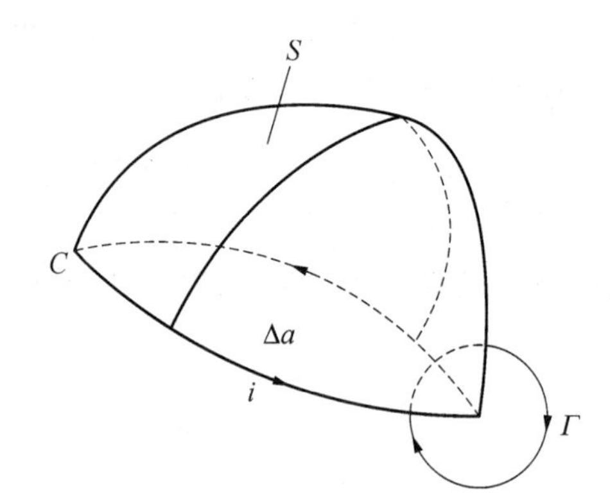

图 13-10　微电流环

13.2　电磁场的能量平衡与电磁力

13.2.1　电磁场的能量平衡

1. 准静态电磁场

点电荷 q 在电场强度为 $\boldsymbol{E}$ 的电场内受到的力是 $q\boldsymbol{E}$，对准静态情形可引入电势 φ 使 $\boldsymbol{E}=-\boldsymbol{\nabla}\varphi$，从而把 q 从点 $\boldsymbol{r}_1$ 移到 $\boldsymbol{r}_2$ 所做的功为

$$W=q\int_{r_1}^{r_2}\boldsymbol{E}\cdot\mathrm{d}\boldsymbol{s}=-q\boldsymbol{\nabla}\varphi\cdot\mathrm{d}\boldsymbol{s}=q[\varphi(r_1)-\varphi(r_2)] \tag{13-52}$$

对分布电荷，为使体密度由 ρ_e 增加到 $\rho_e+\delta\rho_e$ 对系统需要做功

$$\begin{aligned}\delta\boldsymbol{W}&=\int_V\varphi\delta\rho_e\mathrm{d}V=\int_V\varphi\delta(\boldsymbol{\nabla}\cdot\boldsymbol{D})\mathrm{d}V\\&=\int_V\{\boldsymbol{\nabla}(\varphi\delta\boldsymbol{D})+\boldsymbol{E}\cdot\delta\boldsymbol{D}\}\mathrm{d}V=\int_V\boldsymbol{E}\cdot\delta\boldsymbol{D}\mathrm{d}V+\int_a\varphi\delta\boldsymbol{D}\cdot\mathrm{d}\boldsymbol{a}\end{aligned} \tag{13-53}$$

设无穷远处电势为零，则当 a 延伸到无穷远后，式(13-53)中面积分的项为零。上述功将以能量增量的形式储存在物体中，所以储存在准静态电场中的能量密度增量为

$$\delta U_e = \boldsymbol{E} \cdot \delta \boldsymbol{D} = \epsilon_0 \boldsymbol{E} \cdot \delta \boldsymbol{E} + \boldsymbol{E} \cdot \delta \boldsymbol{P} \tag{13-54}$$

同样对准静态磁场可以得到

$$\delta U_M = \boldsymbol{H} \cdot \delta \boldsymbol{B} = \mu_0 \boldsymbol{H} \cdot \delta \boldsymbol{H} + \mu_0 \boldsymbol{H} \cdot \delta \boldsymbol{M} \tag{13-55}$$

在式(13－54)和式(13－55)中，$\epsilon_0 \boldsymbol{E} \cdot \delta \boldsymbol{E}$ 和 $\mu_0 \boldsymbol{H} \cdot \delta \boldsymbol{H}$ 分别为储存在自由空间中电能密度和磁能密度的变化；而 $\boldsymbol{E} \cdot \delta \boldsymbol{P}$ 和 $\mu_0 \boldsymbol{H} \cdot \delta \boldsymbol{M}$ 分别为电介质的极化强度和磁介质中磁化强度的变化引起的。

2. 电磁场的能量平衡

把式(13－28)第 4 式点乘 $\boldsymbol{E}$ 和(13－28)第 3 式点乘 $\boldsymbol{H}$，分别得

$$\boldsymbol{E} \cdot (\nabla \times \boldsymbol{H}) - \boldsymbol{E} \cdot \partial \boldsymbol{D}/\partial t = \boldsymbol{E} \cdot \boldsymbol{J} \tag{13-56}$$

$$\boldsymbol{H} \cdot (\nabla \times \boldsymbol{E}) - \boldsymbol{H} \cdot \partial \boldsymbol{B}/\partial t = 0 \tag{13-57}$$

式(13－56)和式(13－57)相减并利用恒等式

$$\nabla \cdot (\boldsymbol{E} \times \boldsymbol{H}) = \boldsymbol{H} \cdot (\nabla \times \boldsymbol{E}) - \boldsymbol{E} \cdot (\nabla \times \boldsymbol{H})$$

则得

$$\boldsymbol{E} \cdot \boldsymbol{J} = -\nabla \cdot \boldsymbol{S} - (\boldsymbol{E} \cdot \partial \boldsymbol{D}/\partial t + \boldsymbol{H} \cdot \partial \boldsymbol{B}/\partial t) \tag{13-58}$$

$$\boldsymbol{S} = \boldsymbol{E} \times \boldsymbol{H} \tag{13-59}$$

对任意一曲面 a 包围的体积 V 则有

$$\int_V \boldsymbol{E} \cdot \boldsymbol{J} \mathrm{d}V = -\int_a \boldsymbol{S} \cdot \mathrm{d}\boldsymbol{a} - \int_V (\boldsymbol{E} \cdot \partial \boldsymbol{D}/\partial t + \boldsymbol{H} \cdot \partial \boldsymbol{B}/\partial t) \mathrm{d}V \tag{13-60}$$

式(13－60)便是坡印亭(Poynting)和赫维赛德(Heaviside)各自独立得到的电磁能量平衡方程，$\boldsymbol{S}$ 称为坡印亭矢量。如设电磁场的能量密度表达式和准静态一样，则式(13－60)表示电磁场对电流所做的功等于外界电磁波传入的能量和场中电磁能密度的下降。

13.2.2 自由空间中的电磁力

自由空间中的电磁场对电荷密度和电流产生的力由式(13－30a)表示，利用麦克斯韦方程后可以写成

$$\rho \boldsymbol{f}^0 = \epsilon_0 (\nabla \cdot \boldsymbol{E}) \boldsymbol{E} + \mu_0^{-1} (\nabla \times \boldsymbol{B} - \mu_0 \epsilon_0 \partial \boldsymbol{E}/\partial t) \times \boldsymbol{B} \tag{13-61}$$

把式(13－61)加上下列恒等式

$$\mu_0^{-1} (\nabla \cdot \boldsymbol{B}) \boldsymbol{B} + \epsilon_0 (\nabla \times \boldsymbol{E} + \partial \boldsymbol{B}/\partial t) \times \boldsymbol{E} = 0$$

再利用下列恒等式及类似的恒等式

$$\left.\begin{aligned} \boldsymbol{D} \times (\nabla \times \boldsymbol{E}) &= e_{klm} e_{qpl} D_k E_{p,q} \boldsymbol{i}_m = D_k (E_{k,m} - E_{m,k}) \boldsymbol{i}_m \\ &= D_k E_{k,m} \boldsymbol{i}_m - (D_{k,k} E_m + D_k E_{m,k}) \boldsymbol{i}_m + D_{k,k} E_m \boldsymbol{i}_m \\ &= (\nabla \otimes \boldsymbol{E}) \cdot \boldsymbol{D} - \nabla \cdot (\boldsymbol{D} \otimes \boldsymbol{E}) + (\nabla \cdot \boldsymbol{D}) \cdot \boldsymbol{E} \\ &= (\nabla \otimes \boldsymbol{E}) \cdot \boldsymbol{D} - (\boldsymbol{D} \cdot \nabla) \cdot \boldsymbol{E} \\ (\nabla \otimes \boldsymbol{E}) \boldsymbol{D} &+ (\nabla \otimes \boldsymbol{D}) \cdot \boldsymbol{E} = \nabla \cdot [(\boldsymbol{E} \cdot \boldsymbol{D}) \boldsymbol{I}] \end{aligned}\right\} \tag{13-62}$$

则式(13-61)可以写成

$$\rho \boldsymbol{f}^{0}=\nabla \cdot \boldsymbol{\sigma}^{n}-c^{-2} \partial \boldsymbol{S} / \partial t \quad c^{-2}=\epsilon_{0} \mu_{0} \tag{13-63}$$

$$\boldsymbol{\sigma}^{0}=\left(\epsilon_{0} \boldsymbol{E} \otimes \boldsymbol{E}+\mu_{0}^{-1} \boldsymbol{B} \otimes \boldsymbol{B}\right)-\frac{1}{2}\left(\epsilon_{0} \boldsymbol{E}^{2}+\mu_{0}^{-1} \boldsymbol{B}^{2}\right) \boldsymbol{I} \tag{13-64}$$

式中，$\boldsymbol{E}^2=\boldsymbol{E}\cdot\boldsymbol{E}$；$\boldsymbol{B}^2=\boldsymbol{B}\cdot\boldsymbol{B}$；$c=2.998\times10^8$ m/s 为自由空间光速。称 $\boldsymbol{\sigma}^0$ 为自由空间的麦克斯韦(或洛伦兹)对称的二阶应力张量，$\boldsymbol{S}/c^2$ 称为电磁动量密度。式(13-63)是 $\rho\boldsymbol{f}^0$ 的另一种表示方式，还可写成

$$\int_{a}-\boldsymbol{\sigma}^{0} \mathrm{d} \boldsymbol{a}+\int_{V} \rho \boldsymbol{f}^{0} \mathrm{d} V+c^{-2} \frac{\partial}{\partial t} \int_{V} \boldsymbol{S} \mathrm{d} V=\mathbf{0} \tag{13-65}$$

式中，a 为任意体积 V 的表面。式中含 $-\sigma^0$ 的表面积分项表示体积 V 的外部以某种形式施加的机械力，它和 V 中的电磁动量变化率和电磁场施加于 V 内的电荷及电流上的力相平衡。式(13-65)也称为电磁动量平衡方程。

13.2.3 电磁场作用在介质上的力(一)

把式(13-28)第 2 式矢乘 $\boldsymbol{D}$，式(13-28)第 4 式矢乘 $\boldsymbol{B}$，然后相加得

$$\boldsymbol{D}\times(\nabla\times\boldsymbol{E})+\boldsymbol{D}\times\partial\boldsymbol{B}/\partial t+\boldsymbol{B}\times(\nabla\times\boldsymbol{H})+(\partial\boldsymbol{D}/\partial t)\times\boldsymbol{B}+\boldsymbol{J}\times\boldsymbol{B}=\mathbf{0} \tag{13-66a}$$

利用式(13-53)，式(13-66a)可化为

$$-\nabla\cdot(\boldsymbol{D}\otimes\boldsymbol{E}+\boldsymbol{B}\otimes\boldsymbol{H})+(\nabla\otimes E)\cdot\boldsymbol{D}+(\nabla\otimes\boldsymbol{H})\cdot\boldsymbol{B}+\frac{\partial}{\partial t}(\boldsymbol{D}\times\boldsymbol{B})=-\rho_{\mathrm{e}}\boldsymbol{E}-\boldsymbol{J}\times\boldsymbol{B} \tag{13-66b}$$

或

$$\begin{aligned}&\nabla\cdot[(\boldsymbol{E}\cdot\boldsymbol{D}+\boldsymbol{H}\cdot\boldsymbol{B})\boldsymbol{I}-(\boldsymbol{D}\otimes\boldsymbol{E}+\boldsymbol{B}\otimes\boldsymbol{H})]+\partial(\boldsymbol{D}\times\boldsymbol{B})/\partial t\\&=-\rho_{\mathrm{e}}\boldsymbol{E}-\boldsymbol{J}\times\boldsymbol{B}+(\nabla\otimes\boldsymbol{D})\cdot\boldsymbol{E}+(\nabla\otimes\boldsymbol{B})\cdot\boldsymbol{H}\end{aligned} \tag{13-66c}$$

式(13-66)可进一步写成

$$\rho\boldsymbol{f}^{\mathrm{M}}=\nabla\cdot\boldsymbol{\sigma}^{\mathrm{M}}-\partial\rho\boldsymbol{g}^{\mathrm{M}}/\partial t=\nabla\cdot(\boldsymbol{\sigma}^{\mathrm{M}}+\rho\boldsymbol{v}\otimes\boldsymbol{g}^{\mathrm{M}})-\rho\dot{\boldsymbol{g}}^{\mathrm{M}} \tag{13-67}$$

式中已利用了 $\nabla\cdot(\rho\boldsymbol{v}\otimes\boldsymbol{g}^{\mathrm{M}})=[\nabla\cdot(\rho\boldsymbol{v})]\boldsymbol{g}^{M}+\rho(\boldsymbol{v}\cdot\nabla)\boldsymbol{g}^{M}$ 和 $\partial\rho/\partial t+\nabla\cdot(\rho\boldsymbol{v})=0$，且令

$$\rho\boldsymbol{g}^{\mathrm{M}}=\boldsymbol{D}\times\boldsymbol{B} \tag{13-68}$$

$$\boldsymbol{\sigma}^{\mathrm{M}}=(\boldsymbol{D}\otimes\boldsymbol{E}+\boldsymbol{B}\otimes\boldsymbol{H})-\frac{1}{2}(\boldsymbol{D}\cdot\boldsymbol{E}+\boldsymbol{B}\cdot\boldsymbol{H})\boldsymbol{I} \tag{13-69}$$

$$\begin{aligned}\rho\boldsymbol{f}^{\mathrm{M}}=&\rho_{\mathrm{e}}\boldsymbol{E}+\boldsymbol{J}\times\boldsymbol{B}-\frac{1}{2}[(\nabla\otimes\boldsymbol{D})\cdot\boldsymbol{E}-(\nabla\otimes\boldsymbol{E})\cdot\boldsymbol{D}]-\\&\frac{1}{2}[(\nabla\otimes\boldsymbol{B})\cdot\boldsymbol{H}-(\nabla\otimes\boldsymbol{H})\cdot\boldsymbol{B}]\end{aligned} \tag{13-70a}$$

对线性各向同性体 $\boldsymbol{D}=\epsilon\boldsymbol{E}$，$\boldsymbol{B}=\mu\boldsymbol{H}$，式(13-70)还可写成

$$\rho\boldsymbol{f}^{\mathrm{M}}(\text{线性})=\rho_{\mathrm{e}}\boldsymbol{E}+\boldsymbol{J}\times\boldsymbol{B}-\frac{1}{2}E^2\nabla\epsilon-\frac{1}{2}H^2\nabla\mu \tag{13-70b}$$

称 $\boldsymbol{f}^{\mathrm{M}}$ 为电磁场和介质相互作用的单位质量的体积力；$\boldsymbol{\sigma}^{\mathrm{M}}$ 为介质中的麦克斯韦应力张量；$\rho\boldsymbol{g}^{\mathrm{M}}$ 为电磁动量密度，对线性各向同性介质 $\rho\boldsymbol{g}^{\mathrm{M}}=\boldsymbol{E}\times\boldsymbol{H}/c^2$，除去特殊情况外，通常很小，可以略去。式(13-67)也称为介质的电磁动量平衡方程。

由式(13-67)知，对准静态情形 $\partial\rho\boldsymbol{g}^{\mathrm{M}}/\partial t=\boldsymbol{0}$，所以在法线为 $\boldsymbol{n}$ 的界面上由 $\boldsymbol{\sigma}^{\mathrm{M}}$ 产生的面力 $\boldsymbol{t}^{(n)}$ 为

$$\boldsymbol{t}^{(n)}=\boldsymbol{n}\cdot\boldsymbol{\sigma}^{\mathrm{M}}=(\boldsymbol{n}\cdot\boldsymbol{D})\boldsymbol{E}+(\boldsymbol{n}\cdot\boldsymbol{B})\boldsymbol{H}-\frac{1}{2}(\boldsymbol{D}\cdot\boldsymbol{E}+\boldsymbol{B}\cdot\boldsymbol{H})\boldsymbol{n} \tag{13-71}$$

上述 $\boldsymbol{t}^{(n)}$ 必须由界面外的物质在界面上施加一 $\boldsymbol{t}^{(n)}$ 的面力以维持平衡(见图13-11)。因此在介质1和2的分界面上作用面力 $\boldsymbol{p}^{(n)}$ 时有

$$\boldsymbol{p}^{(n)}=[(\boldsymbol{n}\cdot\boldsymbol{D})\boldsymbol{E}+(\boldsymbol{n}\cdot\boldsymbol{B})\boldsymbol{H}]-\frac{1}{2}[\boldsymbol{D}\cdot\boldsymbol{E}+\boldsymbol{B}\cdot\boldsymbol{H}]\boldsymbol{n} \tag{13-72}$$

式中，$[\varphi]\geqslant\varphi_2-\varphi_1$，$\boldsymbol{n}$ 由介质1指向2。

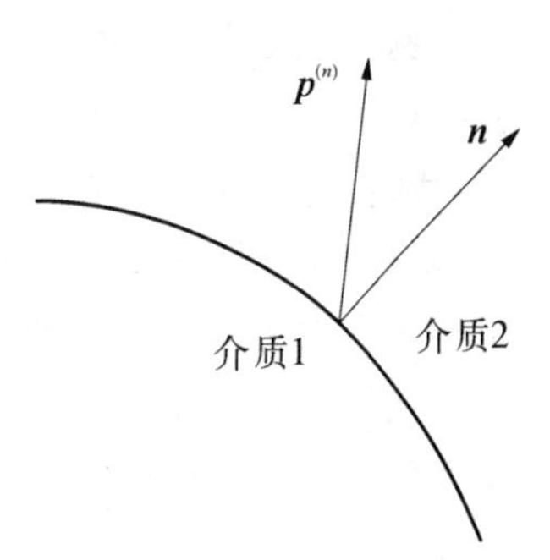

图13-11 界面条件

应当注意，电磁场本质上是在介质中产生体积力，式(13-67)只是 $\rho\boldsymbol{f}^{\mathrm{M}}$ 的另一种表示方式，对准静态情形有

$$\int_V\rho\boldsymbol{f}^{\mathrm{M}}\mathrm{d}V=\int_V\nabla\cdot\boldsymbol{\sigma}^{\mathrm{M}}\mathrm{d}V=\int_a\boldsymbol{n}\cdot\boldsymbol{\sigma}\,\mathrm{d}a \tag{13-73}$$

表示电磁场作用在介质上的合力既可用体积力的方法，又可用麦克斯韦应力产生的面力的方法去求，这种合力(是外力)必须由介质外的物质施加一合力(是约束力)与之平衡。

由式(13-66c)写成式(13-67)时，式(13-69)和式(13-70)不是唯一的形式，事实上若令

$$\left.\begin{aligned}\boldsymbol{\sigma}^{\mathrm{M}'}&=(\boldsymbol{D}\otimes\boldsymbol{E}+\boldsymbol{B}\otimes\boldsymbol{H})-(\boldsymbol{D}\cdot\boldsymbol{E}+\boldsymbol{B}\cdot\boldsymbol{H})\boldsymbol{I}\\\rho\boldsymbol{f}^{\mathrm{M}'}&=\rho_{\mathrm{e}}\boldsymbol{E}+\boldsymbol{J}\times\boldsymbol{B}-(\nabla\otimes\boldsymbol{D})\cdot\boldsymbol{E}-(\nabla\otimes\boldsymbol{B})\cdot\boldsymbol{H}\end{aligned}\right\} \tag{13-74}$$

则式(13-67)仍成立，这也反映了体积力选取上的困惑，还有待深入研究。但式(13-69)和式(13-70)可以从相对论中的能量动量张量自然地导出[见附录C中式(C-20)]，因而应用较广。

例1 讨论自由空间静电学中的麦克斯韦应力张量产生的面力的一些性质。

解： 设 O 为某曲面上的一点，过 O 点的法线为 $\boldsymbol{n}$，取作 x_1 轴，在 $\boldsymbol{E}$、$\boldsymbol{n}$ 平面内的切线为 $\boldsymbol{t}$，取作 x_2 轴，$\boldsymbol{n}$ 和 $\boldsymbol{E}$ 的夹角为 θ，x_3 轴垂直 x_1、x_2 轴(见图13-12)。在这一坐标系中有

$$E_1=E\cos\theta\quad E_2=E\sin\theta\quad E_3=0 \tag{13-75}$$

在自由空间 $\boldsymbol{D}=\epsilon_0\boldsymbol{E}$。由于只讨论电场，由式(13-69)得

$$\boldsymbol{p}^{(n)}=\boldsymbol{\sigma}^{\mathrm{M}}n=\epsilon_0\begin{bmatrix}\frac{1}{2}E^2\cos 2\theta & \frac{1}{2}E^2\sin 2\theta & 0\\ \frac{1}{2}E^2\sin 2\theta & -\frac{1}{2}E^2\cos 2\theta & 0\\ 0 & 0 & -\frac{1}{2}E^2\end{bmatrix}\begin{Bmatrix}1\\0\\0\end{Bmatrix}=\begin{Bmatrix}\frac{1}{2}\epsilon_0E^2\cos 2\theta\\ \frac{1}{2}\epsilon_0E^2\sin 2\theta\\ 0\end{Bmatrix}$$

(13 - 76)

式(13 - 76)表示 $\boldsymbol{E}$ 是 $\boldsymbol{n}$ 和 $\boldsymbol{p}^{(n)}$ 的分角线；$\boldsymbol{p}^{(n)}$ 的方向随 $\boldsymbol{E}$ 的方向而变化。当 $\theta=0$($\boldsymbol{E}$ 和 $\boldsymbol{n}$ 方向一致)或 π($\boldsymbol{E}$ 和 $\boldsymbol{n}$ 方向相反)时，$\boldsymbol{p}^{(n)}$ 都和 $\boldsymbol{n}$ 的方向一致，是拉应力；当 $\theta=\pm\pi/2$ 时，则 $\boldsymbol{p}^{(n)}$ 和 $\boldsymbol{n}$ 的方向相反，是压应力；当 $\theta=\pi/4$ 时，$\boldsymbol{p}^{(n)}$ 和 t 的方向一致；当 $\theta=-\pi/4$ 时，则 $\boldsymbol{p}^{(n)}$ 和 t 的方向相反。所有这些情形 $\boldsymbol{p}^{(n)}$ 的绝对值都是 $\epsilon_0E^2/2$，等于能量密度值。

例 2　试计算自由空间中面电荷密度为 σ_s 的带电导体，在电场强度为 $\boldsymbol{E}$ 的静电场中单位表面积上受到的力 $\boldsymbol{p}^{(n)}$。

解： 在静电学的情况，导体内部的电场强度 $\boldsymbol{E}_{内}=\boldsymbol{0}$，否则导体内部将产生电流。由于 $\boldsymbol{E}_{内}=\boldsymbol{0}$，所以在导体表面 $\boldsymbol{E}$ 的切向分量 $\boldsymbol{E}_t=\boldsymbol{0}$，只有法向分量 $\boldsymbol{E}_n$，令 $|\boldsymbol{E}_n|=E$。电磁场作用在导体表面上的面力可如下求之。

在导体表面作一微圆柱体，其上下表面平行于法线为 $\boldsymbol{n}$ 的导体表面，而高度趋于零，即侧表面可略去不计(见图 13 - 13)。作用在此圆柱体上的合力可用圆柱体表面上的麦克斯韦应力张量形成的面力的合力来代替。上表面 S_1 上的合力，按例 1 中的式(13 - 76)，为 $\epsilon_0E^2\boldsymbol{n}S_1/2$，由于 $\boldsymbol{E}_{内}=\boldsymbol{0}$，下表面 S_2 上的合力为零，所以作用在微圆柱上的总力为 $\epsilon_0E^2\boldsymbol{n}S_1/2$，除以 S_1 并取极限便得作用在导体单位表面上的面力为

$$\boldsymbol{p}^{(n)}=\epsilon_0E^2\boldsymbol{n}/2=\sigma_sE\boldsymbol{n}/2\quad \sigma_s=\epsilon_0E \tag{13 - 77a}$$

由式(13 - 77a)知，作用在导体表面的力总是沿着导线的外法线方向，把金属拉向介质。如在两种介质的分界面上存在一面密度为 σ_s 的薄层，薄层的两侧电场分别为 $\boldsymbol{E}_1$ 和 $\boldsymbol{E}_2$，则电场作用在薄层电荷上单位面积的力为

$$\boldsymbol{p}^{(n)}=\frac{1}{2}\sigma_s(\boldsymbol{E}_1+\boldsymbol{E}_2) \tag{13 - 77b}$$

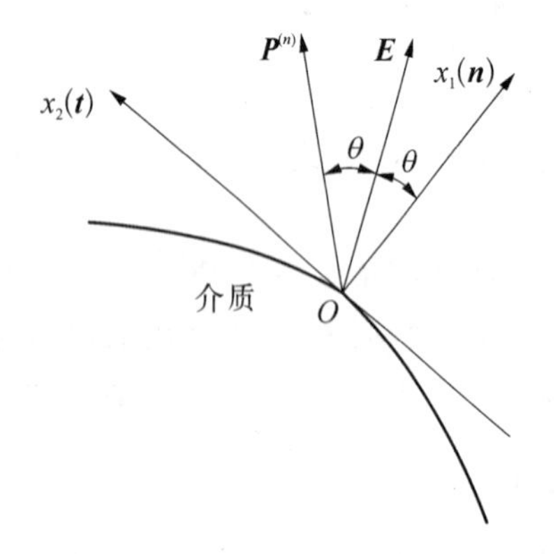

图 13 - 12　麦克斯韦应力产生的面力

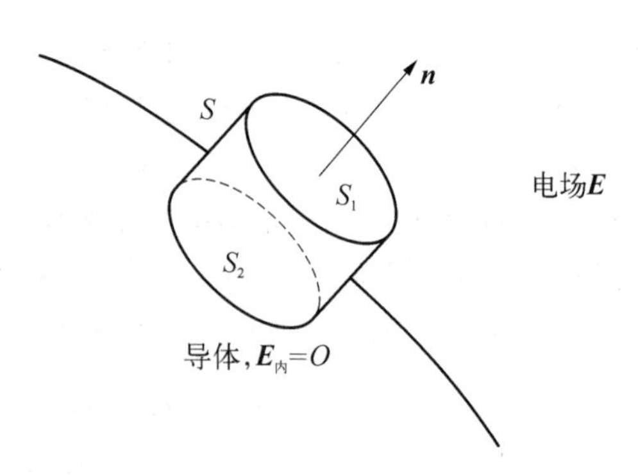

图 13 - 13　电场作用在异体表面上的面力

特别是当一侧的介质为导体时又得到式(13-77a)。

13.2.4　电磁场作用在介质上的力(二)

利用 $\boldsymbol{D}=\epsilon_0\boldsymbol{E}+\boldsymbol{P}$，$\boldsymbol{B}=\mu_0(\boldsymbol{H}+\boldsymbol{M})$，改写式(13-28)为

$$\left.\begin{aligned}&\epsilon_0\nabla\cdot\boldsymbol{E}-(\rho_e-\nabla\cdot\boldsymbol{P})=0\quad \nabla\times\boldsymbol{E}+\partial\boldsymbol{B}/\partial t=0\\&\nabla\cdot\boldsymbol{B}=0\quad \mu_0^{-1}\nabla\times\boldsymbol{B}-\epsilon_0\partial\boldsymbol{E}/\partial t-\partial\boldsymbol{P}/\partial t-\nabla\times\boldsymbol{M}-\boldsymbol{J}=0\end{aligned}\right\}\tag{13-78}$$

把式(13-78)第 2 式矢乘 $\boldsymbol{D}$，式(13-78)第 4 式矢乘 $\boldsymbol{B}$，然后相加，采用和 13.2.3 节中的相同运算过程，可得

$$\left.\begin{aligned}&\nabla\cdot\boldsymbol{\sigma}^L-\epsilon_0\partial(\boldsymbol{E}\times\boldsymbol{B})/\partial t=\rho\boldsymbol{f}^L=\rho_t\boldsymbol{E}+\boldsymbol{J}_t\times\boldsymbol{B}\\&\boldsymbol{\sigma}^L=(\epsilon_0\boldsymbol{E}\otimes\boldsymbol{E}+\mu_0^{-1}\boldsymbol{B}\otimes\boldsymbol{B})-\frac{1}{2}(\epsilon_0E^2+\mu_0^{-1}B^2)\boldsymbol{I}\\&\rho\boldsymbol{f}^L=\rho_e\boldsymbol{E}+\boldsymbol{J}\times\boldsymbol{B}-(\nabla\cdot\boldsymbol{P})\boldsymbol{E}+(\partial\boldsymbol{P}/\partial t)\times\boldsymbol{B}+(\nabla\times\boldsymbol{M})\times\boldsymbol{B}\end{aligned}\right\}\tag{13-79}$$

式中，$\rho\boldsymbol{f}^L$ 便是式(13-30b)中的电磁体积力。

如果我们从介质中划出一表面为 a 的体积 V，作用在此体积上的电磁力，不仅有体积力，还有表面力。记划出的体积为 1，V 外的空间为 2，则由式(13-34)知，在表面 a 上作用有极化电荷密度 $\boldsymbol{n}\cdot\boldsymbol{P}$，由式(13-36)知，在表面 a 上作用有磁化电流密度 $-\boldsymbol{n}\times\boldsymbol{M}$。所以作用在体积 V 上的总力为

$$\begin{aligned}\boldsymbol{F}=&\int_V(\rho_e-\nabla\cdot\boldsymbol{P})\boldsymbol{E}\,\mathrm{d}V+\int_V(\boldsymbol{J}+\partial\boldsymbol{P}/\partial t+\nabla\times\boldsymbol{M})\times\boldsymbol{B}\,\mathrm{d}V+\\&\int_a(\boldsymbol{n}\cdot\boldsymbol{P})\boldsymbol{E}\,\mathrm{d}a+\int_a(-\boldsymbol{n}\times\boldsymbol{M})\times\boldsymbol{B}\,\mathrm{d}a\end{aligned}\tag{13-80}$$

利用关系

$$(\boldsymbol{n}\cdot\boldsymbol{p})\boldsymbol{E}=\boldsymbol{n}(\boldsymbol{P}\otimes\boldsymbol{E})\quad \boldsymbol{B}\times(\boldsymbol{n}\times\boldsymbol{M})=\boldsymbol{n}(\boldsymbol{B}\cdot\boldsymbol{M})-\boldsymbol{n}\cdot(\boldsymbol{B}\otimes\boldsymbol{M})$$

和式(1-66)，把面积分转换成体积分后，式(13-80)化为

$$\boldsymbol{F}=\int_V\{(\rho_e+\boldsymbol{P}\cdot\nabla)\boldsymbol{E}+[\boldsymbol{J}\times\boldsymbol{B}+(\partial\boldsymbol{P}/\partial t)\times\boldsymbol{B}+(\nabla\otimes\boldsymbol{B})\cdot\boldsymbol{M}]\}\mathrm{d}V\tag{13-81}$$

由此得体积力密度为

$$\begin{aligned}\rho\boldsymbol{f}^e&=\rho_e\boldsymbol{E}+\boldsymbol{J}\times\boldsymbol{B}+\boldsymbol{P}\cdot(\nabla\otimes\boldsymbol{E})+(\nabla\otimes\boldsymbol{B})\cdot\boldsymbol{M}+(\partial\boldsymbol{P}/\partial t)\times\boldsymbol{B}\\&=\rho_e\boldsymbol{E}+\boldsymbol{J}\times\boldsymbol{B}+(\nabla\otimes\boldsymbol{E})\boldsymbol{P}+(\nabla\otimes\boldsymbol{B})\cdot\boldsymbol{M}+\partial(\boldsymbol{P}\times\boldsymbol{B})/\partial t\end{aligned}\tag{13-82}$$

或

$$\rho\boldsymbol{f}^e=\nabla\cdot\boldsymbol{\sigma}^E-\partial(\rho\boldsymbol{g})/\partial t=\nabla\cdot(\boldsymbol{\sigma}^E+\rho\boldsymbol{v}\otimes\boldsymbol{g})-\rho\dot{\boldsymbol{g}}\tag{13-83}$$

$$\left.\begin{aligned}&\boldsymbol{\sigma}^e=(\boldsymbol{D}\otimes\boldsymbol{E}+\boldsymbol{B}\otimes\boldsymbol{H})-\frac{1}{2}(\epsilon_0E^2+\mu_0^{-1}B^2-2\boldsymbol{M}\cdot\boldsymbol{B})\boldsymbol{I}\\&\rho\boldsymbol{g}=\epsilon_0\boldsymbol{E}\times\boldsymbol{B}\end{aligned}\right\}\tag{13-84}$$

式中，$\boldsymbol{\sigma}^e$ 为电磁应力张量；$\boldsymbol{g}$ 为单位质量的电磁动量。式(13-83)、式(13-84)由 Livens 给出，它们和微观分析理论在静止介质中的结果一致[参见附录 C 中式(C-83)]，这是一个较好

的结果。应当注意,式(13-83)是 $\rho\boldsymbol{f}^{\mathrm{e}}$ 的另一种表达方式。

13.2.5 电磁场与电磁介质相互作用的力偶

由式(13-80)得对矢经为 r 的一点的力矩为

$$\boldsymbol{C}^{(\mathrm{r})}=\int_V \boldsymbol{r}\times\{(\rho_{\mathrm{e}}-\nabla\cdot\boldsymbol{P})\boldsymbol{E}+(\boldsymbol{J}+\partial\boldsymbol{P}/\partial t+\nabla\times\boldsymbol{M})\times\boldsymbol{B}\}\mathrm{d}V+\int_a \boldsymbol{r}\times\{(\boldsymbol{n}\cdot\boldsymbol{P})\boldsymbol{E}+\boldsymbol{B}\times(\boldsymbol{n}\times\boldsymbol{M})\}\mathrm{d}a \tag{13-85}$$

计及

$$\boldsymbol{r}\times[(\boldsymbol{n}\cdot\boldsymbol{P})\boldsymbol{E}]=-\boldsymbol{n}\cdot[(\boldsymbol{P}\otimes\boldsymbol{E})\times\boldsymbol{r}]$$

$$\boldsymbol{r}\times[\boldsymbol{B}\times(\boldsymbol{n}\times\boldsymbol{M})]=\boldsymbol{n}\cdot[(\boldsymbol{B}\otimes\boldsymbol{M})\times\boldsymbol{r}]-\boldsymbol{n}\times[(\boldsymbol{B}\cdot\boldsymbol{M})\boldsymbol{r}]$$

$$\nabla[(\boldsymbol{P}\otimes\boldsymbol{E})\times\boldsymbol{r}]=[\nabla\cdot(\boldsymbol{P}\otimes\boldsymbol{E})]\times\boldsymbol{r}-[(\boldsymbol{P}\cdot\nabla)\boldsymbol{r}]\times\boldsymbol{E}$$

$$(\boldsymbol{P}\cdot\nabla)\boldsymbol{r}=\boldsymbol{P}\quad \nabla\times\boldsymbol{r}=0$$

则式(13-85)化为

$$C^{(\mathrm{r})}=\int_V \boldsymbol{r}\times\rho\boldsymbol{f}^{\mathrm{e}}\mathrm{d}V+\int_V(\boldsymbol{P}\times\boldsymbol{E}+\boldsymbol{M}\times\boldsymbol{B})\mathrm{d}V \tag{13-86}$$

式中,第一项为体积力产生的力矩,第二项为电磁力偶产生的力矩,所以电磁场与介质相互作用的单位质量的力偶为

$$\rho\boldsymbol{C}^{\mathrm{e}}=\boldsymbol{P}\times\boldsymbol{E}+\boldsymbol{M}\times\boldsymbol{B} \tag{13-87}$$

式(13-87)和微观分析理论在静止介质中的结果也是一致的。再结合式(13-84)可以推出

$$\boldsymbol{e}:\boldsymbol{\sigma}^{\mathrm{e}}=\rho\boldsymbol{C}^{\mathrm{e}}\quad 或\quad e_{klm}\sigma^{\mathrm{e}}_{lm}=\rho C^{\mathrm{e}}_k \tag{13-88}$$

13.3 电磁介质力学的基本方程

13.3.1 普适基本方程

本章前面部分讨论了电磁场的基本方程和在电磁场作用下的一些力学行为,结合本书以前各章对机械和热学系统的研究,可以很容易地得到在机械、电磁和热学联合作用下的变形电磁介质中的普适基本方程。

(1) 质量守恒方程。

$$\partial\rho/\partial t+\nabla\cdot(\rho v)=\dot{\rho}+\rho\nabla\cdot\boldsymbol{v}=0 \tag{13-89}$$

(2) 动量平衡方程。

$$\nabla\cdot\boldsymbol{\sigma}+\rho(\boldsymbol{f}^{\mathrm{m}}+\boldsymbol{f}^{\mathrm{e}})=\rho\dot{\boldsymbol{v}}\quad \sigma_{kl,k}+\rho(f^{\mathrm{m}}_l+f^{\mathrm{e}}_l)=\rho\dot{v}_l \tag{13-90}$$

式中,$\boldsymbol{f}^{\mathrm{m}}$、$\boldsymbol{f}^{\mathrm{c}}$ 分别为机械和电磁体积力。

(3) 动量矩平衡方程

$$\boldsymbol{e}:\boldsymbol{\sigma}+\rho\boldsymbol{C}^{\mathrm{e}}=0 \quad e_{klm}\sigma_{lm}+\rho C_{k}^{\mathrm{e}}=0 \tag{13-91}$$

式中，$\boldsymbol{C}^{\mathrm{e}}$ 为电磁场引起的单位质量的体积力偶密度。记 σ_{kl} 的对称和反对称部分分别为 $\sigma_{(kl)}$ 和 $\sigma_{[kl]}$，同时引入 τ_{kl}，利用式(13-84)可得

$$\left.\begin{aligned}
&\sigma_{(kl)}=\frac{1}{2}(\sigma_{kk}+\sigma_{lk}) \quad \sigma_{[kl]}=\frac{1}{2}(\sigma_{kl}-\sigma_{lk})=E_{[k}P_{l]}+B_{[k}M_{l]}\\
&\tau_{kl}=\sigma_{kl}+P_{k}E_{l}+M_{k}B_{l}=\sigma_{(kl)}+P_{(k}E_{l)}+M_{(k}B_{l)}=\tau_{lk}\\
&E_{(k}P_{l)}=\frac{1}{2}(E_{k}P_{l}+E_{l}P_{k}) \quad E_{[k}P_{l]}=\frac{1}{2}(E_{k}P_{l}-E_{l}P_{k})
\end{aligned}\right\} \tag{13-92}$$

类似地有 $B_{(k}M_{l)}$ 和 $B_{[k}M_{l]}$。由式(13-92)可见，应力的非对称部分是由电磁场引起的二阶效应。采用式(13-92)定义的二阶对称张量 $\boldsymbol{\tau}$，运动方程(13-90)还可写成

$$\begin{gathered}
\nabla(\boldsymbol{\tau}-\boldsymbol{P}\otimes\boldsymbol{E}-\boldsymbol{M}\otimes\boldsymbol{B})+\rho(\boldsymbol{f}^{\mathrm{m}}+\boldsymbol{f}^{\mathrm{e}})=\rho\boldsymbol{v}\\
\tau_{kl,k}-(P_{k}E_{l}+M_{k}B_{l})_{,k}+\rho(f_{l}^{\mathrm{m}}+f_{l}^{\mathrm{e}})=\rho v_{l}
\end{gathered} \tag{13-93}$$

(4) 能量守恒方程(热力学第一定律)。

按第 5 章，存在电磁场时电介质中的能量守恒原理为

$$\rho\dot{e}=\sigma_{ij}v_{j,i}-\nabla\cdot\boldsymbol{q}+\dot{\rho}\,\dot{r}+\boldsymbol{J}\cdot\boldsymbol{E}+\boldsymbol{E}\cdot\dot{\boldsymbol{D}}+\boldsymbol{H}\cdot\dot{\boldsymbol{B}} \tag{13-94}$$

式中，e 为电介质单位质量的总内能；$\dot{r}$ 为单位质量的体积热源强度；$\boldsymbol{J}\cdot\boldsymbol{E}$ 是因介质内部电阻产生的。引入亥姆霍兹(Helmholtz)自由能 f 和电吉布斯(Gibbs)函数 g^{e}，则

$$\rho f=\rho e-\rho sT \tag{13-95}$$

$$\rho g^{\mathrm{e}}=\rho f-\boldsymbol{E}\cdot\boldsymbol{D} \tag{13-96}$$

则式(13-94)可化为

$$\rho\dot{f}=-\rho(T\dot{s}+\dot{t}s)+\sigma_{ij}v_{j,i}-\nabla\cdot\boldsymbol{q}+\rho\dot{r}+\boldsymbol{J}\cdot\boldsymbol{E}+\boldsymbol{E}\cdot\dot{\boldsymbol{D}}+\boldsymbol{H}\cdot\dot{\boldsymbol{B}} \tag{13-97}$$

$$\rho\dot{g}^{\mathrm{e}}=\sigma_{ij}v_{j,i}-\nabla\cdot\boldsymbol{q}+\rho\dot{r}+\boldsymbol{J}\cdot\boldsymbol{E}-\boldsymbol{D}\cdot\dot{\boldsymbol{E}}+\boldsymbol{H}\cdot\dot{\boldsymbol{B}}-\rho(T_{s}+s\dot{T}) \tag{13-98}$$

由于电磁介质力学中增加了电磁变量，因而热力学特性函数的数目比第 5 章要多，f 和 g^{e} 只是其中的两个，按照实际需要可选取不同的特性函数。在对铁电体等的理论研究中，选用 $\boldsymbol{P}$ 和 $\boldsymbol{M}$ 代替 $\boldsymbol{D}$ 和 $\boldsymbol{H}$ 较方便，此时常引入电介质的能量守恒原理，从式(13-94)的电介质总内能中减去电磁场在自由空间储存的能量，即

$$\rho\tilde{e}=\rho e-\frac{1}{2}(\epsilon_{0}E^{2}+\mu^{-1}B^{2}) \quad \rho\tilde{f}=\tilde{\rho}-TS \quad \rho\tilde{g}^{e}=\rho\tilde{f}-\boldsymbol{E}\cdot\boldsymbol{P} \tag{13-99}$$

则有

$$\rho\dot{\tilde{e}}=\boldsymbol{\sigma}:\boldsymbol{\Gamma}^{\mathrm{T}}-\nabla\cdot\boldsymbol{q}+\rho\dot{r}+\boldsymbol{J}\cdot\boldsymbol{E}+\boldsymbol{E}\cdot\dot{\boldsymbol{\rho}}-\boldsymbol{M}\cdot\dot{\boldsymbol{B}} \tag{13-100}$$

$$\rho\dot{\tilde{f}}=\boldsymbol{\sigma}:\boldsymbol{\Gamma}^{\mathrm{T}}-\nabla\cdot\boldsymbol{q}+\dot{\rho}+\boldsymbol{J}\cdot\boldsymbol{E}+\boldsymbol{E}\cdot\dot{\boldsymbol{P}}-\boldsymbol{M}\cdot\dot{\boldsymbol{B}}-\rho(T\dot{s}+\dot{T}s) \tag{13-101}$$

$$\rho\dot{\tilde{g}}^{e}=\boldsymbol{\sigma}:\boldsymbol{\Gamma}^{T}-\nabla\cdot\boldsymbol{q}+\rho\dot{r}+\boldsymbol{J}\cdot\boldsymbol{E}-\boldsymbol{P}\cdot\dot{\boldsymbol{E}}-\boldsymbol{M}\cdot\dot{\boldsymbol{B}}-\rho(T_{s}^{\dot{s}}+s\dot{T}) \tag{13-102}$$

通常称 $\tilde{e}$、$\tilde{f}$ 和 $\tilde{g}^{e}$ 分别为电介质的内能、亥姆霍兹自由能和电吉布斯函数。应当指出 $\tilde{e}$、$\tilde{f}$ 和 $\tilde{g}^{e}$ 与自由空间恒定电磁场中因局部加入电介质而引起的 e、f 和 g 的变化是不同的,因电介质的引入改变了电介质所占空间原先的电场。同时对已出现电滞回线的铁电体,大多数情况都有 $P\gg E$,此时 $\boldsymbol{P}$ 和 $\boldsymbol{D}$ 的差别不大。由于 $\boldsymbol{D}$、$\boldsymbol{E}$、$\boldsymbol{P}$ 之间和 $\boldsymbol{H}$、$\boldsymbol{B}$、$\boldsymbol{M}$ 之间存在关系,所以采用 $(\boldsymbol{E},\boldsymbol{D})$、$(\boldsymbol{H},\boldsymbol{B})$ 和 $(\boldsymbol{E},\boldsymbol{P})$、$(\boldsymbol{H},\boldsymbol{M})$ 作为共轭变量对是等价的。

(5) 热力学第二定律与克劳修斯-杜安(Clausius-Duhem)不等式。

热力学第二定律由式(5-66b)表示,即

$$\rho T\sigma^{*}=\rho T\dot{s}+T\nabla\cdot(\boldsymbol{q}/T)-\rho\dot{r}\geqslant 0 \tag{13-103}$$

结合式(13-103)和能量方程可得克劳修斯-杜安不等式

$$\rho T\sigma^{*}=\sigma_{ij}v_{j,i}+\rho(\dot{T}_{s}-e)-\boldsymbol{q}\cdot\nabla T/T+\boldsymbol{E}\cdot\dot{\boldsymbol{D}}+\boldsymbol{H}\cdot\dot{\boldsymbol{B}}+\boldsymbol{J}\cdot\boldsymbol{E}\geqslant 0 \tag{13-104}$$

$$\rho T\sigma^{*}=\sigma_{ij}v_{j,i}-\rho(\dot{g}^{e}+s\dot{T})-\boldsymbol{q}\cdot\nabla T/T-\boldsymbol{D}\cdot\dot{\boldsymbol{E}}+\boldsymbol{H}\cdot\dot{\boldsymbol{B}}+\boldsymbol{J}\cdot\boldsymbol{E}\geqslant 0 \tag{13-105}$$

或在不计电介质体积改变时

$$\rho T\sigma^{*}=\sigma_{ij}v_{j,i}+\rho(\dot{T}-\dot{\tilde{e}})-\boldsymbol{q}\cdot\nabla T/T+\boldsymbol{E}\cdot\dot{\boldsymbol{P}}-\boldsymbol{M}\cdot\dot{\boldsymbol{B}}+\boldsymbol{J}\cdot\boldsymbol{E}\geqslant 0 \tag{13-106}$$

$$\rho T\sigma^{*}=\sigma_{ij}v_{j,i}-\rho(\dot{\tilde{g}}^{e}+s\dot{T})-\boldsymbol{q}\cdot\nabla T/T-\boldsymbol{P}\cdot\dot{\boldsymbol{E}}-\boldsymbol{M}\cdot\dot{\boldsymbol{B}}+\boldsymbol{J}\cdot\boldsymbol{E}\geqslant 0 \tag{13-107}$$

(6) 间断面上的间断条件。

3.6 节和 5.7 节给出了机械力和热场作用下间断面上物理量的间断关系,在含电磁场的一般情况下推导过程是相同的。质量和熵的间断条件仍由式(3-99)和式(5-183)表示,动量矩的间断条件可以证明是自动满足的。动量间断条件可用如下稍微不同的方法推导。利用式(13-83),动量平衡方程式(13-90)可以改写成

$$\nabla\cdot(\boldsymbol{\sigma}+\boldsymbol{\sigma}^{e}+\boldsymbol{v}\otimes\rho\boldsymbol{g})+\rho\boldsymbol{f}^{m}=\rho(\dot{\boldsymbol{v}}+\dot{\boldsymbol{g}}) \tag{13-108a}$$

或

$$\int_{a}\boldsymbol{n}\cdot(\boldsymbol{\sigma}+\boldsymbol{\sigma}^{e}+\boldsymbol{v}\otimes\rho\boldsymbol{g})\mathrm{d}a+\int_{V}\rho\boldsymbol{f}^{m}\mathrm{d}V=\frac{\mathrm{d}}{\mathrm{d}t}\int_{V}\rho(\boldsymbol{v}+\boldsymbol{g})\mathrm{d}V \tag{13-108b}$$

存在间断面 π 时,利用式(3-103)和式(3-104),由动量平衡方程可得

$$\begin{aligned}&\int_{V-\pi}\left[\frac{\mathrm{d}}{\mathrm{d}t}(\boldsymbol{\rho v}+\rho\boldsymbol{g})+(\boldsymbol{\rho v}+\rho\boldsymbol{g})\nabla\cdot\boldsymbol{v}\right]\mathrm{d}V+\int_{\pi}(\rho\boldsymbol{v}+\rho\boldsymbol{g})\otimes[\boldsymbol{v}-\boldsymbol{v}]\cdot\boldsymbol{n}\mathrm{d}a\\&=\int_{V-\pi}\nabla\cdot(\boldsymbol{\sigma}+\boldsymbol{\sigma}^{e}+\boldsymbol{v}\otimes\rho\boldsymbol{g})\mathrm{d}V+\int_{\pi}\boldsymbol{n}\cdot[\boldsymbol{\sigma}+\boldsymbol{\sigma}^{e}+\boldsymbol{v}\otimes\rho\boldsymbol{g}]\mathrm{d}a+\int_{V-\pi}\rho\boldsymbol{f}^{m}\mathrm{d}V\end{aligned} \tag{13-109}$$

利用 $\dot{\rho}+\rho(\boldsymbol{\nabla}\cdot v)=0$ 和式(13-108a),式(13-109)化为

$$\boldsymbol{n}\cdot[(\boldsymbol{v}-\boldsymbol{v})\otimes\rho v-(\boldsymbol{\sigma}+\boldsymbol{\sigma}^{e}+\boldsymbol{v}\otimes\rho\boldsymbol{g})]=\boldsymbol{0} \tag{13-110}$$

类似地,能量间断条件为

$$\boldsymbol{n}\cdot\left[(\boldsymbol{v}-\boldsymbol{v})\left\{\rho e+\frac{1}{2}\rho v^{2}+\frac{1}{2}(\epsilon_{0}E^{2}+\mu_{0}^{-1}B^{2})\right\}-(\boldsymbol{\sigma}+\boldsymbol{\sigma}^{e}+\boldsymbol{v}\otimes\rho\boldsymbol{g})\boldsymbol{v}+\boldsymbol{q}+\boldsymbol{S}\right]=0 \tag{13-111}$$

式中,$\boldsymbol{v}$ 为间断面的运动速度;$\boldsymbol{S}=\boldsymbol{E}\times\boldsymbol{H}$。

对静止间断面或边界,由式(13-110)可得边界条件

$$n\cdot(\boldsymbol{\sigma}-[\boldsymbol{\sigma}^{e}])=\boldsymbol{p}^{(n)} \tag{13-112}$$

式中,$\boldsymbol{p}^{(n)}$ 为边界面上的外应力矢量。

(7) 基本定律在物质坐标系中的表示。

讨论系统的内能 ρe 和准静态麦克斯韦方程。类似于式(5-56)引入 $\boldsymbol{D}$、$\boldsymbol{B}$、$\boldsymbol{J}$ 在物质坐标系中的表示以及电荷密度与体积变化的关系,即令

$$\left.\begin{array}{llll} D_{K}=jX_{K,k}D_{k} & B_{K}=jX_{K,k}B_{k} & J_{K}=jX_{K,k}J_{k} & \rho_{E}=j\rho_{c} \\ E_{K}=E_{l}x_{l,K} & H_{K}=H_{l}x_{l,K} & T_{,K}=T_{,k}x_{k,K} & j=\rho_{0}/\rho \\ T_{Kl}=jX_{K,k}\sigma_{kl} & v_{l,K}=v_{l,k}x_{k,K} & Q_{K}=jX_{K,k}q_{k} & \end{array}\right\} \tag{13-113}$$

式中,大写字母下标表示物质坐标系中的量,小写字母下标表示空间坐标系中的量,则在物质坐标系中准静态的麦克斯韦方程和内能可表示为

$$\left.\begin{array}{ll} D_{K,K}=0 & e_{KLM}E_{M,L}=0 \\ B_{K,K}=0 & e_{KLM}H_{M,L}=J_{K} \end{array}\right\} \tag{13-114}$$

$$\rho_{0}\dot{e}=T_{Kl}v_{l,K}-Q_{K,K}+\rho_{0}\dot{r}+J_{K}E_{K}+E_{K}\dot{D}_{K}+H_{K}\dot{B}_{K} \tag{13-115}$$

$$\rho_{0}T\sigma^{*}=T_{Kl}v_{l,K}+\rho_{0}(\dot{T}-e)-Q_{K}T_{,K}/T+E_{K}\dot{D}_{K}+H_{K}\dot{B}_{K}+J_{K}E_{K}\geqslant 0 \tag{13-116}$$

证明上列诸式时须应用式(2-22)中的 $(JX_{K,k})_{,k}=0$,例如

$$D_{K,K}=(jX_{K,k}D_{k})_{,K}=jX_{K,k}D_{k,K}=jX_{K,k}x_{l,K}D_{k,l}=jD_{k,k}$$

$$\begin{aligned} e_{KLM}H_{M,L}&=e_{KLM}(H_{m}x_{m,M})_{,L}=e_{KLM}x_{m,M}x_{l,L}H_{m,l} \\ &=X_{K,n}e_{KLM}x_{n,K}x_{m,M}x_{l,L}H_{m,L}=X_{K,n}je_{nlm}H_{m,l}=J_{K} \end{aligned}$$

$$E_{K}\dot{D}_{K}=E_{l}x_{l,K}(jX_{K,k}D_{k})=E_{l}x_{l,K}jX_{K,k}\dot{D}_{K}=jE_{l}\dot{D}_{k}$$

但在有些情况下也引入电磁量的其他物质坐标系中的表示方式,如引用 $\rho\dot{\tilde{g}}^{e}$ 时取

$$\left.\begin{array}{lll} P_{K}=jX_{K,k}P_{k} & M_{K}=jX_{K,k}M_{k} & J_{K}=jX_{K,k}J_{k} \\ E_{K}=x_{k,K}E_{k} & \tilde{B}_{K}=x_{k,K}B_{k} & \Pi_{KL}=jX_{K,k}X_{L,l}\tau_{kl} \end{array}\right\} \tag{13-117}$$

当计及

$$
\begin{aligned}
\Pi_{KL}\dot{C}_{KL} &= jX_{K,k}X_{L,l}(\sigma_{kl}+P_kE_l+M_kB_l)(x_{m,K}x_{m,L})^{\cdot} \\
&= j(\sigma_{kl}+P_kE_l+M_kB_l)(v_{k,l}+v_{l,k}) = 2j(\sigma_{kl}+P_kE_l+M_kB_l)v_{l,k} \\
P_K\dot{E}_K &= jX_{K,k}P_k(\dot{E}_lx_{l,K}+E_lv_{l,K}) = jP_k\dot{E}_k + jP_kE_lv_{l,k} \\
M_K\dot{\tilde{B}}_K &= jM_k\dot{\tilde{B}}_k + jM_k\tilde{B}_lv_{l,k}
\end{aligned}
$$

则得

$$
\rho_0\dot{\tilde{g}}^{e} = -\rho_0(\dot{T}+s\dot{T}) + \frac{1}{2}\Pi_{KL}\dot{C}_{KL} - Q_{K,K} + \rho_0\dot{r} - P_K\dot{E}_K - M_K\dot{\tilde{B}}_K + J_KE_K \tag{13-118}
$$

$$
\frac{1}{2}\Pi_{KL}\dot{C}_{KL} - \rho_0(\dot{\tilde{g}}^{e}+s\dot{T}) - Q_KT_{K}/T - P_K\dot{E}_K - M_K\dot{\tilde{B}}_K + J_KE_K \geqslant 0 \tag{13-119}
$$

式(13-118)、式(13-119)相当简单,不少作者用来讨论非线性的本构方程。

质量守恒方程为

$$
\rho j = \rho_0 \tag{13-120}
$$

动量守恒方程为

$$
T_{Kl,K} + \rho_0(f_l^{M}+f_l^{E}) = \rho_0\dot{v}_l \tag{13-121}
$$

式(13-121)还可写成

$$
\left.\begin{aligned}
&\tilde{\Pi}_{Kl,K} - (P_KE_l+M_KB_l)_{,K} + \rho_0(f_l^{M}+f_l^{E}) = \rho_0\dot{v}_l \\
&\tilde{\Pi}_{Kl} = jX_{K,k}\tau_{kl}
\end{aligned}\right\} \tag{13-122}
$$

所以 σ_{kl} 和 τ_{kl} 均可用作欧拉(Euler)空间的独立变量,T_{Kl}、Π_{KL}、$\tilde{\Pi}_{Kl}$ 均可用作物质空间的独立变量。

13.3.2 本构方程的一般形式

电磁介质力学的普适方程是质量方程(13-85),动量方程(13-84),能量方程(13-89),动量矩方程已由式(13-88)自动满足,麦克斯韦电磁方程(13-28)和电荷守恒方程(13-13),由于式(13-28)中的第1、3个不是独立的,因而普适方程的总数是 $1+3+1+(1+3+1+3-2)+1=12$。待求的未知量为 e、$\boldsymbol{\sigma}$、$\boldsymbol{q}$、T、s、ρ、$\boldsymbol{v}$、ρ_e、$\boldsymbol{B}$、$\boldsymbol{D}$、$\boldsymbol{E}$、$\boldsymbol{H}$、$\boldsymbol{J}$ 等共32个,如考虑到复杂介质还须增加新的内变量 $\boldsymbol{\eta}$,可见方程数远少于待求未知量数,需要由描写材料性质的本构方程来描写。本构方程应是上述32个变量和内变量 $\boldsymbol{\eta}$ 的函数,同时还是物质点 X 和时间的函数,即有

$$
\left.\begin{aligned}
&\mathscr{F}_\beta(\boldsymbol{x},\ e,\ T,\ s,\ \rho,\ \boldsymbol{\sigma},\ \boldsymbol{q},\ \rho_e,\ \boldsymbol{B},\ \boldsymbol{D},\ \boldsymbol{E},\ \boldsymbol{H},\ \boldsymbol{J},\ \boldsymbol{\eta};\ \boldsymbol{X},\ t) = \boldsymbol{0} \\
&\beta = 1,\ 2,\ \cdots,\ 20 + \text{内变量的个数}
\end{aligned}\right\} \tag{13-123}
$$

其中内变量随时间变化的方程又称为演化方程。和刚体电动力学相比,本构方程更为复杂,出现了力-电-磁-热等现象的相互耦合作用。

13.4 弹性电介质

13.4.1 一般理论

讨论理想弹性电介质，其内部不存在机械和电磁的损耗过程，此时内部无电流或 $\boldsymbol{J}=0$，电荷不随时间变化。因此除热过程外，其他过程都是可逆的，并认为吉布斯关系成立，或 $\rho T_s^* = -\nabla \cdot \boldsymbol{q} + \rho\dot{r}$。由于电场产生的体积力偶是 $\boldsymbol{E}$ 的二次方以上的项，所以线性理论中无须考虑，同时目前的工程应用非线性理论中仍然取用 $\boldsymbol{\sigma}$ 是对称张量，即未计及体积力偶，所以小应变时 $\sigma_{ij}v_{j,i}$ 可用 $\boldsymbol{\sigma}:\dot{\boldsymbol{\varepsilon}}$ 代替，本章中 $\boldsymbol{\varepsilon}$ 取为小应变张量(不是 E 应变张量)。在这些前提下，由式(13－94)、式(13－97)、式(13－98)可分别得

内能 $\quad \rho e = \rho e(\boldsymbol{\varepsilon}, s, \boldsymbol{D}) \quad \rho \dot{e} = \boldsymbol{\sigma}:\dot{\boldsymbol{\varepsilon}} + \boldsymbol{E}\cdot\dot{\boldsymbol{D}} + \rho T\dot{s}$ (13－124)

自由能 $\quad \rho f = \rho f(\boldsymbol{\varepsilon}, T, \boldsymbol{D}) \quad \rho \dot{f} = \boldsymbol{\sigma}:\dot{\boldsymbol{\varepsilon}} + \boldsymbol{E}\cdot\dot{\boldsymbol{D}} - \rho s\dot{T}$ (13－125)

电吉布斯函数 $\quad \rho g^e = \rho g^e(\boldsymbol{\varepsilon}, T, \boldsymbol{E}) \quad \rho \dot{g}^e = \boldsymbol{\sigma}:\dot{\boldsymbol{\varepsilon}} - \boldsymbol{D}\cdot\dot{\boldsymbol{E}} - \rho s\dot{T}$ (13－126)

由式(13－124)～式(13－126)可以推出

$$\left.\begin{array}{l}\boldsymbol{\sigma} = \partial\rho e/\partial\boldsymbol{\varepsilon} = \partial\rho f/\partial\boldsymbol{\varepsilon} = \partial\rho g^e/\partial\boldsymbol{\varepsilon} \quad \boldsymbol{E} = \partial\rho e/\partial\boldsymbol{D} = \partial\rho f/\partial\boldsymbol{D} \\ \boldsymbol{D} = -\partial\rho g^e/\partial E \quad \boldsymbol{T} = \partial e/\partial s \quad s = -\partial f/\partial T = -\partial g^e/\partial T\end{array}\right\} \tag{13－127}$$

给定热力学特性函数 e、f、g^e，由式(13－127)便可导出本构方程。除去上述热力学特性函数外，还有

$$\left.\begin{array}{l}\text{吉布斯函数} \quad \rho g = \rho f - \boldsymbol{\sigma}:\boldsymbol{\varepsilon} - \boldsymbol{E}\cdot\boldsymbol{D} \\ \text{弹性吉布斯函数} \quad \rho g^{el} = \rho f - \boldsymbol{\sigma}:\boldsymbol{\varepsilon} \\ \text{热焓} \quad \rho h = \rho e - \boldsymbol{\sigma}:\boldsymbol{\varepsilon} - \boldsymbol{E}\cdot\boldsymbol{D} \\ \text{电焓} \quad \rho h^e = \rho e - \boldsymbol{E}\cdot\boldsymbol{D} \\ \text{弹性焓} \quad \rho h^{el} = \rho e - \boldsymbol{\sigma}:\boldsymbol{\varepsilon}\end{array}\right\} \tag{13－128}$$

当考虑体积力偶的有限变形时，最方便的是应用物质坐标系中的式(13－117)或类似的公式，此时有

$$\left.\begin{array}{l}\rho_0 g^e = \rho_0 g^e(\boldsymbol{C}, T, \boldsymbol{E}) \quad \rho_0 \dot{g}^e = \frac{1}{2}\Pi_{KL}\dot{C}_{KL} - P_K\dot{E}_K - \rho_0 s\dot{T} \\ \boldsymbol{\Pi} = 2\partial\rho_0 g^e/\partial\boldsymbol{C} \quad \boldsymbol{P} = \partial\rho_0 g^e/\partial\boldsymbol{E} \quad s = -\partial g^e/\partial T\end{array}\right\} \tag{13－129}$$

13.4.2 用热力学特性函数建立本构关系

弹性电介质有 8 个特性函数可供选择，因而存在 8 组不同自变量的 8 类方程；对等温或等熵过程也存在 4 类方程。读者可逐一写出。作为例子，选用 ρg^e 和 ρe 来建立本构方程。设物体处于自然状态时 $\boldsymbol{\varepsilon}=\boldsymbol{0}$，$\boldsymbol{E}=\boldsymbol{0}$，$T=T_n$，$\boldsymbol{D}=\boldsymbol{0}$，$s=s_0$。令 $\theta=T-T_0$，$\hat{s}=s-s_0$，那么 ρg^e 和 ρe 中便不含常数和一次项，含二次项 6 个、三次项 10 个，如略去和温度有关的三次项，则只有 4 个三次项，此时有

$$\rho g^{e}=\frac{1}{2}C_{ijkl}^{ET}\varepsilon_{ij}\varepsilon_{kl}-e_{kij}^{T}E_{k}\varepsilon_{ij}-\frac{1}{2}\epsilon_{ij}^{\varepsilon T}E_{i}E_{j}-\beta_{ij}^{E}\varepsilon_{ij}\theta-\tau_{i}^{\varepsilon}E_{i}\theta-\frac{1}{2}C^{\epsilon E}\theta^{2}/T_{0}+\frac{1}{3}C_{ijklmn}^{ET}\varepsilon_{ij}\varepsilon_{kl}\varepsilon_{mn}-\frac{1}{2}a_{mijkl}^{T}E_{m}\varepsilon_{ij}\varepsilon_{kl}-\frac{1}{3}\epsilon_{ijm}^{\varepsilon T}E_{i}E_{j}E_{m}-\frac{1}{2}l_{ijkl}^{T}E_{k}E_{l}\varepsilon_{ij} \tag{13-130}$$

$$\rho e=\frac{1}{2}C_{ijkl}^{Ds}\varepsilon_{ij}\varepsilon_{kl}-h_{kij}^{s}D_{k}\varepsilon_{ij}+\frac{1}{2}g_{ij}^{\varepsilon s}D_{i}D_{j}-\gamma_{ij}^{D}\varepsilon_{ij}\hat{s}-q_{i}^{\varepsilon}D_{i}\hat{s}+\frac{T_{0}}{2}C^{\epsilon D}\hat{s}^{2}+\frac{1}{3}C_{ijklmn}^{Db}\varepsilon_{ij}\varepsilon_{kl}\varepsilon_{mn}+\frac{1}{2}b_{mijkl}^{s}D_{m}\varepsilon_{ij}\varepsilon_{kl}+\frac{1}{3}g_{ijm}^{\varepsilon s}D_{i}D_{j}D_{m}+\frac{1}{2}p_{ijkl}^{s}D_{k}D_{l}\varepsilon_{ij} \tag{13-131}$$

按式(13-126)求得本构方程为

$$\left.\begin{aligned}
\sigma_{ij}&=C_{ijkl}^{ET}\varepsilon_{kl}-e_{kij}^{T}E_{k}-\beta_{ij}^{E}\theta+C_{ijklmn}^{ET}\varepsilon_{kl}\varepsilon_{mn}-a_{mijkl}^{T}E_{m}\varepsilon_{kl}-\frac{1}{2}l_{ijkl}^{T}E_{k}E_{l}\\
D_{i}&=\epsilon_{ikl}^{T}\varepsilon_{kl}+\epsilon_{ik}^{\varepsilon T}E_{k}+\tau_{i}^{\varepsilon}\theta+\frac{1}{2}a_{iklmn}^{T}\varepsilon_{kl}\varepsilon_{mn}+\epsilon_{ikl}^{\varepsilon T}E_{k}E_{l}+l_{imkl}^{T}E_{m}\varepsilon_{kl}\\
\hat{s}&=\beta_{ij}^{E}\varepsilon_{ij}+\tau_{i}^{\varepsilon}E_{i}+C^{\epsilon E}\theta/T_{0}
\end{aligned}\right\} \tag{13-132}$$

$$\left.\begin{aligned}
\sigma_{ij}&=C_{ijkl}^{Ds}\varepsilon_{kl}-h_{kij}^{s}D_{k}-\gamma_{ij}^{D}\hat{s}+C_{ijklmn}^{Ds}\varepsilon_{kl}\varepsilon_{mm}+b_{mijkl}^{s}D_{m}\varepsilon_{kl}+\frac{1}{2}p_{ijkl}^{s}D_{k}D_{l}\\
E_{i}&=-h_{ikl}^{s}\varepsilon_{kl}+g_{ik}^{\varepsilon s}D_{k}-q_{i}^{\varepsilon}\hat{s}+\frac{1}{2}b_{iklmn}^{s}\varepsilon_{kl}\varepsilon_{nm}+g_{ikl}^{\varepsilon s}D_{k}D_{l}+p_{imkl}^{s}D_{m}\varepsilon_{kl}\\
\theta&=-\gamma_{ij}^{D}\varepsilon_{ij}-q_{i}^{\varepsilon}D_{i}+T_{0}C^{\varepsilon D}\hat{s}
\end{aligned}\right\} \tag{13-133}$$

式(13-132)、式(13-133)是弹性电介质8类非线性本构关系中的两类。式中 C_{ijkl}^{ET}、C_{ijkl}^{D} 分别为 $\boldsymbol{E}$、T 不变和 $\boldsymbol{D}$、s 不变时的四阶弹性系数；e_{kij}^{T} 为等温压电系数；$\epsilon_{ij}^{\varepsilon T}$ 和 $\epsilon_{ijk}^{\varepsilon T}$ 分别为等温等应变时的二阶和三阶介电系数；a_{mijkl}^{T} 为等温电弹性系数；β_{ij}^{E} 为等电场强度时的热弹性系数；l_{ijkl}^{T} 为等温时的电致伸缩系数；τ_{i}^{ε} 为等应变时的热电效应系数；$C^{\varepsilon E}$ 为等应变等电场强度时的比热；其他常数有类似意义。通常还称等 E 时的系数为短路系数，等 D 时为开路系数，等 σ 时为自由系数，等 ε 时为夹持系数。

本构关系中含应力和电场线性关系项的弹性电介质通常称为压电晶体，机械力引起介质极化，导致介质两端出现符号相反的束缚电荷称为正压电效应，电场引起变形称为逆压电效应。工程中广泛使用的锆钛酸铅 $Pb(Zr-Ti)O_3$(PZT) 铁电陶瓷系列和聚偏氟乙烯(PVDF)压电聚合物薄膜系列，当应变和电场不大时可取用线性化方程，此时式(13-132)和式(13-133)分别化为

$$\left.\begin{aligned}
\sigma_{ij}&=C_{ijkl}^{ET}\varepsilon_{kl}-e_{kij}^{T}E_{k}-\beta_{ij}^{E}\theta\\
D_{i}&=e_{ikl}^{T}\varepsilon_{kl}+\epsilon_{ik}^{\varepsilon T}E_{k}+\tau_{i}^{\varepsilon}\theta\\
\hat{s}&=\beta_{ij}^{E}\varepsilon_{ij}+\tau_{i}^{\varepsilon}E_{i}+C^{\varepsilon E}\theta/T_{0}
\end{aligned}\right\} \tag{13-134}$$

$$\left.\begin{aligned}
\sigma_{ij}&=C_{ijkl}^{Ds}\varepsilon_{kl}-h_{kij}^{s}D_{k}-\gamma_{ij}^{D}\hat{s}\\
E_{i}&=-h_{ikl}^{s}\varepsilon_{kl}+g_{ik}^{\varepsilon s}D_{k}-q_{i}^{\varepsilon}\hat{s}\\
\theta&=-\gamma_{ij}^{D}\varepsilon_{ij}-q_{i}^{\varepsilon}D_{i}+T_{0}C^{\varepsilon D}\hat{s}
\end{aligned}\right\} \tag{13-135}$$

如果晶体具有对称中心，那么所有奇下标的系数消失，从而式(13－132)和式(13－133)分别化为

$$\left.\begin{aligned}&\sigma_{ij}=C_{ijkl}^{ET}\varepsilon_{kl}-\beta_{ij}^{E}\theta-C_{ijklmn}^{ET}\varepsilon_{kl}\varepsilon_{mn}-\frac{1}{2}l_{ijkl}^{T}E_{k}E_{l}\\&D_{i}=\epsilon_{ik}^{\varepsilon T}E_{k}+l_{imkl}^{T}E_{m}\varepsilon_{kl}\\&\hat{s}=\beta_{ij}^{E}\varepsilon_{ij}+C^{\varepsilon E}\theta/T_{0}\end{aligned}\right\}\tag{13-136}$$

$$\left.\begin{aligned}&\sigma_{ij}=C_{ijkl}^{Ds}\varepsilon_{kl}-\gamma_{ij}^{D}\hat{s}-C_{ijklmn}^{Dh}\varepsilon_{kl}\varepsilon_{mn}-\frac{1}{2}p_{ijkl}^{s}D_{k}D_{l}\\&E_{i}=g_{ik}^{\varepsilon s}D_{k}+p_{imkl}^{s}D_{m}\varepsilon_{kl}\\&\theta=\gamma_{ij}^{D}\varepsilon_{ij}+T_{0}C^{\varepsilon D}\hat{s}\end{aligned}\right\}\tag{13-137}$$

此时压电效应消失，电致伸缩现象依然存在。高介电常数材料和温度略高于居里点的铁电材料等的电致伸缩效应较为明显，对典型的电致伸缩材料，当外电场为 1 MV/m 时，[Pb($Mg_{1/3}Nb_{2/3}$)O_3](PMN)和它与 $PbTiO_3$ 的固溶体(PMN－PT)电致伸缩应变可达 10^{-5} 量级，只当电压达 10^8 V/m 时，伸缩应变才能和压电效应产生的应变相比。通常的 PZT 陶瓷在高电场作用下滞迟回线严重，使用不便，而 PMN 材料磁滞回线较小。

13.4.3 不同条件下材料常数之间的关系举例

讨论线性材料的系数，如把式(13－134)中的 $\boldsymbol{D}$ 和 $\hat{s}$ 代入式(13－135)中的 $\boldsymbol{\sigma}$，再和式(13－134)中的 $\boldsymbol{\sigma}$ 比较，立即可得

$$\left.\begin{aligned}&C_{ijkl}^{ET}=C_{ijkl}^{Ds}-h_{mij}^{s}e_{mkl}^{T}-\gamma_{ij}^{D}\beta_{kl}^{E}\\&e_{kj}^{T}=h_{mij}^{s}\epsilon_{mk}^{\varepsilon T}+\gamma_{ij}^{D}\tau_{k}^{\varepsilon}\quad\beta_{ij}^{E}=h_{mij}^{s}\tau_{m}^{\varepsilon}+\gamma_{ij}^{D}C^{\varepsilon E}\theta/T_{0}\end{aligned}\right\}\tag{13-138}$$

对等温过程 $\theta=0$，对等熵过程 $\hat{s}=0$，从而式(13－134)和式(13－135)有很大简化。对等温过程，式(13－134)为

$$\sigma_{ij}=C_{ijkl}^{ET}\varepsilon_{kl}-e_{kij}^{T}E_{k}\quad D_{i}=e_{ikl}^{T}\varepsilon_{kl}+\epsilon_{kk}^{\varepsilon T}E_{k}\tag{13-139}$$

对等熵过程，由式(13－135)第 3 式得

$$\theta=-(T_{0}\beta_{ij}^{E}/C^{\varepsilon F})\varepsilon_{ij}-(T_{0}\tau_{i}^{\varepsilon}/C^{\varepsilon E})E_{i}$$

以此代入式(13－135)前两式，等熵过程的方程化为

$$\sigma_{ij}=C_{ijkl}^{Es}\varepsilon_{kl}-e_{kij}^{s}E_{k}D_{i}=e_{ikl}^{s}\varepsilon_{kl}+\epsilon_{ik}^{\varepsilon s}E_{k}\tag{13-140}$$

$$\left.\begin{aligned}&C_{ijkl}^{Es}=C_{ijkl}^{ET}+T_{0}\beta_{ij}^{E}\beta_{ki}^{E}/C^{\varepsilon E}\quad e_{kij}^{s}=e_{kij}^{T}-T_{0}\tau_{k}^{\varepsilon}\beta_{ij}^{E}/C^{\varepsilon E}\\&\epsilon_{ij}^{\varepsilon s}=\epsilon_{ik}^{\varepsilon T}-T_{0}\tau_{i}^{\varepsilon}\tau_{k}^{\varepsilon}/C^{\varepsilon E}\end{aligned}\right\}\tag{13-141}$$

从式(13－135)出发，可类似地讨论等温和等熵过程的系数之间的关系。由于存在 8 类方程，这种材料常数之间的转换关系是很多的，读者需要时可自行推导。

由于大多数的电-机械器件是在较快的交变电场或交变应力场下工作的，因而接近绝热状态，而相变过程或缓慢加载过程接近等温状态。然而除少量例外，电-热和机械-热的相互耦合

较弱，因而绝热和等温常数相差不明显。

13.4.4 弹性电介质在静电场中的应力和体力

讨论厚 h 的均匀层状弹性电介质，其上下表面和平板金属电极黏合，由于电极上的电荷分布在介质中产生电场 $\boldsymbol{E}$，下电极固定，上电极自由(见图 13-14)，讨论等温变形。电场在刚体内引起体积力密度 $\rho \boldsymbol{f}^{\mathrm{e}}$，正如式(13-83)和式(13-108)等诸式中所表明的，$\rho \boldsymbol{f}^{\mathrm{e}}$ 可用 $\nabla \cdot \boldsymbol{\sigma}^{\mathrm{e}}$ 代替，因而可用边界面力 $\boldsymbol{n} \cdot \boldsymbol{\sigma}^{\mathrm{e}}$ 代换，$\boldsymbol{n} \cdot \boldsymbol{\sigma}^{\mathrm{e}}$ 是刚体作用到电极上的力，电极作用到刚性介质边界上的面力是 $-\boldsymbol{n} \cdot \boldsymbol{\sigma}^{\mathrm{e}}$。对弹性电介质问题可用下述能量方法求解。

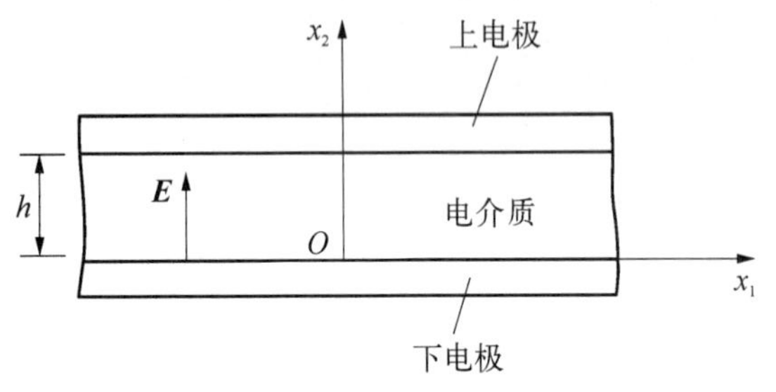

图 13-14 层状电介质中的应力

设介质内的总应力为 $-\boldsymbol{\sigma}^{\mathrm{K}}$，作用到电极上的总面力为 $\boldsymbol{n} \cdot \boldsymbol{\sigma}^{\mathrm{K}}$。$-\boldsymbol{\sigma}^{\mathrm{e}}$ 可以看成电场在刚体中产生的应力，而 $-\boldsymbol{\sigma}^{\mathrm{K}}$ 是在变形介质中产生的应力，因而包含了机械变形的效应。现令上极板在电势不变的情况下有一虚位移 $\boldsymbol{\xi}$，下极板因固定而虚位移为零，由于变形是均匀的，介质内任意一点的虚位移 $\boldsymbol{u}$ 为

$$\boldsymbol{u} = \boldsymbol{\xi}_{x_3}/h \quad \nabla \times \boldsymbol{u} = \nabla x_3 \times \boldsymbol{\xi}/h = \boldsymbol{n} \times \boldsymbol{\xi}/h \tag{13-142}$$

式中，x_3 由介质下表面算起；$\boldsymbol{n}$ 为界面法线，本处沿 x_3 轴。

介质表面单位面积上的面力为 $-\boldsymbol{n} \cdot \boldsymbol{\sigma}^{\mathrm{K}}$，因虚位移 $\boldsymbol{\xi}$ 而做的功为 $-(\boldsymbol{n} \cdot \boldsymbol{\sigma}^{\mathrm{K}}) \cdot \boldsymbol{\xi}$，它应当由电吉布斯函数 $\int_V \rho g^{\mathrm{e}} \mathrm{d}V$ 的减少来补偿，或层单位表面积上 $h\rho g^{\mathrm{e}}$ 的减少来补偿，故有

$$\sigma_{ik}^{\mathrm{K}} n_k \xi_i = \delta(h\rho g^{\mathrm{e}}) = h\delta(\rho g^{\mathrm{e}}) + \rho g^{\mathrm{e}} \delta h \tag{13-143}$$

由于讨论等温变形，故有

$$\delta(\rho g^{\mathrm{e}}) = \frac{\partial \rho g^{\mathrm{e}}}{\partial \boldsymbol{E}} \cdot \delta \boldsymbol{E} + \frac{\partial \rho g^{\mathrm{e}}}{\partial \varepsilon} : \delta \boldsymbol{E} = -\boldsymbol{D} \cdot \delta \boldsymbol{E} + \frac{\partial \rho g^{\mathrm{e}}}{\partial \boldsymbol{\varepsilon}} : \delta \boldsymbol{\varepsilon} \tag{13-144}$$

由于虚位移后在 x 的质点，虚位移前在 $\boldsymbol{x} - \boldsymbol{u}$，故电势的变化为

$$\delta\varphi = \varphi(\boldsymbol{x} - \boldsymbol{u}) - \varphi(\boldsymbol{x}) = -\boldsymbol{u} \cdot \nabla \varphi = (z/h)(\boldsymbol{E} \cdot \boldsymbol{\xi}) \tag{13-145}$$

因此因虚位移而由式(13-145)引起的电场变化为

$$\delta \boldsymbol{E}' = -\nabla(\delta\varphi) = -n(\boldsymbol{E} \cdot \boldsymbol{\xi})/h \tag{13-146}$$

同时，晶体的晶轴也会因虚位移而相对于电场 $\boldsymbol{E}$ 旋转一个角 $\delta\boldsymbol{\beta}$，由于晶体的各向异性性质，这也会影响 $\delta\rho g^{\mathrm{e}}$ 的值，因此需要把 $\boldsymbol{E}$ 旋转 $-\delta\boldsymbol{\beta}$，以使 $\boldsymbol{E}$ 和晶轴仍保持虚位移前的状态。因而 $\boldsymbol{E}$ 总的变化为

$$\delta E = \delta \boldsymbol{E}' + \delta \boldsymbol{E}'' = -\frac{1}{h}\boldsymbol{n}(\boldsymbol{E} \cdot \boldsymbol{\xi}) - \delta\boldsymbol{\beta} \times \boldsymbol{E} = -\frac{1}{2h}[\boldsymbol{n}(\boldsymbol{E} \cdot \boldsymbol{\xi}) + \boldsymbol{\xi}(\boldsymbol{n} \cdot \boldsymbol{E})] \tag{13-147}$$

式中已经应用 $\delta\boldsymbol{\beta}=\nabla\times\boldsymbol{u}/2$ 和式(13-142)第 2 式。

同时还有

$$\delta h=\boldsymbol{\xi}\cdot\boldsymbol{n}\quad \delta\varepsilon_{ij}=\frac{1}{2}(u_{i,j}+u_{j,i})=\frac{1}{2h}(\xi_i n_j+\xi_j n_i)\tag{13-148}$$

把式(13-144)、式(13-147)、式(13-148)代入式(13-143)便得

$$\sigma_{ik}^{\mathrm{K}}=\rho g^{\mathrm{e}}\delta_{ik}+\partial\rho g^{\mathrm{e}}/\partial\varepsilon_{ik}+\frac{1}{2}(E_iD_k+E_kD_i)\tag{13-149}$$

在一般情况下，介电常数 ϵ 可设为

$$\left.\begin{aligned}&\boldsymbol{D}=\tilde{\boldsymbol{\epsilon}}\boldsymbol{E}\quad \tilde{\epsilon}_{ik}=\epsilon_{ik}+l_{iklm}\varepsilon_{lm}\\&l_{iklm}=l_{kilm}=l_{ikml}\end{aligned}\right\}\tag{13-150}$$

式中，ϵ 和 l 为常张量。由于不考虑压电效应，ρg^{e} 可设为

$$\left.\begin{aligned}&\rho g^{\mathrm{e}}=\rho g_0^{\mathrm{e}}-\frac{1}{2}\tilde{\epsilon}_{ik}E_iE_k\\&\partial\rho g^{\mathrm{e}}/\partial\varepsilon_{ik}=\partial\rho g_0^{\mathrm{e}}/\partial\varepsilon_{ik}-\frac{1}{2}l_{iklm}E_iE_m\end{aligned}\right\}\tag{13-151}$$

把式(13-151)、式(13-150)代入式(13-149)，略去含 $\varepsilon_{kl}E_kE_l$ 的项便得

$$\left.\begin{aligned}&\sigma_{ik}^{\mathrm{K}}=\sigma_{ik}^{0}+\frac{1}{2}(\epsilon_{kl}\delta_{im}+c_{il}\delta_{km}-c_{lm}\delta_{ik}-l_{iklm})E_lE_m\\&\boldsymbol{\sigma}^{\mathrm{K}}\approx\boldsymbol{\sigma}^{0}+\frac{1}{2}[\boldsymbol{D}\otimes\boldsymbol{E}+\boldsymbol{E}\otimes\boldsymbol{D}-(\boldsymbol{D}\cdot\boldsymbol{E})\boldsymbol{I}-\boldsymbol{l}:(\boldsymbol{E}\otimes\boldsymbol{E})]\end{aligned}\right\}\tag{13-152}$$

式中，$\boldsymbol{\sigma}^0$ 为没有电场时的应力张量(本处为零)。在式(13-152)中若 $\tilde{\boldsymbol{\epsilon}}$ 和应变无关，即 $\boldsymbol{l}=0$，则 $\boldsymbol{\sigma}^{\mathrm{K}}$ 化为麦克斯韦应力 $\boldsymbol{\sigma}^{\mathrm{M}}$。

对各向同性介质有

$$\epsilon_{ik}=\epsilon\delta_{ik}\quad l_{iklm}=\frac{1}{2}\epsilon_1(\delta_{il}\delta_{km}+\delta_{im}\delta_{kl})+\epsilon_2\delta_{ik}\delta_{lm}$$

式中，ϵ、ϵ_1、ϵ_2 为常数，代入式(13-152)可得

$$\sigma_{ik}^{\mathrm{K}}=\sigma_{ik}^{0}+\frac{1}{2}(2\epsilon-\epsilon_1)E_iE_k-\frac{1}{2}(\epsilon+\epsilon_2)E^2\delta_{ik}\tag{13-153}$$

理想流体电介质是各向同性的，且 ρg^{c} 仅通过密度 ρ 和变形相关，所以式(13-144)应修改为

$$\delta\rho g^{\mathrm{e}}=-\boldsymbol{D}\cdot\delta\boldsymbol{E}+\frac{\partial\rho g^{\mathrm{c}}}{\partial\rho}\delta\rho=-\boldsymbol{D}\cdot\delta\boldsymbol{E}-\rho\frac{\partial\rho g^{\mathrm{e}}}{\partial\rho}\frac{\delta h}{h}\tag{13-154}$$

式(13-154)利用了层状介质密度变化和厚度变化的关系 $h\delta\rho=-\rho\delta h$。把式(13-154)、式(13-146)、式(13-148)代入式(13-142)便得

$$\sigma_{ik}^{\mathrm{K}}=(\rho g^{\mathrm{e}}-\rho\partial\rho g^{\mathrm{e}}/\partial\rho)\delta_{ik}+E_iD_k\tag{13-155}$$

利用热力学关系

$$\rho g_0^{e} - \rho\partial(\rho g_0^{e})/\partial\rho = \partial g_0^{e}/\partial\rho^{-1} = -p_0$$

和式(13-151)及$\tilde{\boldsymbol{\epsilon}} = \tilde{\epsilon}\boldsymbol{I}$，则式(13-155)还可写成

$$\sigma_{ik}^{K} = -p_0\delta_{ik} - \frac{1}{2}(E^2 - \rho\partial\tilde{\epsilon}/\partial\rho)\delta_{ik} + \epsilon E_i E_k \tag{13-156}$$

如流体换成自由空间，则 $p_0 = 0$，$\tilde{\epsilon} = \epsilon_0$，$\partial\tilde{\epsilon}/\partial\rho = 0$，上式化为自由空间的麦克斯韦应力张量 $\boldsymbol{\sigma}^{e}$。

和电场作用在电介质中的体力 $\rho\boldsymbol{f}$ 等效的面力为 $\boldsymbol{n}\cdot\boldsymbol{\sigma}^{K}$，为保持平衡，必须在电介质边界面外施加 $-\boldsymbol{n}\cdot\boldsymbol{\sigma}^{K}$ 的外力。体积力密度 $\rho\boldsymbol{f}$ 可由 $\boldsymbol{\nabla}\cdot\boldsymbol{\sigma}^{K}$ 算出，例如对各向同性介质，作用在导体表面的力为

$$\begin{aligned} p_k &= n_i\sigma_{ik}^{K} = n_i\sigma_{ik}^{0} + \frac{1}{2}(2\epsilon - \epsilon_1)n_i E_i E_k - \frac{1}{2}(\epsilon + \epsilon_2)E^2 n_k \\ &= \boldsymbol{n}\cdot\boldsymbol{\sigma}^{0} + \frac{1}{2}(\epsilon - \epsilon_1 - \epsilon_2)\boldsymbol{n}\boldsymbol{\epsilon}(\boldsymbol{n}\cdot\boldsymbol{E})^2 \end{aligned} \tag{13-157}$$

式(3-157)利用了 $\boldsymbol{E}$ 垂直于导体表面的事实，即 $\boldsymbol{E} = \boldsymbol{n}E$，或 $E = \boldsymbol{n}\cdot\boldsymbol{E}$，$E_k = En_k = (\boldsymbol{n}\cdot\boldsymbol{E})n_k$。而体积力为

$$\begin{aligned} \rho\boldsymbol{f} &= \boldsymbol{\nabla}\cdot\boldsymbol{\sigma}^{K} = \boldsymbol{\nabla}\cdot\boldsymbol{\sigma}^{0} + \frac{1}{2}\{(2\epsilon - \epsilon_1)E_j E_k - (\epsilon + \epsilon_2)E^2\delta_{jk}\}_{,j}\boldsymbol{i}_k \\ &= \boldsymbol{\nabla}\cdot\boldsymbol{\sigma}^{0} + \rho_e\boldsymbol{E} - \frac{1}{2}E^2\,\boldsymbol{\nabla}\epsilon - \frac{1}{2}(\epsilon_1 E_j E_k + \epsilon_2 E^2\delta_{jk})_{,j}\boldsymbol{i}_k \end{aligned} \tag{13-158}$$

推导式(13-158)时应用了$\boldsymbol{\nabla}\times\boldsymbol{E} = \boldsymbol{0}$ 和

$$\begin{aligned} (\epsilon E_j E_k)_{,j} - \frac{1}{2}(\epsilon E^2)_{,k} &= D_{j,j}E_k + \epsilon E_j E_{k,j} - \frac{1}{2}2E_m\epsilon E_{m,k} - \frac{1}{2}E^2\epsilon_{,k} \\ &= \rho_e E_k + \epsilon E_m(E_{k,m} - E_{m,k}) - \frac{1}{2}E^2\epsilon_{,k} = \rho_e E_k - \frac{1}{2}E^2\epsilon_{,k} \end{aligned}$$

比较式(13-157)和式(13-70b)可以看出，因介电系数和变形相关而引入的体积力密度的附加项为 $-\frac{1}{2}(\epsilon_1 E_j E_k + \epsilon_2 E^2\delta_{jk})_{,j}\boldsymbol{i}_k$。这一附加项还可简单地由下述方法得到。

设在电介质内部各点给以虚位移 $\delta\boldsymbol{u}$，产生虚应变 $\delta\boldsymbol{\varepsilon}$，由此和应变相关的介电常数部分有一改变 $\boldsymbol{l}:\delta\boldsymbol{\varepsilon}$，相应的静电能量密度变化为

$$\delta e = \frac{1}{2}l_{ijkl}E_i E_j\delta\varepsilon_{kl}$$

由此产生的体积力密度 $\rho\boldsymbol{f}''$ 可按以下求得

$$\int_V \rho\boldsymbol{f}''\cdot\delta\boldsymbol{u}\,dV = -\int_V \delta e\,dV$$

对各向同性体求得的 $\rho\boldsymbol{f}''$ 便是式(13-158)中的附加项。

式(13-152)、式(13-153)等还可由讨论下述问题得到：无限电介质中存在一些带有电荷的刚性导体，导体上的电荷产生电场 $\boldsymbol{E}$，无穷远处 $\boldsymbol{E}=\boldsymbol{0}$。这表明这些公式是弹性电介质中的相当普遍公式，并不局限于所讨论的例题。

13.5　铁电体的非线性理论

13.5.1　一般概念

在32个晶体学点群中，20种不具对称中心的晶体具有压电性，它们是1、2、m、2mm、4、4mm、3、3m、6、6mm和222、422、$\bar{4}$、$\bar{4}2$m、32、62、$\bar{6}$、$\bar{6}$m2、23、$\bar{4}3$m；其中的前10种存在唯一的有极性方向的极轴，不能通过晶体本身的对称操作和其他极轴重合，称为电极性晶体或热释电体，温度的变化和水静应力都能产生压电效应；铁电体属于热释电体中的一类。其中1属于三斜晶系，2和m属于单斜晶系，222和2mm属于正交晶系，4、422、4mm、$\bar{4}$和$\bar{4}2$m属于四方晶系，3、32和3m属于三方晶系，6、622、6mm、$\bar{6}$和$\bar{6}$m2属于六方晶系，23和$\bar{4}3$m属于立方晶系。

铁电体只在一个或几个特定的温度范围内才具有铁电性，在此之外自发极化消失，或铁电相转为顺电相，两相之间的转变称为铁电相变，相变温度称为居里(Curie)温度或居里点。根据晶体结构的微观分析，铁电相可分为位移型和有序无序型，前者是在发生铁电相变时，原子的平衡位置相对于顺电相发生了偏移，后者是顺电相中无序的带有偶极矩的原子团有序化。

钙钛矿型铁电体是一类典型的位移型铁电体，化学通式为 ABO_3，其中 A 和 B 为金属原子，可用简立方晶格描写，这类例子有 $BaTiO_3$、$PbZrO_3$、$PbTiO_3$，以及工程中常用的二元系固溶体 $Pb(Zr_x-Ti_{1-x})O_3$（铅钛酸铅，PZT）和添加少量La的（La/Zr/Ti = 8/65/35）的PLZT。以 $Ba-TiO_3$ 为例，在120℃以上为顺电相，属于立方晶系，边长 a_0 约为0.4 nm，其晶胞示于图13-15(a)，Ba位于晶胞顶点，Ti位于中心，氧离子位于面心构成氧八面体，此时正电荷和负电荷的中心重合呈电中性。在120℃左右发生顺电-铁电相变，转变为四方晶系，边长 $a=0.399\,2$ nm，$c=0.403\,6$ nm，极轴 P_s 为4重旋转轴，钛离子沿极轴上移，极轴线上的氧离子下移，从而钛离子偏离氧八面体中心，和上下面氧离子的距离分别为0.186 nm和0.217 nm，正负电荷中心不再重合（见图13-15(b)），从而产生电偶极矩而自发极化，极化矢量 $\boldsymbol{P}$ 是单位体积的电偶极矩。同时由立方相转变到四方相时，因晶格边长的改变产生自发相变应变。

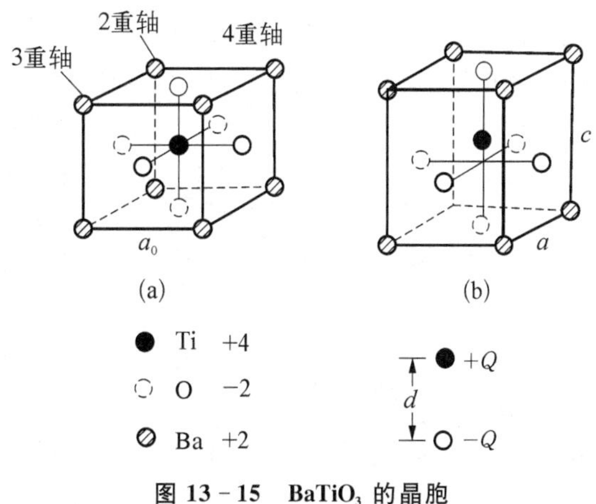

图13-15　$BaTiO_3$ 的晶胞

(a) 立方；(b) 四方

上述铁电体自发极化后，施加反极化方向电场，当超过一定的矫顽值后，钛原子相对于氧八面体中心会沿电场方向跳到和原先相反的位置，发生180°的极化转换（见图13-16(a)），产生反方向的极化，位于任何其他位置的钛原子都会力图跳到沿着电场的方向而发生极化。如果沿着极化方向施加压应力,超过一定的矫顽应力后,钛原子会跳到和极化方向相垂直的位置上而发生 90° 的极化转换(见图 13-16(b)),但 90° 的转换在和图示位置等价的几个位置上有相同的概率,没有一个特定的优先方向,因而对初始未极化的材料不会产生极化,而对已极化的材料将起退极化的作用,使极化减弱。本书主要讨论这类在工程应用中经常遇到的极化转换,而对于产生自发极化的相变理论,读者可参阅其他专著。

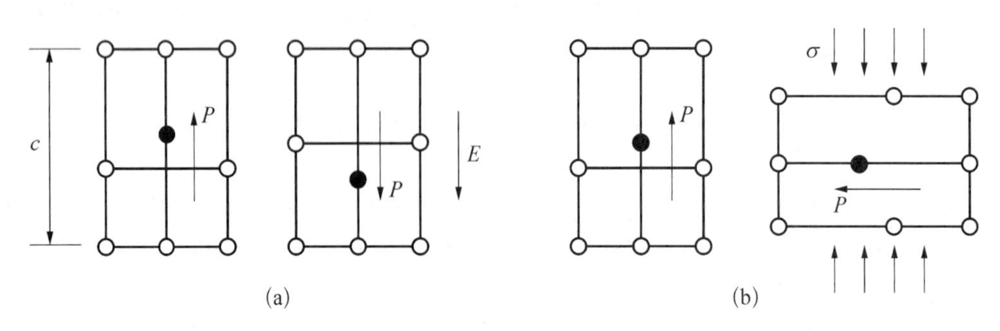

图 13-16 极化转换

(a) 180°极化转换;(b) 90°极化转换

$BaTiO_3$ 在 5℃ 和 −90℃ 附近还发生两次自发铁电-铁电相变,分别转变为正交和三方晶体,极轴分别沿 3 重和 2 重轴。具有正交晶系对称性时,电畴可以有 180° 和 71°/109° 的两类极化转换。

13.5.2 电畴和迟滞回线

晶体自发极化后,在其两端产生符号相反的束缚电荷,束缚电荷在晶体内部产生和极化方向相反的退极化场,使静电能升高,同时存在机械约束时,相变应变使应变能增加,因而均匀极化状态的自由能或吉布斯函数较大,处于不稳定状态。所以晶体将分成一些小的区域,在同一小区域中电偶极子方向一致,但不同的小区域中电偶极子方向不同,这些小的区域称为电畴,电畴间的界面称为畴壁,电畴的稳定结构由总自由能极小的条件决定。图 13-17 表示掺加少量 Nd_2O_3 的软 PZT 陶瓷在外应力为零时的单轴电滞回线 P-E 曲线。电场施加以前,由于电畴呈无序排列,因而铁电晶体的整体极化强度 $P=0$。在电场作用下,新畴成核并长大,畴壁移动,导致沿电场方向的电畴增大,反电场方向的电畴变小,晶体整体呈现极化。在电场较弱的 OA 段,畴壁移动是可逆的,P-E 呈线性关系,随 E 的增强,畴壁移动成为不可逆的,P 随 E 的增长比线性段要快,到达 B 点后,晶体基本上成为单畴的,极化趋于饱和;E 再增加便达 BC 段,由于感应极化加大,总极化仍有增长。然后减小 E 值,极化将沿 $CBDFGH$ 段变化,GH 段表示反向饱和。如再增加 E,则极化沿 $HGKMC$ 变化,电场在正负饱和值之间循环一周时,P 沿 $CBDFHKMC$ 变化,形成电滞回线。图中 D 点

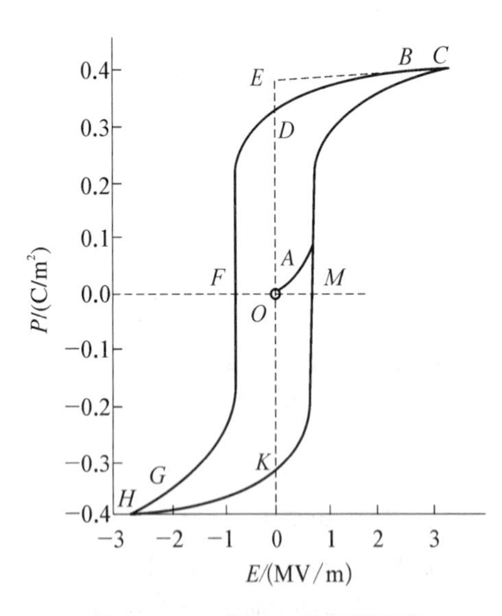

图 13-17 软 PZT 的电滞回线

的$E=0$，OD代表的P便是整个晶体的剩余极化强度P_r；如果把图中饱和的线性部分CB延长到和P轴相交于E点，则OE代表的P称饱和极化强度P_s，它就是每个电畴原有的自发极化强度，P_s和P_r差别愈小，则表明材料愈易成为单畴。$P=0$时的E值称为矫顽电场E_c，如E_c大于晶体的击穿强度，表示极化反向之前便被击穿，因而该晶体也不能认为具有铁电性。

图13-18表示软PZT(PC5H)和硬PZT(PZ26)陶瓷非饱和循环回线的一般图景，特别是PZ26的电滞回线具有明显的不对称性，正矫顽场$E_c=2.3\ \mathrm{MV/m}$，负矫顽场$-E'_c=-1.3\ \mathrm{MV/m}$，实际材料的电滞回线是比较复杂的。

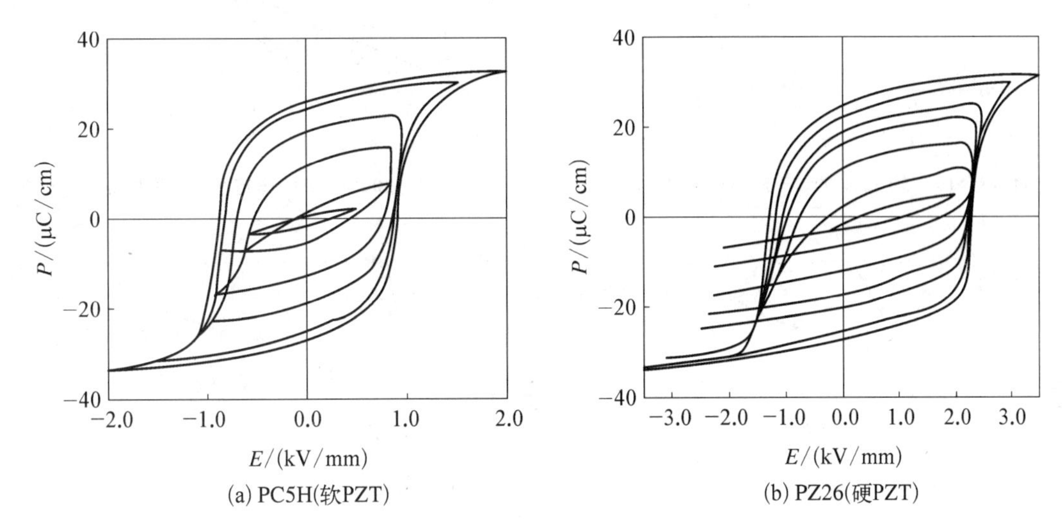

图13-18 PZT陶瓷的非饱和回线

由于$\boldsymbol{D}=\epsilon\boldsymbol{E}+\boldsymbol{P}$，因此$D-E$曲线和$P-E$曲线是类似的。

图13-19表示软PZT陶瓷在外应力为零时的单轴$\varepsilon-E$曲线，ε为沿E方向的单轴应变，初始状态时$E=0$时$\varepsilon=0$。施加电场后，当$E<E_c$时没有应变，当$E\geqslant E_c$后发生电畴极化转换，试件发生不可逆变形，宏观上出现极化，极化后便出现压电应变；待电畴出现90°转换后便伴随发生不可逆剩余应变，在B点极化达到饱和，不可逆畴变应变终止，随后只发生可逆性的压电应变。从B点减小电场，应变的可逆部分回复，在D点$E=0$，留有显著的剩余应变ε_r；电场反向变为负值，应变继续降低，F点E达矫顽值$-E_c$，开始反向极化，G点反向极化饱和。增加电场，K点E又为零，该点和D点有相同的ε_r，随后在M点$E=E_c$，再次反向极化(沿第一次极化方向)，过程重复进行。

图13-20是PZT陶瓷在外电场$E=0$时的单轴应力应变曲线，也称为铁弹性曲线。应力较小时几乎为线性，当应力超过矫顽应力σ_c后，电畴发生90°的转换，应变开始迅速增长，而泊松比为0.5，表示电畴转换引起的不可逆应变是等体积的，极化饱和后，应力应变又成线弹性关系，泊松比也变为0.39；卸载后留有显著的剩余应变，但没有极化现象。对于已极化的铁电体，施加沿极化方向的压应力将引起退极化现象，使极化减小。图13-21表示8/65/35PLZT材料预先极化到$P_r=0.25\ \mathrm{C/m^2}$，$\varepsilon_r=0.14\%$(类似于图13-14上的D点)，施加垂直于极化方向的单轴压应力所得到应力-应变和应力-电位移曲线。图13-21清楚地表明退极化效应的存在，还表明此时$\sigma-\varepsilon$和$\sigma-D$有相似的曲线。

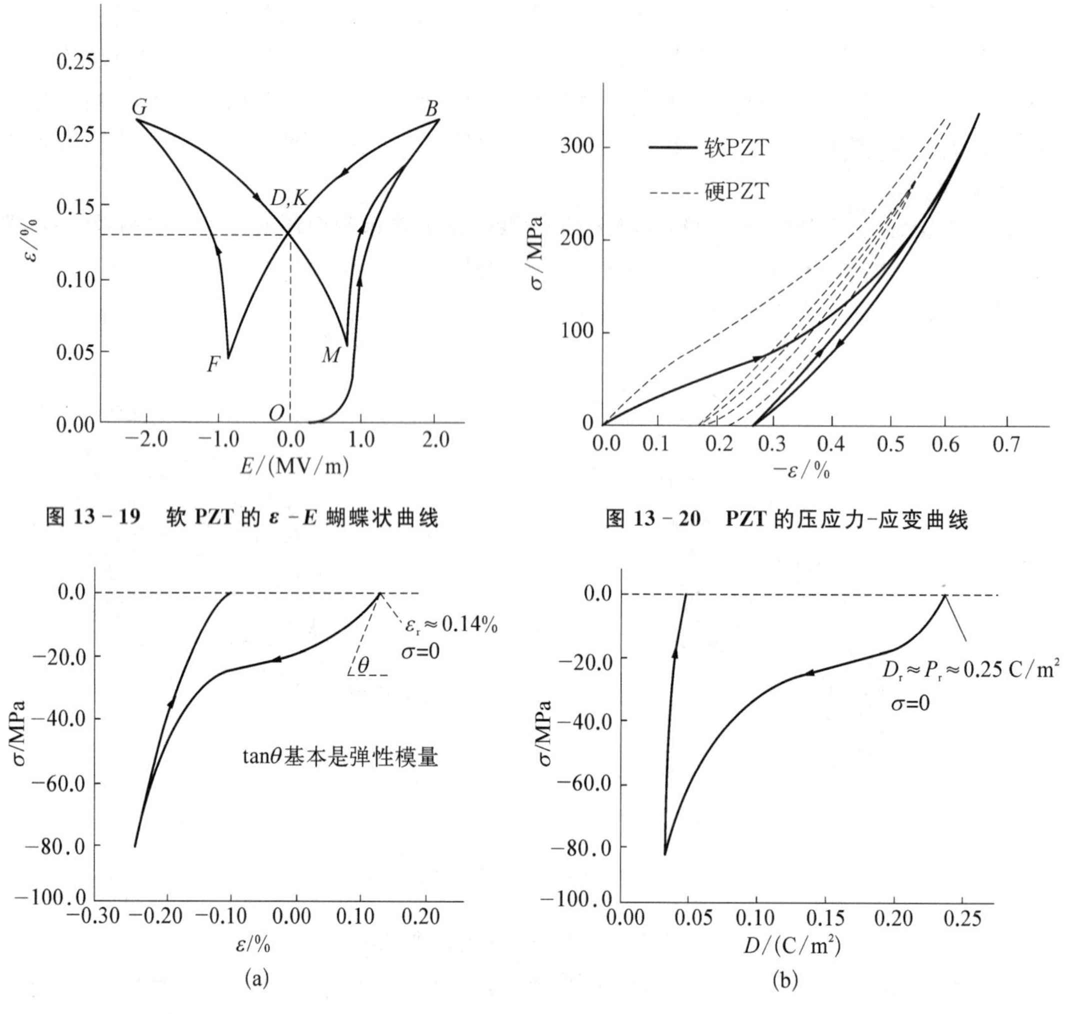

图 13-19 软 PZT 的 $\varepsilon-E$ 蝴蝶状曲线

图 13-20 PZT 的压应力-应变曲线

图 13-21 8/65/35PLZT 的实验曲线

(a) $\sigma-\varepsilon$ 曲线;(b) $\sigma-D$ 曲线

上述诸实验是在居里点以下的室温和低频(如 0.02 Hz)情况下进行的,对于不同的温度曲线形状是有变化的,升高温度将使迟滞回线面积减小,直至消失,顺电相是没有迟滞回线的。同时迟滞回线还与外加电场率和应力率相关。

13.5.3 极化转换准则

本书限于讨论钙钛矿型铁电体,其他类型的铁电体可类似讨论。当晶胞从非极性立方(m3m)转变为极性四方晶胞(4mm)时可能有 6 种极化晶胞,如图 13-22 所示。在外电场作用下有 180° 和 90° 两种类型的极化转换,在压应力作用下只有 90° 的极化转换。取直角坐标系 $Ox_1x_2x_3$,设初始极化方向沿 Ox_3 轴正向,则对 180° 的极化转换,饱和极化矢量 $\boldsymbol{P}_s$ 和应变张量 $\boldsymbol{\varepsilon}_s$ 的改变为

$$\Delta\boldsymbol{P}_s=\begin{bmatrix}0 & 0 & -2P_s\end{bmatrix}^{\mathrm{T}} \quad \Delta\boldsymbol{\varepsilon}_s=\boldsymbol{0} \tag{13-159}$$

式中,P_S 为饱和极化矢量的值。由于 90° 极化转换,沿 Ox_1 和 Ox_2 的正负方向都可能发生,因此有

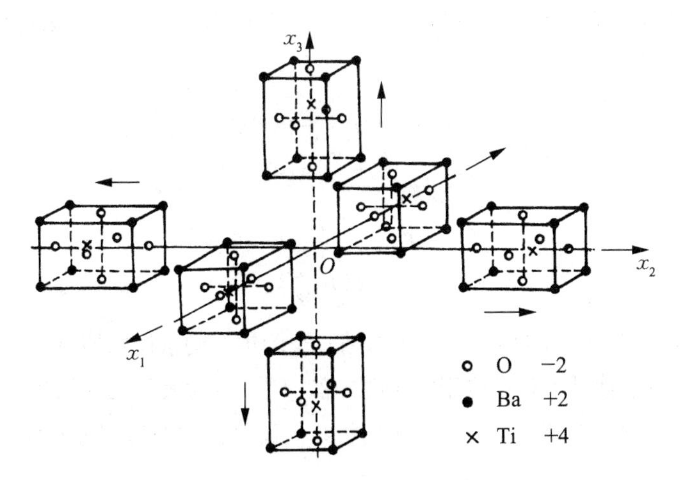

图 13 - 22　四方晶系晶胞中的 6 种极化方式

$$\Delta \boldsymbol{P}_s = \begin{bmatrix} \pm P_s \\ 0 \\ -P_s \end{bmatrix} \text{或} \begin{bmatrix} 0 \\ \pm P_s \\ -P_s \end{bmatrix} \quad \Delta \boldsymbol{\varepsilon}_s = \varepsilon_0 \begin{bmatrix} 1 & 0 & 0 \\ 0 & 0 & 0 \\ 0 & 0 & -1 \end{bmatrix} \text{或} \ \varepsilon_0 \begin{bmatrix} 0 & 0 & 0 \\ 0 & 1 & 0 \\ 0 & 0 & -1 \end{bmatrix} \tag{13-160}$$

式中，$\varepsilon_0 = (c - a)/a$，$c$ 和 a 分别为四方晶胞沿极化和垂直极化方向的边长。

在单轴电场试验中，当 $E = E_c$ 和 $E = E_c^{90}$ 时分别发生 180° 和 90° 的电畴转换，在单轴压缩试验中，当 $\sigma = \sigma_c$ 时发生 90° 的电畴转换，电畴转换时就需要消耗功率 G^c，环境施加给电畴的功率需大于或至少等于这种耗散功率 G^c，电畴转换才能发生，因此电畴转换的准则是

$$\boldsymbol{\sigma} : \Delta \boldsymbol{\varepsilon} + \boldsymbol{E} \cdot \Delta \boldsymbol{P} \geqslant G^c \tag{13-161}$$

$$\left.\begin{aligned} & G^c = E_c \Delta P_s = 2E_c P_s \quad (180^\circ \text{ 转换}) \\ & G^c = \boldsymbol{E}_c^{90} \Delta \cdot \boldsymbol{P}_s = \sqrt{2} E_c^{90} P_s (\text{或 } \boldsymbol{\sigma}_c : \Delta \boldsymbol{\varepsilon}_s = \sigma_c \varepsilon_0) \quad (90^\circ \text{ 转换}) \end{aligned}\right\} \tag{13-162}$$

式(13 - 161)左端是外加电场和应力所做的功，如因约束而引起复杂应力状态，式(13 - 162)中 σ_c 应用有效压缩应力代替。在 180° 的电畴转换中只须克服极化反向所需的耗散能，因此时 $\Delta \boldsymbol{\varepsilon}_s = 0$，但在 90° 电畴转换中，须同时克服极化矢量旋转 90° 和晶胞变形所引起的耗散能，因而 90° 转换和 180° 转换需要的能量是不同的。

在单晶分析中，可以借鉴 11.6 节中的晶体塑性理论。在外场作用下，钛原子沿法线为 $\boldsymbol{m}^{(\alpha)}$ 的平面上的 $\boldsymbol{b}^{(\alpha)}$ 方向移动，从而产生极化改变，相应的电位移改变为 $D^{(\alpha)}$，相变切应变 $\boldsymbol{\gamma}^{(\alpha)}$；$(\boldsymbol{m}^{(\alpha)}, \boldsymbol{b}^{(\alpha)})$ 组成第 α 个转换(滑移)系，相应的指向因子 $P_{kl}^{(\alpha)} = (m_k b_l + m_l b_k)/2$，则电畴转换(或屈服)准则可以写成

$$\sigma_{ij} P_{ij}^{(\alpha)} \gamma^{(\alpha)} + E_i b_i^{(\alpha)} D^{(\alpha)} = G^c \tag{13-163}$$

多晶体可采用均匀化方法。

13.5.4　迟滞回线的折线近似

限于讨论作用单轴循环电场和小应力的情况，由于应力较小，因而可以不计应力诱导畴

变,并设初始状态为 $E=P=\varepsilon=0$。根据实验结果,把 P 和 ε 分为线性可逆部分 P^r、ε^r 和非可逆畴变部分 P^i、ε^i,即

$$P=p^r+p^i\varepsilon=\varepsilon^r+\varepsilon^i \tag{13-164}$$

且

$$\left.\begin{aligned}P^r&=\epsilon E+d(P^i/P_s)\sigma\\ \varepsilon^r&=\alpha\sigma+d(P^i/P_s)E\end{aligned}\right\} \tag{13-165}$$

式中,α 为柔度系数;c 为介电常数;d 为压电系数;P_s 为饱和剩余极化值,且 $-P_s\leqslant P^i\leqslant P_s$。当 $P^i=P_s$ 时,式(13-165)便是工程中应用的压电方程;$P^i=0$ 时表示无极化状态,应力和电场解耦;P^i 反向时,系数 $d(P^i/P_s)$ 改变符号。由于采用折线假设,当 E 单调增加或 $\Delta E>0$ 时有

$$P^i=\begin{cases}-P_s & \text{当} -(E_c+E_p)\leqslant E\leqslant E_c-E_p \text{时}\\ (E-E_c)/C_p & \text{当} E_c-E_p\leqslant E\leqslant E_c+E_p \text{时}\\ P_s & \text{当} E\geqslant E_c+E_p \text{时}\end{cases} \tag{13-166}$$

对从初始状态出发的首次极化曲线,式(13-166)第一式中须令 $E_P=P_s=0$。当 E 单调下降或 $\Delta E<0$ 时

$$P^i=\begin{cases}P_s & \text{当} -(E_c-E_p)\leqslant E\leqslant E_c+E_p \text{时}\\ (E+E_c)/C_p & \text{当} -(E_c+E_p)\leqslant E\leqslant -(E_c-E_p) \text{时}\\ -P_s & \text{当} E\leqslant -(E_c+E_p) \text{时}\end{cases} \tag{13-167}$$

在式(13-166)、式(13-167)中,C_p 为材料常数,$E_p=C_pP_s$。

$$\varepsilon^i=\varepsilon_s\mid p^i\mid/P_s \tag{13-168}$$

式中,ε_s 是饱和极化时因电畴转换而引起的饱和应变值。图 13-23(a)(b)分别表示 $P_{sat}=P_s$ 时由折线近似得到 $P-E$ 和 $\varepsilon-E$ 示意图,且在 $\varepsilon-E$ 图(b)中 $\sigma>0$ 和 $\sigma<0$ 两种情形只画了一半。

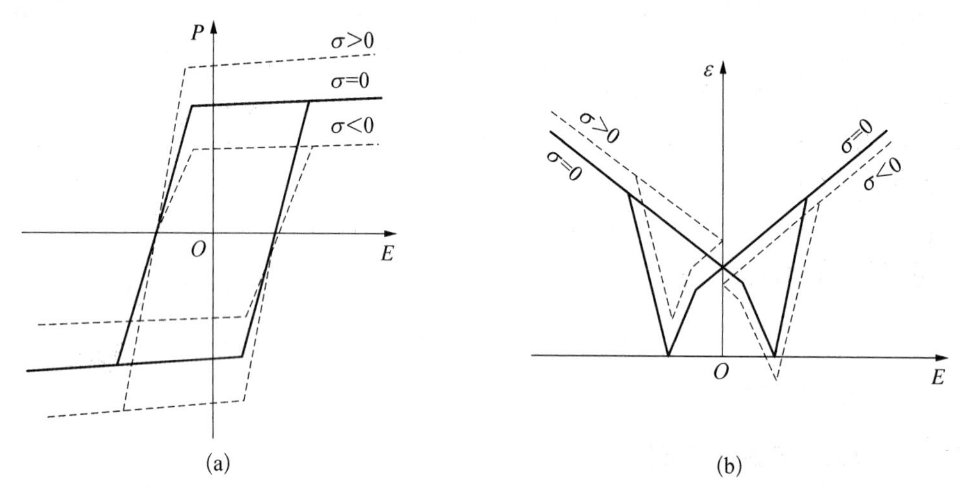

图 13-23　$P-E$ 和 $\varepsilon-E$ 的折线近似

如循环电压 E 的最大值 $E_{max} < E_c + E_p$，则铁电体不能达到饱和状态，此时式(13-166)和式(13-167)中便没有第3个方程，而 P_s 应理解为循环过程中达到的最大剩余极化值 P_{max}，而 E_p 理解为 $C_p P_{max}$。

从初始状态出发，当 $E < E_c$ 时没有极化，当 $E = E_c$ 时开始极化，因而 $E = E_c$ 是一个界限点，相当于弹塑性理论中三维问题的屈服面，称为极化面。$E > E_c$ 后处于极化阶段，$E = E_c + E_p$ 时极化饱和，这也是界限点，在三维空间便是极化过程的饱和(极限)面，$E > E_c + E_p$ 后不再产生新的极化，过程又成为可逆的，这一现象是塑性变形没有的。塑性变形是以位错的形成和运动为物理基础的，和极化以电畴转换为基础是不同的。当电场减小至 $E = -(E_c - E_p)$ 时发生反向极化，这在三维问题中相当于极化面中心移到 E_p，极化半径仍为 E_c 的极化面，当 E 减小到 $E = -(E_c + E_p)$ 时又达到反向饱和面，$E < -(E_c + E_p)$ 后便不再产生新的极化。重新增加电场至 $E = E_c - E_p$ 时发生新一轮反向极化(和初始极化方向相同)，这在三维问题中相当于极限面中心移到 $-E_p$，极化半径仍为 E_c 的极限面，以后循环下去。从这一简单模型可以清楚地发现，极化过程存在一个极化面和一个饱和面，极化面的中心是极化史的函数。类似于弹塑性问题，还可以讨论硬化和软化情形，饱和面的大小也是极化史的函数。

13.5.5 铁电体本构关系的内变量理论框架举例

如取 $\boldsymbol{\sigma}$ 和 $\boldsymbol{E}$ 为广义应力，$\boldsymbol{\varepsilon}$ 和 $\boldsymbol{P}$（或 $\boldsymbol{D}$）为广义应变，便可应用5.6节叙述的内变量理论。讨论一个分支的简单情形(见图13-24)则有

$\boldsymbol{\varepsilon}^r, \boldsymbol{P}^r$　　$\boldsymbol{\varepsilon}^i, \boldsymbol{P}^i$

图 13-24　不可逆过程的单分支模型

$$\boldsymbol{\varepsilon} = \boldsymbol{\varepsilon}^r + \boldsymbol{\varepsilon}^i \quad \boldsymbol{P} = \boldsymbol{P}^r + \boldsymbol{P}^i \tag{13-169}$$

$\boldsymbol{\varepsilon}^i$ 和 $\boldsymbol{P}^i$ 表示极化引起的不可逆(或剩余)应变和极化，它们是晶格改变引起的，可用内变量 $\boldsymbol{\eta}$ 来描写，即

$$\boldsymbol{\varepsilon}^i = \boldsymbol{\varepsilon}^i(\boldsymbol{\eta}) \quad \boldsymbol{P}^i = \boldsymbol{P}^i(\boldsymbol{\eta}) \tag{13-170}$$

$\boldsymbol{\varepsilon}^r$ 和 $\boldsymbol{P}^r$ 代表晶格结构不变时的压电效应，在等温情况下，可用类似于式(13-134)表示，即

$$\boldsymbol{\varepsilon}^r = \boldsymbol{C}^{-1} : \boldsymbol{\sigma} + \boldsymbol{d}^T \boldsymbol{E} \quad \boldsymbol{P}^r = \boldsymbol{d} : \boldsymbol{\sigma} + \epsilon \boldsymbol{E} \tag{13-171}$$

式中，$\boldsymbol{C}^{-1}$、$\boldsymbol{d}$ 和 ϵ 分别为柔度、压电和介电系数，它们都和变形历史或 $\boldsymbol{\eta}$ 相关。

按式(5-125)引入自由能 f 和吉布斯函数 g，有

$$f = f(\boldsymbol{\varepsilon}^r, \boldsymbol{p}^r, \boldsymbol{\eta}) \quad g = f - \boldsymbol{\sigma} : \boldsymbol{\varepsilon} - \boldsymbol{E} \cdot \boldsymbol{P} = g(\boldsymbol{\sigma}, \boldsymbol{E}, \boldsymbol{\eta}) \tag{13-172}$$

由式(5-127)和式(5-131)可得

$$\left.\begin{aligned} &\boldsymbol{\sigma} = \rho \partial f / \partial \boldsymbol{\varepsilon}^r \quad \boldsymbol{E} = \rho \partial f / \partial \boldsymbol{P}^r \\ &\boldsymbol{\varepsilon} = -\rho \partial g / \partial \boldsymbol{\sigma} \quad \boldsymbol{P} = -\rho \partial g / \partial \boldsymbol{E} \end{aligned}\right\} \tag{13-173}$$

由式(5-129)和式(5-133)可分别得熵产率方程

$$\left.\begin{aligned} &\boldsymbol{\sigma} : \dot{\boldsymbol{\varepsilon}}^i + \boldsymbol{E} \cdot \dot{\boldsymbol{P}}^i + \boldsymbol{A} \cdot \dot{\boldsymbol{\eta}} = (\boldsymbol{\sigma} : \partial \boldsymbol{\varepsilon}^i / \partial \boldsymbol{\eta} + \boldsymbol{E} \cdot \partial \boldsymbol{P}^i / \partial \boldsymbol{\eta} + \boldsymbol{A}) \cdot \dot{\boldsymbol{\eta}} \geqslant 0 \quad \boldsymbol{A} = -\rho \partial f / \partial \boldsymbol{\eta} \\ &\boldsymbol{B} \cdot \dot{\boldsymbol{\eta}} \geqslant 0 \quad \boldsymbol{B} = -\rho \partial g / \partial \boldsymbol{\eta} \end{aligned}\right\} \tag{13-174}$$

因此内变量演化方程可以写成

$$\left.\begin{aligned}\dot{\boldsymbol{\eta}}&=\boldsymbol{\Lambda}(\boldsymbol{\sigma}:\partial\boldsymbol{\varepsilon}^{\mathrm{i}}/\partial\boldsymbol{\eta}+\boldsymbol{E}\cdot\partial\boldsymbol{P}^{\mathrm{i}}/\partial\boldsymbol{\eta}+\boldsymbol{A})\\ \dot{\boldsymbol{\eta}}&=\boldsymbol{\Lambda}'\boldsymbol{B}\end{aligned}\right\}\tag{13-175}$$

式中，$\boldsymbol{\Lambda}$、$\boldsymbol{\Lambda}'$ 为常系数张量。在某些情况下采用吉布斯函数的另一定义更方便，即令

$$g'=f-\boldsymbol{\sigma}:\boldsymbol{\varepsilon}^{\mathrm{r}}-\boldsymbol{E}\cdot\boldsymbol{P}^{\mathrm{r}}=g'(\boldsymbol{\sigma},\ \boldsymbol{E},\ \boldsymbol{\eta})\tag{13-176}$$

相应地有

$$\boldsymbol{\varepsilon}^{\mathrm{r}}=-\partial g'/\partial\boldsymbol{\sigma}\quad \boldsymbol{P}^{\mathrm{r}}=-\rho\partial g'/\partial\boldsymbol{E}\tag{13-177}$$

顾及式(13－171)可令

$$\left.\begin{aligned}g'&=g'^{\mathrm{r}}(\boldsymbol{\sigma},\ \boldsymbol{E},\ \boldsymbol{\eta})+g'^{\mathrm{i}}(\boldsymbol{\eta})\\ \rho g'^{\mathrm{r}}&=(\boldsymbol{\sigma}:\boldsymbol{C}^{-1}:\boldsymbol{\sigma}+\boldsymbol{E}\cdot\boldsymbol{\epsilon}\boldsymbol{E})/2+\boldsymbol{E}\cdot\boldsymbol{d}:\boldsymbol{\sigma}\end{aligned}\right\}\tag{13-178}$$

熵产率不等式可以写成

$$(\boldsymbol{\sigma}:\partial\boldsymbol{\varepsilon}^{\mathrm{i}}/\partial\boldsymbol{\eta}+\boldsymbol{E}\cdot\partial\boldsymbol{P}^{\mathrm{i}}/\partial\boldsymbol{\eta}-\rho\partial g'/\partial\boldsymbol{\eta})\cdot\dot{\boldsymbol{\eta}}\geqslant 0\tag{13-179}$$

内变量演化方程可以写成

$$\dot{\boldsymbol{\eta}}=\boldsymbol{\Lambda}'(\boldsymbol{\sigma}:\partial\boldsymbol{\varepsilon}^{\mathrm{i}}/\partial\boldsymbol{\eta}+\boldsymbol{E}\cdot\partial\boldsymbol{p}^{\mathrm{i}}/\partial\boldsymbol{\eta}-\rho\partial g'/\partial\boldsymbol{\eta})\tag{13-180}$$

虽然有一些讨论内变量选取的理论，但尚未成熟，写入教材尚需时日，本书暂且从略。

13.6 材料本征常数，材料模态和模态能量理论

13.6.1 线弹性电介质中的广义正则应力和应变矢量

13.4.2 节详细讨论了弹性电介质的本构方程，这些方程同样适用于畴变前的铁电体。式(13－135)在等温情况下的逆形式可以写成

$$\boldsymbol{\varepsilon}=\boldsymbol{C}^{-1}\boldsymbol{\sigma}+\boldsymbol{d}^{\mathrm{T}}\boldsymbol{E}\quad \boldsymbol{D}=\boldsymbol{d}\boldsymbol{\sigma}+\boldsymbol{\epsilon}\boldsymbol{E}\tag{13-181}$$

引入九维空间中的广义应力 $\boldsymbol{\sigma}$ 和广义应变 $\boldsymbol{\varepsilon}$，则式(13－181)还可以写成

$$\left.\begin{aligned}\boldsymbol{\varepsilon}&=\boldsymbol{\alpha}\boldsymbol{\sigma}\\ \boldsymbol{\varepsilon}&=[\varepsilon_x\quad \varepsilon_y\quad \varepsilon_z\quad \gamma_{yz}\quad \gamma_{zx}\quad \gamma_{xy}\quad \widetilde{D}_x\quad \widetilde{D}_y\quad \widetilde{D}_z]^{\mathrm{T}}\\ \boldsymbol{\sigma}&=[\sigma_x\quad \sigma_y\quad \sigma_z\quad \tau_{yz}\quad \tau_{zx}\quad \tau_{xy}\quad \widetilde{E}_x\quad \widetilde{E}_y\quad \widetilde{E}_z]^{\mathrm{T}}\end{aligned}\right\}\tag{13-182}$$

式中，γ_{yz}、γ_{zx}、γ_{xy} 为工程切应变；$\widetilde{\boldsymbol{D}}$ 为无量纲电位移；$\widetilde{\boldsymbol{E}}$ 为具有应力量纲的电场强度；材料常数 $\boldsymbol{a}$ 的量纲全都为 $\mathrm{N}^{-1}\mathrm{m}^2$。同时，

$$\left.\begin{aligned}\widetilde{\boldsymbol{D}}&=s_1\boldsymbol{D}\quad s_1=1\ \mathrm{m}^2/\mathrm{C}=1\ \mathrm{V}\cdot\mathrm{m}/\mathrm{N}\\ \widetilde{\boldsymbol{E}}&=s_2\boldsymbol{E}\quad s_2=1\ \mathrm{C}/\mathrm{m}^2=1\ \mathrm{N}/(\mathrm{V}\cdot\mathrm{m})\end{aligned}\right\}\tag{13-183}$$

再引入广义正则应力 $\bar{\boldsymbol{\sigma}}$ 和广义正则应变 $\bar{\boldsymbol{\varepsilon}}$，式(13－182)化为

$$
\left.\begin{aligned}
&\bar{\boldsymbol{\varepsilon}}=\bar{\boldsymbol{\alpha}}\cdot\bar{\boldsymbol{\sigma}} \quad \bar{\boldsymbol{\alpha}}=\boldsymbol{P}^{-1}\boldsymbol{\alpha}\boldsymbol{P}^{-\mathrm{T}}\\
&\bar{\boldsymbol{\varepsilon}}=\boldsymbol{P}^{-1}\boldsymbol{\varepsilon} \quad \bar{\boldsymbol{\sigma}}=\boldsymbol{P}\boldsymbol{\sigma}\\
&\boldsymbol{P}=\mathrm{diag}\begin{bmatrix}1 & 1 & 1 & \sqrt{2} & \sqrt{2} & \sqrt{2} & 1 & 1 & 1\end{bmatrix}
\end{aligned}\right\} \tag{13-184}
$$

式中，diag[ ]表示对角矩阵。

现在来讨论式(13-184)在坐标变换下的变化。令新、老坐标系 ϕ' 和 ϕ 的变换矩阵为 $\boldsymbol{l}$，其元素为 l_{kl}，读者易于证明 $\boldsymbol{\varepsilon}$ 和 $\boldsymbol{\sigma}$，$\bar{\boldsymbol{\varepsilon}}$ 和 $\bar{\boldsymbol{\sigma}}$ 在新、老坐标系中的矩阵变换关系为

$$
\left.\begin{aligned}
&\boldsymbol{\sigma}'=\boldsymbol{A}\boldsymbol{\sigma} \quad \boldsymbol{\varepsilon}'=\boldsymbol{B}\boldsymbol{\varepsilon}\\
&\bar{\boldsymbol{\sigma}}'=\boldsymbol{P}\boldsymbol{A}\boldsymbol{P}^{-1}\bar{\boldsymbol{\sigma}} \quad \bar{\boldsymbol{\varepsilon}}'=\boldsymbol{P}^{-1}\boldsymbol{B}\boldsymbol{P}\bar{\boldsymbol{\varepsilon}}
\end{aligned}\right\} \tag{13-185}
$$

式中

$$
\boldsymbol{A}=\begin{bmatrix}\boldsymbol{A}_1 & 2\boldsymbol{A}_2 & \boldsymbol{0}\\ \boldsymbol{A}_3 & \boldsymbol{A}_4 & \boldsymbol{0}\\ \boldsymbol{0} & \boldsymbol{0} & \boldsymbol{l}\end{bmatrix} \quad \boldsymbol{B}=\begin{bmatrix}\boldsymbol{A}_1 & \boldsymbol{A}_2 & \boldsymbol{0}\\ 2\boldsymbol{A}_3 & \boldsymbol{A}_4 & \boldsymbol{0}\\ \boldsymbol{0} & \boldsymbol{0} & \boldsymbol{l}\end{bmatrix} \tag{13-186}
$$

$$
\left.\begin{aligned}
&\boldsymbol{A}_1=\begin{bmatrix}l_{11}^2 & l_{12}^2 & l_{13}^2\\ l_{21}^2 & l_{22}^2 & l_{23}^2\\ l_{31}^2 & l_{32}^2 & l_{33}^2\end{bmatrix} \quad \boldsymbol{A}_2=\begin{bmatrix}l_{12}l_{13} & l_{11}l_{13} & l_{11}l_{12}\\ l_{22}l_{23} & l_{21}l_{23} & l_{21}l_{22}\\ l_{32}l_{33} & l_{31}l_{33} & l_{31}l_{32}\end{bmatrix}\\
&\boldsymbol{A}_3=\begin{bmatrix}l_{21}l_{31} & l_{22}l_{32} & l_{23}l_{33}\\ l_{11}l_{31} & l_{12}l_{32} & l_{13}l_{33}\\ l_{11}l_{21} & l_{12}l_{22} & l_{13}l_{23}\end{bmatrix} \quad \boldsymbol{A}_4=\begin{bmatrix}(l_{32}l_{23}+l_{22}l_{33}) & (l_{33}l_{21}+l_{23}l_{31}) & (l_{31}l_{22}+l_{21}l_{32})\\ (l_{12}l_{33}+l_{32}l_{13}) & (l_{33}l_{11}+l_{13}l_{31}) & (l_{11}l_{32}+l_{31}l_{12})\\ (l_{12}l_{23}+l_{22}l_{13}) & (l_{13}l_{21}+l_{23}l_{11}) & (l_{11}l_{22}+l_{21}l_{22})\end{bmatrix}
\end{aligned}\right\} \tag{13-187}
$$

由矩阵 $\boldsymbol{P}$、$\boldsymbol{A}$ 和 $\boldsymbol{B}$ 的表达式以及 $\boldsymbol{A}^{\mathrm{T}}=\boldsymbol{B}^{-1}$ 的关系可证

$$
\boldsymbol{H}=\boldsymbol{P}\boldsymbol{A}\boldsymbol{P}^{-1}=\boldsymbol{P}^{-1}\boldsymbol{B}\boldsymbol{P} \quad \boldsymbol{H}=\boldsymbol{H}^{\mathrm{T}} \tag{13-188}
$$

因此 $\boldsymbol{H}$ 是九维空间的正交张量，可以用作九维空间坐标变换时的变换张量，同时它可由真实三维空间中坐标变换张量按式(13-188)构造出来。由式(13-185)知，$\bar{\boldsymbol{\sigma}}$ 和 $\bar{\boldsymbol{\varepsilon}}$ 在坐标变换时服从相同的矢量变换规则，因而是九维空间的矢量；相反，$\boldsymbol{\sigma}$ 和 $\boldsymbol{\varepsilon}$ 则不是。由张量理论知，此时 $\bar{\boldsymbol{\alpha}}$ 是九维空间的二阶张量。

13.6.2 材料本征常数、材料模态、模态应力和模态应变

按弹性体中开尔文(Kelvin)的模态理论，推知在线性弹性电介质中存在一些本征方向或材料模态，在这些方向上 $\bar{\boldsymbol{\sigma}}$ 和 $\bar{\boldsymbol{\varepsilon}}$ 在九维空间中是相互平行的，即在这些方向有

$$
\bar{\boldsymbol{\varepsilon}}=\Lambda\bar{\boldsymbol{\sigma}} \tag{13-189}
$$

结合式(13-184)和式(13-189)，并改记 $\bar{\boldsymbol{\sigma}}$ 为 $\boldsymbol{\varphi}$，则有

$$
(\bar{\boldsymbol{\alpha}}-\Lambda\boldsymbol{I})\boldsymbol{\varphi}=0 \tag{13-190}
$$

要式(13-190)有解，必须

$$|\bar{\boldsymbol{\alpha}} - \Lambda \boldsymbol{I}| = 0 \tag{13-191}$$

通常的弹性电介质 $\bar{\boldsymbol{a}}$ 是实对称矩阵,故本征值 Λ 取实值。对非退化情形有 9 个互不相同的 Λ_i 值,称 Λ_i 为材料的第 i 型本征弹性柔度,称对角矩阵

$$\boldsymbol{\Lambda} = \mathrm{diag}[\Lambda_i] \quad i = 1, 2, \cdots, 9 \tag{13-192}$$

为材料的本征弹性柔度矩阵或柔度谱矩阵。由式(13-190),对应于每一个 Λ_i 可以确定精确到一个常数乘子的 $\boldsymbol{\varphi}_i$ 值,不同 i 值的 $\boldsymbol{\varphi}_i$ 相互正交,规一化后的 $\boldsymbol{\varphi}_i$ 称为材料的第 i 型本征方向或第 i 型材料模态,称矩阵

$$\boldsymbol{\Phi} = [\boldsymbol{\varphi}_1 \quad \boldsymbol{\varphi}_2 \quad \cdots \quad \boldsymbol{\varphi}_9] = [\boldsymbol{\varphi}_i] \tag{13-193}$$

为材料的模态矩阵,且有

$$\boldsymbol{\Phi}^{\mathrm{T}} \boldsymbol{\Phi} = \boldsymbol{I} \tag{13-194}$$

如以 $\boldsymbol{\varphi}_i$ 为基矢,那么便构成九维的模态空间。由于弹性电介质存在一定的对称性,而使本征方程式(13-191)成为半退化的,即 $\boldsymbol{\Lambda}$ 出现重根,但每个重根对应的独立模态数恰好是根的重数,因而仍可有 9 个独立模态,几何模态空间仍是九维的。另外,由 1.3.2 节知,如 Λ_{p+1} 是 r 重根,对应的独立模态是 $\boldsymbol{\varphi}_{p+1}, \boldsymbol{\varphi}_{p+2}, \cdots, \boldsymbol{\varphi}_{p+r}$,那么 $\boldsymbol{\varphi}_{p+i}$, $i = 1, 2, \cdots, r$ 任意的线性组合仍是材料的本征方向,即由 $\boldsymbol{\varphi}_{p+i}$, $i = 1, 2, \cdots, r$ 组成的子空间中,任意一方向都是本征方向,$\bar{\boldsymbol{\sigma}}$ 和 $\bar{\boldsymbol{\varepsilon}}$ 都是平行的,即在此子空间,变形方式是相同的,在物理上可以看成是一个模态子空间,并取 $\boldsymbol{\varphi}_{p+1} + \boldsymbol{\varphi}_{p+2} + \cdots + \boldsymbol{\varphi}_{p+r}$ 作为独立的物理模态,这便涵盖了该子空间全部变形方式。因此若 $\boldsymbol{\Lambda}$ 有 m 个相异的实根,第 i 个的重数是 r_i,则有 $\sum_{i=1}^{m} r_i = 9$,但变形方式相异的模态子空间只有 $m \leqslant 9$ 个;由于材料的破坏、屈服和畴变等与变形方式相关,因而可以认为物理模态空间是 m 维的。任何广义应力矢量 $\bar{\boldsymbol{\sigma}}$ 和广义应变矢量 $\bar{\boldsymbol{\varepsilon}}$ 都可以在物理模态空间展开,即

$$\left.\begin{aligned} \bar{\boldsymbol{\sigma}} &= \sum_{j=1}^{m} \bar{\boldsymbol{\sigma}}_j = \sum_{j=1}^{m} \bar{\sigma}_j \boldsymbol{\varphi}_j \quad \bar{\sigma}_j = |\bar{\boldsymbol{\sigma}}_j| = \boldsymbol{\varphi}_j^{\mathrm{T}} \bar{\boldsymbol{\sigma}} \\ \bar{\boldsymbol{\varepsilon}} &= \sum_{j=1}^{m} \bar{\boldsymbol{\varepsilon}}_j = \sum_{j=1}^{m} \bar{\varepsilon}_j \boldsymbol{\varphi}_j \quad \bar{\varepsilon}_j = |\bar{\boldsymbol{\varepsilon}}_j| = \boldsymbol{\varphi}_j^{\mathrm{T}} \bar{\boldsymbol{\varepsilon}} \end{aligned}\right\} \tag{13-195}$$

称 $\bar{\boldsymbol{\sigma}}_j$ 和 $\bar{\boldsymbol{\varepsilon}}_j$ 分别为第 j 个模态应力和模态应变矢量;$\bar{\sigma}_j$ 是 $\bar{\boldsymbol{\sigma}}_j$ 的模,$\bar{\varepsilon}_j$ 是 $\bar{\varepsilon}_j$ 的模。模态应力和模态应变相互平行,且有

$$\bar{\boldsymbol{\varepsilon}}_j = \Lambda_j \bar{\boldsymbol{\sigma}}_j \quad j = 1, 2, \cdots, m \leqslant 9 \tag{13-196}$$

如果我们改写材料的本构方程为

$$\bar{\boldsymbol{\sigma}} = \bar{\boldsymbol{\alpha}}^{-1} \bar{\boldsymbol{\varepsilon}} \tag{13-197}$$

则通过和上面类似的讨论,可以得到材料的本征弹性模量矩阵 $\mathrm{diag}[\lambda_i]$,且 $\lambda_i = \Lambda_i^{-1}$;同时材料的模态不变。材料的本征弹性柔度和模量统称为材料的本征弹性常数。

13.6.3 模态变形能理论

对线弹性电介质,对应于第 i 个模态的变形能 U_i 是

$$U_i = \frac{1}{2} \bar{\boldsymbol{\varepsilon}}_i^{\cdot} \bar{\boldsymbol{\sigma}}_i = \frac{1}{2} \Lambda_i \bar{\sigma}_i^2 (\text{对 } i \text{ 不求和}) \tag{13-198}$$

压电晶体在破坏时，铁电体在畴变时，不同的变形模态所起的作用是不同的，因而我们假设压电体的破坏准则和铁电体的畴变准则是不同模态变形能的线性组合达到临界值 U_c，或

$$\sum_{i=1}^{m} a_i U_i = U_c \tag{13-199}$$

式中，a_i 为权系数，表示不同模态所起作用的大小。如全部 $a_i=1$，则式(13-199)代表总能量准则。事实上

$$\begin{aligned} U &= \frac{1}{2} \boldsymbol{\varepsilon}^{\mathrm{T}} \boldsymbol{\sigma} = \frac{1}{2} (\boldsymbol{P} \bar{\boldsymbol{\varepsilon}})^{\mathrm{T}} (\boldsymbol{P}^{-1} \bar{\boldsymbol{\sigma}}) = \frac{1}{2} \bar{\boldsymbol{\varepsilon}}^{\mathrm{T}} \bar{\boldsymbol{\sigma}} \\ &= \frac{1}{2} \sum_{i=1}^{m} (\bar{\boldsymbol{\varepsilon}}_i \boldsymbol{\varphi}_i)^{\mathrm{T}} \sum_{j=1}^{m} (\bar{\boldsymbol{\sigma}}_j \boldsymbol{\varphi}_j) = \frac{1}{2} \sum_{i=1}^{m} \bar{\boldsymbol{\varepsilon}}_i^{\mathrm{T}} \bar{\boldsymbol{\sigma}}_i = \sum_{i=1}^{m} U_i \end{aligned}$$

13.6.4 例题

作为例题，讨论横观各向同性材料 PZT4，Ox_1x_2 是各向同性平面，极化轴平行于 Ox_3，此时有 5 个弹性常数、3 个压电常数和 2 个介电常数。本征方程可以写成

$$\begin{bmatrix} \bar{\alpha}_{11}-\Lambda & \bar{\alpha}_{12} & \bar{\alpha}_{13} & 0 & 0 & 0 & 0 & 0 & \bar{\alpha}_{91} \\ \bar{\alpha}_{12} & \bar{\alpha}_{11}-\Lambda & \bar{\alpha}_{13} & 0 & 0 & 0 & 0 & 0 & \bar{\alpha}_{91} \\ \bar{\alpha}_{13} & \bar{\alpha}_{13} & \bar{\alpha}_{33}-\Lambda & 0 & 0 & 0 & 0 & 0 & \bar{\alpha}_{93} \\ 0 & 0 & 0 & \bar{\alpha}_{44}-\Lambda & 0 & 0 & 0 & \bar{\alpha}_{84} & 0 \\ 0 & 0 & 0 & 0 & \bar{\alpha}_{44}-\Lambda & 0 & \bar{\alpha}_{84} & 0 & 0 \\ 0 & 0 & 0 & 0 & 0 & (\bar{\alpha}_{11}-\bar{\alpha}_{12})-\Lambda & 0 & 0 & 0 \\ 0 & 0 & 0 & 0 & \bar{\alpha}_{84} & 0 & \bar{\alpha}_{77}-\Lambda & 0 & 0 \\ 0 & 0 & 0 & \bar{\alpha}_{84} & 0 & 0 & 0 & \bar{\alpha}_{77}-\Lambda & 0 \\ \bar{\alpha}_{91} & \bar{\alpha}_{91} & \bar{\alpha}_{93} & 0 & 0 & 0 & 0 & 0 & \bar{\alpha}_{99}-\Lambda \end{bmatrix} \begin{bmatrix} \varphi_{i1} \\ \varphi_{i2} \\ \varphi_{i3} \\ \varphi_{i4} \\ \varphi_{i5} \\ \varphi_{i6} \\ \varphi_{i7} \\ \varphi_{i8} \\ \varphi_{i9} \end{bmatrix} = 0 \tag{13-200}$$

$\bar{\alpha}_{ij}$ 和普通压电体的材料常数的关系如式(13-184)所示。对 PZT4 在数值上有(注意：两种常数的单位不同)

$$\bar{\alpha}_{11} = \alpha_{11} = 12.3 \times 10^{-12} \quad \bar{\alpha}_{12} = \alpha_{12} = -3.9 \times 10^{-12} \quad \bar{\alpha}_{13} = \alpha_{13} = -5.5 \times 10^{-12}$$
$$\bar{\alpha}_{33} = \alpha_{33} = 16.1 \times 10^{-12} \quad \bar{\alpha}_{44} = \alpha_{44}/2 = 19.5 \times 10^{-12} \quad \bar{\alpha}_{91} = d_{31} = -134 \times 10^{-12}$$
$$\bar{\alpha}_{93} = d_{33} = 300 \times 10^{-12} \quad \bar{\alpha}_{84} = d_{15}/\sqrt{2} = 370 \times 10^{-12}$$
$$\bar{\alpha}_{77} = \epsilon_{11} = 1.30 \times 10^{-8} \quad \bar{\alpha}_{99} = \epsilon_{33} = 1.14 \times 10^{-8}$$

把材料常数代入式(13-200)，解得

$$\left.\begin{aligned} &\Lambda_1 = \Lambda_2 = 1.302\,5 \times 10^{-8} \quad \Lambda_3 = 1.149\,4 \times 10^{-8} \quad \Lambda_4 = \Lambda_5 = 1.633\,99 \times 10^{-11} \\ &\Lambda_6 = 9.985\,5 \times 10^{-12} \quad \Lambda_7 = \Lambda_8 = 9.000\,6 \times 10^{-12} \quad \Lambda_9 = 3.541\,33 \times 10^{-12}\ \mathrm{m^2/N} \end{aligned}\right\} \tag{13-201}$$

其中有 3 个二重根,因此物理模态空间是六维的,把 $\Lambda_1=\Lambda_2$ 对应的两个模态的和作为一个模态,$\Lambda_4=\Lambda_5$,$\Lambda_7=\Lambda_8$ 对应的模态同样处理,最终得

$$\left.\begin{aligned}
\boldsymbol{\varphi}_1&=[0\quad 0\quad 0\quad -0.020\,11\quad 0.020\,11\quad 0\quad 0.706\,8\quad -0.706\,8\quad 0]^{\mathrm{T}}\\
\boldsymbol{\varphi}_2&=[-0.011\,74\quad -0.011\,74\quad 0.026\,08\quad 0\quad 0\quad 0\quad 0\quad 0\quad 0.999\,52]^{\mathrm{T}}\\
\boldsymbol{\varphi}_3&=[-0.5\quad 0.5\quad 0\quad 0\quad 0\quad 0.707\,11\quad 0\quad 0\quad 0]^{\mathrm{T}}\\
\boldsymbol{\varphi}_4&=[0.361\,72\quad 0.361\,72\quad -0.858\,70\quad 0\quad 0\quad 0\quad 0\quad 0\quad 0.030\,91]^{\mathrm{T}}\\
\boldsymbol{\varphi}_5&=[0\quad 0\quad 0\quad -0.706\,82\quad -0.768\,2\quad 0\quad 0.020\,11\quad 0.020\,11\quad 0]^{\mathrm{T}}\\
\boldsymbol{\varphi}_6&=[0.607\,47\quad 0.607\,47\quad 0.511\,82\quad 0\quad 0\quad 0\quad 0\quad 0\quad 0.000\,918]^{\mathrm{T}}
\end{aligned}\right\}\tag{13-202}$$

由式(13-202)可见,变形方式共有 6 种,$\boldsymbol{\varphi}_1$ 和 $\boldsymbol{\varphi}_5$ 代表面外剪切应力和面内电场,其中 $\boldsymbol{\varphi}_1$ 以电场为主,$\boldsymbol{\varphi}_5$ 以剪切为主;$\boldsymbol{\varphi}_3$ 代表面内应力,和电场无关;$\boldsymbol{\varphi}_2$、$\boldsymbol{\varphi}_4$ 和 $\boldsymbol{\varphi}_6$ 代表轴对称应力和面外电场,其中 $\boldsymbol{\varphi}_2$ 以电场为主,$\boldsymbol{\varphi}_6$ 以应力为主,$\boldsymbol{\varphi}_4$ 两者均有影响,但机械应力较强。

对于下述均匀广义应力场

$$\bar{\boldsymbol{\sigma}}=[0\quad 0\quad \sigma_{\mathrm{f}}\quad 0\quad 0\quad 0\quad 0\quad 0\quad E_3]\tag{13-203}$$

试件只有 $\boldsymbol{\varphi}_2$、$\boldsymbol{\varphi}_4$ 和 $\boldsymbol{\varphi}_6$ 3 个模态的变形能不为零。分别是

$$\left.\begin{aligned}
U^{(2)}&=\frac{1}{2}(7.819\,46\times10^{-12}\sigma_{\mathrm{f}}^2+5.993\,14\times10^{-10}\sigma_{\mathrm{f}}E_3+1.148\times10^{-8}E_3^2)\\
U^{(4)}&=\frac{1}{2}(7.362\,92\times10^{-12}\sigma_{\mathrm{f}}^2-5.300\,3\times10^{-13}\sigma_{\mathrm{f}}E_3+9.538\,6\times10^{-15}E_3^2)\\
U^{(6)}&=\frac{1}{2}(9.276\,91\times10^{-13}\sigma_{\mathrm{f}}^2+3.328\,0\times10^{-15}\sigma_{\mathrm{f}}E_3+2.984\,7\times10^{-18}E_3^2)
\end{aligned}\right\}\tag{13-204}$$

因而在这种情况下,压电体的破坏准则和铁电体的初始畸变准则可以写成

$$a_2U_2+a_4U_4+a_6U_6=U_{\mathrm{c}}\tag{13-205}$$

利用某些实验结果拟合得到的 a_i 值为

$$a_2=1.413\,3\times10^{-4}\quad a_4=0.144\,1\quad a_6=-1.144\,24\quad U_c=2.385\,1$$

最终得

$$6.007\,5\times10^{-4}\sigma_{\mathrm{f}}^2+4.515\,69\times10^{-3}\sigma_1E_3+1.623\,84E_3^2=4.770\,2\times10^{12}$$

式中,σ_{f} 的单位是 N/m^2,E_3 的单位是 V/m。

13.7 磁 性 介 质

13.7.1 一般概念

根据 $M=\chi H$ 中的相对磁化率 χ 的大小,磁性介质可分成几类。$\chi<0$ 的材料称为抗磁性

物质，通常 χ 很小，为 $-10^{-4}\sim10^{-5}$，且与温度无关，但超导体的 $\chi=-1$，因而 $B=\mu_0(1+\chi)=0$，是完全的抗磁体。$\chi>0$ 的称为顺磁性物质，室温下 χ 不超过 10^{-3} 量级，和温度的关系为 $\chi=C/T$，其中 T 为绝对温度，C 为居里常数，但有些顺磁性物质和温度的关系为 $\chi=C/(T-\theta_N)$，也称为反铁磁性物质。对铁、钴、镍及其合金，在居里温度 θ_f 以下，在较弱的磁场下，M 便达到饱和值 M_s，远大于 μ_0H，在 θ_f 以上则和普通顺磁性物质相似，即 $1/\chi\propto T$；而铁氧体物质在 θ_i 以上时 $1/\chi$ 和 T 成非线性关系，且高频下耗损较小。此外还有一类材料在弱磁场下呈顺磁性，而在强磁场下呈铁磁性，称为亚铁磁性介质，上述分类可用图 13－25 表示。由此知，磁性介质的本构方程因材料而异，其微观机理已做过大量研究，本教材难以叙述，读者可参阅相关著作。

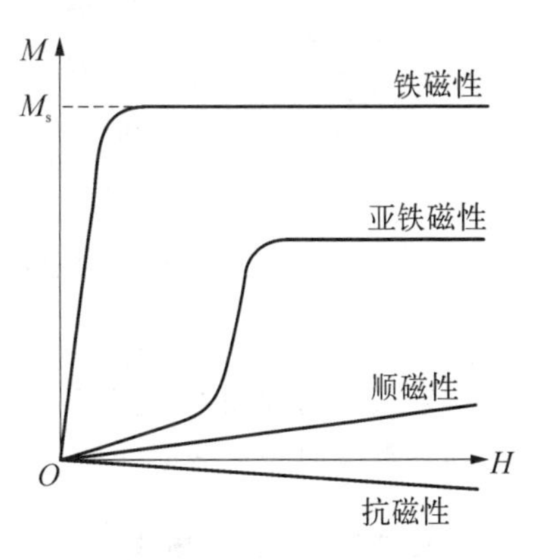

图 13－25　各种磁性物质

13.7.2　铁磁体的磁化性质

铁磁体是自发磁化的，其中存在许多小区域，在每一个小区域中存在方向一致的饱和磁化强度 M_s，称此小区域为磁畴，不同磁畴中磁化强度 $\boldsymbol{M}$ 的方向不同，相互间有一薄层畴壁隔开，畴壁中 $\boldsymbol{M}$ 的方向是变化的，从相邻的一个磁畴转到另一个。在退磁状态，不同 $\boldsymbol{M}$ 方向的磁畴是各向均匀分布的，因而整体上磁化强度为零。

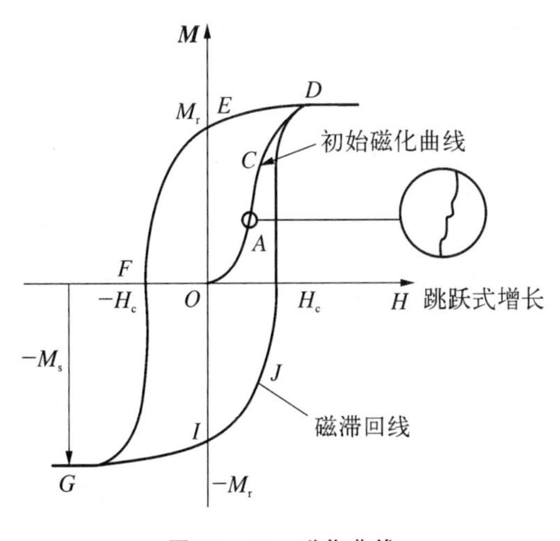

图 13－26　磁化曲线

图 13－26 表示铁磁体典型的磁化曲线，O 点代表退磁状态 $H=0$，$\boldsymbol{M}=0$。从 O 点开始增加 H，当 H 较小时有 $\boldsymbol{M}=\chi H$，呈线性可逆变化，属于畴壁的可逆移动，此时的 χ 称为初始磁化率；超过 OA 后，畴壁主要发生不可逆移动，在 $M-H$ 图上，曲线呈小跳跃式的快速上升；随后继续增加 H，磁畴以转动为主，$\boldsymbol{M}$ 上升趋缓，最终达到饱和值 M_s，曲线 $OACD$ 称为初始磁化曲线。由 D 减小 H，当 $H=0$ 时 $\boldsymbol{M}$ 为剩余磁化强度 M_r，H 反向增加达 F 点时 ($\boldsymbol{M}=0$)，H 达矫顽磁场 $-H_c$。虽然 F 和 O 点的 $\boldsymbol{M}$ 都为零，但磁畴磁化强度的方向分布是不同的；继续增加反向磁场，$\boldsymbol{M}$ 达反向饱和值 $-M_s$。随后减小反向磁场到零，再施加正向磁场，便形成磁滞回线。

对于有限体，外加磁场 H 将在物体两端产生磁荷(见图 13－27)，因而产生退磁场 H_d，和 H 方向相反，因而介质内的实际磁场 $H_{eff}=H-H_d$。

铁磁体中磁畴的实际结构将由其吉布斯自由能取极小的条件决定。图 13－28 给出了两个例子。通常铁磁体中有一个或几个易于磁化的方向。钴型晶体有一个易磁化轴 [0001]，只有一种 180° 畴壁；铁型晶体有 3 个易磁化轴 [100]，有 3 种 180° 畴壁和 12 种 90° 畴壁；镍型晶体有 4 个易磁化轴 [111]，有 4 种 180° 畴壁和 24 种 90° 畴壁，其实际夹角为 71° 或 109°。同时存在 90° 和 180° 畴壁常形成封闭磁路以减小能量。详细讨论请另看有关书籍。

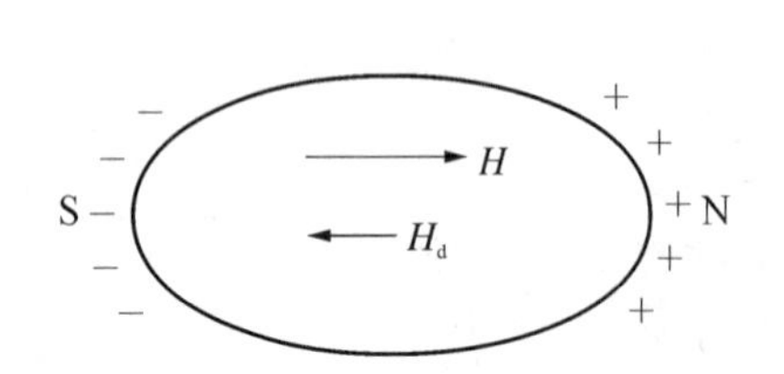

图 13－27　有限体两端产生磁荷，形成 N、S 极

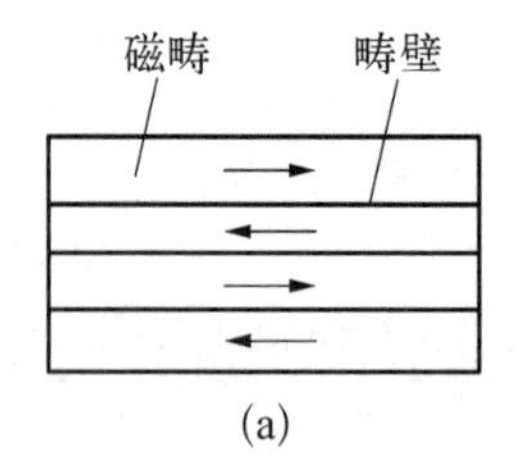

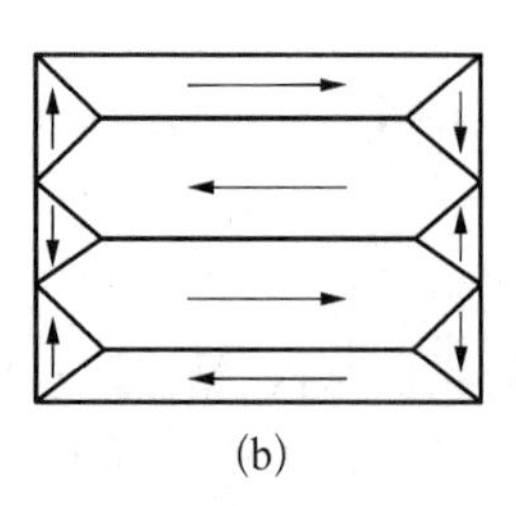

图 13－28　磁畴结构举例

(a) 180°磁畴；(b) 90°磁畴

铁磁体的饱和磁化强度 M_s 随温度增高而降低，到达居里温度时 $M_s=0$。磁滞回线的数学描写可类似于电滞回线处理。

13.7.3　铁磁介质本构关系的内变量理论框架举例

这里讨论稍微复杂一点的例子，设铁磁材料的本构模型可用图 13－29 表示，并记 $\boldsymbol{\varepsilon}_1=\boldsymbol{\varepsilon}_2=\boldsymbol{\varepsilon}^{\mathrm{r}}$，$\boldsymbol{\sigma}_1=\boldsymbol{\sigma}^{\mathrm{r}}$，$\boldsymbol{\sigma}_2=\boldsymbol{\sigma}-\boldsymbol{\sigma}^{\mathrm{r}}=\boldsymbol{\sigma}^{\mathrm{i}}$，$\boldsymbol{M}_1=\boldsymbol{M}_2=\boldsymbol{M}^{\mathrm{r}}$，$\boldsymbol{H}_1=\boldsymbol{H}^{\mathrm{r}}$，$\boldsymbol{H}_2=\boldsymbol{H}-\boldsymbol{H}^{\mathrm{r}}=\boldsymbol{H}^{\mathrm{i}}$，则有

$$\boldsymbol{\sigma}=\boldsymbol{\sigma}^{\mathrm{r}}+\boldsymbol{\sigma}^{\mathrm{i}}\quad \boldsymbol{H}=\boldsymbol{H}^{\mathrm{r}}+\boldsymbol{H}^{\mathrm{i}}\quad \boldsymbol{\varepsilon}=\boldsymbol{\varepsilon}^{\mathrm{r}}+\boldsymbol{\varepsilon}^{\mathrm{i}}\quad \boldsymbol{M}=\boldsymbol{M}^{\mathrm{r}}+\boldsymbol{M}^{\mathrm{i}} \tag{13-206}$$

图 13－29　不可逆过程的多分支模型

由于只讨论磁场与磁介质，且设介质内无电流，并改用 $\boldsymbol{M}$ 代 $\boldsymbol{B}$，所以由式(13－91)和式(13－95)可推出 C－D 不等式

$$\boldsymbol{\sigma}:\dot{\boldsymbol{\varepsilon}}-\rho(\dot{f}+s\dot{T})+\boldsymbol{H}\cdot\dot{\boldsymbol{M}}+T\boldsymbol{q}\cdot\nabla(1/T)\geqslant 0 \tag{13-207}$$

设 $\boldsymbol{\eta}$ 为内变量并令

$$f=f(\boldsymbol{\varepsilon}^{\mathrm{r}},\ \boldsymbol{M}^{\mathrm{r}},\ T,\ \boldsymbol{\eta}) \tag{13-208}$$

把式(13－208)代入式(13－207)便可推出

$$\boldsymbol{\sigma}^{\mathrm{r}}=\partial f/\partial\boldsymbol{\varepsilon}^{\mathrm{r}}\quad \boldsymbol{H}^{\mathrm{r}}=\partial f/\partial\boldsymbol{M}^{\mathrm{r}}\quad s=-\partial f/\partial T\quad \boldsymbol{A}=-\partial f/\partial\boldsymbol{\eta} \tag{13-209}$$

和 C－D 不等式的下列形式

$$\left.\begin{aligned}
&\rho T\sigma^{*}=\rho T\sigma_1^{*}+\rho T\sigma_2^{*}\geqslant 0\\
&\rho T\sigma_1^{*}=\boldsymbol{\sigma}:\dot{\boldsymbol{\varepsilon}}^{\mathrm{i}}+\boldsymbol{H}\cdot\dot{\boldsymbol{M}}^{\mathrm{i}}+\boldsymbol{A}\cdot\dot{\boldsymbol{\eta}}\geqslant 0\\
&\rho T\sigma_2^{*}=\boldsymbol{\sigma}^{\mathrm{i}}:\dot{\boldsymbol{\varepsilon}}^{\mathrm{r}}+\boldsymbol{H}^{\mathrm{i}}\cdot\dot{\boldsymbol{M}}^{\mathrm{r}}-\boldsymbol{q}\cdot\nabla T/T\geqslant 0
\end{aligned}\right\} \tag{13-210}$$

σ_1^{*} 是率无关的，由剩余磁化和畴变应变、塑性应变等引起；σ_2^{*} 是率相关的，由黏性、磁松弛和热传导等引起。可以认为两种耗散过程的 σ^{*} 分别大于零，如式(13－210)所示，因两者所含内变量的演化方程可分别研究。

借用广义正则材料的塑性理论，由 $\rho T\sigma_1^{*}$ 的表达式可设存在耗散势 $F_1(\dot{\boldsymbol{\varepsilon}}^{\mathrm{i}},\ \dot{\boldsymbol{M}}^{\mathrm{i}},\ \dot{\boldsymbol{\eta}})$，使

$$\boldsymbol{\sigma}=\partial F_1/\partial\dot{\boldsymbol{\varepsilon}}^{\mathrm{i}}\quad \boldsymbol{H}=\partial F_1/\partial\dot{\boldsymbol{M}}^{\mathrm{i}}\quad \boldsymbol{A}=\partial F_1/\partial\dot{\boldsymbol{\eta}} \tag{13-211}$$

根据不可逆热力学的一般理论，由 $\rho T\sigma_2^*$ 可推出

$$\left.\begin{aligned}\boldsymbol{\sigma}^{\mathrm{i}}&=\boldsymbol{a}:\dot{\boldsymbol{\varepsilon}}^{\mathrm{r}}+\boldsymbol{b}^{\mathrm{T}}\dot{\boldsymbol{M}}^{\mathrm{r}}+\boldsymbol{C}_1^{\mathrm{T}}\boldsymbol{\nabla}T\\ \boldsymbol{H}^{\mathrm{i}}&=\boldsymbol{b}:\boldsymbol{\varepsilon}^{\mathrm{r}}+\boldsymbol{d}\dot{\boldsymbol{M}}^{\mathrm{r}}+\boldsymbol{C}_2^{\mathrm{T}}\boldsymbol{\nabla}T\\ \boldsymbol{q}&=\boldsymbol{c}_1:\dot{\boldsymbol{\varepsilon}}^{\mathrm{r}}+\boldsymbol{c}_2\dot{\boldsymbol{M}}^{\mathrm{r}}+\lambda\boldsymbol{\nabla}T\end{aligned}\right\}\tag{13-212}$$

适当选择 F_1 和系数 $\boldsymbol{a}$、$\boldsymbol{b}$、$\boldsymbol{c}$、$\boldsymbol{d}$、λ，便完全确定了本构方程。应当注意，上式中的 $\boldsymbol{\varepsilon}^{\mathrm{r}}$、$\boldsymbol{M}^{\mathrm{r}}$ 实际代表的是图 13-29 中第 2 个分支的不可逆应变，不过其数值和第 1 个分支的可逆应变相同。

13.7.4 磁致伸缩

所有纯物质中都存在磁致伸缩，不过对大多数材料即使在强磁场下，磁致伸缩应变也是很小的，约为 10^{-5} 量级，但有些材料，如 $Tb_{0.3}Dy_{0.7}Fe_2$，饱和磁致伸缩率可达 1.6×10^{-3}。磁致伸缩起源于电子的自旋和绕原子核轨道运动的耦合，原子核周围的电子分布是非球形的，沿原子净磁矩的方向较长。在居里温度 T_c 以上，铁是立方晶格，冷却到 T_c 以下时发生自发磁化，磁畴自发变形，晶格成为略带四方体结构，形成自发磁致伸缩。在强磁场作用下，电子云的轨道发生旋转，由原子构成的磁畴发生旋转，产生强迫磁致伸缩。沿易磁化轴方向磁化到饱和，可以发现沿这一方向，有些材料伸长，如坡莫合金(68%Ni，32%Fe)，称正值磁致伸缩材料，而有些材料缩短，如镍，是负值磁致伸缩材料。

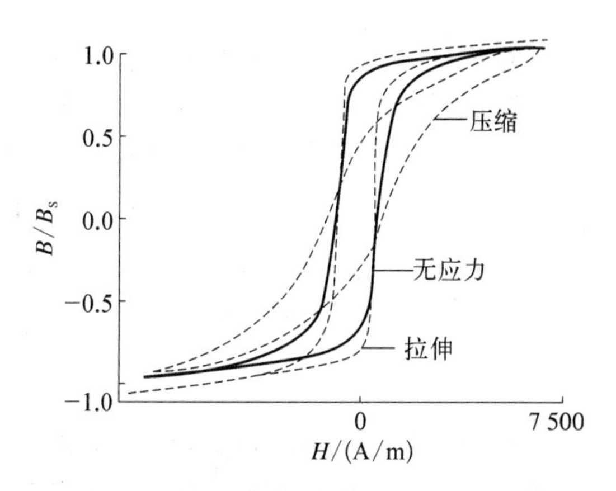

图 13-30 正磁致伸缩材料应力对磁滞回线的影响

应力影响磁化的性质是磁致伸缩的逆效应。对于正值磁致伸缩材料，在相同外磁场 H 作用下，拉应力增大 M 值，而压应力减小 M 值；负值磁致伸缩材料的响应则相反。图 13-30 表示有正磁致伸缩特性的铁电体的磁滞回线和外加应力关系的示意图。但应注意，应力只影响已磁化材料的磁场，而不改变退磁材料的磁场，即应力不能在退磁材料中引起磁场。

磁致伸缩效应是二次效应，磁致伸缩应变是磁场强度的二次函数，即等温时有

$$\left.\begin{aligned}\varepsilon_{ij}&=C_{ijkl}^{-1}\sigma_{ij}+\lambda_{ijkl}H_kH_l\\ M_i&=\mu_{ij}H_j+\lambda_{ijkl}H_j\sigma_{kl}\end{aligned}\right\}\tag{13-213}$$

图 13-31 表示 $Tb_{0.3}Dy_{0.7}Fe_{1.95}$ 材料在循环磁场和外加应力作用下时的磁致伸缩回线。

在一些实用情况，外加磁场往往在给定偏磁场 H_b 下做小的变化(见图 13-32)，此时致伸缩曲线可采用线性化的本构关系

$$\varepsilon=d(H-H_b)\quad d=(\partial\varepsilon/\partial H)_{H=H_b}\tag{13-214}$$

式中，d 称为压磁系数。一般情形有

$$\varepsilon_{ij}=d_{ijk}(H_k-H_{bk})\tag{13-215}$$

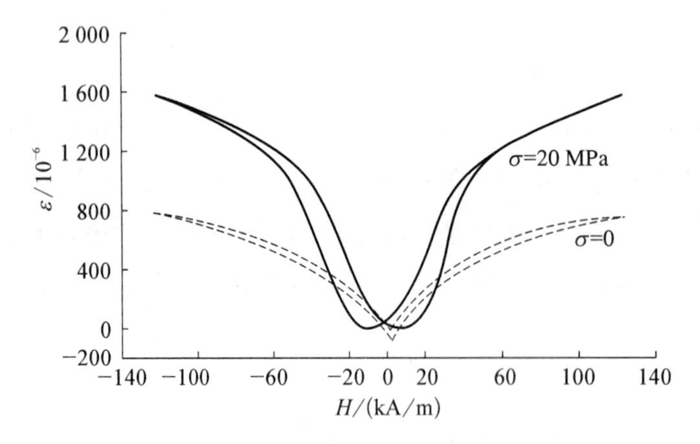

图 13-31 $Tb_{0.3}Dy_{0.7}Fe_{1.95}$ 杆的磁致伸缩回线

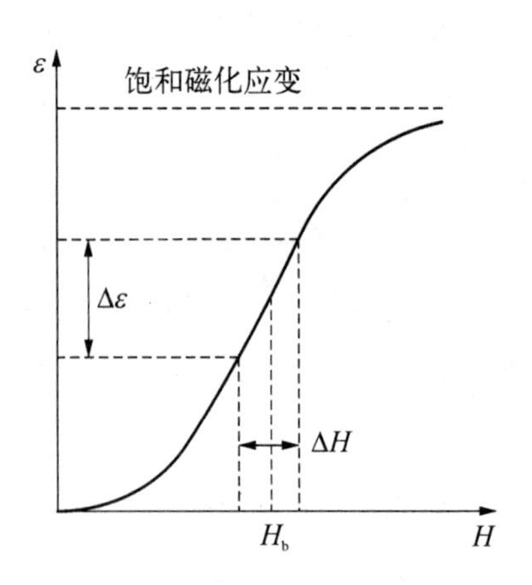

图 13-32 磁场变化小于偏场 H_b 时的线性化近似

习　题

1. 试由麦克斯韦方程组导出电荷守恒定律。

2. 试证在均匀介质内部,极化电荷密度 ρ_p 与自由电荷密度 ρ_e 存在关系 $\rho_p=(\epsilon_0-\epsilon)\rho_e/\epsilon$。

3. 讨论一各向同性刚性电导体,其本构方程为

$$\boldsymbol{D}=\epsilon\boldsymbol{E}\quad \boldsymbol{B}=\mu\boldsymbol{H}\quad \boldsymbol{j}=\sigma\boldsymbol{E}$$

试证由麦克斯韦方程组可导出下列电报方程

$$\nabla^2\begin{Bmatrix}\boldsymbol{E}\\ \boldsymbol{H}\end{Bmatrix}=\epsilon\mu\ \frac{\partial^2}{\partial t^2}\begin{Bmatrix}\boldsymbol{E}\\ \boldsymbol{H}\end{Bmatrix}+\mu\boldsymbol{\sigma}\ \frac{\partial}{\partial t}\begin{Bmatrix}\boldsymbol{E}\\ \boldsymbol{H}\end{Bmatrix}$$

4. 设一平行极板空气电容器,其电容为 $C_0=0.2\,\mu F$,若在极板间 1/2 厚度内放入介电常数为 $\epsilon=4\epsilon_0$ 的电介质,问此时的电容是多少?

5. 设一长为 l 的圆筒形电容器,内极为半径 a 的导线,外级为一半径 b 的薄壳体,两极间为介电常数 6 的电介质。讨论问题时不计电容器的边缘效应,试求① 电容器带电量为 Q 时的电场 $\boldsymbol{E}$; ② 电容是多少? ③ 把电容器接到电势差为 V 的蓄电池上,电介质被部分地拉出电容器,试求此时电介质上的力的大小和方向。

6. 试证电场强度 $\boldsymbol{E}$ 经过真空中的电偶极层时是连续的。

7. 设一无限大平行板电容器充电后在极板间产生均约电场强度 $\boldsymbol{E}$,同时有一均匀磁场 $\boldsymbol{B}$ 直于 $\boldsymbol{E}$。设质量为 m,电量为 e 的电子以零初速由负极板出发,不计重力时,试证当两极板间距离大于 $2mE/(|e|B^2)$ 时,便不可能达到正极。

8. 设真空中有一均匀电场 $\boldsymbol{E}_0$,现把半径为 R、介电常数为 f 的球放入电场内,求此时的电场和极化电荷。

9. 试讨论下述几种典型压电振子的压电方程。

(1) 径向振动的薄圆片振子。设圆片很薄,厚度方向尺寸远小于其他方向尺寸,并令 z(z 切)沿厚度方向,圆片表面为电极面。本问题中可令 $\sigma_{x}=0$,$\sigma_{r\theta}=\sigma_{rr}=\sigma_{z\theta}=0$,$E_r=E_\theta=0$,电

极表面 E_z 为常数。

(2) 厚度伸缩振动薄片振子。令 z(z 切)沿厚度方向，$d_{33} \neq 0$，极化方向与厚度方向一致，电极面垂直方向。本问题中可令 $\varepsilon_1 = \varepsilon_2 = \varepsilon_4 = \varepsilon_5 = \varepsilon_6 = 0$，压电振子无漏电流，从而 $D_1 = D_2 = 0$，电极表面 D_3 为常数。

(3) 厚度剪切振动方片振子。对于 $d_{15} \neq 0$ 压电陶瓷的 x 切方片（x 沿厚度方向），沿宽度方向极化，且有 $l > 2l_w \gg l_t$，其中 l、l_w、l_t 分别为沿长度、宽度、厚度方向的长度。在本问题中，由于电极面和 x 轴垂直，故可设 $E_2 = E_3 = 0$，而电位移为 $D_2 = D_3 = 0$，$\partial D_1 / \partial x = 0$，同时设 $\varepsilon_1 = \varepsilon_2 = \varepsilon_3 = \varepsilon_4 = \varepsilon_6 = 0$。

附录 A　广义变分与弹性薄板理论[①]（摘录）

本文指出，广义变分问题可由通常的变分问题出发，在运用拉格朗日（Lagrange）乘子法后得出。作者运用这个方法，推导得出了弹性体有限变形时的广义势能方程，并进而应用于弹性薄板。把应力和位移分量展开成厚度的幂级数，再沿厚度积分，把三维问题转化成二维问题，从而获得考虑剪切变形和法应力时的各向异性板的大挠度理论。卡尔曼（Karman）方程和赖斯纳（Reissner）型的考虑剪切变形的小挠度理论，都是本文所得方程的特例。这个理论可以应用到中等厚度板。

A.1　弹性体有限变形时的广义势能方程

在本文中将应用笛卡儿（Cartesian）坐标中的张量记号和运算，重复指标（在无特别说明时）表示求和，拉丁字母遍历 1、2 和 3，希腊字母遍历 1 和 2。

赖斯纳[1-3]、胡海昌提出了著名的广义变分原理，应用到许多具体问题上，都得到了比较满意的结果，但是关于广义变分原理和通常变分原理之间的关系还阐述得不够。本文作者认为，这是属于柯朗（Courant）早已指出的变分的变换问题，在力学中对于完整约束的情形，应用拉格朗日乘子法，便可由通常的变分方程导出现在通称的广义势能方程。下面便用这个方法，由通常的弹性体有限变形时的势能方程，推导出广义势能方程。

通常的有限变形时的广义势能原理是说：凡弹性力学中平衡问题的正确解，对于一切适合位移边界条件和连续条件的近似解中，其总势能取极值；对于稳定平衡取极小值，即若

$$\Phi=\Phi(\varepsilon_{ij})=\int_0^{\varepsilon_{ij}}\frac{\partial\Phi}{\partial\varepsilon_{ij}}\mathrm{d}\varepsilon_{ij} \tag{A-1}$$

$$\sigma_{ij}^{*}=\frac{\partial\Phi}{\partial\varepsilon_{ij}} \tag{A-2}$$

$$\varepsilon_{ij}=\frac{1}{2}(u_{ij}+u_{j,i}+u_{k,i}u_{k,j}) \tag{A-3}$$

$$u_i=\bar{u}_i\text{（在 } S_u \text{ 上）} \tag{A-4}$$

那么有

$$\delta\left[\int_\tau\Phi\mathrm{d}\tau-\int_\tau F_i^{*}u_i\mathrm{d}\tau-\int_{S_a}\bar{p}_i^{*}u_i\mathrm{d}s\right]=0 \tag{A-5}$$

上述几式中，ε_{ij} 为有限变形时的应变张量分量；Φ 为应变能函数；u_i 为弹性变形时位移向量

---

① 本文为作者于 1964 年在西安交通大学出版的科学技术报告原文摘录，其中符号取自 Новожилов, в.в.《Теорияупругости》, Судпромгиз.1958，但小节编号与公式编号都做了修改。

的分量。

$$\sigma_{ij}^{*}=\frac{S_i^{*}}{S_i}\frac{\sigma_{ij}}{1+E_j}=\sigma_{ji}^{*}(\text{对 } i,\ j \text{ 不求和}) \tag{A-6}$$

式中，σ_{ij}^{*} 为变形前空间中面积上的广义应力分量。

$$\frac{S_i^{*}}{S_i}=\sqrt{(1+2\varepsilon_{jj})(1+2\varepsilon_{kk})-4\varepsilon_{jk}^{2}}\ (\text{对 } j,\ k \text{ 不求和},\ i\neq j\neq k)$$

是变形前垂直 i 轴的微元面积在变形后和变形前的面积的比值。

$$E_i=\sqrt{1+2\varepsilon_{ii}}-1(\text{对 } i \text{ 不求和})$$

是变形前平行于 i 轴的线元素的伸长度。

$$F_i^{*}=\frac{\tau^{*}}{\tau}F'_i=(1+E_1)(1+E_2)(1+E_3)F'_i$$

τ^{*}、τ 分别是变形前的单元立方体在变形后和变形前的体积。F'_i 是变形后空间中体积力沿 i 轴的分量，如体积力方向相对于物体内线元素的方向不变，那么和变形前空间中沿 i 轴的分量 F_i 的关系为

$$F_i=\frac{1}{1+E_i}[(\delta_{ij}+u_{j,i})F'_j]$$

$$p_i^{*}=\frac{S_n^{*}}{S_n}p'_i$$

S_n^{*}、S_n 分别是变形前法线为 $\boldsymbol{n}$ 的微元面素在变形后和变形前的面积。p'_i 是变形后空间中表面力沿 i 轴的分量，若表面力的方向相对于表面的位置不变，那么和变形前空间中沿 i 轴的分量 p_i 的关系为

$$p_i=\frac{1}{1+E_i}(\delta_{ij}+u_{j,i})p'_j$$

式中，$\overline{u_i}$ 和 $\overline{p_i^{*}}$ 为在表面 S_u 和 S_σ 上给定的位移和表面力；τ 和 S 为体积和面积(变形前)；S_u 和 S_σ 为给定位移和表面力的表面部分。

$$u_{i,j}=\frac{\partial u_i}{\partial x_j}$$

现在引入拉格朗日乘子 λ_{ij}、μ_{ij}、ν_i，由式(A-2)～式(A-5)便得

$$\delta\left\{\begin{aligned}&\int_\tau \Phi(\varepsilon_{ij})\mathrm{d}\tau-\int_\tau F_i^{*}u_i\mathrm{d}\tau-\int_{s_\sigma}\bar{p}_i^{*}u_i\mathrm{d}s+\int_\tau\lambda_{ij}\left(\sigma_{ij}^{*}-\frac{\partial\Phi}{\partial\varepsilon_{ij}}\right)\mathrm{d}\tau+\\&\int_\tau\mu_{ij}\left[\varepsilon_{ij}-\frac{1}{2}(u_{i,j}+u_{j,i}+u_{k,i}u_{k,j})\right]\mathrm{d}\tau+\int_{s_u}\nu_i(u_i-\bar{u}_i)\mathrm{d}s\end{aligned}\right\}=0 \tag{A-7}$$

上列变分是在变形前的空间中进行的，F_i^{*}、$\bar{p}_i^{*}$、$\bar{u}_i$ 在变分的过程中设为常量，因而其变分为零。所有的微分运算都是对变形前空间中的笛卡儿坐标进行的。

在完成变分运算后(见附录一)便有

$$\lambda_{ij}=0 \quad \mu_{ij}=-\sigma_{ij}^{*} \quad \nu_i=-p_i^{*} \tag{A-8}$$

由此得出式(A-2)～式(A-4)和

$$\bar{p}_i^{*}=\sigma_{ij}^{*}N_j+\sigma_{jk}^{*}N_k u_{i,j}(\text{在 } S_\sigma \text{ 上}) \tag{A-9}$$

$$\sigma_{ij,j}^{*}+\sigma_{jk,k}^{*}u_{i,j}+\sigma_{ik}^{*}u_{i,jk}+F_i^{*}=0 \tag{A-10}$$

式中，N_j 是微元面素的法线 $\mathbf{N}$ 对坐标轴 j 的方向余弦。

式(A-2)～式(A-4)、式(A-8)和式(A-9)便是弹性体有限变形时的完整微分方程组和边界条件。

将式(A-8)代回式(A-7)，整理后便得下列形式的广义势能方程：

$$\delta\left\{\begin{aligned}&\int_\tau\left[\sigma_{ij}^{*}\varepsilon_{ij}-\Phi(\varepsilon_{ij})-\frac{1}{2}\sigma_{ij}^{*}(u_{i,j}+u_{j,i}+u_{k,i}u_{k,j})+F_i^{*}u_i\right]\mathrm{d}\tau+\\&\int_{s_\sigma}\bar{p}_i^{*}u_i\mathrm{d}s+\int_{s_u}p_i^{*}(u_i-\bar{u}_i)\mathrm{d}s\end{aligned}\right\}=0 \tag{A-11}$$

如果式(A-3)已经满足，那么(A-11)可以取得其他形式。事实上，如果式(A-2)成立，那么 $\delta(\sigma_{ij}^{*}\varepsilon_{ij})-\delta\Phi(\varepsilon_{ij})=\varepsilon_{ij}\delta\sigma_{ij}^{*}$，如果存在余能 $\Phi(\sigma_{ij}^{*})$，必有 $\varepsilon_{ij}=\dfrac{\partial\Phi}{\partial\sigma_{ij}^{*}}$。我们假设 $\Phi(\sigma_{ij}^{*})$ 存在，那么可以期望在式(A-11)中由

$$\Phi(\sigma_{ij}^{*})=\int_0^{\sigma_{ij}^{*}}\frac{\partial\Phi}{\partial\sigma_{ij}^{*}}\mathrm{d}\sigma_{ij}^{*} \tag{A-12}$$

代替 $\sigma_{ij}^{*}\varepsilon_{ij}-\Phi(\varepsilon_{ij})$ 后，可以得到 σ_{ij}^{*}、u_i 可以独立变分的广义变分方程，事实正是如此，因而有下列的方程：

$$\delta\left\{\begin{aligned}&\int_\tau\left[\frac{1}{2}\sigma_{ij}^{*}(u_{i,j}+u_{j,i}+u_{k,i}u_{k,j})-\Phi(\sigma_{ij}^{*})-F_i^{*}u_i\right]\mathrm{d}\tau-\\&\int_{s_\sigma}\bar{p}_i^{*}u_i\mathrm{d}s-\int_{s_u}p_i^{*}(u_i-\bar{u}_i)\mathrm{d}s\end{aligned}\right\}=0 \tag{A-13}$$

式(A-11)和式(A-13)便是有限变形时的两个广义变分方程，在小位移的情况下，便和文献[4]中一致。

A.2 弹性薄板理论(略)

A.3 各向同性弹性板(略)

A.4 中心载荷圆形板(略)

附 录 一

对式(A-7)做变分运算

$$\delta\int_{\tau}\Phi(\varepsilon_{ij})\mathrm{d}\tau=\int_{\tau}\frac{\partial\Phi}{\partial\varepsilon_{ij}}\delta\varepsilon_{ij}\mathrm{d}\tau$$

$$\delta\int F^{*}u_{i}\mathrm{d}\tau=\int F_{i}^{*}\delta u_{i}\mathrm{d}\tau$$

$$\delta\int_{p}^{*}u_{i}\mathrm{d}\tau=\int_{\tau}\bar{p}_{i}^{*}\delta u_{i}\mathrm{d}\tau$$

$$\delta\int_{\tau}\lambda_{ij}\left(\sigma_{ij}^{*}-\frac{\partial\Phi}{\partial\varepsilon_{ij}}\right)\mathrm{d}\tau=\int_{\tau}\left(\sigma_{ij}^{*}-\frac{\partial\Phi}{\partial\varepsilon_{ij}}\right)\delta\lambda_{ij}\mathrm{d}\tau+\int_{\tau}\lambda_{ij}\left(\delta\sigma_{ij}^{*}-\delta\frac{\partial\Phi}{\partial\varepsilon_{ij}}\right)\mathrm{d}\tau$$

$$=\int_{\tau}\left(\sigma_{ij}^{*}-\frac{\partial\Phi}{\partial\varepsilon_{ij}}\right)\delta\lambda_{ij}\mathrm{d}\tau+\int_{\tau}\lambda_{ij}\delta_{ij}^{*}\mathrm{d}\tau-\int_{\tau}\lambda_{ij}\frac{\partial^{2}\Phi}{\partial\varepsilon_{ij}\partial\varepsilon_{kl}}\delta\varepsilon_{kl}\mathrm{d}\tau$$

$$\delta\int_{\tau}\mu_{ij}\varepsilon_{ij}\mathrm{d}\tau=\int_{\tau}\varepsilon_{ij}\delta\mu_{ij}\mathrm{d}\tau+\int_{\tau}\mu_{ij}\delta\varepsilon_{ij}\mathrm{d}\tau$$

$$\frac{1}{2}\delta\int_{\tau}\mu_{ij}(u_{i,j}+u_{j,i}+u_{k,i}u_{k,j})\mathrm{d}\tau=\frac{1}{2}\int_{\tau}(u_{i,j}+u_{j,i}+u_{k,i}u_{k,j})\delta\mu_{ij}\mathrm{d}\tau+$$

$$\frac{1}{2}\int_{\tau}\mu_{ij}(\delta u_{i,j}+\delta u_{j,i}+u_{k,i}\delta u_{k,j}+u_{k,j}\delta u_{k,i})\mathrm{d}\tau$$

$$=\frac{1}{2}\int_{\tau}(u_{i,j}+u_{j,i}+u_{k,i}u_{k,j})\delta\mu_{ij}\mathrm{d}\tau+$$

$$\int_{s}(n_{j}\mu_{ij}+n_{k}\mu_{jk}u_{i,j})\delta u_{i}\mathrm{d}s-$$

$$\int_{\tau}(\mu_{ij,j}+\mu_{jk,k}u_{i,j}+\mu_{jk}u_{i,jk})\delta u_{i}\mathrm{d}\tau$$

$$\delta\int_{s_{u}}\nu_{i}(u_{i}-\bar{u}_{i})\mathrm{d}s=\int_{s_{u}}(u_{i}-\bar{u}_{i})\delta\nu_{i}\mathrm{d}s+\int_{s_{u}}\nu_{i}\delta u_{i}\mathrm{d}s$$

将上列诸式代入(A-7)便得

$$\int_{\tau}\left[\frac{\partial\Phi}{\partial\varepsilon_{ij}}-\lambda_{kl}\frac{\partial^{2}\Phi}{\partial\varepsilon_{ij}\partial\varepsilon_{kl}}+\mu_{ij}\right]\delta\varepsilon_{ij}\mathrm{d}\tau+\int_{\tau}[-F_{i}^{*}+\mu_{ij,j}+\mu_{jk,k}u_{i,j}+$$

$$\mu_{jk}u_{i,jk}]\delta u_{i}\mathrm{d}\tau+\int_{\tau}\left(\sigma_{ij}^{*}-\frac{\partial\Phi}{\partial\varepsilon_{ij}}\right)\delta\lambda_{ij}\mathrm{d}\tau+\int_{\tau}[\varepsilon_{ij}-\frac{1}{2}(u_{i,j}+$$

$$u_{j,i}+u_{k,i}u_{k,j})]\delta\mu_{ij}\mathrm{d}\tau+\int_{\tau}\lambda_{ij}\delta\sigma_{ij}^{*}\mathrm{d}\tau+\int_{s_{\sigma}}(-\bar{p}_{i}^{*}-n_{j}\mu_{ij}-$$

$$n_{k}u_{i,j}\mu_{jk})\delta u_{i}\mathrm{d}s+\int_{s_{u}}[\nu_{i}-n_{j}\mu_{ij}-n_{K}u_{i,j}\mu_{jk}]\delta u_{i}\mathrm{d}s+$$

$$\int_{s_{u}}(u_{i}-\bar{u}_{i})\delta\nu_{i}\mathrm{d}s=0$$

由于 σ_{ij}^{*}、ε_{ij}、u_{i}、λ_{ij}、μ_{ij}、ν_{i} 可以任意变分，由此推得

$$\frac{\partial\Phi}{\partial\varepsilon_{ij}}-\lambda_{kl}\frac{\partial^{2}\Phi}{\partial\varepsilon_{kl}\partial\varepsilon_{ij}}+\mu_{ij}=0$$

$$-F_{i}^{*}+\mu_{ij,j}+\mu_{jk,k}u_{i,j}+\mu_{jk}u_{i,jk}=0$$

$$\sigma_{ij}^{*}-\frac{\partial \Phi}{\partial \varepsilon_{ij}}=0$$

$$\varepsilon_{ij}-\frac{1}{2}(u_{i,j}+u_{j,i}+u_{k,i}u_{k,j})=0$$

$$\lambda_{ij}=0$$

$$-\bar{p}_{i}^{*}-N_{j}\mu_{ij}-N_{k}\mu_{jk}u_{i,j}=0 \text{ (在 } S_{\sigma} \text{ 上)}$$

$$\nu_{i}-N_{j}\mu_{ij}-N_{k}\mu_{jk}u_{i,j}=0 \text{ (在 } S_{u} \text{ 上)}$$

$$u_{i}-\bar{u}_{i}=0 \text{ (在 } S_{u} \text{ 上)}$$

由此立即推得式(A-8)。

文章以下部分(含参考文献)略。

本附录中略去的内容,基本部分可在作者的下列文献中找到:

[1] 匡震邦.弹性薄板的三阶近似方程[J].西安交通大学学报,1980, 14(1): 1.

[2] 匡震邦.薄板弯曲的高阶近似方程[C]//弹塑性力学学术交流会论文集,重庆: 1980.

[3] 匡震邦.非线性连续介质力学基础[M].西安: 西安交通大学出版社,1989: 256.

附录 B　曲线坐标系中的张量及其运算

第 1 章已介绍了张量的一些基本理论，本附录介绍曲线坐标系中的相关问题，尽量避免和第 1 章过多的重复，两者相结合可得到较完整的知识。更详细的内容请查阅有关张量理论的专著。

B.1　曲线坐标系中的矢量和张量

B.1.1　张量的逆变和协变分量

设曲线坐标系 $Oy^1y^2y^3$ 和 $\bar{o}\,\bar{y}^1\,\bar{y}^2\,\bar{y}^3$ 存在变换关系

$$\bar{y}^k=\bar{y}^k(y^m) \tag{B-1}$$

微线元 d**y** 在两个坐标系中的分量分别为 $\mathrm{d}y^k$ 和 $\mathrm{d}y^k$，则

$$\mathrm{d}\bar{y}^k=(\partial\bar{y}^k/\partial y^m)\mathrm{d}y^m \tag{B-2}$$

称上述变换规则为逆变律，称 $\mathrm{d}y^m$ 为 d**y** 在 $Oy^1y^2y^3$ 坐标系中的逆变分量，$\mathrm{d}\bar{y}^k$ 为 d**y** 在 $\bar{O}\,\bar{y}^1\,\bar{y}^2\,\bar{y}^3$ 坐标系中的逆变分量。一般地，称 α^k 为矢量 $\boldsymbol{\alpha}$ 的逆变分量，如坐标变换服从逆变律，即有

$$\bar{\alpha}^k=(\partial\bar{y}^k/\partial y^m)\alpha^m \tag{B-3}$$

类似地，若矢量 $\boldsymbol{\alpha}$ 的分量 α_m 在坐标变换时服从协变律，即有

$$\bar{\alpha}_k=(\partial y^m/\partial\bar{y}^k)\alpha_m \tag{B-4}$$

则称 α_m 为 $\boldsymbol{\alpha}$ 在 $Oy^1y^2y^3$ 中的协变分量，称 $\bar{\alpha}_k$ 为 $\boldsymbol{\alpha}$ 在 $\bar{O}\bar{y}^1\,\bar{y}^2\,\bar{y}^3$ 中的协变分量。今后逆变分量的指标写在右上角，协变分量的指标写在右下角。

类似上面的讨论，我们定义二阶张量 **A** 的逆变分量为 A^{kl} 和协变分量为 A_k，它们分别服从逆变和协变律：

$$\bar{A}^{kl}=\frac{\partial\bar{y}^k}{\partial y^m}\frac{\partial\bar{y}^l}{\partial y^n}A^{nm}\qquad \bar{A}_{kl}=\frac{\partial y^m}{\partial\bar{y}^k}\frac{\partial y^n}{\partial\bar{y}^l}A_{rm} \tag{B-5}$$

定义混合张量分量 $A^{k\cdot}_{\cdot l}$ 和 $A^{\cdot l}_{k\cdot}$ 为

$$\bar{A}^{k\cdot}_{\cdot l}=\frac{\partial\bar{y}^k}{\partial y^m}\frac{\partial y^n}{\partial\bar{y}^l}A^{m\cdot}_{\cdot n}\qquad \bar{A}^{\cdot l}_{k\cdot}=\frac{\partial y^m}{\partial\bar{y}^k}\frac{\partial\bar{y}^l}{\partial y^n}A^{\cdot n}_{m\cdot} \tag{B-6}$$

所以二阶张量 **A** 在曲线坐标系中有 4 种分量记法，读者务必记住。式(B-5)和式(B-6)可推广到更高阶的张量。

B.1.2 基矢、量度张量

直角坐标系 $Ox^1x^2x^3$ 取作参照系，其中的基矢记为 i_k，是单位矢量；曲线坐标系 $Oy^1y^2y^3$，其中的基矢记为 $\boldsymbol{g}_k$，不是单位矢量。任意一点 P 的矢径 $\boldsymbol{r}$ 可表为(见图 B-1)

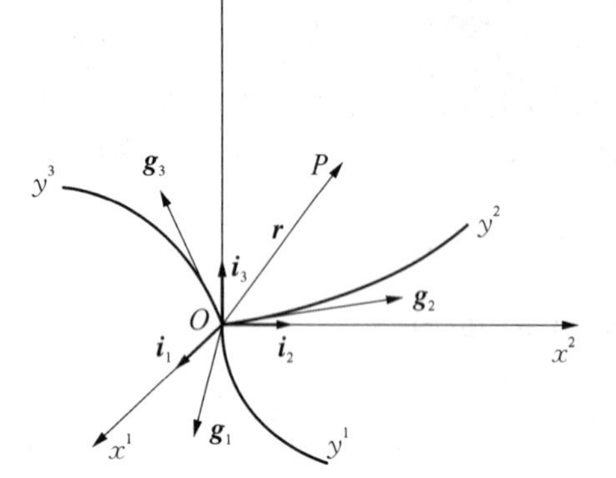

图 B-1 曲线坐标系

$$\boldsymbol{r}=\boldsymbol{r}(y^k)=\boldsymbol{r}(x^k) \tag{B-7}$$

则矢径 $\boldsymbol{r}$ 的增量 $\mathrm{d}\boldsymbol{r}$ 为

$$\left.\begin{aligned}\mathrm{d}\boldsymbol{r}&=\frac{\partial\boldsymbol{r}}{\partial x^k}\mathrm{d}x^k=\mathrm{d}x^k\boldsymbol{i}_k \quad \boldsymbol{i}_k=\frac{\partial\boldsymbol{r}}{\partial x^k}\\&=\frac{\partial\boldsymbol{r}}{\partial y^k}\mathrm{d}y^k=\mathrm{d}y^k\boldsymbol{g}_k \quad \boldsymbol{g}_k=\frac{\partial\boldsymbol{r}}{\partial y^k}\end{aligned}\right\} \tag{B-8}$$

由式(B-8)可得

$$\mathrm{d}y^k\boldsymbol{g}_k=\mathrm{d}x^m\boldsymbol{i}_m=\frac{\partial x^m}{\partial y^k}\mathrm{d}y^k\boldsymbol{i}_m$$

由此导出实际计算 $\boldsymbol{g}_k$ 的常用公式为

$$\boldsymbol{g}_k=\frac{\partial x^m}{\partial y^k}\boldsymbol{i}_m \quad 和 \quad \boldsymbol{i}_m=\frac{\partial y^k}{\partial x^m}\boldsymbol{g}_k \tag{B-9}$$

微元弧长的表达式为

$$\left.\begin{aligned}&\mathrm{d}s^2=\mathrm{d}\boldsymbol{r}\cdot\mathrm{d}\boldsymbol{r}=\delta_{kl}\mathrm{d}x^k\mathrm{d}x^l=g_{kl}\mathrm{d}y^k\mathrm{d}y^l\\&g_{kl}=\boldsymbol{g}_k\cdot\boldsymbol{g}_l\end{aligned}\right\} \tag{B-10}$$

当坐标系由 $Oy^1y^2y^3$ 变换为 $O\bar{y}^1\ \bar{y}^2\ \bar{y}^3$ 时，有

$$\bar{\boldsymbol{g}}_k=\frac{\partial x^m}{\partial\bar{y}^k}\boldsymbol{i}_m=\frac{\partial x^m}{\partial\bar{y}^k}\ \frac{\partial y^l}{\partial x^m}\boldsymbol{g}_l=\frac{\partial y^l}{\partial\bar{y}^k}\boldsymbol{g}_l \tag{B-11}$$

式(B-11)表明，$\boldsymbol{g}_k$ 服从协变律，称 $\boldsymbol{g}_k$ 为协变基矢量，它沿 Oy^k 的切向，但不一定是单位矢量；称 g_{kl} 为坐标系 $Oy^1y^2y^3$ 中的量度张量 $\boldsymbol{g}$ 的协变分量，它是对称张量。我们按下述方式引入逆变基矢量或 $\boldsymbol{g}_k$ 的倒易基矢 $\boldsymbol{g}^k$

$$\boldsymbol{g}^k\cdot\boldsymbol{g}_l=g_l^k=\delta_l^k \tag{B-12a}$$

称 $g_l^k=\delta_l^k$ 为 $\boldsymbol{g}$ 的混合分量。由式(B-12a)知，当 $k\neq l$ 时，$\boldsymbol{g}^k$ 和 $\boldsymbol{g}_l$ 垂直；当 $k=l$ 时，$\boldsymbol{g}^k$ 和 $\boldsymbol{g}_l$ 的点积为 1，即两者夹角小于 90°，从而完全确定了 $\boldsymbol{g}^k$。式(B-12a)还可写成

$$\boldsymbol{g}^1=\frac{\boldsymbol{g}_2\times\boldsymbol{g}_3}{\sqrt{g}} \quad \boldsymbol{g}^2=\frac{\boldsymbol{g}_3\times\boldsymbol{g}_1}{\sqrt{g}} \quad \boldsymbol{g}^3=\frac{\boldsymbol{g}_1\times\boldsymbol{g}_2}{\sqrt{g}} \tag{B-12b}$$

式中，$g=|g_k|$，矢积的定义见式(B-26)。$\boldsymbol{g}^k$ 沿 Oy_k 的切向，$Oy_1y_2y_3$ 形成一新的坐标系，$\boldsymbol{g}^k$ 为其基矢。易于证明 $\boldsymbol{g}^k$ 服从逆变律

$$\boldsymbol{g}^k = \frac{\partial \bar{y}^k}{\partial y^l}\boldsymbol{g}^l \tag{B-13}$$

把式(B-12a)两边乘以 $\boldsymbol{g}^\ell$ 可得

$$\boldsymbol{g}^k = g^{kl}\boldsymbol{g}_l \quad g^{kl} = \boldsymbol{g}^k \cdot \boldsymbol{g}^l \tag{B-14}$$

称 g^{kl} 为 g 的逆变分量。对任意一矢量 $\boldsymbol{a}$ 有

$$\boldsymbol{a} = a_k\boldsymbol{g}^k = a_k g^{kl}\boldsymbol{g}_l = a^l\boldsymbol{g}_l \quad 或 \quad a^l = g^{kl}a_k \tag{B-15}$$

式(B-14)、式(B-15)表明 g^{kl} 可用来升降矢量(如 $\boldsymbol{a}$) 和张量(如 $\boldsymbol{g}$) 的分量的指标，g_{kl}、g_l^k 亦然。由式(B-14)还可推出

$$\boldsymbol{g}_k \cdot \boldsymbol{g}^l = g_{km}\boldsymbol{g}^m \cdot g^{nl}\boldsymbol{g}_n = g_{kn}g^{nl}\boldsymbol{g}^m \cdot \boldsymbol{g}_n = g_{kn}g^{ml} = \delta_k^l$$

由此推出矩阵 $[g_{km}]$ 和 $[g^{km}]$ 互为逆阵，即

$$[g_{km}] = [g^{km}]^{-1} \quad [g_{km}][g^{ml}] = [\delta_k^l] \tag{B-16}$$

同时可知

$$|g^{kl}| = \frac{1}{|g_{kl}|} = \frac{1}{g} \tag{B-17}$$

坐标变换时有

$$\bar{g} = |\bar{g}_{mn}| = \left|\frac{\partial y^k}{\partial \bar{y}^m}\frac{\partial y^l}{\partial \bar{y}^n}g_{kl}\right| = \left|\frac{\partial y^k}{\partial \bar{y}_m}\right|^2 g \tag{B-18}$$

式(B-18)表明，在一般坐标变换下，纯量 g 并不变换为其自身，而变换为 $\bar{g}$，$\bar{g}$ 和 g 差一因子 $\left|\frac{\partial y^k}{\partial \bar{y}^m}\right|^2$，通常称 g 这样的纯量为加权纯量，而 $\left|\frac{\partial y^k}{\partial \bar{y}^m}\right|^n$ 中的 n 为权因子，g 的权因子为 2。在刚体转动时，$\left|\frac{\partial y^k}{\partial \bar{y}^m}\right| = 1$，从而 g 化为普通纯量或客观性纯量，坐标变换时保持不变。

在一般坐标系中，线元的弧长为

$$\mathrm{d}s^2 = g_{kl}\mathrm{d}y^k\mathrm{d}y^l = g^{kl}\mathrm{d}y_k\mathrm{d}y_l = g_l^k\mathrm{d}y_k\mathrm{d}y^l = \mathrm{d}y_k\mathrm{d}y^k \tag{B-19}$$

B.1.3 置换张量

定义三指标的置换张量 $\boldsymbol{\epsilon}$ 在曲线坐标系中的并矢记法为

$$\boldsymbol{\epsilon} = \epsilon_{klm}\boldsymbol{g}^k \otimes \boldsymbol{g}^l \otimes \boldsymbol{g}^m$$

$$\epsilon_{klm} = \begin{cases} \sqrt{g} & 当 k, l, m 为顺序 1, 2, 3 的偶置换时 \\ -\sqrt{g} & 当 k, l, m 为顺序 1, 2, 3 的奇置换时 \\ 0 & 其他情形 \end{cases} \tag{B-20}$$

坐标变换时，$\sqrt{\bar{g}} = \left|\frac{\partial y^k}{\partial \bar{y}^m}\right|\sqrt{g}$，所以 $\bar{\epsilon}_{123} = \left|\frac{\partial y^k}{\partial y^m}\right|\sqrt{g}$，利用式(1-17)展开行列式可得

$$\bar{\epsilon}_{123}=\frac{\partial y^r}{\partial \bar{y}^1}\frac{\partial y^s}{\partial \bar{y}^2}\frac{\partial y^t}{\partial \bar{y}^3}e_{rst}\sqrt{g}=\frac{\partial y^r}{\partial \bar{y}^1}\frac{\partial y^s}{\partial \bar{y}^2}\frac{\partial y^t}{\partial \bar{y}^3}\epsilon_{rst}$$

式中，e_{rst} 为第 1 章引入的置换符号，比较式(1-14)和式(B-20)知 $\epsilon_{rst}=e_{rst}\sqrt{g}$。对其余的分量可得类似的结果，因此有

$$\bar{\epsilon}_{klm}=\frac{\partial y^r}{\partial \bar{y}^k}\frac{\partial y^s}{\partial \bar{y}^l}\frac{\partial y^t}{\partial \bar{y}_m}\epsilon_{rst} \tag{B-21}$$

故 $\boldsymbol{\epsilon}_{klm}$ 确是三指标的张量，而 $\boldsymbol{e}_{klm}$ 仅在直角坐标系中才是张量。由式(B-20)知，$\boldsymbol{\epsilon}$ 名义上有 27 个分量，但只有 6 个不为零，它们是

$$\epsilon_{123}=\epsilon_{231}=\epsilon_{312}=\sqrt{g}\quad \epsilon_{321}=\epsilon_{213}=\epsilon_{132}=-\sqrt{g} \tag{B-22}$$

应用量度张量 $\boldsymbol{g}$，可使 $\boldsymbol{\epsilon}$ 分量的指标升降，如

$$\epsilon^{klm}=g^{kt}g^{ls}g^{mt}\epsilon_{rt}\epsilon_{rst}=g_{rk}g_{st}g_{tm}\boldsymbol{\epsilon}^{klm}$$

由此可求出 $\boldsymbol{\epsilon}^{klm}$ 的值。实际上，若令 $\boldsymbol{\epsilon}^{klm}=ce^{klm}$，则

$$\boldsymbol{\epsilon}_{123}=cg_{1k}g_{2l}g_{3m}\boldsymbol{e}^{klm}\qquad 即\qquad \sqrt{g}=cg\quad c=1/\sqrt{g}$$

其余分量类推。从而有

$$\boldsymbol{\epsilon}=\boldsymbol{\epsilon}^{klm}\boldsymbol{g}_k\otimes\boldsymbol{g}_i\otimes\boldsymbol{g}_m$$

$$\boldsymbol{e}^{klm}=\begin{cases}\dfrac{1}{\sqrt{g}} & \text{当}k,\ l,\ m\text{为顺序 1, 2, 3 的偶置换时}\\ -\dfrac{1}{\sqrt{g}} & \text{当}k,\ l,\ m\text{为顺序 1, 2, 3 的奇置换时}\\ 0 & \text{其他情形}\end{cases} \tag{B-23}$$

易于证明

$$\begin{aligned}\epsilon^{klm}\epsilon_{rst}=&\delta_r^k\delta_s^l\delta_t^m+\delta_t^k\delta_r^l\delta_s^m+\delta_s^k\delta_t^l\delta_r^m-\delta_r^k\delta_t^l\delta_s^m-\\&\delta_r^k\delta_s^l\delta_r^m-\delta_s^k\delta_r^l\delta_t^m=|\ \delta_j^i\ |=\delta_{rst}^{klm}\end{aligned} \tag{B-24}$$

式中，i 遍历 k、l、m；j 遍历 r、s、t。通过符号缩并可得

$$\left.\begin{aligned}&\epsilon^{klm}\epsilon_{ksl}=\delta_s^l\delta_t^m-\delta_t^l\delta_s^m\\&\epsilon^{klm}\epsilon_{klt}=2\delta_t^m\quad \epsilon^{klm}\epsilon_{klm}=6\end{aligned}\right\} \tag{B-25}$$

定义 $\boldsymbol{g}_k$ 和 $\boldsymbol{g}_l$、$\boldsymbol{g}^k$ 和 $\boldsymbol{g}^l$ 的矢积分别为

$$\boldsymbol{g}_k\times\boldsymbol{g}_l=\boldsymbol{\epsilon}_{klm}\boldsymbol{g}^m\quad \boldsymbol{g}^k\times\boldsymbol{g}^l=\boldsymbol{\epsilon}^{klm}\boldsymbol{g}_m \tag{B-26}$$

则

$$\left.\begin{aligned}&\boldsymbol{g}_1\cdot(\boldsymbol{g}_2\times\boldsymbol{g}_3)=\boldsymbol{g}_1\cdot(\epsilon_{231}\boldsymbol{g}^1)=\boldsymbol{\epsilon}_{231}=\sqrt{g}\\&\boldsymbol{g}^1\cdot(\boldsymbol{g}^2\times\boldsymbol{g}^3)=\boldsymbol{g}^1\cdot(\epsilon^{231}\boldsymbol{g}_1)=\boldsymbol{\epsilon}^{231}=\frac{1}{\sqrt{g}}\end{aligned}\right\} \tag{B-27}$$

故 $\sqrt{g}$ 代表以曲线坐标系的基矢为边的棱柱体的体积。而任意两个矢量 $\boldsymbol{a}$ 和 $\boldsymbol{b}$ 的矢积可表示为

$$\left.\begin{aligned} \boldsymbol{q} &= \boldsymbol{a} \times \boldsymbol{b} = a^k \boldsymbol{g}_k \times b^l \boldsymbol{g}_l = a^k b^l \boldsymbol{\epsilon}_{klm} \boldsymbol{g}^m \\ &= a_k \boldsymbol{g}^k \times b_l \boldsymbol{g}^l = a_k b_l \boldsymbol{\epsilon}^{klm} \boldsymbol{g}_m \\ q_m &= \boldsymbol{\epsilon}_{klm} a^k b^l \quad q^m = \boldsymbol{\epsilon}^{klm} a_k b_l \end{aligned}\right\} \tag{B-28}$$

对于3个矢量的混合积有

$$a \cdot (b \times c) = \boldsymbol{\epsilon}_{klm} a^k b^l c^m = \boldsymbol{\epsilon}^{klm} a_k b_l c_m \tag{B-29}$$

反对称张量 $\boldsymbol{T}$ 可用轴矢量 $\boldsymbol{t}$ 表示为

$$\boldsymbol{t} = -\frac{1}{2}\boldsymbol{\epsilon} : \boldsymbol{T} = -\frac{1}{2} k^{klm} T_{lm} \boldsymbol{g}_k = \frac{1}{2} \boldsymbol{\epsilon}^{lkm} T_{lm} \boldsymbol{g}_k \tag{B-30}$$

B.1.4　张量的直接记法和并矢记法

1.4节曾介绍了直角坐标系中张量 $\boldsymbol{T}$ 的直接记法和并矢记法，直接的张量符号法和坐标系的选择无关，简单记为 $\boldsymbol{T}$。用符号 $\otimes$ 表示张量积，二阶张量在曲线坐标系中的并矢记法可写成

$$\boldsymbol{T} = T^{kl} \boldsymbol{g}_k \otimes \boldsymbol{g}_l = \boldsymbol{T}_{kl} \boldsymbol{g}^k \otimes \boldsymbol{g}^l = T^{k\cdot}_{\cdot i} \boldsymbol{g}_k \otimes \boldsymbol{g}^l = {}^{\cdot l}_{k\cdot} \boldsymbol{g}^k \otimes \boldsymbol{g}_l$$

故二阶张量有4种不同的并矢记法，视基张量的选择而定，换言之，有4种不同的基张量

$$\boldsymbol{g}_k \otimes \boldsymbol{g}_l \quad \boldsymbol{g}^k \otimes \boldsymbol{g}^l \quad \boldsymbol{g}_k \otimes \boldsymbol{g}^l \quad \boldsymbol{g}^k \otimes \boldsymbol{g}_l \tag{B-31}$$

张量符号的运算规则和1.4节中介绍的相仿，只须以 $\boldsymbol{g}^k$ 或 $\boldsymbol{g}_k$ 去代替那里的 $\boldsymbol{i}_k$。例如有

$$\left.\begin{aligned} \boldsymbol{T} \otimes \boldsymbol{S} &= T^{kl} S^{mn} \boldsymbol{g}_k \otimes \boldsymbol{g}_l \otimes \boldsymbol{g}_m \otimes \boldsymbol{g}_n \\ &= T^{kl} S_{mn} \boldsymbol{g}_k \otimes \boldsymbol{g}_l \otimes \boldsymbol{g}^m \otimes \boldsymbol{g}^n \\ &= T^k_l S^m_n \boldsymbol{g}_k \otimes \boldsymbol{g}^l \otimes \boldsymbol{g}_m \otimes \boldsymbol{g}^n = \cdots \\ \boldsymbol{TS} &= \boldsymbol{T} \cdot \boldsymbol{S} = T_{kl} \boldsymbol{S}_{mn} \boldsymbol{g}^k \otimes \boldsymbol{g}^2 \cdot \boldsymbol{g}^m \otimes \boldsymbol{g}^n \\ &= T_{kl} S_{mn} \boldsymbol{g}^{lm} \boldsymbol{g}^k \otimes \boldsymbol{g}^n \\ &= T_{kl} S^{mn} \boldsymbol{g}^k \otimes \boldsymbol{g}^l \cdot \boldsymbol{g}_m \otimes \boldsymbol{g}_n \\ &= T_{kl} S^{ln} \boldsymbol{g}^k \otimes \boldsymbol{g}_n = \cdots \\ \boldsymbol{T} : \boldsymbol{S} &= T_{kl} S_{mn} \boldsymbol{g}^{km} g^{ln} = T_{kl} S^{kl} = \cdots \\ \boldsymbol{T} \times \boldsymbol{S} &= T^{kl} S^{mn} \boldsymbol{g}_k \otimes \boldsymbol{g}_l \times \boldsymbol{g}_m \otimes \boldsymbol{g}_n \\ &= \epsilon_{lmr} T^{kl} S^{mn} \boldsymbol{g}_k \otimes \boldsymbol{g}^r \otimes \boldsymbol{g}_n = \cdots \end{aligned}\right\} \tag{B-32}$$

B.1.5　矢量的物理分量

因 $\boldsymbol{g}_{\underline{k}} \cdot \boldsymbol{g}_{\underline{k}} = g_{\underline{kk}}$，所以 $\sqrt{g_{\underline{kk}}}$ 是 $\boldsymbol{g}_k$ 的模，$\dfrac{\boldsymbol{g}_k}{\sqrt{g_{\underline{kk}}}}$ 是沿 $\boldsymbol{g}_k$ 方向的无量纲的单位矢量。同理

$\sqrt{g^{\underline{kk}}}$ 是 $\boldsymbol{g}^k$ 的模，$\dfrac{\boldsymbol{g}_k}{\sqrt{g^{\underline{kk}}}}$ 是沿 $\boldsymbol{g}^k$ 方向的无量纲的单位矢量。

任意一矢量 $\boldsymbol{\alpha}$ 可以写成

$$\left.\begin{aligned}\boldsymbol{\alpha} &= \alpha^k \boldsymbol{g}_k = \alpha^{[k]} \frac{\boldsymbol{g}_k}{\sqrt{g_{\underline{kk}}}} \quad \alpha^{[k]} = \alpha^k \sqrt{g_{\underline{kk}}} \\ &= \alpha_k \boldsymbol{g}^k = \alpha_{[k]} \frac{\boldsymbol{g}^k}{\sqrt{g^{\underline{kk}}}} \quad \alpha_{[k]} = \alpha_k \sqrt{g^{\underline{kk}}}\end{aligned}\right\} \tag{B-33}$$

称 α^k 和 α_k 为张量分量，$\alpha^{[k]}$ 和 $\alpha_{[k]}$ 为物理分量，$\alpha^{[k]}$ 和 $\alpha_{[k]}$ 是不同的。本书规定选 $\mathrm{d}y^{[k]}$ 为 $\mathrm{d}y$ 的物理分量，即

$$\mathrm{d}y = \mathrm{d}y^k \boldsymbol{g}_k = \mathrm{d}y^{[k]} \frac{\boldsymbol{g}_k}{\sqrt{g_{\underline{kk}}}} \quad \mathrm{d}y^{[k]} = \mathrm{d}y^k \sqrt{g_{\underline{kk}}} \tag{B-34a}$$

上列选法和通常的习惯一致。由于面积矢量 $\mathrm{d}a$ 是两微线元的矢量积，$\mathrm{d}a$ 的法线和两线元组成的平面垂直，故选用 $\mathrm{d}a_{[k]}$ 为其物理分量，即

$$\mathrm{d}\boldsymbol{a} = \mathrm{d}a_k \boldsymbol{g}^k = \mathrm{d}a_{[k]} = \frac{\boldsymbol{g}^k}{\sqrt{\boldsymbol{g}^{\underline{kk}}}} \quad \mathrm{d}a_{[k]} = \mathrm{d}a_k \sqrt{g^{\underline{kk}}} \tag{B-34b}$$

张量和其他矢量的物理分量，将在后面陆续给出。

B.1.6 正交曲线坐标系

在一般的曲线坐标系中，基矢 $\boldsymbol{g}_k$ 和 $\boldsymbol{g}_l$、$\boldsymbol{g}^k$ 和 $\boldsymbol{g}^l$ 的夹角的方向余弦可分别表示为

$$\left.\begin{aligned}\cos\theta_{(kl)} &= \frac{\boldsymbol{g}_k \cdot \boldsymbol{g}_l}{|\boldsymbol{g}_k||\boldsymbol{g}_l|} = \frac{g_{kl}}{\sqrt{g_{\underline{kk}} g_{\underline{ll}}}} \\ \cos\theta^{(kl)} &= \frac{\boldsymbol{g}^k \cdot \boldsymbol{g}^l}{|\boldsymbol{g}^k||\boldsymbol{g}^l|} = \frac{\boldsymbol{g}^{ki}}{\sqrt{\boldsymbol{g}^{\underline{kk}} g^{\underline{ll}}}}\end{aligned}\right\} \tag{B-35}$$

如 $g_{kl}=0$，则 $\cos\theta_{(kl)}=0$，称为正交曲线坐标系。由式(10-16)知，此时必有 $g^{kl}=0$，故由协变基矢和逆变基矢构成的两个坐标系都是正交曲线坐标系，同时由式(B-12)推出，$\boldsymbol{g}_k$ 和 $\boldsymbol{g}^k$ 的方向相互平行，且

$$|\boldsymbol{g}_{\underline{k}} \cdot \boldsymbol{g}^{\underline{k}}| = |\boldsymbol{g}_{\underline{k}}||\boldsymbol{g}^{\underline{k}}| = 1 \quad 或 \quad \sqrt{g_{\underline{k}}}\sqrt{g^{\underline{kk}}} = 1 \tag{B-36}$$

由此推出 $\dfrac{\boldsymbol{g}^k}{\sqrt{g^{\underline{kk}}}}$ 和 $\dfrac{\boldsymbol{g}_k}{\sqrt{g_{\underline{kk}}}}$ 相同，因而在正交曲线坐标系中恒有 $\alpha^{[k]}=\alpha_{[k]}$，以后统一记为 $\alpha\langle k\rangle$。在直角直线坐标系中，基矢是无量纲的单位矢量，故张量分量和物理分量相同，张量的逆变分量和协变分量相同，因而在直角直线坐标系中，常把指标统一写在右下角，正如前面各章所做的那样。

在正交曲线坐标系中，由于 $g_{kl}=0(k\neq l)$，故微元弧长又可表示为

$$\mathrm{d}s^2 = g_{11}(\mathrm{d}y^1)^2 + g_{22}(\mathrm{d}y^2)^2 + g_{33}(\mathrm{d}y^3)^2$$

$$=g^{11}(dy_1)^2+g^{22}(dy_2)^2+g^{33}(dy_3)^2=dy\langle k\rangle dy\langle k\rangle \tag{B-37}$$

重复指标求和的规则也适用于物理分量的指标 $dy\langle k\rangle dy\langle k\rangle$。

B.2 张量的协变微分

B.2.1 克里斯托费尔(Christoffel)记号

在曲线坐标系中,任意一矢量 $\boldsymbol{\alpha}=\alpha^k\boldsymbol{g}_k$ 对 y^k 微分时,其分量 α^k 和基矢 $\boldsymbol{g}_k$ 都要对 y^k 微分,基矢逐点而异,这正是曲线坐标系和直线坐标系的主要差别。沿 $Oy^1y^2y^3$ 和 $Oy_1y_2y_3$ 坐标系分别有

$$\left.\begin{aligned}\boldsymbol{\alpha}_{,l}&=(\alpha^k\boldsymbol{g}_k)_{,l}=\alpha^k_{,l}\boldsymbol{g}_k+\alpha^k\boldsymbol{g}_{k,l}\\&=(\alpha_k\boldsymbol{g}^k)_{,l}=\alpha_{k,l}\boldsymbol{g}^k+\alpha_k\boldsymbol{g}^k_{,l}\end{aligned}\right\} \tag{B-38}$$

由于基矢对 y^k 的微分也是矢量,因而也可沿基矢分解,设

$$\boldsymbol{g}_{k,l}=\Gamma_{klm}\boldsymbol{g}^m=\Gamma^m_{kl}\boldsymbol{g}_m \tag{B-39}$$

称 Γ_{klm} 和 Γ^m_{kl} 分别为第一类和第二类的三指标克里斯托费尔记号。由式(B-39)易于得到

$$\Gamma_{klm}=\boldsymbol{g}_{k,l}\cdot\boldsymbol{g}_m \quad \Gamma^m_{kl}=\boldsymbol{g}_{k,l}\cdot\boldsymbol{g}^m \tag{B-40}$$

由式(B-40)可推出两类克里斯托费尔记号之间的关系

$$\left.\begin{aligned}\Gamma_{klm}&=(\boldsymbol{g}_{k,l}\cdot\boldsymbol{g}_m)\cdot(\boldsymbol{g}_n\cdot\boldsymbol{g}^n)=g_{mn}\boldsymbol{g}_{k,l}\cdot\boldsymbol{g}^n=g_{mn}\Gamma^n_{kl}\\\Gamma^m_{kl}&=(\boldsymbol{g}_{k,l}\cdot\boldsymbol{g}^m)\cdot(\boldsymbol{g}^n\cdot\boldsymbol{g}_n)=g^{mn}\boldsymbol{g}_{k,l}\cdot\boldsymbol{g}_n=g^{mn}\Gamma_{kln}\end{aligned}\right\} \tag{B-41}$$

由式(B-41)知,Γ_{klm} 和 Γ^m_{kl} 中的第三个指标可借助量度张量来升降。由于 $\boldsymbol{g}_k=\boldsymbol{y}_{,k}$,所以 $\boldsymbol{g}_{k,l}=\boldsymbol{y}_{,kl}=\boldsymbol{y}_{,lk}=\boldsymbol{g}_{l,k}$,由此得出 Γ_{klm}、Γ^m_{kl} 中的前两个指标 k 和 l 是可以互换的,即

$$\Gamma_{klm}=\Gamma_{lkm} \quad \Gamma^m_{kl}=\Gamma^m_{lk} \tag{B-42}$$

因为 $g_{kl,m}=(\boldsymbol{g}_k\cdot\boldsymbol{g}_l)_{,m}=\boldsymbol{g}_{k,m}\cdot\boldsymbol{g}_l+\boldsymbol{g}_k\cdot\boldsymbol{g}_{l,m}$,所以得到

$$g_{kl,m}=\Gamma_{kml}+\Gamma_{lmk}=g_{ln}\Gamma^n_{km}+g_{kn}\Gamma^n_{lm} \tag{B-43}$$

利用式(B-42),并循环式(B-43)的下标,可得

$$\Gamma_{mkl}+\Gamma_{lmk}=g_{kl,m} \quad \Gamma_{mkl}+\Gamma_{klm}=g_{lm,k}$$

$$\Gamma_{lmk}+\Gamma_{klm}=g_{mk,l}$$

由此立即得出

$$\Gamma_{klm}=\frac{1}{2}(g_{lm,k}+g_{mk,l}-g_{kl,m}) \tag{B-44}$$

式(B-44)可用来计算 Γ_{klm},而 Γ^m_{kl} 可由式(B-41)计算。

因为 $\boldsymbol{g}^k\cdot\boldsymbol{g}_l=\delta^k_l$,所以 $\boldsymbol{g}^k_{,m}\cdot\boldsymbol{g}_l+\boldsymbol{g}^k\cdot\boldsymbol{g}_{l,m}=0$,由此推出

$$\boldsymbol{g}^k_{,m}=(-\boldsymbol{g}^k\cdot\Gamma^n_{lm}\boldsymbol{g}_n)\cdot\boldsymbol{g}^l=-\Gamma^k_{lm}\boldsymbol{g}^l \tag{B-45}$$

由式(B-45)可得

$$g^{kl}_{,m}=(\boldsymbol{g}^k\cdot\boldsymbol{g}^l)_{,m}=-g^{nk}\Gamma^l_{nm}-g^{nl}\Gamma^k_{nm} \tag{B-46}$$

在直角坐标系中，$\boldsymbol{g}^k=\boldsymbol{i}^k=\boldsymbol{i}_k$ 为单位矢量，方向沿坐标轴是不变的，故 $\boldsymbol{i}_{k,l}=0$，所以其量度张量 δ_{kl} 的导数和克里斯托费尔记号全为零。

在一般的坐标变换下，克里斯托费尔记号不是张量。因为

$$\bar{\Gamma}_{rst}=\frac{1}{2}(\bar{g}_{st,r}+\bar{g}_{\mathrm{tr},s}-\bar{g}_{rs,t}) \tag{B-47}$$

由于 $\bar{g}_{rs}$ 是二阶张量的协变分量，故服从协变律

$$\bar{g}_{rs}=\frac{\partial y^k}{\partial\bar{y}^r}\frac{\partial y^t}{\partial\bar{y}^s}g_{kl}$$

再对 $\boldsymbol{y}^t$ 求导得

$$\bar{g}_{rs,t}=\left(\frac{\partial^2 y^k}{\partial\bar{y}^r\partial\bar{y}^t}\frac{\partial y^l}{\partial\bar{y}^s}+\frac{\partial y^k}{\partial\bar{y}^r}\frac{\partial^2 y^l}{\partial\bar{y}^s\partial\bar{y}^t}\right)g_{kl}+\frac{\partial y^k}{\partial\bar{y}^r}\frac{\partial y^l}{\partial\bar{y}^s}g_{lk,m}\frac{\partial y^m}{\partial\bar{y}^t}$$

轮换下标，可求出 $\bar{g}_{st,r}$ 和 $\bar{g}_{\mathrm{tr},s}$，再代入式(B-47)可得

$$\bar{\Gamma}_{rst}=\frac{\partial y^k}{\partial\bar{y}^r}\frac{\partial y^t}{\partial\bar{y}^s}\frac{\partial y^m}{\partial\bar{y}^t}\Gamma_{klm}+\frac{\partial^2 y^k}{\partial\bar{y}^r\partial\bar{y}^s}\frac{\partial y^l}{\partial\bar{y}^t}g_{kl} \tag{B-48}$$

即在一般变换下，Γ_{klm} 不是张量，但对线性变换有 $\dfrac{\partial^2 y^k}{\partial\bar{y}^r\partial\bar{y}^s}=0$，故为张量。类似地可得

$$\bar{\Gamma}^t_{rs}=\frac{\partial\bar{y}^t}{\partial y^m}\frac{\partial y^k}{\partial\bar{y}^r}\frac{\partial y^l}{\partial\bar{y}^s}\Gamma^m_{kl}+\frac{\partial^2 y^k}{\partial\bar{y}^r\partial\bar{y}^s}\frac{\partial\bar{y}^t}{\partial y^k} \tag{B-49}$$

把式(B-49)乘以 $\dfrac{\partial y^n}{\partial\bar{y}^t}$，计及 $\dfrac{\partial y^n}{\partial\bar{y}^t}\dfrac{\partial\bar{y}^t}{\partial y^k}=\delta^m_k$ 等，可得

$$\frac{\partial^2 y^k}{\partial\bar{y}^r\partial\bar{y}^s}=\bar{\Gamma}^t_{rs}\frac{\partial y^k}{\partial\bar{y}^t}-\Gamma^k_{pq}\frac{\partial y^p}{\partial\bar{y}^r}\frac{\partial y^q}{\partial\bar{y}^s} \tag{B-50}$$

式(B-50)便是著名的克里斯托费尔公式，给出了计算 $\dfrac{\partial^2 y^k}{\partial\bar{y}^r\partial\bar{y}^s}$ 的公式。

B.2.2 协变导数

把式(B-39)代入式(B-38)第1式，得

$$\left.\begin{aligned}&\boldsymbol{\alpha}_{,l}=(\alpha^k_{,l}+\Gamma^k_{ml}\alpha^m)\boldsymbol{g}_k=\alpha^k|_l\boldsymbol{g}_k\\&a^k|_l=\alpha^k_{,l}+\Gamma^k_{ml}\alpha^m\end{aligned}\right\} \tag{B-51}$$

把式(B-45)代入式(B-38)第2式,可得

$$\left.\begin{aligned}\boldsymbol{\alpha}_{,l}&=(\alpha_{k,l}-\Gamma^m_{kl}\alpha_m)\boldsymbol{g}^k=\alpha_k|_l\boldsymbol{g}^k\\ \alpha_k|_l&=\alpha_{k,l}-\Gamma^m_{kl}\alpha_m\end{aligned}\right\}\#\tag{B-52}$$

称 $\alpha^k|_l$ 为矢量 $\boldsymbol{\alpha}$ 的逆变分量 α^k 的协变导数,称 $\alpha_k|_l$ 为矢量 $\boldsymbol{\alpha}$ 的协变分量 α_k 的协变导数。

下面证明由式(B-51)和式(B-52)定义的协变导数是二阶张量的分量。设坐标系 $Oy^1y^2y^3$ 和 $\bar{O}\bar{y}^1\bar{y}^2\bar{y}^3$,矢量 $\boldsymbol{\alpha}$ 可表为

从而

$$\boldsymbol{\alpha}=\alpha_k\boldsymbol{g}^k=\bar{\alpha}_k\bar{\boldsymbol{g}}^k$$

由此得出

$$\begin{aligned}\frac{\partial\boldsymbol{\alpha}}{\partial\bar{y}^r}&=\bar{\alpha}_s|_r\bar{\boldsymbol{g}}^s\\ &=\frac{\partial\boldsymbol{\alpha}}{\partial y^l}\frac{\partial y^l}{\partial\bar{y}^r}=\alpha_k|_l\boldsymbol{g}^k\frac{\partial y^l}{\partial\bar{y}^r}=\alpha_k|_l\frac{\partial y^l}{\partial\bar{y}}r\frac{\partial y^k}{\partial\bar{y}^s}\bar{\boldsymbol{g}}^s\end{aligned}$$

由此得出

$$\bar{\alpha}_s|_r=\frac{\partial y^k}{\partial\bar{y}^s}\frac{\partial y^l}{\partial\bar{y}^r}\alpha_k|_l\tag{B-53a}$$

即 $\alpha_k|_l$ 是二阶协变张量,同理可证 $\alpha^k|_l$ 是二阶混合张量,服从下述变换规则

$$\bar{\alpha}^s|_r=\frac{\partial\bar{y}^s}{\partial y^k}\frac{\partial y^l}{\partial\bar{y}^r}\alpha^k|_l\tag{B-53b}$$

二阶张量 $\boldsymbol{A}$ 的协变导数可类似处理,例如

$$\begin{aligned}\boldsymbol{A}_{,m}&=(A_{kl}\boldsymbol{g}^k\otimes\boldsymbol{g}^l)_{,m}=A_{kl,m}\boldsymbol{g}^k\otimes\boldsymbol{g}^l+\\ &\quad A_{kl}\boldsymbol{g}^k_{,m}\otimes\boldsymbol{g}^l+A_{kl}\boldsymbol{g}^k\otimes\boldsymbol{g}^l_{,m}\\ &=(A_{kl,m}-\Gamma^n_{km}A_{nl}-\Gamma^n_{ml}A_{kn})\boldsymbol{g}^k\otimes\boldsymbol{g}^l\\ &=A_{kl}|_m\boldsymbol{g}^k\otimes\boldsymbol{g}^l\end{aligned}$$

同理,可导出 $\boldsymbol{A}_{,m}$ 的其他3种形式,因此有

$$\begin{aligned}\boldsymbol{A}_{,m}&=A_{kl}|_m\boldsymbol{g}^k\otimes\boldsymbol{g}^l=A_{k\cdot}^{\cdot l}|_m\boldsymbol{g}^k\otimes\boldsymbol{g}_l\\ &=A^{k\cdot}_{\cdot l}|_m\boldsymbol{g}_k\otimes\boldsymbol{g}^l=A^{kl}|_m\boldsymbol{g}^k\otimes\boldsymbol{g}^l\end{aligned}\tag{B-54}$$

式中

$$\left.\begin{aligned}A_{kl}|_m&=A_{kl,m}-\Gamma^n_{km}A_{nl}-\Gamma^n_{lm}A_{kn}\\ A_{k\cdot}^{\cdot l}|_m&=A_{k\cdot,m}^{\cdot l}-\Gamma^n_{km}A_n^{\cdot l}+\Gamma^l_{mn}A_{k\cdot}^{\cdot n}\\ A^{k\cdot}_{\cdot l}|_m&=A^{k\cdot}_{\cdot l,m}+\Gamma^k_{mn}A^{n\cdot}_{\cdot l}-\Gamma^n_{ml}A^{k\cdot}_{\cdot n}\\ A^{kl}|_m&=A^{kl}_{,m}+\Gamma^k_{mn}A^{nl}+\Gamma^l_{mn}A^{kn}\end{aligned}\right\}\tag{B-55}$$

B.2.3 里奇(Ricci)定理

如果把二阶张量协变微分的公式用到量度张量，可以证明量度张量的协变微分为零，这就是里奇定理。事实上按式(B-55)第1式和式(B-43)得

$$g_{kl}|_m = g_{kl,m} - \Gamma^n_{km} g_{nl} - \Gamma^n_{ml} g_{kn} = 0 \tag{B-56a}$$

由于 $(g_{kl}g^{lm})|_n = (\delta^m_k)|_n = 0$，由此可得

$$g_{km}g^{ml}|_n + g_{km}|_n g^{ml} = 0 \quad \text{或} \quad g^{ml}|_n = 0 \tag{B-56b}$$

式(B-56a)和式(B-56b)表示里奇定理。

B.2.4 黎曼-克里斯托费尔(Riemann-Christoffel)张量

前面证明 $\alpha_k|_l$ 和 $\alpha^k|_l$ 是二阶张量的分量，所以它们的协变导数仍为张量。因而有

$$\begin{aligned}
\alpha_k|_{lm} &= (\alpha_k|_l)|_m = (\alpha_k|_l)_{,m} - \Gamma^p_{km}(\alpha_p|_l) - \Gamma^p_{ml}(\alpha_k|_p) \\
&= (\alpha_{k,l} - \Gamma^n_{kl}\alpha_n)_{,m} - \Gamma^p_{km}(\alpha_{p,l} - \Gamma^n_{pl}\alpha_n) - \\
&\quad \Gamma^p_{ml}(\alpha_{k,p} - \Gamma^n_{kp}\alpha_n)
\end{aligned}$$

$$\begin{aligned}
\alpha_k|_{ml} &= (\alpha_k|_m)|_l = (\alpha_{k,m} - \Gamma^n_{km}\alpha_n)|_l \\
&= (\alpha_{k,m} - \Gamma^n_{km}\alpha_n)_{,l} - \Gamma^p_{kl}(\alpha_{p,m} - \Gamma^n_{pm}\alpha_n) - \\
&\quad \Gamma^p_{lm}(\alpha_{k,p} - \Gamma^n_{kp}\alpha_n)
\end{aligned}$$

由此立即推出

$$\alpha_k|_{lm} - \alpha_k|_{ml} = \alpha_n R^n_{klm} \tag{B-57}$$

$$\left.\begin{aligned}
&R^n_{klm} = \Gamma^n_{km,l} - \Gamma^n_{kl,m} + \Gamma^n_{pl}\Gamma^p_{km} - \Gamma^n_{pm}\Gamma^p_{kl} \\
&R^n_{klm} + R^n_{lmk} + R^n_{mkl} = 0 \quad R^n_{klm} = -R^n_{kml}
\end{aligned}\right\} \tag{B-58}$$

称 R^n_{klm} 为混合的或第2类黎曼-克里斯托费尔张量，它是四阶张量。

如在欧拉空间中选一直角坐标系，因其中的量度张量 $g_{kl} = \delta_{kl}$ 为常量，故 $\Gamma^m_{kl} = 0$，从而得出 $R^n_{klm} = 0$。如张量 R^n_{klm} 在直角坐标系中为零，按张量性质，它在欧拉空间的任何坐标系中均为零，故在欧拉空间中，α_k 二次协变导数的次序是可以交换的。但在一般的非欧拉空间中，$R^n_{klm} \neq 0$，从而由式(B-57)知，α_k 二次协变导数的次序是不可交换的。

利用量度张量，可定义第1类黎曼-克里斯托费尔张量

$$\begin{aligned}
R_{klmn} &= g_{kp}R^p_{lmn} \\
&= \frac{1}{2}(g_{kn,lm} - g_{ln,km} - g_{km,ln} + g_{lm,kn}) + \\
&\quad g^{pq}(\Gamma_{lmq}\Gamma_{knp} - \Gamma_{lnq}\Gamma_{kmp})
\end{aligned} \tag{B-59}$$

由式(B-59)易于推出

$$\left.\begin{aligned}
&R_{lkmn} = -R_{klmn} \quad R_{klnm} = -R_{klmn} \\
&R_{mnkl} = R_{klmn} \quad R_{klmn} + R_{kmnl} + R_{knlm} = 0
\end{aligned}\right\} \tag{B-60}$$

如第 2 章 2.5 节中讨论过的那样，在 n 维空间中，黎曼-克里斯托费尔张量的独立分量个数为 $\frac{1}{12}n^2(n^2-1)$，在三维空间中有 6 个：R_{1212}，R_{1313}，R_{2323}，R_{1213}，R_{2123}，R_{3132}；在二维空间中只有一个 R_{1212}。

矢量 $\boldsymbol{\alpha}$ 的二次导数可如下求得。由式(B-52)和式(B-45)得

$$\begin{aligned}\boldsymbol{\alpha}_{,lm} &= (\boldsymbol{\alpha}_{,l})_{,m} = (\alpha_k|_l\boldsymbol{g}^k)_{,m} = (\alpha_k|_l)_{,m}\boldsymbol{g}^k + \alpha_k|_l\boldsymbol{g}^k_{,m} \\ &= [(\alpha_k|_l)_{,m} - \Gamma^n_{km}\alpha_n|_l]g^k = (\alpha_k|_{lm} + \Gamma^n_{lm}\alpha_k|_n)\boldsymbol{g}^k\end{aligned} \tag{B-61}$$

类似地，$\boldsymbol{\alpha}_{,lm}$ 还可写成

$$\left.\begin{aligned}&\boldsymbol{\alpha}_{,lm} = (\alpha^k|_{lm} + \Gamma^n_{lm}\alpha^k|_n)\boldsymbol{g}_k \\ &\alpha^k|_{lm} - \alpha^k|_{ml} = -\alpha^n R^k_{nlm} \\ &\qquad = -\alpha^n(\Gamma^k_{nm,l} - \Gamma^k_{nl,m} + \Gamma^k_{lp}\Gamma^p_{nm} - \Gamma^k_{mp}\Gamma^p_{nl})\end{aligned}\right\} \tag{B-62}$$

B.2.5 比安基(Bianchi)恒等式

把式(B-57)对 x^j 求协变导数可得

$$\alpha_k|_{lmj} - \alpha_k|_{mlj} = \alpha_n|_j R^n_{klm} + \alpha_n R^n_{klm}|_j$$

轮换 l、m、j 可得

$$\alpha_k|_{mjl} - \alpha_k|_{jml} = \alpha_n|_l R^n_{kmj} + \alpha_n R^n_{kmj}|_l$$

$$\alpha_k|_{jlm} - \alpha_k|_{ljm} = \alpha_n|_m R^n_{kjl} + \alpha_n R^n_{kjl}|_m$$

把上面三式相加便得

$$\begin{aligned}&[(\alpha_k|_l)|_{mj} - (\alpha_k|_l)|_{jm}] + [(\alpha_k|_m)|_{jl} - (\alpha_k|_m)_{lj}] + \\ &[(\alpha_k|_j)_{lm} - (\alpha_k|_j)|_{ml}] \\ =&(R^n_{klm}|_j + R^n_{kmj}|_l + R^n_{kjl}|_m)\alpha_n + \\ &(R^n_{klm}\alpha_n|_j + R^n_{kmj}\alpha_n|_l + R^n_{kjl}\alpha_n|_m)\end{aligned} \tag{B-63}$$

而

$$\begin{aligned}&(\alpha_k|_l)|_{mj} - (\alpha_k|_l)|_{jm} = (\alpha_k|_{lm})|_j - (\alpha_k|_{lj})|_m \\ =&(\alpha_k|_{lm})_{,j} - \Gamma^n_{kj}\alpha_n|_{lm} - \Gamma^n_{lj}\alpha_k|_{mn} - \Gamma^n_{mj}\alpha_k|_{ln} - \\ &(\alpha_k|_{lj})_{,m} + \Gamma^n_{km}\alpha_n|_{lj} + \Gamma^n_{lm}\alpha_k|_{nj} + \Gamma^n_{jm}\alpha_k|_{ln} \\ =&[(\alpha_k|_l)_{,m} - \Gamma^p_{km}\alpha_p|_l - \Gamma^p_{lm}\alpha_k|_p]_{,j} - \\ &[(\alpha_k|_l)_{,j} - \Gamma^p_{kj}\alpha_p|_l - \Gamma^p_{lj}\alpha_k|_p]_{,m} + \\ &\Gamma^n_{km}[(\alpha_n|_l)_{,j} - \Gamma^p_{nj}\alpha_p|_l - \Gamma^p_{lj}\alpha_n|_p] - \\ &\Gamma^n_{kj}[(\alpha_n|_l)_{,m} - \Gamma^p_{nm}\alpha_p|_l - \Gamma^p_{lm}\alpha_n|_p] + \\ &\Gamma^n_{lm}[(\alpha_k|_n)_{,j} - \Gamma^p_{kj}\alpha_p|_n - \Gamma^p_{nj}\alpha_k|_p] - \\ &\Gamma^n_{lj}[(\alpha_k|_n)_{,m} - \Gamma^p_{km}\alpha_p|_n - \Gamma^p_{nm}\alpha_k|_p]\end{aligned}$$

$$
\begin{aligned}
&=(\Gamma^{p}_{kj,m}-\Gamma^{p}_{km,j}+\Gamma^{n}_{kj}\Gamma^{p}_{nm}-\Gamma^{n}_{lm}\Gamma^{p}_{nj})\alpha_p\mid_l+\\
&\quad(\Gamma^{p}_{lj,m}-\Gamma^{p}_{lm,j}+\Gamma^{n}_{lj}\Gamma^{p}_{nm}-\Gamma^{n}_{lm}\Gamma^{p}_{nj})\alpha_k\mid_p\\
&=R^{n}_{kmj}\alpha_n\mid_l+R^{n}_{lmj}\alpha_k\mid_n
\end{aligned}
$$

轮换 l、m、j，把所得结果再相加便得

$$
\begin{aligned}
&[(\alpha_k\mid_l)\mid_{mj}-(\alpha_k\mid_l)\mid_{jm}]+[(\alpha_k\mid_m)\mid_{jl}-(\alpha_k\mid_m)\mid_{lj}]+\\
&[(\alpha_k\mid_j)\mid_{lm}-(\alpha_k\mid_j)\mid_{ml}]\\
=&(R^{n}_{kmj}\alpha_n\mid_l+R^{n}_{kjl}\alpha_n\mid_m+R^{n}_{klm}\alpha_n\mid_j)+\\
&(R^{n}_{lmj}+R^{n}_{mjl}+R^{n}_{jlm})\alpha_k\mid_n\\
=&R^{n}_{kmj}\alpha_n\mid_i+R^{n}_{kjl}\alpha_n\mid_m+R^{n}_{klm}\alpha_n\mid_j
\end{aligned}
\tag{B-64}
$$

推导式(B-64)时已应用了式(B-58)第 2 式。把式(B-64)和式(B-63)式比较，因 $\alpha_n\neq 0$，所以得到下述比安基恒等式

$$
R^{n}_{klm}\mid_j+R^{n}_{kmj}\mid_l+R^{n}_{kjl}\mid_m=0 \tag{B-65}
$$

由于量度张量的协变导数为零，把式(B-65)乘以 g_{ni} 后可得

$R_{iklm}\mid_j+R_{ikmj}\mid_l+R_{ikjl}\mid_m=0$，或改写指标后成为

$$
R_{ijkl}\mid_m+R_{ijlm}\mid_k+R_{ijmk}\mid_l=0 \tag{B-66}
$$

B.2.6 里奇张量和爱因斯坦(Einstein)张量

通过缩并，把 4 阶曲率张量 R_{ijkl} 化为二阶张量，由于 R_{ijkl} 对 i 和 j、k 和 l 是反对称的，因而对第 1、第 2 个指标和对最后两个指标的缩并都是零张量；通过缩并，只能得出一个独立的二阶张量 R_{jk}，称为里奇张量，即

$$
R_{jk}=g^{il}R_{ijkl}=R^{l}_{jkl} \tag{B-67}
$$

R_{jk} 是对称张量，因

$$
g^{il}R_{ijkl}=g^{il}R_{klij}=g^{il}R_{lkji}=R^{i}_{kji}=R_{kj}
$$

定义由里奇张量缩并而得的纯量为曲率纯量 R，即

$$
R=g^{jk}R_{jk}=R^{k\cdot}_{\cdot k} \tag{B-68}
$$

把式(B-66)各项乘以 $g^{il}g^{jk}$，并利用式(B-60)，可得

$$
g^{jk}R_{jk}\mid_m-g^{jk}R_{jm}\mid_k-g^{il}R_{im}\mid_l=0 \tag{B-69}
$$

引入爱因斯坦张量 G^{k}_{m}，则

$$
G^{k\cdot}_{\cdot m}=R^{k\cdot}_{\cdot m}-\frac{1}{2}R\delta^{k}_{m} \tag{B-70}
$$

则式(B-69)可以写成

$$
G^{k\cdot}_{\cdot m}\mid_k=0 \tag{B-71}
$$

R_{jk}、G^k_m 诸张量，在广义相对论中有重要应用。对三维空间中变形的协调方程同样有重要应用。

B.3　高斯(Gauss)定理和斯托克斯(Stokes)定理

B.3.1　散度和旋度

矢量 $\boldsymbol{a}$ 在曲线坐标系中的散度 div $\boldsymbol{\alpha}$ 和旋度 curl $\boldsymbol{\alpha}$ 分别定义为

$$\left.\begin{aligned}&\operatorname{div}\boldsymbol{\alpha}=\boldsymbol{\nabla}\cdot\boldsymbol{\alpha}=\boldsymbol{g}^k\frac{\partial\boldsymbol{\alpha}}{\partial y^k}=\boldsymbol{g}^k\alpha^l\mid_k\boldsymbol{g}_l=\alpha^k\mid_k\\&\operatorname{curl}\boldsymbol{\alpha}=\boldsymbol{\nabla}\times\boldsymbol{\alpha}=\boldsymbol{g}^k\times\frac{\partial\boldsymbol{\alpha}}{\partial y^k}=\boldsymbol{g}^k\times\alpha_l\mid_k\boldsymbol{g}^l=\boldsymbol{\epsilon}^{klm}\alpha_l\mid_k\boldsymbol{g}_m\\&\boldsymbol{\nabla}=\frac{\partial}{\partial y^k}\boldsymbol{g}^k\end{aligned}\right\}\tag{B-72}$$

利用 $\Gamma^k_{km}=\frac{1}{\sqrt{g}}(\sqrt{g})_{,m}$，div $\boldsymbol{\alpha}$ 还可写成

$$\operatorname{div}\boldsymbol{\alpha}=\alpha^k\mid_k=\alpha^k_{,k}+\Gamma^k_{km}\alpha^m=\frac{1}{\sqrt{g}}(\sqrt{g}\alpha^m)_{,m}\tag{B-73}$$

定义旋率 $\boldsymbol{\omega}$ 为

$$\omega_{kl}=\frac{1}{2}(\alpha_k\mid_l-\alpha_l\mid_k)=\frac{1}{2}(\alpha_{k,l}-\alpha_{l,k})\tag{B-74}$$

比较式(B－72)第 2 式和式(B－74)得

$$(\operatorname{curl}\boldsymbol{\alpha})^1=-\frac{2}{\sqrt{g}}\omega_{23}\quad(\operatorname{curl}\boldsymbol{\alpha})^2=-\frac{2}{\sqrt{g}}\omega_{31}$$

$$(\operatorname{curl}\boldsymbol{\alpha})^3=-\frac{2}{\sqrt{g}}\omega_{12}\tag{B-75}$$

纯量 ϕ 的梯度是矢量，记为

$$\operatorname{grad}\phi=\phi\mid_k\boldsymbol{g}^k\tag{B-76}$$

定义 $\phi\mid_k=\phi_{,k}$。坐标变换时 $\bar{\phi}_{,\alpha}=\phi_{,k}\partial y^k/\partial\bar{y}^\alpha$，因而 $\phi_{,k}$ 服从协变变换律，和矢量的协变分量具有相同的变换性质，为强调此点，故记 $\phi_{,k}$ 为 $\phi\mid_k$。如把算子 div 作用到式(B－76)两边，便得到拉普拉斯算子 ∇^2 作用到 ϕ 上的表达式

$$\nabla^2\phi=\operatorname{div}(\operatorname{grad}\phi)=\operatorname{div}(\phi\mid_k\boldsymbol{g}^k)=\phi\mid^k_k=\phi\mid_{kl}g^{lk}\tag{B-77}$$

应用 $\phi\mid_{kl}=\phi\mid_{lk}$，把算子 curl 作用到式(B－76)两边可得

$$\operatorname{curl}(\operatorname{grad}\phi)=\operatorname{curl}(\phi\mid_k\boldsymbol{g}^k)=\boldsymbol{\epsilon}^{lmk}\phi\mid_{ml}\boldsymbol{g}_k=\boldsymbol{0}$$

把算子 div 作用到式(B－72)第 2 式两边便得

$$\operatorname{div}(\operatorname{curl}\boldsymbol{\alpha})=(\epsilon^{lmk}\alpha_m|_l)|_k=\epsilon^{lmk}\alpha_m|_{lk}$$

在欧拉空间中，$\alpha_k|_{lm}=\alpha_k|_{ml}$，此时 $\operatorname{div}(\operatorname{curl}\boldsymbol{\alpha})=0$

B.3.2 高斯定理

图 B-2 表示一边矢为 d$\boldsymbol{r}$、d$\boldsymbol{s}$ 和 d$\boldsymbol{t}$ 的微元体，按式(B-29)，其体积为

$$\mathrm{d}v=\mathrm{d}\boldsymbol{r}\cdot(\mathrm{d}\boldsymbol{s}\times\mathrm{d}\boldsymbol{t})=\epsilon_{klm}\mathrm{d}r^k\mathrm{d}s^l\mathrm{d}t^m$$

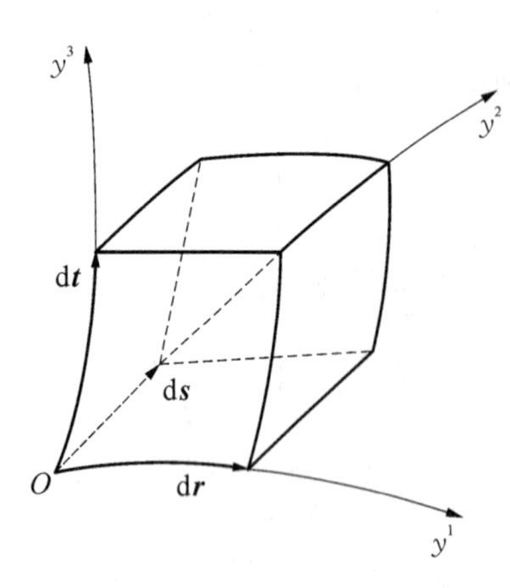

图 B-2 曲线坐标系中的微元体

按式(B-28) d$\boldsymbol{s}$ 和 d$\boldsymbol{t}$ 组成的面积 d$\boldsymbol{a}$ 为

$$\mathrm{d}\boldsymbol{a}=\mathrm{d}\boldsymbol{s}\times\mathrm{d}\boldsymbol{t}=\mathrm{d}a_m\boldsymbol{g}^m\quad \mathrm{d}a_m=\epsilon_{klm}\mathrm{d}s^k\mathrm{d}t^l$$

其他的微元面积 d$\boldsymbol{r}\times$d$\boldsymbol{s}$、d$\boldsymbol{t}\times$d$\boldsymbol{r}$ 可同样处理。

现讨论 $\oint_a\boldsymbol{u}\cdot\mathrm{d}\boldsymbol{a}=\oint_a u^m\mathrm{d}a_m$，其中 $\boldsymbol{u}$ 为任意一矢量。首先讨论 ds 和 dt 组成的两个面，有

$$\begin{aligned}u^n(-\mathrm{d}a_n)+(u^n+u^n|_k\mathrm{d}r^k)\mathrm{d}a_n&=u^n|_k\mathrm{d}r^k\mathrm{d}a_n\\&=\epsilon_{nlm}u^n|_k\mathrm{d}r^k\mathrm{d}s^l\mathrm{d}t^m\end{aligned}$$

利用式(B-24)和式(B-25)，有

$$\begin{aligned}\epsilon_{nlm}u^n|_k&=\epsilon_{nlm}u^n|_p\delta_k^p=\frac{1}{2}\epsilon_{nlm}\epsilon_{krs}\epsilon^{prs}u^n|_p\\&=\frac{1}{2}u^n|_p\epsilon_{krs}(\delta_n^p\delta_l^r\delta_m^s+\delta_m^p\delta_n^r\delta_l^s+\delta_l^p\delta_m^r\delta_n^s-\\&\quad\delta_n^p\delta_m^r\delta_l^s-\delta_m^p\delta_l^r\delta_n^s-\delta_l^p\delta_n^r\delta_m^s)\\&=\frac{1}{2}\{u^n|_n(\epsilon_{klm}-\epsilon_{kml})+u^n|_m(\epsilon_{knl}-\epsilon_{kln})+\\&\quad u^n|_l(\epsilon_{kmn}-\epsilon_{knm})\}\\&=u^n|_n\epsilon_{klm}-u^n|_m\epsilon_{kln}-u^n|_l\epsilon_{knm}\end{aligned}\tag{B-78}$$

另两组面 d$\boldsymbol{r}\times$d$\boldsymbol{s}$ 和 d$\boldsymbol{t}\times$d$\boldsymbol{r}$ 的表达式可由上式通过轮换指标得出。最终可得

$$\begin{aligned}\oint_a u^n\mathrm{d}a_n&=\{(u^n|_n\epsilon_{klm}-u^n|_m\epsilon_{kln}-u^n|_l\epsilon_{lnk})+\\&\quad(u^n|_n\epsilon_{lmk}-u^n|_k\epsilon_{lmn}-u^n|_m\epsilon_{lnk})+\\&\quad(u^n|_n\epsilon_{mkl}-u^n|_l\epsilon_{mkn}-u^n|_k\epsilon_{mml})\}\mathrm{d}r^k\mathrm{d}s^l\mathrm{d}t^m\\&=\{(3u^n|_n\epsilon_{klm}-2u^n|_k\epsilon_{nlm}-2u^n|_l\epsilon_{knm}-\\&\quad 2u^n|_m\epsilon_{kln})\}\mathrm{d}r^k\mathrm{d}s^l\mathrm{d}t^m\\&=u^n|_n\epsilon_{klm}\mathrm{d}r^k\mathrm{d}s^l\mathrm{d}t^m=\operatorname{div}(\boldsymbol{u})\mathrm{d}v\end{aligned}\tag{B-79}$$

推导式(B-79)时，应用了下述结果。

(1) k、l、m 互不相同，例如 1、2、3，则

$$\begin{aligned}&3u^n|_n\epsilon_{klm}-2u^n|_k\epsilon_{nlm}-2u^n|_l\epsilon_{knm}-2u^n|_m\epsilon_{kln}\\&=3u^n|_n\epsilon_{123}-2u^1|_1\epsilon_{123}-2u^2|_2\epsilon_{123}-2u^3|_3\epsilon_{123}=u^n|_n\epsilon_{123}\end{aligned}$$

(2) k、l、m 中有两个相同，如 2、2、3，则

$$\begin{aligned}&3u^n|_n\epsilon_{klm}-2u^n|_k\epsilon_{nlm}-2u^n|_l\epsilon_{knm}-2u^n|_m\epsilon_{kln}\\&=0-2u^1|_2\epsilon_{123}-2u^1|_2\epsilon_{213}-0=0\end{aligned}$$

对任意一体积，把它划分成微元体，其总体积为各微元体积之和；而面积部分，在体积内部的每一微面元为两个微元体所共有，而该微面元的外法线方向对两个微元体是相反的，故其贡献相互抵消，只剩下总体积的外表面部分有贡献。因此，对在整个体积中积分，便得高斯散度定理

$$\left.\begin{aligned}&\oint_a \boldsymbol{u}\cdot\mathrm{d}\boldsymbol{a}=\int_v \operatorname{div}\boldsymbol{u}\,\mathrm{d}v\\&\oint_a u^n\mathrm{d}a_n=\int_v u^n\Big|_n\mathrm{d}v\end{aligned}\right\}\tag{B-80}$$

若把式(B-80)中的 u^n 换为矢量 $\boldsymbol{u}^n$，则经过类似的推演，可得下述矢量形式的高斯散度定理：

$$\oint_a \boldsymbol{u}^n\mathrm{d}a_n=\int_v \boldsymbol{u}^n\Big|_n\mathrm{d}v=\int_v \operatorname{div}\boldsymbol{A}\,\mathrm{d}v\tag{B-81}$$

式(B-81)中 $\boldsymbol{A}$ 是按 $\boldsymbol{u}^n=A^{nk}\boldsymbol{g}_k$ 定义的二阶张量，而 $\boldsymbol{A}$ 的散度的定义为 $\operatorname{div}\boldsymbol{A}=A^{kl}|_k\boldsymbol{g}_l$。

B.3.3　斯托克斯定理

设有三角形微面元，如图 B-3 所示。面积 da 为

$$\mathrm{d}\boldsymbol{a}=\frac{1}{2}\mathrm{d}\boldsymbol{r}\times\mathrm{d}\boldsymbol{t}=\frac{1}{2}\epsilon_{klm}\mathrm{d}r^k\mathrm{d}t^l\boldsymbol{g}^m$$

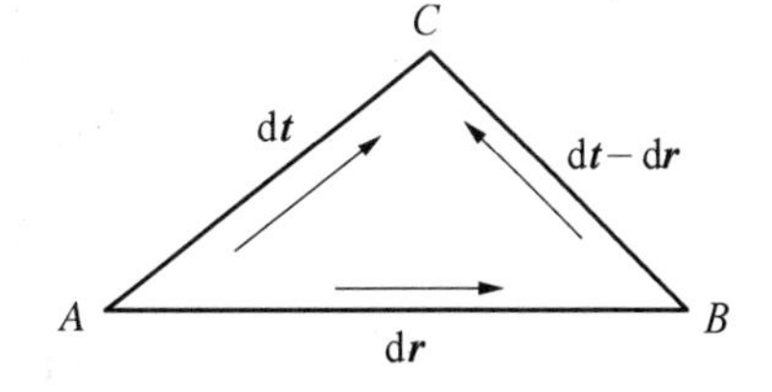

图 B-3　三角形微元面积

现按反时针方向计算线积分 $\int_s u_k\mathrm{d}s^k$，而 $\boldsymbol{u}$ 为任意一矢量。

$$\begin{aligned}\oint_s u_k\mathrm{d}s^k=&\frac{1}{2}(u_k^A+u_k^B)\mathrm{d}r^k+\frac{1}{2}(u_k^B+u_k^C)(\mathrm{d}t^k-\mathrm{d}r^k)+\\&\frac{1}{2}(u_k^C+u_k^A)(-\mathrm{d}t^k)\end{aligned}$$

记 $u_k^A=u_k$，则 $u_k^B=u_k+u_k|_l\mathrm{d}r^l$，$u_k^C=u_k+u_k|_l\mathrm{d}t^l$，从而

$$\begin{aligned}\oint u_k\mathrm{d}s^k&=\frac{1}{2}u_k\Big|_l(\mathrm{d}r^l\mathrm{d}t^k-\mathrm{d}r^k\mathrm{d}t^l)\\&=u_k|_l(\delta_p^l\delta_t^k-\delta_t^l\delta_p^k)\frac{1}{2}\mathrm{d}r^p\mathrm{d}t^t\\&=u_k\Big|t^{lkm}\epsilon_{pm}\frac{1}{2}\mathrm{d}r^p\mathrm{d}t^t=\operatorname{curl}\boldsymbol{u}\cdot\mathrm{d}\boldsymbol{a}\end{aligned}$$

对一任意面积，可把它划分成许多小三角形，在物体内部的小三角形的边界，均属于两个

小三角形,线积分时按相反的方向各通过一次,故相互抵消,只剩下沿外边界的线积分,从而得下述斯托克斯定理

$$\left.\begin{aligned}&\oint_s u_k \mathrm{d}s^k = \frac{1}{2}\epsilon^{lkm}\epsilon_{plm}\int_a u_k\ |_l \mathrm{d}r^p \mathrm{d}t^t \\ &\oint_s \boldsymbol{u}\cdot\mathrm{d}\boldsymbol{s} = \int_a \mathrm{crul}\boldsymbol{u}\cdot\mathrm{d}\boldsymbol{a}\end{aligned}\right\} \tag{B-82}$$

B.4 两点张量

令 $OY^{\mathrm{I}}Y^{\mathrm{II}}Y^{\mathrm{III}}$ 为初始构形中的物质坐标系,基矢 $\boldsymbol{G}_K$、$\boldsymbol{G}^K$,量度张量 G_{KL}、G^{KL}。令 $Oy^1y^2y^3$ 为现时构形中的空间坐标系,基矢 $\boldsymbol{g}_k$、$\boldsymbol{g}^k$,量度张量 g_{kl}、g^{kl}(见图 B-4)。在变形问题中,同时使用两种坐标系,因而常须在两种坐标系间做转换,为此引入移转张量,它们的定义为

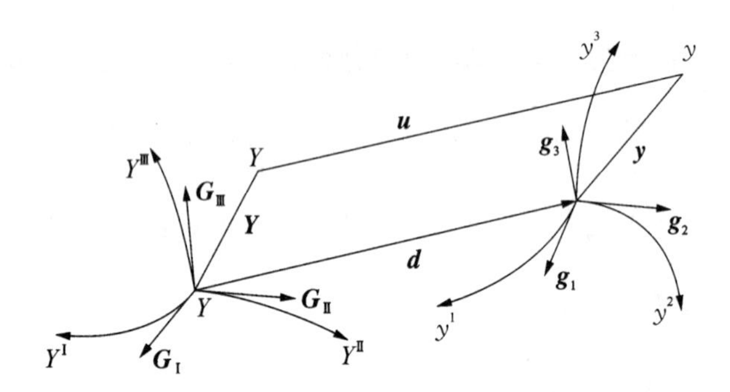

图 B-4 两点张量的几何说明

$$\left.\begin{aligned}&g_{kK}(Y,\ y) = g_{Kk} = \boldsymbol{g}_k(y)\cdot\boldsymbol{G}_K(Y)\\ &g^{K\cdot}_{\cdot k}(Y,\ y) = \boldsymbol{G}^K(Y)\cdot\boldsymbol{g}_k(y)\\ &g^{k\cdot}_{\cdot K}(Y,\ y) = \boldsymbol{g}^k(y)\cdot\boldsymbol{G}_K(Y)\end{aligned}\right\} \tag{B-83}$$

坐标变换时,移转张量服从下述变换规则

$$\left.\begin{aligned}&\bar{g}_{Kk} = \frac{\partial Y^M}{\partial \bar{Y}^K}\frac{\partial y^n}{\partial \bar{y}^k}g_{Mn} \quad \bar{g}^{Kk} = \frac{\partial \bar{Y}^K}{\partial Y^M}\frac{\partial \bar{y}^k}{\partial y^n}g^{Mn}\\ &\bar{g}^{K\cdot}_{\cdot k} = \frac{\partial \bar{Y}^K}{\partial Y^M}\frac{\partial y^n}{\partial \bar{y}^k}g^{M\cdot}_{\cdot n} \quad \bar{g}^{k\cdot}_{\cdot K} = \frac{\partial \bar{y}^k}{\partial y^n}\frac{\partial Y^M}{\partial \bar{Y}^K}g^{n\cdot}_{\cdot M}\end{aligned}\right\} \tag{B-84}$$

由式(B-83)知,当 $OY^{\mathrm{I}}Y^{\mathrm{II}}Y^{\mathrm{III}}$ 变换为 $\bar{O}\bar{Y}^{\mathrm{I}}\ \bar{Y}^{\mathrm{II}}\ \bar{Y}^{\mathrm{III}}$ 时,移转张量中和下标 K(和 $OY^{\mathrm{I}}Y^{\mathrm{II}}Y^{\mathrm{III}}$ 坐标系)相关的部分,将按矢量规则变换,而和下标 k 相关的部分不变。反之,如 $Oy^1y^2y^3$ 变换为 $\bar{O}\bar{y}^1\bar{y}^2\bar{y}^3$ 时,和下标 k 相关的部分按矢量规则变换。具有这种和两套坐标系相关的张量,称为两点张量。

根据上述,一般的两点张量定义为

$$\left.\begin{aligned}\bar{A}_{Kk}=\frac{\partial Y^M}{\partial \bar{Y}^K}\frac{\partial y^n}{\partial \bar{y}^k}A_{Mn}\quad \bar{A}^{Kk}=\frac{\partial \bar{Y}^K}{\partial Y^M}\frac{\partial \bar{y}^k}{\partial y^n}A^{Mn}\\ \bar{A}^{K\cdot}_{\cdot k}=\frac{\partial \bar{Y}^K}{\partial Y^M}\frac{\partial y^n}{\partial \bar{y}^k}A^{M\cdot}_{\cdot n}\quad \bar{Y}^{k\cdot}_{\cdot K}=\frac{\partial Y^M}{\partial \bar{Y}^K}\frac{\partial \bar{y}^k}{\partial y^n}A^{n\cdot}_{\cdot M}\end{aligned}\right\}\tag{B-85}$$

如两种坐标系相互没有关系，即 y^k 和 Y^K 相互独立，那么，$A^{k\cdot}_{\cdot L}$ 便有下面的协变导数公式

$$\left.\begin{aligned}A^{k\cdot}_{\cdot L}\,|_M=A^{k}_{\cdot L,\,M}-\Gamma^N_{LM}A^{k\cdot}_{\cdot N}\\ A^{k\cdot}_{\cdot L}\,|_l=A^{k}_{\cdot L,\,l}+\Gamma^k_{lm}A^{m\cdot}_{\cdot L}\end{aligned}\right\}\tag{B-86}$$

如果 y^k 和 Y^K 间存在函数关系

$$y^k=y^k(Y^K,\ t)\quad 或 \quad Y^K=Y^K(y^k,\ t)$$

那么 A^k_L 对 Y^M 的全协变导数应为

$$\begin{aligned}A^{k\cdot}_{\cdot L}\,\|_M&=A^{k}_{\cdot L,\,M}-\Gamma^N_{LM}A^{k\cdot}_{\cdot N}+(A^{k}_{\cdot L,\,l}+\Gamma^k_{lm}A^{m\cdot}_{\cdot L})y^l_{\cdot M}\\&=A^{k\cdot}_{\cdot L}\,|_M+A^{k\cdot}_{\cdot L}\,|_l y^l_{,\,M}\end{aligned}\tag{B-87}$$

对于 A^{kL}、A_{kL} 等可类地讨论。

把上列诸公式应用到移转张量 g^k_L 便有

$$g^{k\cdot}_{\cdot L}\,\|_M=g^{k\cdot}_{\cdot L}\,|_M+g^{k\cdot}_{\cdot L}\,|_l y^l_{,\,M}=0$$

因为 $g^{k\cdot}_{\cdot L}\,|_M=g^{k\cdot}_{\cdot L,\,M}-\Gamma^N_{LM}g^{k\cdot}_{\cdot N}$，而 $g^{k\cdot}_{\cdot L,\,M}=(\boldsymbol{g}^k\cdot\boldsymbol{G}_L)_{,\,M}=\boldsymbol{g}^k\cdot\boldsymbol{G}_{L,\,M}=\boldsymbol{g}^k\cdot\Gamma^N_{LM}\boldsymbol{G}_N=\boldsymbol{g}^{k\cdot}_{\cdot N}\Gamma^N_{LM}$，从而 $g^{k\cdot}_{\cdot L}\,|_M=0$，类似地 $g^{k\cdot}_{\cdot L}\,|_L=0$。因此求全协变导数时，$g^{k\cdot}_{\cdot L}$（和其他的移转张量分量 g^{kL}、g_{kL} 等）和常数一样。由此推论出

$$(g^{k\cdot}_{\cdot L}A^{L\cdot}_{\cdot l})\,\|_M=g^{k\cdot}_{\cdot L}A^{L\cdot}_{\cdot l}\,\|_M\tag{B-88}$$

附录C　狭义相对论电动力学与电磁场的微观理论

电磁介质本身在运动时,电动力学理论便显得相当复杂,在某些方面至今尚缺乏完全为实验所证实的理论。电磁介质中电磁场的理论除宏观理论外,本质上可由物质中带电粒子的运动和动力学来讨论,这便是微观理论,本附录将对这些理论做概括介绍。

C.1　狭义相对论电动力学

C.1.1　闵可夫斯基(Minkowski)空间与洛伦兹(Lorentz)变换

1905年爱因斯坦提出的狭义相对论有两条基本假设,它们是

(1) 相对性原理所有惯性参考系是等价的,其中的物理规律具有相同的形式。

(2) 光速不变原理在所有惯性系中,真空中的光速沿任何方向都是常数 c,且与光源是否运动无关。

在相对论中,时间和空间紧密相关,组成四维时空。闵可夫斯基复四维空间广为采用,此时

$$x_\alpha = x_i (\alpha = 1, 2, 3) \quad x_\alpha = ict \quad (\alpha = 4,\ i = \sqrt{-1}) \tag{C-1}$$

式中,希腊字母的下标 α 取1, 2, 3, 4,而拉丁字母的下标 i 取1, 2, 3。当时空系 ϕ 变换到 $\bar{\phi}$ 时,要求下述四维间隔不变

$$\mathrm{d}s^2 = -\mathrm{d}x_\alpha \mathrm{d}x_\alpha = \mathrm{d}(ct)^2 - \mathrm{d}x_i \mathrm{d}x_i \tag{C-2}$$

如设 $\bar{\phi}$ 相对于 ϕ 沿 x_1 轴方向做等速 v 运动,则满足上述条件的时空系变换是洛伦兹变换 $\boldsymbol{L}$

$$\boldsymbol{L} = \begin{bmatrix} \gamma & 0 & 0 & \mathrm{i}\beta\gamma \\ 0 & 1 & 0 & 0 \\ 0 & 0 & 1 & 0 \\ -\mathrm{i}\beta\gamma & 0 & 0 & \gamma \end{bmatrix} \quad \boldsymbol{L}^{-1} = \boldsymbol{L}^{\mathrm{T}} \tag{C-3}$$

$$\beta = v/c \quad \gamma = 1/\sqrt{1-\beta^2} \tag{C-4}$$

利用式(C-2),易于证明

$$L_{\lambda\alpha} L_{\lambda\beta} = \delta_{\alpha\beta} \quad \boldsymbol{L}^{\mathrm{T}}\boldsymbol{L} = \boldsymbol{I}_4 \quad |\boldsymbol{L}| = 1 \tag{C-5}$$

即洛伦兹变换是时空四维空间的正常正交变换。坐标变换关系为

$$\bar{x}_\alpha = L_{\alpha\beta} x_\beta \quad \bar{\boldsymbol{x}} = \boldsymbol{L}\boldsymbol{x} \tag{C-6}$$

C.1.2 电动力学基本方程的四维形式

引入四维反对称二阶电磁场张量 $\boldsymbol{F}$ 和 $\boldsymbol{G}$，即

$$\boldsymbol{F}=\begin{bmatrix}0 & cB_3 & -cB_2 & -\mathrm{i}E_1\\ -cB_3 & 0 & cB_1 & -\mathrm{i}E_2\\ cB_2 & -cB_1 & 0 & -\mathrm{i}E_3\\ \mathrm{i}E_1 & \mathrm{i}E_2 & \mathrm{i}E_3 & 0\end{bmatrix}\quad F_{\alpha\beta}=-F_{\beta\alpha}\tag{C-7}$$

$$\boldsymbol{G}=\begin{bmatrix}0 & H_3 & -H_2 & -\mathrm{i}cD_1\\ -H_3 & 0 & H_1 & -\mathrm{i}cD_2\\ H_2 & -H_1 & 0 & -\mathrm{i}cD_3\\ \mathrm{i}cD_1 & \mathrm{i}cD_2 & \mathrm{i}cD_3 & 0\end{bmatrix}\quad G_{\alpha\beta}=-G_{\beta\alpha}\tag{C-8}$$

和四维矢量

$$\boldsymbol{j}=[\boldsymbol{J},\ \mathrm{i}c\rho_e]^{\mathrm{T}}\tag{C-9}$$

则麦克斯韦方程式(13－28)可写成

$$F_{\beta\alpha,\lambda}+F_{\lambda\beta,\alpha}+F_{\alpha\lambda,\beta}=0\tag{C-10}$$

$$G_{\alpha\lambda,\lambda}=j_\alpha\tag{C-11}$$

式(C－10)、式(C－11)中只当 α，β，λ 取不同值时才有非平凡的表达式。式(13－28)中的第3和第2式分别相当于式(C－11)中(λ，α，β)取[1，2，3]和[(2，3，4)，(3，4，1)，(4，1，2)]；式(13－28)中第1和第4式分别相当于式(C－10)中 α 取4和(1，2，3)。

式(13－30a)可以表示为下述方程的前三个

$$(\rho f)_\beta=c^{-1}F_{\beta\alpha}j_\alpha\tag{C-12}$$

而式(C－12)的第4式为 $(\rho f)_4=\mathrm{i}\boldsymbol{E}\cdot\boldsymbol{J}/c$。

C.1.3 电磁能悬动贯张量

以 $F_{\beta\alpha}$ 乘式(C－11)并利用(C－10)则有

$$\begin{aligned}F_{\beta\alpha}j_\alpha&=F_{\beta\alpha}G_{\alpha\lambda,\lambda}=(F_{\beta\alpha}G_{\alpha\lambda})_{,\lambda}-G_{\alpha\lambda}F_{\beta\alpha,\lambda}\\&=(F_{\beta\alpha}G_{\alpha\lambda})_{,\lambda}-\frac{1}{2}G_{\lambda\alpha}(F_{\alpha\beta,\lambda}+F_{\beta\lambda,\alpha})=(F_{\beta\alpha}G_{\alpha\lambda})_{,\lambda}+\frac{1}{2}G_{\lambda\alpha}F_{\lambda\alpha,\beta}\end{aligned}\tag{C-13}$$

又因 $2G_{\lambda\alpha}F_{\lambda\alpha,\beta}=(F_{\lambda\alpha}G_{\lambda\alpha})_{,\beta}+(G_{\lambda\alpha}F_{\lambda\alpha,\beta}-F_{\lambda\alpha}G_{\lambda\alpha,\beta})$，故有

$$F_{\beta\alpha}j_\alpha=-\left(G_{\lambda\alpha}F_{\beta\alpha}-\frac{1}{4}\delta_{\lambda\beta}F_{\xi\alpha}G_{\xi\alpha}\right)_{,\lambda}+\frac{1}{4}(G_{\lambda\alpha}F_{\lambda\alpha,\beta}-F_{\lambda\alpha}G_{\lambda\alpha,\beta})\tag{C-14}$$

式(C－14)右端第一项是四维空间某个张量的散度，若定义 $S_{\lambda\beta}^{(e)}$ 为闵可夫斯基电磁能量动量张量，则有

$$S^{(e)}_{\lambda,\beta}=c^{-1}\left(G_{\lambda\alpha}F_{\beta\alpha}-\frac{1}{4}\delta_{\lambda\beta}F_{\xi\alpha}G_{\xi\alpha}\right) \tag{C-15}$$

$$S^{(e)}_{\lambda\beta,\lambda}=-c^{-1}F_{\beta\alpha}j_{\alpha}+(4c)^{-1}(G_{\lambda\alpha}F_{\lambda\alpha,\beta}-F_{\lambda\alpha}G_{\lambda\alpha,\beta}) \tag{C-16}$$

$S^{(e)}_{\lambda\beta}$ 还可写成

$$S^{(e)}_{\lambda\beta}=\left[\begin{array}{c:c}\sigma^{M}_{jk} & \mathrm{i}S_{k}/c\\ \hdashline \mathrm{i}c\rho g_{j} & -W\end{array}\right] \tag{C-17}$$

式中，$\boldsymbol{\sigma}^{M}$、$\boldsymbol{S}$、$\boldsymbol{g}$ 分别由式(13-69)、式(13-59)、式(13-68)表示，而 $W=\frac{1}{2}(\boldsymbol{E}\cdot\boldsymbol{D}+\boldsymbol{H}\cdot\boldsymbol{B})$ 为电磁能量密度。计及式(C-16)右端第1项为 $-\rho f_{\beta}$，第2项为

$$(4c)^{-1}(G_{\lambda\alpha}F_{\lambda\alpha,\beta}-F_{\lambda\alpha}G_{\lambda\alpha,\beta})=\frac{1}{2}(\boldsymbol{B}_{,\beta}\cdot\boldsymbol{H}-\boldsymbol{E}_{,\beta}\cdot\boldsymbol{D}-\boldsymbol{B}\cdot\boldsymbol{H}_{,\beta}+\boldsymbol{E}\cdot\boldsymbol{D}_{,\beta}) \tag{C-18}$$

则式(C-16)中的空间部分 ($\beta=1,2,3$) 便是动量平衡方程(13-67)，时间部分 ($\beta=4$) 便是能量平衡方程(13-58)。

闵可夫斯基假设电磁场作用在等速运动物体上的体积力 $\rho\boldsymbol{f}^{M}$ 为负的能量-动量张量的散度，即

$$\rho f^{M}_{\beta}=-S^{(e)}_{\lambda\beta,\lambda} \tag{C-19}$$

由式(C-16)、式(C-18)、式(C-19)可推出

$$\rho f^{M}_{j}=\rho_{e}E_{j}+(\boldsymbol{J}\times\boldsymbol{B})_{j}-\frac{1}{2}\left(\frac{\partial\boldsymbol{B}}{\partial x_{j}}\cdot\boldsymbol{H}-\frac{\partial\boldsymbol{H}}{\partial x_{j}}\cdot\boldsymbol{B}\right)-\frac{1}{2}\left(\frac{\partial\boldsymbol{D}}{\partial x_{j}}\cdot\boldsymbol{E}-\frac{\partial\boldsymbol{E}}{\partial x_{j}}\cdot\boldsymbol{D}\right) \tag{C-20}$$

$$\mathrm{i}\rho cf^{M}_{4}=-\boldsymbol{J}\cdot\boldsymbol{E}-\frac{1}{2}\left(\frac{\partial\boldsymbol{B}}{\partial t}\cdot\boldsymbol{H}-\frac{\partial\boldsymbol{H}}{\partial t}\cdot\boldsymbol{B}+\frac{\partial\boldsymbol{D}}{\partial t}\cdot\boldsymbol{E}-\frac{\partial\boldsymbol{E}}{\partial t}\cdot\boldsymbol{D}\right) \tag{C-21}$$

式(C-20)和式(13-70)相同，这也是其较为广泛应用的原因之一。

C.1.4 运动坐标系中电动力学的基本方程

由于式(C-10)和式(C-11)是由四维空间二阶张量组成的方程，因此在洛伦兹变换下形式不变，这正是相对论所要求的，即有

$$\left.\begin{aligned}&\partial\bar{F}_{\alpha\beta}/\partial\bar{x}_{\lambda}+\partial\bar{F}_{\lambda\beta}/\partial\bar{x}_{\alpha}+\partial\bar{F}_{\alpha\lambda}/\partial\bar{x}_{\beta}=0\\&\partial\bar{G}_{\alpha\lambda}/\partial\bar{x}_{\lambda}=\bar{j}_{\alpha}\end{aligned}\right\} \tag{C-22}$$

且 $\bar{F}$、$\bar{G}$ 和 F、G 的关系服从洛伦兹变换，即

$$\left.\begin{aligned}&\bar{\boldsymbol{F}}=\boldsymbol{LFL}^{\mathrm{T}},\quad \bar{\boldsymbol{G}}=\boldsymbol{LGL}^{\mathrm{T}}\\&\dot{\boldsymbol{j}}=\boldsymbol{Lj}\end{aligned}\right\} \tag{C-23}$$

对更一般的洛伦兹变换可类似讨论，我们有

$$\bar{\boldsymbol{E}}=\gamma(\boldsymbol{E}+\boldsymbol{v}\times\boldsymbol{B})\quad \bar{\boldsymbol{D}}=\gamma(\boldsymbol{D}+\boldsymbol{v}\times\boldsymbol{H}/c^2) \tag{C-24}$$

$$\bar{\boldsymbol{H}}=\gamma(\boldsymbol{H}-v\times\boldsymbol{D})\quad \bar{\boldsymbol{B}}=\gamma(\boldsymbol{B}-\boldsymbol{v}\times\boldsymbol{E}/c^2) \tag{C-25}$$

$$\bar{\boldsymbol{J}}=\gamma(\boldsymbol{J}-\boldsymbol{v}\rho_e)\quad \bar{\rho}_e=\gamma(\rho_e-\boldsymbol{v}\cdot\boldsymbol{J}/c^2) \tag{C-26}$$

根据本构关系

$$\bar{\boldsymbol{D}}=\epsilon_0\bar{\boldsymbol{E}}+\bar{\boldsymbol{P}}=\epsilon\bar{\boldsymbol{E}}\quad \bar{\boldsymbol{B}}=\mu_0(\bar{\boldsymbol{H}}+\bar{\boldsymbol{M}})=\mu\bar{\boldsymbol{H}}\quad \bar{\boldsymbol{J}}=\sigma\bar{\boldsymbol{E}} \tag{C-27}$$

可推出在运动坐标系中有

$$\bar{\boldsymbol{P}}=\gamma(\boldsymbol{P}-\boldsymbol{v}\times\boldsymbol{M}/c^2)\quad \bar{\boldsymbol{M}}=\gamma(\boldsymbol{M}+\boldsymbol{v}\times\boldsymbol{P}) \tag{C-28}$$

从而在实验室坐标(不动坐标)系中有

$$\left.\begin{aligned}&\boldsymbol{D}=\epsilon\boldsymbol{E}+(\epsilon\mu-\epsilon_0\mu_0)\boldsymbol{v}\times\boldsymbol{H}\\&\boldsymbol{B}=\mu\boldsymbol{H}(\epsilon_0\mu_0-\epsilon\mu)\boldsymbol{v}\times\boldsymbol{E}\quad \boldsymbol{J}-\rho_e\boldsymbol{v}=\sigma(\boldsymbol{E}+\boldsymbol{v}\times\boldsymbol{B})\end{aligned}\right\} \tag{C-29}$$

C.1.5　低速运动下变形介质的电动力学基本方程

式(C-24)~式(C-28)给出了用不动的实验室坐标系中的物理量表示惯性运动坐标系中的物理量的方程,从而式(C-22)也可用实验室坐标系中的物理量表示。对低速运动($v\ll c$)的情况,这些方程还广泛用于变形体,此时的运动坐标系应理解为随体坐标系,时间导数应理解为随体导数。在低速运动情况下 $\bar{x}_i=x_i$,$\bar{t}=t$,$\gamma=1$,式(13-97)、式(13-101)中含 v^2/c^2 的项可以略去,即有 $\bar{\boldsymbol{D}}=\boldsymbol{D}$,$\bar{\boldsymbol{B}}=\boldsymbol{B}$,$\bar{\rho}_e=\rho_e$,$\bar{\boldsymbol{P}}=\boldsymbol{P}$,和 $\bar{\boldsymbol{E}}=\boldsymbol{E}+\boldsymbol{v}\times\boldsymbol{B}$,$\bar{\boldsymbol{H}}=\boldsymbol{H}-\boldsymbol{v}\times\boldsymbol{D}$,$\bar{\boldsymbol{M}}=\boldsymbol{M}+\boldsymbol{v}\times\boldsymbol{P}$,$\bar{\boldsymbol{J}}=\boldsymbol{J}-\rho_e\boldsymbol{v}$,从而运动和变形体中电动力学的基本方程为

$$\oint_a\boldsymbol{D}\cdot\mathrm{d}\boldsymbol{a}=\int_V\rho_e\mathrm{d}V\quad \nabla\cdot\boldsymbol{D}=\rho_e \tag{C-30a}$$

$$\oint_c\bar{\boldsymbol{E}}\cdot\mathrm{d}\boldsymbol{s}=-\frac{\mathrm{d}}{\mathrm{d}t}\int_a\boldsymbol{B}\cdot\mathrm{d}\boldsymbol{a}\quad \nabla\times\bar{\boldsymbol{E}}=-\overset{*}{\boldsymbol{B}} \tag{C-30b}$$

$$\oint_c\boldsymbol{B}\cdot\mathrm{d}\boldsymbol{s}=0\quad \nabla\cdot\boldsymbol{B}=0 \tag{C-30c}$$

$$\oint_c\bar{\boldsymbol{H}}\cdot\mathrm{d}\boldsymbol{s}=\int_a\bar{\boldsymbol{J}}\cdot\mathrm{d}\boldsymbol{a}+\frac{\mathrm{d}}{\mathrm{d}t}\int_a\boldsymbol{D}\cdot\mathrm{d}\boldsymbol{a}\quad \nabla\times\bar{\boldsymbol{H}}=\overset{*}{\boldsymbol{D}}+\bar{\boldsymbol{J}} \tag{C-30d}$$

$$\oint_a\bar{\boldsymbol{J}}\cdot\mathrm{d}\boldsymbol{a}+\frac{\mathrm{d}}{\mathrm{d}t}\int_V\rho_e\mathrm{d}V=0\quad \nabla\cdot\bar{\boldsymbol{J}}+\partial\rho_e/\partial t+\nabla\cdot(\boldsymbol{v}\rho_e)=0 \tag{C-30e}$$

式中,$\overset{*}{\boldsymbol{B}}$ 和 $\overset{*}{\boldsymbol{D}}$ 分别为 $\boldsymbol{B}$ 和 $\boldsymbol{D}$ 的随体导数,由式(3-12)确定,即

$$\left.\begin{aligned}&\overset{*}{\boldsymbol{D}}=\dot{\boldsymbol{D}}+\boldsymbol{D}(\nabla\cdot\boldsymbol{v})-(\boldsymbol{D}\cdot\nabla)\boldsymbol{v}=\partial\boldsymbol{D}/\partial t+\nabla\times(\boldsymbol{D}\times\boldsymbol{v})+\rho_e\boldsymbol{v}\\&\overset{*}{\boldsymbol{B}}=\dot{\boldsymbol{B}}+\boldsymbol{B}(\nabla\cdot\boldsymbol{v})-(\boldsymbol{B}\cdot\nabla)\boldsymbol{v}=\partial\boldsymbol{B}/\partial t+\nabla\times(\boldsymbol{B}\times\boldsymbol{v})\end{aligned}\right\} \tag{C-31}$$

如把式(C-30)返回到实验室坐标系,那么所得方程和式(13-28)是相同的,即式(13-28)适用于运动介质。读者应当注意,上述把惯性系中的结果推广到非惯性系是不严格的。

由于介质的运动,边界条件要做相应的变化:式(13-43)和(13-46)不变,而式(13-47)和(13-51)变为

$$\left.\begin{aligned}\boldsymbol{n}\times(\bar{\boldsymbol{H}}_2-\bar{\boldsymbol{H}}_1)=\boldsymbol{n}\times(\boldsymbol{H}_2-\boldsymbol{H}_1)+v_n(\boldsymbol{D}_2-\boldsymbol{D}_1)=\boldsymbol{J}_s\\ \boldsymbol{n}\times(\bar{\boldsymbol{E}}_2-\bar{\boldsymbol{E}}_1)=\boldsymbol{n}\times(\boldsymbol{E}_2-\boldsymbol{E}_1)-v_n(\boldsymbol{B}_2-\boldsymbol{B}_1)=-\boldsymbol{\nabla}(\boldsymbol{\pi}_s/\boldsymbol{\epsilon})\end{aligned}\right\}\tag{C-32}$$

C.1.6 低速运动下的总能量动量张量

当边界上无热流矢量,体内无热源时,机械系统的动量方程和能量方程可以写成

$$\frac{\partial}{\partial t}(\rho\boldsymbol{v})+\boldsymbol{\nabla}\cdot(\rho\boldsymbol{v}\otimes\boldsymbol{v}-\boldsymbol{\sigma})=\rho\boldsymbol{f}\tag{C-33}$$

$$\left.\begin{aligned}&\frac{\partial E}{\partial t}+\boldsymbol{\nabla}\cdot(\boldsymbol{v}E-\boldsymbol{\sigma}\cdot\boldsymbol{v})=\rho\boldsymbol{f}\cdot\boldsymbol{v}+\phi\\ &E=\frac{1}{2}\rho\boldsymbol{v}\cdot\boldsymbol{v}+\rho e\end{aligned}\right\}\tag{C-34}$$

式中,E 为单位体积的总能量;e 为单位质量的内能;ϕ 为体积内除热源和机械源外的其他能量源;ρv 为动量;$\rho\boldsymbol{v}\otimes\boldsymbol{v}-\boldsymbol{\sigma}$ 可看成动量流;$\boldsymbol{v}E-\boldsymbol{\sigma}\cdot\boldsymbol{v}$ 可看成能量流。

式(C-33)、式(C-34)可组合成四维空间的一个机械能量动量张量 $S_{\alpha\beta}^{(m)}$ 的方程:

$$S_{\alpha\beta,\alpha}^{(m)}=\rho f_{\beta}^{(m)}\tag{C-35}$$

$$S_{\alpha\beta}^{(m)}=\left[\begin{array}{c:c}\rho v_j v_k-\sigma_{jk} & \mathrm{i}(Ev_k-\sigma_{kn}v_n)/c\\ \hdashline \mathrm{i}c\rho v_j & -E\end{array}\right]\quad \rho f_{\beta}^{(m)}=\begin{Bmatrix}\rho f_j\\ \mathrm{i}(\phi+\rho f_n v_n)/c\end{Bmatrix}\tag{C-36}$$

如 $f_{\beta}^{(m)}=0$,则机械系统是封闭的。电磁场的能量动量张量由式(C-15)表示。

现设由封闭的机械系统和电磁场共同组成的物理系统是封闭的,即有

$$S_{\alpha\beta,\alpha}=(S_{\alpha\beta}^{(m)}+S_{\alpha\beta}^{(e)})_{,\alpha}=0\tag{C-37}$$

或

$$\left.\begin{aligned}\partial(\rho v_j)/\partial t+(\rho v_j v_k)_{,k}-(\sigma_{jk}-\sigma_{jk}^{M})_{,k}+\partial g_j/\partial t=0\\ \partial(E/\partial t)+(Ev_k)_{,k}-(\sigma_{jk}v_k)_{,j}+S_{k,k}+\partial W/\partial t=0\end{aligned}\right\}\tag{C-38}$$

按式(C-19),对电磁场有

$$\sigma_{kj,k}^{M}+\partial g_j/\partial t=-\rho f_j^{M}\quad S_{k,k}+\partial W/\partial t=-ic\rho f_4^{M}\tag{C-39}$$

把式(C-39)代入式(C-38)得

$$\left.\begin{aligned}&\rho\mathrm{d}v_j/\mathrm{d}t=\partial(\rho v_j)/\partial t+(\rho v_j v_k)_{,k}=\sigma_{kj,k}+\rho f_j^{M}\\ &\rho\mathrm{d}e/\mathrm{d}t=\sigma_{kj}v_{j,k}-(ic\rho f_4^{M}+\rho f_j^{M}v_j)\end{aligned}\right\}\tag{C-40}$$

由封闭系统的动量矩守恒可得

$$(x_\alpha S_{\lambda\beta}-x_\beta S_{\lambda\alpha})_{,\lambda}=0\quad 或\quad S_{\alpha\beta}=S_{\beta\alpha}\tag{C-41}$$

由于 $S_{jk}=S_{jk}^{(e)}+S_{jk}^{(m)}=\rho v_j v_k-\sigma_{jk}+\sigma_{jk}^{\mu}$,再利用式(13-69)便推出

$$\left.\begin{aligned}&\sigma_{jk}-\sigma_{kj}=\sigma_{jk}^{M}-\sigma_{kj}^{M}=-2\eta_{jk}\\&\eta_{jk}=\frac{1}{2}(D_jE_k-D_kE_j)+\frac{1}{2}(B_jH_k-B_kH_j)=D_{[j}E_{k]}+B_{[j}H_{k]}\end{aligned}\right\}\tag{C-42}$$

由此推得体积力偶 $C_i=e_{ijk}\eta_{jk}$ 为

$$\boldsymbol{C}=\boldsymbol{D}\times\boldsymbol{E}+\boldsymbol{B}\times\boldsymbol{H}=\boldsymbol{P}\times\boldsymbol{E}+\mu_0\boldsymbol{M}\times\boldsymbol{H}\tag{C-43}$$

由闵可夫斯基理论导出的力和力偶的公式并非严格正确的，许多作者提出了不同的公式，式(13-30b)便是这类公式中的一个。下面将从微观理论做更合理的研究。

C.2　电磁场的微观理论

C.2.1　复合粒子产生的微观电磁场

假设物体由复合粒子组成，每个复合粒子又由若干个电子粒子组成，第 k 个复合粒子质心 O_k 到坐标原点 O 的位置矢量为 $\boldsymbol{r}_k$，其中的第 i 个电子粒子到 O 点的位置矢量为 $\boldsymbol{r}_{ki}$，到 O_k 的内部位置矢量为 $\boldsymbol{\xi}_{ki}$，并带有电量 q_{ki}。现在来讨论所有复合粒子在到 O 点的位置矢量为 $\boldsymbol{x}$ 的观察点所产生的电磁场(见图C-1)。这一首先由洛伦兹倡导的模型的基本假设是，复合粒子在观察点产生的微观电磁场量 $\boldsymbol{e}$ 和 $\boldsymbol{b}$ 可用自由空间中的麦克斯韦方程来描写，即

$$\left.\begin{aligned}&\nabla\cdot\boldsymbol{b}=0\quad\nabla\times\boldsymbol{e}+\partial\boldsymbol{b}/\partial t=0\\&\epsilon_0\nabla\cdot\boldsymbol{e}=\sum_k\sum_i q_{ki}\delta(\boldsymbol{r}_{ki}-\boldsymbol{x})\\&\mu_0^{-1}\nabla\times\boldsymbol{b}-\epsilon_0\partial\boldsymbol{e}/\partial t=\sum_k\sum_i q_{ki}\dot{\boldsymbol{r}}_{ki}\delta(\boldsymbol{r}_{ki}-\boldsymbol{x})\end{aligned}\right\}\tag{C-44}$$

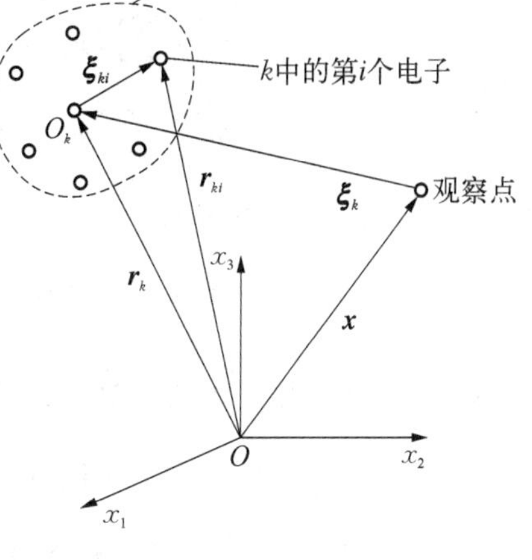

图C-1　复合粒子产生的电磁场

式中，$\dot{\boldsymbol{r}}_{ki}=\mathrm{d}\boldsymbol{r}_{ki}/\mathrm{d}t=\partial\boldsymbol{r}_{ki}/\partial t$；$q_{ki}\dot{\boldsymbol{r}}_{ki}$ 是第 k 个复合粒子中第 i 个带电粒子产生的对流电流。物理上感兴趣的问题是观察点在复合粒子之外，且 $|\boldsymbol{\xi}_{ki}|\ll|\boldsymbol{\xi}_k|=|\boldsymbol{r}_k-\boldsymbol{x}|$。因此 δ 函数可展成内部位置矢量 $\boldsymbol{\xi}_{kt}$ 的幂级数

$$\delta(\boldsymbol{r}_{ki}-\boldsymbol{x})=\sum_{n=0}^{\infty}\frac{(-1)^n}{n!}(\boldsymbol{\xi}_{ki}\cdot\nabla_k)^n\delta(\boldsymbol{r}_k-\boldsymbol{x})\tag{C-45}$$

式中，$\nabla_k=\partial/\partial\boldsymbol{r}_k$。把式(C-45)代入式(C-44)可得

$$\left.\begin{aligned}&\nabla\cdot\boldsymbol{b}=0\quad\nabla\times\boldsymbol{e}+\partial\boldsymbol{b}/\partial t=0\\&\epsilon_0\nabla\cdot\boldsymbol{e}=\rho_q-\nabla\cdot\boldsymbol{p}\quad\mu_0^{-1}\nabla\times\boldsymbol{b}-\epsilon_0\partial\boldsymbol{e}/\partial t=\boldsymbol{j}+\partial\boldsymbol{p}/\partial t+\nabla\times\boldsymbol{m}\end{aligned}\right\}\tag{C-46}$$

精确到含 $\boldsymbol{\xi}_{ki}$ 量级的项，式(C-46)中

$$\rho_q=\sum_k q_k\delta(\boldsymbol{r}_k-\boldsymbol{x})\quad p=\sum_k\boldsymbol{p}_k\delta(\boldsymbol{r}_k-\boldsymbol{x})\quad j=\sum_k q_kv_k\delta(\boldsymbol{r}_k-\boldsymbol{x})\tag{C-47}$$

$$m = \sum_k (\boldsymbol{p}_k \times \boldsymbol{v}_k + \boldsymbol{m}_k)\delta(\boldsymbol{r}_k - \boldsymbol{x}) \tag{C-48}$$

其中

$$\boldsymbol{v}_k = \dot{\boldsymbol{r}}_k \quad q_k = \sum_i q_{ki} \quad \boldsymbol{p}_k = \sum_i q_{ki}\boldsymbol{\xi}_{ki} \quad \boldsymbol{m}_k = \frac{1}{2}\sum_i q_k \boldsymbol{\xi}_{ki} \times \dot{\boldsymbol{\xi}}_{ki} \tag{C-49}$$

分别代表第 k 个复合粒子质心速度和其中的总电荷、电偶极矩和磁矩。推导式(C-46)时使用了下列公式

$$\boldsymbol{m}_k \cdot \boldsymbol{\nabla}_k \delta(\boldsymbol{r}_k - \boldsymbol{x}) = -\boldsymbol{m}_k \boldsymbol{\nabla}\delta(\boldsymbol{r}_k - \boldsymbol{x}) = -\boldsymbol{\nabla}[\boldsymbol{m}_k \delta(\boldsymbol{r}_k - \boldsymbol{x})]$$

式中，$\boldsymbol{\nabla} \equiv \partial/\partial \boldsymbol{x}$；同时在推导 $\partial \boldsymbol{p}/\partial t$ 时保留 $\boldsymbol{p}$ 中含$\boldsymbol{\xi}_{ki}$ 的二阶项，以便求导后保留 $\boldsymbol{\xi}_{ki}$ 的一阶项(保留形如 $\boldsymbol{\xi}_{ki}\dot{\boldsymbol{\xi}}_{ki}$ 的项)，即取用

$$\frac{\partial \boldsymbol{p}}{\partial t} = \frac{\partial}{\partial t}\left\{\sum_i q_{ki}\left[\boldsymbol{\xi}_{ki}\delta(\boldsymbol{r}_k - \boldsymbol{x}) + \frac{1}{2}\boldsymbol{\xi}_{ki}(\boldsymbol{\xi}_{ki} \cdot \boldsymbol{\nabla})\delta(\boldsymbol{r}_k - \boldsymbol{x})\right]\right\}$$

如所有接近 x 的粒子具有相同的速度 v，即 $\boldsymbol{v}_k = v$，则式(13-10)可写成

$$\left.\begin{aligned} \boldsymbol{m} &= \sum_k (\boldsymbol{p}_k \times \boldsymbol{v} + \boldsymbol{m}_k)\delta(\boldsymbol{r}_k - \boldsymbol{x}) = \boldsymbol{p} \times \boldsymbol{v} + \boldsymbol{m}^L \\ \boldsymbol{m}^L &= \sum_k \boldsymbol{m}_k \delta(\boldsymbol{r}_k - \boldsymbol{x}) \end{aligned}\right\} \tag{C-50}$$

从而(C-46)第4式可写成

$$\mu_0^{-1}\boldsymbol{\nabla} \times \boldsymbol{b} - \epsilon_0 \partial \boldsymbol{e}/\partial t = \boldsymbol{j} + \partial \boldsymbol{p}/\partial t + \boldsymbol{\nabla} \times \boldsymbol{p} \times \boldsymbol{v} + \boldsymbol{\nabla} \times \boldsymbol{m}^L \tag{C-51}$$

C.2.2 复合粒子上的电磁力、力偶和功率

设复合粒子在外加电磁场 $\boldsymbol{E}_\circ$ 和 $\boldsymbol{B}_\circ$ 中运动，且外加电磁场满足自由空间的麦克斯韦方程

$$\begin{aligned} &\boldsymbol{\nabla} \cdot \boldsymbol{B}_\circ = \boldsymbol{0} \quad \boldsymbol{\nabla} \times \boldsymbol{E}_\circ - \partial \boldsymbol{B}_0/\partial t = \boldsymbol{0} \\ &\epsilon_0 \boldsymbol{\nabla} \cdot \boldsymbol{E}_\circ = \boldsymbol{0} \quad \mu_0^{-1}\boldsymbol{\nabla} \times \boldsymbol{B}_\circ - \epsilon_0 \partial \boldsymbol{E}_\circ/\partial t = \boldsymbol{0} \end{aligned} \tag{C-52}$$

位于 $\boldsymbol{r}_{ij}$ 的单个带电粒子 q_{lj} 在 $\boldsymbol{x}$ 处产生的电磁场 e_{ij} 可由式(C-44)解得

$$\left.\begin{aligned} \boldsymbol{e}_{lj}(\boldsymbol{x}) &= -\boldsymbol{\nabla}[q_{lj}/(4\pi\epsilon_0 \mid \boldsymbol{x} - \boldsymbol{r}_{lj} \mid)] \\ \boldsymbol{b}_{lj}(\boldsymbol{x}) &= \boldsymbol{\nabla} \times [q_{lj}\dot{\boldsymbol{r}}_{lj}/(4\pi\epsilon_0 c^2 \mid \boldsymbol{x} - r_{lj} \mid)] \end{aligned}\right\} \tag{C-53}$$

因此，第 k 个复合粒子中第 i 个带电粒子 $\boldsymbol{r}_{ki}$ 处的总电磁场为

$$\left.\begin{aligned} \boldsymbol{e}_t(\boldsymbol{r}_{ki}) &= \sum_{j \neq i}\boldsymbol{e}_{ki}(\boldsymbol{r}_{ki}) + \sum_{l \neq k}\sum_j \boldsymbol{e}_{lj}(\boldsymbol{r}_{ki}) + \boldsymbol{E}_\circ(\boldsymbol{r}_{ki}) \\ \boldsymbol{b}_i(\boldsymbol{r}_{ki}) &= \sum_{j \neq i}\boldsymbol{b}_{kj}(\boldsymbol{r}_{ki}) + \sum_{l \neq k}\sum_j \boldsymbol{b}_{lj}(\boldsymbol{r}_{ki}) + \boldsymbol{B}_\circ(\boldsymbol{r}_{ki}) \end{aligned}\right\} \tag{C-54}$$

式(C-54)中右边第一项是第 k 个复合粒子内部带电粒子产生的；第二项是复合粒子相互间作用产生的。由于复合粒子内部全部粒子产生的合力为零，$\dot{\boldsymbol{r}}_{ki} \times \boldsymbol{b}_{ij}(\boldsymbol{r}_{ki})$ 是 $\mid \dot{\boldsymbol{r}}_{ki} \mid^2/c^2$ 可以略去，从而作用在第 k 个复合粒子上的总力为

$$\begin{aligned}\boldsymbol{f}_k &= \sum_i \boldsymbol{f}_{ki} = \sum_i q_{ki}[\boldsymbol{e}_t(\boldsymbol{r}_{ki}) + \dot{\boldsymbol{r}}_{ki} \times \boldsymbol{b}_t(\boldsymbol{r}_{ki})] \\ &= \sum_i q_{ki}\left[\sum_{l\neq k}\sum_i \boldsymbol{e}_{lj}(\boldsymbol{r}_{ki}) + \boldsymbol{E}_\text{o}(\boldsymbol{r}_{ki}) + \dot{\boldsymbol{r}}_{ki} \times \boldsymbol{B}_\text{o}(\boldsymbol{r}_{ki})\right]\end{aligned} \tag{C-55}$$

等式右边第一项表示复合粒子间的相互作用力，第二和第三项表示外加电磁场的作用力。因为 $\boldsymbol{r}_{ki}=\boldsymbol{r}_k+\boldsymbol{\xi}_{ki}$，$|\boldsymbol{\xi}_{ki}|<|\boldsymbol{r}_k|$，故外加场引起的作用力可展开成$\boldsymbol{\xi}_{ki}$的幂级数；复合粒子相互之间的作用力，当$|\boldsymbol{\xi}_{ki}|$，$|\boldsymbol{\xi}_{lj}|<|\boldsymbol{r}_k-\boldsymbol{r}_l|$时，也可展开成$\boldsymbol{\xi}_{ki}$的幂级数，这两部分构成长程作用力 $\boldsymbol{f}_k^1$，剩下的作用力部分构成短程作用力 $\boldsymbol{f}_k^s$，即

$$\boldsymbol{f}_k^1 = \sum_i q_{ki}\begin{cases}\displaystyle\sum_{n=0}^{\infty}\frac{1}{n!}(\boldsymbol{\xi}_{ki}\cdot\boldsymbol{\nabla}_k)^n[\boldsymbol{E}_\text{o}(\boldsymbol{r}_k) + \dot{\boldsymbol{r}}_k \times \boldsymbol{B}_\text{o}(\boldsymbol{r}_k) + \dot{\boldsymbol{\xi}}_{ki} \times \boldsymbol{B}_\text{o}(\boldsymbol{r}_k)] - \\ \displaystyle\sum_{l\neq k}\sum_i\sum_j\left[\sum_{n=0}^{\infty}\sum_{m=0}^{\infty}\frac{1}{n!m!}(\boldsymbol{\xi}_{ki}\cdot\boldsymbol{\nabla}_k)^n(\boldsymbol{\xi}_{lj}\cdot\boldsymbol{\nabla}_l)^m\boldsymbol{\nabla}_k\frac{q_{ki}q_{lj}}{4\pi\epsilon_0|\boldsymbol{r}_k-\boldsymbol{r}_l|}\right]\end{cases}$$

如只保留到偶极矩的项便有

$$\begin{aligned}\boldsymbol{f}_k^1 &= (q_k + \boldsymbol{p}_k\cdot\boldsymbol{\nabla}_k)[\boldsymbol{E}_\text{o}(\boldsymbol{r}_k) + \dot{\boldsymbol{r}}_k \times \boldsymbol{B}_\text{o}(\boldsymbol{r}_k)] + (\dot{\boldsymbol{p}}_k + m_k \times \boldsymbol{\nabla}_k) \times \boldsymbol{B}_\text{o}(\boldsymbol{r}_k) + \boldsymbol{f}'_k \\ &= q_k(\boldsymbol{E}_\text{o} + \boldsymbol{v}_k \times \boldsymbol{B}_\text{o}) + (\boldsymbol{\nabla}_k \otimes \boldsymbol{E}_\text{o})\boldsymbol{p}_k + (\boldsymbol{\nabla}_k \otimes \boldsymbol{B}_\text{o})(\boldsymbol{m}_k + \boldsymbol{p}_k \times \boldsymbol{v}_k) + \\ &\quad (\mathrm{d}/\mathrm{d}t)(\boldsymbol{p}_k \times \boldsymbol{B}_\text{o}) + \boldsymbol{f}'_k\end{aligned} \tag{C-56}$$

$$\boldsymbol{f}'_k = -\sum_{l\neq k}(q_k q_l + q_l\boldsymbol{p}_k\cdot\boldsymbol{\nabla}_k + q_k\boldsymbol{p}_l\cdot\boldsymbol{\nabla}_l)\boldsymbol{\nabla}_k(4\pi\epsilon_0|\boldsymbol{r}_k-\boldsymbol{r}_l|)^{-1} \tag{C-57}$$

短程力则为

$$\boldsymbol{f}_k^\text{s} = -\sum_{l=k}\sum_i\sum_j q_{kk}\boldsymbol{e}_{lj}(\boldsymbol{r}_{ki}) - \boldsymbol{f}'_k \tag{C-58}$$

作用在第 k 个复合粒子上的合力为

$$\boldsymbol{f}_k = \boldsymbol{f}_k^1 + \boldsymbol{f}_k^\text{s} \tag{C-59}$$

类似地，作用在第 k 个复合粒子上的力偶为

$$\boldsymbol{C}_k = \sum_i \boldsymbol{C}_{ki} = \sum_i \boldsymbol{\xi}_{ki} \times \boldsymbol{f}_{ki} = \boldsymbol{C}_k^1 + \boldsymbol{C}_k^\text{s} \tag{C-60}$$

式中

$$\begin{aligned}\boldsymbol{C}_k^1 &= \boldsymbol{p}_k \times [\boldsymbol{E}_0(\boldsymbol{r}_k) + \boldsymbol{v}_k \times \boldsymbol{B}_0(\boldsymbol{r}_k)] + \boldsymbol{m}_k \times \boldsymbol{B}_0(\boldsymbol{r}_k) + \boldsymbol{C}'_k \\ \boldsymbol{C}_k^\text{s} &= \sum_i\sum_{l\neq k}\sum_j \boldsymbol{\xi}_{ki} \times q_{ki}\boldsymbol{e}_{lj} - \boldsymbol{C}'_k \\ \boldsymbol{C}'_k &= -\sum_{l\neq k}\sum_i\sum_j\left\{\sum_{n=0}^{\infty}\sum_{m=0}^{\infty}\frac{1}{n!m!}\boldsymbol{\xi}_{ki} \times \left[(\boldsymbol{\xi}_{ki}\cdot\boldsymbol{\nabla}_k)^n(\boldsymbol{\xi}_{lj}\cdot\boldsymbol{\nabla}_l)^m\boldsymbol{\nabla}_k\frac{q_{ki}q_{lj}}{4\pi\epsilon_0|\boldsymbol{r}_k-\boldsymbol{r}_l|}\right]\right\}\end{aligned} \tag{C-61}$$

作用在第 k 个复合粒子上的电磁力产生的功率是

$$W_k = \sum_i \boldsymbol{v}_{ki}\cdot\boldsymbol{f}_{ki} = \sum_i q_{ki}\boldsymbol{v}_{ki}\cdot[\boldsymbol{e}_t(\boldsymbol{r}_{ki}) + \boldsymbol{v}_{ki} \times \boldsymbol{b}_t(r_{ki})]$$

$$= \sum_i q_{ki} \boldsymbol{v}_{ki} \cdot \left[\boldsymbol{E}_o(\boldsymbol{r}_{ki}) + \sum_{l \neq k} \sum_j \boldsymbol{e}_{lj}(\boldsymbol{r}_{ki}) \right] \tag{C-62}$$

推导式(C-62)时应用了 $\boldsymbol{v}_{ki} \cdot (\boldsymbol{v}_{ki} \times \boldsymbol{b}) = 0$，表示磁场作用在运动电荷上的力垂直于运动方向，故不做功。等式右边第一项表示外加电场产生的功率 W_k^e，第二项为复合粒子内部电子电场产生的功率 $W_k^i = \bar{W}_k^c + \bar{W}_k^i$，且

$$\begin{aligned} W_k^e &= \sum_i q_{ki} \sum_{n=0}^{\infty} \frac{1}{n!} (\boldsymbol{\xi}_{ki} \cdot \boldsymbol{\nabla}_k)^n (\dot{\boldsymbol{r}}_k + \dot{\boldsymbol{\xi}}_{kt}) \cdot \boldsymbol{E}_o(\boldsymbol{r}_k) \\ &\approx (q_k + \boldsymbol{p}_k \cdot \boldsymbol{\nabla}_k) \dot{\boldsymbol{r}}_k \cdot \boldsymbol{E}_o(\boldsymbol{r}_k) + (\dot{\boldsymbol{p}}_k + \boldsymbol{\mu}_k \times \boldsymbol{\nabla}_k) \cdot \boldsymbol{E}_o(\boldsymbol{r}_k) \\ &= q_k \boldsymbol{r}_k \cdot \boldsymbol{E}_o + \dot{\boldsymbol{r}}_k \cdot [\boldsymbol{\nabla}_k \boldsymbol{E}_o(\boldsymbol{r}_k)] \cdot \boldsymbol{p}_k + \dot{\boldsymbol{p}}_k \cdot \boldsymbol{E}_o(\boldsymbol{r}_k) - \\ &\quad (\boldsymbol{m}_k + \boldsymbol{p}_k \times \dot{\boldsymbol{r}}_k) \cdot \partial \boldsymbol{B}_o(\boldsymbol{r}_k) / \partial t \end{aligned} \tag{C-63}$$

$$\left. \begin{aligned} \bar{W}_k^i &= -\sum_{l \neq k} \sum_j \dot{\boldsymbol{r}}_{ki} \cdot \boldsymbol{\nabla}_{ki} q_{ki} q_{lj} / [4\pi \mid \boldsymbol{r}_{ki} - \boldsymbol{r}_{li} \mid] = \bar{W}_k^l + \bar{W}_k^s \\ \bar{W}_k^c &= -\sum_i \sum_{j \neq 1} (\dot{\boldsymbol{r}}_{ki} \cdot \boldsymbol{\nabla}_{ki} + \dot{\boldsymbol{r}}_{kj} \cdot \boldsymbol{\nabla}_{kj}) q_{ki} q_{kj} / [8\pi \mid \boldsymbol{r}_{ki} - \boldsymbol{r}_{kj} \mid] \\ &= -\frac{\mathrm{d}}{\mathrm{d}t} \sum_i \sum_{j \neq i} q_{ki} q_{kj} / [8\pi \mid \boldsymbol{\xi}_{ki} - \boldsymbol{\xi}_{kj} \mid] = -\mathrm{d}\boldsymbol{e}^c / \mathrm{d}t \end{aligned} \right\} \tag{C-64}$$

式中，$\bar{W}_k^l$ 为 $\bar{W}_k^i$ 中长程作用引起的，$\bar{W}_k^s$ 为 $\bar{W}_k^i$ 中短程作用引起的，而 e^c 为库仑能量。因而能量又可写成

$$\left. \begin{aligned} &W_k = -\mathrm{d}e^c / \mathrm{d}t + W_k^l + W_k^s \\ &W_k^l = W_k^e + \bar{W}_k^l \quad W_k^s = W_k^i - \bar{W}_k^l \end{aligned} \right\} \tag{C-65}$$

C.2.3 统计平均方法

从上述微观粒子作用的理论，采用统计平均的方法，可以得出介质的宏观理论。在统计力学中任意一微观量 φ 的统计平均(宏观)量 Φ 为

$$\Phi(\boldsymbol{x}, t) = \langle \varphi \rangle = \int \varphi(\boldsymbol{x}; \boldsymbol{r}) f(t; \boldsymbol{r}) \mathrm{d}\tau \tag{C-66}$$

式中，$\boldsymbol{\tau}$ 表示通量空间 $(\boldsymbol{r}_k, \dot{\boldsymbol{r}}_k, \boldsymbol{\xi}_{ki}, \dot{\boldsymbol{\xi}}_{ki})$（它是相空间的推广，相空间由位置矢量和经典动量构成）；$\mathrm{d}\boldsymbol{\tau} = \mathrm{d}\boldsymbol{r}_k \mathrm{d}\dot{\boldsymbol{r}}_k \Pi(\mathrm{d}\boldsymbol{\xi}_{ki} \mathrm{d}\dot{\boldsymbol{\xi}}_{ki})$ 是动量空间的体积元；$f \mathrm{d}\boldsymbol{\tau}$ 是在通量空间元 $\mathrm{d}\boldsymbol{\tau}$ 中找到 φ 的概率；f 为 φ 的概率分布密度，由于平衡方程涉及不同位置的两个原子，因此 f 是两点分布函数。对跟随通量空间的点一起运动的观察者而言，$f \mathrm{d}r$ 是不随时间变化的，因此有

$$\frac{\partial}{\partial t} \langle \varphi \rangle = \frac{\partial}{\partial t} \int \varphi f \mathrm{d}\boldsymbol{\tau} = \int \frac{\mathrm{d}\varphi}{\mathrm{d}t} f \mathrm{d}\boldsymbol{\tau} = \left\langle \frac{\mathrm{d}\varphi}{\mathrm{d}t} \right\rangle \tag{C-67}$$

即微分和平均符号可以交换。因 f 不依赖于 $\boldsymbol{x}$，故有

$$\boldsymbol{\nabla} \langle \varphi \rangle = \langle \boldsymbol{\nabla} \varphi \rangle \tag{C-68}$$

式中，$\boldsymbol{\nabla} \equiv \partial / \partial \boldsymbol{x}$。引入微观电磁场的统计平均值

$$\left.\begin{aligned} &\boldsymbol{E}=\langle\boldsymbol{e}\rangle \quad \boldsymbol{B}=\langle\boldsymbol{b}\rangle \quad \boldsymbol{H}=\langle\boldsymbol{h}\rangle \quad \boldsymbol{D}=\langle\boldsymbol{d}\rangle \\ &\boldsymbol{P}=\langle\boldsymbol{p}\rangle \quad \boldsymbol{M}=\langle\boldsymbol{m}\rangle \quad \boldsymbol{J}=\langle\boldsymbol{j}\rangle \quad \rho_{\mathrm{e}}=\langle\rho_q\rangle \end{aligned}\right\} \tag{C-69}$$

由式(C-46)、式(C-67)～式(C-69)和统计平均理论可得

$$\left.\begin{aligned} &\nabla\cdot\boldsymbol{B}=0 \quad \nabla\times\boldsymbol{E}=-\partial\boldsymbol{B}/\partial t \\ &\epsilon_0\nabla\cdot\boldsymbol{E}=\rho_{\mathrm{e}}-\nabla\cdot\boldsymbol{p} \quad \mu_0^{-1}\nabla\times\boldsymbol{B}-\epsilon_0\partial\boldsymbol{E}/\partial t=\boldsymbol{J}+\partial\boldsymbol{P}/\partial t+\nabla\times\boldsymbol{M} \end{aligned}\right\} \tag{C-70}$$

若令 $\boldsymbol{D}=\epsilon_0\boldsymbol{E}+\boldsymbol{P}$，$\boldsymbol{B}=\mu_0(\boldsymbol{H}+\boldsymbol{M})$，式(C-70)正是宏观麦克斯韦方程式(13-28)。若用式(C-51)代替式(C-46)第4式，则式(C-70)的第4式变为

$$\mu_0^{-1}\nabla\times\boldsymbol{B}-\epsilon_0\partial\boldsymbol{E}/\partial t=\boldsymbol{J}+\partial\boldsymbol{P}/\partial t+\nabla\times\boldsymbol{P}\times\boldsymbol{v}+\nabla\times\boldsymbol{M}^L \tag{C-71}$$

式中，$\boldsymbol{M}^L=\boldsymbol{m}^L$，式(C-71)也是总电流 $\boldsymbol{J}$ 的一种可能的公式。

C.2.4　质量、动量和能量的统计平均理论

设介质的宏观质量密度为 $\rho(\boldsymbol{x},t)$，局部重心速度 $v(\boldsymbol{x},t)$，局部脉动速度 $\hat{\boldsymbol{v}}=\boldsymbol{v}_k-\boldsymbol{v}$，按统计平均理论有

$$\rho=\langle\sum_k\rho_k\delta(\boldsymbol{r}_k-\boldsymbol{x})\rangle \quad \rho\boldsymbol{v}=\langle\sum_k\rho_k\boldsymbol{v}_k\delta(\boldsymbol{r}_k-\boldsymbol{x})\rangle \tag{C-72}$$

由式(C-72)、式(C-67)、式(C-68)，并利用

$$\frac{\mathrm{d}}{\mathrm{d}t}\delta(\boldsymbol{r}_k-\boldsymbol{x})=\dot{\boldsymbol{r}}_k\nabla_k\delta(\boldsymbol{r}_k-\boldsymbol{x})=-\nabla[v_k\delta(\boldsymbol{r}_k-\boldsymbol{x})]$$

以及 $\rho_k\hat{\boldsymbol{v}}_k$ 的统计平均值为零，则可得质量守恒方程

$$\partial\rho/\partial t=-\nabla\left[\sum_k\rho_k\boldsymbol{v}_k\delta(\boldsymbol{r}_k-\boldsymbol{x})\right]=-\nabla(\rho v) \tag{C-73}$$

动量方程

$$\begin{aligned} \partial(\rho\boldsymbol{v})/\partial t&=-\nabla\left[\sum_k\rho_k\boldsymbol{v}_k\otimes\boldsymbol{v}_k\delta(\boldsymbol{r}_k-\boldsymbol{x})\right]+\left[\sum_k\rho_k\dot{\boldsymbol{v}}_k\delta(\boldsymbol{r}_k-\boldsymbol{x})\right] \\ &=-\nabla(\rho\boldsymbol{v}\otimes\boldsymbol{v}+\boldsymbol{\sigma}^K)+\rho\boldsymbol{f}^{\mathrm{l}}+\rho\boldsymbol{f}^{\mathrm{s}} \end{aligned} \tag{C-74}$$

式中，$\boldsymbol{\sigma}^{(\mathrm{K})}$ 是动应力张量；$\rho\boldsymbol{f}^{\mathrm{l}}$ 为长程力；$\rho\boldsymbol{f}^{\mathrm{s}}$ 为短程力。它们分别为

$$\left.\begin{aligned} &\rho\boldsymbol{f}^{\mathrm{l}}=\left[\sum_k\boldsymbol{f}_k^{\mathrm{l}}\delta(\boldsymbol{r}_k-\boldsymbol{x})\right] \quad \rho\boldsymbol{f}^{\mathrm{s}}=\left[\sum_k\boldsymbol{f}_k^{\mathrm{s}}\delta(\boldsymbol{r}_k-\boldsymbol{x})\right] \\ &\boldsymbol{\sigma}^{\mathrm{K}}=\left[\sum_k\rho_k\hat{\boldsymbol{v}}_k\otimes\hat{\boldsymbol{v}}_k\delta(\boldsymbol{r}_k-\boldsymbol{x})\right] \end{aligned}\right\} \tag{C-75}$$

把式(C-56)代入式(C-75)第1式，并利用式(C-65)可得

$$\begin{aligned} \rho\boldsymbol{f}^{\mathrm{l}}=&\rho_{\mathrm{e}}\boldsymbol{E}_{\mathrm{o}}+\boldsymbol{J}\times\boldsymbol{B}_{\mathrm{o}}+(\nabla\otimes\boldsymbol{E}_{\mathrm{o}})\cdot\boldsymbol{P}+(\nabla\otimes\boldsymbol{B}_{\mathrm{o}})\cdot\boldsymbol{M}+ \\ &\partial(\boldsymbol{P}\times\boldsymbol{B}_{\mathrm{o}})/\partial t+\nabla\cdot(\boldsymbol{v}\otimes\boldsymbol{P}\times\boldsymbol{B})+ \\ &\nabla\cdot\left[\sum_k\boldsymbol{v}_k\otimes\boldsymbol{p}_k\times\boldsymbol{B}_0\delta(\boldsymbol{r}_k-\boldsymbol{x})\right]+\langle\sum_k\boldsymbol{f}'_k\delta(\boldsymbol{r}_k-\boldsymbol{x})\rangle \end{aligned} \tag{C-76}$$

按式(C-70)第3式有 $\epsilon_0\nabla\boldsymbol{E}=\rho_{\mathrm{c}}-\nabla\cdot\boldsymbol{P}$，计及外电场为 $\boldsymbol{E}_{\mathrm{o}}$，则有

$$\boldsymbol{E}(\boldsymbol{x})=\boldsymbol{E}_{o}(\boldsymbol{x})-\boldsymbol{\nabla}\int[\rho_{f}(\boldsymbol{\xi})-\boldsymbol{\nabla}\cdot\boldsymbol{P}(\boldsymbol{\xi})]\frac{1}{4\pi\epsilon_{0}\mid\boldsymbol{x}-\boldsymbol{\xi}\mid}\mathrm{d}\boldsymbol{\xi} \tag{C-77}$$

对 $\boldsymbol{B}(\boldsymbol{x})$ 有类似的表达式,但在慢速运动情况时有

$$\boldsymbol{B}(\boldsymbol{x})\approx\boldsymbol{B}_{o}(\boldsymbol{x}) \tag{C-78}$$

把式(C-77)、式(C-78)代入式(C-76),经过繁重的计算可得

$$\begin{aligned}\rho\boldsymbol{f}^{1}=&\rho_{e}\boldsymbol{E}+\boldsymbol{J}\times\boldsymbol{B}+(\boldsymbol{\nabla}\otimes\boldsymbol{E})\boldsymbol{P}+(\boldsymbol{\nabla}\otimes\boldsymbol{B})\boldsymbol{M}+\partial(\boldsymbol{P}\times\boldsymbol{B})/\partial t+\\&\boldsymbol{\nabla}\cdot(\boldsymbol{v}\otimes\boldsymbol{P}\times\boldsymbol{B})-\boldsymbol{\nabla}\cdot\boldsymbol{\sigma}^{F}+\rho\boldsymbol{F}^{C}\end{aligned} \tag{C-79}$$

式中,$\boldsymbol{\sigma}^{F}$ 是场 $\boldsymbol{B}$ 对电偶极子的作用产生的应力张量;$\rho\boldsymbol{F}^{C}$ 是原子间力产生的,对固体和流体可表示成应力张量 $\boldsymbol{\sigma}^{c}$ 的散度 $\boldsymbol{\nabla}\cdot\boldsymbol{\sigma}^{c}$。式(C-75)中的 $\rho\boldsymbol{f}^{s}$ 也可表示成 $\boldsymbol{\nabla}\cdot\boldsymbol{\sigma}^{s}$,从而式(C-74)表示的动量平衡方程可以写成

$$\partial(\rho\boldsymbol{v})/\partial t+\boldsymbol{\nabla}\cdot(\boldsymbol{\rho v}\otimes\boldsymbol{v})=\rho\mathrm{d}\boldsymbol{v}/\mathrm{d}t=\boldsymbol{\nabla}\cdot\boldsymbol{\sigma}+\rho\boldsymbol{f}^{e} \tag{C-80}$$

$$\boldsymbol{\sigma}=-(\boldsymbol{\sigma}^{K}+\boldsymbol{\sigma}^{F}+\boldsymbol{\sigma}^{c}+\boldsymbol{\sigma}^{s}) \tag{C-81}$$

$$\rho\boldsymbol{f}^{e}=\rho_{e}\boldsymbol{E}+\boldsymbol{J}\times\boldsymbol{B}+(\boldsymbol{\nabla}\otimes\boldsymbol{E})\cdot\boldsymbol{P}+(\boldsymbol{\nabla}\otimes\boldsymbol{B})\cdot\boldsymbol{M}+\boldsymbol{\nabla}\cdot(\boldsymbol{v}\otimes\boldsymbol{P}\times\boldsymbol{B})+\partial(\boldsymbol{P}\times\boldsymbol{B})/\partial t \tag{C-82}$$

式中,$\boldsymbol{f}^{e}$ 表示电磁场产生的单位质量的体积力,和式(13-82)一致;$\boldsymbol{\sigma}$ 将和本构方程相联系。利用式(C-70),式(C-82)还可写成

$$\left.\begin{aligned}&\rho\boldsymbol{f}^{c}=\boldsymbol{\nabla}\cdot\boldsymbol{\sigma}^{c}-\partial(\rho\boldsymbol{g})/\partial t\\&\boldsymbol{\sigma}^{c}=(\boldsymbol{D}\otimes\boldsymbol{E}+\boldsymbol{B}\otimes\boldsymbol{H})+\boldsymbol{v}\otimes\boldsymbol{P}\times\boldsymbol{B}-\frac{1}{2}(\epsilon_{0}\boldsymbol{E}^{2}+\mu_{0}^{-1}B^{2}-2\boldsymbol{M}\cdot\boldsymbol{B})\boldsymbol{I}\\&\rho\boldsymbol{g}=\epsilon_{0}\boldsymbol{E}\times\boldsymbol{B}\end{aligned}\right\} \tag{C-83}$$

式中,$\boldsymbol{E}^{2}=\boldsymbol{E}\cdot\boldsymbol{E}$, $\boldsymbol{B}^{2}=\boldsymbol{B}\cdot\boldsymbol{B}$;称 $\boldsymbol{g}$ 为单位质量的电磁动量;$\boldsymbol{\sigma}^{e}$ 为电磁应力张量,式(C-83)和式(13-83)、式(13-84)一致。

电磁场产生的单位质量的体积力偶 $\boldsymbol{C}$ 为

$$\rho\boldsymbol{C}=\langle\sum_{i}\boldsymbol{\xi}_{ki}\times\boldsymbol{f}_{ki}\delta(\boldsymbol{r}_{k}-\boldsymbol{x})\rangle=\boldsymbol{P}\times\boldsymbol{E}+\boldsymbol{M}\times\boldsymbol{B}-\boldsymbol{v}\times(\boldsymbol{P}\times\boldsymbol{B})+\boldsymbol{C}_{1} \tag{C-84}$$

通过仔细分析,C_{1} 仅对应力的非对称部分和偶应力相关,可在本构方程中讨论,因此电磁场对物体的作用力偶密度 $\boldsymbol{C}^{e}$ 为

$$\boldsymbol{C}^{e}=\boldsymbol{P}\times\boldsymbol{E}+\boldsymbol{M}\times\boldsymbol{B}-\boldsymbol{v}\times(\boldsymbol{P}\times\boldsymbol{B}) \tag{C-85}$$

静止介质中式(C-85)和式(13-87)一致。结合式(C-83)和式(C-84)可以推出

$$\boldsymbol{e}:\boldsymbol{\sigma}^{e}=\rho\boldsymbol{C}^{e}\quad\text{或}\quad e_{klm}\sigma_{lm}^{e}=\rho C_{k}^{e} \tag{C-86}$$

式(C-86)和式(13-88)一致。对于非极性连续介质,物体内部不存在机械体积力偶,因而柯西应力的非对称性来源于电磁体积力偶,由角动量平衡方程可导出

$$e:\boldsymbol{\sigma}+\rho\boldsymbol{C}^{e}=0\quad\text{或}\quad\boldsymbol{e}_{klm}\sigma_{lm}+\rho C_{k}^{e}=0 \tag{C-87}$$

应当注意,从数学上把总电磁力分解成体力和面力不是唯一的,统计理论难以给予明确的回答,这要从物理意义和实验事实中寻求正确答案,同时注意面力是可以存在间断面的。

宏观能量平衡方程同样可由微观理论导出。第 k 个复合粒子中第 i 个电子的运动方程(见图 C-1)是

$$\left.\begin{aligned}&\rho_{ki}\ddot{\boldsymbol{r}}_{ki}=q_{ki}\boldsymbol{f}_{ki}=q_{ki}[\boldsymbol{e}_t(\boldsymbol{r}_{ki})+\boldsymbol{v}_{ki}\times\boldsymbol{b}_t(\boldsymbol{r}_{ki})]\\&\sum_i\rho_{ki}r_{ki}=\rho_k\boldsymbol{r}_k\quad\rho_k=\sum_i\rho_{ki}\end{aligned}\right\}\tag{C-88}$$

式中,ρ_{ki} 为第 k 个复合粒子中第 i 个电子的质量;ρ_k 为其总质量;$\boldsymbol{r}_k$ 为其质量中心坐标。把式(C-88)点乘 $v_{ki}=\dot{\boldsymbol{r}}_{ki}$ 便得每个电子的能量方程,再做统计平均便得宏观能量方程,即

$$\langle\rho_{ki}\dot{\boldsymbol{v}}_{ki}\cdot\boldsymbol{v}_{ki}\delta(\boldsymbol{r}_k-\boldsymbol{x})\rangle=\langle q_{ki}\boldsymbol{f}_{ki}\cdot\boldsymbol{v}_{ki}\delta(\boldsymbol{r}_k-\boldsymbol{x})\rangle\tag{C-89}$$

计及 $\boldsymbol{v}_{ki}=\boldsymbol{v}_k+\dot{\boldsymbol{\xi}}_{ki}$,$\langle\dot{\boldsymbol{\xi}}_{ki}\rangle=0$ 以及式(C-76),经过较为复杂的计算最终可得

$$\begin{aligned}&\frac{\partial}{\partial t}\left(\frac{1}{2}\rho v^2+\rho e\right)+\boldsymbol{\nabla}\cdot\left[\boldsymbol{v}\left(\frac{1}{2}\rho v^2+\rho e\right)\right]=\boldsymbol{\nabla}\cdot(\boldsymbol{\sigma}\cdot\boldsymbol{v}-\boldsymbol{q})+\\&\boldsymbol{J}\cdot\boldsymbol{E}+(\partial\boldsymbol{P}/\partial t)\cdot\boldsymbol{E}-\boldsymbol{M}\cdot(\partial\boldsymbol{B}/\partial t)+\boldsymbol{\nabla}\cdot(\boldsymbol{v}\otimes\boldsymbol{P}\cdot\boldsymbol{E})\end{aligned}\tag{C-90}$$

式中,e 为内能,$\boldsymbol{q}$ 为热流,均由动力的内部原子相互作用的和短程的三部分组成;$\boldsymbol{\nabla}(\boldsymbol{\sigma}\cdot\boldsymbol{v})$ 源于表面力产生的功率;$-\boldsymbol{\nabla}\cdot\boldsymbol{q}$ 源于表面热流矢量;剩余的项代表电磁场产生的功率 W^e,或

$$W^e=\boldsymbol{J}\cdot\boldsymbol{E}+(\partial\boldsymbol{P}/\partial t)\cdot\boldsymbol{E}-\boldsymbol{M}\cdot(\partial\boldsymbol{B}/\partial t)+\boldsymbol{\nabla}\cdot(\boldsymbol{v}\otimes\boldsymbol{P}\cdot\boldsymbol{E})\tag{C-91a}$$

再利用式(13-58),式(C-91a)还可化成

$$W^e=-\frac{\partial}{\partial t}\left[\frac{1}{2}(\epsilon_0E^2+\mu_0^{-1}B^2)\right]-\boldsymbol{V}\cdot[\boldsymbol{s}-\boldsymbol{v}(\boldsymbol{E}\cdot\boldsymbol{P})]\tag{C-91b}$$

式中,$\boldsymbol{S}=\boldsymbol{E}\times\boldsymbol{H}$。利用运动方程式(C-80),式(C-90)还可化成

$$\rho\dot{e}=\sigma_{kl}v_{l,k}-\boldsymbol{\nabla}\cdot\boldsymbol{q}+W^e-\rho\boldsymbol{f}^e\cdot\boldsymbol{v}\tag{C-92}$$

利用式(C-24)~式(C-28)、麦克斯韦方程和下列恒等式

$$\left.\begin{aligned}&\boldsymbol{P}\times(\boldsymbol{\nabla}\times\boldsymbol{E})=(\boldsymbol{\nabla}\otimes\boldsymbol{E})\cdot\boldsymbol{P}-(\boldsymbol{P}\cdot\boldsymbol{\nabla})\boldsymbol{E}\\&(\boldsymbol{P}\cdot\boldsymbol{\nabla})(\boldsymbol{v}\times\boldsymbol{B})=[(\boldsymbol{P}\cdot\boldsymbol{\nabla})\boldsymbol{v}]\times\boldsymbol{B}+\boldsymbol{v}\times[(\boldsymbol{P}\cdot\boldsymbol{\nabla})\boldsymbol{B}]\\&\boldsymbol{v}\times(\boldsymbol{P}\cdot\boldsymbol{\nabla})\boldsymbol{B}+(\boldsymbol{\nabla}\otimes\boldsymbol{B})\cdot(\boldsymbol{v}\times\boldsymbol{P})+[(\boldsymbol{v}\cdot\boldsymbol{\nabla})\boldsymbol{B}]\times\boldsymbol{P}=\boldsymbol{0}\\&\boldsymbol{\nabla}\cdot(\boldsymbol{v}\otimes\boldsymbol{P}\times\boldsymbol{B})=[\boldsymbol{\nabla}\cdot(\boldsymbol{v}\otimes\boldsymbol{P})]\times\boldsymbol{B}-[(\boldsymbol{v}\cdot\boldsymbol{\nabla})\boldsymbol{B}]\times\boldsymbol{P}-[(\boldsymbol{P}\times\boldsymbol{B})v_k]_{,k}\end{aligned}\right\}\tag{C-93}$$

则在随体坐标系中有

$$\boldsymbol{f}^e=\rho_e\bar{\boldsymbol{E}}+(\bar{\boldsymbol{J}}+\overset{*}{\boldsymbol{P}})\times\boldsymbol{B}+(\boldsymbol{P}\cdot\boldsymbol{\nabla})\bar{\boldsymbol{E}}+(\boldsymbol{\nabla}\otimes\boldsymbol{B})\cdot\bar{\boldsymbol{M}}\tag{C-94}$$

$$\begin{aligned}\boldsymbol{\sigma}^e=&\boldsymbol{P}\otimes\bar{\boldsymbol{E}}-\boldsymbol{B}\otimes\bar{\boldsymbol{M}}+\epsilon_0\boldsymbol{E}\otimes\boldsymbol{E}+\mu_0^{-1}\boldsymbol{B}\otimes\boldsymbol{B}-\\&\frac{1}{2}(\epsilon_0\boldsymbol{E}^2+\mu_0^{-1}\boldsymbol{B}^2-2\bar{\boldsymbol{M}}\cdot\boldsymbol{B})\boldsymbol{I}\end{aligned}\tag{C-95}$$

$$\rho \boldsymbol{C}^{e} = \boldsymbol{F} \times \bar{\boldsymbol{E}} + \bar{\boldsymbol{M}} \times \boldsymbol{B} \tag{C-96}$$

$$\begin{aligned} W^{e} &= \rho \boldsymbol{f}^{e} \cdot \boldsymbol{v} + \rho \bar{\boldsymbol{E}} \cdot \dot{\boldsymbol{\pi}} - \bar{\boldsymbol{M}} \cdot \dot{\boldsymbol{B}} - \boldsymbol{J} \cdot \bar{\boldsymbol{E}} \\ &= -\rho \frac{\mathrm{d}}{\mathrm{d}t}\left[\frac{1}{2\rho}(\epsilon_{0}\boldsymbol{E}^{2} + \mu_{0}^{-1}\boldsymbol{B}^{2})\right] + \nabla \cdot [(\boldsymbol{\sigma}^{e} + \boldsymbol{v} \otimes \rho \boldsymbol{g})\boldsymbol{v} - \bar{\boldsymbol{S}}] \end{aligned} \tag{C-97}$$

式中，$\overset{*}{\boldsymbol{P}} = \partial \boldsymbol{P}/\partial t + \nabla \times (\boldsymbol{P} \times \boldsymbol{v}) + \boldsymbol{v}(\nabla \cdot \boldsymbol{P})$ 为 $\boldsymbol{P}$ 的随体导数，$\boldsymbol{\pi} = \boldsymbol{P}/\rho$，$\bar{\boldsymbol{S}} = \bar{\boldsymbol{E}} \times \bar{\boldsymbol{H}}$。

参 考 文 献

有关连续介质力学的著作

[1] Billington E W. Introduction to the mechanics and physics of solids[M]. London: Adam Hilger Ltd., 1986.

[2] 德冈辰雄.理性连续介质力学入门[M].赵镇，苗天德，程昌钧，译.北京：科学出版社，1982.

[3] Eringen A C. Nonlinear theory of continuous media[M]. New York: McGraw-Hill Book Company, INC., 1962.

[4] Ильюшин А А. Механика сплошной среды [М]. Московского: Издательстьо Московского Университета, 1978.

[5] Fung Y C. Foundation of solid mechanics[M]. HELENA: Prentice-Hall, INC. 1966.

[6] Gurtin M E. An introduction to continuum mechanics[M]. New York: Academic Press, 1981.

[7] 匡震邦.非线性连续介质力学基础[M]. 西安：西安交通大学出版社，1989.

[8] Ogden R W. Nonlinear elastic deformations[M]. Chichester: Ellis Horwood Limited, 1984.

[9] Седов ЛЕ Механика Сплопшой Среды, Том. Ⅰ, Ⅱ, Москва: Наука, Фнз. - мат. Литер. 1983

[10] Traesoell C, Noll W. The non-linear field theories of mechanics[M]. Second Edition. Berlin: Springer-Verlag, 1992.

各章参考文献

第 1 章

[1] 黄克智，薛明德，陆明万. 张量分析[M].北京：清华大学出版社，1986.

[2] Кочин Н Е.向量计算及张量计算初步[M].史福培，译.北京：商务印书馆出版，1956.

[3] Sokolnikoff I S. Tensor analysis, theory and applications[M].New York: John Wiley and Sons, INC. 1958

第 2 章和第 3 章

[1] Hill R. On constitutive inequalities for simple materials— Ⅰ and Ⅱ[J]. Journal of the Mechanics and Physics of Solids, 1968, 16(4): 229 - 242.

[2] Hill R. Aspects of invariance in solid mechanics[J]. Advances in Applied Mechanics, 1978, 18: 1.

[3] 郭仲衡，Dubey R N. 非线性连续介质力学中的“主轴法”[J].力学进展，1983，13：273.

[4] Lubarda V A, Lee E H. A correct definition of elastic and plastic deformation and its computational significance[J]. Advances in Applied Mechanics, 1981. 48: 35.
[5] Новожилов В В.Теория Улрпугости, Судпром, 1958.

第4章

[1] Abo-Elkhier M, Oravas G A E, Dokainish M A. A consistant eulerian formulation for large deformation analysis with reference to metalextrusion process[J]. International Journal of non-Linear Mechanics, 1988, 23: 37.
[2] 匡震邦.广义变分及其在弹性薄板理论中的应用[R]. 西安: 西安交通大学科学技术报告, 1964.
[3] 郭仲衡.非线性连续统力学应变率和应力率的近期探讨[J]. 应用数学和力学, 1983, 4: 587.
[4] Manson J.Variational, incremental and energy methods in solid mechanics and shell theory[M]. Amsterdam: Elsevier Scientific Publishing Company, 1980.
[5] Peric D, Owen D R J., Honnor M E. A model for finite strain elasto-plasticity based on logarithmic strains: Computational issues[J]. Computer Methods in Applied Mechanics and Engineering, 1992, 94(1): 35-61.
[6] Peric D. On consistent stress rates in solid mechanics: computational implications[J]. International Journal for Numerical Methods in Engineering, 1992, 33: 799.
[7] Washizu K. Variational methods in elasticity and plasticity[M]. Oxford: Pergamon Press, 1982.
[8] Zienkiewicz O C. The finite element method[M]. New York: McGraw-Hill Book Company, INC., 1977.

第5章

[1] Biot M A.Thermoelasticity and irreversible theromodynamics[J]. Journal of Applied Physics, 1956, 27: 240-253.
[2] Bowen R M. Thermochemistry of reacting materials[J]. The J. Chemical Phy., 1968, 49: 1625.
[3] Coleman B D. Gurtin M E, Thermodynamics with internal state variables[J]. The J. Chemical Phy, 1967, 47: 597.
[4] Coleman B D. Thermodynamics of materials with memory[J]. Arch. Rational Mech. Anal, 1964, 17: 1.
[5] Germain P, Nguyen Q S, Suquet P. Continuum thermodynamics[J]. JAM, 1983, 50: 1010.
[6] Kuang Z B. Some remarks on thermodynamic theory of visco-elasto-plastic Media, in IUTAM "Symposium on Rheology of Bodies with Defects" ed. by Ren Wang, Kluwer Academic Publishers 1999
[7] Левич В Г. 统计物理学导论[M]. 林可期,译. 北京: 高等教育出版社, 1958.

[8] Rice J R. Inelastic constitutive relations for solids: An internal-variable theory and its Application to metal plasticity[J]. J. Mech. Phys. Solids, 1971, 19: 433.

[9] Valanis K C. Thermodynamics of large viscoelastic deformations[J]. J. of Math. Phys., 1996, XLV: 197.

[10] 王竹溪. 热力学[M]. 北京：高等教育出版社，1955.

第6章

[1] Boehler J P, Applications of tensor functions in solid mechanics[M]. Berlin: Springer, 1987.

[2] Spencer A J M. Isotropic integrity bases for vectors and second-order tensors, part Ⅱ. [J]. Arch. Rational. Mech. Anal, 1965, 18: 51.

[3] 郑泉水. 张量函数的表示理论[J]. 力学进展，1996，26：114.

第7章

[1] 同第1章

[2] Седов ЛЕ, Понятия Разных Скоростей Изменения Тензоров, ПММ, 1960, XXIV: 393

第8章

[1] Ban J M. Discontinuous equilibriam solutions and cavitation in nonlinear elasticity[J]. Phil. Trans. R. Soc. Lond, 1982, A306: 557.

[2] Stephenson R A. The equilibrium field near the tip of a crack for finite plane strain of incompressible elastic materials[J]. J. Elasticity 1982, 12: 65.

[3] Knowles J K, Sternberg E. Finite-deformation analysis of the elastostatic field near the tip of a crack: Reconsideration and highet-order results[J]. J. Elasticity, 1974, 4: 201.

[4] 胡海昌. 弹性力学的变分原理及其应用[M]. 北京：科学出版社，1981.

[5] Лурье А И. Нелейная Теория Упрутости[M]. Москва: Наука, Фнзико-Мат. Летер. 1980.

[6] Treloar L R G. 橡胶弹性物理学[M]. 王梦蛟，王培国，薛广智，译. 北京：科学出版社，1982.

第9章

[1] 陈文芳. 非牛顿流体力学[M]. 北京：科学出版社，1984.

[2] Lodge A S. Elastic Liquids[M]. Academic Press London and New York, 1964.

第10章

[1] Chacon R V S, Rivlin R S. Representations theorems in the mechanics of materials with memory[J]. Zamp, 1964, 15: 444.

[2] Greus G J. Viscoelasticity-basic theory and applications to concrete structures[M]. Berlin: Springer-Verlag, 1986.
[3] Christensen R M. Theory of viscoelasticity[M]. New York: Academic Press, 1982.
[4] Dienes J K. On the analysis of rotation and stress rate in deforming bodies[J]. Acta Mechanica, 1979, 32: 217.
[5] Flugge W. Viscoelasticity[M]. Berlin: Springer, 1975.
[6] Fung Y C. 生物力学：活组织的力学特性[M]. 戴克刚，鞠烽炽，译. 匡震邦，审校. 长沙：湖南科学技术出版社，1986.
[7] Hanl C D. 聚合物加工流变学[M]. 徐僖，吴大诚，等译. 北京：科学出版社，1985.
[8] Murakami S, Ohno N. A constitutive equation of creep based on the concept of a creep-hardening surface[J]. Int. J. Sdids Structures, 1982, 18: 597.
[9] Swanson S R, Christensen L W. A Constitutive formulation for high elongation propellants[J]. J. Spacecraft, 1983, 20: 559.
[10] 杨挺青. 黏弹性力学[M]. 武汉：华中理工大学出版社，1990.

第 11 章

[1] Asaro R J. Crystal plasticity[J]. JAM, 1983, 50: 921.
[2] Chaboche J L. Time-independent constitutive theories for cyclic plasticity[J]. Int. J. of Plasticity, 1986, 2: 149.
[3] Dafalias Y F, Popov, E P. Plastic internal variables formlism of cyclic plasticity[J]. J. Appl. Mech, 1976, 43: 645.
[4] Dafalias Y F. Plastic spin: necessity or redundancy? [J]. Int. J. plasticty, 1998, 14: 909.
[5] Hill R. The mathematical theory of plasticity[M]. Oxford: 1950.
[6] Huang Z P. A rate-independent thermoplastic theory at finite deformation[J]. Arch. Mech, 1994, 46: 855.
[7] Ishikawa H, Sasaki K. Deformation induced anisotropy and memorized back stress in constitutive model[J]. Int. J. Plasticity, 1998, 14: 627.
[8] Jiang Y, Sehitoglu, H. Modeling of cyclic ratchetting plasticity, part 1: development of constitutive relations[J]. J. Appl, Mech, 1996, 63: 720.
[9] Качанов ЛМ, Основы Теории Пластичности, Государственное Издательство Тех. - Теор. Литер. 1956
[10] Kuang Z B. Integral constitutive equations of elastic-plastic materials [J]. Acta Mechanica Solida Sinica, 1990, 3: 245.
[11] Malygin G A. Dislocation density evolution equation and strain hardening[J]. Phys Stat. Sol, 1990, 119: 423.
[12] Miller M, Dawson P. Influence of slip system hardening assumptions on modelling stress dependence of work hardening[J]. J. Mech. Phys. Solids, 1997, 45: 1781.
[13] Naghdi P M, Trapp J A. The significance of formulating plasticity theory with

reference to loading surfaces in strain space[J]. Int. J. Engng. Sci, 1975, 13: 785.

[14] Nemat-Nasser S, Shokooh A. On finite plastic flows of compressible materials with internal friction[J]. Int. J. Solids Struct., 1980, 16: 495.

[15] Picpkin A C, Rivlin R S. Meehanics of rate-independent materials[J]. ZAMP, 1965, 16: 313.

[16] Valanis K C, Lee C F. Some recent developments of the endochronic theory with applications[J]. Nuclear Eng. Design, 1982, 69: 327.

[17] Watanabe O, Atluri S N. Constitutive modeling of cyclic plasticity and creep[J]. Using Internal Time Concept, Int. J. of Plasticity, 1986, 2: 107.

[18] 赵社戌，匡震邦. 拉-扭复合加载下不锈钢的弹塑性本构关系：Ⅰ，实验，Ⅱ，理论[J]. 力学学报，1996，28；412，745

[19] 周喆，匡震邦. 非比例加载下两相介质弹塑性特性的有限元分析[J]. 力学学报，1999，31：185.

[20] Zhou Z D, Zhao S X, Kuang Z B, An integral elasto-plastic constitutive theory, Int. J. of plasticity（出版中）.

第 12 章

[1] Bodner S R, Parton Y. Constitutive equations for elastic-viscoplastic strain hardening materials[J]. J. Appl. Mech. 1975, 42: 385.

[2] Cauvin A, Testa R B. Damage mechanics: basic variables in continuum theories[J]. Int. J. Solids Structures, 1999, 36: 747.

[3] Chaboche J L. Cyclic viscoplastic constitutive equations, Part Ⅰ: A thermodynamically consistent formulation[J]. J. Appl. Mech. 1993, 60: 813.

[4] Cheng G X, Kuang Z B., Lou, Z W, et al. Experimental investigation of fatigue behavior for welded joint with mechanical heterogenity[J]. Int. J. Pres. Ves. & Piping, 1996, 67: 229.

[5] Cristescu N, Suliciu I. Viscoplasticity[M]. Leiden: Martinus Nijhoff Publishers, 1982.

[6] Gurson A L. Continuum theory of Ductile Rupture by Void Nucleation and Growth: Part 1- Yield Criteria and Flow Rules for Porous Ductile Media, Trans. of ASME[J]. J. of Eng. Materials and Tech, 1977, 99: 2.

[7] 高庆，杨显杰，孙训方. 非比例循环塑性和循环黏塑性本构描述的某些新进展[J]. 力学进展，1995，25：41.

[8] Lemaitre J. A Continuous Damage Mechanics Model for Ductile Fracture[J]. J. Eng. Materials Tech, 1985, 107: 83.

[9] Rice J R, Tracey D M. On the Ductila Enlargement of Voids in Triaxial Stress Fields [J]. J. Mech. Phys. Solids, 1969, 17: 201.

[10] Rousselier G. Finite Deformation Constitutive Relations Including Ductile Fracture Damage, 载于 S. Nemat-Nasser 编 Three-Dimensional Constitutive Relations and

Ductile Fracture, North-Holland Publishing Company, 1981.

[11] Tvergaard V, Needleman A. Analysis of the Cup-cone fracture in a round tensile bar [J]. Acta Metall, 1984, 32: 157.

[12] Wang T J. Unified CDM model and local criterion for ductile fracture-I. Unified CDM model for ductile fracture[J]. Engng. Fract. mech. 1992, 42: 177.

第 13 章

[1] Cocks A C F, McCmeeking M. A phenomenological constitative law for the behavior of ferroelectric ceramics[J]. Ferroelectrics, 1999, 228: 219.

[2] Eringen A C, Maugin G A. Electrodynamics of Continua, Vol. 1 [M]. Berlin: Springer-Verlag, 1989.

[3] 冯慈璋. 极化与磁化[M]. 北京;高等教育出版社, 1986.

[4] Hall D A, Stevenson P J. High field dielectric behavior of ferroelectric ceramics[J]. Ferroelectrics, 1999, 228: 139.

[5] Huang S C, Lynch C S, McCmeeking R M. Ferroelectric/ferroelastic interactions and a polarization switching model[J]. Acta metall. mater, 1995, 43: 2073.

[6] Ikeda T. Fundamentals of piezoelectricity [M]. Oxford: Oxford University Press, 1990.

[7] Kamlah M, Tsakmakis C. Phenomenological modeling of the non-linear electromechanical colpling in ferroelectrics[J]. Int. J. Soilids Structures, 1999, 36: 669.

[8] Kamlah M, Jiang Q. A Constitutive model for ferroelectric PZT ceramics under uniaxial loading[J]. Smart. Mater. Struct, 1999, 8: 441.

[9] Kuang Z B, Zhou Z D, Chen Y, et al. Eigen-material constants, mode and failure criteria for piezoelectric media (待发表).

[10] Ландау Л Я, Һифщц, E M. 连续媒质电动力学[M]. 周奇,译. 北京:人民教育出版社, 1963.

[11] Maugin G A, Pouget J, Drouot R, et al. Nonlinear electromechunical Couplings. New York: John Wiley & Sons, 1992.

[12] Pao Y H. Electromagnetic forces in deformable continua, 载于 Nemat-Nasser 编 Mechunics Today, Printed in Great Britain by Pit man, Bath, 1978.

[13] Squirc P. Magnetostrictive materials for sensors and actuators [J]. Ferroelectrics 1999, 228: 305.

[14] Stratton J A. 电磁理论[M]. 方能航,译. 北京:科学出版社, 1992.